JN437419

Figure 9.19

A summary of the first five components of the network of interconnected ideas for understanding the periodic table. The vertical and horizontal trends in periodic properties (effective nuclear charge, radius, ionization energy, electron affinity, and electronegativity) and the elements involved in *(a)* the uniqueness principle, *(b)* the diagonal effect, *(c)* the inert-pair effect, and *(d)* the metal-nonmetal line.

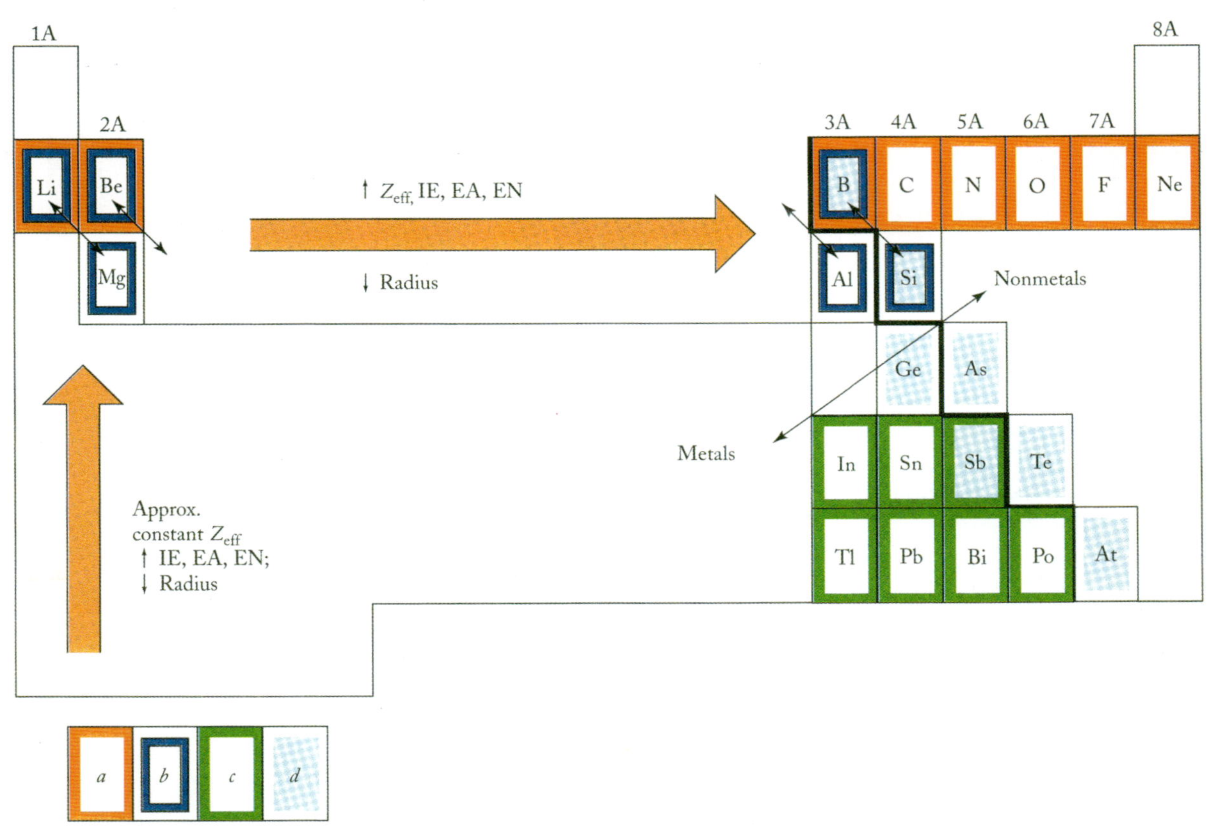

Figure 11.16

Six components of the interconnected network of ideas. The original five components are represented by the trends in periodic properties and the elements involved in *(a)* the uniqueness principle, *(b)* the diagonal effect, *(c)* the inert-pair effect, and *(d)* the metal-nonmetal line. To this has been added the sixth component: a summary of the acid-base character of metal (M) and nonmetal (NM) oxides in aqueous solution.

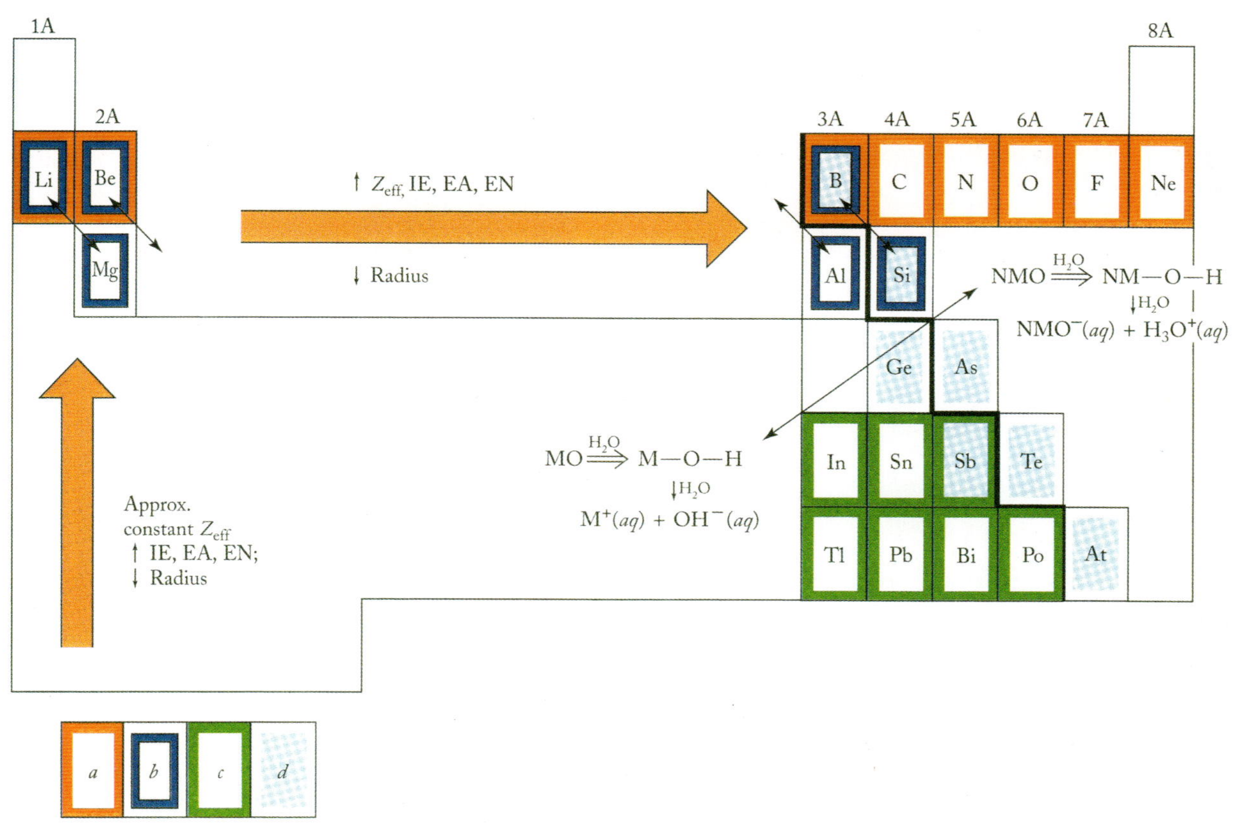

Glen E. Rodgers

무 기 화 학

[제2판]

화학교재편찬연구회

녹 문 당

Descriptive Inorganic, Coordination, and Solid State Chemistry, 2nd Edition
Glen E. Rodgers

This edition first published in 2008 jointly by
Cengage Learning Korea Limited and Nokmoondang.

ISBN: 978-0-12-592060-5.

ISBN-13: 978-89-88684-57-3

Cengage Learning Korea Ltd.
Suite 1801 Seokyo Tower Building
353-1 Seokyo-Dong Mapo-Ku
Seoul 121-837 Korea
Tel: (82) 2 322 4926
Fax: (82) 2 322 4927

Cengage Learning products are represented in Canada by Nelson Education, Ltd.

For product information, visit cengageasia.com

Printed in Korea
1 2 3 4 11 10 09 08

Preface

역자 서문

이 책의 저자 Dr. Glen E. Rodgers는 Pennsylvania, Alleghemmy Colledge in Meadville에서 화학과 교수로 근무하고 있다. Cornell University에서 1966년에 B.S.를 받고 1971년에 Ph.D.를 받았다. 이 교재의 본래 책명은 Descriptive Inorganic, Coordination, and Solid-State Chemistry(second edition, Brooks/Cole)이다.

이 책은 본래 19장으로 구성되었지만, 1장은 우리나라의 무기화학 교과 과정에 적당하지 않아서 생략하고 나머지 18장만 번역했다. 우리나라에서 사용하는 무기화학 교재는 대부분이 미국 교재를 번역해서 사용한다. 그들은 모두 훌륭한 학자들에 의하여 저술되었지만, 현재 우리의 실정에서 사용하기에 적절하지 않은 점들이 너무 많다. 예를 들면, 수준이 너무 높아서 대학원 교재로 사용하기에 적당한 것을 학부에서 사용한다. 또 어떤 교재는 너무 반응 위주로 설명하여 가르치거나 배우기에 흥미를 느끼지 못한다. 입에 맞는 떡이 없다. 여러 번에 걸쳐 노력한 결과로 마땅한 책을 구하게 되었고, 또 번역허가를 받게 되어 여러분들의 합의를 거쳐 이 좋은 책을 선택하게 되었다. 특히 이 책은 분량이 너무 많지 않고 요점만 간추려 모은 것이 장점이라고 할 수 있다. 책의 쪽수는 작지만 내용은 알차다. "Less is Better than More"

이 책은 전체 3부로 구성되었다. 1부는 무기화학의 이론부분을 다루었다. 무기화학에 적용하는 전체적 이론을 설명하였으므로 1부만 착실하게 공부하여도 충분할 것으로 믿는다. 2부는 고체상태 화학을 주로 다루어서 결정과 고체상태 에너지에 관하여 응용하는 기초를 설명한다. 3부는 각 족 별로 원소에 대한 설명 화학이다. 3부에서는 이 책의 특색으로서 "상호연결된 아이디어의 연락망"을 강조하면서 각 족과 원소들을 이해하기 쉽게 체계적으로 비교하여 설명하였다. 처음에는 그것이 새로운 이 저자만의 설명방법이어서 이상하게 느꼈지만 읽어볼수록 새로운 교과서의 설명방법이어서 대단히 좋은 결과라고 생각한다. 3부는 시간여유가 있는 경우에 취급하라. 3부에서는 각 장을 지루하지 않게 재미있는 원소와 화합물의 발전사를 함께 설명하여 산듯하게 새로운 느낌으로 공부할 수 있는 분위기를 조성하였다. 그리고 각 장의 끝에 선택한 토픽도 재미있게 공부할 수 있는 내용이다. 전체적으로 이 교재는 지루하지 않게 공부할 수 있는 책이다.

이 책의 번역에서 용어선택이 가장 큰 문제였다. 대한화학회에서 출간된 화학술어집과 무기 및 유기 화합물 명명법이 서로 맞지 않아 어느 것이 적당한지 결정하기 어려웠다. 또 용어들이 너무 자주 바뀌어서 갈피를 잡지 못한다. 과학기술총연합회에서 출판된 용어집도 대한화학회 용어집과 서로 다르다. 무엇이 무엇인지 구별하기 어렵다. 그래도 대한화학회 용어집과 과학기술총연합회 용어집을 참고하였다. 번역하는 도중에 뜻이 잘 통하지 않는 용어는 괄호안에 영문으로 표시하였다. 그리고 자주 취급하지 않는 화합물 이름은 한글로 표시한 경우 난해하므로 영어이름으로 표기하였다. 예를 들어, xenate와 perxenate는 한글표기보다 영문표기가 더 이해하기 쉬울 것이다.

이 교재를 통하여 재미있게 무기화학을 공부하기 바란다.

2008. 2.

역자 씀

Contents

차 례

Part 3 주족원소의 화학
(Descriptive chemistry of the representative elements)

chapter 8 주기율표의 이해

chapter 9 수소와 수소화물

chapter 10 산소, 수용액, 그리고 산화물과 수산화물의 산-염기 특성

chapter 11 1A족 알칼리금속

X

Part 1

배위화학
(Coordination chemistry)

CHAPTER

1 배위화학 서론

20세기에서 가장 풍요로운 연구분야 중 하나는 Alfred Werner에 의한 배위화학의 발전이었다. Werner의 최초연구로부터 백년이 지나서도 배위화합물의 수, 종류, 복잡성 등이 계속해서 증가하는 것은 무기화학 영역에 대한 Werner의 영향력을 미루어 알 수 있게 한다. 이 중요한 무기화학 중 일부분의 발전에 관한 역사적 상관관계의 설명을 시작하기 전에 몇 가지 중요한 것을 정의할 필요가 있다.

배위화학(*coordination chemistry*)은 **리간드**(*ligand*)라는 소수의 분자 또는 이온이 중심 금속원자 또는 금속이온을 둘러싼 화합물과 관련이 있다. 각 **리간드**[ligand는 라틴어 ligare(to bind)로부터 유래하였다]는 금속과 한 전자쌍을 공유한다. 때때로 M ⟵ :L라고 표시하는 금속-리간드 결합은 한 원자에 의하여 두 전자를 공급하는 **배위공유결합**(*coordinate covalent bond*)의 한 예이다. **배위수**(*coordination number*)는 일정한 금속원자 또는 금속이온 주위의 리간드 수이다. 정수 4와 6(또는 가끔 다른 더 작은 정수)은 이러한 배위수중에서 대표적 값이다. 합쳐서 말하자면 리간드는 때때로 **배위권**(*coordination sphere*)과 관련이 있고 그 배위권은 분자식을 쓸 때 리간드를 금속과 함께 괄호에 넣는다. 예를 들어 전형적 착물화학식은 $[ML_6]X_n$ 또는 $M'_n[ML_4]$라고 쓸 수 있다. 여기에서 M'는 간단한 금속 양이온이고 X는 어떤 여러 가지 음이온일 수 있다. 이때 첫째 화학식에서 배위권과 금속 M은 양이온을 구성하고 그 반면에 둘째 식에서 배위권과 금속 M은 음이온을 구성한다. 그러한 배위금속 이온은 때때로 **착양이온**(*complex cation*) 또는 **착음이온**(*complex anion*)이라고 한다.

전형적으로 배위화합물은 넓은 범위에 걸쳐 선명한 색을 갖는 특성이 있다. 리간드 수와 리간드 종류가 변하면 때때로 색이 크게 변하고 그 화합물의 자기적 성질(magnetic character)도 변한다. 이전의 과정에서 만날 수도 있는 몇 가지 배위(또는 착물) 이온들의 예는 무색 $Ag(NH_3)_2^+$ 양이온(때때로 1족 정성분석과 관련지어 설명한다), 암청색 $Cu(NH_3)_4^{2+}$ 이온(용액 중 구리 이온의 존재에 대한 좋은 시험법), 진한 적색 $FeSCN^{2+}$(철(III)의 존재에 대한 예민한 시험법), $Ca(H_2O)_6^{2+}$와

$Fe(H_2O)_6^{3+}$와 같은 전형적 수용성 양이온 등이다. $Ca(H_2O)_6^{2+}$와 $Fe(H_2O)_6^{3+}$은 때때로 $Ca^{2+}(aq)$와 $Fe^{3+}(aq)$라는 약자로 표시한다.

일반화학 과정에서 배위화합물[때때로 **전이금속착물**(*transition metal complex*)이라고 한다]을 이미 만났을 것이다. 이러한 주제는 시간을 고려하여 일반적으로 간단히 설명할 것이다. 이 교과서의 1부(1~5장)에서는 배위화학만이 유일한 관심의 초점이다. 따라서 배위화합물에 관한 역사, 명명법, 구조, 결합이론, 반응, 응용을 계통적으로 설명할 것이다(물리화학 과정을 공부한 다음에는 더 많은 완전하고 깊은 상세한 이론을 일반적으로 이해할 수 있다). 이 장에서는 배위화합물에 관한 역사적 상관관계를 설명하고 몇 가지 대표적 리간드를 설명하고 명명법을 설명하겠다.

1.1 역사적 상관관계

이전의 화학과정에서 원자구조의 기본, 주기율표, 화학결합 등은 이미 모두 배운 것으로 믿는다. 그림 1.1중에서 첫 번째 두 세로 칸은 가끔 설명하는 몇 가지 개념의 연대순서의 나열이다.

그림 1.1의 위 첫 번째 칸에서 출발하면서 화합물은 항상 동일한 일정한 질량성분비로 구성되고(Proust) 이 질량은 여러 반응 중에 항상 보존된다(Lavoisier)고 몇 가지 초기의 법칙들이 분명하게 확정한 것을 생각하라. 이러한 실험적 사실들은 19세기 초에 영국화학자 John Dalton에 의하여 발전된 첫 번째의 구체적 원자론을 이끌어냈다. Dalton은 원자들이 작은 당구공처럼 견고한 침투할 수 없는 구형이라고 가정했다. 그는 원자의 내부구조를 생각할 기회가 없었다.

19세기 동안에 40 원소 이상이 발견되고 그 특성이 설명되었다. 수십 년이 지나면서 발견된 많은 원소들을 이용하여(예를 들어 그림 8.2 참조) 어떤 통일성이 있는 방법으로 체계화하려고 여러 가지로 시도하였다. Dmitri Mendeleev는 증가하는 원소들의 목록이 주기적 방법으로 변하는 것처럼 보인다 지적하였고 1869년에 Mendeleev는 첫 번째 주기율표를 발표하였다(8.1절 참조). 이러한 원소의 성질은 더 많이 알려졌지만 구성 원소들의 내부구조는 아직 비밀로 남아있었다.

19세기 말엽에 수많은 발견으로 원자 내부에 무엇이 있는가를 알기 시작하였다. Johann Balmer는 수소의 가시선 스펙트럼을 체계화한(그러나 설명하지 못한) 식을 제안하였다. 그 식은 일련의 정수에 바탕을 두고 있다. Wilhelm Roentgen과 Antoine-Henri Becquerel은 각기 X-선과 방사능을 발견하였다. J. J. Thomson은 전자들이 모든 물질의 기본 성분이라는 것을 발견했다. Ernest Rutherford는 방사성 원자에서 방출된 알파입자로 얇은 금 포일(foil)을 때릴 때 생기는 결과를 관찰한 다음 원자들은 전자들로 둘러싸여 있는 매우 작고 무거운 양전하 핵으로 구성한다고 제안하였다. Niels Bohr에 의하여 곧 전자들의 에너지는 양자화된다고 정확하

원자구조와 주기율표	분자구조와 결합	배위화학
1750		
1774: 질량보존법칙: Lavoisier 1799: 일정성분비법칙: Proust		1798: 첫 번째 암모니아산 코발트 화합물 발견: Tassaert
1800		
1808: *New System of Chemical Philosophy*에 발표된 Dalton의 원자론 1859: 분광기 개발: Bunsen과 Kirchhoff 1869: 발견된 63 원소를 이용한 Mendeleev의 첫 번째 주기율표 구성 1885: 가시선 수소 스펙트럼에 대한 Balmer식 발표 1894: 첫 번째 비활성기체 발견 1895: X 선 발견: Roentgen 1896: 방사성 발견: Becquerrel	1830: 라디칼의 구조이론: Liebig, Wöhler, Berzelius, Dumas (메틸, 에틸, 등등 라디칼로 구성된 유기화합물) 1852: 원잣가 개념: Frankland (모든 원자는 원잣가를 갖는다) 1854: 4가 탄소원자: Kekule 1874: 사면체 탄소원자: Le Bel과 Van't Hoff 1884: 전해질의 해리이론: Arrhenius	1822: 옥살산암모니아산코발트 제조: Gmelin 1851: $CoCl_3 \cdot 6NH_3$, $CoCl_3 \cdot 5NH_3$와 기타 암모니아산 코발트 제조: Genth, Claudet, Fremy 1869: 암모니아 화합물의 사슬이론: Blomstrand 1884: 사슬이론의 수정: Jørgensen 1892: 배위화합물에 대한 Werner의 꿈
1900		
1902: 전자의 발견: Thomson 1905: 빛의 입자-파동 이중성: Einstein 1911: α-입자/금박 실험: 원자의 핵모델: Rutherford 1913: 원자의 Bohr 모델 (전자 에너지의 양자화) 1923: 전자의 입자-파동 이중성: De Broglie 1926: Schrödinger 양자역학이론 (핵 주위 오비탈의 전자: 오비탈 사이에 전이를 설명한 전자분광학)	1923: 전자점 도형: Lewis 1931: 원잣가띠이론: Pauling, Heitler, London, Slater 1930년대 초기: 분자오비탈이론: Hund, Bloch, Mulliken, Hückel 1940: 원잣가껍질 전자쌍 반발(VSEPR) 이론: Sidgwick	1902: 세 가지 배위결합론의 제안: Werner 1911: *cis*-$[CoCl(NH_3)(en)_2]X_2$의 광학이성질체 발견:Werner 1914: 탄소를 함유하지 않는 광학이성질체의 분리: Werner 1927: 배위화합물에 Lewis 아이디어 응용: Sidgwick 1933: 결정장이론: Bethe와 Van Vlick
현대 주기율표에 주기적 성질의 경향	현대적 화학결합의 개념	현대적 배위결합이론

그림 1.1

배위화학의 역사적 배경

게 제안되었지만 전자의 궤도운동을 지구가 태양을 도는 것처럼 설명한 것은 부정확했다. 핵에 대한 Rutherford의 개념은 빠르게 이해되었지만 전자의 양자화 에너지는 정전기적 힘 때문에 핵 주위의 영역에 한정된 전자 "구름"으로 곧 대치되었다. 원자 오비탈은 화학자들이 여전히 원자에 대한 현대적 Schrödinger(양자역학적) 모델을 이용하여 마음속으로 그려보는 영상 또는 모델이다. 이 모델은 선 스펙트럼과 주기율표의 설명에 정수(양자수)를 사용할 필요가 있다는 것을 잘 설명한다.

그림 1.1에서 둘째 세로 칸은 분자구조와 결합에 관한 몇 가지 아이디어의 시대적 순서이다. Dalton 시대에 모든 화학자들은 원자들이 존재하는 것을 인정하지 않았다. 원자의 존재를 인정한(그리고 확실하게 인정하지 않은 사람 중 몇 사람) 화학자들은 이러한 기본 입자들이 어떻게 서로 관련있는가 또는 어떻게 결합하는가에 관하여 생각할 뿐 이였다(각 원자는 다른 원자를 단단하게 붙잡는 특정한 수의 내장 고리(embedded hook)를 가질 수 있다고 제안하였다). 그림 1.1에서 지적한 것처럼 유기화학자들은 탄소-바탕 화합물의 기본구조 단위와 관련있는 새로운 아이디어를 생각하는 방법을 고안했다. 때때로 **라디칼**(*radical*)이라고 부르는 원자의 그룹(예를 들어 메틸원자단 CH_3- 또는 에틸원자단 C_2H_5-)이 있는 것처럼 생각하였다. 그 라디칼은 많은 화합물에 존재하고 여러 화학반응을 통하여 그대로 유지하였다. 19세기 중반에 각 원자와 관련있는 일정한 원잣가의 개념을 유기화합물과 그들 성분의 조각분자 성질에 관한 설명에 이용하였다. Sir Edward Franklin이 설명한 것처럼 "결합하는 원자의 특성이 무엇이든 간에 원소를 끌어당기는 결합력은 항상 동일한 원자수로 만족한다." 그러므로 탄소는 항상 일정한 4 원잣가, 산소는 2 원잣가, 수소는 1 원잣가, 등등을 갖는다고 생각하였다.

19세기 말엽에 전기를 이용한 실험은 전자들이 분자결합에 중요한 역할을 하는 것 같다고 지적했다. 전자의 발견 이후에 이러한 작은 음전하 입자들이 원자들을 함께 붙잡는 접착제일 수 있다고 G. N. Lewis는 제안하였다. 최근에 발견된 "비활성 기체"의 전자 수는 특별히 안정한 것처럼 보인다. **팔전자규칙**(*octet rule*)은 화학결합의 길잡이가 되었다. 여러 가지 더 정교한 이론들이 1930년대에 뒤따랐다. Nevil Sidgwick에 의하여 전자쌍은 서로 반발하고 분자 모양의 결정에 중요한 역할을 할 수 있다고 제안되었다. Linus Pauling과 기타 학자들은 원자 오비탈의 겹침 또는 특수한 **혼성 오비탈**(*hybrid orbital*)이 한 원자를 다른 원자와 연결하는 한 결합을 만든다고 제안했다. 또한 이 시대에 분자들은 분자 오비탈(원자오비탈과 반대되는)이라고 부르는 적절한 제한된 전자파동에 의하여 함께 붙잡힌 한 그룹의 핵일 수 있다는 이론을 발전시켰다. 전자점 도형(electron-dot diagram)으로부터 원잣가껍질 전자쌍 반발(VSEPR) 이론과 원잣가결합론(VBT) 및 분자오비탈이론(MOT)까지 이러한 모든 이론들은 지금도 모든 화학자들이 화합물의 구조와 결합의 설명에 도움을 주고 있다.

앞에서 설명한 개념들은 다소 친근한 것으로 생각한다(조금 간단하게 설명한 개요만으로도 적당하지만 일반화학 노트와 필요한 책을 참고할 수도 있다). 그러나 그림 1.1의 셋째 칸에 대략 제시한 배위화합물은 덜 친근한 것처럼 보인다. 이들 화합물은 어떻게 그리고 누구에 의하여 발견되었는가? 사슬이론(chain theory)은 무엇인가? 이 이론은 Werner의 배위이론에 의하여 왜 없어지게 되었는가? 이러한 비교적 새로운 다른 화합물들은 유기화학자들이 대단히 적절하게 연구한 아이디어를 이용하여 설명할 수 있는가? 원자와 분자구조에 관한 아이디어는 결과적으로 이러한 화합물의 이해에 기여했는가? 다음 절에서 그러한 질문에 대한 해답을 얻을 것이다.

1.2 배위화학의 역사

초기의 화합물

프랑스 화학자 Tassaert는 화학의 역사에서 잘 알려져 있지 않기 때문에 그의 첫 이름은 알지 못하지만 그는 암모니아가 코발트와 결합하여 적갈색 마호가니색의 생성물로 되는 것을 관찰하였다. 1850년대 초엽에 많은 다른 여러 가지 **암모니아산 코발트**(cobalt *ammonate*)들이 관찰되었다. 이들은 아마 첫 번째로 알려진 배위화합물일 것이다. 1950년대를 통하여 여러 가지 서로 다른 아름다운 결정성 암모니아산 결정을 때때로 제조하였다. 이러한 화합물은 특정한 색을 띠었고 여러 염화코발트 화합물에 주어진 이름은 예를 들어 자주색 염화코발트(roseo-cobaltic chloride), 노란색 염화코발트(luteo-cobaltic chloride), 심홍색 염화코발트(purpureo-cobaltic chloride)처럼 색의 이름을 화합물 앞에 붙여 명명했다. 19세기 말엽에 다른 암모니아산염, 특히 암모니아산 크로뮴과 백금 화합물들을 제조하였다. 그러나 여러 가지 노력에도 불구하고 이러한 놀라운 화합물을 만족스럽게 설명할 정도로 이론적 바탕이 발전되지 않았다.

탄소-바탕 화합물에서 발견된 구조단위와 일정한 원잣가에 관한 유기화학자들의 설명을 성공이라고 한다면 이 아이디어를 그 암모니아산에 적용하는 것은 당연하다. 그러나 그 결과는 실망스러웠다. 예를 들어 표 1.1에 수록한 암모니아산 염화코발트(cobalt ammonate chloride)에 대한 전형적 자료를 생각하자. 19세기에 와서 몇 십 년간 사용한 화학식은 암모니아산-대-코발트의 몰비를 제시하였지만 암모니아와 코발트 사이에 결합성질은 상상 속에만 남아있었다. 이러한 불확실성(또는 결합에 관한 이해부족)은 화학식의 결합표시에 점(dot)을 사용하여 나타냈다. 예를 들면 $CoCl_3$에 대한 적당한 암모니아 수의 연결에 점(dot)을 사용한다(암모니

표 1.1 암모니아산 염화코발트

화학식	전도도	침전된 Cl^- 이온의 수
$CoCl_3 \cdot 6NH_3$	높다	3
$CoCl_3 \cdot 5NH_3$	중간	2
$CoCl_3 \cdot 4NH_3$	낮다	1
$IrCl_3 \cdot 3NH_3$	0	0

아-대-코발트의 비율이 3:1비를 갖는 화합물은 만들기 어려운 것이 증명되었다. 그 대신 그것에 상당하는 이리듐 화합물을 사용했다). 이러한 화합물을 물에 녹일 때 측정한 전도도는 정성적 값이다. 전도도는 바로 그때 용액 중에 생성된 이온 수의 척도로 사용하였다. "침전된 염화이온 수"는 식 (1.1)에 제시한 것처럼 질산은 수용액을 첨가하여 측정했다.

$$AgNO_3(aq) + Cl^-(aq) \longrightarrow AgCl(s) + NO_3^-(aq) \qquad (1.1)$$

그렇다면 이러한 자료를 어떻게 설명할 수 있는가? 역사적 관점으로부터 더 중요한 것은 다음과 같다. 비교적 새로운, 특히 성공적 유기화학 아이디어를 공부한 1860년대 후반 화학자들이 이러한 자료를 어떻게 설명했는가? 그림 1.1처럼 그때까지 모든 원소들은 한 가지 원잣가를 갖는다고 적절하게 잘 설명하였다. 원잣가는 때때로 **결합능력**(*combining capacity*)이라고 부르고 일정한 단일 값이다. 게다가 유기화합물은 라디칼과 또한 일정한 원잣가를 갖는 여러 종류의 원자단으로 구성된 거대한 탄소원자의 사슬이라고 설명할 수 있다는 것을 여러 연구자들이 발견했다. 예를 들어 6 탄소원자의 사슬로 이루어진 헥세인(hexane) $CH_3-CH_2-CH_2-CH_2-CH_2-CH_3$은 말단에 1가 메틸(methyl, CH_3-) 그리고 중간에 2가 메틸렌(methylene, $-CH_2-$) 원자단을 4개 함유하는 것으로 설명할 수 있다. 보통 곡물 알코올은 전체 성분이 C_2H_6O이고 에틸(ethyl, C_2H_5-)과 하이드록실(hydroxyl, $-OH$) 원자단으로 구성하여 C_2H_5-OH 구조식으로 된다. 목재 알코올 CH_4O는 CH_3-OH로 구성되고 메틸과 하이드록실 원자단으로 구성되었다.

Blomstrand–Jørgensen 사슬이론

1869년에 Christian Wilhelm Blomstrand는 사슬이론을 제창하여 암모니아산 염화코발트와 기타 암모니아산 계열을 설명했다. 코발트의 일정한 원잣가는 3이라고 확정된 것을 알고 있는 Blomstrand는 코발트 원자, 2가 암모니아 원자단, 그리고 1가 염화물을 함께 사슬로 연결하여 그림 1.2a에 제시한 것과 같은 $CoCl_3 \cdot 6NH_3$ 모양을 만들었다. [실제로 몇 가지 증기밀도의 측정에 근거하여 Blomstrand는 본래 그 화합물을 이합체(dimer)라고 설명했다.] 그 시대에 유력한 아이디어에 근거하여 이것은 완전한 합리적 구조였다. 그가 제안한 2가 암모니아는 염화암모늄을 $H-NH_3-Cl$ 이라고 쓴 관점과 일치한다. 코발트에 대한 3가는 만족스런 것이고 질소원자는 탄소가 유기화합물에 있는 것과 아주 비슷하게 함께 사슬로 연결되었고 세 개의 1가 염화물은 코발트원자로부터 멀리 떨어져 있으므로 수용액에서 염화은으로 침전시켜 제거할 수 있다.

1884년에 Blomstrand의 제자 Sophus Mads Jørgensen은 그 스승의 설명에 대하여 약간 수정을 제안하였다. 첫째 그는 이러한 화합물이 단위체(monomer)라고

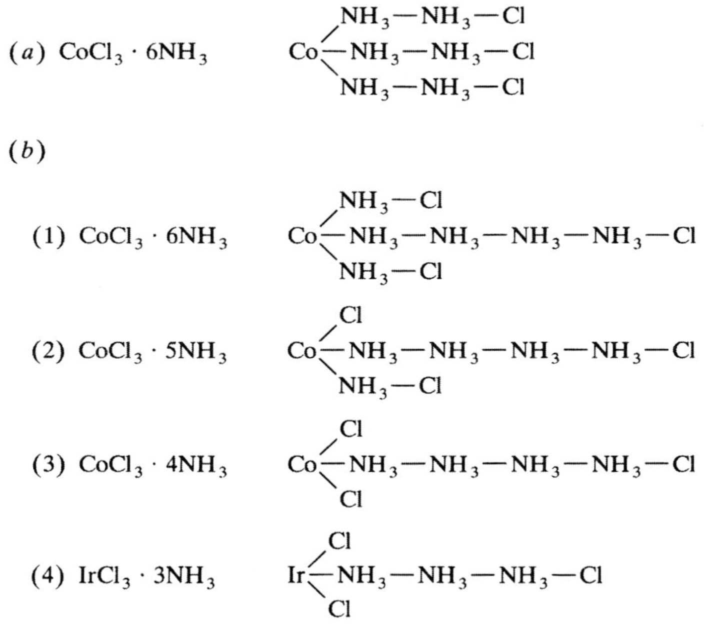

그림 1.2

Blomstrand와 Jørgensen에 의한 암모니아산 염화코발트의 표현. (a) $CoCl_3 \cdot 6NH_3$에 대한 Blomstrand 표현. (b) 화합물 (4)에서 예정된 코발트 대신 치환된 이리듐을 이용한 일련의 네 가지 화합물에 대한 Jørgensen 표현(참고문헌 1, p. 6).

(*a*) $CoCl_3 \cdot 6NH_3$ — Co(—NH_3—NH_3—Cl)(—NH_3—NH_3—Cl)(—NH_3—NH_3—Cl)

(*b*)

(1) $CoCl_3 \cdot 6NH_3$ — Co(—NH_3—Cl)(—NH_3—NH_3—NH_3—NH_3—Cl)(—NH_3—Cl)

(2) $CoCl_3 \cdot 5NH_3$ — Co(—Cl)(—NH_3—NH_3—NH_3—NH_3—Cl)(—NH_3—Cl)

(3) $CoCl_3 \cdot 4NH_3$ — Co(—Cl)(—NH_3—NH_3—NH_3—NH_3—Cl)(—Cl)

(4) $IrCl_3 \cdot 3NH_3$ — Ir(—Cl)(—NH_3—NH_3—NH_3—Cl)(—Cl)

정확하게 지적하는 새로운 증거를 발견했다. 둘째 그는 코발트로부터 염화물 원자단의 거리를 조정하여 여러 염화물이 침전되는 속도를 설명했다. 첫째에 있는 염화물은 다른 것보다 훨씬 더 빠르게 침전되므로 더 멀리 떨어져 있고 그러므로 코발트 원자의 영향이 더 적다. 첫 번째 세 가지 암모니아산 염화코발트에 대한 Jørgensen 도형은 그림 1.2b에 있다. 둘째 화합물에서 한 염화물은 직접 코발트와 결합하고 그러므로 Jørgensen은 질산은에 의한 침전에 이용할 수 없다고 생각했다. 셋째 화합물에서 두 염화물도 마찬가지로 설명한다. 이러한 변화는 사슬이론을 크게 수정하였지만 여러 가지 해답하지 못한 문제들이 남아 있었다. 예를 들어 왜 암모니아는 6 분자만 있는가? 왜 8 또는 10 분자는 없는가? 암모니아 분자는 결합사슬에서 위치에 따라 화학적으로 다른 것을 왜 알 수 없는가? 그러나 결국에 암모니아산 코발트에 관한 Blomstrand-Jørgensen 이론이 옳다는 것이 밝혀졌다.

그러나 그 화합물에 암모니아는 3 분자만 존재하는가? 그림 1.2b(4)처럼 사슬이론으로 암모니아는 3 분자가 존재하는 것을 예측했고 게다가 이온화 가능한 한 염화물을 갖는 것을 예측했다. 그러나 이러한 결정적 화합물은 이용할 수 없었다. Jørgensen은 사슬이론에 관한 그의 의견을 시험하려고 화합물을 제조하기 시작하였다. 그가 실험한 것처럼 시도해보아라. 이 훌륭한 합성화학자는 원하는 코발트 화합물을 얻을 수 없었다. 그러나 그는 많은 시간과 노력을 쏟은 다음 비슷한 암모니아산 염화 이리듐을 제조하였다. 슬프게도 그것은 이온화할 수 있는 염화물이 없는 중성 화합물이라고 알려졌다. 진실로 사슬이론은 곤경 중에서도 그것의 주요한 제안자 중 한 사람의 많은 노력에 감사하였다.

Werner 배위론

독일-스위스계 화학자 Alfred Werner는 유기화학과 무기화학 사이에서 고민했다. 그의 첫 번째 공헌[질소 화합물 중 원자의 **입체화학**(*stereochemistry*) 혹은 공간배열]은 유기화학 분야였지만 대단히 많은 흥미를 유발하는 무기화학 문제들이 그 당시에 발생하였고 이것은 그가 연구할 영역이라고 결심하였다. 그는 무기화학자들이 배위화합물 설명에서 격은 어려움을 알게 되었고 그는 확립된 유기화학의 아이디어가 배위화합물의 설명에서 좁은 막다른 골목에 이르는 것처럼 보였다. 1892년에 Werner는 26세 때 그의 배위이론이 꿈에 나타났다. 그는 깨어나서 기록하기 시작하였고 아침 5시에 확실하게 완성하였다. 그러나 그의 새로운 이론은 이전의 관습 때문에 실패하였다. 그리고 그는 본래 그의 아이디어를 지지하는 새로운 실험적 증거를 갖지 못하였다. Jørgensen, Blomstrand, 그리고 다른 사람들은 Werner를 충동적 젊은 사람이라고 그리고 그의 이론은 대담한 허구의 이야기라고 생각하였다. Werner는 그의 나머지 생애를 그의 직관이 정확하다는 것을 증명하기 위하여 계통적이고 철저한 연구 프로그램의 지도에 소비하였다.

Werner는 일정한 단일 원잣가의 아이디어를 코발트와 기타 비슷한 금속에 적용할 수 없다고 결정하였다. 암모니아산 코발트와 기타 관련있는 크로뮴과 백금을 포함하는 계열을 이용하여 연구하면서 Werner는 그 대신 이들 금속이 두 가지 종류의 원잣가, 즉 제일원잣가[primary valence, **높은 원잣가**(*hauptvalenz*)]와 제이원잣가[secondary valence. **낮은 원잣가**(*nevenvalenz*)]를 갖는다고 제안했다. 제일원잣가 또는 이온화가능한 원잣가는 우리들이 오늘날 산화상태라고 부르는 것에 상당한다. 그것은 코발트에 대하여 3^{+}이다. 제이원잣가는 더 일반적으로 **배위수**(*coordination number*)라고 부른다. 그것은 코발트에 대하여 6이다. 이러한 제이원잣가는 공간에서 일정한 기하학적 위치를 지향한다고 Werner는 주장하였다.

그림 1.3은 암모니아산 코발트의 결합에 대한 Werner의 초기 제안을 나타낸다. 코발트는 제일원잣가와 제이원잣가를 동시에 만족하여야 한다고 Werner는 설명하였다. 실선(solid line)은 제일원잣가를 만족하는 원자단을 그리고 토막선(dashed line)은 항상 공간에서 일정한 동일한 위치를 지향하고 제이원잣가를 어떻게 만족하는가를 보여준다. 화합물 (1)에서 모든 3 염화물은 제일원잣가만 만족하고 6 암모니아는 제이원잣가만 만족한다. 화합물 (2)에서 한 염화물은 두 가지 의무를 다하여야 하고 두 가지 원잣가를 만족해야 한다. 제이원잣가를 만족하는(그리고 직접 Co^{3+}에 결합하는) 염화물은 질산은의 침전반응에 이용할 수 없다고 결론지었다. 화합물 (3)은 두 가지 의무를 다하는 두 염화물이 있고 침전반응에는 하나만 이용할 수 있다. 화합물 (4)는 Werner 이론에 따라 이온화 가능한 염화물이 없는 중성 화합물이어야 한다. 이것은 바로 Jørgensen이 이리듐 화합물을 이용하여 발견한 것이다.

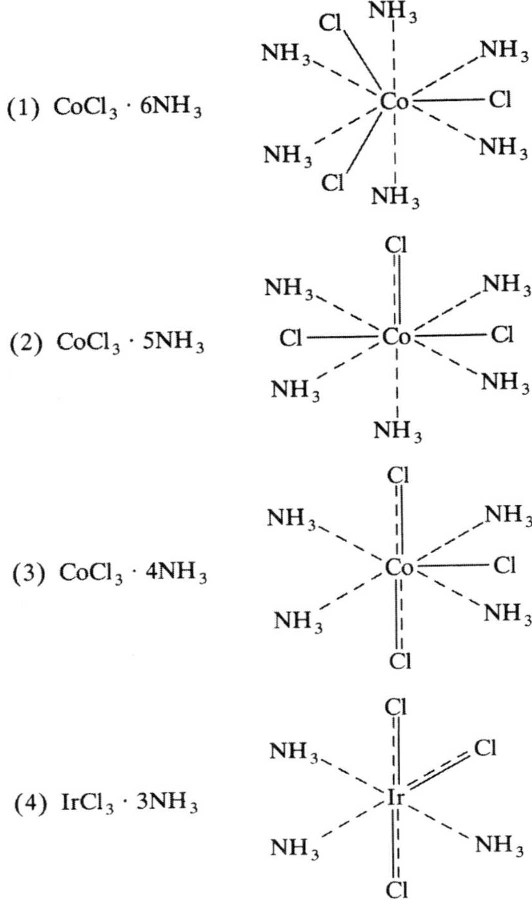

그림 1.3

암모니아산 염화코발트에 대한 Werner 표현. 실선은 코발트의 제일원잣가 또는 산화상태(3+)를 만족하는 원자단을 나타내고 토막선은 제이원잣가 또는 배위수(6)를 만족하는 원자단을 나타낸다. 제이원잣가는 공간에서 일정한 위치를 점유한다(참고문헌 1, p. 1).

표 1.2 세 가지 서로 다른 배위수의 기하구조에 대한 실제 이성질체수와 예상되는 이성질체수

화학식	육각평면	삼각프리즘	팔면체	실제 이성질체의 수
	예상되는 이성질체의 수 (괄호 안의 숫자는 **B** 리간드의 위치를 표시한다)			
MA_5B	1	1	1	1
MA_4B_2	3	3	2	2
	(1,2)	(1,2)	(1,2)	
	(1,3)	(1,4)	(1,6)	
	(1,4)	(1,6)		
MA_3B_3	3	3	2	2
	(1,2,3)	(1,2,3)	(1,2,3,)	
	(1,2,4)	(1,2,4)	(1,2,6)	
	(1,3,5)	(1,2,6)		

Werner는 다음에 제이원잣가(또는 배위수)의 기하구조로 방향을 돌렸다. 표 1.2처럼 중심 금속원자 또는 금속이온 주위에 6 암모니아는 육각평면, 삼각프리즘, 팔면체를 포함하는 몇 가지 서로 다른 기하구조 중 하나라고 생각한다. 표 1.2에 여러가지 치환 배위화합물에 대하여 예상되는 이성질체수와 실제 이성질체수에 관한 몇가지 정보를 비교하였다.

이 표에서 자료의 중요성을 검토하기 전에 정보에 관하여 몇 가지 설명이 필요하다. 우선 화합물에 대한 기호는 중심 금속에 대하여 M 그리고 여러 리간드에 대하여 A와 B를 사용하는 것에 유의하라. 각 이성질체 대한 괄호 안의 숫자는 B 리간드의 상대적 위치와 관련이 있다. **이성질체**(*isomer*)는 여기에서 동일한 수와 동일한 종류의 화학결합을 갖지만 이러한 결합의 공간배열이 서로 다른 화합물이라고 정의한다(이성질체에 관한 더 상세한 설명은 2장에 있다). 예상되는 이성질체수는 공간에서 이론적으로 가능한 기하배열수와 관련이 있다. 예를 들어 8면체 MA_5B 경우에 그것을 그리는 수많은 방법이 있지만 한 가지 가능한 기하구조만 가능하다. 그림 1.4a는 그러한 이성질체를 그리는 세 가지 동등한 방법을 보여준다. 각 경우에 동일한 위치배열이 공간에서 서로 다르게 간단히 배향하므로 한 B 리간드는 축 위치(axial position)에서 위에 있거나 다른 수평자리(equatorial position)에 있다. 바꿔 말하면 모든 6 팔면체 위치는 동등하고 어느 위치가 한 B 리간드에 의해 점유되는 것은 문제되지 않는다. 그림 1.4b는 첫째 MA_4B_2 이성질체에 대하여 동등한 세 가지 위치배열이 가능하다는 것을 나타낸다. 그리고 그림 1.4c는 둘째 MA_4B_2에 대하여 같은 숫자를 나타낸다(이러한 삼차원 구조를 더 잘 이해하려면 몇 가지 모델을 구성하여 이 절의 설명이 사실이라는 것을 자신이 만족하게 이해할 수 있다. 이들 모델은 특별히 정교한 것이 필요없다. 이쑤시개와 캔

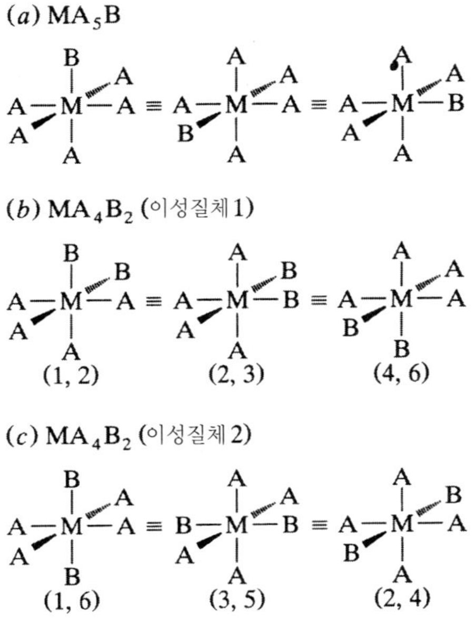

그림 1.4

몇 가지 팔면체 이성질체에 대한 등가 위치배열

(*a*) MA_5B

(*b*) MA_4B_2 (이성질체 1)

(1, 2) (2, 3) (4, 6)

(*c*) MA_4B_2 (이성질체 2)

(1, 6) (3, 5) (2, 4)

디막대 또는 놀이막대는 대단히 좋은 대용품일 수 있다). 이제 표 1.2 자료를 분석할 수 있다. MA_5B경우에 한 이성질체만 실제로 실험적으로 제조되고 제안된 기하구조 전체 세 개와 모두 일치한다. 그러나 MA_4B_2 경우에 Werner는 두 이성질체만 제조할 수 있었다. 팔면체의 경우에 이러한 실제 수치는 제조 가능한 수치와 일치하지만 육각평면과 삼각프리즘 경우에 이론적으로 가능한 이성질체는 세 가지이다. Werner가 이성질체 제조에 빼놓은 것이 없다면 6배위 리간드의 공간배향은 팔면체라는 것을 나타낸다. MA_3B_3 경우에 대한 동일한 분석형태는 같은 결과를 제시한다. 팔면체 위치배열만 실제로 제조한 것과 동일한 이성질체수를 제시한다.

이러한 결과(많은 배위화합물 계열을 분석하여 얻은)를 인정한다면 Werner는 $CoCl_3 \cdot 4NH_3$ 경우에 두 이성질체를 발견할 것이라고 예상할 수 있다. 이들은 제조에 약간 어려움이 있었지만 1907년에 Werner는 마침내 성공하였다. 그는 두 가지 이성질체를 발견했고 하나는 밝은 연두색이고 또 하나는 선명한 보라색이다. 이제 이러한 모든 것은 과학철학자들에게 "부정적" 증거지만(결정적 증거에 반대되는) 배위화학의 경우는 점점 더 유력해졌다. 배위화합물의 광학활성을 고려할 때 나타나는 Werner의 긍정적 증거는 다음 장(2.2절)에서 설명하겠다. 그러나 "부정적" 증거는 Jørgensen이 충분히 가지고 있었다. 1907년에 Jørgensen은 Werner의 "대담한" 배위이론에 대한 반대를 철회하였다.

이러한 모든 것은 자주 과학의 경우에 그러하듯이 때때로 모험을 택할 필요가 있다는 것이 실증되고 있다. 우리는 실로 혁명적 발전을 위하여 때때로 직관에 따라야 하고 어떤 현상에 관하여 새롭고 때로는 그다지 지지를 받지 못하는 사고방식을 옹호하여야 한다. Blomstrand와 Jørgensen은 확립된 유기화학의 개념을 더 새로운 배위화합물로 확장하려고 시도하였다. 그렇게 함으로서 그들은 실제로 이 분야의 화학 이해의 진전이 취약한 것을 입증할 수 있었다. 물론 그 비결은 확정된 아이디어를 지지할 때와 버릴 때를 식별하는 것이다. Werner는 후자의 경우를 선택했고 20년 후 1913년에 화학 노벨상을 받았다.

1.3 현대적 배위화합물의 개요

오늘날 배위화합물의 분자식은 어느 원자단이 배위권 부분이고 어느 부분이 아닌가를 더 분명하게 나타내는 방식으로 표시한다. 이 장의 서론에서 지적한 것처럼 금속원자 또는 이온과 리간드는 괄호 안에 포함된 것과 배위결합을 한다. 암모니아산 염화코발트는 다음처럼 표시할 수 있다.

(1) $CoCl_3 \cdot 6NH_3$ $[Co(NH_3)_6]Cl_3$
(2) $CoCl_3 \cdot 5NH_3$ $[Co(NH_3)_5Cl]Cl_2$
(3) $CoCl_3 \cdot 4NH_3$ $[Co(NH_3)_4Cl_2]Cl$
(4) $CoCl_3 \cdot 3NH_3$ $[Co(NH_3)_3Cl_3]$

괄호 안의 암모니아 분자와 염화이온은 코발트의 배위수를 만족한다. 배위권 염화물은 두 가지 의무를 수행하고 또한 코발트의 +3 산화상태를 만족하게 도와준다. 괄호 밖의 염화물은 때때로 반대이온(*counter ion*)이라 부르고 산화상태만 만족하게 도움을 준다. 괄호 밖의 염화물은 다만 질산은에 의한 침전에 이용가능한 이온성 염화물이다. 예를 들어 화합물 (2)를 물에 넣고 질산은 수용액으로 처리하면 그 결과의 반응은 식 (1.2)로 표시한 것과 같다.

$$[Co(NH_3)_5Cl]Cl_2(s) + 2Ag^+(aq) \longrightarrow 2AgCl(s) + [Co(NH_3)_5Cl]^{2+}(aq) \quad (1.2)$$

코발트 화합물은 Werner의 연구 프로그램 중에서 가장 유력한 주제이지만 Werner와 그의 공동연구자들은 다른 금속도 함께 연구했다. 예를 들어 현대의 형태로 제시한 다음의 암모니아산 백금(platinum ammonate) 계열을 생각하자. 이 경우에 그 계열은 착음이온까지 확장되는 점에 유념하라. 이러한 후자의 경우에, 즉 화합물 (6)과 (7)은 반대이온이 포타슘 양이온이다.

(1) $[Pt(NH_3)_6]Cl_4$
(2) $[Pt(NH_3)_5Cl]Cl_3$
(3) $[Pt(NH_3)_4Cl_2]Cl_2$
(4) $[Pt(NH_3)_3Cl_3]Cl$
(5) $[Pt(NH_3)_2Cl_4]$
(6) $K[Pt(NH_3)Cl_5]$
(7) $K_2[PtCl_6]$

Werner는 크로뮴 착물도 연구하였다. 1901년에 Werner는 두 가지 알려진 $CrCl_3 \cdot 6H_2O$ 화학식은 보라색 $[Cr(H_2O)_6]Cl_3$와 에메랄드 초록색 $[Cr(H_2O)_4Cl_2]Cl \cdot 2H_2O$로 표시해야 한다는 것을 제안하기 위하여 분자량 측정과 전도도의 결과를 이용했다.

암모니아는 분명히 Werner가 연구하려는 가장 유명한 리간드 중 하나다. 암모니아는 한자리 리간드(*monodentate ligand*)라 하고 금속 원자 또는 이온과 한 전자쌍을 공유하는 것으로 정의한다. 한자리(*monodentate*)라는 단어는 그리스어 mono(하나)와 라틴어 dentis(이)에서 유래하였고 문자 그대로 "하나의 이"(tooth)를 의미한다. 그러므로 한자리 리간드는 금속을 이로 "무는"(bite) 한 전자쌍만 갖는다. 몇 가지 다른 일반적 한자리 리간드를 표 1.3에 제시한다(이들 리간드에 대한 명명법은 다음 절에서 설명한다). 마찬가지로 두 자리, 세 자리... 여러 자리 리간드 들이 있는 것은 놀라운 것이 아니다. 일반적으로 리간드의 이(*denticity*)는 금속 원자 또는 이온과 공유한 전자쌍의 수로 정의한다. 몇 가지 기타 일반적 여러 자리 리간드도 표 1.3에 제시한다. 이들 리간드의 이는 괄호에 표시한다. 예를 들어 에틸렌다이아민(ethylenediamine)의 이는 둘이다.

그림 1.5에 제시한 에틸렌다이아민(ethylenediamine)은 Werner와 Jørgensen의 연구에서 특히 중요한 두 자리 리간드이다. 이 화합물 중 두 질소원자는 금속과 공유할 수 있는 한 고립 전자쌍을 갖는 것에 주목하라. 또한 그 두 전자쌍이 동일한 금속과 서로 반응할 때 결과적으로 생기는 위치배열은 먹이를 붙잡고 있는 게(crab)와 대단히 비슷하다. 이러한 방식으로 금속원자와 하나 이상 고리를 형성하는 여러 자리 리간드(multidentate ligand)는 킬레이트(*chelate*) 또는 킬레이트제(*chelating agent*)라 부르고 "집게"를 의미하는 그리스어 chele에서 유래한 용어이다. 부수적으로 당신이 유기화학을 공부한다면 에틸렌다이아민에 대하여 조금 놀랄 것이다. 현대 유기화학자들은 이 화합물을 1,2-다이아미노에테인(diaminoethane)이라고

표 1.3 일반적 한자리 리간드, 여러자리 리간드, 다리리간드, 양손잡이 리간드

	일반적 한자리 리간드		
F^-	fluoro		
Br^-	bromo		
I^-	iodo		
CO_3^{2-}	carbonato		
NO_3^-	nitrato		
SO_3^{2-}	sulfito		
$S_2O_3^{2-}$	thiosulfato		
SO_4^{2-}	sulfato		
CO	carbonyl		
Cl^-	chloro		
O^{2-}	oxo		
O_2^{2-}	peroxo	일반적 다리 리간드 (sulfato~nitro)	
OH^-	hydroxo		
NH_2^-	amido		
CN^-	cyano		
SCN^-	thiocyanato		양쪽 자리성 리간드 (cyano~nitro)
NO_2^-	nitro		
H_2O	aqua		
NH_3	ammine		
CH_3NH_2	methylamine		
$P(C_6H_5)_3$	triphenylphosphine		
$As(C_6H_5)_3$	triphenylarsine		
N_2	dinitrogen		
O_2	dioxygen		
NO	nitrosyl		
C_2H_4	ethylene		
C_5H_5N	pyridine		
	여러자리 리간드		
$NH_2CH_2CH_2NH_2$	ethylenediamine (en)	(2)	
$CH_3\underset{\underset{O}{\|}}{C}\overset{(-)}{C}H\underset{\underset{O}{\|}}{C}CH_3$	acetylacetonato (acac)	(2)	
$C_2O_4^{2-}$	oxalato (ox)	(2)	
$NH_2CH_2COO^-$	glycinato (gly)	(2)	
$NH_2CH_2CH_2NHCH_2CH_2NH_2$	diethylenetriamine (dien)	(3)	
$N(CH_2COO)_3^{3-}$	nitrilotriacetato (NTA)	(4)	
$(OOCCH_2)_2NCH_2CH_2N(CH_2COO)_2^{4-}$	ethylenediamine-tetraacetato (EDTA)	(6)	

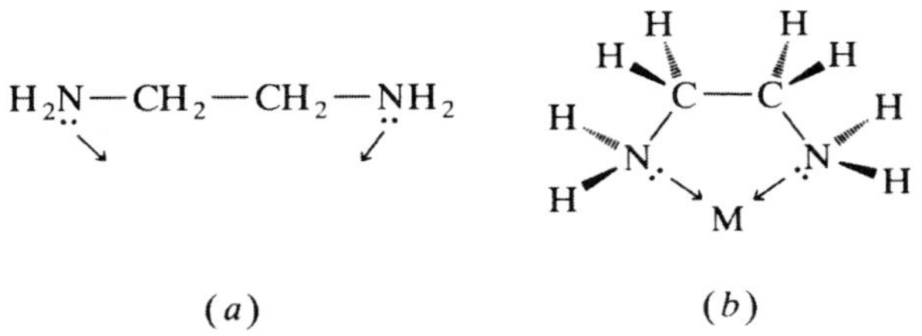

그림 1.5

두 자리 에틸렌다이아민 리간드

$H_2\ddot{N}-CH_2-CH_2-\ddot{N}H_2$

(*a*)

(*b*)

부르지만 에틸렌을 $-C_2H_4-$이라는 라디칼로 이용하는 오래된 이름은 배위화학의 명명에서 영원히 고정된 것처럼 보인다.

다른 두 가지 일반 형태의 리간드를 표 1.3에 제시하고 여기에서 간단히 설명하겠다. 첫째 종류 리간드는 일반적 다리 리간드(*bridging ligand*)이고 동시에 두 금속원자가 공유할 수 있는 두 전자쌍을 갖는 리간드라고 정의한다. 그러한 리간드와 금속원자의 상호반응은 M ⟵ : L :⟶ M라고 표시할 수 있다. 다리 리간드 종류는 아마이드(amide, NH_2^-), 카보닐(carbonyl, CO), 염화물(chloride, Cl^-), 시안화물(cyanide, CN^-), 수산화물(hydroxide, OH^-), 아질산(nitrite, NO_2^-), 산화물(O^{2-}), 과산화물(O_2^{2-}), 황산(sulfate, SO_4^{2-}), 티오시안산(thiocyanate, SCN^-)이다. Werner는 이러한 종류의 리간드를 함유하는 여러 가지 암모니아 코발트 또는 에틸렌다이아민 코발트 화합물의 제조에 매우 활발하였다. 여기에 포함되는 둘째 종류 리간드는 양손잡이 리간드(*ambidentate ligand*)이다.* 이들은 실험조건과 관련있는 금속에 따라 한 전자쌍을 금속과 공유하기 위하여 서로 다른 두 원자 중 하나를 이용할 수 있는 리간드이다. 이러한 종류의 리간드를 :AB:라고 표시하면 금속원자와 두 가지 가능한 배위-공유 결합, 즉 M ⟵ :AB: 또는 :AB:⟶ M 중 하나를 형성할 수 있다. 일반적으로 양손잡이 리간드는 시안화물, 티오시안산, 아질산을 포함한다.

1.4 배위화합물의 명명법**

배위화합물의 명명은 두 부분으로 나누어 설명하겠다. 여기에서는 이온성 배위화합물과 함께 간단한 중성 화합물에 존재하는 리간드(여러 자리 리간드, 양손잡이 리간드, 다리 리간드)를 명명하는 기본을 설명한다. 2장에서는 가능한 여러 가지 이성질체 화합물의 명명에 집중하겠다.

역자주: * 양손잡이 리간드(ambidentate ligand)는 대한화학회에서 여러자리성 리간드라고 명명한다. 그러나 multidentate ligand도 여러자리 리간드라고 명명하여 서로 혼란이 생길 가능성이 있으므로 여기에서는 구별하여 부른다.

** 배위화합물에 대한 상세한 국어 명명법은 화학회에서 발간된 무기화합물명명법 169-252쪽을 참고하라.

표 1.4는 리간드와 간단한 배위화합물의 명명에 대한 몇 가지 규칙을 제시한다. 음이온성 리간드 이름은 할로젠화물(halide), 수산화물(hydroxide), 등의 *-ide* 접미사와 *-ate* 또는 *-ite* 접미사를 제거하고 *-o*로 바꿔 변형하는 것에 유의하라. 따라서 플루오르화물(flouride)은 플루오로(fluoro), 질산(nitrate)은 나이트라토(nitrato), 아황산(sulfite)은 설피토(sulfito) 등으로 변형한다(명명법에서 언제나 있는 것처럼 몇 가지 예외가 있다. 예를 들어 아마이드(amide)는 아미도(amido) 그리고 양손잡이 리간드 아질산(nitrite)의 *N*-결합 형태는 나이트로(nitro) 등으로 된다). 매우 드물지만 양이온 리간드는 어간(root name)에 *-ate* 접미사를 첨가하여 변형한다. 중성 리간드의 이름은 특수한 이름을 갖는다. 예를 들어 물은 아쿠아(aqua), 암모니아(ammonia)는 암민(ammine), 일산화탄소(carbon monooxide)는 카보닐(carbonyl), 그리고 산화질소(nitrogen oxide)는 나이트로실(nitrosyl)이라고 부른다. 분자성 산소와 질소는 각기 이산소(dioxigen)와 이질소(dinitrogen)라고 한다.

배위화합물의 명명에서 음이온은 첫째에 그리고 그 다음에 양이온을 명명한다 (영어명명은 이것과 반대 순서이다. 일반적 염류와 같게, 예를 들어 염화소듐(sodium chloride) 또는 질산암모늄(ammonium nitrate)처럼 일정한 착물에 대하여 리간드는 알파벳 순서로 처음에 그리고 금속 이름이 뒤따른다(배위 화합물의 화학식을 기록할 때는 반대 순서에 따른다. 즉 금속 기호는 리간드 화학식에 선행한다). 금속 산화상태는 이름 뒤의 괄호 안에 로마 숫자로 표시한다(0의 산화상태는 괄호 안에 숫자 0을 넣어 표시한다). 착물이 음이온이면 *-ate* 접미사를 금속 이름에 첨가한다. 때때로 *-ium* 또는 기타 접미사는 *-ate*를 첨가하기 전에 금속 이름에서 제거해야 한다. 예를 들어 크로뮴(chromium)은 크로뮴산(chromate), 망가니즈(manganese)는 망간산(manganate), 몰리브데늄(molybdenum)은 몰리브덴산(molybdate)으로 된다. 구리, 철, 금, 은과 같은 몇 가지 금속은 금속의 라틴어 어간을 그대로 유지하고 각기 음이온을 나타내게 구리산(cuprate), 철산(ferrate), 금산(aurate), 은산(argentate)으로 된다.

리간드 수는 표 1.4에 제시한 적절한 접두사로 표시한다. 두 벌의 접두사를 사용하는 것에 유념하라. 첫째는 일원자 이온, 짧은 이름을 갖는 다원자 이온, 혹은 앞에서 지적한 특수한 중성 리간드에 대하여 다이-(*di-*), 트라이-(*tris-*), 테트라-(*tetra-*) 등의 접두사를 갖는 것에 유념하라. 그리고 둘째는 표 1.4의 첫 번째 목록 −예를 들어 에틸렌다이아민 혹은 트리페닐포스핀− 으로부터 한 접두사를 이미 함유한 리간드에 대하여 혹은 이름이 보편적으로 괄호 안에 나타나는 리간드에 대하여 비스-(*bis-*), 트리스-(*tris-*), 테트라키스-(*tetrakis-*) 등의 접두사를 갖는 것에 유념하라. 괄호의 이용은 예상하는 것처럼 실제로 계통적이지 않다. 일반적으로 특별한 이름이 없는 중성 리간드와 특히 긴 이름을 갖는 이온성 리간드는 괄호에 넣는다. 그러므로 예를 들어 아세틸아세토나토(acetylacetonato)는 일반적으로 괄호에 넣고 옥살라토(oxalato)는 아니다.

양손잡이 리간드의 취급은 두 방법이 있다. 첫째는 전자쌍을 금속에 주는 원자에 따라 약간 다른 이름 형태를 이용한다. 둘째는 실제로 리간드 이름 앞에 전자쌍

표 1.4 간단한 배위화합물의 명명법 규칙

리간드

1. -*O*로 끝나는 음이온성 리간드

F^-	fluoro	NO_2^-	nitro	SO_3^{2-}	sulfito	OH^-	hydroxo
Cl^-	chloro	ONO^-	nitrito	SO_4^{2-}	sulfato	CN^-	cyano
Br^-	bromo	NO_3^-	nitrato	$S_2O_3^{2-}$	thiocyanato	NC^-	isocyano
I^-	iodo	CO_3^{2-}	carbonato	ClO_3^-	chlorato	SCN^-	thiocyanato
O^{2-}	oxo	$C_2O_4^{2-}$	oxalato	CH_3COO^-	acetato		
NCS^-	isothiocanato						

2. 중성 리간드는 중성 분자로 명명한다

C_2H_4	ethylene	$(C_6H_5)_3P$	triphenylphosphine
$NH_2CH_2CH_2NH_2$	ethylenediamine	CH_3NH_2	methylamine

3. 네 가지 중성 리간드는 특수한 이름이 있다.

   H_2O aquo NH_3 ammine CO carbonyl NO nitrosyl

4. -*ium*으로 끝나는 양이온성 리간드

   NH_2NH_3 hydrazinium

5. 양손잡이 리간드는 다음처럼 표시한다.
   a. 두 가지 형태에 대한 특수한 이름의 사용. 예를 들어 $-NO_2^-$와 $-ONO^-$는 nitro와 nitrito
   b. 리간드 이름 앞에 배위 원자의 기호를 놓는다. 예를 들어 $-SCN^-$과 $-NCS^-$에 대한 *S*-thiocanato와 *N*-thiocyanato
6. 다리 리간드는 리간드 이름 앞에 μ-를 놓아 표시한다.

간단한 배위 화합물

1. 첫째 영이온을 명명하고 다음에 음이온을 명명한다.
2. 리간드는 알파벳 순서로 나열한다.
3. 각 종류의 라간드 수(2, 3, 4, 5, 6)는 다음처럼 나타낸다.
   a. 다음에 대하여는 접두사 *di-*, *tri-*, *tetra-*, *penta-*, *hexa-*를 첨자한다.
      (1) 모든 단일원자 리간드
      (2) 짧은 이름을 갖는 다원자 리간드
      (3) 특수한 이름을 갖는 중성 리간드
   b. 다음에 대하여 *bis-*, *tris-*, *tetrakis-*, *pentakis-*, *hexakis-*를 첨자한다.
      (1) 이름이 첫째 종류의 접두사(*di-*, *tri-*, 등등)를 함유하는 리간드
      (2) 특수한 이름이 없는 중성 리간드
      (3) 특별히 긴 이름을 갖는 이온성 리간드
4. 음이온이 착물이면 그 금속 이름에 접미사 *-ate*를 첨자한다(때때로 *-ium* 또는 정상 이름의 접미사는 *-ate* 접미사를 첨자하기 전에 제거한다. 구리, 철, 금, 은과 같은 몇 가지 금속은 그 금속에 대한 라틴어의 어간을 사용하고 각기 cuprate, ferrate, aurate, argentate로 바꾼다).
5. 중심 금속의 산화상태는 이름 뒤의 괄호 안에 로마 숫자로 표시한다.

을 제공하는 원자의 기호를 놓는다. 그러므로 −SCN은 티오시아나토(thiocyanato) 또는 *S*-티오시아나토(*S*-thiocyanato)이고 그 반면에 −NCS는 아이소티시아나토(isothiocyanato) 또는 *N*-티오시아나토(*N*-thiocyanto)이다. 그러나 $-NO_2^-$와 −ONO는 대부분 항상 각기 나이트로(nitro)와 나이트리토(nitrito)라고 한다.

다리 리간드는 리간드 이름 앞에 그리스어 글자를 놓아 표시한다. 그러므로 다리 리간드 수산화물(hydroxide, OH^-), 아마이드(amide, NH_2^-), 과산화물(peroxide, O_2^{2-})은 각기 μ-하이드록소(hydroxo), μ-아미도(amido), μ-퍼옥소(peroxo)로 된다. 일정한 다리 리간드를 하나 이상 가지면 리간드 수를 표시하는 접두사는 μ 다음에 놓는다. 예를 들어 두 개의 염소 다리 리간드가 있으면 그들을 μ-다이클로로(dichloro)라고 표시한다. 서로 다른 다리 리간드가 하나 이상 있으면 알파벳 순서로 놓는다. 표 1.4와 교과서 설명을 이해하는 최선 방법은 다음의 예에 있다. 우선 다음 화학식의 화합물 명명을 생각하자(역자주: 명명할 때 NH_3는 암민(ammine) 그리고 아민계 유기물은 아민(amine)이라고 쓴다).

예 1 **$[Co(NH_3)_4Cl_2]Cl$ 화합물을 명명하라.**

착음이온을 명명하는 것으로 시작한다. 리간드는 알파벳 순서로 처음에 암민(ammine)을 그리고 다음에 클로로(chloro)를 명명한다. 4 암모니아와 2 염화물이 있으므로 접두사 테트라-(tetra-)와 다이-(di-)를 이용한다. 코발트 산화상태는 다음처럼 전하를 추적하여 결정한다: 착양이온의 알짜 전하는 한 염화물 음이온(1−)과 균형을 맞추기 위하여 1+여야 한다. 배위권에 두 염화물(1−)이 있으므로 코발트는 1+로 되는 양이온의 알짜 전하가 되기 위하여 3+이여야 한다. 이러한 모든 것을 이용하면 그 화합물 이름은 다음과 같다.

염화 테트라암민다이클로로코발트(III)
tetraamminedichlorocobalt(III) chloride

예 2 **$(NH_4)_2[Pt(NCS)_6]$ 화합물을 명명하라.**

여기에는 백금을 함유하는 착음이온과 양이온으로서 암모늄이온 NH_4^+이 있다. 리간드를 쓸 때 처음에 N 기호를 이용하여 표시한다고 하면 그것이 양손잡이 리간드 형태의 아이소티오시아나토(isothiocyanato, 다른 방법으로는 *N*-티오시아나토(*N*-thiocanato)라고 알려져 있다. 이들 리간드는 여섯 개이므로 헥사-(*hexa*-) 접미사를 사용한다. 음이온은 두 1+ 암모늄 양이온과 균형을 유지하기 위하여 2− 알짜 전하를 가져야 한다. 티오시안산도 1−이므로 백금 산화상태는 4+이어야 음이온이 알짜 2− 전하로 된다. 백금은 착음이온에 함유되어 있으므로 그것의 영어이름 중 *-um* 접미사를 제거하고 -산(*-ate*)으로 치환한다. 따라서 그 화합물의 전체 이름은 다음과 같다.

헥사아이소티오시아나토백금산(IV) 암모늄
ammonium hexaisothiocyanatoplatinate(IV)

예 3 **$[Cu(NH_2CH_2CH_2NH_2)_2]SO_4$ 화합물을 명명하라.**

예 1처럼 다시 착양이온을 취급한다. 리간드는 에틸렌다이아민(ethylenediamine)이고 그것은 때때로 en이라는 약자로 표시하므로 이 화합물의 화학식은 일반적으로 $[Cu(en)_2]SO_4$라고 줄여서 쓴다. 이 화합물에 두 에틸렌다이아민 리간드가 있다. 그러나 그것은 그 이름에 다이-(*di-*)를 갖는 중성 리간드이므로 접두사 비스-(*bis-*)를 사용한다. 구리 산화상태는 착물 양이온의 알짜 전하와 같다(그 리간드는 중성이므로). 그 전하는 황산이온의 2−와 균형을 이루기 위하여 2+여야 한다. 이 화합물의 전체 이름은 다음과 같다.

황산 비스에틸렌다이아민구리(II)
bis(ethylenediamine)copper(II) sulfate

예 4 **$[Ag(CH_3NH_2)_2][Mn(H_2O)_2(C_2O_4)_2]$ 화합물을 명명하라.**

이 경우에 양이온과 음이온이 모두 착물이다. 양이온으로부터 시작하여 두 메틸아민 리간드가 있고 그것에 대하여 *bis-* 접미사를 사용한다, 음이온에서 두 아쿠아(aqua, 물) 리간드는 알파벳 순서에 따라 두 옥살라토(oxalato) 리간드 앞에 온다. 망가니즈 이름은 이 금속이 착음이온이므로 망간산으로 변형한다. 여기에서 산화상태는 양이온과 음이온이 1:1 비율이어야 한다. 이것은 Ag(I)/Mn(III), Ag(II)/Mn(II), 또는 비슷한 값일 수 있다. 이 경우에 산화상태의 합은 4이다. 은과 망가니즈의 화학을 고려하여 첫 번째 경우가 가장 적절하다(머지 안아 그러한 문제를 토론할 필요가 없는 일반 전이금속 산화상태와 충분히 친숙하게 될 것이다). 이 화합물의 전체 이름은 다음과 같다.

다이아쿠아다이옥살라토망간산(III) 비스메틸아민은(I)
bis(methylamine)silver(I) diaquadioxalatomanganate(III)

예 5 **다음 화합물을 명명하라.**

```
                 H   H
                 O   O
               /   X   \
[(NH3)3Co               Co(NH3)3](NO3)3
               \       /
                   O
                   H
```

이것은 다리 화합물(bridged compound)의 첫 번째 예이다. 두 코발트 이온 사이에 세 수산화 다리가 있다. 그러한 화합물은 왼쪽에서 오른쪽으로 명명하고 다리 리간드 앞에 μ를 놓는 것을 기억하라. 금속 산화상태는 (III)과 (III), (II)와 (IV), (I)와 (V), 또는 합쳐 6이 되는 어떤 다른 조합일 수 있다. 그러나 코발트 화학을 간단히 살펴보면 아마(그리고 정확하게) 첫 번째 조합, 즉 (III)과 (III)을 선택할 것이다. 그 화합물의 전체 이름은 다음과 같다.

질산 트리암민코발트(III)-μ-트리하이드록시암민코발트(III)
triamminecobalt(III)-μ-trihydroxotriamminecobalt(III) nitrate

이제 배위화합물의 이름을 제시하고 정확한 화학식을 찾아보는 몇 가지 예를 살펴보자. 덧붙여 말하자면 모든 화합물에 대한 것처럼 이러한 화학식을 쓰는 규칙은 국제 응용 및 순수 화학연맹(International Union of Pure and Applied Chemistry, IUPAC)에 의하여 결정된다. 배위화합물의 리간드 화학식을 쓰는 순서에 관한 규칙은 대단히 복잡하고 일반적으로 교과서에서 이 수준을 취급하지 않는다. 그 대신 리간드 이름의 첫 글자를 알파벳 순서로 배열한 배위화합물 리간드의 화학식을 쓰는 보편적이고 간단한(그러나 공식적으로 정확하지 않은) 연습을 하겠다.

예 6 **염화 아세틸아세토나토테트라아쿠아코발트(II) (acetylacetonato)tetraaquacobalt(II) chloride 화합물의 화학식을 쓰라.**

두 자리 리간드 아세틸아세토나토(acetylacetonato) 화학식은 표 1.3에 제시하였지만 이러한 1− 음이온은 일반적으로 acac라는 약자로 표시한다. acac와 4 H_2O는 Co(III) 양이온이 괄호 안에서 서로 떨어져서 배위권을 구성한다. 그 착이온의 알짜 전하는 1+이므로(acac는 1−이므로) 한 염화물 반대음이온이 필요하다. 그 화합물의 화학식은

$$[Co(acac)(H_2O)_4]Cl$$

예 7 **인산 트리암민클로로에틸렌나이트로백금(IV) triamminechloro(ethylene)nitroplatinum(IV) phosphate 화학식을 쓰라.**

이 화합물은 배위권에 네 가지 서로 다른 종류의 리간드, 즉 NH_3, Cl^-, C_2H_4, NO_2^-(N를 통하여 결합한다)를 갖는다. 이 화학식을 구성할 때 실제 어려움은 얼마나 양이온과 음이온이 있어야 하는가의 계산이다. 알짜 전하는 2+ 양이온과 3− 음이온이다. 그러므로 전기 중성을 유지하기 위하여 세 양이온과 두 음이온이 있어야 한다. 이 화합물의 화학식은

$$[Pt(NH_3)_3Cl(C_2H_4)NO_2]_3(PO_4)_2$$

예 8 **황산 테트라암민크로뮴(III)-μ-아미도-μ-하이드록소비스에틸렌다이아민철(III) tetraamminechromium(III)-μ-amido-μ-hydroxobis(ethylenediamine)iron(III) sulfate 화학식을 쓰라.**

OH^-와 NH_2^-는 코발트와 철의 양이온 사이에 다리 리간드이다. 이 거대한 양이온의 전체 전하는 4+이다(두 3+ 양이온으로부터 6+ 그리고 두 1− 음이온으로부터 2−). 그러므로 화학식에 두 2− 황산이 있어야 한다.

$$[(NH_3)_4Cr\underset{\underset{H}{O}}{\overset{\overset{H_2}{N}}{\diagup\diagdown}}Fe(en)_2](SO_4)_2$$

연습문제

PROBLEMS

1.1 Dalton 원자론을 간단히 설명하라. 내장고리(embedded hook)의 개념은 Dalton이 설명한 원자 사이에 형성된 분자 존재의 설명에 어떻게 이용할 수 있는가?

1.2 일정성분비법칙은 일정한 화합물 중 원소들이 항상 동일한 질량비로 존재한다고 설명한다. 이러한 관찰은 초기 화학자들을 일정한 원잣가 개념으로 어떻게 이끌었는가?

1.3 배수비례법칙은 두 원소들이 서로 다른 잘량비로 결합하여 서로 다른 화합물을 형성한다고 설명한다. 예를 들어 일산화탄소와 이산화탄소를 모두 형성한다. 이 법칙은 이러한 두 가지 탄소 산화물이 증명하는 것처럼 일정한 원잣가 개념과 일치하는가 또는 일치하지 않는가? 간단히 설명하라.

1.4 Rutherford는 알파 입자들이 얇은 금박과 충돌하는 실험에 의하여 원자들이 핵을 함유한다고 어떻게 제안하게 되었는가를 설명하라.

★1.5 현대 양자역학 또는 Schrödinger 원자의 지식은 원소들의 발광 스펙트럼 설명에 어떻게 응용할 수 있는가를 간단히 설명하라.

1.6 Mendeleev의 초기 주기율표에서 남아있는 그 유명한 빈 칸들은 원잣가 개념을 어떻게 도출했는가 간단히 설명하라.

★ 표시는 더 어려운 문제이다.

1.7 (*a*) 탄소원자의 사슬결합, (*b*) 모든 원자에 대한 일정한 단일 원잣가, (*c*) 일정한 결합 능력을 갖는 원자단("라디칼") 등에 대한 개념들이 배위화합물의 결합설명에서 어떻게 실망스런 결과로 되었는가를 간단히 용약하라.

1.8 당신이 1890년대 후반에 Jørgensen의 자리에 있다면 $CoCl_3 \cdot 4NH_3$의 두 가지 이성질체를 어떻게 설명할 수 있는가?

1.9 암모니아 분자의 전체 원잣가는 2를 갖는 것으로 생각하여 Blomstrand-Jørgensen 사슬이론에서 $-NH_3-$으로 표시한 것과 같은 벙법으로 물은 $-H_2O-$으로 표시할 수 있다. 크로뮴(III), 물, 그리고 염화물을 함유하는 몇 가지 화합물은 다음과 같다.

화학식	침전된 Cl^- 이온의 수
(1) $CrCl_3 \cdot 6H_2O$	3
(2) $CrCl_3 \cdot 5H_2O$	2
(3) $CrCl_3 \cdot 4H_2O$	1

(*a*) 질산은의 수용액[$AgNO_3(aq)$]을 이용하여 표에 있는 화합물 (I)의 반응에 대한 균형식을 쓰라.

(*b*) 이러한 화합물의 수용액 전도도는 어떻게 변할 수 있는가? 해답을 이론적으로 간단히 설명하라.

(*c*) (i) Blomstrand-Jørgensen 사슬이론, (ii) Werner 배위이론, (iii) 배위화합물을 표시하는 현재의 방법 등을 사용하여 표에 있는 화합물 (2)의 적절한 도형을 그려라.

1.10 오늘날 배위화합물이라고 알려진 것에 대한 이론을 제공하기 위하여 Blomstrand, Jørgensen, Werner 들이 연구할 때 그들에 의하여 고려된 첫 번째 화합물은 암모니아산코발트였다. 1800년대 후반에 알려진 또 다른 계열은 다음에 표로 제시한 암모니아산염화백금이다.

화합물	침전된 Cl^-의 수 질산은에 의하여	전도도	알려진 이성질체의 수
(1) $PtCl_2 \cdot 4NH_3$	2	|	1
(2) $PtCl_2 \cdot 3NH_3$	1	감소	1
(3) $PtCl_2 \cdot 2NH_3$	0	↓	2

(*a*) 이러한 세 가지 화합물에 대하여 Blomstrand와 Jørgensen이 기록한 것처럼 구조식을 쓰라.

(*b*) 이들 화합물[화합물 (3)의 두 가지 이성질체를 포함하는]에 대하여 Werner가 기록한 것처럼 구조식을 쓰라.

(*c*) 오늘날 표시한 것처럼 구조식을 쓰라(힌트: 백금에 대한 기하구조는 사각평면 이다).

1.11 덜 반응적 염화물은 코발트 다음에 놓고 더 반응일수록 더 멀리 놓는 Jørgensen 아이디어는 Werner의 생각에 어떤 방법으로 영향을 주었는가?

1.12 MA_4 화학식의 배위화합물은 사각평면 또는 사면체일 수 있다. MA_2B_2 화학식의 화합물이 이러한 두 기하구조로 존재하는 것으로 예상되는 이성질체 수는 얼마인가? $Pt(NH_3)_2Cl_2$는 두 이성질체가 알려졌고 $[CoBr_2I_2]^{2-}$는 한 이성질체만 알려져 있다. 이러한 착물들의 구조를 추측하라.

★1.13 Werner의 낮은 원잣가(제이원잣가)는 삼각프리즘의 모퉁이로 지향한 것으로 상상하라. 염화암민다이클로로코발트(III) tetraamminedichlorocobalt(III) chloride의 가능한 모든 이성질체를 그려라.

1.14 Werner의 낮은 원잣가는 육각형 모퉁이로 지향한 것으로 상상하라. 테트라암민다이클로로백금산(IV) tetraamminedichloroplatinate(IV)의 가능한 모든 이성질체를 그려라.

1.15 Werner의 낮은 원잣가는 팔면체 아닌 육각평면이라고 상상하라. $Cr(CO)_3Cl_3$의 가능한 모든 이성질체를 그린 다음 명명하라.

1.16 Werner의 낮은 원잣가는 팔면체 아닌 삼각프리즘이라고 상상하라. $Cr(CO)_3Cl_3$의 가능한 모든 이성질체를 그린 다음 명명하라.

1.17 $Cr(H_2O)_3Cl_3$ 화합물을 생각하라.

(*a*) Werner가 이 화합물을 어떻게 표시했는가를 보여주는 도형을 그려라. 어느 리간드들이 제일원잣가와 제이원잣가를 만족하는가 설명하라.

★(*b*) 이 착물의 배위권이 삼각프리즘이면 $Cr(H_2O)_3Cl_3$ 기하이성질체 수는 얼마나 가능한가?

(*c*) 그것이 팔면체이면 얼마인가?

분명하게 그린 도형을 이용하여 (*b*)와 (*c*) 부분에 대한 해답을 증명하라.

1.18 두 자리 옥살산(oxalate) 리간드에 대하여 그림 1.5와 같은 도형을 그려라(힌트: 이 음이온은 공명구조를 갖는다).

★1.19 코발트(III), 암모니아, 아질산(NO_2^-) 음이온, 포타슘(K^+) 양이온의 조합은 일련의 7배 위화합물을 형성한다.

(*a*) 이 계열의 화합물에 대한 현대 화학식을 쓰라(힌트: 전체 7 화합물이 4 성분을 모두 함유하는 것이 아니다).

(*b*) 각 화합물에 이온성 아질산은 몇인가?

(*c*) 각 화합물은 팔면체 배위권을 갖는다 가정하고 각 화합물은 몇 이성질체를 갖는가?

★1.20 철(III), H_2O, Cl^-, NH_4^+의 조합은 일련의 7 배위화합물을 형성할 수 있고 그것 중 하나는 $[Fe(H_2O)_6Cl_2]$이다.

(*a*) 그 계열의 다른 화합물에 대한 현대 화학식을 쓰라(힌트: 전체 7 화합물이 4 성분을 모두 갖는 것이 아니다).

(*b*) 각 화합물로부터 질산은 수용액과 반응에 의하여 몇 염화물이 침전될 수 있는가?

(*c*) 각 화합물이 팔면체 배위권을 갖는다 가정하고 각 화합물은 몇 이성질체를 갖는가?

★1.21 백금(II) 양이온, 암모니아 분자, 티오시안산 음이온, 암모늄 양이온의 조합은 일련의 5배위화합물을 형성할 수 있다.

(*a*) 그 계열의 다른 화합물에 대한 현대 화학식을 쓰라(힌트: 전체 5 화합물이 모두 성분을 갖는 것이 아니다).

(*b*) (i) 가장 큰 전하의 양이온과 (ii) 가장 큰 전하의 음이온을 갖는 화합물의 이름을 거명하라.

(*c*) Werner가 설명한 것처럼 이 계열의 중성 화합물에 대한 화학식을 쓰라. 티오시안산 이온은 항상 황원자를 통하여 결합하고 백금(II)은 사각평면 배위권을 갖는다 가정하고 이 화합물은 몇 이성질체를 갖는가?

★1.22 팔라듐(II) 양이온, 트리페닐 분자, 염화 음이온, 암모늄 양이온의 조합은 일련의 5 배위화합물을 형성할 수 있다.

(*a*) 이 계열의 화합물에 대하여 현대 화학식을 쓰라.

(*b*) 어느 화합물이 용액 중에서 가장 큰 전도도를 갖는가? 해답을 간단히 설명하라.

(*c*) Werner가 설명한 것처럼 이 계열의 중성 화합물에 대한 화학식을 쓰라. 팔라듐(II)은 사각평면 배위권을 갖는다 가정하고 이 화합물은 몇 이성질체를 갖는가?

★1.23 Jørgensen은 violeo와 praseo라는 색의 이름을 갖는 두 형태의$(CoCl_2(en)_2]Cl$를 합성했다. Werner는 팔면체 배위권의 증거로 두 가지(그리고 두 가지만) 이성질체의 존재를 열거했다.

(*a*) en은 두자리 리간드의 에틸렌 분자라 생각하고 각 이성질체의 구조식을 그려라(힌트: 에틸렌분자는 팔면체에서 이웃 위치만 걸칠 수 있다).

(*b*) 6 배위수의 배위권은 Werner의 팔면체 아닌 삼각프리즘이라고 가정하라. 그 가정하에서 이 화합물은 몇 이성질체를 갖는가? 각 구조식을 그려라(힌트: 에틸렌다이아민분자는 삼각프리즘의 삼각형과 직사각형 쪽의 이웃 위치만 걸칠 수 있다).

(*c*) 6 배위수의 배위권은 Werner 팔면체아닌 육각 평면이라고 생각하라. 이 화합물은 그 가정에서 몇 이성질체를 갖는가? 각 이성질체의 구조식을 그려라(힌

트: 에틸렌다이아민 분자는 육각형에서 이웃 위치만 걸칠 수 있다).

1.24 다음 화합물을 명명하라.

(*a*) $[Pt(NH_3)_4Cl_2]SO_4$

(*b*) $K_3[Mo(CN)_6F_2]$

(*c*) K[Co(EDTA)]

(*d*) $[Co(NH_3)_3(NO_2)_3]$

1.25 다음 화합물을 명명하라.

(*a*) $[Pt(NH_3)_6]Cl_4$

(*b*) $[Ni(acac)[P(C_6H_5)_3\}_4]NO_3$

(*c*) $(NH_4)_4[Fe(ox)_3]$

(*d*) $W(CO)_3(NO)_2$

1.26 다음 화합을 명명하라.

(*a*) $[Pt\{P(C_6H_5)_3\}_4](CH_3COO)_4$

(*b*) $Ca_3[Ag(S_2O_3)_2]_2$

(*c*) $Ru\{As(C_6H_5)_3\}_3Br_2$

(*d*) $K[Cd(H_2O)_2(NTA)]$

1.27 다음 화합을 명명하라.

(*a*)$[Fe(en)_3][IrCl_6]$

(*b*) $[Ag(NH_3)(CH_3NH_2)]_2[PtCl_2(ONO)_2]$

(*c*) $[VCl_2(en)_2]_4[Fe(CN)_6]$

1.28 여러 배위화합물은 처음에 그 화합물의 색 또는 그것을 합성한 사람의 이름에 따라 명명했다. 현대 명명법을 이용하여 다음 화합물을 명명하라.

(*a*) "roseo" salt $[Co(NH_3)_5H_2O]Br_3$

(*b*) Purpureocobaltic chloride: $[Co(NH_3)_5Cl]Cl_2$

(*c*) Zeise's salt: $K[PtCl_3(C_2H_4)]$

(*d*) Vauquelin's salt: $[Pd(NH_3)_4][PdCl_4]$

★1.29 다음 화합물을 명명하라.

(*a*)

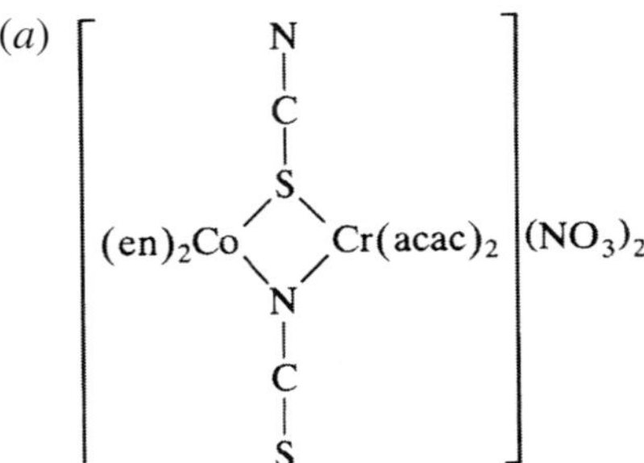

(*b*)

```
            CH3
            |
            C
          /   \
         O     O
         |     |
  (H2O)3Cu     Cu(H2O)3
         |     |
         O     O
          \   /
            C
            |
            CH3
```

} = CH_3COO^- = acetate

(*c*)

```
                       H
                       |
                       O
                     /   \
[(SCN)3(H2O)2Cr            Co(NH3)5]SO4
```

1.30 다음 화합물의 화학식을 쓰라.

(*a*) Pentaammine(dinitrogen)ruthenium(II) chloride

(*b*) Aquabis(ethylenediamine)thiocyanatocobalt(III) nitrate

(*c*) Sodium hexaisocyanochromate(III)

1.31 다음 화합물의 화학식을 쓰라.

(*a*) Bis(methylamine)silver(I) acetate

(*b*) Barium dibromodioxalatocobaltate(III)

(*c*) Carbonyltris(triphenylphosphine)nickel(0)

1.32 다음 화합물의 화학식을 쓰라.

(*a*) Tetrakis(pyridine)bis(triphenylarsine)cobalt(III) chloride

(*b*) Ammonium dicarbonylnitrosylcobaltate(−1)

(*c*) Potassium octacyanomolybdenate(V)

(*d*) Diamminedichloroplatinum(II) (Peyrone's salt)

1.33 다음 화합물의 화학식을 쓰라.

(*a*) Hexaamminecobalt(II) pentachlorocuprate(II)

(*b*) Tetrakis(pyridine)platinum(II) tetrachloroplatinate(II)

(*c*) Diamminebis(triphenylphosphine)palladium(II)bis(oxalato)aurate(III)

1.34 다음 화합물의 화학식을 쓰라.

(*a*) Ethylenediamine)iodonitritochromium(III)-μ-dihydroxotriamminechlorocobalt(III) sulfate

(*b*) Bis(ethylenediamine)cobalt(III)-μ-isocyano-μ-thiocyanatobis(acetylacetonato) chromium(III) nitrate

1.35 다음 화합물의 화학식을 쓰라.

(*a*) Pentaamminechromium(III)-μ-hydroxopentaamminechromium(III) chloride

(*b*) Diammine(ethylenediamine)chromium(III)-μ-bis(dioxygen)tetraamminecobalt(III) bromide

CHAPTER

2 배위화합물의 구조

1장에서 배위화합물의 성질을 살펴보기 시작했다. Werner는 금속이 두 종류 원잣가를 갖는다 가정하고 암모니아산 코발트 구조를 설명하였다. 오늘날 이것을 산화상태와 배위수라고 부른다. 그는 이성질체를 정의한 다음 코발트 주위에 6 리간드의 팔면체 배열을 생각하고 MA_4B_2 화학식의 화합물은 두 이성질체만 가능하다고 설명했다. Werner는 두 이성질체만 제조할 수 있으므로 그와 다른 사람들은 팔면체 배열이 옳다고 확신했다.

이 장에서는 배위화합물 구조를 계통적으로 살펴보겠다. 가능한 여러 종류의 이성질체에 관한 상세한 설명으로 시작한 다음 가장 보편적 배위수를 돌아가면서 설명하겠다. 6 배위수는 일반적으로 팔면체 배열에 상당하지만 사면체와 사각평면 기하구조는 4 배위수만 가능하다는 것을 알게 될 것이다. 만나는 이성질체의 설명에 필요한 명명법은 계속 진행하면서 설명하겠다.

2.1 입체이성질체

그림 2.1은 여러 종류의 이성질체 사이의 관계를 보여준다. 이제 **이성질체**(*isomer*, 그리스어 *isomereres*로부터 유래했다)는 말 그대로 "동일한 부분을 갖는것"을 의미한다. 그러므로 동일한 원자 수와 동일한 형태의 부분(이 경우에는 원자)을 가지면 그 화합물은 이성질체이다. 그림 2.1처럼 이성질체는 동일한 화학결합의 수와 동일한 형태의 **화학결합**을 갖는 여부에 따라 두 가지 주요한 종류로 나눈다. 동일한 결합의 수와 동일한 형태의 결합을 갖는 화합물을 **입체이성질체**(*stereoisomer*)라 하고 그것은 여기에서 취급한다. 서로 다른 수와 서로 다른 형태의 결합을 갖는 화합물을 **구조이성질체**(*structural isomer*)라 하고 2.6절에서 취급한다.

입체이성질체(stereoisomer)는 결합의 공간배열이 서로 다르다. 공간배열이 서로 다른 기하구조이면 그들은 간단히 기하이성질체(geometric isomer)라고 알려져 있다. 이러한 이성질체의 명명법은 대부분 화합물 이름 앞에 *cis*-, *trans*-, *mer*-,

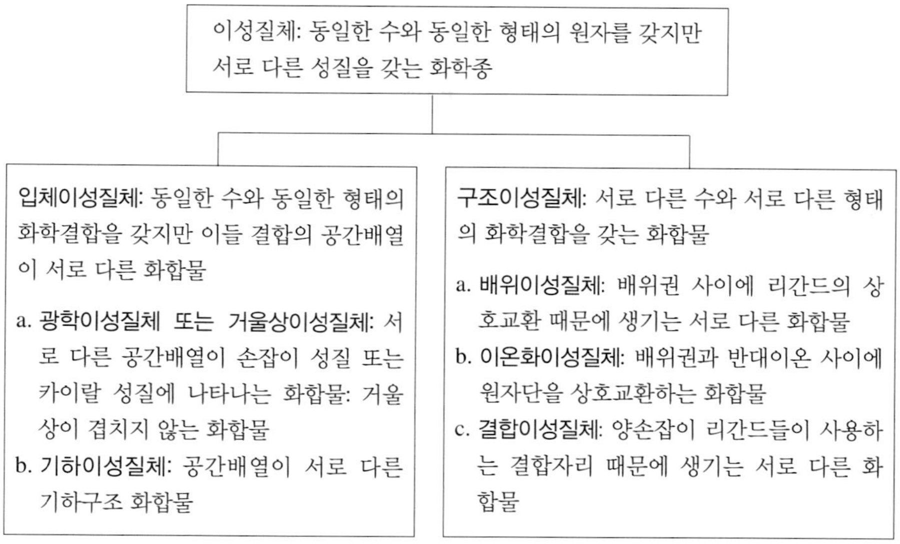

그림 2.1

이성질체의 종류

이성질체: 동일한 수와 동일한 형태의 원자를 갖지만 서로 다른 성질을 갖는 화학종

입체이성질체: 동일한 수와 동일한 형태의 화학결합을 갖지만 이들 결합의 공간배열이 서로 다른 화합물

a. **광학이성질체 또는 거울상이성질체**: 서로 다른 공간배열이 손잡이 성질 또는 카이랄 성질에 나타나는 화합물: 거울상이 겹치지 않는 화합물

b. **기하이성질체**: 공간배열이 서로 다른 기하구조 화합물

구조이성질체: 서로 다른 수와 서로 다른 형태의 화학결합을 갖는 화합물

a. **배위이성질체**: 배위권 사이에 리간드의 상호교환 때문에 생기는 서로 다른 화합물

b. **이온화이성질체**: 배위권과 반대이온 사이에 원자단을 상호교환하는 화합물

c. **결합이성질체**: 양손잡이 리간드들이 사용하는 결합자리 때문에 생기는 서로 다른 화합물

fac- 와 같은 접두사를 붙여 가능한 기하배열 사이에 차이를 구별한다. 구체적 예는 가장 보편적 종류의 배위권을 설명할 때 만날 것이다.

둘째 종류의 입체이성질체는 카이랄성(chirality) 성질을 갖는 분자에 존재한다. **카이랄성**(*chirality*)이라는 말은 "손"을 의미하는 그리스어 *cheir*로부터 유래한 말이다. 카이랄성은 왼손잡이와 오른손잡이를 나타내는 "손잡이"(handedness)를 의미한다. 이제 모두 알고 있는 것처럼 손은 거울상이 서로 겹치지 않는 왼손과 오른손의 두 형태로 존재한다. 한번 시도해 보아라. 손바닥은 손바닥에, 엄지는 엄지에, 집게손가락은 집게손가락에, 그리고 등등으로 겹치게 놓아라. 두 손은 서로 거울상이라는 것에 유의하라. 이제 당신의 손으로 연습해보라. 예를 들어 손을 뒤에서 볼 때 각 손은 정확히 똑같게 보인다. 이번에는 한 손을 다른 손 위에 겹쳐보아라. 손은 똑같게 보일 수 없다. 그 손은 서로 겹칠 수 없는 거울상이다. 그들은 카이랄이다. 다른 물체(손장갑, 가위, 펜싱용 칼, 여러 가지 기구)도 카이랄이다. 즉 그들은 왼손잡이 형태 또는 오른손잡이 형태이다. 예를 들어 야구용 장갑을 구입할 때 당신이 왼손잡이용 장갑 또는 오른손잡이용 장갑을 원하는가 여부를 명시해야한다.

분자도 역시 손잡이성 또는 카이랄성이 있고 서로 겹치지 않는 거울상 형태를 갖는다. 그러한 분자는 광학이성질체(otical isomer) 또는 거울상이성질체라고 알려져 있다. 거울상이성질체(enantiomer)라는 말은 그리스어 *enantios*(opposite를 의미한다)와 meros(part를 의미한다)로부터 유래하였으므로 거울상이성질체는 일정한 카이랄성 분자의 왼손잡이와 오른손잡이 형태이다. 이러한 거울상이성질체는 항상 동일한 녹는점, 끓는점, 이중극자 모멘트, 용매능력 등을 나타내지만 그들을 구별할 수 있는 한 가지 성질은 편광면을 반대방향으로 회전하는 능력이다.

그림 2.2

전자기 복사선의 빛. (a) 수직 전기장(E)과 자기장(M)으로서 빛. (b) 편광 빛에서 가능한 전기장 평면. (c) 편광되지 않은 빛은 한 방향으로 편광매질을 통과한다.

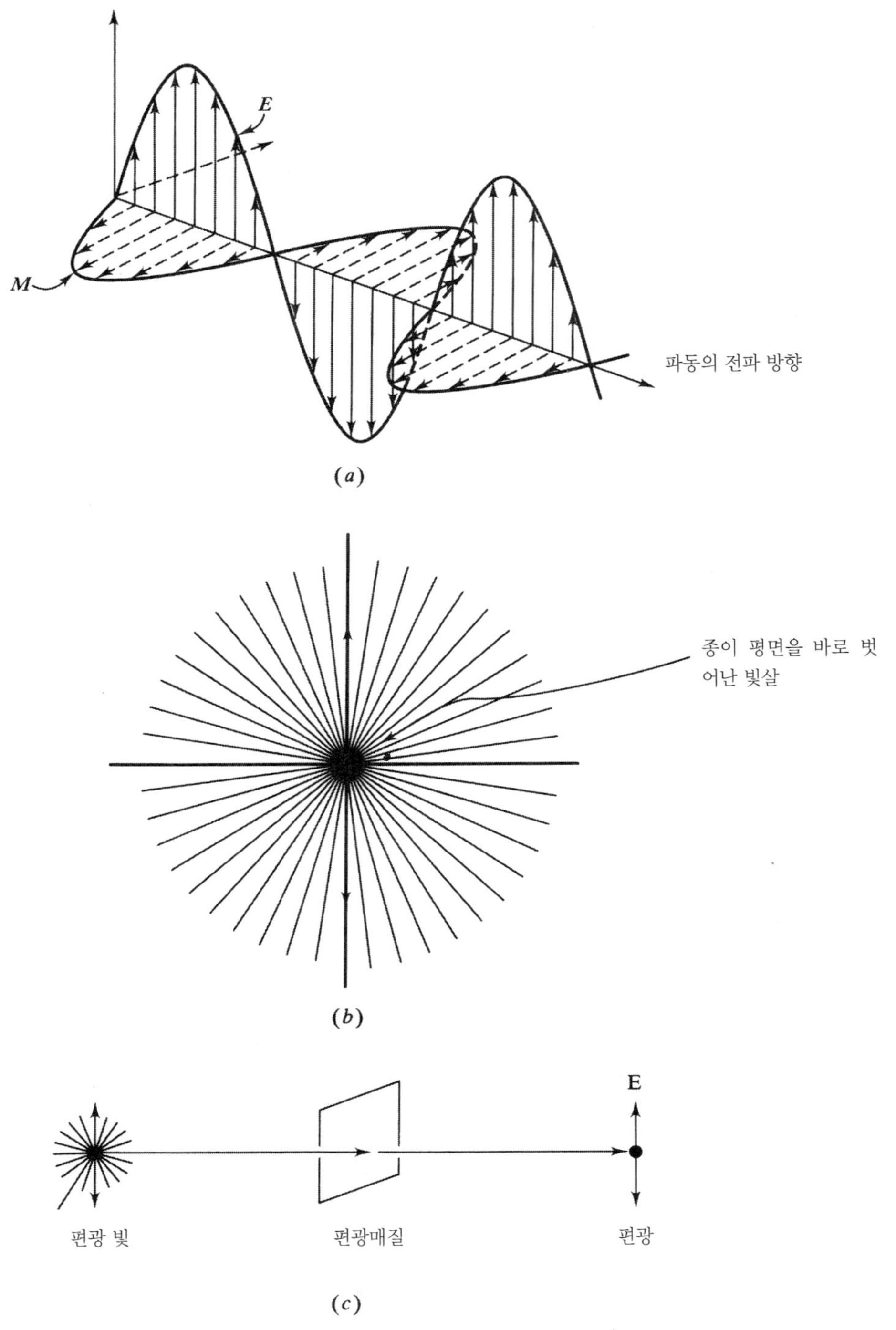

빛은 일반적으로 그림 2.2a처럼 서로 수직되는 평면에서 동시에 진동하는 전기장과 자기장을 갖는다고 설명한다. 그림 2.2b에 전기장을 나타낸 것처럼 두 전기장과 자기장에는 무한수의 평면이 존재가능한 것에 유념하라. 편광되지 않은 보통 빛

그림 2.3

광학활성 시료를 통과하는 편광은 진동 전기장 평면을 θ 각도로 회전한다(그리고 그림에 표시하지 않았지만 진동 자기장의 수직 평면도 회전한다).

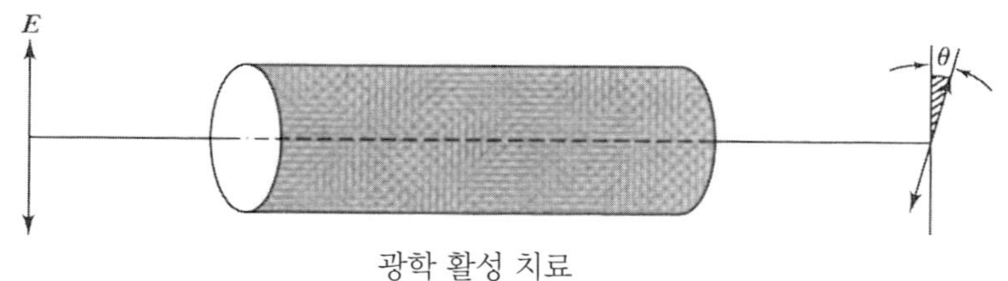

은 그 빛의 수 많은 평면 중에서 한 평면이라도 다른 평면보다 우선할 수 없다. 그러나 보통 빛이 적절한 매질을 통과하면(또는 때때로 반사되면) 편광될 수 있거나 혹은 마치 한 일정한 평면에서만 한정된 것 처럼 거동할 수 있다. 편광은 그림 2.2c 처럼 표시한다. 편광은 수 많은 평면 중에서 한 평면에서만 진동하는 전기장 또는 자기장을 가질 수 있다.

1880년대 초기에 어떤 물질(예를 들어 터펜틴(turpentine), 기타 유기물 액체, 설탕수용액, 석영, 기타 광물)은 광학적으로 활성이고 한 특정한 파장의 편광면을 회전할 수 있다는 것이 발견되었다. 이 상항을 그림 2.3에 제시한다. 그러한 효과는 어떻게 생길 수 있는가? 19세기 중반에 Louis Pasteur는 이러한 물질의 광학 활성이 분자 그 자신의 손잡이성으로부터 생길 수 있다고 제안했다. 오늘날 Pasteur는 절대적으로 옳다고 인정되었다. 어떤 카이랄성 분자의 한 거울상이성질체는 편광을 한 방향으로 회전하는 반면에 한편으로 다른 거울상이성질체는 빛을 반대 방향으로 동일한 각도만큼 회전한다. 두 거울상이성질체분자들이 동일하게 존재하면 라세미 혼합물(racemic mixture)이라 하고 그 때는 편광면의 알자 회전이 없을 것이다.

어떤 일정한 분자가 카이랄성인가 또는 카이랄성이 아닌가 여부를 어떻게 알 수 있는가? 한 방법은 실제로 그것의 거울상을 구성하고 본래의 상과 겹치는 여부를 살펴 본다. 거울상이 겹치지 않으면 그 분자는 카이랄성이다. 분리했을 때 광학활성이면 거울상이성질체로 존재할 것이다. 그러나 실제 거울상의 구성은 때때로 시간이 걸리고 귀찮다. 또 다른 방법으로 더 빠르고 거의 항상 믿을 수 있는 카이랄성에 대한 시험법은 내부거울평면(internal mirror plane)을 찾는 방법이다. 내부거울평면은 어느 한쪽의 어떤 일정한 성분 원자가 다른 똑같은 원자로 반사될 수 있는 분자를 통과하는 대칭면이다. 그러한 내부거울평면이 없는 분자는 카이랄성이다(이 규칙에 약간 예외가 있지만 그것은 이 교과서의 범위를 넘는다).

그림 2.4에 몇 가지 분자를 보여준다. 그 중 어느 것은 내부거울평면을 갖고 어느 것은 내부거울평면을 갖지 않는다. 그림 2.4a는 사각평면 테트라클로로백금산(II) 이온의 세 가지 내부거울평면(가능한 다섯 가지 내부거울평면 중에서)을 제시한다. 예를 들어 M_3로 표시한 평면을 생각하자. 그것은 백금원자와 두 염소원자를 포함하지만 나머지 두 염소원자는 서로 평면을 통하여 반사되는 것에 유념하라. 이 음이온

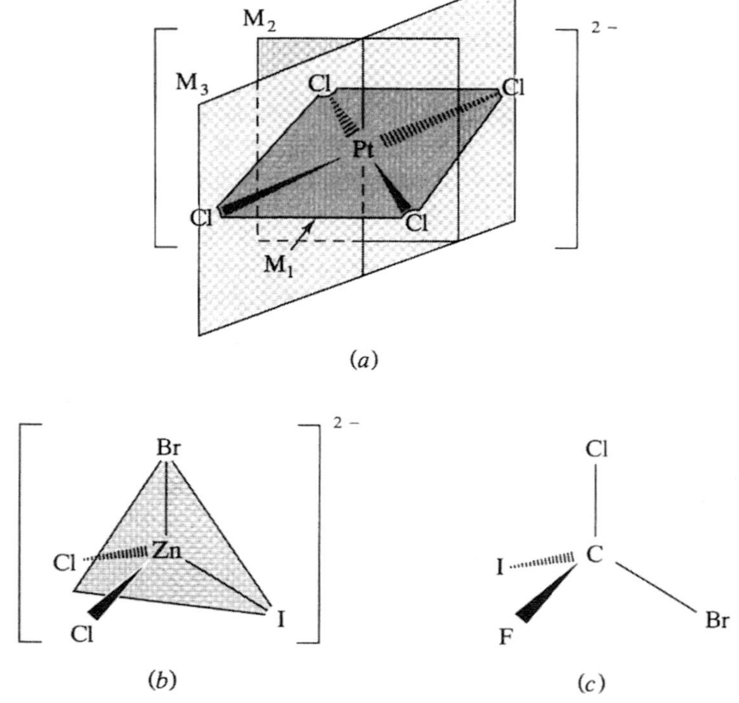

그림 2.4

(a) 평면 $[PtCl_4]^{2-}$는 내부 거울 평면이 5개이다. 그 중 세 가지 평면을 제시한다. (b) $[ZnCl_2BrI]^{2-}$는 Cl-Zn-Cl 결합각을 이등분하는 하나의 내부 거울면을 갖는다. (c) CBrClFI는 내부 거울평면이 없고 그러므로 카이랄성이다.

은 내부거울평면을 가지므로 카이랄성이 아니다. 그림 2.4b와 c는 사면체 화학종을 제시한다. 그림 2.4b에 제시한 브로모다이클로로요오도아연산(II) 이온 $[ZnBrCl_2I]^{2-}$는 카이랄성이 아니다. 왜냐하면 그것은 아연, 브로민, 그리고 아이오딘 원자를 포함하고 염소원자를 서로 반사하는 한 내부거울평면을 갖기 때문이다. 그러나 내부거울평면은 그림 2.4c의 브로모클로로플루오로요오도메테인 분자에서 확인할 수 없다. 이러한 카이랄성 분자는 광학활성이고 왼손잡이와 오른손잡이 거울상이성질체를 갖는다.

광학이성질체의 명명법은 자주 화합물의 이름 앞에 *R/S*− 기호를 부쳐서 거울상이성질체의 존재를 확인한다. *R*는 *rectus*(오른손잡이를 의미하는 그리스어)이고 *S*는 *sinister*(왼손잡이를 의미하는 그리스어)를 의미한다. 그러므로 *R/S*−표시는 이러한 거울상이성질채의 존재를 표시한다. 카이랄 화합물의 이름 앞에 *d/l* 기호는 특정한 파장에서 편광평면을 회전하는 한 쌍 거울상이성질체의 정반대 능력을 표시한다. *d*는 **우회전성**(*dextrorotatory*, 빛을 오른쪽으로 회전)이고 *l*는 **좌회전성**(*levorotatory*, 빛을 왼쪽으로 회전)을 의미한다[부수적으로 *R/S*−와 *d/l*− 용어 사이에는 직접 상응성이 없다는 것을 지적한다. 즉 예를 들어 왼손잡이(R)분자는 편광을 항상 오른쪽으로 회전하지 않는다]. 마지막으로 그리스어 Δ(delta)와 Λ(lamda)도 가끔 화합물의 카이랄성 표시에 이용한다. 이 명명법의 특수한 예는 이제 추가로 설명하는 일반적 배위권 기하구조에서 취급할 것이다.

2.2 팔면체 배위권

1장에서 Werner는 코발트, 크로뮴, 그리고 여러 가지 다른 금속들이 팔면체의 모퉁이로 지향한 이차 원잣가를 어떻게 결정했는가를 살펴보았다. 이제 배위화합물에서 가장 보편적으로 만나는 기하구조의 설명으로 관심을 돌려보자. 여러 가지 기하구조와 광학 입체이성질체를 만나볼 것이다. 처음은 한자리 리간드만 갖는 화합물을 살펴보는 것에 한정하고 그 다음에 여러 자리 킬레이트 리간드와 관련이 있는 몇 가지 더 복잡한 경우로 옮겨가겠다.

한자리 리간드를 갖는 화합물

팔면체에서 전체 6 위치는 등가(equivalent)라는 것을 기억하라. 그러므로 MA_6 화학식을 갖는 배위화합물에서 A의 한자리 리간드 중 하나를 다른 B 리간드로 치환하면 한 가능한 위치배열(configuration)은 MA_5B 착물로만 존재한다(그들은 다른 방법으로도 그릴 수 있지만 그러한 전체 구조는 등가이다. 더 상세한 것은 그림 1.4a를 보라). 다만 한 가지 가능한 팔면체 MA_5B 위치배열은 기하이성질체를 갖지 않는다. 이러한 한 가지 가능한 구조는 어떻든 한 내부거울평면을 포함한다. 그러므로 카이랄성이 아니라는 것을 알아야 한다.

둘째 B 리간드로 A를 치환하여 화학식 MA_4B_2 착물을 생성할 때 두 기하구조 이성질체들이 가능하다. 예를 들어 염화 테트라암민다이클로로코발트(III) $[Co(NH_3)_4Cl_2]Cl$과 같은 화합물에 존재하는 $[Co(NH_3)_4Cl_2]^+$ 양이온을 고려하자. 그림 3.5a처럼 서로 맞은편에 두 염화물 리간드를 갖는 이성질체를 **트랜스**(*trans*, "over" 또는 "across"를 의미한다)라 부른다. 그림 2.5b처럼 이웃에 두 염화물을 갖는 이성질체를 **시스**(*cis*, "on the same side"를 의미한다)라고 부른다. 그 화합물의 전체 이름은 시스- 또는 트랜스-염화 테트라암민클로로코발트(III)이다. 그것은 Werner가 (그리고 그 물질에 대하여 서로 경쟁한 Jøgensen도) 만들었고 그 코발트 착물이 팔면체라고 그가 믿은 두 가지뿐인 기아이성질체 화합물이다. 그 두 가지 기하이성질체는 한 내부거울평면을 갖고 카이랄성이 아니라는 것을 그림 2.5에서 유념하라.

세 번째 리간드 B로 A를 치환하면 MA_3B_3 착물을 생성한다. 다시 두 가지 가능한 기하이성질체가 있고 때때로 시스-와 트랜스- 접두사를 이용하여 명명한다. 한 예는 그림 2.6에 제시한 트리아쿠아트라이클로로크로뮴(III)이다. 시스 이성질체는 팔면체 삼각면의 모퉁이에 염화물(그리고 물)을 가지므로 더 일반적으로 동면 이성질체(facial isomer)라 부르고 접두사 동면(fac)-를 첨자한다. 트랜스 이성질체는 팔면체 자오선(meridian)의 절반을 따라 염화물을 갖고(그리고 물도 갖는다) 자오선 이성질체(meridional isomer)라 부르고 접두사 자오선(mer)-을 첨자한다(자오

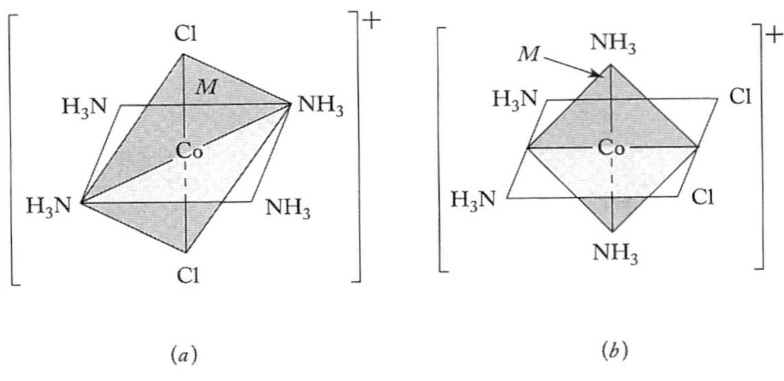

그림 2.5

(a) 트랜스-테트라암민다이클로로코발트(III) 양이온은 서로 맞은 편에 두 가지 염화물 리간드를 갖는다. (b) 시스-테트라암민다이클로로코발트(III)는 서로 이웃에 두가지 염화물 리간드를 갖는다. 두 가지 기하이성질체는 한 내부거울평면(*M*)을 가지며 카이랄성이아니다.

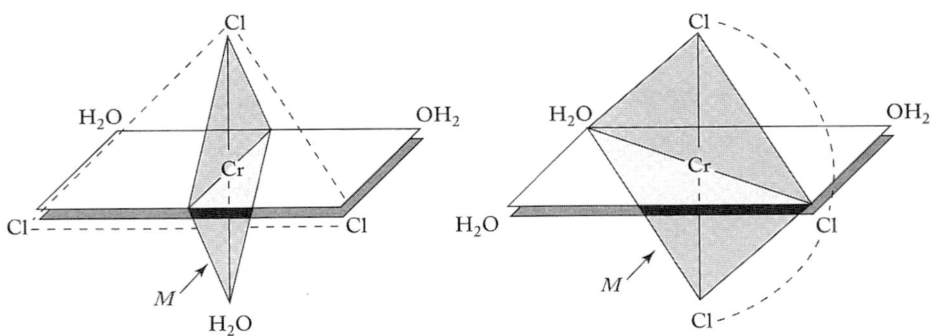

그림 2.6

(a) 삼각면의 염화물 리간드를 갖는 시스- 또는 동면-트라이아쿠아트리틀로로크로뮴(III)(토막선으로 표시). (b) 자오선의 절반을 따라 염화물을 갖는 트랜스- 또는 자오선-트라이아쿠아트라이클로로크로뮴(III) (토막선으로 표시). 두 가지 기하이성질체는 내부거 울평면(*M*)을 가지며 카이랄성이 아니다.

선은 지구의 양쪽 극을 통과하는 원둘레이다). 그림에 제시한 것처럼 두 이성질체는 한 내부거울평면을 가지며 카이랄성이 아니다.

한자리 리간드만 함유하는 팔면체 배위권에 관한 더 많은 예는 이 교과서에서 시간과 공간이 허용하지 않는다. 그러나 기하이성질체와 광학이성질체를 모두 갖는 한 가지 화합물만 설명하겠다. 앞에서 만난 것보다 약간 더 복잡한 경우의 일반식 $MA_2B_2C_2$ 착물을 고려하자. 그것은 계통적으로 접근하기에 가장 좋다. A 리간드를 서로 트랜스 위치에 놓는 것으로 시작하고 그 다음에 B와 C 리간드를 놓는다. 그림 2.7a와 b는 두 가지 가능한 B와 C의 위치를 제시한다. 첫째는 두 트랜스 B와 C를 갖는다. 그리고 둘째는 두 시스 B와 C를 갖는다. 예를 들어 B는 트랜스에 있고 C가 시스에 있는 경우는 가능하지 않다는 것에 유의하라(이것이 사실이라는 것을 확인할 수 있어야 한다. 이러한 노력의 한 부분으로서 몇 가지 모델을 구성할 수 있다).

이제 시스 A를 갖는 경우로 이동해보자. 그림 2.7c는 트랜스 B와 시스 C를 갖는다. 그림 2.7d는 트랜스 C와 시스 B를 갖는다. 그리고 그림 2.7e는 두 시스 B와 C를 갖는다. 그러므로 이 경우에 다섯 기하이성질체가 있다. 이들은 카이랄성인가? 이들 그림은 마지막을 제외한 모든 경우에 내부거울평면을 갖는다. 따라서 시스-시

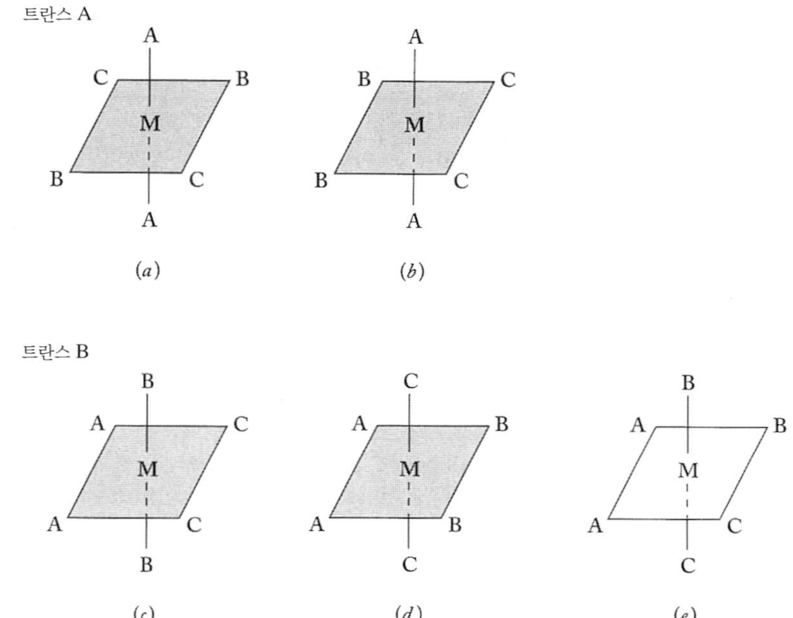

그림 2.7

(a) 트랜스-테트라암민다이클로로코발트(III) 양이온은 서로 가로건너서 두 가지 염화물 리간드를 갖는다. (b) 시스-테트라암민다이클로로코발트(III)는 서로 이웃에 두가지 염화물 리간드를 갖는다. 두 가지 기하이성질체는 한 내부거울평면(*M*)을 갖고 카이랄이 아니다.

스-시스 이성질체는 카이랄이고 광학이성질체를 갖는다.

이제 이러한 $MA_2B_2C_2$ 착물에 대한 명명법을 고려해야 한다. $[Co(NH_3)_2(H_2O)_2(CN)_2]^+$ 양이온을 포함하는 염화 다이암민다이아쿠아다이시아노코발트(III) 화합물을 고려하자. 가능한 구조는 그림 2.7에 제시되어 있고 $M = Co^{3+}$, $A = NH_3$, $B = H_2O$, $C = CN^-$이다. 다섯 기하이성질체에 대한 이름은 각 경우에 리간드 배열을 분명하게 표시해야 한다.

1. 트랜스-다이암민-투랜스-다이아쿠아다이시아노코발트(III)
   trans-diammine-*trans*-diaquadicyanocobalt(III)
2. 트랜스-다이암민-시스-다이아쿠아다이시아노코발트(III)
   trans-diammine-*cis*-diaquadicyanocobalt(III)
3. 시스-다이암민-트랜스-다이아쿠아다이시아노코발트(III)
   cis-diammine-*trans*-diaquadicyanocobalt(III)
4. 시스-다이암민-시스-다이아쿠아-트랜스-다이시아노코발트(III)
   cis-diammine-*cis*-diaqua-trans-dicyanocobalt(III)
5. *R/S*-시스-다이암민-시스-다이아쿠아-시스-다이시아노코발트(III)
   R/S-cis-diammine-*cis*-diaqua-cis-dicyanocobalt(III)

마지막 두 경우만 시안화물 리간드의 시스/트랜스 성질을 명시해야 한다는 것에 유의하라. 첫 번째 세 가지 경우에 각기 트랜스, 시스, 시스가 있어야 한다. 이것은 왜 그렇게 되어야 하는가? 해답은 이전에 설명한 사실로부터 나온다. 일단 한 쌍 리간드가 이 배위권에서 시스에 있으면 항상 또 다른 시스 쌍이 있어야 한다. 이것이 왜 그러한가를 알기 위하여 예로서 일반적으로 그림 3.7b에 제시한 둘째 경우를 취급해보자. 일단 A 리간드가 트랜스에 있고 B 리간드가 시스에 있으면 C 리간드(여기에서 예로 제시한 화합물에서 CN^-)는 시스에 있을 필요가 있다. 그러나 두 A와 B가 시스에 있는 마지막 두 경우에 C는 4 경우처럼 트랜스에 또는 5 경우처럼 시스에 있을 수 있다. 마지막 시스−시스−시스 기하이성질체 경우는 카이랄성이고 그러므로 *R/S*-접두사를 첨자하여 광학이성질체의 존재를 표시해야 한다. 이 종류의 화합물은 거울상이성질체로 분리(resolution)하기 어렵다. 거울상이성질체는 실제로 1979년까지 분리하지 못하였다.

많은 배위화합물이 한자리 리간드만 갖는다. 그리고 그들 중 약간은 인상에 남는 여러 기하이성질체와 광학이성질체를 갖는다. 예를 들어 MA_2BCDE 화학식을 갖는 화합물은 9 기아이성질체를 갖고 그 중 6 기아이성질체는 카이랄성이다. MABCDEF는 15 기하이성질체를 갖고 그들 전체는 카이랄성이다. 이러한 더 복잡한 경우에 트랜스와 시스 접두사의 이용은 다루기 힘들다. 그 대신 그림 2.8에 나타낸 것처럼 번호매김 시스템(numbering system)을 이용하는 것이 더 편리하다. 이 시스템을 이용하면 바로 전의 시스-시스-시스 경우에 *R/S*-1, 2-다이아민-3, 4-다이아쿠아-5, 6-다이시아노코발트(III)로 된다.

킬레이트 리간드를 갖는 화합물

때때로 킬레이트제(chelate agent)라고 부르는 여러 자리 리간드는 1장에서 소개했다. 그림 1.5에 제시한 에틸렌다이아민($H_2NCH_2CH_2NH_2$) 이외에 다른 세 가지

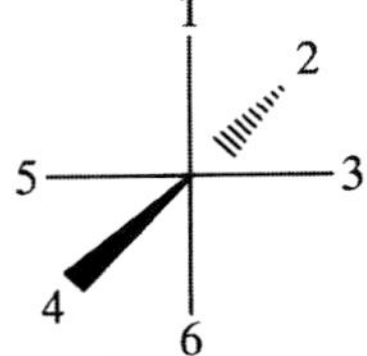

그림 2.8 더 복잡한 팔면체 경우에 리간드 위치를 인용하기 위한 번호매김 시스템

(a)

(b)

(c)

그림 2.9 보편적 세 가지 킬레이트 리간드: (a) 옥살산, $C_2O_4^{2-}$ (b) 아세틸아세톤산, $[CH_3COCHCOCH_3]^-$ (c) 글라이신산, $NH_2CH_2COO^-$.

보편적 킬레이트제를 그림 2.9에 나타낸다. 에틸렌다이아민, 옥살산, 아세틸아세톤산은 대칭성 킬레이트 리간드이고(그 두 가지 리간드의 절반이 똑같다) 그 반면에 글라이신산(glycinate)은 비대칭성 킬레이트 리간드이다. 잠시 대칭성 두 자리 리간드(A−A라고 표시한다)에 한정하여 일반식 $M(A-A)_2B_2$ 팔면체 착물을 이용하여 설명하겠다.

두 자리 리간드의 배위자리는 팔면체의 시스 위치에서만 걸칠 수 있다는 것을 아는 것이 대단히 중요하다(그들은 트랜스 위치를 가로 건너서 걸치기에 충분히 길지 않다). 이것을 마음에 간직하고 $M(A-A)_2B_2$의 특정한 예, 즉 다이아쿠어다이옥살라토크롬산(III) 음이온 $[Cr(H_2O)_2(C_2O_4)_2]^-$를 살펴보자. 두 가지 가능한 기하이성질체는 그림 2.10에 있다. 트랜스 이성질체는 대칭 내부평면을 가지며(그것은 금속과 옥살산을 포함한다) 카이랄성이 아니다. 시스 이성질체는 내부평면을 갖지 않으며 광학활성이다.

세 가지의 두 자리 리간드가 한 금속을 둘러싸고 있을 때 프로펠러 모양과 같은 착물을 형성한다. 이들 중 두 예는 그림 2.11에 나타낸 *R/S*-트리스(아세틸아세토나토)코발트(III)와 *R/S*-트리스(에틸렌다이아민)크로뮴(III) 양이온이다. 이들은 모두 카이랄 화학종이다.

예상되는 기하이성질체 수와 합성할 수 있는 실제 기하이성질체수의 비교는 인상적이지만 팔면체의 이차원잣가(secondary valence)에 대하여 "부정적" 증거라는 것을 상기하라(표 1.2). Werner에게 대단히 절실하게 필요한 긍정적 증거는 킬

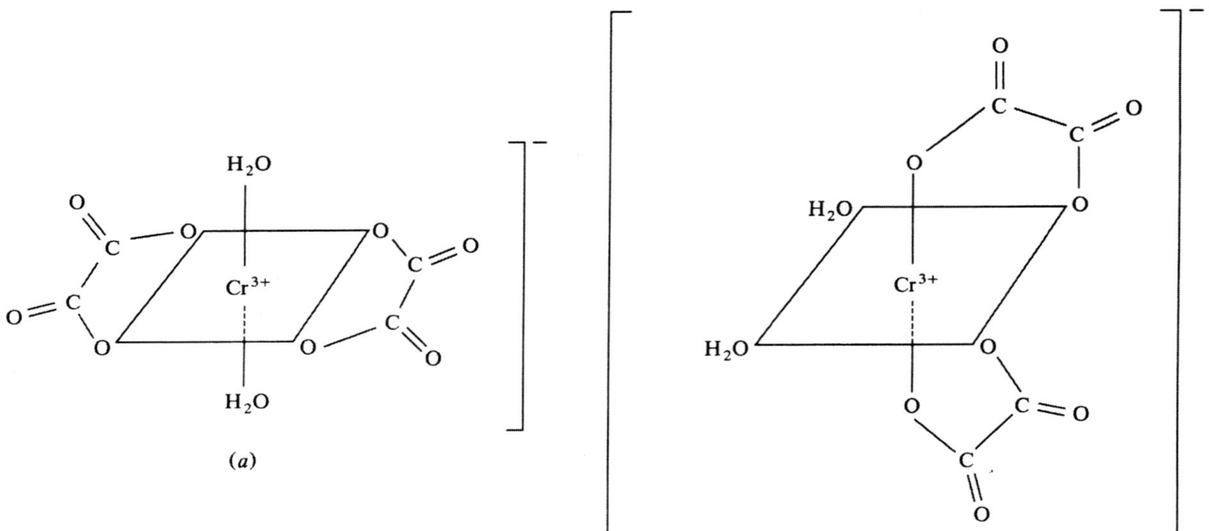

(*a*)

그림 2.10

$[Cr(H_2O)_2(C_2O_4)_2]^-$의 두 가지 기하이성질체: (a) *트랜스*- (b) *R/S*-*시스* 다이아쿠아다이옥살라토크롬산(III)

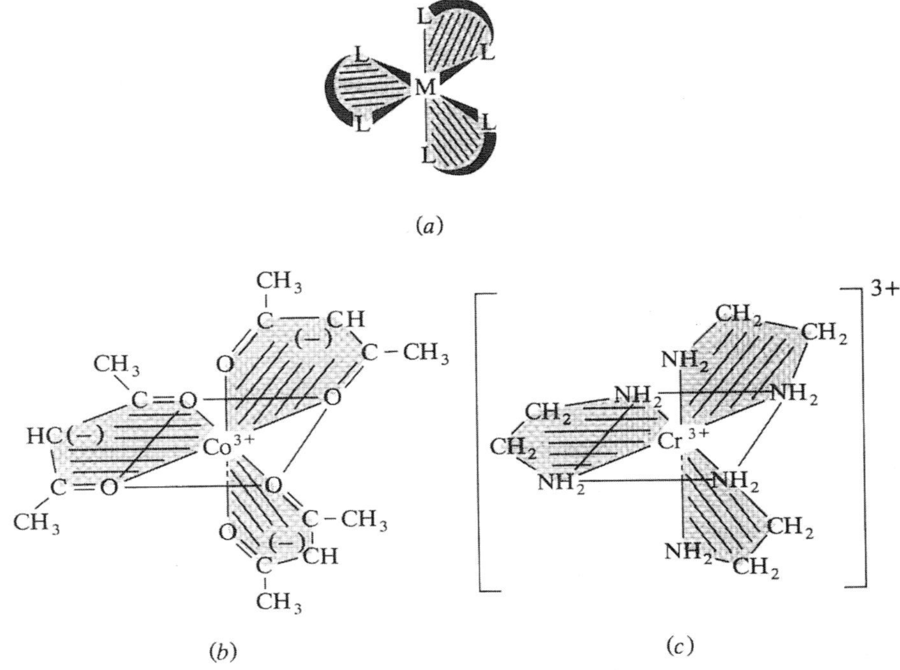

그림 2.11

프로펠라 모양과 같은 *트리스*(A−A)M 착물: (a) 프로펠라 모양과 비슷하게 보이는 모양. (b) *R/S*-*트리스*(아세틸아세토나토)코발트(III) 양이온. (c) *R/S*-트리스(에틸렌다이아민)크로뮴(III) 양이온.

레이트 리간드를 함유하는 화합물의 광학이성질체를 분리하여 얻었다. 1911년에 Werner와 미국인 박사과정학생 Victor King은 시스-$[Co(NH_3)Cl(en)_2]X_2$의 광학이성질체 합성과 분리를 보고할 수 있었다. 여기에서 X = Cl, Br, I이다.

그러한 분리는 어떻게 수행할 수 있는가? Werner와 King은 3-브로모캄포-9-슬폰산(3-bromocamphor-9-sulfonate) 카이랄 음이온의 오른손잡이 형태를 사용하여 앞의 코발트 착물의 라세미 혼합물 염류 중 할로젠화 음이온을 치환하였다. 이제 자명한 일로서 라세미 혼합물은 동일한 수의 오른손잡이와 왼손잡이 거울상이성질체 양이온을 함유한다. 분리되는 음이온의 오른손잡이 거울상 이성질체는 두 가지 손잡이 양이온을 갖는 염류를 생성할 것이다. 이러한 염류는 성분 원자 사이에 서로 다른 공간적 관계를 갖는다. 그러므로 용해도 및 녹는점과 같은 성질이 서로 다르다. 그 상항을 그림 2.12에 실제 손잡이성 그림을 이용하여 표시한다. 오른쪽-왼쪽 쌍에 대한 손가락 위치 사이의 거리는 오른쪽-오른쪽 쌍의 위치와 다르다는 것에 유의하라. 오른쪽-왼쪽 쌍이 비슷한 염류는 오른쪽-오른쪽 쌍이 비슷한 염류와 다른 성질을 갖는다. 그러므로 성공적으로 분리할 수 있다.

Werner와 그의 제자들은 놀라운 정도로 짧은 동안에 배위화합물을 함유하는 많은 카이랄 킬레이트를 계속해서 분리했다. 실제로 이 연구는 Werner가 1913년에 화학 노벨상을 받는데 기여했다. 그러나 분리하기에 귀찮은 문제가 남아있었다. 그 시기에 합성한 모든 카이랄 화합물은(대부분은 유기화학자들에 의하여 합성) 탄소를 함유하였다. 어떤 Werner 비평가들이 주장하는 것처럼 이 탄소원자는 광학이성질체를 생성하기에 조금 신비스런 특수한 능력을 가질 수 있지 않은가? 아마 광학활성을

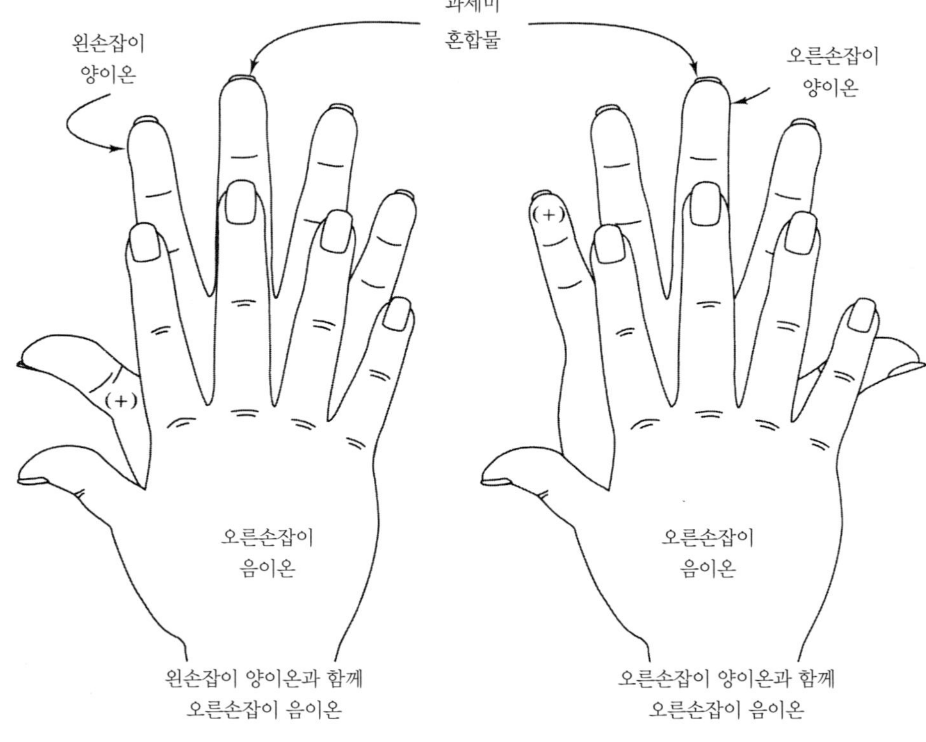

그림 2.12

한 카이랄 음이온(−)의 오른손잡이 형태를 이용하는 한 양이온(+)의 거울상이성질체 라세미 혼합물 분리의 표시. 그 양이온의 왼손과 오른손잡이 형태는 음이온의 오른손잡이 형태에 대하여 상대적으로 다른 위치를 갖는다.

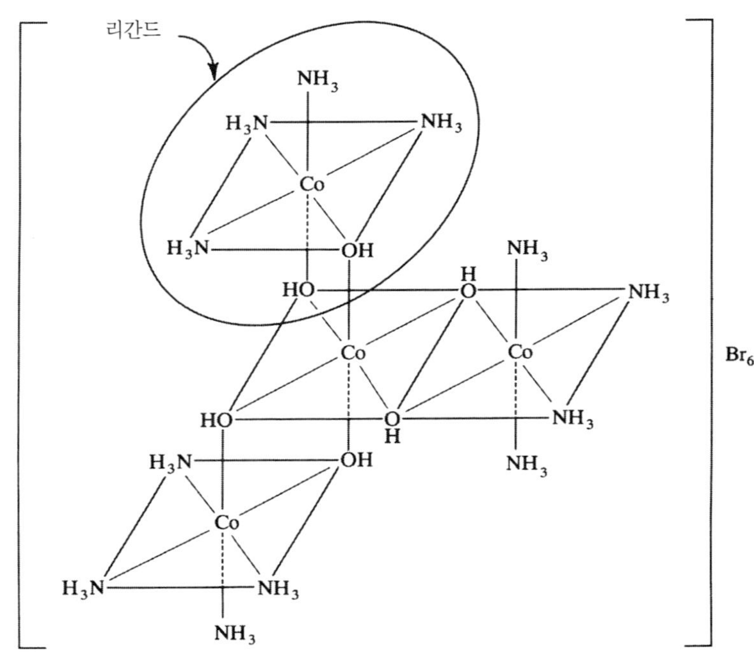

그림 2.13

탄소를 함유하지 않은 카이랄 배위화합물, $\{Co[Co(OH)_2(NH_3)_4]_3\}Br_6$은 Werner와 Matissen에 의하여 분리되었다.

만드는 것은 금속 주위 킬레이트 리간드의 팔면체 배열이 아니고 단순히 탄소원자의 이러한 특별한 능력이었을 것이다. 이러한 마지막 문제를 해결하기 위하여 Werner는 전연 탄소를 함유하지 않은 광학활성 배위화합물을 분리하기 시작했다. 1914년에 Werner와 Sopie Matissen(Werner는 그 시대에 여러 여성의 박사과정 연구를 지도하는 선도적 위치에 있었다)은 그림 2.13에 제시한 놀라운 화합물의 분리를 보고하였다(조금 얄궂게도 이 화합물은 약 16년 전에 Jørgensen과 그의 학생들에 의하여 합성하였다). 이 화합물에서 킬레이트 리간드는 리간드의 주위에 있는 코발트(III) 이온과 바로 그 착물의 중심 중 한 코발트 사이에 다리결합 수산화 원자단을 갖는 착양이온 그 자체이다. 이 카이랄 화합물은 탄소를 함유하지 않는 것에 유의하라. 카이랄성은 더 이상 탄소화학만 사용하는 영역이라고 주장할 수 없게 되었다.

2.3 사각평면 배위권

분명히 배위수 6이 가장 우세하지만 배위수 4도 대단히 보편적이다. 중심금속 주위에 4 리간드와 결합한 기하구조는 일반적으로 사면체 또는 사각평면이다. 그러나 어떤 일정한 금속이 6 아닌 4 배위수를 취하고 사면체 아닌 사각평면을 취하는 이유에 관한 상세한 설명은 결합이론(3장)과 어느 정도 고체상태 화학(6장)에 관한 설명까지 기다려야 한다. 지금은 Ni(II), Pd(II), Pt(II), Au(III)와 같은 d^8 금속과 Cu(II)와 같은 d^9 금속에서 가장 보편적이다.

앞에서 설명한 MA_5B 경우와 유사하게 MA_3B 사각평면은 한 위치배열만 가능하다. MA_2B_2는 시스와 트랜스의 두 기하이성질체만 있다. 예를 들어 다이암민다이

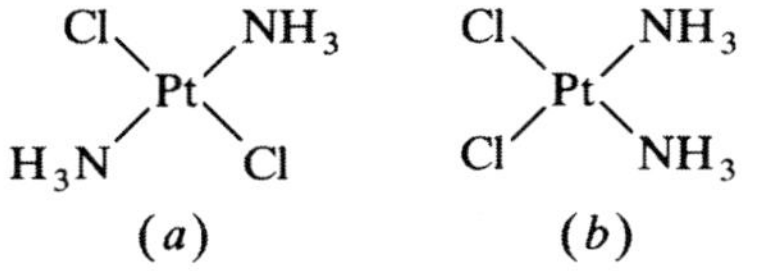

그림 2.14
(a) *트랜스*- (b)*시스*-다이암민다이클로로백금(II).

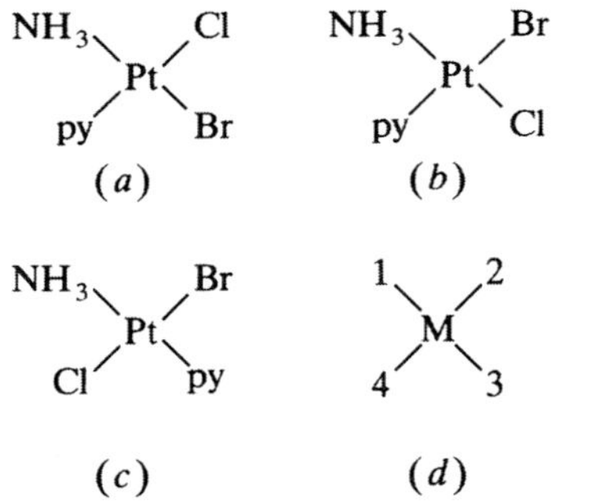

그림 2.15
$Pt(NH_3)BrCl(py)$의 기하이성질체: (a) 1-암민-3-브로모클로로(피리딘)백금(II) (b) 1-암민브로모-3-클로로(피리딘)백금 (c) 1-암민브로모클로로-3-(피리딘)백금 (d) 사각평면 배위화합물에 대한 일반적 번호매김 시스템(참고문헌 2, p. 305).

클로로백금(II) $[Pt(NH_3)_2Cl_2]$를 그림 2.14에 제시한다. 현상 그대로 보편적 사각평면 착물의 경우에 분자평면은 내부거울평면이고 이러한 화합물은 카이랄성이 드물다. 예를 들어 MA_2BC 종류의 염화 암민클로로비스(피리딘)백금(II) $[Pt(NH_3)Cl(py)_2]Cl$처럼 더 복잡한 화합물도 가능한 두 기하이성질체를 갖지만 이들은 카이랄성이 아니다. 더 복잡한 팔면체의 경우처럼 MABCD 화합물의 명명은 때때로 번호매김 시스템을 이용하여 간단히 만들 수 있다. 예를 들어 암민브로모클로로(피리딘)백금(II)을 생각하자. 그림 2.15a~c처럼 위 왼쪽 모퉁이에 놓인 암민을 그대로 유지하면서 다른 세 리간드를 트랜스에 놓을 수 있다. 첫째 이성질체는 대단히 불분명하게 트랜스-암민브로모클로로(피리딘)백금(II)이라고 명명할 수 있지만 다른 두 이성질체는 모두 시스-암민브로모클로로(피리딘)백금(II) 화합물이다. 따라서 그림 2.15b에 제시한 번호매김 시스템은 문제를 훨씬 더 쉽게 만든다.

팔면체 배위화합물에 킬레이트 리간드를 도입하면 더 많은 카이랄 화학종이 만들어진다는 것을 생각하라. 이것은 일반적으로 사각평면 경우에 사실이 아니지만 비대칭 킬레이트 리간드들이 카이랄 사각평면 착물을 생성하는 몇 가지 확실한 예들이 있다.

2.4 사면체 배위권

사면체의 전체 4 위치는 서로 이웃에 있으므로 시스/트랜스 기하 이성질체는 있을 수 없다. 이것이 사실인가를 확인하기 위하여 MA_4 사면체 배열을 이용하여 한 A 리간드를 한 B 리간드로 치환하자: 결과적으로 생기는 MA_3B 배열은 전혀 문제없이 어느 A 리간드를 치환해도 똑같다. 다시 나머지 A리간드 중 어느 것을 치환하여 결과적으로 생기는 MA_2B_2도 정확하게 똑같이 보이는 것은 전혀 문제가 없다. B 리간드는 한 구조에서 서로 맞은 편에 있을 수 없고 서로 같은 쪽에 있을 수밖에 없다(다시 한 벌의 모델을 조립하여 이 상황을 눈으로 보는데 도움을 줄 수 있다).

그림 2.16
킬레이트제로서 비대칭 에틸렌다이아민 유도체를 갖는 백금(II)의 사각평면카이랄 착물

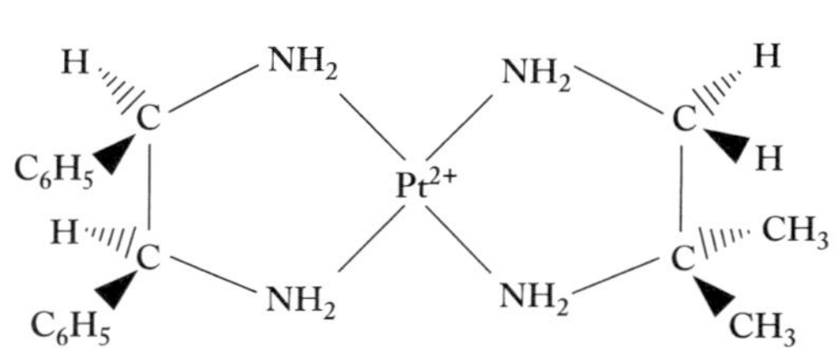

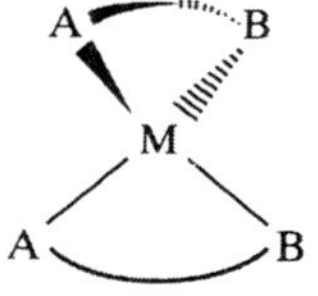

그림 2.17
사면체 카이랄 배위화합물은 비대칭 리간드 (A−B)들이 금속(M)과 킬레이트 결합할 때 생긴다.

카이랄 사면체 구조를 만드는 방법은 적어도 두 가지가 있다. 첫째는 그림 2.4c에 설명한 브로모클로로플루오로요오도메테인과 유사한 화합물이다. 한 중심 전이금속원자를 함유하는 이 종류의 화합물은 원칙적으로 카이랄을 제외하면 만들기 어렵다. 카이랄성은 또한 비대칭 킬레이트 리간드를 이용하여 만들 수 있다. 그림 2.17은 금속원자에 킬레이트를 만드는 두 가지 일반적 비대칭 리간드 A−B를 나타낸다. 그 구조는 내부거울평면을 갖지 않는다. 그러므로 카이랄이다.

2.5 기타 배위권

팔면체, 사각평면, 그리고 사면체는 분명히 Werner와 그와 같은 시대 사람들이 마주친 가장 일반적 기하구조이지만 그 수는 점차 증가하고 있다. 이들 중 대부분은 1960년대에 X 선 회절법과 같은 구조결정법의 도입과 더불어 나타났다. 몇 가지 대표적 배위수와 그것에 상당하는 구조를 표 2.1과 그림 2.18에 제시한다. 배위수 2는 전이금속 사이에서 흔하지 않다. 표 2.1에 제시한 것처럼 존재하는 이들 화학종 중 상당히 제한된 수

표 2.1 배위권 기하구조의 개요

배위수	구조	예
2	Linear	$Ag(NH_3)_2^+$, $AuCl_2^-$, $Hg(CN)_2$
3	Trigonal	HgI_3^-, $Pt(PPh_3)_3$
4	Tetrahedral Square planar	MnO_4^-, $CoBr_4^{2-}$, ReO_4^-, $Ni(CO)_4$ $PdCl_4^{2-}$, $Pt(NH_3)_4^{2+}$, $Ni(CN)_4^{2-}$
5	Trigonal bipyramidal	$CuCl_5^{3-}$, $CdCl_5^{3-}$, $Ni(CN)_5^{3-}$
	Square pyramidal	$VO(acac)_2$, $Ni(CN)_5^{3-}$
6	Octahedral Trigonal prismatic	$Co(NH_3)_6^{3+}$ $Re(S_2C_2Ph_2)_3$
7	Pentagonal bipyramidal	ZrF_7^{3-}, HfF_7^{3-}, $V(CN)_7^{4-}$
	Trigonally capped octahedron	NbF_7^{2-}, TaF_7^{2-}
	Tetragonally capped trigonal prism	$NbOF_6^{3-}$
8	Square antiprism	ReF_8^{2-}, TaF_8^{3-}, $W(CN)_8^{4-}$
	Triangular-faced dodecahedron	$Mo(CN)_8^{4-}$, $Ti(NO_3)_4$
9	Tricapped trigonal prism	ReH_9^{2-}

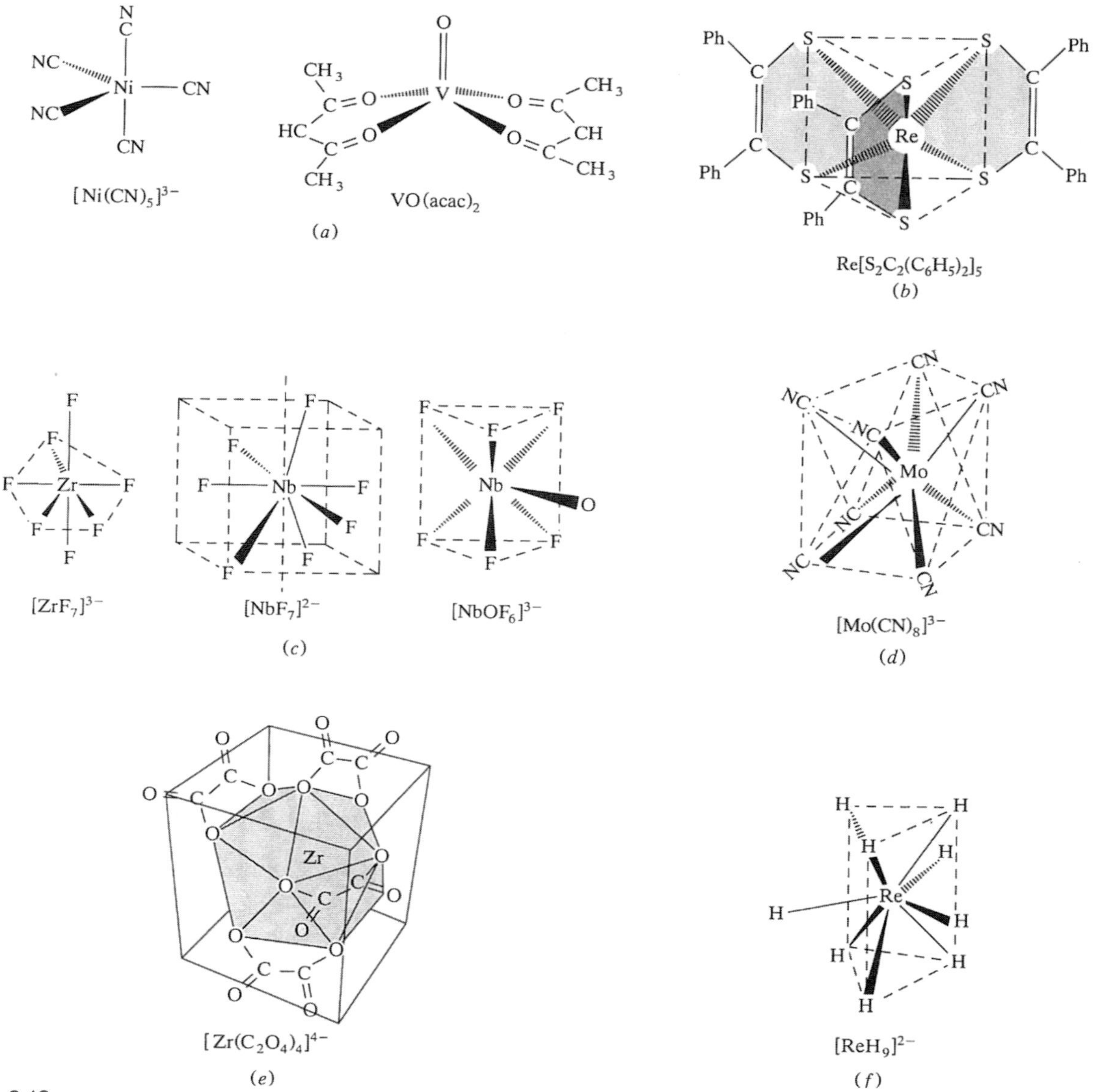

그림 2.18

몇 가지 대표적 배위수 5~9의 예. (a) 삼각이중피라미드 $[Ni(CN)_5]^{3-}$ 그리고 사각평면 $VO(acac)_2$; (b) 삼각프리즘 $Re[S_2C_2\,(C_6H_5)_2]_3$; (c) 오각형 이중피라미드$[ZrF_7]^{3-}$, 삼각형 모자 팔면체 $[NbF_7]^{2-}$, 그리고 사각형 모자 삼각프리즘 $[NbOF_6]^{3-}$;(d) 사각안티프리즘 $[Mo(CN)_8]^{3-}$; (e) 삼각 12면체 $[Zr(C_2O_4)_4]^{4-}$; (f) 3 모자 삼각프리즘 $[ReH_9]^{2-}$.

그림 2.19

대표적 유연성 $Fe(CO)_5$ 화합물의 삼각 이중피라미드와 사각피라미드 사이에 상호 변환에 대한 Berry 메커니즘. 한 일정한 리간드는 삼각이중피라미드 중 하나의 축 방향일 수 있고 수평방향에 있을 수 있다.

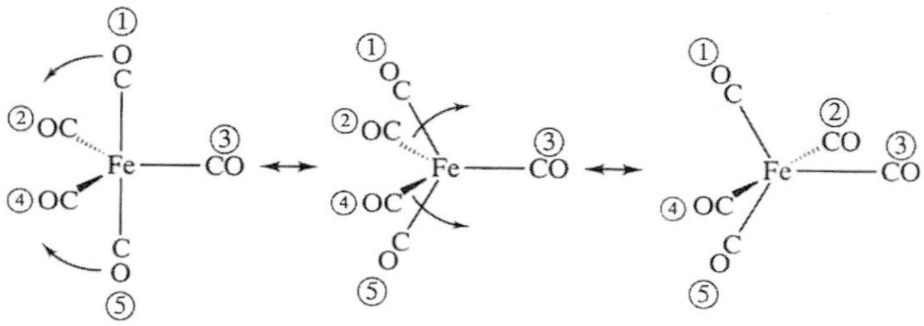

들은 거의 은(I), 금(II), 수은(II), 그리고 여기에 나타내지 않은 구리(I)에만 한정된다.

몇 화합물들이 3 배위수를 갖는 것으로 나타나지만 자세히 살펴보면 몇 가지만 실제로 존재한다. 예를 들어 트라이클로로구리산(II) 세슘 $CsCuCl_3$은 실제로 염화물-다리 사슬의 사면체 $CuCl_4^{2-}$ 단위를 구성한다. 진짜 3 배위수는 때때로 큰 부피의 리간드를 갖는다. 상대적으로 간단한 두 가지 간단한 예를 표 2.1에 제시한다.

지금까지 본 것처럼 4 배위수는 사면체 또는 사각평면 가하구조와 관련이 있다. 사면체는 일반적으로 d^5 또는 d^{10} 전자배열에서 알려져 있고 사각평면은 앞에서 지적한 것처럼 d^8 금속에서 자주 그리고 d^9 금속에서 가장 자주 발견된다. 이러한 두 배열 사이에 에너지 차이는 매우 작다. 그 두 가지 기하구조의 몇 가지 예를 표 2.1에 제시한다. 4 배위수를 갖는 여러 배위화합물 수는 6 배위수보다 작다.

5 배위수도 유력한 두 가지 사각피라미드와 삼각이중피라미드 기하구조를 갖는다. 실제로 그러한 5 배위화합물은 가끔 **유연성 화합물**(*fluxional compound*)의 예들이 알려져 있고 어떤 물리적 측정에 의하여 서로 분간할 수 없을 정도로 화학적 등가배열(equivalent configuration)이 대단히 빠르게 상호변환하는 둘 이상 화합물로 존재한다. 그림 2.19는 한 대표적 유연성 펜타카보닐철(0) $Fe(CO)_5$ 화합물의 두 가지 형태 사이에 상호변환에 관하여 Berry 메커니즘이라고 알려진 것을 보여준다. 리간드들이 매우 작은 이동 에너지를 가질 때 한 삼각이중피라미드가 사각피라미드 전이상태로 변환한 다음 다시 삼각이중피라미드로 돌아오는 것과 관련이 있는 것에 유의하라. 카보닐을 표지하여 나티낸 것처럼 이 메커니즘은 일정한 리간드가 쉽게 축 위치와 수평 위치를 왔다 갔다 교환이 가능하다. 이러한 상호변환은 가끔 대단히 빠르게 일어나므로 특히 핵자기공명(NMR) 분광법과 같은 어떤 물리적 방법으로 삼각이중피라미드의 축방향과 수평방향 리간드 사이를 분간할 수 없다. 때때로 낮은 온도에서는 이러한 빠른 상호변환이 축방향과 수평방향 리간드를 확인할 수 있는 정도로 느리게 나타날 수 있다.

분명히 5 배위화합물은 모두 유연성이 아니다. 표 2.1은 사각피라미드 또는 삼각이중피라미드 배열로 되는 몇 가지 화학종의 예를 보여준다. 그러나 펜타시아노니켈산(II) 음이온 $Ni(CN)_5^{3-}$은 두 가지 형태로 존재하는 것에 유의하라. 실제로 두 가지 형태는 동일한$[Cr(en)_3][Ni(CN)_5]\cdot 1.5H_2O$ 화합물에서 발견될 수 있다.

팔면체 배열이 배위화합물에서 가장 유력한 기하구조라는 것을 알았다. 그러나 표 2.1과 그림 2.18은 6 배위에 대하여 드문 삼각프리즘 기하구조의 예를 나타낸다. 대부분 증거는 황원자 사이에 상호작용이 예상되는 팔면체 배열보다 삼각프리즘을 더 안정화한다고 지적한다.

7 배위수는 실제로 적어도 매우 비슷한 에너지를 갖는 세 가지 보편적 기하구조를 갖는다. 대부분 경우에 더 큰 배위수는 큰 금속(일반적으로 둘째와 셋째 주기 전이금속과 란탄족) 그리고 플루오르화물처럼 작은 리간드를 가질 때만 유리하다. 비슷한 상항은 8 배위수와 9 배위수에 대하여도 존재한다. 표 2.1과 그림 2.18은 이러한 더 큰 배위수위 대표적 예를 보여준다.

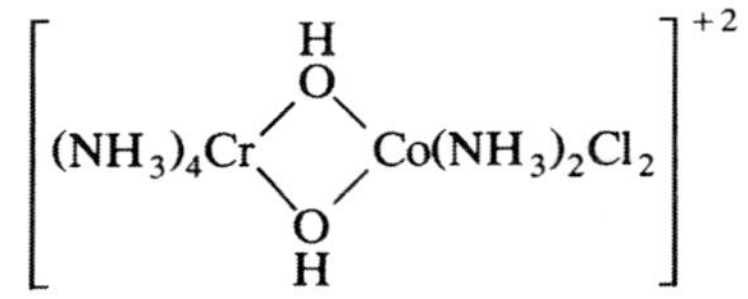

$$\left[(NH_3)_4Cr\begin{matrix} H \\ O \\ \diagup \quad \diagdown \\ \diagdown \quad \diagup \\ O \\ H \end{matrix}Co(NH_3)_2Cl_2\right]^{+2}$$

테트라암민크로뮴(III)-μ-다이하이드록소다이암민디클로로코발트(III)

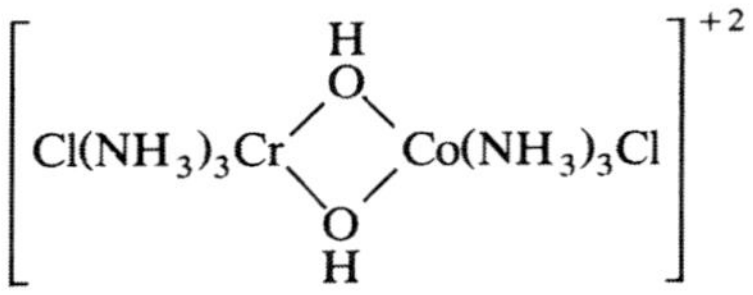

$$\left[Cl(NH_3)_3Cr\begin{matrix} H \\ O \\ \diagup \quad \diagdown \\ \diagdown \quad \diagup \\ O \\ H \end{matrix}Co(NH_3)_3Cl\right]^{+2}$$

트라이암민클로로크로뮴(III)-μ-다이하이드록소트라이암민클로로코발트(III)

그림 2.20

한 다리 양이온의 두 배위 이성질체

2.6 구조이성질체

구조이성질체는 그림 2.1에서 서로 다른 화학결합의 수와 형태를 갖는 것이라고 정의한다. 이러한 이성질체는 여러 가지가 있지만 여기에서는 배위이성질체, 이온화이성질체, 결합이성질체에 한정한다.

배위이성질체(*coordination isomer*)는 배위권 사이에 리간드를 상호교환하는 특성이 있다. 한 벌의 화합물은 $[Pt^{II}(NH_3)_4][Pt^{IV}Cl_6]$와 $[Pt(NH_3)_3Cl][Pt(NH_3)Cl_5]$이다. 동일한 원자의 수와 종류를 갖는 두 화합물은 게다가 백금(II) 사각평면과 백금(IV) 팔면체 배위권 사이에 한 암민과 한 염화물을 교환하는 특성이 있다. Co(III)와 Cr(III) 사이에 리간드 교환과 관련이 있는 두 번째 한 벌의 배위 이성질체는 $[Co(NH_3)_6][Cr(CN)_6]$와 $[Co(NH_3)_5CN][Cr(NH_3)(CN)_5]$이다. 다리 라간드에 의해 걸쳐진 두 배위금속과 관련이 있는 세 번째 예는 그림 2.20에 있다.

이온화이성질체(*ionization isomer*)는 배위권과 반대이온(counterion) 사이에 원자단을 교환하는 특성이 있다. 예를 들어 $[CoCl(en)_2(NO_2)]SCN$을 가지고 시작하면 티오시안산 반대이온은 배위권 안에서 염화물 또는 아질산 리간드를 교환하여 각기 $[Co(en)_2(NO_2)SCN]Cl$과 $[CoCl(en)_2SCN]NO_2$를 생성한다. $[Cr(H_2O)_6]Cl_3$, $[Cr(H_2O)_5Cl]Cl_2\ H_2O$, 그리고 $[Cr(H_2O)_4Cl_2]Cl \cdot 2H_2O$는 이온화 이성질체이고 배위권에서 염화물 반대이온을 물과 교환한다. 아쿠아 리간드는 일단 배위권 밖에서 수화물(hydrate water)로 된다.

결합이성질체(linkage isomer)는 양손잡이 리간드가 배위원자를 교환할 때 생긴다. 첫 번째로 확인된 결합이성질체의 예는 아질산 이온 NO_2^-이다. 이 음이온의 Lewis 구조는 그림 2.21a에 제시한 것처럼 공명구조와 관련이 있다. 그림 2.21b의 공명혼성은 그 음이온의 세 원자 사이에 퍼진 π-전자 밀도와 관련이 있다. 혼성구조는 질소와 산소 양쪽이 금속원자에 제공할 수 있는 한 쌍의 전자가 있다는 것을 나타낸다. 질소원자가 배위원자이면 그 리간드는 나이트로(*nitro*)라고 한다. 산소가 결합하면 그 리간드는 **나이트리토**(*nitrito*)라고 부른다. 아질산 착물은 중요할 뿐만 아니라 아직도 가장 보편적 결합이성질체의 예이다.

1894년에 Jørgensen은 현재 $[Co(NH_3)_5(NO_2)]Cl_2$라고 분명하게 알려진 두 형태의 화합물을 제조하였다. 하나는 노란색이고 다른 하나는 붉은색이다. 이들은 가장 오래 알려진 결합이성질체의 예라고 알려졌다. 하나는 나이트로(N-결합)이고 또 하나는 나이트리토(O-결합)이다. 어느 것이 어느 것인가? Jørgensen과 Werner는 이 문제를 함께 연구했지만 그들은 그러한 이성질체 사이를 구별할 때 도움을 주는 현대적 기기를 아무것도 갖지 않았다. 그 대신 그 두 형태를 다른 알려진 착물과 색을 비교했다. $[Co(NH_3)_6]^{3+}$과 $[Co(en_3)]^{3+}$ 양이온을 함유하는 화합물처럼 여섯 $Co^{3+}-N$ 결합을 갖는 것으로 알려진 화합물은 한결같이 노란색이다. 그와 반대로 $[Co(NH_3)_5H_2O]^{3+}$과 $[Co(NH_3)_5NO_3]^{2+}$처럼 다섯 $Co^{3+}-N$ 결합과 하나 $Co^{3+}-O$ 결합을 갖는 화합물은 붉은 색이다. 그러므로 노란색 $[Co(NH_3)_5(NO_2)]Cl_2$ 이성질체는 N-결합(나이트로)이고 붉은색은 O-결합(나이트리토)이다. 정확한 화학식과 상당하는 이름은 다음과 같다.

$[Co(NH_3)_5NO_2]Cl_2$(노란색)

염화 펜타암민나이트로코발트(III) 또는 염화 펜타암민-*N*-나이트로코발트(III)

그리고

$[Co(NH_3)_5ONO]Cl_2$(붉은색)

염화 펜타암민나이트리토코발트(III) 또는 염화 펜타암민-*O*-나이트로코발트(III)

티오시안산 이온 SCN^-도 역시 여러 결합이성질체를 형성하는 것으로 알려졌다. 위에 있는 펜타암민코발트(III) 화합물과 유사하게 $[Co(NH_3)_5NCS]^{2+}$는 N-결합이다. 그러나 상당하는 펜타시아노코발트(III) 화합물은 S-결합이다. 전체 화학식과 상당하는 이름은

$[Co(NH_3)_5NCS]Cl_2$

염화 펜타암민아이소티오시아나토코발트(III) 또는 염화 펜타암민-*N*-티오시아나토코발트(III)

그리고

$K_3[Co(CN)_5SCN]$

펜타시아노티오시아나토코발트산(III) 포타슘 또는 펜타시아노-*S*-티오시아나토코발트산(III) 포타슘

양손잡이 리간드로 이용하는 시안화물 CN^-을 분리한 예들이 있다. 다음에 제시한 한 예는 네자리 리간드 트라이에틸렌테트라암민(trien) $NH_2CH_2CH_2NHCH_2CH_2NHCH_2CH_2NH_2$의 코발트(III) 착물로 생성된다. 또 다른 예는 Prussian 또는 Turnbull's blue $Fe_4^{III}[Fe^{II}(CN)_6]_3 \cdot 4H_2O$이다. 그것의 구조는 그림 5.1에 있다.

$[Co(CN)_2(trien)]^+$

다이시아노(트라이에틸렌테트라민)코발트(III) 또는 다이-*C*-시아노(트라이에틸렌테트라민)코발트(III) 양이온

$[Co(NC)_2(trien)]^+$

다이아이소시아노(트라이에틸렌테트라민)코발트(III) 또는 다이-*N*-시아노(트라이에 틸렌테트라민)코발트(III) 양이온

연습문제 PROBLEMS

2.1 두 화합물이 C_2H_6O 화학식을 갖는다. 하나는 곡물 알코올 또는 에탄올이라 알려져 있고 하이드록실(−OH) 원자단과 결합한 에틸(C_2H_5-) 라디칼로 구성한다. 그 반면에 두 번째 다이메틸에터(dimethyl ether)는 휘발성이 큰 유기용매이고 중심 산소원자와 결합한 두 메틸(CH_3-) 원자단을 갖는다. 이들 화합물을
(a) 이성질체,
(b) 구조이성질체,
(c) 입체이성질체로 분류하라. 이들 용어 중 하나 이상을 적용할 수 있다.

2.2 더운 여름날 햇볕에서 휴식을 취할 때 사용하는 가벼운 안락이자를 생각하자. 그것은 덮개처럼 거의 평면형태로 펼칠 수 있고 의자처럼 보이게 만들 수 있고 또는 보관하기위하여 접을 수 있다. 이러한 세 가지 형태는 구조이성질체 또는 입체이성질체 중 어느 것과 더 비슷한가? 해답을 간단히 설명하라.

2.3 $CoCl_3 \cdot 6NH_3$ 구조에 대한 다음 두 가지 사슬이론 형식을 고려하자. 이들은 입체이성질체인가 또는 구조이성질체라고 생각하는가? 해답을 간단히 설명하라.

```
  NH3–Cl                              NH3–NH3–Cl
 /                                   /
Co–NH3–NH3–NH3–NH3–Cl               Co–NH3–NH3–Cl
 \                                   \
  NH3–Cl                              NH3–NH3–Cl
```

2.4 표 1.2에 표시한 육각평면과 삼각프리즘 배위권에 대하여 나열한 이성질체들이 있다고 하면 이들은 구조이성질체인가 또는 입체이성질체인가?

2.5 어떤 분자를 광학활성이라고 말하는 것은 무엇을 뜻하는가 한마디로 설명하라.

2.6 표 1.2의 육각평면배위권에 대하여 나열한 이성질체들은 기하이성질체인가 또는 광학이성질체인가? 그 표에 육각평면에 대하여 제시한 어떤 기하이성질체가 있다면 이들 중 어느 것이 카이랄성인가? 해답을 간단히 설명하라.

★2.7 표 2.1의 삼각프리즘 배위권에 대하여 나열한 이성질체들은 기하이성질체 인가 광학이성질체인가? 그 표에 삼각프리즘에 대하여 제시한 어떤 기하이성질체가 있다

면 이들 중 어느 것이 카이랄인가? 해답을 간단히 설명하라.

2.8 그림 2.4b에 제시한 브로모다이클로로요오도아연산(II) 이온 구조를 다시 그려라. 또 거울상을 그려라. 이들 거울상은 서로 겹치는가? 이 분자의 카이랄성에 관하여 이 문제로 부터 어떤 결론을 끌어낼 수 있는가? 그 분자가 내부거울평면을 갖는 여부를 고려 하여 이것이 똑같은 결론에 도달하는가?

2.9 그림 2.4c에 제시한 브로모클로로플루오로요오도메테인 분자의 구조를 다시 그려라. 그것과 함께 그것의 거울상을 그려라. 이들 거울상은 서로 겹치는가? 이 분자의 카이랄성에 관하여 이 문제로부터 어떤 결론을 끌어낼 수 있는가? 그 분자가 내부거울평면을 갖는여부를 고려하여 이것이 똑같은 결론에 도달하는가?

2.10 본래 4가 탄소와 결합한 네 원자는 사각형 모퉁이를 점유하는 것으로 생각한다. 그러나 서로 다른 네 원자들이 탄소원자와 결합할 때 그 결과의 분자는 광학활성이라고 알려졌다. (a) 사각평면 분자와 (b) 사면체 분자는 이러한 종류의 분자에 관한 카이랄성을 적절하게 설명하는가? 당신의 해답을 간단히 설명하라.

★2.11 (a) 거울상 겹침과 (b) 내부거울면의 존재에 의존하는 카이랄성의 조건을 다시 설명하라.

2.12 AlClBrI와 PClBrI에 대하여 VSEPR이론을 이용하면 이들 분자의 분자모양을 나타내는 도형을 그린 다음 그들의 거울상을 그리는데 도움을 준다. 이들 중 어느 것이 겹치는 거울상을 갖는가? 이들 화학종에서 어느 것이 카이랄인가?

2.13 문제 2.12에 제시한 분자에 대하여 어느 것이 내부거울평면을 갖는가? 만약 있다면 분자 모양 도형에 그 평면을 그려라. 이들 화학종 중에서 어느 화학종이 카이랄인가?

2.14 PF_2Cl_3의 가능한 기하이성질체 중에서 어느 것이 카이랄이라고 예상하는가? 왜 그러하고 그렇지 않은가? 당신의 해답을 지지하는 도형을 그려라.

2.15 다음 화합물의 구조식을 그려라.

(a) 시스-카보닐클로로비스(트라이페닐포스핀)이리듐(I)

(b) 질산 트랜스-클로로나이트로테트라암민크로뮴(III)

(c) 질산 트랜스-다이암민-트랜스-비스(피리딘)다이나이트리토코발트(III)

2.16 그림 2.7의 처음 네 부분에서 내부거울평면은 추가로 몇이 있는가? 이 추가 평면을 설명하는 도형을 그려라.

2.17 다음 화합물의 구조식을 그려라.

(a) 트랜스-다이클로로비스(옥살라토)코발트산(III) 포타슘

★ 표시는 더 어려운 문제이다.

(b) (아세틸아세토나토)-시스-다이클로로-트랜스-비스(트라이페닐아르신)레늄(III) 이들 화합물 중에 카이랄성이 있는가? 해답을 간단히 설명하라.

2.18 (a) 시스-다이브로모다이옥살라토로듐산(III) 바륨과 (b) 황산 시스-시아노비스(에틸렌다이아민)아이소시아노코발트(III)의 구조식을 그려라. 이들 화합물 중에 카이랄이 있는가? 해답을 간단히 설명하라.

2.19 다음 분자 또는 이온에 대한 화학식을 쓰라.
(a) 트라이옥살라토크롬산(III)
(b) 시스-다이클로로(에틸렌다이아민)백금(II)
이들 화합물 중에 카이랄이 있는가? 해답을 간단히 설명하라.

2.20 다음 분자 또는 이온에 대한 화학식을 쓰라.
(a) (에틸렌다이아민테트라아세타토)코발트산(III)
(b) 다이클로로(나이트릴로트라이아세타토)크롬산(III)
이들 화합물 중에 카이랄이 있는가? 해답을 간단히 설명하라.

2.21 Werner 배위이론의 정당성 확립에 중요한 역할을 연출한 킬레이트제를 포함하는 코발트 착물의 합성과 분리를 간단히 설명하라.

2.22 $[CoCl_2(en)_2]Cl$에 관한 모든 입체이성질체의 구조와 분리를 나타내는 도형을 그려라.

2.23 $M(a-a)A_2B_2$의 모든 가능한 입체이성질체를 그린 다음 표지하라. 여기에서 A와 B는 한 자리 리간드이고 a−a는 대칭성 두 자리 리간드이고 M은 삼각프리즘 배위권을 갖는다. 이 들 화합물이 카이랄성인가 여부를 표시하라.

2.24 Jørgensen은 $[CoCl_2(en)_2]Cl$을 합성하였고 그것은 색에 따라 violeo(시스)와 praseo(트랜스)라고 부르는 두 형태가 있다고 알려졌다. Werner는 이러한 두 가지(그리고 다만 두 가지뿐이다) 이성질체의 존재를 팔면체 배위권의 증거로 인용했다. 두 자리 리간드 에틸렌다이아민이 시스 위치만 걸칠 수 있다고 하면 삼각프리즘 배위권이라고 가정할 때 이 화합물은 몇 기하이성질체를 갖는가? 이들 중 카이랄은 몇인가?

2.25 1901년에 Alfred Werner의 박사과정생 Edith Humprey는 질산 비스(에틸렌다이아민)다이나이트로코발트(III)의 두 이성질체를 합성했다. 이 화합물에 대하여 가능한 모든 입체 이성질체 구조를 나타내는 도형을 그려라.

2.26 Werner는 염화 비스(에틸렌다이아민)옥살라토코발트(III)을 설명할 때 1899년에 카이랄 배위화합물의 가능성에 대하여 그의 생각을 발표했다. 이 화합물은 몇 기하이성질체와 광학이성 질체를 갖는가? 이러한 이성질체의 분자구조를 나타내는 도형을 그려라.

2.27 그림 2.16 화합물이 나타낸 것처럼 실제로 사각평면이 아니고 사면체이면 여전히 카이랄성인가? 해답을 간단히 설명하라.

2.28 $[Pt(NH_3)_2(SCN)_2]$ 착물은 두 입체이성질체를 형성하는 반면에 $[Pt(en)(SCN)_2]$ 착물은 한 입체이성질체만 형성한다. 이것은 이들 착물의 기하구조에 관하여 무엇을 어느 정도 증명하는가를 설명하라. 당신의 해답 중에서 이들 세 가지 이성질체를 그린 다음 명명하라.

2.29 나이트릴로트라이아세트산(NTA), $N(CH_2COO)_3^{3-}$는 다음과 같은 구조로 이루어진 네 자리 리간드이다.

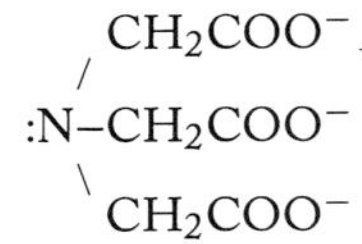

다음 배위화합물을 제시한다고 가정하라.

$$K_2[CoCl(NTA)(SCN)]$$

(a) 이 화합물을 명명하라.
(b) 이것이 팔면체이면 이 화합물이 갖는 입체이성질체 수를 결정하라. 카이랄 화학종의수를 설명하라.

★2.30 문제 2.29 화합물이 삼각프리즘이면 몇 가지 입체이성질체를 갖는가? 카이랄 화학종의 수를 설명하라.

★2.31 $Ni(gly)_2$ 화합물이 사면체 사각평면이면 광학활성인가? 해답을 간단히 설명하라.

2.32 (a) 질산 이온의 Lewis 구조를 그린 다음 양손잡이 리간드로 이용하는 그것의 가능성을 설명하라.
(b) Jørgensen과 Werner는 $[Co(NH_3)_5NO_3]^{2+}$ 착물 양이온이 명확하게 다섯 $Co^{3+}-N$과 한 $Co^{3+}-O$ 결합을 포함한다는 것을 어떻게 확인하였는가?

2.33 염화 비스(에틸렌다이아민)다이나이트로코발트(III)와 대하여 반대되는 염화 비스(에틸렌다이아민)다이나이트리토코발트(III)는 왜 염화 비스(에틸렌다이아민)다이나이트라토코발트(III)와 동일한 색이여야 하는가를 설명하라.

2.34 Werner의 학생 Edith Humphrey는 처음으로 $[Co(en)_2(NO_2)_2]X$ 화학식의 착염을 합성했을 때 아질산이 O-결합 형태를 갖는 것으로 취급했다. 조금 뒤에 그들은 N-결합으로 확인하였다. $X = AuCl_4^-$ 화합물의 화학식과 두 가지 결합이성질체의 화학식을 쓰라.

★2.35 탄소-질소 삼중결합을 갖는 티오시안산 이온의 Lewis 구조를 그려라. 티오시안산

이 황원자를 통하여 금속과 결합할 때 M−S−C 결합각은 대략 108~109°이지만 질소원자를 통하여 결합할 때 M−S−C 결합각은 180°이다. SCN^-에 대한 Lewis 구조에 근거하여이 차이를 간단히 설명하라.

2.36 시안화 이온 CN^-의 Lewis 구조를 그려라. 이 양쪽자리성 리간드의 시아노와 아이소시아노 형태는 각기 직선형 또는 굽은 M−S−C과 M−S−C 결합을 갖는 것으로 기대하는가? 해답을 간단히 설명하라.

★2.37 문제 2.35와 2.36에 대한 해답에 근거하여 한 리간드로서 암모니아에 관한 지식을 합친 다음 왜 $[Co(NH_3)_5NCS]Cl_2$는 N-결합이지만 $K_3[Co(CN)_5SCN]$이 S-결합인가를 추측하라. 해답에서 티오시안산 리간드의 두 S-와 N-결합 형태에 의하여 점유된 공간부피를 고려하라.

2.38 트랜스-비스(에틸렌다이아민)다이티오시아나토구리(II)는 세 결합이성질체를 형성한다. 각 이성질체의 구조식과 이름을 쓰라.

2.39 $[Cu(NH_3)_4][PtBr_4]$를 이용하여 시작하면 몇 배위이성질체를 형성할 수 있는가? 각 이성 질체에 대한 화학식과 아름을 쓰라.

★2.40 *N,N*-다이메틸에틸렌다이아민(또는 “dmen”이라고 한다) 리간드는 다음 구조를 갖는다.

$$\text{dmen} = H_2NCH_2CH_2N(CH_3)_2 = \text{N}\frown\text{N}\lessdot$$

$[Pt(men)_2]Cl_2$에 대하여 가능한 입체이성질체를 그린 다음 이름을 쓰라(힌트: 이것은 사각평면 착물이라고 생각하라).

★2.41 한 미지 금속이 $[M(dmen)_2]$ 화학식의 사면체 착물을 형성한다고 생각하라. 몇 가지 기하이성질체와 광학이성질체들이 가능한가? 해답을 간단히 설명하라(힌트: dmen 리간드의 구조는 문제 2.40에 있다).

2.42 다음 화합물의 배위이성질체 또는 이온화이성질체에 대한 화학식과 이름을 쓰라.
(a) $[Co(NH_3)_5(NO_3)]SO_4$
(b) $[Cr(en)_3][Cr(C_2O_4)_3]$
각 경우에 이용하는 이성질체화의 종류를 지적하라.

2.43 다음 화합물의 배위이성질체 또는 이온화이성질체에 대한 화학식과 이름을 쓰라.
(a) $[Pt(NH_3)_4Cl_2]Br_2$
(b) $[Cu(NH_3)_4][PtCl_4)]$
각 경우에 이용하는 이성질체화의 종류를 지적하라.

★2.44 $[Pt(NH_3)_4(C_2O_4)]Cl_2$ 화학식의 화합물과 관련이 있는 화학식을 쓰거나 구조를 그린 다음 가능한 많은 기하이성질체, 광학이성질체, 결합이성질체, 배위이성질체, 이온화이성질체 중에서 한 예를 제시하라. 한 예로 인용하는 각 화합물의 이름을 쓰라.

★2.45 $[Pd(NH_3)_2(NO_2)_2]$ 화학식의 화합물과 관련이 있는 화학식을 쓰거나 구조를 그린 다음 가능한 많은 기하이성질체, 광학이성질체, 결합이성질체, 배위이성질체, 이온화이성질체 중에서 한 예를 제시하라. 한 예로 인용하는 각 화합물의 이름을 쓰라. 간단히 생각하기 위하여 제시한 화합물에서 리간드로 이용하는 아질산 이온은 모두 N-결합 또는 O-결합이라고 가정하라.

★2.46 $[VCl_2(en)_2]NO_2$ 화학식의 화합물과 관련이 있는 화학식을 쓰거나 구조를 그린 다음 기하이성질체, 광학이성질체, 결합이성질체, 배위이성질체, 이온화이성질체의 한 예를 제시하라. 한 예로 인용하는 각 화합물의 이름을 쓰라. 간단하게 하기위하여 한 제시한 화합물에서 리간드로 이용하는 아질산 이온은 모두 N-결합 또는 O-결합이라고 가정하라.

★2.47 $[Co(acac)_2(NH_3)(H_2O)][Co(SCN)_4]$ 화학식의 화합물과 관련이 있는 화학식을 쓰거나 구조를 그린 다음 기하이성질체, 광학이성질체, 결합이성질체, 배위이성질체, 이온화이성질체를 제시하라. 한 예로 인용하는 각 화합물의 이름을 쓰라.

CHAPTER

3 배위화합물의 결합이론

1장과 2장에서 배위화합물에 대한 역사, 명명법, 구조를 설명했다. 이러한 이전의 설명에서 리간드와 금속 원자 또는 이온이 한 전자쌍을 공유하는 금속-리간드(M-L) 배위공유결합을 소개했다. 이제 더 상세하게 M-L 결합의 성질을 고려할 위치에 있다. 리간드의 전자와 양전하를 띈 금속 양이온 사이에 본래 이온 상호작용이 있는가? 또는 M-L 결합은 공유결합 성질이 유력하다고 설명하는 것이 더 적절한가? 그 결합성질이 무엇이든 간에 M-L 상호작용의 설명은 (1) 전이금속착물의 안정도, (2) 착물의 전자와 자기적 성질, (3) 이러한 화합물이 나타낸 여러 특이한 색 등을 설명해야 한다.

이 장에서는 Werner 배위화합물에 응용한 여러 결합이론을 살펴보겠다. Lewis 전자점 도형을 배위화합물에 어떻게 응용하는가 그리고 친숙한 팔전자계 규칙(octet rule)을 유효원자수 규칙으로 어떻게 표현하는가를 알고자 한다. 그 다음 1930년대에 결정장이론, 원잣가이론, 분자오비탈이론을 제안하고 전이금속착물의 결합에 대한 가장 유력한 이론적 바탕을 확립하기 위하여 많은 노력이 뒤따랐다. 결국 알려진 바와 같이 원잣가이론은 이제 쓰이지 않게 되었다. 그러나 이 장에서는 간단히 설명하겠다. 분자오비탈이론은 크게 기대되지만 대단히 어렵고 쉽게 정량화되지 않는다. 특히 서론적 무기화학 수준에서 볼 때 배위화합물 결합에 대한 세 가지 이론(CFT, VBT, MOT) 중에서 결정장이론(M-L결합을 순수한 정전기적 특성이라고 취급한다)이 최선이라고 인정한다.

3.1 초기의 결합이론

Lewis 산-염기의 정의

그림 1.1에서 설명한 것처럼 실용적 결합이론은 1920년대에 원자의 양자역학 모델로부터 나오기 시작했다. G. N. Lewis는 1920년대 초에 간단한 화합물에 대하

여 현재 친숙한 전자점 도형과 팔전자계를 제안했고 1920년대 말에 Nevil Sidgwick은 이러한 아이디어를 배위화합물에 응용했다. 그는 앞의 2장과 관련이 있는 배위공유결합의 아이디어를 처음으로 제안했다.

M−L 결합에 대한 여러 설명을 적절한 역사적 관계와 연결하기 위하여 간단히 여러 산−염기 이론의 개요를 살펴보겠다. 19세기 후반에 염류, 산, 염기 등의 수용액 중 이온의 존재에 관한 Svante Arrehenius의 아이디어는 산과 염기를 각기 수소이온(H^+)과 수산화이온(OH^-)을 해리하는 물질로 분류하였다. 그 범위는 오늘날 어느 정도 제한을 받는 것으로 보지만 Arrhenius 정의는 아직도 화합물과 그들의 반응 결과의 분류에 유용한 것으로 남아있다. 그 후 1920년대 초에 Johannes Brønsted와 Thomas Lowry는 더 일반적 정의를 제안했다. 그들은 독립적으로 각기 산을 양성자 주개, 염기를 양성자 받개라고 분류했다. 그러한 Brønsted-Lowry 정의는 수용액에만 제한하지 않고 수산화기의 존재도 필요없으며 보다 더 많은 화합물이 이러한 산과 염기의 정의에 포함된다. Brønsted-Lowry 정의는 Arrhenius 정의보다 넓고 더 일반적으로 유용한 산−염기 정의라고 증명되었다.

Lewis는 1920년대 후반과 1930년대 초에 산과 염기에 관한 훨씬 더 넓고 더 유용한 정의를 제안했다. 산을 잔자쌍 받개로 그리고 염기를 전자쌍 주개라고 분류하면서 그는 그것에 의하여 그의 산−염기 이론을 수소의 존재에 의존하는 이전의 이론으로부터 완전히 자유롭게 벗어났다. Lewis 정의의 장점은 더 많은 반응을 Arrhenius 또는 Brønsted-Lowry 정의보다 더 많이 산−염기 반응으로 분류할 수 있다는 점이다. 더 일반적 Lewis 정의의 성질을 나타내기 위하여 사용하는 고전적 예는 식 (3.1)에 나타낸 것처럼 삼플루오르화붕소와 암모니아 사이에 기체상 반응이다.

$$BF_3(g) \quad + \quad :NH_3(g) \quad \longrightarrow \quad F_3B \longleftarrow :NH_3(s) \qquad (3.1)$$

전자쌍 받개 (Lewis 산)	전자쌍 주개 (Lewis 염기)	산과 염기 사이에 배위공유결합 (Lewis 염 또는 첨가생성물)

BF_3는 각기 용액 중에서 수소이온을 제공하지도 않고 Arrhenius와 Brønsted-Lowry 정의에 필요한 양성자 주개도 아니다. 마찬가지로 NH_3는 용액에 수산화 이온을 제공하지도 않고 양성자 받개로 작용하지도 않는다(암모니아는 양성자 받개지만 이 반응에서 그 역할을 하지 않는 다른 예들이 있다). 그러므로 이 반응은 이러한 더 제한된 정의에서 산−염기 반응이 아니다. 그러나 삼플루오르화 붕소는 전자쌍 받개이고 암모니아는 전짜쌍 주개이므로 그 반응은 Lewis 정의에서 산−염기라고 정의한다[어떤 의미에서 Lewis 산과 Lewis 염기 사이에 반응은 Lewis 염이라고 볼 수 있다. 그러나 그러한 생성물에 관한 더 특수한 용어는 Lewis 첨가생성물(adduct)이다].

Sidgwick은 이러한 아이디어를 배위화합물에 응용했다. 그는 Alfred Werner의 배위이론으로 대단히 솜씨있게 설명한 암모니아산 코발트와 같은 화합물을 Lewis 첨가생성물로 분류할 수 있다고 지적했다. 식 (3.2)는 Co^{3+}와 6 암모니아 분자로부터 헥사암민코발트(III) 양이온의 형성을 보여준다.

$$\underset{\text{Lewis 산}}{Co^{3+}(aq)} + \underset{\text{Lewis 염기}}{6\,:NH_3(aq)} \longrightarrow \underset{\substack{\text{배위화합물} \\ = \text{Lewis 염 또는 첨가생성물}}}{\left[\begin{array}{ccc} & \ddot{N}H_3 & \\ & \downarrow & \swarrow :NH_3 \\ H_3N: \longrightarrow & Co & \longleftarrow :NH_3 \\ H_3N: \nearrow & \uparrow & \\ & \ddot{N}H_3 & \end{array} \right]^{3+}} \tag{3.2}$$

금속 양이온은 전자쌍 받개(Lewis 산)이고 각 암모니아 분자는 전자쌍 주개(Lewis 염기)라는 것에 유념하라. 그러므로 결과적으로 생기는 배위화합물은 Lewis 염 또는 첨가생성물(adduct)이라고 생각할 수 있다.

간단한 분자에 대하여 설명한 Lewis 구조에 적용되는 팔전자계와 병행하여 유효원자번호규칙(EAN, effective atomic number rule)은 배위화합물에서 금속의 전자와 리간드에 의해 제공된 전자의 합이 그 금속 다음으로 높은 영족기체와 관련있는 전자수와 같아야 한다고 설명한다. 예를 들어 $(Co(NH_3)_6]^{3+}$에서 Co^{3+}이온은 (27 − 3) = 24 전자를 갖고 6 암민 리간드는 (6 × 2) = 12 전자를 제공하므로 전체 36 전자이다. 크리프톤(Kr)은 36 전자를 갖는다. 이 크리프톤 원소는 코발트를 포함하는 주기의 오른쪽 끝에서 발견되는 코발트 다음으로 높은 영족기체이다. 팔전자계처럼 EAN 규칙은 가끔 예외가 있지만 편리하고 유용한 경험규칙이다. 모두 전이원소의 세 가지 가로 칸에 있는 많은 여러 배위화합물(예를 들어 $Ni(CO)_4$, $[Pt(NH_3)_6]^{4+}$, $PtCl_6^{2-}$)은 모두 EAN규칙을 만족한다. 불행하게도 EAN 규칙에서 벗어나는 대단히 안정한 많은 화합물도 있다(예를 들어 $[Cr(NH_3)_6]^{3+}$, $[PdCl_4]^{2-}$, $[Pt(NH_3)_4]^{2+}$ 등등). EAN규칙은 유기금속 화합물(금속−탄소 결합을 포함하는 화합물)에 더 잘 적용되지만 그들은 이 책의 범위를 벗어난다.

결정장이론, 원잣결합이론, 그리고 분자오비탈이론

이 장의 서론에서 설명한 것처럼 1930년대에 세 가지 이론(결정장이론, 원잣가이론, 분자오비탈이론)이 출현하였고 그 방법들은 오늘날 때늦은 지혜의 도움을 받아 배위화합물의 결합을 눈으로 볼 수 있는 효과적이고 유용한 방법이라고 인정하고 있다. 물리학자 Hans Bethe와 John Van Vleck에 의하여 크게 발전된 결정장이론(CFT, crystal field theory)은 금속−리간드 결합을 오로지 정전기적으로만 보았다. CFT는 리간드의 팔면체, 사면체, 또는 사각평면체의 "장"(field)에 대한 결과를 금속의 원자 오비탈 에너지의 관점에서 고려하였다. CFT는 대부분이 물리학의 분야에서 발전되었지만 무기화학자들에 의하여 1950년대까지 무시되었고 약간 공유결합 특성을 인정하여 CFT를 수정한 변형 CFT 또는 리간드장이론(ligand field theory, LFT이라고도 부른다)이 현재 배위화합물에 대한 주요한 결합이론이다. 그것의 주요한 매력 중 하나는 개념적으로 단순하다는 점이고 그것은 특히 처음에 배위화합물의 결합문제에 접근할 때 큰 가치가 있다.

원잣가결합이론(valence-bond theory, VBT)은 본래 Linus Pauling의 연구업적이고 결합을 각 원자에 있는 원자 오비탈 또는 혼성 오비탈의 겹침에 의한 특성이라고 보았다(원자 오비탈은 때때로 "**본래**" **오비탈**이라 하고 자유 원자에 대한 "본래" 오비탈 또는 고유 오비탈이라고 한다. 이러한 본래 원자오비탈의 직선형 결합은 혼성오비탈을 구성한다). VBT는 여러 간단한 분자, 특히 간단한 유기화합물 구조의 설명에 크게 성공하였다. 팔면체 배위화합물에서 VBT는 금속 팔면체 모양의 d^2sp^3 혼성오비탈과 리간드의 적절한 원자오비탈이나 혼성오비탈 사이의 겹침을 마음속에 그린다. M−L 결합을 구성하는 두 결합전자는 리간드가 제공한다. VBT는 1950년대까지 무기화학자들이 배위화합물을 생생하게 마음속에 그리는 주요한 방법이지만 현재는 이러한 화합물에 대한 여러 자기적 성질, 전자성질, 분광학적 성질의 설명이 불가능하여 인기를 잃었다.

분자오비탈이론(molecular orbital theory, MOT)은 여러 화학자와 물리학지에 의해 차츰 발전했고 두 개 이상 핵의 영향을 받는 전자들의 정류파(standing wave) 또는 피압파(confined wave) 패턴을 설명한다. 친숙한 원자오비탈과 유사한 이와 같은 **분자오비탈**(*molecular orbital*)은 전체 분자의 모든 원자에 퍼져있다. 분자오비탈은 그들을 구성하는 원자처럼 여러 분자의 안정도를 설명하는 에너지준위로 배열할 수 있다. MOT는 요컨대 배위화합물을 포함하는 대부분 모든 분자의 화학결합 이해에 최선의 방법처럼 보인다. 관념적으로 MOT는 이해하기 간단하지만 배위화합물을 포함하는 비교적 간단한 다원자 분자에 대한 정량적 응용은 대단히 추상적이고 수학적이다. 여기에서는 초심자들에게 이러한 화합물의 결합을 생생하게 마음속에 떠오르게 시작하는 자리가 아니다.

CFT, VBT, MOT의 기본원칙과 원칙적 장단점에 관하여 이러한 배경을 인정한다면 배위화합물의 결합을 생생하게 마음속에 그리기 위하여 CFT에 집중하는 것은 놀라운 일이 아니다.

3.2 결정장이론

결정장이론은 모든 M−L 상호작용을 순수한 정전기적 성질이라고 생각한다. 더 특별하게 말하자면 CFT는 금속의 원잣가껍질 오비탈에 관한 리간드장의 정전기적 효과를 고려한다. CFT의 설명에 다음의 두 가지 기본 개념을 아는 것이 필요하다: (1) 정전기적 상호작용의 쿨롱이론(coulombic theory)과 (2) 전이원소의 원잣가 오비탈, 즉 *nd* 오비탈(전이금속의 첫째 가로 칸은 $n = 3$)의 모양이다. 첫 번째 개념은 같은 전하 사이의 반발과 서로 다른 전하 사이의 인력에 관한 친숙한 개념만 관련이 있다. 정량적으로 말하면 *Coulomb*법칙은 거리 r만큼 떨어져 있는 두 전하 Q_1과 Q_2의 퍼텐셜 에너지를 식 (3.3)에 제시한 것으로 나타낸다고 설명한다.

$$\text{퍼텐셜 에너지} = \frac{Q_1Q_2}{r} \tag{3.3}$$

두 번째 개념, 즉 *d* 오비탈 모양은 조금 더 설명할 필요가 있다.

3*d* 오비탈의 모양

이전의 과정에서 설명한 바와 같이 오비탈은 피압전자파(confined electron wave) 또는 정류전자파(standing electron wave)를 갖는다. 바꿔 말하면 파동성 입자의 이중성에 의하여 허용된 파동으로 취급하는 음성 전자는 양성 핵 주위에만 한정되고 어떤 허용된 파동 패턴 또는 오비탈을 구성한다(여러 허용된 파동 패턴은 기타 줄(guitar string) 또는 솥 모양의 큰 드럼 대가리 모양을 구성한다). 여러 오비탈 모양은 원자핵의 주위 영역에서 전자를 발견하는 확률이다. 이러한 오비탈은 한 벌의 양자수(n, l, m)로 표시하고 각기 특정한 에너지를 갖는다. 친숙한 수소와 비슷한 (한 전자의 경우에 발생되는 오비탈은 전형적으로 수소원자로 취급한다) 오비탈을 그림 3.1에 제시한다. 그림 3.2는 대표적 첫째-가로 칸 전이원소에 있는 1*s*, 2*s*, 2*p*, 3*s*, 3*p*, 4*s*, 3*d*의 상대적 에너지를 나타낸다.

이러한 오비탈을 그림처럼 나타낼 때 몇 가지 특별한 지식이 필요하다. 첫째 에너지준위 도형의 친숙한 패턴을 알아야 한다. 한 껍질(동일한 주양자수 n을 갖는 오비탈) 안에서 오비탈은 부껍질(동일한 오비탈 양자수 l을 갖는 오비탈)로 나눈다. 예를 들어 $n = 3$ 오비탈은 l이 0에서 1과 2로 증가할 때 에너지는 3*s*, 3*p*, 3*d* 부껍질 순서로 나누어 증가한다. 한 벌의 세 3*p* 오비탈은 한 벌의 3*d* 오비탈과 함께 퇴화(degenerate)되는 것도 생각하라. 즉 퇴화는 한 벌의 오비탈이 각기 동일한 에너지를 갖는 것을 말한다. CFT의 주요한 초점은 다섯 *nd* 오비탈의 에너지에 관한 리간드장 효과이다.

그림 3.1을 상세히 살펴보면 거의 구형(혹은 이차원 원형) 모양의 *p*와 *d* 오비탈에 놀랄 것이다. 여러 가지 서론 과정에서(그리고 특히 이러한 과정에 나타난 일반적 모델에서) 이들 오비탈은 핵 안에서 함께 묶여있는 풍선처럼 보인다. 실제로 더 정밀한 사실적 표현이 그림 3.1에 있다. 이차원 단면 도형으로 표시한 각 오비탈은

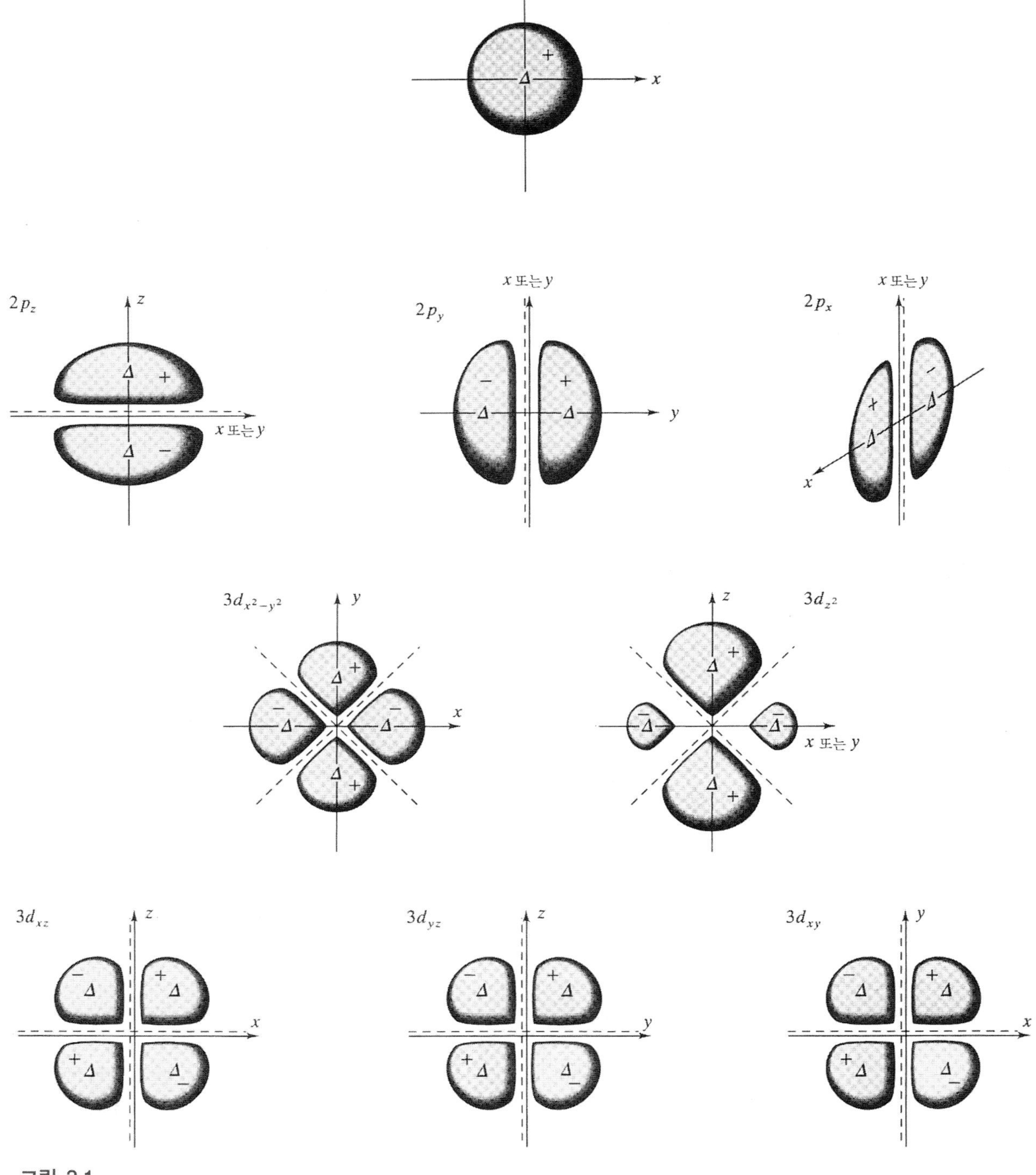

그림 3.1

수소와 비슷한 1*s*, 2*p*, 3*d* 오비탈의 단면도. 오비탈은 상(phase)을 표시하는 + 및 − 기호와 최대 전자발견 확률 점을 표시하는 삼각형을 이용하여 90% 경계표면을 나타낸다. 마디(node)는 토막선으로 나타낸다.

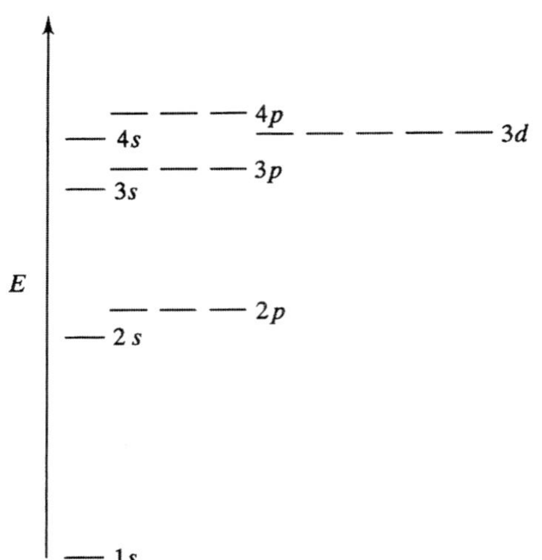

그림 3.2

첫째 가로 칸에 있는 전형적 전이원소와 같은 다전자원자의 원자 오비탈에 관한 상대적 에너지

"옷감" 조각을 원형으로 절단한 것처럼 보인다. 외부 실선은 90% 경계표면(전자는 그 경계표면 안에서 그 시간 중에 90% 이상 발견된다)을 나타낸다. 그리고 토막선은 마디(node)를 표시하고 마디 영역은 전자의 존재 확률이 0이다. +와 − 기호는 일정한 영역에서 오비탈의 상(phase)을 표시하고 작은 삼각형은 오비탈의 일정한 "귓불"(lobe)에서 최대 전자발견확률 점이다. 실제 삼차원 오비탈은 이차원 단면도형을 적당한 축 또는 여러 축 주위로 회전하여 눈으로 볼 수 있다. 예를 들어 삼차원 $3d_{z^2}$ 오비탈은 그림 3.3처럼 *z*-축 주위의 이차원 단면도형을 회전하여 발생할 수 있다. 일정한 부껍질(예를 들어 3*p* 또는 3*d*)의 합을 표시한 일정한 모양이 구형이라는 것은 너무 놀라운 것이 아니다.

세 개 *p* 오비탈과 다섯 *d* 오비탈 사이에 주요한 차이 중 하나는 *p* 오비탈이 *x*, *y*, *z*-축을 따라 향한 동일한 세 개 오비탈인 반면에 *d* 오비탈은 동일한 다섯 오비탈 (d_{xy}, d_{yz}, d_{xz}, $d_{x^2-y^2}$, d_{z^2})을 갖는다. 그 중에서 d_{z^2}은 특별한 것처럼 보인다. 즉 d_{z^2}은 다른 네 오비탈과 대단히 다른 것처럼 보인다. d_{z^2} 오비탈과 다른 넷 오비탈 사이에 이러한 차이는 조금 상세히 설명할 필요가 있다. 왜냐하면 *d* 오비탈 모양에 관한 철저한 지식은 CFT의 이해에 필수이기 때문이다.

실제로 Schrödinger 수학식은 여러 오비탈에서 전자발견 확률을 제시하고 여러 가지 해답을 서로 다른 방법으로 얻을 수 있다고 알려졌다. 그림 3.1에 표시한 다섯 3*d* 오비탈이 가능한 한 벌의 오비탈이다(*d* 오비탈은 다음 설명이 불필요한 이유 때문에 가장 편리한 한 벌이라고 알려졌다). 실제로 또 다른 Schrödinger 수학식의 해답은 여섯 종속관계 오비탈(dependent orbital)을 밝혀준다. 종속관계 오비탈이라는 말은 그들 중 어떤 하나가 다른 것과 두 개의 직선형결합으로 표시할 수 있기 때문에 그렇게 부른다. 이러한 여섯 종속관계 *d* 오비탈은 그림 3.1의 네 개 d_{xy}, d_{yz}, d_{xz}, $d_{x^2-y^2}$ 오비탈 그리고 $d_{x^2-y^2}$과 더 비슷한 두 $d_{z^2-y^2}$, $d_{z^2-x^2}$ 오비탈을

그림 3.3

z 축 주위로 한 $3d_{z^2}$ 오비탈의 단면 회전은 그 오비탈의 삼차원 그림을 발생한다.

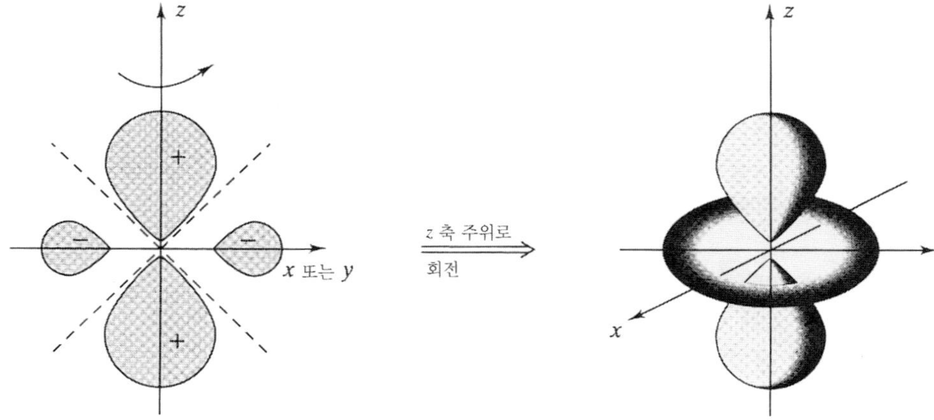

그림 3.4

(a) 종속관계의 $d_{z^2-x^2}$과 $d_{z^2-y^2}$ 오비탈. (b) 종속관계에 있는 두 $d_{z^2-x^2}$과 $d_{z^2-y^2}$ 오비탈의 직선형 결합에서 생기는 d_{z^2} 오비탈. $3d_{z^2}$ 오비탈은 그 구성성분의 종속관계 오비탈과 동일한 크기지만 $+z$-축과 $-z$-축에 따른 한 전자의 발 견확률은 두 배이다.

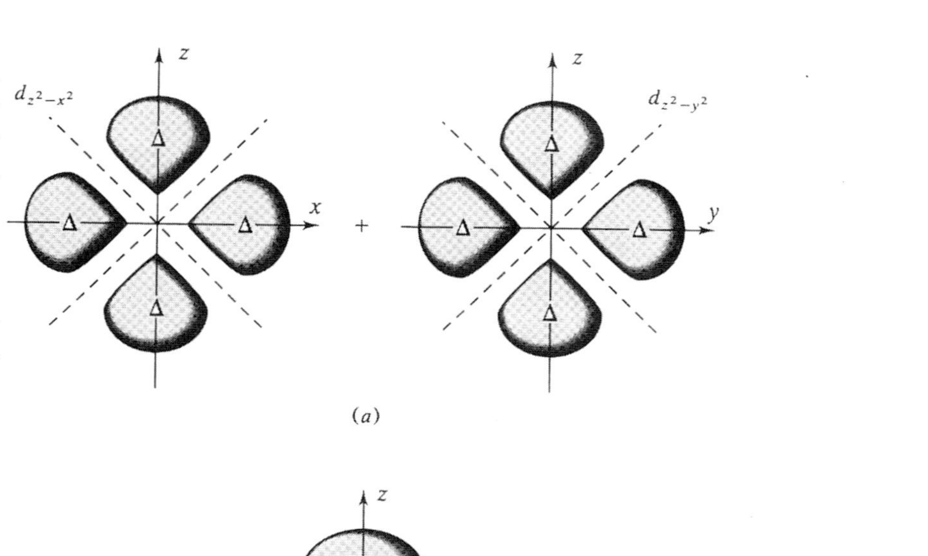

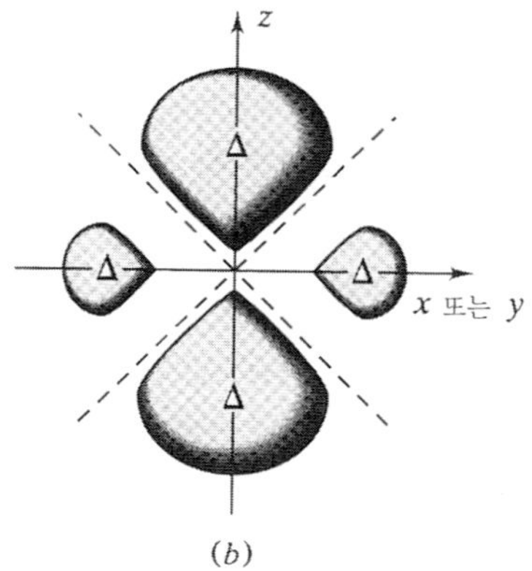

합친 오비탈이다. 이러한 후자의 종속관계 $d_{x^2-y^2}$와 $d_{z^2-x^2}$ 오비탈은 그림 3.4 위의 두 부분에 나타나있다. 그들은 $d_{x^2-y^2}$처럼 그들의 명칭이 제시한 축을 따라 가리키는 귓불(lobe)을 갖는다. 다른 부껍질처럼 여섯 종속관계 d 오비탈은 퇴화상태에 있다. 즉 그들은 자유 금속원자 또는 자유 금속이온에서도 일정한 에너지를 갖는다.

정상적으로 사용하는 다섯 독립관계(independent)[종속관계(dependent)에 대하여 상대적으로 사용하는 용어]의 3d 오비탈은 그림 3.4처럼 $d_{z^2-y^2}$와 $d_{z^2-x^2}$의 직선형 결합(즉 합쳐짐)에 의하여 d_{z^2}을 발생하는 여섯 종속관계 오비탈로부터 발생한다. 여기에서 이러한 두 종속관계 오비탈은 +와 −의 z-축에 따라 전자를 발견하는 확률을 갖지만 오로지 $d_{z^2-y^2}$은 y-축을 따라 그리고 오로지 $d_{z^2-x^2}$은 x-축을 따라 전자발견 확률을 갖는 것에 주목하라. 그러므로 이러한 두 오비탈을 함께 합칠 때 결과적으로 생기는 d_{z^2} 오비탈은 다른 두 축을 따르는 전자발견 확률보다 z-축을 따르는 전자발견확률이 두 배 더 크다. 그러나 최대 발견확률(삼각형으로 표시)의 점은 전체 세 오비탈과 같게 유지한다. 이제 전통적 다섯 3d 오비탈에 관한 결정장 리간드의 영향을 설명할 준비가 되었다. 그러나 d_{z^2} 오비탈은 보는 것처럼 특별하지 않다는 것을 마음에 간직하라. 그것은 부껍질에 있는 정확하게 다른 네 오비탈처럼 보이는 두 종속관계 오비탈의 직선형 결합일 뿐이다.

팔면체장

특별히 지정하지 않은 3d 전자수를 갖는 첫째 가로 칸의 전이금속이온 M^{n+}과 더불어 시작한다고 생각하자. CFT는 팔면체 리간드장이 이러한 금속 주위에서 구성할 때 생긴다고 생각한다. 각 여섯 리간드가 한 쌍의 전자를 금속에 각기 제공하면 전체는 12 전자이다. 그림 3.5는 금속 주위에서 4 단계로 팔면체장을 물리적으로 구성하는 것과 각 단계에 상당하는 에너지를 보여준다.

단계 I은 무한거리에 떨어져있는 금속과 12 전자를 갖는다. 이러한 "자유" 금속이온의 다섯 3d 오비탈은 리간드 전자에 의하여 전연 영향을 받지 않고 퇴화상태에 남는다. 이 첫 단계를 0이라 취하고 다른 세 단계에 대하여 기준으로 삼는다. II 단계에서 12 리간드 전자는 금속 주위로 와서 적절한 M−L 거리에서 구형 껍질을 형성한다. 리간드 전자는 구형 대칭전자에 묻히므로 금속의 각 3d 오비탈은 똑같게 영향을 받고 그들의 퇴화는 변하지 않고 그대로 유지한다. 그러나 이러한 3d 오비탈 중 어떤 전자는 리간드 전자에 반발하므로 그 계의 퍼텐셜 에너지는 증가한다[식 (3.3)에서 두 Q_1과 Q_2는 음성(−)이므로 그 계의 퍼텐셜 에너지는 양성(+)이다]. 이 점에서 양성 금속 양이온과 음성 12 리간드 전자 사이에 인력효과는 무시한다.

단계 III에서 12 전자는 실제로 단계 II와 동일한 M−L거리에서 팔면체장으로 배열한다(편의상 리간드는 세 직교좌표계에 따라 있는 것처럼 설명한다). 금속과 리간드 전자 사이에 거리는 동일하게 유지하므로 그 계의 알짜 퍼텐셜 에너지는 변하지 않는다. 이것을 설명하는 또 다른 방법은 무게중심(barycenter 또는 weight center)이다. 즉 동일한 부껍질에서 한 벌 오비탈의 평균 에너지는 단계 II에서 단계 III으로 가면서 일정하게 유지한다고 설명한다.

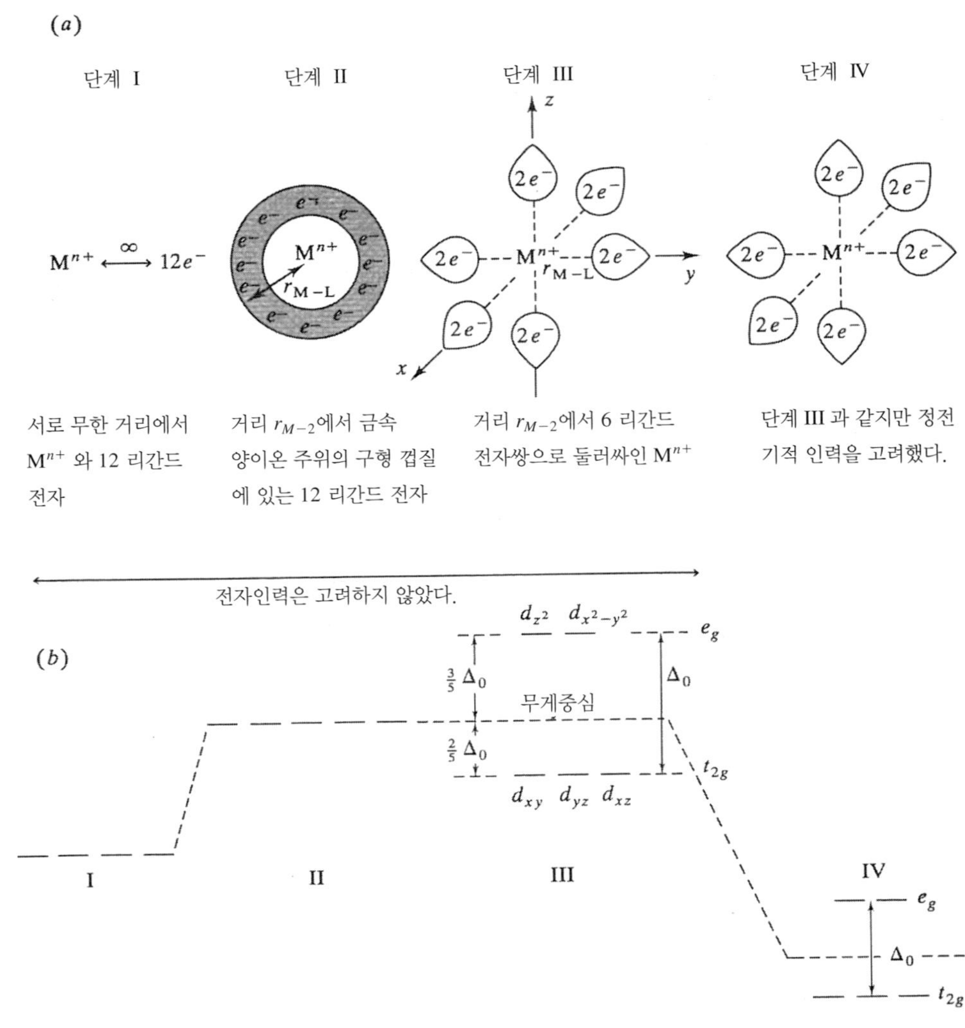

그림 3.5

(a) 금속양이온 주위에서 팔면체장을 구성하는 가상적 4 단계. (b) 각 단계에 상당하는 *d* 오비탈 에너지. 상대적 에너지 변화는 척도가 없다는 것에 주목하라. *d* 오비탈 사이에 분리는 실제로 I 단계에서 II 단계로 또는 III 단계에서 IV 단계로 변하는 에너지보다 훨씬 더 작다(참고문헌 3, pp. 150~151).

단계 III의 에너지준위 도형은 3*d* 오비탈 중에서 세 오비탈이 에너지를 감소하고(무게중심에 비하여) 두 오비탈이 증가하는 것을 보여준다. 이러한 에너지 변화는 어떤 인자들과 관련이 있는가? 두 오비탈($d_{x^2}-d_{y^2}$과 d_{z^2})은 직접 직교좌표 축을 따라 향하고 그러므로 에너지는 증가한다. 이러한 오비탈에서 어떤 전자는 리간드 전자에 의해 반발한다; 그러므로 이러한 오비탈 전자는 무게중심보다 높다. 서로 다른 모양의 d_{z^2} 오비탈이 $d_{x^2-y^2}$ 오비탈과 동일한 에너지를 갖는 것이 신경 쓰이는가? 걱정하지 마라. d_{z^2} 오비탈은 같게 보이는 $d_{x^2-y^2}$와 $d_{z^2-x^2}$ 종속관계 오비탈의 직선형 결합(즉 합쳐지는 것)일 뿐이고 $d_{x^2-y^2}$ 오비탈과 동일한 에너지를 갖는다고 생각하라(이러한 전체 세 오비탈은 직접 리간드로 향한다). 그러므로 $d_{x^2-y^2}$와 d_{z^2} 오비탈은 동일한 에너지를 가져야 한다. 이러한 두 오비탈은 한 벌의 e_g라고 한다. 이러한 기호의 기본은 여러 대칭론(symmetry)에서 나왔지만 여기에서는 설명하지 않겠다.

세 오비탈(d_{xy}, d_{yz}, d_{xz})의 에너지는 상대적으로 리간드 사이의 무게중심(barycenter)점보다 감소하고 그로 말미암아 그 세 오비탈이 점유하는 금속전자는 단계 II에 있던 리간드 전자로부터 더 멀리 있다. 따라서 이러한 오비탈 에너지는 감소한다. 팔면체장에서 이러한 세 오비탈에 대한 집합 기호는 t_{2g}이다.

다음은 e_g와 t_{2g}의 에너지 변화에 대한 정량적 관점의 설명으로 돌아가자. 첫째 **결정장**(CF, *crystal field*) **분리에너지**(*splitting ensergy*) Δ는 리간드장을 응용하는 결과로서 *d* 오비탈 에너지 사이에 차이를 설명한다고 정의하자. 이것은 팔면체장이므로 CF 분리에너지를 Δ_o이라고 표시한다. 여기에서 하첨자 *o*은 팔면체(octahedral)를 의미한다. 둘째 무게중심 위치는 변하지 않고 그대로 유지하므로 한 벌의 오비탈에 대한 전체 에너지 감소는 다른 오비탈의 전체 에너지 증가와 같아야 한다. 그러므로 두 e_g 오비탈이 있으므로 그 오비탈은 $\frac{3}{5}\Delta_o$ 증가해야 하고 세 t_{2g} 오비탈은 $\frac{2}{5}\Delta_o$ 감소해야 한다. 이 관계를 표시하는 또 다른 방법은 다음 식과 같다.

$$\text{에너지 감소} = \text{에너지 증가}$$

$$3\left(\frac{2}{5}\Delta_o\right) = 2\left(\frac{3}{5}\Delta_o\right) \tag{3.4}$$

지금까지 그림 3.5처럼 금속이온 주위에 리간드의 팔면체장을 구성하는 4 단계 중에서 세 단계를 설명했다. 여기에서 그 계의 에너지는 증가하지만 (그것은 일반적으로 그 과정이 자발적으로 일어나지 않는 것을 의미한다) 그러나 한 가지 추가로 고려할 인자가 있다. 아직 12 리간드 전자와 양전하 금속이온의 정전기적 인력을 설명하지 않았다. 단계 IV에 제시한 이러한 인자는 그 계의 무게중심을 감소하고 12 리간드 전자로부터 무한거리에 위치한 자유 금속이온보다 낮은 에너지를 갖는 착물을 형성한다[이 마지막 단계의 퍼텐셜 에너지는 그 계의 전체 에너지에 음성(negative)으로 기여한다. 왜냐하면 그 금속이온의 한 전하는 양성이고 다른 리간드 전자의 전하는 음성이기 때문이다].

이것으로 팔면체장에 응용하는 기본 CFT의 설명을 끝맺는다. 이제 사각형으로 일그러진 팔면체장, 사각평면장, 사면체장을 더 간단하게 취급하겠다. 이 절 다음에 결정장이론의 결과와 응용을 살펴보겠다.

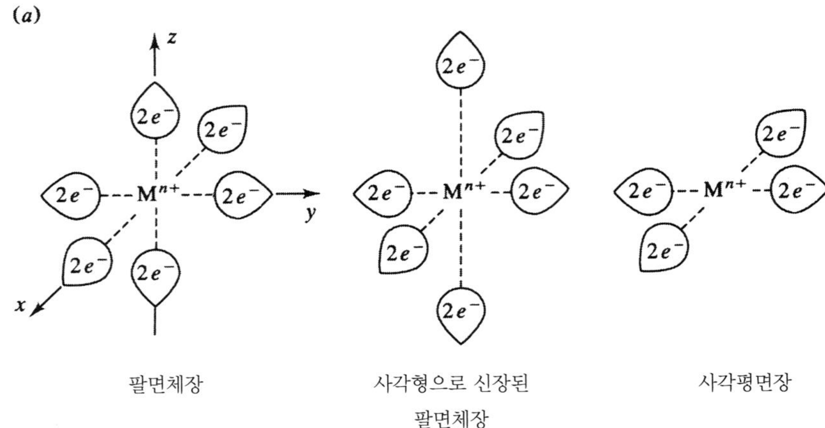

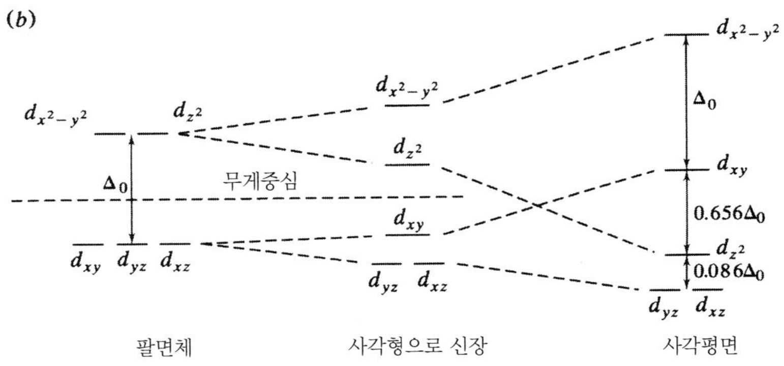

그림 3.6

(a) z-축 리간드의 점진적 제거는 점진적으로 팔면체에서 사각형으로 신장된 팔면체를 거쳐 사각평면 리간드장으로 된다. (b) 세 종류 장에 상당하는 중심 금속원자 또는 금속이온 중 d 오비탈의 에너지 변화. [(b)는 (참고문헌 4, p 643)].

사각형으로 일그러진 팔면체장과 사각평면장

사각형으로 일그러진 팔면체장은 z-축 리간드를 금속원자 또는 금속이온에 더 가깝게 밀거나 또는 끌어당길 때 생성된다. z-축 리간드가 더 가깝게 접근하면 사각형으로 압축되고 끌어당기면 본래 팔면체장이 사각형으로 늘어난다. 여기에서 신장(elongation)을 생각하자[사각형 일그러짐(tetragonal distortion)이라는 용어는 z-축을 내려다볼 때 팔면체가 사각형(tetragon)처럼 보이는 사실로부터 유래했다]. 편의상 금속으로부터 x-축 또는 y-축보다 z-축에 있는 리간드까지 거리의 변화를 선택한다. 어떤 종류의 특별한 혹은 유일한 축이 있는 경우에(또 다른 예는 결합축의 표시이다) z-축을 그 축으로 표시해야 한다.

그림 3.6의 왼쪽은 사각형 신장을 수반하는 물리적 변화와 두 가지 에너지 변화를 나타낸다. 두 z-축 리간드를 금속으로부터 밀어낼 때 x-축과 y-축은 동시에 약간 더 접근하는 것으로 나타나는 것에 조심스럽게 주목하라. x-축과 y-축 리간드를 약

간 이동하는 것은 허용된다. 왜냐하면 z-축 리간드를 제거하면 금속 주위에 작은 빈 공간이 생기기 때문이다. 그 다음 리간드 전자와 금속전하 사이의 쿨롱인력은 빈 공간을 채우려고 리간드를 더 가깝게 끌어당긴다.

이제 사각형 신장에 수반되는 에너지 변화로 돌아가서 전체 6 리간드의 동시 이동은 본래 팔면체장에 있는 것과 똑같이 사각형으로 신장된 장의 무게중심을 유지한다. z-축 성분(d_{yz}, d_{xz}, d_{z^2})을 갖는 모든 오비탈은 더 안정하다; 즉 그들의 에너지는 감소한다는 것에 주목하라. 이것은 정전기라는 용어로 쉽게 이해할 수 있다. z-축 리간드 전자들이 물러갈 때 금속전자는 예를 들어 d_{z^2}를 더 쉽게 점유한다. 왜냐하면 이제 전자−전자 반발이 더 작아지고 퍼텐셜 에너지가 더 작아지기 때문이다. d_{z^2} 오비탈의 에너지 변화는 d_{xz}와 d_{z^2} 오비탈에 있는 것보다 훨씬 더 크다. 왜냐하면 d_{z^2} 오비탈은 직접 z-축을 따라 향하고 d_{z^2} 오비탈 에너지는 그 축을 따라 리간드 이동에 의하여 더 직접 영향을 받기 때문이다. xy 평면의 금속 오비탈은 에너지를 증가한다. 왜냐하면 xy 평면의 점유는 더 많은 전자−전자 반발을 가져오고 그들의 퍼텐셜 에너지는 상당하는 만큼 증가하기 때문이다. $d_{z^2-y^2}$ 오비탈 에너지는 다시 d_{xy} 오비탈의 에너지보다 더 크게 영향을 받는다. 왜냐하면 $d_{z^2-y^2}$ 오비탈은 직접 x-축과 y-축 리간드를 향하기 때문이다.

z-축 리간드를 금속으로부터 완전히 제거할 때까지 계속해서 이동하면 어떤 일이 생기는가? 그림 3.6에 제시한 결과는 사각평면 리간드장이다. z 성분을 갖는 금속 오비탈이 더 안정하게(퍼텐셜 에너지 감소) d_{z^2} 오비탈 에너지가 d_{xy} 오비탈 이하로 감소하는 점까지 계속되는 것에 주목하라. 사각평면 경우에 여러 오비탈 사이의 에너지 차이는 그림에 표시되어 있다. 사각평면과 팔면체 무게 중심은 동일한 에너지라는 점에 주목하라. 왜냐하면 6 리간드는 더 이상 M−L 거리에 있지 않고 4 리간드만 약간 더 가까운 M−L 거리에 있기 때문이다(사각평면 결정장 안에 무게중심을 어떻게 계산하는가에 관한 설명과 힌트는 문제 3.22를 보라).

사면체장

사면체 결정장을 눈으로 보는 것은 팔면체 결정장과 사각평면 결정장의 경우보다 더 어렵다. 사면체 경우를 간단히 이해하는 한 방법은 그 관계를 입방정계와 비교하는 것이다. 그림 3.7은 입방정계, 즉 중심 금속이온의 입방정계 모퉁이에 8 리간드장을 갖는다. 예를 든 것처럼 입방정계는 두 사면체의 합이라고 생각할 수 있다(한 사면체 리간드는 명확하게 보이기 위하여 굵게 표시하였다. 편의상 직교좌표는 6 입방정계 면의 각 중심에 나타냈다).

그림 3.8에 각 다섯 d 오비탈을 계통적으로 사면체장에 제시한다. 이 그림을 빠르게 보는 방법은 이러한 점에 대하여 설명한 다른 것처럼 왜 간단하지 않은가를 아는 것이다. d 오비탈 중에서 아무것도 어떤 리간드에 대하여 직접 향하지 않는

그림 3.7

중심 금속원자 또는 금속이온을 둘러싼 입방정계장의 8 리간드. 굵은 원으로 표시한 리간드는 함께 입방정계장을 구성하는 두 사면체 중 하나를 표시한다.

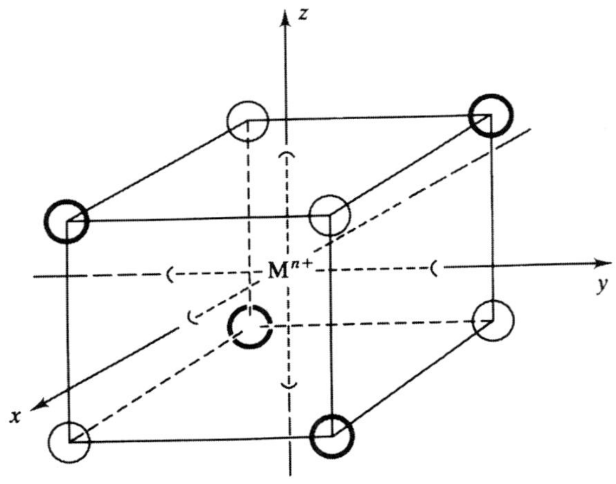

그림 3.8

사면체장의 금속원자 또는 금속이온의 다섯 d 오비탈. 위 세 오비탈(d_{xy}, d_{xz}, d_{yz})은 리간드로부터 1/2 거리에 있고 밑에 두 오비탈($d_{x^2-y^2}$, d_{z^2})은 $l\sqrt{2}/2$만큼 멀리 떨어져 있다. l은 입방정계 모서리의 길이라고 정의한다.

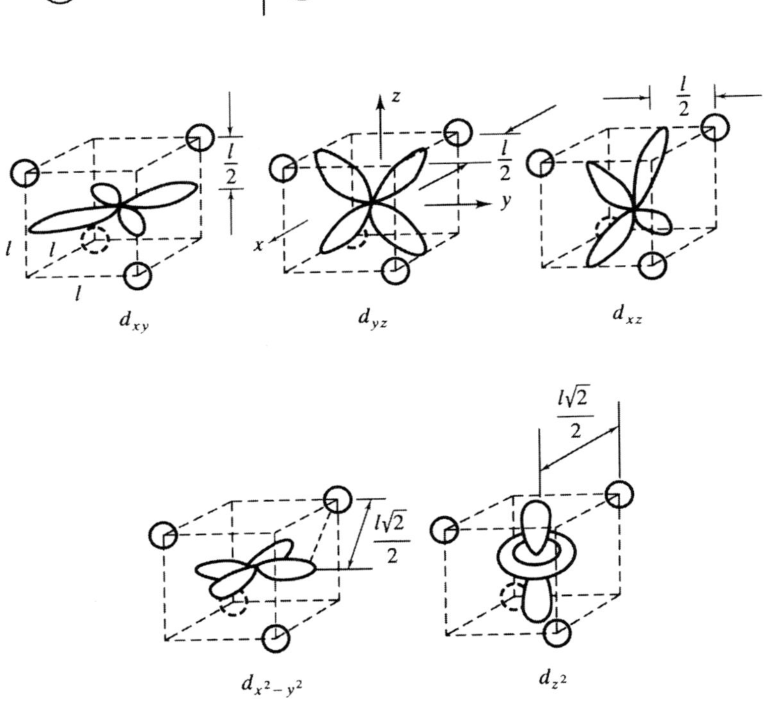

다. 그 대신 d 오비탈은 모두 어느 정도 리간드 사이를 향한다. 팔면체장에서 설명한 것처럼 한 벌의 오비탈 사이를 구별하기 위하여 어떤 일정한 오비탈의 "끝"에서 한 리간드까지 거리를 그림에 표시했다(그 모서리는 l이라는 글자로 표시했고 그것은 입방정계 중 한 변의 길이이다). 위의 세 오비탈(d_{xy}, d_{yz}, d_{xz})은 각 리간드로부터 ($l/2$ =) 0.50 l이고 한편 밑의 한 벌($d_{x^2-y^2}$, d_{z^2})은 ($l\sqrt{2}/2$ =) 0.707 l 만큼 약간 떨어져있다. 위에 있는 한 벌의 오비탈은 밑보다 비교적 덜 안정하다(바꿔 말하면 위에 있는 한 벌을 점유하는 금속전자들은 더 많은 전자-전자 반발을 경험하고 더 큰 퍼텐셜 에너지를 갖는다).

그림 3.9
사면체장에 의한 *d* 오비탈의 결정장 분리

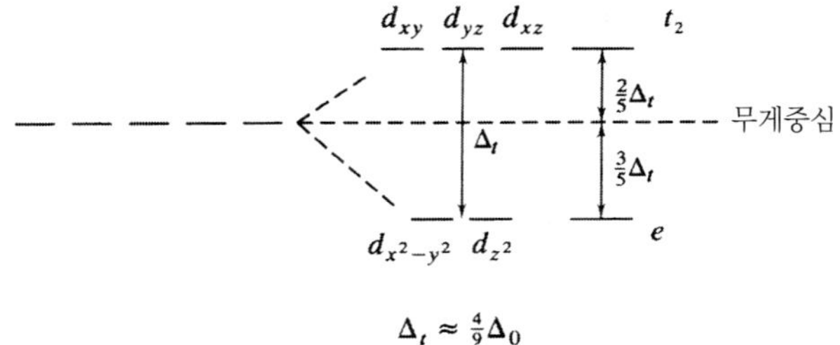

그림 3.9는 사면체장의 경우에 CF 분리를 요약한다. 두 벌의 에너지 차이는 Δ_t로 표시한다. 여기에서 t는 사면체(tetrahedral)에 대한 약자이다. 팔면체장에 대하여 설명한 것과 같은 이유를 이용하여 위에 있는 한 벌의 오비탈(t_2라고 표시)은 무게중심 위에 $\frac{2}{5}\Delta_t$이고 밑에 있는 한 벌(e라고 표시)은 무게중심 밑에 $\frac{3}{5}\Delta_t$이다. 팔면체 경우와 비교할 때 이러한 두 벌의 오비탈 사이에 차이는 덜 분명하므로 Δ_t는 팔면체 값의 대략 절반일 따름이다.

3.3 결정장 분리의 결과와 응용

바로 전에 설명한 것처럼 CFT에 따라 배위화합물의 근본적 안정도는 리간드 전자와 금속이온의 정전기적 또는 쿨롱 상호작용을 수반하는 에너지 방출과 직접 관련이 있다. 이제 그 안정도를 정량적으로 설명하는 위치에 있고 또한 CFT를 이용하여 화합물의 색을 전자와 함께 그리고 이러한 화합물에 상당하는 자기적성질을 어떻게 설명할 수 있는가를 계속해서 알아보겠다. 이러한 성질의 설명은 배위화합물의 결합에 관한 연구에 가치있는 유용한 모델이라는 확신을 준다. 어떤 다른 모델과 마찬가지로 개념적으로 간단한 이와 같은 모델은 또한 여러 단점과 그들을 어떻게 설명하는가도 고려해야 한다.

결정장 분리에너지와 짝지음 에너지

간단한 경우를 이용하여 시작하겠다. E_1과 E_2라고 부르는 일정한 두 가지 비퇴화(nondegenerate) 원잣가전자 에너지준위들이 있다고 생각하자. 그 E_1과 E_2는 Δ로 표시하는 에너지 차이를 갖는다. 그림 3.10처럼 이러한 에너지준위에 상당하는 오비탈에 두 전자가 있다고 생각하자. 예상하는 것처럼 첫 번째 전자는 가장 낮은 에너지준위 E_1을 점유할 것이다. 그러나 두 번째 전자가 어느 곳으로 들어가는가는 약간 설명이 필요하다.

어느 에너지준위에서 두 번째 전자를 발견할 것으로 기대하는가? 일정한 에너지

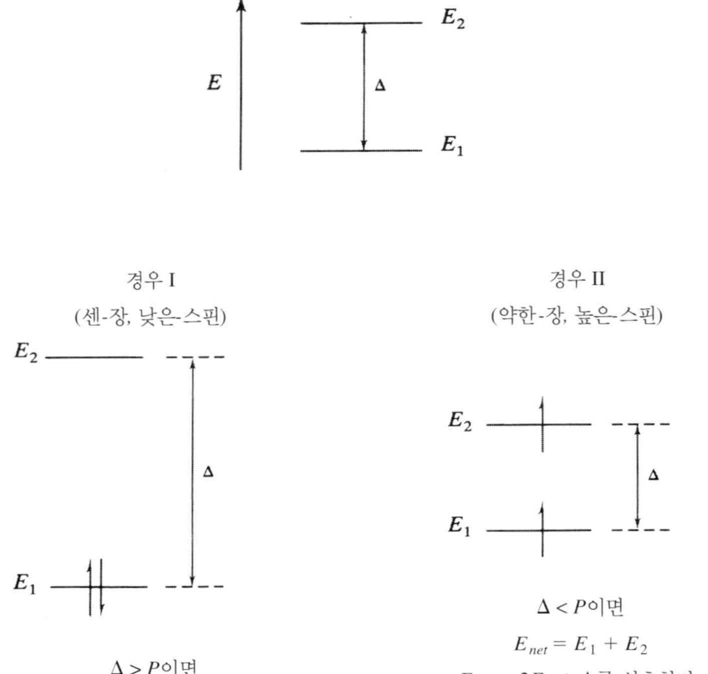

그림 3.10

두 가지 비퇴화 에너지준위에서 센-장, 낮은-스핀, 약한-장, 높은-스핀의 경우와 P의 상대적 값은 가장 낮은 에너지 상태를 결정한다. $\Delta > P$ 이면 낮은-스핀 경우를 선호한다. 한편 $\Delta < P$ 이면 높은-스핀 경우를 선호한다(참고 문헌 4, p. 644).

준위가 두 전자를 가질 수 있다고 생각하면 그리고 원자의 전자배열과 축조원리(aufbau principle)를 이용하는 과거의 경험에 의존하면 그림에 제시한 I 경우를 선택하는 것은 놀라운 것이 아니다. 여기에서 두 번째 전자는 첫 번째 전자와 짝을 형성하고 또한 가장 낮은 에너지준위를 점유한다. 물론 또 다른 가능성도 있다. 두 번째 전자는 II 경우처럼 더 높은 에너지준위 E_2를 점유할 수 있다. 그러한 전자배열은 일반적으로 **들뜬상태**(*excited state*)라고 표시하지만 그러나 그 결론으로 도약하지 말자. 그 대신 이러한 두 경우의 상대적 에너지를 고려하자.

I 경우는 $2E_1 + P$ 알짜 에너지이고 P는 **짝지음 에너지**(*pairing energy*)라 한다. 짝지음 에너지는 동일한 에너지준위에서 두 전자의 짝지음으로 인하여 한 계의 퍼텐셜 에너지에 대한 양성(+) 기여를 한다고 정의한다. 증명되는 것처럼 짝지음 에너지의 영향은 확실하며 여기에서는 설명을 확장하지 않겠다. 그러나 언뜻 보기에 전자들이 짝 지을 때 에너지를 왜 소비한다고 생각하는가? 분명히 가장 중요한 인자 중 하나는 전자−전자 반발이다. 결국 이러한 에너지준위는 오비탈과 관련이 있고 두 전자를 동일한 오비탈 또는 동일한 공간부피에 놓으면 그들 사이에 반발력이 생기고 그 계의 퍼텐셜 에너지에 양성(+)으로 기여를 한다.

II 경우는 그와 반대로 $E_1 + E_2$의 알짜 에너지를 갖지만 E_2는 $E_1 + \Delta$와 같고 그것은 그 두 에너지준위 사이에 차이 또는 분리에 상당한다. 그러므로 II 경우의 알짜 에너지는 $2E_1 + \Delta$이다. 어떤 분위기에서 I 또는 II 경우를 선택하는가? 그것은 낮은 에너지 전자배열을 선택할 것이다. 그리고 그것은 다음에 Δ와 P의 상대적 크기에 따라 결정될 것이다. Δ 값이 크면, 즉 P보다 크면, I 경우이고 센-장(strong-field) 경우라 부르고 더 낮은 에너지에 있고 더 안정할 것이다. 이 Δ 값이 상대적으로 작으면 II 경우이고 약한-장(weak-field) 경우라 한다. 또한 센-장 경우는 더 적은 홀 전자(이러한 특수한 예는 없다)를 갖는 것에 주목하라. 그러한 두 전자 스핀은 서로 상쇄되어 알짜 전자 스핀이 0으로 된다. 이것을 낮은-스핀(low-spin) 경우라고 한다. 그와 반대로 약한-장 경우는 더 많은 홀 전자를 갖고(이 경우에는 둘) 적절히게 높은-스핀(high-spin) 경우라 한다. 센-장과 약한-장이라는 용어는 CFT에 근거한 이론적 용어이고 낮은-스핀과 높은-스핀은 실험적 관찰로부터 유래한 설명적 용어이다.

결정장 안정화 에너지

이러한 설명을 팔면체 결정장에 의하여 금속에서 형성된 것과 같은 퇴화 에너지준위를 포함하는 계로 확장하면 어떻게 되는가? 표 3.1은 여러 d 전자수를 갖는 가능한 전자배열을 나타낸다[전자들은 전이금속에서 처음에 ns 전자를, 그 다음에 $(n-1)d$ 전자를 제거하는 것에 주목하라. 예를 들어 타이늄의 전자배열은 [Ar]$4s^2 3d^2$이고 Ti^{3+}은 [Ar]$3d^1$은이다. 그러므로 Ti^{3+}은 d^1의 경우이다].

표 3.1 팔면체장의 금속이온에 대한 전자배열과 결정장 안정화에너지

d 전자수	분리되지 않은 경우	높은-스핀 경우(CFSE)	낮은-스핀 경우(CFSE)
1	↑ _ _ _ _	t_{2g}^1 (e_g: _ _; t_{2g}: ↑ _ _) ($\frac{2}{5}\Delta_o$)	
2	↑ ↑ _ _ _	t_{2g}^2 (e_g: _ _; t_{2g}: ↑ ↑ _) ($\frac{4}{5}\Delta_o$)	
3	↑ ↑ ↑ _ _	t_{2g}^3 (e_g: _ _; t_{2g}: ↑ ↑ ↑) ($\frac{6}{5}\Delta_o$)	
4	↑ ↑ ↑ ↑ _	$t_{2g}^3e_g^1$ (e_g: ↑ _; t_{2g}: ↑ ↑ ↑) ($\frac{3}{5}\Delta_o$)	t_{2g}^4 (e_g: _ _; t_{2g}: ↑↓ ↑ ↑) ($\frac{8}{5}\Delta_o$–P)
5	↑ ↑ ↑ ↑ ↑	$t_{2g}^3e_g^2$ (e_g: ↑ ↑; t_{2g}: ↑ ↑ ↑) (0)	t_{2g}^5 (e_g: _ _; t_{2g}: ↑↓ ↑↓ ↑) ($\frac{10}{5}\Delta_o$–2P)
6	↑↓ ↑ ↑ ↑ ↑	$t_{2g}^4e_g^2$ (e_g: ↑ ↑; t_{2g}: ↑↓ ↑ ↑) ($\frac{2}{5}\Delta_o$)	t_{2g}^6 (e_g: _ _; t_{2g}: ↑↓ ↑↓ ↑↓) ($\frac{12}{5}\Delta_o$–2P)
7	↑↓ ↑↓ ↑ ↑ ↑	$t_{2g}^5e_g^2$ (e_g: ↑ ↑; t_{2g}: ↑↓ ↑↓ ↑) ($\frac{4}{5}\Delta_o$)	$t_{2g}^6e_g^1$ (e_g: ↑ _; t_{2g}: ↑↓ ↑↓ ↑↓) ($\frac{9}{5}\Delta_o$–P)
8	↑↓ ↑↓ ↑↓ ↑ ↑	$t_{2g}^6e_g^2$ (e_g: ↑ ↑; t_{2g}: ↑↓ ↑↓ ↑↓) ($\frac{6}{5}\Delta_o$)	
9	↑↓ ↑↓ ↑↓ ↑↓ ↑	$t_{2g}^6e_g^3$ (e_g: ↑↓ ↑; t_{2g}: ↑↓ ↑↓ ↑↓) ($\frac{3}{5}\Delta_o$)	
10	↑↓ ↑↓ ↑↓ ↑↓ ↑↓	$t_{2g}^6e_g^4$ (e_g: ↑↓ ↑↓; t_{2g}: ↑↓ ↑↓ ↑↓) (0)	

d^1, d^2, d^3 경우에 어떤 오비탈을 점유하는가는 선택이 없다. t_{2g} 오비탈은 가장 낮은 에너지에 있고 첫 번째 3 전자는 짝을 짓지 않고 t_{2g} 오비탈을 점유할 수 있다. 그러나 d^4 경우에는 선택이 있다. 네 번째 전자는 t_{2g} 오비탈 중 하나에서 짝 짓거나 더 높은 에너지 e_g 오비탈로 갈 수 있다. 어느 전자배열, 즉 t_{2g}^4 또는 $t_{2g}^3\, e_g^1$를 선호하는가? 이 질문에 해답하기 위하여 **결정장 안정화 에너지**(*crystal field stabilization energy*, CFSE)의 개념을 도입한다. CFSE는 분리되지 않은 상태와 비교하여 상대적이고 리간드장에 의하여 금속 d 오비탈이 분리되어 생긴 배위화합물의 에너지 감소라고 정의한다. 표 3.1에 각 전자배열의 CFSE는 괄호에 나타낸다. 예를 들어 t_{2g} 오비탈은 무게중심보다 더 낮은 $\frac{2}{5}\Delta_o$ 에너지이므로 d^1 경우의 CFSE는 바로 $\frac{2}{5}\Delta_o$이다. d^2 경우에 CFSE는 두 배의 $\frac{2}{5}\Delta_o$, 또는 $\frac{4}{5}\Delta_o$, 등등이다.

d^4 경우에 CFSE는 높은-스핀과 낮은-스핀의 경우가 각기 다르다. 낮은-스핀의 경우 t_{2g}에 4 전자가 있지만 그들 중 2 전자는 짝을 지어여 한다. 분리되지 않은 상태에서 전자의 짝지음은 필요가 없다. 따라서 CFSE는 $4(\frac{2}{5}\Delta_o) - P$이고 P는 짝지음 에너지이다. 즉 두 전자의 짝지음에 대하여 에너지를 지불하므로 P는 다른 방법으로 t_{2g} 를 점유하는 4 전자로부터 생기는 안정화 에너지에서 P를 빼야 한다. 높은-스핀 경우에 3 전자는 더 낮은 에너지 $\frac{2}{5}\Delta_o$에 있고 1 전자는 더 높은 $\frac{3}{5}\Delta_o$에 있다. 그러므로 CFSE는 $3(\frac{2}{5}\Delta_o) - 1(\frac{3}{5}\Delta_o)$ 또는 바로 $\frac{3}{5}\Delta_o$이다. 이러한 CFSE를 계산하여 어느 전자배열이 더 안정한가를 결정할 수 있다.

앞에서 설명한 축퇴화 되지 않은 경우처럼 그 두 경우의 상대적 안정도는 Δ_o와 P의 차이에 상당한다. 이것을 이해하기 위하여 각 경우에 대한 CFSE 식을 다시 나타낸다.

낮은 스핀	높은 스핀
(t_{2g}^4)	$(t_{2g}^3\, e_g^1)$
$\text{CFSE} = \frac{8}{5}\Delta_o - P$	$\text{CFSE} = \frac{3}{5}\Delta_o = \frac{8}{5}\Delta_o - \Delta_o$

이러한 에너지 사이에 차이는 다만 P에 대한 Δ_o의 상대적 값이다. 낮은-스핀의 경우는 더 큰 CFSE를 갖고 그리고 더 유리하다는 것에 주목하라. $\Delta_o > P$이면 낮은-스핀의 경우 더 큰 CFSE를 갖고 유리할 것이다. 그와 반대로 $\Delta_o < P$이면 높은-스핀의 경우 더 큰 CFSE를 갖고 또한 유리할 것이다. 같은 결과는 d^5에서 d^7까지 사이에서도 얻을 수 있고 높은-스핀의 경우와 낮은-스핀의 두 경우가 가능하다(일반적 화학교재처럼 이러한 결과를 당신 자신들이 증명해야 한다. d^5 경우는 마찬가지로 d^4 경우처럼 복잡하다. 그러나 d^6 와 d^7 경우에 빼셈한 짝지음 에너지 값이 분리되지 않은 경우와 비례한다는 것에 주목하는 것이 특히 중요하다. 스스로 이러한 에너지 식을 풀어라. 문제 3.38도 이러한 에너지 식의 증명을 요구한다.) d^8에서 d^{10}까지의 경우에 다시 한번 가능한 전자배열이 한 가지만 있다. 그러므로 요약하면 팔면체장에서 생기는 퇴화 에너지준위는 약간 더 복잡하게 보이지만 높은-스핀 경우와 낮

표 3.2 팔면체 결정장 분리에너지 Δ_o, cm^{-1}

$(M')^{2+}$		$(M')^{3+}$		$(M'')^{3+}$		$(M''')^{3+}$	
Cr^{2+}, Cr^{3+}, Mo^{3+}							
$[CrCl_6]^{4-}$	13,000	$[CrCl_6]^{3-}$	13,200	$[MoCl_6]^{3-}$	19,200		
$[Cr(H_2O)_6]^{2+}$	14,000	$[Cr(H_2O)_6]^{3+}$	17,400				
		$[Cr(NH_3)_6]^{3+}$	21,500				
$[Cr(en)_3]^{2+}$	18,000	$[Cr(en)_3]^{3+}$	21,900				
		$[Cr(CN)_6]^{3-}$	26,600				
Co^{2+}, Co^{3+}, Rh^{3+}, Ir^{3+}							
				$[RhCl_6]^{3-}$	20,000	$[IrCl_6]^{3-}$	25,000
$[Co(H_2O)_6]^{2+}$	9,300	$[Co(H_2O)_6]^{3+}$	18,200	$[Rh(H_2O)_6]^{3+}$	27,000		
$[Co(NH_3)_6]^{2+}$	10,100	$[Co(NH_3)_6]^{3+}$	22,900	$[Rh(NH_3)_6]^{3+}$	34,100	$[Ir(NH_3)_6]^{3+}$	41,000
$[Co(en)_3]^{2+}$	11,000	$[Co(en)_3]^{3+}$	23,200	$[Rh(en)_3]^{3+}$	34,600	$[Ir(en)_3]^{3+}$	41,400
		$[Co(CN)_6]^{3-}$	33,500	$[Rh(CN)_6]^{3-}$	45,500		
Mn^{2+}, Mn^{3+}							
$[MnCl_6]^{4-}$	7,500	$[MnCl_6]^{3-}$	20,000				
$[Mn(H_2O)_6]^{2+}$	8,500	$[Mn(H_2O)_6]^{3+}$	21,000				
$[Mn(en)_3]^{2+}$	10,100						
Fe^{2+}, Fe^{3+}							
		$[FeCl_6]^{3-}$	11,000				
$[Fe(H_2O)_6]^{2+}$	8,500	$[Fe(H_2O)_6]^{3+}$	14,300				
$[Fe(CN)_6]^{4-}$	32,800	$[Fe(CN)_6]^{3-}$	35,000				

은-스핀 두 경우의 상대적 안정도는 Δ_o와 짝지음 에너지 P의 상대적 크기에 의하여 결정된다.

결정장 분리에너지의 크기에 영향주는 인자

첫째 전이원소계열에 대한 짝지음 에너지는 비교적 일정하다. 그러므로 센-장과 약한-장 사이에 그리고 낮은-장과 높은-장 사이에 선택은 결정장 분리에너지의 크기에 따른다. Δ가 높을수록 센-장, 낮은-스핀 전자배열 기회는 더 크다. Δ 값이 낮을수록 약한-장, 높은-스핀 전자배열의 기회는 더 크다.

이미 결정장 분리에너지의 크기, 즉 장의 기하구조에 영향주는 한 가지 인자를 설명했다. 일정한 금속이온과 한 벌의 리간드에 대한 Δ_o는 대략 Δ_t 크기보다 두 배이다. 실제로 경험규칙에 따라 Δ_t는 항상 P보다 작다. 그리고 사면체 착물은 항상 약한-장, 높은-스핀이다. 사각평면장(그림 3.6을 보라)은 팔면체장과 비슷한 분리에너지를 갖고 높은-스핀 또는 낮은-스핀일 수 있다.

d 오비탈이 결정장에 의하여 분리되는 크기에 관하여 또다른 인자들이 있는가? 다음에 금속양이온의 성질을 생각하자. 예를 들어 금소이온의 전하가 클수록 Δ 크

기는 더 크다. 예를 들어 일정한 금속이온 M^{n+}에 대한 Δ는 항상 2+보다 3+ 전하에 대하여 더 크다. 표 3.2는 여러 금속이온과 리간드 계를 보여준다. 각 경우에 3+ 이온에 대한 분리는 2+보다 크다는 것에 주목하라. 이러한 것에 대한 이론적 설명은 무엇인가? 간단히 정전기적 CFT를 이용하여 보자. 금속전하가 클수록 리간드를 더 금속 쪽으로 끌어당긴다. 그러므로 리간드 전자가 더 많을수록 금속 *d* 오비탈의 에너지에 영향주거나 더 분리될 수 있다.

금속의 크기도 결정장 분리에 영향을 준다. 같은 전하 금속이온(예를 들어 Cr^{3+}와 Mo^{3+}; Co^{3+}, Rh^{3+}, Ir^{3+})을 비교하라. 그리고 더 큰 둘째와 셋째 전이금속계열 이온에 대한 Δ_o는 항상 더 크다는 것에 주목하라. 여기에서 이론적 설명은 큰 이온일수록 그 주위에 더 큰 공간을 가지므로 일정한 한 벌의 리간드는 다른 것을 밀어내지 않고 더 가깝게 접근할 수 있기 때문이다[그것은 여기에서 그리고 다음의 다른 설명에서 공간적 방해로 인한 분자의 일정한 배열형성에 대한 장해 또는 한 분자에서 여러 원자나 원자단을 밀쳐내기와 같은 입체장애(steric hindrance)라는 용어의 정의가 도움을 준다. 그러므로 일정한 리간드장은 더 큰 금속이온에 관하여 덜 입체장애를 경험한다고 말할 수 있다]. 다시 말하면 리간드들이 더 가깝게 접근할수록 리간드 전자는 금속 *d* 오비탈 에너지에 영향주거나 더 분리될 수 있다.

리간드 종류 그리고 중심 금속의 전하와 크기에 의하여 생긴 *d* 오비탈의 분리크기에 대하여 CFT는 어떻게 잘 설명하는가에 주목하라. 그러나 이제 *d* 오비탈 분리에 대한 리간드의 상대적 능력의 설명으로 돌아가자. 표 3.2는 수록된 11개 금속 양이온에 대하여 5 리간드(Cl^-, H_2O, NH_3, en, CN^-)를 금속의 *d* 오비탈 분리에 대한 능력이 증가하는 다음 순서로 배열할 수 있다. **분광화학계열**(*spectrochemical series*)이라고 부르는 이러한 종류를 확장한 목록은 다음과 같다.

$$I^- < Br^- < Cl^- < SCN^- < NO_3{}^- < F^- < OH^- < C_2O_4^{2-} < H_2O < NCS^-$$
$$< gly < C_5H_5N < NH_3 < en < NO_2^- < PPh_3 < CN^- < CO$$

이제 문제는 CFT를 이용하여 분광화학계열의 의미를 어떻게 이해할 수 있는가하는 점이다. 이 작업은 아는 바와 같이 앞에서 설명한 금속전하와 그 크기 변화에 관하여 앞의 여러 해석보다 약간 더 어렵다. 더 크거나 더 벌크(bulk)한 리간드들이 분광화학계열의 끝에 집중되어 있는 것처럼 보이는 것이 어떤 의미에서 리간드의 크기 효과가 있다고 이해하는데 도움을 준다. 리간드 크기가 감소할 때, 예를 들어 할로젠화물이 I^-, Br^-, Cl^-, F^- 순서로 감소할 때 그들이 *d* 오비탈을 분리하는 능력을 증가한다. 이것은 이전의 결정장 설명과 일치한다. 입체장애의 증가 때문에 공간부피가 큰 리간드는 매우 가깝게 금속이온에 접근할 수 없고 그러므로 *d* 오비탈의 상대적 에너지에 크게 영향을 주지 않는다.

그러나 분광화학계열에 관한 몇 가지는 CFT로 쉽게 설명되지 않는다. 예를 들어 모두 음전하를 갖는 리간드는 대략 같은 크기의 중성 리간드들이 *d* 비탈을 더 잘 분리한다고 생각한다. 그러나 반듯이 그렇지 않다. 예를 들어 물은 분광화학계열에서 OH^-보다 더 큰 쪽에 있다. 또는 둘 째 예로 한 리간드의 이중극자 모멘트가 클수록(리간드의 주개 원자에 전자밀도가 더 클수록) 그 계열에서 더 큰 쪽에 있다. 다시 말해서 이것은 그 분광화학계열의 자료를 일치하지 않는다: 암모니아는 물보다 작은 이중극자 모멘트를 갖지만 그 분광화학계열에서 더 큰 쪽에 있다.

아마 전체 중에서 가장 놀라운 것은 분광화학계열에서 큰 쪽의 끝에 있는 리간드를 상세히 살펴보는 것이다. 예를 들어 트라이페닐포스핀 PPh_3는 작은 이중극자 모멘트를 갖는 부피가 매우 큰 중성 리간드이다. 그렇지만 그것은 그 계열에서 매우 크다. 일산화탄소 또는 카보닐 CO는 중성이고 매우 작은 이중극자 모멘트를 갖지만 그 계열에서 가장 큰 쪽에 나열한다. 분명히 완전한 정전기적 M－L 상호작용의 가정에서 CFT는 분광화학계열을 이론적으로 특별히 잘 설명하지 못한다. CFT를 전부 포기하지 않는다면 분광화학계열에 관한 설명이 어느 정도 성공할 수 있게 어떻게 수정해야 하는가? 이론적으로 공유결합이 M－L 결합에 약간 기여하는 것을 인정하는 가능성을 조사할 필요가 있는 것처럼 보인다.

그 다음 설명하려는 d 오비탈 분리에 영향주는 마지막 인자는 공유성 결합 M－L 상호작용의 정도와 성질이다. 결국 리간드 전자는 여러 금속 오비탈이 겹칠 수 있는 여러 오비탈과 관련이 있어야 한다. 가능한 금속－리간드 공유결합 상호작용의 몇 가지를 그림 3.11에 제시한다.

그림 위의 절반은 시그마(σ) 형태의 상호작용을 보여준다. 결합은 원자 오비탈의 머리가 서로 겹치는 것과 관련이 있다. 보는바와 같이 시그마 결합을 할 수 있는 가장 중요한 금속 오비탈은 p-오비탈형과 d-오비탈형이다. 특히 첫째 전이금속계열에서 이들 금속은 $4p$와 $3d$ 오비탈이 있다. 머리가 서로 겹치려면 $3d$ 오비탈은 한 벌의 e_g, 즉 $d_{x^2-y^2}$과 d_{z^2}를 가져야 한다. 다만 이 오비탈만이 직접 리간드를 향한다. Sidgwick에 의하여 제안된 배위공유결합의 성질과 일치하는 e_g 금속 오비탈은 일반적으로 빈 상태이고 리간드로부터 두 전자가 나온다(앞에서 설명한 것처럼 팔면체 착물에서 e_g은 더 높은 에너지이고 대부분은 빈 것처럼 보인다). 이것에 상당하는 리간드 오비탈은 두 가지 주요한 종류가 있다. 즉 p 오비탈(예를 들어 Cl^-에서)과 여러 혼성 오비탈(예를 들어 각기 CO와 H_2O에서 sp와 sp^3)이다. 이러한 오비탈을 이용하여 M－L의 겹침 정도와 상당하는 공유결합 특성은 추론할 수 있다. 모든 리간드는 그러한 상호작용이 가능하므로 이들은 분광화학계열에서 불규칙성의 설명에(적어도 정전기적 CFT의 관점에서 볼 때) 대단히 중요하다.

그림 3.11 중에서 밑의 절반은 파이(π) 형태의 상호작용을 보여준다. 이것은 그 결합에 참여하는 오비탈의 평행 겹침과 관련이 있다는 것을 기억하라. 여기에서 첫 번째로 중요한 금속 오비탈은 t_{2g}-형 d 오비탈이다. 이러한 오비탈은 리간드 사이를 향하고 리간드 오비탈과 더불어 π 결합을 형성하기 위하여 적절하게 자리를 잡는다(가끔 그들을 정확한 대칭이라고 말한다). π 결합이 가능한 리간드 오비탈은 p-

그림 3.11

몇 가지 가능한 σ와 π 공유성 결합 금속-리간드 상호작용. 참여하는 금속 오비탈은 왼쪽에 보여주고 리간드 오비탈(대표적 네 가지 리간드는 H_2O, CO, Cl_2, PPh_3) 은 오른쪽에 나열되어 있다. 시그마(σ) 결합전자는 리간드가 제공한다. 파이(π) 결합전 자는 금속이나 리간드로부터 나온다.

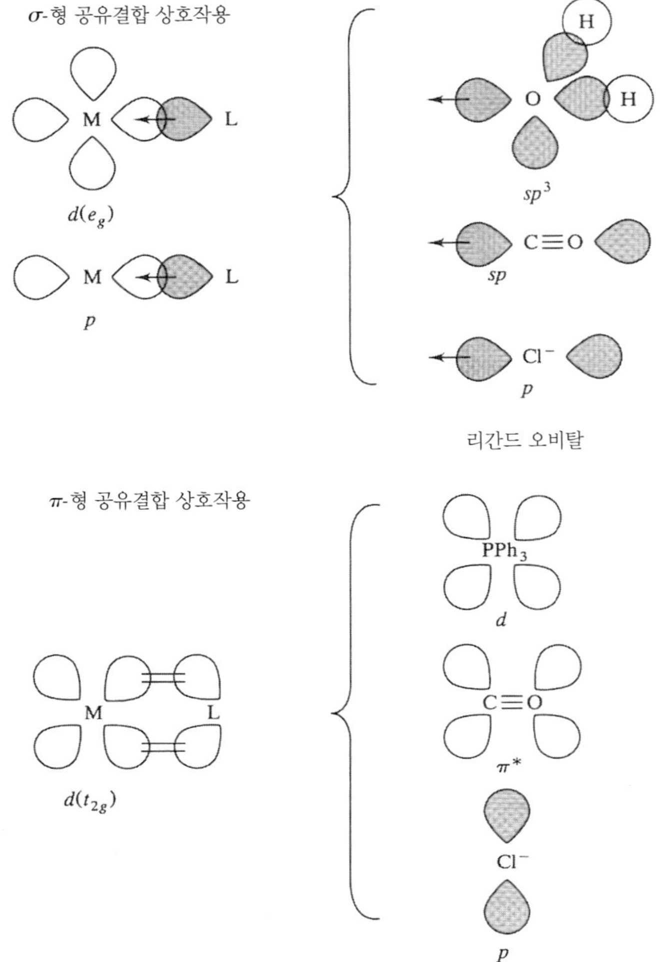

형 또는 d-형 오비탈이고 마찬가지로 π^*-반결합성(antibonding) 오비탈도 그러하다[반결합성 분자 오비탈은 일정한 리간드 안에서 p 오비탈의 상을 벗어난(out of phase) 겹침으로부터 생긴다. 우리들이 고려하는 리간드 중에서 CO, CN^-, NO, 에틸렌(C_2H_4)은 그러한 오비탈을 갖는다. 그 외에 분자오비탈을 정성적으로 고려할 때 생기는 그러한 오비탈의 일반적 성질은 대부분 일반화학 교재에서 알 수 있다]. 그러면 M−L π 결합이 형성될 때 어떤 일이 생기는가? 더우기 이러한 π 상호작용은 적어도 분광화학계열의 불규칙성을 부분적으로 설명할 수 있는가?

그림 3.12는 배위화합물에서 생길 수 있는 두 형태의 π 결합을 보여준다, 첫 번째그림 3.12a는 채운 금속 오비탈과 채우지 않은 리간드 오비탈 사이에 있다[역결합(*backbonding*)은 π 가끔 이러한 형태의 상호작용을 설명할 때 사용한다. 한 리간드가 한 금속과 σ 결합을 형성한 다음 그리고 그 결과로 약간의 전자 밀도가 리간드로부터 금속으로 이동한 다음 이 전자 밀도의 일부분이 리간드로 되돌아간다. 이

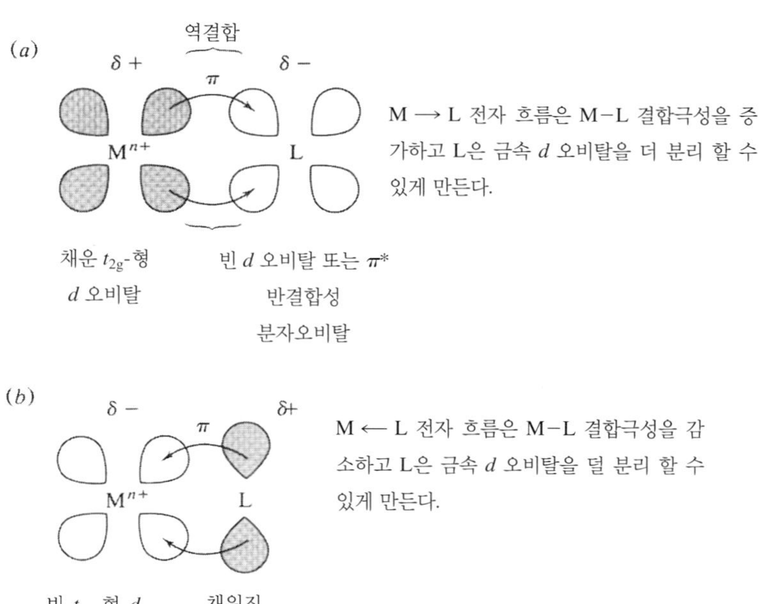

그림 3.12

두 형태의 M−L π 결합. (a) 채운 금속 오비탈과 채우지 않은 리간드 오비탈 사이에 역결합성 상호작용은 M−L 결합의 극성을 더 크게 만들고 금속 *d* 오비탈의 분리를 증가한다. *L*은 포스핀 PR_3, 아르신 AsR_3, 시안화물 CN_2, 카보닐 CO이다. (b) 빈 금속 오비탈과 채운 리간드 오비탈 사이에 π 상호작용은 M−L결합을 덜 극성으로 만들고 금속 *d* 오비탈의 분리를 감소한다. 여기에서 L은 수산화물 OH_2, 산화물 O^{-2}, 그리고 I^-, Br^-, Cl^-와 같은 할로젠화물 리간드이다.

를 역결합(backbonding)이라고 말한다]. 그러므로 역결합은 전자밀도가 약간 리간드로 이동하고 그 리간드는 더 큰 음전하를 그리고 금속은 더 큰 양전하를 생성하는 결과를 가져온다. 즉 M−L 결합은 역결합 때문에 더 큰 극성으로 된다. 이러한 증강된 극성은 금속과 리간드 사이에 더 큰 정전기적 상호작용을 가져오고 CFT 관점에서 말하자면 금속의 *d* 오비탈 사이가 더 크게 분리된다. 이러한 형태의 상호작용을 할 수 있는 몇 리간드는 포스핀, 카보닐 그리고 등전자성 시안화 이온이다. 이러한 리간드는 분광화학계열에서 높은 쪽에 나타나는 것에 주목하라.

둘째 형태의 M−L π 결합은 그림 3.12b에 나타나 있다. 여기에서 한 채운 리간드 오비탈과 한 채우지 않은 금속 오비탈 사이에 공유성 겹침이 있다. 전자를 공유하는 이 때에 π-전자 밀도는 리간드에서 금속으로 이동하여 M−L 결합을 덜 극성으로 만든다. 그러므로 M−L 정전기적 상호작용은 금속의 *d* 오비탈 사이를 덜 분리되게 만든다. 이러한 형태로 상호작용을 할 수 있는 리간드는 수산화물, 산화물 그리고 할로젠화물이다. 이러한 리간드는 분광화학계열의 낮은 쪽 끝에 집중되는 경향이 있는 것에 주목하라.

CFT는 결정장 분리에너지 정도에 관한 금속 전하와 크기의 효과에 대하여 잘 설명하는 것을 보았다. 그러나 *d* 오비탈 분리에서 리간드의 상대적 능력을 설명하려면 어느 정도 M−L 결합의 공유성 결합 특성을 인정해야 한다. 이와 같이 CFT를 수정하여 분광화학계열에 대한 몇 가지 주요한 불규칙성을 설명한다.

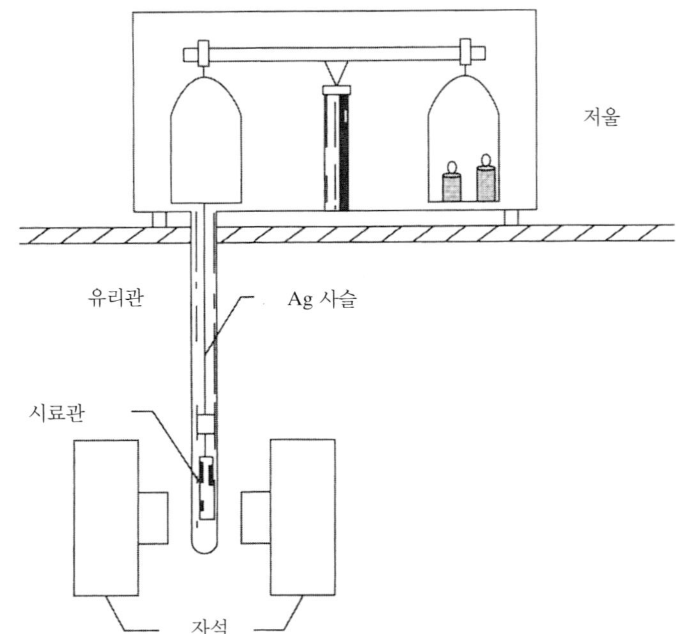

그림 3.13

자화율 측정용 Guoy 저울. 시료는 센 자석 극 사이에 매달고 또는 자석 없이 무게를 측정한다. 그 무게 차이는 그램 자화율 및 몰 자화율과 관련이 있다 (참고문헌 5).

자기적 성질

앞에서 설명한 것처럼 결정장 분리에너지의 크기는 일정한 화합물에서 홀 전자수에 의하여 대부분 결정된다. 이것은 이 절에서 보는 것처럼 배위화합물의 자기적 성질에 직접 관련이 있다.

몰 자화율(*molar susceptibility*) X_M 은 1 몰 물질이 걸어준 자기장과 상호작용하는 정도의 크기라고 정의한다. 몰 자화율은 그림 3.13에 표시한 Guoy 저울이라고 부르는 특수한 저울로 측정한다. 이 저울은 조립한 다음 센 자석 극 사이 공간의 중앙에 매달린 작은 유리관에 시료를 넣는다. 민감한 저울을 사용하여 시료의 질량을 자석 사이에서 측정하고 다음에 자석없이 다시 한번 측정한다. 이러한 질량 차이는 그램 자화율(gram susceptibility) X_g 값이다. 그것은 그 다음에 몰 자화율 X_M으로 환산한다.

반자기성(*diamagnetism*)은 자기장에 의하여 반발하는 물질에서 생기는 모든 화합물의 유발성질(induced property)이다. **상자기성**(*paramagnetism*)은 하나 이상 홀 전자를 갖는 화합물의 성질이고 그러한 화합물은 걸어준 자기장에 끌린다. 상자기성은 반자기성보다 몇 단계 크기(10의 거듭제곱)로 자기성이 더 세므로 상자기성 물질은 걸어준 자기장에 끌리고 자석이 있을 때 더 많은 무게를 나타낸다. 반자성 물질은 자석이 있을 때보다 약간 더 작은 무게를 나타낸다.

몰 자화율은 자기 모멘트 μ를 나타내는 미시적 성질이고 전자의 미시적 성질이다. X_M과 μ 사이에 일반적 관계는 식 (3.5)로 나타낸다.

$$\mu = 2.84\sqrt{X_M T} \tag{3.5}$$

여기에서 T = 온도, K
μ = 자기 모멘트, Bohr magneton(BM)이라고 부르는 cgs 단위
X_M = 몰 자화율, $(BM)^2K^{-1}$

자기 모멘트는 전하 입자들이 운동할 때 생긴다. 고전적으로 (즉, 이 경우에 전자를 한 입자로 취급한다) 자기모멘트를 생기게 하는 두 형태의 전자 운동을 볼 수 있다. 첫째는 전자 그 자체의 축 주위에서 전자의 스핀 운동이다. 이러한 "전자 스핀"에서 생기는 모멘트는 **스핀 자기모멘트**(*spin-only magnetic moment*) μ_s이다. 둘째는 **오비탈 자기모멘트**(*orbital magnetic moment*) μ_L이고 핵 주위를 궤도운동하는 전자에 의하여 생긴다. 자기성 거동에 관한 이론적 기초는 이 교재의 범위를 크게 벗어난다. μ_s는 오비탈 모멘트보다 실험적 자기모멘트(특히 첫째 가로 칸 전이금속에 대한)에 훨씬 더 기여하는 것으로 알려져 있다. μ_s는 식 (4.6)처럼 홀 전자수와 관련이 있을 수 있다.

$$\mu_s = \sqrt{n(n + 2)} \tag{3.6}$$

여기에서 n = 홀 전자수
s = 스핀 자기모멘트, Bohr magneton(BM)이라고 알려진 단위.

표 3.3에 1~5까지 홀 전자에 대한 스핀 자기모멘트를 제시한다. 이러한 관계의 결과는 한 상자기성 물질의 몰 자화율 측정을 자기모멘트로 환산할 수 있다. 그 다음에 이러한 모멘트는 스핀 자기모멘트와 비교하여 한 화합물 중 홀 전자수의 척도로 나타낼 수 있다.

예를 들어 두 가지 철 화합물, 즉 헥사시아노철산(III) 포타슘, $K_3[Fe(CN)_6]$와 헥사플루우오로철산(III) 포타슘, $K_3[FeF_6]$를 보자. 시안화물은 센-장 리간드이고 한편 플루우오르화물은 약한-장 리간드이다. 게다가 $Fe^{3+}(d^5)$는 낮은-스핀 상태와 높은-스핀 상태일 수 있으므로 이러한 화합물은 다른 전자배열을 가질 수 있고 그러므로 다른 자기적 특성을 가질 수 있다. 실온(25°)에서 각 몰 자화율을 측정하면 (그리고 각 착물과 관련이 있는 여러 반자기성 기여가 정확하면) 그 결과는 각기 1.41

표 3.3 홀 전자에 대한 스핀 자기모멘트

홀 전자수, n	스핀 자기모멘트 μ_s, BM
1	1.73
2	2.83
3	3.87
4	4.90
5	5.92

$\times 10^{-3}$과 14.6×10^{-3} $(BM)^2K^{-1}$이다. 식 (3.5)를 사용하면 실험적으로 유도한 자기모멘트를 계산할 수 있다:

$$K_3[Fe(CN)_6]:\ \mu = 2.84\sqrt{(1.41 \times 10^{-3})(298)} = 1.84\ BM$$

$$K_3[FeF_6]:\ \mu = 2.84\sqrt{(14.6 \times 10^{-3})(298)} = 5.92\ BM$$

표 3.3으로부터 실험적 시안화 화합물의 자기모멘트는 한 홑 전자와 일치하는 것을 알 수 있다(스핀 자기모멘트 값과 약간 다른 실험적 자기모멘트는 일반적으로 홑 전자의 오비탈 운동으로부터 생긴다고 생각한다). 그러한 결과는 실제로 한 홑 전자를 갖는 센-장, 낮은-스핀 t_{2g}^5 상태와 일치한다. 그와 반대로 플루오르화 화합물은 5 홑 전자를 갖는 약한-장, 높은-스핀 $t_{2g}^3e_g^2$와 일치하는 실험적 자기모멘트를 갖는다.

그러므로 배위화합물의 자기성질은 CFT와 일치하는 것으로 이해한다. 게다가 이러한 성질은 리간드의 분광화학적 계열의 입증에 인용할 수 있다.

흡수분광법과 배위화합물의 색

배위화합물을 이용하여 두 세기 이상 연구한 바로 그 초기로부터 관측된 가장 특출한 성질 중 하나는 여러 가지 밝고 선명한 색이다. 우리들이 알고 있는 색은 가시 스펙트럼의 한 부분을 흡수하는 결과이다. 흡수되지 않은 진동수는 물질을 통하여 우리들의 눈으로 반사하거나 투과하여 색이라고 부르는 감각을 느끼게 한다. 그러나 배위화합물이 그러한 놀라운 색을 나타내는 것은 무엇 때문인가?

이 질문에 해답하기 위하여 가상적 상항을 이용하여 시작하자. 예를 들어 일정한 화합물 ML_6은 주황색이고 한편 동일한 금속을 함유하는 다른 화합물 ML'_n은 자주색이다(여기에서 L과 L′은 서로 다른 리간드이고 n은 6일 수도 있고 아닐 수도 있다). 이러한 화합물이 다른 색을 갖는 이유를 일 수 있는가? 게다가 동일한 금속을 함유하는 두 화합물의 서로 다른 색은 L과 L′ 또는 n에 관하여 실험적으로 정성적 결론을 내릴 수 있는가? 먼저 ML_6를 생각하자. ML_6은 주황색을 투과하거나 반사한다고 가정했다. 그러므로 ML_6은 그림 3.14a처럼 높은 진동수의 가시선을 대부분 흡수하는 것 같다. 그와 반대로 ML'_n은 낮은 진동수 가시선을 흡수하는 것으로 나타난다. 흡수 진동수와 흡수 에너지는 Max Planck에 의하여 처음 제안된 $E = h\nu$ 식과 직접 관련이 있다. 그러므로 그림에 지적한 것처럼 ML'_n보다 ML_n에서 에너지준위 사이에 차이가 더 큰 것처럼 보인다. 이러한 화합물의 색에 대하여 주요한 요점은 이러한 에너지준위(가시광 흡수의 원인이고 그러므로 나타난 색의 원인이 되는)를 배위화합물에 기여한 한 벌의 여러 퇴화 d 오비탈에 CFT에 의하여 할당된다는 점이다.

ML_6와 ML'_n의 색 차이에 관한 설명은 분광화학계열에서 L′이 L보다 더 낮은

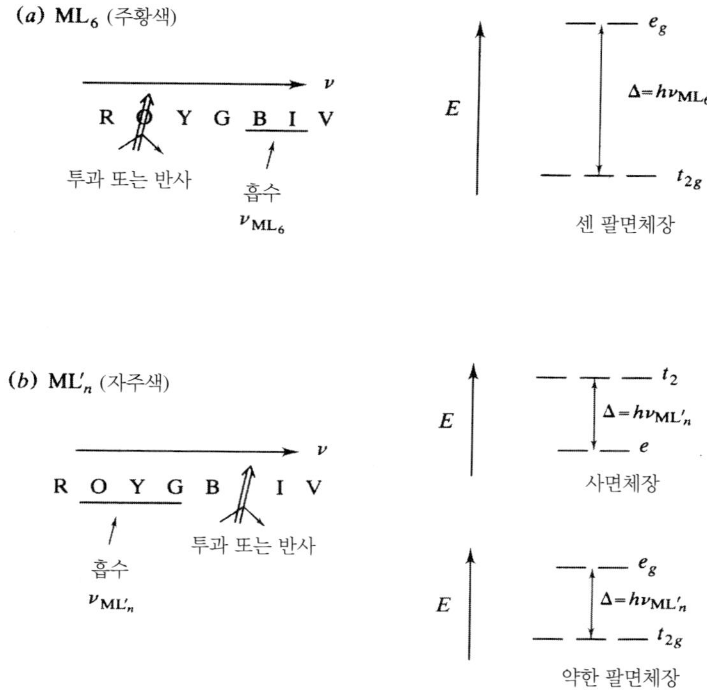

그림 3.14

두 가지 가상적 색의 배위화합물. (a) ML_6는 더 큰 진동수 가시선을 흡수하고 더 낮은 진동수 가시선 진동수를 투과 또는 반사하고 주황색으로 나타난다. 흡수 진동수는 센 팔면체장에서 한 벌의 퇴화 *d* 오비탈 사이의 큰 에너지 차이에 상당할 수 있다. (b) ML'_n는 더 낮은 진동수 가시선을 흡수하고 더 큰 진 동수 가시선을 투과 또는 반사하고 자주색을 나타낸다. 흡수된 더 낮은 진동수는 사면체 또는 약한 팔면체장에 상당할 수 있다. 글자 ROYGBIV(red, orange, yellow, green, blue, indigo, violet)는 낮은 진동수로부터 높은 진동수까지 가시광의 색에 상당한다.

곳에 있고 그러므로 ML′이 더 낮은 진동수 빛을 흡수하는 것과 관련이 있다. 혹는 또 다른 가능성은 아마 사면체에 대한 결정장의 기하구조 변화이다. 사면체장은 한 벌의 *d* 오비탈 사이의 에너지 차이가 팔면체장보다 작은 특성을 갖는다. 그러므로 서로 다르게 결합하는 리간드, 배위수, 그리고 금속(산화상태를 포함해서)은 배위화합물이 나타내는 여러 색의 원인이 되는 것처럼 보인다.

이러한 색의 변화 중에서 한 가지 특출한 예는 코발트 착물에 근거를 둔 "보이지 않는 잉크"(invisible ink)이다. 글씨 쓰기에 사용하는 이 잉크(보이지 않는 잉크)는 매우 약한 분홍색 수용액이고 그러므로 그 잉크를 건조하면 거의 눈에 보이지 않는다. 이러한 형태로 쓴 편지는 엉성한 검사대에서 보통 종이처럼 보여 의심하지 않은 감시원 앞을 통과할 수 있다. 그 분홍색 잉크 색은 식 (3.7)에 제시한 헥사아쿠아코발트(II) 양이온 때문이다. 그 편지의 수신자는 종이를 열(예를 들어 성냥불이나 헤어드라이어)에 노출할 때 물이 본래 착물에서 제거되고 그 편지는 어느 정도 암청색 형태로 변한다. 그것은 식 (3.7)에 제시한 테트라클로로코발트(II) 이온 때문이다.

$$\underset{\text{분홍색}}{2[Co(H_2O)_6]Cl_2(s)} \xrightarrow{\text{열}} \underset{\text{파란색}}{Co[CoCl_4](s) + 12H_2O(g)} \tag{3.7}$$

본래 착물에서 6 물 리간드들이 제거되고 제한된 수의 염화물 리간드만 남기 때문에 두 코발트(II) 착물의 색은 서로 다르게 나타난다. 분광화학계열에서 물은 염화물보다 더 큰 쪽에 있으므로 그리고 그 것은 팔면체장이므로 팔면체 헥사아쿠아 착물은 더 큰 Δ를 갖는 특성이 있다. 그러므로 서로 다른 결정장 분리는 서로 다른 두 착물의 색에 대한 원인이다.

$[Co(H_2O)_6]^{2+}$: R O Y G B I V ⟶ ν
(R O: 반사, G B I V: 흡수)

$[CoCl_4]^{2-}$: R O Y G B I V ⟶ ν
(R O Y: 흡수, B: 반사)

이제는 앞에서 제시한 설명이 서로 다른 배위화합물의 색에 대하여 지나치게 간단하다고 크게 놀라지 않아야 한다. 배위화합물의 자외선과 가시선 스펙트럼을 관찰하기 시작할 때 일부분 상세하고 복잡한 것이 드러났다. 이들 중 일부분, 예를 들어 그림 3.15에 제시한 $[Ti(H_2O)_6]^{3+}(aq)$ 스펙트럼은 투과 진동수와 나타난 색 사이에 직접 관계를 보여준다. Ti^{3+} 수용액은 연두색 진동수를 투과하고 붉은색과 파란색을 나타낸다. 그러므로 우리 눈에 적자색으로 나타난다. 최대흡수 파장은 약 520 nm이다. 그러나 이제는 이러한 스펙트럼이 전이금속 착물에 대한 값을 어떻게 도출하는가를 조사해보자.

우선 배위화합물의 자외선-가시선 스펙트럼의 설명에 일반적으로 사용하는 파장, 진동수, 에너지 등의 단위들을 간단히 설명할 필요가 있다. 파장은 일반적으로 nanometer(1 nanometer = 10^{-9} meter) 단위로 표시한다. 일반적으로 진동수는 hertz (또는 cycle/second)로 표시할 것으로 기대하지만 $[Ti(H_2O)_6]^{3+}(aq)$ 경우에 대하여 식 (3.8)에 나타낸 것처럼 이들의 단위는 불편한 단위이다.

$$\nu = \frac{c}{\lambda} = \frac{3.00 \times 10^8 \text{ m}^{-1}\text{s}}{520 \times 10^{-9} \text{ m}} = 5.77 \times 10^{14} \text{ s}^{-1} \text{ (Hz)} \tag{3.8}$$

그 대신 진동수(그리고 또한 그것에 수반되는 에너지도 함께)는 파수(wave number) $\bar{\nu}$ 라고 부르는 특수한 단위를 사용한다. 파수(wave number) $\bar{\nu}$ 는 cm로 표시한 파장의 역수(cm^{-1})이다. 그러므로 $[Ti(H_2O)_6]^{3+}$에 의하여 흡수된 진동수는 식 (3.9)로 계산한 것과 같다.

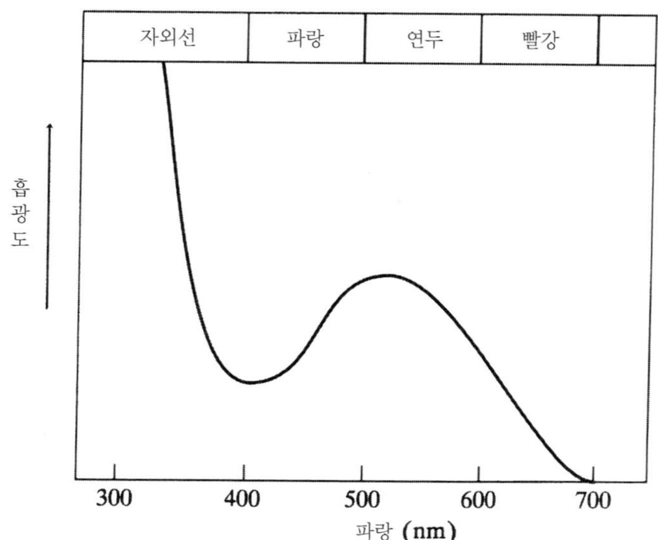

그림 3.15

$[Ti(H_2O)_6]^{3+}$의 가시선 흡수 스펙트럼. 이 화학종만 포함한 용액은 연두색 빛을 흡수하지만 파랑과 빨강을 투과하고 그리하여 우리의 눈에 적자색으로 보인다. 최대흡수 파장은 19,200 cm^{-1} 진동수(그리고 결정장 분리에너지)에 상당하는 대략 520 nm이다(참고문헌 1, p.36).

$$\bar{\nu}(cm^{-1}) = \frac{1}{\lambda} = \frac{1}{(520 \times 10^{-9}\ m)(100\ cm/m)} = 19{,}200\ cm^{-1} \qquad (3.9)$$

역사적 배경과 편의성 때문에 결정장 분리에너지(Δ)도 이와 동일한 단위로 표시한다. 몇 가지 전이금속 이온(예를 들어 1, 4, 6, 9 *d* 전자를 갖는)들은 흡수에너지와 결정장 분리에너지 사이에 직접 상응성이 있다. $[Ti(H_2O)_6]^{3+}$에 대한 Δ_o는 19,200 cm^{-1}이다. Δ_o 값은 kJ/mol 단위로 식 (3.10)에 나타낸 것처럼 계산할 수 있다. 그러나 이러한 단위는 분리에너지 표시에 일반적으로 사용하지 않는다. 어느 쪽인가 하면 표 3.2에서 보는 것처럼 cm의 역수(cm^{-1}) 또는 파수로 제시한다.

$$\begin{aligned}\Delta_o\ (kJ/mol) &= \frac{hc}{\lambda}N \\ &= \underbrace{\frac{(6.626 \times 10^{-34}\ J \cdot s)(3.00 \times 10^{8}\ ms^{-1})}{520 \times 10^{-9}\ m}}_{J/\text{이온}} \times \underbrace{6.023 \times 10^{23}}_{\text{이온}/mol} \\ &= 230{,}000\ J/mol = 230\ kJ/mol \end{aligned} \qquad (3.10)$$

타이타늄(III)에 배위된 리간드를 변화하면 최대흡수 파장이 변한다. 헥사클로로티탄산(III) $[TiCl_6]^{3-}$는 λ_{max} = 770 nm이다. 이러한 이동은 Ti(III)의 *d* 오비탈을 분리하는 염화물 리간드의 능력 때문이다. 이 경우에 Δ_o는 1300 cm^{-1} (160 kJ/mol)로 나타나고 그것은 염화물이 분광화학계열에서 낮은 쪽에 있는 것과 일치한다.

이 주제를 끝내기 전에 대부분 배위화합물은 흡수 진동수와 결정장 분리에너지

그림 3.16

첫째 가로 칸의 전이금속 착물의 흡수 스펙트럼에 관한 몇 가지 예(참 고문헌 6).

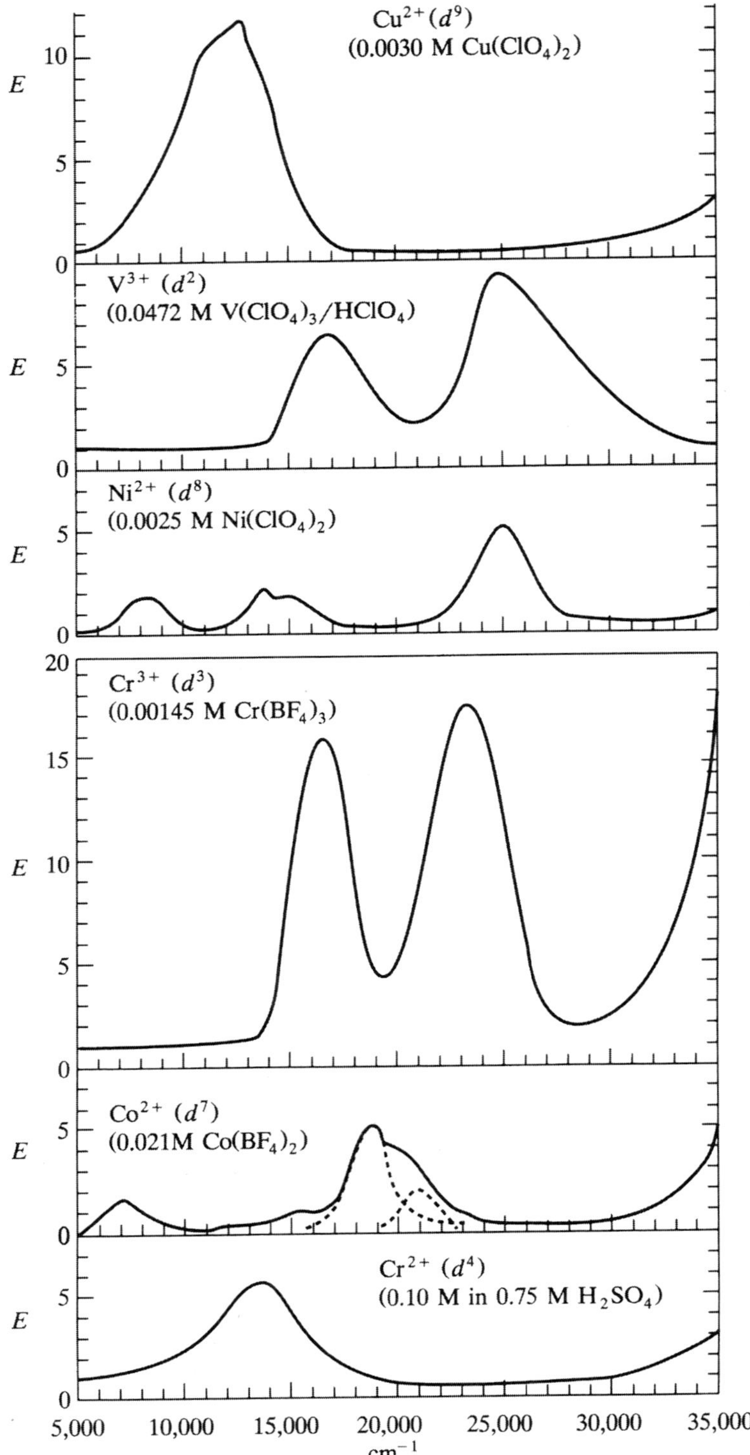

사이에 직접 상응성이 없다는 것에 주목해야 한다. 몇 가지 예는 그림 3.16에 있다. 이것에 대한 이유는 복잡하고 이 설명의 범위를 상당히 지나친다. 그러나 오비탈과 스핀 전자운동이 서로 독립적이지 않다는 사실을 알아야 한다. 그들은 실제로 함께 "짝을 지어서" 더 복잡한 상항을 형성한다(고전적 전자를 입자 모델로 볼 때도). 결과적으로 생기는 분리에너지는 원자의 벡터 모델과 Russel-Saunder 스핀-궤도 짝지음 도식(spin-orbit coupling scheme)이라고 알려진 것으로 설명한다(여기에서는 설명하지 않겠다).

연습문제 PROBLEMS

3.1 수소이온과 수산화이온 사이에 고전적 산-염기 반응이 물을 생성하는 것은 Arrhenius, Brønsted-Lowry 그리고 Lewis 정의로부터 알 수 있다. 각 반응물을 각 정의에 따라 지적하고 그 지적을 간단히 설명하라.

3.2 테트라하이드록소붕산 $B(OH)_4^-$을 만드는 붕산 $[B(OH)_3]$과 수산화이온 OH^-의 반응은 Arrhenius 또는 Brønsted-Lowry 정의보다 Lewis 정의에 따라 산-염기 반응으로 더 잘 분류한다. 이 반응식을 쓰고 두 반응물을 Lewis 산 또는 Lewis 염기로 분류하라.

3.3 헤모글로빈은 대부분 동물에서 산소 운반제이다. 이 과정에서 이원자 산소 분자는 헤모글 로빈의 중심 철 양이온과 결합하여 생긴 옥시헤모글로빈이 폐에서 인체조직으로 운반한다. 어 떤 의미에서 호흡은 산-염기 반응으로 볼 수 있는가?

★3.4 탄산을 생성하는 산화물 이온과 이산화탄소 사이의 반응은 산-염기 반응으로 분류할 수 있다. 이 분류는 어떤 산-염기 정의에 따르는가? 그러한 분류는 어느 정의를 사용할 때 불가능한가? 해답을 간단히 설명하라.

3.5 다음 반응은 Lewis 산-염기 반응으로 설명할 수 있다. 각 경우를 Lewis 산과 Lewis 염 기로 확인하라.

(a) $Zn(OH)_2(s) + 2OH^-(aq) \longrightarrow Zn(OH)_4^{2-}(aq)$

(b) $SO_2(g) + H_2O(g) \longrightarrow H_2SO_3(g)$

(c) $AgCl(s) + 2NH_3(aq) \longrightarrow [Ag(NH_3)_2](aq) + Cl^-(aq)$

3.6 다음 각 배위화합물 또는 착이온에서 금속의 유효원자수(EAN)를 계산하라.

(a) $[IrCl_6)]^{3-}$

★ 표시는 더 어려운 문제이다.

(b) $Fe(CO)_5$
(c) $Cr(CO)_6$
(d) $[Co(NH_3)_2(NO_2)_4]^-$
(e) $[RuCl_2(PPh_3)_3]$
이러한 화학종 중에서 어느 것이 EAN규칙에 따르는가?

3.7 다음 각 배위화합물 또는 착이온에서 금속의 유효원자수(EAN)를 결정하라.
(a) $[Cu(NH_3)_4]^{2+}$
(b) $[Ag(NH_3)_2]^+$
(c) $[Fe(CN)_6]^{4-}$
(d) $[Mo(CO)_6]$
(e) $[Fe(C_2O_4)_3]^{3-}$
이러한 화학종 중에서 어느 것이 EN규칙에 따르는가?

3.8 한 양성자와 한 전자를 서로 무한거리에서 출발하여 한 수소원자를 형성하기 위하여 함께 결합할 때 왜 에너지를 방출하는가를 쿨롱규칙 [식 (3.3)]을 이용하여 간단히 설명하라.

3.9 두 전자를 무한거리로부터 가까운 위치로 가져올 때 두 전자로 구성하는 계의 퍼텐셜 에너지 증가를 쿨롱규칙[식 (3.3)]을 이용하여 간단히 설명하라.

3.10 $3d_{xy}$와 $3d_{x^2-y^2}$ 오비탈 그림을 그려라.

3.11 직교좌표 사이를 향하는 모든 $3d$ 오비탈 그림을 그려라.

★3.12 직교좌표 축을 따라서 향하는 모든 $3d$ 오비탈 그림을 그려라.

★3.13 직교좌표 축을 따라서 향하는 세 가지 종속관계(dependent) $3d$ 오비탈 그림을 그려라.

★3.14 $3d_{x^2}$ 오비탈이 다른 넷 $3d$ 오비탈과 어떤 관련이 있는가를 설명하라.

3.15 종속관계 여섯 $3d$ 오비탈이 정상적이라고 생각되는 다섯 독립관계(independent) $3d$ 오비탈로 어떻게 압축되는가를 설명하라.

3.16 $3p$ 오비탈은 팔면체장에서 어떻게 분리되는가? 당신의 해답을 간단히 설명하라.

★3.17 현재 일반적으로 사용하는 다섯 d 오비탈 대신 종속관계의 여섯 d 오비탈을 사용하여
(a) 팔면체장에서 여섯 d 오비탈 분리를 보여주는 에너지준위를 그려라. Δ_o를 표시하고 부껍질의 무게중심 위치를 결정하라.
(b) 대표적 예로 d_{xz}와 $d_{z^2-x^2}$을 사용하여 (a) 부분의 에너지준위 도형 중에 d 오비탈의 상대적 위치를 간단히 설명하라.

3.18 3.2절에서 설명한 것처럼 한 금속 주위의 팔면체장 구성과 관련이 있는 엔트로피 변화는 양수인가 또는 음수인가? 해답을 간단히 설명하라. 해답의 결과는 이 과정의 엔탈피 변화가 표준상태 조건에서 자발과정에 필연적으로 음수여야 한다는 것을 의미하는가? 다시 해답을 간단히 성명하라.

★3.19 d_{z^2}와 $3d_{x^2-y^2}$ 오비탈은 전혀 다른 모양이지만 팔면체장에서 왜 퇴화되어야 하는가를 간단히 설명하라.

3.20 팔면체장이 z-축을 따라 사각형으로 압축된다고 생각하라(즉 z-축 리간드는 금속에 더 가까워지고 x-축과 y-축 리간드는 더 멀리 이동한다고 생각하라). 팔면체장에 있는 다섯 d 오비탈의 위치로부터 출발하여 그들의 에너지 효과를 보여주는 도형을 그려라. 각 오비탈의 에너지 변화를 이론적으로 설명하라.

★3.21 문제 3.20에서 설명한 사각형 압축은 선형 결정장이 생길 때까지 계속한다고 생각하라. 결과적으로 생기는 선형 장에 대하여 표시하지 않은 에너지준위 도형은 다음과 같다.

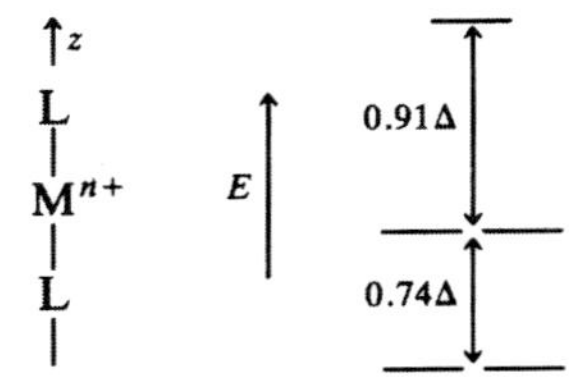

(a) 도형에 각 오비탈 위치를 표시하라. 그리고 이론적으로 표시하라.

(b) 그 도형에 에너지 차이가 있으면 선형 장에서 무게중심 위치를 계산하라(힌트: 무게중심으로부터 알짜 에너지 증가는 알짜 감소와 같아야 한다는 것을 생각하라).

★3.22 그림 3.6을 사용하여 사각평면 결정장에 대한 무게중심의 위치를 결정하라(힌트: 무게중심으로부터 알짜 에너지 증가는 알짜 감소와 같아야 한다는 것을 생각하라).

3.23 xy 평면에 놓인 사각평면장의 $3p$ 오비탈에 대한 에너지준위 도형을 그려라. 모든 오비탈과 그들의 상대적 에너지를 표시하라.

★3.24 사각형으로 신장된 d^9 착물은 팔면체 착물보다 더 안정한가 또는 덜 안정한가? 당신의 해답을 지지하는 에너지준위 분리 도형을 그려라.

3.25 (a) 그림 3.7처럼 입방체 모퉁이에 있는 8 리간드에 대하여 상대적 직교좌표를 사용하여 리간드의 "입방체장" d 오비탈 분리를 제시하라.

(b) 예로 d_{xy}와 $d_{x^2-y^2}$ 오비탈을 사용하여 위의 결정장 분리 도형에 놓을 때 이러한 두 오비 탈이 왜 놓이는가 설명하라.

3.26 다원자 이온 $[PaF_8]^{3-}$는 프로탁티늄 양이온 주위에 입방체 배열 리간드를 갖는다.
(a) 프로탁티늄 양이온 중 *d* 오비탈 분리 패턴은 어떠한가?
(b) 주요한 에너지 분리 Δ_c를 표시하고 무게중심을 확정하고 그 무게중심에 대하여 상대적 각 *d* 오비탈 에너지를 추정하라.

★3.27 사각 피라미드 결정장에 대한 결정장 분리 도형을 밑에 제시한다(*z*-축은 피라미드의 정점을 통과하고 4 평행 리간드는 양성과 음성의 *x*-축과 *y*-축을 따라 놓인다).

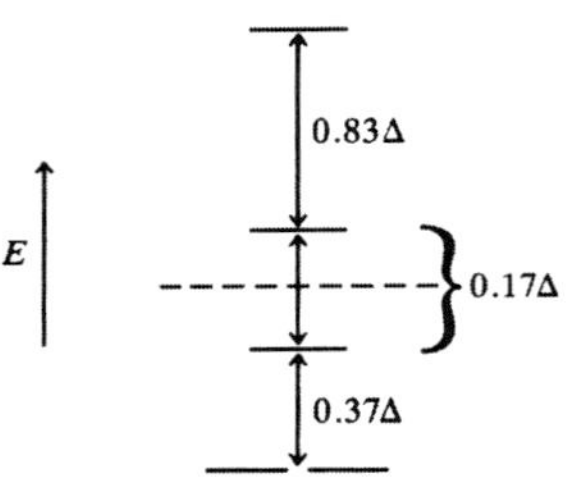

(a) 적절한 3*d* 오비탈에 각 에너지준위 도형을 할당하라. 그 할당을 간단히 설명하라.
(b) 에너지준위 도형에서 점선이 무게중심을 표시하는 것을 제시하라.

3.28 선형 결정장에서 6 종속관계 *d* 오비탈에 대한 에너지준위 도형을 그려라(양성과 음성 *z*-축을 따라 놓이는 두 리간드를 생각하라). 제시한 도형에 무게중심을 그려라. 당신의 에너지준위 도형을 이론적으로 설명하라.

★3.29 자유 원자 또는 자유 이온에서 삼중 퇴화 *p* 오비탈이 *z*-축을 따라 향한 선형 결정장으로 어떻게 분리되여야 하는가를 보여주는 잘 표시된 도형을 그려라. 무게중심의 위치와 선형 장에 대한 결정장 분리에너지를 Δ_L으로 각 오비탈 에너지를 제시하라.

3.30 삼각이중피라미드 결정장에 대한 결정장 분리 도형을 밑에 제시한다. 제시한 정보로부터 무게중심(점선으로 정성적으로 표시한)의 위치를 정량적으로 결정하라.

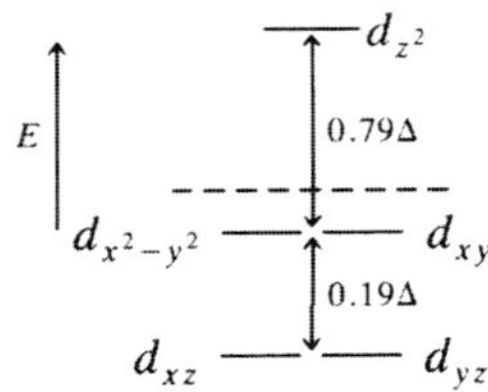

3.31 사면체 착물은 항상 높은-스핀이다. 그 반면에 팔면체 착물은 금속 또는 리간드에 따라 높은-스핀 또는 낮은-스핀일 수 있다. 이 실험 결과는 어떤 설명이 가장 그럴듯한가?

3.32 높은-스핀과 낮은-스핀 두 가지는 사면체 착물에 대하여 가능하다고 생각하는가?

낮은-스핀과 높은-스핀 두 가지는 어떤 d 전자수의 d^n이 될 수 있는가? 당신의 해답을 지지 하기 위하여 이러한 가능성에 대한 전자배열을 (t_2와 e로) 제시하라.

★3.33 사각평면장의 위 두 가지 에너지준위 사이에 에너지 분리(문제 3.30을 보라)가 높은-스핀상태와 낮은-스핀 상태로 될 수 있다면 어떤 d 전자수의 d^n이 두 가지로 될 수 있는가? 당신의 해답을 간단히 설명하라.

3.34 삼각이중피라미드장의 위 두 가지 에너지준위 사이에 에너지 분리(문제 3.30을 보라)가 높 은-스핀상태와 낮은-스핀 상태로 될 수 있다면 어떤 d 전자수의 d^n이 그 두 가지로 될 수 있는가? 당신의 해답을 간단히 설명하라.

3.35 다음 각 이온에서 원잣가껍질에 몇 개의 d 전자들이 있는가: Cr^{3+}, Co^{2+}, Pd^{4+}, Pt^{2+}, Cu^{2+}?

3.36 다음 각 경우에 몇 홑 전자들이 있는가?

(a) d^4, 팔면체, 낮은-스핀

(b) d^6, 사면체, 높은-스핀

(c) d^9, 사각평면

(d) d^7, 팔면체, 높은-스핀

(e) d^2, 입방정계

(f) d^8, 사각형으로 신장된 팔면체

3.37 팔면체 d^3와 d^8 경우에 CFSE를 계산하리.

★3.38 팔면체의 d^5, d^6, d^7 경우에(두 높은-스핀과 한 낮은-스핀) 표 3.1에서 알려진 CFSE 를 증명하라.

3.39 다음에 대하여 Δ와 P로 CFSE를 결정하라.

(a) $[Fe(CN)_6]^{4-}$

(b) $[Ru(NH_3)_6]^{3+}$

(c) $[Co(NH_3)_6]^{3+}$

높은-스핀과 낮은-스핀의 가능성은 어디에 있는가? CFSE를 계산하기 위하여 선택한 것을 간단히 설명하라.

3.40 다음에 대하여 Δ와 P로 CFSE를 결정하라.

(a) $[Fe(H_2O)_6]^{3+}$

(b) $[PCl_6]^{2-}$

(c) $[Cr(NH_3)_6]^{3+}$

높은-스핀과 낮은-스핀의 가능성은 어디에 있는가? CFSE를 계산하기 위하여 선택한 것을 간단히 설명하라.

★3.41 8d 전자(d^8)를 갖는 착물은 때때로 사각평면이고 때때로 팔면체이다. $[NiCl_4]^{2-}$와

$[NiCl_6]^{4-}$ 높은-스핀 착물을 생각하라. 이러한 두 가지 장에 대한 분리 도형과 문제 3.22 결과를 가정하고 두 가지 d^8 경우에 대한 CFSE를 계산하고 어느 잔자배열이 어떤 조건에서 유리한가를 예측하라.

3.42 문제 3.30의 결과를 이용하여 삼각이중피라미드에서 d^8 CFSE를 계산하라(두 가지 높은-스핀과 낮은-스핀이 가능하면 그 두 가지 경우에 대한 CFSE를 계산하고 어느 낮 은-스핀 조건이 더 안정한가를 설명하라).

3.43 d^7 전자배치를 갖는 금속이온과 문제 3.21의 계산결과를 인정하고 높은-스핀 전자배치 에서 직선형 장에 대한 CFSE를 계산하라.

★3.44 사각피라미드 결정장에 대한 결정장 분리 도형은 문제 3.27에 있다. 팔면체 배위권에서 한 리간드를 다른 한 리간드로 치환하면 첫 단계는 때때로 한 리간드를 잃고 사각피라 미드 중간체를 형성한다. 이 단계는 팔면체 착물의 사각피라미드 중간체에 비례하여 CFSE의 이득을 수반할 때 그 치환은 때때로 빠르다. 그 반면에 CFSE를 잃으면 그 치환반응은 느리다. 센-장 Co^{3+} 착물에 대한 팔면체 형태와 사각피라미드 형태의 두 가지 에 대한 CFSE를 계산하라. 그러한 착물에 대한 치환반응은 빠른가 또는 느린 것으로 생각하는가?

3.45 사각형 압축에서 *xy* 리간드의 이동에 관하여 입체장애 용어를 사용하여 간단히 설명하라.

3.46 $[PtF_6]^{2-}$, $[PtCl_6]^{2-}$, $[PtBr_6]^{2-}$에 대한 결정장 분리에너지는 각기 33,000, 29,000, 그리고 25,000 cm^{-1}이다. 이들은 큰 값인가 또는 작은 값인가? 이들 값을 표 3.2에서 알 려진 다른 값과 비교하여 설명하라.

3.47 $[Ru(NH_3)_6]^{2+}$ 착물에 대하여 높은-스핀 상태 또는 낮은-스핀 상태라고 기대하는가?

3.48 다음 이온을 *d* 오비탈의 t_{2g}와 e_g 사이에 분리 증가 순서로, 즉 Δ_o의 증가순서로 배열하라.

$[CoF_6]^{3-}$	________	
$[CoF_6]^{4-}$	________	*d*-오비탈
$[Rh(H_2O)_6]^{3+}$	________	사이에
$[Rh(CN)_6]^{3-}$	________	분리증가의
$[RhF_6]^{3-}$	________	순서
$[Ir(CN)_6]^{3-}$	________	↓

3.49 문제 3.48에서 구성한 계열에서 플루오로 착물의 위치를 이론적으로 설명하라.

3.50 $[Re(CN)_6]^{3-}$와 $[MnCl_6]^{4-}$는 몇 홀 전자를 갖는가? 한 벌의 t_{2g}와 e_g에 관하여 각 이온의 전자배열을 제시하라. 당신의 해답을 조심스럽게 이론적으로 설명하라.

3.51 왜 포스핀(PR_3)은 일반적으로 암민(NH_3)보다 센-장 리간드인가 간단히 설명하라.

3.52 CFT에 근거하여 플루오르화물 이온은 특히 센-장 리간드이고 그 반면에 트라이페닐포스핀 PR_3 (여기에서 R = C_6H_5) 분자는 대단히 약한-장 리간드이다. 순수한 정전기적 CFT에 근거하여 이러한 차이를 이론적으로 설명하라.

★3.53 트라이페닐포스핀 PPh_3와 트라이플루오로포스핀 PF_3 중에서 어느 것이 더 센-장 리간 드인가? 당신의 해답에 대하여 두 가지 가능한 이유를 설명하라. 각 경우에 M−P 결합의 공유결합 특성을 고려하라.

3.54 황화물 R_2S는 리간드로 이용할 수 있다. 그들은 분광화학계열에서 비교적 높은가, 중간인가, 또는 낮은가? (힌트: 이 리간드들이 π 결합할 수 있는 가능성을 고려하라.)

3.55 약한-장과 센-장 리간드에 의하여 발생된 팔면체장과 사면체장 중에서 d^6에 대한 스핀 만의 자기모멘트를 추정하라.

3.56 $Na_2[Ni(CN)_4] \cdot 3H_2O$는 반자기성이다. 착음이온 $[Ni(CN)_4]^{2-}$의 기하구조에 관한 기본적 기하구조를 추측하라. 해답을 간단히 설명하라.

3.57 네 가지 망가니즈 착물에 대한 실험적 자기모멘트를 밑에 제시한다. 그 착물이 높은-스 핀인가 또는 낮은-스핀인가를 설명하라. 또한 이러한 실험적 자기모멘트와 일치하는 전 자배치(3d 오비탈의 t_{2g}와 e_g에서)를 쓰라.

착물	$\mu_{exptl,}$ BM
$[Mn(CN_6)]^{4-}$	1.8
$[Mn(CN_6)]^{3-}$	3.2
$[Mn(NCS)_6]^{4-}$	6.1
$[Mn(acac)_3]$	5.0

3.58 Ru^{2+} (d^6)를 함유하는 일정한 사각피라미드 RuL_5 착물은 2.90 BM 자기모멘트를 갖는다. 이 착물의 CFSE를 계산하라(문제 3.27에 제시한 사각피라미드 분리 도형에 d^6 전자 를 놓고 시작하라).

3.59 문제 3.48에 구성한 계열에서 플루오로 착물 중 어느 것이 가장 큰 몰 자화율을 갖는 것으로 생각하는가? 간단히 설명하라. 해답에서 그 착물에 대한 스핀 자기모 멘트 값을 계산하라.

3.60 니켈착물 $[NiCl_2(PPh_3)_2]$은 실험 자기모멘트 값이 2.96 BM이다. 비슷한 팔라듐(II) 착물은 반자기성이다. 팔라듐 화합물에 존재하는 모든 가능한 이성질체를 그

린 다음 명명하라. 해답을 간단히 설명하라(그 두 가지 화합물은 중심 원자의 주위에 동일한 기하구조를 갖는 것으로 생각하라).

3.61 두 가지 루테늄 착물 $[RuF_6]^{4-}$와 $[Ru(PR_3)_6]^{2+}$의 자화율은 각기 1.01×10^{-2}와 거의 0 이다. 이러한 자화율 결과는 몇 홀 전자를 갖는 것과 일치하는가? (T = 298 K라고 가정한다) 해답을 설명하라.

★3.62 2가 전이금속 이온 중 여러 시아노 착물이 왜 노란색이고 그 반면에 이들의 이온 중 여러 아쿠아 착물이 왜 연두색 또는 파란색인가를 정성적으로 설명하라.

3.63 문제 3.48에서 구성한 계열에서 모든 착물이 밝은 자주색의 여러 색조라고 배우는 것은 놀라운 것이 아닌가? 해답을 이론적으로 간단히 설명하라.

★3.64 $[Co(NH_3)_6]^{3+}$, $[Co(en)_3]^{3+}$, $[Co(NO_2)_6]^{3-}$와 같은 반자기성(μ = 0) 착물은 주황-노랑이다. 그것에 비하여 상자기성 착물 $[CoF_6]^{3-}$와 $[Co(H_2O)_3F_3]$은 파란색이다. 이러한 색과 자기성 차이를 정성적으로 설명하라.

3.65 시안화 트랜스-다이아쿠아비스(에틸렌다이아민)니켈(II)이 **열변색성**(*thermochromatic*)으로 되는 가능성이 있다. 열변색성은 가열할 때 일정한 온도에서 선명한 색 변화를 표시할 수 있는 성질이다. 이 경우 가열 중에 이 화합물은 2몰 물을 잃고 선명한 다른 색의 반 자기성 착물을 생성한다.

(a) 이 화합물이 가열 중에 일어날 수 있는 반응에 대하여 반응식을 쓰라.

(b) 생성 착물의 구조를 추측하라. 자기 특성의 변화와 당신의 설명에서 색을 이용하여 가능하면 조심스럽게 당신의 추측을 이론적으로 설명하라.

3.66 파란색 자기성 염화 트랜스-다이아쿠아비스(*N,N*-다이에틸에틸렌다이아민)니켈(II) *trans*-$[Ni(H_2O)_2(deen)_2]Cl_2$는 가열하여 두 물 리간드를 제거할 때 상자기성 연두색 트랜스-다이클로로비스(*N,N*-다이에틸에틸렌다이아민)니켈(II) *trans*-$[NiCl_2)(deen)_2]$ 착물을 형성한다. 이러한 두 착물의 상자기성과 그 반응물을 가열할 때 일어나는 색 변화를 이론적으로 설명하라. *N,N*-다이에틸에틸렌다이아민 (deen)은 $(CH_3CH_2)_2NCH_2CH_2NH_2$이고 에틸렌다이아민과 유사한 두자리 리간드이다.

★3.67 파란색 자기성 브롬화 트랜스-다이아쿠아비스(*N,N*-다이에틸에틸렌다이아민)니켈(II) *trans*-$[Ni(H_2O)_2(deen)_2]Br_2$는 가열하여 두 물 리간드를 제거할 때 주황색 반자기성 브롬화 비스(*N,N*-다이에틸에틸렌다이아민)니켈(II) $[Ni(deen)_2]Br_2$ 착물을 형성한다. 이 반응 중 일어나는 색 변화와 자기성 변화를 이론적으로 설명하라. N,N-다이에틸에 틸렌다이아민 (deen)은 $(CH_3CH_2)_2NCH_2CH_2NH_2$이고 에틸렌다이아민과 유사한 두자리 리간드이다.

★3.68 *N,N*-다이에틸에틸렌다이아민 (deen) $(CH_3CH_2)_2NCH_2CH_2NH_2$은 대단히 부피가 큰 리간드이다. 문제 3.66과 문제 3.67에서 설명한 것처럼 가열할 때 *trans*-

$[Ni(H_2O)_2(deen)_2]Cl_2$와 *trans*-$[Ni(H_2O)_2(deen)_2]Br_2$ 화합물 사이에 차이를 이론적으로 설명하라.

★3.69 $[Ni(H_2O)_6]^{2+}$는 연두색 상자기성(μ = 2.90 BM)이고 그 반면에 $[Ni(CN)^4]^{2-}$ 용액은 무색 반자기성이다. 이러한 관찰에 대하여 정성적으로 설명하라. 당신의 해답 부분에 그 분자의 기하구조와 이러한 착물의 *d* 오비탈 에너지준위를 제시하는 도형을 포함하라.

3.70 가시선 분광법으로, 즉 화합물이 흡수한 가시선 파장을 측정하여 분광화학계열의 부분을 어떻게 구성할 수 있는가를 간단히 설명하라.

3.71 CFT를 지지하는 광범위한 실험적 증거가 있다. 그러한 증거 중에서 두 가지 성질을 간단히 설명하라.

CHAPTER

4 배위화합물의 반응속도와 메커니즘

배위화합물에 관한 역사와 명명법(1장), 구조(2장), 결합성(3장)을 설명하였다. 이제 이러한 화합물의 반응을 취급하겠다. 일반적으로 볼 수 있는 보통 반응형태에 관한 설명으로부터 시작한다. 그러나 이 간단한 분류는 이러한 반응이 실제로 어떻게 일어나는가에 관한 더 중요한 문제에 부닥치게된다. 예를 들어 반응이 처음에 어떻게 일어나는가를 고려한다. 왜냐하면, (1) 두 반응물이 충돌하여 중간체를 생성한 다음 생성물분자로 쪼개지거나, (2) 반응물분자들이 먼저 쪼개지고 그 다음에 그 결과로 생기는 조각 분자들이 또 다른 반응물과 충돌하여 생성물분자를 만들기 때문이다. 이들은 관련이 있는 배위화합물의 반응에 대한 경로 또는 메커니즘에 관한 문제이다. 그러므로 유리한 메커니즘, 즉 가장 일어나기 쉬운 반응은 반응 중간체의 형성에 최소 에너지 증가를 수반하는 특성을 나타내는 것으로 알고 있다. 에너지 변화에 관한 연구는 바로 앞의 장에서 배운것이기 하다. 여러 반응물, 생성물, 가능한 중간체 분자의 결합에 관하여 얻은 지식과 관련이 있다.

4.1 반응형태의 간단한 살펴보기

그림 4.1은 배위화합물을 더 일반적 반응으로 분류한다. 중심에 있는 화합물 $[ML_n]^{n+}$에서 출발하여 치환반응, 해리반응, 첨가반응, 산화-환원(전자-이동) 반응, 배위리간드의 반응 등을 표시한다. 그림 4.1은 지나치게 간소화한 것, 즉 출발 화합물의 모든 리간드는 똑같게 표시한 것에 주목하라[이들은 **동종 리간드 화합물**(*homoleptic compound*)이고, 중심의 금속원자나 금속이온과 결합한 모든 리간드는 같다]. 실제로 대부분 배위화합물 반응은 이종 리간드 화합물(한 종류 이상 리간드를 갖는 화합물)과 관련이 있지만 단순화하기 위하여 그림에 구체적으로 표시하지 않았다. 게다가 아는 바와 같이 많은 반응은 그림에 표시한 하나 이상 반응종류와 연결되어 있다. 이러한 점을 숙지하고(잘 살펴보고) 이제 각 반응 형태를 간단히 설명을 하기로 하자.

그림 4.1

다섯 가지 서로 다른 배위화합물 반응의 형태. 배위리간드의 치환, 해리, 첨가, 산화-환원, 그리고 배위리간드의 반응

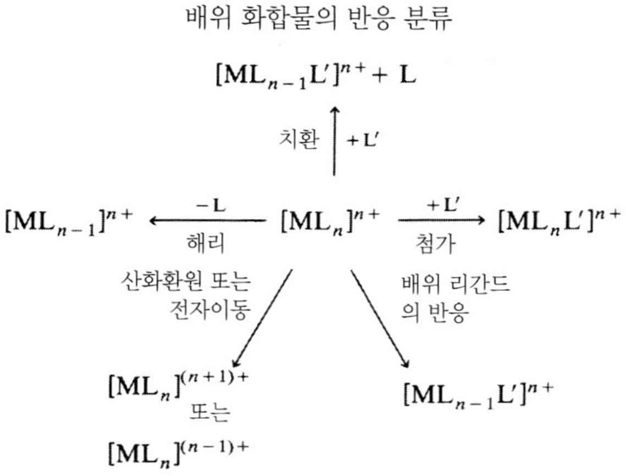

배위 화합물의 반응 분류

$[ML_{n-1}L']^{n+} + L$

치환 ↑ $+L'$

$[ML_{n-1}]^{n+}$ ← ($-L$, 해리) $[ML_n]^{n+}$ → ($+L'$, 첨가) $[ML_nL']^{n+}$

산화환원 또는 전자이동 ↙ $[ML_n]^{(n+1)+}$ 또는 $[ML_n]^{(n-1)+}$

배위 리간드의 반응 ↘ $[ML_{n-1}L']^{n+}$

치환반응(*substitution reaction*, 그림 4.1 위에 표시)이 가장 일반적이다. 이들은 배위수 또는 금속 산화수의 변화가 없이 배위권에서 한 리간드를 다른 리간드로 치환하는 반응이다. 때때로 식 (4.1)처럼 동종 리간드 화합물의 전체 리간드는 다른 리간드로 모두 치환된다. 그러나 식 (4.2)와 (4.3)처럼 리간드의 일부분만 치환되는 반응이 일반적이다.

$$[Cu(H_2O)_4]^{2+}(aq) + 4NH_3(aq) \longrightarrow [Cu(NH_3)_4]^{2+} + 4H_2O \tag{4.1}$$

$$[Cr(CO)_6] + 3PPh_3 \longrightarrow [Cr(CO)_3(PPh_3)_3] + 3CO(g) \tag{4.2}$$

$$[PtCl_4]^{2-}(aq) + NH_3(aq) \longrightarrow [Pt(NH_3)Cl_3]^{2-}(aq) + Cl^-(aq) \tag{4.3}$$

그러한 치환반응이 일어나는 경향성은 때때로 단계적 평형상수와 전체 평형상수로 요약한다. 예를 들어 식 (4.1)에 제시한 것처럼 수용액에서 테트라아쿠아구리(II) 이온과 암모니아의 반응은 동시에 식 (4.4)와 (4.5)에 제시한 것처럼 물 리간드의 단계적 치환으로 분해할 수 있다:

$$[Cu(H_2O)_4]^{2+} + NH_3 \longrightarrow [Cu(NH_3)(H_2O)_3]^{2+} + H_2O \tag{4.4}$$

$$\left(K_1 = \frac{[\{Cu(NH_3)(H_2O)_3\}^{2+}]}{[\{Cu(H_2O)_4\}^{2+}][NH_3]}\right)$$

$$[Cu(NH_3)(H_2O)_3]^{2+} + NH_3 \longrightarrow [Cu(NH_3)_2(H_2O)_2]^{2+} + H_2O \tag{4.5}$$

$$\left(K_2 = \frac{[\{Cu(NH_3)_2(H_2O)_2\}^{2+}]}{[\{Cu(NH_3)(H_2O)_3\}^{2+}][NH_3]}\right)$$

$$[Cu(NH_3)_2(H_2O)_2]^{2+} + NH_3 \longrightarrow [Cu(NH_3)_3(H_2O)]^{2+} + H_2O \tag{4.6}$$

$$\left(K_3 = \frac{[\{Cu(NH_3)_3(H_2O)\}^{2+}]}{[\{Cu(NH_3)_2(H_2O)_2\}^{2+}][NH_3]}\right)$$

$$[Cu(NH_3)_3(H_2O)]^{2+} + NH_3 \longrightarrow [Cu(NH_3)_4]^{2+} + H_2O \tag{4.7}$$

$$\left(K_4 = \frac{[\{Cu(NH_3)_4\}^{2+}]}{[\{Cu(NH_3)_3(H_2O)\}^{2+}][NH_3]} \right)$$

리간드를 각기 다른 리간드로 연속적으로 치환하는 반응에 대한 평형상수 K_n은 이론적으로 **단계적 평형상수**(*stepwise equilibrium constant*)라고 부른다. 이러한 반응은 물 농도가 거의 일정한 수용액에서 일어나므로(물의 몰 농도는 $[H_2O]$라고 표시한다) 평형상수를 표시하는 질량작용 식에 나타내지 않지만 그 대신 각 K 값에 포함되어 있다(예를 들어 이미 공부한 산-염기 수용액 평형문제에서 사용한 K_a와 K_b에 대한 식으로부터 이러한 방법에 친숙해야 한다). 4 물 리간드가 암모니아 리간드로 모두 치환된 전체 치환반응(그림 4.1)은 **전체 평형상수**(*overall equilibrium constant*)라 하고 β로 표시한다. 4 리간드를 치환하므로 이것은 4라고 표시한다. 전체 평형상수는 식 (4.8)처럼 바로 4 단계적 평형상수의 곱이다.

$$\beta_4 = \frac{[\{Cu(NH_3)_4\}^{2+}]}{[\{Cu(H_2O)_4\}^{2+}][NH_3]^4} = K_1 K_2 K_3 K_4 \tag{4.8}$$

3장에서 배위화합물의 구조를 본 것처럼 동종 리간드 착물보다 **이종 리간드 착물**(*heteroleptic complex*)의 예들이 더 많이 있다. 이들도 역시 치환반응을 한다. 식 (4.9)와 (4.10)은 두 가지 보편적 예를 보여준다. 첫째 착물과 물의 반응은 **아쿠아화 반응**(*aquation reaction*)이고 둘째 착물과 음이온의 반응은 **음이온치환반응**(*anation reaction*)이다.

$$[Co(NH_3)_5NO_3]^{2+}(aq) + H_2O \longrightarrow [Co(NH_3)_5H_2O]^{3+}(aq) + NO_3^-(aq) \tag{4.9}$$

$$[Co(NH_3)_5(H_2O)]^{3+}(aq) + Cl^-(aq) \longrightarrow [Co(NH_3)_5Cl]^{2+}(aq) + H_2O \tag{4.10}$$

4.3절에서 더 상세하게 이러한 여러 반응을 설명하겠다.

해리반응(*dissociation reaction*, 그림 4.1의 중앙 왼쪽에 표시한)은 여러 리간드의 감소 및 금속의 배위수 변화와 관련이 있다. 앞의 장에서 설명한 식 (4.11)의 그 "보이지 않는 잉크" 반응은 이러한 형태의 반응에 좋은 예이다. 기억하는 바와 같이 코발트(II)의 배위권은 이 반응과정 동안에 팔면체에서 사면체로 변한다. 식 (4.12)는 니켈(II) 배위권이 팔면체에서 사각평면으로 변할 때 이고 확실한 색변화를 수반한다.

$$\underset{\text{빨강}}{2[Co(H_2O)_6]Cl_2(s)} \xrightarrow{\Delta} \underset{\text{파랑}}{Co[CoCl_4](s)} + 12H_2O \tag{4.11}$$

$$\underset{\text{자주}}{[Ni(en)_2(H_2O)_2](CF_3SO_3)_2(s)} \xrightarrow{\Delta} \underset{\text{노란/금색}}{[Ni(en)_2](CF_3SO_3)_2(s)} + 2H_2O(g) \quad (4.12)$$

($CF_3SO_3^-$ 는 삼플루오르산(triflate) 음이온이라고 알려져 있다.)

첨가반응(*addition reaction*, 그림 4.1의 중앙 오른쪽에 표시한)은 금속의 배위수 증가를 수반한다. 입체적 이유 때문에 대부분 첨가반응은 본래 금속이 낮은 배위수를 갖는 착물에서 일어난다. 예를 들어 식 (4.13)은 추가로 두 염화물 리간드를 받아 팔면체 헥사클로로티탄산(IV) 착물을 생성하는 사면체 티타늄 화합물을 보여준다. 식 (4.14)는 한 피리딘(py) 리간드를 받아 사각피라미드 생성물을 형성하는 사각평면 비스(아세틸아세토나토)구리(II) 분자를 형성한다.

$$TiCl_4 + 2Cl^- \longrightarrow [TiCl_6]^{2-} \quad (4.13)$$

$$Cu(acac)_2 + py \longrightarrow Cu(acac)_2py \quad (4.14)$$

산화-환원반응(*oxidation-reduction*) 또는 **전자이동반응**(*electron-transfer reaction*, 그림 4.1의 왼쪽 밑에 표시한)은 배위전이금속원자 또는 이온의 산화 또는 환원과 관련이 있다. 그 그림은 가장 간단한 전자이동의 경우, 즉 배위수를 일정하게 유지하는 경우를 표시한다. 식 (4.15)는 헥사암민루테늄(III) 이온이 크로뮴(II) 이온과 반응하여 환원되고 식 (4.16)은 헥사클로로이리듐산(IV)에 의한 헥사시아노철산(II)의 산화를 보여준다. 이러한 착물 중 어느 것도 배위수 변화는 없다.

$$[Ru(NH_3)_6]^{3+} + Cr^{2+} \longrightarrow [Ru(NH_3)_6]^{2+} + Cr^{3+} \quad (4.15)$$

$$[Fe(CN)_6]^{4-} + [IrCl_6]^{2-} \longrightarrow [Fe(CN)_6]^{3-} + [IrCl_6]^{3-} \quad (4.16)$$

그림 4.1에 표시하지 않은 예들이 있다. 착물의 금속원자 또는 이온의 산화에 하나 이상 리간드가 첨가되어 배위수 증가를 수반하는 예들이다. 이것은 일반적으로 산화-환원반응이라고 표시하기에 충분한 반응이다. 이러한 형태의 바로 그 첫째 반응은 1960년대에 L. Vaska에 의하여 처음으로 특성이 설명되었고 그것을 식 (4.17)에 제시한다.

$$trans\text{-}[Ir(CO)Cl(PPh_3)_2] + HCl \longrightarrow [Ir(CO)Cl_2H(PPh_3)_2] \quad (4.17)$$

때때로 *Vaska* **화합물**이라고 부르는 반응물 중에 이리듐 이온의 배위수는 4라는 것에 주목하라. 그 생성물에서 이리듐은 형식적으로 +3 산화상태이고 6 배위수를 갖는다.

산화성-첨가반응(*oxidative-addition*)의 정반대는 논리적으로 **환원성-제거반응**(*reductive-elimination*)이라고 한다. 식 (4.18)은 카보닐클로로다이하이드리도비스(트라이페닐포스핀)이리듐(III)의 환원성-제거반응이 이원자 수소와 Vaska 화합물을 형성하는 것을 보여준다.

$$[Ir(CO)ClH_2(PPh_3)_2] \longrightarrow [Ir(CO)Cl(PPh_3)_2] + H_2 \qquad (4.18)$$

배위 리간드 반응(*reaction of coordinated ligand*, 그림 4.1의 낮은 오른쪽에 표시)은 금속-리간드 결합이 분해하지 않고 일어나는 라간드 반응이다. 식 (4.19)는 수산화 이온과 반응하는 헥사아쿠아크로뮴(III) 중 물 리간드가 하이드록소 리간드와 반응하여 하이드록소 착물이 생성되는 것을 보여준다. 여기에서 $Cr-OH_2$ 결합은 분해되지 않지만 배위결합물은 한 양성자를 잃고 배위결합 하이드록소 리간드를 생성한다. 식 (4.20)은 펜타암민카보나토코발트(III)가 산과 반응하여 펜타암민아쿠아코발트(III) 생성을 보여준다. 이 반응은 $Co-OCO_2$ 결합을 분해하지 않고 진행한다. 배위결합하는 동안에 반응하는 또 다른 일반적 리간드는 아세틸아세톤산(acac)이다. 식 (4.21)은 acac의 중앙 수소원자가 브로민 원자와 치환반응을 보여준다.

$$[Cr(H_2O)_6]^{3+} + OH^- \longrightarrow [Cr(H_2O)_5(OH)]^{2+} + H_2O \qquad (4.19)$$

$$[Co(NH_3)_5CO_3]^+ + 2H_3O^+ \longrightarrow [Co(NH_3)_5(H_2O)]^{2+} + 2H_2O + CO_2 \qquad (4.20)$$

$$\mathrm{Cr}\left(\begin{array}{l} O-C(CH_3) \\ \quad\; C-H \\ O-C(CH_3) \end{array}\right)_3 + 3\,Br_2 \longrightarrow \mathrm{Cr}\left(\begin{array}{l} O-C(CH_3) \\ \quad\; C-Br \\ O-C(CH_3) \end{array}\right)_3 + 3\,HBr \qquad (4.21)$$

이러한 반응 형태를 간단히 살펴보는 것을 뒤로 미루고, 떠나기 전에 이러한 여러 반응과정을 어떻게 추적하는가를 설명할 필요가 있다. 3장에서 이미 설명한 것처럼 서로 다른 착물은 다른 자외선-가시선(또는 흡수) 스펙트럼을 갖는다. 치환반응, 해리반응, 첨가반응, 한 리간드 또는 여러 리간드의 변화 등은 때때로 자외선-가시선 흡수 최대 파장이 변한다. 금속의 산화상태가 변할 때도 똑같다고 말할 수 있다. 이러한 자외선-가시선 스펙트럼의 변화는(때때로 실제 화합물의 색 변화를 수반한다) 이들의 반응속도 추적에 사용할 수 있다. 몰 자기화율의 변화도 같은 방식으로 사용할 수 있다. 적외선(IR)과 핵자기공명(NMR) 분광법과 같은 다른 물리적 방법은 이 교재에서 설명하지 않지만 또한 일정한 반응과정의 추적에 사용할 수 있다.

4.2 치환성과 비활성 배위화합물

배위화합물의 다양한 반응(대부분은 일반적으로 치환반응에 관하여) 속도를 분류하기 위하여 Henry Taube는 치환성(*labile*)과 비활성(*inert*)이라는 용어를 제시했다. Henry Taube는 배위화합물의 반응속도론에 관한 그의 연구로 1983년에 화학 노벨상을 받았다. 0.1 *M* 수용액의 경우에 **치환성 배위화합물**(*labile coordination compound*)은 1 분 이하 반감기를 갖는다[**반감기**(*half-life*)는 반응물 농도가 초기 농도의 반으로 감소에 필요한 시간이다]. 한편 **비활성 배위화합물**(*inert coordination compound*)은 1 분 이상 반감기를 갖는다.

치환성과 **비활성**이라는 용어는 **반응속도론** 용어라는 것을 분명히 마음속에 간직해야한다. 치환성과 비활성은 활성화 에너지 E_a의 지배를 받는 반응속도와 관련이 있다(여기에서 이전에 배운 반응속도론 지식을 재검토하기 바란다). 이러한 용어는 한 화합물이 얼마나 안정한가보다 얼마나 빠르게 반응하는가와 관련이 있다. **안정**(*stable*)과 **불안정**(*unstable*)은 **열역학적 용어**이다. 안정과 불안정이라는 용어는 화합물과 관련이 있는 반응의 자유 에너지, 엔탈피, 엔트로피 등의 변화와 관련이 있다. 큰 음수의 자유 에너지 변화와 그것에 상당하는 큰 양수 평형상수를 갖는 반응은 왼쪽에서 오른쪽으로 자발적으로 진행한다; 그러한 반응 생성물은 반응물보다 안정한 것으로 생각한다. 자유 에너지 변화는 또한 엔탈피 및 엔트로피 변화와 관련이 있다($\Delta G = H - T\Delta S$를 기억하라).

반응속도론적 치환성과 열역학적 안정성 사이에 차이를 이해하기 위하여 몇 가지 특수한 예를 생각하자. 친숙한 Werner 착물인 양이온 헥사암민코발트(III) $[Co(NH_3)_6]^{3+}$를 고려하자. 이것은 산과 자발적으로 반응한다. 실제로 식 (4.22)에 상당하는 평형상수는 매우 크고 10^{30}에 가깝다.

$$[Co(NH_3)_6]^{3+} + 6H_3O^+ \longrightarrow [Co(H_2O)_6]^{3+} + 6NH_4^+ \qquad (4.22)$$

그러므로 이 양이온은 산과 반응할 때 불안정하다고 말한다. 그런데 이 반응은 실온에서 6 *M* HCl에서도 왼쪽에서 오른쪽으로 크게 진행하려면 몇 날이 걸린다. 따라서 이 반응속도는 대단히 느리므로 $[Co(NH_3)_6]^{3+}$는 이 분위기에서 비활성으로 분류한다. 그러므로 이 착물 양이온은 불안정하지만(열역학적으로) 산에 대한 반응에 비활성이다(반응속도론적으로).

그에 비하여 테트라시아노니켈산(II) $[Ni(CN)_4]^{2-}$는 대단히 안정하다(열역학적으로). 식 (4.23)에 제시한 생성물의 평형상수는 매우 크고 또한 10^{30} 근처이다:

$$Ni^{2+} + 4CN^- \longrightarrow [Ni(CN)_4]^{2-} \qquad (K = 10^{30}) \qquad (4.23)$$

동시에 이 착물 음이온은 치환성이다. 즉 배위권의 시안화물 리간드는 수용액 중 자유상태 시안화 이온과 빠르게 교환한다. 이러한 교환속도는 식 (4.24)처럼 탄소-14-표지 시안화 이온을 착물 용액에 넣어 측정할 수 있다:

$$[Ni(CN)_4]^{2-} + 4\,{}^{14}CN^- \longrightarrow \left[Ni({}^{14}CN)_4\right]^{2-} + 4CN^- \qquad (4.24)$$

표지(labeled)한 시안화이온은 표지하지 않은 상대이온과 빠르게 교환한다. 두번째 문제는 표지하지 않은 시안화이온의 절반이 표지 리간드로 치환되는 것이다. 그러므로 테트라시아노니켈산(II) 이온은 안정하지만 치환성이다.

요약해서 말하면 어떤 배위화합물은 반응속도론적으로 비활성이지만 한편 치환성으로 판명된다. 게다가 이러한 치환성은 그 화합물의 열역학적 안정도와 무관한 것처럼 보인다. 이제 노련한 화학과 학생이 다음 문제를 질문하려 한다고 가정하자. 어느 착물이 비활성이고 어느 착물이 치환성인가를 어떻게 말 할 수 있는가? 어렴풋이 느끼는 것처럼 이것은 실제로 중요한 문제이다. Cr^{3+}와 Co^{3+}를 제외한 **첫째 가로 칸 전이원소 착물은 일반적으로 치환성이고 한편 둘째와 셋째 가로 칸 전이금속 착물은 비활성이다** 라는 것이 판명되었다. 그러나 다시 다음처럼 질문한다. 그러한 말을 어떻게 설명할 수 있는가? 예를 들어 Cr^{3+} 및 Co^{3+}와 관련이 있는 반응속도는 다른 첫째 가로 칸 전이금속 원자 또는 양이온과 관련이 있는 반응속도와 왜 다른가? 그들을 그렇게 비활성으로 만드는 이들의 특수한 양이온은 무엇인가? 그러한 질문에 해답하기 전에 이제 팔면체 착물의 치환과 관련이 있는 가장 넓게 연구한 몇 가지 배위화합물 반응의 설명으로 돌아가자.

4.3 팔면체 착물의 치환반응

가능한 메커니즘

동종 리간드 착물의 전체 치환반응은 그림 4.1에 나타나있다. 그러나 메커니즘을 설명하기 위하여 비활성 다섯 리간드(L)와 치환성 리간드(X)가 결합된 금속을 갖는 팔면체 배위화합물이 도입리간드(Y)에 의하여 치환되는 반응을 다루어 보자. 이 반응에 대한 전체 식은

$$ML_5X + Y \longrightarrow ML_5Y + X \qquad (4.25)$$

이러한 치환은 실제로 분자수준에서 어떻게 일어날 수 있는가? 또는 그 질문을 다시 말하면 반응메커니즘, 즉 그 반응에서 관련있는 연속적 분자수준 단계는 어떠한가? 얼핏 보아 적어도 두 주요한 가능성, 즉 해리성 메커니즘(D)와 회합성 메커니즘(A)이 있다.

해리성 메커니즘(*dissociative mechanism*)은 X 리간드가 반응물에서 분리되어 5-배위 ML_5 중간체를 생성한다고 설명한다(그림 4.2). (이 중간체는 사각피라미드 또는 아마 삼각이중피라미드 기하구조라고 생각할 수 있다.) 그것은 곧 바로 더빠른 반응, 중간체, 그리고 도입리간드 등이 함께 합쳐 생성물을 만든다. 더 느린 첫 단계, 즉 해리단계는 속도-결정단계라고 생각하는 것에 주목하라(지금 이전의 과정에서 공부한 단일단계반응(elementary reaction)의 지식을 재검토할 수도 있다.

그림 4.2

팔면체 착물(ML_5X)에서 한 리간드를 다른 한 리간드로 치환하는 해리성 (*D*) 메커니즘(L = 비활성 리간드, X = 치환성 리간드, Y = 도입리간드). 메커니즘은 M−X 결합이 분해하고 5 배위 ML_5 중간체를 형성하는 단계 (1)이 속도-결정 단계라고 생각한다. 반응속도는 본래 착물 [ML_5X]의 농도에만 의존한다.

(1) $$ML_5X \xrightarrow[k_1]{\text{느리다}} ML_5 + X$$

5-배위 중간체

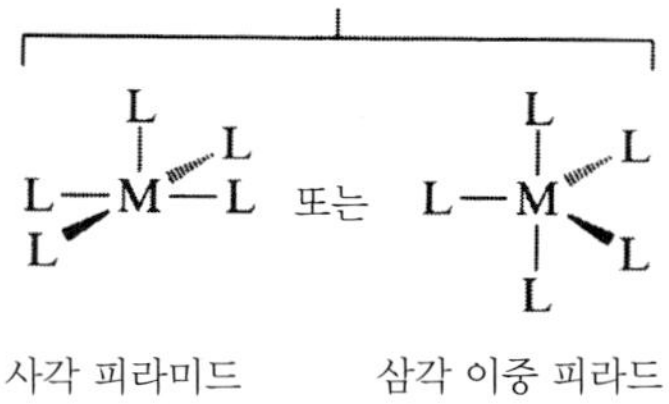

사각 피라미드 또는 삼각 이중 피라드

(2) $$ML_5 + Y \xrightarrow[k_2]{\text{빠르다}} ML_5Y$$

$$\text{전체속도} = \text{속도결정단계(1)의 속도} = -\frac{\Delta[ML_5X]}{\Delta t} = k_1[ML_5X]$$

때때로 어떤 메커니즘에서 **병목단계**(*bottleneck step*)라고 부르는 속도-결정단계가 가장 느린 단일단계반응이라는 것을 기억하라. 이 단계의 속도는 그 반응의 전체 속도를 결정한다). 해리성 메커니즘은 전체 치환반응이 본래 [ML_5X] 착물의 농도에만 의존하고 도입리간드 [Y]의 농도와 무관하다.

치환반응이 일어날 수 있는 다른 논리적 경로는 **회합성 메커니즘**(*associative mechanism*)이다(그림 4.3). 이 경우에 속도-결정단계는 본래 ML_5X 착물과 도입리간드 Y 사이에 충돌이 일어나 7-배위 중간체 ML_5XY를 생성한다(이 중간체는 "모노모자 팔면체"(monocapped octahedral) 구조라고 생각할 수 있다. 여기에서 X와 Y 리간드는 정상적 팔면체 자리 중 하나를 공유한다. 또는 오각형 이중피라미드 기하구조일 수도 있다). 둘째 더 빠른 단계는 X리간드를 해리하여 원하는 생성물을 만드는 단계이다. 회합성 메커니즘은 치환반응속도가 ML_5X와 Y의 두 가지 농도에 의존하는 것으로 예상한다.

그러므로 어떤 메커니즘이 회합성인가 또는 해리성인가 여부를 결정하는 것은 특별히 어렵지 않다고 생각할 수도 있다. 우리들이 하여야 할 일은 반응속도법칙을 결정하는 것처럼 보인다. 반응속도가 [ML_5X]에만 의존하면 그것은 해리성이다; 반응속도가 [Y]에도 역시 의존하면 그것은 회합성이다. 그러나 배위화학 반응속도는 전혀 이렇게 간단하지 않은 것으로 알려졌다. 두 가지 복잡한 것이 곧 마음에 닿는다. 첫째 실제 메커니즘은 앞에서 설명한 분명하게 구별되는 *D*와 *A* 메커니즘보다 복잡할 수 있다. 둘째 특정한 실험조건은 도입리간드 농도에 따른 속도 의존성이 가려지거나(masking) 숨겨질 수 있다(hide).

첫째 순수한 회합성 메커니즘과 해리성 메커니즘은 배위화합물 반응속도의 설명 출발점으로 유용하지만 상당히 이상적이고 아마 약간 지나치게 간소화된 가능

그림 4.3

팔면체 착물 ML_5X에서 한 리간드를 다른 한 리간드로 치환하는 회합성 메커니즘(A). (L = 비활성 리간드, X = 치환성 리간드, Y = 도입리간드). M−Y 결합을 형성하여 7-배위 ML_5XY 중간체를 형성하는 단계 (1)이 속도-결정 단계라고 생각한다. 그 반응속도는 본래 착물의 $[ML_5X]$ 농도와 도입리간드 [Y] 농도에 의존한다.

(1) $ML_5X + Y \xrightarrow[k_1]{\text{느리다}} ML_5XY$ (7-배위 중간체)

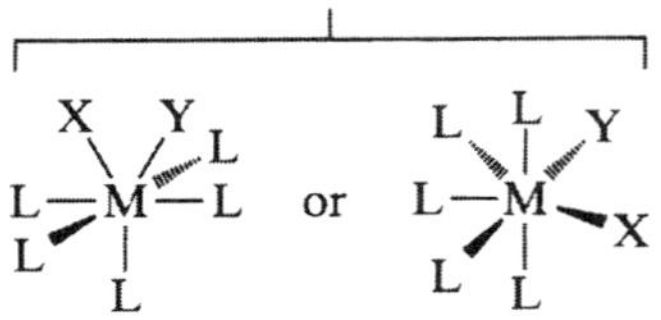

"모노 모자 팔면체" or 오각형 이중피라미드

(2) $ML_5XY \xrightarrow[k_2]{\text{빠르다}} ML_5Y + X$

전체속도 = 속도결정 단계의(1)의 속도

$$= -\frac{\Delta[ML_5X]}{\Delta t} = k_1[ML_5X][Y]$$

성이 있다는 점을 고려하라. 예를 들어 M−X 결합이 모두 분해하고 그 결과로 생기는 5-배위 ML_5 중간체가 다음에 계속해서 Y와 충돌하여 최종 생성물을 만들기 전에 많은 시간 동안 그대로 존재한다고 생각하는 것이 조금 비현실적인가? 또는 회합경로에 있는 ML_5XY 중간체가 M−X 결합을 분해하고 그 결과로 ML_5Y를 만들기 전에 측정가능한 긴 반감기를 갖는다고 생각하는 것은 너무 많이 기대하는 것인가? 결국 실제 메커니즘이 이처럼 깔끔하고 간단하면 여러 ML_5와 ML_5XY 중간체를 분리하고 그래서 어떤 일정한 반응이 *D* 또는 *A*라는 증거를 추가할 수 있어야 한다. 불행하게도 그러한 중간체 분리는 대단히 드물다. 이 설명을 전제로 **상호교환 메커니즘**(*I*) [*interchange mechanism*(*I*)]이라고 부르는 다른 형태의 반응경로를 고려할 필요가 있다.

도입리간드 Y는 ML_5X 착물의 배위권 바로 밖에 있고 M−X 결합은 분해하기 시작할 때 그리고 X는 이동하려고 시작할 때 M−Y 결합은 동시에 형성되기 시작하고 Y는 배위권으로 이동하는 상항을 고려하자. 이 경우에 도입리간드(Y)와 이탈 리간드(X)는 금속의 배위권 안에서 자리를 점진적으로 상호교환하고 분명한 5- 또는 7-배위 중간체는 형성하지 않는다(또는 그러므로 분리에 이용할 수 있다). 때때로 **협동 메커니즘**(*concerted mechanism*) 또는 **상호교환 메커니즘**(*interchange mechanism*)이라고 부르는 이러한 반응경로는 순수한 *D* 또는 *A* 메커니즘보다 충분히 현실적이다.

상호교환 메커니즘(*I*)이 설명하는 것처럼 해리 메커니즘과 회합 메커니즘의 아이디어를 모두 버리지 않는 것에 주목하는 것이 중요하다. 예를 들어 상호교환에서 M−X 결합이 우세하게 분해하면 그 상호교환은 회합 메커니즘보다 해리 메커니즘에 더 가깝다. 이 경우에 I_d (*interchange-dissociative*) **메커니즘**이라고 한다. 이 경우에 *d* 하첨자는 상호교환의 해리 성질을 표시한다. 마찬가지로 M−Y 결합형성이 약간 유리할 때 그것은 I_a (*interchange-associative*) 메커니즘이라고 표시한다.

요약하자면 다섯 형태의 *D*, *A*, *I*, I_d, I_a 메커니즘을 설명했다. 일반적으로 해리와 회합 메커니즘에 관하여 말하지만 *D*와 *A*라는 용어는 5-와 7-배위 중간체들이 실제로 분리되거나 또는 적어도 확실하게 확인되는 상항에 적용된다고 생각하자. 중간체를 분리하거나 확인하지 못하면 I_d와 I_a 표시가 더 적절하다.

실험적 복잡성

그림 4.2와 4.3에서 각기 해리 메커니즘과 회합 메커니즘에서 생기는 속도법칙을 고려했다. 마침내 이러한 경로는 도입리간드 Y의 농도에 관한 그들의 속도법칙 의존성 여부로 쉽게 구별할 수 있다는 것을 기억할 것이다. 앞에서 지적한 것처럼 이러한 의존성은 어떤 실험 조건에 의하여 가려질(masking) 수 있는 가능성을 설명할 필요가 있다.

이러한 농도 의존성의 가림(masking)에 관한 보편적 예는 수용액에서 일어나는 치환반응이다. ML_5X 반응물 중에서 X에 대한 Y의 동일한 전체 치환을 다시 고려하여 그림 4.4에 두 가지 가능성이 있는 속도-결정단계를 제시한다. 그럼에도 해리

그림 4.4

수용액 중에서 농도 의존성의 가림(masking). (a) 해리성 메커니즘은 착반응물의 농도 중에서 1차이다. (b) 회합성 메커니즘은 착반응물과 도입 물리간드 중에서 1차이다. 그러나 수용액 중 물 농도는 대단히 크고 거의 일정하므로 $[H_2O]$는 k'와 합쳐서 전체 속도상수 k로 된다. 결과적으로 생기는 속도법칙은 "유사"(pseudo) 1차이다. 물 도입리간드의 농도에 관한 회합성 메커니즘의 의존성은 가려진다.

(*a*) 해리

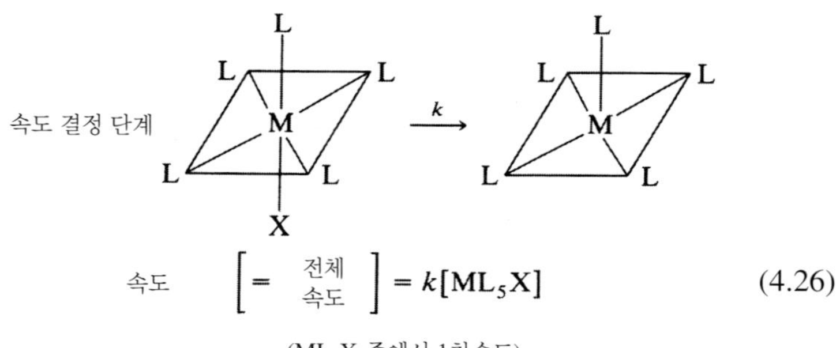

$$\text{속도} \quad \left[= \begin{matrix}\text{전체}\\ \text{속도}\end{matrix}\right] = k[ML_5X] \tag{4.26}$$

(ML_5X 중에서 1차속도)

(*b*) 회합

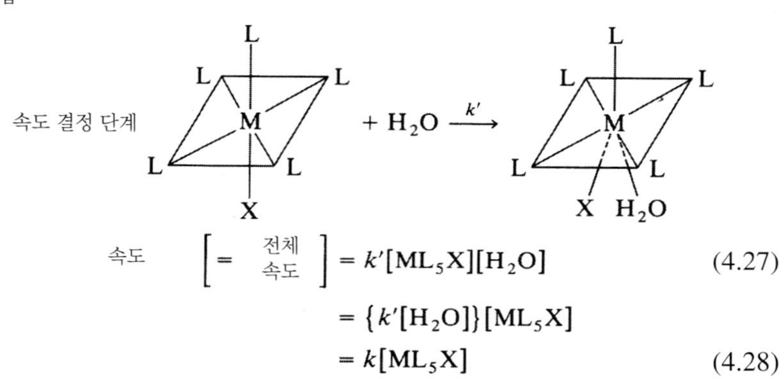

$$\text{속도} \quad \left[= \begin{matrix}\text{전체}\\ \text{속도}\end{matrix}\right] = k'[ML_5X][H_2O] \tag{4.27}$$

$$= \{k'[H_2O]\}[ML_5X]$$

$$= k[ML_5X] \tag{4.28}$$

(ML_5X 중에서 "유사" 1차속도)

성 메커니즘은 반응속도가 본래 착물 [ML_5X] 농도에만 의존한다고 예상하는 것에 주목하라. 이 결과를 식 (4.26)에 제시한다.

회합 메커니즘은 출발 착물과 물분자의 반응이 속도-결정단계라고 생각한다. 그러한 가정은 분명히 예상된다. 왜냐하면 묽은 수용액에서 물 농도는 매우 크고(대략 55.6 *M*) Y 농도(아마 대략 0.1 *M*)보다 훨씬 더 크기 때문이다. 그러므로 출발 착물과 물분자의 충돌 가능성은 Y와 충돌하는 것보다 훨씬 더 크다. 식 (4.27)처럼 이 단계의 속도는 ML_5X와 H_2O 농도에 의존한다. 그러나 이전에(5.1절) 지적한 것처럼 [H_2O]는 대단히 크므로 이 상황에서 필연적으로 일정하다는 것을 인정해야 한다. 그러므로 나타낸 것처럼 식 (4.27)에서 두 상수 k'와 [H_2O]는 합쳐 식 (4.28)으로 된다. 그 결과는 [ML_5X]에서만 1차로 나타나지만 그것은 또한 [H_2O] 중에서도 1차라고 알고 있다. 그러나 이러한 [H_2O] 의존성은 실험조건의 성질에 의하여 가려지거나 숨겨진다. 이러한 이유 때문에 식 (4.28)은 때때로 "유사" 1차반응을 표시한다고 말한다. 그와 같은 경우에 해리성 메커니즘과 회합성 메커니즘에 대한 속도법칙은 실제로 동일하다. 이 상황에서는 측정한 속도법칙의 분석을 통하여 두 메커니즘 중 어느 하나로 결정할 수 없다.

해리성 메커니즘의 증거

앞의 설명으로는 팔면체 화합물의 치환반응 중에서 어떤 메커니즘이 더 유리한가를 알 수 있다. 그 해답은 다음과 같다. "해리성 메커니즘이 더 유리하다." 이 절에서 그러한 결론을 지지하는 몇 증거를 살펴보겠다. 서로 다른 세 가지 형태의 반응, 즉 (1) 물분자 교환속도, (2) 음이온치환반응, (3) 아쿠아화반응을 살펴보겠다.

한 벌의 생소한 측정법을 가지고 시작하겠다. 이들은 여러 금속이온의 수화권(hydration sphere) 안에서 보통 물분자와 동위원소로 표지한 벌크(bulk) 물(H_2O^{18}) 사이의 교환과 관련이 있다(10.2절에 더 상세한 물 구조 설명을 제시한다). 그러한 반응을 표시하는 일반식을 식 (4.29)에 제시한다.

$$M(H_2O)_6^{n+} + H_2O^{18} \xrightarrow{k} M(H_2O)_5(H_2O^{18})^{n+} + H_2O \tag{4.29}$$

이들 반응의 속도측정은 교환속도의 크기에 따라 약간 매우 정교한 여러 방법으로 측정한다. 그러한 방법에 의하면 본래 수화 양이온 $M(H_2O)_6{}^{n+}$의 농도에 대하여 1차라고 알려져 있다; 즉 이러한 반응에 대한 속도법칙을 식 (4.30)에 제시한다.

$$-\frac{\Delta[M(H_2O)_6^{n+}]}{\Delta t} = k[M(H_2O)_6^{n+}] \tag{4.30}$$

앞에서 설명한 것처럼 이들 반응이 1차이지만 분명히 해리성 메커니즘이라는 명확한 증거는 없다.

여러 금속이온에 대한 상대적 반응속도는 속도상수를 log 값으로 그림 4.5에 제

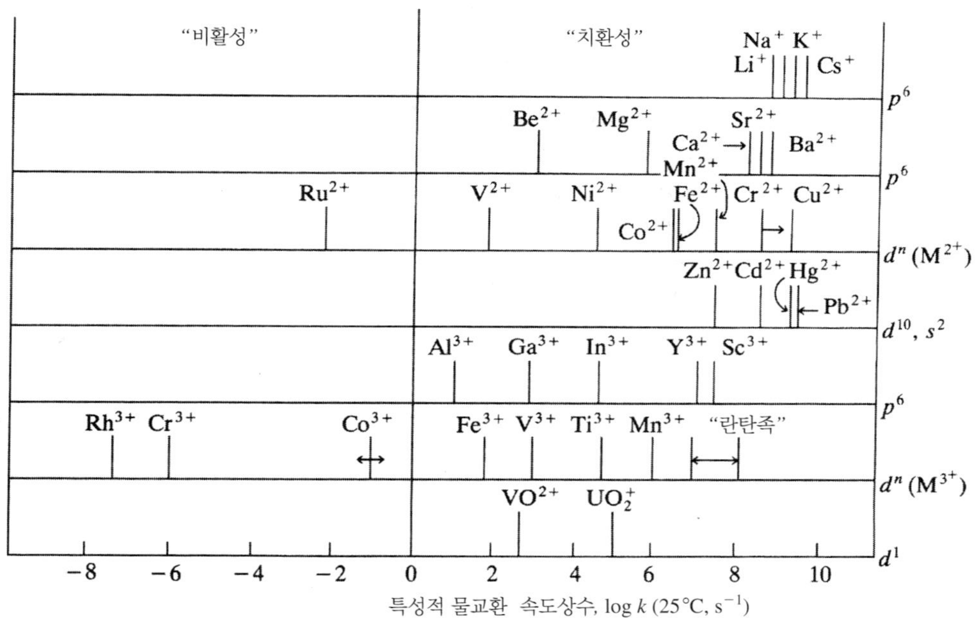

그림 4.5

여러 이온에 대한 물 교환의 속도상수: $[M(H_2O)_6]^{m+} + H_2O^{18} \xrightarrow{k} [M(H_2O)_5(H_2O^{18})]^{m+} + H_2O$. 자료는 25°C에서 속도상수를 log값으로 취하였다. 수화권과 벌크 물분자 사이에 물분자를 느리게 교환하는 비활성 수화이온은 왼쪽에 그리고 치환성 수화이온은 오른쪽에 있다(참고문헌 7).

시되어 있다. 속도상수는(그리고 그로 말미암아 그 자체의 속도는) 거의 16 차수(order)의 크기로, 즉 놀라운 속도 범위로 변한다.

이 자료를 상세히 살펴보면 주기율표의 여러 족을 밑으로 내려가면서 교환속도는 분명히 증가하는 것으로 나타난다(속도상수의 증가를 반영한다). 예를 들어 1A족(Li^+, Na^+, K^+, Rb^+, Cs^+) 또는 2A족(Be^{2+}, Mg^{2+}, Ca^{2+}, Sr^{2+}, Ba^{2+})을 보라. 이러한 두 족을 비교하면 더 큰 +2 전하 이온의 2A족이 +1 전하의 1A족 이온보다 느린 속도를 갖는 것으로 나타난다. 그러한 결과를 설명할 수 있는가? 그리고 이 설명은 이러한 교환반응에 대한 해리성 메커니즘과 일치하는가?

그 설명은 $M^{n+}-OH_2$ 결합 세기에 관한 금속 양이온의 전하와 크기의 효과를 곰곰이 생각나게 한다. 큰 전하일수록 양전하 금속과 물 리간드의 전자쌍 사이에 정전기 인력이 더 크다는 것이 이치에 맞아야 한다. 그러므로 $M^{n+}-OH_2$ 결합 세기는 전하가 증가할수록 증가한다. 그와 반대로 금속이온이 클수록 양전하 중심은 리간드 전자쌍으로부터 더 멀리 있고 결과적으로 그 결합은 더 약하다. 이러한 두 인자는 **전하밀도**(*charge density*)라고 알려진 것으로 합쳐질 수 있다. 전하밀도는 이온 반지름에 대한 금속 양이온의 전하 비(charge ratio)라고 정의한다. 정의에 따라 금속 양이온의 전하밀도는 전하증가와 크기감소에 따라 증가한다. 전하밀도가 증가하면 $M-OH_2$ 결합 세기도 역시 증가한다는 앞의 설명과 일치한다(전하밀도는 7.1절과 8.2절에서 더 설명하겠다).

이제 이러한 교환반응자료들이 해리성 메커니즘과 일치하는 여부를 살펴보자. 일정한 족 안에서 모든 양이온은 동일한 전하이고 그 크기만 변한다. 그러므로 1A

족에서 밑으로 내려가면서 양이온은 더 커지고 전하밀도는 감소한다. 다음에 이것은 $M^{n+}-OH_2$ 결합이 더 약해지고 더 쉽게 분해되는 것을 의미한다. 물론 해리성 메커니즘에서 속도-결정단계의 $M^{n+}-OH_2$ 결합은 분해된다. 그러므로 결합이 약해지고 쉽게 분해할수록 물-교환 반응속도는 증가하여야 하는 것이 도리에 맞는다.

2A족의 2가 이온은 전하밀도가 더 크고 따라서 $M^{n+}-OH_2$ 결합 세기는 더 크다. 그러므로 교환속도는 더 느려지는 해리성 메커니즘에 따른다. 1A쪽과 2A족에 대한 자료비교는 정확하게 앞에서 설명한 것과 같은 경우라는 것을 보여준다. 그러므로 해리성 메커니즘과 일치하는 것을 알 수 있다(그러나 필연적 증거는 아니다). 그림 4.5에 제시한 자료의 나머지에 관한 설명, 특히 전이금속 내부의 경향성은 다음 절까지 연기하겠다.

음이온치환반응은 일정한 착물에서 음이온을 다른 리간드로 치환하는 것이라고 정의했다. 식 (4.31)은 −1 음이온을 이용한 헥사아쿠아 금속 양이온의 음이온치환반응을 나타낸다:

$$[M(H_2O)_6]^{n+} + X^- \longrightarrow [M(H_2O)_5X]^{(n-1)+} + H_2O \qquad (4.31)$$

앞의 반응은 해리성 또는 회합성 메커니즘으로 진행할 수 있지만 대부분 증거는 해리성 메커니즘이 유리한 것처럼 보인다. 예를 들어 표 4.1은 중성 암모니아와 물 리간드를 이용한 반응과 함께 $[M(H_2O)_6]^{2+}$의 세 가지 음이온치환반응에 대한 속도상수를 제시한다. 이러한 속도상수와 그리고 그로 말미암아 반응속도는 도입리간드의 정체성(identity)에 조금 의존하거나(한 차수보다 작게) 또는 의존하지 않는다. 게다가 그 값은 물 교환속도와 매우 비슷하다(표 4.1에서 L = H_2O에 대한 log *k* 값을 보라; 또한 이 값은 그림 4.5를 읽어 얻은 값과 일치하는 것에 주목하라). 이러한 자료는 한 물분자가 니켈(II)로부터 분해되고 계속되는 다음 단계에서 빠르게 L에 의하여 치환되는 해리성 속도-결정단계와 일치한다.

아쿠아화반응은 한 리간드(물 그 자체 아닌 리간드)를 한 물분자로 치환하는 반응이다. 여러 비활성 코발트(III) 착물과 관련이 있는 이러한 형태의 반응이 상당히

표 4.1 $[Ni(H_2O)_6]^{2+}$ 치환반응에 대한 속도상수

$$[Ni(H_2O)_6]^{2+} + L \xrightarrow{k} [Ni(H_2O)_5L]^{n+} + H_2O$$

L	k, s^{-1}	log k
F^-	8×10^3	3.9
SCN^-	6×10^3	3.8
CH_3COO^-	30×10^3	4.3
NH_3	3×10^3	3.5
H_2O	25×10^3	4.4

표 4.2

펜타암민(리간드)코발트(III) 착물의 아쿠아화반응에 대한 속도상수와 여러 음이온과 펜타암민아쿠아코발트(III)의 음이온치환반응에 대한 평형상수

	L	k, s^{-1}	K_a, M^{-1}	
가장 느린 반응속도 ↑	NCS^-	5.0×10^{-10}	470	가장 센 M–L 결합 ↑
	F^-	8.6×10^{-8}	20	
	$H_2PO_4^-$	2.6×10^{-7}	7.4	
	Cl^-	1.7×10^{-6}	1.25	
	Br^-	6.3×10^{-6}	0.37	
	I^-	8.3×10^{-6}	0.16	
가장 빠른 반응속도	NO_3^-	2.7×10^{-5}	0.077	가장 약한 M–L 결합

반응속도 k는 다음 아쿠아반은 반응을 참조하라:

$$[Co(NH_3)_5L]^{2+} + H_2O \xrightarrow{k} [Co(NH_3)_5(H_2O)]^{3+} + L^-$$

평형상수 K_a는 다음 음이온 치환반응을 참조하라:

$$[Co(NH_3)_5(H_2O)]^{3+} + L^- \overset{K_a}{\rightleftharpoons} [Co(NH_3)_5L]^{2+} + H_2O$$

가장 느린 아쿠아반은 속도는 음이온화 치환반응에 대하여 가장 큰 평셩상수에 상당한다.

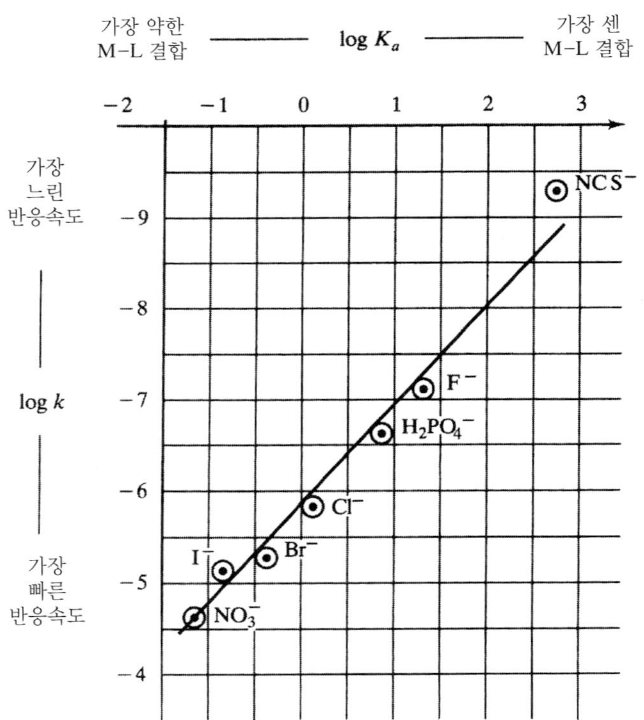

그림 4.6

여러 펜타암민(리간드)코발트(III) 착물 양이온의 log K_a 에 대한 k의 점시. 속도상수 k는 다음 아쿠아화반응과 관련이 있다:

$$[Co(NH_3)_5L]^{2+} + H_2O \xrightarrow{k} [Co(NH_3)_5(H_2O)]^{3+} + L^-$$

평형상수 K_a는 가장 큰 K_a 값을 갖는 가장 센 결합과 M–L 결합 세기의 측정값이다.

$$[Co(NH_3)_5(H_2O)]^{3+} + L^- \overset{K_a}{\rightleftharpoons} [Co(NH_3)_5L]^{2+} + H_2O$$

K_a 값은 가장 센 결합이 가장 큰 K_a 값을 갖는 M–L 결합세기의 측정값이다. k 값은 아쿠아화반응 속도의 측정값이다. 최소 log k 값은 최소 반응속도이다. 점시한 그림은 M–L 결합이 셀수록 아쿠아화반응이 느린 것을 나타낸다.

많이 연구되었다. 예를 들어 식 (4.32)는 여러 펜타암민(리간드)코발트(III) 양이온의 아쿠아화반응이다.

$$[Co(NH_3)_5L]^{n+} + H_2O \xrightarrow{k} [Co(NH_3)_5(H_2O)]^{(n+1)+} + L^- \quad (4.32)$$

표 4.2에 반응과 관련이 있는 반응속도론과 열역학 자료를 제시하였다. 우선 바로 앞에서 설명한 음이온치환반응과 다르게 속도상수는 여러 리간드 L^-와 더불어 대단히 크게 변하는 것처럼 보인다. 그러한 변화는 여러 세기의 M−L 결합이 분해하는 속도-결정단계와 일치한다.

아쿠아화반응 속도상수(표 4.2의 셋째 칸에 제시)와 M−L 결합세기의 측정값은 상호관계가 있는가? 표 4.2의 넷째 칸은 각 경우에 물 리간드를 L^- 음이온으로 치환하는 반응에 대한 평형상수를 나타낸다. 이러한 여러 반응 중에서 유일한 주요한 차이는 M−L 결합세기처럼 보이는 것에 주목하라. 실제로 이러한 반응에 대한 log K_a는 M−L 결합세기에 정비례한다고 나타낼 수 있다(이 관계를 증명하는 기회는 문제 4.32를 보라). 다음에 log K_a와 k 사이에 관계는 그림 4.6에 제시하였다. 이러한 두 파라미터 사이의 선형관계는 속도상수와 M−L 결합세기 사이에 강력한 상호관계를 나타낸다. 바꿔 말하면 M−L 결합세기가 증가할 때 L의 제거는 더 어렵고 그 반응속도는 감소한다. 팔면체 치환반응에 대한 해리성 경로에 대한 증거는 계속해서 축적되고 있다.

다른 아쿠아화반응은 팔면체 치환반응 중에서 가장 유리한 메커니즘에 관하여 더 많은 증거를 제시한다. 식 (4.33)과 표 4.3에 제시한 여러 두 자리 아민코발트(III) 착물의 아쿠아화반응에 대하여 생각하자.

$$[CoCl_2(H_2N\text{-}\underset{R_2}{\overset{R_1}{C}}\text{-}\underset{R_4}{\overset{R_3}{C}}\text{-}NH_2)_2]^+ + H_2O \longrightarrow [Co(H_2O)Cl(H_2N\text{-}\underset{R_2}{\overset{R_1}{C}}\text{-}\underset{R_4}{\overset{R_3}{C}}\text{-}NH_2)_2]^+ \quad (4.33)$$

표 4.3

트랜스-비스(치환-에틸렌다이이아민)다이클로로코발트(III) 착물의 아쿠아 화반응에 대한 속도상수

trans–$[COCl_2(H_2N-CR_1R_2-CR_3R_4-NH_2)_2]^+ + H_20 \xrightarrow{k}$ trans$[(H_20)ClCo(H_2N-CR_1R_2-CR_3R_4-NH_2)_2]^{2+} + Cl^-$

	두 자리 아민기					
	R_1	**R_2**	**R_3**	**R_4**	**k, s^{-1}**	
두 자리 아민 리간드의 벌크 증가 ↓	H	H	H	H	3.2×10^{-5}	반응속도 감소 ↓
	CH_3	H	H	H	6.2×10^{-5}	
	CH_3	H	CH_3	H	4.2×10^{-4}	
	CH_3	CH_3	H	H	2.2×10^{-4}	
	CH_3	CH_3	CH_3	CH_3	3.2×10^{-2}	

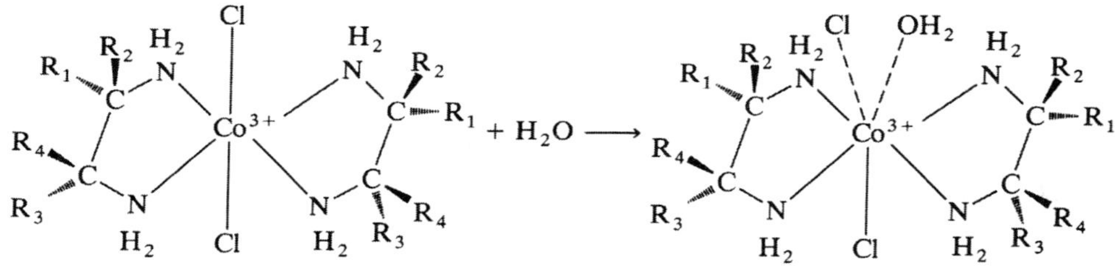

(*a*) 회합속도-결정단계

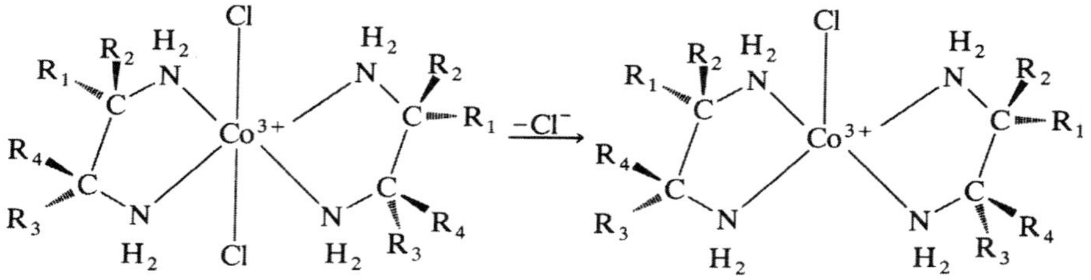

(*b*) 해리속도-결정단계

그림 4.7

(a) 회합성 속도-결정단계. 물 도입리간드는 Co^{2+}를 공격하여 회합성 메커니즘의 7-배위 중간체를 형성한다. 벌크한 두자리 아민이 증가할 때 물 리간드는 금속 양이온을 찾아 결합하는 것이 더 어렵다. 그러므로 속도-결정단계의 속도는 벌크한 아민의 증가에 따라 감소해야 한다. (b) 해리성 속도-결정단계. 염화물 리간드는 해리하여 해리성 메커니즘의 5-배위 중간체를 형성한다. 벌크한 두 자리 아민이 증가할 때 염화물 리간드는 입체장애를 더 경험하고 더 쉽게 배위권 밖으로 밀려나간다. 그러므로 속도-결정단계 속도는 벌크한 아민의 증가에 따라 증가한다.

메틸 원자단이 많을수록 (그리고 그 결과로 두 자리 아민이 더 벌크할수록) 아쿠아화반응이 더 빠른 것에 주목하라. 이것이 해리성 메커니즘이나 회합성 메커니즘 중에서 어느 것과 일치하는 여부를 알기 위하여 그림 4.7처럼 각 경우에 속도-결정단계를 생각하자.

그림 4.7a에 회합성 속도-결정단계를 제시한다. 벌크(bulk)한 두 자리 아민이 증가할 때 반응속도에 어떤 일이 생기는가? 간단히 말해서 물 도입리간드는 금속 안으로 접근통로를 만들어 7-배위 중간체를 형성하기 더 어렵고 그로 말미암아 반응속도가 감소하는 것을 알 수 있다. 이것은 표 4.3 자료가 지적하는 것이고 그로 말미암아 그러한 자료는 회합성 메커니즘과 일치하지 않는다.

한편 그림 5.7b에 해리성 속도-결정단계를 나타내었다. 여기에서 벌크한 두자리 아민이 증가하면 금속 주위에 입체장애를 증가하고 염화물 리간드를 배위권 밖으로 강제로 밀어내는 것을 돕고 그 결과로 반응속도는 증가한다. 이러한 벌크한 리간드에 따른 증가를 정확하게 표 4.3에 나타냈다. 그러므로 이 자료는 해리성 메커니즘과 일치한다.

마지막으로 한 착물의 전체 전하가 변하는 효과를 생각하자. 코발트(III) 화합물을 이용한 많은 연구들이 이루어졌다. 식 (4.34)와 (4.35)에 제시한 두 반응은 속도

가 빠를수록(더 큰 속도상수) 알짜전하는 더 작다:

$$[Co(NH_3)_5Cl]^{2+} + H_2O \longrightarrow [Co(NH_3)_5(H_2O)]^{3+} + Cl^- \quad (k = 6.7 \times 10^{-6} s^{-1}) \tag{4.34}$$

$$trans\text{-}[Co(NH_3)_4Cl_2]^{+} + H_2O \longrightarrow [Co(NH_3)_4(H_2O)Cl]^{2+} + Cl^- \quad (k = 1.8 \times 10^{-3} s^{-1}) \tag{4.35}$$

이것은 해리성 메커니즘 또는 회합성 메커니즘과 일치하는가? 해리성 단계에서 착양이온 전하가 클수록 착물에서 염화물 음이온의 제거는 더 어렵고 그로 말미암아 해리속도가 더 느리다. 이것은 제시한 속도와 일치한다. 한편 회합성 메커니즘에서 알짜 전하가 클수록 도입리간드는 더 끌어당기고 속도-결정단계는 더 빠르다. 그러한 메커니즘은 그 자료와 일치하지 않는다.

이 절을 마치면서 (1) 물 교환속도, (2) 음이온교환반응, (3) 여러 아쿠아화반응 등으로부터 얻은 여러 자료에 의하면 모두 일반적으로 팔면체 화합물의 치환반응은 해리성 메커니즘이 유리한 것처럼 보인다.

치환성 착물-대-비활성 착물의 설명

이제 일반적으로 해리성 메커니즘은 팔면체 착물의 치환반응에 대하여 대단히 잘 적용되는 것을 이해하였다. 이제는 비활성 착물-대-치환성 착물에 관한 이전의 몇 가지 중요한 문제(4.2절)에 대하여 해답할 위치에 있다. 이전에 정의한 것처럼 치환성과 비활성은 배위화합물의 반응속도를 설명하는 반응속도론 용어이다. 속도는 속도-결정단계의 활성화 에너지 E_a의 크기에 따른다.

그림 4.8에 대표적 반응 모습, 즉 퍼텐셜 에너지-대-반응경로를 점시(plot)하여 제시한다. 반응물은 생성물로 변환하기 전에 **전이상태**(*transition state*) 또는 **활성착물**(*activated complex*)로 변환해야 하는 것을 기억하라. 반응물과 전이상태 사이에 에너지 차이는 **활성화 에너지**(*energy of activation*)라 부르고 반응이 일어날 수 있기 전에 활성화 에너지에 도달해야 한다. 일반적으로 느린 반응의 속도-결정단계

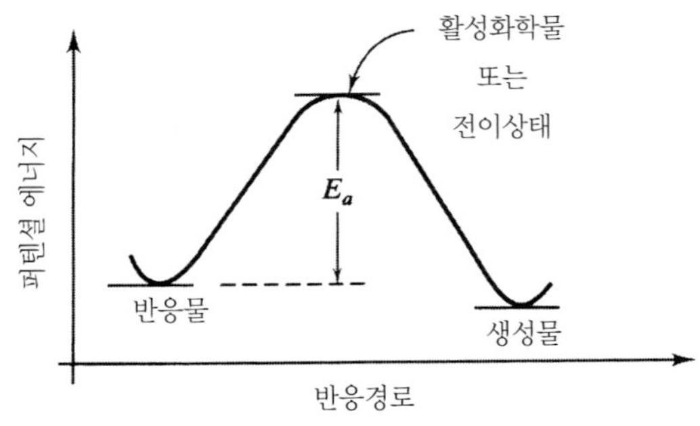

그림 4.8

어떤 반응의 모습: 퍼텐셜 에너지-대-반응경로의 점시. 반응물은 생성물로 변환할 수 있기 전에 전이상태 또는 활성화 착물에 도달하기 위하여 활성화 에너지를 얻어야 한다.

는 큰 활성화 에너지를 갖는 특성이 있고 반대로 말하면 빠른 반응의 속도결정 단계는 낮은 E_a를 갖는다. Arrhenius식 $k = Ae^{-E_a/RT}$는 활성화 에너지에 관한 정확한 속도상수 의존성(그리고 그로 말미암아 속도 그 자체의 정확한 의존성)을 나타낸다(R는 기체상수, T는 켈빈 온도, A는 때때로 충돌빈도(collision frequency)라고 부르는 상수이다).

그럼 다음으로 속도-결정단계가 리간드 해리에 상당하는 치환반응에서 활성화 에너지에 기여하는 여러 인자들은 무엇인가? 이들 중 몇 가지는 E_a와 관계없이 이전에 설명했다. 예를 들어 금속 양이온의 크기와 전하는 M−L 결합세기에 영향을 준다고 이전에 설명했다. 이제 이 결합은 속도-결정단계 동안에 분해되므로 그것은 직접 E_a의 크기에 영향을 준다고 말할 수 있다. 더 큰 전하밀도[또는 전하-대-반지름 비(Z/r)]를 갖는 금속일수록 더 센 M−L 결합과 더 큰 활성화 에너지를 갖고 그것으로 말미암아 치환속도는 더 느리다. 또한 치환반응 속도와 관련이 있는 금속 주위의 입체장애와 착물의 전체 전하도 설명했다. 입체장애가 거의 없는 또는 큰 전체 전하가 큰 착물은 더 큰 M−L결합세기, 더 큰 활성화 에너지, 그리고 더 느린 반응속도를 갖는다.

이러한 인자들을 인정한다면 앞에서 지적한 것처럼 첫째 가로줄 전이원소(Co^{3+}와 Cr^{3+}를 제외한)는 일반적으로 치환성이고 그 반면에 둘째와 셋째 가로줄 전이금속은 왜 비활성인가? 여러 인자에 근거하여 더 큰 금속이 왜 더 비활성화되기 쉬운가를 일부분 살펴볼 수 있다. 그들은 첫째 가로줄 전이원소보다 훨씬 크므로 그 금속 주위의 리간드 사이에 입체장애가 작고 그리고 그로 말미암아 일정한 리간드들이 배위권으로부터 배제되는 경향성은 감소한다. 그 밖에 이들 전이금속은 때때로 더 가벼운 그들의 동종체(congener)보다 전하가 더 크므로 더 센 M−L결합으로 되고 그 결합은 속도-결정단계 동안에 분해된다.

공유결합이 M−L 결합의 상호작용에 크게 기여한다 가정하면(더 상세한 것은 3장 "결정장 분리에너지의 크기에 영향주는 인자들"을 보라) 둘째와 셋째 가로줄 전이금속의 비활성에 대한 이유를 제시할 수 있다. 이러한 큰 금속들은 어떤 리간드와 시그마 결합 상호작용에 $4d$ 와 $5d$ 오비탈을 사용한다. 그러므로 M−L 결합세기에 대한 이러한 추가 공유성 결합 기여는 이들의 M−L(여기에서 M은 둘째 또는 셋째 가로줄 전이금속이다)을 더 세게 만들고 해리반응의 속도-결정단계에서 분해는 더 어렵다.

그러면 이제 둘째와 셋째 가로줄 전이금속이 왜 비활성인가를 이해하고 있으므로 첫째 가로줄 전이금속 이온의 상대적 치환성의 설명으로 돌아갈 수 있다. Co^{3+}와 Cr^{3+}를 제외한 이들의 대부분은 치환성이고 Co^{3+}와 Cr^{3+}는 비활성이라는 것을 기억하라. 이것은 왜 그러한가? 밝혀진 이러한 비밀의 요점은 팔면체 반응물에서 5-배위 활성 착물로 변할 때 결정장 안정화 에너지(CFSE)의 변화에 있다. 표 4.4는 팔면체장과 사각피라미드장의 CFSE를 보여준다. 여기에서 제시한 가장 중

표 4.4 결정장 안정화 에너지의 변화[a]

d^n			ML$_6$ (oct)	ML$_5$ (sp)	ΔCFSE
d^1			0.40	0.46	+0.06
d^2			0.80	0.91	+0.11
d^3			1.20	1.00	−0.20

	낮은-스핀-센 장			높은-스핀-약한 장		
	CFSE ML$_6$ (oct)	CFSE ML$_5$ (sp)	ΔCFSE	CFSE ML$_6$ (oct)	CFSE ML$_5$ (sp)	ΔCFSE
d^4	$1.60 - P$	$1.46 - P$	−0.14	0.60	0.91	+0.31
d^5	$2.00 - 2P$	$1.91 - 2P$	−0.09	0	0	0
d^6	$2.40 - 2P$	$2.00 - 2P$	−0.40	0.40	0.46	+0.06
d^7	$1.80 - P$	$1.91 - P$	+0.11	0.80	0.91	+0.11

	CFSE ML$_6$ (oct)	CFSE ML$_5$ (sp)	ΔCFSE
d^8	1.20	1.00	−0.20
d^9	0.60	0.91	+0.31
d^{10}	0	0	0

[a]팔면체(oct)와 사각피라미드(sp)장에 대한 CFSE(Δ_O 단위로)는 ML$_5$(사각피라미드)과정에 대한 CFSE변화에 따른다. +는 그 과정 동안에 CFSE 증가를 표시하고 −는 CFSE 손실을 표시한다.

요한 설명은 각 경우에 나타낸 CFSE 변화이다. + 부호는 팔면체 반응물에서 사각피라미드 중간체로 변하는 CFSE의 증가이고 한편 − 부호는 CFSE 손실이다.

팔면체 반응물에서 사각피라미드 전이상태로 진행하는 CFSE의 증가와 손실의 결과는 무엇인가? 전이상태에서 추가로 CFSE가 더 증가하면 사각피라미드의 형성이 유리하고 그 속도-결정단계가 더 빠른 것이 이치에 맞는다. 그와 반대로 전이상태의 CFSE가 반응물보다 작으면 덜 안정하고 (더 큰 에너지 상태에 있고) 반응물에서 생성물로 변화가 더 어렵다. 그러므로 그 반응은 더 느릴 것이다.

결정장 안정화 에너지의 변화(CFSE) 효과를 더 분명하게 알기 위하여 다음 식 (4.36)에 제시한 일반적 치환반응을 생각하자.

$$[CrL_5X]^{3+} + Y \longrightarrow [CrL_5Y]^{3+} + X \tag{4.36}$$

그림 4.9에 속도-결정단계의 반응 경로와 X 리간드의 해리를 계통적으로 표시한다. 위 곡선(점선)은 CFSE가 없는 에너지 변화를 나타낸다. 이제 출발 착물과 전이상태 착물 두 가지에 대하여 CFSE를 뺀 효과를 생각하자. 팔면체 반응물의 Δ_o는 약 208 kJ이므로 (X = L = H_2O에 대한 값) CFSE 는 1.20 Δ_o = 250 kJ/mol이다(표 4.4의 초입에서 Cr^{3+} 착물의 Δ_o에 대한 CFSE는 d^3를 보아라). 그러므로 출발착물은 팔면체 결정장 효과 때문에 250 kJ/mol 더 안정하다. 반응물로

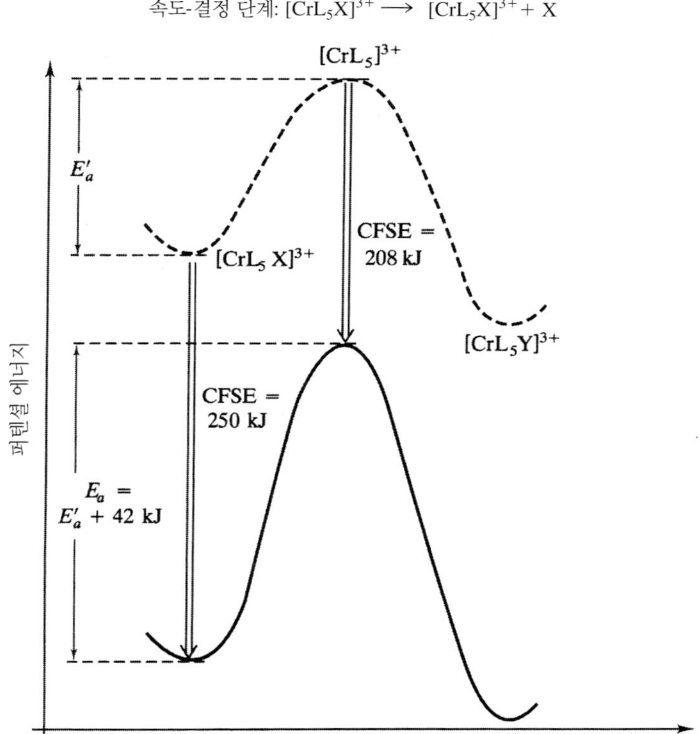

그림 4.9

해리성 메커니즘이라 생각하고 $[CrL_5X]^{3+}$ 치환반응의 속도-결정단계에 대한 반응 경로. 위 곡선(토막선)은 경정장 활성화 에너지(CFSE) 효과를 고려하지 않은 E'_a 활성화 에너지를 보여준다. 아래 곡선(실선)은 착반응물, 생성물, 전이상태에서 CFSE를 뺀 결과이다. X = L = H_2O이면 활성화 에너지 E_a는 팔면체 반응물로부터 사각 피라미드 전이상태로 가면서 CFSE 손실의 결과 때문에 아래 곡선이 42 kJ/mol 더 크다.

부터 전이상태로 가면서 CFSE 변화 결과(ΔCFSE) = $-0.20\Delta_o$ = -42 kJ/mol)는 42 kJ 손실이다. 아래 곡선(실선)은 그 결과로 생기는 반응 모습이다. 아래 곡선의 활성화 에너지는 이제 위 곡선에 표시한 것보다 42 kJ/mol 더 크다. 그 결과는 그 반응에 대하여 CFSE 손실이 직접 활성화 에너지에 첨가된 것이다.

표 4.4에 제시한 결과를 Cr^{3+}와 Co^{3+} 착물이 왜 비활성인가의 설명에 사용할 수 있는가? 표 4.4는 d^3, d^6(낮은-스핀, 센-장), d^8이 가장 큰 음수 CFSE를 갖는다고 제시한다. 이러한 세 경우 중에서 두 경우도 역시 +3 전하 금속, 즉 $Cr^{3+}(d^3)$와 $Co^{3+}(d^6)$으로 존재한다(+3 전하 때문에 Co^{3+} 착물은 일반적으로 낮은-스핀, 센-장이다). 그러므로 이러한 두 경우는 전이상태로 가면서 센 $M^{3+}-L$ 결합 및 CFSE 손실과 관련이 있다. 따라서 Cr^{3+} 및 낮은-스핀 Co^{3+}와 관련있는 해리성 속도-결정단계는 큰 활성화 에너지를 갖고 비교적 느리다. 여기에서 Cr^{3+}와 Co^{3+} 착물이 "비활성"이라는 사실에 대한 이론적 설명을 이해할 수 있다.

전하 +2만 갖는 다른 금속 양이온은 CFSE 손실과 어떤 관련이 있는가? 그림 4.5에 비활성이라고 생각하지 않지만 $V^{2+}(d^5)$와 $Ni^{2+}(d^8)$이 치환성 금속 중에서 어떤 가장 낮은 물 교환속도상수를 갖는 것이 나타나있다. 또한 전하 +2만 갖고 전이상태로 가면서 큰 CFSE가 크게 증가하는 $Cu^{2+}(d^9)$와 $Cr^{2+}(d^4)$는 가장 빠른 물 교환속도의 착물에 상당한다. 그러므로 여러 금속의 물 교환속도의 연구는 표 4.4 결과와 상호관련이 있는 것을 알 수 있다.

4.4 산화-환원 반응 또는 전자전이 반응

앞의 치환반응에서 금속 산화상태는 일정하게 유지한다; 전자들은 금속이온 쪽으로 또는 금속이온으로부터 전이하지 않는다. 이제 전자들이 실제로 한 금속으로부터 다른 금속으로 이동하는 반응에 관심을 돌려보자. 원자나 이온, 즉 일반적으로 고려하려는 경우의 착화 금속 양이온이 전자를 잃으면 산화상태를 증가하고 산화된다고 말하는 것을 기억하라. 전자를 얻으면 산화상태는 감소하고 환원된다(어떤 학생들은 이러한 정의를 "LEO goes GER"라고 기억하는 방법을 이용한다. 그 말은 *L*oses *E*lectrons *O*xidized, *G*ains *E*lectrons *R*educed라는 말을 뜻한다. 산화-환원 반응의 이론적 바탕은 11장에서 더 완전하게 설명하겠다. 11장에서 표준 환원 전위에 사용하는 개념을 사용하여 여러 산화제와 환원제의 세기를 설명하겠다).

한 배위 금속이온에서 또 다른 금속이온으로 전자들이 이동하는 결과로 일어나는 분자-수준에서 반응단계의 구체적 순서는 무엇인가? 즉 이러한 산화환원반응에 대하여 가능한 메커니즘은 무엇인가? 거기에는 1950년대에 Henry Taube에 의하여 처음으로 설명한 두 가능성이 있는 것으로 알려져 있다(Taube는 "금속착물에서 전자이동반응의 메커니즘에 관한 연구"로 노벨 화학상을 받았다). **외부권** *(outer-sphere)* 메커니즘에서 금속배위권은 본래 그대로 유지한다; **내부권***(inner-sphere)* 메커니즘에서는 금속배위권이 약간 변한다.

외부권 메커니즘

한 금속이온에서 또 다른 금속이온으로 전자들이 더 쉽게 이동하려면 그들이 가능하면 서로 가까워야 한다는 것이 이치에 맞는다. 잠시 그들의 두 배위권이 본래 그대로 남아있다고 가정하면 두 금속이온 사이에 거리는 두 배위권이 접촉할 때 최소이다. 외부권 메커니즘은 본래 배위권의 외부 모서리에서 접촉하는 금속이온 사이로 전자가 이동할 때 일어난다.

여러 반응은 그러한 메커니즘을 거쳐 일어나는 것으로 생각한다. 이것에 상당하는 (2차) 속도상수들이 표 4.5에 있다. 그 표의 위 초입에 **자체교환반응***(self-exchange reaction)*이 있다. 그 경우에 두 배위이온은 금속의 산화상태를 제외하면 모든 방식이 동일한 단순히 한 전자만 교환하는 반응이다. 한 금속이온이 산화되고 다른 것이 환원되지만 그 생성물은 반응물로부터 구별되지 않으므로 알짜반응은 실제로 일어나지 않는다. **교차반응***(cross reac*tion)이라고 부르는 한 벌의 반

표 4.5 몇 가지 외부권 전자-이동 반응

자체-교환반응	k, M^{-1} s^{-1}
$[Mn(CN)_6]^{3-} + [Mn(CN)_6]^{4-} \rightarrow [Mn(CN)_6]^{4-} + [Mn(CN)_6]^{3-}$	$\geq 10^4$
$[IrCl_6]^{3-} + [IrCl_6]^{2-} \rightarrow [IrCl_6]^{2-} + [IrCl_6]^{3-}$	$\approx 10^3$
$[Ru(NH_3)_6]^{3+} + [Ru(NH_3)_6]^{2+} \rightarrow [Ru(NH_3)_6]^{2+} + [Ru(NH_3)_6]^{3+}$	$\approx 8 \times 10^2$
$[Fe(CN)_6]^{4-} + [Fe(CN)_6]^{3-} \rightarrow [Fe(CN)_6]^{3-} + [Fe(CN)_6]^{4-}$	$\approx 7 \times 10^2$
$[Ru(H_2O)_6]^{2+} + [Ru(H_2O)_6]^{3+} \rightarrow [Ru(H_2O)_6]^{3+} + [Ru(H_2O)_6]^{2+}$	≈ 44
$[Co(H_2O)_6]^{3+} + [Co(H_2O)_6]^{2+} \rightarrow [Co(H_2O)_6]^{2+} + [Co(H_2O)_6]^{3+}$	≈ 5
$[Co(en)_3]^{3+} + [Co(en)_3]^{2+} \rightarrow [Co(en)_3]^{2+} + [Co(en)_3]^{3+}$	$\approx 1 \times 10^{-4}$
$[Co(C_2O_4)_3]^{3-} + [Co(C_2O_4)_3]^{4-} \rightarrow [Co(C_2O_4)_3]^{4-} + [Co(C_2O_4)_3]^{3-}$	$\approx 1 \times 10^{-4}$
$[Cr(H_2O)_6]^{3+} + [Cr(H_2O)_6]^{2+} \rightarrow [Cr(H_2O)_6]^{2+} + [Cr(H_2O)_6]^{3+}$	$\approx 2 \times 10^{-5}$
$[Co(NH_3)_6]^{3+} + [Co(NH_3)_6]^{2+} \rightarrow [Co(NH_3)_6]^{2+} + [Co(NH_3)_6]^{3+}$	$\approx 1 \times 10^{-6}$
교차반응	
$[Fe(CN)_6]^{4-} + [IrCl_6]^{2-} \rightarrow [Fe(CN)_6]^{3-} + [IrCl_6]^{3-}$	$\approx 4 \times 10^5$
$[Cr(H_2O)_6]^{2+} + [Fe(H_2O)_6]^{3+} \rightarrow [Cr(H_2O)_6]^{3+} + [Fe(H_2O)_6]^{2+}$	$\approx 2 \times 10^3$
$[Cr(H_2O)_6]^{2+} + [Ru(H_2O)_6]^{3+} \rightarrow [Cr(H_2O)_6]^{3+} + [Ru(H_2O)_6]^{2+}$	$\approx 2 \times 10^2$
$[Ru(NH_3)_6]^{3+} + [V(H_2O)_6]^{2+} \rightarrow [Ru(NH_3)_6]^{2+} + [V(H_2O)_6]^{3+}$	$\approx 8 \times 10^1$
$[Co(NH_3)_6]^{3+} + [Ru(NH_3)_6]^{2+} \rightarrow [Co(NH_3)_6]^{2+} + [Ru(NH_3)_6]^{3+}$	$\approx 1 \times 10^{-2}$
$[Co(NH_3)_6]^{3+} + [V(H_2O)_6]^{2+} \rightarrow [Co(NH_3)_6]^{2+} + [V(H_2O)_6]^{3+}$	$\approx 4 \times 10^{-3}$
$[Co(en)_3]^{3+} + [V(H_2O)_6]^{2+} \rightarrow [Co(en)_3]^{2+} + [V(H_2O)_6]^{3+}$	$\approx 2 \times 10^{-4}$
$[Co(NH_3)_6]^{3+} + [Cr(H_2O)_6]^{2+} \rightarrow [Co(NH_3)_6]^{2+} + [Cr(H_2O)_6]^{3+}$	$\approx 9 \times 10^{-5}$
$[Co(en)_3]^{3+} + [Cr(H_2O)_6]^{2+} \rightarrow [Co(en)_3]^{2+} + [Cr(H_2O)_6]^{3+}$	$\approx 2 \times 10^{-5}$

응은 서로 다른 배위금속이온 사이에 한 전자의 이동(또는 "교환")과 광련이 있다. 이러한 예는 다음에 제시한 것처럼 알짜반응의 결과로 나타낸다.

식 (4.37)에 제시한 헥사아쿠아루테늄(III) 이온과 헥사아쿠아루테늄(II) 이온 사이에 교환반응의 설명에 대한 예를 고려하자.

$$[Ru(H_2O)_6]^{2+} + [Ru(H_2O^{18})_6]^{3+} \longrightarrow [Ru(H_2O)_6]^{3+} + [Ru(H_2O^{18})_6]^{2+} \quad (4.37)$$

이와 같은 반응은 착물 중 하나를 방사성 동위원소 추적자로 표지하여 진행한다. 이 경우에 반응물의 Ru^{3+} 착물 중 물분자는 정상적 ^{16}O대신 ^{18}O 동위원소를 사용한다. 이러한 반응은 두 반응물(전체 2차)의 농도에서 각기 1차라고 결정되고 약 44 $M^{-1}s^{-1}$ 속도상수를 갖는 것으로 결정되었다(표 4.5를 보라). 한편 $[Ru(H_2O)_6]^{2+}$의 물 교환속도는 대단히 더 느리다(그림 4.5에 따라 10^{-2}과 $10^{-3}s^{-1}$ 사이에 속도상수를 갖는다). $[Ru(H_2O)_6]^{3+}$의 물 교환속도는 중심 금속이온의 +3 전하 때문에 훨씬 더 느리다. 이러한 물 교환반응이 느리다고 가정하면 식 (4.37)의 전자-이동 반응은 $Ru^{n+}-OH_2$ 결합의 분해와 관련이 있는 메커니즘에 따라 진행할 수 없다고 추정한다. [또한 물분자가 그들의 각 양이온으로부터 해리하면 H_2O^{18} 분자는 생성물 사이에 마구잡이로 분포하고 헥사아쿠아루테늄(II) 생성 착물 중에서 그 농도는 진하지 않다.] 본래 배위권 사이에 전자이동은 이 반응에 대하여 가장 그럴듯한 메커니즘이다.

그러면 외부권 전자이동 메커니즘에서 정확하게 어떤 일이 생기는가? 식 (4.38)에 표시한 첫 단계는 두 반응물의 배위 이온이 충돌하여 외부권 착물[이온쌍(ion pair)이라고 부른다]을 형성한다. 다음에 전자이동은 식 (4.39)에 표시한 이온쌍 내부에서 즉시 일어난다. 마지막으로 식 (4.40)처럼 두 생성물 이온이 분리된다.

$$[Ru(H_2O^{18})_6]^{3+} + [Ru(H_2O)_6]^{2+} \rightleftharpoons [Ru(H_2O^{18})_6]^{3+}/[Ru(H_2O)_6]^{2+} \quad (4.38)$$

$$[Ru(H_2O^{18})_6]^{3+}/[Ru(H_2O)_6]^{2+} \longrightarrow [Ru(H_2O^{18})_6]^{2+}/[Ru(H_2O)_6]^{3+} \quad (4.39)$$

$$[Ru(H_2O^{18})_6]^{2+}/[Ru(H_2O)_6]^{3+} \longrightarrow [Ru(H_2O^{18})_6]^{2+} + [Ru(H_2O)_6]^{3+} \quad (4.40)$$

한 가지 특별히 분명한 점이 있다. 외부권 착물에서 전자이동은 즉시 일어나는 것처럼 볼 수 있는 정도로 대단히 빠르다(매우 가벼운 전자는 더 무거운 이온보다 훨씬 더 빠르게 이동하고 그로 말미암아 착이온은 움직이기 더 어렵고 방해가 되는 착이온을 만든다). 그러나 여기에 문제가 있다. 두 착물에서 M−L 거리(앞의 예에서 $Ru^{n+}-OH_2$ 거리)가 매우 다르면 전자이동을 일으키는 것과 관련이 있는 큰 에너지 장벽, 즉 활성화 에너지가 있을 것이다. 결과적으로 그 반응물에서 M−L 거리차이가 클수록 그 반응이 느리다. 부수적으로 이 과정에 대한 최선의 생각은 두 가지 서로 다른 M−L 거리가 전자이동이 일어나는 중간점까지 다가온다는 생각이다. M−L 거리를 이러한 중간 값으로 조정할 때 필요한 추가 에너지는 활성화 에너지에 직접 기여한다. 이제 $Ru^{2+}-OH_2$와 $Ru^{3+}-OH_2$ 결합거리는 각기 대단히 비슷하고 각기 2.03과 2.12이다. 그러므로 지적한 것처럼 이러한 자체교환반응은 대단히 빠르게 일어난다.

두 착이온에서 M−L 결합거리가 근본적으로 다르면 어떤 일이 생기는가? 이러한 상항의 예는 Co^{3+}와 Co^{2+} 이온이 관여하는 자체교환반응이다(이러한 반응은 표 4.5의 양쪽 밑 끝에 집중되어있는 것에 주목하라). 특히 식 (4. 41)처럼 헥사암민 착물이 관여하는 자체교환반응은 M−L 결합거리가 대단히 다르기 때문에 이 반응은 매우 느린 경우이다:

$$\underset{\substack{Co^{3+}-NH_3\\ =1.94\ \text{Å}}}{[Co(NH_3)_6]^{3+}} + \underset{\substack{Co^{2+}-NH_3\\ =2.11\ \text{Å}}}{[Co(NH_3)_6]^{2+}} \longrightarrow [Co(NH_3)_6]^{2+} + [Co(NH_3)_6]^{3+} \quad k \approx 10^{-6}\ M^{-1}s^{-1} \quad (4.41)$$

$Co^{n+}-NH_3$ 거리가 다른 이유를 한 마디로 요약할 수 있다. 팔면체 Co^{3+}(낮은-스핀)은 리간드 사이로 향하는 오비탈에서 모든 금속 전자들이 t_{2g}^6 전자배열을 갖

는다. 팔면체 Co^{2+}는 $t_{2g}^6\ e_g^1$(낮은-스핀이면) 또는 $t_{2g}^5\ e_g^2$(높은-스핀이면) 전자배열을 갖는다. 여하간 Co^{2+} 팔면체에서 물 리간드에 작용하는 전하는 더 작을 뿐만 아니라 7번째 전자(그리고 높은-스핀이면 6번째 전자)는 직접 리간드로 향하는 한 오비탈에 있다. 그러므로 M−L 거리는 Co(II) 착물에서 훨씬 더 크다.

M−L 거리 변화가 특히 작은 빠른 자체-교환반응의 예는 식 (4.42)처럼 헥사시아노철산 착물이 관여하는 경우이다.

$$[Fe(CN)_6]^{4-} + [Fe(CN)_6]^{3-} \longrightarrow [Fe(CN)_6]^{3-} + [Fe(CN)_6]^{4-} \quad (4.42)$$

$$Fe^{2+}{-}CN = 1.92\ \text{Å} \qquad Fe^{3+}{-}CN = 1.95\ \text{Å} \qquad k \approx 700\ M^{-1}s^{-1}$$

이 두 양이온[Fe^{2+}(낮은-스핀):t_{2g}^6; Fe^{3+}(낮은-스핀):t_{2g}^5]에서 한 전자는 단순히 한 벌의 t_{2g} 오비탈(리간드 사이로 지향하는) 사이에서 이동하고 그로 말미암아 M−L 거리는 크게 변하지 않는다.

내부권 메커니즘

바로 앞에서 설명한 것처럼 양쪽 반응물의 배위권은 외부권 전자이동반응 동안에 본래 그대로 유지한다. 그러나 지금 고려하려는 내부권 반응 중에서는 똑같지 않은 것이 사실이다. 내부권 전자이동 반응은 전자이동의 촉진을 돕는 다리리간드(bridging ligand)에 의하여 두 금속이온을 연결하는 다리착물의 형성과 관련이 있다. 항상 그렇지는 않고 때때로 다리리간드는 한 금속 중심으로부터 다른 금속으로 이동한다. 그러므로 리간드 이동은 내부권 메커니즘이 작용하는 좋은 징조이다. 물론 이용할 수 있는 다리리간드가 없으면 내부권 메커니즘은 옳지 않다. 다리리간드를 이용할 수 있지만 이동하지 않으면 외부권 또는 내부권 메커니즘이 가능하다.

내부권 전자이동 메커니즘과 관련이 있는 한 벌의 최초반응이면서 현재 고전적 반응은 1953년에 Taube와 그의 연구진이 보고하였다. 전체 반응은 식 (4.43)에 있다.

$$\underbrace{[Co^{III}(NH_3)_5X]^{2+} + [Cr^{II}}_{e^-}(H_2O)_6]^{2+} + 5H^+ \longrightarrow [Cr^{III}(H_2O)_5X]^{2-} + [Co^{II}(H_2O)_6]^{2+} + 5NH_4^+$$

$$X^- = F^-, Cl^-, Br^-, I^-, NCS^-, NO_3^-, CN^- \quad (4.43)$$

Co^{3+}는 Co^{2+}로 환원되고 Cr^{2+}는 Cr^{3+}로 산화되는 것에 주목하라. 다리리간드(X^-)는 코발트 배위권에서 크로뮴 배위권으로 이동한다.

외부권 경우에 대하여 설명한 것처럼 배위권의 여러 연속단계를 제시하는 것으로 설명을 시작하겠다. 우선 그 두 반응물 중에서 한 [Co(III) 착물]은 비활성이고 다른 [Cr(II) 착물]은 치환성이라는 것에 우선 주목하라. 이것은 첫째단계[식 (4.44)에 제시한]가 치환성 착물로부터 물분자를 해리한다고 추정하게 유도한다.

둘째단계[식 (4.45)]는 두 금속이온을 연결하는 다리착물의 형성이다. 셋째단계인 속도-결정단계[식 (4.46)]에서는 X^- 리간드에 의해 구성된 다리를 따라 실제로 전자가 이동을 한다. 넷째단계는 식 (4.47)처럼 Co^{2+}는 치환성 금속이고 그것은 다리 리간드를 해리하여 다시 분리된 두 착물을 형성한다. 마지막으로[식 (4.48)] Co^{2+} 착물 중 암민 리간드는 양성자첨가반응(protonation)을 일으키고 물에 의하여 치환된다.

$$\underset{\text{치환성}}{[Cr^{II}(H_2O)_6]^{2+}} \longrightarrow [Cr^{II}(H_2O)_5]^{2+} + H_2O \tag{4.44}$$

$$\underset{\text{비활성}}{[Co^{III}(NH_3)_5X]^{2+}} + [Cr^{II}(H_2O)_5]^{2+} \longrightarrow [(NH_3)_5Co^{III}\text{–}X^-\text{–}Cr^{II}(H_2O)_5]^{4+} \tag{4.45}$$

$$[(NH_3)_5\underset{\text{치환성}}{Co^{III}}\text{–}X^-\text{–}\underset{\text{비활성}}{Cr^{II}}(H_2O)_5]^{4+} \longrightarrow [(NH_3)_5Co^{II}\text{–}X^-\text{–}Cr^{III}(H_2O)_5]^{4+} \tag{4.46}$$

(치환성 ↑ ___ e^- ___ ↑ 비활성)

$$[NH_3)_5Co^{II}\text{–}X^-\text{–}Cr^{III}(H_2O)_5]^{4+} \longrightarrow [Cr^{III}(H_2O)_5X]^{2+} + [Co^{II}(NH_3)_5]^{2-} \tag{4.47}$$

$$\underset{\text{치환성}}{[Co^{II}(NH_3)_5]^{2+}} + 5H^+ \xrightarrow{H_2O} [Co^{II}(H_2O)_6]^{2+} + 5NH_4^+ \tag{4.48}$$

내부권 또는 다리리간드 메커니즘을 많이 지지하는 이러한 기본 개요에 여러 변화가 있다. 예를 들어 X^-이 할로젠화 이온이면 그리고 그것을 동위원소 ^{36}Cl로 표지하면 그 표지는 항상 크로뮴 배위권으로 이동한다. 그와 반대로 그 반응이 자유 $^{36}Cl^-$ 이온을 함유하는 용액 중에서 일어나면 이러한 표지 이온들은 그 생성물 중에서 발견되지 않는다. X^-이 *S*-티오시안산 SCN^-이면 SCN^-이 다리리간드로 작용할 때 예상하는 것처럼 그 생성물은 *N*-티오시안산 NCS^-을 함유한다(이 메커니즘을 통하여 공부할 기회는 문제 4.54를 보라).

표 4.6은 X^- 다리리간드가 네 가지 할로젠화물일 때(그림 4.10) 반응속도의 변화를 나타낸다. 속도-결정 전자이동 단계를 촉진하는 이러한 리간드의 상대적 능력에 관하여 어떤 결론을 내릴 수 있는가? 더 큰 할로젠화물일수록 그 반응은 더

표 4.6 내부권 전자이동반응에 대한 속도상수 의 비교

X^-	$k, M^{-1}s^{-1}$
F^-	2.5×10^5
Cl^-	6.0×10^5
Br^-	1.4×10^6
I^-	3.0×10^6

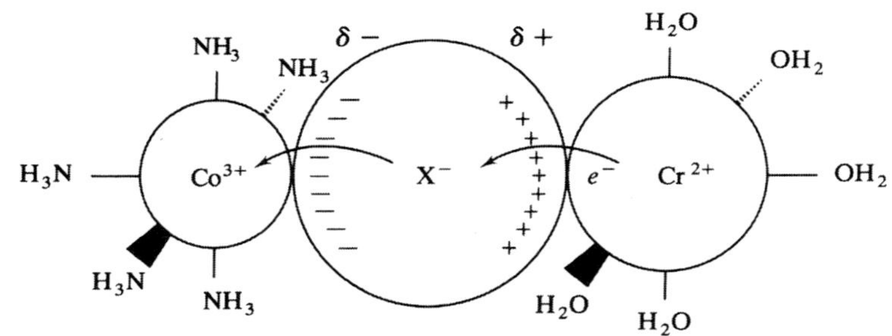

그림 4.10

내부권 착물 $[(NH_3)_5Co^{III}-X-Cr^{II}(H_2O)_5]$의 전자이동 단계. 큰 전하를 띈 Co^{3+}는 다리리간드 X^-를 편극한다. 결과적으로 생기는 X^- 유발쌍극자는 Cr^{2+} 에서 Co^{3+}로 한 전자의 이동을 촉진한다.

빠른 것으로 나타난다. 이것은 할로젠화물의 편극성과 연관이 있는 것처럼 보인다. **편극성**(*polarzability*)은 원자, 분자, 이온의 전자구름이 이중극자 모멘트를 구성하기 위하여 변형할 수 있는 용이성이다. 일반적으로 전자구름이 그들의 핵전하에 비교적 약하게 붙잡혀있는 확산가능성이 큰 화학종은 작고 조밀한 화학종보다 편극가능성이 크다. 이 성질은 약간 더 상세하게 8장에서 설명한다. 그림 4.10처럼 한 번 다리 중간체가 형성되면 할로젠화물은 더 큰 전하의 Co^{3+}에 의하여 편극될 수 있다. 그 다음에 할로젠화물의 유발 이중극자는 Cr^{3+}로부터 전자를 끌어당겨 전자이동을 촉진한다. 할로젠화물이 더 크고 편극가능성이 클수록 할로젠화물에서 유발될 수 있는 이중극자 모멘트는 더 크고 전자이동은 더 용이하다고 추정한다.

4.5 사각평면착물에서 치환반응: 반응속도론적 트랜스효과

사각평면의 일반적 치환반응을 식 (4.49)에 나타낸다.

$$ML_4 + X \longrightarrow ML_3X + L \qquad (4.49)$$

팔면체 착물의 치환반응에 대하여 주요한 증거는 그들이 대부분 해리성 메커니즘을 경유하여 진행하는 것을 나타내지만 사각평면 착물을 이용한 연구에서 얻은 대부분 증거는 그들이 회합성 경로를 통하여 치환되는 것으로 나타난다. 이러한 차이는 특별히 놀라운 것이 아니다. 무어라 해도 사각평면 착물은 도입리간드가 금속을 쉽게 공격하여 5-배위 중간체를 형성할 수 있는 두 위치(분자 평면의 위와 아래)를 갖는다.

알고 있는바와 같이 사각평면 착물은 일반적으로 Pt(II), Pd(II), Ni(II), Au(III) 처럼 d^8 금속과 함께 존재한다. 백금(II) 착물에서 특히 비활성이고 대단히 느린 이러한 반응은 적절하게 관례적 단순한 방법으로 추적할 수 있으므로 광범위하게 연구하였고 또한 분석하였다.

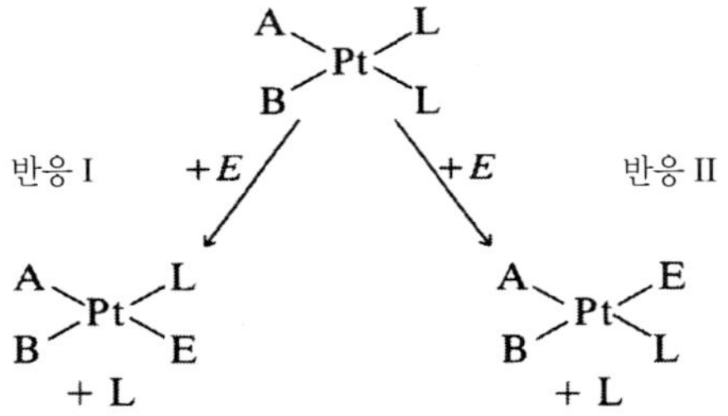

그림 4.11
반응속도론적 트랜스효과. 도입리간드(E)는 비치환성 리간드(A와 B) 의 트랜스-지향성 능력에 따라 두 이탈리간드 중 하나를 치환할 수 있다. A가 B보다 우수한 트랜스 지향자이면 반응 I이 일어난다. B가 더 우수한 트랜스 지향자이면 반응 II가 일어난다.

$$\begin{array}{c} A \diagdown \quad \diagup L \\ Pt \\ B \diagup \quad \diagdown L \end{array}$$

반응 I: $+E$ → $\begin{array}{c} A \diagdown \quad \diagup L \\ Pt \\ B \diagup \quad \diagdown E \end{array}$ $+ L$

반응 II: $+E$ → $\begin{array}{c} A \diagdown \quad \diagup E \\ Pt \\ B \diagup \quad \diagdown L \end{array}$ $+ L$

이러한 치환반응의 특별한 특징은 반응속도론적 **트랜스효과**(*kinetic trans effect*)이다. 반응속도론적 트랜스효과는 사각평면 착물과 치환되는 리간드에 대한 트랜스 위치 화학종의 성질 사이에 관계로 정의한다. 이 트랜스효과를 더 분명하게 이해하기 위하여 그림 4.11에 제시한 일반적 치환반응을 생각하자. 비치환성 리간드 A와 B는 그들에 대하여 트랜스 리간드를 치환하는 능력의 순서로 분류할 수 있다. 예를 들어 비치환성 A 리간드가 B보다 우수한 트랜스 지향자(director)이면 반응 I 반응이 일어난다. 그와 반대로 B 리간드가 더 우수한 트랜스 지향자이면 B에 대한 트랜스 리간드가 우선적으로 치환되고 반응 II가 일어난다.

많은 비교실험 후에 다음에 나타낸 것과 같은 **트랜스-지향성 계열**(*trans diercting series*)을 구성했다:

$$CN^- \geq CO > NO_2^- > I^-, SCN^- > Br^- > Cl^- > py \geq NH_3 > H_2O$$

그러한 계열은 실험적으로 유도했지만 고순도 사각평면 착물 이성질체의 제조에 잘 이용할 수 있다. 이것을 증명하기 위하여 테트라클로로백금산(II) 이온 $PtCl_4^{2-}$를 이용하여 시작하고 그것의 어떤 대표적 치환반응을 시험한다고 생각하자. 우선 두 가지 추가 실험인자를 생각하자: (1) 일반적으로 다른 리간드를 치환하는 것보다 Pt(II)에 결합한 염화물 리간드를 치환하는 것이 더 쉽다; 즉 다른 리간드는 대부분 항상 염화물을 치환한다. 이와 반대로 진행하는 한 방법은 식 (4.50)에 길이가 다른 화살표로 표시한 것처럼 과량의 Cl^-을 계에 넣는 방법이다 (Le Chatelier 원리):

$$[PtCl_4]^{2-} + L \rightleftharpoons [PtCl_3L]^- + Cl^- \tag{4.50}$$

(2) 염화물 리간드로 치환할 가능성이 한가지보다 많은 치환반응에서 트랜스-지향성 계열은 어느 가능성이 현실적인가의 예측에 사용한다.

예를 들어 시스-와 트랜스-암민다이클로로나이트로백금(II)을 제조하기 원한다고 생각하자. 어떻게 진행하는가? 그 방법은 그림 4.12에서 대략 설명한다. 테트라클로로백금산(II)을 가지고 시작하여 처음에 암모니아로 처리하고 다음에 아질산으로 처리하면 고순도 시스-이성질체가 제조된다. 암민트라이클로로백금산(II)을 아

그림 4.12

반시스-와 트랜스-암민다이클로로백금(II)은 암민과 아질산 리간드를 테트라클로로백금산(II)에 가하는 순서를 변경하여 고순도로 제조할 수 있다.

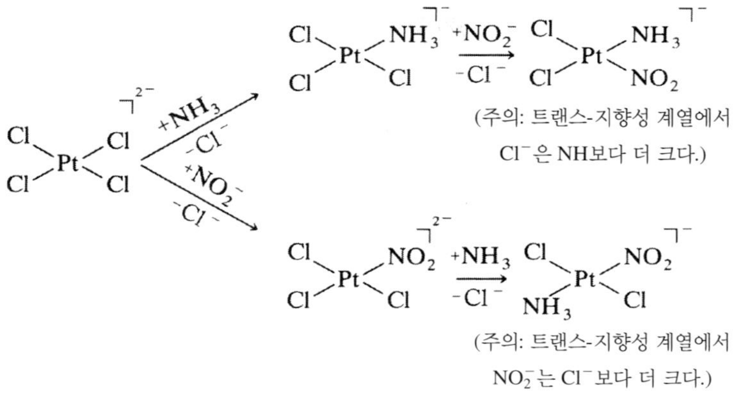

$[PtCl_4]^{2-}$ $\xrightarrow[-Cl^-]{+NH_3}$ $[PtCl_3(NH_3)]^-$ $\xrightarrow[-Cl^-]{+NO_2^-}$ $[PtCl_2(NH_3)(NO_2)]^-$

(주의: 트랜스-지향성 계열에서 Cl^-은 NH보다 더 크다.)

$[PtCl_4]^{2-}$ $\xrightarrow[-Cl^-]{+NO_2^-}$ $[PtCl_3(NO_2)]^{2-}$ $\xrightarrow[-Cl^-]{+NH_3}$ $[PtCl_2(NH_3)(NO_2)]^-$

(주의: 트랜스-지향성 계열에서 NO_2^-는 Cl^-보다 더 크다.)

그림 4.13

사각평면 백금(II) 착물에서 반응속도론적 트랜스효과를 설명하는 편극화 이론. (a) 백금(II) 양이온은 편극가능한 트랜스-지향성 리간드 A 중에서 이중 극자를 유발한다. (b) 리간드 A에서 유발된 이중극자는 편극가능한 Pt^{2+} 양이온 중에서 이중극자를 유발한다. (c) A에 대한 트랜스 염화물 음이온은 그것의 음전하와 백금(II) 양이온의 유발 이중극자 사이에 과량 반발력 때문에 더 쉽게 이탈한다.

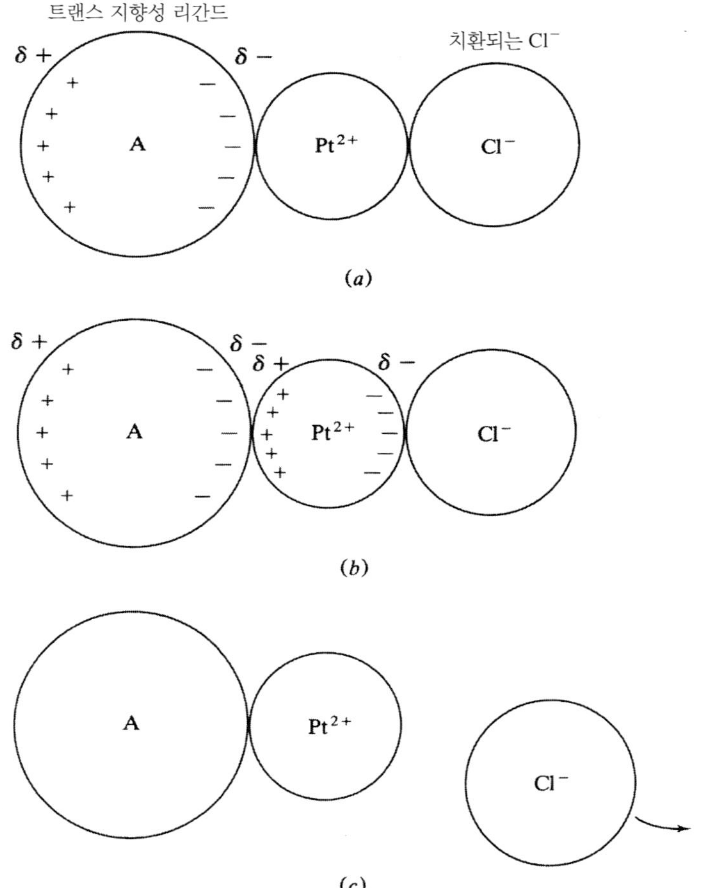

질산으로 처리할 때 또 다른 염화물에 대한 트랜스 염화물은 우선적으로 암민에 대한 트랜스 염화물을 치환한다는 점에 주목하라. 이것은 염화물이 암모니아보다 더 큰 트랜스-지향성 계열이라는 사실을 이용한다. 그와 반대로 트라이나이트로백금

산(II)을 암모니아로 처리할 때 나이트로 리간드에 대한 트랜스 염화물이 우선적으로 치환된다. 여기에서 아질산 이온은 트랜스-지향성 계열에서 염화물보다 높다.

반응속도론적 트랜스효과를 어떻게 이론적으로 설명할 수 있는가? 부분적 설명은 1930년대에 A. Grinberg에 의하여 제안되었지만 아직도 여전히 인기가 있다. 그 이론은 한 리간드의 **트랜스**-지향성 능력이 그것의 편극성과 관련이 있다는 것을 지지한다. 내부권 전자이동 반응에 관한 절에서 지적한 것처럼 편극성은 어떤 화학종에서 이중극자모멘트를 유발할 수 있다고 쉽게 생각할 수 있다. 그림 4.13은 편극화 이론을 설명한다. 첫 단계는 **트랜스**-지향성 리간드에서 백금양이온에 의한 순간 이중극자 유발이다. 둘째 단계는 그 다음에 이러한 이중극자가 크고 편극가능한 백금양이온 중에서 이중극자를 유발한다. $Pt^{2+}-Cl^-$ 결합은 음전하 리간드와 양이온에서 유발된 이중극자의 음전하 끝 사이에 반발에 의하여 약간 약화된다. 그러므로 A에 대한 트랜스 염화물이 우선적으로 치환된다. 이 이론에 대한 증거는 트랜스-지향성 계열을 찾아 나타낼 수 있다. $-SCN^-$ 및 I^- 그리고 π 구름을 갖는 리간드처럼(예를 들어 CO와 CN^-)와 같은 편극가능성이 큰 리간드는 트랜스-지향성 계열에서 높은 곳에 있고 그 반면에 암모니아와 물처럼 편극가능성이 작은 리간드들은 그 계열에서 더 낮은 곳에 있다. 더 많은 증거는 편극가능한 팔라듐(II)과 니켈(II) 양이온보다 백금착물이 뚜렷한 트랜스효과를 나타내는 실험으로부터 나온다.

연습문제 PROBLEMS

4.1 $[Cu(H_2O)_4]^{2+}$ 중 물이 암모니아에 의하여 단계적으로 치환반응할 때 K_1에서 K_4까지 곱한 값이 [식 (4.4)에서 (4.7)에 제시] 식 (4.8)에 제시한 4에 대한 식으로 되는 것을 증명하라.

4.2 헥사아쿠아니켈(II) 양이온 중 물 리간드를 암모니아로 치환한다.

(a) 각 물을 암모니아에 의한 단계적으로 치환할 때 화학반응식을 제시하고 질량작용식을 쓰라.

(b) 6 물 리간드를 6 암모니아 리간드로 전체 치환할 때 식을 쓰고 그 다음에 전체 평형상수 6이 6 단계적 상수의 곱으로 되는 것을 증명하라.

4.3 다음 반응에 대한 단계적 그리고 전체 평형상수를 쓰라.

$$Cr(CO)_6 + 3PPh_3 \longrightarrow Cr(CO)_3(PPh_3)_3 + 3CO$$

4.4 다음 반응에 대한 단계적 그리고 전체 평형상수를 쓰라.

$$[Fe(H_2O)_6]^{3+} + 3en \longrightarrow [Fe(en)_3]^{3+} + 6H_2O$$

4.5 다음 반응에 대한 단계적 그리고 전체 평형상수를 쓰라.

$$[Cr(H_2O)_6]^{3+}(aq) + 3C_2O_4^{2-}(aq) \longrightarrow [Cr(C_2O_4)_3]^{3-}(aq) + 6H_2O$$

4.6 묽은 아세트산 수용액 $HC_2H_3O_2(aq)$이 물과 반응하여 아세트산 수용액과 하이드로늄 이온으로 되는 질량작용식을 쓸 때 일반적으로 물을 포함하는가? 또는 포함하지 않는가? $[H_2O]$ 값은 어느 곳에서 발견되는가?

4.7 다음 반응에 상당하는 수용액 중에서 약한 염기 암모니아의 평형상수에 대한 질량작용식을 쓰라.

$$NH_3 + H_2O \rightleftharpoons NH_4^+ + OH^-$$

4.8 다음 각 반응을 분류하라. 다섯 기본 분류 중 하나 이상을 응용할 수 있다:

(a) $W(CO)_6W(CO)_5 + CO$

(b) $[Co(CN)_5]^{2-} + I^- \longrightarrow [Co(CN)_5I]^{3-}$

(c) $[PdCl_4]^{2-} + C_2H_4 \longrightarrow [PdCl_3(C_2O_4)]^- + Cl^-$

(d) $IrBr(CO)(PPh_3)_2 + HBr \longrightarrow IrBr_2(CO)H(PPh_3)_2$

(e) $[Co(NH_3)_5Cl]^{2+} + [Cr(H_2O)_6]^{2+} \longrightarrow [Co(NH_3)_5(H_2O)]^{2+} + [Cr(H_2O)_5Cl]^{2+}$

4.9 다음 각 반응을 분류하라. 다섯 기본 분류 중 하나 이상을 응용할 수 있다:

(a) $[Co(NH_3)_5NO3]^{2+} + [Ru(NH_3)_6]^{2+}[Co(NH_3)_5NO_3]+ \longrightarrow + [Ru(NH_3)_6]^{3+}$

(b) $[PtCl_6]^{2-} \longrightarrow [PtCl_4]^{2-} + Cl_2$

(c) $[CrH_2O)_6]^{3+} + H_2O \longrightarrow [Cr(H_2O)_5OH]^{2+} + H_3O^+$

(d) $Cr(CO)_6 + 3PPh_3 \longrightarrow Cr(CO)_3(PPh_3)_3 + 3CO$

(e) $Zn(NH_3)_4^{2+} + 2NH_3 \longrightarrow Zn(NH_3)_6^{2+}$

4.10 에틸렌다이아민과 그 치환 유사물의 니켈 착물은 리간드의 벌크에 따라 여러 반응을 한다. 네 가지 대표적 반응은 다음과 같다. 각 반응을 그림 4.1에 제시한 반응종류 중 하나 이상으로 분류하라. 이러한 반응 중 어느 것이 음이온치환반응이가? 또는 아쿠아화반 응인가?

(a) $[Ni(H_2O)_2(deen)_2](CF_3SO_3)_2 \longrightarrow [Ni(deen)_2](CF_3SO_3)_2 + 2H_2O$

(b) $[Ni(H_2O)_2(deen)_2] \longrightarrow Br_2[NiBr_2(deen)_2] + 2H_2O$

(c) $[NiCl_2(en)_2] + 2H_2O \longrightarrow [Ni(H_2O)_2(en)_2]Cl_2$

(d) $[Ni(deen)_2]Br_2 + 2H_2O \longrightarrow [Ni(H_2O)_2(deen)_2]Br_2$

[CF_3SO^{3-} = 삼 플루오르산 음이온, dmen = *N*,*N*-dimethylethylenediamie, $(CH_3)_2NCH_2CH_2NH_2$: deen = *N*,*N*-diethylethylenediamine(deen), $(CH_3CH_2)_2NCH_2CH_2NH_2$]

4.11 식 (4.19)에서 (밑에 반복해서 표시한다) 수산화 반응물을 ^{18}O로 표지하면 생성물 중 어디에 있는가?

$$[Cr(H_2O)_6]^{3+} + OH^- \longrightarrow [Cr(H_2O)_5(OH)]^{2+} + H_2O$$

4.12 식 (4.20)에서 (밑에 반복해서 표시한다) 탄산 리간드의 산소 원자를 ^{18}O로 표지하면 생 성물중 어디에 있는가?

$$[Co(NH_3)_5CO_3]^+ + 2H_3O^+ \longrightarrow [Co(NH_3)_5(H_2O)]^{2+} + 2H_2O + CO_2$$

★4.13 여러 코발트(III) 화합물은 왜 코발트(III) 착물 중 리간드를 치환하지 않고 코발트(II)를 산화하여 만드는가? 간단히 설명하라.

★4.14 여러 크로뮴(III) 화합물은 왜 크로뮴(III) 착물 중 리간드를 치환하지 않고 코발트(II)를 산화하여 만드는가? 간단히 설명하라.

4.15 다음 착이온을 비활성 또는 치환성으로 분류하라.
(a) $[Co(NH_3)_6]^{2+}$
(b) $[Co(NH_3)_5NO2]^{2+}$
(c) $[CoI_6]^{4-}$
(d) $[Fe(H_2O)_5(NCS)]^{2+}$
(e) $[Ni(en)_3]^{2+}$
(f) $[IrCl_6]^{3-}$

4.16 다음 착이온을 비활성 또는 치환성으로 분류하라.
(a) $[Ru(NH_3)_5py]^{3+}$
(b) $[Cr(acac)_3]$
(c) $[Cr(en)_3]Cl_2$
(d) $[Mo(CN)_6]^{3-}$
(e) $[V(H_2O)_6]^{3+}$
(f) $[MnF_6]^{3-}$

4.17 다음 시안화 착물 $[Ni(CN)_4]^{2-}$, $[Mn(CN)_6]^{3-}$, $[Cr(CN)_6]^{3-}$ 중에서 어느 것이 (a) 치환성 이고 (b) 비활성이라고 가장 기대하는가? 당신의 해답을 설명하라.

4.18 그림 4.2에 관하여 ML_5 농도는 반응을 통하여 (반응물과 생성물의 농도를 비교하여) 상대적으로 묽은가 또는 진한 것으로 기대하는가? 당신의 해답을 반응 동안에 그것의 상대적 생성과 소비에 관하여 간단히 설명하라.

★4.19 그림 4.2에서 속도-결정단계는 둘째 단계이고 그 둘째 단계에서 중간체 ML_5와 Y는 함께 그 생성물을 형성한다. 이 경우에 어떤 속도법칙을 기대하는가?

★4.20 그림 5.3에서 속도-결정단계는 둘째 단계이고 그 둘째 단계에서 7-배위 중간체는

★ 표시는 더 어려운 문제이다.

ML_5Y와 X로 분해한다. 이 경우에 어떤 속도법칙을 기대하는가?

★4.21 그림 4.3에서 속도-결정단계는 둘째 단계이고 그 둘째 단계에서 7-배위 중간체는 ML_5와 Y로 분해한다. 이 경우에 속도법칙은 무엇이라고 기대하는가? ML_5XY 농도는 (반응물과 생성물의 농도를 비교하여) 상대적으로 묽은가 또는 진한 것으로 기대하는가? 당신의 해답을 반응 동안에 그것의 상대적 생성과 소비에 관하여 간단히 설명하라.

4.22 다음 세 단계에서 상호교환(I) 메커니즘을 나타내는 도표를 그려라.

(a) Y 도입리간드는 출발 ML_5X 착물의 배위권 바로 밖에 자리를 잡은 다음 결과적으로 생기는 상항.

(b) M−X와 M−Y 결합이 대략 절반의 세기일 때 Y 도입리간드와 X 이탈리간드 사이에 상호교환 중간점.

(c) M−X 결합은 M−Y 결합으로 모두 치환하되 X 리간드는 ML_5Y 생성물의 배위권 바로 밖에 남아있는 상항.

4.23 실험적으로 복잡하지 않다 가정하고 팔면체 착물의 치환에 대한 회합성(A)과 해리성(D) 메커니즘 사이에 차이가 있는 것으로 생각할 수 있는 어떤 방법을 설명하라.

4.24 그림 4.5의 물 교환반응은 해리성이 아닌 회합성 메커니즘으로 일어난다고 생각하라. 이 경우에 반응속도는 (a) 금속전하의 증가와 (b) 금속크기의 증가에 따라 증가 또는 감소하는 것으로 기대하는가?

4.25 팔면체 배위치환이 해리성 또는 상호교환 해리성 메커니즘을 선호하는 증거를 요약하라.

4.26 물 리간드를 여러 음이온(X^-)으로 치환하는 $[Co(H_2O)(CN)_5]^{2-}$ 음이온치환반응은 해리성 (D) 메커니즘에 의하여 진행하는 것으로 나타난다(이 경우에 5-배위 중간체로 확인된다). 이 메커니즘의 단계를 쓰라. 이들 반응속도는 X^- 리간드에 의존하는 것으로 기대하 는가? 왜 그러한가? 왜 그렇지 않은가?

4.27 $[Cr(NH_3)5H_2O]^{3+}$의 어떤 음이온치환반응에 대한 속도상수는 다음에 나타나있다. 이러한 자료는 해리성 또는 회합성 메커니즘과 일치하는가? 이러한 반응의 속도-결정단계에 대한 반응식을 쓰고 당신의 해답을 간단히 설명하라.

$$[Cr(NH_3)_5H_2O]^{3+} + L^- \xrightarrow{k} [Cr(NH_3)_5L]^{2+}$$

L^-	$k, M^{-1}s^{-1}$	$\log k$
NCS^-	4.2×10^{-4}	−3.38
Cl^-	0.7×10^{-4}	−4.1
Br^-	3.7×10^{-4}	−3.43
CF_3COO^-	1.4×10^{-4}	−3.85

4.28 세 가지 음이온을 갖는 $[Co(NH_3)_5H_2O]^{3+}$의 음이온치환반응에 대한 속도상수 (45°C)는 다음에 나타나있다. 이러한 자료는 해리성 또는 회합성 메커니즘과 일치하는가? 이러한 반응의 속도-결정단계에 대한 반응식을 쓰고 당신의 해답을 간단히 설명하라.

$$[Co(NH_3)_5H_2O]^{3+} + L^{n-} \xrightarrow{k} [Co(NH_3)_5L]^{(3-n)+} + H_2O$$

L^{n-}	k, s^{-1}	log k
NCS^-	1.6×10^{-5}	−4.80
Cl^-	2.1×10^{-5}	−4.68
SO_4^{2-}	2.4×10^{-5}	−4.62

4.29 $[Co(NH_3)5H_2O]^{3+}$중에서 물 리간드의 교환에 대한 속도상수는 45°C 에서 $1.0 \times 10^{-4} s^{-1}$이다. 이 값을 문제 4.28의 자료와 비교하라. 그 비교로부터 어떤 결론을 얻을 수 있는가?

★4.30 동일한 온도에서 일련의 네 가지 음이온을 이용한 $[Cr(H_2O)_6]^{3+}$의 음이온치환반응에 대한 속 도상수를 다음에 제시한다.

$$[Cr(H_2O)_6]^{3+} + L^- \xrightarrow{k} [Cr(H_2O)_5L]^{2+} + H_2O$$

L−	k, $M^{-1}s^{-1}$	log k
NCS^-	1.8×10^{-6}	−5.74
NO_3^-	7.3×10^{-7}	−6.14
Cl^-	2.9×10^{-8}	−7.54
I^-	8.0×10^{-10}	−9.10

(a) 이러한 자료는 해리성 또는 회합성 메커니즘과 일치하는가?

(b) 이러한 반응의 속도-결정단계에 대한 식을 쓰라. 그리고 당신의 해답을 간단히 설명하라.

(c) 그 반응속도 자료의 경향성을 이론적으로 설명하라.

★4.31 $[Cr(H_2O)_6]^{3+}$에서 물 리간드의 교환속도는 25°C에서 $3 \times 10^{-6} s^{-1}$이다. 이 값을 문제 4.30에 제시한 자료와 비교하라. 이 비교로부터 어떤 결론을 끌어낼 수 있는가?

★4.32 다음과 같은 일반 형태의 반응에 대하여

$$[Co(NH_3)_5H_2O]^{3+} + L^- \rightleftharpoons [Co(NH_3)_5L]^{2+} + H_2O$$

log K_a 값이 D_{M-L}에 비례하는 것을 증명하라. $\Delta G°. = -T\Delta S.$ 그리고 $\Delta G° = -RT \ln K = -2.3\ RT \log K$를 기억하라. 우선 이 반응에서 어떤 결합이 분해하고 생성하는가를 분석하여 $\Delta H°$와 M−L 결합세기(D_{M-L}) 사이에 관계를 계산하라. $\Delta S°$는 이러한 여러 종류에 대하여 거의 일정하다고 생각하라.

4.33 25°C에서 일반식 $[CoCl(L)(en)_2]^{n+}$ 착물의 수화반응에 대한 속도상수는 다음 표에 있다. 이 자료는 회합성 또는 해리성 메커니즘과 일치하는가? 당신의 해답을 간단히 설명하라.

$$[\textit{cis}\text{-}[Co(L)Cl(en)_2]^{n+} + H_2O \xrightarrow{k} \textit{cis}\text{-}[Co(H_2O)Cl(en)_2]^{2+} + L$$

L	k, s^{-1}	log k
OH^-	1.2×10^{-2}	−1.92
Cl^-	2.4×10^{-4}	−3.62
NH_3	5×10^{-7}	−6.3

4.34 다음 트랜스 코발트(III) 착물의 수화반응에 대한 속도상수를 비교하고 이론적으로 설명하라:

$$[Co(NH_3)Br(en)_2]^{2+} + H_2O \xrightarrow{k=1.2\times10^{-6}s^{-1}} [Co(NH_3)(H_2O)(en)_2]^{3+} + Br^-$$

$$[CoBr_2(en)_2]^{+} + H_2O \xrightarrow{k=1.4\times10^{-4}s^{-1}} [Co(H_2O)Br(en)_2]^{2+} + Br^-$$

4.35 치환반응속도와 결정장 안정화 에너지(CFSE) 변화 사이에 관계를 간단히 쓰라. 팔면체 반응물로부터 한 리간드가 해리하여 5-배위 중간체 형성하는 것이 속도-결정단계라고 생각하라.

4.36 사각피라미드 결정장에 대한 분리 도표는 다음에 있다. d^3 전자배열을 갖는 금속이온에 대하여 표 4.4에 제시한 CFSE 변화를 증명하라.

—	$+0.914\Delta$
—	$+0.086\Delta$
------	Barycenter
—	-0.086Δ
— —	-0.457Δ

4.37 문제 4.36에 제시한 사각피라미드 결정장 분리도표를 이용하여 낮은-스핀 d^6 전자를 갖는 금속이온에 대하여 표 4.4에 제시한 CFSE 변화를 증명하라.

4.38 삼각이중피라미드에 대한 분리 도표를 다음에 제시한다. d^3 금속이온에 대한 CFSE 변화를 계산하라. 당신의 결과를 표 4.4에 제시한 결과와 비교하라. 당신의 결과를 인정한다면 이러한 이온들은 속도론적으로 비활성인가?

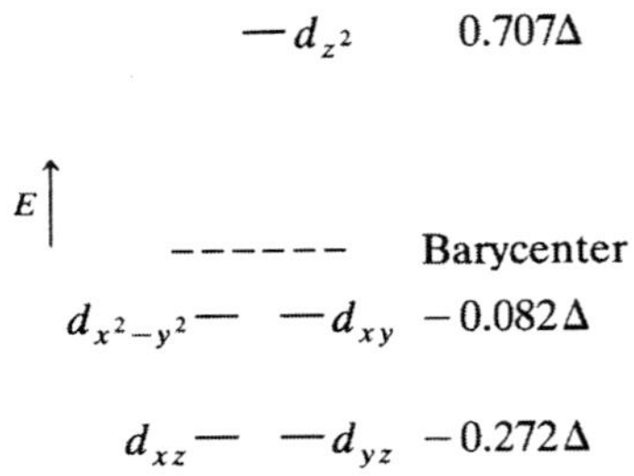

$-d_{z^2}$ 0.707Δ

E↑

------ Barycenter

$d_{x^2-y^2}$— $-d_{xy}$ −0.082Δ

d_{xz}— $-d_{yz}$ −0.272Δ

4.39 문제 4.38에 제시한 삼각이중피라미드 결정장에 대한 분리 도표를 이용하여 팔면체로부터 삼각이중피라미드로 결정장이 변할 때 $M^{2+}d^8$ 이온에 대한 CFSE를 계산하라(높은-스핀 상태라고 생각하라).

(a) 이러한 이온들이 속도론적으로 비활성이라고 결론을 내리는가?

(b) 삼각이중피라미드 전이상태는 또한 사각피라미드보다 유리하다고 결론을 내리는가? 왜 그러한가? 왜 그렇지 않은가?

4.40 첫째 가로줄의 모든 전이금속 이온 중에서 Cr^{3+}와 Co^{3+}만 비활성이라는 이유를 간단히 그리고 정확하게 설명하라. 당신의 해답에서 비활성과 치환성이라는 용어를 정의하라.

4.41 Cr^{3+}와 Co^{3+}처럼 +3 전하를 갖지만 Fe^{3+}와 V^{3+} 이온은 비활성으로 분류하지 않는다. 왜 그렇지 않은가를 간단히 설명하라.

4.42 팔면체 Ni^{2+} 착이온은 리간드를 잃고 CFSE를 감소하여 사각피라미드 전이상태를 비활성이라고 분류하지 않는다. 왜 그렇지 않은가를 간단히 설명하라.

★4.43 Cu^{3+}착물은 가장 비활성처럼 보이지만 많이 관찰되지 않는다.

(a) 그러한 화합물을 왜 비활성이라고 생각하는가를 설명하라.

(b) Cu^{3+} 화합물은 왜 많이 알려져 있지 않은가를 설명하라.

★4.44 다음 치환반응 중에서 어느 것이 더 빠른 것으로 생각하는가? 당신의 해답 중에서 속도-결정단계의 성질에 관하여 당신의 가정을 설명하라.

(a) $[NiCl_2(deen)_2] + 2H_2O[Ni(H_2O)_2(deen)_2]Cl_2$

(b) $[NiCl_2(deen)_2] + 2H_2O[Ni(H_2O_2)(deen)_2]Cl_2$

★4.45 다음의 제거반응(이 경우에 때때로 탈아쿠아화반응(deaquation reaction)이라고 부른다) 중에서 어느 것이 더 빠른 것으로 생각하는가? 당신의 이유를 간단히 설명하라.

(a) $[Ni(H_2O)_2(en)_2]Br_2[Ni(en)_2]Br_2 + 2H_2O$

(b) $[Ni(H_2O)_2(deen)_2]Br_2[Ni(deen)_2]Br_2 + 2H_2O$

[deen = *N,N*-diethylethylenediamine (deen), $(CH_3CH_2)2NCH_2CH_2NH_2$]

4.46 $[Fe(CN)_6]^{4-}$와 $[IrCl_6]^{2-}$ 두 가지는 대단히 느리게 그들의 리간드를 바꾸지만 그들 사이에 교차반응(다음에 제시했다)은 매우 빠르게 이러난다($k = 4 \times 10^5$ $M^{-1}s^{-1}$). 이 실험을 설명하는 한 메커니즘을 제안하라.

$$[Fe(CN)_6]^{4-} + [IrCl_6]^{2-} \longrightarrow [Fe(CN)_6]^{3-} + [IrCl_6]^{3-}$$

4.47 다음 반응에 관하여 그럴듯한 메커니즘을 설명하라.

$$[Co(NH_3)_6]^{3+} + [Ru(NH_3)_6]^{2+} \longrightarrow [Co(NH_3)_6]^{2+} + [Ru(NH_3)_6]^{3+}$$

이 반응이 왜 대단히 느린가($k = 1 \times 10^{-2}\ M^{-1}s^{-1}$)도 생각하라(힌트: 반응 동안에 *d*-오비탈 점유를 살펴보아라).

4.48 $[Co(en)_3]^{3+}$와 $[Co(en)_3]^{2+}$ 사이에 자체교환 전자이동반응은 대단히 느리다($k \approx 10^{-4}$). *d* 오비탈의 점유에 근거하여 이 결과를 설명하라.

4.49 표 4.5의 속도상수 단위는 전체 2차반응과 일치하는가? 당신의 해답을 분명하게 설명하라.

4.50 외부권 전자이동 반응이 2차반응의 성질이라면 이들 반응에 대한 속도-결정단계를 추측하라.

4.51 Ru(II)과 Ru(III)의 트랜스-(에틸렌다이아민) 착물에서 M−L 거리는 각기 2.12와 2.10 Å이다. 이러한 두 착물 사이에 자체교환 전자이동 반응의 메커니즘과 속도를 추측하라. 당신의 해답에 그 반응을 표시하는 식을 쓰라.

★4.52 반응물로 사용하는 배위 금속이온 중에서 M−L 결합길이를 다시 조정하는 것과 관련이 있는 에너지에 추가하여 외부권 산화환원반응의 활성화 에너지에 대한 기타 몇 가지 기여가 있다. 이들의 기여는 어떤 관련이 있다고 추측하는가?

4.53 다음 각 전자-이동반응에 대하여 그 메커니즘이 외부권인가 또는 내부권인가 여부를 추측하라.

(a) $[IrCl_6]^{2-} + [W(CN)_8]^{4-} \longrightarrow [IrCl_6]^{3-} + [W(CN)_8]^{3-}$

(b) $[Co(NH_3)_5CN]^{2+} + [Cr(H_2O)_6]^{2+} \longrightarrow [Cr(H_2O)_5NC]^{2+}$
$+ [Co(NH_3)_5(H_2O)]^{2+}$

(c) $[^*Cr(H_2O)_6]^{2+} + [Cr(H_2O)_5F]^{2+} \longrightarrow [^*Cr(H_2O)_5F]^{2+} + [Cr(H_2O)6]^{2+}$

4.54 $[Co(NH_3)_5SCN]^{2+}$와 $[Cr(H_2O)_6]^{2+}$ 사이에 내부권 전자이동 반응에 대한 메커니즘을 쓰라. 이들은 그 생성물 중 하나로서 펜타아쿠아-*N*-티오시아나토크로뮴(III) 양이온을 생성한다.

4.55 $[Co(NH_3)_5NCS]^{2+}$의 *N*-티오시나토 형태는 앞의 내부권 전자이동반응에서(문제 4.54를 보라) 주생성물이고(약 70%) 한편 *S*-티오시아나토 결합이성질체도 형성한

다. *S*-결합이 성질체를 어떻게 형성할 수 있는가를 보여주는 메커니즘을 쓰라.

4.56 다음 일반적 형태의 반응에 대하여

$$[^*Cr(H_2O)_6]^{2+} + [Cr(H_2O)_5X]^{2+} \longrightarrow [^*Cr(H_2O)_5X]^{2+} + [Cr(H_2O)_6]^{2+}$$

속도상수는 $X^- = F^-, Cl^-, Br^-$ 순서로 증가한다. 앞의 반응에 대한 메커니즘을 쓰고 당신이 제안한 메커니즘의 관점에서 속도상수 자료에 있는 경향성을 설명하라.

4.57 사각평면 착물의 치환이 회합성 메커니즘에 의하여 일어난다면 (a) 여러 반응물에 관한 반응순서에 관하여, (b) 그 착물의 비반응 리간드의 입체 벌크, 도입리간드의 벌크와 전하, 그리고 반응착물에 의하여 운반된 전체전하 등에 관한 이들 반응의 속도 의존성에 관 하여 추측하라.

4.58 속도론적 트랜스효과를 사용하여 암민브로모클로로(피리딘)백금(II)의 가능한 세 가지 기하이성질체를 어떻게 제조할 수 있는가를 증명하라.

4.59 "cisplatin", 즉 시스-다이암민다이클로로백금(II)은 대단히 유력한 항암제이다. 그것은 트랜스 기하이성질체를 제외하기 위하여 속도론적 트랜스효과를 이용하여 어떻게 제조할 수 있는가를 증명하라.

4.60 편극이론이 속도론적 트랜스효과의 설명을 위한 것이라고 하면 수산화이온 OH^-이 트랜스-지향성 계열이라고 나타낼 수 있는 것을 어디서 추측할 수 있는가?

4.61 편극이론이 속도론적 트랜스효과의 설명을 위한 것이라고 하면 유기황화물 R_2S이 트랜스-지향성 계열이라고 나타낼 수 있는 것을 어디서 추측할 수 있는가?

4.62 다음 반응의 생성물을 예측하라.

(a) $[Pt(CO)Cl_3]^- + py \longrightarrow$

(b)
```
[ Cl      Cl ]-
    \    /
     Pt          + NH3 ⟶
    /    \
[ H3N    NO2 ]
```

(c) $[PtCl_3SCN]^{2-} + H_2O$

(d) $[PtCl_3CN]^{2-} + NH_3 \longrightarrow$

CHAPTER

5 배위화합물의 응용

광석으로부터 은과 금의 정련, 청사진, 니켈 정제, 사진용 하이포, 식품보존제, 세탁제용 보조제, 혈액의 색소, 일산화탄소 중독, 항암제, 납중독 해독제, 미란성 항비소제, 자남색병, 일반적 모든 항종양제 등의 공통점은 무엇인가? 그 해답은 각기 배위화합물의 한 응용 방법과 관련이 있다. 이 장은 바로 전에 설명한 응용과 여러 다른 응용을 계통적으로 알아보겠다. 한자리 리간드와 관련이 있는 착물로부터 시작한 다음 여러 가지 킬레이트에 이용하는 여러 자리 리간드로 옮겨가겠다.

5.1 한자리 리간드 착물의 응용

많은 학생들이 화학과정을 밟기 이전에 배위화합물을 제조하였지만 때때로 모두 이해하지 못하거나 그 자체를 알지 못하였다. 예를 들어 1족 정성분석 도표에서 납(II), 수은(I), 은(I)은 백색침전의 $PbCl_2$, Hg_2Cl_2, AgCl로 각기 분리된다. 이들 중 다른 두 양이온에서 은을 분리하려면 암모니아 수용액을 가하여 식 (5.1)처럼 선형 다이암민은(I) 착물 $Ag(NH_3)^{2+}$을 형성한다:

$$AgCl(s) + 2NH_3(aq) \longrightarrow Ag(NH_3)_2^+(aq) + Cl^-(aq) \tag{5.1}$$

염화납(II)이나 염화수은(I)은 비슷하게 반응하지 않으므로 은은 다른 두 금속으로부터 성공적으로 분리된다.

구리(II)는 때때로 1족 정성분석에 포함한다. 그 염화구리는 용해하지만 식 (5.2)처럼 테트라암민 착물을 형성한다.

$$Cu^{2+}(aq) + 4NH_3(aq) \longrightarrow \underset{\text{진한파랑}}{Cu(NH_3)_4^{2+}(aq)} \tag{5.2}$$

이 사각평면 착물은 가시선을 흡수하여 구리이온 존재를 나타내는 특성있는 진한 파란색을 나타낸다.

마찬가지로 물에 철(III)이 존재하면 식 (5.3)처럼 티오시안산 포타슘(KSCN)을 소량 가하여 특성있는 진한 빨강으로 만들어 검출할 수 있다:

$$Fe^{3+}(aq) + SCN^-(aq) \longrightarrow \underset{\text{빨강}}{FeSCN^{2+}(aq)} \quad (5.3)$$

더 구체적으로 말하면 이 반응의 생성물은 실제로 펜타아쿠아티오시아나토철(III)이지만 때때로 앞에 나타낸 것처럼 생략하여 쓴다.

이러한 후자의 두 배위 양이온 $FeSCN^{2+}$와 $Cu(NH_4)_4^{2+}$는 가시선을 세게 흡수하므로 진한 색이다. 4장으로부터 *d* 오비탈 사이의 에너지 차이는 때때로 가시선 진동수에 상당하는 여러 결정장에 의하여 생기는 것을 배웠다. 그러므로 전이금속 착물은 거의 항상 색을 띈다(그러나 *d*−*d* 전이는 모두 이러한 진한 색의 원인이 아니다. 이 교과서의 범위를 넘지만 예를 들어 $FeSCN^{2+}$는 **전하이동전이**(*charge-transfer transition*)라고 부르는 한 현상 때문에 더 그런 것 같다). 실제로 여러 전이금속 배위화합물의 진한 색은 안료, 염료, 잉크, 페인트로서 유용하다. 예를 들어 1700년대 초에 처음으로 발견된 Prussian blue는 시안화철 착물이고 식 (5.4)처럼 어떤 철(III) 염에 헥사시아노철산(II)을 가하여 만든다. 현재 Prussian blue와 같다고 알려졌지만 오래 동안 서로 다른 화합물이라고 생각해온 Turnbull's blue는 헥사시아노철산(III) 포타슘을 어떤 철(II) 염에 가하면 똑같은 화합물로 된다:

$$\left.\begin{array}{l} Fe^{III}(aq) + K_4[Fe^{II}(CN)_6](aq) \searrow \\ \qquad\qquad\qquad\qquad \underset{\text{Prussian blue 또는 Turnbull's blue}}{Fe_4^{III}[Fe^{II}(CN)_6]_3 \cdot 4H_2O} \\ Fe^{II}(aq) + K_3[Fe^{III}(CN)_6](aq) \nearrow \end{array}\right. \quad (5.4)$$

(1800년대 중반에 이러한 두 안료는 청사진이라고 부르는 특수한 종이에 첨가될 수 있는 것을 발견했다. 그 청사진은 옛날부터 아직도 대규모 건축과 공장설계도의 많은 복사물 제조에 빠르고 값싸게 이용한다. 이러한 헥사시아노철산 안료의 구조는 여러 해 동안 교묘하게 알려지지 않았지만 1970년대에 그림 5.1와 같은 것으로 확인되었다. 여기에서 시안화물 리간드는 철(II)과 철(III) 양이온 사이를 다리로 연결한다.

시안화 착물은 또한 광석에서 금과 은의 분리에 사용한다. 소량 자유 은과 금을 함유하는 분쇄 광석을 묽은 시안화염 용액에 넣고 동시에 그 용액을 통하여 공기를 불어넣어 산화한다. 결과적으로 식 (5.5)처럼 용해성 다이시아노은산(I)과 다이시아노금산(I) 착물을 형성한다. 그 다음에 은 혹은 금(또는 Ag−Au 합금)은 식 (5.6)처럼 아연과 같은 좋은 환원 금속을 이용하는 반응으로 분리한다.

$$\begin{array}{l} 4M(s) + 8CN^-(aq) + O_2(g) + 2H_2O(l) \longrightarrow \\ \qquad 4[M(CN)_2]^-(aq) + 4OH^-(aq) \qquad (M = Au, Ag) \end{array} \quad (5.5)$$

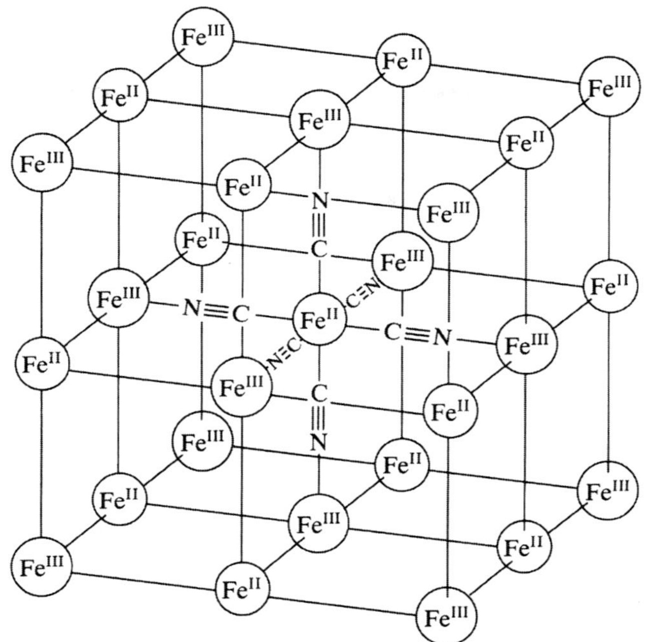

그림 4.1

Prussian blue 또는 Turnbull's blue [헥사시아노철산(II) 철(III) 테트라수화물]의 일부 구조. 수화물 중에서 물은 그림을 분명하게 나타내기 위하여 생략했다. 시안화물 리간드는 철(II)과 철(III) 사이를 다리로 연결한다. 시아화물 이온은 때때로 철(III) 양이온에 결합한 물 분자로 치환된다. 가끔 빈 공간(표시하지 않았다)도 구조 내부에 있다(참고문헌 8).

$$Zn(s) + 2[M(CN)_2]^-(aq) \longrightarrow [Zn(CN)_4]^{2-}(aq) + 2M(s) \quad (5.6)$$

$$(M = Au, Ag)$$

5.5절에서 상세하게 설명하는 것처럼 시아화물은 독성이 대단히 큰 물질이고 크게 주의하여 취급해야한다. 2000년 초에 Romania의 Baia Mare에서 흘러나온 시안화물이 댐을 붕괴한 다음 약 100 ton이 인공저수 연못에서 흘러나와서 그 시안화 페기물이 엄청난 결과를 초래하였다. 그 지역에 있는 Danube강의 수계는 그 영향을 받았다. Danube강은 Hungary, Romania, Serbia, Bulgaria의 국경을 형성하고 그 다음에 Black Sea로 흘러들어간다. Hungary에서만 음료수의 1/4이 오염되었고 수십 톤의 물고기가 죽었다.

또 다른 값비싼 니켈 전이금속은 1890년대에 Ludwig Mond에 의하여 처음으로 정제되었다. *Mond* **공정**에서 불순한 니켈 금속을 따뜻한(약 75°C) 일산화탄소 기체 흐름에 넣는다. 기체상태의 사면체 테트라카보닐니켈(0) $Ni(CO)_4$이 (때때로 테트라카보닐 니켈이라고 부른다) 즉시 형성된 다음 또 다른 반응실(약 225°C)을 통과한다(불순물로 존재하는 기타 전이금속은 이와 비슷하게 복잡하게 반응하지 않는다). 더 높은 온도에서 고체 니켈, 일산화탄소, 카보닐 니켈(식 5.7) 사이에 평형은 그 반대로 진행한다. 그래서 순수한 니켈이 석출된다.

$$Ni(s) + 4CO(g) \underset{225°C}{\overset{75°C}{\rightleftharpoons}} Ni(CO)_4(g) \quad (5.7)$$

독성이 큰 일산화탄소 기체는 그 공정을 통하여 계속해서 다시 순환한다. CO보다 훨씬 더 독성이 크고 분명히 가장 해로운 니켈 화합물이라고 알려진 테트라카보닐 니켈은 실온에서 휘발성 액체이다. 그것의 취급에 많은 주의가 필요하다.

한자리 리간드와 관련이 있는 착물의 마지막 응용 예는 사진 정착액을 사용하는 동안에 일어나는 비스(티오슬파토)은산(I) 이온의 형성이다. 흑백 사진은 가시선에 대한 여러 할로젠화은의 감도에 의존한다. 대부분 브롬화은을 사용하지만 때때로 특히 “빠른” 사진필름에 요오드화은을 사용하고 이러한 염류는 필름의 젤라틴 표면에 도포한다. 필름을 가시선에 노출할 때 할로젠화물은 전자를 잃고 은 양이온으로 되고 전자는 양이온에 붙잡혀 원자 은을 생성하고 또는 빛에 노출되어 필름에 검은 점이 나타난다. 현상(developing, 이러한 검은 점이 증가한다는 용어) 후에 과량(그리고 노출되지 않은) 할로젠화은을 필름에서 제거하여야 한다. 상(image)의 “정착”(fixing)은 식 (5.8)에 예로 설명한 것처럼 티오황산 소듐 [“하이포”(hypo)라고 부른다] 또는 티오황산 암모늄(암모늄 하이포라고 부른다)를 이용하여 완결한다:

$$AgBr(s) + 2Na_2S_2O_3(aq) \longrightarrow Na_3[Ag(S_2O_3)_2](aq) + NaBr(aq) \qquad (5.8)$$

이 반응의 이온성 생성물은 수용성이고 필름표면에서 쉽게 씻겨진다.

5.2 전이금속 착물의 안정도에 대한 두 가지 요소

앞에 설명한 응용과 함께 다음의 응용을 더 완전하게 이해하려면 여기에서 두 아이디어를 소개하는 것이 유용하다. 첫째는 굳은 혹은 무른 산-염기 이론(hard and soft acid-base theory)이고 둘째는 킬레이트효과(chelate effect)이다.

굳은 혹은 무른 산-염기

4장에서 설명한 것처럼 배위화합물은 Lewis 염 또는 Lewis 산(금속 원자 혹은 이온)과 여러 Lewis 염기(리간드)로 구성된 Lewis염이거나 첨가생성물(adduct)이다. Lewis 산은 전자쌍을 받고 한편 Lewis 염기는 전자쌍을 준다. 1960년대 초에 Ralph Pearson은 굳은 산 – 염기 혹은 무른 산 – 염기의 아이디어를 소개했다. 굳은산(*hard acid*)은 작고 조밀하고 전하가 큰 전자쌍 받개라고 정의한다. **굳은염기**(*hard base*)는 작고 큰 전기음성 전자쌍 주개이다. 무른산과 무른염기(soft acid and soft base)는 그와 반대로 크고 편극가능한 확산되는 화학종이다. 이러한 정의에서 Al^{3+}과 Cr^{3+}같은 금속 양이온은 굳은산이고 한편 F^-, NH_3, H_2O같은 리간드는 굳은염기이다. 그와 반대로 Hg^{2+}, Ag^+, Au^+와 같은 양이온은 무른산이고 인, 황, 그리고 확산되는 π 결합(예를 들어 CN^-와 CO)을 갖는 것은 무른염기이

표 5.1 굳은 산−염기 혹은 무른 산−염기

	산	염기[a]
굳은	H^+, Li^+, Na^+, K^+ Be^{2+}, Mg^{2+}, Ca^{2+} Al^{3+} Cr^{3+}, Co^{3+}, Fe^{3+} Ti^{4+}, Zr^{4+}, Hf^{4+}, Th^{4+} Cr^{6+}	NH_3, RNH_2 H_2O, OH^-, O^{2-} F^-, Cl^- NO_3^-, ClO_4^- SO_4^{2-} PO_4^{3-} CH_3COO^-
경계	Fe^{2+}, Co^{2+}, Ni^{2+}, Cu^{2+} Zn^{2+}, Sn^{2+}, Pb^{2+} Ru^{2+}, Rh^{2+}, Ir^{3+}	N_2, py NO_2^-, SO_3^{2-} Br^-
무른	Cd^{2+}, Hg_2^{2+}, Hg^{2+}, Cu^+, Ag^+, Au^+, Tl^+ Pd^{2+}, Pt^{2+}, Pt^{4+} M^0 (금속원자)	H^- CN^-, C_2H_4, CO PR_3, AsR_3, R_2S, RSH SCN^-, $S_2O_3^{2-}$ I^-

[a] R = CH_3-, CH_3CH_2-, C_6H_5-, 등등

다. 더 완전한 굳은 혹은 무른 산-염기 목록을 표 5.1에 제시한다.

굳은-무른-산-염기(hard-soft-acid-base, HSAB) 아이디어의 특별한 용도는 다음과 같다: **무른산은 무른염기와 그리고 굳은산은 굳은염기와 선택적으로 결합한다.** 대부분 경험에 근거를 둔 이 규칙은(즉 관찰에 근거를 두었다) 전이금속착물과 다른 화합물의 상대적 안정도의 이론적 설명과 예측에 유용하다. 예를 들어 앞 절에 있는 마지막 세 가지 배위화합물의 응용을 살펴보자.

흑백 사진 영상의 정착에서 형성된 비스(티오슬파토)은산(I) 착물은 무른산-굳은염기의 Ag^+-O 배위공유결합이 아닌 무른산−무른염기의 Ag^+-S 배위-공유결합 특성을 갖는다. 니켈(0)은 무른산 금속원자이고 확산되는 큰 π-전자구름을 갖는 무른염기의 카보닐 분자와 안정한 착물을 형성한다. 마지막으로 은(I)과 금(I)은 크고 π-전자 구름이 확산되는 둘째-와 셋째-가로줄 +1 전이금속 양이온이고 무른염기의 시안화물 리간드와 센 결합을 형성한다.

이러한 예로부터 HSAB 아이디어는 분명히 유용한 것이라고 알 수 있다. 그러나 주의를 하는 것이 바람직하다. 여러 착물이 HSAB규칙에 따르지만 완전히 안정한 착물은 많지 않다. 그러므로 HSAB규칙은 전이금속 착물의 안정도에 관한 아이디어의 체계화에 편리한 방법이지만 분명히 절대적이지 않고 다만 유용한 경험규칙일 뿐이라고 간주해야 한다.

HSAB 아이디어를 이론적으로 설명하려고 여러 번 시도하였지만 현재까지 이론적 기초는 불완전하게 이해하고 있다. 이러한 이론적 설명의 대부분은 굳은−굳은 산-염기 상호작용이 센 이온 힘에 의하여 안정화되는 경향이 있는 반면에 무른−무른 산-염기 상호작용은 공유결합 또는 London 분산력에 의하여 안정화된다는 것이 그 아이디어의 중심이다.

킬레이트 효과

킬레이트효과(chelate effect)는 킬레이트 결합과 관련이 있는 배위화합물의 비정상적 안정도라고 정의할 수 있다. 킬레이트 결합은 한자리 리가드와 관련이 있는 등가(equivalent) 화합물과 비교되는 여러자리 리간드의 결합이다. 이 효과의 크기를 알기 위하여 식 (5.9)와 (5.10)의 두 반응을 고려하자.

$$Ni^{2+}(aq) + 6NH_3(aq) \longrightarrow [Ni(NH_3)_6]^{2+} \qquad (\beta = 4.0 \times 10^8) \tag{5.9}$$

$$Ni^{2+}(aq) + 3en(aq) \longrightarrow [Ni(en)_3]^{2+} \qquad (\beta = 2.0 \times 10^{18}) \tag{5.10}$$

트리스(에틸렌다이아민) 착물의 전체 안정도상수 β는 등가 헥사암민 착물보다 약 10 자리수(order) 더 크다는 것에 주목하라.

열역학적 안정도에서 볼 때 그러한 큰 차이의 원인은 무엇인가? 어쨌든 $Ni^{2+}-N$ 배위공유결합의 수는 두 반응 생성물에서 모두 6이므로 결합을 형성할 때 관련있는 엔탈피 변화(ΔH)는 대단히 비슷하여야 한다. 아직 킬레이트효과에 대한 주요한 엔트로피의 설명이 남았다. 실제로 그 킬레이트효과에 대한 이론적 설명은 두 방법으로 이해할 수 있다. 그 두 가지 방법은 그 두 반응이 일어날 것이라는 상대적 확률과 관련이 있다. 더 명백하게 식 (5.11)과 (5.12)처럼 첫째 반응에서 반응 전후에 물에 있는 이온과 분자 수는 동일하게 (두 반응물과 생성물에서 7) 유지하는 것이 분명하다. 그러나 둘째반응에서 3 에틸렌다이아민 분자는 배위권에서 6 물 분자를 치환하고 수용액에 남아있는 입자 수는 4에서 7로 증가한다. 용액에서 불규칙하게 분포된 입자수가 많을수록 둘째 반응 생성물에 대한 확률이 더 큰 상태 또는 더 큰 엔트로피 상태를 나타낸다. 그러므로 둘째 반응은 이러한 엔트로피효과 때문에 첫째보다 유리하다.

$$\underbrace{[Ni(H_2O)_6]^{2+} + 6NH_3}_{7\ \text{“입자”}} \longrightarrow \underbrace{[Ni(NH_3)_6]^{2+} + 6H_2O}_{7\ \text{“입자”}} \tag{5.11}$$

$$\underbrace{[Ni(H_2O)_6]^{2+} + 3en}_{4\ \text{“입자”}} \longrightarrow \underbrace{[Ni(en)_3]^{2+} + 6H_2O}_{7\ \text{“입자”}} \tag{5.12}$$

반응에서 엔탈피와 엔트로피 변화의 상대적 중요성은 식 (5.13)에 제시한 자유에너지 변화 식으로 나타내는 것을 기억하라.

$$\Delta G^\circ = \Delta H^\circ - T\Delta S^\circ \tag{5.13}$$

반응 엔트로피의 큰 증가는 ΔG°를 더 음수 값으로 나타낸다. 그 다음에 평형상수는 식 (5.14)에 제시한 식에 따라 자유 에너지와 관련이 있다.

$$\Delta G^\circ = -RT \ln K \tag{5.14}$$

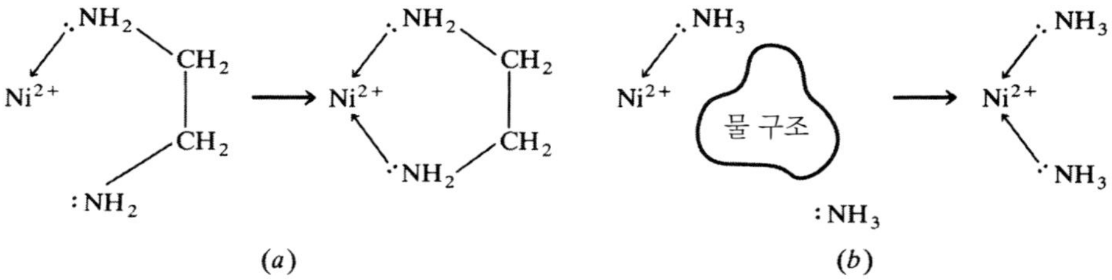

그림 5.2

킬레이트 효과. (a) 에틸렌다이아민의 둘째 아민이 니켈(II) 양이온과 착물을 만들어 5-원소 고리를 형성한다. (b) 둘째 암모니아 분자는 니켈(II) 양이온과 결합한다. 첫째 반응이 일어나는 확률은 더 크다. 왜냐하면 둘째 리간드는 킬레이트 사슬에 의하여 니켈에 매이기 때문이다. 그 금속이온의 근처에서 둘째 리간드의 "국소농도"는 첫째 경우보다 크다.

더 음수 $\Delta G°$일수록 평형상수는 더 큰 양수 값이 나타나는 것이 분명하다(이러한 개념은 이전의 화학적 경험으로부터 복습하는 것이 유용한 것을 알 수 있다). 그러므로 둘째 반응에서 큰 엔트로피 증가는 대부분 그 반응에 대한 전체 안정도 상수 β 값이 더 큰 원인이 되는 것으로 이해할 수 있다.

킬레이트효과를 설명하는 둘째 방법은 금속에 결합한 두 자리 리간드 에틸렌다이아민의 한쪽 끝에서 한번 어떤 일이 생기는가를 주의해서 살펴보는 것이다. 그 상항을 그림 5.2에 제시한다. 만일 용액 중에서 둘째 질소 Lewis 염기(예를 들어 둘째 한자리 NH_3 리간드)가 어떤 자리의 주위를 불규칙하게 자유롭게 배회한다면 Ni^{2+} 근처에서 Lewis 염기의 둘째 질소(에틸렌다이아민의 다른 쪽 아민 원자단) 농도는 NH_3보다 더 진하다는 것에 주목하라. 때때로 이 상항은 둘째 리간드의 "국소농도"(local concentration) 또는 "유효농도"(effective concentration)라는 용어로 표시한다. 바꿔 말하면 둘째 원자단이 비교적 짧은 2-탄소 사슬에 의하여 첫째 원자단과 결합할 때 금속이온의 국소농도 근처에서 둘째 Lewis 염기의 농도는 실제로 더 크다. 그러므로 두 자리 리간드와 관련이 있는 반응이 일어날 확률이 더 크고 따라서 더 큰 평형상수를 갖는다.

이러한 국소농도에 대한 설명을 인정한다면 킬레이트 사슬의 길이가 금속과 배위공유결합을 형성하는 둘째 Lewis 염기의 확률에 직접 영향을 주는 것은 이상한 일이 아니다. 한 에틸렌다이아민은 Lewis 염기 사이에 두 탄소를 갖고 양쪽 끝이 배위공유결합할 때 5-원소 고리를(금속을 포함하여) 형성한다. 그러한 고리구조는 매우 안정하다. 그러나 사슬과 고리가 이것보다 훨씬 더 크면 국소농도 증가는 감소하고 결과적으로 생기는 착물은 덜 안정하다.

5.3 여러 자리 착물의 응용

수많은 배위화합물의 응용에 킬레이트효과의 장점을 이용하는 것은 놀라운 것이 아니다. 이 절에서는 **착화정량분석방법**(*complexometric quantitative analytical method*)의 설명으로 시작하겠다. 이 방법은 시료 중 어떤 물질의 측정이 중요한 착물형성과 관련이 있다.

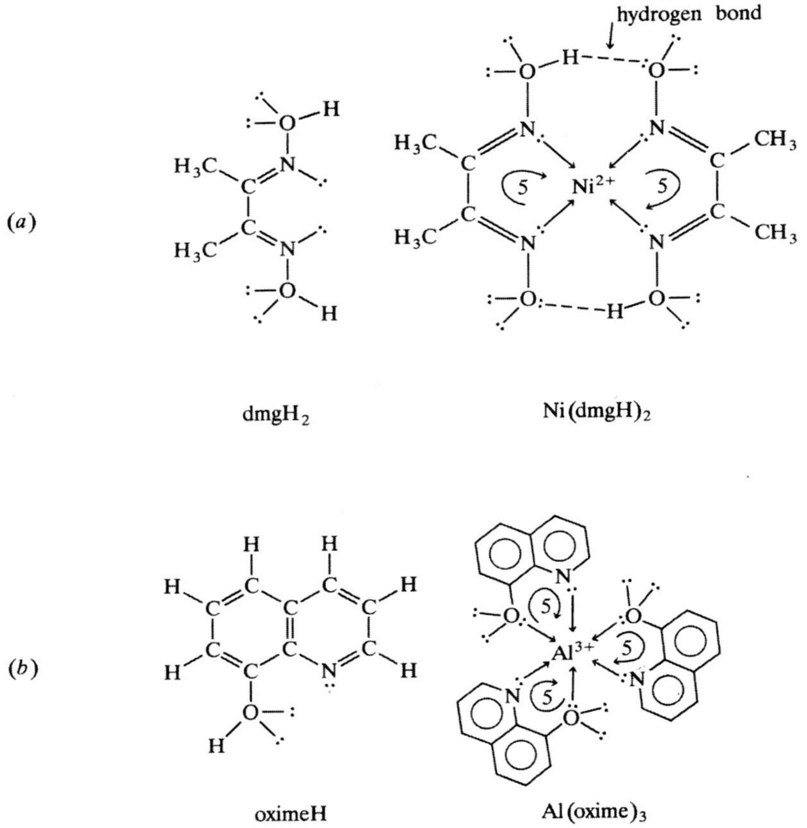

그림 5.3

배위결합하지 않은 리간드 및 무게법 측정과 관련이 있는 니켈(II)과 알루미늄(III)의 배위화합물.
(a) 자유 imethylglyoxime 리간드 ($dmgH_2$)와 bis(dimethylglyoximato)nickel (II) $[Ni(dmgH)_2]$ 착물.
(b) 자유 8-hydroxyquinoline 또는 oxime 리간드 (oxineH)와 tris(8-hydroxyquinolate)aluminum (III) $Al(oxime)_3$착물

무게분석법(*gravimetric method*)은 어떤 고체의 생성, 분리, 무게를 측정하여 시료 중 한 물질의 양을 측정하는 것과 관련이 있다. 아마 가장 자주 인용하는 예는 착화정량법(coplexometry)이 아니고 어떤 물질 중 은 또는 염화물의 백분율을 측정하는 AgCl(*s*)의 침전법이다. 가장 보편적 착화무게분석방법(*complexometric gravimetric procedure*) 중 하나는 니켈을 정량하는 두 자리 착화제 dimethylglyoximate($dmgH^-$)의 사용과 관련이 있다. dimethylglyoximate(dmgH−) 구조는 $Ni(dmgH)_2$ 착물과 함께 그림 5.3a에 제시한다. 그 착물은 두 5-원소 고리를 형성하고 부수적으로 두 고리는 서로 수소결합을 통하여 상호작용하는 것에 주목하라.

또 다른 보편적 무게분석방법은 8-hydroxyquinoline(때때로 8-quinol 또는 oxime이라고 부른다)이라고 알려진 착화제를 이용한 알루미늄 정량과 관련이 있다. 그림 5.3b에 제시한 착화제는 이종원자고리(*heterocycle*)라고 부르는 한 예이다. 그 화합물에서 비편재화 고리(*delocalized ring*) 중 하나는 한 종류 이상의 원자(이 경우에는 탄소와 질소)을 갖는다. 다시 말해서 두 자리 리간드는 금속이온과 안정한 5-원소 고리를 형성한다.

착화적정법은 그 적정 종말점이 금속착물의 형성과 관련이 있다. 이러한 방법에

그림 5.4

세 가지 다른 착화제.
(a) triethylenetetramine(trien),
(b)1,10-phanthroline (phen),
(c) ethylenediaminetetraacetic acid (H_4EDTA)와 여러 착화적정에 사용한 결과로 생기는 배위결합 이온.

(*a*)

triethylenetetramine (trien) $[Cu(trien)]^{2+}$

(*b*)

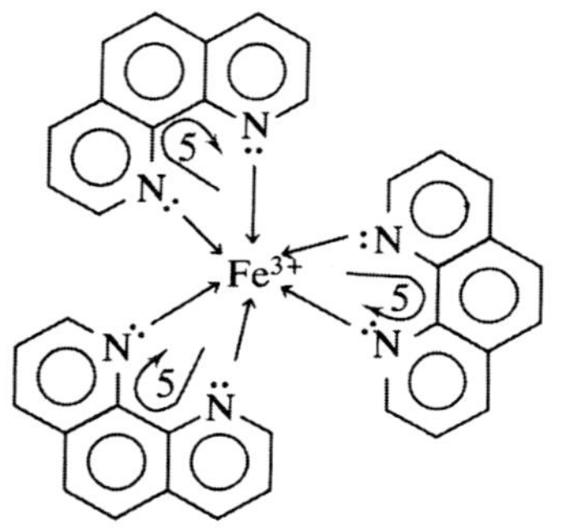

1,10-phenanthroline (phen) $[Fe(phen)_3]^{3+}$

(*c*)

ethylenediaminetetraacetic acid, H_4EDTA $M(EDTA)^{(4-n)-}$

서 금속이온 용액은 일반적으로 기지농도(known concentration)의 착화제로 적정한다. 적정을 시작하기 전에 지시약(한 리간드)을 소량 첨가한다. 그 지시약은 소량 금속이온과 착색 배위화합물을 형성한다. 적정을 진행할 때 처음에 자유 금속이온이 착화제와 착물을 형성한다. 그러나 모든 자유 금속이 반응하면 착화제는 그 다음에 M-지시약 착물로부터 금속을 제거하기 시작한다(여기에서 M은 적정하려는 금속이온이다). 자유 지시약은 M-지시약 착물과 다른 색이고 그 용액은 색이 변하여 화학량론적 종말점에 도달한 것을 나타낸다.

착화적정법의 예는 triethylenetetramine (trien)을 이용한 구리(II) 적정, 1,10-phenanthroline (phen)을 이용한 철(III) 적정, ethylenediaminetetraacetic acid (H_4EDTA)를 이용한 여러 2+와 3+ 금속이온의 적정 등을 포함한다. 이러한 착화제와 그들의 대표적 금속착물을 그림 5.4에 제시한다. H_4EDTA는 4 아민 수소를 모두 아세트산 부분($-CH_2COOH$)으로 치환된 에틸렌다이아민의 유도체이다. EDTA와 금소이온이 킬레이트를 만들 때 모든 6 팔면체 자리를 점유할 수 있고 각 금속과 안정한 5 원소 고리를 형성한다.

EDTA에 의하여 형성된 착물은 특별히 안정하기 때문에 많이 사용하게 되었다. 가장 보편적 이용 중 하나로서 자연수 중에 센물을 나타내는 Ca^{2+}와 Mg^{2+}이온의 농도측정에 EDTA 적정을 사용하는 방법이다(센물에 대하여는 5.4절과 함께 12.3절에서 더 많이 알게 될 것이다). EDTA는 착물을 형성할 때 대단히 많은 2+와 3+ 양이온과 결합하므로 이러한 착물형성 금속은 정상적 방법의 화학적 침전에 이용할 수 없다. 이러한 이유 때문에 EDTA는 때때로 격리제(sequestering agent)라고 한다. 격리제는 금속이온을 분리하여 화학적으로 따로 격리하는 화합물이다(즉 금속이온과 착물을 형성하여 침전되지 않고 용액에 남아있다). 미량 금속을 자유롭게 그대로 놓아두면 때때로 원하지 않는 여러 반응을 촉매작용한다. 예를 들어 미량 금속은 식품과 여러 다른 소비자제품의 분해를 촉매작용하여 부패하고 변색하게 만든다. 이러한 금속촉매 분해반응을 지연시키기 위하여 소량 EDTA를 살코기, 샐러드 드레싱, 마요네즈, 소스, 샌드위치, 비누 등에 첨가하여 그들의 보존기간을 연장한다. 게다가 EDTA는 직물, 종이, 낙농제품, 고무공업을 포함하는 여러 제품에서 미량 금속이온의 농도 조절에 사용한다.

EDTA는 또한 열수 보일러와 가열기에서 형성되는 탄산칼슘과 황산칼슘의 녹을 제거할 때 이용한다. 센물을 가열하면 탄산칼슘이 침전된다. 왜냐하면 자연적으로 공기에 노출된 물에 존재하는 중탄산은 가열 중에 식 (5.15)처럼 탄산, 물, 이산화탄소로 분해한다(이 반응은 가열된 물이 끓기 전에 비커의 벽에 매우 작은 방울이 생기는 원인이다). 그러므로 탄산은 자연수에 때때로 존재하는 칼슘, 마그네슘, 또는 철 등의 양이온을 침전할 때 이용할 수 있다. 이 침전반응을 식 (5.16)에 제시한다.

$$2HCO_3^-(aq) \xrightarrow{\text{열}} H_2O + CO_2(g) + CO_3^{2-}(aq) \tag{5.15}$$

$$Ca^{2+}(aq) + CO_3^{2-}(aq) \longrightarrow CaCO_3(s) \tag{5.16}$$

황산칼슘은 열수 보일러와 가열기에서 형성된다. 왜냐하면 차가운 물보다 뜨거운 물에 덜 녹기 때문이다. EDTA는 또한 5.5절에서 설명하는 토픽처럼 중금속 중독의 해독제로도 이용한다.

5.4 세제 보조제로서 착화제

1940년대 후반에 자동 의류세탁기들이 처음 시장에 나올 때 많은 문제들이 즉시 발생했다. 보통 세탁용 비누를 이러한 자동세탁기에 사용하면 제라틴 고무 같은 백색(어떤 오염물을 세탁할 때는 가끔 회색이 나타난다)의 침전, 즉 비누와 Ca^{2+}, Mg^{2+}, Fe^{3+}같은 센물 이온사이에 여러 반응 생성물을 형성한다. 이 침전은 가끔 세탁물에 침착되어 불쾌할 뿐만 아니라 세탁기 제조업자들에게 더 중요한 것은 글자 뜻 그대로 세탁작업을 망쳐놓는 일이다. 세탁기 물통에서 세탁용 물을 배출하는 작은 구멍이 곧 막힌다. 이 문제에 대한 해답은 새로운 합성 세제(synthetic detergent, 두 단어를 합친 약자는 syndet)의 제조였다. 1947년에 Proctor & Gamble 회사에 의하여 처음으로 syndet를 합성했다.

합성 세제는 아직도 두 가지 주요한 성분으로 구성한다: (1) **계면활성제**(*surfactant*), 실제로 깨끗하게 만드는 비누 역할을 하는 분자. (2) **보조제**(*builder*), 침전하거나 그렇지 않으면 계면활성제 반응을 방해하는 Ca^{2+}, Mg^{2+}, $Fe^{2+/3+}$같은 센물 이온을 격리하려고 첨가하는 화합물. 본래의 보조제는 착화제를 사용했다.

1950년대와 1960년대 초에 가장 일반적 보조제는 그림 5.5a에 제시한 인산염 즉 삼인산(triphosphate, TPP, $P_3O_{10}^{5-}$) 염이다. 보는바와 같이 TPP는 세자리 리간드이다. 가장 일반적 TPP 형태는 간단한 소듐염이고 그 염류는 값싸게 이용할 수 있고 게면활성제 반응에 가장 효과적으로 적당한 pH를 유지할 수 있고 킬레이트 형성에 특히 효율적이고 그러므로 센물 이온을 격리한다.

실제로 인산염에서 문제가 발생했다. 많은 정원사들이 아는바와 같이 인산염은 (탄산염, 질산염, 포타슘염, 마그네슘염과 함께) 영양성분이다. 인산 세탁제의 인기가 증가함에 따라 폐수처리 공장에서 처리하지 않은 많은 양이 강, 호수, 연못 등에 버려진다. 이러한 인산염은(세탁제 아닌 가정용 그리고 공업용 인산염, 아질산염, 암모니아와 같은 다른 출처에서 나온 많은 복잡한 영양분과 함께 농업과 가축사육

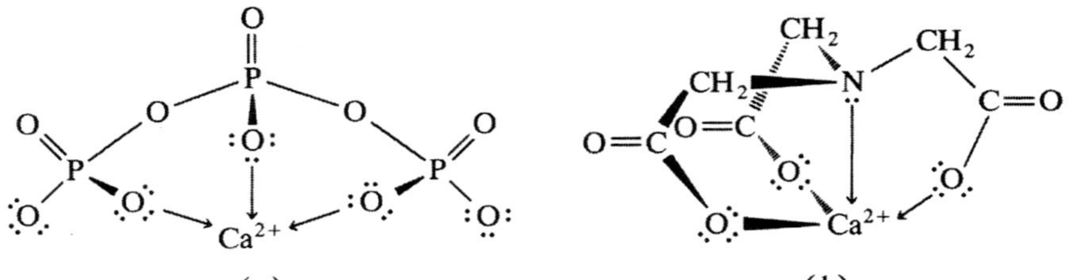

그림 5.5

두 가지 킬레이트화 세제 보조제. (a) 삼인산염 (triphosphate, TPP) (b) 나이트릴로트라이아세트산 (nitrilotriacetate, NTA). 각기 대표적 센물 이온을 나타내는Ca^{2+}와 착물을 형성한다.

(a)

(b)

장에서 흘러나오는 인산도 함께) 엄청나게 번성하는 조류와 기타 수중식물에 대한 원인이 되었다.

1960년대 말엽에 세제-관련 인산염은 부영양화의 주요한 원인 중 하나로 확인되었다. **부영양화**(*eutrophication*)는 전체 물이 노화되어 점점 수중식물체로 채워져 결과적으로 처음에 소택지 그리고 최후에 습지로 변하는 자연과정이다. 부영양화는 과량으로 비료를 주어 수중식물이 빠르고 지나치게 성장하는 자연적 노화과정이다. 부영양화와 관련이 있는 결과로서 세제-관련 인산염은 어떤 지역에서 심하게 제한되고 다른 지역에서는 사용이 금지되기도 한다. 미국에서 많은 주들이 삼인산 소듐으로 34%, 이것에 상당하는 인의 함량으로 8.7%까지 세제를 제한한다.

주요한 세제 보조제로서 인산염의 대용물을 연구해오고 있다. 한 후보물질로서 Procter & Gamble 회사가 상당히 비싸게 개발한 것은 네자리 킬레이트제의 나이트릴트라이아세트산(nitrilotriacetic acid, H_3NTA)이다. H_4EDTA를 이용한 과정과 연결하여 생각하면 H_3NTA는 모두 세 수소원자들이 모두 아세트산 부분으로 ($-CH_2COOH$) 치환된 암모니아 유도체라고 생각할 수 있다. 그림 5.5b에서 결과적으로 생기는 나이트릴로트라이아세트산(nitrilotriacetate) 음이온이 대표적 센물 이온을 킬레이트화 하는 것을 나타냈다. 그것은 좋은 킬레이트제이고 syndet(합성세제 보조제)이다. 불행하게도 얼마 전에 NTA도 역시 수은, 카드뮴, 납과 착물을 형성하고 이러한 착물형태는 인체장벽(body barrier, 두 가지 장벽, 즉 태반장벽과 혈뇌장벽)을 통하여 운반되어 출산결함과 뇌손상을 일으킨다고 제시했다. 1970년대 중반에 NTA는 또한 신장손상과 암의 원인과 관련이 있다고 보고하였다. 이러한 초기의 보고는 현재 대부분 실증되지 않은 것으로 나타난다. 1980년에 실제로 미국 환경보호청은 세제에서 NTA를 규제할 이유가 없다고 보고하였다. 그러나 그러한 손상은 실제로 일어나서 syndet 보조제로서 아지 널리 사용하지 않게 되었다. 그러나 NTA는 카나다와 독일같은 다른 나라에서 많이 사용한다.

syndet로서 인산염을 무엇으로 대치하였는가? 세제를 잠시 살펴보면 대부분이 보조제로서 "떠있는 탄산소듐"(suspended Na_2CO_3)을 사용하는 것으로 나타난다. 탄산염은 식 (5.17)에 제시한 과정에서 센물 이온을 작은 입자로 침전한다. 규산염도 센물 이온을 침전하고[식 (5.18)] 인산 대체물로 사용하는 것에 제한받는 것으로 알려졌다.

$$Ca^{2+}(aq) + CO_3^{2-}(aq) \longrightarrow CaCO_3(s) \tag{5.17}$$

$$Ca^{2+}(aq) + SiO_3^{2-}(aq) \longrightarrow CaSiO_3(s) \tag{5.18}$$

더 최근에 제오라이트(zeolite)와 알루미노규산(aluminosilicate)도 센물 이온의 격리에 사용한다(알루미노규산의 구조와 기능에 대하여 더 상세한 것은 14.5절을 보라). 인산염 그 자체는 특히 강력한 공업용 세제와 접시세척 세제로 아직도 사용한다(그러나 미국의 여러 주에서 세탁제에 대하여 8.7%로 제한하지만).

5.5 배위화합물의 생물무기화학적 응용

생화학, 즉 생명계의 화학은 일반적으로 무기화학과 배위화학의 지식에 의하여 많은 정보를 얻는다. 실제로 생물무기화학(bioinorganic chemistry)은 비교적 새로운 그리고 아직도 발전하는 학제간 화학분야이다. 지난 35년에 걸쳐 생물무기화학자들이 연구한 가장 생산적 분야 중 하나는 세포호흡 부분에서 산소운반에 대한 헤모글로빈의 성질과 반응이다. 다른 것들은 치료용 착화제와 백금항암제이다.

산소운반

세포호흡(*cellular respiration*)은 산소를 이용하여 글루코오스를 분해하고 세포에 이용하기 위하여 이산화탄소, 물, 에너지를 만드는 과정이다. 고등동물에서 산소는 헤모글로빈의 반응에 의하여 세포로 운반한다. 헤모글로빈은 아연실색할 정도로(적어도 무기화학자들에게) 큰 약 64,500 u 분자량을 갖는 사합체(tetramer) 단백질이다. 그림 5.6에 헤모그로빈의 두 가지 모양을 제시한다. 첫째는 전체 분자의 그림이고 이렇게 큰 분자를 아주 상세하게 그리는 것은 쉽지 않다. 이와 같이 네 부분으로 나누어져 있는 분자의 대부분은 단백질이고 여기에서는 취급하지 않겠다. 그러나 이 단백질 사슬에 **헴 원자단**(*heme group*)이라고 부르는 네 개의 평면 디스크가 있다. 그림 5.6b는 이들에 관하여 더 상세한 그림을 보여준다. 각 헴은 네 질소 원자들이 Fe^{2+}와 배위결합하여 사각평면배열을 형성한다. 철 양이온 바로 밑에 헴 분자의 단백질 하부구조로부터 나온 히스티딘(histidine) 원자단이 여섯째 자리를 점유한다. 철 주위의 다섯째 위치는 폐, 입, 또는 기관의 피부로부터 산소가 필요한 세포까지 산소운반에 이용할 수 있다.

인간과 대부분 동물은 헤모글로빈이 혈액에서 발견되고 혈액은 특성있는 색을 갖는다(헤모글로빈이 없는 종의 혈액은 다른 색이거나 무색이다). 너무 지나치게 간단하지만 호흡반응을 식 (5.19)에 제시한다.

$$\mathrm{Hb} + \mathrm{O_2}(g) \rightleftharpoons \mathrm{HbO_2} \tag{5.19}$$

여기에서 Hb는 헤모글로빈에서 헴 자리 중 하나를 표시한다. 산소와 헤모글로빈(검은 자주색)은 HbO_2 옥시헤모글로빈(밝은 적색)과 평형에 있다. 혈액 중 자유 헴 자리들이 폐의 폐포(작은 공기 주머니)에서 고농도 산소 또는 산소 부분압과 만날 때 평형은 오른쪽으로 이동한다. 옥시헤모글로빈이 산소 부분압이 작은 세포와 만나면 그 평형은 다시 왼쪽으로 이동하고 산소를 방출한다.

헴 중에서 O_2 분자와 Fe^{2+}의 결합방식에 관하여 생물무기화학자들 사이에 수년간에 걸쳐 많은 토론이 있었다. 그림 5.6b처럼 그 증거의 대부분은 산소의 고립전자쌍을 철에 제공하는 산소와 일치하는 굽은 구조가 유리한 것처럼 보인다. 각 헴

그림 5.6

헤모글로빈과 헴. (a) 헤모글로빈은 네 개 헴 원자단을 갖는 사합체 단백질이고 평면 디스크로 나타난다. 관 모양은 단백질 부분이고 한편 히스티딘 원자단은 His라고 표시한다(참고문헌 9). (b) 헴은 세포호흡 과정에서 실제로 산소분자를 운송하는 철-함유 헤모글로빈 착물이다. 이종원자고리 중 네 개 질소원자는 Fe(II) 주위에 사각평면을 형성하고 히스티딘 원자단과(또한 헤모글로빈의 단백질과 결합) 산소분자는 축 위치에 결합한다(참고문헌 10).

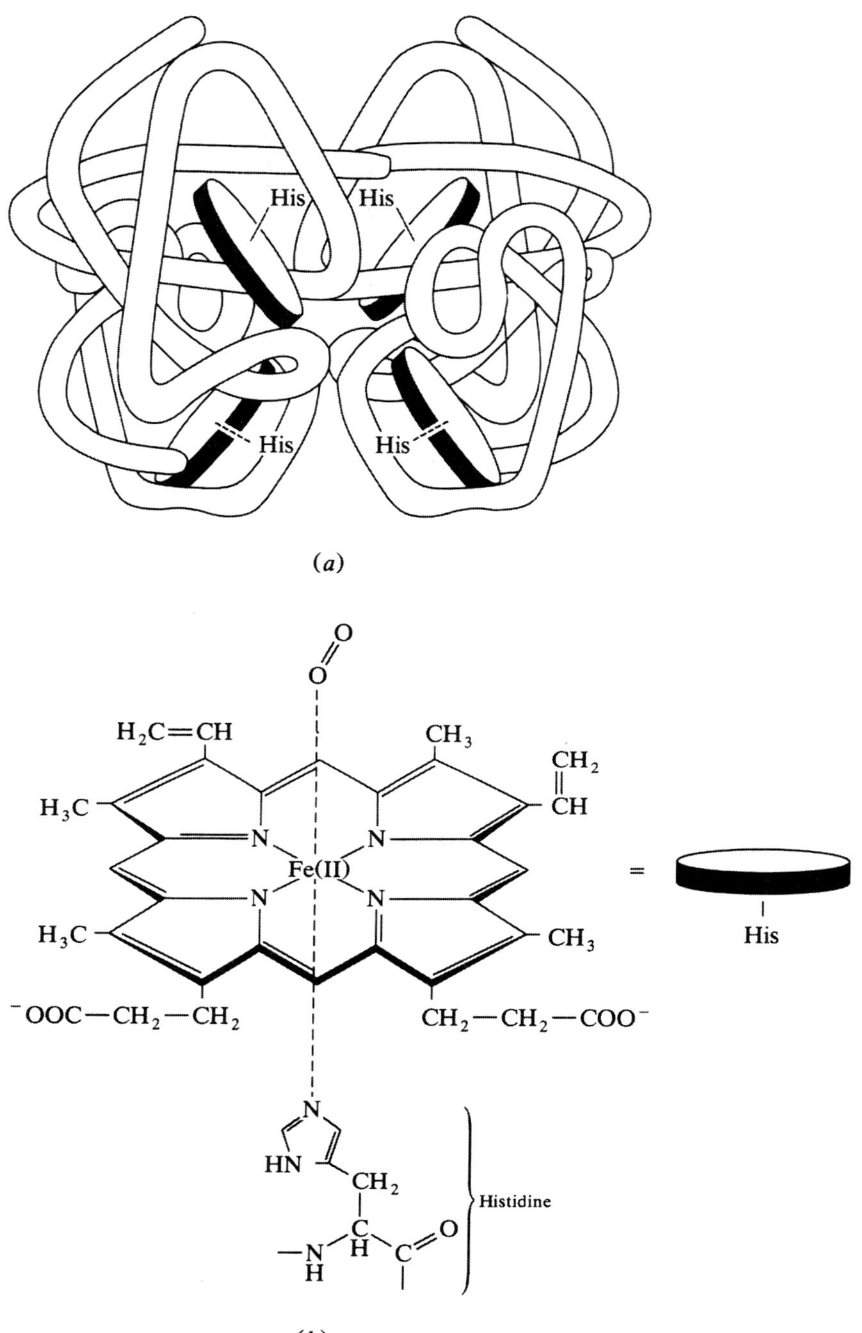

원자단이 산소분자를 취할 수 있는 능력은 세 개 원자단 중 얼마가 다른 산소분자와 쉽게 배위결합하는 가에 의존하는 것처럼 보인다. 즉 네 개 헴 원자단은 산소분자와 협동해서 결합하는 것처럼 보인다. 한 헴 원자단이 한 산소와 결합할 때 다른 원자단은 둘째 산소의 결합을 훨씬 더 잘 받아들이게 된다. 분명하게 그리고 특별하게 잘 이해되지 않은 일련의 단계를 통하여 한 산소의 결합이 통로를 열어 더 쉽게 계속해서 산소분자가 다른 헴 원자단과 결합을 진행하게 만든다. 대단히 놀랍게도 조금 상세하게 살펴볼 때 산소는 Fe^{2+}를 Fe^{3+}로 산화하지 않는다. 분명히 단백질 구조는 때때로 "소수성 주머니"(hydrophobic pocket)라고 부르는 보호역할로 산화를 방지한다. 이러한 보호 덮개가 없으면 철은 산화되고 더 이상 산소와 결합하지 않는다. 그 대신 한 물분자는 여섯째 자리를 점유하고 그 화합물은 갈색이다(이러한 산화는 인체 기관의 외부에 있는 헤모글로빈에서도 일어나고 그것은 건조된 혈액의 색과 오래된 살코기 색의 원인이다).

헤모글로빈이 산소와 일산화탄소에 모두 노출되면 카복시헤모글로빈(carboxyhemoglobin)이라고 부르는 카보닐 착물을 우선적으로 형성한다. 그 결과로 생기는 반응을 식 (5.20)에 제시한다.

$$\mathrm{Hb} + \mathrm{CO}(g) \rightleftharpoons \mathrm{HbCO} \tag{5.20}$$

카복시헤모글로빈 형성에 대한 평형상수는 옥시헤모글로빈보다 약 250배 더 크다. 그 결과로 호흡한 일산화탄소는 세포에서 산소를 빼앗고 희생자는 결국에 질식한다. 건강한 사람은 정상적으로 일산화탄소가 헤모글로빈 자리(약 0.5%)를 약간 점유한다. 흡연자는 그들 Hb의 5~12%를 HbCO가 점유하기 때문에 더 위험하다. HbCO 백분율이 증가할 때 건강효과는 더 뚜렷하게 나타난다. HbCO 농도가 2.5%일 때 신경계는 손상되기 시작하고 10~20%일 때 머리가 아프고 30~40%일 때 현기증과 구토, 40~50%일 때 졸도, 60% 이상에서 사망한다.

일산화탄소와 등전자성 시안화이온 CN^-도 헴 원자단의 철 양이온과 결합한다. 그러나 처음에 시안화물은 헤모글로빈을 공격하지 않고 *cytochrome*이라고 부르는 한 원자단의 작용을 방해한다. 여러 종류의 cytochrome(c, a, a_3, 등등이라고 표지한다)은 하나 이상 헴 원자단을 갖는 단백질이다. 그들은 모두 세포호흡과정의 일부분으로서 분자산소를 물로 환원하는 전자운송과 관련이 있다. 이러한 헴 원자단 중 철 양이온이 이 전자운반 과정의 끝에서 분자산소 O_2 대신 우선적으로 시안화 이온과 결합할 때 세포호흡은 기본적으로 정지한다.

시안화물 중독은 여러 방법으로 일어난다. 화학실험실과 작업장에서 시안화 염류(KCN과 같은) 또는 시안화수소(HCN)와 같은 기체를 사용할 때 항상 조심해야 한다. HCN은 쓴맛 아몬드와 같은 냄새를 내고 다섯 사람 중 한 사람은 이 냄새를 검출할 수 없고 시안화물을 이용하는 지역에서는 많은 주의가 필요하다. 광석에서 금과 은의 추출과 여러 염료(앞에서 설명한 것처럼)를 만들 때 사용하는 것 이외에 시안화물은 금속의 정련과 도금에 그리고 감광 사진과 X-선 필름으로부터 은을 추출할 때도 사용한다. HCN 기체는 기체 반응실에서 그리고 가정 창고, 선박에서 여러 해충의 박멸 등에 훈증제로 사용한다.

다른 시안화물의 출처는 불확실하다. 예를 들어 사과, 체리, 배, 살구, 자두와 같은 여러 과일 종자는 숙성 중에 시안화물을 방출하는 시안배당체(*cyanogenetic glycoside*)라고 부르는 화합물을 함유한다. 작은 아기들은 다만 5~20 종자이면 죽을 수 있다. 그러나 종자 껍질이 깨질 때만 위험하다. 암 치료제라고 주장하는 laetrile은 살구 씨 핵으로 만들고 이것은 시안화 방출물질을 함유하는 것으로 보고되었다. 그것은 치명적 시안화 독성을 발생힌다. 마지막으로 펜타시아노나이트로실철산(III)소듐 $Na_2[Fe(CN)_5NO]$은 때때로 sodium nitroprusside라 부르고 고혈압 조절에 유용하지만 역시 시안화 이온을 방출하고 과량 투여는 시안화물 중독을 초래할 수 있다.

중금속에 대한 치료용 킬레이트제

납-함유 페인트 조각을 먹거나 부적절하게 만든 질그릇 옹기를 이용하여 오렌지 쥬스를 마셔서 아이를 병원 응급실로 데려올 때 어떻게 처리하는가? 이것과 비슷한 응급상항은 모든 세계에서 매일 일어난다. 실제로 납은 때때로 모든 "장소에 있는 독"이라고 한다. 왜냐하면 납은 우리들이 살고 일하는 장소의 모든 곳에 사람들이 "심술궂게"라고 말할 정도로 대단히 넓게 분포하기 때문이다(납은 페인트, 도자기, 땜납, 크리스털 유리, 수도관, 토양, 오래된 집 근처와 도로 옆의 채소에서 발견된다). 현대 성인에서 발견된 평균 납 농도는 에짚트 미라에서 발견된 것보다 약 10배이다(납 농도와 독성에 관한 더 많은 정보는 14.4절을 보라). 아이들은 특히 여러 납중독의 영향, 즉 피로, 경련, 운동능력의 손상, 지능지수 감퇴, 거동과 주의력 문제, 느린 반응시간, 눈-손 협동 부진에 민감하다. 납은 또한 태반과 뇌혈관 장애도 가져오고 뇌손상과 출산결함도 일으킨다. 심한 경우에는 졸도와 사망을 가져온다.

납과 기타 중금속의 반응 상태는 단백질을 구성하는 여러 아미노산과 결합이다. 인체에서 여러 기능을 조절하는 거대한 생물학적 거대분자인 단백질은 때때로 Lewis 염기로 작용할 수 있는 황 원자단을 갖는다. 이러한 무른염기 황 원자는 여러 중금속 양이온과 쉽게 배위결합한다. 그 결과로 생기는 무른산-무른염기 착물은 정상적으로 작용할 수 없는 단백질을 만든다.

납 중독으로 고생하는 아이들을 치료할 때 첫 번째는 가능하면 빠르게 혈액 중 납 농도를 감소하는 일이다. 첫 번째 치료는 대부분 자주 EDTA 치료법을 이용한다. 5.3절에서 본 것처럼 EDTA는 우수한 여섯자리 착화제이다. EDTA는 효과적으로 착물을 만들고 납을 포함하는 2+와 3+ 금속을 거의 모두 격리한다. 그러나 이러한 사실은 또한 사실이 EDTA를 오래 동안 치료용으로 사용할 수 없는 바로 그 이유가 된다.. EDTA는 분별력이 없는 착화제이고 EDTA 그 자체로 남아서 Mg^{2+}, Fe^{2+}, Cu^{2+}, 가장 중요한 Ca^{2+}를 포함하여 생명유지에 필요한 금속이온과 킬레이트를 만든다(칼슘 손실을 최소화하기 위하여 EDTA는 일반적으로 CaH_2EDTA와 $CaNa_2EDTA$와 같은 칼슘염류로 투여한다). 더구나 EDTA는 경구투여할 수 없다.

왜냐하면 장관(gastrotestinal tract) 내부에서 납과 킬레이트를 형성하여 인체의 나머지로 퍼진다. 그 대신 혈관 내부에 또는 근육 내부에 주입한다. EDTA 치료법은 또한 철, 망가니즈, 아연, 구리, 베릴륨, 코발트 등의 해독에도 사용한다.

납 중독에 대한 두 번째 치료는 때때로 *penicillamine*이라고 부르는 착화제와 관련이 있다. 그 구조는 그림 5.7a에 있다. 그림에 있는 것처럼 그것은 세자리 킬레이트제지만 더 중요한 것은 원자단에 한 황 원자를 함유한다.

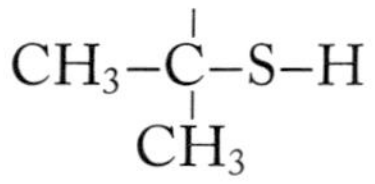

$$CH_3-\overset{|}{\underset{\underset{CH_3}{|}}{C}}-S-H$$

그것은 한 양성자를 잃고 황 원자에 결합한 한 고립전자쌍을 갖는다. 황 고립 전자쌍과 Pb^{2+} 양이온 사이의 무른염기-무른산 상호작용은 penicillamine을 납과 기타 금, 비스무트, 수은과 같은 무거운 무른산 금속에 대한 더 구체적 해독제로 작용하게 한다. Penicillamine은 또한 무른염기 테트라카보닐 니켈에 대하여도 효과적이다. Penicillamine은 수용성이고 경구투여할 수 있다.

또 다른 납 해독제는 British anti-Lewisite(BAL)라는 독특한 이름을 갖는 화합물이다. 그 구조를 그림 5.7b에 제시한다. 그것은 적절하게 2,3-dimercapto-1-propanol이라 불러야하고 그것의 두 무른염기 mercapto(−SH) 원자단은 특히 무른산 금속에 대하여 효과적이다. 실제로 이것은 본래 세계 제1차대전 중에 Lewisite(미국화학자 Winford Lee Lewis 이름을 따서 명명)와 청십자(blue cross)같은 비소함유 발포제(arsenical blistering agent)의 해독제로 개발되였다. 이들 화합물의 구조를 그림 5.8에 제시한다(비소 함유 화합물에 대한 몇 가지 더 많은 정보는 15.1절에서 알 수 있다). 그것의 유래를 인정한다면 치사량의 BAL을 처방하여도 비소중독에 대하여 효과적이라는 것은 놀라운 것이 아니다. BAL은 또한 금 해독에도 사용할 수 있지만 수

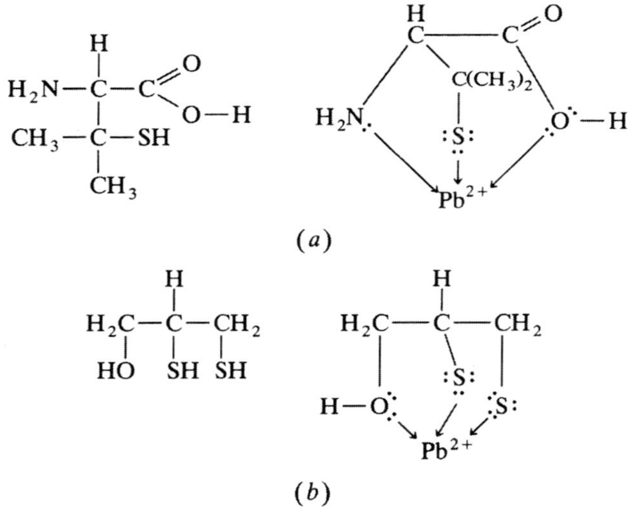

그림 5.7

(a) Penicillamine과 (b) British anti-Lewisite의 자유 리간드와 납 착물.

H
$H_2N-C-C(=O)-O-H$
CH_3-C-SH
CH_3

H
C—C=O
C(CH₃)₂
H_2N: :S: :O:—H
Pb^{2+}

(*a*)

H
$H_2C-C-CH_2$
HO SH SH

H
$H_2C-C-CH_2$
:S:
H—O: :S:
Pb^{2+}

(*b*)

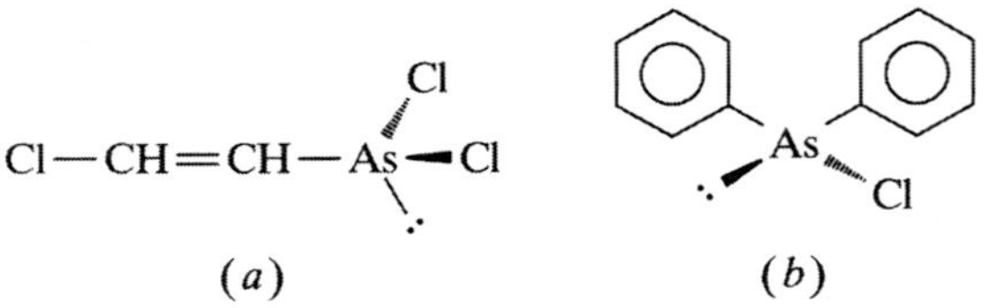

그림 5.8

두 가지 비소함유 발포제: (a) Lewisite (2-chloro-ethenylarsenicdichloride) (b) 청십자(blue cross, diphenylarsenicchloride).

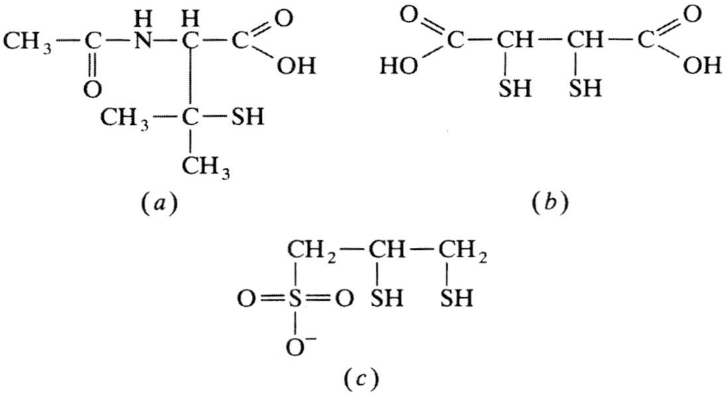

그림 5.9

수은과 기타 중금속 중독 치료에 사용하는 세 가지 mono-와 dimercapto-킬레이트제. (a) *N*-acetyl-penicillamine (NAPA), (b) 2,3-dimercapto-succinic acid (DMSA), (c) 2,3-dimercapto-propane-1-sulfonate (DMPS).

은과 비스무트에 대하여 사용하지 않아야 한다. 왜냐하면 그 킬레이트 금속이 몸 전체에 퍼질 수 있기 때문이다. BAL은 수용성이 아니므로 경구투여를 할 수 없다.

Penicillamine과 BAL 두 가지는 Wilson병의 치료에 사용한다. Wilson병은 체내에 구리 축적 때문에 나타내는 대사장애(metabolic disorder)이다. 이 병의 특이한 증상은 각막의 Krayer-Fleischer 고리 형성이다. 즉 이 질병에 감염된 사람은 눈에 구리 - 또는 녹쇠 색의 고리를 나타낸다. 이러한 구리 축적 증상은 penicillamine으로 가장 잘 치료된다. 구리농도를 안전하게 감소한 다음 아연 염을 투여하여 Wilson병을 조절할 수 있다. 그 아연 염은 구리의 내장 흡수를 방해하고 구리가 다시 축적되는 것을 방지한다. Triethylenediamine (trien)도 역시 Wilson병 치료에 이용한다.

대중의 눈에 수은의 위험성이 닥쳐온 현대의 첫 번째 사건은 1953년에 일본 미나마타 만에서 일어났다. 여기에서 어부들과 그들의 가족들은 수은이 함유된 생선과 조개를 먹고 괴로워하였다. 그 수은은 결국 근처의 폴리(염화바이닐) 공장에서 흘러나온 것으로 추적되었다. 특히 수산식품 사슬의 정점에 있는 참치, 청새치, 황새치와 같은 어류 중에 함유된 수은은 즉시 굉장한 뉴스 문제로 등장했다. 또 다른 수은의 중요한 출처는 수은 살균제로 처리한 곡물 종자이다. 불행하게도 이 곡물 종자는 의도한 것처럼 항상 사용되지 않는다. 그 곡물종자를 직접 인간에게 또는 인간이 소비하는 농장동물에 급식할 때 가끔 비극적 결과를 발생한다. 주위 환경에서 다른 수은출처는 광산, 연료연소, 염소 제조용 염소−알칼리 공정(17.1절을 보라), 페인트, 온도계, 폭약, 전기장치, 배터리 등이다.

수은 중독 증상은 경련, 현기증, 협동심 부족, 구토, 설사, 그리고 고농도 농축에서는 졸도, 뇌손상, 사망을 초래한다. 수은 중독은 때때로 비가역성 손상을 가져오지만 어떤 환경에서 penicillamine과 Lewis 염기를 함유하는 모노-와 다이-머캅토 킬레이트제로 치료할 수 있다. 그 밖에 수은과 기타 중금속 치료에 사용한 모노-와 다이-머캅토 킬레이트제를 그림 5.9에 나타내었다.

백금 항종양제

1964년에 Barnett Rosenberg와 그의 동료들은 *Escherichia coli* (*E. coli*) 세포의 성장속도에 관한 전기장효과를 연구하였다. 그들은 아주 우연하게 사용하는 전극에서 소량 백금이 시스-다이암민다이클로로백금(II) $PtCl_2(NH_3)_2$로 변환되고 그것이 세포분열 속도를 근본적으로 지연하는 원인이라는 것을 알게 되었다. 1970년대 초에 직접 의학적 연구는 즉시 cisplatin이라고 알려진 이 배위화합물이 특히 정소암 및 자궁암과 관련이 있는 여러 고형 종양의 성장을 완전히 정지할 수 있다고 발표했다. 추가로 동물연구는 또한 방광, 머리, 목, 폐를 포함하는 여러 악성 종양에 대항하는 활동성을 갖는다고 발표했다. 그러나 대부분 항암제처럼 cisplatin은 가장 주목받는 심각한 신장손상과 같은 몇 가지 중대한 부작용을 갖는 것이 발견되었다.

이러한 발견은 cisplatin이 종양에 대하여 어떻게 작용하는가를 연구하기 위한 협동적 노력을 이끌어냈다. 그러한 정보는 바랐던 것이지만 더 효과적이고 부작용이 더 적은 cisplatin 변형의 도출에 유용할 것이다. 그 결과는 Rosenberg의 최초 연구에 근거한 제2 세대 항암제에 나타났다. Cisplatin과 몇 가지 더 최근의 항종양 화합물을 그림 5.10에 제시한다. 이러한 모든 화합물은 시스-지향성이고 비교적 치환성

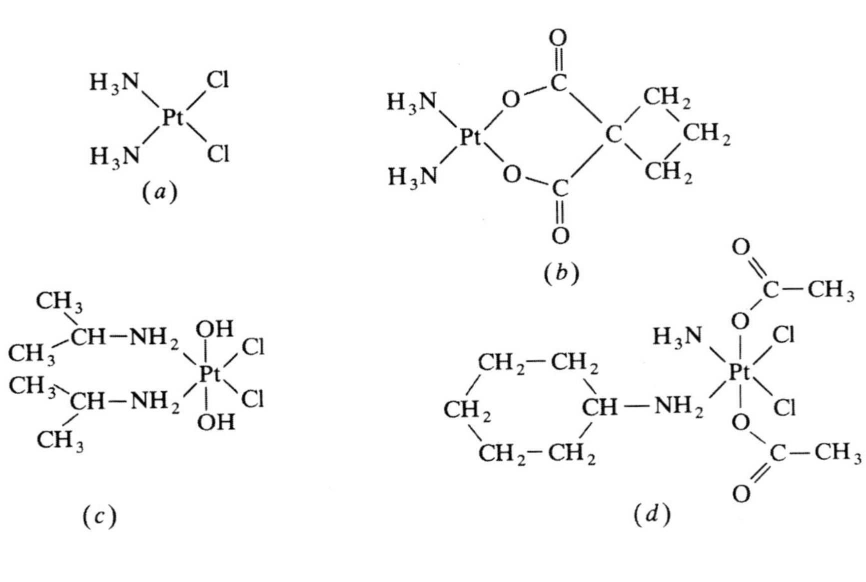

그림 5.10

Cisplatin과 몇 가지 관련이 있는 항종양 화합물: (a) cis-diammine-dichloro-platinum(II), cisplatin; (b)diammine-1,1-cyclo-butanedi-carboxylatoplatinum(II), carboplatinum; (c)cis-bis(2-amino-propane)-cis-dichloro-transdi-hydroxo-platinum(IV), ipoplatin; (d) trans-bis(acetato)ammine-cis-dichloro(cyclohexylamine)platinum(IV),JM-216.

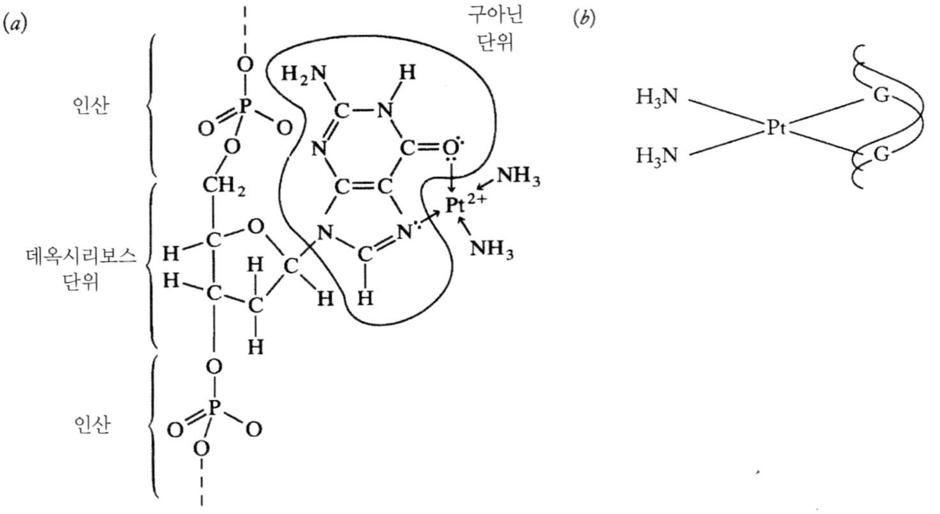

그림 5.11

종양에 대항하는 cisplatin과 관련이 있는 화합물의 반응에 대한 가능한 메커니즘. (a) Deoxyribo-nucleic acid(DNA)는 한 인산, 한 당류, 한 질소염기로 각기 구성하는 일련의 뉴클레오타이드로 만들어진 한 중합체이다. 여기에 제시한 질소염기는 구아닌이다. 두 치환성 염화물 리간드를 잃은 다음 cisplatin은 이종원자고리질소염기와 착물을 만들고 DNA를 정확하지 않게 복제할 수 있게 만든다. (b) 동일한 DNA 가닥에 있는 두 이웃 구아닌(G)이 한 백금과 결합하는 가닥내부교차결합(참고문헌 11).

(쉽게 잃어버리는)이 큰 리간드가 두 개라는 사실이 중요하다. Cisplatin, iproplatin, JM-216이라고 부르는 화합물은 모두 염화물 리간드를 갖는다. Carboplatin 계는 암민을 갖는다. 이러한 일반적 시스 구조의 유사성은 중요하다. 왜냐하면 그것에 비하여 상당하는 트랜스 화합물은 항종양성 활동이 없기 때문이다

종양에 대항하는 이러한 화합물의 메커니즘은 생명체의 분자구성 단위 중 하나인 deoxyribonucleic acid 중 질소 염기와 킬레이트 착물을 형성하는 능력과 관련이 있는 것처럼 보인다. 특이하게 DNA는 복사할 때 두 가닥으로 갈라지고 그들은 각기 정확하게 복사되어야한다(한 DNA 가닥은 일련의 뉴클레오타이드로 구성하고 그들은 각기 한 인산, 한 당류, 한 질소염기의 세 부분으로 구성한다). 이들의 상대적 배열을 그림 5.11a에 제시한다.

Cisplatin과 그들 유도체의 반응에 대하여 제안된 본래 메커니즘을 그림 5.11a에 제시한다. 4.5절에 지적한 것처럼 사각평면 백금착물은 특이한 치환성 염화물 리간드를 갖는다. 이들의 염화물은 DNA의 이종원자고리의 질소염기에서 발견된 질소 및 산소 원자로 치환될 수 있다(이종원자고리의 정의는 5.3절을 보라). 일단 산소와 질소염기 중의 질소가 백금 양이온과 착물을 형성하면 그 DNA는 더 이상 정확하게 복제할 수 없다. 그 대신 이 착물의 형성은 DNA 복사에서 오류(또는 돌연변이)와 암세포 파괴를 가져온다. 분명하지 않은 이유 때문에 암세포는 그러한 오류를 대단히 빠르게 수선할 수 없지만 정상적 건강한 세포는 가끔 수선할 수 있다. 그림 5.11b에 제시한 반응과 이제 가장 있음직한 설명이라고 생각하는 또 다른 반응 방식은 가닥내부 교차결합(*intrastrand cross-link*)이라고 부른다. 이 경우에 동일한 DNA 가닥에 있는 두 이웃과 일반적인 이웃 구아닌(guanine)은 백금 양이온과 한

자리 리간드 모양으로(동일한 이종원자고리 질소원자를 통하여) 결합한다. 백금과 상호반응은 일부분이 꼬이지 않고 DNA 이중나선을 변형하고 또한 그 자체의 복제와 수선을 방해한다. 다른 제안된 반응방식은 가닥사이 교차결합(*interstrand cross-link*, 두 구아닌이 서로 다른 DNA가닥에 결합)과 관련이 있고 여러 단백질이 백금화합물 또는 착물 DNA와 상호반응하는 시나리오이다. 이러한 모든 경우에 시스구조는 DNA와 원하는 상호반응을 하는 것이 필요하다.

1981년에 의학적 시험을 시작한 carboplatin은 제 2세대 항종양제이고 cisplatin과 달리 경구투여를 할 수 있다. 이것은 현재 두 번째로 가장 널리 사용하는 백금 항암제이다. Carboplatin은 효능이 조금 떨어지고 반응이 느리지만 그 독성은 더 온화하고 대부분 환자들이 더 잘 견뎌낸다. 특히 두 CH_3COO^-이 더 비활성이고 결국 리간드를 오줌에 배설하므로 간에 대한 손상이 더 적다. Iproplatin과 JM-216은 백금(IV) 화합물이고 그들은 DNA와 상호반응이 일어나기 전에 인체 내에서 환원되어야 한다. 이러한 환원반응이 생체에서 쉽게 일어날 수 있는 증거는 많이 있다.

연습문제 PROBLEMS

5.1 전자배열과 결정장이론의 관점에서 왜 다이암민은(I)은 무색이고 테트라암민구리(II) 는 착색인가? 구체적으로 설명하라.

5.2 $Au(CN)^{2-}$와 $Ag(CN)^{2-}$ 이온을 함유하는 수용액의 색을 추측하라. 당신의 해답을 간단히 설명하라.

★5.3 시안화물 정량에 관한 Liebig 방법은 질산은 수용액과 같은 시약에 의한 적정과 관련이있다. 이 것을 어떻게 실험하는가를 설명하고 해답에 대한 반응식을 나타내어라.

5.4 Mond공정의 온도 의존성을 안다면 니켈과 일산화탄소로부터 테트라카보닐 니켈의 형성이 흡열반응인가? 발열반응인가? 당신의 해답을 간단히 설명하라.

5.5 이온사이에 힘이 굳은−굳은-산-염기 상호작용에서 무른−무른-산-염기 상호작용보다 왜 더 중요한가를 이론적으로 짧게 설명하라.

5.6 London 분산힘이 무른−무른-산-염기 상호작용에서 굳은−굳은-산-염기 상호작용보다 왜 더 중요한가를 이론적으로 짧게 설명하라.

5.7 *S*-티오시아나토 착물이 왜 수은과 같은 금속과 함께 발견되고 *N*-티오시아나토는 코발트와 함께 발견되는가를 이론적으로 간단히 설명하라.

★ 표시는 더 어려운 문제이다.

5.8 $K_6[W(SCN)_6Br_2]$에 관한 배위권 기하구조를 설명하고 그림으로 제시하라. 두 자리 SCN^- 리간드는 그 결합에서 *S*-결합 또는 *N*-결합 중 어느 것이 유리한가를 간단히 설명하라. 당신의 해답을 간단히 설명하라.

5.9 헥사아쿠아철(II)과 2몰 아세트산이 반응하여 다이아세타토아쿠아철(II)을 형성하는 전체 평형상수는 120이다. 한편 1몰 말론산 $-OOCCH_2COO-$과 반응하여 형성하는 전체 평형상 수는 630이다. 이 반응식을 쓰고 그 평형상수의 차이를 이론적으로 간단히 설명하라.

5.10 시안화 니켈(II)은 수용액에 녹아 헥사아쿠아니켈(II)과 시안화물 이온을 생성한다. $[Ni(en)_2(H_2O)_2](CN)_2$는 $Ni(CN)_2$와 자유 에틸렌다이아민의 수용액에서 적절하게 즉시 만들 수있다고 생각하라.

(a) 그 합성에 대한 균형 알짜 반응식을 쓰라.

(b) 시안화 테트라암민다이아쿠아니켈(II)은 $Ni(CN)_2$와 암모니아 수용액에서 적절한 화학량론비로 결합하여 만들 수 있다 가정하고 이 합성에 대하여 균형 알짜 반응식을 쓰라. 이러한 두 니켈 착물 중에서 어느 것이 더 열역학적으로 안정하다고 생각하는가? (즉 두 합성반응 중에서 어느 것이 가장 큰 음수 $\Delta G°$ 또는 가장 큰 K 값을 갖는가?) 당신의 해답을 간단히 설명하라.

5.11 헥사아쿠아코발트(II)와 2몰 아세트산이 반응하여 다이아세타토아쿠아코발트(II)를 형성하는 전체 평형상수는 80이다. 한편 1몰 옥살산 $^-OOCCOO^-$과 반응하여 형성하는 전체 평형상수는 5.0×10^4 자리수이다. 이 반응식을 쓰고 그 평형상수의 차이를 이론적으로 간단히 설명하라.

★5.12 염화 트랜스-다이아쿠아비스(*N,N*-다이에틸에틸렌다이아민)니켈(II)은 에탄올 중에서 *N,N*-다이에틸에틸렌다이아민 $(CH_3CH_2)_2NCH_2CH_2NH_2$ 리간드 또는 “deen”과 염화 헥 사아쿠아니켈(II) 리간드와 2:1로 결합하여 만들 수 있다.

(a) 이 반응의 반응식을 쓰라.

(b) 다음 반응은 에탄올 중에서 일어 날수도 있다.

$$[Ni(H_2O)_6]Cl_2 + 2\underset{\text{diethylamine}}{(CH_3CH_2)_2NH} + 2\underset{\text{ethylamine}}{CH_3CH_2NH_2} \longrightarrow$$

$$[Ni(H_2O)_2\{(CH_3CH_2)_2NH\}_2\{CH_3CH_2NH_2\}_2]Cl_2 + 4H_2O$$

후자의 반응생성물을 명명하라. 이러한 후자의 반응 평형상수는 (a)에 대한 당신의 해답에 제시한 반응보다 큰가 또는 작은가? 당신의 해답을 간단히 설명하라.

5.13 아세톤 착물은

$$\underset{\underset{O}{\|}}{CH_3CCH_3}$$

특별히 안정하지 않지만 아세틸아세톤산은 안정하다. 이 사실을 이론적으로 간단히 설명하라.

★5.14 헥사아쿠아코발트(II)와 2몰 말론산 $^{-}OOCCH_2COO^{-}$의 반응에 대한 평형상수는 대략 5.0×10^3이다. Co^{2+}와 말론산 또는 옥살산 착물 중 어느 것이 더 안정한가 여부의 결정에 이 값(5.0×10^3)과 문제 5.11에 제시한 정보를 이용하라. 결과적으로 생기는 킬레이트 착물의 가능한 구조를 그려라. 당신의 해답은 이 경우에 5-원소 킬레이트 고리 또는 6-원소 킬레이트 고리의 상대적 안정도에 관하여 어떤 결론에 도달할 수이 있는가?

5.15 이 장에서 제시한 정보를 이용하여 다음 반응의 평형상수를 결정하라.

$$[Ni(NH_3)_6]^{2+}(aq) + 3en(aq) \longrightarrow [Ni(en)_3]^{2+}(aq) + 6NH_3(aq)$$

이 반응은 열역학적으로 유리한가? 당신의 해답을 간단히 설명하라.

5.16 문제 5.11에서 제시한 정보를 이용하여 다음 반응의 평형상수를 결정하라.

$$[Co(CH_3COO)_2(H_2O)_4] + C_2O_4^{2-} \longrightarrow [Co(H_2O)_4(C_2O_4)] + 2CH_3COO^-$$

이 반응은 열역학적으로 유리한가? 당신의 해답을 간단히 설명하라.

5.17 니켈 광석시료 0.3456 g은 무게분석에서 0.7815g $Ni(dmgH)_2$을 만든다. 시료 중 니켈백분율을 계산하라.

5.18 알루미늄 광석은 약 24% 알루미늄을 함유한다. 그 광물을 8-hydroxyquinol로 처리하여 약 0.50 g 침전할 때 그 광물 중 니켈은 그램으로 얼마인가?

5.19 칼슘을 함유하는 광석 0.2000 g 시료를 0.04672 *M* EDTA 용액으로 적정했다. 착화법 적정 지시약을 사용하여 종말점에 도달 할 때까지 23.94 mL 필요할 때 그 시료 중 칼슘 백분율을 계산하라.

5.20 Pb^{2+}와 Cd^{2+}를 함유하는 수용액을 EDTA로 적정한다. 과량 시안화물을 그 용액에 가하면 칼슘은 시안화 착물의 형성에 의하여 가리워진다고 말한다. 납과 카드뮴만 함유하는 용액 20.00 mL는 처음에 0.02000 *M* EDTA 45.94 mL로 적정했다. 과량 시안화 소듐을 가한 다음 동일한 EDTA 용액으로 종말점까지 적경에 34.87 mL 필요하다. 본래 용액중 납과 카드뮴의 몰농도를 계산하라.

★5.21 구리 광석 시료 0.2005 g 시료를 녹여 100 mL 부피플라스크에서 눈금까지 묽혔다. 그 다음 그 용액 10.00 mL를 취하여 0.01000 *M* trien 용액으로 적정한다. trien 용액 22.75 mL가 필요할 때 본래 시료 중 구리 백분율을 계산하라.

5.22 $Fe^{2+}(aq)$ 적정에 0.1000 *M* 1,10-phanthroline 용액 43.28 mL 필요하다. 몇 그램 철이 그 용액에 존재하는가?

5.23 한 세탁제 중에 인으로서 8.7 무게% 한계(limit)는 삼인산 소듐($Na_5P_3O_{10}$)으로

34%에 상당하는 것을 증명하라.

5.24 파이로인산 소듐[$Na_4(O_3POPO_3)$]는 감자를 가열한 다음 검은 색 변화의 방지를 돕는 격리제로 작용한다. 그 흑색 변화는 철 착물의 형성 때문이다. 이 착물의 성질을 보여주는 도표를 그려라. Fe-파이로인산 비는 1:1이라고 생각하라.

5.25 남여고등학교 과정에 대하여 합리적으로 많은 관심을 표시하는 경제 전문가에게 인산이 왜 합성 세탁제의 주요한 성분인가를 설명하라. 본인 자신이 설명한 증거를 제시하면 특별한 가산점으로 보상할 수 있다.

5.26 다이에틸렌트라이아민펜타아세트산 펜타소듐 염은 센물 이온과 여러 중금속 이온의 착화 제로 이용할 수 있다. 이 여러자리 리간드의 구조식을 그려라. 이 리간드의 결합원자를 금속과 상호작용에 사용할 것으로 생각하는가?

★5.27 인간의 혈액이 심장으로 돌아올 때 암적색이고 폐를 떠날 때 밝은 적색인가를 남녀 일반대학 화학 과정을 통하여 공부한 생물학 전공자들에게 설명하라. 이것을 본인 자신 이 설명한 증거를 제시하면 특별한 가산점으로 보상할 수 있다.

5.28 카복시헤모글로빈 구조를 나타내는 도형을 그려라(유기화학적으로 상세한 것은 표시할 필요가 없다). 이 구조에서 모든 Lewis 산과 염기를 화인하라.

5.29 Sodium nitroprusside $Na_2[Fe(CN)_5NO]$는 고혈압 조절에 사용한다. 그것은 투여한 다음 CN^-을 해리한다. 그러나 대부분 기초 화학과정을 잊어버린 내과의사들에게 왜 이것이 문제일 수 있는가를 설명하라.

★5.30 산소분자와 헤모글로빈이 결합할 때 실제 증거는 철(II)이 낮은-스핀 d^6 상태로부터 높은-상태로 변하는 것을 나타낸다. 이것은 어떻게 철 양이온의 크기와 헴의 사각평면 자리에 들어맞는 능력에 어떻게 영향을 줄 수 있는가? 증거는 이러한 크기 변화가 그 단백질에서 네 개 헴 자리 사이에 협조적 상호작용을 어떻게 개시하는가를 보여준다.

5.31 Diethylenetriaminepentaacetate를 쥐에 경구투여할 때 오줌으로 망가니즈 배설이 크게 증가하는 것을 발견했다. 이 착화제의 구조를 그린 다음 반응상태를 설명하라.

5.32 납은 자연에서 산화물 아닌 황화물로 발견된다. 이 사실에 대하여 간단한 설명을 제시하라.

5.33 "mercapto 원자단" (−SH)라는 말에서 유래한 mercaptan이라는 단어는 라틴어 "mercury capture"에서 유래한 말이다. 수은은 때때로 수은-함유 원자단과 함께 발견된다. 이 사실에 대하여 간단히 설명하라.

5.34 EDTA, penicillamine, BAL 중에서 어느 것이 광학적으로 활성인가? 당신의 해답을 간단히 설명하라.

5.35 Histidine과 cysteine은 코발트 해독제로 사용한다. 다음에 제시한 구조에 근거하여 이 사실을 이론적으로 설명하라.

```
NH2—CH—COOH
     |
    CH2
     |
     C
   /   \\
HN       CH
  \      /
   HC==N
 histidine

NH2—CH—COOH
     |
    CH2
     |
    SH
 cysteine
```

5.36 Histidine과 cysteine 중에서 (구조는 문제 5.35를 보라) 어느 것이 중금속에 대하여 더 좋은 해독제인가?

5.37 Serine과 cysteine을 다음에 제시한다. 이러한 아미노산 중에서 어느 것이 중금속에 대하여 더 좋은 해독제인가? 해답을 간단히 이론적으로 설명하라.

```
NH2—CH—COOH      NH2—CH—COOH
     |                |
    CH2              CH2
     |                |
    OH               SH
   serine          cysteine
```

5.38 Methionine과 cysteine을 다음에 제시한다. 이러한 아미노산 중에서 어느 것이 중금속에 대하여 더 좋은 해독제인가? 해답을 간단히 이론적으로 설명하라.

```
NH2—CH—COOH
     |
    CH2
     |
    CH2               NH2—CH—COOH
     |                     |
     S                    CH2
     |                     |
    CH3                   SH
 methionine             cysteine
```

★5.39 남여고등학교 과정에 대하여 많은 관심을 갖는 영어 전문가에게 cisplatin이 왜 종양에 대항하여 반응하지만 상당하는 transplatin은 그렇지 않은 것을 설명하라. 본인 자신이 설명한 증거를 제시하면 특별한 가산점으로 보상할 수 있다.

Part 2

고체상태 화학
(Solid-state chemistry)

따로 독립해서 만든 II부에서는 고체상태 화학을 두 장에 걸쳐 소개한다. II부의 각 장은 다음과 같다.

CHAPTER

6 고체상태 구조

고체상태 영역은 X-선 회절법이 고체구조에 관하여 상세한 정보를 제공할 수 있는 것을 발견한 20세기 초에 상당히 넓어졌다. 복잡한 결정상태들이 점점 밝혀진 것과 동시에 이러한 구조를 함께 유지하는 힘을 설명하는 이론적 근거는 상상을 하고 시험을 하고 다듬어졌다. 다음 두 장은 무기물 고체상태의 구조와 에너지학에 관한 몇 가지를 공부하겠다.

고체는 일반적으로 **결정격자**(*crystal lattice*)라고 알려진 단단하고 반복되는 입자의 기하구조 패턴으로 배열된 원자, 분자, 또는 이온으로 구성한다. 이 장은 여러 결정격자를 살펴보기 전에 입자간 힘의 성질에 근거한 결정형태의 개요로부터 시작하겠다.

6.1 결정형태

결정은 일반적으로 물질의 원자, 분자, 이온 사이에 작용하는 상호작용 형태에 따라 분류한다. 이러한 상호작용은 이온성 결합, 금속성 결합, 공유성 결합과 함께 수소결합, 쌍극자-쌍극자힘, London 분산력과 같은 분자간힘을 포함한다.

이온성 결정

일반화학으로부터 아는 바와 같이 두 원소, 즉 낮은 이온화 에너지를 갖는 한 금속과 큰 발열성 전자친화도를 갖는 다른 비금속이 결합할 때 전자들은 이동하여 양이온과 음이온을 생성한다. 이들 이온은 **이온성 결합**(*ionic bond*)이라고 알려진 무방향성(nondirectional) 정전기적 힘에 의하여 함께 붙잡혀 있다. 그림 6.1은 가장 일반적 이온성 결정의 예이고 염화소듐(NaCl) 형성의 가상적 개요를 예로 설명한다.

어떤 소듐 양이온을 임의로 선택해보면 염화이온은 어떤 방향에서도 접근할 수 있다; 즉 음이온-양이온 상호작용이 더 세지는 특정한 방향은 없다. 다른 방법으로 설명하면 음이온은 공간의 어떤 방향 또는 점으로부터 그리고 동일한 정전기적 힘을 경험

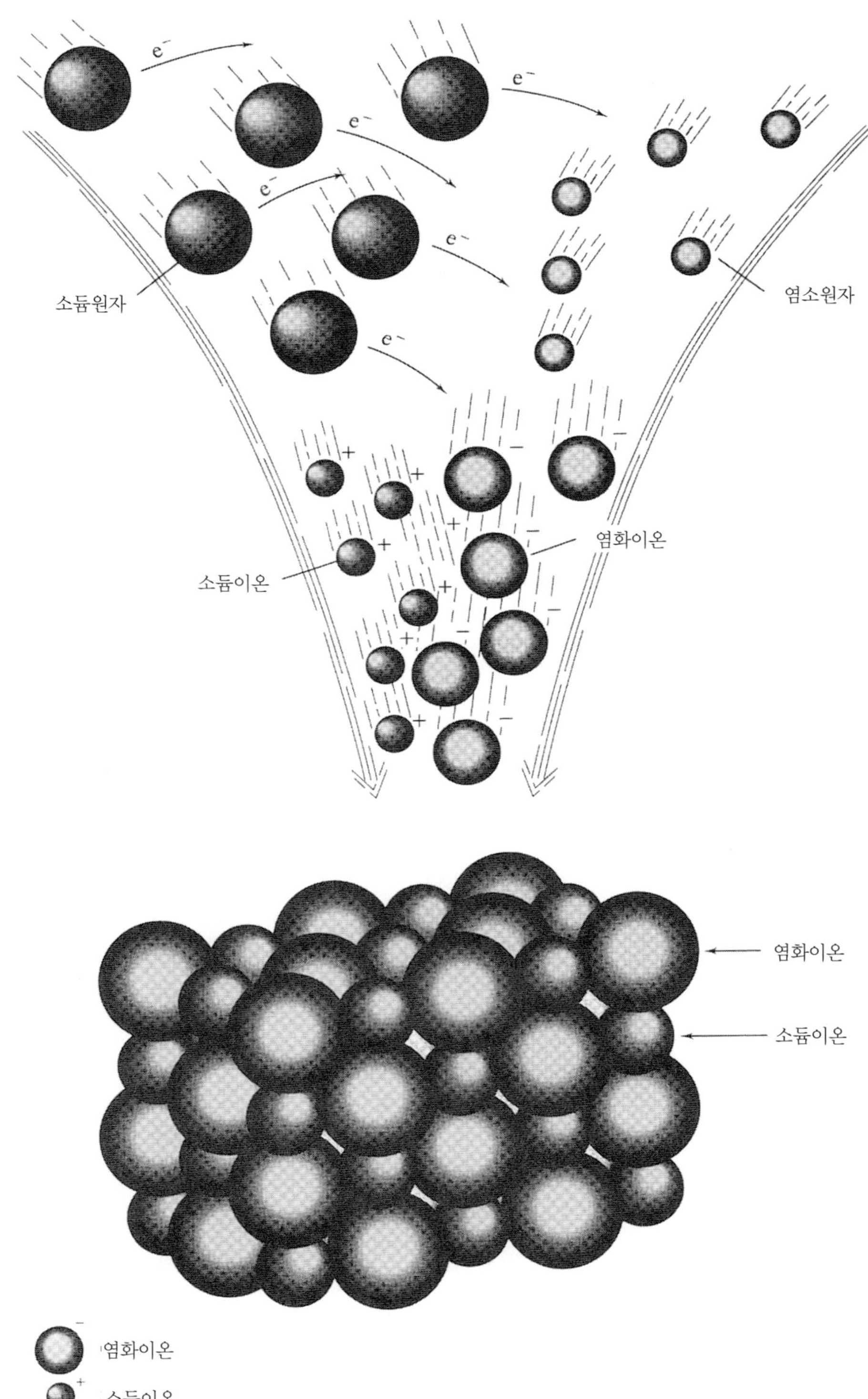

그림 6.1

염화소듐 형성의 가상적 개론에서 볼 때 성분 원소들이 결합하고 전자들이 이동하고 소듐과 염화이온 사이에 이온성 결합을 형성한다(참고문헌 12).

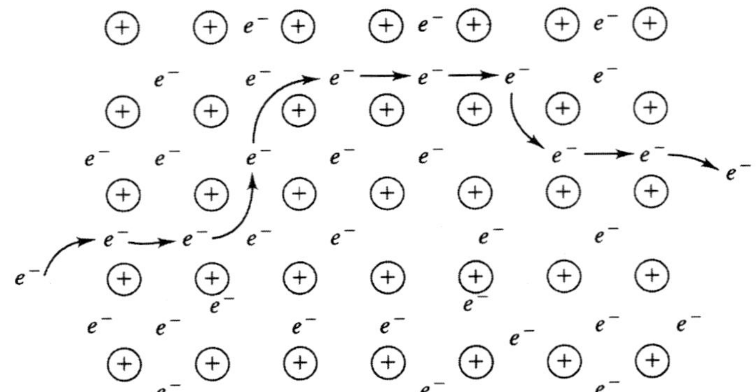

그림 6.2

금속격자의 전기전도도. 한 양이온 격자는 전자바다에 의하여 함께 붙잡혀 있다. 한 전자는 왼쪽으로부터 들어오고 한 전자가 오른쪽으로부터 나올 때까지 그 격자를 통하여 다른 전자들을 밀어낸다. (참고문헌 13)

할 때까지 양이온을 향하여 접근한다. 그리하여 이온결합을 **무방향성**(*nondirectional*)이라고 말한다. 뒤에서 보는 바와 같이 양이온 주위에 음이온 배열은 이온 상호작용의 최대화에 필요한 유리한 방향에 의하여 결정되지 않고 양이온과 음이온의 상대적 크기와 전하에 의하여 결정된다. 이온결정을 형성하는 화합물의 몇 가지 예는 염화세슘(CsCl), 플루오르화칼슘(CaF_2), 질산포타슘(KNO_3), 염화암모늄(NH_4Cl)이다.

금속성 결정

일반적으로 주기율표 왼쪽 금속 원소들은 결정을 형성하고 각 원자들은 이온화하여 양이온과(전자배치에 따르는 전하) 상당하는 전자수를 생성한다. 양이온은 "전자바다"(sea of electron, 때때로 Fermi sea라고 부른다)에 의하여 함께 붙잡혀 결정격자를 형성하는 것으로 설명한다. 전자바다의 전자들은 더 이상 어떤 특정한 양이온과 결합하지 않고 양이온의 격자 주위를 자유롭게 돌아다닌다. 이러한 설명을 인정한다면 **금속성 결정**(*metllic crystal*)은 자유 전자의 바다에 의하여 함께 붙잡힌 양이온의 격자라고 정의할 수 있다. 그러한 결정에 대한 일반적 이차원 설명을 그림 6.2에 제시한다. 바다와 비슷하다는 말은 결정의 한 위치로부터 다른 위치로 흐르는 전자흐름의 설명에 이용한다는 것을 의미한다는 것에 주목하라. 즉 금속을 전기 도선으로 만드는 것(구리는 그것의 좋은 예이다)을 생각하라. 그 도선의 한쪽 끝에 전자를 놓으면 몇 전자를 다른 쪽 끝으로 밀어낼 때까지 전자들이 양이온 격자를 따라 밀어낼 것이다. 이 전자흐름의 결과는 전기전도도이고 그것은 가장 특성 있는 금속의 성질이다.

공유성 결합 망상조직 결정

공유성 결합 망상조직 결정(*covalent network crystal*)은 맞물린 공유성 결합의 망상조직에 의하여 함께 붙잡힌 격자결정으로 배열된 원자 또는 원자의 무리로 구성한다.

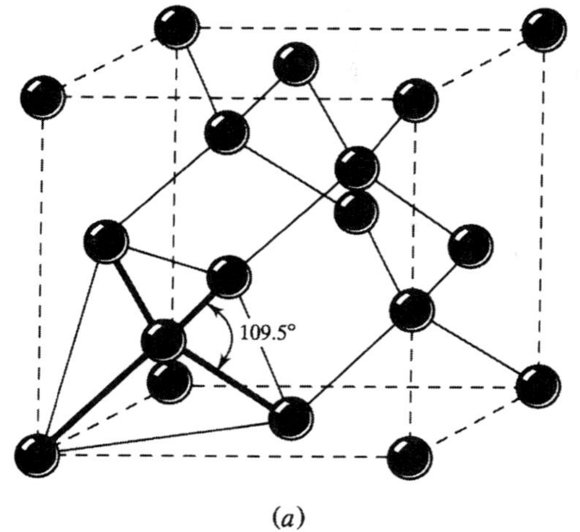

(a)

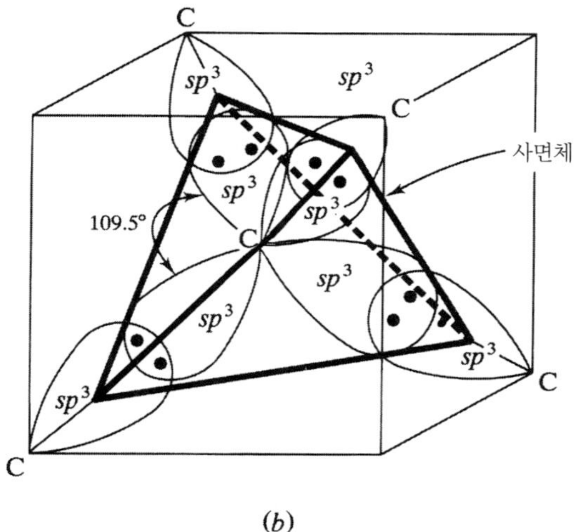

(b)

그림 6.3

각 원자 사이에 방향성 공유결합을 형성하는 한 예로서 다이아몬드 구조. (a) 각 탄소원자들이 다른 네 탄소원자로 둘러싸인 것을 보여주는 격자(참고문헌 14). (b) 각 탄소는 sp^3-혼성이고 이러한 혼성오비탈의 겹침은 최대로 109.5° C−C−C 결합각을 유지한다(참고문헌 13).

공유성 결합(*covalent bond*, 두 원자 또는 둘 이상 원자 사이에 오비탈 겹침 영역에서 하나 이상 전자쌍을 공유한 결과)은 **무방향성**(*nondirectional*) 이온 또는 금속성 결합과 반대로 **방향성**(*directional*) 상호작용이 있다. 공유성 결합 망상조직 결정의 좋은 예는 그림 6.3에 제시한 다이아몬드이다. 각 탄소원자는 가장 좋다고 생각하는 sp^3 혼성이고 이러한 혼성 오비탈의 겹침을 최대화하기 위하여 C−C−C 결합각은 109.5°를 필요로 한다는 것에 유념하라. 그러므로 이러한 상호작용은 방향성 성질이 있다. 공유성 결합 망상조직 결정을 형성하는 다른 화합물들은 이산화규소(석영 또는 홍연석, SiO_2), 흑연, 원소 규소(Si), 질화붕소(BN), 흑인(P) 등이다.

원자-분자 결정

어떤 결정격자의 원자 또는 분자들이 결정을 만드는 London 분산력, 쌍극자−쌍

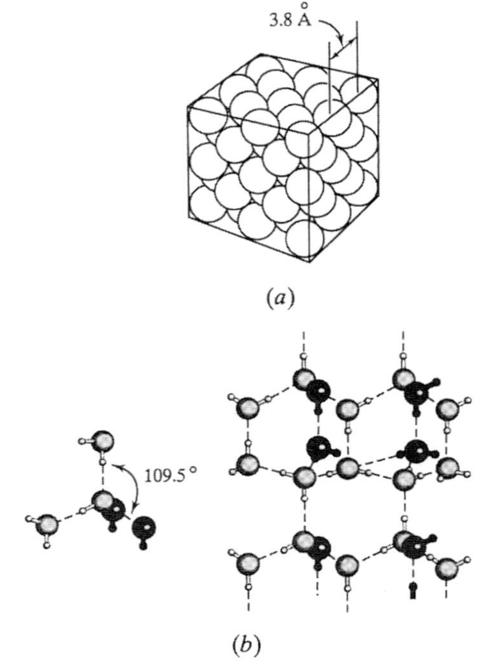

그림 6.4
원자-분자 결정의 두 가지 예.
(a) 아르곤은 무방향성 London 분산 분자간힘에 의하여 함께 붙잡힌다(참고문헌 13).
(b) 물분자는 방향성 수소결합에 의하여 붙잡힌다. 각 물 분자의 구조 때문에 가장 유효한 H−O---H 결합각은 109.5°이다.

극자 힘, 수소결합(결합세기의 증가순서)과 같은 비교적 약한 분자에 의하여 붙잡힐 때 원자결정(atomic crystal) 또는 분자결정(molecular crystal)이 생긴다. 이러한 힘은 일반화학 교재로 다시 돌아가서 다시 살펴볼 수 있다. 특히 물에서 수소결합은 10장에서 설명한다. 분자간 힘은 아르곤 결정의 경우처럼(그림 6.4a) 무방향성 또는 어름의 경우처럼(그림 6.4b) 방향성일 수 있다. 어름의 경우에 H−O---H 결합각은 109.5°이고 그 결합각은 각 물분자의 기하구조에 따라 결정된다. 원자−분자 결정을 형성하는 다른 화합물들은 드라이아이스(CO_2), 메테인(CH_4)의 고체 형태, 염화수소(HCl), 백인(P_4) 등이다.

6.2 A-형 결정격자

공간격자와 단위세포

관련이 있는 결합력의 성질과 관계없이 결정격자는 다음 개념을 사용하여 설명할 수 있다. **공간격자**(*space lattice*)는 점들의 도형이고 그 점들은 결정격자에서 이온, 원자, 분자의 배열을 설명한다. **단위세포**(*unit cell*)는 (1) 여러 방향으로 그 자체의 크기와 동일한 거리를 이동할 때 전체 공간 격자를 발생하고 (2) 가능하면 조밀한 기하구조 또는 미시적 대칭성 결정을 나타내는 최소이면서 편리한 미소한 부분의 공간격자이다. 여러 삼차원 예의 공간격자와 단위세포를 살펴보기 전에 그림 6.5

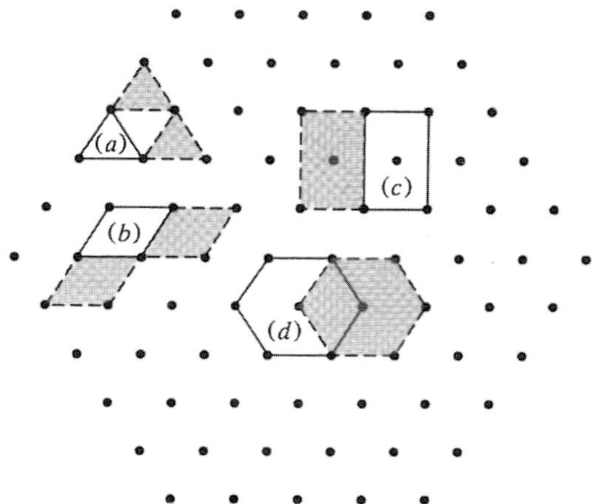

그림 6.5

가능한 4 단위세포를 보여주는 육방정계 이차원 부분. (a) 등변삼각형.전체 격자를 발생하지 않는다. (b) 사방정계와 (c) 직사각형. 이들은 격자를 발생하지만 거시적 결정의 전체 대칭성을 나타내지 않는다. (d) 육방정계. 그것은 선택하는 단위세포이다.

에 제시한 더 간단한 공간격자의 이차원 부분을 생각하자.

이 공간격자의 점은 무엇을 표시하는가 또는 그들 사이에 존재하는 상호작용의 형태가 무엇인가를 알지 못하는 것에 주목하라. 게다가 이러한 점들은 설명을 위하여 1 몰 또는 아보가드로수(6.02×10^{23})의 원자, 분자, 이온을 함유하는 어떤 결정을 표시한다고 가정해야한다. 바꿔 말하면 이러한 점들은 마음속으로 상상할 수 있는 이차원으로 펼친다. 우리들이 할 일은 이러한 전체 공간격자를 한 단일 단위세포라는 용어로 설명하는 것이다. 이 단위세포는 어떤 기하구조 모양이라고 생각하는가? 그림 6.5에 (a)라고 표시한 등변삼각형을 이용하여 시작하자. 그것은 세포단위인가? 그것 자체의 크기와 동일한 거리로 여러 방향으로 이동할 때 그림에 회색으로 표시한 다른 등변삼각형을 발생하는가? 이 방법은 전체 공간격자를 발생할 수 있는가? 발생할 수 없다. 왜냐하면 공간격자의 절반은(뒤집혀진 등변삼각형에 있는) 설명하지 못하기 때문이다. 이 삼각형은 한 단위세포가 아니다.

(b)라고 표시한 사방정계를 생각하자. 그것은 단위세포인가? 그것은 삼각형보다 좋은 후보자이다. 왜냐하면 모든 공간은 그것이 이동할 때 설명할 수 있기 때문이다. 직사각형은 어떤가(c)? 다시 말하면 그것은 전체 격자를 발생한다. 그러나 사방정계 또는 직사각형은 공간격자의 전체 모양 또는 대칭성을 나타내지 않는 것에 주목하라. 여하튼 그림에 나타낸 격자단면에 주목하라. 마지막으로 (d)라고 표시한 육방정계를 살펴보자. 전체 공간격자의 발생에 추가하여 육방정계 모양은 그 격자의 전체 모양을 가장 많이 나타낸다(육방정계 단위세포들이 서로 겹치는 것은 문제되지 않는 것에 주목하라).

A-형 격자

A-형 격자(*A-type lattice*)는 결정의 모든 원자, 이온, 분자들이 동일한 크기와 동일한 형태, 즉 “A-형”의 격자이다. 이러한 가장 간단한 격자 형태 중에서 가능한 많은

여러 격자를 살펴보겠다. 그러나 우선 중요한 간단한 것을 고려하자. 격자의 입자는 단단한 구형으로 표시하는 것이 편리한 것으로 판명되었다. 물론 원자, 이온, 분자들은 단단한 구형이 아니고 원자와 간단한 이온은 중심에 핵을 갖는 전자구름이라 알고 있다. 분자들은 일정한 수의 핵을 함께 갖는 전자구름이 겹쳐있다. 그럼에도 불구하고 그러한 존재의 표시에 구형을 사용하는 모델은 실제로 매우 잘 들어맞는다. 마음속에 단순하고 단단한 구형을 간직면서 A-형 격자의 여러 가능성을 살펴볼 수 있다. 가장 쉽게 눈에 보이는 간단한 입방정계 격자의 경우를 가지고 시작하여 복잡한 것으로 확대하겠다. [이러한 여러 격자를 계통적으로 탐색할 때 여러 크기의 몇 가지 스티로폼 구형을 이용하여 모델을 만드는 것이 교육적으로 바람직하다. 몇 십 개 2-inch 구형과 더 좋은 구형을 만들기 위한 몇 개 다른 크기($1\frac{1}{2}$, 1, $\frac{3}{4}$ inch), 그리고 구형을 함께 꿰서 연결할 수 있는 한 상자의 이쑤시개(이쑤시개는 뾰족하므로 조심하라)로 모델을 잘 만들 수 있다. 이들을 이용하여 편리하게 이 장에서 격자를 배울 때 그 구조의 구성을 시도할 수 있다.

간단한 입방정계 격자를 눈으로 보는 것은 그림 6.6a에 제시한 단단한 구형 층을 이용하여 시작한다. 모든 구형은 서로 직각으로 접촉하고 각 구형은 일정한 구형에서 접촉하는 4 최인접 이웃(*nearest neighbor*) 원자를 갖는 것에 주목하라. 배위수(*coordination number*)는 최인접 이웃의 수라고 정의한다. 이 경우에 배위수는 당연히 4이다. 그림 6.6b는 동일한 배열에 상당하는 이차원 공간격자의 부분을 보여준다. 그 두 그림은 이 층에 대한 단위세포를(한 사각형) 예로 설명한다. 단위세포는 4 구형의 중심을 연결하고 각 구형의 1/4만 실제로 그 단위세포에서 발견되는 것에 주목하라. 그 단위세포에서 완전한 구형 수는 당연히 1(= 4 × $\frac{1}{4}$)이다. 이 상황을 눈으로 보는 또 다른 방법은 그 회색 구형이 서로 다른 네 단위세포이고 (다른 세 개는 토막선으로 표시한다) 그리고 그로 말미암아 1/4만 본래 단위세포에 존재할 수 있다. 첫 번째 구형 층위에 직접 또 다른 구형 층을 쌓으면 그것이 바로 단순 입방정계 격자(*simple cubic lattice*)이다. 그림 6.7a는 이러한 격자의 부분을 보여주고 각 구형의 배위수는 6이라고 예로 설명한다. 그 단위세포는 이제 적절하게 8 구형의 중심을 연결하는 한 입방정계이다. 그림 6.7b는 일정한 구형의 확대를

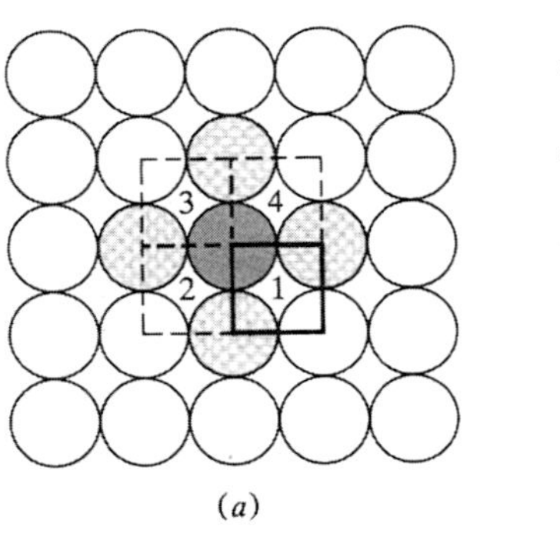

(*a*)

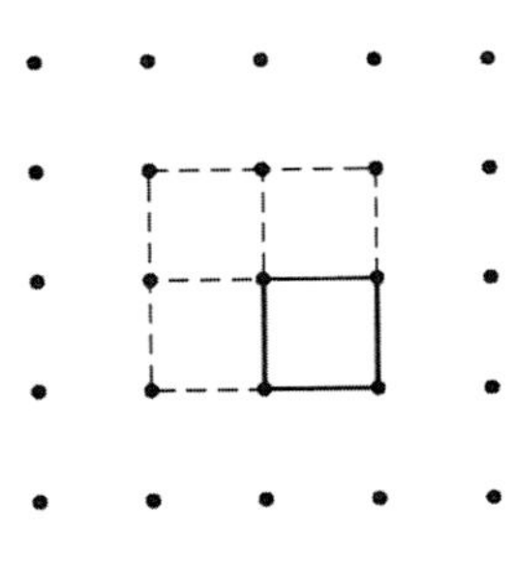
(*b*)

그림 6.6

간단한 입방정계의 한 층. (a) 제시한 구형(검정색)이 최인접 네 이웃(회색)과 4 배위수를 갖는 구형 층. 사각형 단위세포(네 구형의 중심을 연결하는 실선)는 각 네 구형의 $\frac{1}{4}$ 그리고 그로 말미암아 전체 1(= 4 x $\frac{1}{4}$) 구형을 함유한다. 제시한 구형은 서로 다른 네 단위세포로 구성한다(번호를 매겼다). (b) 층에 대한 공간격자와 상당하는 단위세포의 한 부분. 다른 세 단위세포는 토막선으로 표시한다.

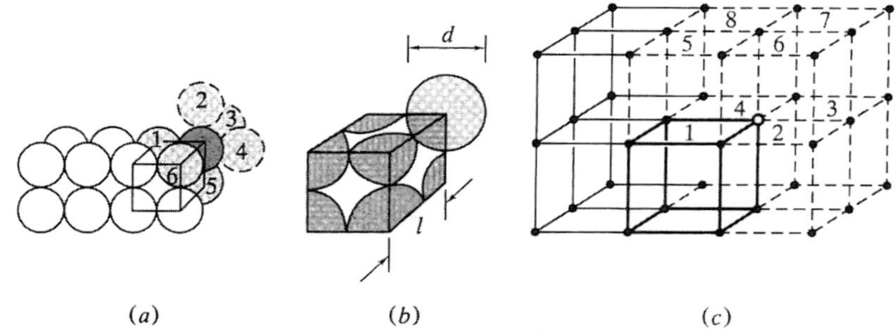

그림 6.7

단순입방정계 격자. (a) 격자의 단위세포는 실선으로 표시한다. 회색 구형은 6 배위수이다. (b) 회색 구형이 그 단위세포의 $\frac{1}{8}$을 보여주는 확대 그림. (c) 밝은 점은 서로 다른 8 단위세포(입방정계의 위 면에 번호를 매겼다)를 표시하는 공간격자의 한 부분. 본래 단위세포는 굵은 실선으로 표시한다. 나머지 7 단위세포는 토막선으로 표시한다.

보여주고 그 단위세포에 1/8만 존재하는 것을 예로 설명한다. 그림 6.7c는 공간격자에 상당하는 한 부분을 보여준다. 밝은 점은 8 단위세포에 있고(나머지 7 단위세포는 토막선으로 표시한다) 그리고 그로 말미암아 한 일정한 단위세포에 1/8만 존재할 수 있는 것에 주목하라. 앞의 두 가지 설명으로부터 그 단위세포 안에 완전한 구형 수는 당연히 1($= 8 \times \frac{1}{8}$)이다.

단순 입방정계 격자에 관한 세 가지 관점을 여기에서 설명하는 것이 적절하다. 그 세 가지는 단위세포의 크기, 구형에 의하여 점유된 공간부분, 그리고 밀도이다. 첫째 그림 6.7b에서 구형은 단위세포 모서리를 따라 서로 접촉하는 것에 주목하라. l은 세포 모서리이고 d는 한 구형의 지름이라고 하면 당연히 $l = d$이다. 둘째 실제로 구형에 의하여 점유된 단위세포의 분율을 계산할 수 있다. 단위세포는 전체 격자를 나타내므로 이 분율은 또한 전체 분율의 몇 %가 구형에 의하여 점유되는 가를 나타내고 이 분율은 어느 구형이 효과적으로 충진된 척도를 나타낸다. 단위세포마다 한 구형만 있고 한 입방정계 단위세포의 부피는 l^3으로 나타내므로 (그리고 그로 말미암아 d^3) 당연히 다음과 같다.

$$\text{구형에 의해서 점유된 공간분율} = \frac{[(4\pi/3)(d/2)^3] \times 1}{d^3} = 0.52 \qquad (6.1)$$

d^3 항은 소거되고 점유된 공간분율은 0.52이라는 것에 유념하라; 즉 그 공간의 약 절반이 구형에 의하여 점유된다.

셋째 그러한 위치배열의 밀도를 계산할 수 있다. 각 구형은 질량을 계산할 수 있는 원자, 이온, 또는 분자를 표시하는것이라고 기억하라. 그 구형은 한 원자이고 그 원자의 질량은 일반적으로 일반화학에서 계산한 것처럼 그것의 원자량(atomic weight, AW)을 아보가드로수로 (그램/몰을 그램/원자와 동일한 원자/몰로 나눈 단위) 나눈 것이라고 가정하면 단순 입방정계 격자의 밀도에 대한 식은 다음과 같다.

$$\text{밀도}(\text{g/cm}^3) = \frac{1\text{ atom }(\text{AW}/6.02 \times 10^{23})(\text{g/atom})}{d^3\text{cm}^3} \qquad (6.2)$$

표 6.1에 단순 입방정계 격자의 설명을 요약한다.

표 6.1 A-형 격자

이름	배위수	구형수/단위세포	접촉하는 구형	구형이 점유한 공간분율	밀도의 식
단순 입방정계	6	$8 \times \frac{1}{8} = 1$	세포모서리 $= l = d$	$\frac{\left[\frac{4}{3}\pi(d/2)^3\right] \times 1}{d^3} = 0.52$	$\frac{1\ \text{atom}(\text{AW}/6.02 \times 10^{23})(\text{g/atom})}{d^3\ \text{cm}^3}$
체심 입방정계	8	$1 + \left(8 \times \frac{1}{8}\right) = 2$	몸체대각선 $= 2d = l\sqrt{3}$	$\frac{\left[\frac{4}{3}\pi(d/2)^3\right] \times 2}{\left(2d/\sqrt{3}\right)^3} = 0.68$	$\frac{2\ \text{atoms}(\text{AW}/6.02 \times 10^{23})(\text{g/atom})}{\left(2d/\sqrt{3}\right)^3\ \text{cm}^3}$
입방정계 조밀충진 (ccp) 또는 면심 입방정계 (fcc)	12	$6\left(\frac{1}{2}\right) + 8\left(\frac{1}{8}\right) = 4$	면 대각선 $= 2d = l\sqrt{2}$	$\frac{\left[\frac{4}{3}\pi(d/2)^3\right] \times 4}{\left(d\sqrt{2}\right)^3} = 0.74$	$\frac{4\ \text{atoms}(\text{AW}/6.02 \times 10^{23})(\text{g/atom})}{\left(d\sqrt{2}\right)^3\ \text{cm}^3}$
육방정계의 조밀충진 (hcp)	12	$2\left(\frac{1}{2}\right) + 3 + 12\left(\frac{1}{6}\right) = 6$	문제 6.14에 대한 해답을 보라	$\frac{\left[\frac{4}{3}\pi(d/2)^3\right] \times 6}{\left[24\sqrt{2}\,(d/2)^3\right]} = 0.74$	$\frac{6\ \text{atoms}(\text{AW}/6.02 \times 10^{23})(\text{g/atom})}{24\sqrt{2}\,(d/2)^3\ \text{cm}^3}$

둘째 A-형 격자는 체심입방정계(body-centered cubic, bcc)이고 그 이름이 의미하는 것처럼 둘째 구형은 입방정계 세포의 중심에 놓인 단순 입방정계와 다르다. 한 단위세포를 그림 6.8b에 제시한다. 모퉁이에 있는 8 구형은 그 단위세포에 1/8만 존재하는 반면에 중심 구형은 완전히 세포 중심에 놓여있고 그리고 그로 말미암아 배위수는 8이다.

그러므로 단위세포마다 구형 수는 $2[=1 + 8\,(\frac{1}{8})]$이다. 모퉁이 구형은 서로 더 이상 접촉하지 않으므로 (그리고 그로 말미암아 $l \neq d$) 세포 모서리와 구형 지름 사이에 새로운 관계를 유도해야한다.

그림 6.9a에서 구형은 입방정계의 몸체 대각선을 따라 각기 접촉하고 몸체 대각선 $= 2d$ 라는 것에 주목하라. 몸체 대각선과 세포 모서리 사이에 관계를 그림 6.9b에 제시한다. 그러므로 당연히 다음과 같다.

$$l = 2d/\sqrt{3} \tag{6.3}$$

이 결과를 이용하여 표 6.1에 제시한 것처럼 구형에 의하여 점유된 공간 분율과 밀도에 대한 식을 이론적으로 설명할 수 있다. bcc 격자는 구형 충진방법이 단순입방

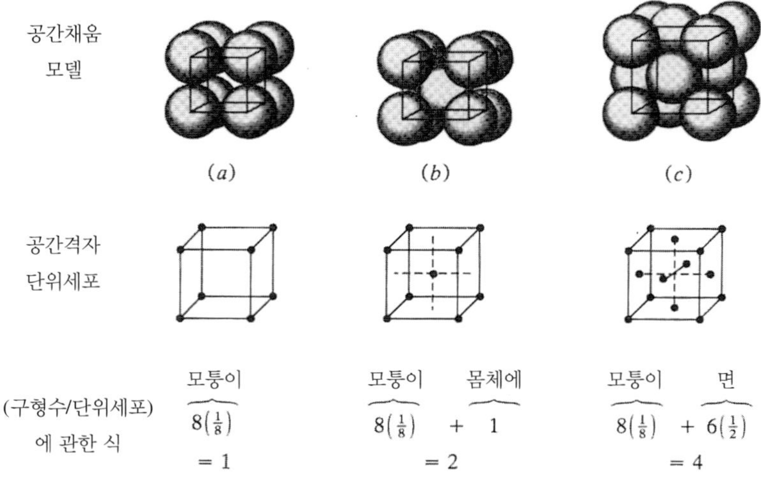

그림 6.8

단위세포. (a) 단순입방정계 격자. (b) 체심입방정계 격자. (c) 체심입방정계격자. 위 그림은 실제로 "공간 충진" 단위세포를 나타낸다. 아래 그림은 공간 격자에서 각 구형의 중심만 표시한다. 단위세포는 입방정계 모퉁이에서 구형 중심을 연결하는 그 입방정계 부피만 포함하는 것에 주목하라. 단위세포마다 구형 수는 각 단위세포 밑에 표시한다.

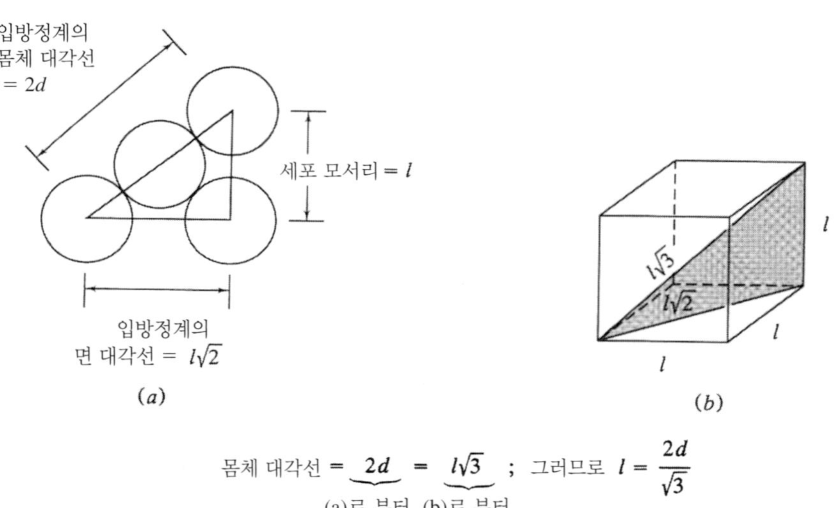

$$\text{몸체 대각선} = \underbrace{2d}_{\text{(a)로 부터}} = \underbrace{l\sqrt{3}}_{\text{(b)로 부터}} \;;\; \text{그러므로 } l = \frac{2d}{\sqrt{3}}$$

그림 6.9

체심입방정계 단위세포에서 구형지름과 세포 모서리 사이에 관계. (a) 구 형은 몸체 대각선을 따라 접촉하지만 면 대각선 또는 세포 모서리를 따라 접촉하지않는다. (b) 세포 모서리가 l이면 면 대각선은 $l\sqrt{2}$ 이고 모체 대각선은 $l\sqrt{3}$ 이다.세포 모서리에 대하여 풀면 $l = 2d\sqrt{3}$ 이다.

정계보다 효율적이다(52%에 비하여 68%).

그림 6.6a는 한 층에 구형을 충진하는 그 방법이 최선이(즉 가장 효율적으로) 아니라는 것을 이미 알 수도 있다. 충진 효율을 증가하기 위하여 그림 6.10a처럼 다른 둘 사이에 틈새 또는 구멍(depression)에 일정한 구형을 맞출 수 있다. 이 방법을 입방정계 조밀충진(cubic close-packing, ccp) 구조와 육방정계 조밀충진(hexagonal closed-packing, hcp) 구조의 A층에 대하여 생각하자. 둘째 층(B층)은 A층에서 세 구형에 의하여 생성된 삼각형 구멍에 한 일정한 구형이 들어맞는 그러한 층이 밑에 놓인다. 이러한 두 층을 함께 그림 6.10b에 제시한다. 이제 B층에 두 형태의 삼각형 구멍이 있는 것에 주목하라: *a*라고 표시한 것은 밑에 구형이 없고 *b*라고 표시한 것은 바로 밑에 A 구형이 있다.

셋째 층이 *a* 구멍에 있으면 새로운 C 층을 만든다. 그 결과로 생기는 ABCABC

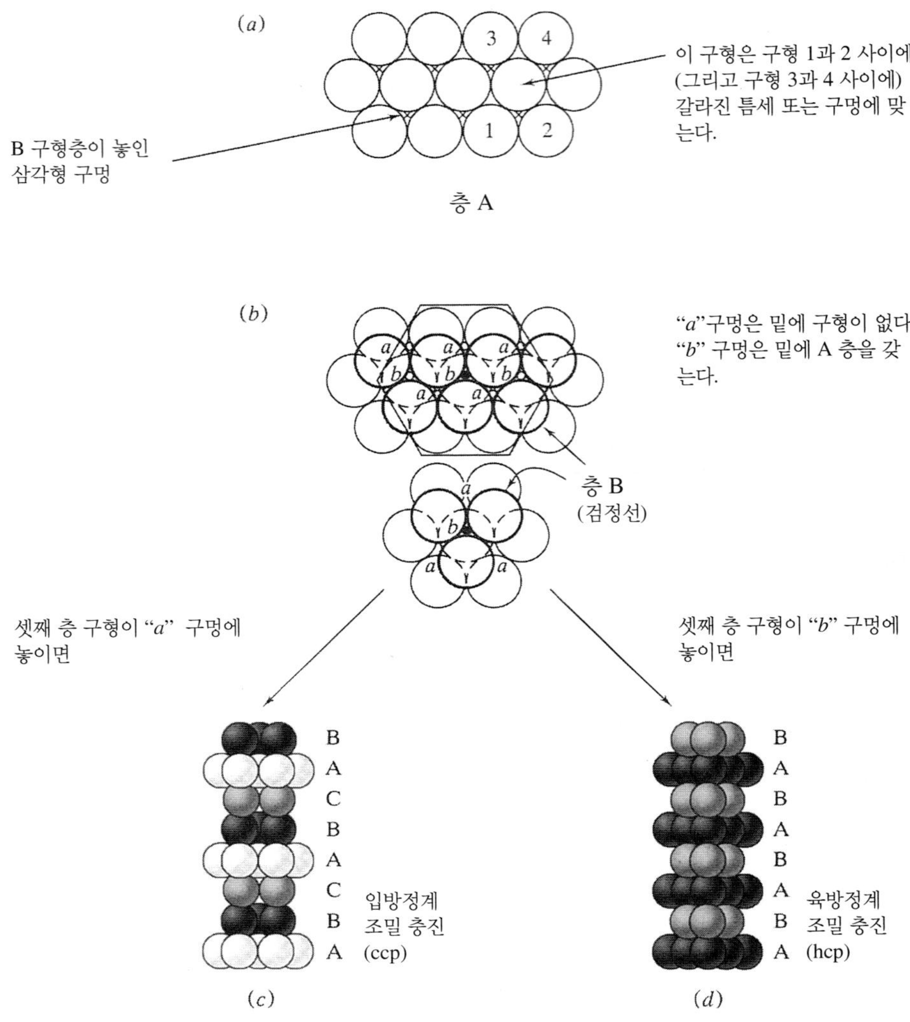

그림 6.10

입방정계 조밀충진(ccp) 구조와 육방정계 조밀충진(hcp) 구조. (a) 두 구조의 A층. (b) 두 형태의 구멍을 보여주는 A층과 B층의 구조. (c) ABCABC층 도형은 ccp 구조를 형성한다. (d) ABABAB층 도형은 hcp 구조를 형성한다.

충진 도형은(그림 6.10c에 제시) 입방정계 조밀충진(cubic close-packed structure, ccp)이라 알려져 있고 그것이 셋째 A-형 격자이다. 그것은 그 이름이 나타내는 것처럼 그림 6.10c에 제시한 것이 분명하지 않지만 입방정계 단위세포를 갖는다. ABC 층과 그 단위세포 사이에 관계는 그림 6.11과 6.12에 더 분명하게 나타나있다. 그림 6.11a의 세 층이 그림 6.11b와 c에 제시한 그림으로 방향을 다시 돌릴 때 확실하게 면심입방정계(face-centered cubic, fcc) 단위세포(입방정계의 각 6 면 중심에 추가로 점을 갖는 입방정계 단위세포)로 된다. 그림 6.12는 제시한 구형의 배위수가 12라는 것을 분명하게 나타낸다. ccp 구조는 한 fcc 단위세포를 갖는다고 믿는 것이 대단히 중요하다. 이러한 것에 대한 좋은 개요는 다음 식과 같다.

$$\text{ccp} = \text{ABCABC} = \text{fcc}$$

그림 6.8c에도 제시한 fcc 단위세포는 전체 네 구형을 갖는다. 단순입방정계처럼 8 모퉁이 구형은 그 세포에서 1/8이다. 입방정계 면의 6 구형은 제시한 단위세포에

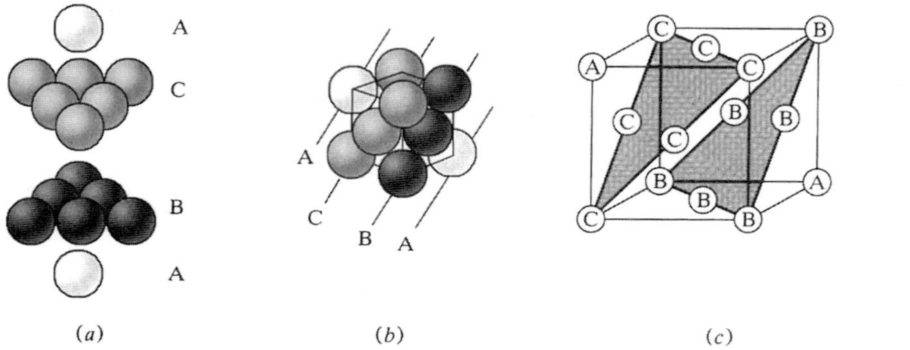

그림 6.11

면심입방정계(fcc) 단위세포를 갖는 입방정계 조밀충진(ccp)의 세 가지 구조.
(a) 세 가지 ABCABC 층.
(b) ABCABC 층의 방향을 보여주는 fcc 단위세포의 공간충진 구조.
(c) ABCABC 층을 갖는 fcc 단위세포의 공간격자.

그림 6.12

ABCABC 층 도형과 제시한 구형(육각형의 중심)이 12 배위수를 갖는 두가지를 보여주기 위하여 과량 구형을 갖는 fcc 단위세포.

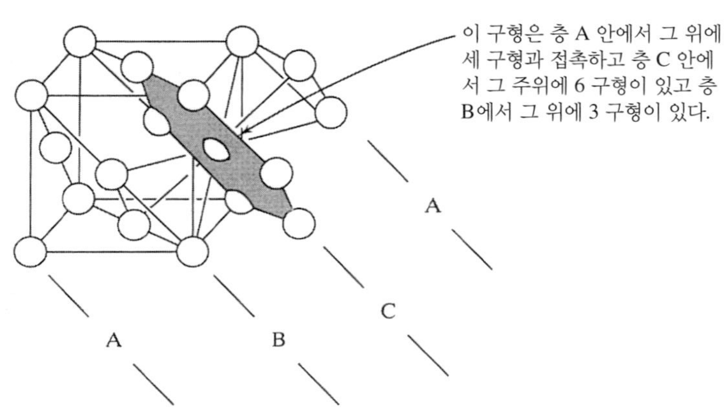

서 1/2이다. 그러므로 그림 6.13a처럼 세포마다 4[= 8($\frac{1}{8}$) + 6($\frac{1}{6}$)] 구형이 있다. 또한 그 구형은 이제 한 면 대각선을 따라 접촉하고 그림 6.13b처럼 $l = d\sqrt{2}$ 관계로 되는 것에도 주목하라. 앞에서 단순입방정계와 체심입방정계 경우를 이용하여 설명한 것처럼 이 결과는 표 6.1에 제시한 것과 같이 구형이 점유한 공간분율과 fcc(= ccp) 단위세포의 밀도에 대한 식을 이론적 설명에 사용할 수 있다. fcc 단위세포(육방정계 조밀충진과 함께)는 삼차원 공간에서 구형 충진에 가장 효과적 방법(74%)이라는 것에 주목하라.

이제 그림 6.10b로 돌아가자. 셋째 층의 구형이 *b* 구멍에 놓이면 또 다른 A 층을 발생하고 그림 6.10d처럼 ABABAB 충진 도형으로 된다. 이것이 육방정계 조밀충진(hexagonal close-packing, hcp = ABABAB) 격자이고 A-형 구조의 마지막이다. 그림 6.14b는 제시한 구형의 배위수가 12라고 강조한다. 그림 6.14c로부터 단위세포마다 6 구형이 있는 것에 주목하라. 그 단위세포의 부피는 표 6.1처럼 되는 것으로 알려졌다. 이 식을 어떻게 유도하는가에 대한 상세한 것은 문제 6.14의 해답을 보라. 이 결과를 이용하는 점유공간 분율과 밀도에 대한 식은 다음에 뒤따른다. hcp와 ccp 격자는 점유하는 공간의 74%이고 가장 효과적으로 충진되는 가능성이 있다.

이것으로 가장 중요한 네 가지 A-형 격자와 그들의 단위세포에 대한 상세한 설

표 6.2 원소를 고체상이라고 가정한 가장 안정한 격자구조

																	He
																	hcp
Li	Be											B	C	N	O	F	Ne
bcc	hcp											rh	d	hcp	sc	—	ccp
Na	Mg											Al	Si	P	S	Cl	Ar
bcc	hcp											ccp	d	sc	ortho	tet	ccp
K	Ca	Sc	Ti	V	Cr	Mn	Fe	Co	Ni	Cu	Zn	Ga	Ge	As	Se	Br	Kr
bcc	ccp	hcp	hcp	bcc	bcc	bcc	bcc	hcp	ccp	ccp	hcp	sc	d	rh	hcp	ortho	ccp
Rb	Sr	Y	Zr	Nb	Mo	Tc	Ru	Rh	Pd	Ag	Cd	In	Sn	Sb	Te	I	Xe
bcc	ccp	hcp	hcp	bcc	bcc	hcp	hcp	ccp	ccp	ccp	hcp	tet	tet	rh	hcp	ortho	ccp
Cs	Ba	La	Hf	Ta	W	Re	Os	Ir	Pt	Au	Hg	Tl	Pb	Bi	Po	At	Rn
bcc	bcc	hcp	hcp	bcc	bcc	hcp	hcp	ccp	ccp	ccp	rh	hcp	ccp	rh	mono	—	ccp

Note: hcp = hexagonal close-packed, ccp = cubic close-packed, bcc = body-centered cubic, sc = simple cubic, tet = tetragonal, rh = rhombohedral, d = diamond, ortho = orthorhombic, mono = monoclinic.

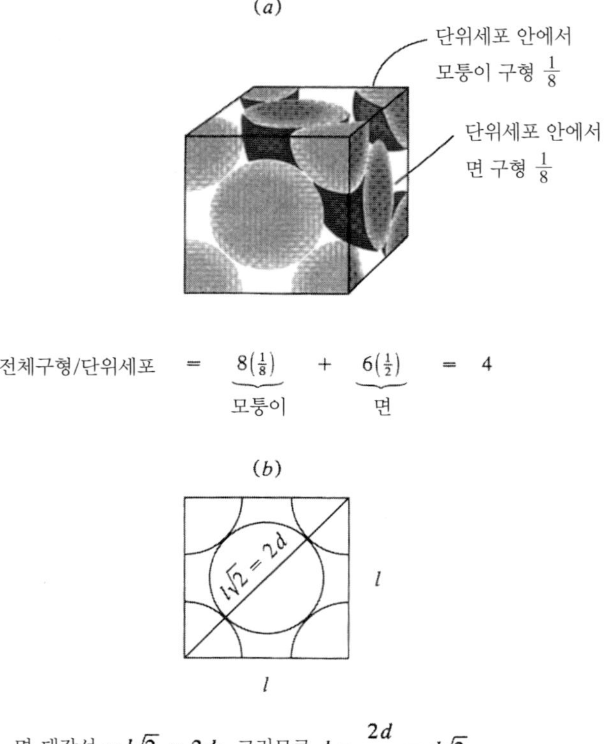

그림 6.13

(a) 전체 4 구형에 대하여 모퉁이 구형이 1/8이고 면 구형이 그 단위 세포의 1/2이라고 나타내는 fcc 단위세포. (b) 구형 지름과 단위세포 모서리 사이 에 관계를 보여주는 fcc 단위 세포의 한 면.

명을 완결한다. 표 6.2를 분석하면 80% 이상 원소들이 이러한 네 가지 격자 중 하나로 결정화되는 것을 보여준다. 게다가 각 분자들이 거의 구형이라고 추축하는 여러 분자 물질들은(예를 들어 CH_4, HCl, H_2) 이러한 구조라고 생각한다. A-형 격자는 실제로 14 종류가 있다. 1850년에 처음으로 M. A. Bravais에 의하여 제안되었고 아직도 *Bravais*격자라고 부른다. 그것은 그림 6.15에 나타나있다. AB_n-형 격자를 설명할 때 이들을 참고할 기회는 더 많이 있을 것이다.

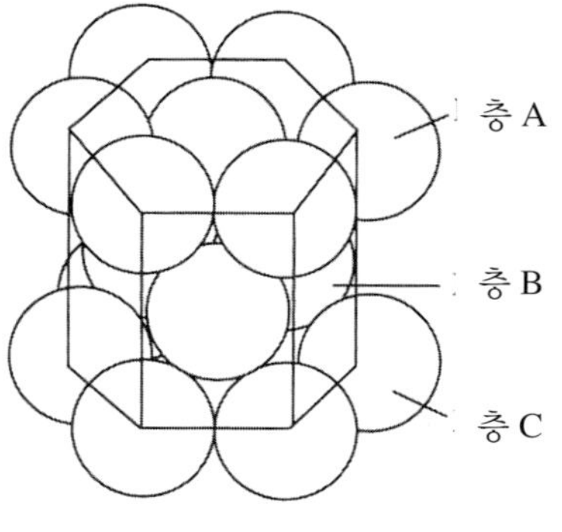

(a) 육방정계 조밀충진 단위세포

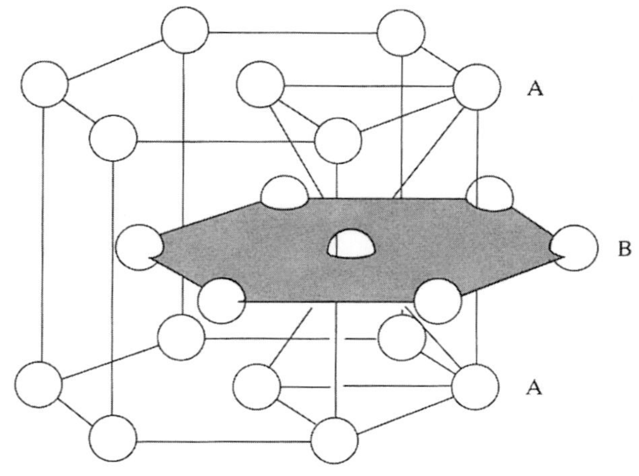

(b) 일정한 구형의 배위 수 (육방정계 중심에) 12를 보여주는 그림

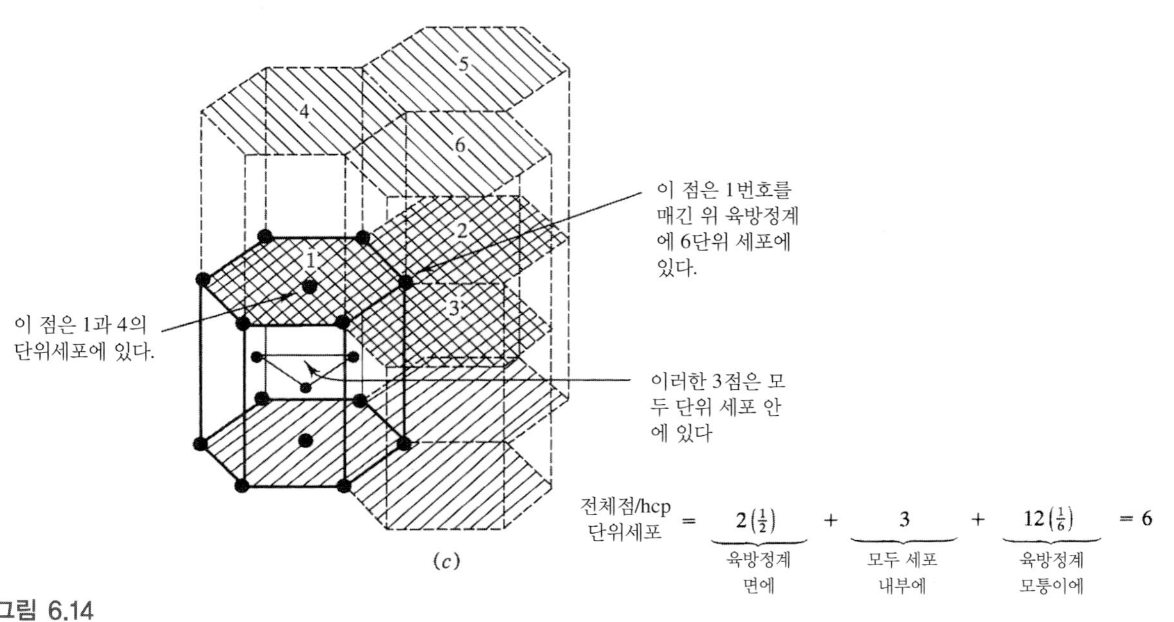

(c)

그림 6.14

(a) ABAB 층 도형과 (b) 제시한 구형(육방정계 중심) 배위수는 12라는 것과 (c) 단위세포마다 구형 수는 6이라는 것을 보여주는 hcp 단위세포의 세 가지 그림 [(a), 참고문헌 17; (b), 참고문헌 15]

이러한 어떤 격자에서 접촉하는 두 원자 사이에 원자간 거리는 X-선으로 측정한다. 분리된 원자의 반지름은 근본적으로 무한하지만 격자에서 이웃원자와 접촉하고 있는 한 원자의 반지름은 원자 사이에 원자간 거리의 반 값으로 취한다. 원소들이 금속이면 편집해서 만든 금속 반지름을 얻을 수 있다; 비결합 원자로 구성하는 결정이 van der Waals 분자간 힘에 의하여 함께 붙잡혀 있으면 그 결과는 *van der Waals* 반지름이다. 공유결합 망상구조 결정에서 그리고 물론 독립 분자에서 원

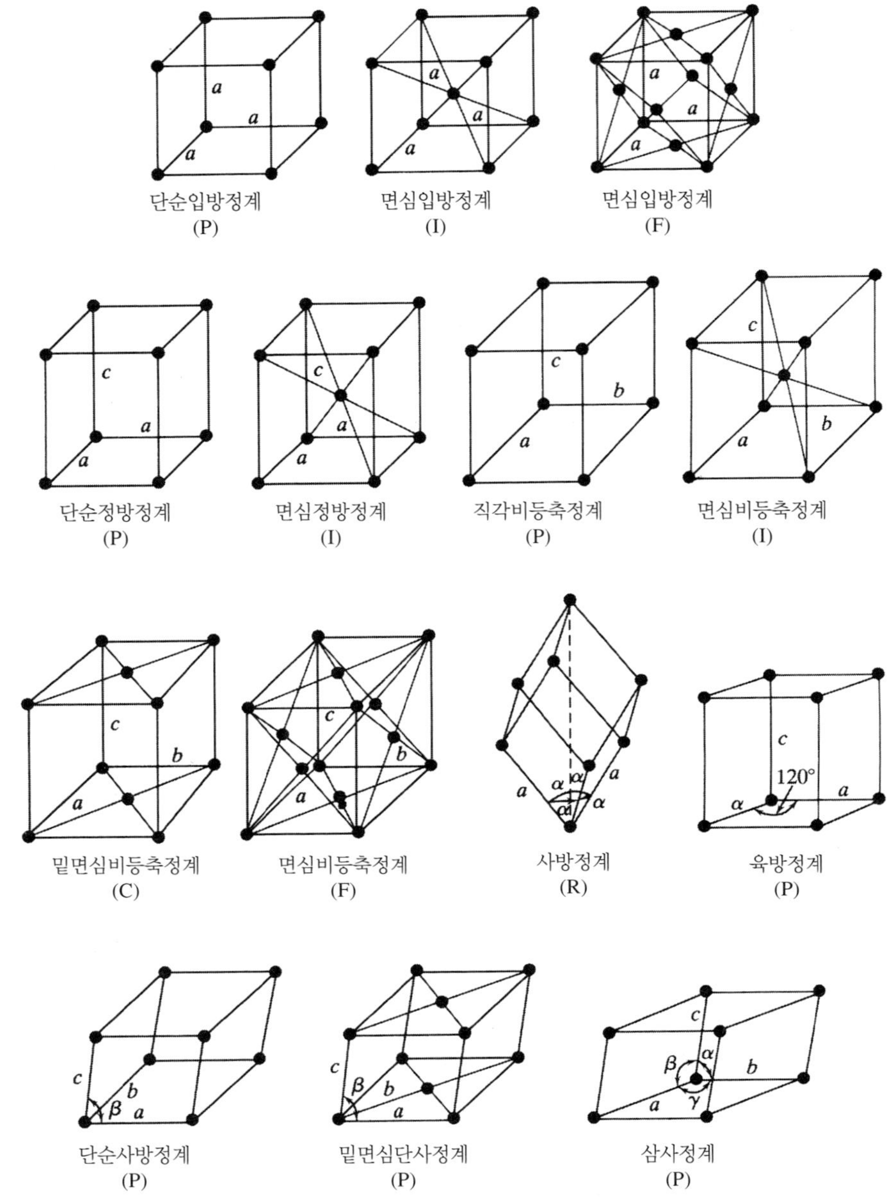

그림 6.15

입방정계, 정방정계, 직각 비등축정계, 육방정계, 단사정계, 삼사정계 7 종류의 기본 단위세포로 구성하는 14 종류의 Bravais 격자.

자들은 공유결합하고 그리고 그로 말미암아 공유결합 반지름은 표로 만들 수 있다. 이러한 세 종류 반지름을 표 6.3에 제시한다.

이러한 고체상태 화학 모델은 얼마나 유효한가? 이것을 증명하기 위하여 표 6.2에 나열한 한 원소의 밀도를 계산하고 그 결과를 알려진 밀도와 비교하자. 한 ccp 구조는 한 fcc 단위세포를 갖는 것을 의미한다고 생각한다. 표 6.2에서 발견되는 것처럼 구리 반지름에 대하여 인정된 값은 1.28 Å이다. 이전의 설명으로부터 단위세포마다 네 구리원자가 있고 원자들은 면 대각선을 따라 접촉하는 것으로 알고 있다.

표 6.3 원소를 고체상이라고 가정한 가장 안정한 격자구조

기호표 : 기호
금속지름[a]
vander Waals 반지름
공유결합 반지름
(모든 값은 Å)

												H					He
												…					…
												1.20					1.40
												0.37					…
Li	Be											B	C	N	O	F	Ne
1.57	1.12											…	….	….	….	….	…
1.82	….											…	1.70	1.55	1.52	1.47	1.54
1.34	0.90											0.82	0.77	0.75	0.73	0.72	…
Na	Mg											Al	Si	P	S	Cl	Ar
1.91	1.60											1.43	….	….	….	….	…
2.27	1.73											…	2.10	1.80	1.80	1.75	1.88
1.54	1.30											1.18	1.17	1.06	1.02	0.99	…
K	Ca	Sc	Ti	V	Cr	Mn	Fe	Co	Ni	Cu	Zn	Ga	Ge	As	Se	Br	Kr
2.35	1.97	1.64	1.47	1.35	1.29	1.37	1.26	1.25	1.25	1.28	1.37	1.53	1.39	….	….	….	…
2.75	….	….	….	….	….	….	….	….	1.63	1.43	1.39	1.87	….	1.85	1.90	1.85	2.02
1.96	1.74	1.44	1.32	1.25	1.27	1.46	1.20	1.26	1.20	1.38	1.31	1.26	1.22	1.20	1.16	1.14	1.15
Rb	Sr	Y	Zr	Nb	Mo	Tc	Ru	Rh	Pd	Ag	Cd	In	Sn	Sb	Te	I	Xe
2.50	2.15	1.82	1.60	1.47	1.41	1.35	1.34	1.34	1.37	1.44	1.52	1.67	1.58	1.61			
….	….	….	….	….	….	….	….	….	1.63	1.72	1.58	1.93	2.17	….	2.06	1.96	2.16
2.11	1.92	1.62	1.48	1.37	1.45	1.56	1.26	1.35	1.31	1.53	1.48	1.44	1.41	1.40	1.36	1.33	1.26
Cs	Ba	La	Hf	Ta	W	Re	Os	Ir	Pt	Au	Hg	Tl	Pb	Bi			
2.72	2.24	1.88	1.59	1.47	1.41	1.37	1.35	1.36	1.39	1.44	1.55	1.71	1.75	1.82			
….	….	….	….	….	….	….	….	….	1.72	1.66	1.55	1.96	2.02	….			
2.25	1.98	1.69	1.49	1.38	1.46	1.59	1.28	1.37	1.28	1.43	1.51	1.52	1.47	1.46			

[a] 금속반지름은 배위수에 따라 약간 변한다. 간단하게 이들 값은 배위수 = 12에 대한 원자에 대한 값이다.

표 6.1에서 발견된 밀도에 대한 식을 사용하여 다음처럼 밀도를 계산할 수 있다.

$$\text{밀도} = \frac{4\ \text{atoms}\left(\dfrac{63.54\ \text{g/mole}}{6.02 \times 10^{23}\ \text{atoms/mole}}\right)}{[2(1.28 \times 10^{-8})\sqrt{2}]^3\ \text{cm}^3} = 8.90\ \text{g/cm}^3 \tag{6.4}$$

실험적으로 구한 밀도는 8.96 g/cm^{3}이다. 계산한 밀도와 실제 밀도 사이에 오차는 약 0.7%이다. 구리원자를 당구공처럼 단단한 구형으로 표시하는 모델은 나쁘지 않다.

6.3 AB$_n$-형 결정격자

AB$_n$-형 결정격자는 원자, 이온, 또는 분자를 표시하는 구형이 서로 다른 두 가지의 크기를 갖는다. 이러한 격자의 가장 일반적 예는 음이온이 양이온보다 큰 결정이다. 이 경우에 음이온은 A-형 격자를 형성하고 양이온은 그 격자의 "구멍"에 들어맞는다고 설명하는 것이 최선이다. 결정은 어느 정도 순수한 이온성이고 음이온에 의한 충진은 일반적으로 두 화학종의 상대적 크기에 의하여 결정될 것이다. 즉 음이온 격

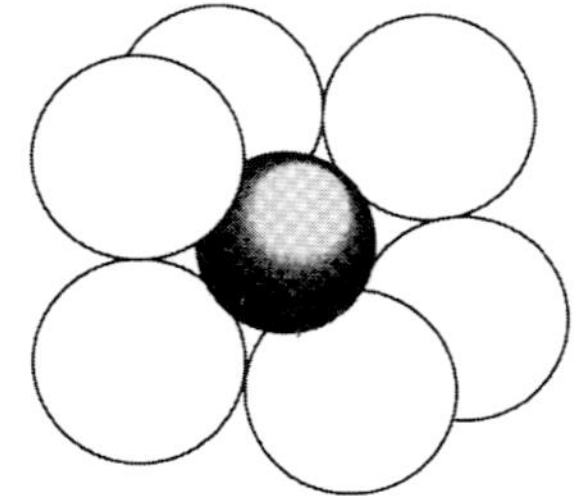

그림 6.16

단순입방정계 단위세포 안에서 입방정계 구멍(회색 부분)의 공간충진(모퉁이 구형은 명확하게 나타내려고 생략했다).

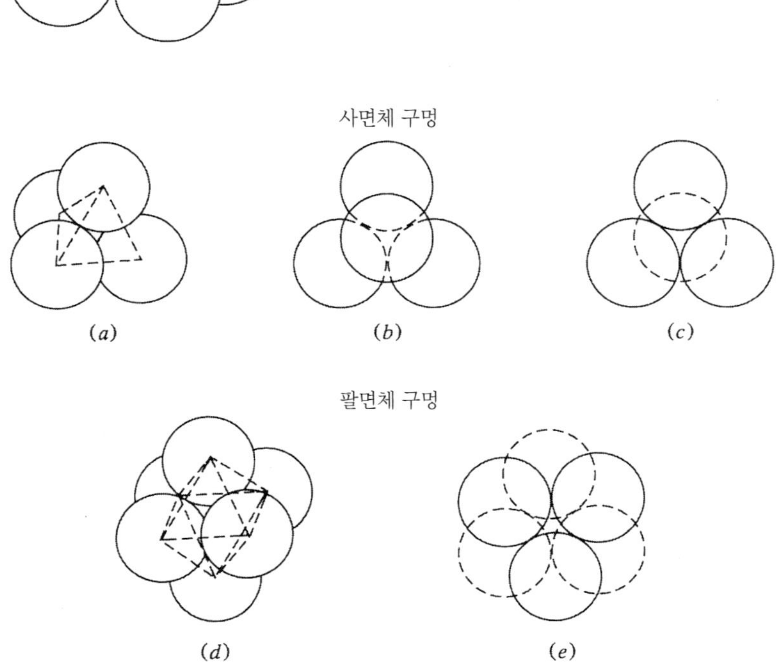

그림 6.17

사면체 구멍과 팔면체 구멍을 바라보는 여러 방법. (a) 옆에서 본 사면체 중심의 사면체 구멍. (b) 위에 놓은 넷째 구형을 갖는 구형 삼각형, (c)한 단일 구형 위에 위치한 구형의 삼각형. (d) 위에 하나와 밑에 하나를 갖는 사각형의 4 구형처럼 보이는 팔면체. (e) 처음 것을 60° 회전한 또 다른 구형 삼각형 위에 놓인 구형 삼각형처럼 보이는 팔면체.

자의 구멍은 양이온을 적절하게 수용하는 적당한 크기여야한다. 그러므로 설명이 필요한 첫째 토픽은 A-형 격자에 존재하는 구멍의 수와 형태이다.

입방체, 팔면체, 사면체의 구멍

단순입방정계 단위세포의 중심에 남은 구멍은 **입방정계 구멍**(*cubic hole*)이라고 한다. 그림 6.16은 제거한 모퉁이 구형 중 하나를 이용한 한 단위세포의 공간충진 모델을 보여준다. 그 구멍은 분명하게 나타내려고 회색으로 표시했다. 이 구멍의 반지름은 구멍을 형성하는 구형의 3/4이다(문제 6.25를 보라). 이전에 단순입방정계 단위세포마다 한 구형이 있다고 설명했다. 입방정계 구멍은 완전히 단위세포 내부에 있으므로 단위세포마다 한 구멍이 있다. 이 격자에는 당연히 구형마다 한 입방정계 구멍이 있다.

입방정계와 육방정계 조밀충진 격자의 구멍은 사면체 또는 팔면체이다. 결국 이러한 구멍이 어디에 있는 것을 알기 원할 뿐만 아니라 구형마다 몇 개 있는가를 알기 원한다. 그림 6.17a는 더 큰 구형에 의하여 형성된 사면체 내부에서 발견된 **사면체 구멍**

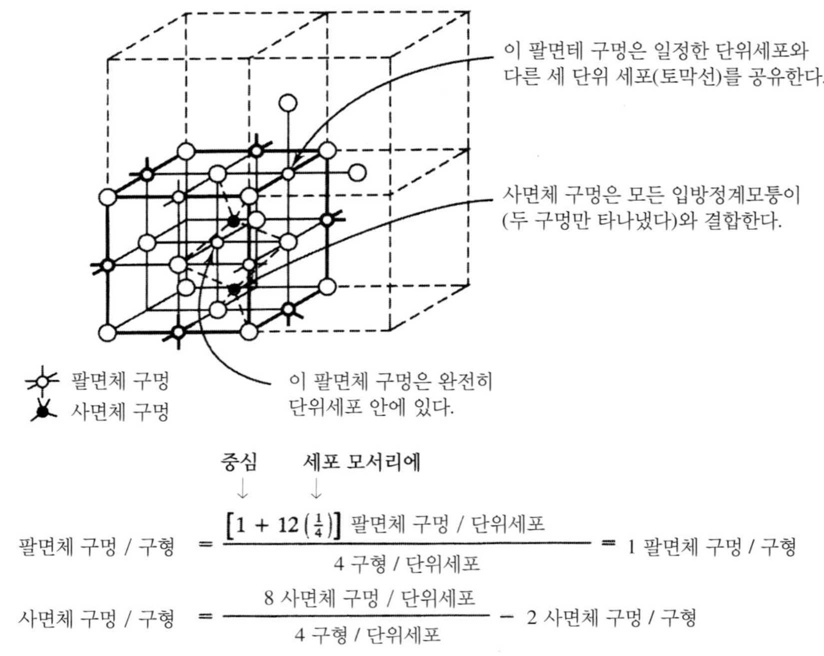

그림 6.18

단위세포마다 팔면체와 사면체 구멍의 위치와 수를 보여주는 면심입방정계 단위세포. 단위세포의 중심과 12 모서리 중간에 팔면체 구멍과 단위세포의 각 모퉁이와 결합한 한 사면체 구멍이 있다. 단위세포마다 4 구형이 있으므로 구형마다 한 팔면체 구멍과 두 사면체 구멍이 있다.

(*tetrahedral hole*)을 예로 설명한다. 때때로 ccp 혹은 hcp 격자의 그림 또는 모델을 살펴볼 때 사면체는 다른 세 개에 의하여 형성된 구멍 위에 놓인 한 구형 또는 한 단일 구형 위에 자리를 차지한 세 개의 삼각형으로 쉽게 확인된다(그림 6.17c). **팔면체 구멍**(*octahedral hole*)은 더 큰 구형의 팔면체 내부에서 발견되고 그것은 사각형의 아래와 위에 다섯째와 여섯째 구형을 갖는 네 구형의 사각형이라고 볼 수 있고(그림 6.17d) 혹은 때때로 첫째 구형에 대하여 상대적으로 60° 회전된 3 구형의 둘째 삼각형 위에 놓인 3 구형의 삼각형이라고 더 쉽게 볼 수 있다(그림 6.17e).

이러한 구멍은 조밀충진 격자 내부에서 어디에 있는가? 그림 6.10b를 다시 보면 팔면체 구멍이 *a* 구멍이고 사면체 구멍이 *b* 구멍인 것을 확인할 수 있다. 그러면 구형마다 몇 구멍이 있는가? 그림 6.18에 제시한 것처럼 한 ccp 격자의 fcc 단위세포를 생각하자. fcc 단위세포마다 4 구형이 있다고 설명한 것을 기억하라(그림 6.13을 보라). 한 팔면체 구멍이 그 단위세포와 그 입방정계의 각 모서리에 놓인 다른 12 구멍의 중심에 있는 것에 주목하라. 이러한 각 12 구멍은 그림처럼 4 단위세포 사이에 공유한다. 그러므로 각 구멍은 제시한 단위세포에 1/4이 있다. 그러므로 그림에 표시한 것처럼 단위세포마다 전체 4 팔면체 구멍이 있다. 이것은 구형마다 한 팔면체 구멍이 있다고 결론을 내릴 수 있다. 한 사면체 구멍이 그 단위세포의 각 8 모퉁이와 결합한다. 마찬가지로 이 아이디어는 구형마다 2 사면체 구멍이 있다고 결론을 내릴 수 있다. 이러한 구형에 대한 구멍-비는 hcp 구조와 동일하다.

그림 6.19

음이온의 A-형 격자에서 팔면체 구멍을 점유하는 양이온의 (a) 삼차원 그림과 (b) 단면적. 팔면체 구멍의 특성있는 반지름-비 r^+/r^- 는 0.414라고 계산된다.

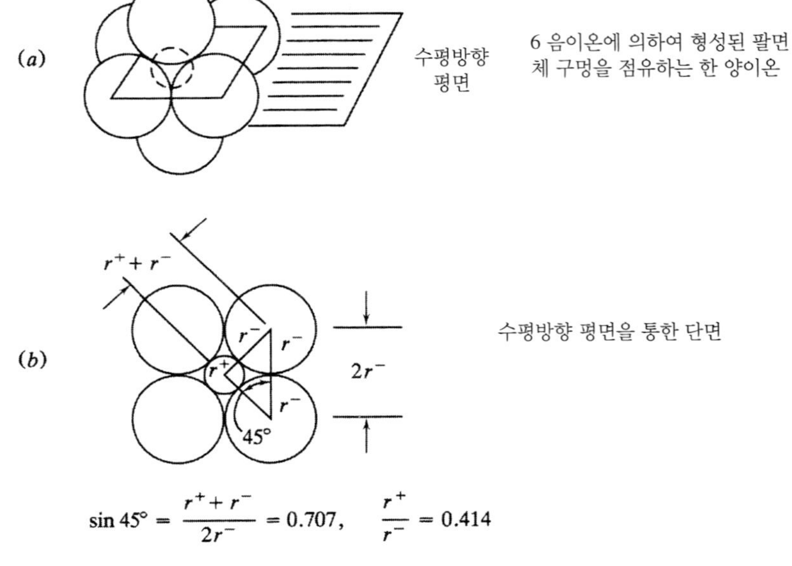

$$\sin 45° = \frac{r^+ + r^-}{2r^-} = 0.707, \quad \frac{r^+}{r^-} = 0.414$$

반지름-비

사면체 구멍은 대단히 작아야 하지만 팔면체 구멍은 조금 더 크다고 추측할 수 있다(사면체 구멍은 사면체가 형성하는 구형 반지름의 약 1/4이고 한편 팔면체 구멍은 팔면체가 형성하는 구형 반지름의 약 4/10이라고 알려졌다).

구멍크기	입방정계	>	팔면체	>	사면체
배위수	8		8		4

한 양이온처럼 더 작은 화학종이 이러한 구멍 중 하나에 깔끔하게 들어맞는 바로 그런 정확한 크기이면 표시한 것처럼 배위수를 가질 것이다.

한 구멍의 상대적 크기를 어떻게 계산할 수 있고 그리고 그로 말미암아 그 구멍에 들어맞는 양이온 크기는 어떻게 계산할 수 있는가? 팔면체의 단면이 수평평면을 통하는 그림 6.19를 생각하자. 정확한 크기의 양이온이 그 구멍을 점유하는 것으로 나타나있다. 해석기하학과 삼각법으로 음이온 반지름에 대한 양이온 반지름의 비 값이 더 큰 화학종에 대하여 0.414라고 추측하는 결과를 얻었다. 삼방정계, 사면체, 입방정계에 대한 동일한 계산은 다음 반지름-비를 얻었다.

구멍 형태	r^+/r^-
삼방정계	0.155
사면체	0.255
팔면체	0.414
입방정계	0.732

표 6.4 반지름비, 최대배위수, 점유된 구멍 형태 사이에 관계

r^+/r^-	0.155 ~ 0.225	0.225 ~ 0.414	0.414 ~ 0.732	0.732 ~ 더 큰 값
가능한 최대 C.N.	3	4	6	8
구멍형태	삼방정계	사면체	팔면체	입방정계

(구형으로 형성된 삼각형 중심에 있는 삼방정계 구멍은 매우 작으므로 드물게 점유된다.)

이러한 반지름-비는 어떤 정보를 제공하는가? 표 6.4는 배위수(coordination number, C.N.)와 구멍형태가 어떻게 그 반지름-비에 상당하는 가를 제시한다. 이 표는 어떤 형태의 구멍이 정해진 상항에서 점유되는가를 설명한다. Na^+ 반지름은 1.16 Å이고 Cl^- 반지름은 1.67 Å이다. r^+/r^- 는 0.695로 나타나고 그것은 0.414와 0.732 팔면체 범위에 있다. 그 표를 참고하여 Cl^-는 A-형 격자를 형성하고 ccp이라 판명되고 한편 Na^+ 양이온은 A-형 격자의 팔면체 구멍에 들어맞는다고 예측한다. 그 양이온의 최대 배위수는 예측되었고 실제로 6이라고 판명되었다.

양이온이 음이온성 A-형 격자의 팔면체 구멍에 꼭 들어맞을 때 계산된 0.414 반지름-비는 팔면체 구멍이 점유하는 더 낮은 범위의 한계이다. 바꿔 말하면 반지름-비는 더 클 수 있지만 이상적 값보다 작지는 않다. 이것은 왜 그러야하는가? 반지름-비 값이 이상적 0.414 값으로부터 차이가 생기는 원인은 무엇인가? 양이온 크기값이 증가하여 반지름-비를 증가하면 음이온이 강제로 서로 접촉하지 못하게 한다. 에너지적으로 이것은 유리한 과정이다. 왜냐하면 음전하 음이온의 분리는 그들 사이에 반발력을 감소하고 더 안정한 결정격자로 되기 때문이다. 그리하여 양이온이 이상적 팔면체 구멍보다 클지라도 음이온을 강제로 분리하여 계속해서 이 자리를 점유한다.

다시 양이온이 음이온 격자에서 팔면체 구멍에 꼭 들어맞는 그러한 경우에 0.414 반지름-비에서 출발하여 양이온 크기가 감소하여 반지름-비 값이 0.414보다 작은 값으로 되면 어떻게 되는가를 생각하자. 음이온은 현재보다 더 큰 구멍에서 "헐렁한(꼭 들이맞지 않는)" 양이온에게 여전히 끌어당겨질 것이다. 음이온은 양이온 주위에 많이 있고 그리고 그로 말미암아 서로 충돌한다. 이것은 음이온의 전자구름 사이에 반발을 크게 만들고 그것은 에너지적으로 불리한 상항이다. 따라서 양이온이 이상적 팔면체 구멍보다 작으면 가장 유리한 반응은 그 양이온이 더 작은 구멍으로 교환이다. 예를 들어 황화베릴륨(BeS)에서 반지름-비는 0.35이다. 베릴륨 양이온이 황화물 음이온의 조밀충진 격자에서 팔면체 구멍을 점유하면 음이온 사이에 너무 큰 반발이 있고 베릴륨 양이온은 점유하고 있는 사면체 구멍을 교환하여 에너지적으로 더 유리한 상항으로 된다.

마지막으로 표 6.4는 일정한 반지름-비에 대한 최대 배위수를 제시하는 것에도 주목하여야 한다. 예를 들어 ZnS는 0.52 반지름-비이고 아연 양이온의 최대 배위수가 6이라는 것을 나타낸다. 앞의 설명에 따라 배위수는 8이 아니다. 왜냐하면 작은 양이온은 더 큰 입방정계 구멍에서 헐렁하기(꼭 맞지 않아서) 때문이다. 그러나 그 배위수는 4이다. 왜냐하면 이것은 2가 음이온 황화물(S^-)이 아연 양이온 주위에 사면체로 배열하여 강제로 분리되게 만들기 때문이다. 실제로 아연 양이온은 사면체 구멍을 점유하여 4 배위수를 갖는 것으로 알려져 있다. ZnS 결정구조는 다음 절에서 더 상세히 설명하겠다.

계속되는 설명은 표 6.4의 일반적 용도를 예로 들겠다. 그러나 이 문제는 크게 주의하여 접근해야하는 것이 분명하다. 다음 절("AB 구조")에서 실제 배위수 사이에 상호관계와 구조에 따라 33~100%까지 변하는 반지름-비에 의하여 예상되는 것을 설명하겠다. 전체적으로 그 상호관계는 대략 3~2이다. 표 6.4를 안내서로만 생각할 수 있는 몇 이유 중 하나는 이온반지름 결정에 대한 불확실성이다.

이온반지름

금속 반지름, van der Waals 반지름, 공유결합 반지름을 설명할 때 앞에서(그림 6.15) 지적한 것처럼 X-선 회절법은 전통적으로 원자간 거리에 관하여 정확한 정보를 얻는다. 이온결정에서 비슷한 이온간 거리는 이러한 측정으로부터 이용할 수

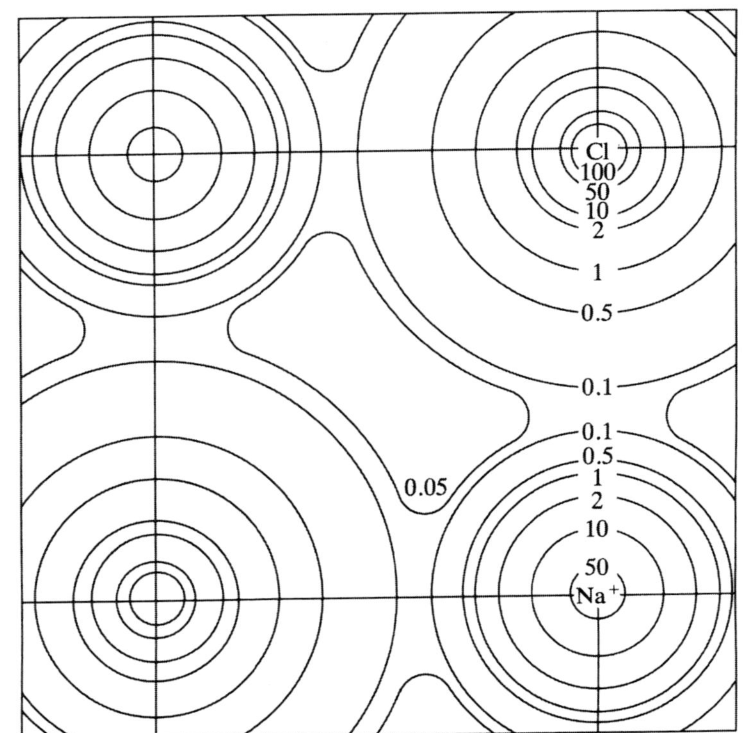

그림 6.20

염화소듐의 전자밀도 등고선에 관한 고분해능 X-선 회절 지도. 숫자는 각 등고선에 따르는 전자밀도(전자/3)이다. 각 이온의 "경계"는 이온 사이에 최소전자밀도라고 정의한다.

있다. 그러나 측정할 수 없는 것은 어떤 위치에서 한 이온이 정지하고 어떤 위치에서 다른 한 이온이 출발하는가 이다; 즉 양이온과 음이온 사이에 이온간 거리를 어떻게 분할하는가를 정확하게 알지 못하였다. 최근에 와서 그림 6.20에 NaCl에 대하여 제시한 것처럼 고분해능 X-선 연구에 의하여 가능해졌다. 이온간 거리에 따른 최소 전자밀도 위치를 정하여 양이온과 음이온 두 반지름에 대하여 정확한 값을 측정할 수 있게 되었다. 이러한 연구는 표 6.5~6.7에 제시한 Shannon-Prewitt 이온반지름에 근거를 둔다. 비금속은 일반적으로 여기에 수록한 큰 전하 양이온을 형성하지 않는 것에 주목하라. 일반적 금속 음이온에 대한 반지름은 표 6.7에 있다.

이러한 표는 이온반지름이 배위수에 따라 약간 변하는 것에 주목하라. 소듐 양이온에 대한 이러한 변화는 다음과 같다.

C.N.	Na^+ 반지름, Å
4	1.13
6	1.16
8	1.32

표 6.5 양이온을 옹스트롬 단위(Å)로 표시한 Shannon-Prewitt 이온반지름(참고문헌 2)

C.N.	1A	2A	3B	4B	5B	6B	7B		1B	2B	3A	4A	5A	6A	7A
	Li	Be									B	C	N		
3	—	0.30									0.15	0.06	0.044		
4	0.73	0.41									0.25	0.29	—		
6	0.90	0.59									0.41	0.30	0.27		
	Na	Mg									Al	Si	P	S	Cl
4	1.13	0.71									0.53	0.40	0.31	0.26	0.22
6	1.16	0.86									0.675	0.540	0.52	0.43	0.41
8	1.32	1.03									—	—	—	—	—
	K	Ca	Sc	Ti	V	Cr	Mn		Cu	Zn	Ga	Ge	As	Se	Br
4	1.51	—	—	0.56	0.495	0.40	0.39		0.74	0.74	0.61	0.530	0.475	0.42	0.39
6	1.52	1.14	0.885	0.745	0.68	0.58	0.60		0.91	0.880	0.760	0.670	0.60	0.56	0.53
8	1.65	1.26	1.010	0.88	—	—	—		—	1.040	—	—	—	—	—
	Rb	Sr	Y	Zr	Nb	Mo	Tc		Ag	Cd	In	Sn	Sb	Te	I
2	—	—	—	—	—	—	—		0.81	—	—	—	—	—	—
4	—	—	—	0.73	0.62	0.55	0.51		1.14	0.92	0.76	0.69	—	0.57	0.56
									1.16						
6	1.66	1.32	1.040	0.86	0.78	0.73	0.70		1.29	1.09	0.940	0.830	0.74	0.70	0.67
8	1.75	1.40	1.159	0.98	0.88	—	—		1.42	1.24	1.06	0.95	—	—	—
	Cs	Ba	La	Hf	Ta	W	Re		Au	Hg	Tl	Pb	Bi	Po	At
4	—	—	—	0.72	—	0.56	0.52		—	1.10	0.89	—	—	—	—
6	1.81	1.49	1.172	0.85	0.78	0.74	0.67		1.51	1.16	1.025	0.79	0.90	0.81	0.76
8	1.88	1.56	1.300	0.97	0.88	—	—		—	1.28	1.12	0.915	—	—	—

C.N.	La	Ce	Pr	Nd	Pm	Sm	Eu	Gd	Tb	Dy	Ho	Er	Tm	Yb	Lu
6	1.172	1.15	1.13	1.123	1.11	1.098	1.087	1.078	1.063	1.052	1.041	1.030	1.020	1.008	1.001
7	1.24	1.21	—	—	—	1.16	1.15	1.14	1.12	1.11	—	1.085	—	1.065	—
8	1.300	1.283	1.266	1.249	1.233	1.219	1.209	1.193	1.180	1.167	1.155	1.144	1.134	1.125	1.117
	Ac^{III}	Th^{IV}	Pa^{V}	U^{VI}	Np^{IV}	Pu^{IV}	Am^{IV}	Cm^{IV}	Bk^{IV}	Cf^{IV}				No^{II}	
6	1.26	1.08	0.92	0.87	1.01	1.00	0.99	0.99	0.97	0.961				1.24	
8	—	1.19	1.05	1.00	1.12	1.10	1.09	1.09	1.07	1.06					

주의: 양이온 전하는 악틴족에서 지적한 것을 제외하고 족의 수와 같다.

표 6.6 여러 산화상태를 갖는 양이온을 옹스트롬 단위(Å)로 표시한 Shannon-Prewitt 이온반지름(참고문헌 2)

산화수													
	Ti	V	Cr	Mn	Fe	Co	Ni	Cu	Zn	Ga	Ge	As	Se
2	1.00	0.93	0.94 0.87^{LS}	0.970 0.81^{LS}	0.77(4) 0.92 0.75^{LS}	0.72(4) 0.88.5 0.79^{LS}	0.69(4) $0.63(4)^{Sq}$ 0.83	0.71(4) $0.71(4)^{Sq}$ 0.87	0.74(4) 0.88				
3	0.810	0.780	0.755	0.785 0.72^{LS}	0.785 0.69^{LS} 0.63(4)	0.75 $0.68.5^{LS}$	0.74 0.70^{LS}	0.68^{LS}		0.76		0.72	
4	0.745	0.72	0.69	0.67	0.725	0.67	0.62^{LS}				0.67		0.64
	Zr	Nb	Mo	Tc	Ru	Rh	Pd	Ag	Cd	In	Sn	Sb	Te
2	—	—	—	—	—	—	$0.78(4)^{Sq}$	$0.93(4)^{Sq}$	1.09	—	$1.22^{a}(8)$	—	—
3	—	0.86	0.83	—	0.82	0.805	0.90	$0.81(4)^{Sq}$	—	0.94	—	0.94(5)	—
4	0.86	0.82	0.79	0.785	0.76	0.74	0.755	—	—	—	0.83	—	1.11
	Hf	Ta	W	Re	Os	Ir	Pt	Au	Hg	Tl	Pb	Bi	Po
1	—	—	—	—	—	—	—	1.51	1.33 1.11(3)	1.64	—	—	—
2	—	—	—	—	—	—	$0.74(4)^{Sq}$	—	1.16	—	1.33	—	—
3	—	0.86	—	—	—	0.82	—	$0.82(4)^{Sq}$	—	1.025	—	1.17	—
4	0.85	0.82	0.80	0.77	0.770	0.765	0.765	—	—	—	0.915	—	1.08
	Ce^{IV} 1.01	Pr^{IV} 0.99	Sm^{II} 1.41(8)	Eu^{II} 1.31	Tb^{IV} 0.90	Tm^{II} 1.17	Yb^{II} 1.16						
	Pa^{IV} 1.04	U^{IV} 1.03	Np^{VI} 0.86	Pu^{VI} 0.85	Am^{III} 1.115	Cm^{III} 1.11	Bk^{III} 1.10	Cf^{III} 1.09					

표 6.7

일반 음이온을 옹스트롬 단위(Å)로 표시한 Shannon-Prewitt 이온반지름(참고문헌 2)

	OH^- 1.23	H^- 1.53^{a}
N^{3-} 1.32 (C.N. 4)	O^{2-} 1.26	F^- 1.19
	S^{2-} 1.70	Cl^- 1.67
	Se^{2-} 1.84	Br^- 1.82
	Te^{2-} 2.07	I^- 2.06

이러한 결과는 도리에 맞는다. 왜냐하면 양이온 주위에 음이온수가 증가할 때 어느 정도 서로 밀쳐내고 양이온 반지름이 분명히 증가하기 때문이다. 반지름-비를 계산할 목적으로 표 6.2를 이용하기 위하여 점유된 구멍과 배위수 결정할 때 일반적으로 C.N. = 6 값을 사용한다.

표 6.8 AB-형 격자: 반지름-비, 구조, 배위수

구 조	$r^+/r^{-\,a}$	음이온		양이온	
		구 조	C.N.	구 조	C.N.
Sodium chloride (NaCl)	$\frac{1.16}{1.67} = 0.69$	ccp (fcc)	6	All oct. holes	6
Zinc blende (ZnS)	$\frac{0.88}{1.70} = 0.52$	ccp (fcc)	4	Half tetra. holes	4
Wurtzite (ZnS)	$\frac{0.88}{1.70} = 0.52$	hcp	4	Half tetra. holes	4
Cesium chloride (CsCl)	$\frac{1.81}{1.67} = 1.08^b$	All cubic holes	8	Simple cubic	8

[a]C.N. = 6 에 대한 Shanon-Prewitt 이온 반지름
[b]$r^-/r^+ = 0.93$.

AB 구조

표 6.8은 네 가지 대표적 AB-형 이온격자에 대한 두 양이온과 음이온의 반지름-비, 배위수, 구조에 관한 정보를 제공한다. 그림 6.21은 이러한 각 격자의 그림을 제시한다. 각 경우에 이러한 두 근원에서 제공한 정보를 비교하고 가능하면 다음의 짧은 설명을 읽을 때 격자 모델을 공부해야한다.

염화소듐 또는 암염은 가장 보편적으로 만나는 구조 중 하나이다. 이전에 지적한 것처럼 염화소듐의 반지름-비는 염화물 음이온의 ccp 격자의 팔면체 구멍을 점유하는 소듐 양이온으로 구성한다. 그림 6.21a는 염화물 구조의 ABCABC 층 구조를 보여주고 그것은 fcc 단위세포와 일치한다. 소듐이온은 단위세포의 중심과 세포 모서리의 팔면체 구멍에 있는 것을 보여준다. 그림 6.21b는 공간격자 중에서 더 큰 부분을 보여주고 다시 각 양이온 주위에 팔면체 환경을 표시한다. 그것은 또한 그 결정이 fcc 소듐이온과 팔면체 구멍에 염화이온을 갖는 단위세포로 표시할 수 있는 것을 보여준다. 두 가지 양이온과 음이온의 배위수는 6이고 단위세포마다 전체 4 염화이온 $[8(\frac{1}{8}) + 6(\frac{1}{2})]$과 4 소듐이온 $[1 + 12(\frac{1}{4})]$이 있고 이 화합물이 1:1 화학량론과 일치하는 것을 확인해야한다.

계속되는 설명을 이용하여 염화소듐의 밀도 값을 계산할 수 있어야한다. 단위세포를 측정의 기본으로 취하면(A-형 구조에 대하여 설명한 것처럼) 4 NaCl 화학식 단위를 계산하고 그것을 단위세포의 부피로 나누어 계산할 수 있다. 소듐 양이온은 팔면체 구멍에 대하여 이상적 반지름보다 약간 더 크기 때문에 염화물 음이온은

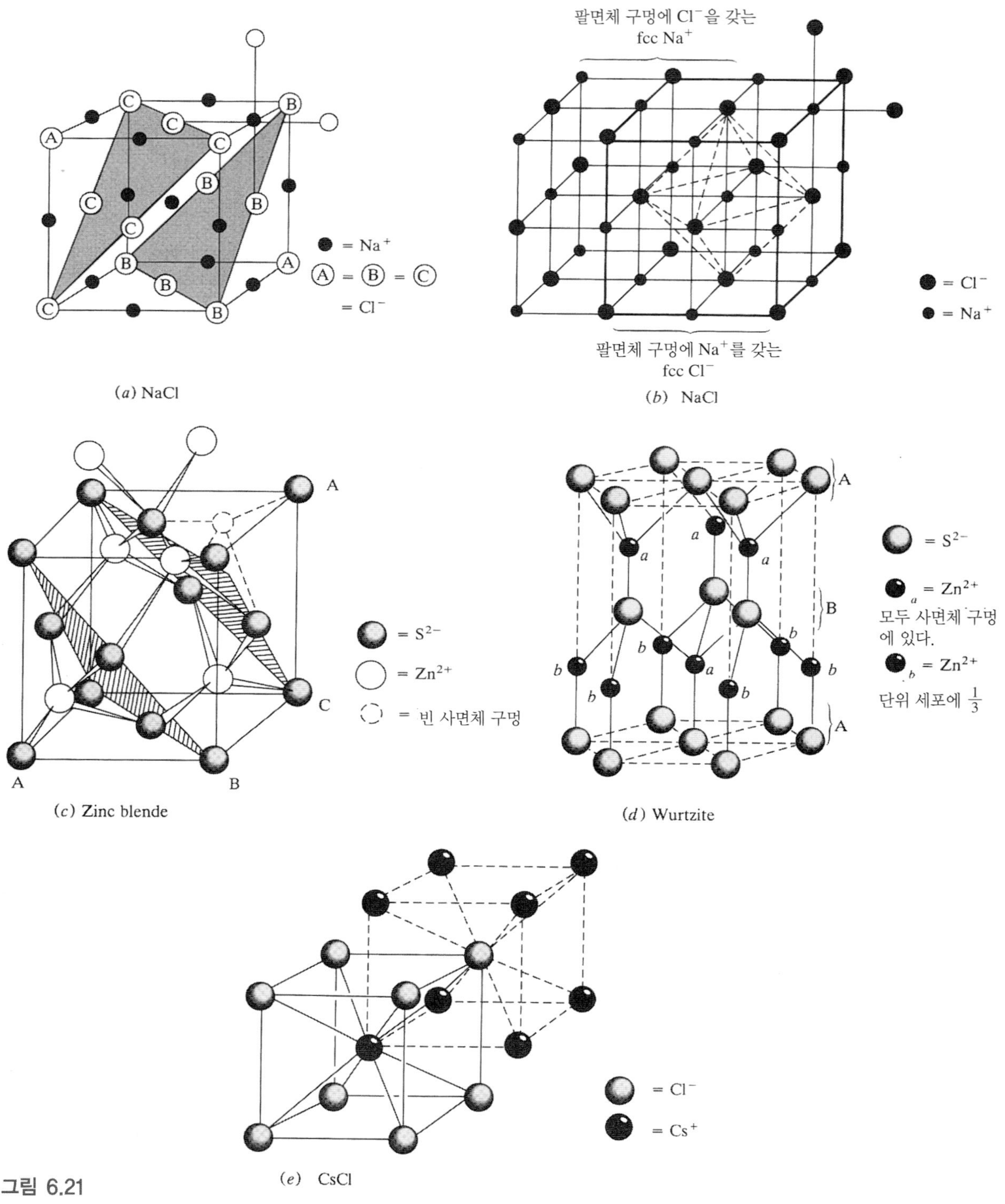

그림 6.21

B-형 구조. (a) 팔면체 구멍에 염화 음이온과 소듐 양이온의 ABCABC 층을 강조하는 NaCl. (b) 팔면체 구멍에 Na1를 갖는 fcc Cl^{-} 또는 그것과 반대 현상을 바라본 NaCl. (c) fcc S^{2-} 팔면체 구멍의 반을 점유하는 Zn^{2+}를 갖는 Zinc blende. (d) hcp S^{2-}의 사면체 구멍의 반을 점유하는 Zn^{2+}를 갖는 Wurtzeite. (e) Cl^{-}의 입방정계 구멍에 Cs^{+} 또는 그와 반대 현상의 CsCl(참고문헌 18).

표 6.9 보편적 AB 구조를 갖는 화합물

구조	화합물	상호관계 백분율[a]
암염	알칼리 할로겐화물과 수화물[b] AgF, AgCl, AgBr Mg, Ca, Sr, Ba, Mn, Fe, Co, Ni, Cd의 일원자 산화물 Mg, Ca, Sr, Ba, Mn, Pb 의 일원자 산화물 TiC, VC, InP, InAs, SnP, SnAs NH_4I, KOH, KSH, KCN	58
Zinc blende	BeX, ZnX, CdX, HgX (X = S, Se, Te) Diamond, silicon, germanium, gray tin SiO_2 (홍연석) BN, BP, SiC, CuX (X = F, Cl, Br, I) XY (X = Al, Ga, In; Y = P, As, Sb)	33[c]
Wurtzite	ZnX (X = O, S, Te) CdX (X = S, Se) BeO, MgTe, NH_4F MN (M = Al, Ga, In) AgI, NH_4F	33[c]
염화세슘	CsX (X = Cl, Br, I, SH, CN) TlX (X = Cl, Br, I, CN) NH_4X (X = Cl, Br, CN)	100

접촉하지 않은 것을 기억하라. 그러나 양이온과 음이온은 세포 모서리를 따라 접촉하므로 $1 = 2r\,(Na^+) + 2r\,(Cl^-) = 2(1.16) + 2(1.67) = 5.66$ Å이다. 밀도는 식 (6.5)처럼 계산할 수 있다.

$$\text{밀도} = \frac{\dfrac{4(22.99)+4(35.45)}{6.02\times10^{23}}\,\text{g}}{(5.66\times10^{-8})^3\ \text{cm}^3} = 2.14\ \text{g/cm}^3 \qquad (6.5)$$

실제로 NaCl 밀도는 2.165 g/cm^{3}이다. 실제 밀도와 계산 밀도의 차이는 약 1%이다.

NaCl 중에서 양이온 배위수는 반지름-비 안내서에 의하여 그리고 NaCl에 대하여 계산된 밀도에 의하여 예측한 것처럼 나타나지만 알려진 결정구조와 앞으로 설명하려는 각 AB_n 경우에 반지름-비의 계산에 의하여 예측한 구조 사이에 상호관계가 얼마나 좋은가를 아는데 도움이 된다. 표 6.9는 암염구조라고 생각하는 화합물의 58%가 반지름-비 계산과 일치한다. 다시 말해서 반지름-비는 유용한 안내서이지만 순수한 이온성 단단한 구형 결정구조 모델로부터 결론을 내릴 때 주의해서 사용하여야 하는 것을 알아야 한다.

황화아연(ZnS)의 반지름-비는 0.52이고 아연 양이온에 대한 최대 배위수는 6이여야 하는 것을 나타낸다. 그러나 이전에 설명한 것처럼 아연 양이온은 그 황화물 격자에서 사면체 구멍을 점유하고 팔면체 구멍을 점유하지 않는다. 그 황화물이 ccp 배열을 형성하면 결과적으로 생기는 격자는 *zinc blende*라고 부른다. 그 황화물이 hcp이면 그 격자를 *wurtzeite*라고 부른다(ZnS에 대하여 가끔 사용하는 zinc blende라는 이름은 *sphalerite*이다. 이것은 일반적으로 황화아연을 함유하는 광물을 말한다. 그러나 일부분은 zinc blende와 서로 교환하여 *sp*haerite 이름을 사용한다). 그림 6.21c는 ABCABC 배열과 음이온의 fcc 단위세포 두 가지를 강조하는 zinc blende 구조의 모양을 보여준다. 아연 양이온은 8 팔면체 구멍 중 4 구멍을 점유하는 것에 주목하라. 빈 4 사면체 구멍 중 하나를 그림에 표시한다. 매우 상세하게 살펴보면 점유된 사면체 구멍 그 자체도 사면체를 형성하는 것을 알게 될 것이다. 1:1 화학량론과 일치되게 단위세포 내부에서 모두 발견된 4 아연 양이온과 걸맞게 4의 $[8(\frac{1}{8}) + 6(\frac{1}{2})]$ 황화이온이 있다. 그림 6.21d는 wurtzeite 구조를 보여준다. 그 황화물은 ABABAB (hcp) 층구조를 형성하고 아연 양이온은 그 격자에서 사면체 구멍의 반을 점유한다. 1:1 화학량론과 일치되게 6의 $[4 + 6(\frac{1}{3})]$과 함께 6의 $[12(\frac{1}{6}) + 2(\frac{1}{2}) + 3]$ 황화음이온이 있다. 표 6.8은 알려진 구조와 zinc blende 및 wurtzeite 구조에 대하여 계산된 반지름-비 사이에 매우 낮은 상호관계(33%)를 나타낸다. 낮은 상호관계에 대한 한 중요한 이유는 이 형태의 결정결합이 공유결합 성질의 정도에 따르는 것처럼 보인다. 황화아연 중에서 아연원자와 황원자는 크게 sp^3-혼성 오비탈인 것처럼 보이고 그 화합물은 적어도 어느 정도 순수한 이온결정아닌 다이아몬드같은 공유결합 망상구조 격자로 설명하는 좋은 증거들이 있다.

염화세슘은 1.08 반지름-비를 갖는다. 왜냐하면 Shannon-Prewitt 반지름을 사용하면 세슘 양이온은 염화음이온보다 크기 때문이다. 이 경우에 실제로 r^-/r^+(=

표 6.10 AB_2-형 격자: 반지름-비, 구조, 그리고 배위수

		음이온		양이온	
구조	$r^+/r^{-\,a}$	구조	C.N.	구조	C.N.
플루오르화칼슘 (CaF_2)	$\frac{1.14}{1.19} = 0.96$	1. 단순입방체 2. 모두 사면체	4	1. 입방정체 구멍의 절반 2. fcc	8
아이오딘화 카드뮴 (CdI_2)	$\frac{1.09}{2.06} = 0.53$	hcp	3	팔면체 구멍의 절반	6
Rutile (TiO_2)	$\frac{0.745}{1.26} = 0.59$	단순 사면체	3	팔면체 구멍	6

[a]C.N. = 6 에 대한 shanon-Prewitt 이온 반지름

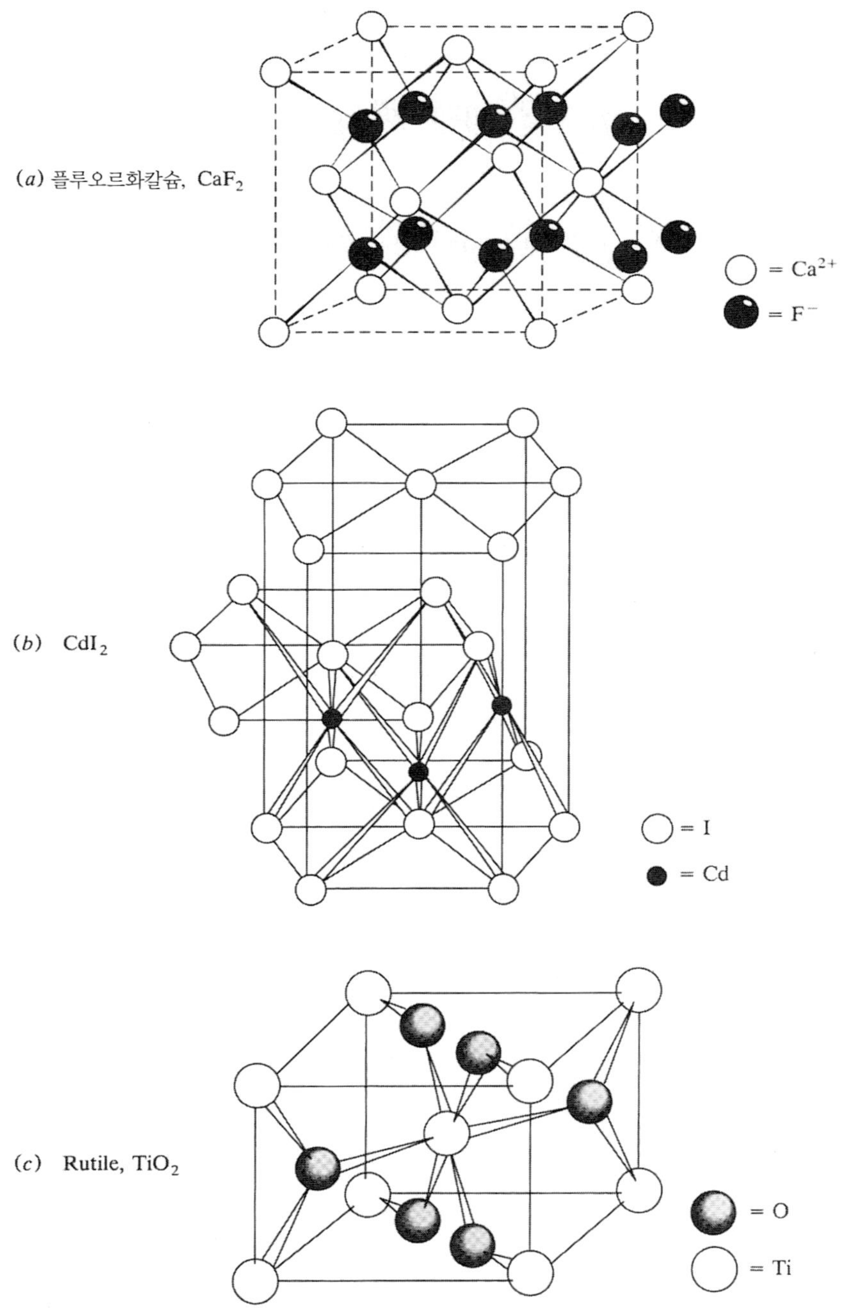

그림 6.22

AB_2-형 구조. (a) fcc Ca^{2+}에서 모든 사면체 구멍을 점유하는 F_2를 갖는 또는 단순입방체 F_2에서 입방정계 구멍의 반을 점유한 Ca^{2+}를 갖는 플루오르 화물(CaF_2). (b) hcp I^-에서 팔면체 구멍의 반을 점유한 Cd^{2+}를 갖는 요오드화 카드뮴(CdI^-). (c) 산화이온의 비-조밀충진 배열에서 팔면체 구멍을 점유하는 Ti^{4+}를 갖는 Rutile (TiO_2).

0.93)를 계산해야 하고 양이온은 A-형 격자를 형성하고 염화물은 적절한 구멍을 채운다고 생각한다. 0.93은 표 6.4의 입방정계 구멍/C.N.= 8과 일치하는 것에 주목하라. 그림 6.21e처럼 세슘양이온은 단순입방정계 격자를 형성하고 염화음이온은 입방정계 구멍을 점유한다. 그 대신에 염화물 음이온은 입방정계 구멍에서 세슘양이온과 함께 A-형 격자를 형성하는 것으로 설명할 수 있다. 실선을 단위세포에

사용하여 두 양이온과 음이온의 배위수는 8이라고 표시한 것에 주목하라. 또한 단위세포마다 전체 한 [8($\frac{1}{8}$)] 염화물이 있고 물론 그 몸체에서 한 세슘 양이온이 1:1 화학량론과 일치하는 것에도 주목하라. 표 6.9는 알려진 구조와 계산된 반지름-비 사이에 가장 큰 상호관계(100%)가 CsCl 구조에 존재하는 것을 보여준다.

표 6.9도 이미 설명한 AB 구조를 가정하는 여러 화합물을 보여준다. 다이아몬드 구조는 모든 구형이 동일한 크기이다. zinc blende를 설명할 때 다이아몬드 구조도 나열되어 있다. 물론 그림 6.3a를 참작하고 이러한 비교를 확인할 수 있으면 이해할 수 있다. 이 상항도 두 다이아몬드와 황화아연 의 공유결합 특성과 일치한다.

AB_2 구조

표 6.10과 그림 6.22에 AB_2 구조의 정보와 그림을 제시한다. 그들을 고려하기 전에 양이온과 음이온의 배위수 사이에 관계를 더 상세히 살펴보자. AB 화합물에서 각 이온 배위수는 동일하다. 이것은 식 (6.6)에서 발견된 관계에 응용되는 것으로 알려져 있다.

(A의 C.N.) × (화학식 중 A의 수) = (B의 C.N.) × (화학식 중 B의 수) (6.6)

AB 화합물에서 A 구형의 수는 B 구형의 수와 동일하므로 배위수도 동일하다.

CaF_2 플루오르화물은 0.96의 반지름-비이고 칼슘이온은 실제로 플루오르화 음이온에 의해 형성된 입방정계 구멍을 점유할 것으로 예측한다. 그러나 화학량론에 따라 필요한 것처럼(문제 6.35)입방정계 구멍의 반은 점유되지 않는다. 그러므로 그 격자의 단위세포는 그 몸체에서 한 칼슘과 함께 플루오르화물의 단순 입방정계로 될 수 없다. 오히려 더 큰 단위세포의 fcc 칼슘이온이 플루오르화물과 함계 사면체 구멍을 채우는 것이 더 적절한 설명이다. 플루오르화물의 배위수는 4이고 식 (6.6)와 일치하는 것에 주목하라. 표 6.11은 알려진 결정구조와 플루오르화물 구조라고 생각되는 화합물에 대하여 계산된 반지름-비 사이에 상호관계는 90%라고 표시한다.

요오드화 카드뮴(CdI_2)의 반지름-비는 0.53이고 카드뮴 양이온은 팔면체 구멍을 점유할 것으로 예상한다. 다시 화학량론적 이유에 대하여 설명하면(문제 6.35를 보라) 팔면체 구멍의 반만 점유될 수 있다. 요오드화물은 hcp이고 여러 층에서 팔면체 구멍을 점유한다. 이러한 격자를 더 상세히 살펴보면 요오드화물 사이에 팔면체 구멍에 카드뮴 양이온을 갖는 요오드화물 층은 모두 팔면체 구멍이 빈 것보다 더 조밀하다. 이것은 분명히 정전기적 관점에서 이해된다. 알려진 구조와 반지름-비 계산 사이에 상호관계는 CdI_2 구조에 대하여 74%이다.

Rutile(이산화탄소 TiO_2) 구조는 조밀충진이 아니다. 0.59 반지름-비는 팔면체 구멍/C.N.=6이고 그림 6.22c이 바로 그 구조이다. 이것은 입방정계 단위세포가 아니고 삼방정계 구조(그림 6.15를 보라)라는 것에 주목하라. 그 산화물의 배위수

표 6.11 보통 AB_2-형 구조를 갖는 화합물

구조	화합물	상호관계 백분율[a]
플루오르화물	MF_2 (M = Ca, Cd, Hg, Sn) MCl_2 (M = Sr and Ba) MO_2 (M = Po, Zr, Hf, Ce, Pr, 그리고 여러 악틴족 화합물) 전이금속 이수소화물	90
안티 플루오르화물[b]	M^I_2X (M^I = Li, Na, K; X = O, S, Se, Te) Rb_2X (X = O, S)	50
아이오딘화 카드뮴	MBr_2 (M = Mg, Fe, Co, Ni, Cd) MCl_2 (M = Ti, V) MI_2 (M = Mg, Ca, Ti, Mn, Fe, Co, Ni, Zn, Cd, Pb) $M(OH)_2$ (M = Mg, Ca, Mn, Fe, Co, Ni, Cd) MS_2 (M = Ti, Zr, Pt, Sn) MSe_2 (M = Ti, V) MTe_2 (M = Ti, V, Co, Ni)	74
Rutile	MF_2 (M = Mg, Cr, Mn, Fe, Co, Ni, Cu, Zn) MO_2 (M = Si, Ge, Sn, Pb, Te, Ti, V, Cr, Mn, Zr, Mo, Os, Ir, Ce)	75

[a]알려진 구조와 관련이 있는(일치하는)반지름-비에 대한 화합물의 백문율. 모든 반지름에 대하여 사용한 C.N. = 6의 Shannon-Prewitt 반지름, 그 결과는 각 이온의 정환한 배위수를 계산에 취한 반지름을 사용할 때 약간만 개선된다.

[b]안티플루오르화물 구조에서 양이온과 음이온의 위치는 풀루오르화물과 반대이다.

는 3이고 앞에서 설명한 규칙과 일치한다. 알려진 구조와 반지름-비 계산 사이에 상호관계는 rutile 구조에 대하여 75%이다.

표 6.11은 앞의 AB_2 구조라고 생각되는 몇 화합물을 보여준다. 안티플루오르화물(antifluorite) 구조에 대한 목록을 포함한다. 그 안티플루오르화물은 양이온과 음이온의 위치가 플루오르화물과 반대이다. 안티플루오르화물의 첫째 예는 산화리튬(Li_2O)이고 그 산화물은 모든 팔면체 구멍을 점유하는 더 작은 리튬 양이온을 갖는 ccp(fcc)이다.

6.4 다원자 분자와 이온과 관련이 있는 구조

격자점이 원자 또는 이온의 위치를 표시하는 더 간단하고 보편적 AB_n-형 구조를 몇 가지 설명했다. 일원자 화학종를 다원자 화학종으로 치환할 때 그 상항은 크게 더 복잡할 수 있고 일반적으로 이 교재의 범위를 넘는다. 그러나 이러한 다원자 실체는 단순히 바로 앞에서 설명한 것과 비슷한 배열이라고 추측하는 여러 예들이 있다. 예를 들어 그림 6.23a처럼 고체 이산화탄소 또는 드라이아이스는 곧 CO_2 분자의 면심배열이다. 그림 6.23b는 헥사클로로백금산(IV) 포타슘(K_2PtCl_6)의 한

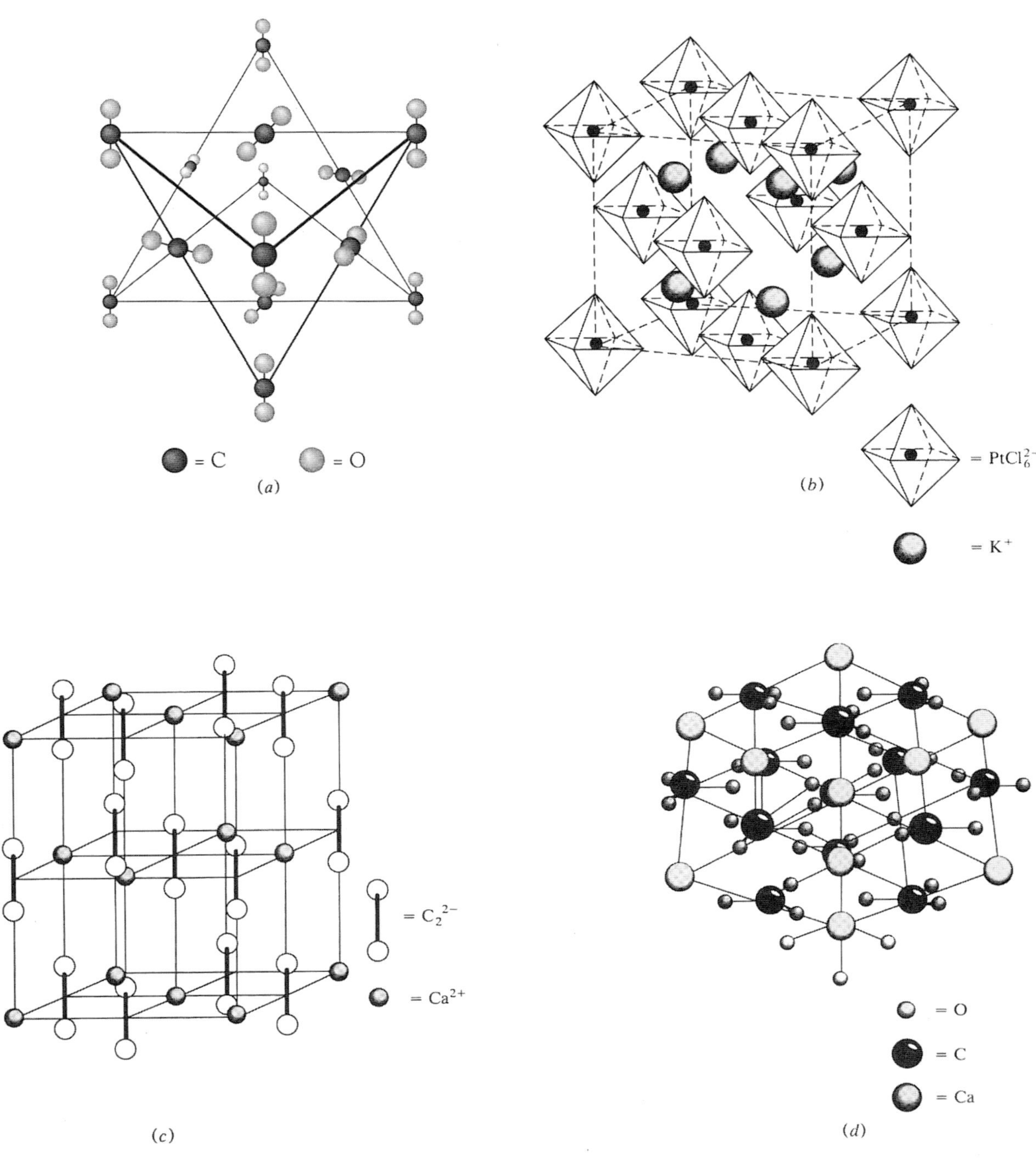

그림 6.23

다원자 분자 또는 이온을 갖는 구조. (a) fcc 배열에서 CO_2 분자를 갖는 드라이아이스 $CO_2(s)$. (b) fcc $PtCl_6^{2-}$ 배열에서 모든 사면체 구멍을 점유하는 K^+를 갖는 안티플루오르화물 구조의 헥사클로로백금산(IV), K_2PtCl_6. (c) 신장된 fcc Ca^{2+}에서 팔면체 구멍을 점유하는 C_2^{2+}를 갖는 탄화칼슘 CaC_2. (d) 사방정계 Ca^{2+}의 변형 팔면체 구멍에 CO_3^{2-}를 갖는 탄산칼슘 $CaCO_3$.

단위세포이고 그것은 2장에서 설명한 형태의 팔면체 $PtCl_6^{2-}$ 착물 음이온을 갖는다. 그 화합물은 fcc 단위세포에 $PtCl_6^{2-}$ 음이온과 전체 팔면체 구멍에 포타슘 이온을 갖는 안티플루오르화물 구조로 결정화된다.

다원자 양이온 또는 음이온을 갖는 여러 화합물은 암염 형태라고 생각한다. 이들은 다원자 이온들이 대단히 간단한 KSH, KCN, FeS로부터 양이온과 음이온이 모두 착이온인 헥사클로로탈륨산(III)헥사암민코발트(III) $[Co(NH_3)_6][TlCl_6]$같은 더 복잡한 화합물의 예까지 다양하고 이들은 암염 형태이다. 이러한 모든 경우에 음이온은 fcc 배열이고 양이온은 팔면체 구멍을 점유하는 것으로 생각한다.

입방정계 대칭성이 퇴화된 예는 여기에서 계통적으로 취급하기에 솔직하게 말해서 너무 많다. 그러나 두 예는 그림 6.23 c와 d에 제시한 탄화칼슘(CaC_2)와 탄산칼슘($CaCO_3$)이 있다. 탄화칼슘은 정방정계 단위세포이고 탄화칼슘은 사방정계이다. 이러한 단위세포에 관한 상세한 것은 그림 6.15를 보라.

6.5 결함격자

지금까지 고체는 항상 완전 결정격자라고 가정했다. 일반화학에서 반응의 자발성에 관하여 배웠으면 그 격자를 통하여 여러 불완전 격자들이 불규칙하게 분포한 구조들이 통계적으로 확률이 크고, 즉 엔트로피가 크고 대단히 쉽게 불완전 구조를 형성할 수 있다고 아마 예상할 수 있을 것이다. 불완전 구조의 예는 (1) 단순 빈자리, (2) 예상하지 못한 간격 자리의 점유, (3) 불순물 혼합(어미 결정 이외의 원자 또는 이온의 혼합), (4) 여러 격자결함 등을 포함한다.

금속 또는 공유결합 망상구조 결정에서 원자의 행방불명은 그림 6.24a와 같고 Schottky 결함(defect)이라고 알려졌다. 이온결정에서 양이온이 정상 위치로부터 변위하여 또 다른 구멍 또는 간격 자리(interstitial site)의 점유를 Frenkel 결함(defect)이라 하고 그림 6.24b과 같다. 한 양이온이 일정한 자리에서 행방불명이면 그 분실(loss)은 또 다른 양이온이나 또는 과량 전자들이 분실된 양이온에 의하여 전기적으로 균형을 이룰 수 있다. 이것의 좋은 예는 산화철(II) (FeO)이다. 몇 Fe^{2+} 이온을 분실한 다음 나머지 중에서 그 수의 두 배가 Fe^{3+}로 산화되어 그 시료의 중성을 유지하지만 산소-대-철 비의 결과는 1보다 조금 더 크다. 이러한 이유 때문에 실제로 산화철(II)의 화학량론은 일반적으로 대략 $Fe_{0.95}O$이다. 이것은 비화학량론적 화합물(nonstoichiometric compound, 원소들의 성분 비 값이 정수가 아닌 화합물)의 좋은 예이고 그림 6.24c에 FeO 결정격자 중 한 층의 일부분을 보여준다.

일정한 이온, 원자, 분자들이 다른 원자나 화합물 중 비슷한 크기 화학종으로 대치될 때 그 시료는 불순하다. 이러한 것은 일반적으로 자연에 존재하고 때때로 루비 또는 에메랄드와 같은 몇 값비싼 광물로 된다(13.4절을 보라). 때때로 시료들은

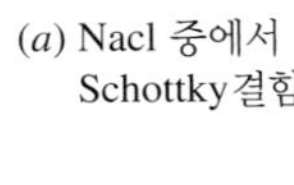

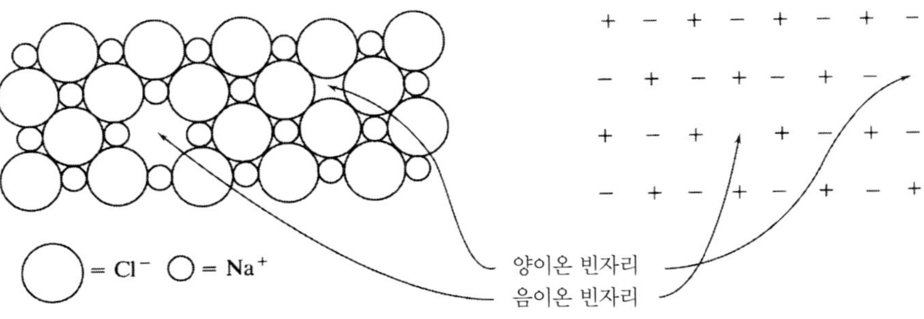

(b) AgBr 중에서 Frenkel 결함

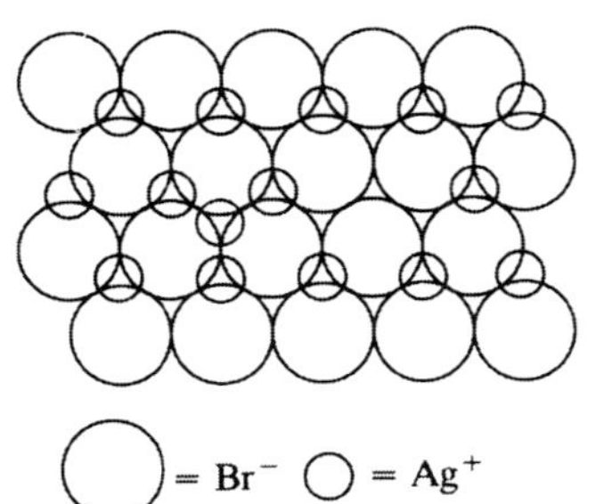

(c) 비화학량론적 $Fe_{0.95}O$ 중에서 한 층의 표시

Fe^{3+}	O^{2-}	Fe^{2+}	O^{2-}	Fe^{2+}	O^{2-}	Fe^{2+}
O^{2-}	[ ]	O^{2-}	Fe^{3+}	O^{2-}	Fe^{2+}	O^{2-}
Fe^{2+}	O^{2-}	Fe^{2+}	O^{2-}	Fe^{2+}	O^{2-}	Fe^{2+}
O^{2-}	Fe^{2+}	O^{2-}	Fe^{2+}	O^{2-}	Fe^{2+}	O^{2-}

(d) 모서리 어긋나기

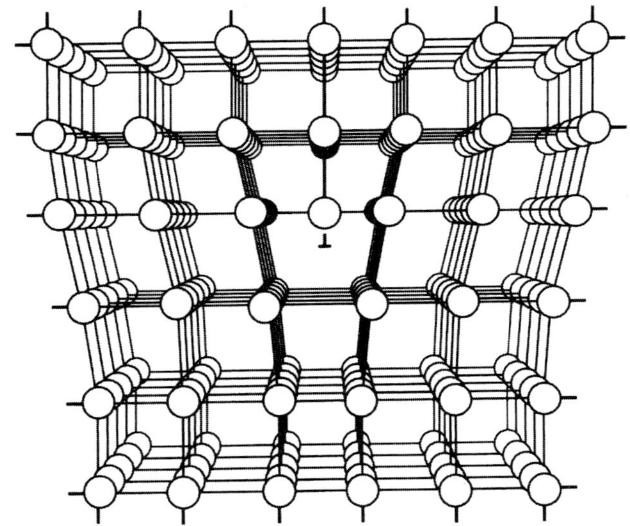

그림 6.24

고체상태 결함 구조. (a) Schottky 결함 (b) Frenkell 결함 (c) 비화학량론적 $Fe_{0.95}O$ (d) 모서리 어긋나기. [(a)와 (b); 참고문헌 2, pp. 230, 231. (d) 참고문헌 18].

일부러 불순물을 도핑하여 일정한 목적을 달성한다. 이 방법은 14장에서 반도체를 설명할 때 상세하게 살펴보겠다. 여러 격자결함은 결정이 생길 때 존재하는 조건에 의존한다. 금속결정에서 모서리 어긋나기(edge dislocation)와 같은 그러한 격자결함을 그림 6.24d에 제시한다. 이때 그 결정은 원자들의 과량 반-평면(exess half-plane)을 갖는다. 그 반-평면이 끝나는 점은 어긋나기라고 생각할 수 있다.

6.6 스피넬 구조: 결정장 효과와 고체상태 구조의 연결

이미 결정장이론(CFT, 3장)을 공부했으므로 이제 CFT와 고체상태구조를 합쳐 스피넬(spinel)화합물이라는 화합물 종류를 더 잘 이해할 위치에 있다. $MgAl_2O_4$는 $A^{II}B_2^{III}O_4$ 일반 화학식으로 나타내는 중에서 대표적 화합물이다. 산화물 이온은 ccp (fcc)라 알려졌고 정상적 스피넬에서 A(II) 양이온은 사면체 구멍의 1/8을 점유하고 B(III) 양이온은 팔면체 구멍의 1/2를 점유한다. 그 격자의 일부분이 그림 6.25에 있다. 이 그림과 점유된 구멍의 분율이 화학량론적으로 옳다는 것을 입증할 수 있다는 것을 확인하라(4 산화물에 대하여 1 A; 4 산화물에 대하여 2 B) (문제 6.55를 보라). 스피넬이라고 분류한 100 화합물 이상 중에서 대부분이 정상(normal) 스피넬이지만 소량은 반대(reverse) 스피넬이고 B(III) 양이온의 절반을 모두 A(II) 양이온으로 교환된 자리를 갖는다. 이것은 왜 그래야 하는가?

스피넬이 정상 스피넬인가 또는 반대 스피넬인가 여부를 결정하는 한 가지 중요한 인자는 사면체와 팔면체 구멍을 점유하는 양이온의 결정장 안정화 에너지(CFSE)이다. $NiFe_2O_4$를 예로 들자. Ni^{2+}는 d^8 구조를 갖는다. 정상적 스피넬 상황에서 사면체 구멍의 점유를 선호하는가? 또는 팔면체 구멍에서 더 안정할 수 있는가? 3.3절에서 설명할 때 CFSE는 그림 6.26a처럼 계산할 수 있다. 산화물은 약한-장(높은-스핀) 리간드이고 언제나처럼 팔면체장에서 d 오비탈 분리는 동일한 리간드의 사면체장보다 대략 두 배라는 것에 주목하라. 그 결과는 Ni^{2+}이 팔면체 자리를 점유하면 더 큰 안정화에너지이다. Fe^{3+} d^5 전자배열에 대한 동일한 계산이

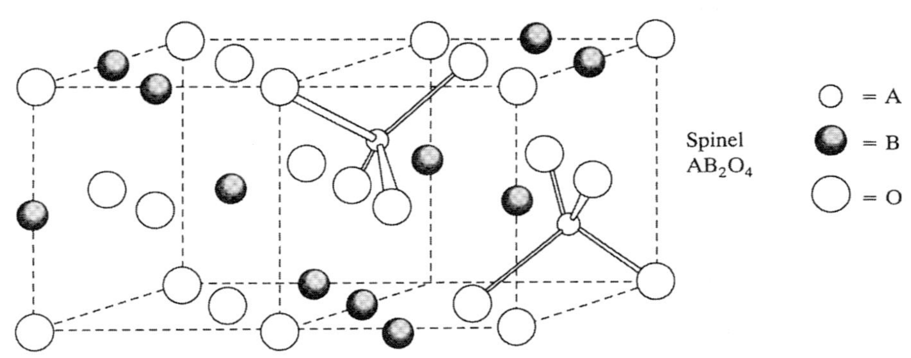

그림 6.25

가능한 16 사면체 자리 중 2 (또는 사면체 구멍의 1/8)를 점유하는 A(II) 양이온(작은 열린 원)과 가능한 8 팔면체 자리의 4 (또는 팔면체 구멍의 1/2)를 점유하는 B(III) 양이온(작은 회색 원)을 보여주는 스피넬 구조($A^{II}B_2^{III}O_4$)의 공간격자 부분(참고문헌 19).

그림 6.26

약한-장 사면체 구멍과 팔면체 구멍에서 (a) $Ni^{2+}(d^8)$와 (b) $Fe^{3+}(d^5)$의 결정장 안정화 에너지의 계산.

(a) 약한-장 (O^{2-}) 사면체와 팔면체 구멍 중 Ni^{2+}

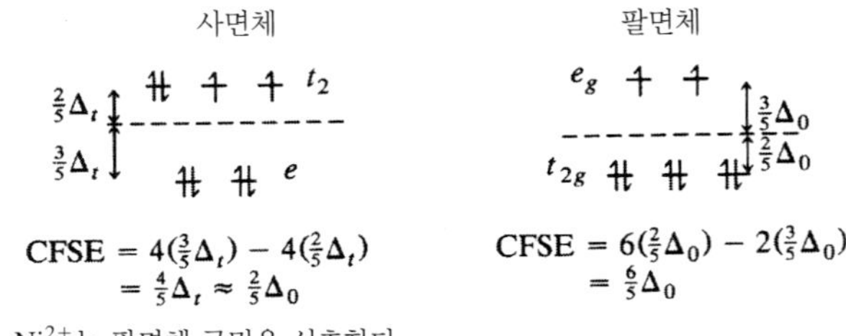

Ni^{2+}는 팔면체 구멍을 선호한다.

(b) 약한-장 (O^{2-}) 사면체와 팔면체 구멍 중 Fe^{3+}

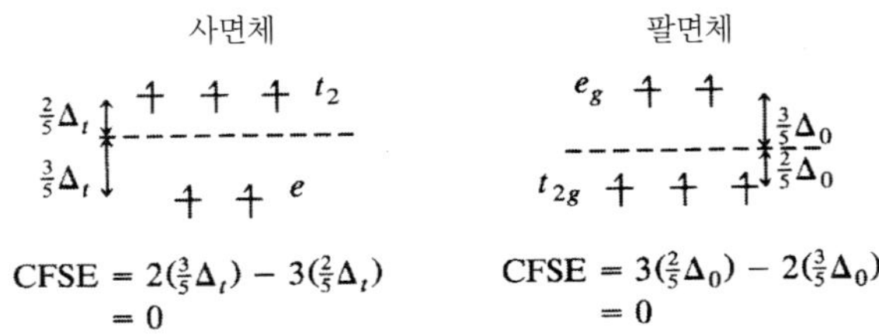

Fe^{3+}는 어느 구멍도 선호하지 않는다.

그림 6.26b에 있고 Fe^{3+}는 CFSE에 근거하여 유리하지 않다는 것을 나타낸다. 따라서 Ni^{2+}이 Fe^{3+}의 절반 대신 팔면체 자리를 점유하면 그 결과는 더 안정한 구조여야 한다. 실제로 $NiFe_2O_4$는 반대 스피넬 구조라고 생각한다. Ni^{2+} 이온은 팔면체 구멍의 1/4를 점유하고 Fe^{3+} 이온은 팔면체 구멍의 1/4와 사면체 구멍의 1/8을 점유한다.

이러한 계산과 결과적 결론은 다른 모든 에너지의 인자들이 동일하게 유지한다고 가정하는 것에 주목하라. 이것은 크게 간소화한 경우라고 보이지만 예상 구조와 실제 구조 사이에 상호관계는 대단히 좋다. 여기에서 하나 더 좋은 것은 배위화합물 특성의 예측에 간단한 CFT가 대단히 우수하다는 점이다.

연습문제 PROBLEMS

6.1 금속결정, 공유결합 망상구조결정, 원자결정, 분자결정을 조심스럽게 정의하고 한 예를 제시하라.

★6.2 다음 고체원소와 화합물에 의하여 형성된 결정은 어느 형태인가? : Si, SiH_4, SiO_2, Na_2O? 각 경우에 그 결정을 구성하는 입자사이에 결합력의 종류를 설명하라.

★ 표시는 더 어려운 문제이다.

★6.3 다음 고체와 화합물에 의하여 형성된 결정은 어느 형태인가? ; C, CCl_2F_2, $CaCO_3$, NH_4F? 각 경우에 그 격자를 구성하는 입자사이에 결합력 종류를 설명하라.

★6.4 다음 고체 원소와 화합물에 의하여 형성된 결정은 어느 형태인가? ; BF_3, BN, $(NH_4)_2CO_3$? 각 경우에 그 격자를 구성하는 입자사이에 결합력의 종류를 설명하라.

★6.5 다음 고체 원소와 화합물에 의하여 형성된 결정은 어느 형태인가? ; Ca, CaF_2, CF_4? 각 경우에 그 격자를 구성하는 입자사이에 결합력의 종류를 설명하라.

6.6 (a) London 분산력, (b) 쌍극자－쌍극자 힘, (c) 수소결합을 간단히 정의하고 예를 설명하는 도형을 제시하라.

6.7 얼음이 녹을 때 몇 물 분자는 수소결합을 하지 않는다. 이러한 정보와 그림 6.4(b)를 사용하여 액체 물의 밀도가 얼음 밀도보다 왜 큰가를 설명하라.

6.8 다음 점의 이차원 배열과 가능한 단위세포를 인정한다면 가능한 각 단위세포의 장단점을 설명하라. 어느 단위세포를 선택하는 것으로 생각하는가?

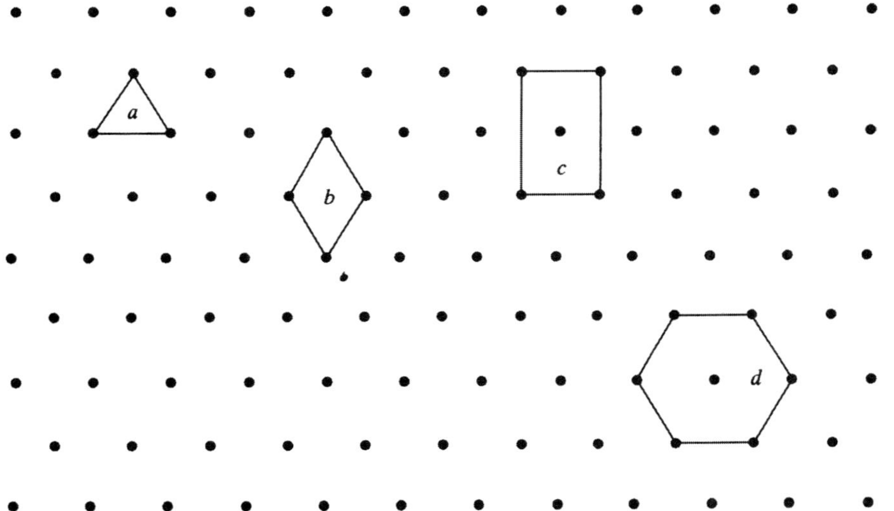

6.9 체심입방정계 단위세포의 설명에서 중심원자는 8 배위수를 갖는다고 지적하였다. 안내서로 그림 6.8(a)을 사용하여 체심공간격자의 확장 도형을 그린 다음 모퉁이 원자도 8배위를 갖는 것을 설명하라.

6.10 모퉁이 원자들이 A-형이고 면심원자들이 B-형인 원자들의 면심입방정계(fcc) 배열을 가정하면 A와 B에 관한 화합물의 실험식은 무엇인가? fcc는 이 배열을 가장 정확하게 설명하는가? 왜 그런가? 또는 왜 그렇지 않은가?

6.11 그림 6.15에서 발견된 것이 밑바탕-중심 직각비등축정계 단위세포라면 몇 입자들이 단위세포 마다 있는가?

6.12 원자의 육방정계 조밀충진 배열의 단위세포에 있는 원자수를 어떻게 계산하는가를 간단히 설명하라.

6.13 단위세포는 모두 A-형의 모퉁이-원자와 면-원자를 갖고 B-형의 내부원자를 갖는 혼합육방정계 조밀충진 배열을 상상하라. 그 실험식은 무엇인가?

★6.14 육방정계 조밀충진에서 반지름 r의 단단한 구형이 서로 접촉한다고 생각하라.

(a) 그러한 배열의 단위세포 부피를 계산하라.

(b) 단단한 구형에 의하여 실제로 점유된 그 부피의 분율을 계산하라(힌트: 우선 단위세 포의 높이를 결정한 다음 그것의 단면적을 결정하라).

6.15 다음 식을 분명하게 확인하고 당신이 확인한 것을 가능하면 분명하게 이론적으로 설명하라.

$$\frac{[\frac{4}{3}\pi(d/2)^3] \times 2}{(2d/\sqrt{3})^3}$$

6.16 갈륨(Ga)은 단순입방정계 격자로 결정화된다. 갈륨의 밀도는 5,904 g/cm^{3}이다. 갈륨의 원자 반지름 또는 금속 반지름에 대한 값을 계산하라.

6.17 금은 면심입방정계 배열로 결정화된다. 측정한 단위세포 길이는 4.070 Å이다.

(a) 금원자의 반지름을 계산하라.

(b) 금의 밀도를 g/cm^{3}로 계산하라.

6.18 알루미늄은 면심입방정계 배열로 결정화된다. 측정한 알루미늄 금속의 밀도 값이 2.70 g/cm^{3}이면 단위세포 디멘션은 얼마라고 예상하는가(Å 단위로)?

6.19 유로퓸은 체심입방정계 격자로 결정화된다. 유로퓸의 밀도는 5.26 g/cm^{3}이다.

(a) 단위세포 모서리 길이를 계산하라.

(b) 유로퓸의 금속반지금 값을 계산하라.

6.20 몰리브데늄(Mo)은 체심입방정계 격자로 결정화된다. 몰리브데늄의 밀도는 10.2 g/cm^{3}이다.

(a) 단위세포 모서리 길이를 계산하라.

(b) 몰리브데늄의 금속 반지름에 대한 값을 계산하라(몰리브데늄의 원자량은 95.94 g/mol이다).

6.21 고체 크립톤의 X-선 회절 분말무늬는 이 물질이 입방정계 조밀충진 구조라고 나타낸다. 고체 크립톤 밀도는 3.5 g/cm^{3}이다.

(a) 크립톤 원자는 한 단위세포에 얼마 존재하는가?

(b) 고체 크립톤의 단위세포 크기는 얼마인가?

(c) 크립톤 원자의 반지름을 추정하라.

★**6.22** 니켈의 밀도는 8.90 g/cm^3이고 니켈이 입방정계 조밀충진 구조로 결정화된다 가정하고 아보가드로수의 값을 계산하다(니켈 원자량과 금속 반지름은 각기 58.70 g/mol과 1.25 Å이다).

6.23 마그네슘 금속은 원자의 육방정계 조밀충진 배열과 매우 비슷하다. X-선 연구에 의하면 Mg−Mg 거리는 3.203 Å이라고 밝혀졌다. 금속 마그네슘에 대한 밀도 값을 계산하라(측정한 밀도는 1.745 g/cm^3이다).

★**6.24** 조밀충진 배열에서 (a)삼방정계 구멍과 (b)사면체 구멍이 각기 0.155와 0.23 반지름-비의 구형을 수용할 수 있다는 것을 증명하라.

6.25 입방정계 구멍에 대한 적절한 도형을 그린 다음 반지름-비를 계산하라.

6.26 MX 화학식 단위는 (a) zinc blende와 (b) wurtzite 구조에서 단위세포마다 얼마 존재하는가?

6.27 MX_2 화학식 단위는 (a) 플루오르화칼슘과 (b) rutile 구조에서 단위세포마다 얼마 존재하는가?

6.28 플루오르화칼슘 밀도는 3.18 g/cm^3이고 Ca_2F 이온간 거리는 2.37 Å이라 가정하고 아보가드로수의 값을 계산하라.

★**6.29** 반지름-비를 사용하여 다음 각 AB-형 이온결정에 대한 그럴듯한 구조를 제시하라.

(a) BeO (b) BeS (c) MgO (d) MgS
(e) AgCl (f) AgBr (g) AgI (h) TlCl

표 6.9를 사용하여 당신의 해답이 옳은 것을 결정하라.

★**6.30** 반지름-비를 사용하여 다음 각 AB_2-형 이온결정에 대한 그럴듯한 구조를 제시하라.

(a) $SrCl_2$ (b) Li_2O (c) K_2O
(d) SnS_2 (e) MgF_2 (f) MgI_2

표 6.11를 사용하여 당신의 해답이 옳은 것을 결정하라.

6.31 세슘과 금은 이온화합물(Cs^+Au^-)을 형성하고 세슘−금 사이에 거리는 3.69 이다. CsAu는 어떤 형태의 격자인가?

6.32 NaCl 구조의 일부분을 다음 그림에 제시한다. 어느 A-형 격자를 Cl_2 음이온이라고 생각하는가? 이 격자 층을 쌓는 ABCD와 그밖에 다른 도형을 설명하라. 어느 형태의 구멍이 Na^+ 양이온에 의하여 점유되는가? 그림에 점유하지 않은 사면체 구멍과 팔면체 구멍을 표시하라.

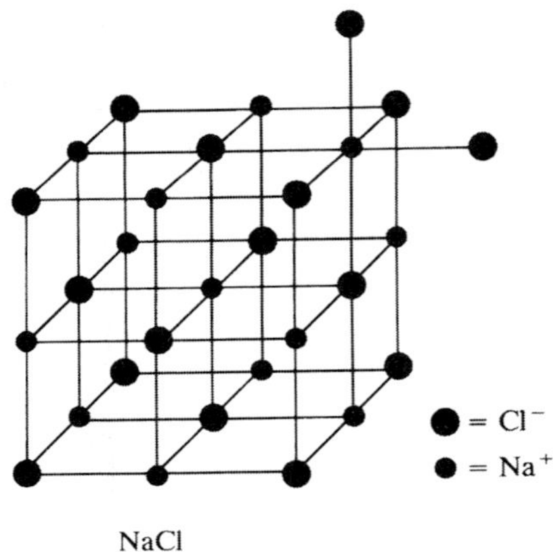

6.33 Zinc blende 구조의 일부분을 다음 그림에 제시한다. 어느 A-형 격자를 S^{2-} 음이온이라고 생각하는가? 이 격자를 층을 쌓는 ABCD와 그 밖의 다른 도형으로 설명하라. 어느 형태의 구멍이 Zn^{2+} 양이온에 의하여 점유되는가? 그림에 점유하지 않은 사면체 구멍과 팔면체 구멍을 표시하라.

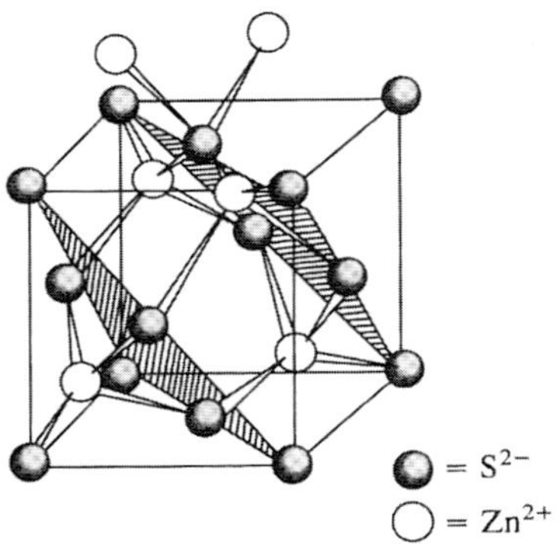

6.34 Zinc blende 구조에서 점유된 사면체 구멍은 사면체를 형성한다. 이것도 역시 wurtzite구조에 대하여 사실인가? 그렇다면 다음에 제시한 wurtzite 구조에 사면체의 그림을 그려라. 그렇지 않다면 점유 사면체 구멍이 또 다른 보편적 삼차원 고체를 형성하는 가? 어느 것인가?

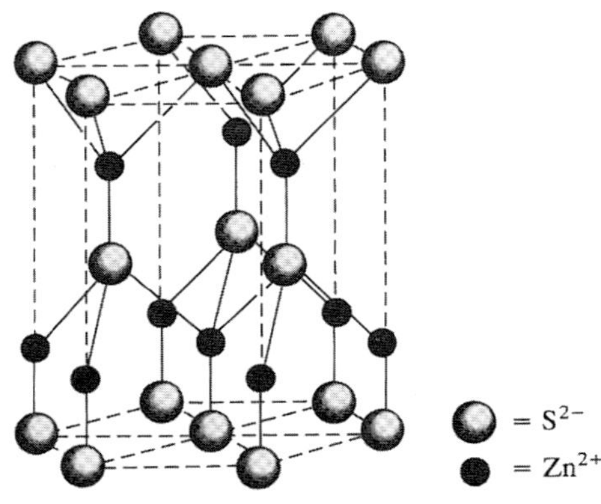

6.35 플루오르화칼슘과 요오드화카드뮴의 설명에서 입방정계 구멍 또는 팔면체 구멍의 반만 그 양이온에 의하여 왜 점유하는가의 이유로서 화학량론적 필요성을 인용했다. 그 양이온이 (a) 플루오르화물의 모든 입방정계 구멍과 (b) 요오드화카드뮴의 모든 팔면체 구멍을 점유할 때 그 결과로 생기는 화학량론을 결정하라.

★6.36 C.N. = 6을 갖는 많은 MX-형 화합물은 NaCl 구조를 갖는 반면에 몇 가지는 NiAs 구조 를 갖는다. 이 경우에 As 원자는 육방정계 조밀충진 A-형 격자이고 Ni 원자는 팔면체 구멍을 점유하는 것으로 생각한다. 이 구조에서 NiAs 화학식 단위는 단위구조마다 얼마인가?

6.37 Cs^+와 F^-에 대한 이온반지름은(C.N. = 6에 대하여) 각기 1.81과 1.19 Å이다.

(a) 당신의 생각을 돕기 위한 것으로 반지름-비를 사용하여 CsF에 대한 합리적 단위세포를 보여주는 도형을 그려라.

(b) 그 단위세포에 세슘 원자와 플루오린 원자는 얼마인가?

(c) 당신의 단위세포가 옳다 생각하면 CsF의 밀도에 대한 값을 계산하라.

6.38 플루오르화포타슘(KF)은 암염 형태의 결정구조를 갖는다. KF의 밀도는 2.468 g/cm^{3}이다.

(a) KF 단위세포의 크기를 계산하라.

(b) KF 결정에서 점유된 공간 분율을 계산할 수 있는 식을 쓰라.

(c) 이 계산이 0.75보다 큰 분율을 나타내면 놀라운 것인가? 왜 그러한가? 왜 그렇지 않은가?

6.39 MX 화합물에 고압을 가하면 CsCl 또는 NaCl은 어느 구조가 유리한가?

6.40 어떤 특수한 고체는 다음 구조를 갖는다: W 원자는 입방정계 모퉁이에 위치하고 O 원자는 모서리 중심에 있고 Na 원자는 입방정계 중심에 있다. 입방정계 모서리는 3.86 Å이다.

(a) 이 물질의 화학식은 무엇인가?

(b) 그것의 이론적 밀도는 얼마인가?

★6.41 KCl의 부피와 밀도를 계산하라(힌트: 한 단일 세포를 가지고 계산하라).

★6.42 Mg^{2+}와 O^{2-} 이온의 반지름은 각기 0.86과 1.26 Å이다. 산화마그네슘(MgO) 화합물이 어떤 형태의 입방정계형 격자를 형성한다 가정하고 그것의 밀도 값을 계산하라. 당신의 해답에서 그 산화물의 이온에 의하여 형성된 격자와 마그네슘 양이온에 의하여 점유된 구멍 형태를 추측하라.

★6.43 CaF_2 밀도를 계산하라. 실험적 밀도는 3.180 g/cm^{3}이다.

★6.44 1999년 초에 러시아의 Dubna에서 연구하는 미국-러시아 연구팀은 원자번호 114

원소 를 만들었다고 발표했다. 부담이 되는 다섯 음절 이상의 *ununquadium*이라는 단어는 실제적이지 않지만 이 원소에 대하여 이렇게 쓰는 것으로 그 원소이름이 인정되었다. 그러나 그 연구팀 리더는 Yuri Oganessian이므로 결과적으로 그 원소 이름은 "oganium"이라고 알지게 되었다. 그 원소 중에서 한 원자만 생성되었고 그 연구팀은 그것이 충분히 오래 생존하므로 그것의 화합물을 연구할 수 있었다고 주장하였다. Oganium은 납과 동일한 족이고 각 Og^{2+}와 Og^{4+} 반지름에 대한 어떤 합리적 연구와 숙련된 추측을 이용하면 각기 1.5와 1.0 Å이다. 산화물(O^{2-})의 이온 반지름도 1.26 Å이라 가정하고 산화오가늄(II) OgO와 산화오가늄(IV) OgO_2 두 가지에 대한 합리적 결정구조를 예측하라. 당신의 추론을 조심스럽게 설명하라. 각 경우에 당신이 제안하는 격자에서 오가늄 양이온과 그 산화물 음이온의 역할을 설명하라.

★6.45 문제 6.44를 참고하여 OgO 밀도를 추측하라(힌트: 생성된 핵종은 184 중성자와 114양성자를 가지므로 오가늄 원자량은 298 g/mol이다).

★6.46 가능하면 비소화니켈과 염화소듐 구조의 모델을 참고하여 C.N. = 6을 갖는 대부분 MX-형 화합물이 왜 NiAs 구조가 아닌 NaCl라고 생각하는가를 추측하라. 특히 NiAs 구조의 어떤 특징이 그것의 존재를 제한하는가?

★6.47 반지름-비를 사용하여 어떤 구조를 RbBr이라 추측한다고 생각하라. 당신의 예측을 간단히 증명하라. 예측한 구조를 사용하여 RbBr(s)의 밀도를 계산하라. 실험값은 3.35 g/cm^{3}이다. 당신의 계산 값과 실제 값 사이에 차이 백분율을 계산하라. 반지름-비 규칙은 RbBr에 대하여 어긋나고 그것은 암염구조로 추정된다고 생각하라. 이러한 RbBr구조의 밀도를 계산하라.

★6.48 다음 식은 어떤 정보를 갖는가? 어떤 형태의 구조에 적용할 수 있는가? 당신의 해답을 간단히 설명하라. 당신의 설명에 도움을 주는 도형을 그려라.

$$\frac{4\left(\frac{4}{3}\pi r_1^3\right) + 4\left(\frac{4}{3}\pi r_2^3\right)}{(2r_1 + 2r_2)^3}$$

6.49 암모늄 양이온은 거의 구형이고 반지름은 1.37 Å이라고 추정한다. NH_4X 중에서 아이오딘화암모늄, 염화암모늄, 플루오르화암모늄에 대하여 있음직한 구조를 제시하라. 표 6.9를 사용하여 해답이 옳은가를 결정하라.

6.50 수산화 음이온은 거의 구형이고 반지름은 1.33 Å이라고 추정한다. $M(OH)_2$ 중에서 수산화마그네슘과 수산화칼슘에 대하여 있음직한 구조를 제시하라. 표 6.11을 사용하여 해 답이 옳은가를 결정하라.

6.51 $NaSbF_6$(밀도 = 4.37 g/cm^3)는 암염 구조라고 생각한다. 그 음이온을 구형이라 생

각하고 SbF_6^- 반지름을 계산하라(힌트: Na^+의 반지름, 밀도, 화학식량, 단위세포마다 화학식단위의 수를 사용하라).

6.52 화학량론적 $Cu_{1.77}S$ 화합물은 어떻게 생기는가? 구리의 일반적 산화상태는 +1과 +2이다.

6.53 전이금속 산화물은 전이금속 아닌 산화물과 비교할 때 더 자주 비화학량론 화합물로 되는 이유에 관하여 추측하라.

6.54 일정한 화합물이 표준상태에서 형성되는 여부를 결정하는 식은 $\Delta G° = \Delta H° - T\Delta S°$이다. NaCl과 같은 이온화합물의 형성은 거의 항상 발열반응아라 알고 있다. Schottky 결함 또는 Frenkel 결함이 $\Delta S°$, $\Delta H°$, 그리고 그로 말미암아 $\Delta G°$의 값에 어떻게여향을 주는가? $\Delta H°$항이 비교적 작은 음수이면 불순한 결정형성이 더 쉬운가? 그렇지 않은가? 왜 그러한가?

6.55 스피넬 구조($A^{II}B_2^{III}O_4$)에서 산화물은 입방정계 조밀충진이고 A(II) 양이온은 사면체 구멍의 1/8을 점유하고 B(III) 양이온은 팔면체 구멍의 1/2을 점유한다. 단위세포마다 얼마나 많은 산화 음이온, 사면체 구멍, 팔면체 구멍이 있는가? 사면체 구멍의 1/8과 팔면체 구멍의 1/2을 처음에 점유할 때 화학량론적 비를 증명하라.

6.56 Cr_2CoO_4와 Fe_2CoO_4 화합물은 어떤 형태의 구조라고 예측하는가? 차이를 설명하라.

6.57 Mn_3O_4는 정상 스피넬 또는 반대 스피넬 중에서 어느 것을 형성하는 것으로 예상하는 가? 이러한 용어를 조심스럽게 정의하고 해답이 옳은 것을 증명하라.

CHAPTER

고체상태의 에너지

이온성 결합과 공유성 결합은 금속성 결합 및 분자간힘과 함께 고체를 구성하는 입자 사이에 주요한 상호작용이다. 이 장은 결합형성이 주로 반대 전하사이의 정전기적 힘에 의하여 특성을 나타내는 이온성 결정의 성질에 중심을 두겠다. 6장에서처럼 이온을 단단한 구형으로 취급하는 모델이 좋은 출발점으로서 도움되는 것을 알게 될 것이다. 그럼에도 불구하고 (1) 복잡한 공간격자의 삼차원기하구조, (2) 이온은 서로 단거리 반발력이 작용할 때 힘을 미칠 수 있는 점전하가 아닌 전자구름이라는 필연적 현실, (3) 이온 사이에 공유성 결합 상호작용의 기여 등에 의하여 곧 복잡해진다.

이 장은 격자에너지의 이론적 해답의 설명과 함께 고체상태에 관한 두 번째 장이고 마지막 장이다. 이전에 화학과정에서 공부한 열역학 원리를 사용하여 다음에 실험적으로 격자에너지를 어떻게 측정할 수 있는가를 고려하겠다. 이온성 결정 중 공유성 결합 특성의 정도, 전자친화도 값의 원인, 미지 화합물의 생성열 추정, 다원자 이온의 열역학 반지름의 확정과 같은 토픽의 설명이 뒤따른다. 전이금속 반지름과 격자에너지에 관한 결정장 효과를 설명하는 특별한 절과 함께 이 장을 끝맺는다.

7.1 격자에너지: 이론적 평가

격자에너지(lattice energy)는 한 화합물의 독립된 기체이온이 함께 합쳐 1 몰 이온성 고체를 형성하는 과정에 수반되는 에너지 변화이다. 염화소듐처럼 1원자 1가전하 이온으로 구성된 고체의 격자에너지는 식 (7.1)에 제시한 반응에 상당하는 에너지이다.

$$Na^+(g) + Cl^-(g) \longrightarrow NaCl(s) \tag{7.1}$$

그러한 과정에서 방출되는 에너지는 곧 알게 될 것이다; 생성물 에너지는 반응물 에너지보다 작다. 우리는 항상 친근한 열역학적 관례(열역학적 발열량은 음수 기호를 갖는다)를 사용한다: 그것으로부터 격자에너지는 당연히 음수이다(열역학 자료의 몇 근원은 일반적 관례에 따르지 않고 격자에너지는 에너지 방출의 크기라 정의하고 그것은 양수값(+)으로 나타내는 것으로 알려졌다).

격자에너지의 열역학적 평가를 어떻게 다룰 수 있는가? 더 간단한 출발점은 한 소듐 양이온과 한 염화 음이온으로 구성된 "이온쌍" 내부에서 정전기적 상호작용이다. 독립 기체 양이온의 에너지를 0으로 취급한다고 가정하면 이온쌍의 퍼텐셜 에너지는 쿨롱(coulomb)법칙으로 나타나고 그것을 식 (7.2)에 제시한다.

$$E = \frac{(Z^{+}e)(Z^{-}e)}{r} \tag{7.2}$$

여기에서 Z^{+} = 양이온의 정수 전하
Z^{-} = 음이온의 정수 전하
e = 한 전자의 기본 전하 = 1.602×10^{-19} C
r = 양이온 중심으로부터 음이온 중심까지 측정한 이온간 거리

이온간 거리를 옹스트롬(angstrom) 단위로 그리고 에너지를 kilojoule(kJ)로 취하기 원할 때 한 $Na^{+}Cl^{-}$ 이온쌍에 대한 쿨롱법칙*의 정확한 관계는 식 (7.3)과 같다:

$$E = \frac{AZ^{+}Z^{-}}{r} \tag{7.3}$$

여기에서 $A = 2.308 \times 10^{-21}$
E = 에너지, kJ
r = 이온간 거리,

그러나 일정한 소듐 양이온과 관련이 있는 전체 쿨롱 에너지는 그 양이온을 둘러싼 모든 전하 화학종을 설명해야한다. 그림 7.1a는 일정한 소듐 양이온을 갖는 NaCl 암염 격자의 일부분을 제시한다. 그림 7.1b는 그 양이온으로부터 여러 이웃까지, 즉 음이온과 다른 양이온의 거리를 보여준다. r 거리에 6 음이온이 있고 $r\sqrt{2}$ 거리에 다른 12 양이온이 있고 $r\sqrt{3}$ 거리에 8 음이온이 있고 $2r$ 거리에 6 양이온이 있고 등등이다. 이러한 모든 쿨롱 상호작용의 합은 한 소듐 양이온에 대한 전체 쿨롱 에너지(E_{coul})일 것이고 그것을 식 (7.4)에 제시한다.

---

* SI단위를 사용할 때 쿨롱법칙은 $E = Z^{+}Z^{-}\ e^{2}/(4\varepsilon r)$ 형태를 취한다. 여기에서 ε는 유전상수 또는 유전율이고 $8.854 \times 10^{-12} C^{2}m^{-1}J^{-1}$이고 r는 m 단위이다. E는 joul이다. r을 angstrom 단위로 환산하고 E를 kJ로 환산하면 식 (7.3)으로 된다.

그림 7.1

NaCl 중에서 일정한 소듐 양이온(검정색)을 둘러싼 이온. (a) 세 벌의 최인접 이웃을 보여주는 그림(참고문헌 19). (b) 최인접 이웃의 첫 6 벌에 대한 거리를 보여주는 그림(참고문헌 20).

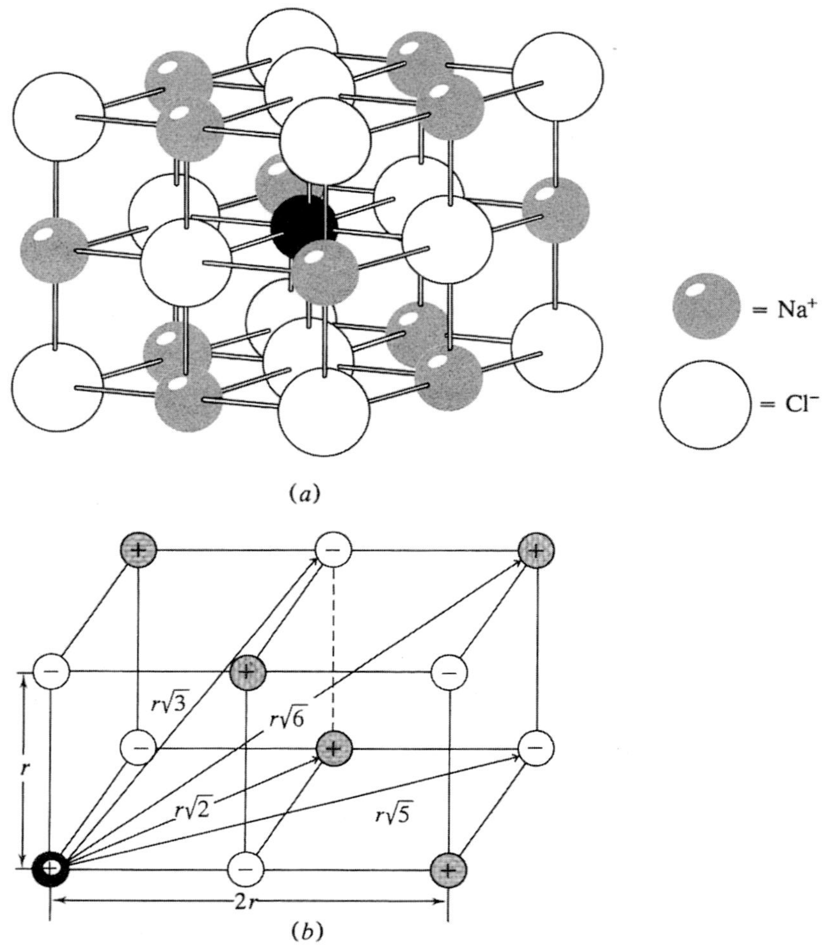

$$E_{\text{coul}} = 6\frac{AZ^+Z^-}{r} + 12\frac{AZ^+Z^+}{r\sqrt{2}} + 8\frac{AZ^+Z^-}{r\sqrt{3}} + 6\frac{AZ^+Z^+}{2r} + \cdots \tag{7.4}$$

NaCl에서 $Z^+ = Z^-$이고 재정리하면 식 (7.5)로 된다.

$$E_{\text{coul}} = \frac{AZ^+Z^-}{r}\left(6 - \frac{12}{\sqrt{2}} + \frac{8}{\sqrt{3}} - \frac{6}{2} + \cdots\right) \tag{7.5}$$

괄호 안의 기하급수는 결정구조에 의존하는 상수이다. 바꿔 말하면 소듐 양이온과 염화 음이온이 CsCl, zinc blende, wurtzite, 또는 다른 결정구조라고 가정하면 괄호 안의 기하급수는 NaCl에 대하여 제시한 것과 다르다. 각 결정구조에 대한 이러한 특이한 급수는 *Madelung* 상수(M)라고 알려져 있고 그것을 표 7.1에 나열한다. 염화소듐 구조에 대한 특이한 Madelung 상수는 M_{NaCl} 기호를 사용한다. 이 기호를 식 (7.5)에 사용하면 식 (7.6)으로 간단화할 수 있다.

표 7.1 원소를 고체상이라고 가정한 가장 안정한 격자구조

결정구조	Madelung 상수
염화소듐	1.748
염화세슘	1.763
Zinc blende	1.638
Wurtzite	1.641
플루오르화칼슘	2.519
Rutile	2.408
아이오딘화카드뮴	2.191

$$E_{\mathrm{coul}} = \frac{AZ^{+}Z^{-}M_{\mathrm{NaCl}}}{r} \tag{7.6}$$

식 (7.6)에서 E_{coul}은 한 소듐 양이온에 대한 전체 쿨롱에너지이고 모든 이온은 점전하(*point charge*)라고 생각하는 것에 주목하라. 그 점전하는 이온을 표시하는 단단한 구형의 바로 그 중심에 있는 것처럼 작용한다고 가정한다. 6장에서 단단한 구형 모델의 용도뿐만 아니라 그것을 조심해서 사용해야하는 것을 지적했다. 이온은 실제로 단단하지도 않고 핵 주위에 전자구름이 있다. 그럼에도 불구하고 유추를 계속하면 이 단단한 구형이 서로 너무 가깝게 접근해서 센 반발력이 생긴다. 이것은 단단한 구형(실제는 채워진 전자구름)이 서로 침투하기 시작하는 것에 상당한다. 이 상호작용 에너지 E_{rep}는 Born에 의하여 모델이 제안되었고 그것은 식 (7.7)에 제시한 형태이다.

$$E_{\mathrm{rep}} = \frac{B}{r^{n}} \tag{7.7}$$

여기에서 B = 상수

r = 이온간 거리

n = Born지수, 5에서 12 범위

결정 중에서 한 양이온의 격자에너지는 대략 E_{coul}과 E_{rep}의 합이고 인력(음수) E_{coul} 항과 반발력(양수) E_{rep} 항 사이에 균형을 나타낸다.

E_{coul} 항에서 r에 의존하는 간단한 역수(r^{-1})를 비교하면 비교적 큰 Born지수의 n 값은 큰 이온간 거리에서 E_{rep}이 매우 작지만 작은 이온간 거리에서 중요하다는 것을 나타낸다. 바꿔 말하면 E_{rep}은 이온간 거리에 민감한 항이고 매우 짧은 거리에서만, 즉 "짧은 범위"(short range)에서 중요하고 n은 압축률 측정으로부터 추정할 수 있다. 압축률은 이온성 물질의 부피변화에 필요한 압력이다. 압축률은 그림 7.2에 제시한 것과 같은 점시(plot) 방법으로 구한다. 점 (b)에서 그 결정은 압축이 매우 어렵다. 즉 결정부피를 더 압축 또는 감소하려면 가파른 압력증가를 필요로 한다. 그러한 측정으로부터 유도한 Born지수는 표 7.2처럼 어떤 이온의 최외각 전자의 주양자수 값과 관련이 있는 것으로 알려졌다.

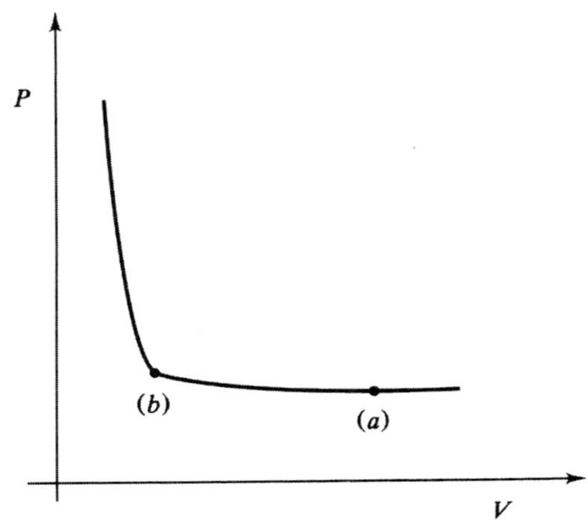

그림 7.2

압축할 때 어떤 결정의 부피에 대한 압력의 점시. 점 (a)에서 작은 압력증가는 부피를 크게 감소한다. 점 (b)에서 결정을 더 압축하려면 큰 압력 증가를 필요로 한다. 그러한 측정에서 얻은 자료는 일정한 이온에 대한 Born지수와 관련이 있을 수 있다.

표 7.2 여러 전자배열에 대한 Born지수 값

원자/이온	최외각 전자의 주양자수	전자배열	n
He	1	$1s^2$	5
Ne	2	$[He]2s^2 2p^6$	7
Ar	3	$[Ne]3s^2 3p^6$	9
Cu^+	3	$[Ne]3s^2 3p^6 3d^{10}$	9
Kr	4	$[Ar]4s^2 3d^{10} 4p^6$	10
Ag^+	4	$[Kr]4d^{10}$	10
Xe	5	$[Kr]5s^2 4d^{10} 5p^6$	12
Au^+	5	$[Xe]5d^{10}$	12

격자에너지 U의 두 가지 주요한 성분은 E_{coul}과 E_{rep}으로 구성한다. E_{coul}는 점전하의 정전기적 힘으로부터 유도한 인력 항(음수)이고 E_{rep}는 단거리 반발력(양수)에서 유도한 항이므로 다음 식 (7.8)으로 쓸 수 있다.

$$\begin{aligned} U &= NE_{coul} + NE_{rep} \\ &= \frac{NAZ^+ Z^- M_{NaCl}}{r} + \frac{NB}{r^n} \end{aligned} \tag{7.8}$$

이 식으로 NaCl과 같은 이온성 결정의 전체 격자에너지를 추정한다. 격자에너지는 mol에 근거를 두므로 E_{coul}과 E_{rep}은 아보가드로수 N으로 곱한다. 그림 7.3에 E_{coul}, E_{rep}, 그리고 결과적으로 생기는 U를 점시한다.

이 절의 처음에 기대한 것처럼 기체이온 성분으로부터 이온성 고체를 형성하는 과정은 발열반응이다. U는 가장 작은 r_0를 통하여 진행하는 것에도 주목하라. r_0는 평형 이온간 거리라고 알려져 있다. 당신의 계산 지식에 따라 함수는 한 최소점(또는 최대점)를 통하여 진행할 때 어떤 함수의 도함수가 0과 같아지는 아이디어에

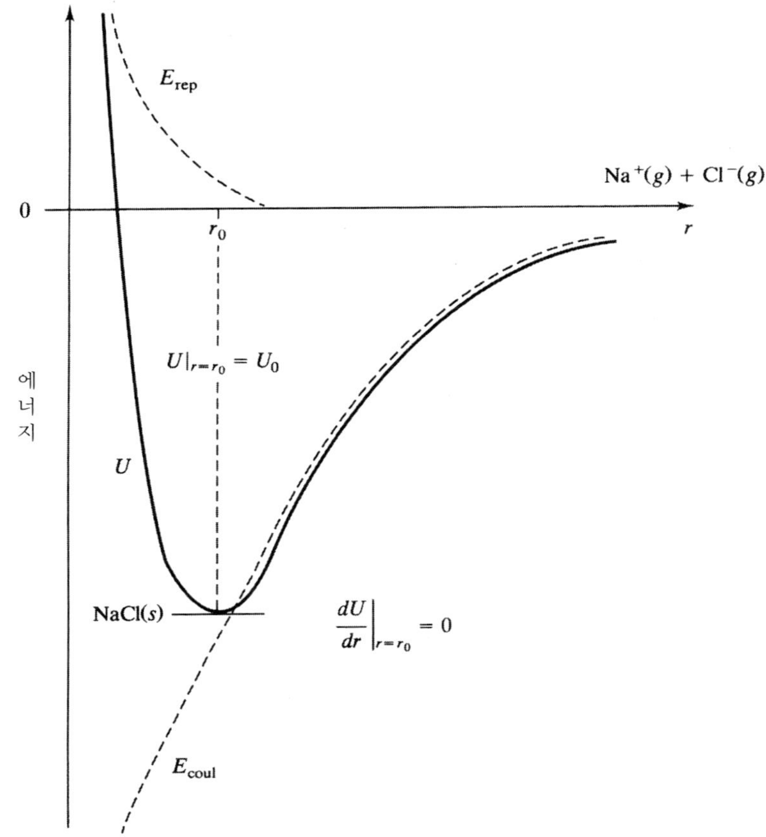

그림 7.3

이온간 거리(실선으로 표시)의 함수로서 격자에너지(U). 단거리 반발과 쿨롱 에너지의 기여는 토막선으로 나타냈다. r에 대한 U의 도함수는 최소점 $r = r_0$에서 0이라고 놓을 수 있다는 것에 주목하라. 상수 B는 이 계산결과를 사용하여 계산할 수 있다.

다소 친근할 것이다. r에 대하여 U 도함수를 취하고 $r = r_0$에서 0와 같다 놓고 B에 대하여 풀고 그 결과를 식 (7.8)에 다시 대입하면 식 (7.9)으로 된다. 그 식은 Born-Landé 식이라고 알려져 있다.

$$U_0 = 1389 \frac{Z^+ Z^- M}{r_0}\left(1 - \frac{1}{n}\right) \tag{7.9}$$

여기에서 U_0 = r_0에서 격자 에너지, kJ/mol
Z^+, Z^- = 양이온과 음이온의 정수 전하
M = Madelung상수 (표 7.1)
r_0 = 평형 이온간 거리, Å
n = Born지수 (표 7.2)

N은 A와 합쳐 1389 상수로 되는 것에 주목하라. U_0 기호는 이것이 r_0에서 계산된 격자에너지라는 것을 표시한다. Z^+와 Z^-는 서로 다른 부호이므로 격자에너지는 음수이라는 것에도 다시 주목하라. 이것은 결정격자에서 이온배열을 갖는 이온성 고체가 그것을 형성하는 기체 이온보다 낮은 에너지라는 것을 의미한다.

여기에서 이제 실제로 Born-Landé 식을 사용하여 NaCl의 격자에너지를 계산할 수 있다. Z^+와 Z^-는 각기 +1과 −1이고 M_{NaCl} = 1.748이다. r_0는 이온반지름의 합이고 r_{Na^+}와 r_{Cl^-}는 표 6.5와 6.7에서 알 수 있다. Born지수 n은 각 이온의 값을 평균하여 계산한다. 표 7.2로부터 Na^+이온은 n = 7에 대한 Ne 전자배열에 상당한다. 따라서 그 결정에 대한 n은 8이다. 그것은 두 가지 값의 평균이다. 이러한 값을 식 (7.9)에 대입하면 식 (7.10)과 같다.

$$U_0 = 1389 \frac{(+1)(-1)(1.748)}{1.16 + 1.67}\left(1 - \frac{1}{8}\right) = -751 \text{ kJ/mol} \tag{7.10}$$

NaCl을 구성하는 기체 이온으로부터 1 몰 NaCl 형성은 대단히 발열과정이라 알고 있다. 격자에너지의 추정은 이온 사이에 van der Waals힘과 **영점 에너지**(*zero-point energy*)라고 알려진 것으로부터 작은 기여가 있다는 다른 세련된 의견이 있지만 이들은 대단히 작은 인자들이고 그들은 이 교재에서 고려하지 않겠다.

Born-Landé 식의 분석은 두 가지 인자들이 격자에너지 크기에 영향을 준다고 나타낸다. 한 가지 인자는 이온전하이다. 큰 이온전하일수록 격자에너지는 크다. 둘째 인자는 이온간 거리 r_0이다. 일정한 양이온 또는 음이온에 대하여 이러한 두 가지 인자는 **전하-대-반지름비**(*Z/r, charge-to-radius ratio*) 또는 **전하밀도**(*charge density*)라고 알려진 것으로 합칠 수 있다. 큰 Z^+/r^+ 또는 Z^-/r^-일수록 격자에너지도 증가한다. 평형 이온간 거리 r_0에 대한 격자에너지 크기 $|U|$ 값의 점시를 그림 7.4에 나타냈다. 이들은 여러 이온성 화합물에 대하여 상세하게 예를 들어 설명하고 모두 암염 구조라고 추정한다(비교하려고 첨가한 CsCl을 제외하고). 2+/2− 화합물은 1+/1− 화합물보다 대략 4배 격자에너지를 갖는 것에 주목하라. 또한 양이온의 반지름이 증가하는 1+/1− LiCl, NaCl, KCl, RbCl 계열에서 (또는 더 짧은 계열의 2−/2+ MgO, CaO 계열에서) 격자에너지는 감소하는 것에 주목하라. 음이온 반름의 증가효과는 1+/1− 계열의 LiCl, NaCl, KCl, RbCl에 대한 값을 또는 2+/2− 계열의 MgO, MgS에 대한 값을 비교하여 알 수 있다.

격자에너지의 계산에 대하여 두 번째 이론적 방법이 있다. A. Kapustinski는 어떤 화합물의 결정구조에 관하여 특수한 지식 없이 식 (7.11)를 사용하여 격자에너지를 추정할 수 있다고 제안하였다.

$$U = \frac{1202 \upsilon Z^+ Z^-}{r_0}\left(1 - \frac{0.345}{r_0}\right) \tag{7.11}$$

여기에서 U = 격자에너지, kJ/mol

υ = 화합물의 화학식 단위마다 이온의 수

Z^+, Z^- = 양이온과 음이온의 정수 전하

r_0 = 평형 이온간 거리, Å

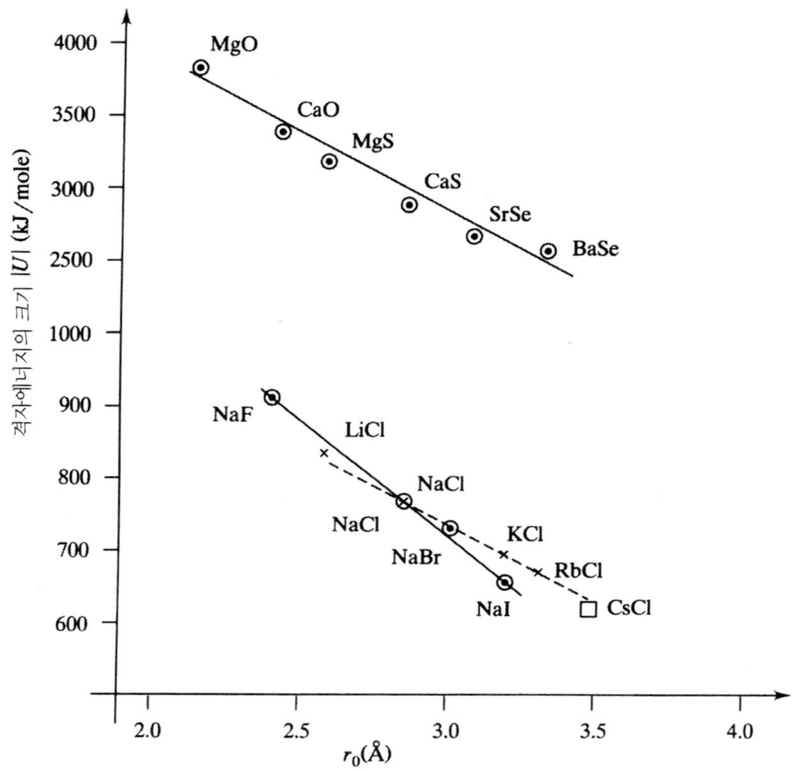

그림 7.4

격자에너지(U)의 크기(Born-Landé 식을 사용하여 계산)를 염화소듐 구조를 갖는 화합물에 대한 평형 이온간 거리 r_0에 대하여 점시. 1가 양이온과 음이온 염류에 대한 밑의 실선은 음이온 크기의 증가효과를 나타낸다. CsCl (열린 원형)에 대한 격자에너지는 비교하기 위하여 제시한다. 위쪽 선은 2가 양전하와 음전하를 포함하는 염류에 전하에 대한 양이온과 음이온의 전하와 크기 변화의 효과를 나타낸다.

이와 같이 실험적으로 유도한 식에서 Z^+, Z^-, υ, r_0에 관한 격자에너지 의존성의 성질은 정성적으로 알려져 있고 그리하여 그 상수를 선택하여 실험적으로 이용가능한 격자에너지와 일치하는 최선의 일반적 정량 값을 제공한다. Kapustinskii식을 NaCl($\upsilon = 2, Z^+ = +1, Z^- = -1, r_0 = 1.16 + 1.67$ Å)에 응용하면 격자에너지는 -746 kJ/mol이고 그것은 Born-Landé 식으로 계산한 값과 매우 비슷하다.

7.2 격자에너지: 열역학적 순환과정

앞에서 계산한 격자에너지 값과 실험에서 얻은 값을 비교하는 것이 좋다. 불행하게도 식 (7.12)에 제시한 정반응에 상당하는 격자에너지는 독립 기체이온을 만들 수 없으므로 직접 측정할 수 없다.

$$M^{n+}(g) + X^{n-}(g) \underset{-U}{\overset{U}{\rightleftarrows}} MX(s) \tag{7.12}$$

이온성 고체를 증발하면 이온쌍과 그 밖에 더 복잡한 집합체로 된다. 직접 격자에

그림 7.5

할로젠화 알칼리금속에 대한 Born-Haber 순환과정 식(7.13)은 MX(*s*)의 표준생성엔탈피에 상당한다. 네모꼴 안에 들어있는 식은 성분 원소로부터 MX(*s*)의 생성을 표시한다. 식(7.14)는 이러한 두 가지 경로에 대한 Hess 법칙의 합산을 표시한다.

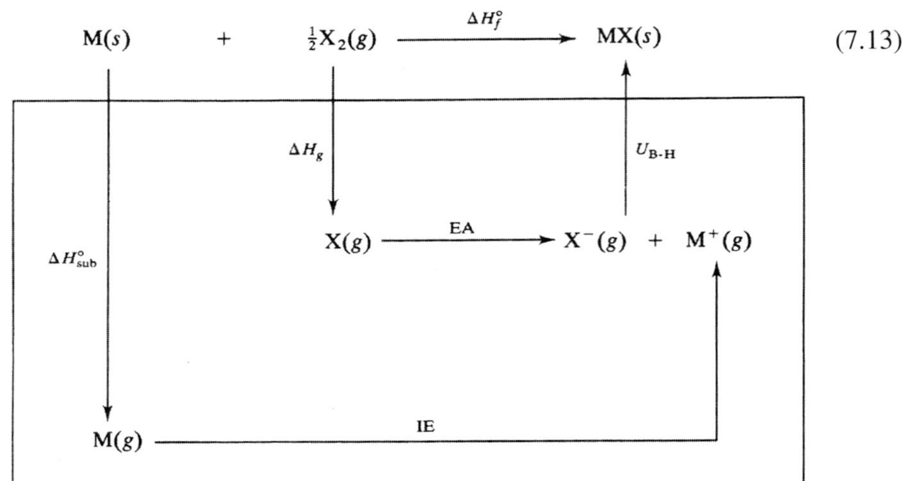

$$\Delta H_f^\circ = \Delta H_{\text{sub}}^\circ + \text{IE} + \Delta H_g + \text{EA} + U \qquad (7.14)$$

여기에서 ΔH_f° = 표준생성 엔탈피

$\Delta H_{\text{sub}}^\circ$ = M(*s*) 승화열로

IE = M의 이온화 에너지

ΔH_g = 기체 X의 생성 엔탈피

EA = X의 전자 친화도

$U_{\text{B-H}}$ = MX의 격자 에너지

너지 측정은 불가능하므로 Born-Landé (또는 Kapustinskii)식의 결과를 얼마나 확신하거나 불신할 수 있는가? 그 해답은 열역학적 순환과정에 있다.

열역학적 순환과정은 Hess법칙의 응용이다. 그 Hess법칙은 어떤 반응(또는 반응열)에 대한 전체 엔탈피 변화가 반응물로부터 생성물로 흐르는 경로와 관련이 없다고 설명한다. 일반적 할로젠화 알칼리금속(M^IX)에 대한 Max Born과 Fritz Haber 순환과정을 그림 7.5에 제시한다. 순환과정의 위에 있는 식 (7.13)은 그들이 표준상태에 있는 구성 원소로부터 MX(*s*) 형성을 보여주고 그로 말미암아 표준 생성 엔탈피에 상당한다. 그림의 네모 안에 있는 반응은 일련의 단계(이차반응 경로)를 구성하고 그것은 결국 동일한 전체반응으로 된다. Hess법칙에 따라 때때로 **열합산법칙**(*law of heat summation*)이라고 알려진 이러한 단계의 에너지 합산은 그림에서 식 (7.14)처럼 표준생성열과 동일하다. 격자에너지를 제외한 식 (7.14)의 모든 에너지량은 알려져 있고 그리고 그로 말미암아 실험적 열역학적 값에 근거한 격자에너지 값은 계산할 수 있다(이 과정에 대한 몇 가지 역사적 전망에 대하여는 문제 7.20을 보라).

표 7.3은 할로젠화 알칼리금속에 대한 자료와 그 결과로 생기는 실험적 격자에

표 7.3 할로젠화 알칼리금속에 대한 열역학적 자료와 격자에너지

	ΔH_f° 298	ΔH_{sub}° [a]	IE	ΔH_g [b]	EA[c]	U_{B-H} [d]	U_{B-L} [e]	% diff.[f]	U_{kap} [g]
LiF	−616.0	159.4	520.3	79.0	−328.0	−1046.7	−968	7.5	−960
NaF	−573.6	107.3	495.9	79.0	−328.0	−927.8	−886	4.5	−873
KF	−567.3	89.2	418.9	79.0	−328.0	−826.4	−784	5.1	−774
RbF	−557.7	80.9	403.1	79.0	−328.0	−792.7	−752	5.1	−741
CsF	−553.5	76.1	375.8	79.0	−328.0	−756.4	−724	4.3	−709
LiCl	−408.6	159.4	520.3	121.7	−349.0	−861.0	−810	5.9	−810
NaCl	−411.1	107.3	495.9	121.7	−349.0	−787.0	−751	4.6	−746
KCl	−436.8	89.2	418.9	121.7	−349.0	−717.6	−677	5.7	−672
RbCl	−435.3	80.9	403.1	121.7	−349.0	−692.0	−652	5.8	−647
CsCl	−443.0	76.1	375.8	121.7	−349.0	−667.6	−637	4.6	−622
LiBr	−351.2	159.4	520.3	111.9	−324.7	−818.1	−774	5.4	−772
NaBr	−361.1	107.3	495.9	111.9	−324.7	−751.5	−719	4.3	−713
KBr	−393.8	89.2	418.9	111.9	−324.7	−689.1	−650	5.6	−645
RbBr	−394.6	80.9	403.1	111.9	−324.7	−665.8	−628	5.7	−622
CsBr	−395.0	76.1	375.8	111.9	−324.7	−634.1	−613	3.3	−599
LiI	−270.4	159.4	520.3	106.8	−295.2	−761.7	−724	5.0	−718
NaI	−287.6	107.3	495.9	106.8	−295.2	−702.6	−675	3.9	−667
KI	−327.9	89.2	418.9	106.8	−295.2	−647.6	−614	5.2	−607
RbI	−333.8	80.9	403.1	106.8	−295.2	−629.4	−593	5.8	−586
CsI	−346.6	76.1	375.8	106.8	−295.2	−610.1	−580	4.9	−566

Source: All data from *Handbook of Chemistry and Physics*, 67th ed., 1986–1987, Chemical Rubber Company Press, West Palm Beach, Fla. (All values in kJ/mol.)

[a] 이 값은 원자화열과 관련이 있다.
[b] 플루오린과 염소의 기체 X에 대한 생성 엔탈피 ΔH_g 는 $1/2D$에 상당한다. D는 X−X결합에너지이다.
[c] 전자친화도에 대하여 사용하는 부호 관례는 − 부호가 발열과정에 상당하는 정상적 열역학 과정과 같다.
[d] U_{B-H} 는 Born-Haber 열역학 회로에서 계산한 격자에너지이다.
[e] U_{B-L}은 Born-Haber 식 (7.9)에서 계산한 격자에너지이다 Shanon-Prewitt 이온반지름(C.N. = 6)을 사용했다. van der Waals 힘 또는 영점에너지는 보정하지 않고 사용했다.
[f] $\% \text{ diff} = [(U_{B-H} - U_{B-L})/U_{B-H}] \times 100$
[g] U_{kap}는 Kapustinskii식 (7.11)에서 계산한 격자에너지이다. Shanon-Prewitt 이온반지름(C.N. = 6)을 사용했다.

너지와 표지한 U_{B-H}를 보여준다. Born-Landé (U_{B-L})과 매우 비슷한 Kapustinskii(U_{kap}) 격자에너지도 그 표에 있다. NaCl에 대한 U_{B-H}(−787 kJ/mol)는 Born-Landé 식에서 구한 −751 kJ/mol보다 4.6%만 더 크다. Born-Landé 식은 단단한 구형이라고 간주한 이온 사이에 정전기적 인력을 가정한 식이다. 이러한 화합물의 이온성은 증명하지 못하지만 이렇게 일치되는 것은 분명히 격자에너지에 기여하는 가정이 열역학적 관찰과 일치하는 것을 옳다고 생각하는 신호이다. 일반적으로 표 7.3의 실험적 격자에너지(U_{B-H})는 이론값보다 4~6% 더 크다(van der Waals 힘과 영점 에너지 보정을 적용하면 더 작다). 그 차이는 일반적으로 격자에너지에 대한 공유성 결합의 기여 때문이다.

어떤 조건에서 공유성 결합은 격자에너지에 크게 기여하는 것으로 기대하는가? 이전의 과정에서 두 성분 원자들의 전기음성도가 크게 다를 때 단순한 이온성 화합물이 격자에너지에 기여하는 것으로 보인다고 배웠다. 경험규칙에 따라 어떤 값이 대략 1.5 이상이면 "큰 차이"라고 취급한다. 예를 들어 소듐과 염소 사이에 전

표 7.4 할로젠화 소듐, 은, 탈륨에 대한 Born-Haber와 Born-Landé 격자에너지의 비교

	$U_{B\text{-}H}$* kJ / mol	$U_{B\text{-}L}$† kJ / mol	Diff. EN‡	% diff.§
NaF	−927.8	−886	3.1	4.5
NaCl	−787.0	−751	2.1	4.6
NaBr	−751.5	−719	1.9	4.3
NaI	−702.6	−675	1.6	3.9
AgCl	−915.5	−734	1.1	19.8
AgBr	−903.3	−703	0.9	22.2
AgI	−889.1	−619	0.6	30.4
TlCl	−748.4	−669	1.2	10.6
TlBr	−732.0	−643	1.0	12.2
TlI	−707.1	−607	0.7	14.2

*U_{B-H}는 Born-Haber 열역학 회로에서 계산한 격자에너지이다.
† U_{B-L}은 Born-Landé 식(7.9)에서 계산한 격자에너지이다. Shanon-Prewitt 이온반지름(C.N. = 6)을 이용했다. van der Waals 힘 또는 영점에너지는 보정하지 않고 사용했다.
‡Pauling 전기음성도를 이용했다.
§% diff = $[(U_{B-H} - U_{B-L})/U_{B-H}] \times 100$

기음성도 차이 Δ(EN)은 2.1(= 3.0 − 0.9)이다. 따라서 이러한 원소들의 원자를 합칠 때 (그림 6.1을 보라) 전자들이 이동하고 이온성 화합물이 생기는 것으로 기대한다. 이제 결합형태는 순수한 공유성 결합으로부터 순수한 이온성 결합까지 범위에 있지만 실제로 100% 이온성 결합은 없다는 것을 기억할 수 있을 것이다. 이온성 결합은 항상 어느 정도 공유성 결합 특성이 있다. 즉 전자구름이 겹치고 전자를 공유한다. 공유성 결합 특성의 정도는 전기음성도가 비슷할수록 증가하는 것이 예상되고 그리고 그로 말미암아 NaF [Δ(EN) = 3.1]보다 NaI [Δ(EN) = 1.6]에서 공유성 결합 특성이 더 큰 것으로 기대한다. 그러나 표 7.4처럼 이러한 화합물에 대한 U_{B-H}와 U_{B-L} 사이에 상호관계는 (ΔEN)이 1.5보다 훨씬 위에 있을 때 공유성 결합의 척도는 특별히 민감하지 않은 것으로 나타난다. 격자에너지에 대한 이온성 결합의 기여는 공유성 결합의 기여가 증가할 때 감소하는 것이 매우 잘 나타난다.

그러나 Δ(EN)이 1.5 이하일 때 표 8.4는 예상되는 [고도의 공유성 결합 특성]과 $[(U_{B-H}) - (U_{B-L}) = \%]$ 사이에 어떤 상호관계가 보이기 시작하는 것이 나타난다. 예를 들어 은과 아이오딘 사이에 전기음성도 차이는 0.6 뿐이고 U_{B-H}는 U_{B-L}보다 30.4% 큰 것에 주목하라. AgCl과 AgBr은 공유성 결합이 큰 탈륨의 염화물, 브롬화물, 요오드화물 염류처럼 비슷한 결과를 나타낸다.

여기는 황화아연에 대한 공유성 결합 특성의 정도가 크다고 예상하는 것도 지적하는 것이 좋은 위치이다. ZnS는 Δ(EN) 값이 0.9 뿐이다. [Born-Haber 순환과정과 관계없이 황($S^- \rightarrow S^{2-}$)에 대한 둘째 전자친화도 값은 이용할 수 없고 그리고 그로 말미암아 이 경우에 U_{B-H}와 U_{B-L}는 비교할 수 없다.] 이것은 적어도 ZnS의 공유성 결합 특성이 zinc blende와 wurtzite구조 형성의 일부분 원인이라는 추론

(6.3절 AB_n-형 결정격자 중에서 AB구조를 참고하라.)과 일치한다. zinc blende와 wurtzite구조는 Zn^{2+}이온이 반지름-비에 의하여 예상되는 팔면체 구멍 대신 사면체 구멍을 점유한다. 이미 살펴본 팔면체 구멍은 이온성 모델이라고 예상한다. 우선적 사면체 구멍의 점유는 아연과 황 사이에 무방향성 이온성 결합아닌 방향성 공유성 결합(sp^3 혼성 오비탈을 사용)의 존재와 일치한다.

전자친화도

Born-Landé 또는 Kapustinskii식으로부터 격자에너지의 추정과 함께 Born-Haber 순환과정은 전자친화도의 첫째 원인 중 일부분이지만 현재 더 신뢰할 수 있는 값의 산출에 여러 방법을 이용할 수 있다. 그러나 더 새로운 방법은 식 (7.15)에 제시한 것처럼 첫째 전자친화도에 대한 값만 제공할 뿐이다.

$$X(g) + e^-(g) \longrightarrow X^-(g) \tag{7.15}$$

둘째 전자친화도 값을 원하면 여전히 열역학 순환과정과 Born-Landé식 혹은 Kapustinskii식을 사용해야한다. 예를 들어 식 (7.16)에 제시한 것처럼 산소의 둘째 전자친화도 값을 원한다고 생각하자.

$$O^-(g) + e^-(g) \longrightarrow O^{2-}(g) \tag{7.16}$$

우선 금속산화물과 관련이 있는 열역학적 순화과정을 세울 필요가 있다. 이 경우에

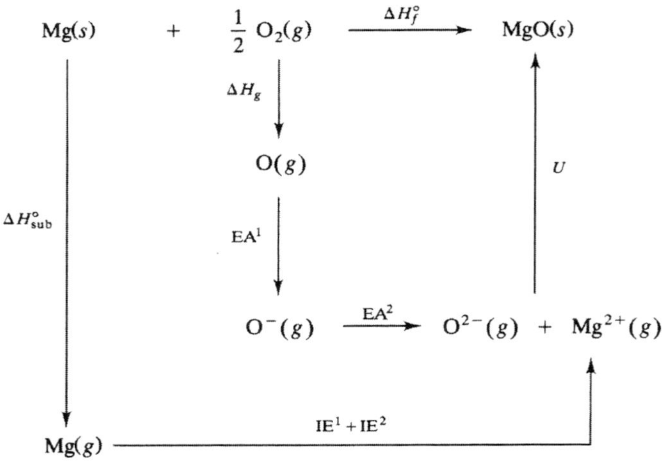

그림 7.6

산소의 둘째 전자친화도 계산에 이용한 산화마그네슘에 대한 Born-Haber순환과정

$$Mg(s) + \frac{1}{2}O_2(g) \xrightarrow{\Delta H_f^\circ} MgO(s)$$

ΔH°_{sub}, ΔH_g, $O(g)$, EA^1, U

$$O^-(g) \xrightarrow{EA^2} O^{2-}(g) + Mg^{2+}(g)$$

$$Mg(g) \xrightarrow{IE^1 + IE^2}$$

$$\Delta H^\circ_{sub} + IE^1 + IE^2 + \Delta H_g + EA^1 + EA^2 + U$$

$$\Delta H_f^\circ - \Delta H^\circ_{sub} - IE^1 - IE^2 - \Delta H_g - EA^1 - U$$

$$-601.7 - 147.7 - 737.8 - 1450.8 - 249.1 - (-141.0) - (-3930)$$

880 kJ/mol

둘째 전자친화도를 제외한 모든 값은 실험적으로 알려져 있거나 격자에너지의 경우에 Born-Landé식 또는 Kapustinskii식으로부터 구할 수 있다. 산화마그네슘에 대한 그러한 순환과정은 그림 7.6에 있다. MgO는 암염구조라 생각하고 그것의 격자에너지는 식 (7.19)처럼 Born-Landé식으로부터 구한다.

$$U = 1389\frac{(+2)(-2)(1.748)}{(0.86+1.26)}\left(1-\frac{1}{7}\right) = -3930 \text{ kJ/mol} \tag{7.19}$$

식 (7.18)에 대입하면 둘째 전자친화도에 대한 880 kJ/mol 값을 얻는다(산소의 둘째 전자친화도에 대한 더 좋은 값은 여러 산화물 염류에 대하여 앞에서 설명한 형태로 여러 번 계산한 결과를 평균하여 구한다). 전자친화도의 음수 값은 중성 원자보다 안정한 음이온에 상당하는 것을 기억하라. 산소의 둘째 전자친화도에 대한 이러한 양수 값은 $O^{2-}(g)$ 이온이 $O^-(g)$와 비교하여 불안정하다고 나타내는 것으로 추정한다. 그러나 MgO는 쉽게 생성되고 안정한 화합물이므로 $O^-(g)$에 대한 한 전자의 첨가는 MgO와 같은 화합물의 큰 발열반응 격자에너지에 의하여 상쇄되는 것보다 큰 것으로 나타난다.

미지 화합물에 대한 생성열

소듐과 염소는 $NaCl^-$ 아닌 NaCl을 그리고 염소와 칼슘은 CaCl 또는 $CaCl_3$ 아닌 $CaCl^-$를 형성한다고 왜 항상 생각하는가를 생각해 보았는가? 그러한 결과는 일반

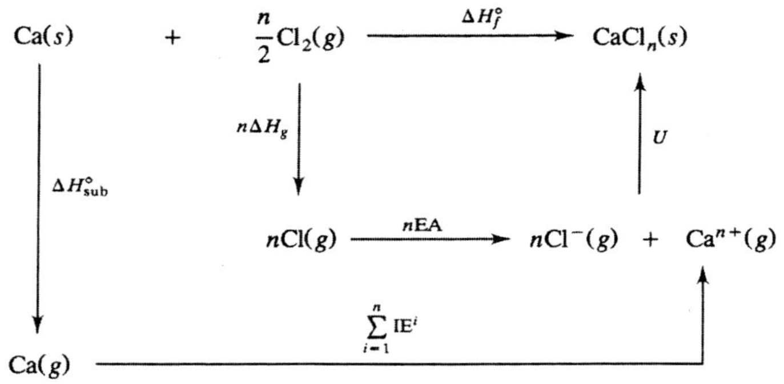

$$\begin{array}{ccccc}
Ca(s) & + & \frac{n}{2}Cl_2(g) & \xrightarrow{\Delta H_f^\circ} & CaCl_n(s) \\
\downarrow \Delta H^\circ_{sub} & & \downarrow n\Delta H_g & & \uparrow U \\
 & & nCl(g) & \xrightarrow{nEA} & nCl^-(g) + Ca^{n+}(g) \\
Ca(g) & & \xrightarrow{\sum_{i=1}^{n} IE^i} & & \uparrow
\end{array}$$

그림 7.7

세 가지 화합물에 대한 ΔH_f° 계산에 사용한 $CaCl_n$ (n = 1,2,3)에 대한 Born-Haber 순환과정

$$\Delta H_f^\circ = \Delta H^\circ_{sub} + \sum_{i=1}^{n} IE^i + n\Delta H_g + nEA + U \tag{7.20}$$

여기에서 ΔH°_{sub} = 178.2 kJ/mol

IE^1 = 589.8 kJ/mol

IE^2 = 1145.5 kJ/mol

IE^3 = 4912.4 kJ/mol

ΔH_g = 121.7 kJ/mol

EA = −349.0 kJ/mol

Kapustinskii 식으로 부터의 U

표 7.5 $CaCl_n$에 대한 Ca^{n+} 반지름, U_{kap_n}, ΔH_f°

$CaCl_n$	$r(Ca^{n+})$, Å	U_{Kap_n}, kJ/mol	ΔH_f°, kJ/mol
CaCl	1.5	−670*	−130*
$CaCl_2$	1.14	−2250	−792†
$CaCl_3$	1.1	−4500*	1600*

* 추정한 반지름 값에 대한 유효숫자의 r 수치는 둘뿐이다.
† 실제 값의 DHf8C[CaCln] = −795.8 kJ/mol

적으로 영족기체 전자배치의 특수한 안정도라는 말로 서론 과정에서 설명했다. 이제 이러한 여러 가능성에 대한 생성열을 계산하고 그 결과를 분석할 차례가 왔다. 그림 7.7은 $CaCl_n$의 형성에 대한 Born-Haber 순환과정을 보여준다. 여기에서 n 은 1부터 3까지이다. Kapustinskii식은 격자에너지의 추산에 이용할 수 있다. C^{2+}와 Cl^-에 대한 Shannon-Prewitt 반지름(C.N. = 6)은 각기 1.14와 1.67Å이다. Ca^+은 4s 전자의 첨가 때문에 Ca^{2+}보다 훨씬 커야한다. 임의적 선택이지만 대략 계산할 목적으로 Ca^{2+} 반지름에 대하여 합리적 값으로 1.5 Å을 사용한다. Ca^{2+}의 여섯 3p 전자 중에서 한 전자 제거는 특별히 큰 효과를 주지 않으므로 Ca^{3+}는 Ca^{2+}보다 조금 작을 뿐이므로 1.1값을 사용한다. U_{kap} 계산을 식 (7.21)에 제시한다.

$$U_{Kap_n} = \frac{1202(n+1)(+n)(-1)}{r(Ca^{n+})+1.67}\left[1 - \frac{0.345}{r(Ca^{n+})+1.67}\right] \qquad (7.21)$$

U_{kap}와 ΔH_f°. 에 대한 결과는 표 7.5에 있다. CaCl은 열역학적으로 가능한 화합물이지만 $CaCl_2$는 더 안정하고 그리고 그로 말미암아 더 가능성이 있다. Ca^{2+} 생성에 필요한 과량 이온화에너지는 $CaCl_2$ 생성에서 방출된 추가 격자에너지로 다시 되돌려준 것보다 크다는 것을 알고 있다. $CaCl_3$는 칼슘의 셋째 이온화에너지가 비정상적으로 높기 때문에 영역학적으로 불가능하고 그것은 유효핵전하가 매우 큰 채운 Ne 껍질로부터 한 전자를 빼어내는 결과이다. $CaCl_3$에 대한 격자에너지는 $CaCl_2$보다 두 배 이상이지만 셋째 이온화에너지를 형성에 충분하지 않다. 이러한 설명을 인정한다면 CaCl 또는 $CaCl_3$가 존재하지 않는 것은 놀라운 것이 아니다.

열역학 반지름

다원자 음이온을 포함하는 일련의 알칼리금속 염류와 다원자 양이온을 포함하는 다른 염류에 대하여 계산된 격자에너지(몇 대표적 값은 표 7.6을 보라)의 이용과 함께 Kapustinskii식은 이러한 이온의 반지름 추정에 이용할 수 있다. $NaClO_4$ 격자에너지에 대하여 수록한 값과 Kapustinskii식에서 소듐 양이온의 Shannon-Prewatt 반지름을 사용하여 과염소산 음이온 반지름에 대한 2.19 Å값을 계산할 수

표 7.6 다원자 이온을 함유하는 염류에 대한 몇 가지 격자에너지

화합물	화학식	열역학적 격자에너지 kJ / mol	격자에너지 계산값 kJ / mol
Sodium tetraborohydride	$NaBH_4$	−703	
Sodium tetraborofluoride	$NaBF_4$	−657	−619
Sodium carbonate	Na_2CO_3	−2301	−2030
Sodium cyanide	$NaCN$	−738	−739
Sodium bromate	$NaBrO_3$	−803	−814
Sodium chlorate	$NaClO_3$	−770	−770
Sodium hydride	NaH	−782	
Sodium hydroxide	$NaOH$	−887	−900
Sodium nitrate	$NaNO_3$	−755	−756
Sodium nitrite	$NaNO_2$	−774	−748
Sodium oxide	Na_2O	−2481	
Sodium perchlorate	$NaClO_4$	−643	−648
Sodium sulfide	Na_2S	−2192	−2203
Sodium sulfate	Na_2SO_4	−1827	−1938
Sodium tetrachloroaluminate	$NaAlCl_4$	−556	
Sodium thiocyanate	$NaSCN$	−682	−682
Potassium hexachloroplatinate(IV)	K_2PtCl_6	−1468	
Ammonium nitrate	NH_4NO_3	−661	−676
Ammonium perchlorate	NH_4ClO_4	−583	−580

표 7.7 몇 가지 열역학 반지름

이온	반지름, Å	이온	반지름, Å
BH_4^-	1.93	NO_2^-	1.92
BF_4^-	2.32	O^{2-}	1.49
CO_3^{2-}	1.78	ClO_4^-	2.40
CN^-	1.91	S^{2-}	1.91
BrO_3^-	1.54	SO_4^{2-}	2.58
ClO_3^-	1.71	$AlCl_4^-$	2.95
H^-	1.73	SCN^-	2.13
OH^-	1.33	$PtCl_6^{2-}$	3.13
NO_3^-	1.79	NH_4^+	1.37

있다. 이러한 방식으로 열역학적 순화과정과 계산된 격자에너지로부터 구한 반지름은 열역학 반지름(thermodynamic radii)이라고 알려져 있다. 몇 가지 대표적 값을 표 7.7에 제시한다. 이러한 결과의 해석은 조심스럽게 접근해야한다. 다원자이온의 유효크기에 관하여 몇 가지를 제공한다.

7.3 격자에너지와 이온반지름: 결정장 효과와 고체상태 에너지

이미 결정장이론(3장)을 공부하였으므로 이제 전이금속을 함유하는 고체상태 화합물의 격자에너지를 설명할 차례이다. 첫째 가로 줄 전이원소 금속의 이온반지름을 이용하여 시작하겠다.

그림 7.8

$3d^n$ (여기에서 $n = 0$에서 10) 전자배치를 갖는 (a) M^{2+}와 (b) M^{3+} 양이 온에 대한 Shannon-Prewitt 반지름. 열린 원형 = 높은-스핀의 경우; 열린 사각형 = 낮은-스핀의 경우; 토막선 = 한 벌의 오비탈 구형 대칭에 대한 경향성; 점선 (dotted line) = 약한-장 높은-스핀 경우에 대한 경향성; 토막선-점선 = 센-장 낮은-스핀 경우에 대한 경향성.

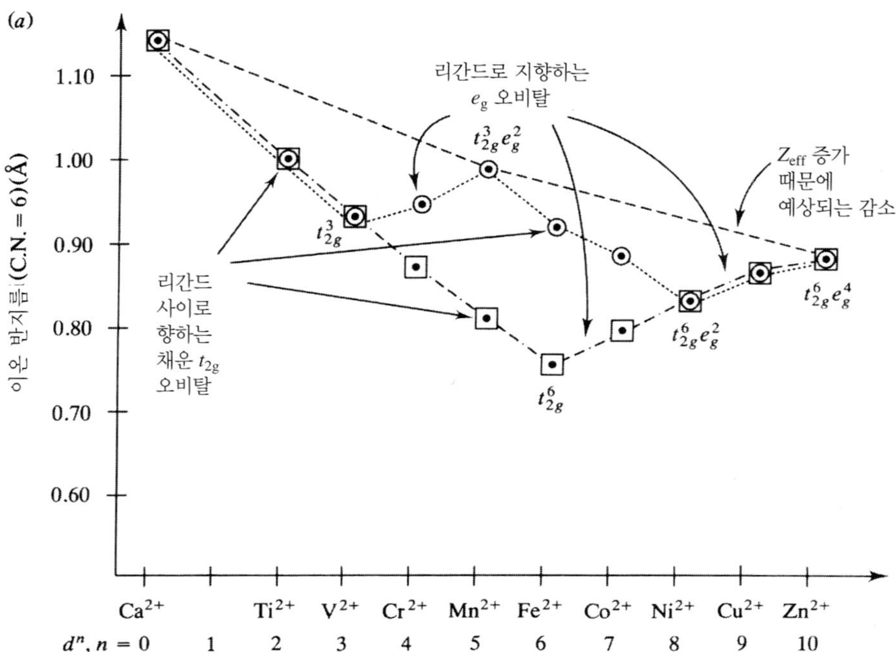

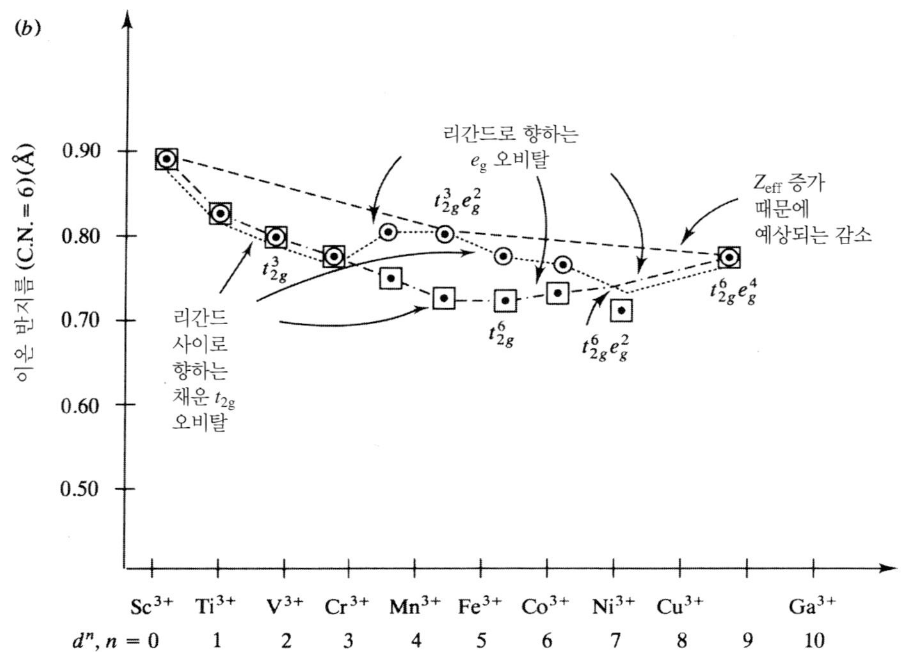

그림 7.8의 토막선은 예상되는 M^{2+}와 M^{3+} 이온반지름을 나타낸다. 일반화학으로부터(8장의 설명에도 있다) 반지름(원자 또는 이온)은 주기율표를 가로건너 가면서 감소하는 것을 예상한다. 간단히 말해서 이것은 $3d$ 부껍질에 전자를 첨가할 때 핵으로부터 평균해서 동일한 거리에 있는 이러한 전자들이 핵으로부터 다른 한

그림 7.9

약한-팔면체장 높은-스핀 경우에 첫 5*d* 전자의 위치. (a) 첫 3 전자는 리간드 사이로 향하는 t_{2g} 오비탈을 점유한다. (b) 넷째와 다섯째 전자는 직접 리간드를 향하는 e_g 오비탈을 점유한다. 이러한 전자 배치를 갖는 이온반지름은 전자-전자 반발 때문에 증가한다.

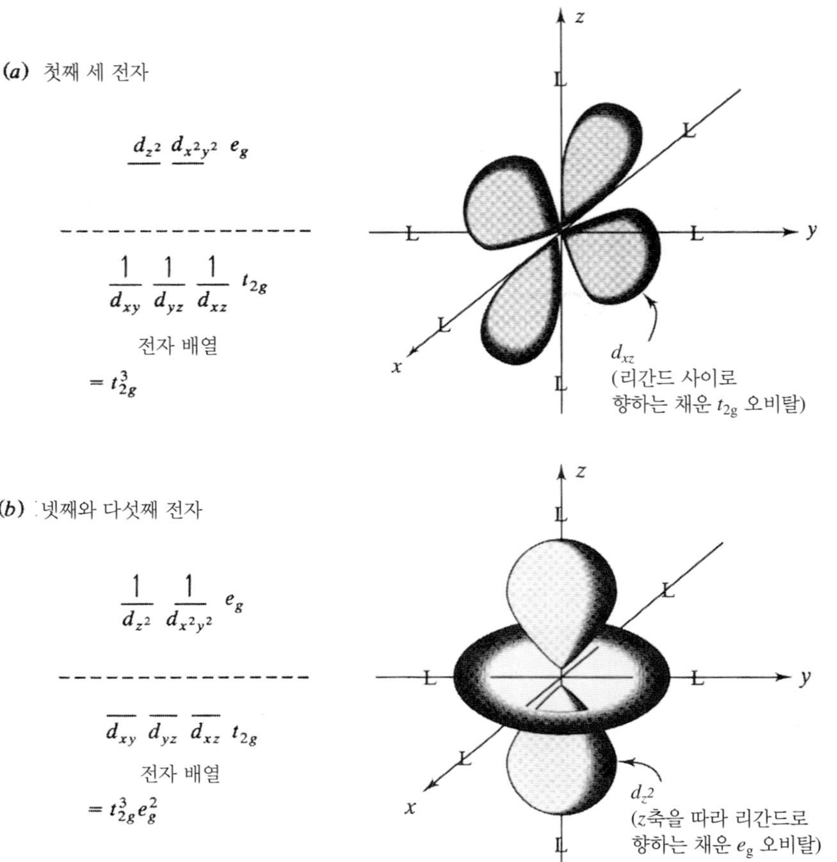

전자를 특별히 잘 차폐하지 못한다. 차폐 전자 수(첫째 가로 줄 전이금속의 [Ar] 껍질)는 일정하게 그대로 유지하고 한편 핵전하는 주기율표에서 왼쪽에서 오른쪽으로 가면서 증가한다. 유효핵전하(= 실제 핵전하 − 차폐 전자수)는 당연히 왼쪽에서 오른쪽으로 증가하고 부분적으로 채운 3*d* 전자구름을 핵에 더 가깝게 끌어당기는 작용을 한다. 따라서 그 반지름은 주기율표를 가로건너 가면서 감소한다.

그림 7.8도 팔면체장에서 두 가지 높은-스핀과 낮은-스핀 전자배치에 대한 실제 M^{2+}와 M^{3+} 반지름을 나타낸다. 팔면체 결정장은 전이금속 이온이 음이온의 A-형 격자에서 팔면체 구멍을 점유할 때 생긴다. 가끔 인용하는 두 가지 예를 취하면 그러한 상항은 일반적으로 산화물과 염화물이다. 이러한 음이온은 분광화학 계열에서 대단히 낮게 놓여있고 그리고 그로 말미암아 약한-팔면체장, 높은-스핀 경우가 생긴다. 팔면체장에서 *d* 오비탈 분리는 그림 7.9에 있고 첫 세 개의 3*d* 전자는 음이온 리간드 사이로 향하는 한 벌의 t_{2g} 오비탈로 들어가는 것에 주목하라(그림 7.9a). 여러 리간드와 금속의 여러 3*d* 전자 사이에 반발은 정상(normal)보다 작을 것이고 (즉 금속 전자들이 각기 독립해서 존재하거나 한 벌의 구형 대칭 오비탈이면 더 작다. 상세한 것은 3.2절을 보라) 그리고 그로 말미암아 리간드는 금속이온에

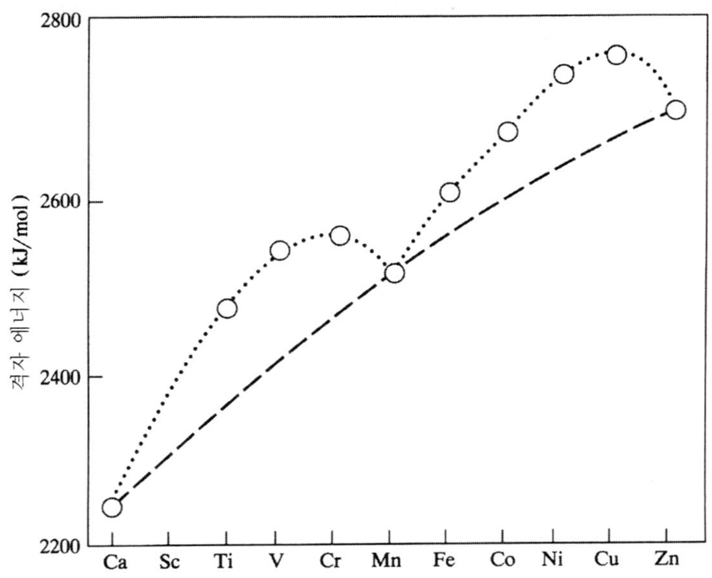

그림 7.10

M^{2+} 전이금속 양이온의 염화물에 대한 격자에너지. 토막선은 d^0, d^5, d^{10} 경우를 연결한다. 점선은 약한-팔면체장에서 M^{2+} 이온의 이온반 지름에 대한 경향성을 반영하는 이중-도약 곡선을 나타낸다.

더 가깝게 접근할 수 있을 것이다. 리간드 반지름은 일정하므로 금속이온 반지름은 이러한 경우에 기대한 것보다 감소할 것이다. 넷째와 다섯째 전자들이 직접 리간드로 향하는 e_g 오비탈로 들어갈 때(그림 7.9b) 이러한 전자와 리간드 사이에 반발은 정상보다 크고 그 금속 반지름은 증가할 것이다. 그 결과로 생기는 $t_{2g}^3\, e_g^2\, (d^5)$ 전자배치는 구형 대칭이고 그리고 그로 말미암아 금속의 반지름은 결정장 효과가 없을 때 기대하는 경향성을 표시하는 선에 놓여있다. 이러한 감소(한편 t_{2g} 오비탈은 채워진다)와 증가(한편 e_g 오비탈은 채워진다)는 여섯째와 열 번째 $3d$ 전자를 첨가할 때 반복될 것이다. 다시 $t_{2g}^6\, e_g^4\, (d^{10})$ 전자배치는 구형 대칭이다.

센-팔면체장에서 낮은-스핀 경우에 첫 6 전자는 한 벌의 t_{2g}를 점유하고 그 반지름은 기대한 것보다 감소한다. 마지막 4 전자는 한 벌의 e_g를 점유하고 구형 대칭 $t_{2g}^6\, e_g^4$전자배열에 다시 도달할 때까지 그 반지름은 감소한다.

이러한 경향을 팔면체장의 전이금속 이온에 대한 반지름에서 가정하고 이러한 화합물의 격자 에너지 설명으로 돌아가자. 그림 7.10은 M^{2+} 염화물에 대한 격자에너지를 보여준다. 결정장 효과가 없을 때(토막선) 반지름 감소에 따라 격자에너지는 증가할 것으로 기대한다. 이것은 Born-Landé 식과 연결하여 설명한 양이온의 전하-대-반지름(Z/r) 비에 관한 격자에너지 의존성의 결과이다. 금속 양이온 전하는 항상 2+이므로 격자에너지는 이온 반지름 감소에 따라 증가한다. 약한-장 염화물에 적용하는 금속 반지름에 대한 이중-도약 곡선을 가정하면 실제 격자 에너지들이 반지름의 경향을 반영하고 반지름이 감소하면 증가하고 그 반대(반지름이 증가하면 감소)도 진실(점선)은 놀라운 것이 아니다. 결정장 안정화에너지의 정량적 추정은 격자에너지 경향을 결정장 효과와 함께 또는 없이 비교하여 구할 수 있다(문제 7.45를 보라).

연습문제 PROBLEMS

7.1 (a) 표 6.5와 6.7의 Shannon-Prewitt 반지름을 이용하여 RbBr(s)에 대하여 그럴듯한 단위세포를 확인하고 그림을 그려라.

(b) 표 7.1과 7.2에서 발견된 추가 정보와 Born-Landé 식과 Kapustinskii식을 이용하여 RbBr(s)의 격자에너지를 계산하라.

7.2 Born-Landé 식과 Kapustinskii식을 이용하여 요오드화리튬 격자에너지를 계산하라. 이러한 값을 표 7.3에서 발견되는 값과 비교하라.

7.3 염화프란슘(FrCl) 격자에너지는 −632 kJ/mol이라고 추정한다. Fr^+ 양이온의 반지름 값을 계산하라. 그 계산을 할 때 어떤 가정을 나열하라. 당신의 결과는 다른 알칼리금속에 대하여도 상대적으로 도리에 맞는가? 이러한 값을 간단히 설명하라.

7.4 플루오르화란탄(III) LaF_3 결정구조는 알려져 있지 않다고 가정한다. Kapustinskii 식을 사용하여 격자에너지를 계산하라.

★7.5 버클륨은 매우 소량만 이용할 수 있지만 몇 가지 구조 파라미터의 측정에 충분하다.

(a) 0.97 Å을 Bk^{4+} 반지름으로 사용하고 반지름-비 규칙과 일치하는 결정격자를 이용하여 이산화버클륨(IV) BkO_2 격자에너지를 추정하라.

(b) 반지름-비 규칙은 맞지 않고 BkO_2는 요오드화카드뮴을 형성한다고 가정하라. 이것은 당신의 해답과 얼마나 차이가 있는가?

(c) 이 값을 Kapustinskii식에서 구한 값과 비교하라.

7.6 Kapustinskii식을 사용하여 OgO 격자에너지 값을 추정하라. "oganium" 원소에 대한 더 이상 정보는 문제 6.44를 보라. Oganium이라는 114번 원소 이름은 그것을 발견한 연구팀의 리더 Yuri Oganessian 이름을 따서 명명했다(114번 원소의 공식적 이름은 실제로 ununquadium이다).

7.7 다음 실험을 설명하라: 산화마그네슘(MgO)과 플루오르화소듐(NaF)은 동일한 결정구조이고 대략 동일한 화학식량을 갖지만 MgO보다 거의 두 배 단단하다. MgO와 NaF의 녹는점은 각기 2852°C와 993°C이다. MgO와 NaF의 끓는점은 각기 3600°C와 1695°C이다.

7.8 당신 해답의 기본으로 Born-Landé 식을 사용하여 MgS이 LiBr보다 훨씬 더 단단하고 더 높은 녹는점이라는 사실에 무엇이 기여한다고 생각할 수 있는가? [$r(Li^+)$ = 0.90, $r(Mg^{2+})$= 0.86, $r(Br^-)$ = 1.82, $r(S^{2-})$ = 1.70 Å] 그들은 동일한 결정구조를 나타낸다고 추정할 수 있는가? 왜 그러한가? 그렇지 않은가?

★ 표시는 더 어려운 문제이다.

★7.9 화학량론적 Xe^+F^- 이온성 영족기체 화합물을 조제할 수 있다고 추측한다. Born-Landé식과 Kapustinskii식을 이용하여 이 가상적 화합물의 격자에너지를 추정하라. Xe^+ 이온반지름 값의 확정에 이용한 모든 가정을 조심스럽게 설명하라. 원자반지 름은 표 6.3에 제시한다.

7.10 다음에 나타낸 것처럼 교대로 나타나는 양이온과 음이온의 선을 생각하라. 이 "격자"의 Madelung상수 값을 추정하라.

★7.11 전체 격자에너지에 대하여 식 (7.8)에서 발견된 관계를 사용하여 r에 관하여 미분하고 상수 B에 대하여 풀어라. B에 대한 당신의 식을 그 식에 대입하고 Born-Landé식(식 (7.9))이 결과로 나타나는 것을 증명하라.

7.12 다음 자료를 인정하고 LiF 격자에너지를 계산하라: IE_{Li} = 520.3 kJ/mol; ΔH°_{sub} (Li) = 159.4 kJ/mol; EA_F = −328.0 kJ/mol; $\frac{1}{2}D_{F-F} = \Delta H_g$ = 79.0 kJ/mol; ΔH_f°(LiF) = −616.0 kJ/mol. 당신의 해답을 표 7.3에 제시한 자료와 비교하라.

7.13 다음 자료를 인정하고 $BaCl_2$ 격자에너지를 계산하라: IE^1Ba = 502.7 kJ/mol; IE^2Ba = 965.0 kJ/mol; ΔH°_{sub}(Ba) = 175.6 kJ/mol; EA_{Cl} = −349.0 kJ/mol; $\frac{1}{2}$ $D_{Cl-Cl} = \Delta H_g$ =243.0 kJ/mol; $\Delta H_f^\circ(BaCl_2)$ = −858.6 kJ/mol. 당신의 해답을 표 7.3에 제시한 자료와 비교하라.

★7.14 KX 생성열에 대한 열역학적 순환과정을 쓰라. X = F와 Cl의 경우에 대하여 전자친화도, X−X 결합에너지, 격자에너지(Born-Landé 식으로부터)를 비교하라. $EA_F < EA_{Cl}$의 사실에 도 불구하고 F_2가 Cl_2보다 더 반응성이라는 사실에 대하여 설명하라(힌트: 두 화합물은 암염 구조라고 가정하라).

7.15 다음 자료를 교재의 표에서 발견된 자료에 첨가한다 가정하고 프루오르화구리(I) CuF의 표준생성열 값을 계산하라(IE_{Cu} = 745.3 kJ/mol, ΔH°_{sub}(Cu) = 338.3 kJ/mol, CuF 격자에너지는 Born-Landé 식을 사용하여 측정해야한다. CuF는 zinc blende 구조라고 생각하라).

7.16 산화오가늄(II) OgO의 표준생성열을 어떻게 추정할 수 있는가를 설명하고 오가늄 자료는 추가로 무엇이 필요한가? "오가늄"에 관한 더 이상 자료는 문제 6.44를 보라. 가능하면 구체적으로 설명하라.

7.17 ClF 분자의 해리에너지는 246.4 kJ/mol이고 ClF(g)의 표준생성열은 −56.1 kJ/mol이다. Cl_2 해리에너지는 243.4 kJ/mol이다. 열역학 순환과정을 이용하여 F_2 해리에너지를 계산하라.

★7.18 다음 자료를 인정하고 $NH_3(g) + H^+ \longrightarrow NH_4^+(g)$에서 암모니아의 양성자 친화도를 계산 하라: NH_4F는 ZnS(wurtzite) 구조로 결정화된다; 그 결정의 Born지수는 8이다; 암모늄 이온-대-플루오르화 이온의 거리는 2.56 Å이다; $NH_4F(s)$의 생성엔탈피는 −468.6 kJ/mol이다. 암모니아 기체의 생성엔탈피는 −1171.5 kJ/mol이다. $\frac{1}{2}D_{H-H}$ $[\Delta H_g]$ = 218.0 kJ/mol; IE_H = 1305.0 kJ/mol; $\frac{1}{2}D_{F-F} = \Delta H_g$ = 79.0 kJ/mol; EA_F = −328.0kJ/mol.

★7.19 CsCl(보통 형태) ⟶ CsCl(NaCl 형태) 과정의 표준엔탈피 변화를 추정할 수 있는가?

★7.20 Born-Haber 순환과정을 처음에 이온성 화합물에 적용할 때 격자에너지와 전자친화도를 제외한 모든 성분의 열역학적 값은 알려져 있다. 살펴본 것처럼 격자에너지는 Born-Landé식을 사용하여 계산할 수 있다. 그리고 그들이 실제로 정확하면, 즉 그 모델의 가정이 옳다면 LiCl, NaCl, KCl, RbCl, CsCl와 같은 알칼리금속 염화물 계열로 부터 얻은 자료를 사용하여 계산할 때 예를 들어 염소의 전자친화도는 대단히 일정하다. 이 결과를 증명하기 위하여 염화물의 Born-Landé 격자에너지를 계산하라. 그리고 그 다음에 Born-Haber 순화과정을 사용하여 각 경우에 염소의 전자친화도 값을 계산하라. 대략 열역학 자료는 표 7.3에 있다. 또한 전자친화도의 평균값을 계산하고 일반에게 인정된 −349.0 kJ/mol 값과 비교하라.

7.21 (a) 브롬화루비듐(RbBr) 형성으로부터 구한 자료를 이용하여 브로민의 전자친화도를 계산하는 열역학적 순환과정을 구성하라.

(b) 문제 7.1의 (b)에서 계산된 Born-Landé 격자에너지와 표 7.3으로부터 몇 가지 열역학 자료를 이용하여 그리고 당신의 Born-Haber 순환과정을 사용하여 브로민의 전자친화도를 계산하라. 당신의 결과를 표 7.3에 제시한 것과 비교하라.

7.22 (a) 표준상태에서 Na_2O 구성 성분으로부터 $Na_2O(s)$의 합성에 대한 열역학적 순화과정을쓰라. 그 순화과정의 완결에 필요한 모든 열역학 자료를 확인하라.

(b) Kapustinskii식을 사용하여 $Na_2O(s)$의 격자에너지를 추정하라.

(c) 다음 열역학 자료와 (b)에서 결정된 당신의 격자에너지 값을 사용하여 산소의 둘째 전자친화도를 계산하라. $\Delta H^\circ_{sub}(Na)$ = 107.3 kJ/mol, IE_{Na} = 495.9 kJ/mol; $\Delta H_f^\circ [Na_2O(s)]$ = −418.0 kJ/mol. $\Delta H_g[O(g)]$ = 249.1 kJ/mol; 산소의 EA^1 = −141.0 kJ/mol.

★7.23 ZnS(wurtzite구조)의 표준생성열은 −192.6 kJ/mol이다.

(a) Born-Landé식을 사용하여 $ZnS(s)$의 격자에너지를 추정하라.

(b) 다음 열역학 자료와 (b)에서 결정된 당신의 격자에너지 값을 사용하여 산소의 둘째 전자친화도를 계산하라. $\Delta H^\circ_{sub}(Zn)$ = 130.8 kJ/mol, ΔH_g $[S(g)]$ = 278.8 kJ/mol; IE^1 = 906.4 kJ/mol; IE^2 = 1733 kJ/mol; 황의 EA^1 = −200.4 kJ/mol.

7.24 NaH의 격자에너지와 표준생성열은 각기 −782와 −56.3 kJ/mol이다. H(*g*)의 표준생성열 ΔH_f°은 218.0 kJ/mol이다. 이러한 자료와 표 7.3에서 발견된 다른 자료를 사용하여 수소의 전자친화도 값을 계산하라.

7.25 $CaCl_n$에 대한 표 7.5에서 발견된 자료를 사용하여 다음의 불균등화반응열을 계산하라.

$$2CaCl(s) \longrightarrow CaCl_2(s) + Ca(s)$$

그러한 반응이 일어날 것으로 기대하는가? 왜 그런가? 왜 그렇지 않은가?

★7.26 Born-Haber 순환회로를 사용하여 $NaCl_2$의 ΔH_f°에 대하여 합리적 값을 계산하라. Kpustinskii식을 사용하여 격자에너지를 계산하라. Na^{2+}의 이온반지름에 대하여 당신이 사용하는 값을 합리적으로 설명하라. $NaCl_2$는 열역학적으로 왜 가능한가 또는 왜 가능 하지 않은가에 대하여 주요한 이유를 설명하라. [IE^2(Na) = 4563 kJ/mol].

7.27 Ne^+Cl^-의 ΔH_f°에 대하여 합리적 값을 계산할 수 있는 Born-Haber 순환과정을 구성하라. Kapustinskii식을 사용하여 격자에너지를 추정하라. Ne^+의 이온반지름에 대하여 당신이 사용하는 값을 합리적으로 설명하라. NeCl은 열역학적으로 왜 가능한가 또는 왜 가능하지 않은가에 대하여 주요한 이유를 설명하라. [IE(Ne) = 2080 kJ/mol].

7.28 Xe^+F^-의 격자에너지는 문제 7.9에서 추정했다. 이 정보를 사용하여 이 화합물에 대한 ΔH_f° 값을 추정하라. [IE(Xe) = 1170 kJ/mol].

★7.29 $CaCl_3$에 대한 ΔH_f°는 +1585 kJ/mol이라고 나타났다. 그리고 그로 말미암아 그것은 생성되지 않는 것으로 본다. $CaCl_3$에 대한 ΔS_f° 값은 양수 또는 음수 값으로 기대하는가? 당신의 이론을 설명하고 어떻게든지 $CaCl_3$를 강제로 일어나게 엔트로피 인자를 사용할 수 있다면 그것을 지적하라.

7.30 헥사클로로버클륨산(IV) 이온 $BkCl_6^{2-}$에 대한 반지름은 3.61 Å이라고 추정한다. 이 값을 사용하여 헥사클로로버클륨산(IV) 포타슘 K_2BkCl_6의 격자에너지 값을 계산하라.

7.31 다원자 이온의 유효반지름을 열역학적 방법을 사용하여 어떻게 측정할 수 있는가를 간단히 설명하라.

7.32 암모늄 양이온의 열역학 반지름은 문제 6.49에서 1.37 Å이라고 제시하였다. $NH_4^+(g)$와 $NH_4Br(s)$의 표준생성열은 각기 630.2와 −270.3 kJ/mol이다.

(a) 이러한 자료와 교재에서 발견된 다른 자료를 사용하여 그리고 Born-Haber 순환과정을 사용하여 NH_4Br의 격자에너지 값을 계산하라.

(b) Kapustinskii식을 사용하여 암모늄 양이온의 열역학 반지름을 계산하고 당신

의 값을 앞의 값과 비교하라.

7.33 수산화 이온의 열역학 반지름은 문제 7.50에서 1.33 Å이라고 제시하였다. $OH^-(g)$와 NaOH(s)의 표준생성열은 각기 −143.5와 −425.6 kJ/mol이다.

(a) 이러한 자료와 교재에서 발견된 다른 자료를 사용하여 그리고 Born-Haber 순환과정을 사용하여 NaOH의 격자에너지 값을 계산하라.

(b) Kapustinskii식을 사용하여 수산화 이온의 반지름을 증명하라.

★7.34 문제 7.32와 7.33 그리고 Kapustinskii식을 사용하여 $NH_4OH(s)$의 표준생성열을 계산하라.

7.35 붕소수소화소듐($NaBH_4$)에 대한 표준생성열과 격자에너지는 각기 −183.3과 −703 kJ/mol이다. $BH_4^-(g)$의 표준생성열을 계산하라.

7.36 과염소산소듐에 대한 격자에너지와 표준생성열은 각기 −648과 −382.8kJ/mol이다. 이러한 에너지에 상당하는 화학반응식을 쓰라. 열역학적 순환과정을 사용하여 기체 과염소산 이온 $ClO_4^-(g)$의 표준생성열 값을 추정하라.

7.37 $PtCl_6^{2-}(g)$의 표준생성열은 −774 kJ/mol이다. $K_2PtCl_6(s)$의 격자에너지는 −1468 kJ/mol이다. 헥사클로로백금산(IV) 포타슘 K_2PtCl_6의 표준생성열 값을 계산하라.

7.38 문제 7.35를 사용하여 붕소수소화 이온 (BH_4^-)의 열역학 반지름 값을 계산하라.

7.39 $CaC_2(s)$의 격자에너지는 −2911 kJ/mol이다. 탄화 이온(C_2^{2-})의 열역학 반지름 값을 계산하라.

7.40 과염소산소듐에 대한 격자에너지는 −648 kJ/mol이다. 과염소산 이온(ClO_4^-)의 열역학적 반지름 값을 추정하라. 이 과염소산소듐염을 사용하는 당신의 결과와 표 7.7에 발견된 과염소산의 열역학 반지름에 대하여 일반에게 인정받은 2.40 Å 사이에 % 오차를 계산하라.

7.41 우선 과염소산소듐은 암염구조를 형성한다 가정하고 이 화합물의 결정구조를 추정하라(각기 표 6.5와 7.7에 제시한 이온반지름을 사용하라).

7.42 염화 펜타암민나이트로코발트(III) $[Co(NH_3)_5(NO_2)]Cl_2$의 격자에너지를 −1013 kJ/mol이라고 하면 그 착물 양이온의 유효이온반지름을 추산하고 이 화합물의 결정구조를 추측하라(r_{Cl^-} = 1.67 Å).

7.43 낮은-스핀 철(II) 또는 높은-스핀 철(II)은 어느 것이 더 큰 이온반지름을 갖는가? 당신의 해답을 간단히 설명하라(팔면체장이라고 생각하라).

7.44 팔면체장에서 Cr^{3+} 또는 Fe^{3+}는 어느 것이 더 큰 이온반지름을 갖는가? 당신의 해답을 간단히 설명하라.

★7.45 다음에 표시한 실험 격자에너지를 사용하여 VO, MnO, FeO의 팔면체 배위 결정에서 Δ_0 크기를 추산하라. 당신의 계산방법을 조심스럽게 설명하라.

산화물	격자에너지 kJ/mol	산화물	격자에너지
CaO	−3465.2	FeO	−3922.9
TiO	−3881.9	CoO	−3991.9
VO	−3916.6	NiO	−4076.0
MnO	−3813.3	ZnO	−4035.0

★7.46 수화열은 다음의 일반식과 관련이 있는 에너지로 정의한다.

$$M^{n+}(g) + xH_2O(l) \longrightarrow M(H_2O)_x^{n+}(aq)$$

격자에너지처럼 수화에너지는 전하-대-반지름(Z/r) 비 또는 전하밀도에 의존한다. 다음 표에 25°C에서 수화열 ΔH_{hyd}와 리간드장 분리, 몇 2가 이온에 대한 Δ_0, 팔면체 배위 금속을 수록한다.

(a) 가로좌표의 전자수에 대하여 세로좌표에 음수 수화에너지($-\Delta H_{hyd}$)를 점시하라.

(b) (i) 일반적 $-\Delta H_{hyd}$ 증가와 (ii) 곡선에서 두 번 도약을 어떻게 설명하는가?

(c) d^1에서 d^9까지 여러 높은-스핀 전자배치에 대하여 Δ_0의 관점에서 결정장 안정화 에너지(CFSE)를 계산하라.

(d) 제시한 Δ_0 값을 사용하여 이러한 각 이온에 대한 CFSE를 kJ/mol로 계산하라 (주의: 1 cm^{-1} = 0.0120 kJ/mol).

(e) 이 CFSE를 제시한 수화열에 대한 보정 항으로 사용하고 리간드장 효과가 없는 추정 수화열을 d 전자수에 대하여 점시하라. 그 곡선의 최종 모양은 어떠한가?

X

Part 3

주족원소의 화학 (Descriptive chemistry of the representative elements)

따로 독립해서 만든 III부에서는 주족원소에 관한 설명적 화학을 11개 장에 걸쳐 소개한다. 11개 장의 제목은 다음과 같다.

CHAPTER

8 주기율표의 이해

화학의 과학 중에서 가장 매력이 있는 것의 하나는 전체 원소를 함께 짜서 맞추는 방업에 있다. 전형적으로 학생들은 처음에 원자와 분자 구조의 기초를 공부하고 열역학, 반응속도론, 평형, 그리고 그 다음에 이러한 생각을 빠르게 더 발전적 토픽에 응용하기 시작한다. 예를 들어 이 책의 1~5장에서 이미 배울 수도 있고 이전의 화학경험에서 숙지하기 위하여 대단히 열심히 공부한 그 아이디어는 배위화합물의 공부를 위한 기초를 제공할 수도 있다. 또는 고체상태 화학의 구조와 에너지에 관한 6장과 7장을 읽을 것이다. 그렇지 않으면 1장에서 직접 8장으로 뛰어넘어서 주기율표와 주족원소의 화학공부를 시작할 수도 있다. 여하튼 화학이라고 부르는 학문분야를 통하여 당신의 길을 만들기 시작하는 어떤 순서는 문제되지 않고 최후의 목적은 여러 화학적 거동을 합리적으로 설명하고 예측하기 위하여 사용할 수 있는 상호연결된 아이디어 그물망(network)의 발전이다. 원소와 그들의 가장 중요한 화합물의 성질, 구조, 반응, 응용 등등처럼 **설명적 화학**(*descriptive chemistry*)이라고 알려진 학문보다 근본적인 그물망은 아무데도 없다.

19세기 후반에 주기율표의 발전은 무기화학의 발생과 거의 동시에 이루어졌고 그것은 당연하였다. 한 세기 전까지도 Mendeleev의 위대한 경험적 걸작품은 원소와 그들 화합물 연구의 체계화에 기본이었다. 일단 20세기 초에 양자(quantum)혁명은 원소의 전자 기초를 단단하게 확립하였고 주기율표는 설명적 화학의 연구에 강력한 기본구조였다. 이제 21세기 끝머리에 와서 알려진 114 원소의 화학은 믿을 수 없을 정도로 풍부하고 다양해지고 아직도 발전하고 있다. 그 화학의 작은 부분까지 숙지하는 것은 아주 훌륭한 일이다. 출발 장소를 조심스럽게 선택하고 천천히 이동하면서 이 거대한 연구 분야를 통하여 논리적으로 향상하는 것이 필요하다.

이 장에서는 아이디어의 그물망을 시작하겠다. 여기에서 주기율표와 원소화학의 이해에 기본이 되는 구체적이고 조직적 아이디어의 그물망을 세우기 시작하겠다. 이 장에서 취급하는 아이디어 그물망은 (1) 잘 알려진 주기율, (2) 유일성 원리(uniqueness principle), (3) 대각선 효과(diagonal effect), (4) 비할성-쌍 효과(inert-pair effect), (5) 금속, 준금속, 비금속으로 원소의 분류 등이다.

다음 몇 장은 원소화학의 계통적 공부에 기본을 구성한다. 9장에서 수소와 수소화물, 10장에서 산소, 산화물, 수산화물을 살펴보겠다. 그 다음 몇 장을 따라가면서 두 가지 아이디어를 추가한다. 10장에서 산화물과 수산화물의 산－염기 특성은 아이디어 그물망의 여섯째 성분이고 11장에서 아이디어 그물망의 일곱째 성분으로서 표준환원전위의 지식을 추가한다. 마지막으로 조금 더 뒤의 14장에서 2주기와 3주기 원소와 관련이 있는 $p\pi - d\pi$ 결합이 아이디어 그물망의 여덟 번째 마지막 성분이다. 희망을 안고 분명하고 유용한 주기율표를 이해하기 위하여 이러한 여덟 가지 아이디어의 그물망을 발견할 것이다. 그 목적은 당신을 주족원소(일반적으로 *ns*와 *np* 오비탈을 일부분 채운 오비탈을 갖는 원소라고 정의한다) 화학을 이해하고 설명하고 응용하게 유리한 위치에 놓을 것이다.

8.1 주기율

우선 먼저 우리들 아이디어 그물망의 기본은 주기율(*periodic law*)에 있어야 한다. 주기율은 본래 Dmitro Mendeleev에 의하여(그리고 독립적으로 Lothar Meyer에 의하여) 공식적으로 1860년대와 1870년대에 제안되었다. 이 주기율의 현대적 변형은 원소들을 원자번호 증가순서로 배열할 때 물리화학적 성질이 주기적으로

주기	I 족 — R^2O	II 족 — RO	III 족 — R^2O^3	IV 족 RH^4 RO^2	V 족 RH^3 R^2O^5	VI 족 RH^2 RO^3	VII 족 RH R^2O^7	VIII 족 — RO^4
1	H = 1							
2	Li = 7	Be = 9.4	B = 11	C = 12	N = 14	O = 16	F = 19	
3	Na = 23	Mg = 24	Al = 27.3	Si = 28	P = 31	S = 32	Cl = 35.5	Fe = 56, Co = 59,
4	K = 39	Ca = 40	— = 44	Ti = 48	V = 51	Cr = 52	Mn = 55	Ni = 59, Cu = 63,
5	(Cu = 63)	Zn = 65	— = 68	— = 72	As = 75	Se = 78	Br = 80	
6	Rb = 85	Sr = 87	?Yt = 88	Zr = 90	Nb = 94	Mo = 96	— = 100	Ru = 104, Rh = 104, Pd = 106, Ag = 108,
7	(Ag = 108)	Cd = 112	In = 113	Sn = 118	Sb = 122	Te = 125	J = 127	
8	Cs = 133	Ba = 137	?Di = 138	?Ce = 140	—	—	—	— — — —
9	(—)	—	—		—	—	—	
10	—	—	?Er = 178	?La = 180	Ta = 182	W = 184	—	Os = 195, Ir = 197, Pt = 198, Au = 199,
11	(Au = 199)	Hg = 200	Ti = 204	Pb = 207	Bi = 208	—	—	
12	—	—	—	Th = 231	—	U = 240	—	— — — —

그림 8.1

1872년에 Dmitri Mendeleev(그림에 사진과 함께 제시)에 의하여 발표된 주기율표. 에카－알루미늄, 에카－규소, 에카－붕소(회색으로 표시)는 그 뒤에 발견되었고 그 발견자 고국의 이름을 따라 갈륨, 저마늄, 스칸듐이라고 명명하였다(참고문헌 17).

반복하여 생긴다고 설명한다. Mendeleev는 이 주기율표를 구성할 때(그림 8.1에 제시한 예) 그는 원소들을 원자 번호가 아닌 원자량 순서로 배열하고 닮은 원잣가는 동일한 족에 놓으려고 시도한 것을 기억하라. 그는 몇 원소들이 잘 들어맞지 않는 것을 발견하고 아직 발견되지 않은 것을 표시하려고 공백으로 남겼다. Mendeleev는 그 공백을 둘러싼 주위 원소들의 성질을 외삽하여 이러한 미지 원소들의 여러 성질의 값을 예상하였다. 이러한 발견되지 않은 원소들 중 셋을 에카(eka)-알루미늄(AW = 68), 에카–규소(Aw = 72), 에카–붕소(AW = 44)라 표시하였다. 예를 들어 에카–알루미늄은 그의 주기율표에서 알루미늄 밑에 있는 첫 원소이다(붕소와 에카–붕소는 "III족" 세로 칸의 왼쪽 끝에 있고 알루미늄과 에카–일루미늄은 오른쪽 끝에 있다). 그 다음 15년 이내에 이러한 원소들(그 발견자의 고국 이름을 따서 각기 갈륨(gallium), 저마늄(germanium), 그리고 스칸듐(scandium)이라고 명명했다)을 분리하고 특성을 알아냈다. 이러한 원소들의 성질에 관한 실험값과 Mendeleev에 의하여 예측된 값 사이에 일치되는 것은 그의 생각에 대하여 인상적 지지를 제공하였다.

현재는 원소를 주기와 족으로 배열한다. 기대한 것처럼 Mendeleev 시대로부터 많은 변화가 있다. 예를 들어 중요한 두 가지는 주기율표에서 원자량이 아닌 원자 번호 순서의 배열과 영족기체(noble gas)의 발견이다. 그림 8.2에 알려진 원소의

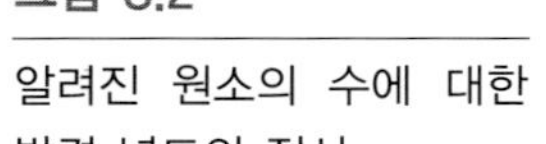

그림 8.2

알려진 원소의 수에 대한 발견 년도의 점시.

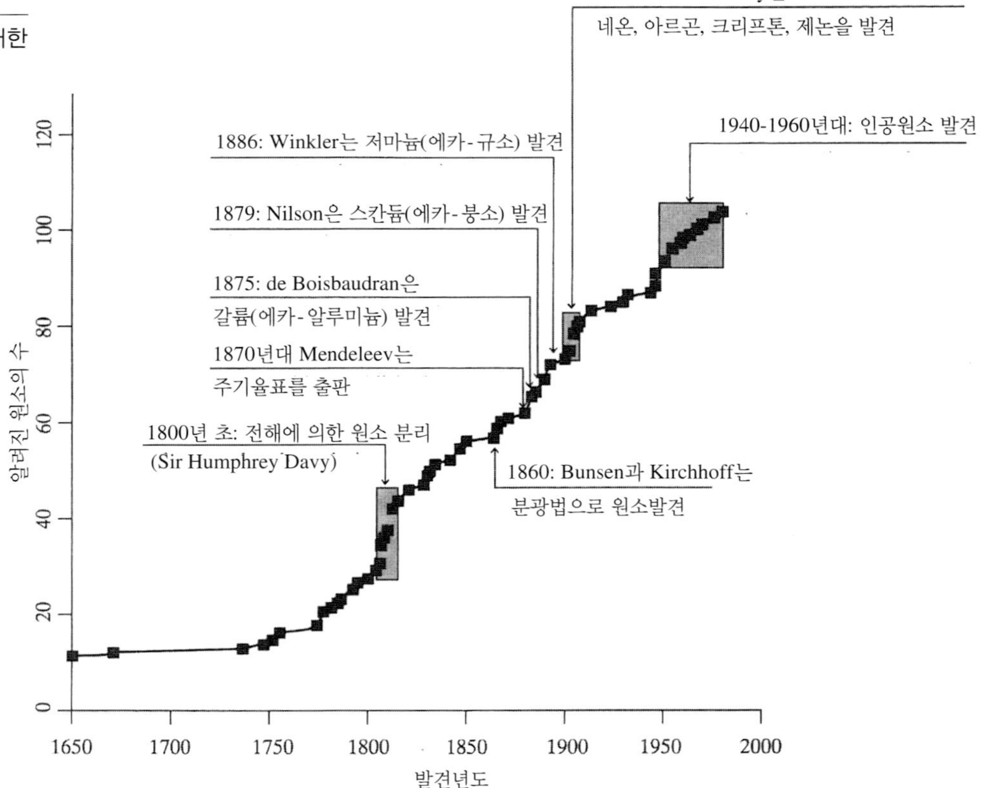

	1A	2A	3B	4B	5B	6B	7B	8B			1B	2B	3A	4A	5A	6A	7A	8A
1	1 **H** $1s^1$																	2 **He** $1s^2$
2	3 **Li** $2s^1$	4 **Be** $2s^2$											5 **B** $2s^22p^1$	6 **C** $2s^22p^2$	7 **N** $2s^22p^3$	8 **O** $2s^22p^4$	9 **F** $2s^22p^5$	10 **Ne** $2s^22p^6$
3	11 **Na** $3s^1$	12 **Mg** $3s^2$											13 **Al** $3s^23p^1$	14 **Si** $3s^23p^2$	15 **P** $3s^23p^3$	16 **S** $3s^23p^4$	17 **Cl** $3s^23p^5$	18 **Ar** $3s^23p^6$
4	19 **K** $4s^1$	20 **Ca** $4s^2$	21 **Sc** $4s^23d^1$	22 **Ti** $4s^23d^2$	23 **V** $4s^23d^3$	24 **Cr** $4s^13d^5$	25 **Mn** $4s^23d^5$	26 **Fe** $4s^23d^6$	27 **Co** $4s^23d^7$	28 **Ni** $4s^23d^8$	29 **Cu** $4s^13d^{10}$	30 **Zn** $4s^23d^{10}$	31 **Ga** $4s^24p^1$	32 **Ge** $4s^24p^2$	33 **As** $4s^24p^3$	34 **Se** $4s^24p^4$	35 **Br** $4s^24p^5$	36 **Kr** $4s^24p^6$
5	37 **Rb** $5s^1$	38 **Sr** $5s^2$	39 **Y** $5s^24d^1$	40 **Zr** $5s^24d^2$	41 **Nb** $5s^14d^4$	42 **Mo** $5s^14d^5$	43 **Tc** $5s^24d^5$	44 **Ru** $5s^14d^7$	45 **Rh** $5s^14d^8$	46 **Pd** $4d^{10}$	47 **Ag** $5s^14d^{10}$	48 **Cd** $5s^24d^{10}$	49 **In** $5s^25p^1$	50 **Sn** $5s^25p^2$	51 **Sb** $5s^25p^3$	52 **Te** $5s^25p^4$	53 **I** $5s^25p^5$	54 **Xe** $5s^25p^6$
6	55 **Cs** $6s^1$	56 **Ba** $6s^2$	71 **Lu** $6s^25d^1$	72 **Hf** $6s^25d^2$	73 **Ta** $6s^25d^3$	74 **W** $6s^25d^4$	75 **Re** $6s^25d^5$	76 **Os** $6s^25d^6$	77 **Ir** $6s^25d^7$	78 **Pt** $5s^15d^9$	79 **Au** $6s^15d^{10}$	80 **Hg** $6s^25d^{10}$	81 **Tl** $6s^26p^1$	82 **Pb** $6s^26p^2$	83 **Bi** $6s^26p^3$	84 **Po** $6s^26p^4$	85 **At** $6s^26p^5$	86 **Rn** $6s^26p^6$
7	87 **Fr** $7s^1$	88 **Ra** $7s^2$	103 **Lr** $7s^27p^1$	104 **Rf** $7s^26d^2$	105 **Db** $7s^26d^3$	106 **Sg** $7s^26d^4$	107 **Bh** $7s^26d^5$	108 **Hs** $7s^26d^6$	109 **Mt** $7s^26d^7$	110 **Uun** $7s^16d^9$	111 **Uuu** $7s^16d^{10}$	112 **Uub** $7s^26d^{10}$		114 **Uuq** $7s^27p^2$				

57 **La** $6s^25d^1$	58 **Ce** $6s^24f^15d^1$	59 **Pr** $6s^24f^3$	60 **Nd** $6s^24f^4$	61 **Pm** $6s^24f^5$	62 **Sm** $6s^24f^6$	63 **Eu** $6s^24f^7$	64 **Gd** $6s^24f^75d^1$	65 **Tb** $6s^24f^9$	66 **Dy** $6s^24f^{10}$	67 **Ho** $6s^24f^{11}$	68 **Er** $6s^24f^{12}$	69 **Tm** $6s^24f^{13}$	70 **Yb** $6s^24f^{14}$
89 **Ac** $7s^26d^1$	90 **Th** $7s^26d^2$	91 **Pa** $7s^25f^26d^1$	92 **U** $7s^25f^36d^1$	93 **Np** $7s^25f^46d^1$	94 **Pu** $7s^25f^6$	95 **Am** $7s^25f^7$	96 **Cm** $7s^25f^76d^1$	97 **Bk** $7s^25f^9$	98 **Cf** $7s^25f^{10}$	99 **Es** $7s^25f^{11}$	100 **Fm** $7s^25f^{12}$	101 **Md** $7s^25f^{13}$	102 **No** $7s^2f^{14}$

그림 8.3

전자배치와 함께 주기율표

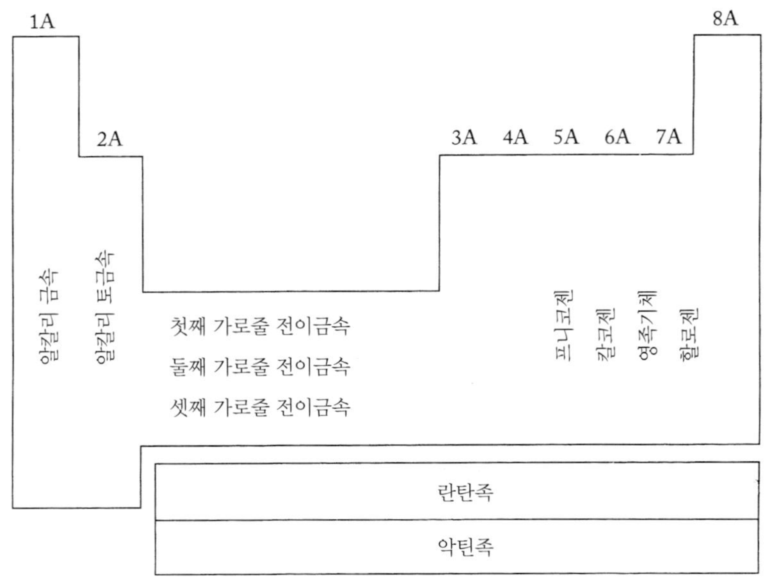

그림 9.4

주기율표에서 일반적 족과 주기의 이름

수에 대한 그 당시의 년대를 제시한다. Mendeleev 시대에는 60 원소만 알려져 있던 것에 주목하라. 원소들의 체계화에서 원자구조 역할의 이해와 결부된 그 나머지 54 원소의 발견(지난 100년간에 걸쳐 얻은 결과!)은 그림 8.3에 제시한 현대 주기율표에 결과로 나타났다. 그러나 비슷한 성질을 갖는 원소의 족에 관한 Mendeleev의 본래 생각은 그의 연구 이후 130년 동안에 훨씬 많은 증거들이 나타나고 있는 것에 주목하라. 이러한 족 중에서 영족기체와 같은 몇 가지는 특별한 이름이 제공되었다. 기타 일반적으로 인정된 족(그리고 몇 가지는 대단히 분명하지 않지만)과 주기의 이름을 그림 8.4에 제시한다.

이전의 화학과정으로부터 일정한 족의 원소들은 원잣가전자를 비슷하게 배치하는 것을 기억하라. 이러한 전자배치는 그림 8.3에 포함되어 있다. 예를 들어 IA족 원소들은(알칼리금속) 일반적 전자구조가 [영족기체] ns^1이고 한편 7A족 원소들(할로젠)은 [영족기체] ns^2np^5 또는 [영족기체] $ns^2(n-1)d^{10}np^5$ 전자배치를 갖는다. [채운 $(n-1)d$와 가끔 $(n-2)f$ 부껍질이 채운 ns와 np 부껍질에 첨가될 때 이러한 오비탈을 때때로 합쳐서 **유사-영족기체 전자배치**(*pseudonoble-gas configuration*)라고 한다.] 이러한 전자배치 유사성을 인정한다면 일정한 족의 원소 사이에 화학적 유사성에 상당하는 많은 것이 예상되고 실제로 발견되고 있다. 이 책의 대부분 나머지 장은 주족원소에 관한 족 화학의 설명을 취급한다.

원소들의 어떤 특성과 성질이 주기적 결향을 나타내는가? 가장 있음직한 것은 여러 가지 이전의 화학과정에서 공부하였고 여기에서 그들을 다시 살펴보는 것이 도움되는 것을 알 수 있을 것이다. 원자반지름, 이온화 에너지, 전자친화도, 전기음성도는 우리 아이디어 그물망에서 가장 중요이다. 주기성의 설명으로 돌아가기 전에 한마디의 경고가 있어야 하겠다. **제시한 주기적 경향성을 암기하지 말라.** 그 대신 그들을 합리적으로 설명하고 예측을 돕기 위하여 전개되는 당신의 아이디어 그물망에 의존하라. 각 성질의 경향성을 잘 설명하는 문장을 만들 수 있을 때 진실로 이해하기 시작한다. 주기율표를 암기하지 말라.

유효핵전하

주기적 성질의 이해에 관한 요점은 유효핵전하(effective nuclear charge, Zeff)의 개념이다. Z_{eff}의 기초는 거의 항상 기초과정에서 나타나지만 Z_{eff} 용어는 항상 분명하게 정의하지도 않고 또는 설명하지도 않는다. 일정한 전자에 작용하는 **유효핵전하**는 [(실제 핵전하) − (가림전자의 효과 계산에 취하는 가림상수, screening constant)]이다. 가림전자(shielding electron)는 고려하고 있는 전자보다 핵에 더 가까운 전자를 의미한다. 실제 핵전하(Z), 가림상수(σ), 유효핵전하(Z_{eff}) 사이에 관계는 식 (8.1)에 있다.

$$Z_{eff} = Z - \sigma \tag{8.1}$$

여러 서론 과정에서 σ는 내부-핵심부(inner-core) 전자수 또는 가림전자(shielding electron)수를 나타내는 정수이다(screening과 shielding은 가림(또는 차폐)이라는 동일한 뜻으로 사용한다). 예를 들어 $1s^2 2s^2 2p^6$ 전자배치를 갖는 네온을 생각하자. 한 $2s$ 전자 또는 $2p$ 전자에 작용하는 유효핵전하를 계산할 때 두 ($1s$) 내부-핵심부 전자가 있는 것에 주목하라. σ를 2라고 취하면 유효핵전하는 (10 − 2 =) +8로 된다. 이 계산에서 헬륨 핵심부에 두 $1s$ 전자는 $2s$와 $2p$ 원잣가전자를 +10 핵전하로부터 완전히 가린다 생각하고 한편 모두 같은 거리에 있는 $2s$와 $2p$ 전자들은 서로 전연 가리지 않는 것으로 생각한다. 결과적으로 핵전하는 +8 알짜 전하를 경험한다고 추정한다. 값이 내부-핵심부 전자수와 동일하다는 가정이 그 전자의 족 번호와 동일한 유효핵전하로 되는 것에 주목하라. 어떤 영족기체의 Z_{eff}가 +8이라는 것은 당연한 사실이다. 또한 이 결과는 채운 $(n-1)d^{10}$과 $(n-2)f^{14}$ 부껍질이(여기에서 n은 원잣가전자의 주양자수) 가림전자라고 생각하는 것을 필요로 하는 것에도 주목하라. 예를 들어 크립톤 원소 $[Ar]4s^2 3d^{10} 4p^6$ 유효핵전하도 (36 − 28 =)+8로 된다. 여기에서 $3d$ 전자는 차폐된다고 생각한다. 이러한 유효핵전하와 족의 번호 사이에 상호관계는 주족원소의 전체 설명을 통하여 유용할 것이다. 예를 들어 Ca에 대한 Z_{eff} 값이 +2로 나타나는 사실을 살펴보아라.

Slater규칙: 시그마(σ)를 결정하는 경험규칙 1930년에 J. S. Slater는 가림상수를 계산하는 한 벌의 경험규칙을 제안했다. 이러한 규칙은 많은 전자 또는 다전자 원자에서 원자 오비탈의 에너지와 크기는 **자체일관성장법**(*self-consistent field method*(SCF)으로 계산한다. SCE 방법은 일정한 전자를 [(핵전하) + (다른 전자들의 모든 음전하구름의 알짜효과)] 때문에 퍼텐셜 장(potential field)에 있다고 생각한다. 이 퍼텐셜 장은 계속해서 그 결과들이 자체 일관성으로 될 때까지 계산 값이 개선되었다. 그 방법은 이 교재의 범위를 넘지만 그러한 계산값은 일반적으로

표 8.1 가림 상수를 결정하는 Slater규칙

1. 한 원소의 전자배치를 쓸 때 그 오비탈을 구룹으로 묶고 다음 순서로 나열한다.

   $(1s)(2s,2p)(3s,3p)(3d)(4s,4p)(4d)(4f)(5s,5p)$

2. 어떤 전자에 대한 가림상수를 계산하기 위하여 다음의 기여를 합친다.
   (a) 고려하는 오비탈의 외부 구룹(오른쪽으로)에 있는 어떤 전자로부터 0을 기여
   (b) 동일한 구룹(0.30를 기여하는 $1s$ 구룹에 있는 전자를 제외하고)에 있는 다른 각 전자에 대하여 0.35를 기여.
   (c) 일정한 전자들이 (ns, np)구룹에 있으면 다음 가장 내부 구룹(일정한 전자들을 포함하는 그 구룹의 바로 왼쪽)에 있는 각 전자들에 대하여 0.85를 기여.
   (d) 일정한 전자들이 (nd) 또는 (nf) 구룹에 있으면 다음 가장 내부 구룹에 있는 각 전자들에 대하여 1.00을 기여.
   (e) 그 구룹에서 훨씬 밑에 또는 훨씬 멀리 있는 각 전자들에 대하여 1.00을 기여.

원자 선 스펙트럼으로부터 유도할 때 원자오비탈의 1~2% 안에 있다. 가림상수 σ를 계산하는 Slater규칙은 표 8.1에 있다. 이러한 규칙을 어떻게 사용하는가를 알기 위하여 우선 네온의 $2s$ 또는 $2p$ 원잣가전자에 작용하는 유효핵전하를 계산한다(그 다음 구한 결과를 내부-핵심부 전자수와 관련이 있는 σ와 비교할 수 있다). Slater규칙을 이용하려면 우선 전자배치를 적절한 형태로 예를 들어 다음처럼 쓴다(규칙 1): $(1s^2)(2s^2, 2p^6)$. 그 나머지 7 원잣가전자는 7 × 0.35를 기여한다(규칙 2). 그러므로 유효핵전하는 식 (8.2)처럼 계산한다:

$$Z_{eff} = 10 - [(7 \times 0.35) + (2 \times 0.85)] = 5.85 \tag{8.2}$$

이러한 결과는 가장 내부 전자들만 원잣가전자를 핵으로부터 완전히 가린다 가정하고 계산한 8의 값보다 약간 더 작다. 더 작은 값은 $2s$와 $2p$ 전자들이 서로 핵전하로부터 작게(35%) 가린다는 생각과 일치한다. 어떤 경우는 훨씬 더 큰 5.85를 기여하고 그것은 전자들이 영족기체로부터 이온화가 왜 대단히 어려운가를 나타낸다.

네온의 한 $1s$ 전자에 작용하는 유효핵전하는 식 (8.3)처럼 훨씬 더 크다.

$$Z_{eff} = 10 - [(8 \times 0.0) + (1 \times 0.30)] = 9.7 \tag{8.3}$$

크립톤 원자의 $4s$와 $4p$ 원잣가전자에 작용하는 유효핵전하는 다음 전자배치를 사용하여 식 (8.4)처럼 계산한다.

$$(1s^2)(2s^2, 2p^6)(3s^2, 3p^6)(3d^{10})(4s^2, 4p^6)$$
$$Z_{eff} = 36 - [(7 \times 0.35) + (10 \times 0.85) + (18 \times 1.00)] = 7.05 \tag{8.4}$$

원자반지름

그림 8.5는 주족원소의 여러 원자반지름을 보여준다. 유효핵전하 개념은 바로 이러한 방향의 합리적 설명에 사용할 수 있어야한다. 유효핵전하(대략 족의 번호와

그림 8.5

주족원소의 원자반지름 변화

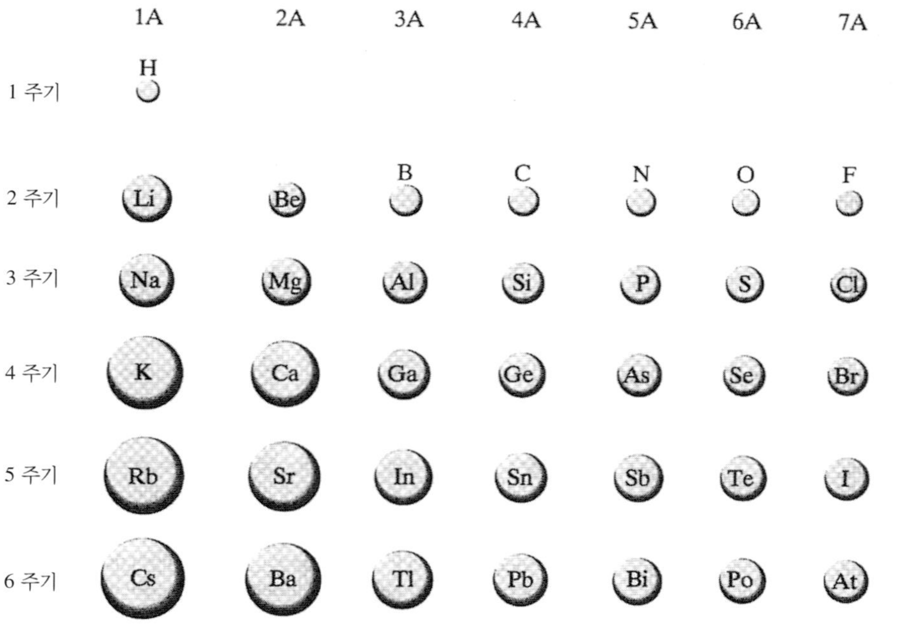

	1A	2A	3A	4A	5A	6A	7A
1 주기	H						
2 주기	Li	Be	B	C	N	O	F
3 주기	Na	Mg	Al	Si	P	S	Cl
4 주기	K	Ca	Ga	Ge	As	Se	Br
5 주기	Rb	Sr	In	Sn	Sb	Te	I
6 주기	Cs	Ba	Tl	Pb	Bi	Po	At

관련이 있을 수 있다)는 주기를 가로 건너가면서 증가하고 이러한 증가는 다음에 원자반지름 감소가 예상되는 것에 주목하라. 이러한 감소는 중심의 양수 핵전하가 증가할 때 어떤 주기를 가로 건너서 채우는 오비탈의 전자구름이 접촉하기 때문이라고 이해한다(어떤 주기를 가로 건너서 유효핵전하의 계산에 Slater 규칙을 이용할 때 그 결과에 대하여는 문제 8.18을 보라). 새로운 주기를 시작할 때 원자반지름은 주양자수 n 값에 따른 원자 오비탈의 크기 증가 때문에 훨씬 더 큰 값으로 되고 다시 더 작은 유효핵전하로 돌아간다. 예를 들어 1A족의 원소반지름에 주목하자. 포타슘 원자반지름은 소듐보다 크고 밑으로 가면서 그렇게 변한다.

많은 학생들은 바로 앞에서 설명한 방향성을 암기하려고 시도하는 것에 주의하라. 우리 아이디어 그물망의 발전에 따라 Z_{eff}와 원자반지름 사이와 같은 그러한 관계는 더 분명해질 것이다. 이전에 제시한 것처럼 Z_{eff} 값이 주기율표의 수평방향과 수직방향으로 어떻게 변하는가 그리고 원자반지름에 따라 어떤 경향이 있는가의 설명을 시도하라. 그것을 성공적으로 설명하려면 그러한 것을 의식적으로 암기하려고 걱정할 필요가 없다. 당신이 그들을 이해하기 때문에 당신은 그들을 알 것이다.

이온화에너지

이온화에너지. 전자친화도, 전기음성도에 관한 비슷한 경향성은 유효핵전하와 원자크기를 참고하여 설명할 수 있다. **이온화에너지**(*ionization energy*)는 중성 기체 원자로부터 한 전자의 제거에 필요한 에너지라고 기억하라. 이온화에너지는 그림

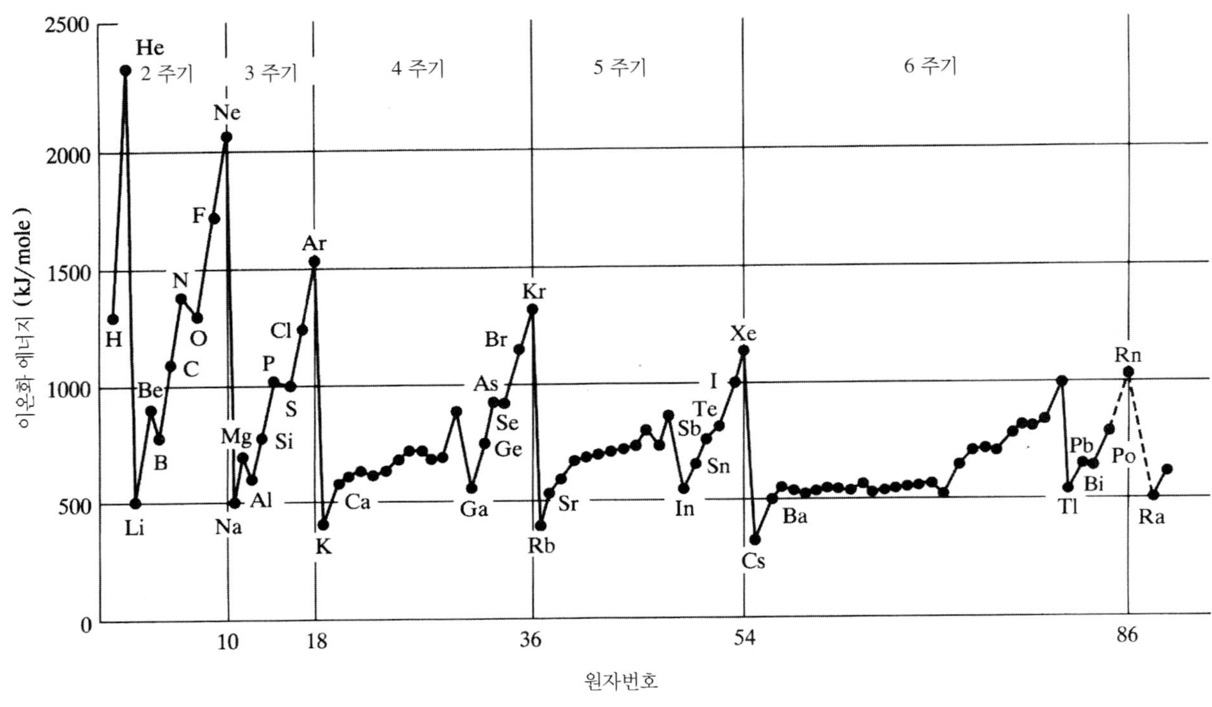

그림 8.6

원자번호에 대한 이온화에너지(kJ/mol)의 점시. 이온화에너지는 일반적으로 주기를 가로 건너가면서 증가하고 한 족의 밑으로 가면서 감소한다.

8.6처럼 원자번호에 따라 변한다. 한 주기를 가로 건너가면서 일반적 Z_{eff} 값의 증가는 왼쪽에서 오른쪽으로 증가하는 이온화에너지를 설명한다. 예를 들어 둘째 주기에서 베릴륨에서 붕소로 또는 질소에서 산소로 가면서 이러한 일반적 경향성의 예외는 쉽게 합리적으로 설명된다. 이러한 것은 이전의 화학과정에서 공부하였고 여기에서 이들의 설명에 많은 시간을 소비하지 않겠다. *ns* 전자보다 *np* 전자가 제거되므로 2A와 3A족 사이에 예외가 생긴다고 말하는 것으로 충분하다. 한 *np* 오비탈에 있는 한 전자는 *ns* 오비탈 전자보다 높은 에너지 상태에 있고 결과적으로 그 전자의 제거에 에너지는 덜 필요하다.

[영족기체] ⇅ ns ↑(↓) np_x ↑ np_y ↑ np_z

5A와 6A 사이에 예외는 다음에 제시한 6A족 원소에 대한 오비탈 도표를 참고하여 쉽게 설명된다.

제거되는 전자(원으로 표시)는 그 오비탈에서 다른 전자와 함께 동일한 공간부피(그리고 스핀쌍)를 점유하는 것에 주목하라. 원으로 표시한 *np* 전자는 이러한 두 전자 사이에 전자－전자 반발 때문에 예상보다 더 쉽게 제거된다.

그림 8.7

주족원소의 전자친화도 변화(kJ/mol)

1A							8A
H −77	2A	3A	4A	5A	6A	7A	He (21)
Li −58	Be (241)	B −23	C −123	N 0	O −142	F −333	Ne (29)
Na −53	Mg (230)	Al −44	Si −120	P −74	S −200	Cl −348	Ar (35)
K −48	Ca (154)	Ga (−35)	Ge −118	As −77	Se −195	Br −324	Kr (39)
Rb −47	Sr (120)	In −34	Sn −121	Sb −101	Te −190	I −295	Xe (40)
Cs −45	Ba (52)	Tl −48	Pb −101	Bi −100	Po −180	At −270	Rn ?

주기율표의 수직방형으로 설명하자면 포타슘으로부터 4*s* 전자의 제거는 소듐의 3*s* 전자의 제거보다 에너지가 더 적다. 왜냐하면 제거되는 전자는 유효핵전하로부터 더 멀기 때문이다.

문제 8.28과 8.29는 이러한 예외를 주기율표의 수평방향 경향에서 더 설명하고 있다. 이러한 방향은 일반적으로 입문 화학과정에서 설명하므로 더 완전하고 상세하게 재검토하기 원할 수도 있다. 그 다음 문제풀이에 도전하라.

전자친화도

전자친화도(*electron affinity*)는 한 전자를 중성 기체 원자에 첨가할 때 에너지변화이다. 더 큰 유효핵전하를 갖는 어떤 주기의 오른쪽 원소 중 한 원자는 그 주기의 왼쪽 원소 중 한 원자보다 쉽게 한 전자가가 쉽게 첨가된다(그리고 그로 말미암아 오른쪽 원소 중 한 원자는 더 많은 에너지를 방출하고 그들의 전자친화도는 더 큰 음수 값을 갖는다. 에너지 방출은 유리한 과정이고 더 안정한 최종상태로 된다). 이러한 기대하는 방향성은 그림 8.7에 제시한 것과 같은 그 자료에서 관찰된다. [예를 들어 셋째 주기에서 소듐에 대한 값(−53 kJ/mol)과 염소(−348 kJ/mol)에 주목하라. 주기율표의 수직방향으로 말하자면 아이오딘과 같은 큰 원자에 한 전자의 첨가는 염소와 같은 더 작은 원자에 한 전자의 첨가보다 덜 유리하다(그리고 더 적은 에너지의 방출과 관련이 있다). 이것은 사실이다. 왜냐하면 더 큰 원자에 첨가되는 전자들은 유효핵전하로부터 더 멀리 있기 때문이다.

이온화에너지에 대한 것처럼 전자친화도는 이러한 일반적인 방향에 몇 가지 예외가 있다. 이러한 것은 이전의 화학과정에서 아마 더 많이 공부했을 것이다. 주기율표의 수평방향은 다음과 같은 두 가지 예외가 있다. (1) 1A족 원소로부터 2A족 원소로 가면서(예를 들어 베릴륨의 전자친화도는 +248 kJ/mol이고 그 대신 리튬은 더 음수의 −58 kJ/mol에 주목하라. (2) 4A족 원소로부터 5A족 원소로 가면서 (예를 들어 질소의 전자친화도는 0 kJ/mol이고 그 대신 탄소는 더 음수의 −123 kJ/mol이라는 것에 주목하라.) 주기율표에서 수직방향의 예외는 둘째와 셋째 족의 원소 사이에서 발견된다. [예를 들어 플루오린은 염소(−348 kJ/mol)보다 덜 음수의 전자친화도(−333 kJ/mol)이다.]

첫째 예외는 다음에 제시한 1A와 2A 원소의 오비탈 도표를 참고하여 설명한다. 2A 원소의 도입전자는 *np* 오비탈을 점유하여야 하고 그것은 1A 원소의 도입전자에 의하여 점유되는 *ns* 전자보다 큰 에너지를 갖는다. 따라서 2A 원소의 경우에 에너지를 더 적게 방출한다.

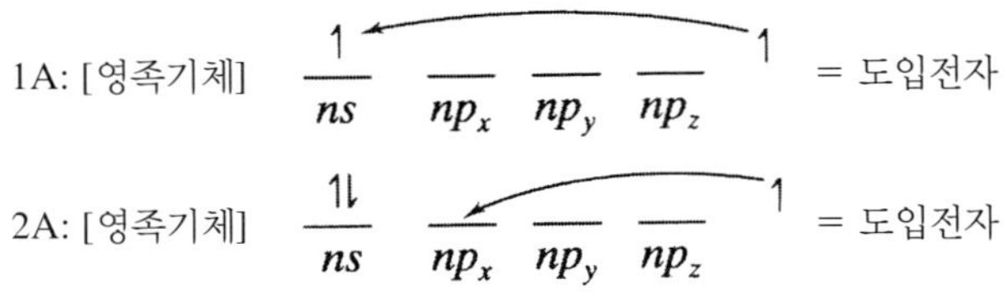

1A: [영족기체] $\frac{\uparrow}{ns}$ $\frac{\;}{np_x}$ $\frac{\;}{np_y}$ $\frac{\;}{np_z}$ ↑ = 도입전자

2A: [영족기체] $\frac{\uparrow\downarrow}{ns}$ $\frac{\;}{np_x}$ $\frac{\;}{np_y}$ $\frac{\;}{np_z}$ ↑ = 도입전자

둘째 예외도 한 벌의 적절한 오비탈 도형을 참고하여 설명한다. 다음에 제시한 것처럼 4A 원소의 도입전자는 나머지 빈 *np* 오비탈을 점유한다: 5A 원소에서 새로운 전자는 이미 점유한 *np* 오비탈에 놓여야 한다. 따라서 후자의 경우에 전자−전자 반발은 들어오는 전자를 예상보다 더 어렵게 첨가하게 만들고 그것은 다만 유효핵전하의 방향에 근거를 둔다.

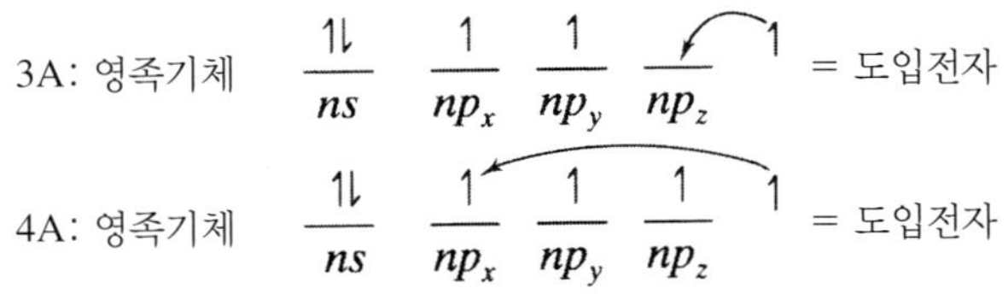

3A: 영족기체 $\frac{\uparrow\downarrow}{ns}$ $\frac{\uparrow}{np_x}$ $\frac{\uparrow}{np_y}$ $\frac{\;}{np_z}$ ↑ = 도입전자

4A: 영족기체 $\frac{\uparrow\downarrow}{ns}$ $\frac{\uparrow}{np_x}$ $\frac{\uparrow}{np_y}$ $\frac{\uparrow}{np_z}$ ↑ = 도입전자

주기율표의 수직방향 예외는 둘째 주기 원소들이 셋째 주기 원소보다 훨씬 더 작다는 사실로부터 생긴다. 그리고 그것은 이러한 더 작은 원소에 전자를 첨가하는 것이 훨씬 더 어렵다. 왜냐하면 전자−전자 반발이 더 세기 때문이다(이러한 아이디어는 곧 더 상세하게 설명하겠다).

주기적 방향을 이해하고 예측하는 능력은 전자배치, 유효핵전하, 오비탈 크기, 쿨롱상호작용과 같은 대단히 간단하고 기본적 아이디어를 함축하는 것에 주목하라.

전기음성도

전기음성도(*electronegativity*)의 방향, 즉 분자 중 원자가 전자를 그 원자로 끌어당기는 능력은 간단하다. 전기음성도는 유효핵전하의 증가 때문에 주기를 가로 건너

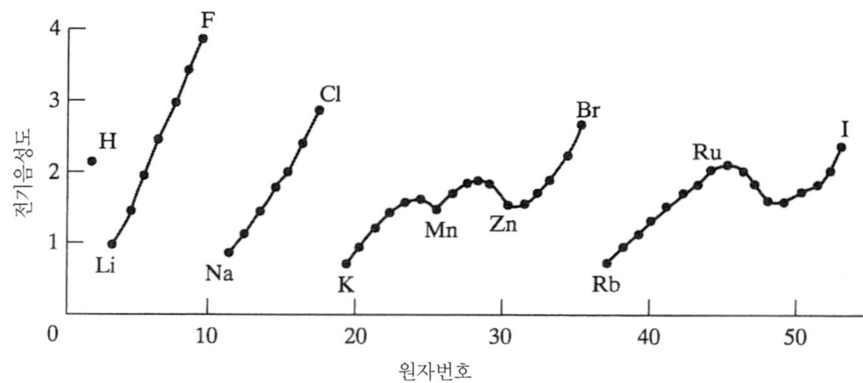

그림 8.8

원소들의 전기음성도(참고문헌 24)

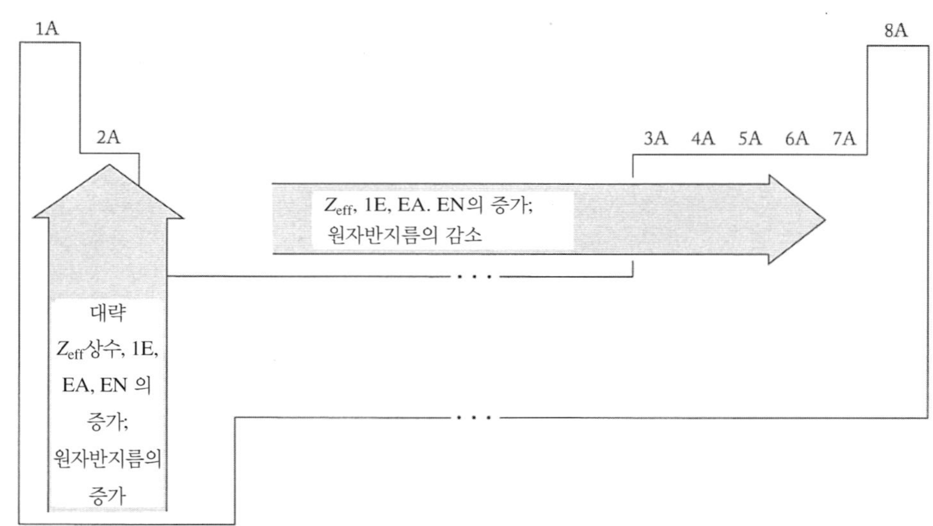

그림 8.9

유효핵전하(Z_{eff}). 원자 반지름(r), 이온화에너지(IE), 전자친화도 (EA), 전기음성도(EN)에 관한 일반적 수직방향 및 수평방향 주기적 경향성의 요약.

가면서 증가하고 원자 크기의 증가 때문에 족을 내려가면서 감소한다. 이러한 방향은 그림 8.8에 그 증거들이 있다. 전기음성도에 관한 더 정성적 성질의 방향은 일반적으로 이온화에너지와 전자친화도에서 만나는 형태의 예외를 갖는 것에 주목하라. 일반적 방향성을 그림 8.9에 요약한다(이 그림은 기억할 필요가 없다).

8.2 유일성 원리

친근한 주기율은 설명화학의 공부를 위한 원리의 단일화에 기본이지만 나머지 체계적 아이디어가 우리 아이디어 연락망의 한 부분이라는 것에 놀라지 않아야 한다. 주족원소 화학의 전체 고찰을 통하여 되풀이하여 생기는 그러한 아이디어는 **유일성 원리**(*uniqueness principle*)이고 유일성 원리는 둘째 주기 원소(Li, Be, B, C, N, O, F, Ne)의 화학이 때때로 각 족의 나머지 원소와 전혀 크게 다르다고 설명한다. 실제로 이러한 8 원소는 그들의 동종체(congener, 동일한 족의 원소)와 대단히 다르므로 몇 무기화학 교재는 그들에 관하여 별도로 장을 구성한다. 우리들은 체계화 원리를 주제로 삼고 족의 화학에 충실하겠다. 그러나 각 족의 첫째 원소 대부분이 전체적으로 주족원소가 아니라고 아는 것이 분명히 중요하다. 실제로 알게 되는바와 같이 더 좋은 경우는 각 족의 둘째 원소들(Na, Mg, Al, Si, P, S, Cl, Ar)이 더 주족원소이다. 족의 첫째 원소들이 그들의 동종체와 왜 그렇게 다른가? 근본적으로 세 가지 이유가 있다: (1) 그들의 특이한 작은 크기. (2) π 결합을 형성하는 그들의 탁월한 능력. (3) 이러한 원소들이 d 오비탈을 이용하지 않는 것.

각 족 첫째 원소의 작은 크기

그림 8.5의 참고문헌에서도 각 족의 첫째 원소들은 그들의 동종체와 비교해서 특이하게 작게 나타난다. 이러한 현저한 크기 차이는 그것에 상당하는 전자친화도 차이 때문이다. 첫째 주기 원소의 전자친화도는 실제로 특이하게 작다(예를 들어 플루오린의 전자친화도는 이전의 설명으로부터 예상하는 것처럼 염소보다 크지 않다는 것에 주목하라. 산소를 황과 비교해도 동일한 것이 사실이다). 각 족의 위에 있는 이러한 작고 조밀한 원자에 전자를 첨가하는 것은 더 큰 전자−전자 반발을 경험한다. 그리하여 이러한 원자에 한 전자의 첨가는 그들의 더 큰 동종체에 첨가되는 것보다 조금 더 어렵다.

비정상적으로 작은 작은 크기와 관련이 있는 각 족의 첫째 원소(특히 Li, Be, B, C)에 관한 유일성 원리의 또 다른 관점은 그들의 화합물에서 발견된 비교적 큰 공유성 결합의 특성이다. 예를 들어 처음 시작하는 학생들은 자연적으로 대단히 작은 이온화에너지를 갖는 1A와 2A족 원소의 화합물이 주로 이온성이라고 예측한다. 실제로 리튬과 베릴륨의 모든 동종체는 고도의 이온성 결합 특성을 갖는 화합물을 형성하지만 이러한 두 원소들은 예상보다 조금 더 큰 공유결합 특성의 화합물을 형성하는 경향이 있다. 이것은 왜 그러한가? 한 대표적 예로서 염화리튬(LiCl)을 생각하자. 염화리튬은 리튬이 작은 이온화에너지이고 염소는 큰 발열성과 큰 전자친화도를 갖는 것에 근거하여 가장 적절하게 Li^+Cl^-라고 생각하는 것으로 가정한다. 그림 8.10a는 리튬 양이온과 염화 음이온의 상대적 크기를 보여준다. 매우 작은 리튬 양이온은 염화 음이온의 채워진 전자구름에 매우 접근할 수 있다는 것에 주목하라. 실제로 대단히 접근하므로 크고 어느 정도 확산되는 염화 음이온은 그림 8.10b처럼 조밀한 양전하 리튬 양이온에 의하여 변형되거나 편극될 수 있다. 이러한 변형은 두 이온 사이에 더 그럴듯하게 오비탈이 겹친다. 두 화학종 사이에 오비탈 겹침과 그 결과로 생기는 전자 공유는 (그림 810c처럼) 이전의 경험에서 아는 것처럼 공유성 결합의 특성이 있다.

크기가 작은 리튬 양이온이 모두 그렇다는 것이 아니다. 양이온의 양전하는 클

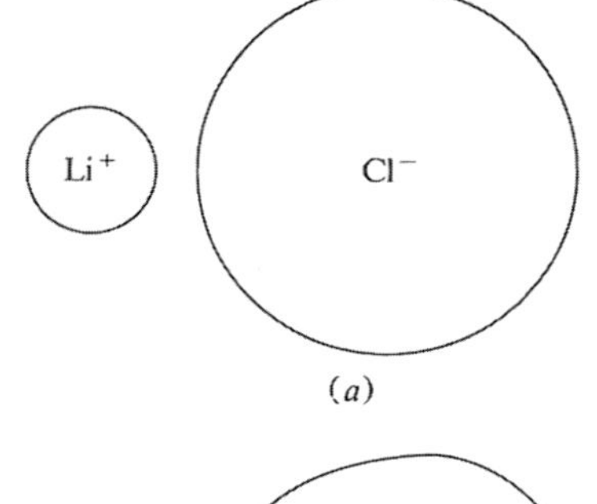

(a)

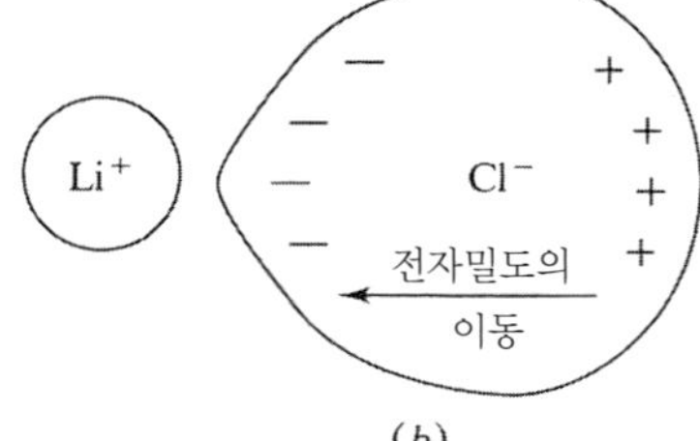

(b)

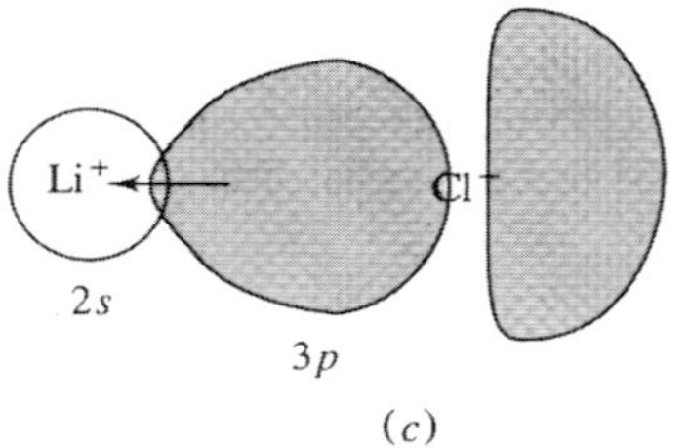

(c)

그림 8.10

리튬 양이온에 의한 염화 음이온의 편극. (a) 작은 Li^+ 양이온은 더 크고 더 확산되는 Cl^- 전자구름에 매우 접근할 수 있다. (b) Cl^- 전자구름은 Li^+에 의하여 변형 또는 편극된다. (c) Li^+(빈 2*s*)과 Cl^-(채운 3*p*)의 원잣가오비탈 사이에 겹칠 기회는 증가한다.

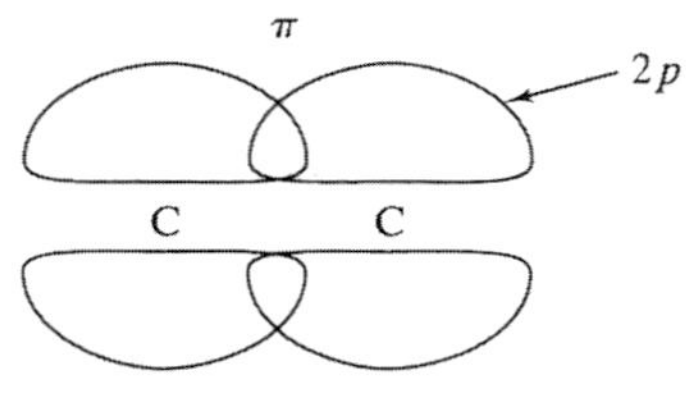

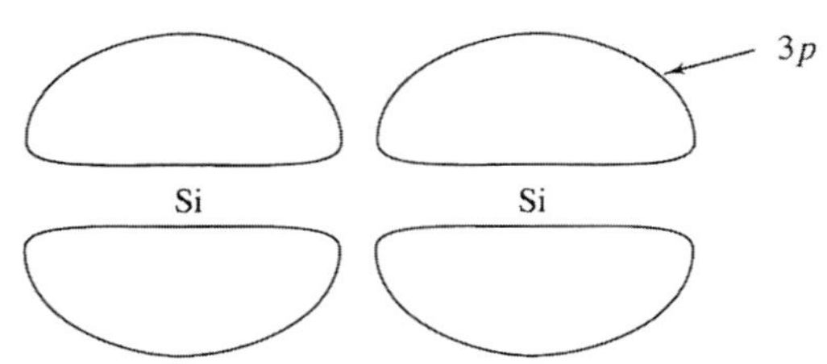

그림 8.11

평행 오비탈 겹침 또는 결합은 더 큰 동종체(예를 들어 규소)보다(b) 각 족의 작은 첫째 원소(예를 들어 양이온)일수록(a) 효과적이다.

수록 변형력 또는 편극력이 더 크고 공유성 결합 특성이 더 크다. 일반적으로 이러한 효과는 가끔 **전하밀도**(*charge density*)라고 말하는 양이온의 전하-대-반지름 비가 클수록 편극력이 크다고 말하는 것으로 요약된다(전하밀도라는 용어는 7.1절을 보라). 이러한 효과에 관한 결과는 각 족에 관한 장에서 상세하게 설명할 것이다. 그러나 이제 공유결합 특성은 큰 LiCl이 덜 극성용매(예를 들어 알코올)에서 예상보다 왜 더 안정한가를 이해하는 방법을 제공한다.

각 족 첫째 원소의 π 결합 가능성 증가

각 족의 첫째 원소의 크기가 작으면 그 자신들 사이에 결합 형성의 가능성이 증가한다. 아는바와 같이 π 결합은 예를 들어 두 *p* 오비탈 사이에 평행 겹침과 관련이 있다(π 결합은 d 오비탈과 어떤 분자의 반결합성 분자 오비탈까지도 사용하여 생길 수 있다. 그것은 여기에 제시하는 설명에 중요하지 않지만 4장에서 어느 정도 설명했다). 이 상항은 그림 8.11에 나타나있다. 이러한 설명의 중요한 결과는 첫째 원소 화학(C=C, C≡C, O=O, C=O, C≡O, N≡N)에서 π 결합을 σ 결합과 함께 사용하여 그들의 동족체보다 이중결합과 삼중결합을 많이 발생하는 점이다.

각 족 첫째 원소에서 *d* 오비탈의 이용성 부족

각 족에서 첫째 원소의 유일성 원리의 셋째 이유는 d 오비탈의 이용성 부족이다. 규소, 인, 황, 염소와 같은 원소 그리고 그 뒤의 주기까지 계속되는 원소와 함께 시작해서 d 오비탈은 부당하게 승진 에너지(*primotion energy*)를 소비하지 않고 점유

그림 8.12

각 족의 첫째 원소의 동종체에 있는 *d* 오비탈의 이용성은 팔전자계의 팽창을 가능하게 만든다. (a) 탄소는 CF_4에서 sp^3 혼성. (b) 규소는 SiF_6^{2-}에서 sp^3d^2 혼성. (c) 염소는 ClF_3에서 sp^3d 혼성.

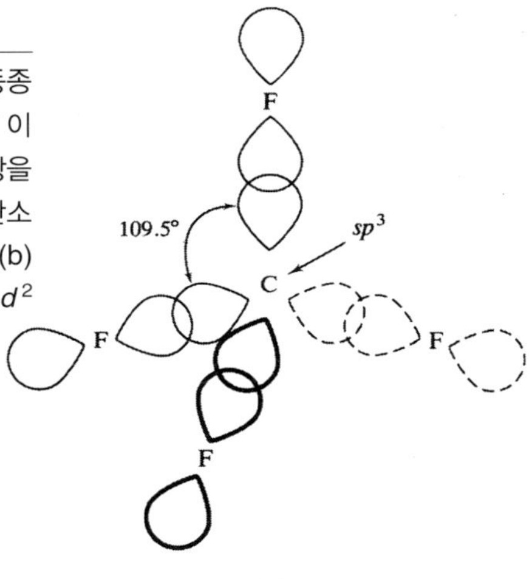

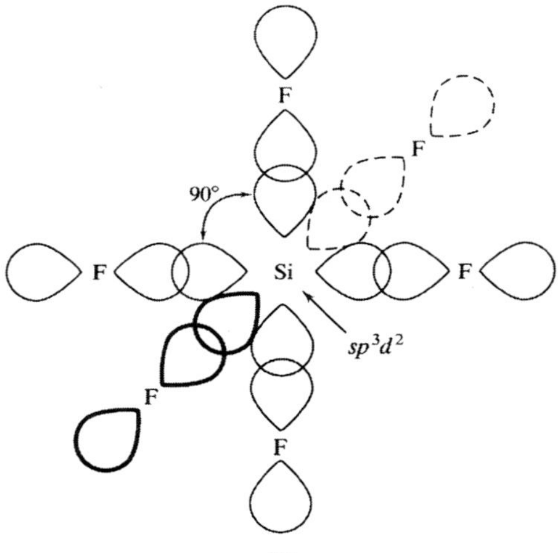

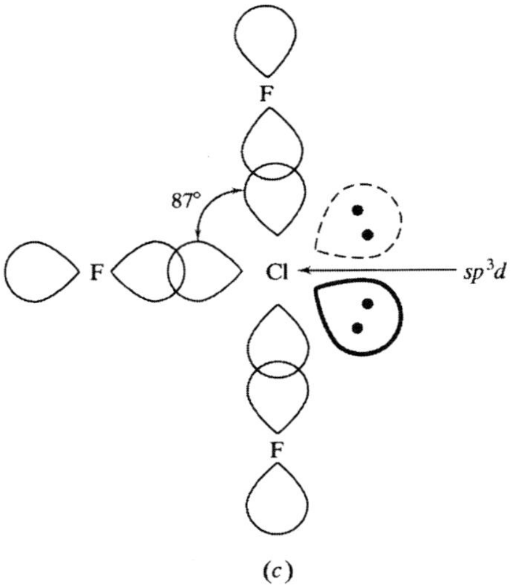

그림 8.13

유일성 원리에 대한 세 가지 이유의 요약. 유일성 원리는 둘째 주기원소(Li, Be, B, C, N, O, F, Ne)의 화학이 그들의 동종체와 크게 다르다고 설명한다.

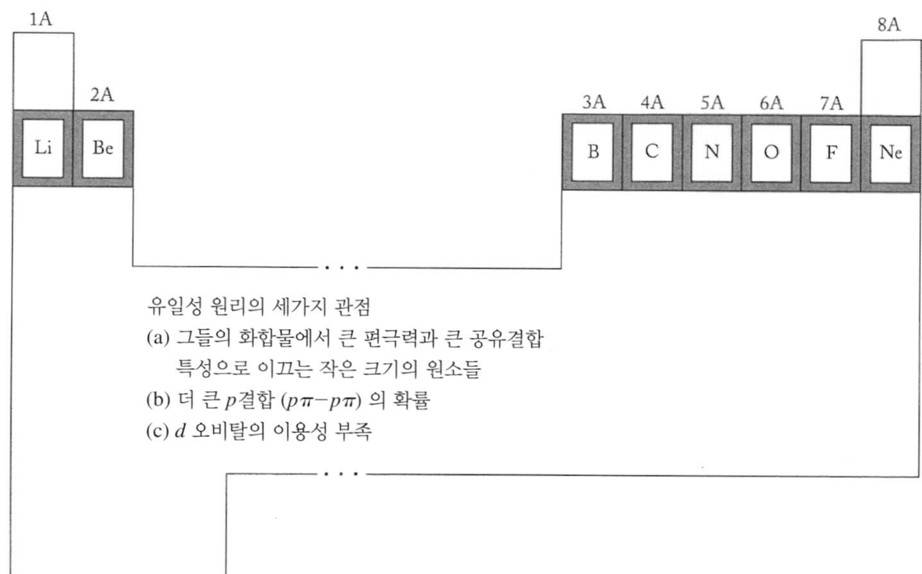

할 수 있는 충분히 낮은 에너지를 갖는다. 승진에너지는 한 전자를 더 낮은 에너지로부터 더 높은 에너지로 “승진”(promote)하기에 필요한 에너지이다. 각 족의 더 무거운 동종체에서 그러한 *d* 오비탈의 이용도는 “팔전자계 팽창”(expanded octet)의 가능성이 있고 한편 각 족의 첫째 원소는 그렇지 않다.

d 오비탈의 이용도에서 이러한 차이의 결과는 많이 있다. 예를 들어 탄소는 CF_4와 같은 화합물만 형성할 수 있다. 그러나 규소는 Na_2SiF_6처럼 헥사플루오로규산이온(SiF_6^{2-})을 형성할 수 있다. 원잣가결합이론의 관점에서 CF_4의 탄소원자 주위에 혼성화는 sp^3이고(그림 8.12a) 한편 규소원자는 sp^3d^2혼성화이다(그림 8.12b). 둘째 예는 할로젠 화학과 관련이 있다. 플루오린은 일반적으로 F_2 또는 HF처럼 다른 원소와 단일결합만 형성한다. 그러나 염소는 다른 세 원자와 결합하여 여러 화합물을 형성할 수 있다. 예를 들어 삼플루오르화염소(ClF_3)에서 Cl은 sp^3d 혼성화이다(그림 8.12c). 각 족과 그것의 동종체에서 각 족의 첫 원소 사이에 관련이 있는 차이의 예들은 많이 있다. 여러 족의 설명을 시작할 때 이들을 주의해서 보라(2~6장에서 배위화학에 관하여 읽은 학생들은 포스핀(phosphine)이 암모니아(NH_3)와 같은 암민보다 왜 더 좋은 리간드인가의 이유로서 포스핀이 금속원자 또는 이온과 그들의 빈 *d* 오비탈을 통하여 상호작용할 수 있다고 설명하는 것을 기억하라).

각 족의 첫째 원소의 유일성 원리에 대한 세 가지 이유는 그림 8.13에 요약되어 있다.

그림 8.14

대각선효과와 관련이 있는 원소의 네 가지 상대적 성질.

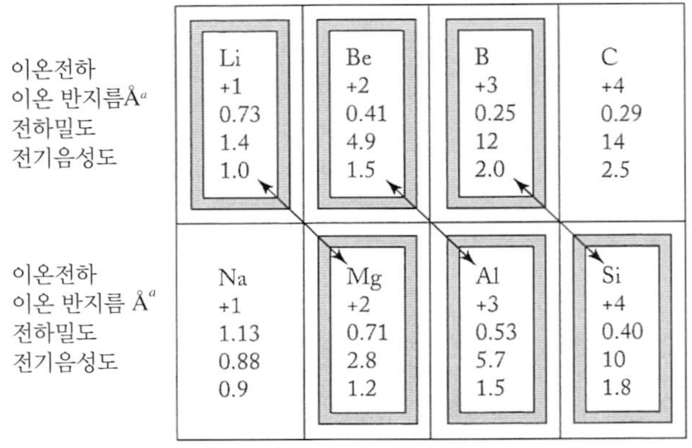

[a]Shanon-Prewitt반지름(C.N. = 4에 대한). 필요하면 7.3절을 참조

8.3 대각선 효과

주기율과 각 족 첫째 원소의 유일성 원리는 우리 아이디어 연락망의 체계화 원리 중 두 가지이다. 그 나머지는 무엇인가? 셋째는 **대각선 효과**(*diagonal effect*)이다. 대각선효과는 한 족의 첫째 원소화학과 그 다음 족의 둘째 원소 사이에 대각선 관계가 존재한다고 설명한다. 실제로 이 효과는 첫 번째 세 족에만 중요하고 거기에서 리튬과 마그네슘은 놀라울 정도로 비슷하고 베릴륨 및 알루미늄은 붕소 및 규소와 함께 서로 비슷하다.

대표적 예로서 베릴륨과 알루미늄을 취할 때 이들의 쌍은 많은 화학이 왜 공통적인가에 세 가지 주요한 인자들이 나타난다. 한 인자는 이온 크기이다; 그 나머지는 전하밀도(또는 전하-대-반지름 비, Z/r)와 전기음성도이다. 그림 8.14는 적절한 8 원소의 전하, 반지름, 전하밀도, 전기음성도를 보여준다. Be^{2+}의 이온반지름(0.41 Å)은 Mg^{2+} (0.71 Å)보다 Al^{3+}의 반지름(0.53 Å)과 더 비슷하다. 이것은 베릴륨과 알루미늄이 여러 결정격자에서 베릴륨과 더 큰 마그네슘보다 더 상호교환할 수 있다는 것을 의미한다(여러 결정구조의 상대적 안정도 결정에서 반지름-비의 역할에 관한 더 이상의 정보는 6.3절을 보라).

화학결합을 구성하는 성분 원자 사이에 전기음성도 차이는 그 결합의 상대적 공유성 결합의 특성을 나타낸다. 베릴륨과 알루미늄은 모두 1.5 전기음성도를 가지므로 당연히 Be−X와 Al−X는(X는 전형적 음이온이다) 이 바탕에서 비슷한 공유성 결합이다. 이전의 문장에서 전하밀도를 다음과 같은 두 가지를 설명했다; (1) 격자에너지에 대한 Born-Landé 식의 관계에 관하여(식 7.10). (2) 각 족의 원소들이 왜 특이한가의 첫째 이유의 설명에 관하여(그림 8.10~8.11). 그림 8.14에서 베릴륨과 알루미늄의 전하밀도는 각기 4.9와 5.7이라는 것에 주목하라. 그러므로 그 두 가지

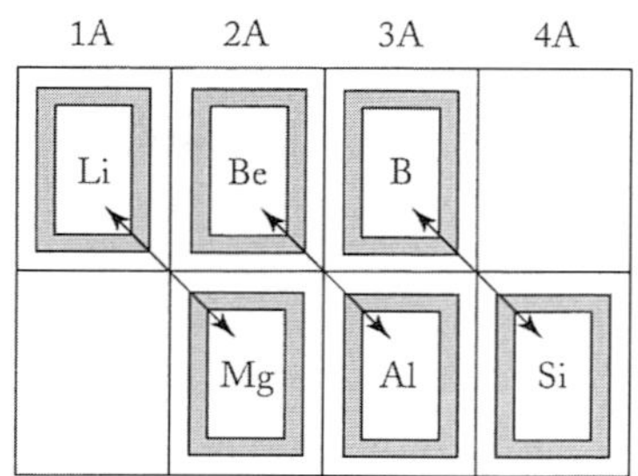

그림 8.15

대각선효과의 원소. 리튬과 마그네슘, 베릴륨과 알루미늄, 붕소와 규소. 각 쌍은 대각선으로 놓여있고 비슷한 성질을 갖는다.

금속이온은 M−X 결합 중 X 원자들이 비슷하게 편극되고 그 바탕에서 추가로 비슷한 공유결합 특성을 갖는다. 그러므로 Be−Al 대각선 관계는 대부분 이온크기, 전기음성도, 이러한 원자들의 전하밀도 유사성 때문이라고 본다. 12장에서 이러한 두 원소의 화합물 화학에 관한 특이한 유사성을 상세하게 설명하겠다.

그와 비슷한 설명은 대각선 관계를 보여주는 다른 두 쌍(Li−Mg과 B−Si)에 대하여도 가능하다. 여기에서 몇 가지 경고에 주목해야 한다. 첫째 족의 관계는 (예를 들어 베릴륨과 마그네슘 사이에) 여전히 주요한 인자라는 것을 마음속에 간직하라. 그 족에 관하여 적당한 장에서 이것에 대한 많은 예를 분명히 보게 될 것이다. 둘째 특히 그림 8.14에 수록된 큰 전하의 B^{3+}, C^{4+}, Si^{4+} 이온들은 실제로 그와 같이 존재하지 않는다. 예를 들어 BCl_3를 보자. 그것이 순간적으로 $B^{3+}3Cl^-$로 존재하면 B^{3+}는 즉시 염화이온을 편극하여 우선적으로 공유성 결합을 형성할 것이다. 그럼에도 불구하고 이러한 경고에도 불구하고 대각선 관계는 좋은 체계화 원리로 남아있고 이제는 우리 아이디어 그물망에서 그것의 위치를 추정해야 한다. 대각선 효과는 그림 8.15에 있다(이 그림을 암기할 필요는 없다).

8.4 비활성-쌍 효과

비활성-쌍 효과(*inert-pair effect*)에 대하여 여러 가지 이름이 있다. 비활성-쌍 이외에도 6*s* **비활성-쌍 효과**와 **비활성-*s*-쌍 효과**라고도 부른다. 이 효과를 무엇이라고 부르는가와 관계없이 특히 둘째와 셋째 가로줄 전이원소에 따르는 $5s^2$와 $6s^2$ 쌍의 금속원소 원잣가 ns^2 전자들은 유효핵전하, 원자 크기, 이온화에너지의 경향성 바탕에서 예상되는 것보다 덜 반응성이라고 설명한다. 이것은 In, Tl, Sn, Pb, Sb, Bi, 그리고 어느 정도 Po은 항상 기대하는 최소 산화상태를 보이지 않고 때때로 화합물로부터 기대하는 족의 원잣가보다 2 적은 산화상태를 나타내는 사실로 해석된다. 이 효과는 우리 아이디어 그물망에서 첫 번째 세 아이디어보다 설명적이고 더 어렵게 설명하지만 바로 그 설명을 불만족하게 배우고 있다. 그러면 이 비활성-쌍 효과를 어떻게 설명할 수 있는가? 또는 적어도 어떻게 합리적으로 설명할 수 있는가?

표 8.2 3A족 원소의 이온화에너지와 결합에너지.

원소	전자 배치	원소전자배치 IE^2과 IE^3의 합 kJ / mol	$2 \times D_{M-Cl}$ kJ / mol
B	$[He]2s^22p^1$	6087	912
Al	$[Ne]3s^23p^1$	4562	842
Ga	$[Ar]3d^{10}4s^24p^1$	4942	708
In	$[Kr]4d^{10}5s^25p^1$	4526	656
Tl	$[Xe]4f^{14}5d^{10}6s^26p^1$	4849	548

그 설명에 두 가지 주요한 관점이 있는 것처럼 보인다. 하나는 일정한 족에서 밑으로 가면서 이온화에너지 경향성이다. 이온화에너지는 일반적으로 원자 크기의 증가에 따라 감소하는 것으로 기대한다. 표 8.2는 셋째 족 원소의 제 2와 제 3 이온화에너지의 합계를 보여준다. 붕소로부터 알루미늄까지 기대하는 감소는 분명하지만 특히 갈륨과 탈륨은 기대한 것보다 큰 값을 갖는다. 그것에 대한 최선의 설명은 각기 Ga, In, Tl의 4*s*, 5*s*, 6*s* 전자들이 핵으로부터 채운 *d*와 *f* 부껍질의 방해 때문에 효과적으로 차폐되지 않는 것이다. 이러한 차폐 효율의 감소는 이 문장에 있는 것과 마찬가지로 설명할 수 없지만 그것이 사실이라는 다른 증거는 인용할 수 있다. 예를 들어 그림 8.16의 참고문헌은 일반적으로 전이원소의 반지름이 란탄족의 반지름과 함께 왼쪽에서 오른쪽으로 감소하는 것을 보여준다. 실제로 란탄족 크기의 감소는 **란탄족 수축**(*lanthanide contraction*)이라고 한다. 란탄족 수축에 따르는 Lu에서 Hg까지 원소들은 바로 위에(Y에서 Cd까지) 있는 그들의 동종체 크기와 매우 비슷하다는 것에도 주목하라. 예를 들어 카드뮴(란탄족의 앞에) 반지름은 1.54 Å이고 수은(란탄족의 뒤에) 반지름은 1.57 Å이다. 이러한 유사성은 *nd*와 *nf* 전자들이 핵으로부터(예상하는 바와 같이) 서로 차폐하지 않을 뿐만 아니라 게다가 특히 계속되는 전자를 핵으로부터 잘 차폐하지 못한다. 만일 차폐하지 못하면 여러 란탄족 수축 뒤의 원소들이 더 클 것이다. 이러한 모든 것은 비활성-쌍 효과와 어떤 관련이 있는가? 그것은 단순히 4*s*, 5*s*, 6*s* 전자들이 기대한 것보다 큰 유효 핵전하를 경험하고 결과적으로 이온화되기 더 어렵다는 것을 의미한다.

비활성-쌍 효과의 설명에 관한 둘째 관점은 3A족처럼 족을 밑으로 가면서 나타나는 결합에너지이다. 대표적으로 취하는 염화물에 대한 결합에너지를 표 8.2에 제시한다. 원자 크기와 그리고 그로 말미암아 결합거리의 증가 때문에 족을 내려가면서 결합에너지는 감소하는 것을 기대한다. 결과적으로 이러한 더 큰 원자의 원잣가오비탈 겹침 영역에서 결합전자들은 그 원자의 핵에서 더 멀리에 있고 두 핵을 함께 붙잡는 능력이 더 작다.

이러한 두 비활성-쌍 효과를 합치면 (1) Ga, In, Tl에 대하여 기대하는 이온화에너지보다 크고 (2) 이들 원소와 관련있는 화합물에 대한 결합에너지는 더 낮다(기대하는 바와 같이). 그것은 적어도 일부분이 비활성-쌍 효과 때문이다. 바꿔 말하면

그림 8.16

원자번호에 대한 원소의 원자반지름(참고문헌 17).

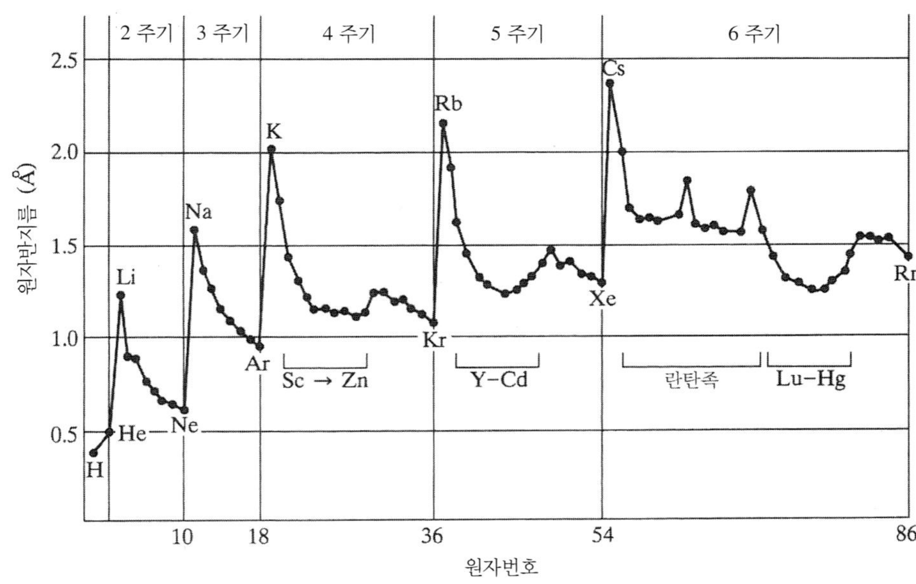

그림 8.17

비활성-쌍 효과의 원소. 원소들은 산화상태 값이 기대하는 족의 원잣가보다 2 적은 화합물을 형성한다.

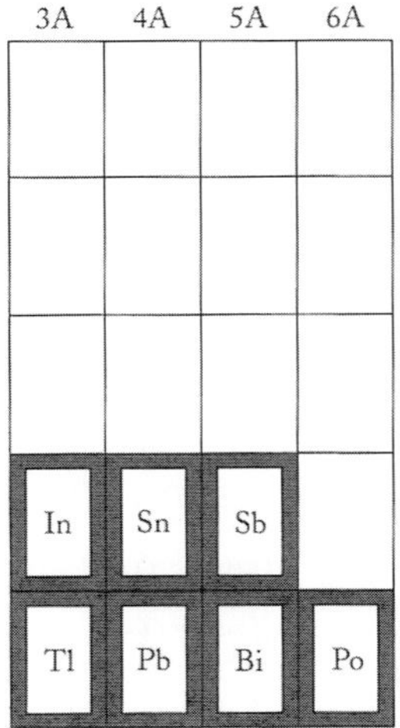

예를 들어 탈륨은 $6s$ 전자들이 결합을 형성하려면 에너지가 더 필요하지만 이 에너지는 결합형성을 회복하기에 충분하지 않다. 그러므로 탈륨(I) 화합물은 정성적으로 3A족 원소에 대하여 기대하는 것보다 중요하다.

그림 8.17에 비활성-쌍 효과를 요약한다(암기할 필요는 없다).

8.5 금속, 비금속, 그리고 준금속 영역

주기율표는 가끔 밑의 왼쪽까지 금속, 위 오른쪽까지 비금속, 그리고 그들 사이에 준금속(metalloid 또는 semimetal)으로 나눈다. 이 점에 대하여 우리들 체계화 원

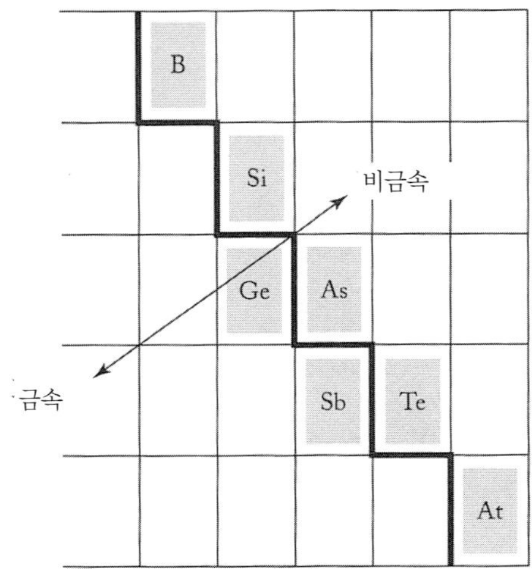

그림 8.18

주기율표에서 금속-비금속 경계선. 밑의 외쪽까지 원소는 금속이고 위 오른쪽까지 원소는 비금속이다. 준금속은 회색으로 표시한다.

리의 연락망 상태를 인정한다면 금속들이(금속의 낮은 이온화에너지와 낮은 음수 또는 양수 전자친화도를 갖는) 전자를 잃고 양이온을 형성하는 경향은 보통이다. 그와 반대로 비금속(큰 이온화에너지와 큰 음수 전자친화도를 갖는)은 전자를 얻어 양이온을 형성하는 경향이 있다. 그림 8.18처럼 금속과 비금속 사이에 구분은 여러 주기율표에서 알려진 친근한 계단의 대각선이다. 이 경계선을 따라 존재하는 원소들은 금속과 비금속의 두 가지 특성을 함께 갖는다. 그리고 그들을 준금속이라고 부른다. 금속은 일반적으로 전기도체이고 비금속은 그렇지 않으므로 이론적으로 준금속은 또한 당연히 대체로 반도체이다(그러한 물질은 14장에서 상세하게 설명하겠다). 다음에 각 족을 설명하는 바와 같이 금속은 일반적으로 높은 녹는점과 끓는점이고, 광택성이고 전자바다로 둘러싸인 양이온의 조밀충진구조로 존재한다 더 상세한 결정구조의 설명은 6장을 보라). 그와 반대로 비금속은 낮은 녹는점과 끓는점이고, 비광택성이고 사슬, 고리, 이원자분자로 존재한다. 금속 산화물은 염기성이고 비금속 산화물은 산성이라는 것도 알 것이다.

요약해서 말하자면 이 장에서 주족원소의 설명화학을 이해하기 위하여 상호연결 아이디어의 연락망을 구성하기 시작했다. 그 연락망의 첫 번째 다섯 가지 기본적 체계화 원리는 주기율, 유일성 원리, 대각선 효과, 주기율표를 금속, 비금속, 준금속으로 분류이다. 이러한 다섯 성분을 그림 8.19에 요약한다.

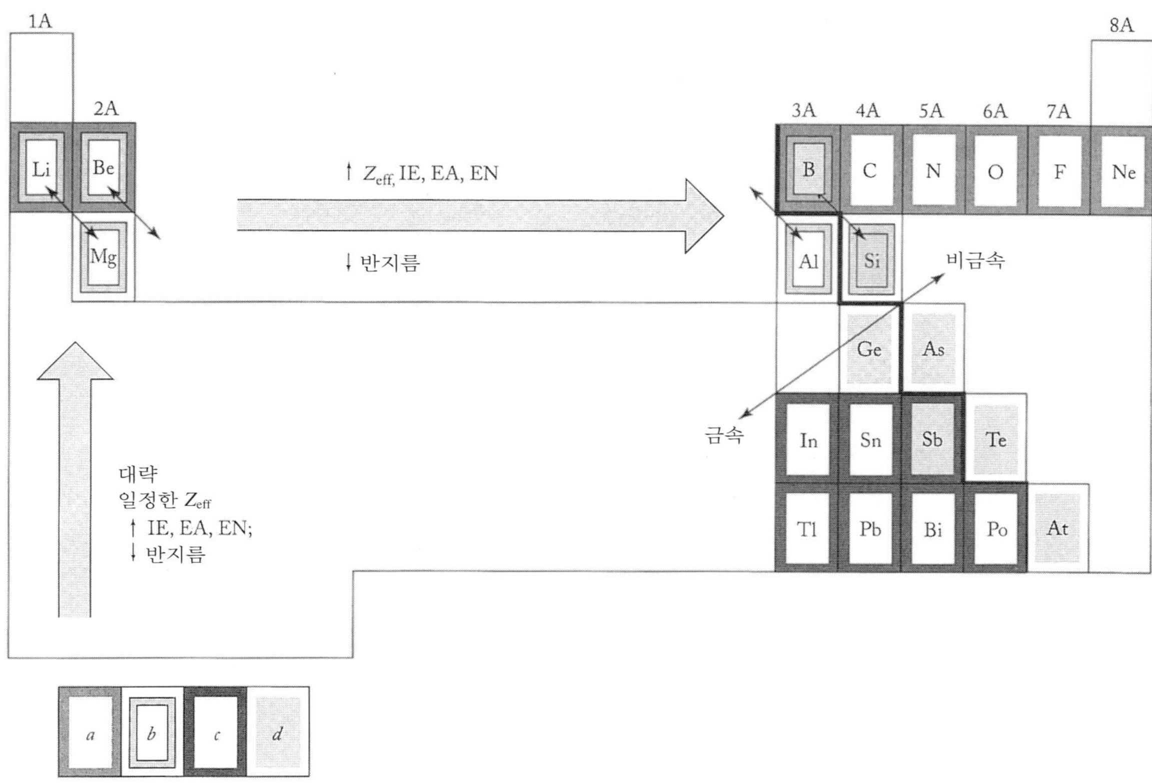

그림 8.19

상호연결 아이디어의 연락망 요약. 주기적 성질과 원소들의 수직 및 수평적 경향성은 (a) 유일성 원리, (b) 대각선 효과, (c) 비화성-쌍 효과, (d) 금속−비금속의 경계선과 관련이 있다.

연습문제 PROBLEMS

8.1 Mendeleev는 그의 "에카" 원소의 성질을 예상할 때 외삽을 통하여 예측했다. 즉 행방불명 원소의 아래와 위 그리고 앞과 뒤의 원소의 성질을 알아냈다. 에카-규소(저마늄)는 아직 발견되지 않았다고 생각하라. 화학물리 핸드북을 사용하여 그리고 이 교재의 다른 곳에서 발견된 정보를 사용하여 발견되지 않은 원소의 다음 성질의 값을 예상하라: 원자량, 밀도, 녹는점, 끓는점, 전기음성도, 이온화에너지, 전자친화도, 원자반지름. 각 성질에 대하여 당신의 값을 실제 값과 비교하라.

8.2 Gallium, Germanium, Scandium은 그 발견자 고국의 이름을 따서 명명했다. 비슷하게 명명한 다른 세 가지 원소를 확인할 수 있는가? 각기 언제 발견했는가?

8.3 영족기체는 주족원소로 분류하는가? 그러한 분류한 찬성과 반대의 이유를 제시하라.

8.4 5A족 원소에 대한 *pnicogen*라는 이름과 전기양성 원소를 갖는 5A족 원소의 간단한 화합물에 대한 *pnictide*라는 이름은 그리스어 pnigos(숨막히는, 질식하는)로부

터 유래한것처럼 보인다. 질소, 인, 비소와 그 화합물에 관하여 당신이 아는 것으로부터 5A족 원소에 대한 이러한 자주 사용하지 않는 이름이 적합한가를 생각하라.

8.5 좋은 사전에서 *chalcogen*이라는 단어를 찾아라. 그 단어를 찾을 수 없으면 그 단어의 어근(chalko)과 접미사(-gen)에 대한 뜻을 찾아보아라. 6A족 원소는 왜 그렇게 표시하는가를 추측하라.

8.6 좋은 사전에서 halogen이라는 단어를 찾아라. 7A족 원소를 왜 그렇게 표시하는가를 추측하라.

8.7 주기율을 설명하라.

8.8 원자량에 대하여 원자부피를 점시하면 다음과 같다. 이 점시와 주기율 사이에 관계를 설명하라(참고문헌 25로부터 그림).

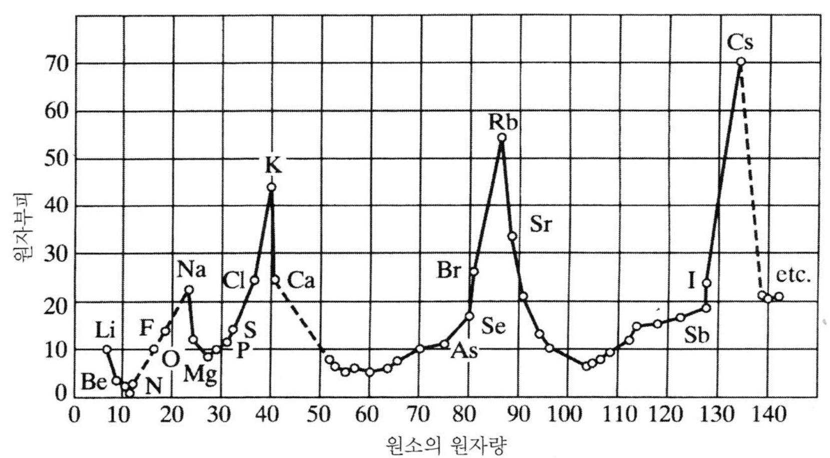

8.9 루비듐의 원자 부피 값은 문제 8.8의 그림에서 발견되지 않는다고 가정하라. 그것에 대한 값을 예측할 수 있는가? 무엇에 근거하여 예측할 수 있는가?

8.10 다음 원소의 전체 전자배치를 쓰라: (a) 인, (b) 구리, (c) 비소, (d) 탈륨.

8.11 문제 8.10에 수록한 원소에 대하여 축소 오비탈 도형[(영족기체 또는 유사영족기체(pseudonoble-gas) 핵심부 전자 + 원잣가 전자)는 괄호 안에 넣어라]을 쓰라(힌트: 오비탈 도형의 정의가 확실하지 않으면 일반화학 교재를 찾아보아라).

8.12 새로 발견된 ununquadium, Unq, 114번 원소에 대하여 축소 오비탈 도형[(영족기체 또는 유사영족기체 핵심부 전자 + 원잣가 전자)는 괄호 안에 표시하라]을 쓰라.

★ 표시는 더 어려운 문제이다.

가장 유력한 산화상태에 관하여 간단히 설명하라. 당신의 해답을 간단히 합리적으로 설명하라.

8.13 새로 발견된 ununhexium, Unh, 116번 원소에 대하여 축소 오비탈 도형[(영족기체 또는 유사영족기체 핵심부 전자 + 원잣가 전자)는 괄호 안에 표시하라]을 쓰라. 가장 유력한 산화상태에 관하여 간단히 설명하라. 당신의 해답을 간단히 합리적으로 설명하라.

8.14 "유사영족기체 전자배치"(pseudonoble-gas configuration)와 같은 그러한 표현의 사용에 관한 찬성과 반대 의견을 설명하라. 유사영족기체와 같은 것이 있는가?

8.15 σ는 내부껍질 전자수와 같다는 가정을 사용하여 다음 원소에서 원잣가전자에 의하여 느끼는 유효핵전하에 대한 값을 계산하라: (a) 칼슘, (b) 규소,(c) 갈륨, (d) 아르곤

8.16 σ는 내부껍질 전자수와 같다는 가정을 사용하여 다음에 의하여 느끼는 유효핵전하에 대한 값을 계산하라: (a) 네온 원자의 3*s* 오비탈에 첨가되는 한 전자, (b) 네온 원자의 2*p*오비탈로부터 이온화되는 전자. 당신의 결과를 네온 원자의 전자배치 안정도와 비교하여설명하라.

★8.17 Slater규칙을 사용하여 다음에 의하여 느끼는 유효핵전하에 대한 값을 계산하라. (a) 네온 원자의 3s 오비탈에 첨가되는 한 전자, (b) 네온 원자의 2*p* 오비탈로부터 이온화되는 한 전자. 당신의 결과를 네온 원자의 전자배치 안정도와 비교하여 설명하라.

★8.18 다음을 사용하여 Li에서 Ne 원자까지 원잣가전자에 대한 Z_{eff}를 계산하라. (a) σ는 내부껍질 전자수와 같다는 가정. (b) Slater규칙. 동일한 그래프에 관하여 두 벌의 결과를 점시하고 설명하라.

8.19 둘째 주기(Li → Ne)를 가로 건너서 나타나는 유효핵전하 경향성을 간단히 설명하라. 당신의 해답은 유효핵전하의 간단한 정의를 포함해야한다.

★8.20 Slater규칙을 사용하여 구리원자의 4*s*와 3*d* 전자에 대한 Z_{eff}를 계산하고 비교하라. 그 결과를 4*s* 전자들이 먼저 이온화된다고 알려진 사실에 관하여 설명하라.

★8.21 Slater규칙을 사용하여 4*f*에 대한 Z_{eff}를 계산한 다음 칼슘의 3*p*를 계산하라. 그 결과를 첫째, 둘째 셋째 이온화에너지와 비교하여 설명하라.

8.22 σ는 내부껍질 전자수와 같다는 가정을 사용하여 리튬, 소듐, 포타슘의 원잣가 *ns* 전자에대한 Z_{eff}를 계산하라. 당신의 결과는 이러한 원소에 대한 이온화에너지의 경향과 일치하는가? 왜 그런가? 왜 그렇지 않은가?

8.23 Slater규칙을 사용하여 Al, Al^{+}, Al^{2+}, Al^{3+}에 대한 Z_{eff}를 계산하라. 당신의 결과를 이러한 화학종에 대하여 기대되는 이온화에너지와 비교하여 설명하라.

8.24 *ns* 오비탈 에너지는 *np* 오비탈 에너지보다 왜 적은가를 기억하라. 이 정보를 사용하여 이들 오비탈은 항상 Slater규칙에서 한 구릅(*ns*, *np*)으로 고려한다는 가정을 설명하라.

★8.25 3*s*, 3*p*, 3*d*, 4*s* 전자를 핵으로부터 반지름 거리의 함수로 반견되는 확률의 점시를 다음에 제시한다. 이러한 확률을 Slater규칙의 2*c*와 2*d* 규칙과 비교하여 설명하라.

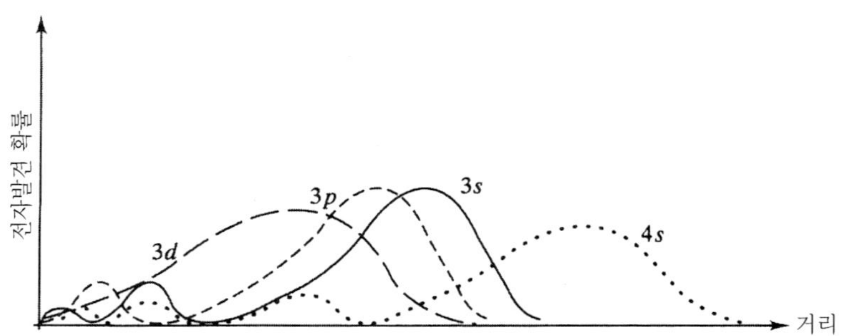

8.26 다음 원자반지름의 일반적 경향을 간단히 설명하라. (a) 셋째 주기 원소, (b) 알칼리 금속

8.27 이온화에너지의 일반적 수평방향과 수직방향 경향을 간단히 설명하라. 해답은 이온화에너지의 정의를 포함해야한다.

8.28 마그네슘과 알루미늄에 대한 전자배치를 쓰라. 일반적 경향은 반대라고 예상할 때 알루미늄 이온화에너지는 마그네슘 이온화에너지보다 왜 더 적은가를 간단히 설명하라.

★8.29 인과 황의 전자배치를 쓰라. 인 이온화에너지는 황 이온화에너지보다 왜 더 큰가를 간단히 설명하라.

8.30 전자친화도에 관한 일반적 경향을 간단히 설명하라. 해답은 이 전자친화도의 성질을 포함해야한다.

8.31 그림 8.7에 대한 참고문헌 없이 알루미늄, 규소, 인의 세 원소 중에서 어느 것이 가장 전기음성 전자친화도인가를 예상하라. 당신의 해답을 그림 8.7의 참고문헌으로 증명하라. 이러한 전자친화도의 상대적 값을 간단히 설명하라.

8.32 소듐과 마그네슘에 대한 전자배치를 쓰라. 이러한 두 원소의 전자친화도는 예상되는 일반적 경향과 왜 일치되지 않는가를 간단히 설명하라.

8.33 탄소와 질소에 대한 전자배치를 쓰라. 이러한 두 원소의 전자친화도는 예상되는 일

반적 경향과 왜 일치되지 않는가를 간단히 설명하라.

8.34 최저로부터 최고까지 전기음성도 경향을 나타내는 주기율표를 그려라. 이러한 경향성을 유효핵전하와 원자크기와 관계를 간단히 설명하라. 해답은 간단한 전기음성도 정의를 포함해야 한다.

8.35 탄소의 편극력이 탄소의 전하-대-반지름 비 또는 전하밀도와 왜 직접 관련이 있는가를 간단히 설명하라.

8.36 그림 8.14에 제시한 전하밀도의 단위는 무엇인가?

8.37 $BeCl_2$ 또는 $MgCl_2$는 어느 것이 더 공유성 결합이라고 예상하는가? 해답에 대한 이유를 설명하라. $AlCl_3$는 $BeCl_2$ 또는 $MgCl_2$보다 더 공유성 결합처럼 예상되는가? 해답을 간단히 설명하라.

★8.38 납은 염화납(II)($PbCl_2$)과 염화납(IV)($PbCl_4$)의 두 가지 염화물이 알려져 있다. 주기율표의 이해를 위한 상호연결 아이디어 연락망에 근거하여 이러한 두 화합물의 존재를 간단히 합리적으로 설명하라. 이들 중 어느 것이 더 염류라고 생각하는가? 즉 어느 화합물이 더 큰 이온성인가? 해답을 또다른 그물망의 관점에서 간단히 합리적으로 설명하라.

8.39 흑연은 다음에 제시한 것처럼 탄소원자의 6각형 고리 그물조직이 결합에 의하여 붙잡혀있다. 이러한 판상구조는 van der Waals 힘에 의하여 함께 붙잡혀있다. 규소는 왜 흑연과 비슷하지 않은가?

```
    /      \    /      \    /
 =C          C=C         C=C
    \      /    \      /    \
     C=C          C=C         C=
    /    \      /    \      /
 =C          C=C         C=C
    \      /    \      /    \
     C=C          C=C         C=
    /    \      /    \      /
 =C          C=C         C=C
    \      /    \      /    \
```

8.40 원소 산소는 O−O결합이 σ와 π에 의하여 함께 붙잡힌 이원자분자의 특성을 갖는다. 그반면에 원소 황은 S−S 단일결합에 의하여 함께 붙잡힌 고리와 사슬의 특성을 갖는다. 이러한 원소의 원소형태 차이를 설명하라.

8.41 원소 질소의 가장 안정한 상태는 센 삼중결합 특성을 갖는 N_2 분자이다. 그와 반대로 원소 인의 가장 안정한 상태는 P_4 분자이고 센 단일결합으로 함께 붙잡힌 인 원자의 사면체(다음에 제시한 그림) 특성을 갖는다. 이 차이를 간단히 설명하라.

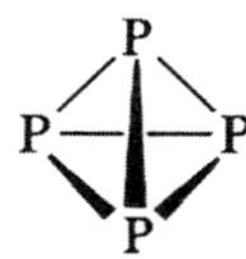

★8.42 염소, 산소, 플루오린, 네온 중에서 어느 것이 가장 큰 (즉, 가장 음성) 전자친화도를 갖는가? 주기율표를 이해하기 위하여 아이디어의 상호연결 성분 중 두 가지로 당신의 해답을 간단하고 조심스럽게 설명하라. 당신의 해답 부분에 플루오린, 산소, 네온에 첨가되는 전자에 작용하는 유효핵 전하를 계산하라.

8.43 질소는 삼염화질소를 형성하지만 인, 비소, 안티몬은 삼염화물(XCl_3)과 오염화물(XCl_5)을 형성한다. 이 상항을 설명하라. 이러한 화합물에서 중심 원자는 어떤 혼성화인가?

8.44 인, 비소, 안티몬과 다르게 비스무트는 오염화물을 형성하지 않는다. 이유를 간단히 설명하라.

8.45 산소는 OF_2 화합물을 형성하지만 황, 셀레늄, 텔루륨은 헥사플루오르화물(XF_6)을 형성한다. 이 상항에 대하여 설명하라. 이러한 화합물에서 중심 원자는 어떤 혼성화인가?

8.46 붕소와 알루미늄의 가장 안정한 할로젠화물은 삼할로젠화물이다; 탈륨은 모노할로젠화물(TlX)이 가장 안정하다. 마찬가지로 붕소와 알루미늄의 가장 안정한 산화물은 M_2O_3 화학식이다. 탈륨의 가장 안정한 산화물은 Tl_2O이다. 이 화학에 관하여 설명하라.

8.47 두 가지의 염화주석(II)과 염화주석(IV)은 $SnCl_6^{2-}$ 착물 음이온이 알려져 있다. 그러나 단일 염화탄소(C−Cl)는 사염화탄소(CCl_4)에서 근본적으로 제한되어 있다. 이러한 결과를 간단히 설명하라.

★8.48 Slater규칙을 사용하여 알루미늄의 np^1 원잣가전자에 관한 유효핵전하를 계산하라. 갈륨,인듐, 탈륨에 대하여도 같은 계산을 해라. 그 결과를 이러한 원소들의 첫째 이온화에너지와 비교하여 설명하라.

8.49 비활성-쌍 효과는 무엇을 의미하고 그것은 어떻게 설명할 수 있는가를 간단히 설명하라.

8.50 대각선 효과는 무엇을 의미하고 그것은 어떻게 설명할 수 있는가를 간단히 설명하라.

8.51 다음 원소의 금속 특성에 대하여 설명하라. (a) 수은, (b) 인듐, (c) 저마늄, (d) 인, (e)산소.

8.52 다음 원소의 금속 특성에 관하여 설명하라. (a) 소듐, 마그네슘, 알루미늄, 규소, 인, 황, (b) 아연, 갈륨, 저마늄, 비소, 셀레늄, 브로민.

CHAPTER

9 수소와 수소화물

9.1 원소들의 기원(그리고 인류의 기원)

우리는 어디서 왔는가? 태양과 달, 지구와 그 나머지 별, 그리고 별과 은하에서 왔는가? 태양은 얼마나 오래 되었는가? 그리고 우주는 항상 존재하는가? 또는 시작하고 있는가? 그 끝은 어떠한가? 이러한 것은 우리들이 당황해서 머리를 긁는 순간부터 인류들이 질문한 모든 문제이다. 게다가 화학자로서 우리는(어떤 사람들은 눈을 반짝이면서 각 개인과 엄청난 인류의 종족을 말한다) 더 특이한 의문을 갖는다. 우리들이 주기율표에 표시한 원소들은 어디서 생겼는가? 그 원소들은 어떤 질서로 구성되었는가? 어느 것이 처음에 생겼는가? 우주와 지구에 많이 존재하는 것으로 알려진 것을 설명할 수 있는가? 이러한 기본 물질은 왜 100 종류만 존재하는가? 이러한 문제 중 어떤 것은 몇 수천만 년 동안 주위에 있었고 (Homo sapiens은 약 100,000년 전에 출현한 것으로 생각한다) 사람들은 그들을 대답하려고 약간 상상적 이야기를 꾸몄다. 다만 지난 세기에 걸쳐서 과거 몇 세대의 이야기를 옳게 추적하여 약간의 경험적 증거들을 모으기 시작했다.

우주의 시작에 관하여 현재 인정된 이야기 또는 이론은 기묘하고 약간 진부한 즉, "big bang theory"이라는 이름으로 진행되고 있다. 그 말은 물리학자 George Gamow에 의하여 1940년대에 대중화되었다. 이 이론에 의하면 모든 우주는 한 때 유일체(singularity) 또는 ylem(우주창조의 이론으로 모든 원소의 기원이 되는 물질)에 포함되었다. ylem은 Aristotle에 의하면 모든 우주를 창조한 물질을 표시한 말이다. Big bang 이후에 Planck 시간($t = 10^{-43}$ s)이 알려지기 전까지는 ylem의 성질에 관하여는 알려져 있지 않다. 그 시대 이전에 일반 상대성 이론과 양자역학은 서로 반대이고 가능한 유일체 성질의 식별을 매우 어렵게 만들고 있다. 이러한 어려움에도 불구하고 몇 과학자들은 시간 $t = 0$에서 ylem은 수학적으로 0의 크기이고 무한 온도에 의하여 에너지 밀도, 압력, 공간의 곡률까지 특성이 나타난 것을 주장하고 있다. Planck 시간 조금 뒤에 quark라고 알려진 소립자(elementary particle)는 이러한 세 종류가 함께 결합하여 광자(photon), 양성자(proton), 중성자(neutron), 그리고 전자

(electron)-양전자(positron)쌍을 형성한다. 그 소립자는 화학자들도 인정하고 있다. 나머지 중성미자(neutrino), 강입자(hadron), 중입자(baryon) 등은 아핵입자물리학(subnuclear particle physics)의 영역에 속한다. 이러한 입자와 나머지 입자에 추가하여 ylem은 그 초기 단계에서 우주형성에 필요한 모든 에너지를 갖는다. 어떤 한 부피에 들어있는 전체 ylem은 핀 대가리보다 작다. 일정한 시간의 점에서 현재 생각하는 것은 아마 10~15억 년 전에 ylem이 상상할 수 없는 발광과 열로 폭발한 것을 암시한다. 우주가 초기부터 격렬하게 팽창할 때 에너지는 대략 2 부분 수소를 1 부분 헬륨 형태의 물질로 변환하거나 또는 "응축"했다고 말한다. 이러한 가벼운 원자의 소용돌이 구름은 중력에 이끌려 은하와 그 은하를 구성하는 별의 형성을 출발한다. 그러므로 수소와 헬륨은 첫째 원소라 생각하고 수소는 우주에서 가장 많은 원소이다.

이러한 첫 번째 수소와 헬륨의 구름 내부는 마찰력 때문에 점차로 가열된다. 약 일천만 온도에서 이러한 입자 사이에 충돌 힘은 핵이 일반적으로 기체의 운동론에서 상상하는 것처럼 서로 반발하지 않고 함께 합치기 시작하여 더 큰 핵을 형성한다. 이것이 **핵융합**(*nuclear fusion*)이라고 알려진 과정이다. 핵융합과 기타 핵반응 과정에 대한 식을 쓸 때 한 원소의 핵을 표시하는 표준 시스템은 $^{A}_{Z}\mathrm{X}$이다. 여기에서 X는 원소의 기호이고 Z는 원자번호(양성자수)이고 A는 **질량수**(양성자와 중성자의 전체수이고 **핵자**(*nucleon*)라고 한다)이다.

이러한 기호를 사용하여 식 (9.1)처럼 최소 운동에너지(그리고 그로 말미암아 최저 온도)가 필요한 가장 간단한 핵융합반응을 나타낼 수 있다.

$$^{1}_{1}\mathrm{H} + ^{1}_{1}\mathrm{H} \longrightarrow ^{2}_{1}\mathrm{H} + ^{0}_{+1}e + \text{에너지} \tag{9.1}$$

첫째 생성물은 수소 핵이고 또한 한 양성자와 함께 한 중성자를 포함하고 그리고 그로 말미암아 2 질량수로 되는 것에 주목하라. 동일한 원자번호를 갖지만 질량수가 다른 화학종을 **동위원소**(*isotope*)라고 하는 것을 기억하라. 둘째 생성물은 양전자이고 때때로 **$+\beta$입자**(*beta-plus particle*)라고 한다. 양전자는 한 전자와 동일한 질량을 갖되 반대 전하를 갖는다. 원소 이외의 입자 기호는 소문자로 표시한다. 몇 가지 다른 아핵입자(subnuclear particle)와 이러한 입자를 표 9.1에 제시한다. 그

표 9.1 가장 보편적 핵과 아핵입자의 기호와 질량

입자	기호	질량, u
	핵	
양성자(수소핵)	$^{1}_{1}\mathrm{H}$	1.00728
알파입자(헬륨핵)	$^{4}_{2}\mathrm{He}$	4.0015
	아핵	
전자(베타입자)	$^{0}_{-1}e$	5.488×10^{-4}
양전자(+전자)	$^{0}_{+1}e$	5.488×10^{-4}
중성자	$^{1}_{0}n$	1.008665

러한 경우에 첨자는 그 입자의 전하를 표시한다: 전자의 경우는 −1이고 양전자의 경우는 +1이고 중성자의 경우는 0이다.

식 (9.1)은 균형핵반응이다; 즉 어느 한쪽의 원자수 합은 질량수의 합처럼 동일하다. 그러면 에너지는 어디서 생기는가? 간단한 계산에 의하면 반응물 질량의 합은 그 생성물의 합보다 아주 조금만 더 크고 그 차이는 **질량결손**(*mass defect*)이라고 알려져 있다. 그 질량결손을 잘 알려진 Eistein 관계식 $E = mc^2$을 사용하여 에너지로 환산하면 식 (9.1)의 간단한 융합반응이 9.9×10^7 kJ/mol이라고 보여준다! 그러므로 핵융합반응은 화학반응보다 4 또는 5 차수(order)(즉 10의 거듭제곱)의 크기로 된다.

식 (9.2)와 (9.3)은 태양처럼 보통 별에 일어난다고 생각하는 두 가지 추가 융합반응이다.

$$ {}^{2}_{1}\mathrm{H} + {}^{1}_{1}\mathrm{H} \longrightarrow {}^{3}_{2}\mathrm{He} + \text{에너지} \tag{9.2} $$

$$ {}^{3}_{2}\mathrm{He} + {}^{3}_{2}\mathrm{He} \longrightarrow {}^{4}_{2}\mathrm{He} + 2\,{}^{1}_{1}\mathrm{H} + \text{에너지} \tag{9.3} $$

이러한 세 반응은 순차적으로 일어나고 [2(9.1) + 2(9.2) + (9.3)]식의 알짜 결과는 식 (9.4)처럼 되고 이것은 **양성자−양성자 순환과정**(*proton-proton cycle*)이라고 알려져 있다:

$$ 4\,{}^{1}_{1}\mathrm{H} \longrightarrow {}^{4}_{2}\mathrm{He} + 2\,{}^{0}_{+1}e + \text{에너지} \tag{9.4} $$

이러한 핵반응 결과는 수소를 "연소"하여(매초마다 4백만톤 속도로 추정) 헬륨을 생성한다. 그 에너지는 열과 빛의 형태로 방출하고 우리들에게 햇빛처럼 느낀다. 거의 5억 년 전에 형성된 것으로 계산되는 태양은 앞으로 5억년 동안 수소의 연소를 계속할 것이고 그 다음 잠시 화려한 붉은 거대한 단계를 거친 뒤에 그 행성 내부를 모두 소비하고 핵 찌꺼기로 소멸될 것이다.

그러나 그 원소의 나머지는 어떻게 되는가? 모든 다른 원소를 수소와 헬륨으로부터 합성하는 **핵합성**(*nucleosynthesis*)에 관하여 알맞은 전체적 설명도 이 교재의 범위 밖에 있다. 당연히 가장 간단한 개요만 설명하겠다. 적어도 태양 질량의 8~10배 되는 무거운 별에서 헬륨도 연소하여 베릴륨, 탄소, 산소, 네온, 마그네슘(모두 헬륨의 배수)을 생성하고 이들과 나머지 원소들은 그 별의 내부를 구성한다. 그 나머지 핵반응은 철까지(원자질량 순서로) 모든 원소를 그리고 철을 포함하여 생성할 수 있다. 철을 포함하는 융합반응은 흡열반응이고 (이전의 모든 반응처럼 발열반응이 아니다) 저절로 그 반응이 일어나지 않는다. 철의 생성과 함께 핵융합은 정지하고 그 별의 구조는 이제 그 중심에 철이 있고 그 표면에 헬륨과 수소를 갖고 중력 때문에 수축된 다른 여러 원소 층으로 구성된 한 양파와 비슷하다. 이러한 수축은 더 이상 견딜 수 없는 고밀도로 되고 (이 때 핵은 실제로 서로 접촉한 것으로 추측한다)

그 별이 거대한 초신성 (supernova) 폭발로 분출하는 그러한 고온과 고압으로 된다. 초신성은 드물지만 분명히 엄청난 사건이다. 거의 400년 만에 가장 밝은 초신성은 1987년에 남쪽 위도에서 발견되었다. 그것은 철보다 무거운 원소들이 합성된 것으로 생각되는 초신성이다. 그러한 폭발된 별의 나머지는 별 사이에 수소와 헬륨을 휩쓸어 태양과 같은 제이 세대와 제삼 세대 별을 생성한다. 태양에 있는 칼슘과 철 같은 원소를 분광학적으로 관찰한 결과에 의하면 적어도 제이 세대 별이라는 증거가 있다.

9.2 수소의 발견, 제조, 그리고 용도

잠시 앞의 절에서 설명한 시간 척도에 관하여 조심스럽게 생각해보자. 수소는 10~15억 년 전 big bang이후에 처음으로 형성된 원소이다. 수소는 약 5억 년 전에 합성된 태양의 주요한 성분이고 약 10만 년 전에 진화된 Homo sapiens 종의 인간에 가장 중요한 성분이다. 그러나 이러한 창조물은 수소의 존재를 약 300년 동안만 알고 지냈다! 1671년에 Robert Boyle은 철을 묽은 염산 또는 황산에 녹여 한 기체를 제조하였고 그 후 수소라고 확인하였다. 그러한 방법은 아직도 그 기체의 실험실 제조에 사용한다. 일반적으로 사용하는 기기장치를 그림 9.1에 제시한다.

18세기 초에 Nicolas Lémery도 앞에서 설명한 것처럼 수소를 제조하였고 "그 기체는 불에 타고 동시에 격렬하고 강렬한 굉음을 발생한다"고 지적했다. 우리는 더 잘 알고 있지만 Lémery에 의하여 그 자신이 천둥과 번갯불의 기원을 발견했다고 생각한 수소를 채운 풍선을 폭발시키는 사람들은 이제 아무도 놀라지 않는다.

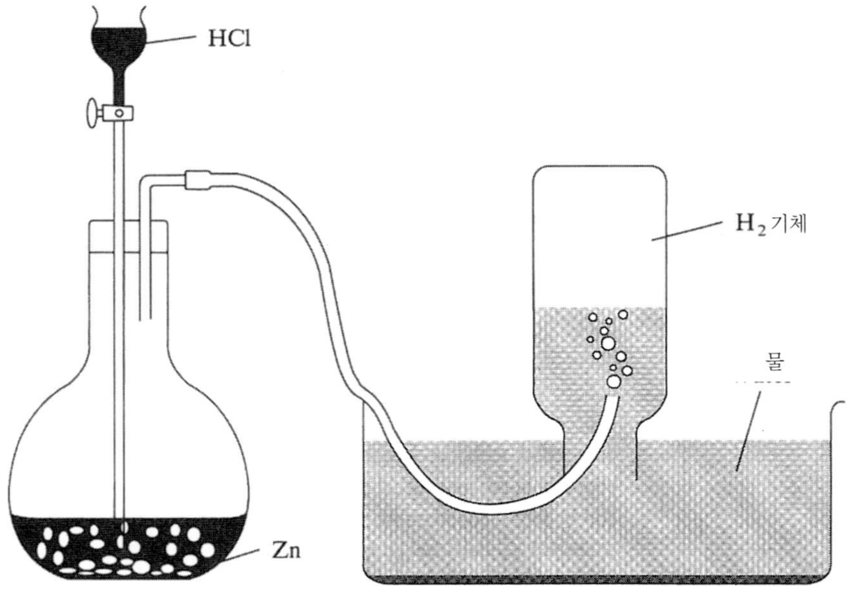

그림 9.1
실험실용 수소기체의 제조 장치

1766년에 Henry Cavendish는 Royal Society of London에 제출한 진기한 보고에서 수소기체의 성질에 관한 그의 철저한 연구를 설명했다. 그는 한 무리의 사람들과 좀처럼 이야기하는 것을 고통스럽게 부끄러워하여 그는 출입할 때 어떤 사람(특히 여성)과 만나지 않으려고 그의 집 현관을 별도로 설치하였다. Cavendish는 60년 이상 많은 연구를 수행했지만 약 20편 논문만 발표했다. 그러나 그는 수소에 관한 연구를 보고하고 그것의 발견에 대하여 확신을 얻었다. 수소는 공기보다 가볍고 수소와 산소를 함께 반응할 때 물이 생성되는 것을 Carvendish는 증명했다. 수소(hydrogen; water producer의 뜻)와 산소(oxygen; acid producer의 뜻)는 1770년대 후반과 1780년대 초에 Antoine Lavoisier에 의하여 명명되었다.

철 또는 아연과 같은 금속과 염산 또는 황산과 같은 센 산과 반응은[식 (9.5)] 아직도 실험실에서 수소를 제조하는 가장 일반적 방법이다. 식 (9.6)에 제시한 것처럼 물을 전해하여 수소와 산소 사이에 반응을 반대로 진행하는 것도 보통이다. 황산은 다른 방법으로 절연수(insulating water)를 통한 전류운반에 필요하다:

$$Zn(s) + 2HCl(aq) \longrightarrow ZnCl_2(aq) + H_2(g) \tag{9.5}$$

$$2H_2O(l) \xrightarrow[\text{전해}]{H_2SO_4} 2H_2(g) + O_2(g) \tag{9.6}$$

수소의 가장 보편적 공업적 제법은 촉매 증기 탄화수소 개질반응[(catalytic steam-hydrocarbon reforming process)식 (9.7)과 식 (9.8)]이다:

$$C_3H_8(g) + 3H_2O(g) \xrightarrow[\text{Ni}]{\text{열}} \underbrace{3CO(g) + 7H_2(g)}_{\text{합성가스}} \tag{9.7}$$

$$CO(g) + H_2O(g) \xrightarrow[Fe_2O_3]{\text{열}} CO_2(g) + H_2(g) \tag{9.8}$$

적절하게 이름을 명명한 이 촉매 증기 탄화수소 개질반응은 천연가스 또는 원유로부터 탄화수소[(대표적 예로 프로페인(C_3H_8)] 혼합물을 니켈 촉매 위에 수증기(700~1000)와 함께 처리한다. 그것을 **합성가스**(*syngas*, 또는 *synthesis gas*)라고 한다. 그 둘째 반응은 수성가스 **이동반응**(*water-gas shift reaction*)이라 알려져 있고 그 이름은 산소를 한 반응물로부터 다른 반응물로 이동하여 합성가스의 조성을 조절하기 때문이다. 그 반응은 산화철(III) 촉매 위의 고온(325~350)에서 진행한다.

석탄의 가스화는 1970년대 동안에 대체 에너지원으로 중요하게 생각하였다. 그러나 에너지 위기의 분명한 감소(그리고 분명히 임시로)와 더불어 그것에 대비하여 기다리는 기술이다. 그 첫 단계는 석탄의 반응, 즉 주로 흑연 비슷한 탄소의 혼합물(황 및 질소 화합물과 같은 번거로운 몇 가지 불순물과 함께, 그러나 여기에서는 탄소만 표시했다)을 뜨거운 수증기와 함께 반응이다. 이러한 탄소-증기 반응을 식 (9.9)에 표시한다.

$$\text{C(coal)} + \text{H}_2\text{O}(g) \xrightarrow[\text{Fe 또는 Ru}]{\text{열}} \text{CO}(g) + \text{H}_2(g) \qquad (9.9)$$

한 때 그 결과로 생기는 합성가스[때때로 수성가스(*water gas*)라고 한다]는 일산화탄소가 얼마나 해로운가를 알지 못하기 전에 직접 연료로 사용하였다. 수성가스 이동반응(식 9.8)은 합성가스를 이산화탄소와 수소로 변환에 사용했다. 원하는 생성물이 수소이면 여기에서 여러 응용에 사용할 수 있다. 탄화수소를 원하면 천연가스와 대단히 비슷한 생성물로 변하는 메테인화반응(methanation, 식 9.10)에 따라 만들 수 있다.

$$\text{CO}(g) + 3\text{H}_2(g) \xrightarrow[\text{Ni}]{\text{열}} \underset{\text{메테인}}{\text{CH}_4(g)} + \text{H}_2\text{O}(g) \qquad (9.10)$$

다른 촉매는 서로 다른 탄화수소를 제공한다. 앞에서 설명한 모든 반응은 금속촉매의 사용이 필요한 것에 주목하라. 더 효율적이고 그들의 역할을 더 잘 이해하는 연구와 개발은 무기화학의 발전 영역에서 대단히 흥미있는 토픽이다. 이러한 방법의 사용에 관한 더 많은 정보는 대체 에너지원에 관한 9.6절에서 발견할 수 있다.

단일 용도로서 가장 많이 수소를 사용하는 것은 Haber공정에 의한 암모니아 생산이다(식 9.11).

$$\text{N}_2(g) + 3\text{H}_2(g) \xrightarrow[\text{Fe}]{\text{높은 } T \text{ 와 } P} 2\text{NH}_3(g) \qquad (9.11)$$

그리고 다음에 그것은 비료와 폭발물 같은 여러 유용한 질소 화합물의 출발물질로 제공한다. 이러한 화합물에 대한 더 많은 정보는 5A족에 관한 15장에서 발견할 수 있다.

수소기체는 비누제조와 함께 불포화 기름을 일부분 수소화반응하여 고체 지방을 생성하고 그것을 쇼트닝과 마가린으로 이용한다. 수소는 또한 식 (9.12)처럼 여러 M^{II} 산화물(은, 구리, 납, 비스무트, 수은, 몰리브데늄, 텅스텐,)을 자유 금속으로 변환에 사용한다.

$$\text{MO}(s) + \text{H}_2(g) \longrightarrow \text{M}(s) + \text{H}_2\text{O}(l) \qquad (9.12)$$

설명한 것처럼 수소의 가장 볼만한 반응 중 하나는 산소와 반응이다(그것은 분명히 Lémery에게 감명을 주었고 모든 새로운 화학자 세대에 계속해서 감명을 주었다). 대부분 모든 사람들은 1937년에 수소를 채워 비행선으로 운행할 수 있었던 Hindenburg호의 드라마틱한 연소를 잘 알 것이다. 그 이후에 수소보다 가벼운 것으로 채운 Goodyear 소형비행선과 같은 항공기는 수소 대신 헬륨에 의하여 높이 날랐다. 액체 수소와 산소는 예를 들어 우주왕복선 계획의 Saturn-Apollo 추진 로켓본체에 로켓 연료로 일반적으로 사용한다. 주 엔진은 “2원추진제 로켓 단위체”에 별도로 보관된 수만 릿터의 액체 수소와 산소를 사용하고 그 로켓이 이륙할 때만 그 혼합물을 사용한다. 이러한 가스의 사용을 뒷받침하는 기술은 매우 정교하다. 우수한 엔진과 조그만 행운을 통해서만 1986년 초에 Challenger 우주왕복선의 폭발과 같은 사건을 피할 것이다.

Three Miles Island(1979)와 Chernobyl(1987)처럼 원자력발전소에서 발생된 막대한 열은 물을 수소와 산소로 분리하기에 충분하다. 비교적 작은 화합물의 폭발에 의하여 점화된 수소－산소의 폭발이 Chernobyl 원자력발전소의 거대한 황폐화 원인이라고 생각한다. Three Miles Island에서 수소－산소 폭발은 확장견제 구조물의 위 부분에서 형성된 수소가스 방울이 느리게 새어나오고 안전하게 버릴 수 있을 때까지 저장함으로서 피할 수 있었다.

9.3 수소 동위원소

수소는 표 9.2에 나열한 세 동위원소를 형성한다. 중수소(deuterium)는 1931년에 Harold와 그의 동료에 의하여 발견되었다. 그들은 4 L 액체 수소를 증발하여 일반 수소와 함께 약하게 나타나는 몇 가시선 흡수를 나타내는(가시선 Balmer 계열에서) 1 mL를 얻었다. 삼중수소(tritum)는 이러한 방식으로 검출할 수 없고 처음으로 1934년에 Marcus Oliphant에 의하여 제조하였다(핵 과정은 9.4절을 보라). 대부분 원소들은 동위원소를 갖지만 수소 동위원소만 특별한 이름과 기호를 갖는다. [protium, deuterium, tritum 이름은 각기 그리스어 protus(첫째), deuteros(둘째), tritos(셋째)로부터 나왔다.] 특별한 이름으로 수소-2와 수소-3이라고 표시한다. 왜냐하면 보통 수소에 비하여 그들의 큰 질량차이(2:1 비와 3:1 비)는 밀도, 녹는점, 끓는점, 용융열, 증발열과 같은 물리적 성질에 상당하는 큰 차이를 갖기 때문이다(문제 9.22와 9.24를 보라).

원자 성질의 차이는 수소화합물에 나타난다. 예를 들어 “중수(heavy water)” 또

표 9.2 수소의 동위원소

이름	중성자수	기호	질량,	존재%	반감기, yr
수소 (또는 프로튬)	0	${}^{1}_{1}H$	1.00728	99.985	
중수소 (D)	1	${}^{2}_{1}H$	2.0140	0.015	
삼중수소 (T)	2	${}^{3}_{1}H$	3.01605	10^{-17}	12.3

는 산화중수소(D_2O)는 전해에 의하여 보통 물에서 분리할 수 있다. 이것에 대한 한 이유는 보통 수소이온(H^+)이 두 배 무거운 중수소이온(D^+)보다 빠르게 음전극으로 이동하기 때문이다. 당연히 보통 수소가스(H_2)는 유리한 생성물이고 그 물에서 산화중수소 농도는 전해를 진행함에 따라 뒤에 남아서 그 농도가 증가한다. 그 나머지 물은 점점 더 무거워지고(단위 부피마다) 그래서 가끔 중수(무거운 물)라고 부르는 것에 놀라지 말라. 세계 이차대전 동안에 D_2O가 갑자기 중요하게 되었을 때(감속제로서, 9.4절을 보라) 독일 통제하의 놀웨이에 있는 D_2O공장(싸고 풍부한 수력 전기의 이점 때문에 그곳에 건설하였다)은 전략적으로 중요해졌다(Kirk Douglas와 Richard Harris가 주연한 The Heros of Telemark 영화를 본 사람은 연합군이 놀웨이 중수생산공장을 파괴하려고 침투한 것을 잘 알 것이다).

산화중수소는 Dead sea와 나머지 호수에서 증발 이외는 출구가 없는 물에서 더 진한 농도로 발견된다. 더 작은 분자량을 갖는 경수(light water, H_2O)는 일정한 온도에서 더 큰 평균속도를 갖고 그 바다의 표면에서 중수보다 빠르게 증발한다(분자운동론으로부터 두 물질이 동일한 온도에 있을 때 동일한 평균 운동에너지($\frac{1}{2}mv^2$)를 갖는 것을 기억하라). 그리고 그로 말미암아 이 경우에 더 가벼운 물질의 H_2O 분자는 더 무거운 물질(이 경우에 D_2O)보다 큰 평균속도를 갖는다. 또 다른 방법으로 H_2O는 D_2O보다 큰 증기압을 갖는다. 그리고 그 증발은 나머지 물에서 산화중수소(D_2O)의 농도를 증가한다.

D_2O를 만든 다음 곧 흥미를 느껴서 피할 수 없는 질문이 제기되었다. 중수는 보통 물과 동일한 방식으로 생명체를 뒷받침하는가? 다량의 D_2O를 쥐에 공급하면 처음에 대단한 갈증의 징조를 나타내고 그 다음에 죽는다. 다시 D_2O는 더 느린 평균속도를 갖기 때문에 세포로 확산속도는 더 느릴 것으로 생각된다. 또 다른 기여 인자는 여러 효소에 의해 촉매작용한 D^+ 이동이 가벼운 H^+보다 느리다고 할 수 있다. 상세한 생물학적 메커니즘과 관계없이 쥐들이 많은 D_2O를 마시더라도 여전히 탈수 때문에 죽는다!

중수소와 삼중수소는 여러 수소 함유 화합물과 반응하므로 이러한 화합물이 관여하는 반응과정의 추적에 사용할 수 있다. 예를 들어 인체 내에서 물의 흡수와 배설 속도는 소량 D_2O를 사용하여 추적할 수 있다. 소량 D_2O는 거의 즉시 배설하지만 9일 또는 10일 후에도 그것의 절반은 여전히 남아있다. 물분자는 인체에서 평균 약 14일간 머무는 것으로 계산되었다. 또는 중수소로 표지한 지방을 사용하여 지방의 섭취, 저장, 배설을 추적할 수 있다. 지방은 필요할 때까지 생명계에 움직이지 않고 쌓여서 머무는가? 또는 반대방향으로 섭취한 지방과 함께 침착되어 저장 지방이 동적 상호교환의 부분으로 사용하는가? 동적 모델이 정확한 것으로 판명되었다.

여러 수소를 함유하는 화합물을 중수에 녹일 때 산소, 질소, 황, 할로젠과 같은 전기음성 원자와 결합한 수소는 중수소와 치환되고 한편 탄소와 결합한 할로젠은 치환되지 않는다. 이것은 왜 그런가? X를 전기음성 원자라고 하면 그 상항은 식

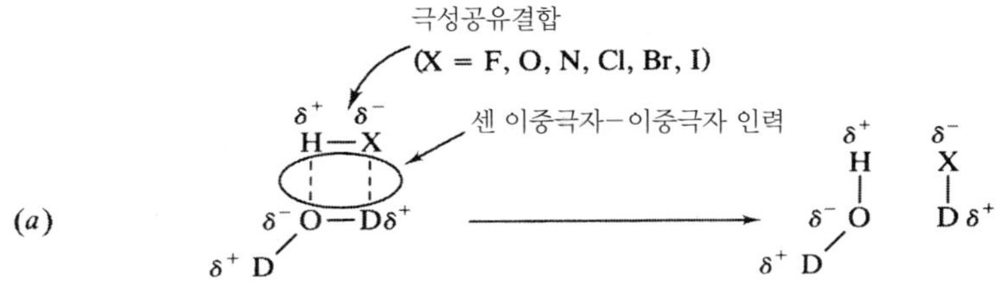

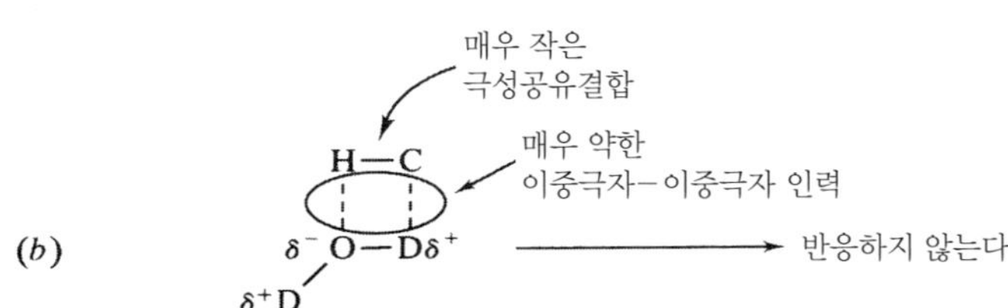

그림 9.2

수소에 대한 중수소의 교환. (a) 극성 H_2X 공유성 결합을 갖는 화합물에서. 여기에서 X = O, N, S, F, Cl, Br, I. (b) 본래 무극성 H_2C 결합을 갖는 화합물에서.

(9.13)과 (914)처럼 나타낸다.

$$\mathrm{H{-}X + D_2O \longrightarrow D{-}X + D{-}O{-}H} \tag{9.13}$$

$$\mathrm{H{-}\overset{|}{\underset{|}{C}}{-}} + \mathrm{D_2O} \longrightarrow \text{반응하지 않는다} \tag{9.14}$$

보통 수소원자를 중수소로 치환은 식 (9.13)처럼 **중수소화반응**(*deuteration*)이라고 알려졌다. H－X 결합은 중수소화반응을 할 수 있고 C－H 결합이 중수소화반응을 할 수 없는 이유는 그림 9.2에서 설명한다. 산화중수소는 보통 물처럼 극성 H－X와 이중극자－이중극자 힘을 통하여 상호작용할 수 있는 극성 O－D 결합을 갖는다. C－H 결합은 극성이 아니고 그러므로 산화중수소의 극성 O－D 결합과 상호작용하지 않는다.

앞에서 지적한 것처럼 삼중수소는 자연에서 화학적으로 분리하여 충분히 이용할 수 없다. 그렇지만 한때 다음 절에서 설명하게 되는 핵과정(nuclear process)으로부터 이용할 수 있었고 그것은 중성자화반응과 유사한 방식으로 화합물 적정에 이용할 수 있다. 바꿔 말하면 H－X 결합을 갖는 화합물에서 가벼운 수소원자는 "초중수"(superheavy water, T_2O)에 녹일 때(또는 보통 물을 T_2O에서 농축할 때) 삼중수소원자로 치환할 수 있다. 그것은 당연히 삼중수소－표지화합물을 여러 반응을 추적하는 추적자로도 사용할 수 있다. 예를 들어 산화삼중수소는 한 근원으로부터 지하수면으로 그리고 그 다음에 출구로 물의 추적에 사용할 수 있다. 그러나 중수소와 삼중수소 표지 사이에 큰 차이가 있다. 탄소와 결합한 수소원자는 그 화합물을 삼중수소 기체 안에서 몇 일 또는 몇 주 동안 보관하여 간단히 삼중수소로 교환할 수 있다. 이것은 중수소기체와 교환할 수 없다. 방사성 삼중수소의 β붕괴는 분명히 그 교환반응을 촉진한다. 그것은 그들이 수소화학과 관련이 있을 때 우리들을 방사성 과정으로 초대할 것이다.

9.4 수소와 관련이 있는 방사성 과정

α와 β붕괴, 핵융합, 그리고 중수소

9.1절에서 +입자, 즉 양전자 ($_{+1}^{0}e$)는 한 생성물이라고 가장 간단한 핵융합반응(식 9.1)에서 설명했다. 다른 보통 핵과 아핵입자(subnuclear particle)는 표 9.1에 있다. 중수소와 삼중수소의 발견과 화학은 설명하였으므로 이제 특히 수소와 관련이 있는 핵과정을 더 자세하게 살펴볼 준비가 되어있다.

대부분 일반화학 과정은 원자구조의 역사적 배경에서, α, β, γ 방사선을 설명하겠다. Rutherford와 그의 동료들은(학부 학생을 포함한) 얇은 금속 포일 조각에 대한 입자의[그 후에 헬륨핵($_{2}^{4}He$)이라고 확인되었다] 사격효과(shooting effect) 연구를 기억하라. 관찰된 굴절로부터 Rutherford는 원자들이 무겁고 조밀하고 양전하 핵을 가져야 한다고 결론지었다. Rutherford, Bequerel(189년에 방사선을 발견), 그리고 Curie 부부는 모두 α와 β 입자 그리고 γ선이라고 부르는 고에너지 전자기 복사선의 발견에 기여했다.

동위원소들이 자발적으로 입자와 방사선 방출에 의하여 파괴 또는 붕괴되면 그 동위원소를 방사성이라고 생각한다. γ-붕괴(alpha decay)라고 알려진 입자 방출은 그 과정을 나타내는 반응식의 화살표 위에 글자를 놓아 표시한다. 우라늄-238의붕괴를 식 (9.15)에 제시한다.

$$_{92}^{238}U \xrightarrow{\alpha} {}_{2}^{4}He + {}_{90}^{234}Th \tag{9.15}$$

핵반응은 이전에 설명한 것처럼 균형을 이루는 것에 주목하라. 붕괴는 두 종류의 붕괴, 즉 +붕괴(양전자를 생성하는)와 −붕괴를(보통 전자를 생성하는) 하는 것으로 판명되었다. 그러나 이 전자는 다른 전자와 구별되지 않지만 핵의 붕괴 생성물이라는 것에 주목하라. +붕괴와 −붕괴는 반응의 화살표 위에 + 또는 −로 표시한다. 삼중수소는 식 (9.16)처럼 −붕괴로 반응한다.

$$_{1}^{3}H \xrightarrow{\beta^-} {}_{-1}^{0}e + {}_{2}^{3}He \tag{9.16}$$

β^+ 방출에 의하여 붕괴되는 동위원소의 예는 붕소-8이고 그것은 가장 긴 수명의 붕소 방사성 동위원소이다. 그 붕괴 반응을 식 (9.17)에 제시한다.

$$_{5}^{8}B \xrightarrow{\beta^+} {}_{+1}^{0}e + {}_{4}^{8}Be \tag{9.17}$$

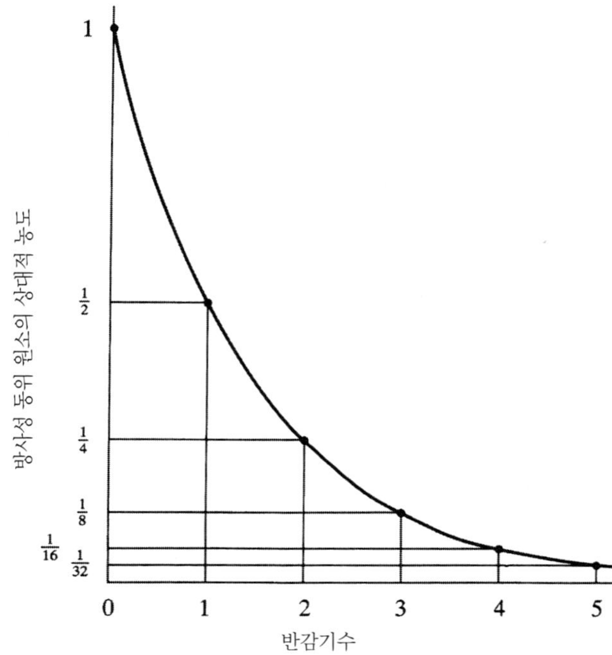

그림 9.3

방사성 동위원소의 농도변화에 대하여 시간(반감기수로 표시)의 점시

방사성 동위원소는 얼마나 오래 계속되는가? 이것은 반응속도론을 공부한 사람들에게 친근한 값으로 측정한다. 일차반응과 이차반응을 공부한 것과 **반감기**(*half-life*) 개념의 설명을 각기 기억할 것이다(부수적으로 말하면 방사성 붕괴는 일차반응속도에 따른다). 반감기는 반응물 농도 값이 최초 농도의 반으로 감소에 필요한 시간이라고 정의한다. 그림 9.3은 방사성 동위원소의 농도를 시간의 함수로 보여준다. 한 반감기 후에 그 동위원소의 1/2이 남는 것에 주목하라; 두 반감기 후에 본래의 1/4이 남는다. α-붕괴와 관련있는 우라늄-238 반감기, β^--붕괴와 관련있는 삼중수소, β^+-붕괴와 관련있는 붕소는 각기 4.51×10^9 (4.51억)년, 12.3년, 077 s이다.

서로 다른 두 가지 방사성 과정은 핵융합과 핵분열이다. **핵융합**(*fusion*)은 더 가벼운 핵이 함께 합쳐 더 무거운 핵을 형성하는 과정이고 그것은 9.1절에서 소개했다. **핵분열**(*fission*)은 큰 핵이 분리되어 더 작은 핵과 하나 이상 중성자를 형성하는 과정이다. 1930년대 후반에 (이 시기는 잠시 설명하는 바와 같이 여기에서 특별히 중요하다) 우라늄-235는 중성자(^1_0n)로 포격할 때 핵분열이 생기는 것을 발견했다. 이러한 핵반응과정에 대한 가능한 반응 도형은 대단히 많고 그 중 하나를 식 (9.18)과 그림 9.4a에 보여준다:

$$^{235}_{92}\text{U} + {}^1_0n \longrightarrow [^{236}_{92}\text{U}] \longrightarrow {}^{90}_{38}\text{Sr} + {}^{143}_{54}\text{Xe} + 3\,{}^1_0n \qquad (9.18)$$

핵융합에서 반응물 질량은 생성물 질량보다 아주 조금만 더 크지만 (물론 그 반응

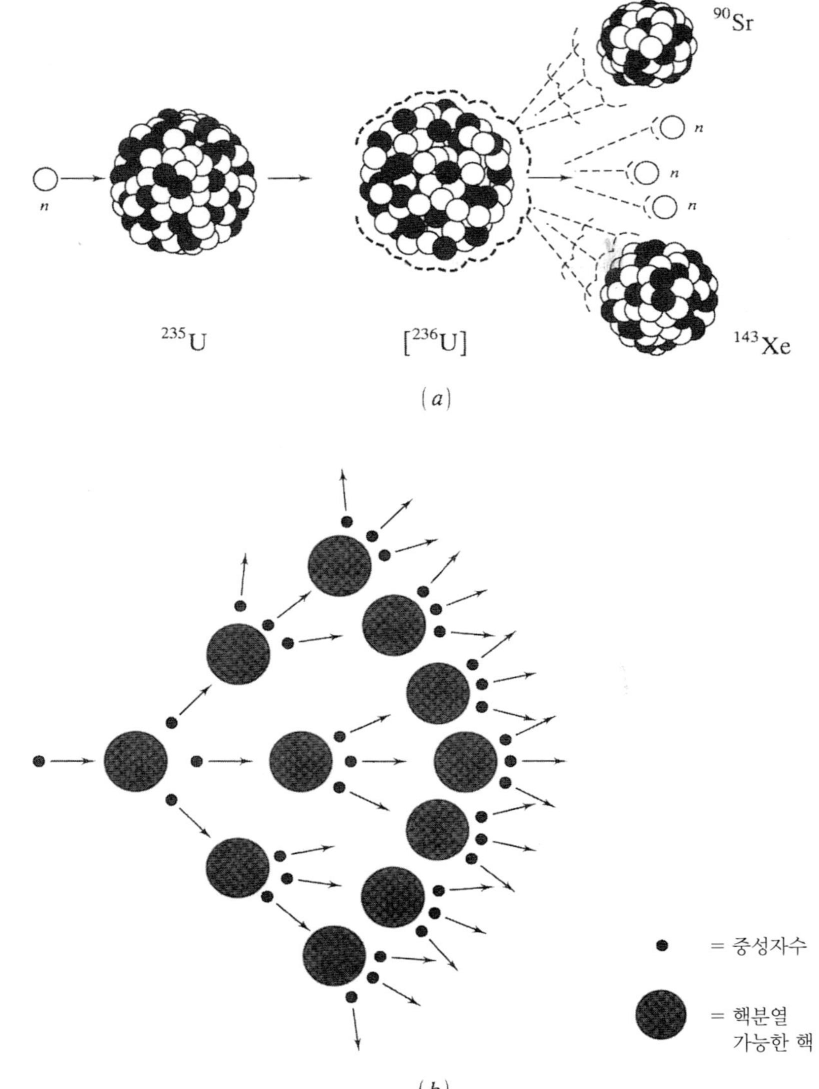

그림 9.4

(a) 한 우라늄-235 핵은 한 중성자를 흡수하고 그 다음에 여러 가능한 핵분열 가능한 생성물 중 두 가지와 셋 이상 중성자로 핵분열 또는 분리된다. (b) 자체-유지 사슬반응은 핵분열 가능한 동위원소의 임계질량이 존재할 때 성립한다(참고문헌 26).

식은 균형을 이루지만) 그 차이, 즉 질량결손은 에너지로 변환한다. 핵분열로부터 나오는 에너지는 원자탄과 현대 원자로의 기본이 될 정도로 대단히 충분한 크기이지만 핵융합에서 나오는 것보다 몇 차수(order) 적은 크기이다.

생성물로 나오는 중성자는 다른 핵분열 가능한 ^{235}U 핵과 충돌을 계속하여 빠르게 **원자핵연쇄반응**(*nuclear chain reaction*, 핵분열반응을 연속적으로 자체-유지)을 발생한다. 그러한 과정을 그림 9.4b에 제시한다. 자체-유지 연쇄반응의 생성에 필요한 핵융합 가능한 물질의 최소질량은 **임계질량**(*critical mass*)이라고 알려졌다. 이제 우리는 세계이차대전 중에 독일과 연합군이 대단히 흥미를 가진 산화중수소 (D_2O)의 특별한 성질로 돌아왔다. 원자탄의 기본으로서 독일과 연합군 양쪽이 개발한 ^{235}U 핵융합의 효율을 최대화하려면 중성자 속도를 지연하여야한다. 즉 중성자 속도를 조절해야한다. **감속제**(*moderator*)는 중성자의 운동에너지 또는 속도를 감소하는 물질이다. 보통 경수는 좋은 감속제이지만 사슬반응 효율을 감소하는 정도로 중성자를 흡수하는 경향이 있다. D_2O는 중성자를 느리게 하지만 많이 흡수하지 않는다. D_2O를 감속제로 사용하면 수고스럽게 그리고 값비싸게 ^{235}U을 농축하지 않고 자연 우라늄(핵분열 가능한 ^{235}U와 핵분열이 거의 불가능한 ^{238}U 의 혼합물)을 원자로에 사용할 수 있으므로 D_2O는 중요하다.

삼중수소

삼중수소는 처음에 **핵변환**(*nuclear mutation*)에 의해 제조하였다. 핵변환은 한 원소를 핵과정에 의해 또 다른 원소로 변환한다고 정의한다. Rutherford는 화학과 물리에 대한 그의 모든 기여 이외에도 처음으로 연금술사의 꿈을 실현하였다. 1919년에 Rutherford는 여전히 그의 알파 입자를 가지고 여러 기체에 대하여 사격하면서 연구하고 있었다. 그는 질소를 이용할 때 그 결과로 수소 핵이 때때로 생성되는 것을 발견했다. 이 수소는 어디서 왔는가? 더 연구한 결과는 알파 입자들이 질소 핵과 충돌하고 융합하고 계속해서 양성자 또는 수소 핵이 분리되고 산소-17을 뒤에 남기는 것으로 밝혀졌다. 그 과정에 대한 식은 식 (9.19)와 같다.

$$^{14}_{7}\text{N} + {}^{4}_{2}\text{He} \longrightarrow {}^{17}_{8}\text{O} + {}^{1}_{1}\text{H} \tag{9.19}$$

삼중수소는 자연적으로 그리고 인공적으로 비슷한 방식으로 생성된다. 삼중수소의 자연 농도는 극히 적지만(약 수소원자의 $10/10^{18}$) 그것은 상층권에서 다음 반응처럼 생성된다.

$$^{14}_{7}\text{N} + {}^{1}_{0}n \longrightarrow {}^{12}_{6}\text{C} + {}^{3}_{1}\text{H} \tag{9.20}$$

여기에서 우주선에서 나온 중성자는 상층권 질소를 포격하여 탄소-12와 삼중수소를 생성했다. 그 삼중수소는 지구 표면으로 침강되어 아마 HTO(한 수소원자가 한 삼중수소 원자로 치환된 물 분자)와 같은 화합물을 형성한다. 삼중수소 반감기는 12.3년뿐이므로 대양 중에서 삼중수소 농도는 빗물에서보다 훨씬 적다. 1950년대 초에 핵무기의 대기권 실험을 실시할 때 빗물 중 삼중수소 농도는 약 500 원자/19^{18} 원자에 도달하였다.

삼중수소는 원자로에서 리튬-6을 중성자로 포격하여 생성한다(식 9.21).

$$^{14}_{7}\text{N} + {}^{1}_{0}n \longrightarrow {}^{12}_{6}\text{C} + {}^{3}_{1}\text{H} \tag{9.21}$$

리튬은 일반적으로 마그네슘 또는 알루미늄 함금과 혼합하여 중성자로 포격하는 핵분열 반응로에 쓰인다.

삼중수소에서 나오는 방사선은 비교적 해롭지 않다. 왜냐하면 베타 방출은[식 (9.16)을 보라] 에너지가 대단히 낮기 때문이다. 또한 베타 입자는 다른 원자로에서도 일반적으로 감마선을 동반하지 않는다. 삼중수소에서 나오는 방사선은 약 6 mm 공기에 의하여 정지한다. 이러한 이유 때문에 여러 화학반응의 추적에 추적자로서 삼중수소의 사용은 모두 규정된 안전 예방법에 따르고 완전히 안전하다. 또 다른 낮은 에너지의 베타 붕괴 응용은 황화아연의 혼합물로 사용이다. 그 황화아연은 시계 표지판용 광택 페인트 제품에서 전하입자로 때릴 때 빛을 내는 인광체이다. 이러한 능력 때문에 삼중수소는 이전에 그러한 제품에 사용한 위험스런 라듐을 대치하였다.

9.5 수소화물과 상호연결된 아이디어 그물망

8장에서 주기율표를 이해하기 위한 상호연결된 아이디어 그물망의 다섯 성분은 (1) 주기율(유효핵전하, 반지름, 이온화에너지, 전자친화도, 전기음성도 등의 경향성), (2) 유일성 원리. (3) 대각선효과, (4) 비활성-쌍 효과, (5) 금속, 비금속, 준금속 영역이라고 하였다. 이러한 성분과 그 뒤의 장에서 나타나는 나머지는 주족원소 중 8 족 설명을 시작할 때 상세한 역할이 나타나겠지만 분명히 그들의 일부분이 일반적으로 수소화물(hydride)이라고 알려진 화학의 설명에 이용할 수 있을 것이다. 부수적으로 어떤 다른 원소, 즉 탄소까지도 더 많은 수소화합물이 알려져 있다.

표 9.3은 수소의 몇 가지 성질을 리튬 및 플루오린과 비교하여 제시한다. 우선 수소는 리튬 처럼 한 원잣가전자를 갖고 또한 플루오린처럼 비활성 기체 전자배치의 완성에 한 전자가 부족한 것에 주목하라. 수소가 탄소와 매우 가까운 전기음성

표 9.3 수소, 리튬, 플루오린의 몇 가지 성질

	리튬	수소	플루오린
원잣가전자	$1s^2 2s^1$	$1s^1$	$2s^2 2p^5$
원자반지름, Å	1.55	0.32	0.72
이온반지름, Å (C.N. = 6)	1.16	1.53 (H^-) 0.000015 (H^+)	1.19
Pauling EN	1.0	2.1	4.0
Z/r (r = 이온)	0.86	0.65 (H^-) 67000 (H^+)	0.84
산화상태	+1	+1(공유 결합성) −1(공유 결합성)	−1
이온화전위 kJ/mol	520	1312	1680
전자친화도 kJ/mol	−58	−77	−333
X−X 결합에너지 kJ/mol	· · ·	436.4	150.6

도를 갖는 사실은 제시하지 않았다. 이것은 수소가 이러한 전체 세 원소와 공통적으로 몇 가지 성질을 가질 수 있다는 것을 의미한다. 실제로 화학 문장에 의학적 구절의 사용을 허락한다면 그리고 이 생각을 주기율표에 수소를 할당하는 여러 위치에 반영한다면 수소는 "이중인격"(split personality)을 갖는 것으로 볼 수 있다. 예를 들어 그림 8.3처럼 대부분은 일반적으로 알칼리금속(1A족) 위에 놓이지만 가끔 할로젠(7A족) 위에 놓는다. 더 드물지만 탄소 위에서도 발견된다. 몇 주기율표는 모두 세 족 위에 놓거나 어떤 한 족에서 완전히 분리한 것으로도 나타난다.

수소는 어디에 있든 관계없이 특히 활성이 아니다. 수소와 산소의 반응은 분명히 인상적이고 불꽃을 내고 스파크를 발생하지만 수소분자를 수소로 분리에 촉매가 필요하다는 것을 기억하라. 이러한 화학적 혼돈상태에 대한 이유의 일부분은 H−H 결합의 큰 에너지(436.4 kJ/mol) 때문이다(이것은 가장 큰 동종핵결합 에너지라고 알려져 있다). 일단 수소가 또 다른 원소와 결합하여 이성분 수소화물(binary hydride)을 형성하고 그 결과로 생기는 산화상태는 일반적으로 +1 또는 −1이다(어떤 전이금속 수소화물 중에서 수소 산화상태는 잘 알려져 있지 않다). 수소 전기음성도를 2.1이라고 하면 그 값의 중간점은 매우 가깝고 그리고 그로 말미암아 금속과 비금속 사이에서 둘째 원소가 비금속이면 수소를 +1 산화사태라고 생각하는 것은 놀라운 것이 아니다. 한편 둘째 원소가 금속이면 수소는 −1이라고 생각한다. +1 산화상태를 갖는 수소화물의 설명을 시작하겠다.

공유성 결합의 수소화물

수소 이온화에너지는 크고 예상한 것처럼 리튬보다 크지만 (수소의 전자는 수소의 유효핵전하에 훨씬 더 가깝기 때문에) 또한 거의 플루오린만큼 크고 플루오린은 큰 유효핵전하의 특징이 있다. 그것은 당연히 수소가 완전히 +1로 이온화되기 어렵다는 것이다. 또한 수소가 한 전자를 잃으면 수소 양이온을 형성하고 그것이 바로 양성자라는 것에 주목하라. 이 화학종은 반지름이 매우 작기 때문에 그 양성자의 전하밀도는 대단히 크고 어떤 다른 이온 화학종보다 크다는 것에 주목하라. 8장에서 큰 전하밀도는 큰 편극 힘을 갖고 공유성 결합을 형성하는 경향이 있다고 배웠다. 수소의 이온화에너지가 크고 편극력이 크면 +1 산화상태의 수소는 결코 알몸(bare) 양전하 양성자로 발견되지 않을 것이다. 오히려 항상 어떤 다른 원자와 공유성 결합을 형성할 것이다.

공유성 결합의 예를 그림 9.5에 제시한다. 그들은 두 종류로 분류한다. 그 한 가지는 HCl, H_2O, H_3O^+, NH_3, NH^{4+}처럼 홀로 존재하고 그 자체가 중성 또는 양전하를 함유한 분자 단위를 형성한다. 또 한 종류는 BeH_2 또는 AlH_3처럼 확장된 중합체 구조라고 생각한다. 이러한 공유성 결합 수소화물의 화학은 적절하게 그 족을 취급하는 장에서 설명하겠다.

그림 9.5

이성분 수소화물이 분류

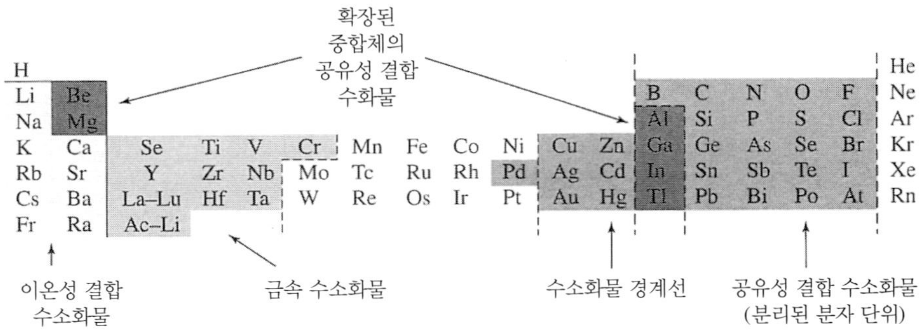

이온성 결합의 수소화물

그림 9.5는 −1 산화상태의 특징을 갖는 이온성 수소화물이 다만 1A족과 2A족의 최소 전기음성 금속과 결합할 때만 생기는 것을 보여준다. 표 9.3에서 수소 전자친화도는 할로겐(대표로 플루오린처럼)에 비하여 적고 그것은 H^-를 형성할 때 방출 에너지가 비교적 적다는 것을 의미한다는 것에 주목하라. 이러한 적은 전자친화도는 매우 작은 수소원자의 크기와 일치하므로 둘째 1s 전자를 첨가할 때 본래 전자로부터 큰 전자−전자 반발을 경험한다. 전자−전자 반발은 또한 수소의 원자반지름(0. 32 Å)이 결합하지 않은 자유상태의 H^- 이온반지름(약 2.08 Å)으로 증가에 대한 근본적 이유를 제공한다. 어떤 경우에 H^-를 만들기 위하여 한 전자를 수소원자에 첨가하는 도중에 많은 에너지를 방출하지 않으면 이러한 화합물의 형성에 많은 에너지를 투입할 수 없다; 그렇지 않으면 생성열은 양수 값이고 비교적 불안정한 화합물을 만드는 경향이 있다(8장에서 이미 고체상태 에너지를 공부했으므로 더 상세하게 이러한 에너지 균형의 고려를 취급할 준비가 되어있고 문제 9.45~52를 풀 수도 있다).

이온성 수소화물[그들의 염류 비슷한 특성 때문에 때때로 **소금꼴 수소화물**(*saline hydride*)이라고 부른다]은 상당히 제한된 범위를 갖는다고 지적하였으므로 이러한 화합물이 실제로 이온성이 크다는 좋은 증거를 다음처럼 보여주는 것에 주목해야한다. (1) 염류와 같은 용융 이온성 수소화물은 전기를 잘 전도하고 그것은 전하입자의 존재를 의미한다. (2) 용융염은 전해 중에 양전극에서 수소를 방출하고 그것은 H^- 화학종과 일치한다. (3) X-선 분석은 LiH 중에서 리튬 전자밀도의 80~100%가 수소로 이동한다. 그와 반대로 X-선 결과는 또한 그러한 화합물에서 수소화물의 유효반지름이 H^- 이온에 대하여 계산한 2.08 Å대신 약 1.5 Å라는 것을 보여준다. 그러므로 모든 전자밀도는 수소로 이동하지 않고 아마 비교적 큰 부피에 두 전자만 갖는 이 H^- 이온은 대단히 압축가능할 수 있다.

고온에서 금속과 수소의 직접 결합에 의해 형성된 이온성 수소화물은 일반적으로 백색 또는 회색 고체이고 건조제와 환원제로 사용하고 순수한 수소원으로 사용한다. 수소화칼슘(CaH_2)은 특히 유기용매의 건조제로 유용하고 그것은 식 (9.22)처럼 물과 온화하게 반응한다. CaH_2는 또한 식 (9.23)처럼 금속산화물을 환원하여 자유 금속으로 만든다.

$$CaH_2(s) + 2H_2O(l) \longrightarrow Ca^{2+}(aq) + 2H_2(g) + 2OH^-(aq) \qquad (9.22)$$

$$CaH_2(s) + MO(s) \xrightarrow{\text{열}} CaO(s) + M(s) + H_2(g) \qquad (9.23)$$

수소화소듐(NaH)은 물과 심하게 반응하여 용액 중에서 수소기체[$H_2(g)$]와 수산화물을 생성하고 다른 이온성 수소화물처럼 센 염기이다. LiH와 CaH_2는 편리하고 순수한 휴대용 수소원(source)이다. LiH도 또한 13장에서 설명하는 것처럼 염화알루미늄과 반응하여 수소화리튬 알루미늄($LiAlH_4$)의 **복합 수소하물***(complex hydride)*을 형성하고 그것은 유기화학에서 환원제로서 대단히 유용하다.

금속성 수소화물

수소는 란탄족 및 악틴족을 포함하는 여러 전이금속과 반응하여(그림 9.5를 보라) 잘 이해하지 못하는 제삼 종류의 수소화물을 생성한다. 이러한 깨지기 쉬운 고체는 일반적으로 겉모양이 금속성이고 좋은 전기도체이고 변화가능한 성분이다. 그들의 수소−금속 비는 때때로 작은 범자연수(whole number) 비가 아니다 그러므로 그들을 **비화학량론적 화합물**이라고 한다. 그 예는 $TiH_{1.7}$, TiH_2, $PdH_{0.65}$, $LaH_{1.86}$, UH_3를 포함한다.

이러한 금속성 수소화물은 순수한 금속의 결정구조에 남은 구멍(동물애호가의 말로는 틈새)에 들어맞는 원자 수소와 함께 **간격화합물***(interstitial compound)*이라고 이전에는 생각하였다. 그러나 여러 경우에 수소화물 중에서 금속원자의 배열은 순수한 금속과 다른 것으로 발견되었다. 아직 해명과 찬성이 필요하지만 더 좋은 모델이 나오고 있는 것처럼 보인다. 수화타이타늄을 이 모델의 설명에 예로 사용할 수 있다. TiH_2의 결정구조는 좋은 특징을 가지고 있지만 그 결합의 정확한 성질은 모른다. 타이타늄은 매우 좋은 +4 산화상태에 있고 그 때 이온화된 2 전자는 수소 원자로 이동하여 H^- 이온을 생성하고 한편 나머지 2 전자는 자유롭게 이동할 수 있고 그리고 그로 말미암아 그 화합물의 전도능력을 설명할 수 있다(금속성 결정구조와 그들의 전기전도 능력에 관한 더 이상의 배경은 7.1절 금속성 결정에 있다). 금속과 수소화 이온 사이에 중요한 공유결합성 특성이 있을 수 있지만 그것을 알기 위하여 확인하려면 더 많은 설명이 필요하다.

금속성 수소화물은 대단히 중요하게 응용한다. 우선 수소화물은 수소기체와 금속의 직접 결합으로부터 대단히 잘 형성된다. 고온에서 수소흡수는 반응이 반대방향으로 진행하여 미세분말 금속과 수소기체로 된다. 따라서 이러한 화합물은 미세

분말 금속의 제조와 함께 수소의 저장과 정제에 좋은 방법이다. 팔라듐−수소 계는 특별하게 응용할 수 있다. 수소기체는 팔라듐 포일 조각을 통하여 적절하게 확산되는 것이 특이하고 수소기체를 나머지 기체로부터 분리와 저장에 특이한 방법을 제공한다. 수소화우라늄(UH_3)은 여러 우라늄 화합물의 좋은 출발점이고 또한 삼중수소를 저장하는 편리한 형태이다.

9.6 여러 대체 에너지원에서 수소의 역할

수소 경제학

현대의 고에너지 수요, 석유의 공급부족, 중동지역의 정치적 변동, 환경의 관심 등등 때문에 수소는 장래의 에너지원으로 권유를 받고 있다. 실제로 **수소 경제학**(*hydrogen economy*) 또는 세계 경제의 일차 에너지원으로서 수소의 생산, 저장, 수송, 이용성 등에 관하여 연구를 하여야 한다고 공언하는 사람들이 있다. 그러한 시스템을 그림 9.6에 체계적으로 제시한다.

수소생산 시설은 다음에 근거를 두고 있다: (1) 원유의 변환 또는 석탄을 수소로 변환. (2) 물을 수소와 산소로 분리하는 광화학 과정에서 태양 에너지의 이용. (3) 물을 수소와 산소로 분리에 열에너지를 사용하기 위한 여러 열화학적 순환과정의 개발. 석유 또는 석탄으로부터 수소 생산은 9.2절에서 설명했다. 그것은 증기−탄화수소 개질 과정(식 9.7) 및 탄소−증기 반응(식 9.9)과 관련이 있다. 그러나 사정이 역전되지 않는다면 이산화탄소는 남극과 북극의 지방의 빙관(ice cap)을 녹여 세계의 연안 도시에 대하여 홍수재앙을 발생할 수 있는 정도까지 지구 대기권을 틀림없이 따뜻하게 만들기 시작한 복사열의 첫째 원인인 것처럼 보인다(이 효과와 그것의 결과에 관한 더 상세한 정보는 10.6절을 보라). 이산화탄소의 생산을 피하기 위해 광화학 과정 또는 하나 이상의 열화학 순화과정을 사용할 수 있다.

광화학 과정이 실행가능하려면 새로운 촉매 또는 반도체의 발전이 필요할 것이다. 루테늄 촉매와 여러 비소화물, 셀렌화물, 텔레루화물의 반도체는 (15장을 보라) 그 방법을 효율적 시스템으로 이끌 것이다. 광화학 과정과 별도로, 물을 이용하여 출발해서 수소와 산소를 생산하고 동시에 그 반응물을 재생하는 열화학적 순환과정이 뒤따를 것이다. 그러한 도형을 식 (9.24)에 제시한다:

$$H_2O(g) + A \xrightarrow{\text{열}} H_2(g) + C \tag{9.24a}$$

$$B + C \xrightarrow{\text{열}} \frac{1}{2}O_2(g) + D \tag{9.24b}$$

$$D \xrightarrow{\text{열}} A + B \tag{9.24c}$$

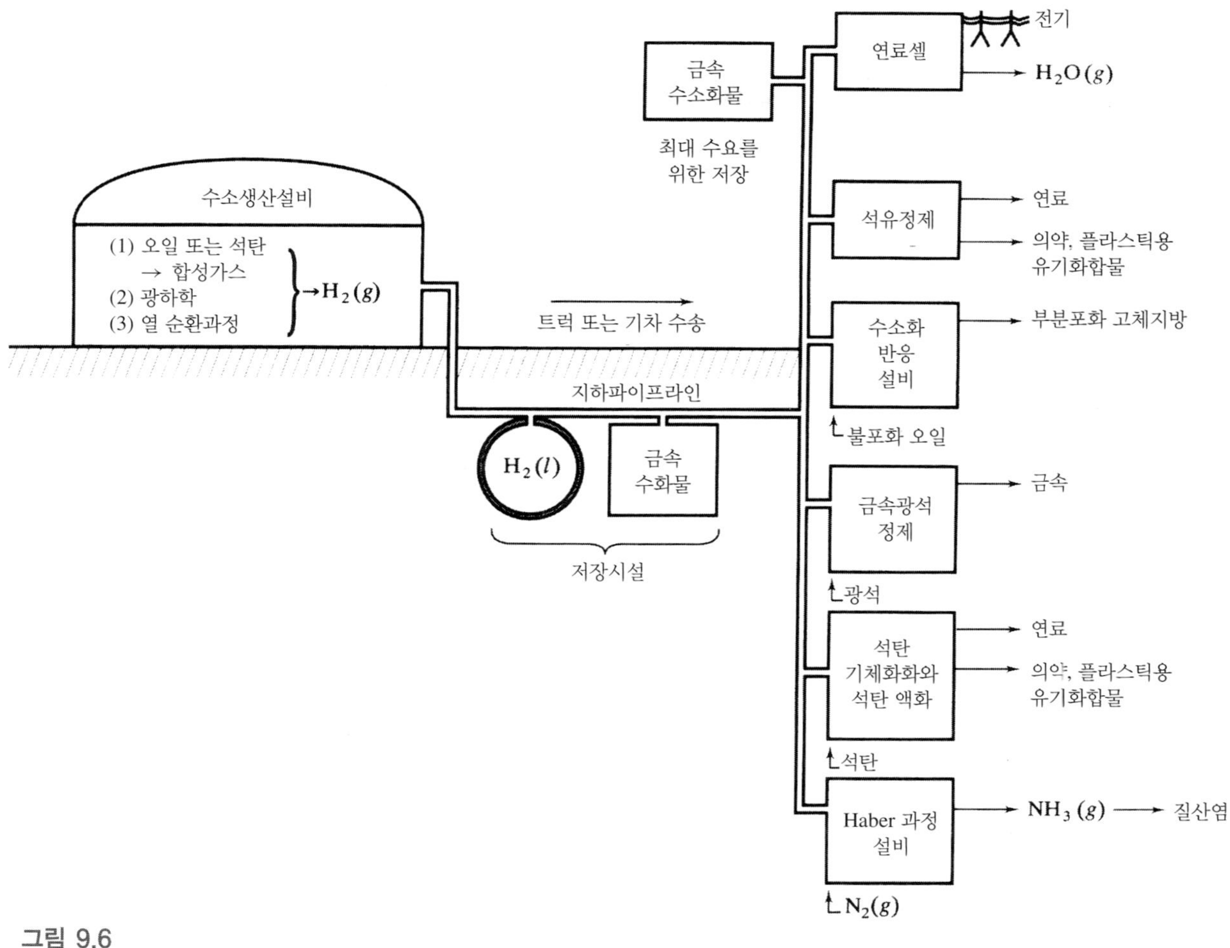

그림 9.6

수소 경제학

A와 B는 그 과정의 끝에 있고 한편 C와 D는 생산되고 그 다음에 소비되는 것에 주목하라. 알짜 결과는 물을 수소와 산소로 "분리"하는 것이다.

액체 수소기체의 저장은 우주 프로그램의 일부분처럼 통상적으로 진공-절연 저온 시설에서 처리한다. 앞에서 지적한 것처럼 금속은 많은 용량의 수소를 흡수하고 그 다음에 재생하여 여러 조성의 수소화물을 형성한다. 한 때 자동차를 다시 설계하여 고체−수소화물 연료로부터 필요한 만큼 발생한 수소로 운행할 수 있다고 생각하였다. 그러나 수소를 연료로 사용하는 것은 필요할 때만 발생하여 사용한다 하여도 위험으로 가득차있다.

액체 수소 또는 고체 수소화물의 수송은 도로 또는 철도를 사용할 수 있고 또는 현재 천연가스를 보내는 것과 동일한 방법으로 파이프라인으로 펌프방식에 의해 보낼 수 있다. 그러나 주의해야한다. 왜냐하면 아는바와 같이 여러 금속 수소화물은 깨지기 쉽고 파이프라인은 파열되기 쉽기 때문이다. 수소 누출과 함께 몇 가지 문제들도 생길 수 있다. 먼 거리 석탄광산에서 생산된 (그리고 저장된) 수소 또는 수소화물의 수송은 그 석탄을 연소하여 생산된 전기의 전송보다 효율적일 것이다. 전기는 저장할 수 없으므로 뜨거운 여름과 차가운 겨울 날씨의 최고 수요에 맞추기 위하여 비싼 전기발생설비를 이용할 수 있어야한다. 수소를 이용할 때 그러한 문제는 그 경우를 위하여 수소 또는 수소화물을 저장하여 해결한다.

경제의 기본으로 수소를 사용하는 막대한 이득은 근본적으로 그것의 연소에 의하여 주생성물이 물만 생성되는 점이다. 황산화물과 여러 몇 가지 질소산화물은 생성되지 않는다. 그러므로 수소에 근거한 경제로 바꾸면 산성비(16장을 보라)는 많이 감소할 것이다. 더구나 탄화수소-바탕 연료와 다르게 이산화탄소도 생산되지 않는다. [그러나 CO_2는 앞에서 설명한 것처럼 수소기체 생산의 부산물일 수 있고 그것은 식 (9.7~9.9)에 있다]. 어느 경우든지 훨씬 더 깨끗한 에너지-생산 반응은 고안할 수 없다.

그림 9.6처럼 그리고 앞의 절에서 설명한 것처럼 파이프라인을 통한 수소 이용은 여러 방법이 있다. 석유정제, 수소화반응 공장, 가솔린 공장, 메탄올 고장, 금속 광석 환원공장은 모두 파이프라인으로 수소를 공급한다. 합성가스를 생산하는 석탄 가스화 공장과 석탄액화 공장, 가솔린, 기타 연료들도 파이프라인을 설치한다. 이러한 석탄 사용에 추가되는 이점은 현재 방법보다 수소화반응에 의해 황과 질소를 더 쉽게 제거한다는 점이다.

핵융합

장래의 에너지원으로서 수소의 사용 이외에 한가지는 화학이 아닌 물리학에 달려있다. 9.1절에서 설명한 것처럼 태양은 수소를 헬륨으로 핵융합하여 동력을 갖는다. 1950년대에 인간은 동일한 힘을 수소폭탄의 생산에 어떻게 이용하는가를 알았다; 현재 천년기의 변환기에서 21세기를 위하여 깨끗하고 안전한 에너지원의 생산을 얻기 원한다. 두 핵이 함께 융합하려면 핵 사이에 정전기적 힘을 극복하기위하여 굉장한 힘으로 서로 충돌해야한다. 이러한 필요성은 핵융합 연구에서 두 가지목적으로 해석한다. 핵은 대단히 높은 온도여야 하고(약 1억 온도범위) 그 결과로 생기는 플라즈마는(전자를 벗긴 핵) 고밀도여야 한다. 그러한 온도에 도달하려면 많은 에너지를 가하여야한다. 그러나 일단 핵융합을 시작하면 그 반응은 발열이고 자체-유지 반응이다. 이러한 두 가지 목적을 동시에 달성하기 위하여 제안된 여러 방법들이 있다. 몇 가지 방법은 고온을 얻기 위한 레이저 사용방법, 자석병(magnetic bottle)과 거울에 플라즈마를 담는 방법, 그리고 연료를 작은 펠렛(pellet) 형태로 주입하는 방법 등이 있다.

몇 가지 더 유망한 핵융합반응계를 식 (9.25~9.27)에 나타낸다.

$$^{2}_{1}\text{H} + ^{2}_{1}\text{H} \longrightarrow ^{3}_{1}\text{H} + ^{1}_{1}\text{H} + 3.8 \times 10^{8}\ \text{kJ/mol} \tag{9.25}$$

$$^{3}_{1}\text{H} + ^{2}_{1}\text{H} \longrightarrow ^{4}_{2}\text{He} + ^{1}_{0}n + 1.7 \times 10^{9}\ \text{kJ/mol} \tag{9.26}$$

$$^{6}_{3}\text{Li} + ^{2}_{1}\text{H} \longrightarrow 2\ ^{4}_{2}\text{He} + 2.2 \times 10^{9}\ \text{kJ/mol} \tag{9.27}$$

이러한 반응은 중수소 및 삼중수소와 관련이 있는 것에 주목하라. 중수소는 9.3절에서 설명한 방법으로 바닷물로부터 다량 얻을 수 있다. 그리고 삼중수소는 식 (9.21)처럼 핵분열 원자로에서 제조할 수 있고 9.4절에서 설명했다.

연습문제 PROBLEMS

9.1 "Big bang 이론" 또는 "ylem 팽창"이 무엇을 의미하는가를 간단히 설명하라.

9.2 초신성 폭발이 일어나는 환경과 이러한 사건이 핵합성과정에 왜 중요한가를 간단히 설명하라.

9.3 다음 핵에서 양성자와 중성자의 수를 계산하라. (a) $^{11}_{5}\text{B}$, (b) $^{17}_{8}\text{O}$, (c) $^{60}_{27}\text{Co}$, (d) $^{239}_{94}\text{Pu}$

9.4 양성자–양성자 순환과정[식 (9.4)]에 첨가되는 반응 이외에 몇 가지 다른 가능한 태양의 핵융합반응이 있고 그 중에서 두 가지를 다음에 나타낸다. 각 경우에 행방불명 반응물이나 생성물을 채우고 그 반응의 균형을 맞춰라.

(a) $^{2}_{1}\text{H} + ^{2}_{1}\text{H} \longrightarrow$ ____ $+ ^{1}_{1}\text{H}$

(b) $^{3}_{1}\text{H} + ^{2}_{1}\text{H} \longrightarrow ^{4}_{2}\text{H} +$ ____

9.5 다음 반응은 탄소 순환과정의 반응이고 수소를 헬륨으로 변환경로와 다르다. 각 반응에서 한 생성물과 반응물은 생략했다. 각 반응의 균형을 맞추고 행방불명 반응물과 생성물을 채우고 그 순환과정의 결과로 수소가 헬륨으로 변환이라는 것을 증명하라.

(a) $^{12}_{6}\text{C} + ^{1}_{1}\text{H} \longrightarrow$ ____

(b) $^{13}_{7}\text{N} \longrightarrow ^{13}_{6}\text{C} +$ ____

(c) $^{13}_{6}\text{C} +$ ____ $\longrightarrow ^{14}_{7}\text{N}$

(d) $^{14}_{7}\text{N} +$ ____ $\longrightarrow ^{15}_{8}\text{O}$

(e) $^{15}_{8}\text{O} \longrightarrow ^{15}_{7}\text{N} +$ ____

(f) $^{15}_{7}\text{N} + ^{1}_{1}\text{H} \longrightarrow ^{12}_{6}\text{C} +$ ____

9.6 홀수 원자번호를 갖는 원소의 합성은 항상 우주학자들에게 설명하기 어려운 문제이다. 다음 제안된 두 반응에 대한 균형 핵반응식을 쓰라.

(a) 붕소-11(그리고 두 헬륨-4 핵과 한 양성자)은 한 양성자와 탄소-12로부터 생성

된다.

(b) 리튬-7(그리고 두 헬륨-4 핵과 한 양성자)은 한 헬륨-4 핵과 탄소-12로부터 생성된다.

9.7 1 원자 질량단위(u)의 질량결손은 8.984×10^{10} kJ/mol에 상당한다. 표 9.1과 9.2에 있는 핵 질량을 참고하여 질량결손(원자질량으로)을 계산하고 다음에 대하여 (방출 에너지/몰)를 계산하라.

(a) ${}^{1}_{1}H + {}^{1}_{1}H \longrightarrow {}^{2}_{1}H + {}^{0}_{+1}e$

(b) 양성장－양성자 순환과정

9.8 Lavoisier는 산소를 산에 필요한 성분이라 믿고 산소라고 명명했다. Lavoisier 신념과 일치하는 네 가지 산과 최소 두 가지 예외의 이름을 쓰라.

★9.9 *Asimov' s Biographical Encyclopaedia of Science and Technology*(2nd. rev.ed., Doubleday, New York, 1982)에서 Robert Boyle에 대하여 찾아보라. Boyle의 수소 제조를 설명하고 있는가? 이제 그 동일한 참고문헌에서 Henry Cavendish를 찾아보라. Cavendish는 왜 이 원소의 발견을 확신했는가?

★9.10 (a) 화학교재에서 발견된 표준생성열(298K에서)을 이용하여 증기－탄화수소 개질과정(식 9.7)의 열을 계산하라.[식 (9.7)을 다음에 다시 표시했다]

$$C_3H_8(g) + 3H_2O(g) \xrightarrow{Ni} 3CO(g) + 7H_2(g)$$

(b) 이 반응이 고온에서 왜 가장 잘 이러나는가?

(c) 니켈 촉매의 존재는 반응열을 변화하는가?

★9.11 (a) 화학교재에서 발견된 표준생성열(298K에서)을 이용하여 증기－탄화수소 개질과정의 열을 계산하라.[식 (9.7)을 다음에 다시 표시했다. 탄소는 순수한 흑연이라고 생각되는 석탄으로부터 얻은 탄소를 이용한다]

$$C(\text{흑연}) + H_2O(g) \xrightarrow{\text{Fe 또는 Ru}} CO(g) + H_2(g)$$

(b) 이 반응이 고온에서 왜 가장 잘 이러나는가?

(c) 이 반응의 수율을 증가하려면 고압 또는 저압 중에서 어느 것이 가장 좋은가?

9.12 합성가스(CO와 H_2)는 공식적으로 직접 연료로 사용한다. 이 두 가지 기체의 연소에 대한 반응식을 쓰고 화학교재에서 발견된 표준생성열을 이용하여 반응열을 계산하라.

9.13 금속산화물과 수소기체의 반응에 대하여 [다음에 표시한 식 (9.12)] 어느 것이 산

★ 표시는 더 어려운 문제이다.

화되고 환원되는가? 은과 산화비스무트의 반응에 대하여 비슷한 반응식을 쓰라.

$$MO(s) + H_2(g) \longrightarrow M(s) + H_2O(l)$$

9.14 몰리브데늄의 주요한 산화물은 MoO_3이다. 그 산화물을 수소로 환원하여 자유 몰리브데늄과 물로 되는 반응식을 쓰라.

9.15 수소의 원자량은 1.008 u이다. 이 값을 표 9.2에 제시한 정보를 이용하여 설명하라.

9.16 산소는 수소처럼 세 가지 주요한 동위원소들이 있다. 그들은 각기 ^{16}O, ^{17}O, ^{18}O이고 원자질량은 15.995, 16.999, 17.999 u이다. 질량이 수소 ⟶ 중수소 ⟶ 삼중수소로 증가에 따라 $^{16}O \longrightarrow {}^{17}O \longrightarrow {}^{18}O$로 증가하는 백분율을 계산하라. 산소 동위원소 사이에 확산 또는 분출 차이는 수소 동위원소의 속도와 얼마나 다른가? (힌트: 분출에 관한 Graham법칙을 기억하라).

9.17 D_2O의 녹는점과 끓는점은 각기 3.8과 101.4 °C이다. 이 값을 H_2O와 비교하여 간단히 설명하라. O−H 결합은 O−D 결합과 동일한 극성을 갖는다고 생각하라.

9.18 D_2O와 H_2O 분자량을 사용하여 평균속도 v_{H2O}/v_{D_2O}의 비를 계산하라. 어느 것이 이러한 두 분자의 확산 또는 분출 속도의 비와 같은가? H_2O는 왜 D_2O보다 빠르게 증발하는가를 간단히 설명하라(Graham 분출법칙을 기억하라).

9.19 물을 전해할 때 물의 밀도는 반응용기에서 점차 증가한다. 이 실험을 간단히 설명하라.

★9.20 H.C. Urey와 그의 동료들이 처음으로 중수를 분리할 때 그 "무게"값이 수소 또는 산소 때문에 발생하는 여부를 전혀 알지 못하였다. 그들은 중수를 2원자의 수소와 산소로 전해되지만 여전히 그 기체의 성분을 알지 못하였다; 예를 들어 그 수소는 H_2 또는 D_2일 수 있고 산소는 $^{16}O_2$ 또는 $^{18}O_2$일 수 있다. 중수의 전해 생성물은 보통 수소 및 산소와 반응한다고 생각하자. 그들은 중수 무게의 정확한 원인을 어떻게 결정할 수 있는가?

★9.21 물 400 gal 중에 D_2O는 1 cup만 포함한다. 세계의 대양에 중수 몇 그램이 존재 하는가? (대양의 전체 부피는 3.2×10^8 km^3이라고 추정한다.) (1 cup = 0.236 L; 1 gal = 3.78 L; D_2O 밀도 = 1.10 g/mL.)

★9.22 이전의 화학경험으로부터 기억할 수 있는 것에 바탕을 두고 H_2, D_2, T_2의 끓는점이 각 기 20.4, 23.7, 25.0 K라는 사실을 합리적으로 설명하라.

9.23 H_2와 D_2는 이상기체라 가정하고 이 두 기체의 밀도를 계산하고 당신의 계산 결과를 표준온도와 표준압력에서 0.0899와 0.180 g/L라고 알려진 값과 비교하라.

★9.24 H_2와 D_2는 어느 것이 더 큰 증기압력을 갖는가? 당신의 결과를 기체의 분자운동론

으로 설명하라.

9.25 글루코오즈(설탕) 구조를 다음에 제시한다. 어느 수소원자가 중수소와 치환가능한가? 왜?

```
         H     H  H
         |     |  |
     H   O  H  O  O
     |   |  |  |  |
   O=C – C– C– C– C–CH2OH
         |  |  |  |
         H  O  H  H
            |
            H
```

9.26 염화메틸암모늄($CH_3NH_3^+Cl^-$)을 산화중수소에 녹일 때 그 수소원자의 반만 중수소로 치환된다. 이 결과를 설명하라.

9.27 The Heros of Telemark 영화를 관람한 다음 한 화학자의 눈으로 본 줄거리를 짧게 요약하여 쓰라.

9.28 탄소-14는 5730 year 반감기를 가지고 β^- 방출을 통하여 붕괴한다. 이 과정에 대한 핵반응식을 쓰라.

9.29 포타슘-40은 β^-와 β^+ 방출을 통하여 붕괴한다. 각 과정에 대한 핵반응식을 쓰라.

9.30 코발트-60은 β^+ 방출을 통하여 붕괴한다. 이 과정에 대한 핵반응식을 쓰라.

9.31 ^{238}U를 한 중성자로 포격할 때 불안정한 ^{239}U를 생성한다. ^{239}U는 β^-를 통하여 붕괴한다. 이 과정에 대한 핵반응식을 쓰라.

9.32 라듐-226은 α-방출을 통하여 붕괴한다. 이 과정에 대한 핵반응식을 쓰라.

9.33 Lise Meitner는 누구인가? 그리고 어떻게 왜 현재 명예스럽게 그를 기억하는가? (힌트:빠른 인터넷 탐색은 이 문제의 해답에 도움을 줄 것이다)

★9.34 Ida Noddack은 누구인가? 핵분열의 발견에서 그 여성의 역할을 설명하라(힌트: 빠른 인터넷 탐색은 이 문제의 해답에 도움을 줄 것이다).

9.35 어떤 핵분열반응은 생성물로서 세 중성자를 방출하고 한편 다른 핵반응은 다음처럼 두 중성자만 방출한다. 이 반응에서 행방불명 생성물을 채워라.

$$^{235}_{92}U + ^{1}_{0}n \longrightarrow ^{96}_{37}Rb + \_\_\_\_\_ + 2^{1}_{0}n$$

9.36 폴로늄-239도 역시 한 핵분열 동위원소이다. 가능한 반응 중 하나에서 세 중성자와 스트론튬-90을 생성한다. 이 과정에 대한 균형 핵반응식을 쓰라.

9.37 우라늄-233도 핵분열 가능한 동위원소이다. 그것은 중성자로 토륨-232를 포격하여(토륨-233을 만들기 위하여) 만들고 다음에 두 β^- 방출이 뒤따른다. 이러한 세 과정을 표시하는 핵반응식을 쓰라.

9.38 토륨-229는 열중성자분열을 하는 가장 가벼운 핵이다. 그것은 우라늄-233의 α 붕괴에 의하여 생성된다. 이 과정을 표시하는 핵반응식을 쓰고 다음에 두 중성자와 스트론튬-90으로 가능한 토륨-229 핵분열을 나타내는 둘째 반응식을 쓰라.

9.39 핵분열반응을 제어하기 위하여 카드뮴이나 붕소 막대를 원자로에 삽입한다. 각 카드뮴-113 핵은 한 중성자를 흡수하고 입자를 방출한다. 한편 각 붕소-10은 한 중성자를 흡수하고 γ입자를 방출한다. 이들 과정에 대한 균형핵반응식을 쓰라.

9.40 납-210은 α 방출을 통하여 붕괴하고 수은-206은 β^- 방출을 통하여 붕괴한다. 이러한 두 붕괴 도식을 사용하여 납을 금으로 변환할 수 있는가? 당신의 해답을 지지하는 반응식을 제시하라.

9.41 상층권에서 삼중수소의 생성은 처음에 우주선에서 나온 고에너지 양성자가 상층권에서 질소원자와 상호반응하여 중성자와 산소를 생성한다는 몇 가지 증거들이 있다. 그 다음 이 중성자는 질소와 반응하여 식 (9.20)처럼 삼중수소를 생성한다. 양성자와 질소가 반응하여 중성자를 생성하는 핵반응을 쓰라.

9.42 각 경우에 전자는 대략 +1 유효핵전하를 경험할지라도 수소 이온화에너지는 리튬보다 크다. 이것이 사실이라면 수소 이온화에너지는 왜 더 클 것으로 기대하는가?

★9.43 한 양성자가 물에 독립해서 잠깐 존재한다고 생각하자. 그 양성자는 H_2O와 어떻게 반응 하는가? 당신의 해답 부분을 도표로 그려라.

★9.44 여러 수소화물 중에서 H^- 이온반지름은 다음 표처럼 변한다. 그 금속의 전기음성도 관 점에서 이들의 값을 합리적으로 설명하라.

화합물	MgH_2	LiH	NaH	KH	RbH	CsH
$r(H^-)$, Å	1.30	1.37	1.46	1.52	1.54	1.52
EN (금속)	1.2	1.0	0.9	0.8	0.8	0.7

★9.45 주기율표의 넓은 범위에 걸쳐 존재하는 할로젠화물과 다르게 이온성 또는 염류꼴 수소화물은 1A족과 2A족 원소에 한정된다. 왜 그러한가를 정량적으로 나타내기 위하여 표 9.3에서 발견된 수소와 플루오린의 결합에너지와 전자친화도 값을 이용하여 다음 반응 과정의 에너지를 계산하라. 여기에서 X = H와 F이다.

$$\frac{1}{2}X_2(g) + e^-(g) \longrightarrow X^-(g)$$

이온성 수소화물이 대부분 전기양성(또는 최소 전기음성) 금속에 대해서만 형성되는 이 결과는 어떤 의미를 갖는가 설명하라.

9.46 수소화포타슘(KH) 형성에 대한 Born-Haber 순환과정을 쓰고 그것을 이 화합물의 격자에너지 계산에 사용하라(KH의 표준생성열은 −57.8 kJ/mol이다; 나머지 열화

학 값은 표 9.3에서 알 수 있다).

9.47 KH는 NaCl구조라 생각하고 Born-Landé식을 사용하여 격자에너지를 계산하고 당신의 해답을 문제 9.46에서 구한 해답과 비교하라(이온반지름은 표 6.5와 9.3에서 알 수 있다).

9.48 CuH 형성에 대한 Born-Haber 순환과정을 쓰고 이 화합물의 격자에너지를 계산에 사용하라(CuH의 표준생성열은 +21 kJ/mol이다. 승화열과 구리의 첫째 이온화에너지는 각 기 338.3과 745 kJ/mol이다. 나머지 열화학적 값은 표 9.3에서 알 수 있다).

9.49 CuH의 결정구조에 대한 지식이 없이 Kapustinskii식을 사용하여 그것이 격자에너지를 계산하라(이온반지름은 표 6.5와 9.3에서 알 수 있다).

9.50 CaH_2 형성에 대한 Born-Haber 순환과정을 쓰고 이 화합물의 격자에너지를 계산에 사용하라(CaH_2의 표준생성열은 186 kJ/mol이다. 승화열과 칼슘의 첫째와 둘째 이온화에너지는 각기 178.2, 589.8, 1145 kJ/mol이다. 나머지 열화학적 값은 표 9.3에서 알 수 있다).

9.51 CuH_2의 결정구조에 대한 지식이 없이 Kapustinskii식을 사용하여 그것의 격자에너지를 계산하라(이온반지름은 표 6.5와 9.3에서 알 수 있다).

★9.52 소듐의 수소화물과 염화물의 형성에 대하여 다음에 제시한 자료와 Born-Haber 순환과 정을 사용하여 각 경우에 표준생성열을 계산하라. 어느 화합물 종류가 더 안정한가? 표 준생성열에 의하여 측정한 것처럼 그것의 안정도 차이에 대하여 주요한 이유를 간단히 설명하라. 생성 엔트로피 차이는 당신의 해답을 변화할 것으로 기대하는가?

	ΔH_{sub}	IE	ΔH_g	EA	$U_{B\text{-}H}$
NaH	107.3	495.9	218.2	−77	−808
NaCl	107.3	495.9	121.7	−349	−787

9.53 수소화칼슘은 Ta_2O_5를 순수한 금속으로 환원에 사용한다. 이 과정에 대한 반응식을 쓰라.

★9.54 다음 열화학 순환과정은 물을 그것의 성분 원소로 화학적으로 분리하는 방법으로 제안되었다. 이 과정의 알짜결과는 수소와 할로젠을 생성하고 필요한 모든 반응물은 필요한 화학량론적 양으로 재생된다는 것을 증명하라. 표준생성열 자료를 사용하여 각 반응열과 그 알짜반응열을 계산하라.

$$CaBr_2(s) + H_2O \xrightarrow{\text{열}} CaO(s) + 2HBr(g)$$

$$Hg(l) + 2HBr(g) \xrightarrow{\text{열}} HgBr_2(s) + H_2(g)$$

$$HgBr_2(s) + CaO(s) \xrightarrow{\text{열}} HgO(s) + CaBr_2(s)$$

$$HgO(s) \xrightarrow{\text{열}} Hg(l) + \frac{1}{2}O_2(g)$$

★9.55 다음 열화학 순환과정은 물을 그것의 성분 원소로 화학적으로 분리하는 방법으로 제안되었다. 이 과정의 알짜결과는 수소와 할로젠을 생성하고 필요한 모든 반응물이 필요한 화학량론적 양으로 재생된다는 것을 증명하라. 표준생성열 자료를 사용하여 각 반응열과 그 알짜반응열을 계산하라.

$$3FeCl_2(g) + 4H_2O \xrightarrow{\text{열}} Fe_3O_4(s) + 6HCl(g) + H_2(g)$$

$$Fe_3O_4(s) + \frac{3}{2}Cl_2(g) + 6HCl(g) \xrightarrow{\text{열}} 3FeCl_3(s) + 3H_2O(g) + \frac{1}{2}O_2(g)$$

$$3FeCl_3 \xrightarrow{\text{열}} 3FeCl_2(s) + \frac{3}{2}Cl_2(g)$$

★9.56 다음 열화학 순환과정은 물을 그것의 성분 원소로 화학적으로 분리하는 방법으로 제안되었다. 이 과정의 알짜결과는 수소와 할로젠을 생성하고 필요한 모든 반응물이 필요한 화학량론적 양으로 재생된다는 것을 증명하라. 표준생성열 자료를 사용하여 각 반응열과 그 알짜반응열을 계산하라.

$$2HI(g) \xrightarrow{\text{열}} I_2(g) + H_2(g)$$

$$2H_2O(g) + SO_2(g) + I_2(g) \xrightarrow{\text{열}} H_2SO_4(l) + 2HI(g)$$

$$H_2SO_4(l) \xrightarrow{\text{열}} SO_2(g) + H_2O(g) + \frac{1}{2}O_2(g)$$

9.57 매우 고온의 플라즈마 필요성은 반응속도론의 충돌론과 관련이 있다. 화학반응과 핵융합같은 핵반응 사이에 유사성과 차이를 간단히 설명하라.

9.58 수서폭탄은 매우 조밀하게 충진된 고체 중수소화리튬(LiD)을 함유한다. 핵분열 폭탄을 사용하여 리튬-6과 중수소 사이에 핵융합반응 시작에 필요한 고온을 제공하여 수소폭탄을 폭발한다. 이 핵융합반응에 대한 반응식을 쓰라.

CHAPTER

10 산소, 수용액, 그리고 산화물과 수산화물의 산-염기 특성

앞의 장에서 어떤 다른 원소보다 많은 화합물을 형성하는 수소를 설명했다. 이 장은 세 가지 주요한 목적이 있다: (1) 가벼운 영족기체를 제외한 모든 원소와 화합물을 형성하는 산소화학의 소개. (2) 물 구조와 수용액의 설명. (3) 산-염기 수용액의 화학에 관한 특별한 강조와 함께 산화물과 수산화물의 설명. 이 마지막 제목은 대단히 중요하므로 주기율표를 이해하기 위한 상호연결 아이디어 연락망의 여섯 번째 성분이 될 것이다. 이 장에서 산화물 및 수산화물의 설명과 우리들의 상호연결 아이디어 연락망이 앞의 장에서 설명한 수소화물화학과 합쳐 주족원소 족의 화학을 설명하는 11~18장을 통하여 우리들에게 많은 도움이 되기를 바란다.

10.1 산소

발견

아는 바와 같이 수소 발견의 영예는 Henry Cavendish에 있다. Boyle과 Lémery는 수소 기체를 제조했지만 어떤 상세한 방법을 설명하거나 Cavendish가 한 것처럼 새로운 원소로서 인정받지도 못하였다. 그와 반대로 산소의 발견은 분명하지 않은 원소의 "발견"이 실제로 무엇을 의미하는가에 관하여 문제를 제기하였다. 어떤 원소를 처음에 합리적으로 순수한 형태로 제조할 때 그것이 발견인가? 또는 여러 화학 및 물리적 성질에 관한 특징을 설명하는 것인가? 발견의 영예를 가지려면 과학자들이 그 물질을 새로운 원소라고 인정해야 하는가? 한 사람이 처음에 실제로 새로운 원소를 제조하고 특성을 알아내고 그 결과를 처음으로 발표하지 않으면 어떻게 되는가? 이러한 모든 문제는 산소 발견의 문제에 중요한 역할을 한다.

영국인 Joseph Priestley와 스웨덴계 독일인 Karl Wilhelm Scheele는 각기 독립

해서 산소를 동시에 발견했다고 수록되어있다. 연구에 집중하던 약제사 Scheele는 여러 원소(산소 이외에 염소, 망가니즈, 바륨, 몰리브데늄, 텅스텐, 질소)의 발견에 관여했지만 그들 중 어떤 원소의 발견에 단독으로 영예를 누리지 못하고 있다. 그는 또한 처음으로 여러 산을 제조하였고 놀랍게도 실제로 치명적으로 해로운 시안화수소 기체의 맛을 증명했다(썩은 아몬드와 비슷하다고). 1771년에 그의 실험실 노트에 기록한 것처럼 Scheele는 여러 화합물로부터 합리적으로 순수한 산소("fire air"라고 불렀다)를 분리할 수 있었고 그것을 참으로 훌륭하게 특성을 규명했고 정상 조건에서 그는 매우 훌륭하게 단독 발견으로 수록될 수 있었다. 비참하게도 그 자신의 실수는 아니지만 Scheele 논문의 출판이 늦어서 1777년에 발표되었을 때 그보다 Priestly의 출판이 약 3년 앞섰다(Scheele이 Priestly 논문을 보았을 때 그의 고뇌와 실망을 상상할 수 있는가?). 그러나 그의 조심스런 증거자료 때문에 Scheele은 관례적으로 그 원소의 공동발견자로서 수록되어 있다. 이러한 이야기는 당신의 선생이 실험실 노트를 정확하고 완전하게 보존하는 것이 얼마나 중요한가를 당신에게 말할 때 그것을 마음에 간직하라는 한 훈계이다.

18세기 영국에서 한 영국국교 비신봉자로서 또는 영국 국교 반대자로서 Priestly는 영국교회의 충성맹세를 거부였고 그 결과적으로 Oxford와 Cambridge 같은 큰 영국의 대학에 출석하는 것이 금지되었다. 실제로 그의 근본적 종교와 정치적 신념은 (예를 들어 영국인으로서 그는 1770년대에 미국혁명을 지지하였다) 적어도 그가 1794년에 미국으로 올 때까지 그의 모든 생애를 약간 버림받은 사람으로 꼬리표가 붙었다. 미국 식민지와 영국정부 사이에 세금에 관한 분쟁을 토의하기 위하여 Franklin이 London에 와있는 동안에 만난 Benjamin Franklin은 Priestly에게 과학에 대한 그의 흥미를 추구하게 격려하였다.

Priestly는 기체 또는 그 당시에 그들이 불렀던 "공기"에 관하여 연구하기 시작할 때 보통 공기는 이산화탄소와 수소만 알려져 있었다. 물과 함께 수은 위에 기체를 수집하는 그의 연구에 의하여 암모니아, 이산화황, 염화수소와 같은 여러 수용성 기체를 분리할 수 있었다. Priestly는 강력한 렌즈를 통하여 햇볕을 초점에 모아 적색 산화수은의 시료에 쪼여서 산소를 발생하였다. 그 결과로 생기는 물에 녹지 않는 기체는 연소를 돕고 쥐는 그 산소 안에서 더 오래 살았다고 Priestly는 지적했다. 그는 그 산소를 이용하여 호흡하기 쉬운 것을 알고 "나는 기묘하게 경쾌함을 느꼈고 그 다음 곧 쾌적하다고 생각하였다. 지금까지는 두 마리 쥐와 나 자신만 산소를 호흡하는 특권을 가졌다"라고 그는 기록하였다.

그러므로 Scheele와 Priestly는 Priestly가 탈플로지스톤 공기(deplogisticated air)라고 불렀던 기체를 제조하고 그 특징을 제시했다. 처음으로 Georg Stahl에 의하여 약 1700년대에 추측하여 제시한 연소의 플로지스톤 이론(phlogiston theory)은 연소물질이 프로지스톤이라는 물질을 방출하고 공기들이 플로지스톤으로 포화될 때 더 이상 연소하지 않는다고 주장하였다. 특히 연소를 잘 도와주는 공기는 플로지스톤이 부족하다 또는 탈플로지스톤되었다고 말하였다. Cavendish, Scheele, 그리고 Priestly는 그들의 모든 생애를 플로지스톤 연구에 기여했다. Pliestly는 새로운 공기를 분리한 다음 몇 달 지나서 파리에서 Antoine Lavoisier와 오찬 파티에서 프로지스톤을 설명할 기회를 가졌다. 플로지스톤 이론이 연소의 설명에 부적당하다 인정하고 Lavoisier가 산소라고 부르는 Priestly 공기는 연소과정 동안에 물질과 결합하는 새로운 원소라고 Lavoisier는 인정하였다.

Lavoisier는 처음으로 산소를 새로운 원소라고 인정한 이후 그는 산소의 실제 발견자로서 명예를 받아야 한다고 주장하였다. 그러나 Lavoisier는 현재 그렇게 인정받지 못하고 있다. 그는 두 원소를 수소와 산소(산소는 “acid producer”이므로)라 명명했고 현재의 연소이론을 명확하게 설명하였고 그는 새로운 화학과학에 많이 기여하여 때때로 화학분야의 아버지라고 말한다. 그러나 그의 모든 성취에도 불구하고 원소 발견에 대한 그의 불타는 야망은 절대 실현되지 않았다. 1974년에 Lavoisier는 그의 활동 결과 때문에(세금징수원이었다) 프랑스 형명 중에 참수되었다.

Priestly는 화학에 대하여 여러 가지로 다른 것을 많이 기여했다. 그는 Leeds에서 목사직에 있을 때 이웃 양조장에서 우연히 발효부산물로 방출되는 “고정 공기”(fixed air)라는 기체 또는 이산화탄소를 가지고 연구하였다. 그에게 제공된 기회를 이용하여 그는 곧 이 기체를 물에 스며들게 만드는 방법을 발견하고 짜릿한 맛이 나고 물방울이 생기고 대단히 매력있는 음료수를 발견했다. 그 음료수는 현재 소다수라고 알려져 있다. 이 발견과 함께 그는 당연히 근대 청량음료산업의 아버지라고 부를 수 있다(그가 Coke 또는 Pepsi를 좋아한다면 사람들은 대단히 놀랄 것이다!). 그는 또한 그 호흡공기(이산화탄소)는 곧 동물 생명의 유지에 오래 사용하는 것이 부적절하고 이러한 공기는 녹색식물을 성장시켜 본래 상태로 회복할 수 있다고 처음으로 인정했다.

1794년에 그의 정치적 그리고 종교적 신념 때문에 생긴 어떤 특별히 불유쾌한 사건 후에 Priestly는 미국으로 이민갔다. 그는 Lavoisier가 프랑스에서 참수되기 일주일 전에 영국을 떠났다. 그는 Pennsylvania의 Northumberland에 정착하고 일산화탄소를 발견하였고 또한 한 대통령 후보로 입후보하려고 생각하였고 중앙집권론자의 의견을 많이 주장하였다. 그의 집과 실험실은 현재 모두 관람하게 보존하고 있다. 1874년에 많은 화학자들이 Nothumland에 모여 그의 산소 발견 100 주년을 축하하고 미국화학회 창립을 위한 기반을 쌓았다.

존재, 제조, 성질 그리고 용도

자연적으로 생기는 산소 동위원소는 표 10.1에 나열되어 있다. 그 존재 %는 서로 다른 출처에 따라 변한다. 원소의 원자질량 정확도는 이 변화에 따라 약간 제한되지

표 10.1 안정한 산소 동위원소

표시	기호	질량, amu	존재 %	존재 % 범위
산소 16	$^{16}_{8}O$	15.994915	99.763	
산소 17	$^{17}_{8}O$	16.999134	0.037	0.035–0.041
산소 18	$^{18}_{8}O$	17.999160	0.200	0.188–0.209

만 그럼에도 불구하고 산소의 원자질량은 국제 순수 및 응용 화학연맹(International Union of Pure and Applied Chemistry, IUPAC)이 새로운 표준으로 탄소-12를 채택한 1961년까지 다른 원소의 비교표준으로 사용하였다.

산소는 지구 껍질과 대양에 가장 풍부한 원소이다. 대기는 현재 21% 산소를 포함하지만 이것은 항상 일정하지 않았다. 새로 생성된 지구의 본래 대기는 매우 적게 산소를 포함하였다. 현재 대기의 모든 산소는 생물학적 활동, 즉 여러 식물계에 의하여 진행된 광합성 작용[식 (10.1)에 표시]을 통하여 생긴 결과이다:

$$6CO_2(g) + 6H_2O(l) \xrightarrow{h\nu} C_6H_{12}O_6(s) + 6O_2(g) \qquad (10.1)$$

Priestly에 의하여 녹색식물은 생명을 유지하는 공기의 성질을 회복할 수 있다고 이미 200년 전에 산소순환과정의 기본 아이디어와 광합성을 인정한 것은 중요하다. 부수적으로 산소-18을 추적자로 사용하여 2원자 산소의 두 산소는 물에서 나오고 이산화탄소에서 나오지 않은 것을 증명하였다. 광합성은 당연히 복잡한 다단계 반응이고 그 반응은 식 (10.1) 보다 중요한 많은 것을 포함한다는 것을 의미한다.

공업적으로 산소는 보통 분별증류하여 액체 산소로부터 분리하여 제조한다. 액체 질소와 산소의 끓는점은 각기 −195.8과 −183.0 ℃이고 그로 말미암아 질소는 처음에 끓어 제거되고 대부분 산소(그리고 약간의 아르곤도 함께)는 뒤에 남는다. 산소는 일반적으로 액체로 저장하여 수송한다(고속도로에서 액체산소 탱크 트럭을 주의해서 본 경우가 있는가?).

산소는 실험실에서 일반적으로 다음 식 (10.2)처럼 염소산포타슘($KClO_3$)을 분해하여 만든다:

$$2KClO_3(s) \xrightarrow[MnO_2]{\text{열}} 2KCl(s) + 3O_2(g) \qquad (10.2)$$

이 반응은 보편적으로 1학년 화학실험 과정에서 이용하지만 별도의 폭발시험은 그러한 환경에서 제외하여야한다. 이러한 방식에 의한 산소제조는 크게 주의해야 한다. 더 안전한 방법은 식 (10.3)처럼 산성 과산화수소용액을 과망간산 포타슘과 함께 온화하게 산화하여 제조한다;

$$5H_2O_2(aq)+2MnO_4^-(aq)+6H^+(aq) \longrightarrow 5O_2(g)+2Mn^{2+}(aq)+8H_2O(l) \qquad (10.3)$$

산소가 우수한 산화제라는 것은 놀라운 것이 아니다(산화환원제와 산화환원반응의 정량적 취급은 다음 장에 있고 우리들의 상호연결 아이디어 연락망 중 한 성분으로 될 것이다). 문외한들이 보통 연소라고 말하는 것은 화학자들이 적절하게 산화라고 부른다. 가장 보편적 연소 중 하나, 즉 산화반응은 예를 들어 천연가스, 원유, 가솔린 등에서 발견된 탄화수소의 연소이다. 탄화수소의 완전 연소 또는 산화반응 생성물은 바로 이산화탄소와 수증기이고 그것은 가솔린의 한 성분인 헥세인(hexane)에 대한 식 (10.4)과 같다.

$$C_6H_{14}(l) + \frac{19}{2}O_2(g) \xrightarrow{\text{스파크}} 6CO_2(g) + 7H_2O(l) \tag{10.4}$$

석유를 완전 연소할 수 있다면 공기오염은 과거의 일이라고 오래 동안 생각하였다. 그러나 더 최근에 이산화탄소는 복사력(radiative forcing)의 주요한 인자로서 관련이 있다. 복사력은 앞의 장에서 설명했다. 이 과정과 그것의 가능한 환경적 결과는 10.6절에서 알 수 있다.

산소는 가장 중요한 공업적 화합물 중 하나이다. 산소는 규소, 망가니즈, 인, 황 등의 여러 불순물을 산화하여 선철을 강철로 변환하는 순산소과정(basic oxygen process, BOP)에 이용한다(용광로에서 직접 얻은 철은 “주괴”(pigs)라고 부르는 긴 직사각형 덩어리로 주조하여 사용한다). 산소는 또한 여러 유기화합물의 제조, 호흡 보조제(예를 들어 산소텐트), 로켓 추진제, 산소기류 중에서 메테인, 옥시수소, 옥시아세틸렌 토치 등에 사용한다. 산소-메테인 토치[식 (10.5)]는 일반적으로 과학 실험실에서 사용하는 붕소규산 유리를 녹일 때 사용하고 여러 금속의 절단과 용접에 사용한다. 옥시아세틸렌[식 (10.6)]은 훨씬 고온에 도달하고 건축업에서 사용한다:

$$CH_4(g) + 2O_2(g) \longrightarrow CO_2(g) + 2H_2O(g) \tag{10.5}$$

$$2C_2H_2(g) + 5O_2(g) \longrightarrow 4CO_2(g) + 2H_2O(g) \tag{10.6}$$

10.2 물과 수용액

지금까지 우리는 주기율, 유일성 원리, 대각성 효과, 비활성-쌍 효과, 금속-비금속 경계선(그림 8.19)을 우리들의 상호연결 아이디어의 연락망에 포함하였다.

물은 틀림없이 가장 중요한 산소화합물, 즉 가장 주요한 산화물이다. 산소의 구조와 성질의 이해는 화학뿐만 아니라 모든 자연의 이해에 중심이다. 인류는 거대하고 오래 지속되는 지식의 창고를 갖는다고 생각할 때 1760년대에 Cavendish 실험이 물은 수소와 관련이 있는 한 화합물이라고 증명할 때까지 여전히 물이 모든(비생명체) 물질을 구성하는 네 기본 원소(불, 흙, 공기, 물) 중 하나라고 보는 경향이 있었다고 지적하는 것은 하찮은 일이다.

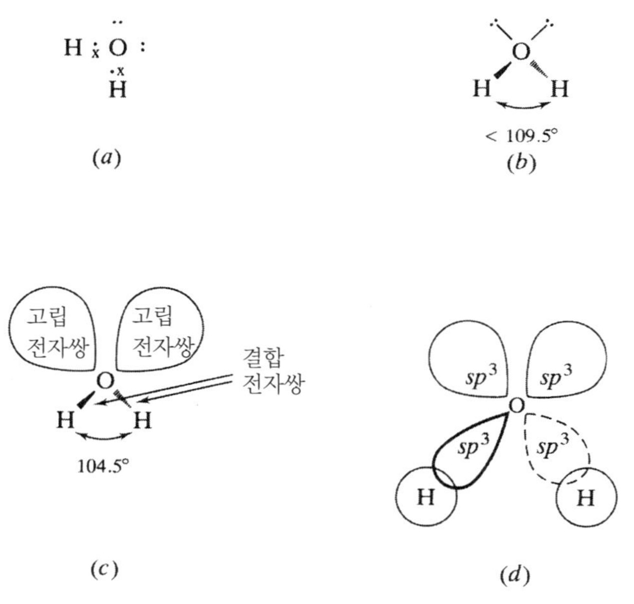

그림 10.1
물분자의 여러 결합 표시. (a) 산소원자 주위에 팔전자계를 보여주는 Lewis 구조. (b) 전자-전자 반발을 최소화하기 위하여 사면체로 배열된 산소 주위의 4 전자쌍을 갖는 VSEPR 이론의 표시. (c) 고립전자쌍은 넓게 퍼지고 결합전자쌍은 함께 H-O-H 결합각 이 109.5°C 에 서 104.5°C로 압축되게 만든다. (d) 산소 주위에 네 개 sp^3 오비탈을 보여주는 원잣가결합론의 표시. 이들 중 둘은 비결합전자쌍을 포함하고 나머지 둘은 결합쌍을 포함한다.

물 분자의 구조

이전의 과정을 통하여 각 물분자의 구조와 친밀하지만 그것은 여기에서 간단하게 다시 검토할 설명의 중심이다. 원잣가껍질 전자쌍반발 이론(VSEPR)으로 설명한 것과 같은 Lewis 구조, 즉 기하구조와 원잣가결합론(VBT)을 그림 10.1에 제시한다. 산소의 6 전자는 수소원자로부터 2 전자와 함께 배열하여 산소가 팔전자계를 이루는 친숙한 그림 10.1a의 Lewis 구조로 된다.

물이 굽은 분자라는 것은 모두 알고 있다(이것이 알려진 디음 얼마나 오래 되었는가? 그 해답은 약 80년뿐이다). 비선형 모양을 어떻게 설명할 수 있는가? Lewis 구조는 이용할 수 없다. 왜냐하면 Lewis구조는 전자에 대하여 설명할 수 있고 특수한 화학식을 합리적으로 설명하지만 모양은 예측하지 못한다. 빠르고 신뢰할 수 있는 분자 기하구조의 예측은 일반적으로 VSEPR이론을 사용하여 추정한다. 4 전자쌍(2 결합전자쌍과 2 비결합 또는 고립전자 쌍)은 그림 10.1b처럼 전자-전자 반발을 최소화하기위하여 사면체로 배열한다. 사면체의 기본적 109.5° 각도는 2 고립전자쌍의 존재 때문에 약간 압축되고 물의 H-O-H 결합각은 109.5° 보다 약간 더 작다. 한 핵에만 한정되는 고립전자쌍은 널리 퍼지는 경향이 있고 수소와 산소 핵의 두 핵에만 한정되는 결합 전자쌍보다 더 많은 부피를 차지한다. 그 결과로 생기는 104.5°의 실험적 H-O-H 결합각 배열을 그림 10.1c에 제시한다.

VBT이론에서 성분 원자의 원잣가오비탈 겹침을 그림 10.1d에 제시한다. 여기에서 산소의 한 2s와 세 2p 오비탈은 혼성화되어 네 sp^3 혼성 오비탈을 형성한다. 이러한 네 혼성 중에서 둘은 고립전자쌍을 포함하고 둘은 수소원자와 결합을 형성

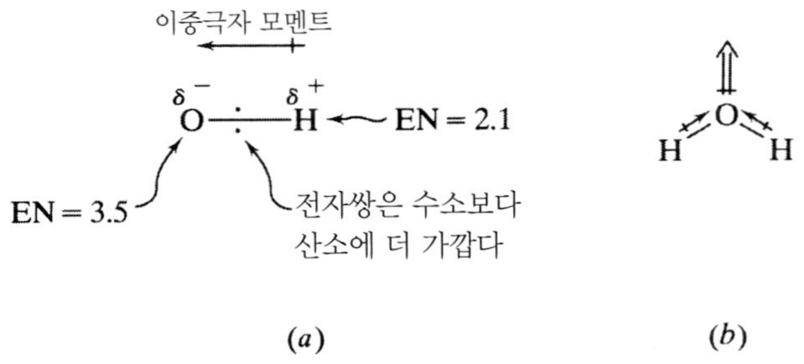

그림 10.2
(a) 상대적 전기음성도, 공유전자쌍 위치, 그 결과로 생기는 부분전하, 그리고 쌍극자 모멘트의 벡터 표시를 보여주는 O−H 결합. (b) 각기 두 O−H 쌍극자 모멘트들이 벡터로 합쳐 0 아닌 알짜 이중극자 모멘트를 생성하고 그러므로 극성분자를 생성한다.

하는 결합전자쌍을 갖는다. 다시 말해서 고립전자쌍은 결합전자쌍보다 더 공간을 점유하고 104.5°의 H−O−H 결합각으로 된다.

물은 극성 화합물이다. 산소 전기음성도는 수소 전기음성도보다 크므로 각 O−H 결합은 극성 공유결합이다. 즉 그림 10.2a처럼 전자쌍은 산소에 더 접근하여 산소원자에 부분 음전하(δ^-)를 띄게 만들고 수소원자는 상당하는 부분 양전하(δ^+)를 띄게 만든다. 결과적으로 생기는 결합 극성은 더 전기음성 원자를 향하는 화살표로 표시한다. 그러한 결합은 이중극자 모멘트라고 말한다. 즉 그 이중극자 모멘트는 양전하와 음전하 중심이 서로 다른 두 극에 또는 공간에서 두 극에 있다고 말한다. 따라서 O−H결합은 그림에 제시한 것처럼 산소로 향하는 이중극자 모멘트를 갖는다고 말한다. 물은 두 O−H 이중극자 모멘트가 벡터로 합해져서 그림 10.2b처럼 이중 화살표로 표시한 알짜 이중극자 모멘트를 생성한다. 그 분자가 직선형이면 각 두 결합의 이중극자 모멘트는 서로 취소되어 알짜 이중극자 모멘트는 0이 되고 그 분자는 무극성이다.

얼음과 액체 물

물분자들이 많이 모여(아보가드로수 만큼) 고체상, 액체상, 또는 기체상으로 존재하면 어떤 일이 생기는가? 이 문제에 해답하기 위하여 그림 10.3에 제시한 얼음구조의 생각으로부터 출발하겠다. 얼음의 각 물분자는 수소결합(토막선으로 표시)에 의하여 함께 붙잡혀있다. 다시 대부분 일반화학과정에서 설명하는 문제에 대하여 이야기하자. 극성 분자 사이에 분자간 힘을 쌍극자−쌍극자 힘이라고 부르는 것을 기억하라. 극성 분자들이 플루오린, 산소, 질소, 염소까지도 전기음성 원자와 공유결합한 수소를 포함하면 그러한 분자 사이에 쌍극자−쌍극자 힘은 수소결합(hydrogen bond)이라는 특별한 이름으로 표시하기에 충분하다(수소결합은 실제로 간단하고 매우 센 쌍극자−쌍극자 힘보다 상당히 더 영향을 준다. 수소결합은 분자오비탈의 두 전자들이 3 원자에 걸친 확장에 영향을 주는 것으로 알려져 있다. 이러한 소위 말하는 3-중심, 2-전자 결합은 일반적으로 13장에서 간단히 설명하겠

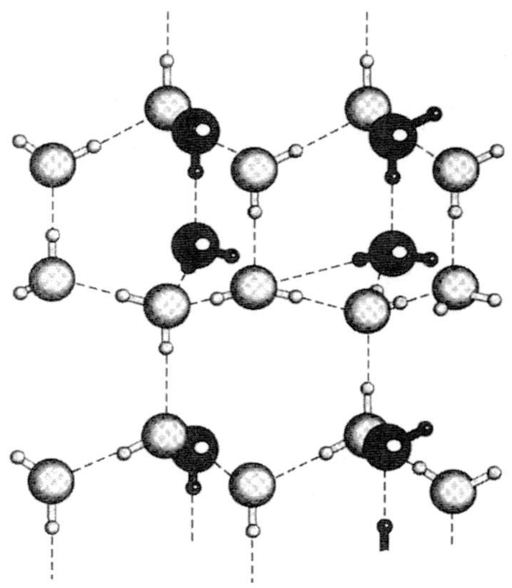

그림 10.3

얼음 구조. 수소결합은 토막선으로 표시한다(참고문헌 15).

지만 일반적으로 뒤의 과정에서 설명한다). H−X 결합을 갖는 분자 집합체의 경우에 그 분자 사이에 분자간 수소결합 세기는 X가 F일 때 가장 크고 F, O, N, Cl 순서로 감소한다. 약간 별나지만 효과적 암기방법을 소개하면 이것은 "FONCl" 규칙의 순서라고 말할 수 있고 FONCl규칙은 다음처럼 정의할 수 있다. 수소결합은 H−X 결합(여기에서 X = F, O, N, Cl)을 갖는 분자 사이에 생기고 그 세기는 F, O, N, Cl 순서로 감소한다.

각 물분자의 굽은 구조와 직선형 또는 거의 직선형 수소결합 H···X−H(여기에서 X는 물의 O)의 성질은 매우 큰 육각형 모양의 구멍 특성을 갖는 얼음구조로 된다. 한 예로서 그림 10.4에 제시한 눈송이 모양은 분자수준에서 이러한 전체적 육각 대칭을 나타낸다. 얼음이 녹을 때 약간의 물분자는 얼음구조에서 분해되어 육각구멍을 채워 밀도가 얼음보다 큰 액체 물(얼음 녹는점에서)로 된다. 이러한 액화도중에 밀도 증가는 대단히 특이하다(이러한 밀도차이는 물의 상평형그림에서 고체-액체 평형선이 특이한 음수 기울기로 되고 또한 흔하지 않지만 피규어스케이팅, 아이스하키, 얼음낚시와 같은 운동의 인기도 상승에 기여한다).

액체 물은 (1) 얼음 비슷한 클러스터(cluster)로 함께 결합한 수소와 (2) 자유 또는 수소가 아닌 결합의 분자 혼합물이라고 설명한다. 어떤 일정한 순간에 각 물분자는 어떤 클러스터의 중간에 있을 수 있고 한편 다음 순간에 그 동일한 분자는 다른 클러스터의 모서리에서 발견될 수 있다. 훨씬 더 뒤에 그 분자는 어떤 클러스터에서 "자유"상태로 될 수 있다. 그 액체를 통하여 빠르게 움직이는 이러한 클러스터 모델은 때때로 **액체 물의 깜박거림 클러스터 모델**(*flickering cluster model of liquid water*)이라 알려져 있고 그것을 그림 10.5에 제시한다. 클러스터 수는 클러스터마다 분자수와 함께 온도증가에 따라 감소한다. 어떤 클러스터는 물의 증기상에서도 존재한다.

그림 10.4

분자 수준에서 얼음구조를 나타내는 한 눈송이와 비슷한 육각형 모양(참고문헌 27).

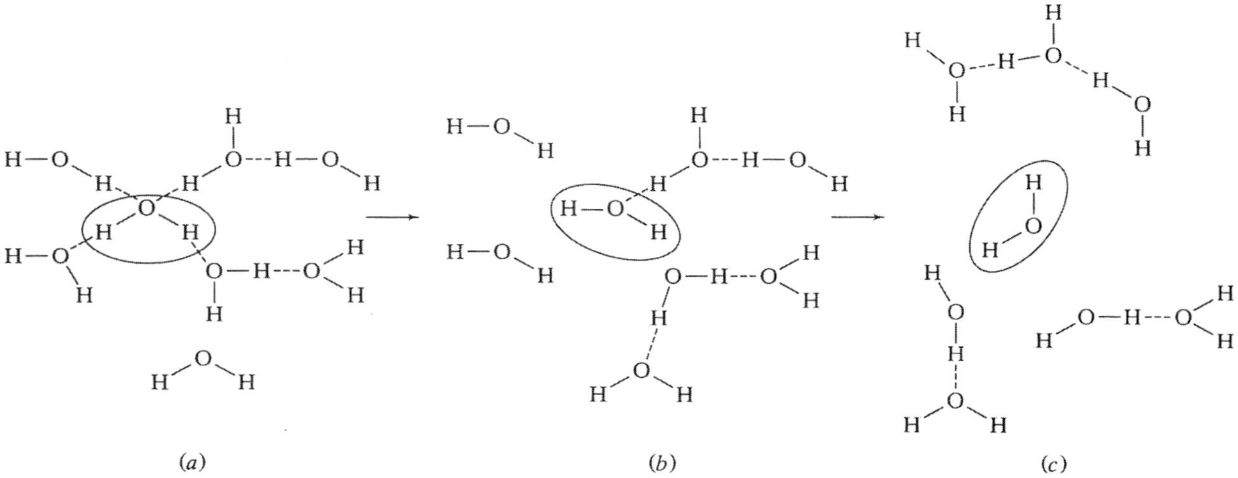

(a) (b) (c)

그림 10.5

액체 물의 깜박거림 클러스터 모델. 일정한 물분자는 (a) 시간 t_1에서 한 클러스터의 중간에 있고, (b) 시간 t_2에서 다른 클러스터의 모서리에 있고, (c) 시간 t_3에서 자유상태에 있다. 여러 물분자들은 한 순간으로부터 또 다른순간으로 공간에서 비교적 고정되어있다. 실제로 여기에 나타낸 것보다 더 이동한다(이동하고 회전한다).

수소결합은 여러 분자간 힘 중에서 가장 세다. 이러한 결합의 분해는 다른 종류의 분자간 힘보다 많은 에너지가 필요하고 그로 말미암아 물은 비정상적으로 큰 용융열, 증발열, 열용량을 갖는다. 그 밖에도 그림 10.6에 제시한 여러 수소화물의 끓는점에 관한 특이한 수소결합 효과의 표시에 이미 친숙할 것이다. 물, 암모니아, 플루오르화수소처럼 비정상적으로 큰 끓는점을 갖는 것은 모두 그 액체를 기체로 변환할 때 분해할 필요가 있는 수소결합의 존재 때문이다. HCl 끓는점도 예상보다 약간 더 높다. 그것은 FONCl규칙 중에 Cl이 포함된 것을 지지하는 사실 때문이다.

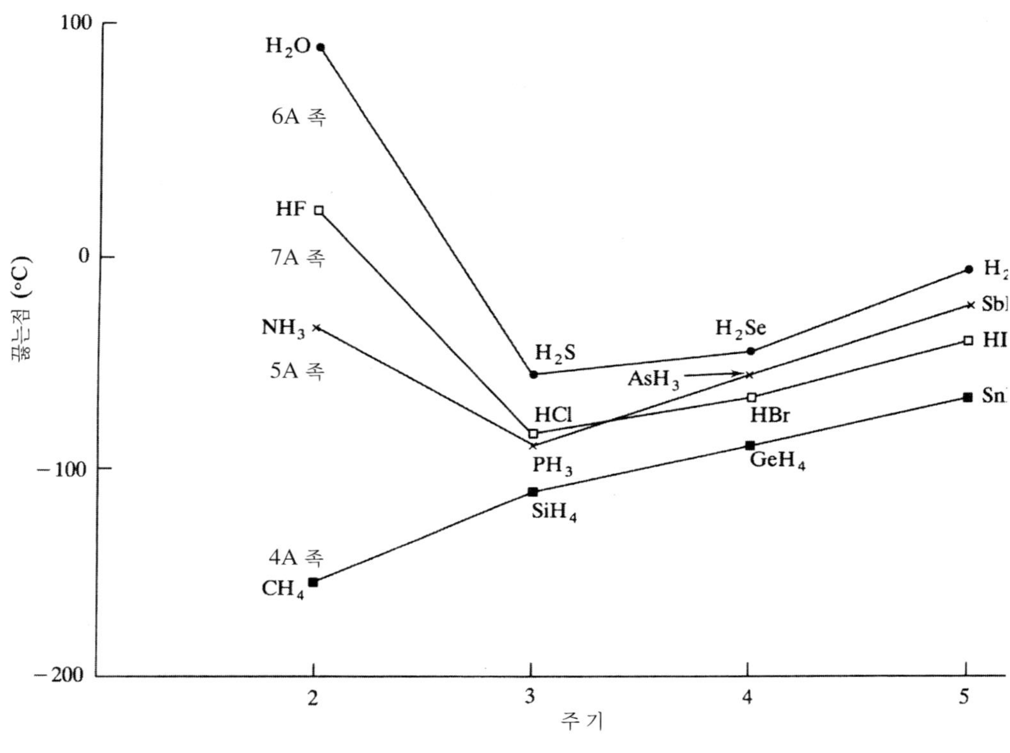

그림 10.6

4A족, 5A족, 6A족, 7A족 원소의 수소화물에 대한 끓는점. HF,H_2O, H_2S, NO_2, SO_2의 끓는점은 분자량만 기본으로 할 때 예상한 것보다 높은 것에 주목하라.

물에 대한 물질의 용해도

Priestly는 그의 이전에 알 수 없던 대단히 많은 기체의 제조에 왜 성공하였는가? 이 장의 처음 절에서 Priestly 이전에 아려진 보통 공기, 즉 이산화탄소와 수소만 가지고 그의 연구를 시작한 것을 기억하라. 한편 Priestly에 의하여 물에는 녹고 때때로 이용한 액체 수은에 녹지 않는 것으로 판명된 여러 기체를 발생하고 수집하여 특성을 알아낼 수 있었다. 이것은 물이 대단히 많은 물질에 왜 좋은 용매인가 그리고 물에서 여러 용질의 용해도 특성을 어떻게 합리적으로 설명하는가의 문제에 대하여 생각하게 유도한다.

여러 공유결합성 용질의 용해도를 예상하는 일반규칙은 친숙한 "비슷한 것은 비슷한 것을 녹인다"(like dissolves like)이다. 극성 용질은 극성 용매(물과 같은)에 녹고 무극성 용질은 무극성 용매에 녹지만 극성은 무극성에 녹지 않고 그 반대도 참이다. 이것은 왜 그러한가? (앞의 장에서 여러 중수소화반응을 설명할 때 무엇이 생기는 가에 관하여 힌트를 주었다.) 수소결합은 센 분자간 힘을 갖는다. 그리고 용질이 물분자와 수소결합, 센 이중극자-이중극자 힘, 또는 이온-이중극자 상호작

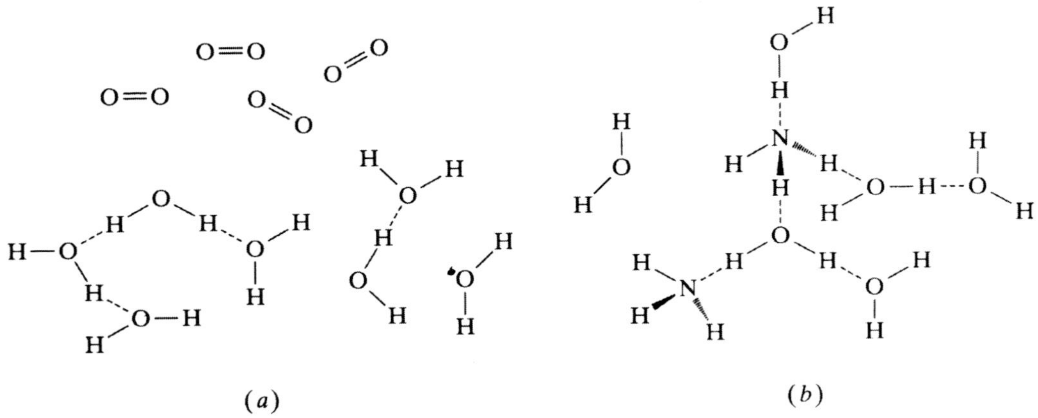

(*a*) (*b*)

그림 10.7

(a) O_2 분자의 상대적 난용성. (b) 액체 물에서 NH_3 분자의 용해도. O_2는 물분자와 수소결합하지 않고 NH_3는 수소결합을 한다.

표 10.2 물에서 보통 이온성 용질의 몇가지 일반적 용해도 규칙

1. 모든 1A족 (알칼리금속) 수산화물(LiOH, NaOH, KOH, RbOH과 $Cs(OH)_2$는 녹는다. 2A족 (알칼리토금속) 수산화물 중에서 수산화바륨[$Ba(OH)_2$]은 녹고 수산화칼슘[$Ca(OH)_2$]은 조금 녹는다. 그 나머지 모든 수산화물은 난용성이다.
2. 염화물(Cl^-), 브롬화물(Br^-), 요오드화물(I^-)을 갖는 대부분 화합물은 녹는다. 그 예외는 Ag^+, Hg_2^{2+}, Pb^{2+}이온을 갖는 화합물이다.
3. 대부분 황산염은 녹는다. 황산칼슘($CaSO_4$)과 황산은(Ag_2SO_4)은 약간 녹는다. 황산바륨($BaSO_4$), 황산 수은(II) ($HgSO_4$), 황산납(II) ($PbSO_4$)은 불용성이다.
4. 질산(NO_3^-), 염소산(ClO_3^-), 과염소산(ClO_4^-) 이온을 갖는 모든 화합물은 녹는다.
5. 모든 탄산염(CO_3^{2-}), 인산염(PO_4^{3-}), 황화물(S^{2-}), 아황산염(SO_3^{2-})은 암모늄(NH^{4+})와 알칼리금속을 제외하고 난용성이다.
6. 모든 암모늄(NH^{4+}) 화합물은 녹는다.
7. 모든 알칼리화합물은 녹는다.

R. Chang, *General Chemistry*, 3d ed., McGraw-Hill, New York, 1988, p. 456

용 등을 형성할 수 없으면 각 물분자는 함께 결합하여 용질분자를 배제한다. 그 상항은 그림 10.7에서 산소와 암모니아 기체를 이용하여 예로 증명할 수 있다. 그림 10.7a에서 무극성 산소분자는 극성 물분자와 수소결합할 수 없고 그러므로 다른 것과 결합하지 않고 수소결합에 의하여 결합한다. 산소분자는 배제되고 그 기체는 그러므로 비교적 난용성이다. 그림 10.7b에서 암모니아분자(당신은 NH_3 구조를 증명할 수 있어야 한다.)는 극성이고 물과 수소결합에 참여할 수 있다. 따라서 암모니아는 물 구조에 들어가고 그러므로 물에 녹는다.

고체 용해도는 약간 더 영향이 크다. 무극성 고체는 예상한 것처럼 극성 물에 잘 녹지 않는다. 이온성 고체를 포함하는 극성 고체는 보편적으로 수용성이라고 예상

그림 10.8

물과 염화소듐 결정격자 절단면의 상호작용. 양이온과 음이온은 그 격자로부터 분리되어 물 구조로 들어간다. 수화 소듐과 염화물 이온은 각기 $Na^+(aq)$와 $Cl^-(aq)$라고 표시했다.

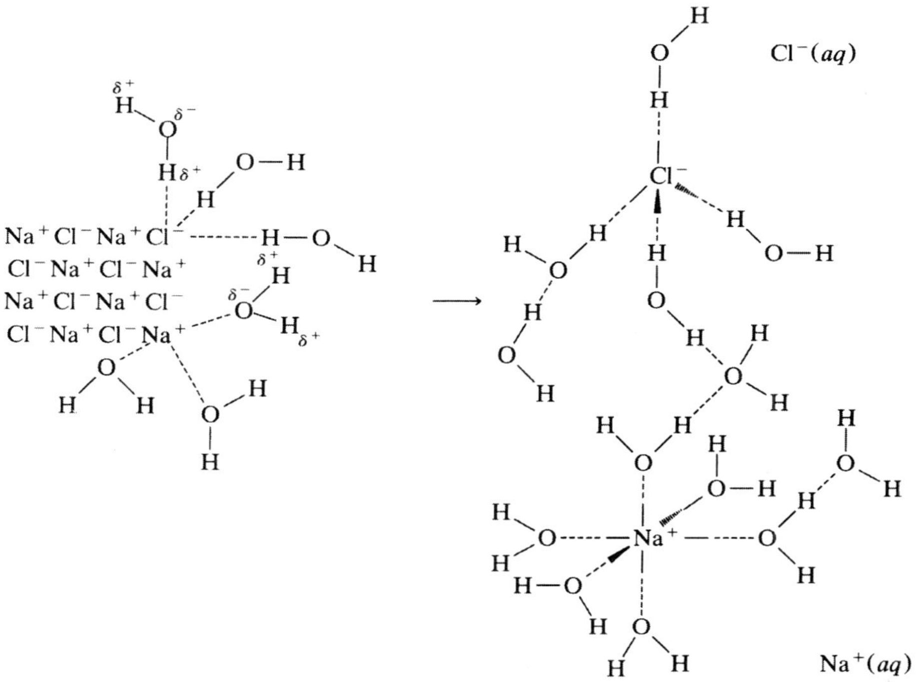

$$NaCl(s) \xrightarrow{H_2O} Na^+(aq) + Cl^-(aq)$$

한다. 그 경우는 그렇지 않다. 이온성 고체의 용해도는 고체에 있는 이온격자의 분해에 필요한 예상하기 어려운 에너지(격자에너지)와 이온들이 물분자와 회합 또는 수화반응할 때 방출된 에너지(수화에너지)의 균형에 의하여 결정된다. 이러한 두 에너지는 전하밀도[식 (7.2)와 8.2절]에 의존하지만 그들 사이에 균형은 대단히 민감하고 그것의 상세한 것은 무기화학보다 물리화학의 영역이다. 그러나 고체들이 물에 녹고 어느 것이 녹지 않는 것에 대하여 어떤 느낌을 갖는 것은 중요하다. 표 10.2는 마음에 간직할 몇 가지 지침을 제공한다.

이온성 고체를 물에 녹일 때 어떤 일이 생기는가? 대표적 예로서 그림 10.8처럼 염화소듐이 녹는 것을 생각하자. 고체 NaCl은 소듐과 염화 이온이 교대로 나타나는 규칙적 배열 또는 결정격자의 형태로 있다(결정격자에 관한 상세한 점은 6장을 보라). 물분자는 그 물분자의 부분 양전하 수소원자와 그 격자의 모퉁이에서 염화 음이온이 정렬하여 염화물과 그것의 이웃 소듐 양이온 사이에 이온상호작용을 극복한다. 염화물 음이온은 수화되고, 즉 물분자에 의하여 둘러싸이고 그 자리는 물 구조 안에 있다고 생각한다. 그 격자의 또 다른 모퉁이에서 소듐 양이온은 그 양이온을 향한 물 분자의 부분 음전하 산소 끝이 물분자에 의하여 마찬가지로 끌어당긴다. 수화 소듐 이온도 물 구조 안으로 들어간다. NaCl의 경우에 소듐과 염화 이온이 물분자로 둘러싸일 때 방출된 수화에너지는 함께 염화소듐 결정을 유지하는 격자에너지의 극복에 필요한 에너지(그리고 아마 더 클 것이다)와 경쟁해야한다.

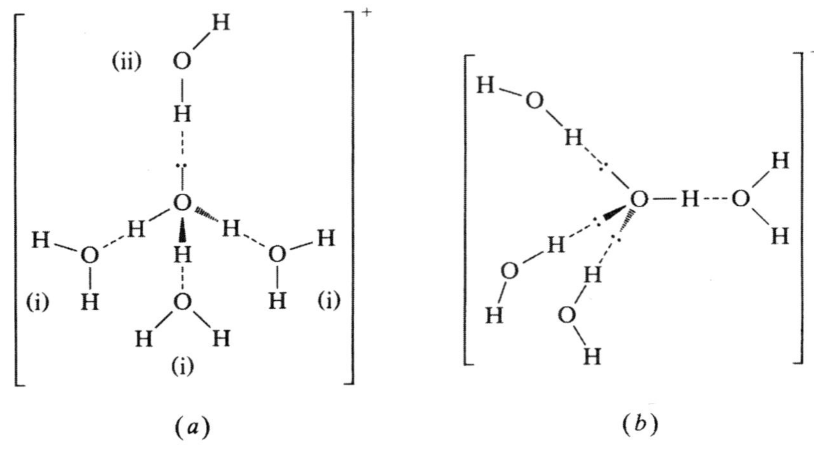

그림 10.9

수화된 (a) 하이드로늄(H_3O^+)과 (b) 수산화(OH^-) 이온. (i)라고 표시한물분자는 때때로 하이드로늄 이온과 함께 분리되어 $H_9O_4^+$ 화학식의 양이온을 형성한다.

물의 자체-이온화

물과 수용액의 성질에 관한 설명을 끝내기 전에 자체-이온화(self-ionization)를 설명해야한다. 산과 염기의 Brønsted-Lowry 정의는 각기 양성자의 주개와 받개에 관한 것이라는 것을 기억하라. 물은 양쪽성이다. 즉 식 (10.7)처럼 물은 산이나 염기로 작용한다.

$$\underset{\substack{\text{양성자 받개}\\(\text{염기})}}{H_2O} + \underset{\substack{\text{양성자 주개}\\(\text{산})}}{H_2O} \xrightarrow{H^+} H_3O^+(aq) + OH^-(aq) \tag{10.7}$$

물은 양성자 주개(산) 또는 양성자 받개(염기)로 작용할 수 있다는 것에 주목하라. 그림 10.9처럼 그 결과로 생기는 하이드로늄이온(H_3O^+)과 수산화이온(OH^-)은 소듐 및 염화 이온과 비슷한 방식으로 수화된다.

식 (10.7)은 대략 1.0×10^{-14}(298 K에서)의 평형상수(가끔 K_w라고 표시한다)이고 간단한 산−염기 계산은 순수한 물에서 $[H_3O^+] = [OH^-] = 1.0 \times 10^{-7}\ M$의 결과로 된다. 그것은 당연히 실온에서 물의 pH($-\log[H_3O^+] = -\log[H^+] =$ 7.00이다. 그러므로 식 (10.7)은 보편적으로 일반화학에 나타난 pH척도의 기본이다. H_3O^+이온 농도를 증가하는 물질은 7보다 적은 pH를 생성하고 그것은 산이다. 하이드로늄 이온농도를 감소 또는 수산화이온 농도를 증가하는 물질은 7보다 큰 pH를 생성하고 그것은 염기성이다. 작은 K_w 값은 자체-이온화 과정이 매우 적은 정도로만 일어나는 것을 나타낸다. 순수(pure water)에 몇 하이드로늄 이온이 있는가를 평가하는 또 다른 방법은 순수의 물분자 농도가 55.6 M이라는 것을 아는 것이다; 그러므로 모든 하이드로늄 이온마다 ($55.6/1.0 \times 10^{-7}$ =)556×10^6 또는

556백만 물분자가 있다.

약간 다른 형태의 식 (10.7)을 볼 수 있다. 때때로 물의 자체-이온화는 식 (10.8) 처럼 표시할 수 있다.

$$H_2O \longrightarrow H^+(aq) + OH^-(aq) \tag{10.8}$$

이것은 용액 중에서 실제로 무엇이 일어나는가에 대한 속기표시법이다. 수용액에는 수소이온이나 알몸(bare) 양성자가 홀로 존재하지 않는 것에 주목하라. 9장에서 공유결합성 수소화물을 고려할 때 이것에 대하여 설명했다. 알몸 양성자의 전하밀도(그리고 그로 말미암아 생기는 편극력)는 대단히 크므로 존재하는 물분자와 공유성 결합을 형성한다. 그 결과는 H_3O^+이고 또는 어떤 것은 훨씬 더 복잡하다. HBr과 $HClO_4$ 같은 센 산 용액으로부터 $H_5O_2^+$, $H_7O_3^+$, $H_9O_4^+$ 양이온들이 분리되었다. 이들은 하이드로늄 이온과 함께 분리되는 그림 10.9a에서 (i)라고 표시한 종류의 세 물분자 중 하나에 상당한다. 때때로 수용액에서 산 화학종의 표시에 H_3O^+를 가끔 사용한다. 그러나 과감하게 간소화한 것처럼 보이는 것(H^+)까지도 이해하는 것이 중요하다.

10.3 수용액에서 산화물과 수산화물의 산-염기 특성

산화물: 상호연결 아이디어의 연락망으로부터 일반적 기대

산소는 헬륨, 네온, 아르곤, 크립톤을 제외한 모든 원소와 화합물을 형성한다. 산소는 할로젠, 은과 금 같은 귀금속, 그리고 몇 가지 영족기체를 제외한 모든 원소와 직접 반응한다. 그림 10.10은 주족원소의 주요한 이성분(binary) 산화물을 보여준다. 상호연결 아이디어의 연락망(9장)과 수소화물(9.5절)에 관한 이전의 설명으로부터 기대하는 것처럼 산화물에서 만나는 대단히 많은 결합종류의 변화를 발견하는 것은 놀라운 것이 아니다. 그림 10.10이 나타내는 것처럼 금속 산화물은 이온성 산화물이고 한편 비금속 산화물은 분리해서 존재하는 공유결합성 분자 기체와 액체이다. 더 무거운 비금속과 준금속 산화물은 공유결합성 중합 고체로 되는 경향이 있다. 전이금속 산화물은 때때로 비화학량론적 고체라고 알려져 있다(비화학량론적 화합물 종류에 대한 더 이상의 설명은 6.5절을 보라).

거꾸로 우리들의 상호연결 아이디어의 연락망을 그 산화물에 대하여 무엇을 적용할 수 있는 것으로 기대하는가? 우선 유일성 원리에 관하여 생각하라. 게다가 이 점에 대하여 우리들의 제한된 경험도 산소화합물은 고도의 공유결합의 특성과 π 결합 쪽으로(산소의 d 오비탈 아닌 p 오비탈을 경유하여) 증가되는 경향성을 설명한다. 비활성-쌍 효과에 근거하여 더 무거운 3A족, 4A족, 5A족, 6A족 원소들은 족

그림 10.10

이성분 산화물의 분류

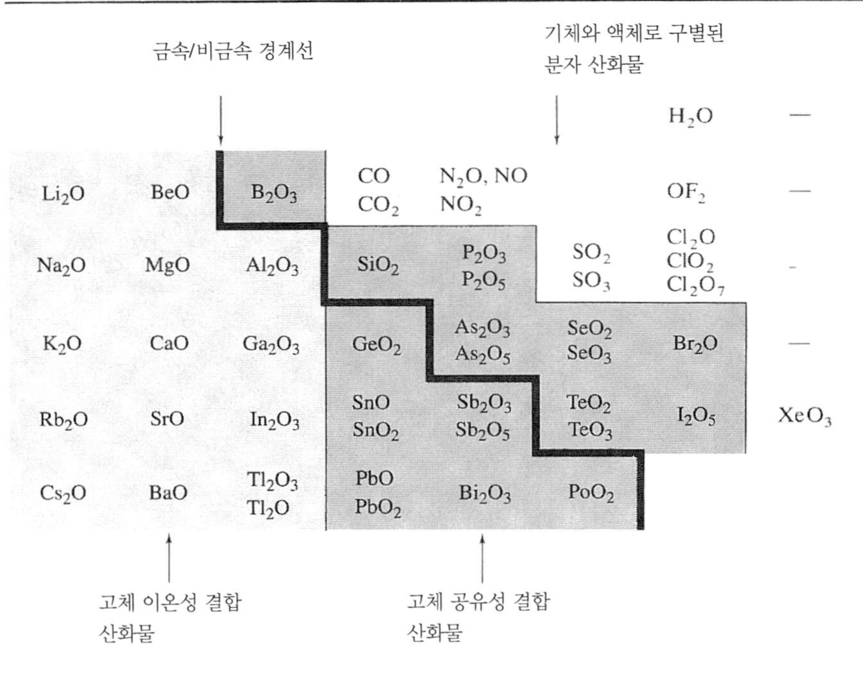

의 수보다 2 적은 산화상태를 형성하는 경향이 있는 것을 기대한다. 마지막으로 그림 10.10처럼 산화물의 여러 성질과 수용액에서 산화물의 산-염기 성질에 관한 다음 절의 설명은 금속-비금속 경계선의 위치와 강력한 상호관계가 있을 것이라고 아는 것은 놀라운 것이 아니다. 많은 부분에서 산화물에 관하여 상세한 것은 11~18장에서 발견되는 주족원소의 족에 관한 설명에 남겨놓는다.

수용액 중에서 산화물(산성과 염기성 무수물)

산화물화학 중에서 가장 중요한 것 중에서 하나는 그들의 산-염기 성질이다. 여러 산화물은 **염기성 무수물**이나 **산성 무수물**(*acidic* 또는 *basic anhydride*)이다; 즉 그들은 염기 또는 산에 상당하는 것으로부터 물을 제거하여 형성된 화합물이다. 그림 10.10과 10.11 화합물은 이온성 화합물이 일반적으로 염기성 무수물이고 한편 공유결합성 산화물은 일반적으로 산성 무수물이라고 제시한다. 몇 가지 준금속 산화물은 양쪽성 무수물이고 상항에 따라 산이나 염기성으로 작용할 수 있다. 따라서 일정한 주기, 예를 들어 제3주기를 나열하면 다음처럼 순서있는 산-염기 특성의 진행이 발견된다:

$$Na_2O \quad MgO \longrightarrow \quad Al_2O_3 \quad \longrightarrow SiO_2 \quad P_2O_5 \quad SO_3 \quad Cl_2O_7$$

염기성 양쪽성 산성

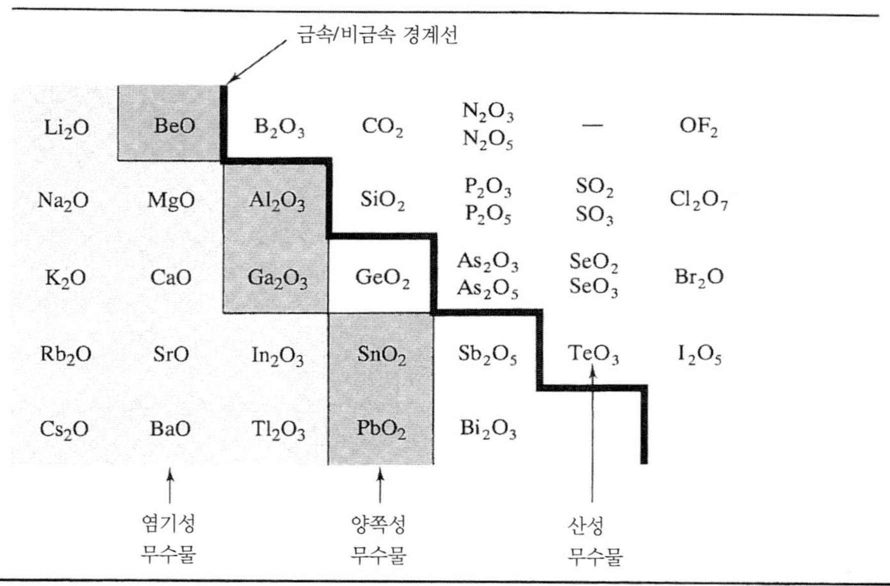

그림 10.11

염기성, 양쪽성, 산성 무수물로서 산화물

이온성 산화물은 산화이온 O_2^-의 존재로 특성을 나타낸다. 그 산화이온은 H^+처럼 수용액에서 홀로 존재할 수 없다. 산화물과 물분자 사이에 반응을 식 (10.9)에 제시한다.

$$:\ddot{\underset{\cdot\cdot}{O}}:^{2-} + \overset{\delta+}{H} \wr \overset{\delta-}{O} \diagdown \overset{\delta+}{H} \longrightarrow 2\ :\ddot{\underset{\cdot\cdot}{O}} - H^- \qquad (10.9)$$

2-전하 산화물은 물분자의 부분 양전하 수소원자를 갖는 한 결합을 공격하여 한 결합을 형성한다. 계속되는 O−H 결합의 분해(그 결합에서 불연속을 표시했다)는 두 수산화 이온을 생성한다. 식 (10.9)에 대한 평형상수는 10^{22}보다 크므로 이 반응은 훨씬 오른쪽에 있다. 예로 산화 소듐을 예로 들면 이온성 산화물과 물의 전체 반응은 식 (10.10)으로 표시한다:

$$Na_2O(s) + H_2O(l) \longrightarrow 2NaOH(aq) \longrightarrow 2Na^+ + 2OH^-(aq) \qquad (10.10)$$

그 과정을 생각하는 한 방법은 금속 산화물로부터 금속 수산화물로 연달아 일어나고 그 다음에 수용성 수산화물과 금속 이온으로 해리한다. 그것은 당연히 산화소듐이 염기성 무수물이고 수용액에서 염기성 수산화 소듐을 형성한다. 그림 10.12는 더 일반적 염기성 무수물과 그들에 상당하는 염기를 제시한다. 산화물에서 이온성질이 클수록 더 염기성이라는 것에 주목하라. 다음 절에서 금속 수산화물의 성질을 설명하고 그들이 왜 분리하여 수용성 금속 양이온과 수산화 음이온을 생성하는가를 공부하겠다.

비금속 산화물은 물과 반응하여 옥소산(oxyacid = *oxoacid*)이라고 알려진 화합물을 생성하고 그 산은 NM−O−H 단위를 갖는다. 여기에서 NM은 비금속이다.

그림 10.12

몇 가지 보편적 금속 산화물(염기성 무수물)과 그들에 상당하는 염기

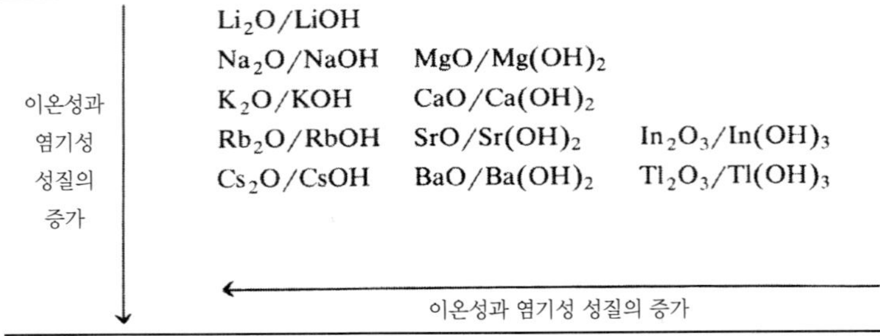

이온성과 염기성 성질의 증가 ↓	$Li_2O/LiOH$		
	$Na_2O/NaOH$	$MgO/Mg(OH)_2$	
	K_2O/KOH	$CaO/Ca(OH)_2$	
	$Rb_2O/RbOH$	$SrO/Sr(OH)_2$	$In_2O_3/In(OH)_3$
	$Cs_2O/CsOH$	$BaO/Ba(OH)_2$	$Tl_2O_3/Tl(OH)_3$

← 이온성과 염기성 성질의 증가

비금속 산화물은 일반적으로 극성 공유결합 특성을 갖고 금속산화물은 이온성 결합이다(옥소산의 정의; 대한화학회 무기화합물 명명법, 146쪽: 옥소산은 산소를 포함하고 적어도 한 다른 원소와 한 수소가 산소와 결합되어 있고 양전하 수소이온을 잃고 짝염을 생성할 수 있는 화합물). 일반적으로 식 (10.11)에 제시한 것처럼 한 물분자의 부분 음전하 산소원자는 부분 양전하 비금속 원자를 공격하고 동시에 그 산화물의 산소는 물의 수소원자 중 하나에 끌린다. 그 물의 O−H 결합 분해는 다음에 간단히 설명하는 것처럼 분리하여 상당하는 수용성 음이온과 하이드로늄 이온을 생상하는 한 옥소산을 생성한다.

$$\delta^-{:}\ddot{O}{:}\!-\!\delta^+NM + H\delta^+\!-\!\ddot{O}\delta^-\!-\!H \longrightarrow \underset{\text{옥소산}}{H\!-\!\ddot{O}\!-\!NM\!-\!\ddot{O}\!-\!H} \xrightarrow{2H_2O} NMO_2^{2-} + 2H_3O^+ \quad (10.11)$$

식 (10.12)는 비금속 산화물로서 삼산화황을 가지고 출발하는 특수한 예를 보여준다. 그 삼산화황은 옥소산으로서 황산을 생성하고 황산은 그 다음에 황산이온과 하이드로늄 이온으로 해리한다. 이 경우에 삼산화황은 황산의 산 무수물이다.

$$\underset{\text{삼산화황}}{\delta^-{:}\ddot{O}{:}\!-\!\delta^+S(=O)(O)} + H\delta^+\!-\!\ddot{O}\delta^-\!-\!H \longrightarrow \underset{\text{황산}}{(HO)_2SO_2} \quad (10.12a)$$

$$\xrightarrow{2H_2O} \underset{\text{황산 음이온}}{[SO_4]} + \underset{\text{하이드로늄 이온}}{2H_3O^+} \quad (10.12b)$$

B_2O_3 $B(OH)_3$ 또는 H_3BO_3 Boric acid (붕산)	CO_2 $CO(OH)_2$ 또는 H_2CO_3 Carbonic acid (탄산)	N_2O_3 $NO(OH)$ 또는 HNO_2 Nitrous acid (아질산)		
		N_2O_5 $NO_2(OH)$ 또는 HNO_3 Nitric acid (질산)		
	SiO_2 $Si(OH)_4$ 또는 H_4SiO_4 Silicic acid (규산)	P_4O_6 $HPO(OH)_2$ 또는 H_3PO_3 Phosphorous acid (아인산)	SO_2 $SO(OH)_2$ 또는 H_2SO_3 Sulfurous acid (아황산)	
		P_4O_{10} $PO(OH)_3$ 또는 H_3PO_4 Phosphoric acid (인산)	SO_3 $SO_2(OH)_2$ 또는 H_2SO_4 Sulfuric acid (황산)	Cl_2O_7 $ClO_3(OH)$ 또는 $HClO_4$ Perchloric acid (과염소산)

그림 10.13

몇 가지 비금속 산화물(산 무수물)과 그들에 상당하는 옥소산

그림 10.13은 몇 가지 비금속 산화물과 그들에 상당하는 옥소산을 보여준다.

양쪽성 무수물은 때때로 준금속 산화물이다. 산화물 그 자체는 때때로 물에 불용성이고 그것에 상당하는 수산화물은 산이나 염기로 작용할 수 있다. 수산화 알루미늄을 예로 식 (10.13)에 제시한다:

$$Al(OH)_3(aq) \begin{cases} \xrightarrow{+3H^+} Al^{3+}(aq) + 3H_2O \\ \xrightarrow{+OH^-} Al(OH)_4^-(aq) \end{cases} \tag{10.13}$$

수산화 알루미늄은 염기로(수소 이온과 반응할 때) 또는 산으로(수산화 이온과 반응할 때) 반응할 수 있다는 것에 주목하라. 이러한 양쪽성 물질에 대한 더 정확한 성질은 적절하게 그 족을 설명하는 장에 제시하겠다.

수용액 중에서 산화물의 산－염기 특성은 중요한 성질이다. 다음 장에서 이러한 성질을 일정한 족의 원소에 대하여 나열하겠다.

수용액에서 E－O－H 단위

앞에서 지적한 것처럼 금속과 비금속 산화물은 물과 반응하여 E－O－H 단위를 갖는 화합물을 생성한다. E가 금속(M)이면 그 단위는 염기로 반응하고 용액에 수산

그림 10.14

한 M−O−H 단위에서 물의 효과

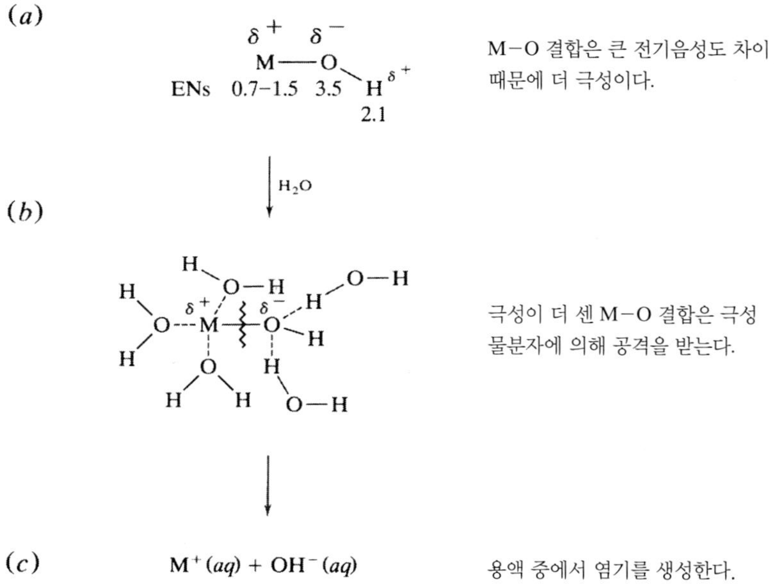

(*a*) M−O 결합은 큰 전기음성도 차이 때문에 더 극성이다.

(*b*) 극성이 더 센 M−O 결합은 극성 물분자에 의해 공격을 받는다.

(*c*) $M^+(aq) + OH^-(aq)$ 용액 중에서 염기를 생성한다.

화 이온을 방출한다: E가 비금속(NM)이면 하이드로늄 이온이 방출된다. 왜 이러한 차이가 있는가? E 원자의 성질은 그 단위가 산, 염기 또는 양쪽성의 여부를 결정하는가? 이것을 알기 위하여 그 단위 안에서 원자의 상대적 전기음성도를 상세하게 살펴볼 필요가 있다.

E가 금속일 때 상대적 전기음성도를 그림 10.14에 제시한다. (a)부분은 금속과 산소 사이에 전기음성도 차이가 더 커서 O−H 결합을 더 극성(적절하게 말하자면 유력한 이온성이라고 분류할 수 있는 정도로)으로 만든다. 큰 극성(이온까지도) 성질은 M−O 결합을 가로 건너서 더 큰 부분전하 기호를 만들어 표시한다. (b)부분에 표시한 것처럼 M−O 결합이 더 극성일수록 극성 물분자에 의해 더 공격받기 쉽다. 그리고 이것은 M−O 결합을 분해하여 (c)부분처럼 용액 중에서 수용성 금속 양이온과 수산화 음이온을 생성한다.

E가 음이온이면 그림 10.15는 이제 O−H 결합이 더 극성이고 물분자에 의해 우선적으로 공격받아 용액 중에서 옥소음이온과 하이드로늄 이온으로 된다.

E가 비금속이면 E−O−H 단위의 두 결합이 대략 같은 극성이고 어느 한 쪽이 상황에 따라 분해될 수 있다. 이 경우에 그 단위는 양쪽성이다.

상호연결 아이디어 연락망에 한 가지 추가

그림 8.19는 주기율표를 이해하기 위하여 시작한 8장에서 개발된 상호연결 아이디어의 연락망의 다섯 성분에 관한 요약을 제시한다. 금속 산화물의 염기특성과 비금속 산화물의 산성 특성 표시를 금속−비금속 경계선의 어느 한 쪽에 첨가하는 것과 각 경우에 E 성질의 함수로서 E−O−H의 분해도 표시한 것에 주목하라.

그림 10.15

NM-O-H 단위에 관한 물의 효과

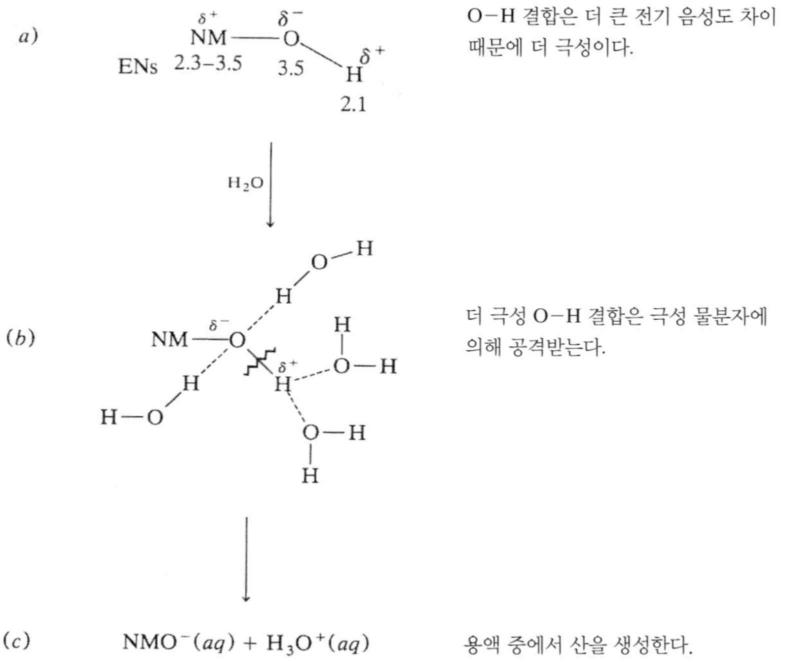

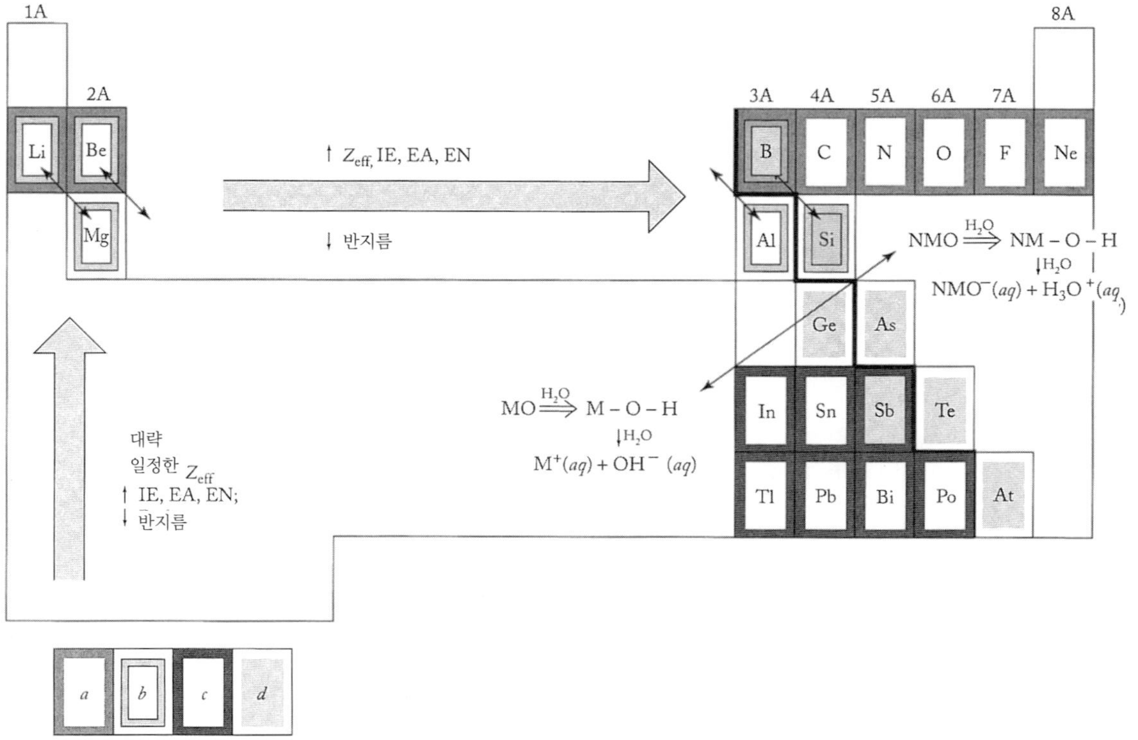

그림 10.16

상호연결 아이디어의 언락망의 여섯 성분. 본래 다섯 성분은 주기 특성의 경향성(유효핵전하, 반지름, 이온화에너지, 전자친화도, 전기음성도)을 표시하고 원소들은 (a) 유일성 원리, (b) 대각선 효과, (c) 비활성-쌍 효과, (d) 금속-비금속 경계선과 관련이 있다. 이것에 대하여 여섯째 성분, 즉 수용액 중에서 금속(M)과 비금속(NM) 산화물의 산-염기 특성을 추가한다.

10.4 수용액에서 옥소산과 수소산의 상대적 세기

옥소산

그림 10.17은 몇 가지 보편적 옥소산(oxoacid)의 구조를 보여준다. 앞의 절에서 이러한 화합물이 모두 NM−O−H 단위를 갖고 그 단위는 극성 물분자에 의하여 공격받아 산소와 수소 원자 사이가 분해된다. 이제 그들의 상대적 세기를 결정하는 두 가지 추가 인자를 공부하자. 이러한 두 인자는 (1) 중심원자의 전기음성도. (2) 중심 금속과 결합한 수산기(O−H)의 산소가 아닌 산소수이다.

중심원자의 전기음성도가 증가하면 이웃 원자로부터 전하밀도를 끌어당기는 능력도 증가한다. 주위 산소원자는 큰 전기음성도이므로 중심금속은 산소로부터 전하밀도를 끌어당길 수 없다. 그러면 그 전하밀도는 어디서 생기는가? 그 해답은 O−H 결합으로부터 생긴다. 수소원자(아마 수소원자들)는 비교적 전기음성도가 작고 그 분자에서 나머지 전기음성도가 더 큰 원자와 경쟁할 수 없다. 전자밀도는 O−H 결합으로부터 끌어당기므로 그 수소는 더 양성 부분으로 되고 그로 말미암아 O−H 결합은 더 극성이고 물분자에 의하여 더 공격받기 쉽다. 모든 이러한 것은 중심 원자의 전기음성도 증가에 따라 옥소산의 산 세기가 증가하는 결과로 된다. 예를 들어 황산은 셀렌산보다 센 산이고 인산은 비소산보다 센 산이고 과염소산은 과브롬산보다 센 산이다 (과브롬산의 정확한 산 세기는 잘 알려져있지 않지만).

수산기(O−H)의 산소가 아닌 산소의 수가 증가할 때 중심원자로부터 더 전자밀도를 끌어당겨 더 부분 양전하로 만든다. 다음에 중심원자는 이제 이용할 수 있는 근원으로부터만 즉 O−H로부터 전하밀도를 더 끌어당긴다. 다시 말해서 그 수소원자는 더 부분 양전하로 되고 O−H는 더 극성으로 되므로 그로 말미암아 물분자에 의해 더 공격받기 쉽다. 그 결과는 수산기(O−H)의 산소가 아닌 산소의 수가 증가할수록 옥소산의 세기도 증가한다. 예를 들어 산 세기는 하이포아염소산(HClO) $\longrightarrow$ 아염소산($HClO_2$) $\longrightarrow$ 염소산($HClO_3$) $\longrightarrow$ 과염소산($HClO_4$) 순서로 증가하고 아질산(HNO_2) $\longrightarrow$ 질산(HNO_3) 순서로 증가하고 아황산(H_2SO_3) $\longrightarrow$ 황산(H_2SO_4) 순서로 증가한다.

옥소산과 그것에 상당하는 염류의 명명법

(여기에서 설명하는 명명법은 영어 명명법이다. 한글 명명법은 대한화학회에서 발행한 무기화합물 명명법을 참고하라.)

이전의 과정에서 옥소산과 그들에 상당하는 염류의 명명법에 대하여 공부했어도 이름의 배열을 숙달하기에 상당히 또는 가끔 속을 썩인다. 분명히 이러한 명명법에 대한 계통적 공부는 도움이 될 것이다. 여기에 제시한 명명 시스템은 표 10.3에 나

그림 10.17

보통 옥소산의 구조

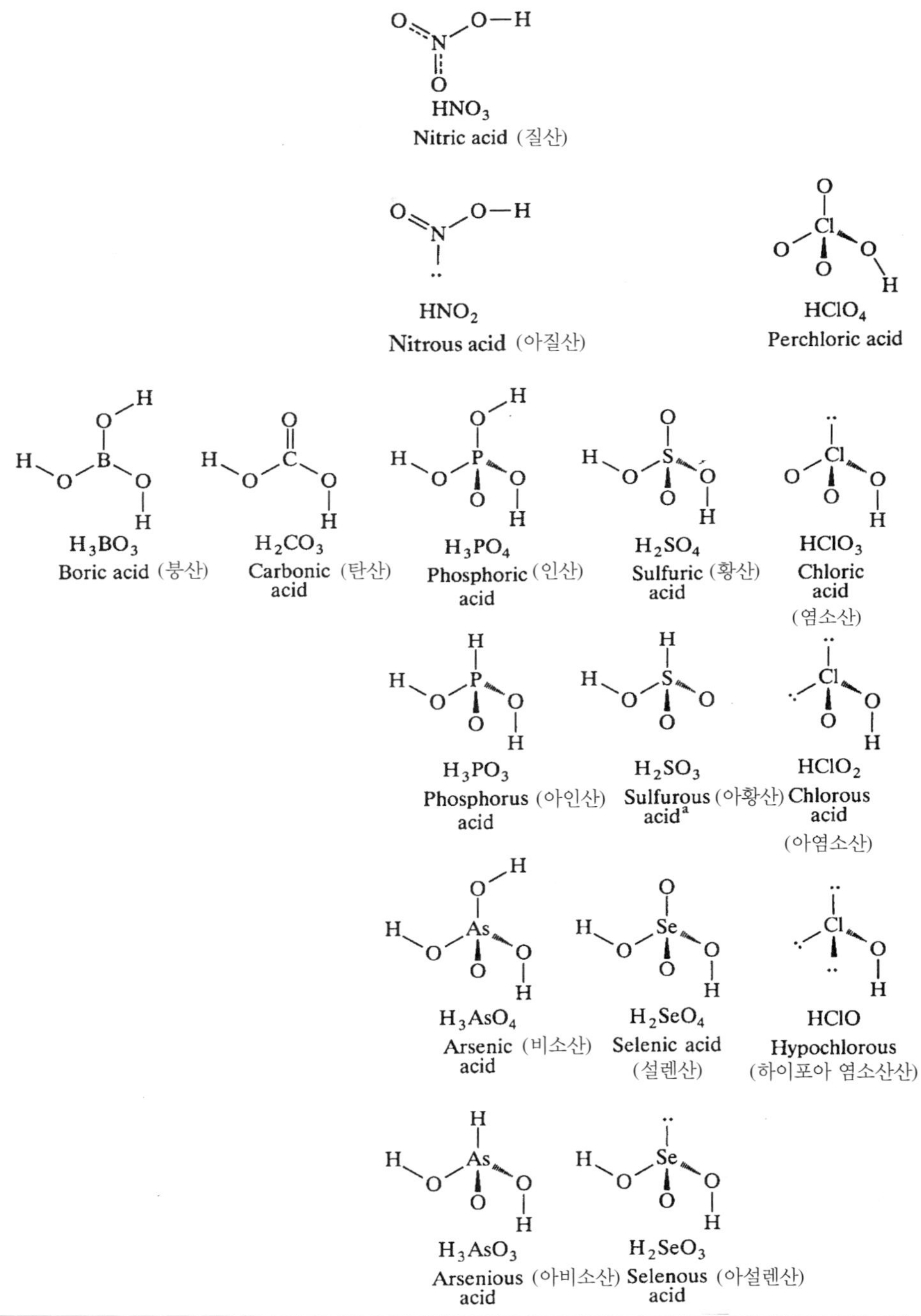

[a]아황산은 때때로 이산화황의 수화물이라고 더 정확하게 ($SO_2 \cdot H_2O$)라고 표시한다.

열한 "전형적 -ic acid"라고 부르는 것을 이용하여 시작하겠다. 이러한 다섯 가지 (질산을 계산에 넣으면 여섯 가지) 산은 철저하게 알아야하는 유일한 종류라는 것에 주목하라. 나머지 모든 보통 옥소산은 표에 제시한 규칙을 사용하여 명명한다. 이러한 규칙을 눈으로 보는 또 다른 방법은 그림 10.18에 제시한 명명법 "안내도"

에 있다. 염소산으로 시작하는 예를 들면 다른 염소-함유 옥소산은 그 안내도에 따라 명명할 수 있다. 염소산에 산소를 추가하면 과염소산($HClO_4$)으로 된다. 산소를 빼면 아염소산($HClO_2$)로 되고 그 다음에 하이포아염소산(HClO)으로 된다.

그 방법은 표 10.3에 제시한 어떤 원자단에서 중심 원자를 갖는 어떤 산에 대하여도 동일하다. 예를 들어 황산과 비슷한 H_2SeO_4는 셀렌산이다. 그리고 한 산소를 빼면 그것은 아셀렌산(H_2SeO_3)으로 된다. 염소산과 비슷하게 $HBrO_3$는 브롬산이다. 한 산소를 더하면 과브롬산($HBrO_4$)으로 되고 한 산소씩 빼면 아브롬산($HBrO_2$)과 하이포아브롬산(HBrO)으로 된다.

명명 시스템도 역시 상당하는 옥소산의 음이온(그리고 그로 말미암은 염류) 이름을 체계화한다. 그 음이온은 산으로부터 모든 수소이온을 제거하여 얻는다. 예를

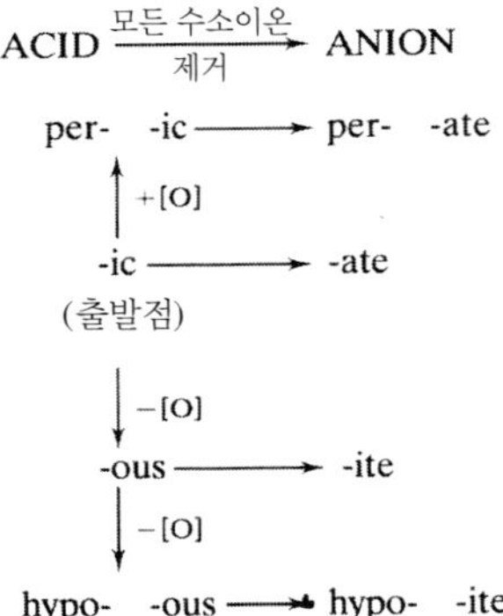

그림 10.18
옥소산과 그들의 염류에 대한 명명 안내도표

표 10.3 옥소산과 그들에 상당하는 염류의 명명 시스템

주기율표의 각 족에서 대표적 -ic acid				
3A	4A	5A*	6A	7A
H_3BO_3(붕산) Boric acid	H_2CO_3(탄산) Carbonic acid	H_3PO_4(인산) Phosphoric acid	H_2SO_4(황산) Sulfuric acid	$HClO_3$(염소산) Chloric acid

다른 옥소산의 명명규칙

1. 산(acid)에 한 산소 첨가: per …ic acid (과…산)
2. 산(acid)로부터 한 산소 제거: …ous acid (아…산)
3. 산(acid)로부터 두 산소의 제거: hypo …ous acid (하이포…산)
4. 주기율표의 동일한 족에서 모든 다른 유사한 산은 비슷하게 명명한다.

옥소산 음이온의 명명 규칙

1. -ic로 끝나는 산의 접미사는 그 음이온이 -ate로 끝나는 접미사를 갖는다.
2. -ous로 끝나는 산의 접미사는 그 음이온이 -ite로 끝나는 접미사를 갖는다.
3. 음이온은 모든 수소이온을 제거하여 얻는다.
4. 모든 수소이온을 제하지 않고 하나 또는 두 개를 제거한 음이온은 규칙 1에서 3까지를 사용하여 결정할 때 음이온 이름 앞에 표시한 나머지 수소의 수를 이용하여 명명한다. 두 수소이온 중 하나를 제거하면 그 음이온은 일반적으로 bi-접두사를 사용한다.

*HNO_3는 5족 중에서 그 나머지 산에 대하여 예외이고 질산이라고 부른다.

들어 탄산(H_2CO_3)에서 두 수소를 제거할 때 그 결과는 CO_3^{2-} 화학종으로 된다. 표 10.3에 설명한 것처럼 -ic 산은 -ate 음이온으로 되고 -ous 산은 -ite 음이온으로 된다. 당연히 CO_3^{2-}는 탄산 음이온으로 된다. 마찬가지로 NO_2^- 음이온을 명명하기 원하면 질산이라고 부르는 전형적 질소-함유 산의 HNO_3을 이용하여 시작한다. 그것에서 한 산소를 제거하면 아질산이라고 부르는 HNO_2로 된다. 그것에서 수소이온을 제거하면 아질산이온이라고 부르는 NO_2^-로 된다. 이전에 결코 보지 않은 화합물도 명명할 수도 있다. 예를 들어 IO_2- 이온을 무엇이라고 부르는가? 이 경우에 염소산이라고 부르는 그 원자단의 적절한 대표적 산을 가지고 시작하자. 그러므로 다음처럼 "미지의 화학종"을 향하여 계속해보자.

$$\underset{\text{염소산}}{HClO_3} \longrightarrow \underset{\text{요드산}}{HIO_3} \longrightarrow \underset{\text{아요두산}}{HIO_2} \longrightarrow \underset{\text{요드산 이온}}{IO_2^-}$$

그러므로 IO_3^-는 당연히 요드산(IO_2^-) 이온으로 된다.

명명법과 관련이 있는 다른 또 한 가지가 있다. 모든 수소이온을 제거하면 어떻게 되는가? 예를 들어 H_2CO_3에서 한 수소만 제거하면 HCO_3-를 생성할 수 있는가? 음이온을 명명하는 규칙은 이것을 수소탄산(hydrogen carbonate) 또는 중탄산(bicarbonate)이라 부르는 것을 표시한다(중탄산은 관용명이다). $H_2PO_4^-$는 한 수소이온을 제거하고 두 수소가 남아있는 인산이다. HPO_4^{2-}는 수소인산이다.

수소산

지금까지 산은 산소 원자를 함유한다고 생각했다. Lavoisier는 앞의 절에서 설명처럼 Priestly가 발견한 열소 없는 공기(탈플로지스톤 공기: dephlogisticated air)를 산소(oxygen, acid producer를 의미)라고 다시 명명했기 때문에 즐거웠다. 그러나 다른 산들은 산소를 포함하지 않는 것을 알고 있다. 그들을 수소산(*hydroacid*)이라고 부른다. 그림 10.19는 몇 가지 수소산과 그들의 K_a 값을 중심 원자의 반지름 및 전기음성도와 함께 제시한다. 수소의 전기음성도는 2.1이라고 기억하라.

주기율표의 왼쪽에서 오른쪽으로 수평이동할 때 산 세기는 어떤 일이 생기는가? 그림 10.19은 중심원자의 전기음성도 증가를 나타낸다. 이것은 H−X 결합이 더 편극되고 물에 의하여 더 공격받기 쉬운 원인 때문이다. 중심 원자의 크기는 크게 변하지 않고 중심원자 크기는 그 인자가 아니다. 그리하여 플루오르화수소산(HF)은 더 좋은 산이라 기대하고 실제로 그러하다.

일정한 족에서 밑으로 내려갈 때 산 세기는 어떤 일이 생기는가? 중심 원자의 전기음성도는 한 족을 밑으로 내려가면서 감소하고 H−X 결합은 덜 편극되고 물에 의하여 덜 공격받는다. 이것은 산 세기의 감소를 나타낸다. 그러나 중심 원자 크기는 한 족을 밑으로 가면서 크게 증가한다. 이것은 산 세기에 어떤 효과를 주는가?

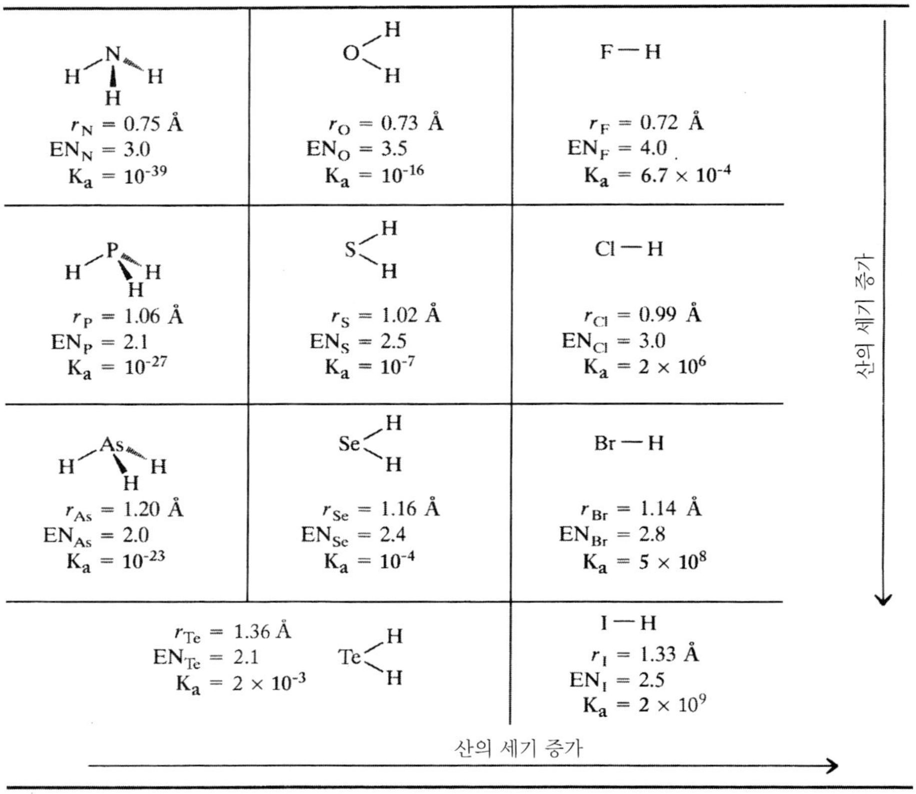

그림 10.19

보통 수소산의 산 세기

NH_3	H_2O	$F-H$
$r_N = 0.75$ Å $EN_N = 3.0$ $K_a = 10^{-39}$	$r_O = 0.73$ Å $EN_O = 3.5$ $K_a = 10^{-16}$	$r_F = 0.72$ Å $EN_F = 4.0$ $K_a = 6.7 \times 10^{-4}$
PH_3	H_2S	$Cl-H$
$r_P = 1.06$ Å $EN_P = 2.1$ $K_a = 10^{-27}$	$r_S = 1.02$ Å $EN_S = 2.5$ $K_a = 10^{-7}$	$r_{Cl} = 0.99$ Å $EN_{Cl} = 3.0$ $K_a = 2 \times 10^{6}$
AsH_3	H_2Se	$Br-H$
$r_{As} = 1.20$ Å $EN_{As} = 2.0$ $K_a = 10^{-23}$	$r_{Se} = 1.16$ Å $EN_{Se} = 2.4$ $K_a = 10^{-4}$	$r_{Br} = 1.14$ Å $EN_{Br} = 2.8$ $K_a = 5 \times 10^{8}$
	H_2Te $r_{Te} = 1.36$ Å $EN_{Te} = 2.1$ $K_a = 2 \times 10^{-3}$	$I-H$ $r_I = 1.33$ Å $EN_I = 2.5$ $K_a = 2 \times 10^{9}$

산의 세기 증가 (↓)

산의 세기 증가 (→)

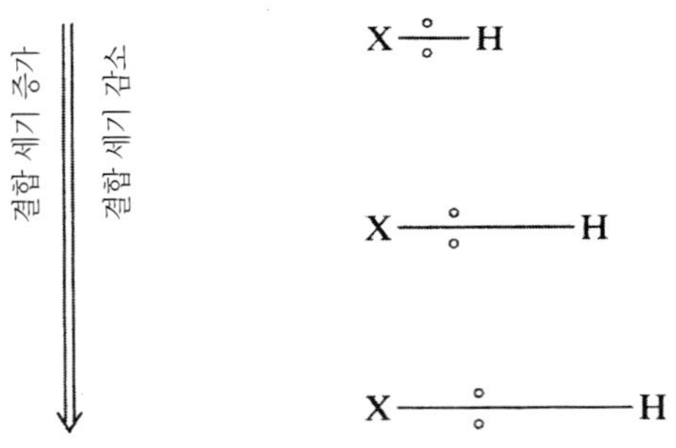

그림 10.20

한 족을 밑으로 내려가면서 H_2X 결합길이의 증가. 결합길이의 증가에 따라 결합세기는 감소한다. 왜냐하면 결합 쌍은 두 원자의 유효핵전하로부터 멀어지기 때문이다.

결합길이가 클수록 결합세기는 약해지는 것을 기억할 수 있다. 이것을 이해할 수 있는가? 그렇다. 왜냐하면 그림 10.20처럼 결합길이가 증가할 때 결합전자쌍은 두 원자의 유효핵전하로부터 멀어지고 그들을 함께 붙잡을 수 없다. 한 족을 밑으로 가면서 결합세기가 감소할 때 그 결합은 더 분해되기 쉽고 그리하여 더 센 산으로 된다. 전기음성도 감소 또는 반지름 증가 중에서 어느 것이 우선하는가? 그 해답은 반지름 증가라고 판명되었다. 유력한 효과는 족을 밑으로 내려가면서 산을 더 세게 만드는 결합세기가 감소하는 현상이다. 염산은 플루오르화수소산보다 센 산이고 황화수소(H_2S)는 물보다 센 산이다.

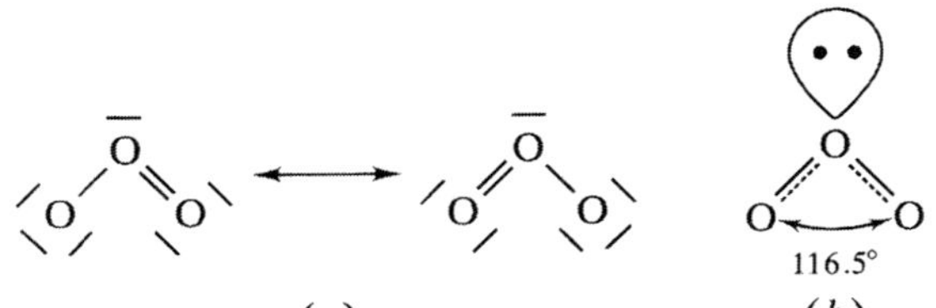

그림 10.21

(a) 오존 분자의 Lewis 구조는 두 공명구조를 포함한다. (b) VSEPR이론으로 설명할 때 공명혼성의 기하구조 120°보다 작은 O−O−O 결합각은 중심산소원자의 고립전자쌍 때문이다.

10.5 오존

동소체는 같은 원소로 형성된 서로 다른 분자형태이다. 이원자산소(O_2)는 가장 친근한 원소인 산소의 동소체이고 오존(O_3)은 대단히 중요한 두 번째 동소체이다. 오존은 Christian Schönbein에 의하여 1839년에 그의 실험실에서 전기장치에 의하여 생성된 특이한 냄새를 연구하기 시작할 때 발견되었다. 실제로 오존(*ozone*)이라는 말은 그리스말 ozein (to smell의 의미)에서 나왔다. 오존은 옅은 푸른색이고 자극성 냄새나는 약간 독성기체이고 지하철 근처에서, 천둥번개, 또는 전기장치 근처에서 쉽게 검출할 수 있다(0.01 ppm까지).

오존의 Lewis 구조는 그림 10.21a에 있다. 그 분자는 두 공명형태로 존재하는 것에 주목하라. VSEPR은 공명혼성의 기하구조를 설명한다. 그림 10.21b는 한 고립전자쌍의 존재 때문에 120°보다 작은 O−O−O 결합각을 갖는다.

오존은 식 (10.14)처럼 보통 이원자산소 중에서 전기방전하여 또는 자외선을 쪼여 만든다.

$$3O_2(g) \xrightarrow[\text{방전}]{\text{전기}} 2O_3(g) \tag{10.14}$$

오존은 안전하게 수송하기에 너무 반응성이 크므로 일반적으로 필요할 때 발생하여 만든다.

오존은 강력한 산화제이고 보통 이원자산소보다 강력하다. 예를 들어 수은은 O_2와 실온에서 큰 속도로 반응하지 않지만 오존은 식 (10.15)처럼 빠르게 반응한다.

$$3Hg(l) + O_3(g) \longrightarrow 3HgO(s) \tag{10.15}$$

실제로 이 반응은 오존에 대한 일반 시험의 기본이다. 왜냐하면 산화수은이 존재하면 액체 수은의 겉모양이 맑지 않고 유리관의 벽에 들어붙는다.

미국에서 오존은 수돗물 정제와 처리에 염소기체[$Cl_2(g)$]를 대치하려고 현재 고려 중에 있다(많은 유럽 국가들은 오존을 그러한 목적에 이미 사용하고 있다). 그 경우에 오존은 염소보다 두 가지 이점이 있다. (1) 오존은 여러 탄화수소와 반응하여 암과 관련있는 염소화 생성물[클로폼($CHCl_3$)와 같은]을 생성하지 않는다. (2) 오존은 염소처리한 수돗물에서 나오는 불유쾌한 맛과 냄새가 없다. 불리한 것은 가격이다. 오존은 표백, 탈색, 여러 시설의 보존제로도 사용한다.

오존은 1913년에 상층 대기권에서 발견되었다. 현재 "오존층"에 관하여 많은 토론이 벌어지고 있지만 이러한 것에 대한 표현은 약간 잘못되게 유도하고 있다. 성층권(지구 위의 15~ 50 km)에서 최고 오존 농도는 약 30 km에서 다만 12 ppm 정도이다. 이것이 겨우 한 "층"을 구성한다! 그 농도는 적지만 대단히 중요하다. 왜냐하면 성층권에서 오존의 형성과 분해 두 과정은 위험스런 태양 복사선을 많이 흡수하기 때문이다. 식 (10.16a)처럼 짧은 파장(240~260 nm) 자외 복사선이 이원자산소와 부딪쳐 일산소 원자를 생성할 때 오존이 형성된다. 그 다음 이러한 반응성 원자는 다른 이원자산소와 결합하여 식 (10.16b)처럼 오존을 형성한다. 오존의 분해도 역시 자외선의 흡수를 거쳐 완결되지만 이 때 식 (10.17)처럼 더 긴 파장(≤ 308 nm)이 필요하다.

$$O_2(g) \xrightarrow[(240-260\ \text{nm})]{\text{uv 빛}} 2O(g) \Big\}\ \text{오존형성} \tag{10.16a}$$

$$O(g) + O_2(g) \longrightarrow O_3(g) \}\ \text{오존형성} \tag{10.16b}$$

$$O_3(g) \xrightarrow[(\leq 308\ \text{nm})]{\text{uv 빛}} O(g) + O_2(g) \Big\}\ \text{오존파괴} \tag{10.17}$$

여기에서 발생된 산소원자는 식 (10.16b)의 반복에 의하여 훨씬 더 많은 오존을 생성할 수 있다. 또는 제 3의 M 존재에서 제 2의 산소원자와 충돌하여 식 (10.18a)처럼 이원자분자를 다시 형성한다(제 3의 M은 산소−산소 결합이 형성될 때 방출된 에너지를 운반한다). 다른 방법으로 산소원자는 오존분자와 충돌하여 식 (10.18b)처럼 이원자분자를 다시 형성한다.

$$M + O(g) + O(g) \longrightarrow O_2(g) + M^* \tag{10.18a}$$

(여기에서 $M =$ 제 삼의 물질)

$$O(g) + O_3(g) \longrightarrow 2O_2(g) \tag{10.18b}$$

이러한 여러 과정의 전체 효과는 (1) 다른 방법으로 지구표면과 충돌하는 자외 복사선의 흡수 그리고 (2) 성층권 오존농도의 알짜 변화가 없다는 것이다.

여러 화합물들이 오존을 분해할 수 있다. 그들의 알짜 효과에 대한 확인과 평가는 계속해서 토론하고 있다. 성층권 오존에 대한 주요한 위협은 (1) 발포제, 냉매, 용매, 에어졸 추진제 등으로 사용하는 클로로플루오로탄소(CFCs), (2) 살균제와 소화제(fire extinguisher)로 사용하는 브롬 화합물이다(성층권 오존 농도에 관한 이러한 화합물과 그들의 잠재적 효과는 7A족에 관한 17장에서 더 상세하게 설명하겠다).

오존은 우리들이 사는 대기권 부분의 대류권에서 보존되기 원하지만 그것의 생성물이 최소화되기를 원한다. 자동차 배출물에 대한 태양 복사선 반응의 결과로 생성된 광화학적 스모그(smog)는 대류권에서 오존의 주요한 근원이다. 광화학적 스모그에 대한 출처는 질소 산화물 화학에 근거를 둔다. 그러므로 5A족에 관한 15장까지 이 문제의 설명을 미루겠다.

10.6 온실효과와 지구 온난화

Lavoisier는 연소를 어떤 물질과 산소의 반응이라고 확인하였다. 연료와 같은 탄화수소의 완전 연소는 이산화탄소와 물을 생성한다. 연기와 검댕이 같은 입자를 설명하는 것이 아니라 여러 질소와 황의 산화물을 이용한 공기의 계속되는 오염은 미래의 자손에 중대한 문제를 발생할 수 있다고 오래 동안 알려져 왔다. 그러나 최근에 이산화탄소에 관하여 걱정하기 시작했다. 실제로 수송과 에너지 산업에 사용한 여러 오염방지 시설의 목적은 탄화수소 연료를 CO_2(그리고 수증기)로 완전하게 변환하는 것이다. 그러나 근년에 와서 이러한 기체와 기타 소위 말하는 온실가스(greenhouse gas)는 겨우 최근에 와서 진가를 알기 시작한 문제들이 제기될 수 있다는 것을 알게 되었다. 온실가스는 대기권에서 적외 복사선을 흡수하는 어떤 기체이다. 온실가스는 이산화탄소, 메테인, 아산화질소, 클로로플루오로탄소를 포함한다. 대기권에서 온실가스 농도의 증가는 잠재적으로 지구의 평균온도를 증가하는 것과 관련이 있고 그것은 **지구온난화**(*global warming*)라고 알려져 있다.

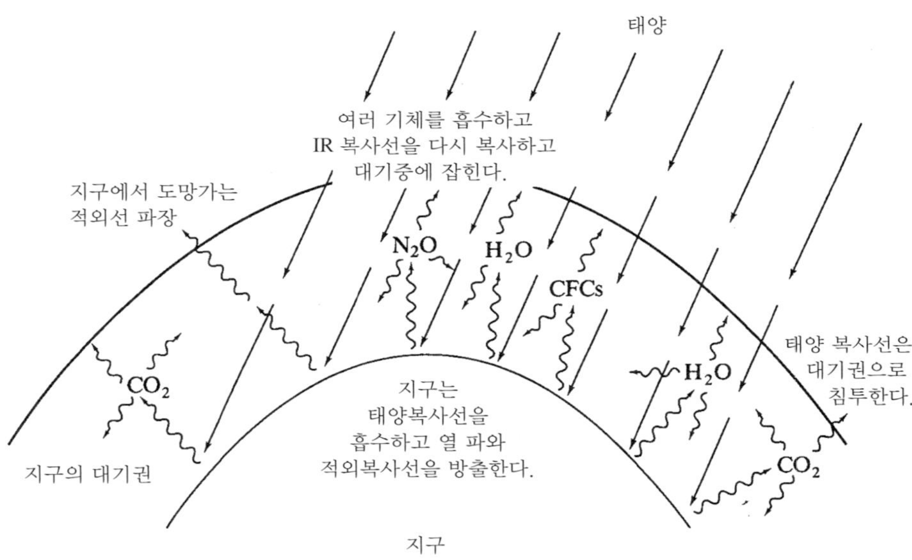

그림 10.22

온실효과. 태양복사선(직선 화살표)은 지구 대기권을 통하여 투과한다. 지구는 이 복사선을 흡수하고 적외선 파장을 다시 복사한다(파동 화살표). 여러 기체들은 적외선을 흡수하고 다시 복사하고 대기권에서 그 적외복사선의 일부분이 효과적으로 갇힌다(CFCs는 chlorofluorocarbon을 표시한다).

이러한 온실효과는 무엇이고 지구온난화와 어떤 관련이 있는가? 그림 10.22는 그 아이디어를 나타낸다. 태양 복사선은 대기권을 통해 침투하여 지구를 따뜻하게 만들고 보통 "열"이라고 부르는 적외선 진동수의 빛을 복사(radiative)한다. 여러 온실가스는 이 적외복사선을 흡수하고 그 다음에 대기권으로 산란한다. 일부분 적외복사선은 최후에 우주로 도망가지만 많은 부분이 온실에서 일어나는 것과 비슷한 과정으로 지구의 대기권에 갇힌다. 온실에서와 같이 입사하는 태양 복사선과 나가는 적외복사선 사이에 평형은 대기권을 기분이 좋을 정도로 따뜻하게 유지한다. 실제로 이러한 온실효과가 없으면 지구는 더 차가운 50~60°F로 될 것이라고 추정한다. 그 온도에서 지구에 있는 대부분 물이 얼음 형태로 있을 것이다. 그러나 인간 활동이 온실가스를 대기권에 첨가하면 어떤 일이 생기는가? 이것은 들어오는 태양 복사선과 나가는 적복사선 사이에 평형을 변화한다. 이러한 변화는 복사력(radiative forcing)이라 알려져 있고 그것은 단위마다 대기권을 통하여 밖으로 침투하는 적외복사선 감소는 대기권 내부의 온실가스를 증가한다고 정의한다. 온실가스 농도증가는 대기권에서 적외복사선을 더 많이 보존하고 그로 말미암아 지구를 온난화하는 복사력의 원인이라고 추정한다.

그러므로 이제 이산화탄소는 이전에 해롭지 않은 것처럼 보이는 것이 왜 아닌가의 실마리를 찾았다. 표 10.4처럼 CO_2는 온실가스 중에서 가장 중요하다. 나머지는 수증기, 메테인(CH_4), 아산화질소(NO_2), 클로로프루오로탄소(CFCs)를 포함한다. 표 10.4는 인간활동 때문에 생기는 주요한 원인, 평균 대기권 체류시간, 복사력 또는 대기권에 대한 추정 기여 등에 관한 적절한 자료를 보여준다. 또한 그 표에는 각 가스의 지구 온난화 퍼텐셜(global warming potential, GWP)이 있다. GWP는 대기권에서 온실가스의 농도와 평균체류시간과 함께 적외복사선을 흡수하고 산란

표 10.4 온실가스의 농도와 증가속도

온실가스	주로 인간에 의한 원인	평균대기 잔존시간 (year)	지구온난화 퍼텐셜 (GWP)	온실 온난화에 대한 추정 기여(%)
이산화탄소(CO_2)	연소, 벌목	50~200	1	55
메테인(CH_4)	벼를 경작하는 논, 가축 쓰레기 매립지, 석유와 가스 생산	10	11	15
일산화이질소(N_2O)	비료, 벌목, 산 합성	150	270	6
CFC-12(CCl_2F_2)	합성수지 거품용매, 전자회로 기판, 세척제	130	7100	11
CFC-11(CCl_3F)	냉동 압축기 유체	65	3400	7

표 10.5 온실가스의 농도와 증가속도

온실가스	평균농도 ppbv[a]	증가속도/year ppbv/yr
이산화탄소(CO_2)	355,000	2600
메테인(CH_4)	1,700	10~13
일산화이질소(N_2O)	310	0.6-0.9
CFCs(평균)	3(/염소원자마다)	~0.05

[a]ppbv = parts per billioon by volume

하는 한 기체의 타고난 능력을 계산에 넣어 결정한다. 표 10.4에서 이산화탄소의 GWP를 바탕선으로 취하고 임의로 1의 값에 놓는다.

표 10.5는 주요한 온실가스의 농도와 추정 증가속도를 보여준다. 여기에서는 나머지 기체들이 더 큰 GWP를 갖는 사실에도 불구하고 비교적 큰 농도 때문에 이산화탄소의 영향력이 매우 크다고 본다. 또한 이산화탄소 농도는 다른 기체보다 큰 속도로 증가하는 것에도 주목하라. 가장 큰 CO_2 근원은 석탄과 석유를 연소하는 전력시설, 수송, 산업이고 이 순서는 이산화탄소를 적게 생성하는 순서이다. 추정값은 변하지만 이산화탄소를 현재 속도로 대기권에 계속해서 쏟아 넣으면 지구의 평균농도는 20세기 말에 2~6°F 만큼 증가할 수 있다. 그 결과는 드라마틱하다. 가뭄(drought)은 이제 더 보편적 현상이다. 일기 패턴과 기후 지역은 크게 이동할 수 있다. 극 빙관(polar ice cap)은 일부분 녹아 수면을 높이고(대략 1~4 ft) 그것은 주요한 해안 도시와 낮은 지역의 국가들에 물난리를 초래한다.

지구 온난화는 실제로 어느 정도 시작되고 있는가? 또는 실제로 시작하였는가? 이 문제는 지난 십년간 많이 토론하였다. 그림 10.23은 118년간(1880~1998)에 걸친 북반구의 평균온도를 보여준다. 시대를 더 뒤로 거슬러 가면 이러한 자료는 덜 확실하다. 더 최근 값은 인공위성에 근거를 둔 기술의 발전 때문에 더 정확하다. 이러한 종류의 지료는 자연의 변동(±0.1°C 정도)에 속하는 특성을 갖지만 대륙과 해양의 평균온도는 지난 160년보다 약 0.4~0.8(0.7~1.5°F) 증가할 것으로 추정한다. 실제로 이것을 쓰는 1998년은 기록상에서 가장 따뜻한 해이고 다른 추산에 의해서도 지난 천년간의 기록에서 가장 따뜻한 해이다(1998년은 1997년 말과 1998년 초 동안에 일어난 el Niño 현상 때문에 불규칙하였다. 이러한 자료가 사실이라면 "지구는 온난화를 시작했는가"라는 질문에 대답할 수 있는가? 분명히 강제로 대답하게 만들 수 있다. 그러나 훨씬 더 많은 불확실성이 있다. 아마 이것을 읽을 때 그 해답이 더 분명하다는 것을 알 것이다).

대기권으로 방출되는 이산화탄소와 나머지 온실가스의 양을 어떻게 최소화할 수 있는가? 1997년 후반에 UN기후변화회의는 일본 교도에서 개최되어 약 160개

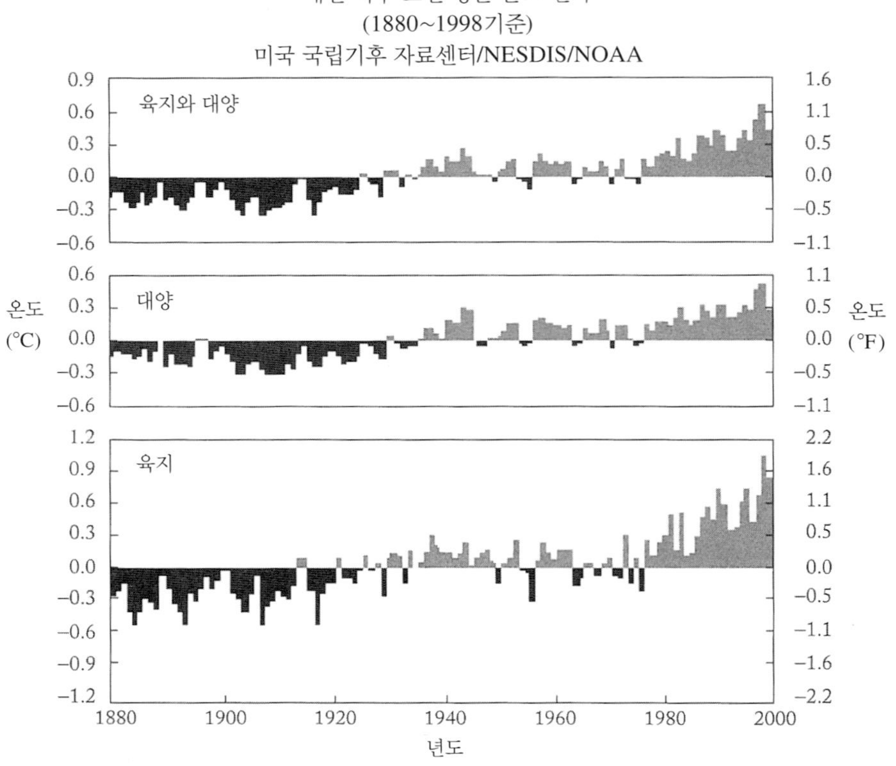

그림 10.23

년 평균 북반구 표면온도(1880~1998). 년 평균 표면온도는 장기평균값에서 뺀 값에 대하여 점시했다(1880~1998). 세계의 다른 지역에서 표면온도는 비슷한 경향성을 나타낸다.

국이 이산화탄소와 나머지 온실가스 배출의 감소에 관한 의정서를 인준하였다(지금은 "교도의정서"라고 부른다). 이것은 개발도상국과 개발국이 모두 논쟁 속에서 합의하였고 이 책을 쓸 때까지도 미국은 인준하지 않았다. 이산화탄소의 방출을 감소하는 가장 확실한 조처는 우리들이 소비하는 화석연료, 특히 석탄과 석유 양의 감소이다. 그들의 사용을 크게 감소하는 문제는 중대한 문제를 야기하고 아마 세계의 경제를 중대한 쇠퇴의 길로 던져버릴 것이다. 화석연료의 사용을 크게 감소하는 대체물은 무엇인가? 한 기지는 원자력에서 멀어지는 경향을 되돌리는 것이다. 미국은 근년에 핵 대체물의 속행을 취소했다(1974년 이후에 주문한 모든 발전소를 취소하거나 건설 중에 포기하였다). 아마 새로운 세대는 이러한 공백을 메우기 위하여 더 안전한 핵시설이 필요할 것이다. 다른 두 가지 대체물은 수소경제 및 핵융합(9.5절을 보라)과 태양력 및 지열과 같은 다른 에너지원을 함께 연구와 개발을 촉진하는 것이다. 마지막으로 또 다른 대체물은 몇 세기에 걸쳐 일어났고 지난 십년간에 촉진된 막대한 벌목을 바꾸어 놓는 것이다. Priestly가 터득한 것처럼 나무와 기타 식물들은 오늘날 우리들이 알고 있는 식 (10.1)의 광합성이라는 과정을 통하여 이산화탄소를 흡수한다. 열대우림은 약 4천만 에이커/년의 속도로 없어지고 있다. 농경을 시작한 이후에 전체 수목의 목록이 절반으로 되었다고 추정한다.

논쟁이 계속된다. 복사력 또는 지구온난화는 아직도 유지하고 있는가? 우리는 실제로 확실하게 알지 못한다. 어떤 전문가는 대기권으로 이미 과량 CO_2를 충분히 방출하여 (이미 존재하는 자연 수준에 더하여) 크게 온도를 증가한다고 말한다. 아마 다른 반대 메커니즘이 있을 것이다. 예를 들어 훨씬 많은 이산화탄소의 양이 대양에 흡수될 수 있다. 또는 아마 대기 중에 훨씬 더 많은 양의 수증기는 지구로부터 약간 태양 복사선의 반사를 막는 더 무거운 구름을 생성한다. 이직 그러한 문제를 운명에 맡기는 것은 바보스럽다. 사막은 약 천오백만 에이커/년 속도로 생성되고 있다. 그것을 **사막화**(*desertification*)라고 한다. 대기권에서 이산화탄소의 양은 크게 증가했고 계속해서 증가하고 있다. 이전에 설명한 신뢰할 수 있는 증거에 의하면 지구는 140년 전보다 현재 평균 약 1°F 더 따뜻하다고 지적한다. 1990년대의 십년 동안에 기록상으로 가장 따뜻한 1998년과 함께 나란히 한 기록의 년도를 보여주고 있다.

우리는 정보가 필요하다. 우리는 이러한 잠재적 문제에 관한 불침번을 유지하기 위하여 화학자, 생물학자, 지질학자, 환경과학자들이 필요하다. 이 책을 쓰는 순간에 지구 온난화가 시작된 여부를 논의할 수 있지만 환경의 감지와 잠재적 대체 어너지원의 개발은 계속해야한다. 그 사이에 인구문제가 생길 수 있다. 놀라운 속도로 수목을 써버리면 이 세상에 대단히 많은 사람들이 있기 때문에 더 많은 이산화탄소를 대기권으로 보낸다고 여러 사람들이 설명한다. 인류들이 결국 잠재적 지구 온난화 문제를 취급하는 한 방법은 인구증가의 경향이 줄거리라는 것을 알아야한다. 아마 "우리는 적을 만나고 그것이 바로 우리다"라고 말한 Walter Kelly의 잘 알려진 풍자역 Pogo의 유명한 말을 알게 될 것이다.

연습문제 PROBLEMS

10.1 Priestly에 의하여 산소 기체를 발생한 방법을 표시하는 반응식을 쓰라. 그는 산소가 이원자분자라는 것을 알지 못한 것에 주목하라. 이것은 1860년 일차 국제 화학회의 때까지 최종적으로 확인하지 못하였다.

10.2 Priestly에 의하여 호흡 공기는 곧 동물생명의 유지를 위하여 사용하기에 더 이상 적당하지 않지만 이렇게 써버린 공기는 성장하는 녹색식물에 의하여 회복될 수 있다고 지적하였다. 그가 관찰한 것을 간단히 설명하라; 설명하는 과정에서 한두 반응식을 사용하라.

10.3 Priestly는 산화질소(NO)를 사용하여 "좋은"공기 또는 만족스런 산소라고 부르는 것을 시험했다. 산화질소는 무색 기체이고 산소와 결합하여 적갈색 이산화질소(NO_2)를 형성한다. "탈플로지스톤 공기"(dephlogisticated air)는 "보통 공기"보다

4 혹은 3 배 많은 이산화질소를 생성한다. 그것의 이유는 무엇인가? 해답의 부분에 반응식을 쓰라.

10.4 Stahl 시대에도 금속이 녹슬 때 금속의 무게가 증가하는 것을 알았다. 플로지스톤 이론을 안다 가정하고 플로지스톤 원소의 질량에 관하여 어떻게 결론을 내릴 수 있는가?

10.5 가장 오래 사는 산소의 방사성 동위원소는 ^{15}O이고 그것은 β^+ 방출을 거쳐 붕괴하고 반감기는 124 s이다. 이 붕괴과정에 대한 핵반응식을 쓰라.

10.6 산소-15는 헬륨-3 입자로 산소-16을 포격하여 만들고입자 방출을 수반한다. 이 과정에 대한 핵반응식을 쓰라.

★10.7 표 10.1에 제시한 존재 백분율을 사용하여 산소의 평균 원자량을 계산하라. 당신의 결과를 주기율표에 나열한 결과와 비교하라.

★10.8 이원자 질소의 끓는점($-195.8\,°C$)은 이원자 산소의 끓는점($-183.0°C$)보다 왜 작은가를 간단히 설명하라.

10.9 펜테인(C_5H_{12})의 완전연소에 대한 반응식을 쓰라.

10.10 철과 강철 사이에 차이는 무엇인가를 간단히 설명하라. 철을 강철로 변환에 사용하는 산소의 기능은 무엇인가? (힌트: 이 문제에 대답하려면 사전, 백과사전, 또는 인터넷의 자문을 받을 수 있다)

10.11 다음 분자와 이온에 대한 분자 기하구조(대략 결합각을 포함하여)를 보여주는 (i) Lewis 구조와 (ii) 도표를 그려라. (a) NH_3 (b) SO_3 (c) CO_2 (d) OF_2 (e) NO_2^- (f) CS_2. 각 경우에 분자 또는 이온이 무극성 또는 극성인가 여부를 설명하라. 그것이 극성이면 분자기하구조의 도표에서 알짜 이중극자 모멘트를 나타내라.

★10.12 문제 10.11에 나열한 화합물에 대하여 원자와 혼성 오비탈의 겹침을 보여주는 원잣가 결합이론 도표를 그려라. 이러한 각 화학종에서 중심원자에 의하여 추정되는 혼성오비탈을 표지하라.

10.13 중심원자에 있는 고립전자쌍은 결합전자쌍보다 공간을 왜 더 차지하는가를 설명하라.

10.14 물이 극성 화합물이라는 합리적 설명에 어떻게 도달하는가를 설명할 때 산소 전기음성도는 수소보다 크다는 설명을 이용하여 시작한다. 전기음성도 경향성의 암기

★ 표시는 더 어려운 문제이다.

에 의존하지말고 두 원자 사이에 전기음성도 차이를 설명하라.

★10.15 고체상태 화학에 관한 6장을 이미 공부했으면 그림 10.3에 제시한 얼음구조와 그림 6.21d에 제시한 wurtzite구조 사이에 관계를 설명하라.

10.16 분자내힘(intramolecular force)과 분자간힘(intermolecular force) 사이에 차이는 무엇인가? (힌트: 여기에서 일반 사전 또는 빠른 인터넷 탐색이 유용할 수도 있다.)

10.17 다음 분자 중에서 어느 것이 수소결합에 의하여 함께 붙잡혀있는가? (a) CH_4, (b) CHF_3, (c) CH_3OH [메탄올은 메틸원자단($-CH_3$)을 갖지 않은 HOH과 같고 한 수소원자 를 메틸원자단으로 치환한 것이다.] (d) 글루코오즈(문제 10.27에 제시한 그림을 보라). (e) CH_3COOH. 각 경우에 도형을 제시하라(힌트: 주의하라. 이러한 몇 화합물 중에서 몇 수소원자는 수소결합에 참여할 수 있고 한편 동일한 분자에서 다른 수소는 수소결 합에 참여하지 않을 수 있다).

10.18 FONCl 규칙을 당신 나름대로 설명하라.

★10.19 분자구조를 참고하여 얼음이 왜 뜨는가를 영어전공자들에게 설명하라(이것을 말과 글로 설명한 것을 서류로 제출하면 가산점을 받을 수 있다).

10.20 액체에서 일정한 물분자의 관련을 보여주는 그림 10.5를 참고하여 액체 물의 구조에 응용하는 "액체 물의 깜박거림 클러스터 모델"이라는 말이 의미하는 것을 짧은 문장으로 설명하라.

10.21 그림 10.6을 참고하여 예를 들어 7A족 수소화물의 끓는점이 분자량에 따라 왜 증가하 는 것으로 기대하는가? 이 문제의 해답에서 수소결합효과는 무시하라.

10.22 물은 왜 비정상적으로 큰 증발열을 갖는가를 설명하라.

10.23 $CO_2(g)$, $SO_2(g)$, $NH_3(g)$ 용해도는 물 100 L에 대하여 각기 88,3937와 70,000 gas/100 L H_2O이다. 이러한 상대적 값을 그 용질의 구조와 성질을 이용하여 설명하라.

10.24 Carvendish는 $H_2(g)$를 물 위에서 수집할 수 있었다. 이것이 놀라운가 또는 아닌가? 구체적으로 설명하라.

★10.25 문제 10.3에서 지적한 것처럼 Priestly는 한 반응을 이용하여 새로 만든 기체에 관하여 무엇이 "우량"하다고 말하는가를 측정했다. 그 반응은 산화질소(NO)를 물에 쉽게 녹는 갈색 NO_2 기체를 형성하는 것이다. 현재는 다음처럼 나타낸다.

$$NO(g) + \frac{1}{2}O_2(g) \longrightarrow NO_2(g)$$

이산화질소(NO_2)는 $O_2(g)$ 또는 $NO(g)$보다 물에 훨씬 더 잘 녹는다. 이러한 용해도를 물의 구조와 성질의 관점에서 설명하라. 물에 녹은 NO_2를 나타내는 분자 에너지 준위 (그림 10.7에 제시한 형태)를 그려라. 당신의 해답 도형에 물 구조를 포함해야한다.

10.26 물에서 염화소듐의 용해에 수반하는 엔트로피 변화를 생각하자. 그 인자는 용해과정에 유리한가? 불리한가? 해답을 간단히 설명하라.

10.27 글루코오즈($C_6H_{12}O_6$, MW = 180 u)는 다음 구조와 같다. 한 직선형 탄화수소 $CH_3(CH_2)_{11}CH_3$는 비슷한 분자량을 갖는다(184 u). 어느 것이 물에 더 잘 녹는가? 해답을 간단히 설명하라.

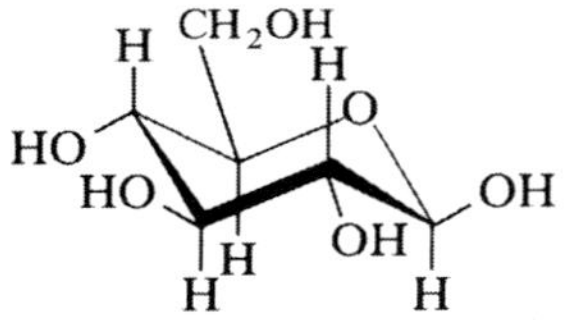

10.28 과산화수소(H_2O_2)는 왜 시럽모양이고 점성이고 물에 녹는 화합물인가? 이 화합물에 대한 구조를 당신의 해답에 제시하라.

★10.29 질산코발트(II) $Co(NO_3)_2$(II)를 물에 녹일 때 생기는 그 수용액의 구조에 대하여 그림 10.8과 비슷한 도형을 그려라. $Co(NO_3)_2$(II) 결정격자의 상세한 구조는 걱정할 필요가 없다. 용해과정을 한 반응식으로 요약하라.

★10.30 황산암모늄 $(NH_4)_2SO_4$을 물에 녹일 때 생기는 그 수용액의 구조에 대하여 그림 10.8과 비슷한 도형을 그려라. $(NH_4)_2SO_4$ 결정격자의 상세한 구조는 걱정할 필요가없다. 용해과정을 한 반응식으로 요약하라.

10.31 물의 자체-이온화에 대한 K_w를 1.0×10^{-14}라고 할 때 하이드로늄과 수산화 이온의 농도를 계산하라. 물이 pH = 7.00라는 것을 증명하라.

10.32 물의 자체-이온화에 대한 K_w는 50°C에서 5.47×10^{-14}이다. 이 온도에서 그 물의 pH 를 계산하라.

10.33 수용액에서 하이드로늄 이온농도 증가는 왜 수산화 이온 농도의 감소에 상당하는가? 일 정한 온도라고 가정하라.

10.34 중수(D_2O)의 자체-이온화는 20°C에서 1.4×10^{-15}이다. D_2O의 자체-이온화에 대한 식을 쓰라. 보통 물에 대하여 정의한 pH에 상당하는 그러한 pD의 정의를 사용하라. 순수 한 중수(heavy water)에 대하여 pD를 계산하라.

10.35 센 산 용액에서 분리된 $H_{11}O_5^+$ 화학종을 설명하라.

★**10.36** 물의 밀도는 1.00 g/L라 생각하고 그 순수한 물의 몰농도를 계산하라.

10.37 포타슘, 갈륨, 비소, 셀레늄의 산화물 화학식을 쓰라. 이들을 산성, 염기성, 양쪽성으로 분류하라.

10.38 알루미늄과 탈륨의 가장 안정한 산화물에 대한 화학식을 쓰라.

10.39 산소 화학에서 알려진 오존 동소체에 상당하는 S_3 화합물을 발견할 것으로 기대하는가? 왜 그런가? 왜 그렇지 않은가?

★**10.40** 다음 각 산화물에 대하여 물에 넣을 때 그것의 반응을 보여주는 두-부분 반응식을 쓰라. 그 반응식은 (i) 분자 형태에 상당하는 수산화물 또는 옥소산, (ii) 수용액에서 이온화 생성물이다. (a) K_2O, (b) In_2O_3, (c) B_2O_3, (d) N_2O_3, (e) SO_3.

★**10.41** 용액 중에서 다음에 구조를 제시한 삼산화이질소(N_2O_3)를 물이 어떻게 공격하여 아질 산을 생성하는가에 관하여 상세한 분자 수준에서 반응 메커니즘을 제시하라. 아질산 수용액의 이온화곱(ionization product)을 제시하라.

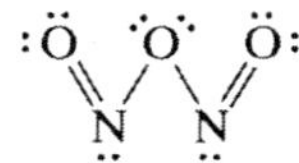

10.42 이산화탄소를 물에 넣을 때 일어나는 반응의 메커니즘(연속적 분자의 결과)을 제시하라.최종 반응생성물을 수용성 중탄산 이온과 하이드로늄 이온으로 제시하라.

10.43 이산화황을 물에 넣을 때 일어나는 반응의 메커니즘(연속적 분자의 결과)을 제시하라. 최종 반응생성물을 수용성 중황산 이온과 하이드로늄 이온으로 제시하라.

10.44 산화이브롬산(Br_2O)을 물에 넣을 때 일어나는 반응의 메커니즘(연속적 분자의 결과)을 제시하라. 당신의 메커니즘을 간단히 설명하라. 수용액에서 해리되기 전 결과적으로 생기는 산 또는 염기의 이름을 쓰라.

10.45 산화스토론튬을 물에 넣을 때 일어나는 반응의 메커니즘(연속적 분자의 결과)을제시하라.

★**10.46** 9장에서 물에서 이온성 수소화물의 반응을 설명했다. 대표적 반응은 다음처럼 수소화 소듐의 반응이다. 이 반응이 어떻게 일어나는가를 설명하기 위하여 물에서 일어나는 반 응에 관하여 배운 것을 응용하라.

$$Na^+H^-(s) + H_2O(l) \longrightarrow Na^+(aq) + H_2(g) + OH^-(aq)$$

10.47 9장에서 비교적 수소가 큰 전기음성 원자와 결합한 화합물은 중수소화되지만 탄화수소는 왜 그렇지 않은가를 설명했다. 이 장에서 당신이 배운 관점으로부터 이 현상을 설명하라.

10.48 E−O−H 단위는 왜 E가 비금속이면 하이드로늄 이온을 생성하고 E가 금속이면 수산화이온을 생성하는가를 설명하라.

10.49 정상적으로 H_2SO_4라고 쓴 황산은 $SO_2(OH)_2$라고 쓴 것도 발견된다. 이유를 설명하라.

★10.50 질산을 물에 가할 때 생기는 수용액의 구조를 보여주는 도형을 그려라. 용액에 존재하는 유력한 화학종의 정확한 기하구조에 추가하여 물 구조의 깜박거림 클러스터를 표시 하는 당신의 도형을 포함하라. 당신의 도형에 대표적 수소결합을 표시하라.

10.51 다음을 산성, 염기성, 양쪽성인가를 확인하라: (a) $NO(OH)$, (b) $Be(OH)_2$, (c) $Ti(OH)_4$, (d) $Si(OH)_4$

★10.52 FOH와 FrOH 화합물을 만들고 특성을 설명하는 것은 불가능하지 않지만 대단히 어려운 화합물이다. 그러나 그들을 손에 쥐고 그들을 수용액에서 산−염기 특성을 시험 할 수 있다고 잠시 생각하자. 그 결과에 관하여 추측하라. 센 산인가? 센 염기인가? 도형을 적절하게 사용하여 당신의 해답을 조심스럽게 증명하라.

10.53 수용액 중에 다음 산의 쌍이 있다 가정하고 각 경우에 더 센 것을 확인하라. 각 쌍에 대하여 당신의 해답을 간단히 설명하라.

(a) $HClO_3$, HIO_3
(b) H_3AsO_4, H_3SbO_4
(c) H_3PO_3, H_3AsO_3
(d) HSO_4^-, $HSeO_4^-$

10.54 수용액 중에 다음 산의 쌍이 있다 가정하고 각 경우에 더 센 것을 확인하라. 각 쌍에 대하여 당신의 해답을 간단히 설명하라.

(a) HIO_3, HIO_4
(b) H_3PO_3, H_3PO_4
(c) $HSeO_4^-$, $HSeO_3^-$
(d) $HClO$, $HClO_2$

10.55 수용액 중에 다음 산의 쌍이 있다 가정하고 각 경우에 더 센 것을 확인하라. 각 한 벌에 대하여 당신의 해답을 간단히 설명하라.

(a) $HBrO_2$, $HBrO$, $HClO_2$
(b) H_2SO_3, H_2SeO_3, $HClO_4$
(c) H_3PO_4, H_3AsO_4, H_3AsO_3

10.56 다음 옥소산을 명명하라. (a) $HBrO$, (b) HIO_4, (c) H_3AsO_3, (d) HNO_2

10.57 다음 옥소산에 대한 화학식을 쓰라. (a) 아요도산(iodous acid), (b) 과브롬산 (perbromic acid), (c) 과황산(persulfuric acid)

10.58 다음을 옥 소산에서 유도한 다음 음이온을 명명하라. (a) HSO_3^-, (b) $H_2AsO_4^-$, (c) HPO_3^{2-}, (d) $HSeO_4^-$, (e) BrO^-

10.59 다음 음이온에 대한 화학식을 쓰라. (a) 중아셀렌산(biselenite), (b) 아브롬산 (bromite),(c) 이수소아비소산(dihydrogen arsenite), (d) 과요드산(periodate)

★10.60 H_3PO_4와 H_3AsO_3 화합물에 대하여
(a) 분자구조(가능하면 정확한 기하구조)를 표시하는 도형을 그린 다음 각 화합물 이름을 거명하라.
(b) 이들 중에서 어느 것이 수용액에서 더 센 산인가를 확인하라. 이것이 왜 그런가를 조심스럽게 설명하라.
(c) 어떤 산화물로부터 각 화합물을 유도하는가? 두 가지 산과 두 가지 적절한 산화물 사이에 관계를 설명하는 두 균형식을 제시하라.

★10.61 $HClO_4$와 HIO_2 화합물에 대하여
(a) 분자구조(가능하면 정확한 기하구조)와 이름을 표시하는 도형을 그린 다음 각 화합물의 이름을 거명하라.
(b) 이들 중에서 어느 것이 수용액에서 더 센 산인가를 확인하라. 이것이 왜 그런가를 조심스럽게 설명하라.
(c) 어떤 산화물로부터 각 화합물을 유도하는가?

10.62 H_2O 또는 H_2S는 어느 것이 더 센 산인가? 이유를 간단히 설명하라.

10.63 H_2S 또는 HCl은 어느 것이 더 센 산인가? 이유를 간단히 설명하라.

10.64 다음을 산 세기의 증가 순서로 배열하라: PH_3, H_2Se, HBr

★10.65 다음을 설명하라: 플루오린은 가장 큰 전기음성이므로 모든 산중에서 플루오르화수소산이 가장 센 산이다.

10.66 매스컴으로부터 오존 논쟁에 관하여 현재 상항을 제시하는 두 가지 기사를 인용하라.

10.67 매스컴으로부터 지구온난화의 논쟁에 관한 현재 상항을 제시하는 두 가지 기사를 인용 하라.

10.68 당신의 할머니께서 당신에게 화학에서 무엇을 공부하는가를 묻고 당신은 온실효과, 복 사력, 지구온난화를 말씀드리는 것이 그 대답이라고 상상하자. 할머니는 지

구온난화와 온실효과도 들었지만 온실가스와 복사력은 잘 모른다고 말씀을 하신다. 이러한 두 개념을 당신의 할머니와 환경문제에 흥미를 가진 또 다른 문외한에게 어떻게 설명할 것인가를 요약해서 문장으로 쓰라(이것을 기록한 것과 함께 말로 설명하는 것을 서류로 제출하면 가산점을 줄 수 있다).

★10.69 선진국이 여섯 종류 온실가스의 방출을 감소하기로 합의한 "교도 합의서"의 현재 상황에 관하여 인터넷을 탐색하고 그 다음에 간단한 문장으로 쓰라.

CHAPTER

11 1A족 알칼리금속

8장에서 처음으로 상호연결하는 아이디어 연락망의 다섯 성분을 설명했고 9장에서 기본 핵반응과 수소화물 화학을 소개하였다. 10장에서 산소화학을 설명하고 물의 성질과 수용액의 지식을 복습하고 그것을 확장하고 산화물의 산-염기 특성과 그들에 상당하는 수산화물과 옥소산의 지식을 상호연결하는 아이디어 연락망의 여섯째 성분으로 추가하였다. 이제 주족원소의 여덟 족에 대한 순회를 출발할 준비가 되었다. 우리들의 목적은 원소발견의 역사를 설명하고 여섯 아이디어 연락망의 성분을 1족 화학의 예측과 합리적 설명에 어떻게 이용하는가 그리고 족이 갖는 특수한 성질과 실제 응용의 설명에 목적이 있다. 우리는 또한 각 족에 대하여 깊이 있는 특수한 한 토픽을 탐색할 것이다. 이 장에서 알칼리금속(리튬, 소듐, 포타슘, 루비듐, 세슘, 프란슘)을 설명하고 일곱 번째 상호연결하는 아이디어 연락망(환원전위의 지식)을 추가한다. 깊이 있는 특수한 토픽은 1A족과 2A족 금속의 액체 암모니아용액이다.

11.1 1A족 원소들의 발견과 분리

그림 8.2에서 년대에 대하여 알려진 원소수를 점시한 그림을 보았다. 그림 11.1에서 알칼리금속의 발견에 관한 정보를 동일한 그 그림에 겹쳐놓았다.

소듐과 포타슘은 Humphrey Davy에 의하여 발견되고 분리되었다. 그는 오늘날 "거칠고 미친 사람"이라고 말하는 성격을 가졌다. 학업성적이 특별하게 좋지 않은 Davy는 약국에서 십대 소년으로 견습공이 되었고 거기에서 일하는 동안 화재를 일으켜 곧 해고되었다! 그는 또한 실험실에서 그가 만든 기체를 호흡해보는 대단히 무모한 습관을 가졌다. 소문에 의하면 한때 그는 4 쿼트 수소를 호흡했다. 또 다른 시간에 그는 아산화질소(웃음기체)를 체험하였다. 당신은 그가 그 짓을 한 장난(완전히 어리석지만)을 상상할 수 있는가? 그는 1797년에 Lavoisier의 *Elements of chemistry*를 읽은 다음 한 화학자가 되었다고 말한다. 화학에 관한 한결같은 제

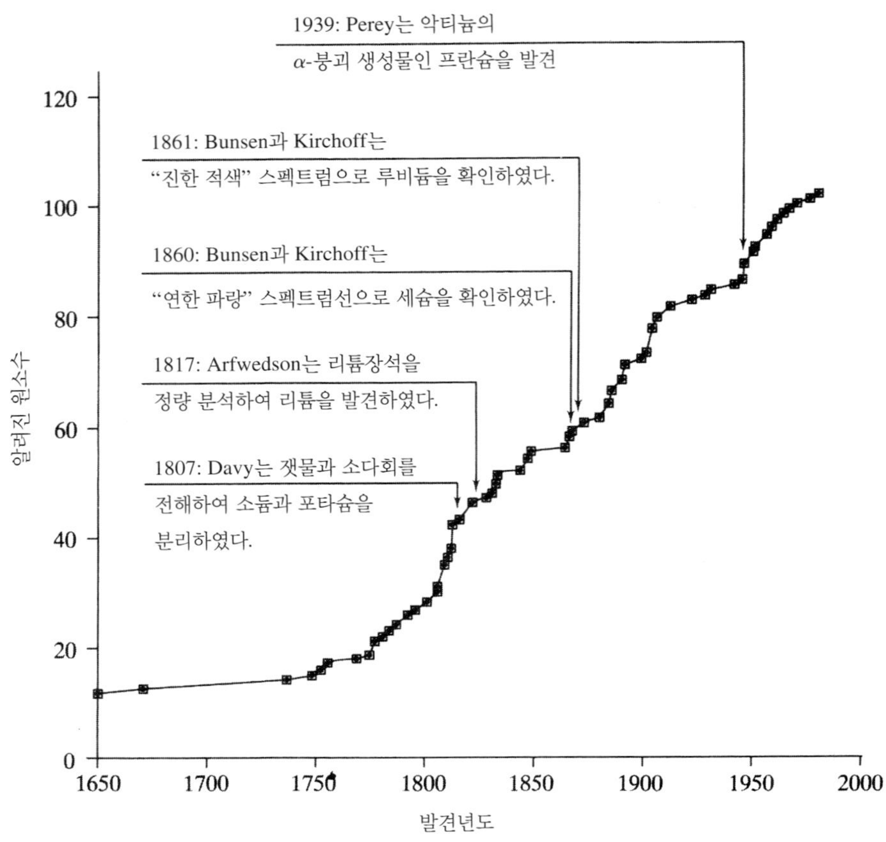

그림 11.1

알칼리금속의 발견을 알려진 원소수와 겹쳐서 발견연대에 대하여 점시한 그림.

6감과 무모한 자세는 그를 훌륭한 선생으로 만들었다. 이것에 덧붙여서 그는 일하는 종사원들에게 선물을 주는 대단히 잘 생긴 사람이었다. 그리고 우리들은 그가 그 시대의 많은 젊은 부인들을 포함해서 그의 강의를 듣는 대단히 많은 사람들에게 왜 매력을 느끼는가를 알 수 있다. 그러나 말년에 Davy는 현명하지 못한 습관 때문에 비싼 대가를 치렀다. 그는 33세에 허약해져서 50세 생일 후에 곧 죽었다.

많은 과학자들이 물질에 대하여 전기효과를 연구한 수소, 산소, 물에 관한 이전의 설명부터 생각하자. Davy는 현재 탄산 포타슘과 탄산 소듐이라고 알려진 잿물과 소다회의 용융 시료에 전류를 통과하는 실험을 하였다. 그러나 그 시대에 이러한 나무와 식물의 재에서 얻은 글자 뜻 그대로 "alkalis"에 관한 정확한 화학적 성질은 알지 못하였다. Davy는 1807년에 그의 볼타전지를 용융 잿물에 걸어줄 때 음전극에서 불에 즉시 타버리는 무르고 광택있는 금속을 만들었다. 이 금속을 물에 넣을 때 활발하게 돌아다니면서 "쉿"소리를 내고 아름다운 자주색을 발생하였다. 이것을 보면서 Davy는 그 자신이 흥분해서 실내를 춤추면서 돌아다녔다! 소오다회를 이용한 비슷한 실험은 조금 부족하지만 구경거리의 결과에 상당하는 소듐금속을 생성하였다.

소듐과 포타슘은 현재 비슷한 방법으로 생산한다. 식 (11.1)처럼 소듐은 용융 염화소듐의 전해로부터 얻는다. 이때 녹는점을 낮추려고 약간 염화 칼슘을 첨가한다. 포타슘은 염화 포타슘을 전해하여 제조할 수 있지만 식 (11.2)처럼 염화 소듐을 이용하여 염화 포타슘을 고온에서 그리고 계속해서 포타슘을 기체로 제거하여 더 편리하게 환원한다. 소듐과 포타슘은 모두 칼로 쉽게 자를 수 있는 무르고 대단히 반응성 금속이다. 두 금속은 식 (11.3)처럼 물과 반응하여 수소기체를 생성하고 그 수소는 Henry Cavendish가 발견한 비슷한 방식으로 태울 수 있다(이 반응에 대한 더 상세한 것은 11.3절에서 환원전위 설명을 보라). 이러한 금속은 대기 중 수분으로부터 보호하기 위하여 광유 또는 석유와 같은 비활성 물질에 보관해야한다. 예상하는 것처럼 소듐과 포타슘은 자연에서 자유금속으로 절대 발견되지 않는다.

$$2NaCl(l) \xrightarrow[600°C]{CaCl_2(l)} 2Na(l) + Cl_2(g) \tag{11.1}$$

$$KCl(l) + Na(g) \xrightarrow{600°C} NaCl(s) + K(g) \tag{11.2}$$

$$2M^{I} + 2H_2O(l) \longrightarrow 2M^{+}(aq) + H_2(g) + 2OH^{-}(aq) \tag{11.3}$$

젊은 화학자들은 용기를 가져라. 리튬은 스웨덴 사람 John Arfweden이 발견하였다. 한 동안 그는 이차 광물분석을 하고 있었다. 1817년 25세 때 Arfwedson은 Jöns Jakob Berzelius 실험실에서 일하는 조수였다. Jöns Jakob Berzelius는 19세기 초반에 가장 영향력있는 화학자 중 하나이고 현대 원소기호의 발견자이다. 그 당시에 Arfwedson은 몇 년전에 부라질 광물학자에 의하여 발견된 리튬장석 광물을 정량분석하기 시작하였다. Arfwedson은 "stone"을 의미하는 그리스어 lithos로부터 명명한 금속 그 자체를 분리할 수 없었지만 그 리튬염의 절반을 만들었다. 그는 이러한 염과 마그네슘 염 사이에 비슷한 유사성을 지적하였다. Davy는 탄산리튬으로부터 전해에 의하여 소량 리튬을 분리할 수 있었고 현재는 그것을 염화 리튬이라고 한다. 리튬은 물에 대하여 소듐이나 포타슘보다 훨씬 덜 반응성이다.

그림 11.1처럼 루비듐과 세슘은 1860년대 초에 독일인 Robert Bunsen과 Gustav Kirchoff이 발견하였다. 이 시대 이전에 불꽃시험은 일상적으로 원소 확인에 이용하였다. 예를 들어 소듐염은 특성적으로 노란색 불꽃을 내고 포타슘은 자주색 불꽃을 낸다. Bunsen은 이전에 유명한 분센 버너(bunsen burner)를 발명했다. 그 분센 버너는 그 자체의 색을 나타내지 않고 그로 말미암아 불꽃시험에 방해하지 않으므로 이러한 불꽃시험에 유용하였다. Kirchoff은 Bunsen보다 13살 젊지만 공동연구에서 몇 가지 주요한 통찰력의 자료, 즉 이러한 시험에서 나온 그 빛을 프리즘에 통과하는 것을 제안했다. 이것이 최초의 Bunsen-Kirchoff spectroscope(분광기)이다. 그 분광기는 다음에 여러 원소(Tl, In, Ga, He, Yb, Ho, Tm, Sm, Nd, Pr, Lu 등)의 발견에 한 역할을 담당하였다.

세슘은 1860년에 한 광천수로부터 분리한 염류에서 확인되었다. 세슘은 그 당시에 어떤 다른 물질에서 확인되지 않은 몇 가지 하늘색 스펙트럼선 특성을 나타냈다. 그것의 이름은 "남회색"을 의미하는 라틴어 *caesius*로부터 유래하였고 Bunsen과 Kirchoff는 말하기를 그 단어는 "하늘의 위 부분 남색을 나타낸다"라는 뜻에서 사용했다. 세슘은 약 20년 후까지 분리하지 못하였다. 세슘은 수은 및 갈륨과 함께 실온에서 액체로 존재하는 금속 중 하나이다. 루비듐은 lepidolite 광물에서 세슘보다 1년 뒤에 확인되었다. 루비듐은 암적색 스펙트럼선을 나타내고 그것은 "가장 진한 적색"을 의미하는 라틴어 *rubidus*로부터 명명했다. 이 경우에 Bunsen과 Kirchoff는 전기분해하여 루비듐을 분리할 수 있었다. Kirchoff는 부수적으로 새로 개발된 분광기의 도움으로 태양에서 6 원소를 확인하였다.

많은 화학자들이 수년간 Mendeleev 시대의 용어로서 에카-세슘(*eka-cesium*)이라고 불렀던 가장 무거운 알칼리금속을 분리하려고 시도하였다. 프란슘은 1939년에 프랑스 Marguerite Perey에 의하여 방사화학법을 사용하여 발견되었다. 파리에 있는 Curie Institute에서 연구하던 그녀는 약 1% 악티늄-227이 α 방출을 통하여 식 (11.4)처럼 붕괴하고 그녀의 고국 이름을 따라 이름을 붙인 프란슘(francium)이 생성되는 것을 발견했다.

$$^{227}_{89}\text{Ac} \xrightarrow{\alpha} {}^{223}_{87}\text{Fr} + {}^{4}_{2}\text{He} \tag{11.4}$$

반감기 22 min의 프란슘-223은 그 원소 중에서 가장 오래 사는 동위원소이다. 그러므로 그 동위원소는 자연에 존재하는 것으로 알려졌지만 그 원소는 어떤 시대에도 지구껍질에 아마 1 oz 이하로 존재할 것이다. 그 나머지 알칼리금속의 녹는점으로부터 외삽한 결과에 의하면 분리할 정도로 충분히 존재할 경우에 프란슘은 아마 가장 그럴듯한 액체일 것이다. 지금까지 그 원소는 무게를 달 수 있을 양으로 생산하지 못하다.

11.2 기본적 성질과 상호연결하는 아이디어 연락망

그림 11.2는 알칼리금속을 앞의 10장 끝에서 제시한 상호연결하는 아이디어 연락망에 겹쳐놓은 것을 보여준다. 표 11.1은 1A족 원소의 여러 성질을 보여준다. 그 표를 한번 보면 이러한 원소들은 주기적 성질이 많이 고전적이고 기대되는 변화를 예로 설명한다.

우선 무엇보다도 1A족의 반지름, 이온화에너지, 전자친화도, 전자친화도는 예시하는 것처럼 유효핵전하와 점유된 원잣가오비탈의 크기에 바탕을 두는 것에 주목하라. 이러한 성질은 루비듐에서 약간 불규칙하다. 루비듐은 첫째 가로 칸 전이금

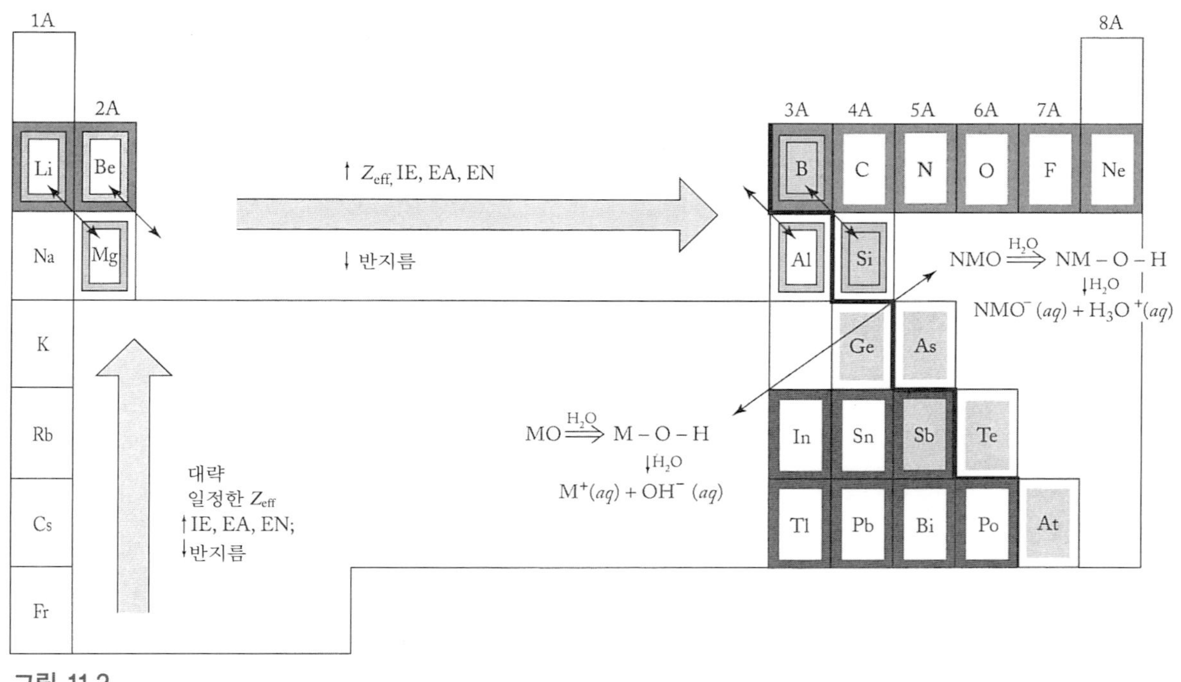

그림 11.2

알칼리금속을 주기적 성질의 경향성, 금속과 비금속 산화물의 산-염기 특성, 그리고 (a) 유일성 원리, (b) 대각선 효과, (c) 비활성-쌍 효과, (d) 금속-비금속 경계선을 포함하는 상호연결하는 아이디어 연락망에 겹쳐 놓았다.

속 뒤의 첫 번째 원소이다. 예를 들어 이온화에너지는 그 족에서 나머지 다른 쌍의 원소와 비교하여 볼 때 포타슘에서 루비듐으로 가면서 더 작게 감소한다. 이것은 8장에서 간단히 설명했고 예상하는 것처럼 *nd*와 *nf* 전자는 핵으로부터 완전히 내부 껍질 전자를 차폐하지 못한다고 결론을 내렸다.

수소화물, 산화물, 수산화물, 할로젠화물

앞의 장에서 수소와 산소에 대하여 예상한 것처럼 이제 상호연결하는 아이디어의 연락망을 사용하여 1A족의 수소화물, 산화물, 수산화물을 살펴볼 위치에 있다. 예를 들어 상대적 유효핵전하, 이온화에너지, 전자친화도, 전기음성도에 관한 설명으로부터 알칼리금속의 수소화물과 산화물은 그 성질이 아온성이라고 기대한다. 1A족 산화물은 모두 이원자산소와 직접 반응하여 생성되지 않고(표 11.1과 11.4절에서 과산화물과 초과산화물의 설명을 보라.) 기대하는 것처럼 염기성 무수물이다. M−O−H 단위의 특성을 갖는 수산화물은 염기성이다. 왜냐하면 M−O 결합은 O−H 결합보다 극성이므로 그로 말미암아 극성 물분자에 의해 더 공격받기 쉽다. 1A족 금속들은 족을 따라 밑으로 가면서 덜 전기음성이 되므로 M−O 결합은 훨

표 11.1 1A 족의 기본적 성질(참고문헌 32)

	리튬	소듐	포타슘	루비듐	세슘	프란슘
기호	**Li**	**Na**	**K**	**Rb**	**Cs**	**Fr**
원자번호	3	11	19	37	55	87
자연동위원소 A/% 존재	6/7.42 7/92.58	23/100	39/93.1 40/0.0118 41/6.88	85/72.15 87/27.85	133/100	223/100
전체 동위원소수	5	7	9	17	21	20
원자량	6.941	22.99	39.10	85.47	132.9	(223)
원잣가전자	$2s^1$	$3s^1$	$4s^1$	$5s^1$	$6s^1$	$7s^1$
mp/bp,°C	186/1326	97.5/889	63.65/774	38.89/688	28.5/690	27/677[a]
밀도,g/cm^3	0.534	0.971	0.862	1.53	1.87	
원자반지름 (금속), Å	1.57	1.91	2.35	2.50	2.72	
이온반지름 Shannon-Prewitt, Å(C.N.)	0.73(4)	1.13(4)	1.51(4)	1.66(6)	1.81(6)	
Pauling EN	1.0	0.9	0.8	0.8	0.7	0.7
전자밀도 (전하/이온반지름) 단위전하/ Å	1.4	0.88	0.66	0.60	0.55	
$E°$, [b]V	−3.05	−2.71	−2.92	−2.93	−2.92	
산화상태	+1	+1	+1	+1	+1	
이온화에너지, kJ/mol	520	496	419	403	376	
전자친화도, kJ/mol	−58	−53	−48	−47	−45	
발견자/년도	Arfwedson 1817	Davy 1807	Davy 1807	Bunsen-Kirchhoff 1861	Bunsen-Kirchhoff 1860	Perey 1939
rpw[c] O_2	Li_2O	Na_2O Na_2O_2	K_2O_2 KO_2	RbO_2	CsO_2	
산화물의 산−염기 특성	염기	염기	염기	염기	염기	
rpw N_2	Li_3N	없다	없다	없다	없다	
rpw 할로겐	LiX	NaX	KX	RbX	CsX	
rpw 수소	LiH	NaH	KH	RbH	CsH	
결정구조	bcc	bcc	bcc	bcc	bcc	

[a] *CRC Handbook of Chemistry and Physics*
[b] $E°$은 표준환원전위 $M^+(aq) \rightarrow M(s)$.
[c] rpw = reaction product with.

씬 더 극성으로 되고 수산화물은 족을 따라 밑으로 가면서 더 염기으로 된다.

수산화물(MOH)과 적당한 할로젠화수소산(HX) 사이에 반응은 쉽게 할로젠화금속(MX)으로 된다. 기억할 수 있는바와 같이 할로젠화물은 한 전자를 ns^2np^5 전자배치에 첨가하여 채운 원잣가껍질을 만들고 그것에 상당하는 −1 산화상태의 특성을 갖는다. 따라서 여러 할로젠화물 화학식은 일정한 족에서 만나는 유력한 원잣가를 강력하게 표시한다. 모든 할로젠화 알칼리금속은 1:1 금속-대-할로젠화물이고 이것은 이러한 금속이 거의 범용적으로 +1 산화상태라는 것과 일치한다. 이것은 ns^1 전자의 제거에 상당하는 비교적 작은 1A족의 첫째 이온화에너지 값과 일치한다. 둘째와 계속되는 이온화에너지(표 11.1에 표시하지 않았다)는 훨씬 더 크다. 왜냐하면 나머지 껍질을 채운 모든 전자는 훨씬 더 큰 유효핵전하를 경험하기 때문이다. 그러므로 이전에 알칼리금속 화학에 관하여 주기적 성질, 금속－비금속 경계선, 산화물의 산－염기 특성 등에 관한 설명으로부터 기대하는 것이 많이 있다. 이러한 원소에 관하여 설명하지 않고 남은 것이 무엇인가? 유일성 원리, 대각선 효과, 비활성-쌍 효과에 대하여는 어떠한가? 후자는 여기에 적용되지 않는다. 왜냐하면 1A족은 아직 *ns* 부껍질에 한 전자쌍을 갖지 않기 때문이다. 그러나 유일성 원리와 대각선 효과는 적용된다. 이들은 다음 절에서 함께 취급하겠다. 그 밖에 무엇이 있는가? 표 11.1에 나열한 환원전위는 어떠한가? 이러한 개념은 설명(또는 복습)할 필요가 있고 그 다음 실제로 환원전위 지식은 우리들 상호연결하는 아이디어 연락망의 일곱 번째 성분이 될 것이다. 마지막으로 알칼리금속과 산소의 반응생성물에 대하여 약간 이상한 화학식은 어떠한가? 이들은 상호연결하는 아이디어 연락망의 바탕에서 기대하지 않은 것이므로 그들을 약간 상세하게 설명할 필요가 있다. 유일성 원리와 대각선 효과를 가지고 시작하겠다.

유일성 원리와 대각선 효과의 응용

유일성 원리에 관한 8.2절에서 리튬 화합물이 물과 보통 기대하는 극성 용매에서 약간 덜 녹을 것으로 왜 기대하는가를 설명했다. 작은 리튬 양이온은 여러 음이온을 세게 편극하는 능력이 있고 그 결과로 생기는 결합은 딴 방법으로 기대하는 것보다 큰 공유결합 특성이 있다. “비슷한 것은 비슷한 것을 녹인다”(like dissolves like, 10.2절)이므로 이러한 더 작은 극성 리튬화합물은 알코올과 같은 비교적 덜 극성 용매에 녹는 경향성이 더 크다. 그러므로 수산화물, 플루오르화물, 탄산, 인산과 결합한 여러 리튬염은 모두 물에 덜 녹지만 알코올과 그들 알코올에 상당하는 소듐염보다 약간 더 극성 유기용매에 더 잘 녹는 것을 아는 것은 놀라운 것이 아니다.

관련이 있는 문제로서 표 11.1에서 리튬만 질소화물을 형성하는 알칼리금속이라는 것을 이미 알 수도 있다. 이것은 리튬의 유일성을 더 강조한다. 그러나 리튬이 이 관계에서 왜 특별한가는 전연 분명하지 않다. 추측하건대 (조심하라. 이 “추축하건대”라는 말은 일반적으로 “속임수”를 암시한다) 리튬 양이온의 큰 편극력은 알칼리금속보다 유력한 이온성 질소화물중에서 더 큰 공유결합 특성으로 만들 것이다. 이것은 격자에너지 증가와 관련이 있을 수 있고 그로 말미암아 질소화물의 공유결합 특성 때문에 질소화물에 대한 전체 안정도가 더 증가한다(격자에너지에 대한 공유결합 특성의 기여에 관하여 더 상세한 것은 8.2절 설명을 보라).

대각선 효과(8.3절)는 비슷한 이온반지름, 전하밀도, Li－Mg, Be－Al, B－Si 원소 쌍의 전기음성도에 바탕을 둔다(족의 유사성은 여전히 게임(game)의 이름이라는 것, 즉 주기율표에 관한 당신의 생각을 체계화하는 첫째 방법이라는 것을 기억하라; 대각선 효과는 둘째 효과이다). 가장 확실하게 말하자면 우리들은 여기에서 리튬과 마그네슘 사이의 유사성에 관심이 있다.

11.1절에서 지적한 것처럼 리튬과 마그네슘 사이에 유사성은 Arfwedeson 그 자신이 분류하였다. 모든 리튬 광물을 수년에 걸쳐 연구할 때 마그네슘과 관련은 훨씬 더 분명해졌다. 물에 덜 녹는 리튬염의 용해도는 상당하는 마그네슘 염류와 비슷하다. 리튬과 마그네슘 두 금속은 원소와 직접 반응하여 질소화물과 함께 탄소화물을 형성한다. 리튬과 마그네슘은 더 무거운 알칼리금속에서 발견된 더 비밀스런 과산화물과 초과산화물이 아닌 정상적 산화물을 형성한다. 가열할 때 그들 염류의 용해도, 즉 그들의 **열적 안정도**(*thermal stability*)는 비슷하다. 예를 들어 두 가지 질산 리튬과 질산 마그네슘은 식 (11.5)처럼 산화물과 사산화이질소로 분해하고 두 가지 탄산 리튬과 탄산 마그네슘은 식 (11.6)처럼 산화물과 이산화탄소로 분해한다:

$$2LiNO_3 \xrightarrow{\Delta} Li_2O + N_2O_4(g) + \frac{1}{2}O_2(g) \tag{11.5a}$$

$$2Mg(NO_3)_2 \xrightarrow{\Delta} 2MgO + 2N_2O_4(g) + O_2(g) \tag{11.5b}$$

$$Li_2CO_3 \xrightarrow{\Delta} Li_2O + CO_2(g) \tag{11.6a}$$

$$MgCO_3 \xrightarrow{\Delta} MgO + CO_2(g) \tag{11.6b}$$

리튬과 마그네슘의 두 가지 염은 일반적으로 크게 수화되고 한편 소듐 염류는 수화되지 않는다.

이러한 유사성 원인은 무엇인가? 근본적으로 그것은 크기효과이다. 리튬과 마그네슘 이온(이온반지름은 각기 0.73과 0.86 Å이다)은 산화물 이온(이온반지름 = 1.26 Å)에 의하여 형성된 격자 안에 들어맞는 적절한 크기이다. 이때 양이온과 음이온의 인력은 최대화되고 더 큰 음이온 사이에 반발력은 최소화된다(고체상태 에너지에 관한 더 상세한 것은 7장을 보라). 탄산과 질산 음이온(반지름은 각기 각기 1.78과 1.79 Å)은 서로의 방향으로 들어가기에 충분한 크기이고 그들의 상호 반발은 더 유력한 인자이다. 따라서 탄산염과 질산염은 에너지적으로 더 유리한 산화물로 분해한다.

리튬과 마그네슘 염류에 대한 수화 증가의 경향성은 동일한 형태의 설명에 바탕을 둔다. 이러한 작으면서 크게 편극되는 이온들은 물분자와 더 센 상호작용을 형성한다. 이때 물분자는 그 고체격자의 한 부분으로 된다. 결과적으로 과염소산 리튬은 삼수화물($LiClO_4 \cdot 3H_2O$)로 발견되고 각 세 물분자는 그림 11.3a처럼 두 리튬 양이온과 결합한다. 마찬가지로 과염소산 마그네슘은 6 수화물[$Mg(ClO_4)_2 \cdot 6H_2O$]로 발견되고 그것은 구조상으로 보아 리튬 염과 비슷하지만 그림 11.3b처럼 한 Mg^{2+}이 두 Li^+ 양이온을 치환한다. 이러한 센 이온-물 상호작용은 알려진 가장 큰 흡습성(공기 중에서 물을 흡수하는 경향성을 갖는)에 속하는 염류 중에 한 리튬염으로 된다. 예를 들어 LiCl과 LiBr은 바로 이러한 이유 때문에 제습제로 사용한다.

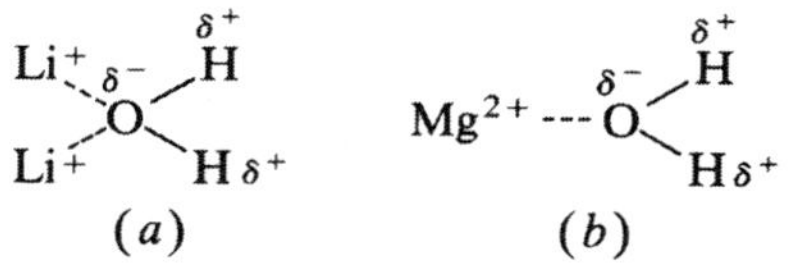

$$\mathrm{Li^{+}} \cdots \overset{\delta^-}{\mathrm{O}}(\mathrm{H}^{\delta+})_2 \cdots \mathrm{Li^{+}} \quad (a) \qquad \mathrm{Mg^{2+}} \cdots \overset{\delta^-}{\mathrm{O}}(\mathrm{H}^{\delta+})_2 \quad (b)$$

그림 12.3

리튬 및 마그네슘 이온과 물분자의 상호작용. (a) $LiClO_4 \cdot 3H_2O$에서 작으면서 크게 편극되는 두 리튬 양이온은 각 세 물분자와 상호작용한다.
(b) $Mg(ClO_4)_2 \cdot 6H_2O$에서 비슷하게 작으면서 크게 편극되는 한 마그네슘 양이온은 6 물분자와 상호작용한다.

다음 절에서 이러한 센 리튬-물 상호작용이 일부분 족 내에서 환원전위의 경향성 때문이라는 것도 알 것이다.

11.3 환원전위와 상호연결하는 아이디어의 연락망

알카리금속의 환원전위를 설명하기 전에 산화-환원반응(oxidation-reduction, redox)과 관련이 있는 몇 정의를 기어해야한다(더 많은 설명을 위해서는 입문서 또는 강의 노트를 참고할 필요가 있을 수 있다). 어떤 물질이 환원될 때 그것의 산화상태(또는 어떤 성분 원소의 산화상태)가 감소하는 것을 기억하라. 어떤 물질이 산화될 때 산화상태는 증가한다. 환원은 전자를 얻는 것과 관련이 있고 한편 산화는 전자를 잃는 것에 상당한다(어떤 학생들은 직접 "LEO goes GER"라는 암기용 문구를 사용하여 기억한다. 그 문구는 다음을 의미한다. *Loses Electrons Oxidized, Gains Electrons Reduced*).

산화-환원 반응의 설명에 사용하는 또 다른 한 벌의 정의는 산화제와 환원제의 용어이다. **환원제**(*reducing agent*)는 다른 물질을 환원하게 만들고 전자를 그 물질에 공급한다. 환원제는 어떤 물질에 대하여 **전자를 잃고 환원되므로 환원제는 산화되어야한다**(LEO). 마찬가지로 **산화제**(*oxidizing agent*)는 다른 물질을 산화되게 만들고 그 물질로부터 전자를 얻는다. 산화제는 그 물질로부터 전자를 얻어 산화되므로 산화제는 **환원되어야한다**(GFR). 이러한 정보는 암기용 문장에 "LEORA goes GEROA"를 추가한다. 그 문장은 다음을 의미한다(Loses Electrons Oxidized, Reducing Agent and Gains Electrons Reduced, Oxidizing Agent). 이러한 용어를 사용하는 한 예로서 식 (11.7)에 표시한 다음 산화환원반응을 생각하자.

$$Zn(s) + Cu^{2+}(aq) \longrightarrow Zn^{2+}(aq) + Cu(s) \tag{11.7}$$

이 반응에서 아연금속은 수용성 Zn(II) 양이온으로 산화되고 한편 수용성 Cu(II) 이온은 금속성 구리로 환원한다. 게다가 아연금속은 환원제이고 구리(II)는 산화제이다. 앞의 반응이 일어나는 경향성을 측정하기 원한다고 가정하자. 어떻게 하는가? 그 설명을 여기에 제시하는 것은 어렵지 않지만 전기화학전지는 아연전극과 구리전극을 서로 도선과 염다리로 연결하여 설치할 수 있다. 그 전지를 완전히 조립할 때 두 전지 사이에 전압 차이(E)를 측정할 수 있고 그 다음 그 반응이 일어나는 경향성을 관련시켜 설명할 수 있다.

그러한 실험 결과를 분석하고 표로 만들기 위하여 전체 산화-환원 반응식은 때때로 환원 부분과 산화 부분을 표시하는 반반응식(half-equation) 또는 반반응(half-reaction)이라고 알려진 것으로 분리한다. 식 (11.8a)은 산화반반응식을 보여주고 식 (11.8b)은 환원반반응식을 보여준다. 아연금속은 두 전자를 방출(또는 상실)하고(그러므로 산화되고) 이러한 전자는 다음에 환원되는 Cu^{2+}이온으로 이동하는 것에 주목하라. 또한 이러한 두 반반응식은 다시 함께 합쳐 그 반응에 대한 전체 반응식 (11.7)으로 되는 것에 주목하라.

$$\text{산화:} \quad Zn(s) \longrightarrow Zn^{2+}(aq) + 2e^- \qquad (11.8a)$$

$$\text{환원:} \quad Cu^{2+}(aq) + 2e^- \longrightarrow Cu(s) \qquad (11.8b)$$

(전체 반응 중 한쪽 두 전자는 서로 삭제된다. 왜냐하면 아연이 잃은 전자수는 Cu^{2+}이온이 얻은 전자수와 같기 때문이다. 얻은 전자수와 동일한 잃은 전자수는 바로 산화환원 반응식이 균형을 맞추는 여러 방법의 중심이라는 것을 기억하라.

바로 전의 간단한 산화환원반응의 개요와 함께 이제 표 11.1에 수록한 알칼리금속의 표준환원전위 설명으로 돌아갈 수 있다. 특히 그들이 어떤 정보를 제공할 수 있고 그러한 정보를 알칼리금속뿐만 아니라 주기율표의 다른 족에도 어떻게 이용할 수 있는가를 알기 원한다. 수용성 리튬이온이 리튬금속으로 환원에 대한 반반응식을 식 (11.9)에 제시한다.

$$Li^+(aq) + e^- \longrightarrow Li(s) \qquad (11.9)$$

이제 우리는 환원되는 수용성 리튬 양이온과 다른 수용성 알칼리금속 양이온의 경향성을 비교하기 바란다. 이것을 계통적으로 비교하려면 환원전위를 어떤 표준-상태 조건에서 측정해야한다. 우리 자신들은 상세한 표준상태에 관심을 둘 필요가 없다. 수용액에 대한 표준상태의 첫째 가정은 모든 용질이 1 몰 농도(M)이고 모든 기체는 1 atm 압력이라는 것에 주목하라. 게다가 이러한 조건은 항상 온도 25°C 또는 298 K를 명시한다. 이러한 표준조건에서 환원되는 물질의 경향성을 측정한 값을 표준환원전위라고 한다. 이것에 대한 기호는 $E°$이고 부호 [°]는 표준조건을 표시한다.

이제 식 (11.9)고 관련이 있는 전압을 독립적으로 측정할 수 있다면 매우 편리할 것이다. 그러나 그것은 절대 전압을 측정할 수 없다는 것을 아는 것이 중요하다. 왜 아닌가? 식 (11.9)는 다만 반반응이므로 그 제체만으로는 반응이 일어날 수 없다. 자유전자를 비커에 넣고 그 다음에 리튬이온과 결합시킬 수 없다. 전자들은 그 전자를 잃은, 즉 산화되는 물질로부터 나와야한다.

일정한 반반응에 대한 $E°$를 알려면 연구하려는 특정한 반반응은 소위 표준전극이라고 부르는 전극과 쌍을 이루어 실험을 하고 또는 계산을 한다. 표준전극은 일반적으로 식 (11.10)에 제시한 반반응을 갖는 표준수소전극을 사용한다:

$$2H^+(aq) + 2e^- \longrightarrow H_2(g) \tag{11.10}$$

이 반응이 일어나는 경향성은 임의로 0 값을 할당하고 다른 모든 반반응의 전압을 측정하는 것에 대하여 표준으로 삼는다. 바꿔 말하면 표준수소전극에 대한 표준환원전위($E°$)는 정확하게 0.000 V로 취하고 그러므로 모든 나머지 반반응에 대한 ($E°$)는 이러한 표준에 대하여 상대적으로 알려진 값이지만 임의적 값이다.

이제 수용성 리튬이온이 리튬금속으로 환원에 대한 표준환원전위는 표 11.1에 −3.05 V라고 제시되어 있다. 이것은 무엇을 의미하는가? 리튬 양이온이 표준수소전극의 수소이온에 대하여 상대적으로 환원되는 경향성이 더 크거나 더 작은 것을 의미하는가? 그 대답은 경향성이 더 적다는 것이다. 일반적으로 $E°$값이 0보다 작으면 그 물질은 환원되는 경향성이 수소보다 작다. $E°$값이 0보다 크면 그 물질은 환원되는 경향성이 수소보다 크다. 표준환원전위표를 **전극전위서열**(*electromotive series*)이라 부르고 적당한 값을 표 11.2에 제시한다($E°$값은 때때로 기전력(*electromotive force*)이라 하고 그 용어는 전자를 이동하는 힘 또는 경향성과 관련이 있다). 특히 수용성 리튬이온은 환원되는 순서로 나열한 모든 물질 중에서 가장 작은 경향성을 갖는다; 즉 전자를 얻는 경향성이 가장 작다. 그와 반대로 나열된 모든 물질 중에서 리튬금속은 당연히 전자를 잃는, 즉 산화되는 경향성이 가장 크고 표 11.2에서 가장 좋은 환원제이다.

비록 이전에 이러한 개념을 알고 있는 것 같더라도 그리고 여기에서 무기화학에 상당히 접근하여 공부하기 원하는 것을 마음에 간직하더라도 그리고 기전력의 이론적 바탕과 지나치게 관련이 없더라도 일어나는 반응의 경향성 척도와 더 친근하게 환원전위를 간단히 설명해야 하겠다. 당신이 기억하는 이것은 계의 자유에너지 변화($\Delta G°$)이다(여기에서 다시 부호 [°]는 표준조건에서 값을 표시한다). $\Delta G°$이 0보다 작으면 그 반응은 쓰여져 있는 그대로 자발성이다. $\Delta G°$ 값이 0보다 크면 그 반응은 쓰여진 그대로 자발성이 아니고 그 반대 방향으로 자발성이다. $\Delta G°$ 값이 0과 같으면 그 반응은 평형에 있고 알짜 반응이 자발적으로 일어나지 않는다. 표준전위($E°$)와 $\Delta G°$ 사이에 관계는 식 (11.11)에 있다:

$$\Delta G° = -nFE° \tag{11.11}$$

여기에서 $\Delta G°$는 반응의 자유에너지변화(kJ/mol)이고 n은 이동한 전자수이고 F는 Faraday 상수(96.5 kJ/mol)이고 $E°$는 표준환원전위(V)이다. 환원전위, 자유에너지 변화, 자발성 사이에 관계는 표 11.3에 있다.

이러한 모든 것을 한 단계 더 진행하기 위해서 여러 산화제와 환원제를 함께 있을 때 무엇이 일어나는가를 계산하려면 그들에게 지정된 반반응과 환원전위를 사

표 11.2 표준환원전위(25°C)

Half-reaction	$E°$, V
$Li^+(aq) + e^- \rightarrow Li(s)$	−3.05
$K^+(aq) + e^- \rightarrow K(s)$	−2.93
$Ba^{2+}(aq) + 2e^- \rightarrow Ba(s)$	−2.90
$Sr^{2+}(aq) + 2e^- \rightarrow Sr(s)$	−2.89
$Ca^{2+}(aq) + 2e^- \rightarrow Ca(s)$	−2.87
$Na^+(aq) + e^- \rightarrow Na(s)$	−2.71
$Mg^{2+}(aq) + 2e^- \rightarrow Mg(s)$	−2.37
$Be^{2+}(aq) + 2e^- \rightarrow Be(s)$	−1.85
$Al^{3+}(aq) + 3e^- \rightarrow Al(s)$	−1.66
$Mn^{2+}(aq) + 2e^- \rightarrow Mn(s)$	−1.18
$N_2(g) + 4H_2O(l) + 4e^- \rightarrow N_2H_4(g) + 4OH^-(aq)$	−1.16
$2H_2O(l) + 2e^- \rightarrow H_2(g) + 2OH^-(aq)$	−0.83
$Fe^{2+}(aq) + 2e^- \rightarrow Fe(s)$	−0.44
$Tl^+(aq) + e^- \rightarrow Tl(s)$	−0.33
$PbSO_4(s) + 2e^- \rightarrow Pb(s) + SO_4^{2-}(aq)$	−0.31
$Sn^{2+}(aq) + 2e^- \rightarrow Sn(s)$	−0.14
$Pb^{2+}(aq) + 2e^- \rightarrow Pb(s)$	−0.13
$2H^+(aq) + 2e^- \rightarrow H_2(g)$	0.00
$S_4O_6^{2-}(aq) + 2e^- \rightarrow 2S_2O_3^{2-}(aq)$	+0.08
$Sn^{4+}(aq) + 2e^- \rightarrow Sn^{2+}(aq)$	+0.13
$S(s) + 2H^+(aq) + 2e^- \rightarrow H_2S(g)$	+0.14
$SO_4^{2-}(aq) + 4H^+(aq) + 2e^- \rightarrow SO_2(g) + 2H_2O(l)$	+0.20
$Cu^{2+}(aq) + 2e^- \rightarrow Cu(s)$	+0.34
$SO_4^{2-}(aq) + 8H^+(aq) + 6e^- \rightarrow S(s) + 4H_2O(l)$	+0.37
$O_2(g) + 2H_2O(l) + 4e^- \rightarrow 4OH^-(aq)$	+0.40
$CO(g) + 2H^+(aq) + 2e^- \rightarrow C(s) + H_2O(l)$	+0.52
$I_2(s) + 2e^- \rightarrow 2I^-(aq)$	+0.54
$MnO_4^-(aq) + 2H_2O(l) + 3e^- \rightarrow MnO_2(s) + 4OH^-(aq)$	+0.59
$O_2(g) + 2H^+(aq) + 2e^- \rightarrow H_2O_2(aq)$	+0.68
$Fe^{3+}(aq) + e^- \rightarrow Fe^{2+}(aq)$	+0.77
$Ag^+(aq) + e^- \rightarrow Ag(s)$	+0.80
$NO_3^-(aq) + 2H^+(aq) + e^- \rightarrow NO_2(g) + H_2O(l)$	+0.80
$OCl^-(aq) + H_2O(l) + 2e^- \rightarrow Cl^-(aq) + 2OH^-(aq)$	+0.89
$NO_3^-(aq) + 4H^+(aq) + 3e^- \rightarrow NO(g) + 2H_2O(l)$	+0.96
$Br_2(l) + 2e^- \rightarrow 2Br^-(aq)$	+1.07
$O_2(g) + 4H^+(aq) + 4e^- \rightarrow 2H_2O(l)$	+1.23
$MnO_2(s) + 4H^+(aq) + 2e^- \rightarrow Mn^{2+}(aq) + 2H_2O(l)$	+1.23
$Cr_2O_7^{2-}(aq) + 14H^+(aq) + 6e^- \rightarrow 2Cr^{3+}(aq) + 7H_2O(l)$	+1.33
$Cl_2(g) + 2e^- \rightarrow 2Cl^-(aq)$	+1.36
$PbO_2(s) + 4H^+(aq) + 2e^- \rightarrow Pb^{2+}(aq) + 2H_2O(l)$	+1.46
$MnO_4^-(aq) + 8H^+(aq) + 5e^- \rightarrow Mn^{2+}(aq) + 4H_2O(l)$	+1.51
$Ce^{4+}(aq) + e^- \rightarrow Ce^{3+}(aq)$	+1.61
$2HOCl(aq) + 2H^+(aq) + 2e^- \rightarrow Cl_2(g) + 2H_2O(l)$	+1.63
$PbO_2(s) + 4H^+(aq) + SO_4^{2-}(aq) + 2e^- \rightarrow PbSO_4(s) + 2H_2O(l)$	+1.70
$BrO_4^-(aq) + 2H^+(aq) + 2e^- \rightarrow BrO_3^-(aq) + H_2O(l)$	+1.74
$H_2O_2(aq) + 2H^+(aq) + 2e^- \rightarrow 2H_2O(l)$	+1.77
$N_2O(g) + 2H^+(aq) + 2e^- \rightarrow N_2(g) + H_2O(l)$	+1.77
$Co^{3+}(aq) + e^- \rightarrow Co^{2+}(aq)$	+1.82
$S_2O_8^{2-}(aq) + 2e^- \rightarrow 2SO_4^{2-}(aq)$	+2.01
$O_3(g) + 2H^+(aq) + 2e^- \rightarrow O_2(g) + H_2O(l)$	+2.07
$XeO_3(aq) + 6H^+(aq) + 6e^- \rightarrow Xe(g) + 3H_2O(l)$	+2.10
$XeF_2(aq) + 2H^+(aq) + 2e^- \rightarrow Xe(g) + 2HF(aq)$	+2.64
$F_2(g) + 2e^- \rightarrow 2F^-(aq)$	+2.87

산화제로서 세기증가 (↓)

환원제로서 세기증가 (↑)

표 11.3 환원전위, 자유에너지변화, 그리고 반응 자발성 사이에 관계

자유 에너지 변화	반응 자발성	환원전위
$\Delta G^\circ > 0$	기록한 반응식처럼 비자발적으로 반응; 반대 방향으로 자발적으로 반응	$E^\circ < 0$
$\Delta G^\circ = 0$	평형에서 반응: 어느 한쪽으로 자발적으로 반응하지 않는다.	$E^\circ = 0$
$\Delta G^\circ < 0$	기록한 반응식처럼 자발반응	$E^\circ > 0$

$\Delta G^\circ = -nFE^\circ$

용할 수 있다. 예를 들어 새로 절단한 소듐금속을 물에 넣으면 어떤 일이 생기는가? 그 가능성을 분석하기 시작하겠다. 소듐 표준환원전위는 표 11.1에 −2.71 V라고 제시한다. 이것을 반응식 형태로 쓰면 식 (11.12)처럼 수용성 소듐이온이 소듐금속으로 환원은 $-E^\circ$값을 그리고 $+G^\circ$값을 가지므로 그로 말미암아 표준수소전극에 대하여 측정할 때 그 반응이 자발적으로 일어나지 않는다.

$$\begin{aligned} &Na^+(aq) + e^- \longrightarrow Na(s) \\ &(E^\circ = -2.71\ V) \\ &[\Delta G^\circ = -(96.5\ kJ/V)(-2.71\ V) \\ &= 262\ kJ/mol] \end{aligned} \tag{11.12}$$

그 반응이 반대로 진행하면 G° 값의 부호는 변하여야하고 $-E^\circ$와 G°사이에 관계를 사용하여야 하고 그것은 식 (11.13)처럼 전위 부호의 변화에 상당한다.

$$\begin{aligned} &Na^+(aq) + e^- \longrightarrow Na(s) \\ &(E^\circ = -2.71\ V) \\ &[\Delta G^\circ = -(96.5\ kJ/V)(-2.71\ V) \\ &= 262\ kJ/mol] \end{aligned} \tag{11.13}$$

그러므로 이 과정은 $-G^\circ$ 값(그리고 $+E^\circ$ 값)을 갖고 그러므로 또 다른 반반응과 결합하여 자발적으로 진행하는 경향이 있다.

이제 수용액 중에서 소듐에 의하여 환원되는 것은 무엇인가? 또는 또 다른 방법으로 말하자면 어떤 물질이 식 (11.13)에서 소듐에 의하여 방출된 전자를 얻는가? 11.1절에 있는 이전의 설명으로부터 그 대답은 물 그 자체라는 것을 알고 있다. 표 11.2를 잠간 보면 물이 수용성 수산화이온과 수소기체로 환원은 −0.83 V 표준환

원전위를 갖는다. 이러한 두 반반응을 합칠 때 그 이론은 소듐이 자발적으로 물과 반응하여 수소기체를 생성한다고 실제로 이미 알려진 것을 증명하는가? 즉 그 결과로 생기는 전체 $+E°$는 $-G°$에 상당하는가? 그 계산은 다음과 같다.

환원 반반응: 물이 환원될 때 두 전자를 얻는다.

$$2H_2O + 2e^- \longrightarrow H_2(g) + 2OH^-(aq)$$
$$(E° = -0.83\ V)$$
$$[\Delta G° = -2(96.5)(-0.83)$$
$$= 160\ kJ/mol] \tag{11.14}$$

산화 반반응: 물의 환원에 두 전자를 공급하려면 소듐에 대한 반반응을 두 배로 곱해야한다.

$$2 \times [Na(s) \longrightarrow Na^+(aq) + e^-]$$
$$(E° = 2.71\ V)$$
$$[\Delta G° = -2(96.5)(2.71)$$
$$= -523\ kJ/mol] \tag{11.15}$$

(반반응을 두 배로 곱하는 것은 $E°$ 값에 영향주지 않는 것에 주목하라. 전자를 얻고 잃는 경향성은 많은 몰 수의 물질이 관여하는 것과 아무런 관계가 없다. 다시 말하면 이전의 경험에서 기억할 수 있는 것처럼 $E°$는 세기성질이다. 그러나 방출된 자유에너지량은 관여한 물질의 몰수에 의존한다. 즉 $\Delta G°$는 크기성질이다.)

두 반반응을 함께 합치면 다음 알짜 반응을 생성하고 $-\Delta G°$와 전체 $+E°$를 수반한다.

$$2Na(s) + 2H_2O \longrightarrow 2Na^+(aq) + H_2(g) + 2OH^-(aq)$$
$$(\Delta G° = -363\ kJ)$$
$$[E° = \frac{\Delta G°}{-nF} = \frac{-363\ kJ}{-(2)(96.5\ kJ/V)}$$
$$= 1.88\ V] \tag{11.16}$$

그러므로 계산 결과는 실험 결과와 일치하는 것을 안다. 소듐금속은 물을 환원하여 수소기체와 수용성 수산화 이온을 생성한다(모든 표준조건에서). 비슷한 결과는 모든 알칼리금속에 대하여 얻는다. 그들은 모두 좋은 환원제이다.

이러한 분석을 통하여($\Delta G°$의 고려를 포함해서) 항상 일정한 산화환원이 자발성인가 여부를 결정한다면 의아하게 생각할 수도 있다. 그렇게 하지 않는 것에 감사드린다. 예를 들어 식 (11.16)에 제시한 반응에 대하여 또 다른 방법으로 전체 $E°$ 값이 1.88 V로 되는 결과를 얻는다. 두 반반응, 즉 산화반반응($E°_{ox}$)과 환원반반응($E°_{red}$)에 대한 $E°$ 값을 취하고 그들을 합치면 전체 $E°$ 값으로 된다. 그것을 계산해

보자. $E° = E°_{ox} + E°_{red} = +2.71 \text{ V} + (-0.83 \text{ V}) = 1.88 \text{ V}$. 그리고 우리는 그렇게 복잡하게 만들지 않아야한다. 더욱이 열역학적 산화환원반응 가능성을 결정하기 위하여 우리들 앞에 균형반응식을 갖지도 않는 것에 주목하라. 이제 그것을 진행해 보자(여기에 적어 넣지 않는 한 가지 단서 또는 경고가 있다. $E°_{ox}$와 $E°_{red}$를 함께 합치는 이 방법은 잃은 전자와 얻은 전자가 동일한 과정을 생각할 때만 잘 들어맞는다. 전자의 알짜 이득이나 손실을 갖는 반반응을 함께 합치면 이러한 방법의 지름길은 적용되지 않는다. 이것은 뒤에 더 설명할 것이다).

이제 1A족의 환원전위 경향성을 고려해보자. 실제 $E°$값을 살펴보기 전에 그 경향에 대하여 무엇을 기대하는가를 당신 자신에게 질문하라. 예를 들어 어떤 인자들이 당신의 기대에 바탕을 두고 있는가? 이제 그림 11.4의 외쪽에 있는 $E°$값을 보라. 제시한바와 같이 수용성 리튬 양이온은 가장 큰 환원 음전위를 갖는다. 아는바와 같이 이것은 리튬 양이온이 가장 작은 환원 경향성을 갖고 또 다른 반반응과 결합할 때 (또 다른 반반응에 대하여 측정할 때) 리튬금속은 가장 큰 산화 경향성을 갖는다는 것을 의미한다. 이 결과에 놀라는가? 당신의 기대가 우선 리튬원자의 상대적 이온화에너지에 바탕을 둔다면 당신은 매우 놀랄수도 있다. 리튬은 가장 큰 이온화에너지를 갖는다. 그로 말미암아 리튬은 가장 산화되기 어렵고 산화되는 것이 가장 쉽지 않다고 결론내리게 부추긴다.

리튬이 왜 알칼리금속 중에서 가장 쉽게 산화되는가를 알기 위하여 그리고 1A족의 표준환원전위의 전체 경향을 이해하기 위하여 환원전위의 변화에 기여하는 이온화에너지 이외에 이온크기, 전하밀도, 편극력과 같은 몇 인자들을 살펴볼 필요가 있다. 이들은 모두 그림 11.4에 요약한다. 1A족을 따라 밑으로 가면서 이온화에너지는 기대하는 것처럼 감소하고 당연히 ns^1 전자는 그들의 기체원자로부터 더 쉽게 방출된다. 앞에서 지적한 것처럼 이 한 가지 인자는 리튬이 특히 산화되기 어렵다는 것을 기대하게 유도할 수 있다. 또한 알칼리금속은 족의 밑으로 가면서 더 쉽게 산화된다고 당신을 유도한다(그것은 틀린 것으로 판명되었다).

그러나 이온크기는 환원전위의 경향성에 크게 영향을 주는 또 다른 특히 중요한 인자이다. 알칼리금속 양이온의 크기가 족을 밑으로 가면서 증가하는 것을 생각하면 놀라운 것이 아니다. 당연히 이러한 양이온의 편극력처럼 전하밀도[전하-대-반지름(Z/r)비]는 감소한다. 이것은 그들의 주위 물분자와 이러한 양이온의 상호작용 세기감소에 도달한다. 이러한 일련의 인자에 관한 고려는 그 수화 양이온이 수용액에서 둘러싼 수화물분자와 대단히 세게 상호작용하므로 리튬이 가장 쉽게 산화될 것이라고 우리들을 믿게 유도할 것이다. 전체 족을 외삽하여 보면 이러한 경향성은 알칼리금속이 족을 밑으로 가면서 더 어렵게 산화되는 것이 예상된다. 그러므로 이러한 점을 요약하면 이온화에너지 경향성은 산화 경향성이 증가하는 것을 나타내고 한편 이온화에너지의 크기에 대한 고려는 반대의 결론에 도달하는 상항을 갖는다.

그림 11.4는 이러한 일치하지 않는 예측이 어떻게 해결되는가를 보여준다. 그림

그림 11.4

이온화에너지, 이온반지름, 편극력, 물분자와 상호작용에서 방출된 에너지와 관련이 있는 알칼리금속의 표준환원전위의 경향성(분명하게 나타내기 위하여 네 물분자만 각 이온 주위에 나타냈다).

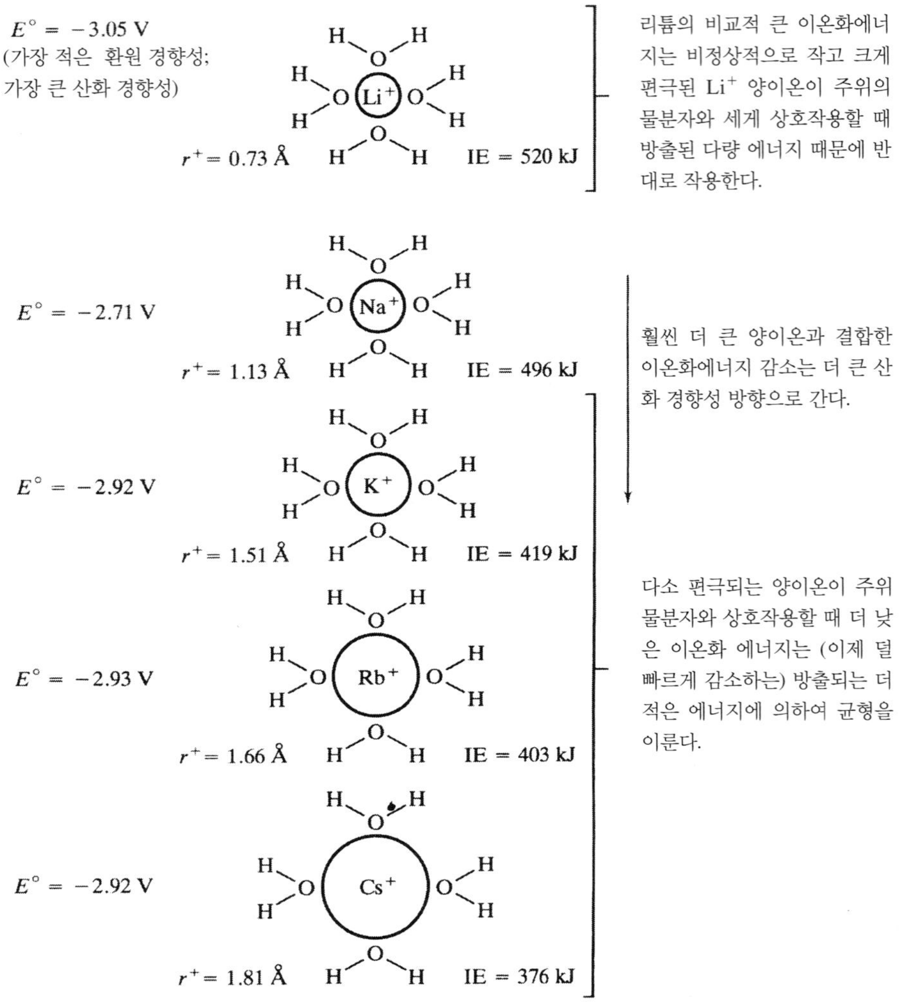

$E^\circ = -3.05$ V
(가장 적은 환원 경향성; 가장 큰 산화 경향성)
$r^+ = 0.73$ Å, Li^+, IE = 520 kJ

리튬의 비교적 큰 이온화에너지는 비정상적으로 작고 크게 편극된 Li^+ 양이온이 주위의 물분자와 세게 상호작용할 때 방출된 다량 에너지 때문에 반대로 작용한다.

$E^\circ = -2.71$ V, Na^+, $r^+ = 1.13$ Å, IE = 496 kJ

훨씬 더 큰 양이온과 결합한 이온화에너지 감소는 더 큰 산화 경향성 방향으로 간다.

$E^\circ = -2.92$ V, K^+, $r^+ = 1.51$ Å, IE = 419 kJ

$E^\circ = -2.93$ V, Rb^+, $r^+ = 1.66$ Å, IE = 403 kJ

$E^\circ = -2.92$ V, Cs^+, $r^+ = 1.81$ Å, IE = 376 kJ

다소 편극되는 양이온이 주위 물분자와 상호작용할 때 더 낮은 이온화 에너지는 (이제 덜 빠르게 감소하는) 방출되는 더 적은 에너지에 의하여 균형을 이룬다.

11.4의 오른쪽 밑에 세 구역이 나타난다. 1족의 위는 일반적으로 크기가 작은 리튬 양이온이 점유한다. 그러한 큰 이온화에너지에도 불구하고 큰 안정도를 갖는 리튬의 수화 양이온은 이 리튬을 비교적 쉽게 산화되게 만든다. 1A족의 중간은 이온화에너지가 빠르게 감소하는 것이 가장 중요한 인자이고 소듐, 포타슘, 루비듐(매우 작은) 원소들은 계속해서 산화되기 더 쉽다. 1A족의 아래는 이온화에너지가 덜 감소하고 더 크고 덜 편극되는 양이온이 물과 상호작용할 때 방출된 에너지량이 더 적기 때문에 바로 균형을 이룬다.

그러므로 수용액에서 표준환원전위 지식은 알칼리금속 화학을 분석하는 또 다른 방법을 제공한다고 본다. 다음 일곱 장에서 계속해서 나머지 주족원소의 족 화학을 설명할 때 이러한 지식이 계속 해서 큰 가치를 가질 것으로 본다. 실제로 표준환원전위는 대단히 귀중하므로 이제 그들을 주기율표를 이해하기 위한 우리들 아이디어의 상호연결 연락망의 일곱째 성분이 된다. 그림 11.5는 이것을 추가한 연락

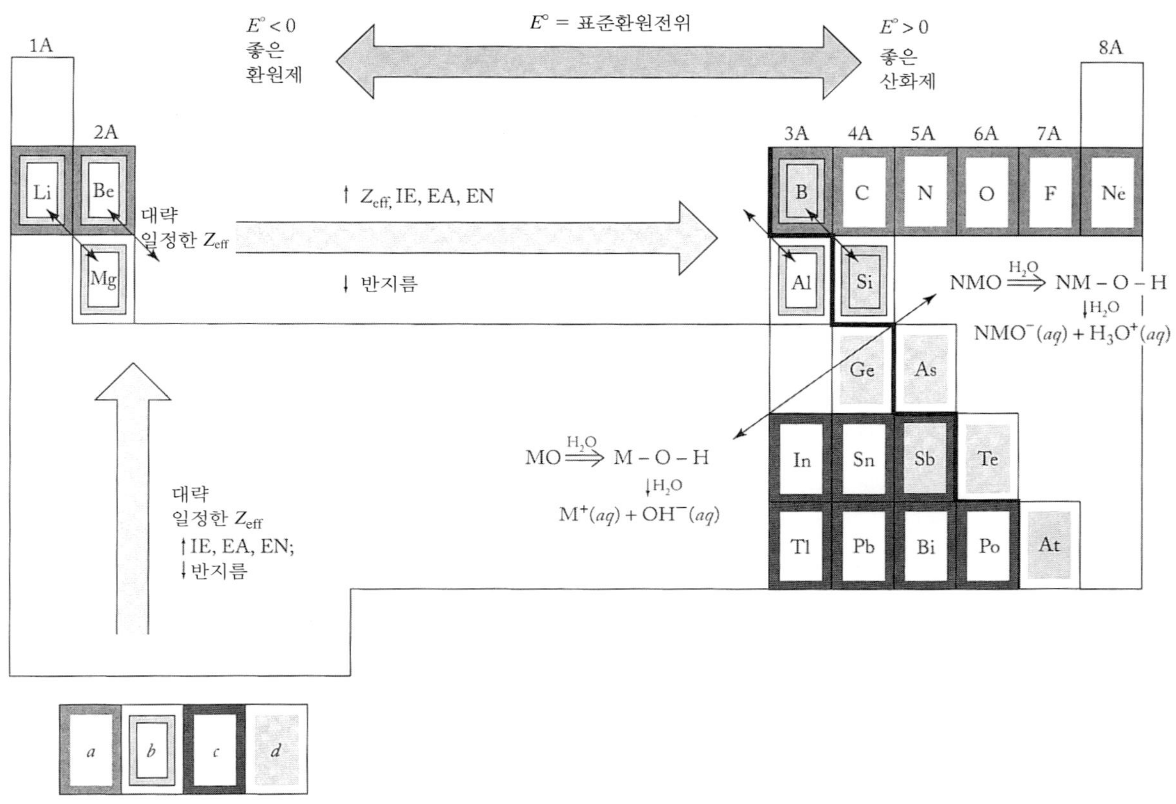

그림 11.5

상호연결하는 아이디어 연락망의 일곱 성분. 표준환원전위의 경향성은 주기적 성질의 경향성, 금속과 비금속 산화물의 산–염기 특성, (a) 유일성원리, (b) 대각선 효과, (c) 비활성-쌍 효과, (d) 금속-비금속 경계선의 경향성과 합쳐진다.

망을 보여준다.

물에서 알칼리금속의 반응성에 관한 한 마지막 정보가 있다. 앞의 모든 설명은 분명히 확실하지만 **열역학**에만 바탕을 둔다. 완전하고 현실적 반응성의 전망을 위하여 그 상항의 반응속도도 고려해야한다. 리튬은 물과 열역학적 의미에서 더 자발적으로 반응하지만 물과 반응속도는 더 무거운 동종체의 속도보다 작다(그 속도는 금속과 물 사이에 접촉하는 정도에 의존한다. 리튬은 녹는점이 그 동종체보다 크므로 그로 말미암아 발열반응이 진행하고 열에너지 또는 열을 제공할 때 쉽게 녹지 않고 물을 통하여 퍼져나간다. 그러므로 그 반응속도는 더 작다). 실제로 소듐금속은 물과 더 격렬하게 반응하지만 위험하지 않고 포타슘금속은 물에 넣을 때 불꽃을 내면서 폭발적으로 연소하고 더 무거운 동종체는 물과 폭발적으로 반응하는 것과 같이 1A족 반응속도는 실제로 크게 증가한다.

11.4 과산화물과 초과산화물

과산화물

표 11.1은 알칼리금속이 분자 산소와 반응할 때 몇 가자 전연 기대하지 않은 생성물을 제시한다. 리튬은 정상적 산화물을 생성하지만 소듐이 산소와 반응할 때 특히 고온에서 그 생성물은 노란색의 흡습성 Na_2O_2이다. 다음 Lewis 구조처럼 과산화물 이온(O_2^{2-})은 1 결합차수를 갖을 것으로 예상한다:

$$\left[:\ddot{\underset{..}{O}}:\ddot{\underset{..}{O}}:\right]^{2-}$$

가장 보편적 과산화소듐은 과산화소듐 1/8물($Na_2O_2 \cdot 8H_2O$)이다. 물분자들이 대부분 과산화이온과 수소결합한 그러한 수화물은 알칼리토금속 과산화물에서도 보통이다.

과산화소듐이 물과 반응하면 식 (11.17)처럼 관산화수소를 형성한다:

$$Na_2O_2(s) + 2H_2O(l) \longrightarrow H_2O_2(aq) + 2NaOH(aq) \qquad (11.17)$$

순수한 과산화수소는 무색이고 시럽모양 액체이고 가열하면 격렬하게 폭발한다. 각 H_2O_2 분자는 그림 11.6과 같은 구조를 갖는다.

정상적으로 과산화수소의 O−O결합은 단일결합 주위를 자유회전할 것으로 기대한다. 그러나 유일성 원리와 일치하는 이 경우에 O−O 결합은 대단히 짧아서 서로 다른 산소원자에 있는 두 고립전자쌍이 너무 접근하면 서로 반발한다. 따라서 이 분자의 가장 안정한 배열은 이면각(dihedral angle)을 갖는 것이다. 과산화수소 분

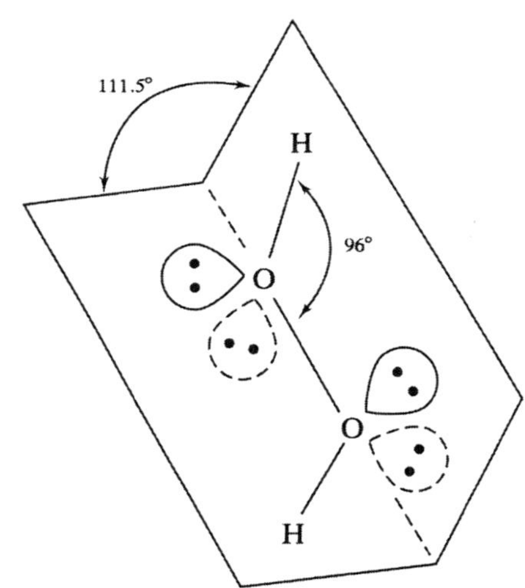

그림 11.6

기체상 과산화수소의 구조. 다른 것과 O−H기의 결합각(이면각)은 111.5°이다. O−O−H 결합각은 약 96°이다. 평면에 있는 고립전자쌍은 실선으로 표시하고 한편 평면의 뒤 또는 밑은 토막선으로 표시한다. H_2O_2 분자는 가장 작은 분자이고 단일결합 주위의 회전이 방해받는다(참고문헌 19).

자의 이면각은 한 O−H와 다른 것 사이에 각도이고 대개 이면각은 기체상의 111.5°로부터 결정성 고체의 90.0°까지 범위이다. 과산화수소는 **부자유회전** (*hindered rotation*)을 나타내는 최소분자이고 부자유회전은 단일결합 주위에서 고립전자쌍 또는 나머지 원자, 또는 원자단에 의하여 발생된 부자유회전이라고 정의한다. 이러한 화합물시럽 모양의 점성 액체는 분자 사이에 센 수소결합 때문이다.

식 (11.8)에 제시한 것처럼 수소결합은 가열할 때 물과 산소로 격렬하게 분해한다:

$$2H_2O_2(l) \xrightarrow[\text{촉매}]{\text{열 또는}} 2H_2O(l) + O_2(g) \tag{11.18}$$

그 반응은 또한 여러 금속(예를 들어 Fe, Mn, Cu)염류, 요오드화물, 산화물, 먼지의 입자, 미량의 유기물질이 함께 촉매작용을 한다. 이 분해는 **불균등화반응** (*disproportionation reaction*)의 한 예이고 그것은 한 화합물 중 한 원소가 산화되고 환원되는 반응이다. 이 경우에 과산화물 중 산소(−1 산화상태)는 물로 환원되고 (−2 산화상태) 원소 산소(0 산화성태)로 산화된다. 과산화수소의 불안정한 성질 때문에 진한 농도 용액은 저장하는 것이 특히 어렵고 적절한 안전방법을 취하여야한다. 과산화수소를 보관해야 할 때 30%(또는 더 진하게) H_2O_2를 폴리에틸렌 병에 냉각상태로 보관해야한다. H_2O_2 분해반응은 유리에 들어있는 미량 금속에 의하여 촉매반응하고 그 결과로 생기는 산소기체는 큰 압력을 발생한다. 이 용액의 저장에 사용하는 폴리에틸렌 병도 병의 변형을 방지하기 위하여 굽은 마개를 설치해야한다. 굽으러지지 않은 병은 바닥이 볼록한 상태로 변하여 사람들이 보관지역을 걸어다닐 때 앞뒤로 부디친다! (그것은 대단히 무서운 일이 예상된다. 진한 과산화수소 용액을 가지고 걸을 때 좋은 안전방법에 따르지 않으려면 얌전하게 걸어라!)

식 (11.19)처럼 산성용액에서 과산화수소가 물로 환원되는 전위는 표 11.2에 있고 그것은 H_2O_2가 알맞게 센 산화제라는 사실과 일치한다:

$$H_2O_2(aq) + 2H^+(aq) + 2e^- \longrightarrow 2H_2O(l) \qquad (E^\circ = 1.77\,V) \tag{11.19}$$

(이전의 설명으로부터 $+E°$값은 센 환원 경향성과 일치하고 그로 말미암아 좋은 산화제라고 지적하는 것을 기억하라.) 예를 들어 과산화수소는 다음 식처럼 Fe^{2+}를 Fe^{3+}로 산화할 수 있다.

$$\begin{array}{ll}
H_2O_2(aq) + 2H^+(aq) + 2e^- \longrightarrow 2H_2O(l) & (E^\circ = 1.77\,V) \\
2[Fe^{2+}(aq) \longrightarrow Fe^{3+}(aq) + e^-] & (E^\circ = -0.77\,V) \\
\hline
H_2O_2(aq) + 2H^+(aq) + 2Fe^{2+}(aq) \longrightarrow & \\
\qquad\qquad 2Fe^{3+}(aq) + 2H_2O(l) & (E^\circ = 1.00\,V)
\end{array}$$

산화환원 반응이 균형을 이룰 때 산화와 환원 반반응에 대한 표준환원전위는 가산성(additive)이다; 즉 다음처럼 식을 사용할 수 있다: $E° = E°_{ox} + E°_{red} = -0.77 + 1.77 = 1.00$ V. (이것을 아직 믿지 못하면 다시 각 반응식의 $\Delta G°$를 계산하고 그들을 함께 합쳐 전체 $\Delta G°$를 구한 다음 $E°$의 계산을 시도할 수 있다.)

앞의 예에서 H_2O_2는 환원되고 그로 말미암아 산화제로 이용한다. 관산화수는 또한 환원제로도 이용할 수 있다. 이 경우에 과산화수소는 산소 [$O_2(g)$]로 산화되고 실험실에서 편리한 산소기체의 발생원으로 사용한다(더 상세한 것은 10.1절을 참고하라). 표 11.2로부터 적절한 반반응식을 식 (11.20)에 제시한다:

$$O_2(g) + 2H^+(aq) + 2e^- \longrightarrow H_2O_2(aq) \qquad (E° = 0.68\text{ V}) \qquad (11.20)$$

$E° = 0.68$ V만 가지고 과산화수소를 적절한 산화제로 사용하면 $H_2O_2(aq)$를 산화하여 $O_2(aq)$를 생성할 수 있다고 상상하는 것도 어렵지 않다. 예를 들어 과산화수소는 다음처럼 산성용액 중에서 과망간산에 의하여 산화될 수 있다(또는 과망간산에 대하여 환원제로 사용할 수 있다).

$$5[H_2O_2(aq) \longrightarrow O_2(g) + 2H^+(aq) + 2e^-] \qquad (E° = -0.68\text{ V})$$
$$2[MnO_4^-(aq) + 8H^+(aq) + 5e^- \longrightarrow Mn^{2+}(aq) + 4H_2O] \qquad (E° = 1.51\text{ V})$$
$$5H_2O_2(aq) + 2MnO_4^-(aq) + 6H^+(aq) \longrightarrow 5O_2(g) + 2Mn^{2+}(aq) + 8H_2O \quad (E° = 0.83\text{ V})$$

여기에서 과망간산에 대한 $E°_{red} = 1.51$ V와 과산화수소가 산소기체로 산화될 때 $E°_{ox} = -0.68$ V를 합치면 전체 ($E°$)값은 양수(+)로 되고 표준상태에서 자발반응으로 되기에 충분한 값 이상이다. 이 반응은 실험실에서 산소생성에 사용할 뿐만 아니라 미지 과산화물 농도의 정량적 측정에 바탕으로도 사용한다.

과산화물의 응용은 온화한 소독제와 머리카락 탈색제로 사용하는 과산화수소(3%), 밀가루, 섬유, 지방에 대한 상업용 표백제로서 30% 용액, 수돗물과 공업용수의 처리에 사용하는 50% 용액 등을 포함한다. 과산화수소(90%)와 하이드라진(N_2H_2)은 또한 로켓연료로 사용한다(하이드라진에 대하여 더 상세한 것은 15장을 보라).

초과산화물

포타슘, 루비듐, 세슘이 분자산소와 반응할 때 초과산화물(MO_2)을 생성한다. 훨씬 더 분명한 관계는 알칼리금속 양이온의 크기와 초과산화물(superoxide) 사이에 존재하는 것처럼 보인다. 리튬과 소듐 같은 더 작은 양이온의 염류에서 큰 초과산화물 이온 사이에 너무 많은 접촉은 분명히 그 격자를 불안정하게 한다. 양이온이 클수록 이온 크기는 더 잘 맞는다. 그러므로 가장 안정한 초과산화물은 세슘 화합물이다.

초과산화물은 잠수함, 광산, 우주왕복선, 자체-호흡용 장비와 같은 밀폐 지역에서 이산화탄소 제거와 산소생산에 유용하다. 그 반응을 식 (11.21)에 제시한다.

$$4KO_2(s) + 2H_2O(l) \longrightarrow 4KOH(s) + 3O_2(g) \quad (12.21a)$$

$$2[2KOH(s) + CO_2(g) \longrightarrow K_2CO_3(s) + H_2O(l)] \quad (12.21b)$$

$$\text{합계: } 4KO_2(s) + 2CO_2(g) \longrightarrow 2K_2CO_3(s) + 3O_2(g) \quad (12.21c)$$

초과산화포타슘은 수분을 이용하여 호흡으로부터 수산화물과 산소기체의 생산까지 필요한 반응물이라는 것에 주목하라. 계속해서 KOH는 이산화탄소를 흡수하고 탄산과 더 많은 물을 발생하고 다시 한번 초과산화물과 반응한다. 알짜 반응은 이산화탄소가 산소로 조절 변환과 관련이 있다. 더 자주 호흡하면(이산화탄소와 물을 생산하는) 더 많은 산소를 생산한다.

11.5 실제로 중요한 반응과 화합물

소듐과 포타슘은 지구 껍질에 대단히 많지만(Na 2.6%, K 2.4%) 포타슘은 더 큰 용해도와 식물생명체에 의한 계속되는 섭취 때문에 바다에는 훨씬 더 적다. 실제로 포타슘은 식물에 대단히 중요하므로 포타슘의 주 용도는 일반적으로 염화물 또는 황산염으로서 비료로 사용이다. 이것은 분명히 새로 준비된 기술이 아니다. 수세기 전까지도 농부들은 나무 재를 경작지에 뿌려 더 잘 성장하게 만드는 것을 알았다. 이제 이러한 나무 재의 포타슘은 성장효과에 주요한 원인이라는 것을 인정한다. 소듐과 포타슘 이온은 식물과 동물에 있고 정상적 생화학 작용, 특히 여러 세포막을 통한 이온농도의 유지, 효소작용, 신경자극의 발사에 필수이다.

쌍극장애(dipolar disorder, 더 오래 된 조울병 용어대신 사용하는 용어)를 치료하기 위한 리튬의 반응방식은 체내에서 소듐과 포타슘의 작용과 관련이 있는 것처럼 보인다. 그러한 환자는 희노애락의 교체상태와 심한 우울증이 뒤따라 고통을 받는다. 이러한 기분의 고저는 신경전달물질을 방출하는 신경 릴레이의 과도발사 또는 과소발사와 관련이 있는 것처럼 보인다. 탄산염으로 투여하는 리튬은 이 상태에 단연 가장 효과적 차료제이다. 많은 연구들이 남아있지만 리튬은 신경자극의 발사를 조절하여 평상시처럼 되고 그래서 정서적 동요를 크게 제한한다.

이전의 설명으로부터 어렴풋이 느낄 수 있는 것처럼 알칼리금속은 여러 응용에서 환원제로 많이 고려한다. 소듐은 그들의 산화물로부터 크로뮴, 망가니즈, 알루미늄의 생산에 그리고 그들의 염화물로부터 티타늄과 지르코늄의 생산에 이용한다. 그러나 이러한 자유 금속을 만드는 경로는 다른 방법으로 많이 바뀌졌다. 아주 최근까지 소듐－납 합금은 안티녹 가솔린 첨가제로 사용하는 테트라에틸납(tetraethyl lead, TEL)의 생산에 다량 사용한다. 그러나 미국에서 납-함유 가솔린은 환경적 이유 때문에 대치되었다. 수소화 알루미늄리튬($LiAlH_4$)은 특히 유기합성에서 인기 좋은 환원제로 남아있다.

1A족 금속의 다른 전기화학적 용도는 배터리의 리튬과 광전지의 세슘이다. 리튬 배터리에서 리튬은 산화양극으로 사용하고 비수용매에서 여러 환원음극계에 의하여 쉽게 리튬이온으로 산화되고 가볍고 크기가 작고 수명이 길고 전류가 매우 큰 장점을 갖는다. 그러한 배터리는 컴퓨터 메모리 칩에 적재하는 작은 크기로 만들 수 있고 심장 박동기에 사용할 수 있다. 현재 연구는 재충전 리튬전지의 생산에 초점이 집중되어있다. 세슘은 대단히 작은 이온화에너지 때문에 가시광에 의하여 이온화될 수 있다. 이것은 세슘을 광전지에 유용한 금속으로 이용하게 만들고 빛살은 전류를 생성하여 도둑경보기의 작동 또는 코드를 판독하거나 데이터 카드 또는 상품 포장 프린트 정보의 판독과 같은 여러 가지 일의 수행에 사용할 수 있다.

이러한 원소들의 다른 응용은 그들 핵의 성질을 이용한다. 예를 들어 초기 인류의 년대를 측정하는 한 유력한 방법은 1950년대에 개발된 포타슘−아르곤 년대측정법이다. 포타슘-40은 1.3억년 반감기를 갖고 식 (11.22)와 (11.23)처럼 β^- 또는 β^+에 의하여 붕괴한다:

$$ {}^{40}_{19}\text{K} \xrightarrow{\beta^-} {}^{0}_{-1}e + {}^{40}_{20}\text{Ca} \qquad (89\%) \tag{11.22} $$

$$ {}^{40}_{19}\text{K} \xrightarrow{\beta^+} {}^{0}_{+1}e + {}^{40}_{18}\text{Ar} \qquad (11\%) \tag{11.23} $$

(인체는 약 1 lb 포타슘과 수 천분의 1 g 포타슘-40을 가지므로 매초마다 약 500개 포타슘-40 원자들이 붕괴하는 것으로 판명되었다. 그 결과로 생기는 아르곤 기체는 피부를 통하여 대기로 누출한다.) β^+ 붕괴는 대기 중에서 아르곤기체가 비교적 많은 것이 원인이다. 화산 용암이 흘러나와서 냉각될 때 아르곤 기체는 축적되기 시작한다. 어떤 암석은 기체가 전연 누출되지 않는 구조를 가지므로 이 아르곤을 수집한 다음 앞에서 설명한 반감기를 이용하여 화산이 폭발한 년대 측정에 이용할 수 있다. 이것은 다음에 지구의 지층에서 발견된 어떤 유적에 대한 년대측정의 확인에 사용할 수 있다. 예를 들어 이것은 "Lucy" 년대측정에 사용한 방법이다. "Lucy"는 1974년에 Donald Johanson에 의하여 에티오피아에서 발견된 사람과에 속하는 *Austraiopithecus afarensis*이다.

그들의 핵 성질과 관련이 있는 알칼리금속의 다른 용도는 식 (11.24)와 (11.25)처럼 원자로에 리튬-6과 리튬-7을 사용한 삼중수소의 생산을 포함한다:

$$ {}^{6}_{3}\text{Li} + {}^{1}_{0}n \longrightarrow {}^{4}_{2}\text{He} + {}^{3}_{1}\text{H} \tag{11.24} $$

$$ {}^{7}_{3}\text{Li} + {}^{1}_{0}n \longrightarrow {}^{4}_{2}\text{He} + {}^{3}_{1}\text{H} + {}^{1}_{0}n \tag{11.25} $$

삼중수소는 그 다음에 핵융합로의 용도에 쉽게 이용할 수 있다(장래 대체 에너지원으로서 핵융합에 관한 더 상세한 것은 9.6절을 보라).

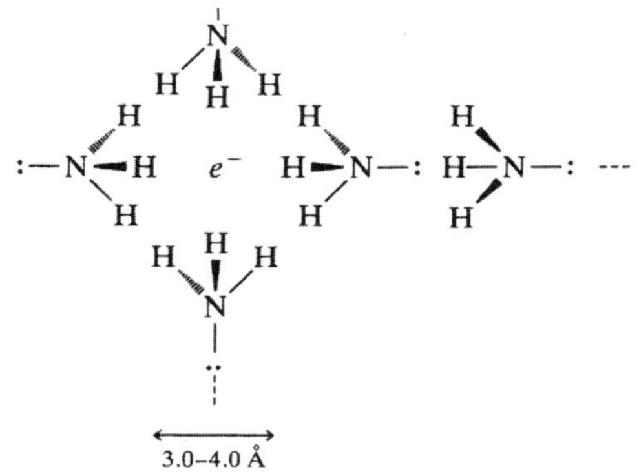

그림 11.7

용매화 또는 암모니아화 전자는 수소결합 액체 암모니아 구조에 있는 공간을 설명한다.

11.6 몇 가지 토픽: 금속—암모니아 용액

암모니아 용액 중에서 알칼리와 알칼리토금속(베릴륨을 제외한) 용액은 처음으로 1860년대에 연구하였고 다만 최근에 상세한 그들의 구조가 알려졌다. 이러한 용액은 약간 좀 별난 성질을 갖는다. 예를 들어 그 용액은 진한 파란색이지만 금속을 더 가할 때 청동상(bronze phase)이 용액 위에 떠오르기 시작한다. 결국 액체 금속의 성질을 갖는 청동상이 나타난다. 암모니아를 용액에서 증발하면 본래 금속이 회수된다. 2A족 금속을 갖는 용액을 증발하면 $M(NH_3)_x(s)$ 화학식의 "암모니아산염"(ammonate)을 생성한다. 그 파란색은 사용한 금속과 무관하다. 금속을 암모니아에 가할 때 부피는 특이하게 증가하고 그 용액밀도는 상당하는 만큼 감소한다. 그 용액의 전도도는 암모니아를 넣을 때 여러 전해질과 대단히 비슷하다. 그 용액은 처음에 큰 상자기성으로 출발하고 매우 많은 수의 홑전자와 일치하지만 다음에 반자기성으로 되고 그 다음 금속을 가할 때 다시 온화한 상자기성으로 된다.

이러한 성질에 관한 설명은 무엇인가? 식 (11.26)은 그 용액의 형성을 나타낸다.

$$M(s) \xrightarrow{NH_3(l)} \underbrace{M(NH_3)_x^+}_{M^+(am)} + \underbrace{[e(NH_3)_y]^-}_{e^-(am)} \qquad (11.26)$$

[이러한 용액을 설명할 때 (*am*)은 (*aq*)과 비슷한 방식으로 사용하는 것에 주목하라.] 암모니아산(ammoniated) 양이온의 형성은 특별히 놀라운 것이 아니지만 암모니아산(더 일반적으로 말하면 암모니아 용매화) 전자라고 부르는 둘째 생성물은 오히려 예상하지 못한 것이다. 파란색은 이 화학종 때문인 것처럼 보인다(이것은 용매화 전자가 파란 색을 의미하는가?). 전자들은 분명히 그림 11.7처럼 액체 암모니아 구조의 구멍에 존재한다. 그 구멍은 암모니아 분자 사이에 수소결합에 의해 형성되고 그 용액의 밀도는 순수한 용매보다 감소하는 것에 유의하라. 각 전자 스핀은 평행 스핀으로 출발하지만 결국에는 e_2^{2-}라고 표시하는 쌍을 형성하고 반

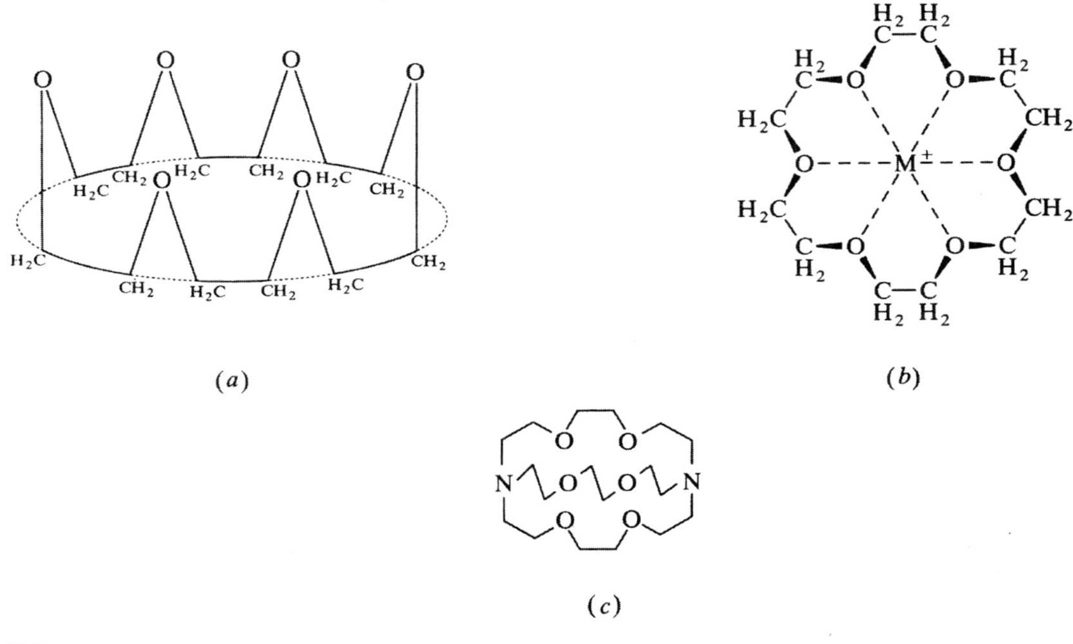

그림 11.8

왕관형 에터와 주머니형 화합물. (a) 만화용 왕관과 비슷한 18-crown-6. (b) 18-crown-6 구멍에 있는 알칼리금속 양이온. (c) 주머니형 화합물.

자기성 중간체로 된다.

이러한 용액은 특히 안정하지 않고 특히 우수한 1-전자 환원제로 된다. 어떤 불순물, 즉 녹슨 못, 먼지, 큰 표면적을 갖는 어떤 것을 금속−암모니아 용액에 넣을 때 수소기체와 용매화 아마이드를 식 (11.27)처럼 생성한다:

$$NH_3(l) + e^-(am) \longrightarrow NH_2^-(am) + \frac{1}{2}H_2(g) \qquad (11.27)$$

(이 경우에 수소는 원소 상태로 환원되는 것에 주목하라.) 산소를 가하면 식 (11.28)처럼 초과산화물(산화상태 = $-\frac{1}{2}$)로 그리고 다음에 과산화물로 환원될 수 있다:

$$e^-(am) + O_2 \longrightarrow \underset{\text{초과산화물}}{O_2^-(am)} \xrightarrow{e^-(am)} \underset{\text{과산화물}}{O_2^{2-}(am)} \qquad (11.28)$$

다른 금속을 가하면 금에 대한 식 (11.29)처럼 매우 비정상적 음수 산화상태로 환원될 수 있다:

$$Au(s) + e^-(am) \longrightarrow Au^-(am) \qquad (11.29)$$

마치 이러한 결과는 전혀 이상하지 못한 것처럼, 왕관형 에터(crown ether)와 주머니형 화합물(cryptate)이라고 부르는 어떤 특수한 안정화 화합물을 사용할 때 실제로 몇 가지 특이한 이온을 분리하였다. 왕관형 에터와 관련있는 주머니형 화합물을 그림 11.8에 제시한다. 왕관형 에터는 산소와 탄소원자를 갖는 큰 고리구조이다. 그들은 1967년에 DuPont 화학자 Charles Pederson에 의하여 처음으로 발견되었다(그는 이 발견으로 1987년에 노벨 화학상을 받았다). 그 화합물 이름은 고리에 있는 전체 원자수와 산소원자수를 표시한다. 따라서 18-crown-6은 18 원소 고리에 6 산소원자를 갖는다. 그 이름은 자유 화합물이 한 점에 산소원자를 갖는 약간 만화-왕관처럼 보이는 사실로부터 나왔다. 그 "왕관" 위에 구멍은 산소원자수에 따라 구멍 크기가 변한다. 18-crown-6(약자로 18-C-6)과 세슘을 사용하면 어두운-파란색 액체 암모니아 용액이 어두운 파란색의 고체 상자기성 $[Cs(18\text{-}C\text{-}6)]^{+}e^{-}$ 화학식으로 되다. 이것은 **전자화물**(*electride*)의 한 예이다. 전자화물은 그 상대이온이 전자이다! 금속이온과 부분 음전하 산소 사이에 이온−쌍극자 상호작용은 함께 착양이온을 유지한다. 전자화물의 다른 예들은 $[Cs(18\text{-}C\text{-}6)_2]^{+}e^{-}$와 $[Cs(15\text{-}C\text{-}5)_2]^{+}e^{-}$이다. 이러한 결정성 전자화물의 분리는 어렵지만 알칼리금속 양이온을 둘러싼 두 왕관 에터를 사용하는 것이 유리한 것처럼 보인다.

산소원자와 함께 질소를 갖되 탄소 사슬에 의하여 분리된 주머니 화합물은 약간 훨씬 더 비밀스럽지만(!) 약간 훨씬 더 이상스럽고 극히 드믄 화합물이다. 2,2,2-crypt는 소듐 양이온이 꼭 들어맞는 크기이다. 에틸아민(암모니아의 한 수소원자가 에틸원자단($CH_3CH_2^-$)으로 치환된 단순한 암모니아), 소듐, 2,2,2-crypt의 용액은 $[Na(2,2,2\text{-crypt})]^{+}Na^{-}$화학식 화합물로 되고 그것은 이론적으로 **소듐화물**(*sodide*)이라고 부르기에 이론적으로 충분한 소듐의 음이온 형태이다. 포타슘 양이온은 cryptate를 형성하기에 조금 너무 크므로 포타슘 음이온을 갖는 그와 비슷한 $[K(2,2,2\text{-crypt})]^{+}K^{-}$는 덜 안정하다. 일반적으로 알칼리금속의 음이온은 **알칼리화물**(*alkalide*)이라고 부른다. 다른 알칼리화물의 예는 왕관형 에터와 관련이 있고 $Rb(15\text{-}C\text{-}5)_2]^{+}Na^{-}$와 $[K(18\text{-}C\text{-}6)(12\text{-}C\text{-}4)]^{+}Na^{-}$를 포함한다.

여러 알칼리화물과 전자화물의 결정구조는 분리되었고 그 포획 전자는 가장 가벼운 음이온이고 알칼리금속은 Na^{-} (반지름 2.5 Å)으로부터 Cs^{-} (반지름 3.5 Å)까지 반지름 범위(비교하기 위하여 I^{-} 반지름은 2.06 Å)를 갖고 알려진 것 중에서 가장 큰 단일원자 음이온을 형성한다.

연습문제 PROBLEMS

11.1 9~11장의 정보를 이용하여 연대 순서로 Arfwedson, Bunsen, Davy, Cavendish, Kirchoff, Lavoisier, Mendeleev, Priestly의 주요한 업적을 배열하라.

11.2 Mendeleev에 의하여 1869년에 처음으로 주기율표를 발표한 시대에 몇 알칼리금속이 발견되었는가?

***11.3** 소듐과 포타슘을 생산하기 위한 Davy 실험의 설명에서 배터리(battery)를 왜 voltaic pile이라고 하였는가? (힌트: 좋은 사전이나 빠른 인터넷 탐색을 사용하라.)

11.4 물에 소듐금속이 녹아있는가를 알기 위하여 페놀프탈레인 지시약을 가하면 어떤 일이 생기는가? 구체적으로 페놀프탈레인은 어떤 색으로 변하는가? (힌트: 지시약의 색은 입문서또는 분석화학 교과서에서 알 수 있다.)

11.5 염화소듐 녹는점을 낮추기 위하여 왜 염화칼슘을 가하는가?

11.6 프란슘은 악티늄의 α 붕괴 생성물이지만 악티늄 핵의 대부분은 β^- 방출에 의하여 붕괴한다. 이 과정에 대한 반응식을 쓰라.

11.7 프란슘은 33 종류 동위원소들이 알려져있지만 프란슘-223은 가장 긴 반감기(22,0 min)를 갖는다. 그것은 α 방출에 의하여 붕괴한다. 이 과정에 대한 핵반응식을 쓰라.

11.8 가장 긴 반감기의 프란슘 둘째 동위원소는 프란슘-222이다. 그것은 β 방출에 의해서만 붕괴한다. 이 과정에 대한 핵반응식을 쓰라.

★11.9 주기의 수에 대하여 1A족 원소의 (a) 원자반지름, (b) 이온화전위, (c) 전자친화도, (d)전기음성도를 점시하라. 루비듐에서 일어나는 이러한 성질에 관한 약간 변칙성을 설명하라.

★11.10 수산화 알칼리금속은 족을 밑으로 가면서 더 센 염기로 되는 것이 주목을 끈다. 그러나 수산화소듐도 수용액에서 완전히 이온화하는 것으로 생각한다. 수용액에서 수산화 알칼리금속의 염기도 차이를 측정할 수 있는가? 다른 형태의 용매는 이러한 화합물의 상대적 염기도에 관하여 추가 정보를 제공할 수 있는가? 당신의 해답을 간단히 설명하라.

11.11 산화 포타슘과 물 사이에 반응을 표시하는 균형식을 쓰라.

11.12 리튬, 소듐, 포타슘의 요오드화물을 어떻게 만들 수 있는가에 관하여 약간 상세하게 어떤 실험조건을 제시하면서 설명하라.

★ 표시는 더 어려운 문제이다.

11.13 수소화소듐과 물 사이에 반응을 표시하는 균형반응식을 쓰라.

11.14 질소화 리튬(Li_3N)은 때때로 소금꼴(saltlike) 질소화물이라고 한다. 이전의 수소화물과 산화물의 설명에 바탕을 두고 이러한 표현을 간단히 설명하라.

★**11.15** 질소화소듐이 존재하면 질소화리튬보다 더 또는 덜 소금꼴이라고 기대하는가? 해답을 간단히 설명하라.

11.16 당신의 경험에 바탕을 두고 염화소듐은 흡습성인가? 그것이 염화리튬처럼 흡습성이라고 기대하는가? 당신의 해답을 간단히 설명하라.

11.17 "LEORA goes GEROA"라는 암기용 용어를 간단히 설명하라.

11.18 $2H^+(aq)\ 2e^- \longrightarrow H_2(g)$의 표준환원전위는 왜 0 V인가?

11.19 용액 중에서 리튬과 수소이온 사이에 반응을 고려하자.

$$Li(s) + H^+(aq) \longrightarrow H_2(g) + Li^+(aq)$$

(a) 전체 반응을 반반응으로 분해하라.
(b) 환원제와 산화제를 표시하라.
(c) 각 반반응식의 균형을 맞춘 다음 전체 반응의 균형을 맞춰라.
(d) 전체 반응에 대한 $E°$와 $\Delta G°$를 계산하라.

11.20 표준환원전위에 바탕을 두고 염소기체는 환원제인가 또는 산화제인가? 당신의 해답을 간단히 설명하라.

★**11.21** 표준환원전위에 바탕을 두고 염화리튬을 리튬금속으로 또는 염화소듐을 소듐금속으로 전해는 어느 것이 더 또는 덜 어려운가?

★**11.22** 다음을 설명하라.
(a) 포타슘, 루비듐, 세슘의 표준환원전위는 왜 대단히 비슷한가?
(b) 리튬 표준환원전위는 (a)와 왜 그렇게 대단히 다른가?

★**11.23** 수화표준열(ΔH°_{hyd})은 물의 첨가, 즉 기체물질의 수화에 수반하는 에너지변화이다. 기체상 알칼리금속 양이온의 표준수화열에 상당하는 반응식은 다음과 같다:

$$M^+(g) + nH_2O \xrightarrow{\Delta H^\circ_{hyd}} [M(H_2O)_n]^+ \text{ 또는 } M^+(aq)$$

이 반응은 발열인가? 흡열인가? 알칼리금속은 리튬금속으로부터 밑으로 내려가면서 수화엔탈피 크기는 어떻게 되는가? 당신의 해답을 간단히 설명하라.

★**11.24** 열역학적으로 리튬은 물에서 소듐보다 덜 안정하지만 반응속도론적으로 리튬은 덜 반응성이다. 그 차이를 간단히 설명하라.

11.25 과산화수소는 물에 녹을 것으로 기대하는가? 왜 그런가? 또는 왜 그렇지 않은가? 당신의 해답을 간단히 설명하라.

11.26 과산화수소의 부자유회전(hindered rotation)은 유일성 원리와 관련이 있는가?

11.27 H_2S_2 화합물은 특별히 안정하지 않지만 부자유회전을 나타내지 않는다. 이것의 이유를 간단히 설명하라.

11.28 과산화수소는 과산화바륨을 황산 수용액과 반응하여 만들 수 있다. 이 반응을 표시하는 균형식을 쓰라.

★11.29 과산화수소가 물과 이원자산소로 분해되는 불균등화반응과 관련이 있는 두 반반응을 쓰라. 그 반응식의 균형을 맞춰라. 표 11,2를 사용하여 전체 반응에 대한 $E°$를 계산하라.

11.30 불균등화반응은 때때로 자체-산화반응(self-oxidation reaction)이라고 부른다. 그 이유를 간단히 설명하라.

11.31 표준환원전위를 사용하여 과산화수소는 산성 수용액 중에서 Co^{2+}를 Co^{3+}로 산화에 이용할 수 있는 여부를 결정하라.

11.32 표준환원전위를 사용하여 과산화수소는 산성 수용액 중에서 세륨(III)을 세륨(IV)으로 산화에 이용할 수 있는 여부를 결정하라.

11.33 표준환원전위를 사용하여 소듐금속은 Al^{3+}를 알루미늄 금속으로 환원에 이용할 수 있는여부를 결정하라.

11.34 과산화수소는 소듐금속의 산화에 이용할 수 있는가? 표준환원전위를 이용하여 당신의 해답을 설명하라.

★11.35 과산화수소는 다음에서 산화제인가? 환원제인가?
(a) 산화제이면 $H_2O_2(aq)$는 무엇으로 환원되는가?
(b) 과산화수소에 의하여 산성용액에서 요오드화물이 아이오딘으로 산화되는 균형식을 쓰라.

★11.36 과산화수소는 다음에서 산화제인가? 환원제인가?
(a) 환원제이면 $H_2O_2(aq)$는 무엇으로 산화되는가?
(b) 과산화수소에 의하여 산성용액에서 과망간산이 Mn^{2+}로 환원되는 균형식을 쓰라.

11.37 보통 실험실에서 두 가지 산화제는 수용성 과망간산 이온[$MnO_4^-(aq)$]과 수용성 중크롬산 이온[$Cr_2O_7^{2-}(aq)$이다. 과산화수소를 이러한 두 가지 우수한 산화제와 비교하면 그리고 산소[$O_2(g)$]와 비교하면 어떤가? 이러한 네 가지 산화제를 표준상태 조건에서 가장 약한 것으로부터 가장 센 것의 순서로 나열하라.

11.38 $O_3(g)$에서 $O_2(g)$로 표준환원전위는 +2.07 V이다. 산성용액 중에서 이 환원에 대한 반반응식을 쓰라. 오존을 문제 11.37에 제시한 네 가지 산화제[과망간산이온, 중크롬산이온, 과산화수소, 산소 $O_2(g)$]와 비교하면 어떤가? 오존 산화능력은 실제로 무엇에 이롭고 환경적으로 중요한가?

11.39 초과산화물 이온 중에서 산소원자의 산화상태를 계산하라.

★11.40 초과산화 포타슘과 물 사이에 반응에 대한 다음 불균형 반응식을 반반응식으로 분해하고 그 반응의 균형을 맞춰라(힌트: 이 반응에서 포타슘이온의 역할을 결정하라).

$$KO_2(s) + H_2O(l) \longrightarrow KOH(s) + O_2(g)$$

11.41 초과산화 포타슘은 사용자의 대사작용에 반응하므로 특히 자체-호흡 장비에 유용하다.이 반응이 어떻게 생기는가를 설명하라.

11.42 리튬이 쌍극성 장애의 치료에 대한 효과 가능성에 대하여 어떤 증거들이 있다. 왜냐하면 리튬은 인체에서 마그네슘–칼슘 균형을 조절하기 때문이다. 이것은 무기화학자의 관점에서 이해되는가? 왜 그러한가? 왜 그렇지 않은가?

11.43 소듐금속은 염화소듐을 전해하여 금속과 염소기체를 만든다. 표 11.2의 환원전위를 사용하여 이 반응에 대한 $E°$와 $\Delta G°$를 계산하라.

11.44 소듐은 (a) 크로뮴(III)과 (b) 알루미늄(III)의 산화물을 자유 금속으로 환원에 사용할 수 있다. 이들 과정에 대한 균형식을 쓰라.

11.45 소듐은 (a) 타이타늄(IV)과 (b) 지르코늄(IV)의 염화물을 자유 금속으로 환원에 사용할 수 있다. 이들 과정에 대한 균형식을 쓰라.

11.46 유력한 리튬 배터리에 대한 한 반응 시스템을 다음의 전체 반응으로 제시한다. 이 반응에 대한 반반응식을 쓰고 환원제와 산화제를 확인하라(힌트: 그 생성물은 다이티온산[$S_2O_4^{2-}$]이다).

$$2Li(s) + 2SO_2(g) \xrightarrow[\text{용매}]{\text{비수}} Li_2S_2O_4(aq)$$

11.47 포타슘–아르곤 년대를 어떻게 측정하는가 설명하라.

11.48 (a) 세슘-137은 핵분열 생성물이다. 세슘-137은 β^- 방출을 통하여 붕괴하고 반감기는 약 30년이다. 이 과정에 대한 반응식을 쓰라.

(b) 핵분열 생성물은 그들의 방사성이 더 이상 위험하지 않게 약 20년 반감기 동안 저장하여야 하는 것으로 추정한다. 세슘-137은 얼마나 오래 저장해야 하는가?

11.49 세슘-135는 Chernobyl 폭발 동안에 방출되었다. 그것의 반감기는 2.3×10^6 year

이다. 이 붕괴에 대한 핵반응식을 쓰라.

★11.50 알칼리금속의 금속−암모니아 용액에 대한 네 가지 중요한 성질을 나열하라. 그리고 많아도 한 두 문장이내로 해답하고 각 성질을 물리학적 모델 또는 이러한 용액의 이론으로 설명하라.

11.51 12-crown-4 crown ether 구조를 그려라. 18-crown-6과 동일한 방식으로 세슘 전자화물의 형성에 관한 유용성을 추측하라.

11.52 다음 화합물을 명명하라(힌트: 주의하라. 이것은 농담 문제이다).

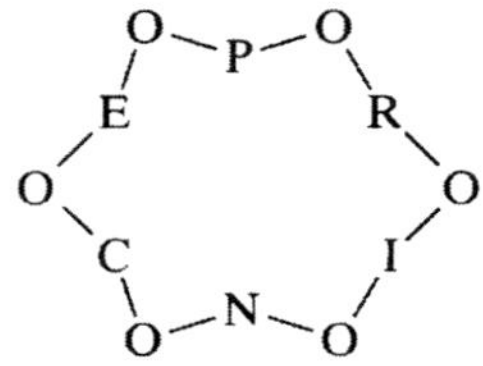

11.53 [Cs(2,2,2-crypt)]$^+$와 [Li(2,2,2-crypt)]$^+$는 존재하지 않는다. 왜 그런가를 추측하라.

11.54 각 알칼리금속의 음이온에 대한 이름을 제시하라.

CHAPTER

12 2A족 알칼리토금속

12장에서도 주족원소의 순회를 계속한다. 알칼리토금속(베릴륨, 마그네슘, 칼슘, 스트론튬, 바륨, 라듐)은 알칼리금속과 비슷하다. 그들 화합물은 고대로부터 알려져 있지만 대부분 금속들은 19세기까지 분리하지 못하였다. 알칼리금속과 알칼리토금속에서 가장 무거운 동종체는 드물고 방사성이다. 다시 알칼리토금속의 발견 역사로부터 시작한 다음 상호연결하는 아이디어의 연락망을 2A족 성질의 예측과 합리적 설명에 어떻게 응용할 수 있는가를 알기 위하여 계속해서 나가겠다. 주기율, 유일성 원리, 대각선 효과, 산화물의 산-염기 특성, 그리고 그다지 크지 않지만 표준환원전위는 2A족 화학의 체계화에 필요한 가장 중요한 부분이다. 2A족 원소와 그들 화합물의 실제 응용에 관한 부분은 그 다음에 칼슘 화합물의 산업적 용도에 관하여 깊이가 있는 토픽이 뒤따른다.

12.1 2A족 원소들의 발견과 역사

그림 12.1은 발견 년대에 대하여 알려진 원소수를 점시한 그림 위에 겹쳐 알칼리토금속의 발견에 관한 정보를 보여준다.

이집트 사람들은 석고를 사용했다. 그 석고는 오늘날 황산칼슘의 수화물이라 알려져 있고 Giza 피라미드, Karnak 사원, Tutankhamen 묘지 등에서 회반죽과 벽토로 사용했다. 로마사람들은 그들의 큰 건물에 석회석과 대리석(모두 탄산칼슘이다)을 사용했다. 그들의 회반죽은 모래와 생석회(산화칼슘은 석회석을 태우거나 배소하여 얻었다)로 만들었다. 대리석을 이용할 수 없는 북유럽 경우는 채광한 다음 남겨둔 거대한 동굴의 초크(chalk,이것도 탄산칼슘이다)로부터 얻은 생석회를 이용하여 만든 모래 벽돌을 사용했다. 오늘날 프랑스 Champagne 지방에서 이러한 몇 동굴은 그 곳의 Champagne 지역 이름을 따서 샴페인이라고 부르는 거품이 나오는 수백만병 백포도주 저장에 사용하고 있다.

생석회는 한 종류의 흙(earth)이고 그 흙은 중세의 비밀스런 연금술사들에게(권위있

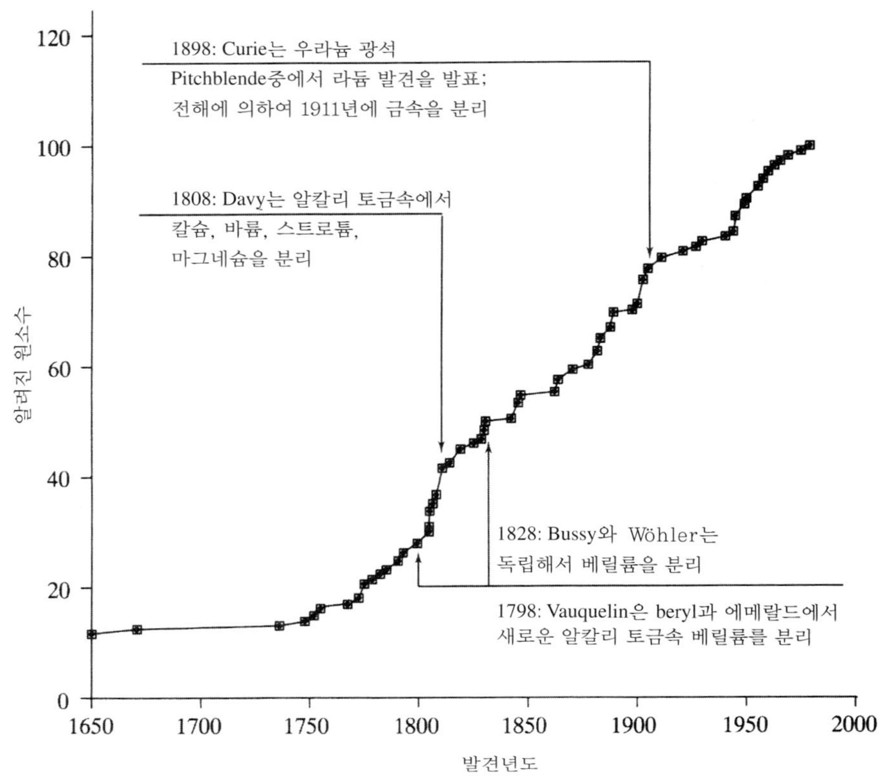

그림 12.1

알칼리토금속의 발견을 알려진 원소수와 겹쳐서 발견 연대에 대하여 점시한 그림.

는 중세 화학자와 혼돈하지 말라) 불에 녹지 않고 또 다른 물질로 변환하지 않는 고체 물질이다. 알칼리[아랍어 *al-qili*로부터 유래하고 그것은 소금물 늪에서 자라는 수송나무(saltwort)의 재를 의미한다. alkalis는 alkali의 복수]는 쓴 맛이고 산을 중화하는 능력이 있다. 그러므로 녹지 않는 알칼리는 **알칼리토금속**(*alkaline earth*)이라고 부르기에 이론적으로 충분하고 그것은 baryta(BaO), berylla(BeO), lime(CaO), magnesia (MgO), strontia(SrO) 등을 포함한다. 대부분 18세기 화학자들은 이러한 토금속을 원소라고 생각하였지만 Lavoisier는 그들이 산화물이라고 추측했다(정확하게). 스콧트랜드 화학자 Joseph Black는 1750년대에 석회석을 가열하여 생석회로 만들 때 유리된 "고정공기"(fixed air, 고체형태로 고정할 수 있는 공기)도 발견했고 그것은 오늘날 이산화탄소라고 알려져 있다. Priestly에 의하여 이것은 소다수 제조에 사용한 것을 기억하라. 석회석, 생석회, 이산화탄소 사이에 관계를 식 (12.1)에 제시한다:

$$\underset{\text{석회석}}{CaCO_3(s)} \xrightarrow{\text{열}} \underset{\text{생석회}}{CaO(s)} + \underset{\text{"고정공기"}}{CO_2(g)} \qquad (12.1)$$

(생석회 + "고정공기" $\xrightarrow{H_2O}$ 석회석)

이 반응은 생석회를 공기 중 이산화탄소에 노출할 때와 반대 과정이고 물에 적신 생석회를 회반죽으로 만들어 어떻게 암석과 같은 석회석으로 변환할 수 있는 것을 보여준다.

칼슘, 바륨, 그리고 스트론튬

실제로 이러한 알칼리토금속으로부터 금속을 대규모로 누구에 의하여 분리된 것으로 생각하는가? Humphrey Davy는 성공적으로 소듐과 포타슘을 분리한 것 이외에 새로 원소들을 분리하였다. 2A족 금속의 분리는 약간 더 어려운 것으로 알려졌고 Belzelius와 M. M. Pontin에 의한 연구의 도움으로 그는 1808년에 이산화수은의 존재에서 생석회 물 반죽을 전해하여 아말감을 만들었다. 그 아말감은 수은 합금이고 그것은 힘들게 은백색 칼슘금속으로 만들었다. 현재 칼슘은 식 (12.2)처럼 녹는점을 낮추려고 CaF_2를 가한 다음 용융 $CaCl_2$를 전해하여 만든다:

$$CaCl_2(l) \xrightarrow[CaF_2(l)]{\text{전해}} Ca(l) + Cl_2(g) \tag{12.2}$$

칼슘(*calcium*)이라는 이름은 Davy에 의하여 만들어졌고 '생석회'(lime)를 의미하는 라틴어 *calx*로부터 유래한다.

바륨의 흙(또는 산화물)은 밀도가 크므로 baryta("무겁다"를 의미하는 그리스어 *barýs*로부터 유래)라고 부른다. 바륨은 Karl Scheele이 그의 산소발견에 대하여 설명한 논문의 출판을 기다리는 동안에 처음으로 1774년에 그에 의하여 생석회로부터 확인되었다(10.1절을 보라). Davy는 또한 바륨금속을 1808년에 전해하여 분리하였다. 금속 그 자체는 대단히 가볍다. 그러므로 barium이라는 말은 조금 잘못된 것이지만 그것은 잘 알려진 역사적 우연성이다. 역사적 기록에서 우리들의 신념을 회복한 것은 스론튬과 산화 스트론튬, 즉 strontium이다. Strontia는 스톳트랜드 지방의 Strontia로부터 그 이름이 유래하였고 strontium는 납 광물에서 드물게 발견된다. Davy는 염화포타슘과 섞은 염화물(Strontian 광물을 염산에 녹여 만든)을 전해하여 (그의 최고 번영에 해당하는 1808년도에) 바륨을 만들었다.

마그네슘

1600년도 초기에 피부통증 치료를 증진하는 쓴 맛의 물을 잉글랜드의 Epsom에서 발견하였고 그것은 곧 유명한 온천장이 되었다. 이 물과 나머지 광천수에서 유래한 **석리염**(*epsom salt*)은 본래 $MgSO_4 \cdot 7H_2O$이다. 역사를 통해서 석리염은 때때로 하제(laxative)로 사용했지만 현대의 기준으로는 매우 거친 약이다. 아직도 뜨거운 목욕물에 첨가하여 인체의 작은 통증 완화용으로 사용하는 인기있는 침적 용액으로 사용한다. 마그네시아(magnesia)라는 마그네슘과 그 산화물의 혼합물 이름은 그리스의 Thessaly 지역에 있는 Magnesia로부터 유래하였고 그 곳은 전설적으로 금으로 만든 양털을 찾아다닌 Argonauts의 Achills와 Jason의 고향이다. 마그네시아는 초기에 마그네슘 원소를 함유하는 광물의 공급원이었다. Davy는 그것의 흙을 전해하여 소량 회백색 금속을 분리하였다(몇 년이라고 추측하는가?). 그는 본래 그 금속을 magnesium 대신 "magnium"이라고 불렀다. 왜냐하면 그는 magnesium이 manganese와 혼란을 일으킨다고 생각하였기 때문이다. 그는 분명히 옳았지만 그가 제안한 이름이 훨씬 더 좋은가의 여부는 분명하지 않다.

1831년에 프랑스 화학자와 약학자 Antoine-Aexandre-Brutus Bussy는 식 (12.3)처럼 별도의 조건에서 염화마그네슘을 포타슘과 함께 가열하여 마그네슘을 제조하는 더 좋은 방법을 발전시켰다.

$$MgCl_2(s) + 2K(s) \xrightarrow{\text{열}} 2KCl(s) + Mg(s) \quad (12.3)$$

염화마그네슘은 바닷물로부터 다량을 쉽게 이용할 수 있고 이 방법은 아직도 현재 이용하고 있다. 두 번째 최근의 방법은 페로실리콘(ferrosilicon) 방법이다. 그 방법은 용융 탄산 혼합물을 식 (12.4)처럼 철합금을 규소와 함께 반응하는 방법이다:

$$\underset{\text{백운석}}{2CaCO_3 \cdot MgCO_3} + FeSi \longrightarrow Fe + Ca_2SiO_4 + 2Mg(l) + 4CO_2(g) \quad (12.4)$$

베릴륨

녹계석(beryl) 광물은 고대에 알려졌다. 녹계석은 존재하는 불순물에 따라 여러 색을 띈다. 연한 남색 또는 남색-녹색 녹주석은 미량 철을 함유하는 녹계석이고 진한 녹색 에메랄드는 소량 크로미늄이 존재할 때 생긴다. 에메랄드와 나머지 녹주석 형태 사이에 유사성은 1798년에 프랑스 화학자 Louis Nicolas Vauquelin을 자극하여 새로운 흙의 존재를 제시하는 조심스런 정량분석을 실행하였다. 그 염의 단맛 때문에 Vauquelin은 "단맛"을 뜻하는 그리스말 glykys로부터 이 흙을 "*glucina*"라고 불렀다(정확하게 이해하라. 저돌적인 Humphry Davy를 따르지 마라. 어떤 베릴륨 염류를 맛보려고 하지마라. 그들은 단맛뿐만 아니라 12.3절에서 설명하는 것처럼 대단히 독성이다). 베릴륨금속은 1828년에 Friedrich Wöhler와 Bussy에 의하여 각기 독립적으로 식 (12.5)처럼 염화베릴륨을 포타슘으로 환원하여 처음으로 분리하였다.

$$BeCl_2(s) + 2K(s) \longrightarrow Be(s) + 2KCl(s) \quad (12.5)$$

Wöhler는 glucinium보다 beryllium 이름을 더 선호하였다. 왜냐하면 이트륨(yttrium)원소와 같은 다른 금속의 염류도 단맛을 갖기 때문이다.

라듐

우라늄 광석(pitchblende)으로부터 라듐을 분리하는 Marie Skodowska Curie 연구의 이야기는 화학사에서 가장 주목을 받는 것 중 하나이다. 1891년에 Sorbonne

대학에서 공부하려고 폴란드로부터 이민을 와서 그녀는 곧 Pierre Curie교수를 맞나 1895년에 그와 결혼하였다. Piere이 빠르게 그녀의 특별한 재능을 인정하고 그녀를 조수로 쓰기 위하여 자석의 온도 의존성에 관한 그의 연구를 포기하였다. 여러 우라늄 광석에서 나오는 광선의 존재는 마침 1896년에 Antoine Henri Bequerel에 의하여 확인되었지만 Marie Curie는 "광선"을 의미하는 라틴어 *radius*로부터 방사능(radioactivity)이라는 말을 마들었다. 1897년에 그녀의 첫아이를 출생한 다음 Marie는 여러 우라늄 광물로부터 방사능을 조사하기 시작하였다. 어떤 성분은 그들의 우라늄 내용물에 우라늄이 홀로 존재할 때보다 훨씬 더 활성이라는 것을 그녀는 발견했다. 이러한 광물은 매우 소량의 미지 원소 또는 특별히 센 방사능 원소를 함유한다고 이론적으로 설명했다. 1898년에 Curie는 두 원소의 발견을 발표할 수 있었다. 하나는 Marie 고국의 이름을 따서 polonium이라 부르고 또 하나는 radium(*radius*이름을 따서)이다. 라듐 1 g 생산에 pitchblende라고 부르는 우라늄 광석 7 ton이 필요하였다. Pitchblende 그 자체는 충분한 양을 구매하기에 너무 비싸다. 그러므로 광산에서 광석을 선광하고 남은 광미(tailing)를 이용하여 연구하였다. 이 갈색 광석 찌끼를 St. Joachimsthal(옛날에 Czechoslovakia에 있었고 현재는 Czech 공화국에 있다)의 광산으로부터 배편으로 보내기 위하여 그들의 주머니 돈으로 지불한 다음 파리 뒷골목에 위치한 시원치 않은 헛간에서 그 광미를 처리하였다. 거의 100 lb (40 kg)을 사용하여 그 물질을 힘들게 불용성 탄산과 황산의 바륨과 라듐 염으로 감량하여 마지막으로 1902년에 거의 순수한 염화라듐 0.120 g을 분리하였다.

1903년 6월에 Marie Curie는 그녀의 박사학위를 받았다. 그해 12월에 그녀와 Pierre, 그리고 Becquerel은 방사능에 관한 연구로 물리학분야 노벨상을 받았다. 1911년에 Marie는 라듐과 폴로늄 분리로 다시 화학분야 노벨상을 받았다.

그때는 방사능이 얼마나 해로운가를 아무도 알지 못하였다. 라듐은 식 (12.6)처럼 대단히 센 α 방출제(emitter)이다:

$$^{226}_{88}\text{Ra} \xrightarrow{\alpha} {}^{4}_{2}\text{He} + {}^{222}_{86}\text{Rn}(g) \tag{12.6}$$

그것은 또한 입자와 γ 선을 방출한다. β 입자와 γ 선 방출은 대단히 세므로 주위 공기를 항상 이온화하여 발광한다(그림 12.2는 그 자체의 빛을 이용하여 측정한 몇 그램의 브롬화라듐 사진을 보여준다). Curie는 밤에 그들의 실험실 헛간에서 돌아오면서 그리고 어둠 속에서 발광하는 파편을 보면서 기록하였다! 라듐은 영원히 이온화하고 그 물질을 통하여 센 광선을 발사하고 그 광선이 닿으면 뜨거운 것을 느끼지 않고 인간의 살을 태운다. Curie는 항상 이러한 이온화 방사선을 받았고 Marie 실험실 노트는 현재까지 직접 열람을 할 수 없다. 왜냐하면 Curie와 그녀 남편이 매일 근거지로 사용한 물질에 의한 오염이 아직 남아있기 때문이다. 1903년에 영국에서 출판된 그녀 논문의 리프린트까지도 방사능을 체크해야한다. 왜냐하

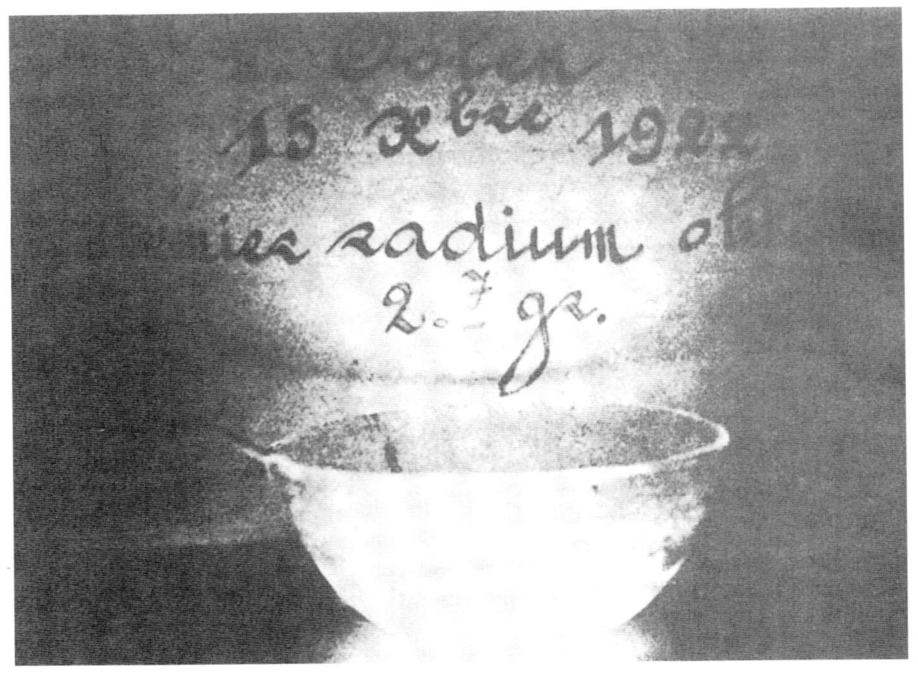

그림 12.2

1922년 10월 15일 그 자체의 빛을 발광하는 2.7 g 브롬화라듐의 사진(참고문헌 28).

면 그들은 모든 세계에 걸쳐 오염된 실험실에서 이용할 수 있기 때문이다. Marie Curie는 그녀의 노년기에 건강이 좋지 않았고 66세에 백혈병으로 죽었다.

라듐은 1900년대 초에 일시적으로 유행하였다. 암 치료로부터 시계 다이얼용 검정색 발광 페인트까지 여러 응용이 발견되었다. 불행하게도 손으로 그 페인트를 칠한 노동자들과 섬세한 붓으로 시계의 숫자를 그린 노동자들(섬세하게 그리려고 붓을 입에 넣은)은 방사능효과의 무지 때문에 비싼 값을 치렀다. 9장에서 설명한 것처럼 이러한 페인트에서 사용한 라듐은 현재 삼중수소로 대치되었다. 그 당시에 라듐에 대하여 알려진 응용 때문에 그리고 극심한 부족량 때문에 라듐은 비저상적으로 비싸게 되었다. 1920년대 초에 Marie Curie는 라듐을 구입할 수 없었다. 그녀는 미국을 두 번 순회하였고 강연료로 수십만 달러를 벌어서 그 “라듐 부인”은 그녀 자신이 발견한 원소를 계속해서 연구하기 위하여 라듐 2 g을 구입할 수 있었다.

12.2 기본 성질과 상호연결하는 아이디어의 연락망

그림 12.3은 지금까지 설명한 상호연결하는 아이디어의 연락망에 겹친 알칼리토금속을 보여준다(마지막으로 여덟 번째의 상호연결하는 아이디어의 연락망은 14장에서 첨가한다). 표 12.1은 2A족 원소의 여러 성질을 보여준다.

간단히 말해서 알칼리토금속을 알칼리금속과 비교하는 것은 본받을 점이 많다. 그 두 족은 우리들이 기대하는 주기적 성질에 여러 변화를 보여주는 것에 주목하

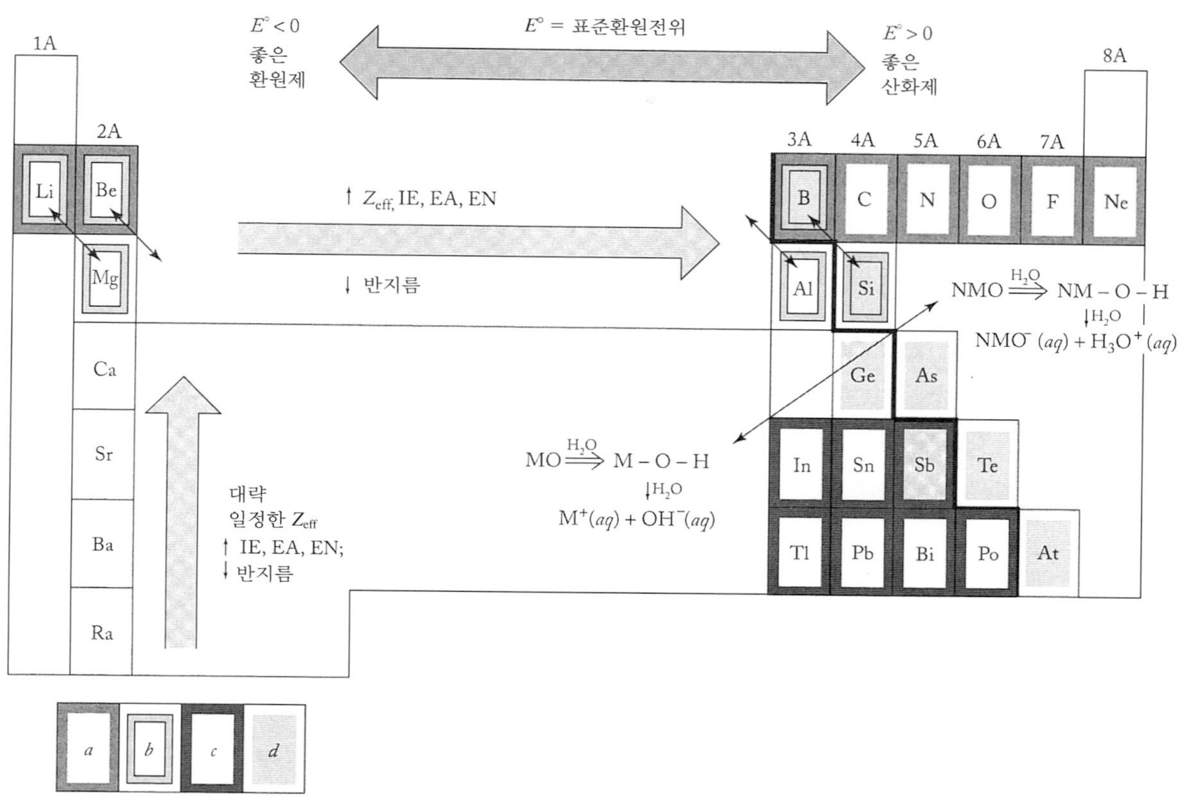

그림 12.3

알칼리토금속에 관한 주기적 경향성, 금속과 비금속 산화물의 산-염기 특성, 표준환원전위의 경향성, (a) 유일성 원리, (b) 대각선 효과, (c) 이온-쌍 효과, (d) 금속-비금속 경계선 등을 상호연결 아이디어의 연락망에 겹쳐서 표시.

라. [그러나 또한 알칼리토금속의 몇 가지 성질(녹는점과 끓는점, 밀도)은 방대한 상호연결 아이디어의 연락망 지식의 창고에 의해서도 쉽게 합리적으로 설명되지 않는 몇 가지 불규칙성에 주목하라!] 예상하는 것처럼 베릴륨은 그 족에서 특이한 원소이다. 소듐과 많이 닮은 마그네슘은 그 성질이 중간이고 더 낮은 동종체들은 (양쪽의 족에서) 밀접한 관련이 있는 계열을 형성한다.

특히 더 무거운 동종체의 표준환원전위는 더 무거운 알칼리금속과 비슷하다. 이들은 모두 좋은 환원제이다. 칼슘, 스트론튬, 바륨, 라듐의 거의 일정한 $E°$값은 원자화열, 이온화, 수화에너지의 균형을 반영한다(문제 12.20을 보라). 물론 두 전자를 알칼리토금속으로부터 이온화하여야 하지만 그 결과로 생기는 2+ 양이온은 물과 서로 반응할 때 더 많은 에너지를 방출한다. 어느 경우에는 대략 균형을 유지한다. 그 두 족 사이에 차이는 알칼리금속 내부의 리튬처럼 베릴륨의 표준환원전위

표 12.1 2A족 원소의 기본 성질(참고문헌 32)

	베릴륨	마그네슘	칼슘	스트론튬	바륨	라듐
기호	Be	Mg	Ca	Sr	Ba	Ra
원자번호	4	12	20	38	56	88
자연동위원소 A/% 존재량	9/100	24/78.99 25/10.00 26/11.01	40/96.95 42/0.646 43/0.135 44/2.08 46/0.186 48/0.18	84/0.56 86/9.86 87/7.02 88/82.56	130/0.101 132/0.097 134/2.42 135/6.59 136/7.81 137/11.32 138/71.66	226/100
전체 동위원소수	6	8	14	16	20	16
원자량	9.012	24.31	40.08	87.62	137.3	(226)
원잣가전자	$2s^2$	$3s^2$	$4s^2$	$5s^2$	$6s^2$	$7s^2$
mp/bp,°C	1283/2970	650/1120	845/1420	770/1380	725/1640	700/1140
밀도, g/cm^3	1.85	1.74	1.55	2.60	3.51	5
원자반지름 Å	1.12	1.60	1.97	2.15	2.24	
이온반지름 Shannon-Prewitt, Å(C.N.)	0.41(4)	0.71(4)	1.14(6)	1.32(6)	1.49(6)	
Pauling EN	1.5	1.2	1.0	1.0	0.9	0.9
전자밀도 (전하/이온반지름) 단위전하/ Å	4.9	2.8	1.7	1.5	1.3	
$E°$ [a], V	−1.85	−2.37	−2.87	−2.89	−2.90	−2.92
산화상태	+2	+2	+2	+2	+2	+2
이온화에너지, kJ/mol	899	738	590	549	503	
추정 전자친화도, kJ/mol	241	230	154	120	52	
발견자/년도	Wöhler/Bussy 1828	Davy 1808	Davy 1808	Davy 1808	Davy 1808	Curie 1911
rpw [b], O_2	BeO	MgO	CaO	SrO, SrO_2	BaO_2	RaO
산화물의 산−염기 성질	Ampho.	Weak base	Base	Base	Base	Base
rpw N_2	None	Mg_3N_2	Ca_3N_2	Sr_3N_2	Ba_3N_2	Ra_3N_2
rpw 할로겐	BeX_2	MgX_2	CaX_2	SrX_2	BaX_2	RaX_2
rpw 수소	None	MgH_2	CaH_2	SrH_2	BaH_2	
결정구조	hcp	hcp	ccp	ccp	bcc	

[a] $E°$는 표준환원전위 $M^{2+}(aq) \rightarrow M(s)$.
[b] rpw = 반응생성물.

값이 2A족의 내부에서 최고 음수값이 아니라는 것이다. 아마 이것은 베릴륨이 +2 상태로 이온화에 필요한 에너지를 Be^{2+} 이온이 수화될 때 방출된 에너지에 의하여 완전히 보상받지 못하기 때문일 것이다(더 완전하게 분석할 기회는 문제 12.21을 보라).

알칼리금속과 함께 알칼리토금속의 환원전위는 이 원소들이 물과 쉽게 반응하는 것을 나타낸다. 그 족을 밑으로 가면서 $E°$값이 더 음수로 되면 그들의 반응성은 증가할 것으로 예상한다. 이러한 열역학적 예상은 실제 화학에서 나타난다. 알칼리토금속은 알칼리금속보다 더 전기음성이고 더 작고 덜 반응성이지만 그 족을 밑으로 가면서 2A족은 실제로 물과 점점 더 잘 반응하게 된다. 베릴륨은 본래 증기에 의해서도 영향을 받지 않는 반면에 마그네슘은 실온에서 물과 느리게 반응하여 수산화물과 수소기체를 생성한다(그러나 차가운 물과 반응하지 않는다). 칼슘은 차가운 물에서도 쉽게 그리고 바륨은 격렬하게 반응한다.

수소화물, 산화물, 수산화물, 그리고 할로젠화물

1A족 원소에 관한 이전의 설명에 따라 이제는 2A족의 수소화물, 산화물, 수산화물, 그리고 할로젠화물을 상세히 살펴보겠다.

베릴륨의 수소화물(유일성 원리에 바탕을 두고)과 어느 정도 마그네슘의 수소화물(리튬과 유사한 대각선효과에 바탕을 두고)은 공유성 결합이고 한편 더 무거운 동종체들은 이온성 결합이라고 기대한다(수소화물의 분류는 그림 9.5에 제시한다). 이것은 실제로 그 경우와 같은 것으로 판명된다. 수소화베릴륨은 베릴륨과 수소의 직접 결합에 의하여 만들지 못한다. 그것은 우리들이 아직 만나지 못한 결합종류의 특성을 갖는 고분자성 공유결합 수소화물이다. 이들은 **3-중심-2-전자-전자결핍 결합**(*three-center-two-electron electron-deficient bond*)이라고 부른다. 그들은 3A족 화학에서 더 보편적이고 약간 대각선효과와 일치하고 13.5절에서 상세하게 설명하겠다. 수소화마그네슘은 더 이온성이지만 공유성 결합도 크게 기여한다. 수소화 칼슘, 스트론튬, 바륨은 9장의 설명처럼 이온성이다. 그들은 식 (12.7)과 (12.8)처럼 그 금속과 수소기체의 반응에 의하여 쉽게 생성되고 물과 반응하여 수소를 유리한다.

$$Ca(s) + H_2(g) \longrightarrow CaH_2(s) \tag{12.7}$$

$$CaH_2(s) + 2H_2O(l) \longrightarrow Ca(OH)_2(s) + H_2(g) \tag{12.8}$$

이러한 반응은 기상측정용 풍선과 아마 미래에 수소경제학(9.6절을 보라.)에 유용한 휴대용 수소원의 이온성 수소화물을 만들 것이다. 식 (12.8)에 바탕을 두고 9장에서 설명한 것처럼 수소화칼슘도 유기용매의 탈수제로 작용한다.

2A족 산화물 또는 알칼리 토금속의 **흙**(*earth*)은 이미 설명한 것처럼 용융하기 어렵다. 산화베릴륨은 2A족 동종체와 다르게 산화알루미늄과 훨씬 비슷한 공유성 결합이 큰 고체이다. 베릴륨과 알루미늄은 양쪽성이고 염기성이다(10.3절과 그림 10.11을 보라). 마그네슘은 산소와 격렬하게 반응하여 식 (12.9)처럼 산화물을 형성한다:

$$Ca(s) + H_2(g) \longrightarrow CaH_2(s) \tag{12.9}$$

이러한 마그네슘과 산소의 반응은 발광을 하고 대단히 뜨거운 불꽃을 내고 화염을 발생하는 포탄, 폭탄, 등등의 마그네슘 용도에 바탕을 둔다. MgO와 BeO는 **내화물**(*refractory*)로 사용한다. 내화물은 녹이거나 환원하기 어렵고 작업하기도 어려운 물질이다. 산화마그네슘은 전자렌지의 가열소자 덮개로 사용한다. 왜냐하면 녹는점이 높고 열을 잘 전도하기 때문이다. 칼슘, 스트론튬, 바륨의 산화물은 기대하는 것처럼 이온성과 염기성 수소화물이다. 산화칼슘(생석회)은 토양의 산성화와 산성비에 영향을 받은 호수에서 산성 중화에 사용한다. 산성을 낮추려고 생석회를 첨가하는 이러한 방법을 **생석회처리**(*liming*)라고 부른다. 고온에서 바륨은 공기 산소와 반응하여 산화물 아닌 과산화물을 생성한다. 더 큰 Ba^{2+}는 더 작은 산화물보다 더 큰 과산화 이온과 더 안정한 격자를 형성한다. 과산화바륨은 물과 반응하여 과산화수소를 발생하고(10장을 보라) 그로 말미암아 H_2O_2처럼 그 자체는 강력한 산화제와 표백제로 사용한다.

베릴륨을 제외한 모든 나머지 산화물은 염기성 무수물이다. 식 (12.10)에 표시한 것처럼 산화마그네슘은 물과 느리게 반응하여 **마그네시아 밀크**[*milk of magnesia*, $Mg(OH)_2$]라고 부르는 친밀하고 온화한 제산제를 만든다:

$$MgO(s) + H_2O(l) \longrightarrow Mg(OH)_2(s) \qquad (12.10)$$

생석회(lime, CaO)는 물과 반응하여 "소석회"[slaked lime, $Ca(OH)_2$]를 만든다. 이러한 수산화물은 좋은 염기이지만 특히 물에 녹지 않는다. $Ba(OH)_2$는 거의 알칼리금속 수산화물처럼 센 염기이고 약간 물에 녹는 유용한 염기이다.

알칼리토금속 할로젠화물은 원소와 직접(그렇지만 때때로 격렬하게) 또는 더 간단하게 식 (12.11)처럼 적당한 할로젠화수소산(HX)으로 그 산화물을 처리하여 합성한다:

$$MgO(aq) + 2HBr(aq) \longrightarrow MgBr_2(aq) + H_2O(l) \qquad (12.11)$$

이러한 할로젠화물은 모두 일반화학식이 MX_2이고 이 사실은 다시 한번 +2 산화상태가 어느 정도 이러한 원소 화학의 우위를 점유하는 것을 설명한다(이러한 원소들이 왜 MX 또는 MX_3 염을 생성하지 않는가의 확장된 열역학적 설명은 7장을 보라).

베릴륨의 유일성과 알루미늄과 대각선 관계

베릴륨은 특히 크기가 작고 편극력이 크기 때문에 베릴륨 화합물은 그 동족체보다 더 공유성 결합이라고 기대한다. 실제로 알고 있는 것처럼 베릴륨의 수소화물, 산화물, 수산화물은 그 성질이 유력한 공유성 결합이다. 실제로 Be^{2+}이온이 분리되어 존재한다는 아이디어는 실제로 한 형식적인 것이고 그러한 화학종이 항상 쉽게 존재하는 증거는 없다.

할로젠화베릴륨(BeX_2) 구조는 그림 12.4에 (a) Lewis 구조, (b) VSEPR이론에 따라 결정된 기체상 직선형 기하구조의 도형, (c) 원잣가결합이론을 사용하여 표시한다. 이러한 화합물은 특성적으로 전자-부족이고 전자는 Lewis구조의 팔전자계보다 훨씬 부족하다. 할로젠화베릴륨은 때때로 처음에 *sp*혼성을 예로 들기 위하여 입문과정에서 사용한다(*sp* 혼성은 직선형 기하구조를 설명하고 그것은 이러한 화합물의 기체 형태에서 두 Be−X결합에 상당하는 것을 설명한다).

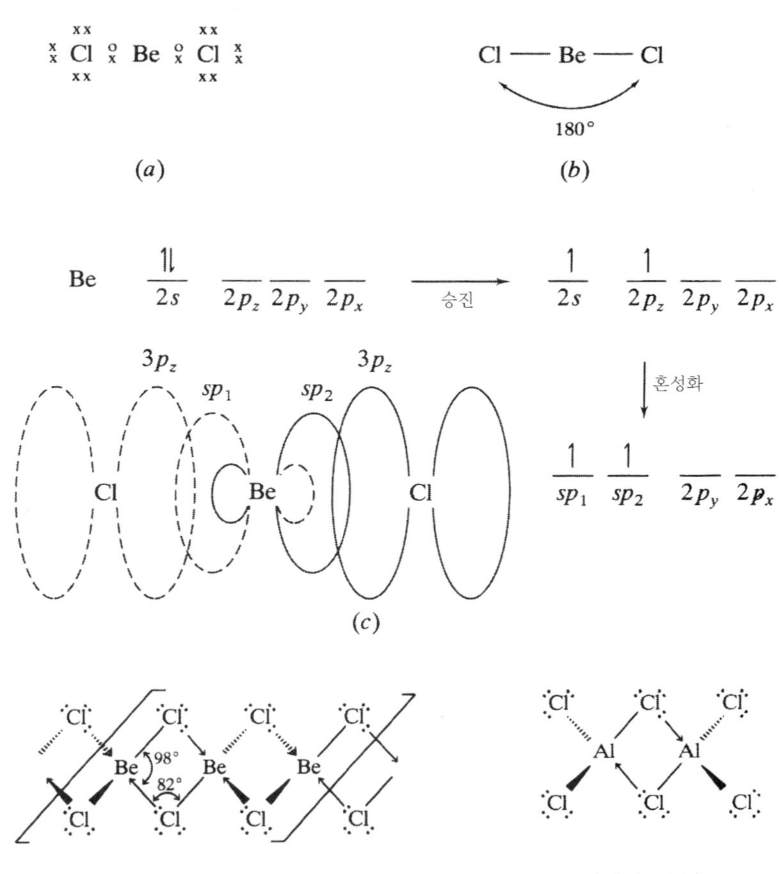

그림 12.4

(a) Lewis 구조, (b) 분자기하구조의 VSEPR도형, (c) VBT 설명을 나타낸 기체상 염화베릴륨의 결합. VBT에서 바닥상태는 처음에 나타나고 그 다음에 한 전자는 세 $2p$ 오비탈 중 하나로 승진한다. $2s$와 $2p$ 오비탈은 결합하여 두 개의 등가 sp-혼성오비탈을 형성한다. 이러한 염소원자의 sp 오비탈과 $3p_z$ 오비탈 사이에 겹침은 두 개의 등가 Be—Cl 결합으로 된다.

그림 12.5

(a) 염화베릴륨 사이에 다리결합 염화물은 각 금속 주위에 팔전자계를 허용하여 직선형 무한-사슬 중합체 $(BeCl_2)_n$을 생성한다. (b) 염화랄루미늄에서 다리결합하는 비슷한 염화물은 한 이합체 [$(AlCl_3)_2$ 또는 Al_2Cl_6]를 생성한다.

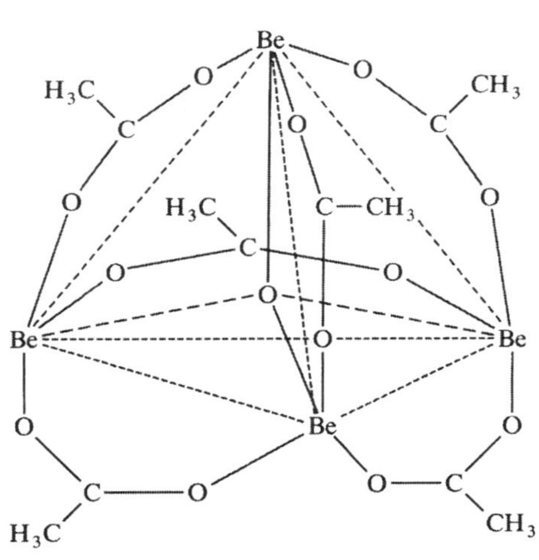

그림 12.6

염기성 아세트산 베릴륨 [$Be_4(CH_3COO)_6$]은 사면체 모양으로 4 베릴륨원자와 공유결합한 한 중심원자를 갖는다. 6 아세트산 이온은 사면체 모서리에 걸친다(참고문헌 21).

BeX_2 화합물이 좋은 Lewis 산 또는 전자쌍 받개라는 것은 놀라운 것이 아니다. 예를 들어 BeF_2는 식 (12.12)처럼 두 플루오르화물과 반응하여 BeF_4^{2-}를 생성한다:

$$BeX_2 + 2X^- \longrightarrow BeX_4^{2-} \qquad (X = F, Cl, Br) \qquad (12.12)$$

이러한 방법으로 베릴륨원자 주위에 팔전자계를 완성한다. 그러한 음이온에서 베릴륨원자는 sp^3-혼성이다. 베릴륨원자 주위에 팔전자계를 완성하는 둘째 방법은 그림 12.5a처럼 무한-사슬 중합체 종류의 형성이다. 각 베릴륨원자는 대략 사면체에 가깝게 4 염화물에 의하여 둘러싸인다. 더 무거운 동종체와 비슷하지 않은 또 다른 베릴륨 화합물은 그림 12.6에 제시한 염기성 아세트산 베릴륨이다. 여기에서 중심 산소원자는 사면체로 배열된 4 베릴륨원자와 공유결합한다. 각 베릴륨원자 쌍은 아세트산 이온에 의하여 다리결합한다. 유사한 질산 화합물도 존재한다. 이러한 유력한 공유성 결합 화합물은 알케인과 같은 무극성 용매에 녹고 물 또는 메탄올과 에탄올 같은 극성 용매에 녹지 않는다.

8.3절에서 대각선효과를 소개하기 위하여 베릴륨과 알루미늄을 사용한 것에 주목하라. 여기에 그 이유를 되풀이할 필요는 없다. 이러한 두 원소들이 일반적으로 다음 성질을 많이 갖는다고 말하는 것으로 충분하다: (1) 베릴륨은 알루미늄보다 그 동종체로부터 더 쉽게 분리된다. (2) 두 산화물은 염기성이 아닌 양쪽성이다. (3) 염화알루미늄은 그림 12.5b처럼 할로젠화베릴륨 중합체와 구조적으로 관련이 있는 이합체를 형성한다. (4) 이러한 두 금속이 산의 반응에 대한 저항은 강력한 산화필름의 존재 때문이다. 이러한 모든 것의 설명에 상호연결된 아이디어 연락망의 능력이 만족스럽지 않으면 베릴륨이 알루미늄에 대한 것처럼 아연에 대하여도 거의 같은 여러 유사성을 나타내는 것에 주목하라.

12.3 실제로 중요한 반응과 화합물

소듐과 포타슘처럼 마그네슘과 칼슘 화합물은 자연에 풍부하고 우리들이 아는 것처럼 생명에 필수 원소이다. $n = 1$ 또는 2 값을 갖는 $[M(H_2O)_6]_n^+$ 수화이온은 인체 내에서 여러 세포 장벽을 통과하고 그것에 의해서 신경전달에 필요한 형태의 전류를 생성한다. 마그네슘은 광합성을 책임지는 클로로필 분자의 중심 부분이다. 칼슘은 뼈와 치아의 양이온 성분이고 심장 활동, 근육수축, 신경전달에 중요하다.

베릴륨 질병

베릴륨은 한편으로 독성이 있다. 본래 베릴륨중독증(berylliosis)이라고 부르는 베릴륨 질병은 녹계석(beryl)과 같은 베릴륨 광석에서 베릴륨을 추출하려고 세운 독일과 소련의 공장에서 1930년대에 처음으로 주목을 받았다. 이 금속의 이용이 증가할수록 이 질병이 발생한다. 그 질병은 대단히 아프고 고질적 형태로 나타난다.

만성적 베릴륨 질병(chronic beryllium disease, CBD)은 베릴륨금속의 추출, 합금생산, 형광등과 네온사인 산업에서(베릴륨 발광체를 여러 다른 화합물로 사용하여 대체하기 전에), 그리고 더 최근에는 핵무기 및 원자력 산업과 새로운 우주선과 비행기산업에서 나타난다. 매우 소량의 베릴륨 입자에 노출하여도 노출된 사람들의 2~5%가 알레르기 비슷한 감응을 나타낼 수 있는 것이 연구에 의하여 제시되었다. CBD는 개인별로 베릴륨에 민감한 사람에게 나타나고 전형적으로 노출된 다음 10~15년 후에 나타난다. 주로 폐질환, 피로, 식욕결핍, 체중감소 등을 포함하는 증상, 그리고 탄광의 "흑색 폐 질병"(black lung disease)과 대단히 비슷한 호흡기 질병(예를 들어 끊임없는 기침, 육체운동에 따르는 짧은 호흡, 가슴과 관절 통증, 빠른 심장속도) 등을 포함한다. 대부분 진행단계에서 무력증에 걸리고 사망한다. 그 환자들도 칼슘 균형이 많이 방해를 받아 신장에서 칼슘 결석을 형성하고 인체의 폐를 여러 가지로 석회화하는 것은 놀라운 것이 아니다. 심술궂게도 이러한 형태는 간호원, 사무원, 수위, 베릴륨 공장에서 일하는 나머지 사람들, 그리고 직접 베릴륨과 접촉하지 않은 가족까지도 영향을 받는 것으로 알려졌다.

베릴륨에 노출한 다음 즉시 발전되는 심각한 형태는 때때로 상기도관에 심각한 염증을 나타내는 것이다. 환자들은 호흡곤란, 기침장애의 발현, 폐에 액체형성 등이다. 베릴륨이 피부의 틈새에 갇히면 종양이 생기고 그 금속을 제거해야만 치료된다. 대부분 환자들은 회복될 때 통증 때문에 고통을 받지만 어떤 사람들은 만성형태로 발전한다.

두 형태의 베릴륨 질병은 베릴륨이 환자의 질소원자 및 산소원자와 공유결합하는 능력의 가능성과 관련이 있는 것처럼 보인다. 베릴륨은 Mg-활성 효소 중 마그네슘을 치환하고 그로 말미암아 이 화합물의 정상적 인체기능을 방해한다. $Be-X(X = O, N)$ 결합은 편극력이 더 큰 Be^{2+}의 전하밀도가 더 크기 때문에 $Mg-X$ 결합보다 공유결합 특성이 더 크다. 유일성 원리(8.2절)의 공부로부터 아는 바와 같이 결과적으로 생기는 오비탈 변형은 베릴륨과 산소 또는 더 그럴듯한 질소원자 사이를 겹쳐게 만든다.

방사화학적 용도

라듐만 실제로 방사화학과 관련이 있는 원소가 아니다. 베릴륨은 우수한 감속제이고 그로 말미암아 원자탄과 원자력 산업에 사용하는 긴 역사를 갖는다. α 입자원으로 보통 사용하는 라듐과 섞으면 베릴륨도 식 (12.13)처럼 실험실에서 좋은 중성자원으로 사용한다.

$$^{9}_{4}Be + ^{4}_{2}He \longrightarrow ^{1}_{0}n + ^{12}_{6}C \tag{12.13}$$

James Chadwick이 1932년에 중성자를 발견한 이 반응은 성공적 설명이었다. 이러한 방식으로 생성된 중성자도 Enrico Fermi의 초기 실험에서 우라늄 핵분열에 사용했다.

스트론튬-90은 특히 (1) 긴 반감기(28.2 year), (2) α 입자보다 더 잘 인체 조직을 투과하는 β 입자의 방출[식 (12.14)] 때문에 다루기 힘든 핵분열 생성물이다.

$$^{90}_{38}\text{Sr} \xrightarrow{\beta^-} {}^{0}_{-1}e + {}^{90}_{39}\text{Y} \tag{12.14}$$

1950년대에 대기권에서 원자탄시험 동안에 이 동위원소는 우유를 오염시켜 골격구조가 빠르게 발전하는 어린이 건강을 위협하므로 큰 관심을 가졌다(스트론튬은 뼈 조직에서 칼슘을 대치한다). 더 최근에 이와 똑같은 관심은 Chernobyl 비극으로부터 생긴 스트론튬-90을 함유한 구름조각 때문에 새로 나타났다. 오랜 기간에 걸친 더 중대한 문제는 소비된 우라늄과 플루토늄 연료 원소로부터 생성된 긴 반감기 핵분열 생성물(스트론튬-90과 세슘-137)의 안전한 처리이다. 이들은 더 이상 환경을 위협하지 않는다고 생각할 수 있을 때까지 약 6세기 동안(반감기 20) 저장해야한다. 현재 U.S. Department of Energy는 미국이 소비한 핵연료와 고에너지 방사성 폐기물을 위한 지질학적 저장소를 건설하기에 적당한 위치로서 Nevada주에 있는 Yucca Mountain을 조사하고 있다. 어떤 많은 인구 중심에서 먼 거리에 있고 매우 건조한 기후와 깊은 지하수면의 위치는 그러한 저장소에 매우 강력한 후보지이다. 그 연구는 1993년에 Yucca Mountain에서 시작했다. 모든 것이 잘 되면 2010년에 핵폐기물을 받기 시작할 수 있다.

금속학적 용도

2A족 금속, 특히 마그네슘과 칼슘도 환원제로 사용하여 할로젠화물과 산하물로부터 다른 금속을 분리한다. 대표적 두 가지 반응을 식 (12.15)와 (12.16)에 제시한다.

$$2\text{Mg}(l) + \text{TiCl}_4(g) \xrightarrow{\Delta} \text{Ti}(s) + 2\text{MgCl}_2(l) \tag{12.15}$$

$$5\text{Ca}(l) + \text{V}_2\text{O}_5(s) \xrightarrow{\Delta} 2\text{V}(l) + 5\text{CaO}(s) \tag{12.16}$$

마그네슘도 다른 원소 사이에서 알루미늄, 우라늄, 지르코늄, 베릴륨, 하프늄 분리에 사용한다.

베릴륨 합금은 단단하고 낮은 밀도 이외에도 중성자를 흡수하지 않으므로 그로 말미암아 원자로에 유용하다. 베릴륨 그 자체는 강철보다 약 6배 강하므로 넓은 범위의 응용을 위하여 다른 금속에 첨가한다. 이들은 바람막이 구조물, 고속비행기와 우주왕복선 구조물, 우주선 거울, Hubble 우주망원경, 관성유도 시스템, 자이로스코프를 포함한다. 베릴륨을 구리에 2% 첨가하면 그 세기는 6배 증가한다. 이들의 금속은 전기 스위치, 기계, 유류산업용으로 스파크가 생기지 않는 가벼운 공구,

그리고 비행기 엔진, 카메라 셔터 등에서 빠르게 움직이는 중요한 기계운동부분에 이용한다. 베릴륨－니켈 합금은 자동차 에어백에 사용한다. 베릴륨－알루미늄 합금은 전투기, 헬리콥터, 미사일에 사용한다. 합금에 베릴륨 사용이 빠르게 증가하면 중요한 베릴륨 질병의 증가에도 주의해야한다.

마그네슘 합금도 가볍고 강하고 비행기, 해군용 함정, 여행용 가방, 사진, 광학기계, 잔디깎는 기계, 휴대용 기구, 자동자 엔진 주형, 등등에 사용한다. 본래 Volkswagen "Bug" 팬들은 20 kg 마그네슘 합금을 그 엔진 제조에 사용한 것을 아는 것이 흥미있을 것이다.

불꽃놀이와 X-선

2A족 금속은 불꽃놀이와 관련있는 응용에 중요한 역할을 한다. 불꽃놀이는 산화제, 발색제, 여러 종류의 결합제 등으로 구성한다. 질산염, 염소산염, 과염소산염, 과산화물과 결합한 포타슘, 바륨, 스트론튬 염류는 보통 산화제로 사용한다(과산화물은 이미 설명했다. 계속되는 다음 장에서 질산염, 염소산염, 과염소산염의 산화성질을 공부하겠다). 불꽃놀이 연료는 황, 숯, 붕소, 마그네슘, 알루미늄을 포함한다. 발색제는 일반적으로 스트론튬(진한 적색), 칼슘(벽돌 적색), 바륨(초록색), 구리(남색-초록), 소듐(노란색), 원소 마그네슘(백색) 염류를 사용한다. 철과 알루미늄 알갱이는 금색과 백색 스파크를 내는 반면에 유기염료는 착색 연기를 만든다. 분말 타이타늄은 굉음을 낸다. 관련이 있는 응용은 스토론튬을 사용한 붉은 불꽃과 추적-총알 형성을 포함하고 과거에는 마그네슘을 사진 플래쉬로 사용했다. Davy는 분리를 도와준 그 원소들에게 계속해서 자랑으로 여길 것이다.

X-선법은 2A족 금속의 화학에 의하여 도움을 받았다. 베릴륨은 매우 조금만 X-선을 흡수하므로 X-선관의 창(window)으로 사용한다. 한편 황산바륨은 X-선에 대하여 불투명하다. 황산바륨[일명 "바륨식" (barium meal)]의 미세분말 서스펜젼 형태는 소화관의 좋은 사진을 얻기 위하여 환자에 제공한다(그림 12.7을 보라). 모든

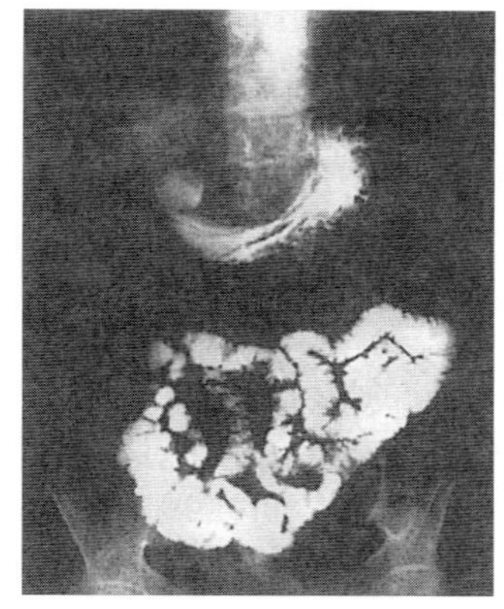

그림 12.7

환자들이 바륨식($BaSO_4$ 서스펜젼)을 마실 때 소화관은 X-선에 불투명하고 훌륭한 진단방법을 제공한다(참고문헌 29).

바륨 염이 불용성 황산염처럼 독성이 없는 것이 아니다. 가용성 염화바륨은 심장근육을 위험스럽게 잘못 조절하는 심실세동(ventricular fibrillation)을 발생한다.

센 물

센물(hard water)은 칼슘과 마그네슘 이온을 함유하고 단물(soft water)은 그것을 함유하지 않는다. 특히 칼슘 이온은 이산화탄소 존재에서 탄산칼슘으로 녹아 수돗물에 들어간다. 이산화탄소는 박테리아 활동 때문에 표면 흙에 존재한다. 빗물은 표면 흙을 통하여 침투하고 CO_2를 녹여 빗물과 함께 수송한다. 그 빗물은 $CaCO_3$ 퇴적물을 만날 때까지 침투하고 $CaCO_3$는 식 (12.17)처럼 원칙적으로 수소화탄산(관용명은 중탄산, HCO_3^-) 이온을 형성는 그러한 환경에 녹는다:

$$CaCO_3(s) + CO_2(aq) + H_2O(l) \longrightarrow Ca^{2+}(aq) + 2HCO_3^-(aq) \quad (12.17)$$

탄산이 진한 농도로 가라앉으면 녹지 않고 석회석 동굴을 형성한다. 또는 수년간 생성된 동굴 배수구가 무너져서 Florida에서 대단히 많은 트러블이 생겼다.

센물은 우리 사회에서 두 가지 이유 때문에 주요한 어려움을 발생한다. 그 첫째는 센물을 가열할 때 탄산칼슘이 주전자, 물 가열기, 열수 파이프, 보일러에 재침전될 수 있다. 그 반응을 식 (12.18)에 표시한다.

$$\underset{\text{Acid}}{HCO_3^-(aq)} + \underset{\text{Base}}{HCO_3^-(aq)} \xrightarrow{\text{열}} H_2CO_3(aq) + CO_3^{2-}(aq) \quad (12.18a)$$

(H^+ 이동: Base → Acid; $H_2CO_3(aq) \longrightarrow H_2O(l) + CO_2(g)$)

$$Ca^{2+}(aq) + CO_3^{2-}(aq) \longrightarrow CaCO_3(s) \quad (12.18b)$$

가열할 때 수용성 수소화탄산 이온은 산과 염기 두 가지로 반응하여 탄산(carbonate) 이온과 탄산(carbonic acid) 두 가지를 생성하는 것에 주목하라. 탄산은 더 적절하게 이산화탄소를 물에 녹인 것으로 표시할 수 있다(센물을 가열할 때 끓기 전에 형성되는 작은 방울을 주의해서 본적이 있는가? 이들은 물이 끓을 때 그 용액에서 나온 보통 질소와 산소 기체의 부분으로 구성하고 또한 이때 함께 발생되는 이산화탄소는 앞의 식 (12.18) 과정으로부터 생긴다). 그 결과로 생기는 탄산 이온은 칼슘이온과 결합하여 그림 12.8에 제시한 종류의 녹 또는 침전물 형태로 탄산이 침전한다. 탄산마그네슘도 비슷한 과정에 의하여 형성한다. 가열과정[식 (12.18)]에서 침전되는 칼슘과 마그네슘 이온은 **일시경도**(*temporary hardness*)라고 알려진 것의 원인이 되고 가열 후에 남는 것은 **영구경도**(*permanent hardness*)의 원인이 되는 것에 주목하라.

그림 12.8

$CaCO_3$ 침전으로 채워진 열수 파이프

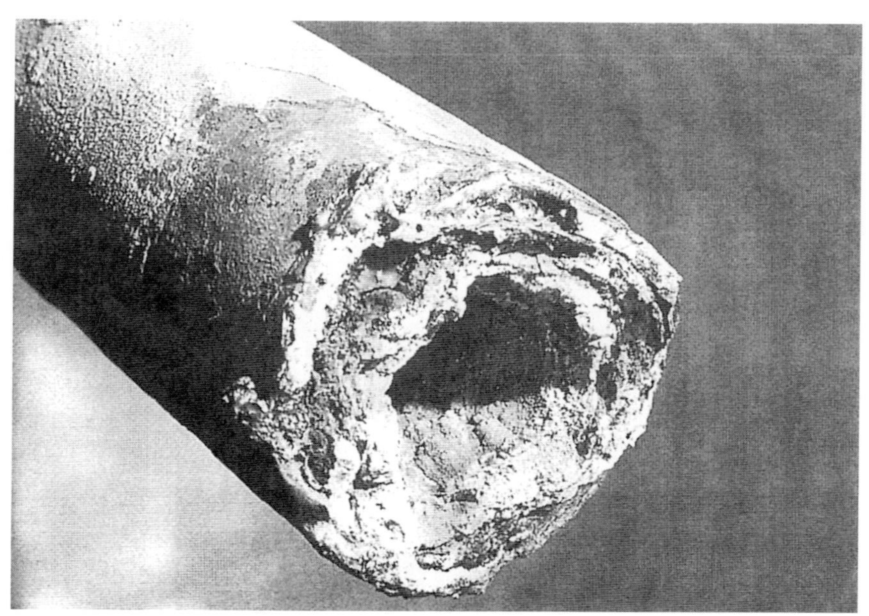

센물의 칼슘과 마그네슘 이온에 의하여 생긴 둘째 어려움은 그들이 비누와 반응하여 검과 같은 백색 침전을 생성한다. 그 침전은 피부, 머리카락, 목욕통, 의류에 들어붙고 자동세탁기의 작은 배수관 구멍을 막는다. 이러한 침전 형성은 두 가지 방법으로 제거한다. 첫째 방법은 이온교환체를 설치하여 사람들이 또는 세탁기에 쓰기 전에 이러한 양이온을 제거한다. 둘째 방법은 **세제**(*detergent*)를 사용하는 것이다. 그 세탁제는 센물 이온의 방해를 방지하는 **보조제**(*builder*)와 함께 비누같은 **계면활성제**(*surfactant*) 분자를 함유한다. 과거 수년 동안에 대부분 보통 보조제는 6장에서 설명한 트라이폴리인산염과 같은 착화제로 대체되었다. 그러나 이러한 인산염은 조류(algae)성장과 일반적 수계의 노화를 발생하는 것으로 비난받는다. 1970년대에 세제 중의 인산염은 **부유 탄산소듐**(*suspended sodium carbonate*)으로 대체되었다. 그 탄산염은 칼슘과 마그네슘 이온을 구형 $CaCO_3$와 $MgCO_3$ 결정으로 간단히 침전하여 사람, 의류, 세탁기 등에 들어붙지 않게 만든다. 제올라이트(zeolite) 또는 알루미노규산은 최근에 세제의 보조제로서, 때때로 탄산소듐과 함께 사용한다.

12.4 몇 가지 깊이있는 토픽: 칼슘 화합물의 산업적 용도

$CaCO_3$ (석회석)

탄산칼슘이 로마제국 경제의 초석 중 하나이었던 것처럼 현재도 그대로 유지한다. 석회석과 대리석은 건축자재로 여전히 인기가 있다. 그렇지만 그들은 식 (12.19)처

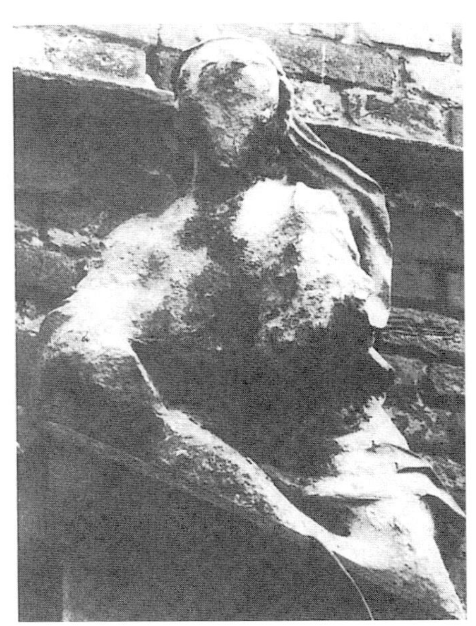

그림 12.9

석회석 석상의 돌 문둥병 효과를 분명히 나타낸다 (61년 동안에 변한 사진, 1908년(왼쪽)과 1969년(오른쪽))(참고문헌 31).

럼 산성비에 의하여 더 잘 녹기 때문에 그 가치가 떨어지고 있다.

$$\underset{\text{석회석과 대리석}}{CaCO_3(s)} + \underset{\text{산성비}}{H_2SO_4(aq)} + H_2O \longrightarrow \underset{\text{석고}}{CaSO_4 \cdot 2H_2O(s)} + CO_2(g) \quad (12.19)$$

그 결과로 생기는 그림 12.9와 같은 건물과 석상의 부식은 때때로 돌 **문둥병**(*stone leprosy*)이라고 한다.

칼슘 화합물은 아직도 회반죽 형성에 이용한다. 그림 12.10과 12.11은 여러 칼슘 화학의 산업적 전망을 요약한다. 그림 12.10은 석회석($CaCO_3$)의 용도를 보여준다. 이들 중 일부는 다른 곳에서 설명했지만 Solvay 과정, 굴뚝 세정기, 세멘트는 더 많은 설명이 필요하다.

탄산소듐을 생산하는 Solvay과정[그림 12. 10 중에서 식 (12.20)]은 (a) 석회석 또는 초크($CaCO_3$)를 가열하여 생석회(CaO)와 이산화탄소를 생성하는 것으로 시작한다. (b) 이산화탄소는 암모니아 수용액과 결합하여 암모늄과 수소화탄산(HCO_3^-) 이온을 생성한다. 수소화탄산 소듐($NaHCO_3$)은 대단히 용해성이 크고 과량 소듐을 갖고(NaCl로부터) (c)의 평형은 오른쪽으로 이동하여 $NaHCO_3$ 염의 침전을 유지한다. (d)에서 수소화탄산 소듐을 가열하여 원하는 일차생성물의 탄산소듐과 이산화탄소를 얻고 그 이산화탄소는 재순환한다. (a)의 소석회 생성물은 (b)에서 나오는 암모늄이온과 결합하여 더 많은 암모니아를 생성하고 그 암모니아는 (b)로 재순환한다. (f)에서 염화이온(소금으로부터)과 칼슘이온이 염화칼슘 부산물을 생성한다. 알짜 결과는 NaCl과 $CaCO_3$가 결합하여 $CaCl_2$와 Na_2CO_3 생성이다. 탄산소듐의 절반은 유리제조에 사용하고 나머지는 그림 12.10에 제시한 용

그림 12.10

석회석($CaCO_3$)의 산업적 몇 가지 용도

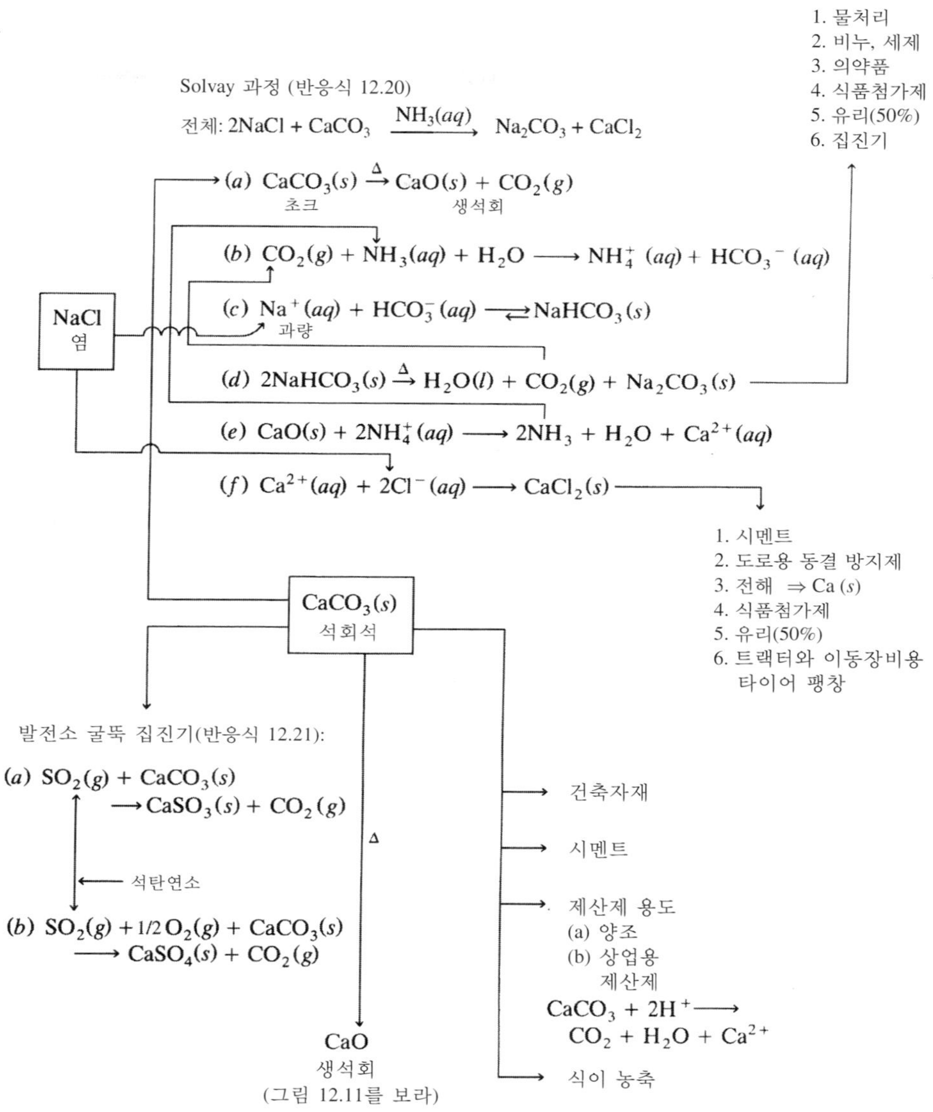

도에 쓰인다. Solvay과정은 탄산소듐 생산의 일차과정으로 남아있지만 이 중요한 공업화학 물질은 natron(Na_2CO_3)과 trona($Na_2CO_3 \cdot NaHCO_3 \cdot 2H_2O$)와 같은 광물로부터 생산이 증가하고 있다. Solvay과정에 의존하는 탄산소듐의 생산을 감소하려는 이유 중에 하나는 그 과정에서 생산된 많은 양의 염화칼슘의 용도를 충분히 발견하기 어렵다는 점이다.

탄산칼슘은 발전소와 석탄을 태우는 다른 산업의 굴뚝에서 나오는 방출물 "제거"에도 사용한다. 석탄은 황을 함유하고 연소과정에서 이산화황과 삼산화황으로 변환하여 산성비의 일차원이 된다(16.6절을 보라). 이 문제의 한 해결 방법은 굴뚝에서 방출되기 전에 황산화물을 제거하는 것이다. 그것을 제거하려면 탄산칼슘 슬러리(slurry)를 통과시켜 굴뚝가스를 그림 12.10의 식 (12.21)처럼 이산화황과 삼산화황을 각기 아황산과 황산으로 변환한다. 이 과정은 논쟁으로 둘러싸여있다. 발전소는 너무 비싸고 비효율적이라고 주장하지만 환경론자들은 이것이 산성비를 방지에 이용할 수 있는 최선 방법이라고 주장한다. 더 주의 깊은 독자들은 이미 이러한 방법이 이산화탄소를 대기에 방출하여 온실효과에 기여하는 것에(10.6절) 주목할 것이다.

화학반응은 시멘트가 콘크리트를 형성하는 복잡한 과정을 상세하게 표현하지 못한다. *Portland cement*라는 말은 영국 Portland 섬에서 발견된 자연 석회석과 비슷한 콘크리트 생산물로부터 유래했다. 시멘트는 석회석을 가열하여 생성된 산화칼슘의 혼합물이다. 산화칼슘은 규소, 알루미늄, 망가니즈, 철의 산화물과 혼합되어 있고 그것은 물과 모래를 섞어 콘크리트로 굳힌다. 시멘트를 굳히는 과정은 여러 염류의 수화반응과 관련이 있고 결과적으로 새로 만든 콘크리트는 몇 일간 습한 상태를 유지해야한다. 시멘트를 굳히는 일은 실제로 수년 걸리고 시간이 지날수록 점점 더 강해진다.

생석회(CaO)와 소석회[$Ca(OH)_2$]

그림 12.11은 생석회와 소석회의 산업적 용도를 보여준다. 석회석 또는 그것을 가열한 생석회 생성물이 실제로 원료인가 여부는 항상 분명하지 않은 것에 주목하라. 때때로 석회석은 반응물로 보여준 것처럼 가열로에 직접 가하여 즉시 생석회로 변환한다. 생석회에 대한 세 가지 주요한 용도들이 나열되어 있다. 그림 12.11의 식 (12.22)처럼 규소, 알루미늄, 인 등의 불순물 중에서 철광석을 제거하기 위하여 산화칼슘은 여러 산화물과 합친다. 생석회는 유리산업에 주요한 성분이다(Solvay 과정에서 얻은 탄산소듐과 함께). 마지막으로 생석회는 탄화칼슘 제조에 사용하고 탄화칼슘은 아세틸렌 제조에 사용한다[그림 12.11 중에 식 (12.23b)].

물을 생석회(CaO)에 가하면 소석회[$Ca(OH)_2$]를 생성한다. 그림에 소석회의 주요한 네 가지 용도, 즉 회반죽, 물 처리용(일시 센물의 단물화), 종이와 펄프 산업, 표백제를 나열한다. 이러한 용도와 관련이 있는 주요한 반응식[식 (12.24~12.27)]은 그림 12.11에 있다.

마지막으로 그림 12.11은 석회에 대한 몇 가지 용도를 보여준다. 석회(lime)이라는 용어는 생석회(CaO, quicklime)과 소석회[$Ca(OH)_2$, slaked lime]를 모두 합쳐 부르는 말이다. 석회는 pH조절, 낙농업, 제당산업에 사용한다.

황산칼슘은 여러 산업에도 사용한다. 석고로서 채광된 황산칼슘 2수화물은 시멘트와 석고보드에 사용한다. 2수화물을 가열하면 **구운석고**(*plaster of paris*)라고 부르는 반수화물 분말 $CaSO_4 \cdot \frac{1}{2}H_2O$로 된다. 구운석고를 물과 함께 섞으면 죽 상태 또는 슬러리 상태로 되고 굳어서 정밀한 모형으로 된다. 이러한 반응을 식

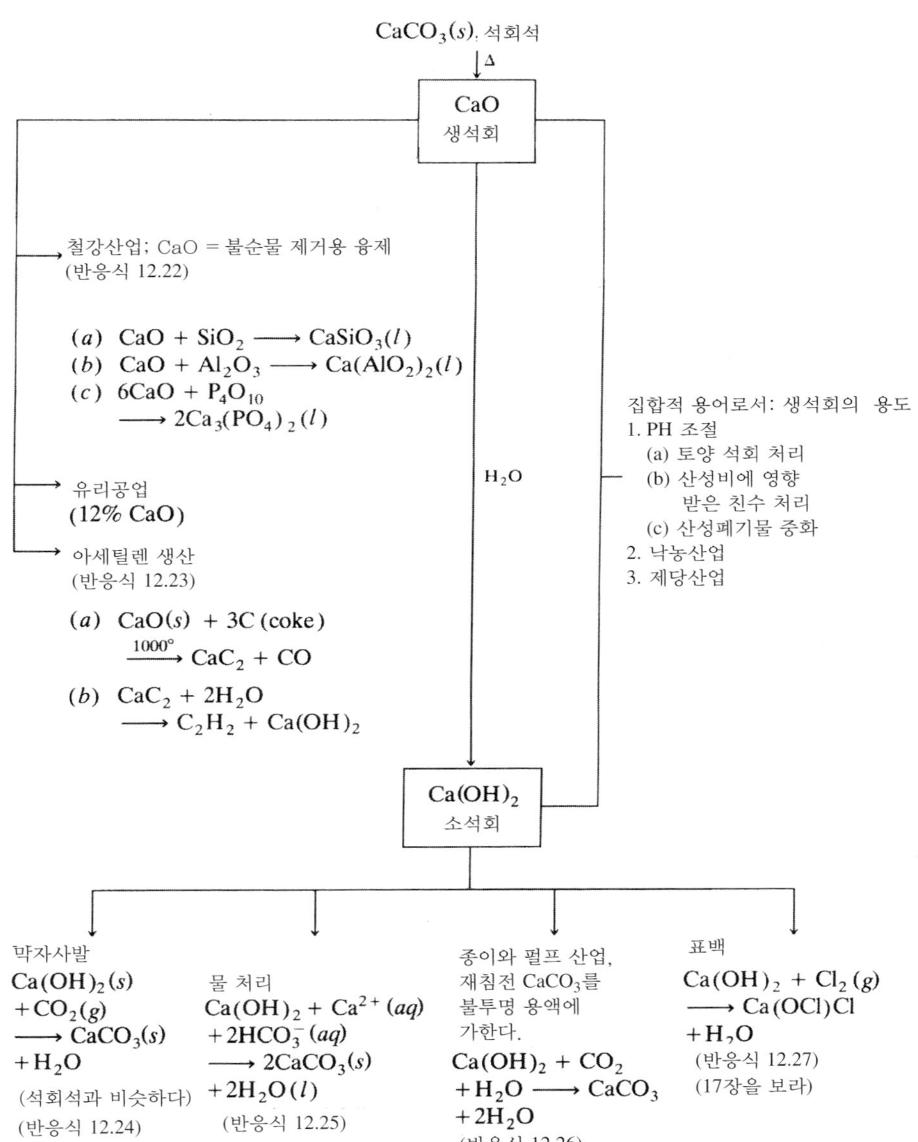

그림 12.11

생석회(CaO)와 소석회 $[Ca(OH)_2]$의 몇 가지 산업적 용도

(12.28)에 요약한다:

$$\underset{\text{석고}}{CaSO_4 \cdot 2H_2O(s)} \xrightarrow[\text{“굽기”}]{250°C} \underset{\text{구운 석고}}{CaSO_4 \cdot \tfrac{1}{2}H_2O} \quad (\text{구운 석고} \xrightarrow{H_2O} \text{석고}) \tag{12.28}$$

연습문제 PROBLEMS

12.1 좋은 사전이나 인터넷으로 limelight라는 단어를 찾아라. 그것은 알칼리토금속과 어떤 관련이 이는가?

12.2 Davy에 의하여 스트론튬을 분리한 방법의 반응식을 쓰라.

12.3 스트론튬은 알루미늄을 이용하여 산화스트론튬(strontia)을 환원하여 만들 수도 있다. 이 과정에 대한 반응식을 쓰라.

12.4 바륨과 스트론튬은 그들의 산화물과 알루미늄으로부터 만들 수 있다. 이러한 두 방법에 대한 반응식을 쓰라.

12.5 9장에서 두 종류의 아핵입자(subnuclear particle), 즉 hadron과 baryon이 ylem에 존재한다고 지적했다. 이 장에 제시한 물질에 바탕을 두고 이러한 두 입자 종류 중 어느 것이더 무거운 것으로 생각하는가? 당신의 해답을 간단히 설명하라.

12.6 Epsom염은 마그네시아로부터 어떻게 만들 수 있는가?

★**12.7** 바닷물은 0.13%(무게로) 마그네슘을 갖는다. 마그네슘을 현재의 속도로(약 1억 ton/year) 계속해서 추출하면 그 함량이 0.12%로 감소에 얼마나 오래 걸리는가? (지구바닷물의 부피는 대략 1.5×10^9 km^3이다. 바닷물 밀도는 1.025 g/cm^3이라고 가정하라.)

12.8 1898년에 Lebeau는 처음으로 플루오르화 베릴륨과 플루오르화 소듐 또는 포타슘을 혼합하고 전해하여 베릴륨을 만들었다. 그 반응식을 쓰라. 알칼리금속염의 기능에 근거하여 추측하라.

12.9 베릴륨은 그것의 플루오르화물을 마그네슘과 반응시켜 만들 수 있다. 그 과정에 대한 반응식을 쓰라. 다음 열역학 자료를 사용하여 그 반응에 대한 $\Delta G°$를 계산하라. $\Delta G_f°[BeF_2(s) = -979.4$ kJ/mol; $\Delta G_f°[MgF_2(s) = -1070.2$ kJ/mol;

12.10 라듐금속은 1911년에 처음으로 염화물을 전해하여 분리하였다. 이것에 대한 반응식을 쓰라.

12.11 라듐은 α 입자와 β^- 입자를 방출한다. 붕괴에 대한 반응식을 쓰라.

★**12.12** 라듐은 우라늄-238의 붕괴 생성물이고 연속적으로 α, β, β, α, α 붕괴를 한다. 이 연속붕괴를 표시하는 다섯 반응식을 쓰라. 모든 β방출은 β^- 입자와 관련이 있다.

12.13 라듐-226은 반감기 1600년을 갖는 α 입자 방출제이다. 그것의 반응식을 쓰라.

★ 표시는 더 어려운 문제이다.

★12.14 Marie Curie는 정량적으로 염화라듐을 염화은으로 변환하여 라듐 원자량을 측정했다. 그녀는 염화라듐 0.10925 g을 가지고 시작하여 염화은 0.10647 g을 얻었다. 이 자료를 사용하여 라듐 원자량을 계산하라.

★12.15 대단히 안정한 프란슘 동위원소를 발견하였다고 상상하자. 그 화학자는 염화프란슘을 염화은으로 정량적으로 변환하여 그 원자량을 계산하기로 결정하였다. 염화프란슘 0.00476 g을 가지고 시작하여 0.00263 g 염화은을 얻는다고 상상하자. 이 자료를 사용하여 프란슘 원자량을 계산하라.

12.16 상호연결하는 아이디어의 연락망에 바탕을 두고 2A족 원소의 반지름, 이온화에너지,전자친화도, 전기음성도 경향성을 합리적으로 설명하라.

12.17 바륨 합금을 spark-plug 전극으로 사용할 때 바륨이 대단히 쉽게 전자를 방출하는 것이 놀라운가? 간단히 설명하라.

12.18 2A족 원소 내에서 녹는점과 끓는점 경향성이 불규칙하고 설명하기 어렵지만 상당하는 알칼리금속 값보다 분명히 훨씬 더 크다. 이것을 간단히 설명하라(힌트: 7장에서 설명한 금속결합의 개념을 기억하라).

12.19 칼슘을 물에 가할 때 표 11.2에 제시한 표준환원전위를 사용아여 어떤 일이 생기는가를 분석하라. 그 반응에 대한 전체 $\Delta E°$와 $\Delta G°$를 계산하라.

★12.20 칼슘, 스트론튬, 바륨의 이온이 금속으로 환원에 대한 열화학 순화과정을 작성하라. 다음에 제시한 자료를 사용하여 환원에 대한 엔탈피 ΔH_{red}(Ca), ΔH_{red}(Sr), ΔH_{red}(Ba)를 계산하라. 당신의 결과와 이러한 세 원소의 표준환원전위를 관련시켜 간단히 설명하라.

	IE^1, kJ / mol	IE^2, kJ / mol	ΔH_{atom}, kJ / mol	ΔH_{hyd}, kJ / mol	$E°$, V
칼슘	590	1158	178	−1577	−2.87
스트론튬	549	1077	164	−1443	−2.89
바륨	503	977	180	−1305	−2.90

★12.21 $Li^+(aq)$에서 $Li(s)$ 그리고 $Be^{2+}(aq)$에서 $Be(s)$로 환원에 대한 열화학 순화과정을 작성하라. 다음에 제시한 자료를 사용하여 환원에 대한 엔탈피 ΔH_{red}(Li)과 ΔH_{red}(Be)을 계산하라. 당신의 결과와 이러한 세 원소의 표준환원전위를 관련시켜 간단히 설명하라.

	IE^1, kJ / mol	IE^2, kJ / mol	ΔH_{atom}, kJ / mol	ΔH_{hyd}, kJ / mol	$E°$, V
리튬	520	7298	159	−519	−3.05
베릴륨	899	1757	324	−2494	−1.85

12.22 수소화칼슘은 여러 산화물을 상당하는 금속으로 환원하는 Hydrimet 과정에 사용한다. rutile(TiO_2) 및 baddeleyite(ZrO_2)와 CaH_2의 반응식을 쓰라.

★12.23 수소화칼슘과 물이 반응하여 수소기체와 함께 칼슘양이온 및 수산화음이온 수용액을 만드는 메커니즘(연속적 분자 수준)을 제시하라.

12.24 BaO와 물이 반응하여 바륨양이온 및 수산화음이온 수용액을 만드는 메커니즘(연속적분자 수준)을 제시하라.

12.25 수산화칼슘은 H_2CaO_2라 쓰지 않고 왜 $Ca(OH)_2$라 쓰고 산이 아니고 염기로 작용하는가?

12.26 수소화칼슘은 산화칼슘으로부터 출발하여 쉽게 합성할 수 있는가? 당신의 해답에 이들 반응에 대한 일반 반응식을 제시하라.

11.27 포르말 농도라는 단어를 정의하라. Be^{2+}이온의 존재를 관련시켜 설명하라.

12.28 수용액에서 베릴륨 양이온은 네 물분자로 둘러싸이고 한편 상당하는 더 무거운 양이온은 여섯 물분자로 둘러싸인다. 즉 $Be^{2+}(aq)$는 더 $Be(H_2O)_4^{2+}$와 비슷하고 그것의 동족체는 $M(H_2O)_6^{2+}$이다. 이러한 차이에 대한 이유를 추측하라.

12.29 베릴륨이온 수용액과 센 염기가 반응하여 $Be(OH)_4^{2-}$를 형성하는 반응과 관련이 있는 반응식을 쓰라. 테트라하이드록시베릴산(tetrahydroxylbellate)을 표시하는 Lewis, VSEPR, VBT 구조를 그려라. 음이온의 결합각을 추측하라.

11.30 BeI_4^{2-}는 형성하지 않고 식 (12.12)처럼 다른 할로겐과 비슷한 화합물을 형성하는 사실을 설명하라.

★12.31 3A족은 아직 설명하지 않았지만 염화알루미늄 성질을 추측하라. 그것은 공유성 결합인가? 또는 이온성 결합인가? 그것은 물에 녹는가? 무극성 유기용매에 녹는가? 그것은 Lewis 산인가? Lewis 염기인가?

12.32 베릴륨의 섭취는 때때로 신장에서 칼슘-함유 결석을 왜 형성하는가? 이유를 추측하라.

12.33 Chernovyl 참사의 영향으로 생긴 연기 기둥에서 스트론튬-90, 세슘-137, 아이오딘-131에 관하여 관심이 생겼다. 아이오딘-131은 β^- 방출제이고 반감기는 8.0 day이다. 그 붕괴에 대한 반응식을 쓰고 스트론튬-90과 비교할 때 제기되는 위험을 설명하라.

12.34 알루미늄은 염화알루미늄을 마그네슘으로 환원하여 만든다. 이 과정에 대한 반응식을 쓰라.

12.35 지르코늄과 하프늄은 그들의 염화물로부터 마그네슘을 사용하여 얻는 반응식을 쓰라.

12.36 Marie Curie는 pitchblende로부터 라듐 염을 분리할 때 때때로 그들을 바륨염과 함께 침전하였다. 그녀는 염화라듐이 분광학적으로 순수할 때까지 재결정하였다. 그것이 이 문장에서 무엇을 의미하는가 추측하라.

12.37 배관공은 가정용 배관에 염산을 적절하게 사용하여 탄산칼슘 침전을 피할 수 있다. 이러한 보수방법에 대하여 반응식을 쓰라.

12.38 11장에서 불균등화반응은 한 원소가 산화되고 환원되는 반응이라고 정의했다. 식 (12.18)과 다음 식에 표시한 반응도 가끔 불균등화반응이라고 한다.

$$2HCO_3^-(aq) \longrightarrow H_2O(l) + CO_2(g) + CO_3^{2-}(aq)$$

수소화탄산은 이 반응에서 산화되는가? 환원되는가? 그렇지 않으면 그것은 불균등화반응을 하는가? 식 (10.7)에서 물의 자체-이온화도 때때로 불균등화반응이라고 한다. 이 표현은 무엇을 의미하는가?

★12.39 가열할 때 수소화탄산의 자체-이온화 또는 불균등화반응에 대한 메커니즘(연속적 분자 -수준)을 제안하라.

★12.40 센물과 비누 사이에 형성되는 껌과 같은 백색침전을 제거하는 또 다른 방법은 세척용 소다($Na_2CO_3 \cdot 10H_2O$)를 첨가하는 것이다. 이 방법이 작용하는 이유를 설명하라.

12.41 탄산칼슘은 Tums와 Rolaids를 포함하는 여러 인기있는 제산제 중에서 활성 성분이다. $CaCO_3$와 위산(stomach acid, HCl)의 반응식을 쓰라.

12.42 Tums와 Rolaids를 사용할 때 많은 사람들이 왜 트림(burp)을 하는가?

12.43 수소화탄산 소듐도 제산제이다. 그것과 위 산(HCl)의 반응식을 쓰라.

★12.44 탄산소듐은 순수한 물보다 소듐이온이 포화된 용액에 왜 덜 녹는가? 이전의 화학적 경험에서 아마도 공부했을 것 같은 이 현상에 대하여 이름을 제시하라.

★12.45 탄산소듐은 *CRC Handbook of Chemistry and Physics*에서 차가운 물에 7.1 g/100 cm^3 정도 녹는다고 수록되어 있다. 이 염에 대한 k_{sp}를 계산하라.

★12.46 문제 12.45에서 계산한 K_{sp}를 사용하여 5.0 M 염화소듐용액 중에서 탄산칼슘이 녹을 때 용해도 값을 계산하라. 이 용해도는 5.0, 0,50, 0.050, 0,0050 *M* 중에서 어느 것에 더 가까운가? 당신의 해답을 간단히 설명하라.

12.47 그림 12.11에서 식 (12.22)에 표시한 반응은 산화환원반응인가? 그렇다면 어느 반응이 산화이고 어느 반응이 환원인가?

CHAPTER

13 3A족 원소

3A족은 알칼리금속, 알칼리토금속, 할로젠족과 같은 이름을 갖지 않는다. 왜냐하면 부분적으로 붕소, 알루미늄, 갈륨, 인듐, 탈륨은 앞에서 설명한 세 족의 원소처럼 화학적으로 서로 비슷하지 않기 때문이다. 원소들의 발견과 분리에 관한 통상적 설명처럼 이러한 점에 대하여 확정된 상호연결된 아이디어 연락망의 모든 성분이 특히 3A족의 이해에 크게 기여하는 것을 알게 될 것이다. 이러한 기여는 산화물, 수산화물, 할로젠화물의 성질에 관한 공부에 특별한 증거를 제공한다. 붕소화학의 특수한 구조적 관점의 설명은 알루미늄금속, 알루미늄 합금, 알루미나에 관한 설명의 다음에 뒤따른다. 깊이가 있는 토픽은 유력한 전자-결핍 화합물이고 그것은 분명히 3A족 화학에만 제한되지 않는다.

13.1 원소들의 발견과 분리

그림 13.1은 3족 원소의 발견 년대를 1650년부터 현재까지 알려진 원소의 그림에 겹쳐 보여준다.

붕소

붕소는 고대에 여러 종류의 유리의 제조에 사용한 붕사(borax) 형태로 알려졌다. 붕소는 거의 항상 직접 산소와 결합한 것으로 발견되고 순수한 형태로 만들기 어렵다. 1808년에 소듐 및 포타슘(11.1절)과 함께 마그네슘, 칼슘, 스트론튬, 바륨(12.1절)의 발견자로 만났던 원기왕성하고 고지식한 화학자 Sir Humprey David는 프랑스 화학자 Joseph Louis Gay-Lussac와 Louis Jaccques Thénard에 의한 붕소 발견 경쟁에서 가까스로(9일 늦어서) 패배하였다. 그렇다. 이것은 기체부피가 온도에 정비례한다고 증명한 Gay-Lussac와 똑같다(프랑스 물리학자 Jacques Charles는 이러한 정비례 관계를 실제로 약 15년 전에 명확하게 알았지만 그의 결

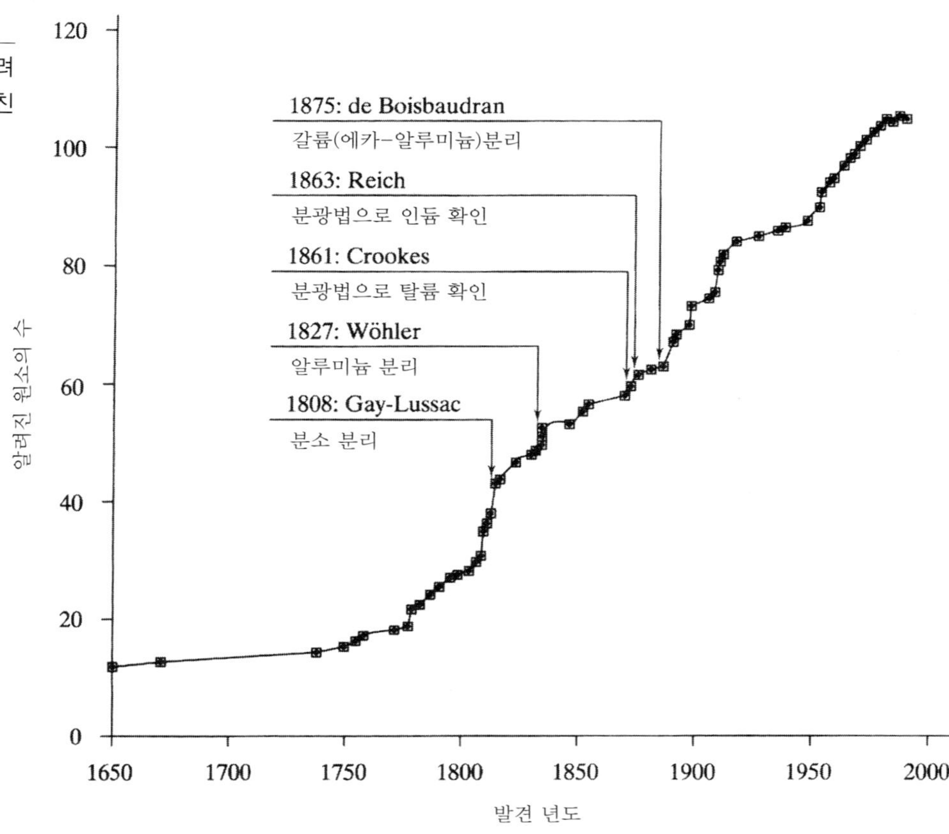

그림 13.1

발견 년대에 대하여 알려진 원소수의 그림에 겹친 3A 족 원소의 발견 년대.

과를 출판하지 않았다). 약간 풍자적으로 말하자면 Gay-Lusac과 Thénard는 Davy가 만든 포타슘을 산화붕소와 함께 사용하여 원소 붕소를 분리하였다.

붕소는 붕사 광물로부터 나오기 때문에 Davy는 *boron*(borax + carbon)이라는 이름을 제안했고 그것은 겉모양이 탄소와 비슷하다. 사막과 이전의 화산지역에서 발견된 붕사(borax)는 붕소화합물의 주요한 공급원으로 남아있다. 세계적으로 가장 큰 노천 절개 붕사광산은 적절하게 Boron이라고 부르는 California 채광도시에 위치한다. 붕소는 한 지역에서 다른 지역으로 가면서 동위원소 존재비가 크게 변하는 몇 원소 중 하나이다. 예를 들어 California 붕사는 ^{10}B가 약간 적은 반면에 Turkey 붕사는 ^{10}B가 더 많다. 실제로 붕소는 어떤 다른 원소보다 상대적 원자량 불확실성이 더 크다.

알루미늄

알루미늄은 그 이름이 백반(alum, $KAl(SO_4)_2 \cdot 12H_2O$)으로부터 유래하고 그 백반은 고대에 수렴제, 즉 혈관을 수축하여 조직을 수축하고 혈액흐름을 감소하는 물질로 사용하였다. 이 시대에 Davy는 붕소를 분리할 수 없었지만 1807년에

alumium 이름을 제안하고 그 후 아직 발견되지도 않은 그 원소를 *aluminum*이라고 제안했다. 베릴륨을 분리한 Friedrich Wöhler도 1828년에 마침내 *aluminium* (al-u-min´-i-um이라고 발음한다)이라고 부르는 원소의 분리를 대체로 확신하였다. Friedrich Wöhler는 $AlCl_3$를 금속 포타슘으로 환원하여 금속 알루미늄을 분리하였다. 미국을 제외한 나머지 세계는 그 원소를 aluminium이라고 계속해서 부르지만 1925년에 미국은 그 원소의 철자와 발음을 Davy's aluminum (a-lú-mi-num이라고 발음한다)이라 사용한다고 American Chemical Society는 결정하였다(하기는 미국이 힘이 좀 세다고 현재도 못하는 짓이 없지만). 현재까지도 이러한 일치하지 않는 알루미늄의 원소 이름은 영어를 사용하는 세계의 사람들 사이에 선의의 비꼬기와 함께 본래 글자의 혼란을 초래한다.

지구껍질에 가장 많은 이 금속을 만드는 효과적 방법은 늦게 발전하였다. 알루미늄은 1850년대에 귀금속이라 생각하였고 1855년 파리전람회에 전시되었다. Louis Napoleon III 황제와 그의 특별한 손님들은 그 당시에 알루미늄제 칼과 정찬용 식기를 사용하고 (한편 그들보다 못한 편의 손님들은 은과 금으로 만든 제품의 사용으로 만족해야 했고) 그들의 아들은 알루미늄제 딸랑이 장난감을 가지고 놀았다고 보고한다. 이러한 귀금속으로 만든 100 oz 정사각형 피라미드 평판이 1884년에 새로 완공된 Washington Monument의 정점에도 놓였다(그 알루미늄 정점은 전등의 빛을 회전하여 모래를 채운 15 ft 깊이의 우물 밑으로 보내게 설계하여 정성들여 만든 건물기초의 부분이다. 어떤 사람들은 지금도 그 자리에 있는 이 정점의 모자를 "알루미늄 산업의 보석 왕관"이라고 그 특성을 말한다).

알루미늄이 어떻게 현재 평범한 보통 금속으로 알려지게 되었는가? 1886년에 Oberlin 대학을 바로 졸업한 화학전공 Charles Hall은 bauxite 혼합물로부터 전해하여(탄소전극을 사용하여) 알루미늄을 제조하는 방법을 발견했다. 그 bauxite는 수화 산화알루미늄(hydrated aluminium oxide)의 불순한 광물이고 그것을 용융 cryolite(Na_3AlF_6)에 녹여 전해한다. 이 과정에 대한 알짜 반응을 식 (13.1)에 제시한다:

$$3C(s) + 4Al^{3+} + 6O^{2-} \xrightarrow{\text{전해}} 4Al(s) + 3CO_2(g) \tag{13.1}$$

프랑스에서 Paul Louis Héroult은 그와 동시에 전해과정을 발견했고 그 방법은 결과적으로 Hall-Héroult 공정이라고 부른다. 이들이 놀랄만큼 일치하는 것 중에 하나는 Héroult이 Hall보다 8개월 전에 출생하고 Hall보다 8개월 전에 사망했다는 사실이다. 그 두 사람은 인간의 역사를 변화시킨 그 공정을 발견했을 때 23세였다. 그 자신들의 생활은 설명하지 않겠다.

점점 증가하는 관심을 강조하지 않고 Hall-Héroult 공정의 설명을 중단할 수 없다. 미국에서 생산된 전력의 약 5%는 알루미늄 제조에 사용한다. 다른 곳에서 지적한 것처럼 전기를 생산하기 위한 화석연료의 연소는 환경에 큰 영향을 준다. 그 결과로 생기는 이산화탄소는 온실효과(10.6절)에 공급되고 한편 이산화황은 산성비의 큰 부분을 차지한다(16.6). 알루미늄 재품의 재생과정을 최대화할 필요성과 그로 말미암아 알루미늄 생산의 에너지 요구를 최소화할 필요성은 분명하다. 운명의 뒤틀림 속에서 산성비 때문에 호수와 연못에서 생기는 산성은 수은, 카드뮴, 납, 그리고 알루미늄과 같은 여러 금속의 "이동"(mobilization)을 수반한다.

현재 기록된 캐나다와 미국의 어떤 수계의 pH 수준에서 알루미늄은 물고기와 나머지 수중생물에 유독한 것으로 알려졌다. 아마 Charles Hall과 Paul Héroult이 나타낸 동일한 탐구정신과 기업정신을 가진 다음 세대 화학자들은 이러한 문제에 대하여 해답을 찾을 것이다.

갈륨

갈륨은 Mendeleev의 에카-알루미늄이고 주기율표에 공란으로 남긴 5년 후 1875년에 Paul Émile Lecoq de Boisbaudran에 의하여 발견되었고 여러 성질을 예측하였다. de Boisbaudran은 아직 새로운 분야의 분광학을 사용하여 아연광석 중에서 갈륨 원소를 확인하였다. 그 분광법은 Bunsen과 Kirchhoff이 세슘과 루비듐 같은 원소의 "지문"(fingerprint) 검출에 사용했다(11.1절). 그는 한달 이내에 가성가리(탄산포타슘)와 수산화물의 수용액 중에서 갈륨을 전해하여 연속적 변환공정을 완성하였다. 그는 쉽게 액화 금속을 많이 분리하여 갈륨 성질을 측정하고(mp = 29.78°C) French Academy of Science에 제시했다. 갈륨과 예상된 에카-알루미늄의 성질 비교를 표 13.1에 제시한다.

de Boisbaudran은 본래 갈륨 밀도를 4.7 g/cm^{3}이라고 측정했지만 Mendeleev가 그에게 그 값을 다시 측정한 값을 제시하는 편지를 쓴 다음(!) 그 프랑스 사람은 그 주기율표에 제시한 것과 거의 비슷한 것을 발견했다. de Boisbaudran는 근대 프랑

표 13.1
Mendeleev에 의하여 예상된 에카-알루미늄 성질과 de Boisbaudran에 의하여 발견된 갈륨 성질의 비교

	에카-알루미늄에 대한 Mendeleev의 예측(1871)	**갈륨에 대한 Lecoq de Boisbaudran의 측정 성질(1875)**
원자량	≈ 68	69.9
원잣가	3	3
밀도, g/cm^3	5.9	5.93
휘발성	낮다	30.1°C
녹는점	낮다	낮다
산화물 화학식	M_2O_3	Ga_2O_3
염화물 화학식	MCl_3	$GaCl_3$
발견 방식	분광법	분광법

스에 편입된 영토에 대한 라틴어 *Gallus*로부터 그 새로운 원소 이름을 명명하였다. 물론 *Lecoq*라는 이름은 "수닭"을 의미하고 수탉에 상당하는 라틴어는 *gallus*이므로 아마 de Boisbaudran에 의하여 명칭이 선택된 것은 그 두 가지 이유가 있을 것이다.

갈륨은 현재 알루미늄 산업의 부산물로 얻는다. 실온에서 고체이고 무르고 연한 남색-백색 금속이고 손 안에서 쉽게 녹는다. 갈륨은 2403°C까지 액체를 유지하고 가장 큰 액체 범위를 갖는 것으로 얼려졌다.

인듐과 탈륨

인듐과 탈륨은 또한 분광법을 이용하여 발견하였다. 인듐은 1863년에 Ferdinand Reich와 그의 제자 Hieronymus Theodor Richter에 의하여 처음으로 확인되었다. Hieronymus Theodor Richter는 아연 광석에서 인디고(indigo) 색의 방출 스펙트럼선을 확인하였다(Richter는 새로운 그의 원소를 색으로 확인하였지만 그를 실제로 색맹이라고 지적한 것은 흥미롭다). Richter는 홀로 그 발견에 대하여 확인을 받으려고 노력하였다. 방출선의 인디고색(indigo color)은 그 원소의 이름으로 즉시 채택하였다. 탈륨은 1861년에 Sir William Crookes에 의하여 발견되었다. 그는 Crookes 진공관과 관련이 있고 J. J. Thomson이 전자를 발견하게 지도한 최초의 연구와 관련이 있다. Crookes는 전자에 관하여 연구하는 동안 셀레늄 광석을 분석하여 이전에 확인되지 않은 아름다운 녹색 스펙트럼선을 발견했다. 그 원소는 "녹색 지선"(green twig)이라는 그리스말 *thallos*로부터 그 이름을 명명했다.

탈륨은 현재 대단히 독성이 크고 크게 주의해서 취급해야 하는 것을 알고 있다. 그러나 그것을 발견한 다음 첫 50년 동안에 탈륨은 매독, 임질, 통풍, 이질, 종양 등의 치료에 효과적인 것으로 발견되었다. 어떤 사람들은 주기율표의 납과 수은 사이에 있는 이 원소의 위치로부터 해결책을 찾으려고 한다. 많은 독성을 갖는 의약품으로서 탈륨을 사용할 때 머리카락이 빠지는 탈모증과 같은 불유쾌한 부작용을 설명하지 못한다. 그 후에 무색 무취 Tl_2SO_4와 같은 탈륨 화합물(이 화합물은 +1 산화상태 탈륨을 포함한다)은 쥐 독극물과 개미 살충제로 사용했지만 이러한 용도와 비슷한 용도는 탈륨의 큰 독성 때문에 여러 나라에서 사용을 금지한다.

13.2 기본 성질과 상호연결된 아이디어의 연락망

그림 13.2는 상호연결된 아이디어의 연락망에 겹친 3A족 원소를 보여준다. 그리고 표 13.2는 3A족에 대한 일반적 성질을 보여준다. 그림 13.2를 조심스럽게 보라. 상호연결된 아이디어의 연락망의 일곱째 성분을 이제 첨가하는 그림 13.2를 그림 11.4와 비교하라. 이러한 두 그림은 대단히 비슷한 것에 주목하라(다만 갈륨 기호

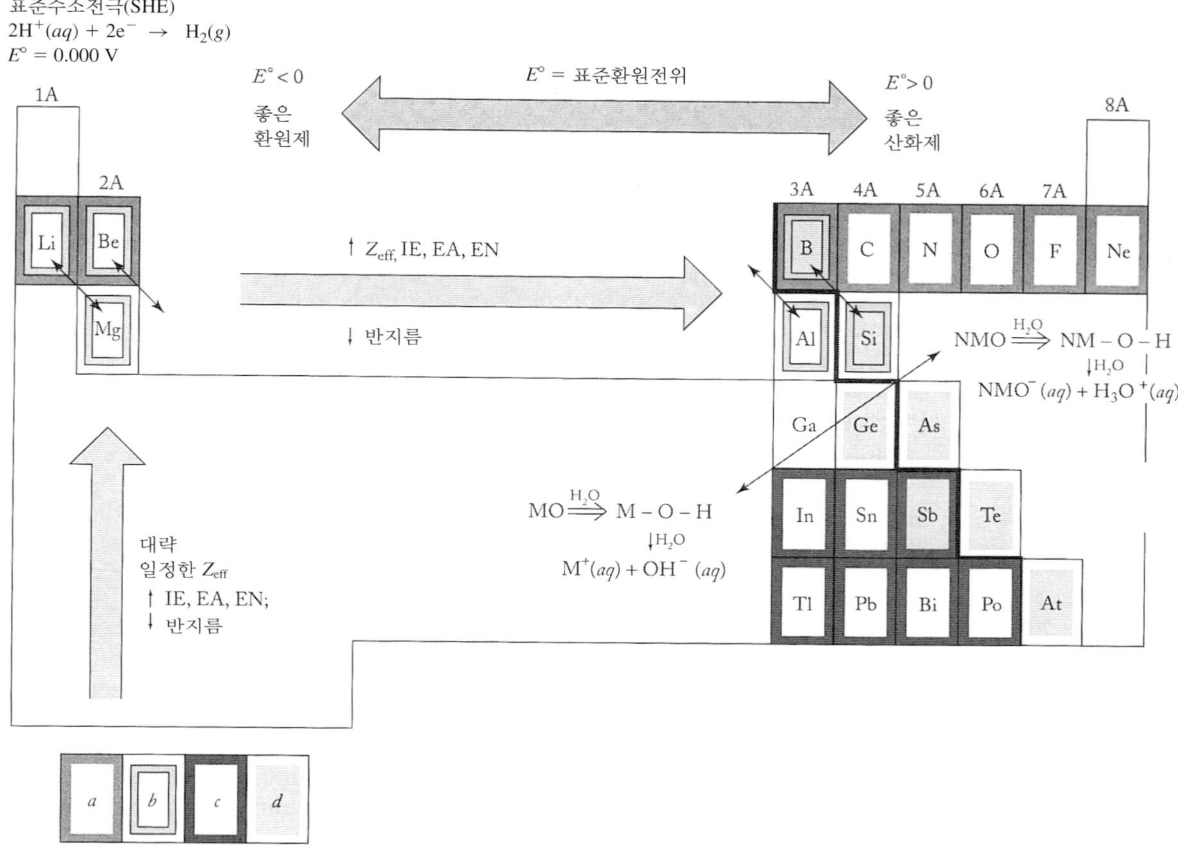

그림 13.2

주기적 성질의 경향성, 금속과 비금속 산화물의 산-염기 특성, 표준환원전위의 경향성, (a) 유일성원리, (b) 대각선효과, (c) 이온-쌍-효과, (d) 금속-비금속 경계선 등에 포함된 상호연결된 아이디어의 연락망과 겹친 3A족 원소.

를 그림 13.2에 추가하였다). 이러한 유사성은 3A족이 상호연결된 아이디어의 연락망과 밀접하게 연결되어 있으므로 중요하다. 붕소는 유일성원리, 대각선효과, 그리고 금속-비금속 경계선에 위치한 준금속과 관련이 있다. 알루미늄은 베릴륨과 대각선으로 관련이 있고 (알루미늄과 베릴륨은 금속-비금속 경계선에 있다) 인듐과 탈륨은 이온-쌍 효과와 관련이 있다. 구체적으로 살펴보기 전에 상호연결된 아이디어 연락망의 도움을 받아서 3A족에 관하여 많이 알 수 있다.

표 13.2를 보면 여러 가지 예상되는 주기적 변화를 보여준다. 여느 때와 마찬가지로 몇 가지 변칙성이 있다. 갈륨은 원반지름이 알루미늄보다 다만 0.10 Å 크고 또한 예상 전기음성도보다 크다(인듐과 탈륨처럼). 게다가 갈륨 이온화에너지는 실제로 예상보다 훨씬 더 낮은 알루미늄과 동일하다. 이러한 모든 성질은 약간 간단하지만 nd^{10}과 nf^{14} 부껍질이 핵전하로부터 계속되는 전자를 특별히 충분하게 차폐하지 못한다고 생각하여 추적할 수 있다(8.4절을 보라).

붕소는 3A족에서 특이하다고 배우는 것에 분명히 놀라지 말라. 이론적으로 B^{3+}는

표 13.2 3A족 원소의 기본적 성질(참고문헌 32)

	붕소	알루미늄	갈륨	인듐	탈륨
기호	B	Al	Ga	In	Tl
원자번호	5	13	31	49	81
자연동위원소 A/% 존재량	$^{10}B/19.78$ $^{11}B/80.22$	$^{27}Al/100$	$^{69}Ga/60.4$ $^{71}Ga/39.6$	$^{113}In/4.28$ $^{115}In/95.72$	$^{203}Tl/29.50$ $^{205}Tl/70.50$
전체 동위원소수	6	7	14	19	21
원자량	10.81	26.98	69.72	114.82	204.37
원잣가전자	$2s^22p^1$	$3s^23p^1$	$4s^24p^1$	$5s^25p^1$	$6s^26p^1$
mp/bp,°C	2300/2550	660/2467	29.78/2403	156.6/2080	303.5/1457
밀도, g/cm^3	2.34	2.70	5.90	7.30	11.85
원자반지름 금속, Å	—	1.43	1.53	1.67	1.71
이온반지름 Shannon-Prewitt, A(C.N.)	(0.25)(4)	0.53(4)	0.76(6)	0.94(6)	(+3)1.02 (6) (+1)1.64 (6)
Pauling EN	2.0	1.5	1.6	1.7	1.8
전자밀도(전하/이온반지름) 단위전하/ Å	12.0	5.7	4.0	3.2	(+3)2.9 (+1)0.61
$E^{\circ\,a}$,V	−0.90	−1.66	−0.56	−0.34	−0.33
산화상태	(+3) 공유결합	+3	+1, +3	+1, +3	+1, +3
이온화에너지, kJ/mol	801	578	579	558	589
전자친화도, kJ/mol	−23	−44	−35	−34	−48
발견/년도	Gay-Lussac 1808	Wöhler 1827	de Boisbaudran 1875	Reich 1863	Crookes 1861
rpw[b] O_2	B_2O_3	Al_2O_3	Ga_2O_3	In_2O_3	Tl_2O
산화물의 산-염기 특성	산	양쪽성	양쪽성	양쪽성	염기
rpw N_2	BN	AlN	GaN	InN	없다
rpw 할로겐	BX_3	Al_2X_6	Ga_2X_6	In_2X_6	TlX
rpw 수소	—	—	—	—	
결정구조	육방정계	fcc	입방정계	정방정계	육방정계

[a]E° 는 산성용액에서 표준환원전위이다. $B(OH)_3 \longrightarrow B$; $M^{3+}(aq) \longrightarrow M(s)$ for M = Al, Ga 과 In; $M^+(aq) \longrightarrow M(s)$ M = Tl에 대하여
[b]rpw = 반응생성물.

작고 큰 편극력을 갖는 큰 형식전하 화학종이다. 붕소화합물은 모두 유력한 공유성 결합이다. 알루미늄은 결합성질이 이온성과 공유성결합의 중간이지만 유력한 금속인 베릴륨과 훨씬 비슷하다. 나머지 원소들은 분명히 금속이고 그들 산화물과 수산화물은 동등하게 반응할 것으로 기대한다. +3 산화상태는 알루미늄이 유력하지만 실제로 가장 보편적 탈륨 산화상태에 도달할 때까지 3A족을 밑으로 가면서 +1 상태가 더 중요하다. TlX와 TlO_2는 각기 할로겐 및 산소와 더불어 보편적으로 반응하는 탈륨 생성물이다.

수소화물, 산화물, 수산화물, 그리고 할로겐화물

상호연결된 아이디어의 연락망에 바탕을 두고 3A족 이해를 더 확고하게 만들기 위하여 평소대로 3A족의 수소화물, 산화물, 수산화물, 할로겐화물을 살펴보는 것으로

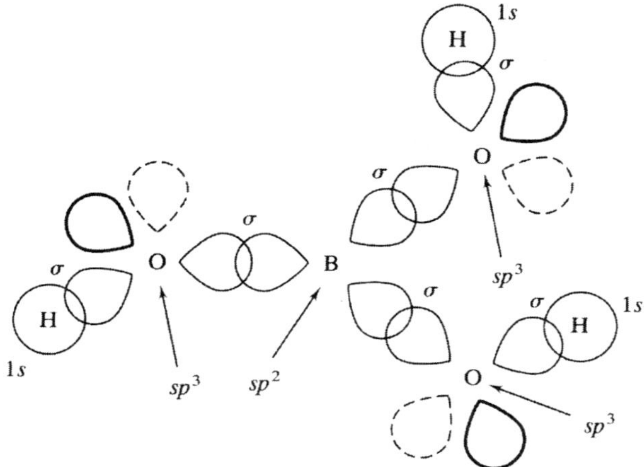

그림 13.3

붕산[$B(OH)_3$]의 평면 분자구조

돌아가겠다. 그러나 수소화물은 대단히 특수한 화합물이고 그들에 대한 고려는 이 장의 끝에서 설명하는 깊이가 있는 토픽까지 연기하겠다. 기대하는 것처럼 그들은 유력한 공유성 결합으로 출발해서 그 족을 밑으로 가면서 더 이온성으로 된다.

붕소 산화물은 금속－비금속 경계선의 위치와 일치하는 산 무수물이고 한편 더 무거운 원소의 산화물은 양쪽성으로부터 염기성 거동으로 변한다. 그러므로 산화붕소는 그림 식 (13.2)처럼 물과 반응하여 붕산[$B(OH)_3$ 또는 H_3BO_3]으로 된다:

$$B_2O_3 + 3H_2O \longrightarrow 2B(OH)_3 \qquad (13.2)$$

붕산은 순한 소독제와 눈 세척제 및 구강 세척제로(용액으로서) 알려져 있고 그림 13.3처럼 평면구조를 갖는다. 그 붕소원자는 sp^2 혼성이라고 추측한다. 원잣가 전자쌍 반발이론(VSEPR)은 O－B－O 결합각이 120°이고 한편 B－O－H 결합각은 각 산소에 두 고립전자쌍이 존재하므로 약간 더 작은 109.5°이다. 분자의 모든 σ 결합은 주위로 자유회전을 한다. 고체에서 한 $B(OH)_3$ 단위는 평면에서 수소결합 판상구조이고(그림 13.4) 이 화합물은 벗겨지기 쉬운 박편 모양이라고 설명한다.

$B(OH)_3$는 산성이지만($K_a = 5.9 \times 10^{-10}$) Brønsted-Lowry 또는 Arrhenius 정의보다 Lewis 정의를 사용하는 것이 최선이다. 식 (13.3)처럼

$$B(OH)_3 + :\ddot{O}-H^- \longrightarrow [B(OH)_4]^- \qquad (13.3)$$

$B(OH)_3$는 들어오는 OH^- 이온으로부터 한 전자쌍을 받아 산으로 작용하고 양성자를 수산화 이온에 이동하지 않는다. 수산화 원자단의 음성 끝자리 산소원자는 산의 부분적으로 양성 붕소원자를 공격하여 넷째 B－OH 결합을 생성한다. 그 과

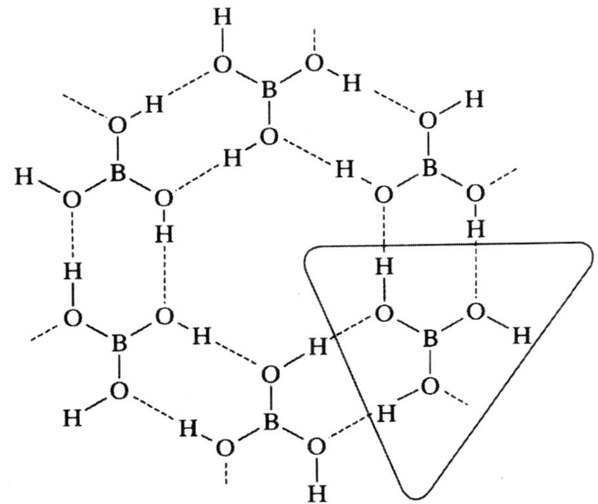

그림 13.4

각 분자(실선으로 표시)를 보여주는 붕산의 평면 판상구조는 수소결합(토막선)에 의하여 함께 결합한다. (참고문헌 33).

정에서 붕소원자는 생성물에서 sp^3 혼성이라고 생각한다. 한 OH^-만 받으므로 이 화합물은 일염기성(monobasic)이고 H_3BO_3 화학식으로부터 생각하는 것처럼 삼염기성(tribasic)이 아니다. 그런데 붕산은 규산[$Si(OH)_4$]과 비슷하고 한편 일반화학에서 기억하는 것처럼 $Al(OH)_3$은 수산화알루미늄이고 "알루민산"이 아니다. 그러므로 수산화 알루미늄은 본질적으로 양쪽성 성질을 갖는 염기이다.

이전의 10.3절 설명으로부터 예상하는 것처럼 그 나머지 산화물과 수산화물은 3A족을 밑으로 가면서 점차 염기성으로 된다. 더 안정한 탈륨의 산화물과 수산화물은 비활성-쌍 효과와 일치하고 그 화합물은 TlO_2와 TlOH이고 Tl_2O_3와 $Tl(OH)_3$은 안정하지 않다. 산화탈륨(I)은 순한 염기성 무수물이고 한편 수산화탈륨(I)은 중간정도 센 염기이다.

할로젠화붕소(BX_3)는 휘발성, 대단히 반응성, 공유성 결합, 분자성 화합물이다. BF_3와 BCl_3는 기체이고 BBr_3는 액체이고 BI_3는 백색 고체이다. 이러한 상(phase)은 분자량 증가와 London 분자간힘 세기의 증가에 따라 녹는점과 끓는점의 증가를 나타난다. 그림 13.5처럼 그들은 항상 무극성 삼각평면 분자이고 붕소는 sp^2 혼성이다. B−X 결합길이는 기대하는 값보다 짧고 B−X 결합에너지는 그것에 상당하는 만큼 더 크다. 실제로 B−F 결합에너지(646 kJ/mol)는 알려진 단일결합 중에서 가장 크다. 이러한 모든 결합은 어떤 결합이 붕소의 비혼성 2*p* 오비탈과 할로젠화물의 채운 *np* 오비탈 사이에 생길 수 있다는 것을 나타낸다. 그러한 제안은 각 족 첫째 원소의 특성에 대한 이유 중 하나와 일치한다(8.2절).

플루오르화붕소는 대단히 부식성 기체이고 산화붕소와 플루오르화칼슘 혼합물을 진한 황산과 반응시켜 제조한다[식 (13.4)]:

$$CaF_2(s) + H_2SO_4(l) \longrightarrow CaSO_4(s) + 2HF(g) \quad (13.4a)$$

$$B_2O_3(s) + 6HF(g) \longrightarrow 2BF_3(g) + 3H_2O(l) \quad (13.4b)$$

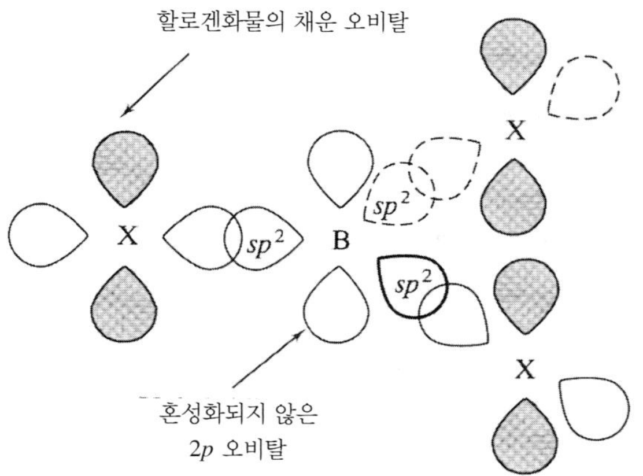

그림 13.5

BX_3 분자구조. 붕소원자는 sp^2 혼성화이다. 혼성화되지 않은 붕소의 2*p* 오비탈과 할로젠화물의 채운(회색) *np* 오비탈 사이에 어떤 π 결합이 생길 수 있는 몇가지 증거들이 있다.

진한 황산은 탈수제이고 식 (13.14b)에서 생성된 과량 물을 제거한다. 염화물과 브롬화물은 고온에서 원소의 상호작용에 의하여 만들어지고 요오드화물은 직접 그 원소의 반응 또는 고온에서 BCl_3를 HI로 처리하여 만든다.

붕산처럼 할로젠화붕소는 Lewis 산이다; 즉 한 전자쌍을 빈 비혼성화 *p* 오비탈에 쉽게 받는다. 몇 가지 대표적 BF_3 반응은 식 (13.5~13.7)와 같다:

$$BF_3 + F^- \longrightarrow BF_4^- \tag{13.5}$$

$$BF_3 + CH_3Cl \longrightarrow [CH_3^+][BF_3Cl]^- \tag{13.6}$$

$$BF_3 + \underset{\text{질산}}{HONO_2} \longrightarrow \underset{\text{나이트로실 양이온}}{[NO_2]^+} + [BF_3(OH)]^- \tag{13.7}$$

각 경우에 음성 반응물 또는 반응물의 대부분 음성 부분(F^-, CH_3Cl의 Cl, 질산의 OH산소)은 삼플루오르화물의 중심 붕소를 공격한다. 그 결과로 생기는 CH^{3+}와 NO_2^+는 유기합성에 대단히 중요하다. 왜냐하면 대단히 많은 중합체를 포함하는 여러 유기화합물에 경제적 합성경로를 제공하기 때문이다.

BF_3는 대단히 반응성이고 부식성 기체이므로 직접 취급하기 어렵다. 때때로 BF_3는 다이메틸에터 첨가생성물(그림 13.6처럼) 형태로 사용하고 그것은 Lewis염이라고 생각할 수 있다. "에터산"(etherate)은 126°C에서 끓는 액체이다. 특히 염화물과 브롬화물을 제외한 모든 할로젠화붕소는 물과 반응하여 식 (13.8)처럼 붕산과 그것에 상당하는 할로젠화수소산을 생성한다:

$$BX_3 + 3H_2O \longrightarrow B(OH)_3 + 3HX \tag{13.8}$$

이제 알루미늄, 갈륨, 인듐의 할로젠화물의 생각으로 돌아가자. 무수 할로젠화물은 직접 반응시켜 만들 수 있다. 수산화물 또는 산화물을 할로젠화수소산(HX)으로 처리하면 때때로 삼수화물($MX_3 \cdot 3H_2O$)을 만든다. 무수 AlF_3는 700°C에서 HF(*g*)를 Al_2O_3에 가하여 만든다. 표 13.2를 대충 훑터보면 무수 할로젠화물이 M_2X_6 일반 화학식이라는 것이 눈에 띈다. AlF_3와 $AlCl_3$ 실험식 화합물은 고체상

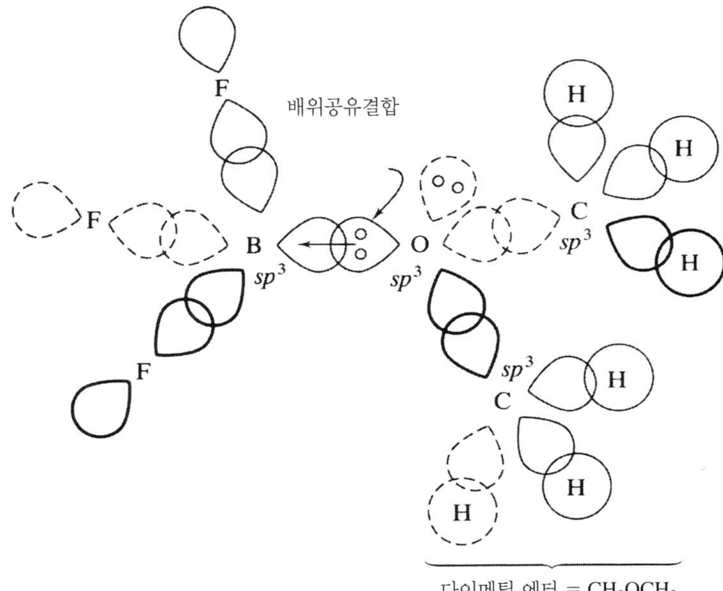

그림 13.6

BF_3 에터산은 Lewis염기이다. 다이메틸 에터(Lewis염기)는 한 고립전자쌍을 BF_3(Lewis산)의 채우지 않은 비혼성화 2*p* 오비탈에 준다. 붕소원자는 sp^3로 다시 혼성화된다. 두 결합전자가 한 원자로부터 나오는 특성을 갖는 분자를 부가생성물(adduct) 또는 첨가화합물(addition compound)이라고 한다. 그 결합을 주개결합(dative bond) 또는 배위공유결합(coordinate covalent bond)라고 한다.

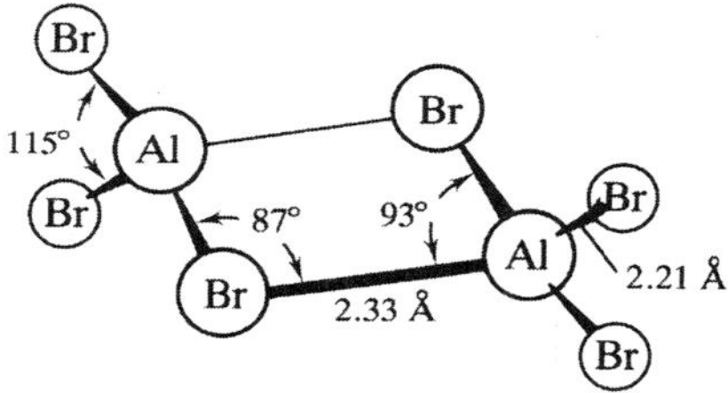

그림 13.7

두 알루미늄 원자 사이에 브로민 다리결합을 보여주는 Al_2Br_6 구조

태로 존재하지만 AlX_3 단위는 존재하지 않고 변형 AlX_6 팔면체와 관련이 있는 복잡한 층 구조일 뿐이다. 고체 $AlCl_3$가 녹으면 그 구조는 고온에서 Al_2Cl_6 이합체(dimer)로 되고 Al_2Cl_6는 마지막으로 고온에서 증발을 통해서도 그대로 존재하고 $AlCl_3$ 삼각평면 단위(할로젠화붕소처럼)를 형성한다. 브롬화 및 요오드화 알루미늄과 염화, 브롬화, 요오드화 갈륨 및 인듐은 모두 특히 저온 증기상에서 이합체 구조라고 생각한다.

이합체 형태의 구조를 그림 13.7에 제시한다. 그것은 대략 사면체 위치배열(configuration)이라고 생각하는 금속원자 사이에 수소결합 특성을 갖는다(대조적으로 대한화학회는 conformation이라는 용어는 입체배열이라고 한다). 그 구조는 팔전자계를 완결하려는 금속의 경향성으로부터 생기는 것처럼 보인다. 12.2에서 보는 것처럼 염화베릴륨은 정해진 대각선효과를 기대하는 것과 비슷한 방식으로 중합체를 형성한다. 이러한 화합물은 할로젠화붕소와 동일한 방식으로 Lewis 산이므로 식 (13.9)처럼 이러한 이합체가 전자주개 분자와 반응하여 분리되는 것은 놀라운 것이 아니다:

$$Al_2Cl_6 + 2Cl^- \longrightarrow 2AlCl_4^- \qquad (13.9)$$

BF_3처럼 $AlCl_3$는 합성 유기화학에 널리 사용한다. 식 (13.10)처럼 Al_2Cl_6도 수소화리튬과 반응하여 "복잡한 수소화물" $LiAlH_4$를 형성한다:

$$Al_2Cl_6 + 8LiH \xrightarrow{\text{에터}} 2LiAlH_4 + 6LiCl(s) \qquad (13.10)$$

수소화리튬알루미늄 또는 유기화학자들이 "리틸"(lithyl)이라고 부르는 $LiAlH_4$은 그와 비슷한 $NaBH_4$와 함께 잘 알려져 있고 다방면에 이용하는 환원제이다. $LiAlH_4$이 염화알루미늄 이합체와 반응할 때 수소화알루미늄[또는 수소화알루미늄을 알란(alane)이라고 부른다]이 생긴다. 이들은 13.5절에서 설명하는 여러 전자-결핍 화합물 중 하나이다.

할로젠화탈륨 화학은 이미 앞에서 그리고 8.4절 비활성-쌍 효과에서 설명한 것처럼 +1 산화상태가 유력하다. 표 13.2에서 탈륨과 할로젠의 직접 반응은 TlX를 생성하고 예상하는 것처럼 TlX_3를 생성하지 않는다. [할로젠화탈륨(I), TlX는 질산 또는 황산과 같은 다른 여러 탈륨(I) 염류에 적당한 할로젠화수소산을 가하여 제조할 수도 있다.] 표준환원전위를 분석해보면 +1산화상태의 중요성을 더 깊이 들여다 볼 수 있다. Tl^{3+}의 $E°$값을 Tl^+의 $E°$=1.25 V와 비교하면 Tl^{3+}는 쉽게 전자를 얻고(쉽게 환원되어 Tl^+을 형성하고) 그러므로 수용액에서 비교적 센 환원제이다(11.3절 GEROA를 보라). $Tl^+ \rightarrow Tl$의 $E° = -0.33$ V는 $Tl(s)$이 식 (13.11)처럼 수용액에서 순한 환원제라는 것을 표시한다.

$$Tl^+(aq) + e^- \longrightarrow Tl(s) \qquad (E° = -0.33\ V) \qquad (13.11a)$$

$$Tl(s) \longrightarrow Tl^+(aq) + e^- \qquad (E° = 0.33\ V) \qquad (13.11b)$$

$$[\Delta G° = -(1)(96.5)(0.33) = -32 kJ/mol]$$

11장의 설명으로부터 이러한 반반응은 홀로 존재하지 못하고 표준수소전극과 같은 또 다른 반반응과 짝을 지어 측정하여야 하는 것을 기억하라(탈륨 화학에서 표준환원전위의 용도에 관한 더 깊은 관찰은 문제 13.24에서 13.26까지를 보라).

요약해서 말하자면 특이한 준금속 붕소로부터 시작하는 3A족의 산화물, 수산화물, 할로젠화 화합물들은 대표적 금속인 알루미늄에서 탈륨으로 밑으로 내려가면서 전형적 공유성 결합이다. 3A족 위에서 산화상태는 +3이 유력하지만 밑으로 가면서 탈륨화학에서는 +1 산화상태가 더 안정하고 유력하다.

13.3 붕소화학의 구조

동소체

붕소의 동소체 형태는 구조적으로 복잡하고 모든 원소 중에서 정말로 특이하다. 원소 붕소에서 되풀이하여 나타나는 주요한 구조단위 중 하나는 그림 13.8a에 제시

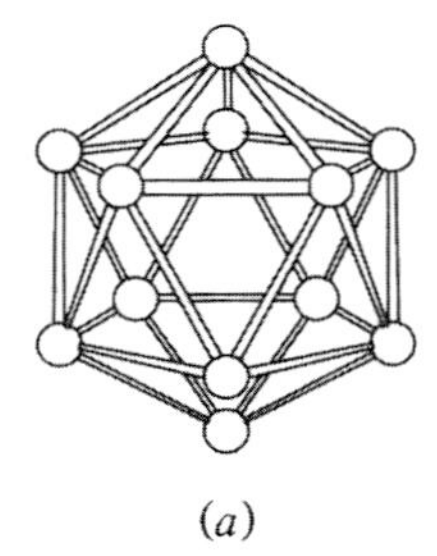

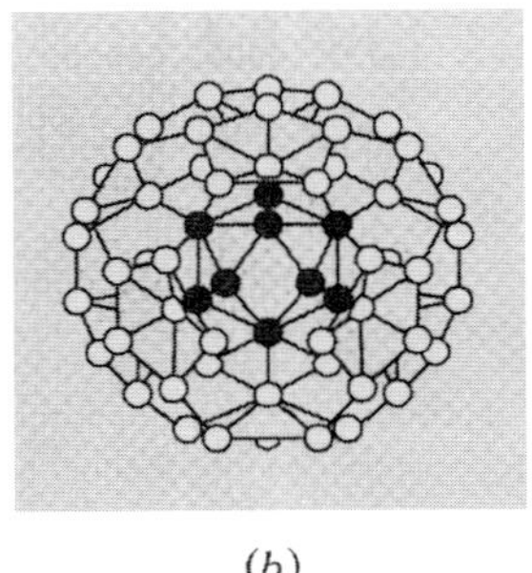

(a) (b)

그림 13.8

(a) 붕소원소에서 보편적인 B_{12} 12면체 단위(12면체는 12 꼭지점과 20 삼각면을 갖는다). (b) 몇 가지 붕소 형태에서 발견된 B_{24} 단위는 중심 B_{12} 단위와 중심 단위의 각 12 원자와 결합하여 밖으로 향한 오각형 피라미드를 구성한다.

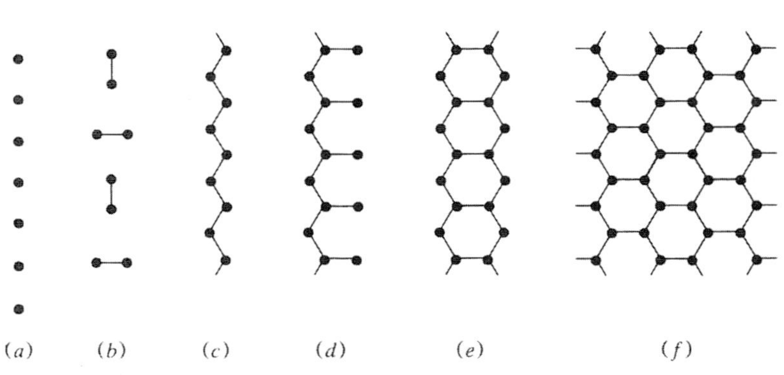

그림 13.9

금속 붕소화물에서 발견된 여러 가지 구조의 계통적 도형. (a) 단일 원자. (b) 분리된 원자쌍. (c) 단일-가닥 사슬. (d) 갈래(branch) 단일-가닥 사슬. (e) 원자의 이중사슬. (f) 이차원(닭장 그물) 무한 연결망(참고문헌 34).

한 B_{12} 20면체이다. 이들과 그림 13.8b에 제시한 B_{84}와 관련있는 더 복잡한 단위는 전연 쌓이지 않고 공간이 많이 열려있고 점유된 공간 백분율이 작고 그 원소는 밀도가 비교적 작다.

붕소화물

잠간 보아서 MB, MB_2, M_2B로부터 점진적으로 이상한 MB_6, MB_{12}, 그리고 MB_{66} 결합까지 깜작 놀라는 이성분 금속붕소화물의 배열이 나타난다. 이러한 화합물은 가장 보편적 (1) 직접 원소의 결합, (2) 붕소, 탄소, 탄화붕소, 수소를 이용하여 상당하는 산화붕소 또는 염화붕소(어떤 경우는 산화붕소와 염화붕소의 혼합물)의 환원, (3) 용융염의 전해 등을 포함하는 여러 방법으로 제조한다. 이러한 화합물의 구조는 어떤가? 그들은 아떻게 이용하는가?

붕소화물은 독립 원자, 독립 원자쌍(B_2), 단일-가닥(single-strand), 갈래(branch), 원자의 이중사슬, 이차원("닭장그물망")과 삼차원 그물망으로 존재한다. 마지막 세 가지를 제외한 모두를 그림 13.9에 도형으로 제시한다(그림 13.11과 13.12는 삼차원 예를 보여준다). 다른 원소들의 이성분 화합물은 이러한 여러 구조를 나타내지 않는다. 그러나 특히 이미 6장에서 고체-상태 구조에 관하여 읽은 것처럼 이러한 화

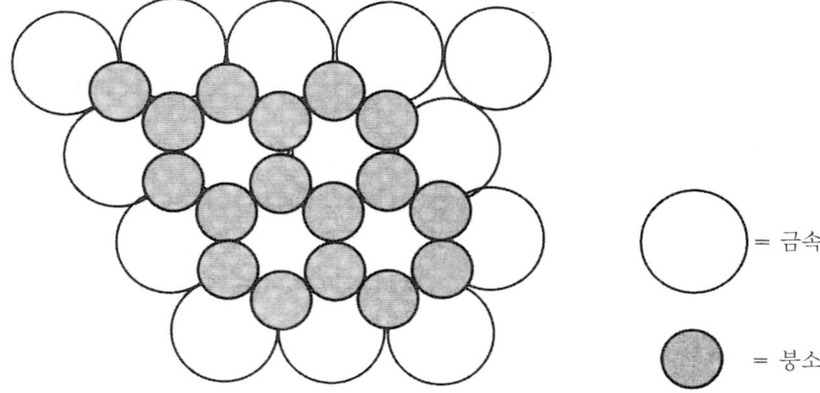

그림 13.10
이붕소화금속(MB_2) 구조는 금소원자와 붕소원자의 평행 육각층이 교대로 구성한다(참고문헌 35).

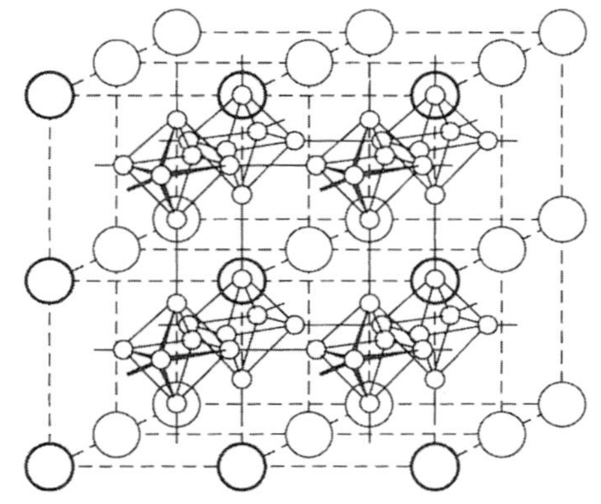

그림 13.11
MB_6의 삼차원 그물망 구조. 이것은 그림 6.21e에 제시한 CsCl 구조와 비슷한 것에 주목하라(참고문헌 35).

합물은 유일하게 비교적 직선형이이다. 예를 들어 그림 13.10처럼 이붕소화물(MB_2)은 금소원자와 붕소원자의 평행 육각형 층이 교대로 구성하는 구조를 갖는다. 각 붕소원자는 6 금속원자와 접촉하고 즉, 6 배위수(coordination number, C.N.)를 갖는다. 각 금속은 12 붕소와 접촉한다(C.N. = 12).

붕소화물의 삼차원 그물구조는 6장에서 설명했고 아마 이전의 화학실험에서 경험한 것 중 하나인 가단한 이온성 결합 염류의 구조와 밀접한 관계가 있을 것이다. 그림 13.11처럼 MB_6 구조는 CsCl 구조(그림 6.21e를 보라)이고 이때 B_6단위는 Cl^- 이온을 치환한다. 그러나 B_6 단위 그 자체가 연결되어 있으므로 그 붕소원자는 무한 삼차원 그리고 대단히 안정한 배열을 형성한다.

그림 13.12에서처럼 MB_{12}에서 B_{12} 단위는 NaCl 또는 암염 중 Cl^-이 치환된 입방팔면체(cubodctahedron)이다(그림 6.21a를 보라). 바꿔 말하면 B_{12} 단위는 팔면체 구멍에 M원자를 갖는 면심배열을 형성한다. 다시 한번 B_{12} 단위는 위 B_6 단위처럼 함께 연결하여 거대한 아름다운 규칙배열을 형성한다(그 결합은 그림에 나타내지 않았다).

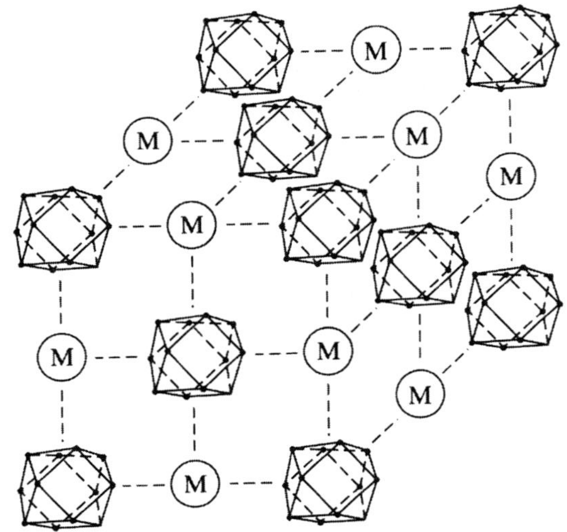

그림 13.12

MB_{12}의 삼차원 그물망 구조. 입방팔면체 B_{12} 뭉치(cluster)는 그림 6.21a NaCl구조에서 염화 음이온을 치환하고 금속원자는 소듐 양이온을 치환한다.

그들이 확장되어 섞어 짜인(extended interwoven) 성질의 붕소화물은 매우 단단하고 녹는점이 높고 비휘발성이고 화학적으로 비활성 물질로 되는 것이 놀라운 것은 아니다. 그들은 매우 고온, 마찰력, 센 산과 용융금속 및 용융염의 반응과 같은 거대한 변화력에 저항할 수 있다. 이러한 종류의 물리화학적 저항을 원하면서 한편으로 붕소화물을 아마 사용할 것으로 기대하는 이들의 응용은 터빈 날개, 로켓 노즐, 고온반응 용기["보오트"(boat), 도가니 등], 광택과 연마용 그리트(grit), 제동장치용과 클럿치용 라이닝, 새로운 세대의 경량 보호용 무기 등을 포함한다. 붕소화물도 좋은 전기 도체이고 견고하고 강인한 공업용 전극으로 사용도 알려지고 있다.

이러한 물리화학적 성질 이외에 붕소는 유용한 것에 첨가할 수 있는 핵화학적 성질을 갖는다. 붕소-10은 효과적으로 중성자를 흡수한다. 식 (13.12)에 제시한 이러한 흡수 생성물은 비방사성 헬륨과 리튬의 동위원소이다:

$$ {}^{1}_{0}n + {}^{10}_{5}\mathrm{B} \longrightarrow {}^{7}_{3}\mathrm{Li} + {}^{4}_{2}\mathrm{He} \qquad (13.12)$$

이러한 중성자 흡수 능력은 그들의 비활성과 구조적 안정도와 함께 제어봉 및 중성자 차폐와 같은 여러 핵 응용에 적당한 붕소화물을 만든다. 식 (13.12)는 중성자 계수기의 내부 벽에 붕소를 갖는 또는 삼플루오르화 붕소와 같은 기체로 채운 중성자 계수기의 기본반응이다.

붕산염

붕산(H_3BO_3)은 이미 설명한 것처럼(13.2절) Lewis 의미로서 한 OH^- 이온을 받는다. 그러므로 삼염기산이 아니라 일염기산이다. 그와 반대로 붕산 음이온(BO_3^{3-})은 실제로 전체 셋 양성자를 잃는 것처럼 그 이름을 붙힌다. [때때로 붕산 음이온(BO_3^{3-})은 오르토붕산(orthoborate)이라 부르고 그 접두사 ortho-는 그리스어

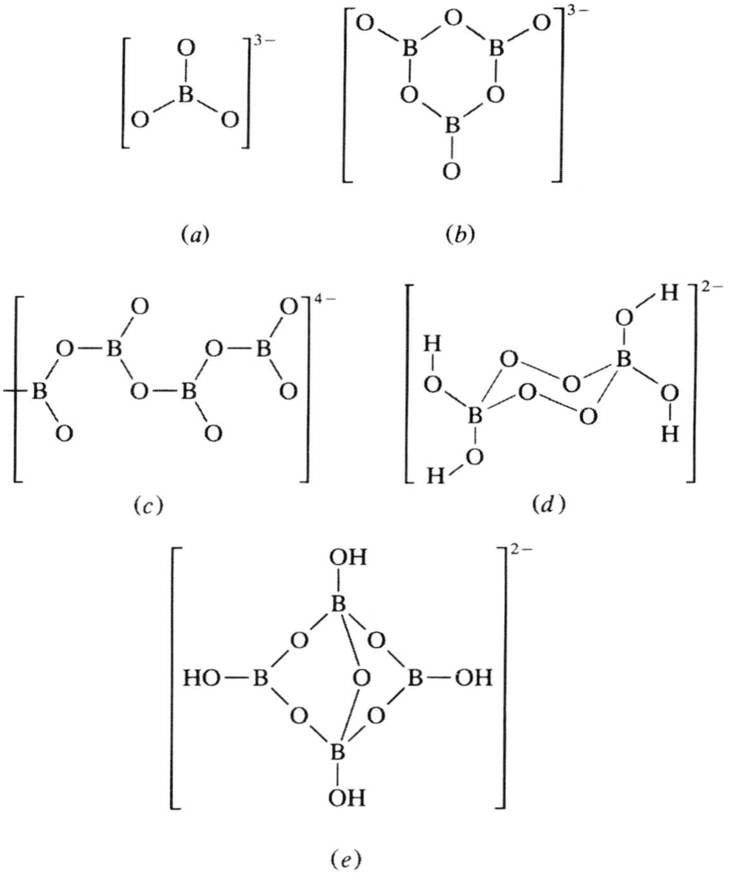

그림 13.13

여러 가지 붕산의 구조. (a) 오르토붕산(BO_3^{3-}); (b) 고리형 메타붕산($B_3O_6^{3-}$); (c) 사슬 메타인산 (BO_2^-); (d) 과붕산 $[B_2(O_2)_2(OH)_4]^{2-}$; (e) 붕사$[B_4O_5(OH)_4]^{2-}$.

"straight" 또는 "correct"로부터 유래한다.] BO_3^{3-}는 붕산 중에서 가장 간단한 예이고 붕소화물에 관한 앞의 예에서 여러 구조를 갖는 여러 붕산염이 있다는 것이 알려졌고 그것은 놀라운 것이 아니다. 그림 13.13에 이들 중 몇 가지를 제시한다.

메타붕산은 BO_3^{3-} 단위들이 함께 연결하여 사슬 또는 고리를 형성할 때 생긴다 (meta-는 "with" 또는 "after"를 뜻하는 그시스어 meta로부터 유래하고 여기서는 "between" 또는 "among"을 의미한다). $B(OH)_4^-$(테트라하이드록소붕산, tertrahydroxoborate)와 $[B_2(O_2)_2(OH)_4]^{2-}$(과붕산)은 붕산 $Na_2[B_4O_5(OH)_4] \cdot 8H_2O$ 중에서 대단히 간단한 예이고 그것은 그림 13.13처럼 $[B_4O_5(OH)_4]^{2-}$음이온을 포함한다. 어떤 세제와 "안전한 표백제"(착색 의류용)는 과브롬산 소듐을 포함한다. 그것은 식 (13.13)처럼 매우 뜨거운 물에서 가수분해하여 과산화수소를 형성한다:

$$\underset{\text{과붕산}}{[B_2(O_2)_2(OH)_4]^{2-}} + 4H_2O \xrightarrow{\text{에터}} 2H_2O_2 + 2H_3BO_3 + 2OH^- \quad (13.13)$$

과붕산 소듐은 살균제와 소독제로도 사용한다. 여러 붕산염은 다음 장에서 설명하는 것처럼 규산염과 비슷하다.

13.4 알루미늄, 갈륨, 인듐, 그리고 탈륨: 실제로 중요한 반응과 화합물

알루미늄 금속과 합금

대부분 사람들이 알고 있는 것처럼 알루미늄은 가볍고 내구력이 있고 내부식성 금속이다. 그러나 순수한 금속이 구조적으로 약하고 (특히 300°C 이상에서) 물과 쉽게 반응하고 철보다 쉽게 산화되는 것을 배우면 놀랄 것이다(표 13.2에서 알루미늄 표준환원전위는 −1.66 V이라는 것에 주목하라. 철에 대한 $E°$는 −0.44 V이다. 이러한 모든 것은 철이 Fe^{2+}로 산화되는 것보다 알루미늄이 Al^{3+}로 더 쉽게 산화되는 것을 의미한다). 알루미늄은 전기전도도와 함께 큰 열전도도를 갖는다. 알루미늄은 구리보다 훨씬 더 가볍고 덜 비싸므로 장거리 전선에 선택하는 금속이 되 수 있다(이러한 전선은 더 큰 세기를 제공하기 위하여 강철 핵심부를 갖는다).

구조적 성질을 개선하려고 알루미늄을 구리, 규소, 마그네슘, 망가니즈, 아연과 같은 여러 금속과 섞어 여러 성질과 용도의 합금을 형성하고 그들의 일부분을 표 13.3에 제시한다. 알루미늄은 철에서 강철을 만드는 것처럼 어떤 과정에서 합금을 단단하게 만드는 다른 금속과 구조적 안정도 영역을 형성한다. 알루미늄의 부식 저항성은 단단하고 강력한 필름의 Al_2O_3 형성 때문이다. 알루미늄 또는 알루미늄 합

표 13.3 몇 가지 알루미늄 합금의 성분, 성질, 그리고 용도

기본합금재료	성질	용도
Cu가 없거나 또는 미량	전기와 열의 좋은 도체; 우수한 가공성	판상, 포일, 도선, 막대, 제관; 전기도선
구리	세기증가; 파열저항	비행기; 연료와 산화제용 탱크; Saturn 우주왕복선 추진기의 일차 구조물
망가니즈	중간 세기; 좋은 가공성,	조리기구; 관; 충진용; 저장탱크; 맥주와 음료 깡통
규소	낮은 녹는점; 작은 팽창계수	용접봉; 주물; 매력있는 회색으로 산화처리;
마그네슘	큰 내부식성; 좋은 용접성과 가공성	해상용; 군용차 장갑판; 음료수 깡통 끝머리; 자동차용 테(trim)
마그네슘과 규소	열처리 가능; 좋은 성형성; 좋은 내부식성	트레일러, 트럭, 기타 수송장비에 응용, 가구와 건축물에 이용
아연	열처리 가능; 세기증가	비행기 구조물과 기타 고압 부분
리튬	작은 밀도; 열처리가능; 중간 세기	우주선 응용
규소와 구리	주조가능; 큰 인장강도; 중간 세기	건축물 응용; 자동차용 주물 엔진 실린더 블록과 피스톤

그림 13.14

(a) 양쪽성 $Al(OH)_3(H_2O)_3$은 염기(OH^-)와 반응하여 (b) $[Al(OH)_4(H_2O)_2]^-$를 생성 또는 산 (H^+)와 반응하여 (c) $[Al(H_2O)_6]^{3+}$를 생성.

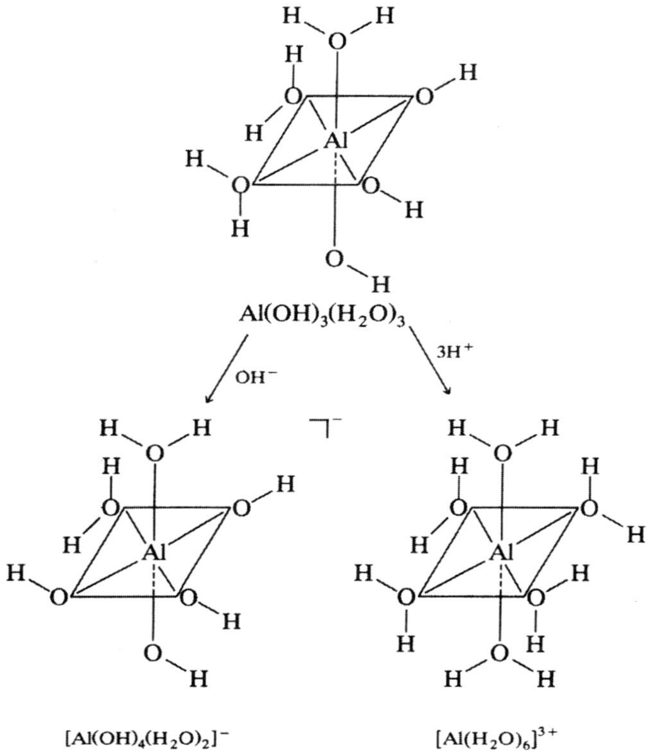

$Al(OH)_3(H_2O)_3$

OH^- $3H^+$

$[Al(OH)_4(H_2O)_2]^-$
알루미산

$[Al(H_2O)_6]^{3+}$

금위에 산화처리(*anodization*)라고 알려진 전해과정에 의해 두꺼운 산화물 층을 형성할 수 있다. 이러한 산화물 층은 여러 착색염료를 흡수하게 만들어 건물 바깥면의 판넬, 가구, 기타 여러 응용에 사용하는 쾌적한 겉모양 제품을 만든다.

알루미늄 포일은 1940년대에 담배 왕 R. R. Reynolds의 조카 Richard S. Reynolds에 의하여 담배와 단단한 캔디를 수분으로부터 보호하기 위하여 개발하였다. 그것은 곧 다른 곳에서 사용하게 되었다. 식품은 매력있는 알루미늄 포일로 싸서 판매되고 바비큐 그릴 또는 가열 오븐에서 알루미늄 보트와 접시 또는 알루미늄 포일에 싸서 조리하였다. 쓰고 남은 알루미늄 금속은 또 다른 알루미늄 층으로 다시 싸서 보관한다. 몇 재품들은 가정용 알루미늄 포일로서 빠르게 그리고 범용적으로 퍼졌다.

마지막으로 전혀 예상하지 못한 알루미늄 용도는 배수용 세제 Drano이다. 그 Drano는 작은 알루미늄 조각과 수산화알루미늄이 들어있다. 그것을 물에 넣으면 알루미늄이 수산화이온과 식 (13.14)처럼 반응하여 그리스(grease) 침전물을 녹일 수 있는 많은 열과 수소기체를 제공하여 응고된 내용물을 흔들어서 배수한다:

$$2Al(s) + 6H_2O(l) + 2OH^-(aq) \longrightarrow \underset{\text{알루민산}}{2Al(OH)_4^-(aq)} + 3H_2(g) \quad (13.14)$$

알루미늄(그리고 갈륨)은 또한 식 (13.15)처럼 산과 반응한다.

$$2Al(s) + 6H^+(aq) \longrightarrow 2Al^{3+}(aq) + 3H_2(g) \tag{13.15}$$

알루민산 이온은 식 (13.14)에서 $Al(OH)_4^-$*(aq)*처럼 나타나지만 알루미늄 양이온의 6 배위수는 식 (13.15)의 Al^{3+}*(aq)*처럼 이러한 수용액 음이온 중에서 특징적으로 나타난다. 그들의 구조를 그림 13.14에 제시한다. 그림에 표시한 것은 또한 더 정확한 수산화 알루미늄 삼수화물의 양쪽성 성질의 표시이고 그것은 실제로 $Al(OH)_3(H_2O)_3$이다. H^+*(aq)*는 수화 수산화물의 수산화물을 양성자화하고 한편 OH^-*(aq)*는 그 착물 중에서 배위 물분자로부터 한 양성자를 제거한다. Al−O 결합은 그 과정에서 분해하지 않는다. 베릴륨(여기에서 대각선 관계에 주목하라), 갈륨, 아연, 주석(II), 납(II)을 포함하는 기타 양쪽성 수산화물은 동일한 방식으로 반응한다(5장을 공부했으면 아마 이러한 반응이 배위 리간드의 반응이라는 것을 알 것이다).

백반

$AlX_3 \cdot 6H_2O$(X = Cl, Br, I)와 겹염(double salt) 또는 백반(alum)과 같은 수화물 염은 헥사아쿠아알루마늄 이온 그리고 다른 수화 M^+ 양이온을 포함한다(백반을 가끔 명반이라고 부르는 데 이 말은 일본어에서 유래한 용어이다). 백반 화학식은 $MAl(SO_4)_2 \cdot 12H_2O$($M = NH_4^+$를 포함하는 여러 +1 양이온)이다. 고대로부터 사용한 백반의 수렴성은 이미 설명했다. 보기에 따라서 어떤 것은 고대로부터 절대 변하지 않는다; "염화수화 알루미늄"(aluminum chlorhydrate)은 여러 항발한성 탈취제(antiperspirant deordorant)로 수록된 활성 성분 중 하나이고 동일한 알루미늄 화합물의 성질을 이용한다. 분명히 이러한 염류는 단백질분자 사이에 수소결합을 변경하여 땀샘 구멍을 닫는 사실 때문에 수렴제이다.

백반 포화용액은 일정한 온도에서 여러 전이원소 양이온이 백반의 알루미늄을 치환하여 크고 아름다운 여러 색의 결정을 만든다. 음료수를 정제할 때는 수돗물에 암모늄 백반(이 때 $M^+ = NH_4^+$)을 가하여 가볍고 성근 수산화 알루미늄의 응집체로 만들어 불순물과 함께 거른다. 솜털처럼 성근 $Al(OH)_3$와 관련이 있는 성질은 때때로 침전과 물분자 사이에 수소결합 때문이다.

알루미나

순수한 Al_2O_3 형태를 일루미나(alumina)라 부르고 그것은 백색 고체이고 여러 가지 다형*(polymorph)*으로 존재한다. 다형은 한 화합물의 특정한 결정 형태를 말하고 한편 10장에서 설명한 동소체(allotrope)는 한 원소로 구성된 서로 다른 분자형태를 말한다(morph는 "form"을 의미하는 그리스어 morphé로부터 유래했다).

Al_2O_3는 몇 가지 다른 결정 형태로 결정화되고 그들은 일반적으로 그리스어의 접미사를 붙여 carborundum처럼 표시한다.

α-Al_2O_3에서 산화물 이온은 육각조밀충진 배열이고 알루미늄 이온은 팔면체 구멍을 점유한다. γ-Al_2O_3는 결함(defect) 스피넬 구조이고 보통 사면체와 팔면체의 부분을 점유할 양이온이 충분하지 않다. 알루미늄금속의 표면에 형성된 Al_2O_3는 암염(NaCl) 구조에 바탕을 둔 세 번째 다형이고 모든 세 번째 다형은 산화물의 입방조밀충진 배열에서 알루미늄 이온이 존재하지 않는다(이 결정구조에 대하여 더 상세한 것은 6장을 보라).

α-Al_2O_3는 자연에서 카아보런덤*(carborundum)*으로 존재하고 그것은 연마용 회전판, 샌드페이퍼, 그리고 치약과 같은 제품에 연마제로 사용한다. 불순한 Al_2O_3 결정형태(불순물은 괄호에 표시)는 값이 비싸고 아름다운 보석이고 빨간 루비(Cr^{3+}), 파란 사파이어(Fe^{2+}, Fe^{3+}, Ti^{4+})와 연두 동양 에메랄드(Cr^{3+}와 Ti^{3+}), 보라 동양 자수정(Cr^{3+}와 Ti^{4+}), 노랑 동양 토파즈(Fe^{3+}) 등을 포함한다. 루피와 사파이어는 대규모로 공업적으로도 생산되고 때때로 백색 사파이어*(white saphire)*라고 부르는 보석-품질 카아보런덤이다.

Al_2O_3는 대단히 안정하기 때문에 알루미늄은 여러 금속 산화물을 그들에 상당하는 자유금속으로 환원에 유용한 금속이고 그 환원과정을 테르밋 반응*(thermite reaction)*이라고 부른다. 그 반응의 몇 가지 예를 식 (13.16)과 (13.17)에 제시한다.

$$2Al(s) + Fe_2O_3(s) \longrightarrow Al_2O_3(s) + 2Fe(s) \tag{13.16}$$

$$2Al(s) + Cr_2O_3(s) \longrightarrow Al_2O_3(s) + 2Cr(s) \tag{13.17}$$

테르밋 반응은 격렬하고 대단히 인상적 발열반응이고 이 반응에서 발생하는 많은 열은 거대한 콘크리트 건축물에 사용하는 큰 강철 보강 막대의 용접에 이용한다. 그것은 또한 여러 가지 일부러 불이 나게 만드는 장치의 기본이다. 알루미늄을 과염소산 암모늄과 섞을 때 발생되는 연소는 대단히 강력하므로 미국 우주 왕복선 프로그램에 강력한 로켓용 고체추진제로 사용한다.

갈륨, 인듐, 그리고 탈륨 화합물

갈륨, 인듐, 탈륨 화합물 용도는 비교적 적다. 비소화 갈륨은 중요한 반도체이고 (14.5절을 보라) 옛날에 계산기 판독기에서 발광 다이오드(LED, light-emitting diode)로 사용했다. 현재는 액정표시기(LCD)로 대치되었지만 LED는 아직 실제 발광원이 필요한 곳에 응용한다. $MgGa_2O_4$는 복사기에 사용하는 밝은 연두색 인광체이다. $YSr_2Cu_2GaO_7$은 아주 최근에 갈륨을 함유하는 고온 초전도체의 예이다. In_2O_3와 Tl_2O는 유리제조에 사용하고 TlBr과 TlI은 적외선이 투과하는 특수한 능력이 있다. 그럼에도 불구하고 이러한 세 원소는 드물게 널리 분산되어 덜 이용하고 있다.

13.5 깊이가 있는 몇 가지 토픽: 전자-결핍 화합물

3A족 원소를 나머지 주족원소로부터 구별하는 주요한 특성은 전자-결핍 화합물의 존재이다. 이 종류의 화합물에 대하여는 이 책에서 이전에 제시한 참고문헌과 그 밖에 다른 참고문헌에서 기억할 수 있을 것이다. 붕소, 알루미늄, 갈륨, 그리고 때때로 베릴륨과 리튬 금속이 팔전자계보다 적은 전자로 둘러싼 화합물을 형성하는 것은 보통이다. 물론 "전자-결핍"이라는 그러한 말은 조심해야한다. 그러한 화합물은 어떤 것이 잘못되었다는 것을 의미하는 것처럼 보인다. 실제로 더욱이 우리들이 전통적으로 화학결합의 설명에 사용하는 이론에 어떤 잘못이 있는 것처럼 보인다.

이 책에서 지금까지 더 구체적으로 2-중심-2-전자(*two-center-two-electron*, 2c−2e) 결합에 관한 화학을 많이 설명했다. 이러한 "정상적" 단일결합(2c−2e)에서 두 전자(중심)는 그들 사이에 두 전자를 공유하여 단일결합으로 함께 붙잡혀있다. 그 두 전자는 두 중심 사이에 "편재"한다. 이제 공명구조와 질산, 삼산화황, 그리고 그와 비슷한 화학종에서 비편재 결합을 기억할 수 있을 것이다. 그러나 수소화붕소 또는 보레인(borane)에서 만나는 전자-결핍 화합물의 발견과 더불어 화학자들은 그들의 화학결합에 관한 관점을 근본적으로 바꿔야 했다. 우선 이러한 화합물의 발견을 설명하고 그 다음에 그들의 결합에 대한 설명을 계속하겠다.

처음에 수소화붕소는 20세기 초반에 활동한 독일 화학자 Alfred Stock이 합성하였다. 그는 식 (13.18)처럼 붕소화마그네슘(MgB_2)을 여러 산과 반응시켜 보레인 혼합물을 제조하였다.

$$MgB_2 + HCl \longrightarrow B_4H_{10},\ B_5H_9,\ B_5H_{11},\ B_6H_{10},\ B_{10}H_{14} \qquad (13.18)$$

BH_3은 예상하는 것처럼 형성된 것에 주목하라. BH_3은 메테인(methane, CH_4)과 같은 화합물처럼 보레인(borane)이라고 부른다. B_4H_{10}을 100°C로 가열하면 H_2B_6 분자식 화합물로 분해하고 그 화합물을 다이보레인(diborane)이라고 부른다.

표 13.4 몇 가지보레인의 성질

화학식	이름[a]	물리적 상태(25°C)	공기와 반응	열적 안정도(25°C)
B_2H_6	diborane(6)	기체	자발적 발화	대단히 안정
B_4H_{10}	tetraborane(10)	기체	순수하면 안정	빠르게 분해
B_5H_9	pentaborane(9)	액체	자발적 발화	안정
B_5H_{11}	pentaborane(11)	액체	자발적 발화	빠르게 분해
B_6H_{10}	hexaborane(10)	액체	안정	느리게 분해
$B_{10}H_{14}$	decaborane(14)	고체	매우 안정	안정

[a]붕소 원자수는 접두사로 표시한다; 수소 원자수는 괄호에 아라비아 수자로 표시한다.

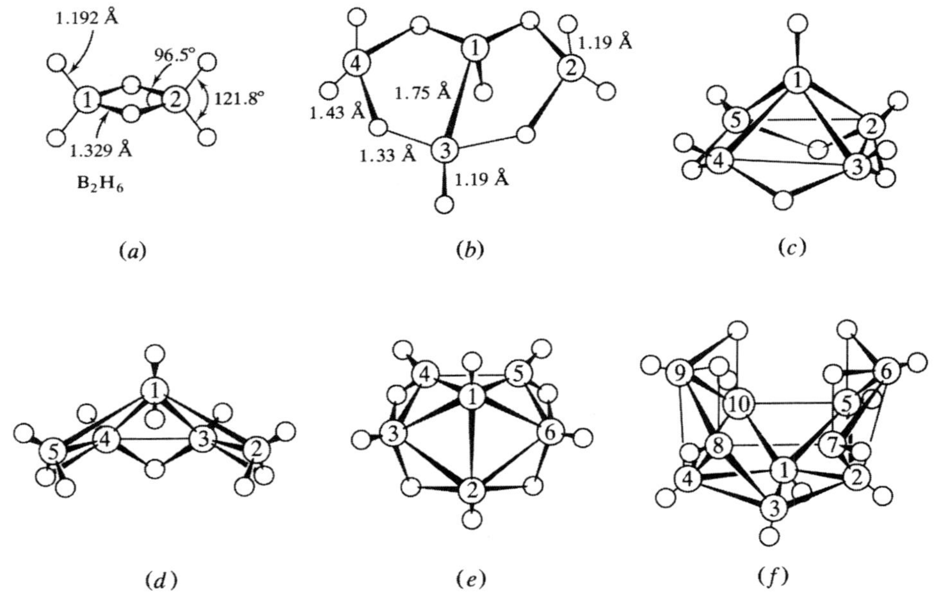

그림 13.15

간단한 보레인의 구조: (a) 다이보레인, (b) B_4H_{10}, (c)B_5H_9, (d) B_5H_{11}, (e) B_6H_{10}, (f) $B_{10}H_{14}$.

Stock은 이러한 보레인이 연구하기에 기분이 좋지 않은 물질이라는 것을 발견했다. 표 13.4에 나열한 것처럼 그들은 때때로 휘발성, 대단히 반응성, 습기에 민감, 공기에 민감, 자발적 발화성을 띈다. 결과적으로 Stock은 여러 수은-함유 스윗치, 발브, "부유병"(float bottle)을 사용하는 특수한 진공기술을 고안하고 이러한 화합물을 비활성 분위기에서 취급하고 그로 말미암아 그들의 분해를 방지할 수 있었다. 이러한 방법을 사용하면서 그와 그의 공동 연구자들은 수은에 중독되어 두통, 마비, 경련, 불안, 우유부단, 우울, 기억상실, 집중력 부족, 그리고 더 중요한 것은 정신황폐와 같은 증상을 경험했다. 실제로 Stock는 생애 중 한 때 정신을 잃었다고 생각하였다. 1924년 까지는 아니고 그는 이러한 화합물을 연구한 15년 후 이 신비스런 증상들을 수은 때문이라고 정확하게 진단하였다.

Stock는 그의 나머지 생활 대부분을 그가 독일어로 Quecksilbervergiftung(수은중독증)이라고 부른 수은 중독의 원인과 방지의 연구에 바쳤다. 결코 노벨상을 받지 못했지만 1919년에 무기물 명명 시스템을 고안하고 처음으로 발표하였다. 이 중요한 화학자의 명예에 어울리게 이 명명 시스템은 아직도 현대 무기화학에서 Stock nomenclature라고 부른다. 이것은 일반화학에서 배운 명명 시스템이고 이 시스템은 TlI와 $SnCl_4$ 같은 화합물을 각기 요오드화 탈륨(I)과 염화 주석(IV)이라 부르고 옛날 관용명으로 요오드화 제일탈륨과 염화 제이주석이라고 부르지 않는다.

몇 가지 간단한 보레인 구조를 그림 13.15에 제시한다. 일단 이러한 구조는 잘 확립되었고 화학자들은 그들의 결합을 정상적 종류의 도형으로 설명할 수 없다는 것을 빠르게 알았다. 전자수가 적은 것을 계수하면 문제를 밝혀준다. 다이보레인을 본보기로 취하자. 각 두 붕소는 3 원잣가전자를 제공하고 6 수소는 각기 1 원잣가

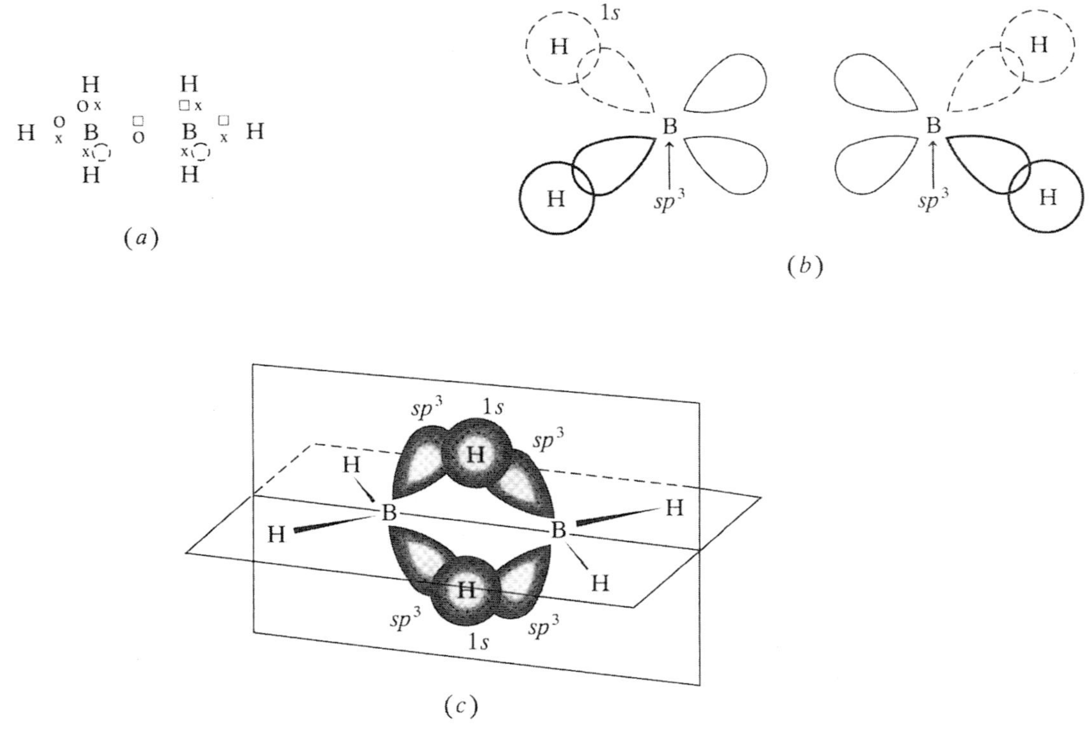

그림 13.16

다이보레인의 결합에 대한 세 가지 관점. (a) 이용가능한 12 전자(각 붕소로부터 3, 사각형과 원; 6 수소로부터 6, x로 표시)는 2-중심-2-전자(2c−2e) 결합의 형성에 필요한 것보다 2 전자가 부족하다(토막선으로 표시한 원); (b) sp^3-붕소원자는 "말단"수소원자와 정상적 2c−2e 결합을 형성한다; (c) 3-중심-2-전자의 쌍. 각기 2 붕소원자 및 한 수소원자를 포함한다. [(c) 참고문헌 4. p.179]

전자를 제공한다. 이것은 전체 12 전자로 되고 전통적 2c−2e 결합에 필요한 수보다 2 전자가 부족하다. 바꿔 말하면 그림 13.16a에서 발견한 것과 같은 구조는 14 전자가 필요하고 충분한 전자를 갖지 못한다. 그 화합물은 전자-결핍이다. 이 문제는 어떻게 해결되는가?

1976년에 노벨상을 받은 William Lipscomb는 그 해답을 다중심 결합(multicenter bond)의 존재라고 밝혔다. 대부분 (단일) 결합은 2c−2e 변종이지만 어떤 것은 2-중심 이상을 갖는다; 즉 그들은 **다중심(*multicenter*)**이다. 다이보레인의 각 붕소가 sp^3 혼성을 형성한다고 가정하면 정상적 2c−2e 결합을 사용하여 각 붕소와 결합한 두 "말단" 수소원자는 그림 13.16처럼 붕소의 한 sp^3-혼성오바탈과 수소의 한 1*s* 원자오비탈 사이에 형성한다. 4 전자만 남는 것에 주목하라. 이것은 그림 13.16c처럼 3-중심-2-전자(3c−2e) 결합 형성에 사용한다. 3-중심 결합은 각 붕소의 한 sp^3-혼성오바탈과 다리결합 수소의 1*s* 원자오비탈 사이에 겹침에서 생긴다. 그리하여 이러한 각 3-중심 결합에서 두 전자는 세 원자에 걸쳐 퍼져있고 그

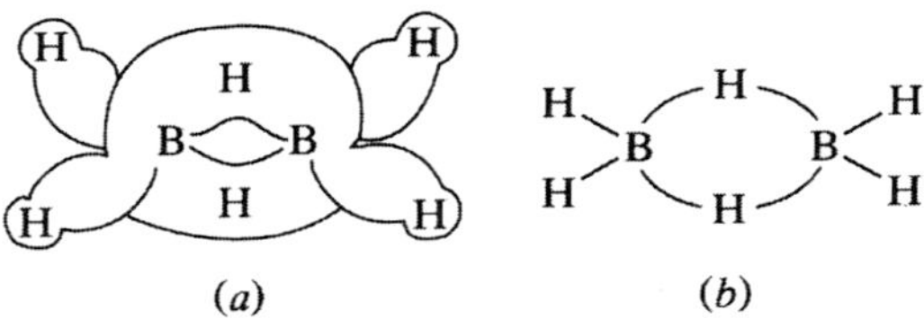

그림 13.17
(a) 다이보레인의 전체 전자밀도 분포;
(b) 다이보레인의 반삼각법 도형.

표 13.5 보레인의 구조-결합 원소

구조-결합원소	기호
말단 2c-2e B — H 결합	B — H
3c-2e B — H — B 결합	B ⁄H⁀ B
2c-2e B — B 결합	B — B
3c-2e B — B — B 결합	B (B B)

들은 함께 결합한다. 그 분자의 전체 전자밀도 분포를 그림 13.17a에 제시한다. 이해할 수 있는 것처럼 이러한 결합을 때때로 바나나 결합(*banana bond*)이라고 한다.

전자밀도는 둘이 아닌 세 핵에 퍼져있으므로 3-중심 결합은 전통적 2c−2e 변종보다 약하다. 3-중심 결합에서 더 긴 B−H 결합길이는(그림 13.5를 보라) 이 예상을 확인하는 것처럼 보인다.

다이보레인과 더 무거운 관련 화합물은 전자분포를 표시하는 또 다른 방법이 있다. 이들은 Lipscomb의 반삼각법 도형(*semitopological diagram*)이고 그것은 표 13.5에 설명한 4 구조-결합 원소와 관련이 있다. 이미 이러한 원소 중에서 두 가지를 보았다. 그 두가지는 다이보레인 중에서 2c−2e B−H결합과 3c−2e B−H−B 결합이다. 이러한 원소에 대하여 기호를 사용하면 다이보레인에 대한 반삼각법 도형은 그림 13.17b와 같다. 이러한 도형은 전자분포를 보여주게 설계되어 있고 분자의 기하구조를 설명하는 것이 아니다. 앞에서 설명한 아이디어를 사용하여 더 무거운 보레인의 결합을 계속해서 설명할 수 있다. 더 계속하기 전에 표 13.4에서 이러한 화합물에 대하여 사용한 특별한 명명에 주목하여 확인하라. 붕소원자 수는 접두사로 표시하고 수소원자 수는 아라비아 수자로 괄호 안에 표시한다.

테트라보레인(10) B_4H_{10}에 대한 반삼각법 도형을 이용가능한 전자수의 표시와 함께 그들이 여러 구조-결합 원소 사이에 어떻게 분포하는가를 그림 13.18에 제시한다. 이 도형을 그림 13.15b에 제시한 실제 구조와 비교하는 것이 유익하다. 이 분자의 굽은 성질은 반삼각법 도형을 설명하지 않는 것에 주목하라. 이 분자는 정상적 2c−2e B−B 결합을 갖는다.

그림 13.19에 제시한 펜타보레인(9) B_5H_9은 넷째 구조-결합 요소인 3c−2e 결합이다. 이것은 각 세 붕소원자로부터 sp^3 혼성오비탈의 겹침과 관련이 있다. 제시한 그 구조는 가능한 네 공명구조 중 하나일 뿐이라는 것에 주목하라. 이들은 이 사

그림 13.18

B_4H_{10}의 반삼각법 도형

전자분포				이용 가능한 전자수	
6	2c-2e	B—H:	$12e^-$	4B:	$12e^-$
4	3c-2e	B(H)B:	$8e^-$	10H:	$10e^-$
1	2c-2e	B—B:	$2e^-$		$22e^-$
			$22e^-$		

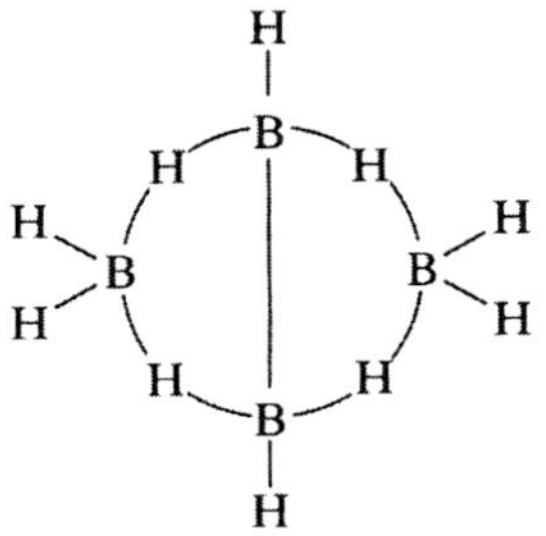

그림 13.19

B_5H_9에 대한 반삼각법 도형(이것은 가능한 4 공명 구조 중 하나이다).

전자분포				이용 가능한 전자수	
5	2c-2e	B—H:	$10e^-$	5B:	$15e^-$
4	3c-2e	B(H)B:	$8e^-$	9H:	$9e^-$
2	2c-2e	B—B:	$4e^-$		$24e^-$
1	3c-2e	B(B)B:	$2e^-$		
			$24e^-$		

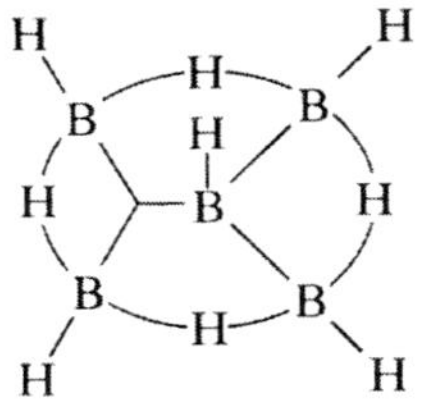

각 피라미드 분자(실제 구조는 그림 13.15c를 보라)의 봉우리에 있는 한 붕소를 포함하는 모든 B−B 거리는 동일하다는 것에 주목하라(이러한 분자의 결합에 대한 분자오비탈 설명은 대단히 유용하지만 그들은 이 교재의 범위를 넘는다).

더 복잡한 보레인이 매우 많이 증가하고 있다. 실제로 보레인과 그리고 관련이 있는 카보레인(carborane) 화합물(한두 개 탄소원자로 동일한 붕소원자수를 치환한 화합물)은 지난 사십여 년에 걸쳐 무기화학에서 주요한 성장분야 중 하나를 구성한다고 말하는 것이 옳다. 중성과 음이온을 포함하는 수많은 보레인의 대부분은 표 13.6처럼 네 종류 화합물[닫힌-(closo-), 열린-(nido-), 거미줄막-(arachno-), 연결-(conjuncto-)]로 체계화할 수 있다. 카보레인도 동일한 방식으로 체계화할 수 있다. 두 보레인과 카보레인 중에서 원자 클러스터(cluster)는 때때로 그림 13.20에 제시한 9 다면체 구조 중 하나로부터 나온 것 같다고 생각할 수 있다.

Stock이 지적한 것처럼 보레인은 위험스러울 정도로 반응성이 크고 그들을 합성할 때 적절하게 주의해야 한다. BH_3를 원할 때 그 결과로 생기는 다이보레인은 식 (13.19)처럼 여러 붕소(III) 화합물로부터 제조할 수 있다.

$$8BF_3 + 6NaH \longrightarrow 6NaBF_4 + B_2H_6 \qquad (13.19a)$$

$$4BF_3 \cdot O(CH_2CH_3)_2 + 3LiAlH_4 \longrightarrow 3LiAlF_4 + 2B_2H_6 + 4(CH_3CH_2)_2O \qquad (13.19b)$$

$$2KBH_4(s) + 2H_3PO_4(l) \longrightarrow B_2H_6(g) + 2KH_2PO_4(s) + 2H_2(g) \qquad (13.19c)$$

표 13.6 중성과 음이온성 보레인의 네 구조의 종류

종류(형태)	설명	예 (1)	예 (2)	예 (3)	예 (4)
닫힌 (바구니)	n붕소원자의 완전한 닫힌 클러스터(cluster) 화합물	$B_6H_6^{2-}$	$B_7H_7^{2-}$	$B_{11}H_{11}^{2-}$	$B_{12}H_{12}^{2-}$
열린 (새집)	B_n다면체로부터 1B를 이동하여 형성된 닫히지 않은 B_{n-1} 클러스터 화합물	B_5H_9	B_6H_{10}	$B_{10}H_{14}$	$B_{11}H_{14}^{-}$
거미줄막 (거미집)	B_n다면체로부터 2B를 이동하여 형성된 B_{n-2} 클러스터 화합물	B_4H_{10}	B_5H_{11}	$B_9H_{14}^{-}$	$B_{10}H_{14}^{2-}$
연결 (결합)	앞의 클러스터 화합물보다 두개 이상이 연결된 화합물	$B_{10}H_{16}$ (2 B_5H_9 units –2H)		B_8H_{16} (2 B_4H_9 units –2H)	

식 (13.19b)에서 출발물질은 BF_3의 "에터산"(etherate)이고 이미 설명한 것처럼 그리고 그림 13.6처럼 BF_3의 "에터산"은 취급하기에 기체 BF_3보다 편리한 물질이다.

이전에 설명한 BF_3처럼 BH_3는 식 (13.20)에 제시한 것같이 부가생성물로 제조할 수 있다:

$$B_2H_6 + 2CO \longrightarrow 2\,H_3B \leftarrow :CO \qquad (13.20a)$$

$$B_2H_6 + 2R_3N \longrightarrow 2\,H_3B \leftarrow :NR_3 \qquad (R = CH_3, CH_2CH_3, \text{etc.}) \qquad (13.20b)$$

식 13.20에서 생성물 중 B−C와 B−N 결합의 주개결합(dative bond) 또는 배위공유성 결합의 성질을 그 화학식 안에서 화살표로 표시한 것에 주목하라.

다이보레인은 더 고급 보레인 제조의 출발물질이고[식 (13.21)과 (13.22)].

$$2B_2H_6 \xrightarrow[10\text{ 일}]{\text{압력}} B_4H_{10} + H_2 \qquad (13.21)$$

$$2B_4H_{10} + B_2H_6 \longrightarrow 2B_5H_{11} + 2H_2 \qquad (13.22)$$

그림 13.20

보레인과 카보레인 구조들이 나온 9 다면체

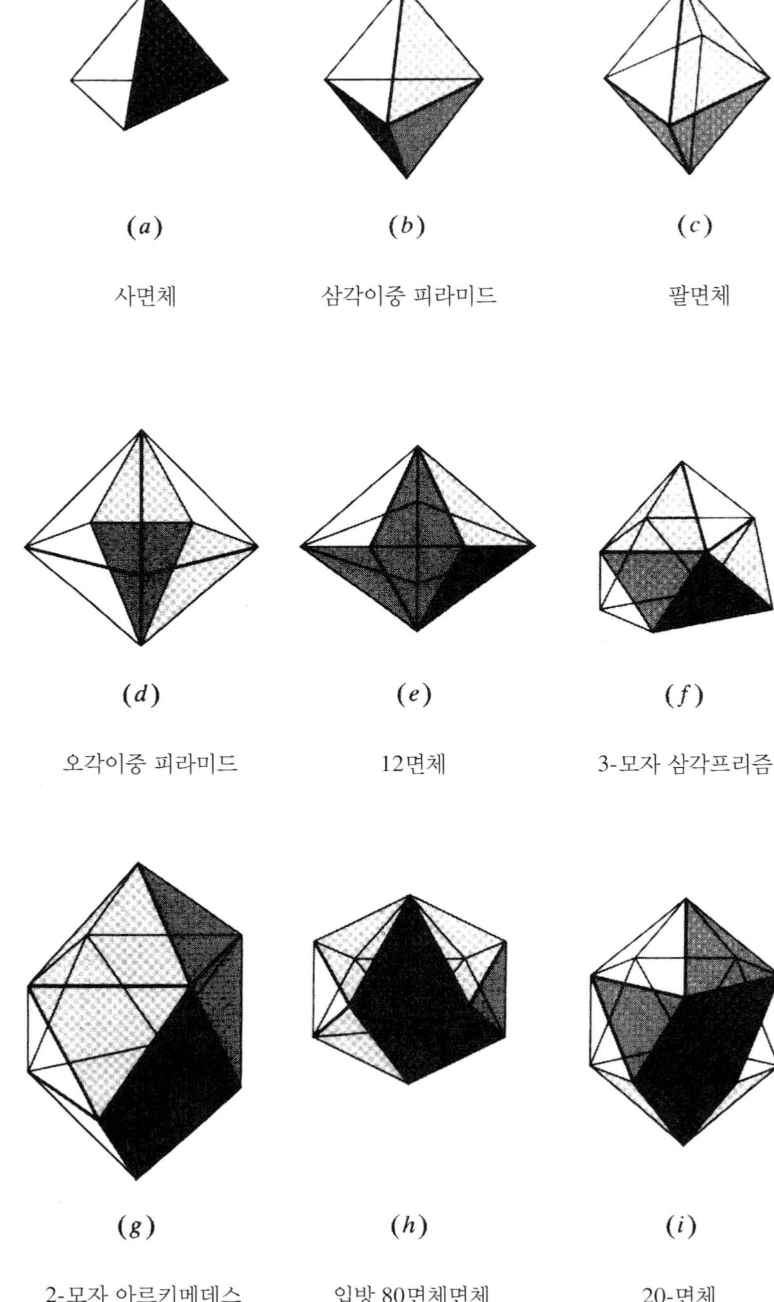

그것은 Stock이 다이보란으로부터 제조했다. 다이보란도 합성 유기화학에 광범위하게 사용하고 올레핀 수소화붕소첨가반응(한두 개 이상 이중결합을 갖는 탄화수소)은 완전히 새로운 화합물 계열의 출발점이다. 이러한 선구적 연구의 대부분은 H. C. Brown이 완성하였고 그는 1979년에 노벨 화학상을 받았다.

B−H 결합(특히 3c−2e 다중심 결합)이 대단히 약하면(바꿔 말해서 그들의 분해에 너무 많은 에너지가 필요없으면) 그리고 B−O 결합이 매우 세면(바꿔 말해서 B−O 결합이 형성될 때 많은 에너지를 방출하면) 산소 및 물과 다이보란의 반응 [식 (13.23)과 (13.24)]이 알려진 것 중에서 가장 큰 발열반응 사이에 있는 것이 놀라운 것은 아니다:

$$B_2H_6\ (g) + 3O_2\ (g) \longrightarrow B_2O_3\ (s) + 3H_2O\ (l) \tag{13.23}$$

$$B_2H_6\ (g) + 6H_2O\ (l) \longrightarrow 2B(OH)_3\ (s) + 6H_2\ (g) \tag{13.24}$$

1946년부터 1952년까지 “Project Hermes”(Hermes는 그리스 신의 신부름꾼이다)를 후원한 미국정부는 비행기가 더 빠르게 날고 더 멀리 그리고 더 많은 화물을 수송할 수 있는 보레인-바탕 슈퍼연료의 개발이 목적이었다. 1952년에 이러한 연료를 생산하기에 실패한 그 프로그램은 미국 해군의 “Project Zip”과 미국 공군의 “Project HEF”(HEF는 high energy fuel을 의미한다)로 다시 연구를 시작하였다. 이 프로그램 때문에 많은 기술인력이 채용되었고 그것은 최고 비밀이므로 그들이 연구에 대하여 보고할 때까지 어떤 원소를 사용한 것까지도 능력있는 종업원들은 정확한 본질을 말하지 않았다. 그 목적은 고급 보레인(원칙적으로 펜타보레인과 데카보레인) 유도체를 사용하여 “화학폭탄”을 설계하고 그것을 연료로 공급하는 것이었다. 그 화학폭탄의 두 가지기본형을 설계하고 시험했다. 놀랍게도 이러한 보레인 유도체들은 연두색 불꽃과 함께 연소한 다음 연소 지역을 넘어서 붕산 구름을 생성하였다. HEF project는 성공하였고 매일 10 ton을 생산하는 공장을 세웠다! 중국과 소련 연방도 비슷한 과학 프로그램을 가졌다. 잠간 동안 보레인 화학은 빠트릴 수 없는 냉전 부분이었다. 물론 극복하여야 되는 문제들이 있었다. 이러한 연료를 붕사 광물로부터 만드는 것은 분명히 비용이 많이 들지만 원칙적 장애는 아니다. 그 연료의 시험에 사용한 전통적 젯트 엔진의 어떤 부분은 대단히 빠르게 부식되는 경향이 있었지만 중요한 엔진 부품에 대하여 새로운 타이타늄 합금을 함께 개발하여 극복할 수 있었다. 해군은 그들의 선박에 이러한 물에 민감한 연료의 저장에 실제로 걱정하지 않았다. 그러나 공군은 이러한 매우 위험스런 연료를 전 세계에 어떻게 분배하는가를 걱정했다. 그러나 곧 새로운 레이더의 성공으로 이러한 모든 미결상태 문제는 화학폭탄을 쓸모없는 것으로 만들어 1959년에 이 프로젝트는 폐기되었다.

그러나 이러한 모든 노력은 허사가 아니었다. 보레인 화학은 믿을 수 없을 정도로 많이 발전하였고 특히 유기합성 계통에 효과적으로 사용하게 되었다. 게다가 공기에 민감한 화합물을 취급하는 새로운 방법을 고안하였다. 펜타보레인에 노출되면 Huntington병과 비슷한 증상을 발생하므로 유기-금 화합물과 관련이 있는 새로운 취급 방법이 개발되었다. 카보레인도 이 때 발견되었다. 보레인에 바탕을 둔 고에너지 연료를 사용하려는 노력은 십년이상 계속하였다. 그것은 모두 흥미를 자아내고 흥분되는 것이었다. 당신도 무기화학을 공부할 것이라고 결코 알지 못했을 것이다.

보레인만 다중심 결합(multicenter bond)을 나타내는 화합물이 아니다. 기체상태 수소화알루미늄(AlH_3, 또 다른 이름으로 alane)은 단위체(monomer)와 이합체(dimer)로 존재한다. 그것은 고체상에서 $(AlH_3)_n$ 중합체로 더 잘 형성되고 3-중심 다리결합 Al−H−Al 결합에 의하여 함께 결합되어 있다. Gallane(GaH_3)은 비슷한 성분을 갖는 것으로 생각되는 점성 액체이다. CH_3(메틸) 원자단을 갖는 여러 알루미늄, 마그네슘, 베릴륨, 리튬 화합물은 다중심 결합을 형성한다. 이들 중 몇 가지를 그림 13.21에 제시한다. $Al_2(CH_3)_6$은 Al_2H_6와 비슷하고 $Al_2(CH_3)_6$은 알루미늄 원자와 말단결합 및 다리결합을 동시에 형성하는 sp^3 혼성 메틸 원다단을 갖는다. $[Be(CH_3)_2]_n$과 $[Mg(CH_3)_2]_n$에서 다리결합 3-중심은 무한히 확장되어 무한 사슬 결합을 형성한다. 메틸리튬 사합체(tetramer) $[Li(CH_3)]_4$는 아마 그들 전체 중에서

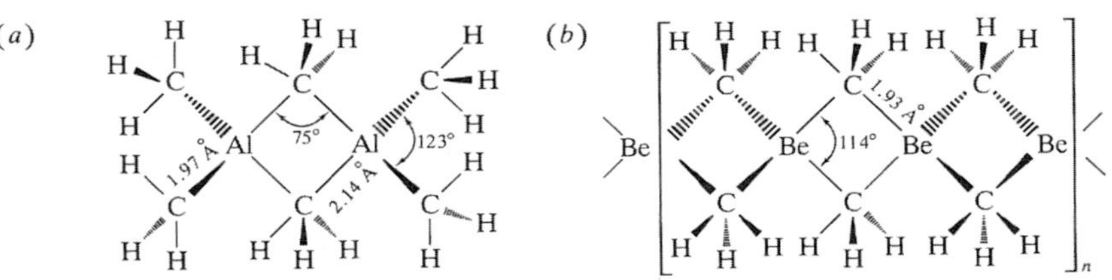

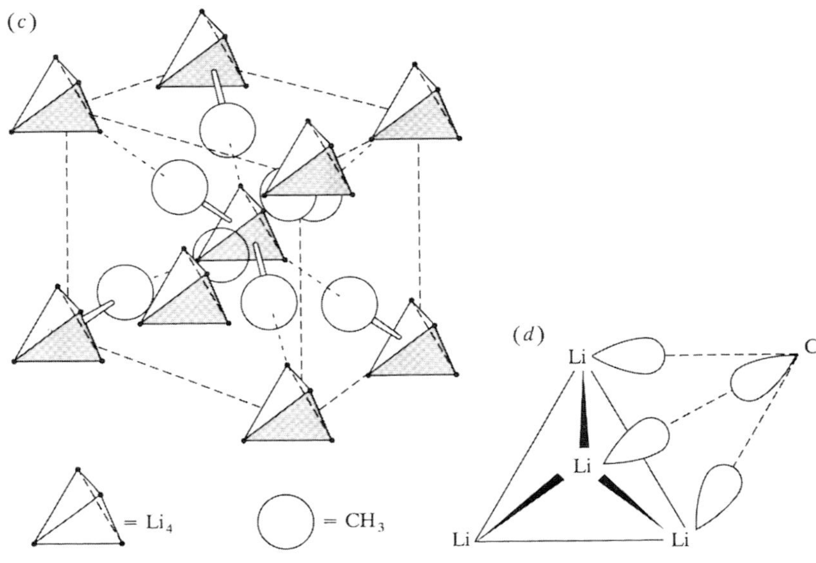

그림 13.21

다중심 결합을 갖는 전자-결핍 화합물:
(a) $Al_2(CH_3)_6$,
(b) $[Be(CH_3)_2]_n$,
(c) $[Li(CH_3)]_4(s)$,
(d) $[Be(CH_3)_2]_n$ 의 4-중심-2-전자.
[(c)와 (d)는 참고문헌 37].

가장 낯선 화합물일 것이다. 그것은 4 메틸 원자단에 의하여 함께 결합한 리튬원자의 사면체로 구성하고 그 4 메틸 원자단은 각 삼각면의 중간에 자리를 잡아 4-중심-2-전자(4c−2e) 결합을 형성한다(그림 13.21d). 탄소는 이 화합물에서 효과적으로 6 배위수를 갖는다.

연습문제 PROBLEMS

13.1 다음을 나타내는 반응식을 쓰라. (a) 붕소원소를 만드는 Gay-Lussac와 Thénard방법. (b) 알루미늄을 만드는 Wöhler방법.

13.2 3A족 원소는 알칼리금속과 알칼리토금속처럼 방사성이 큰 여섯째 원소를 갖지 않지만 새로운 초중량 트랜스악틴족 원소를 아직도 합성하고 있다. 3A족원소의 여섯째 원소는 원자번호가 얼마인가? 그것의 화학적 성질을 간단히 설명하라.

13.3 터키에서 나오는 붕소 시료는 전형적으로 20.30% 붕소-10을 함유하는 반면에 California에서 나오는 붕소 시료는 전형적으로 19.10% 붕소-10을 함유한다. 각 시료에 대한 붕소 원자량을 계산하라(질량: 붕소-10 = 10.01294 u; 붕소-11 = 11.00931 u).

★13.4 Cryolite(Na_3AlF_6) 구조를 다음에 제시한다(참고문헌 4p. 335). 그 격자에서 AlF_6^{3-} 음이온과 소듐 양이온의 위치를 설명하라. 이 구조는 그 화합물의 일정한 화학량론과 일치하는가? AlF_6^{3-} 팔면체 음이온 중에서 기하구조와 결합을 나타내는 도형을 그려라.

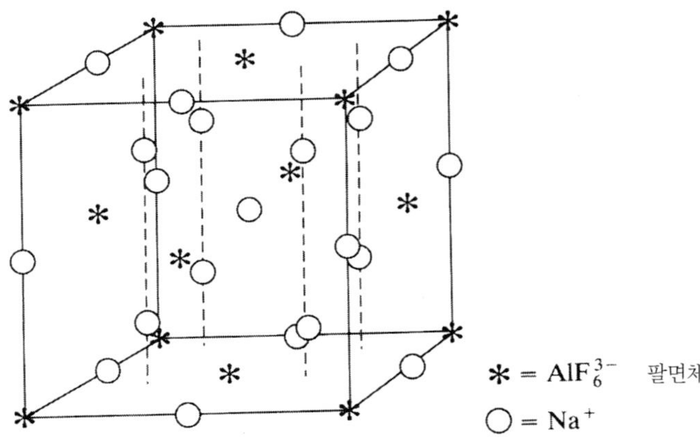

★ 표시는 더 어려운 문제이다.

13.5 탈륨-204는 반감기 3.81 year를 갖는 β^- 방사체이다. 이 과정에 대한 핵반응식을 쓰라.

13.6 붕소-10처럼 리튬-6도 중성자를 포획하고 α 입자를 방출한다. 이 과정에 대한 핵반응식을 쓰라.

13.7 3A족 화학에서 (a) 주기율, (b) 유일성 원리를 설명하는 두 가지 예를 나열하고 간단히 설명하라.

13.8 3A족 화학에서 (a) 대각선 효과, (b) 비활성-쌍 효과를 설명하는 두 가지 예를 나열하고 간단히 설명하라.

13.9 3A족 화학에서 족을 밑으로 가면서 그 산화물의 산－염기 특성의 변화를 설명하는 두 가지 예를 나열하고 간단히 설명하라.

13.10 3A족 원소의 이온화에너지에 대하여 기대하는 일반적 경향을 간단히 설명하라. 실제 값은 일반적 경향성과 일치하는가? 그렇다면 일반적 경향성의 예외는 무엇인가? 이러한 예외에 대한 합리적 이유를 제시하라.

13.11 3A족 원소의 원자 반지름에 대하여 기대하는 일반적 경향을 간단히 설명하라. 실제 값은 일반적 경향성과 일치하는가? 그렇다면 일반적 경향성의 예외는 무엇인가? 이러한 예외에 대한 합리적 이유를 제시하라

13.12 3A족 원소의 전기음성도에 대하여 기대하는 일반적 경향을 간단히 설명하라. 실제 값은 일반적 경향성과 일치하는가? 그렇다면 일반적 경향성의 예외는 무엇인가? 이러한 예외에 대한 합리적 이유를 제시하라

13.13 붕소는 $B^{3+}(Cl^-)_3$와 같은 이온성 염류를 왜 형성하지 않는가를 조심스럽게 설명하라.

★13.14 H_3BO_3는 그것의 화학식에도 불구하고 왜 일양성자성 산인가를 간단히 설명하라.

13.15 상호연결된 아이디어 연락망의 금속과 비금속 산화물의 산－염기 특성을 사용하여 왜 산화붕소는 산성이고 한편 산화인듐은 염기성인가를 설명하라.

13.16 $TlCl_3$와 $TlCl$는 어떻게 만들 수 있는가를 간단히 설명하라. 당신의 해답에 이 제법에 대한 반응식을 쓰라.

13.17 $AlCl_3$와 $AlCl_3 \cdot 3H_2O$의 제조를 표시하는 반응식을 쓰라.

13.18 왜 수산화 알루미늄은 $Al(OH)_3$이고 한편 수산화 탈륨은 $TlOH$인가를 설명하라.

13.19 B－F 결합길이는 BF_3에 있을 때보다 BF_4^-에 있을 때 왜 더 긴가? 당신의 해답에

각 화학종에 사용한 기하구조와 혼성을 보여주는 설명을 표지한 도형을 그려라.

★**13.20** 식 (13.6)과 다음 식에 표시한 삼플루오르화 붕소와 염화메틸의 반응에 대한 메커니즘(연속적 분자수준)을 쓰라.

$$BF_3 + CH_3Cl \longrightarrow [CH_3^+][BF_3Cl]^-$$

13.21 삼플루오르화 붕소의 다이메틸 에터 부가생성물에서 모든 원자의 혼성화를 보여주는 도형을 그려라.

★**13.22** 다음에 표시한 식 (13.8)의 삼할로젠화 붕소의 가수분해 메커니즘(연속적 분자수준)을 설명하라.

$$BX_3 + 3H_2O \longrightarrow B(OH)_3 + 3HX$$

13.23 알루미늄, 갈륨, 인듐은 M_2X_6형 할로젠화물을 형성하지만 탈륨은 할로젠화물을 형성하지 않는 이유를 간단히 설명하라.

13.24 수소화붕소이온 (BH_4^-)를 생각해보자. 그것과 메테인(CH_4)의 관계를 설명하라. 이 음이온 중에서 붕소원자의 기하구조와 혼성을 보여주는 도형을 그려라.

13.25 표준환원전위를 사용하여 $Tl^{3+}(aq)$과 $Tl(s)$ 사이에 반응이 $Tl^+(aq)$을 생성할때 $\Delta G°$를 계산하라. 이 반응은 표준상태에서 열역학적으로 자발성인가? 왜그런가? 또는 왜 그렇지 않은가?

★**13.26** 표준환원전위를 사용하여 $Tl^{3+}(aq)$이 $Tl(s)$로 환원될 때 그 반반응의 $E°$와 $\Delta G°$를 계산하라(힌트: 이것은 $E°$를 구하기 위하여 $E°_{ox}$와 $E°_{red}$를 함께 합치는 방법이 적용되지 않을 때 그러한 예 중의 하나이다. 전자 상실은 전자 획득과 동일한 과정을 생각할 때만 적용된다).

13.27 표준환원전위를 사용하여 $Tl(s)$와 $H^+(aq)$ 사이에 반응이 (a) $Tl^+(aq)$와 $H_2(g)$를, (b) $Tl^{3+}(aq)$와 $H_2(g)$를 생성할 때 $\Delta G°$를 계산하라. 어느 반응이 표준상태에서 열역학적으로 더 자발성인가? 문제 (b)에 대한 자료는 문제 13.26의 해답을 사용하라.)

13.28 CaB_6는 그림 13.11에 제시한 결정구조를 갖는다. Ca와 B_6 이온은 단위세포마다 몇이 존재하는가? 당신의 해답을 설명하라.

13.29 ScB_{12}는 그림 13.12에 제시한 구조를 갖는다. 스칸듐원자와 B_{12} 뭉치(cluster)는 단위세포마다 몇이 존재하는가? 당신의 해답을 설명하라.

13.30 금속 붕소화물이 왜 그렇게 비활성이고 단단하고 끓는점이 높은 화합물인가를 조심스럽게 설명하라.

13.31 $K_3B_3O_6$염 중에 고리 음이온과 CaB_2O_4 중에 사슬 음이온의 구조를 그려라. 모든 결합각을 추정하고 각 구조에서 붕소원자의 혼성을 표시하라.

13.32 고리형 메타붕산($H_3B_3O_6$)에서 사용한 기하구조와 오비탈을 보여주는 설명을 표시한 도형을 그려라.

13.33 다음에서 사용한 기하구조와 오비탈을 보여주는 설명을 표시한 도형을 그려라.
(a) 과붕산 음이온, $[B_2(O_2)_2(OH)_4]^{2-}$
(b) 붕사에서 알려진 음이온, $[B_4O_5(OH)_4]^{2-}$

13.34 테트라하이드록소붕산 $B(OH)_4^-$에서 모든 붕소와 산소원자의 기하구조와 오비탈을 보여주는 설명을 표시한 도형을 그려라.

13.35 순수한 알루미늄은 왜 비행기 구조물과 자동차 엔진에 사용하지 않는가? 일반적으로 이러한 응용에 사용하는 성분은 무엇이고 어떻게 만드는가?

13.36 알루미늄은 대단히 쉽게 산화되지만 공기와 물에 대하여 왜 저항하는가?

★13.37 알루미늄과 철의 표준환원전위를 분석하여 알루미늄이 철보다 쉽게 산화되는 것을 제시하라. 철은 +2 상태로 산화된다고 가정하라.

13.38 표준환원전위를 사용하여 다음에 다시 제시한 식 (13.15)의 $\Delta G°$를 계산하라:

$$2Al(s) + 6H^+(aq) \longrightarrow 2Al^{3+}(aq) + 3H_2(g)$$

13.39 $AlCl_3$ 무수물을 물에 녹여 그 용액을 점진적으로 pH 11까지 알칼리성으로 만들 때 어떤 일이 생기는가를 설명하라.

13.40 $Al(OH)_3$이 13.4절에 설명한 양쪽성 거동을 나타내려면 왜 새로 침전해야 하는가를 추측하라.

13.41 "aluminum chlorhydrate"는 실제로 하이드록시염화 알루미늄 $Al(OH)_2Cl$ 또는 아마 $Al_2(OH)_5Cl \cdot 2H_2O$일 것이다. 이 $Al_2(OH)_5Cl \cdot 2H_2O$의 화학식에 상당하는 구조를 추측하라.

13.42 당신의 친구가 사용하는 발한 억제용 탈취제의 개요를 설명하라. 서로 다른네 가지 제품과 그들의 활성 성분을 나열하라.

★13.43 $Fe_2O_3(s)$, $Cr_2O_3(s)$, $Al_2O_3(s)$의 표준생성열은 각기 −822.2, −1128.4, −1675.7 kJ/mol이다. 다음에 되풀이하여 나타낸 식 (13.16)과 (13.17)의 두 가지 thermite 반응의 반응열을 계산하라.

$$2Al(s) + Fe_2O_3(s) \longrightarrow Al_2O_3(s) + 2Fe(s)$$
$$2Al(s) + Cr_2O_3(s) \longrightarrow Al_2O_3(s) + 2Cr(s)$$

★13.44 교과서를 참고하지 말고 한 문장으로 설명을 표시한 도형과 함께 "다이보레인에서 알려진 다중심 결합"이 무엇을 의미하는가를 쓰라.

13.45 헥사보레인(10) B_6H_{10}에 대한 반삼각법 도형을 그려라.

13.46 펜타보레인(11) B_5H_{11}에 대한 반삼각법 도형을 그려라.

13.47 $B_3H_6^+$ 양이온은 아려져있지 않지만 그것의 구조는 추측할 수 있다. 이 양이온에 대한 "합리적" 구조를 표시하는 반삼각법 도형을 그려라. 당신의 구조에서 각 붕소의 혼성을 지적하라.

★13.48 닫힌 보레인 음이온 $B_{12}H_{12}^{2-}$는 표 13.6에 제시한 20면체 구조를 갖는다. 이용가능한 원잣가전자를 계수해 보면 카보레인 $B_{10}C_2H_{12}$ 존재가 합리적인것처럼 보이는가? 이 분자의 가능한 기하이성질체를 추측하라.

13.49 표 13.6에 제시한 것과 같은 연속적 $B_{12}H_{12}^{2-}$, B_5H_9, B_4H_{10}에 존재하는 구조 변형을 설명하라.

13.50 표 13.6에 나타내지 않은 연결 $B_{10}H_{16}$는 적어도 두 가지 구조이성질체가 가능하다. 이 두 가지 이성질체의 도형을 그린 다음 설명하라.

13.51 실험실에서 다이보레인을 만드는 최선 방법은 무엇인가? 그 반응식을 쓰라.이 방법을 Stock이 다이보레인을 얻으려고 사용한 방법과 비교하라.

13.52 $Be(BH_4)_2$와 $Al(BH_4)_3$ 구조를 그려라. 각기 B−H−M 형태의 3-중심 결합과 관련이 있다. 여기에서 M은 베릴륨이나 알루미늄이다.

★13.53 BeB_2H_8은 알려진 화합물이지만 그것의 구조는 결정하기 어려운 것으로 증명되었다. 전자를 계수하여 이 화합물에 대한 가능한 두 가지 반삼각법 도형을 쓰라. 베릴륨과 두 붕소원자는 직선상에 있고 둘째 삼각형 화학종은 3c−2e에 의하여 함께 결합한 선형 화학종이어야 한다.

★13.54 새로운 보레인 B_4H_8을 발견했다고 생각하자.

(a) 이 화합물에 대한 적절한 이름은 무엇인가?

(b) 이 화합물은 근본적으로 삼각형 바닥에 따라 3 다리결합 수소와 5 말단 B−H 결합을 갖는 붕소원자의 사면체이다. 이 화합물에 대한 반삼각법도형을 그려라. 그 분자에 존재하는 모든 전자를 계수하라. 그 화합물의 특성을 모두 나타내기에 필요한 공명구조를 설명하라.

★13.55 $B_5H_8^-$ 음이온은 펜타보레인(9)에서 한 양성자를 추출하여 만들 수 있다. 그 양성자는 다리결합 위치로부터 제거되고 이 음이온은 3 B−H−B 3c−2e 결합을 남긴다. 이 음이온에 대한 반삼각법 도형을 그려라. 그 음이온에 관한 모든 특성의 설명에 필요한 어떤 공명구조를 지적하라.

13.56 보통 음이온 보레인은 $B_3H_8^-$ 이다. 3 붕소원자를 삼각형에 두고 이 음이온의 반삼각법 도형을 그려라. 이용가능한 전자수의 분석과 이러한 전자들이 결합형태로 분포하는 것을 포함하라. 이 음이온의 분자 기하구조를 제시하는 도형도 제시하라(3 붕소는 종이평면에 있다).

13.57 $(CH_3)_2B_2H_4$ 구조와 이성질체를 추측하라. 모든 붕소와 탄소 원자를 사용하여 추정한 결합각과 혼성을 보여주는 설명을 함께 표시한 도형을 그려라. 이 분자는 3c−2e 결합을 갖는다.

13.58 일반적으로 작은 보레인은 CB_2H_8이다. 탄소와 2 붕소를 삼각형에 두고 이 분자의 반삼각법 도형을 그려라. 이용가능한 전자수의 분석과 이러한 전자들이 결합 형태에 분포하는 것을 포함하라. 이 분자의 기하구조를 제시하는 도형도 제시하라.

13.59 트라이메틸알루미늄 이합체 $Al_2(CH_3)_6$의 반삼각법 도형을 그려라. 따로 도형의 도움을 받아 알루미늄과 탄소 원자의 혼성을 포함하는 이 분자의 결합을 간단히 설명하라.

★13.60 8장에서 각 족의 첫째 원소는 전체적으로 그 족의 최고 대표가 아니고 실제로 더 좋은 경우는 둘째 원소가 더 대표성을 갖는다고 설명했다. 이것이 3A 족의 경우라고 동의하는가? 구체적으로 설명하라.

CHAPTER

14 4A족 원소

4A족 원소(탄소, 규소, 저마늄, 주석, 납)는 한 족 안에서 광범위한 여러 성질을 갖는 경향성이 계속된다. 3A족처럼 4A족 원소들은 대단히 다양하므로 할로젠 또는 알칼리금속처럼 집단적으로 합쳐서 부르는 이름이 없다. 우리들이 보통 하는 것처럼 원소들의 발견과 분리에 대한 설명으로 시작한다. 그 다음은 상호 연결된 아이디어 연락망의 응용이다. 3A족 원소의 경우처럼 지금까지 설명한 전체 7성분은 족의 이해에 크게 기여한다. 특히 수소화물, 산화물, 수산화물, 할로젠화물에 대한 설명은 광범위한 성질을 밝혀준다. 규소−산소 결합의 비정상적 세기에 관한 설명은 상호 연결된 아이디어 연락망의 여덟 번째이고 마지막 성분의 설명으로 끌고 갈 것이다. $p\pi-d\pi$ 결합은 둘째와 셋째 주기 원소와 관련이 있다. 이러한 원소의 많은 그리고 다양한 실제적 응용은 각기 흑연과 다이아몬드 동소체의 윤활성과 절단능력의 설명과 함께 시작한다. 그 다음에 제조, 구조, 반응, 탄소의 세 번째 동소체로서 그라펜(graphene)의 여러 응용에 대한 설명으로 확장한다. 그라펜은 풀러렌과 나노튜브(anotube)를 합쳐 부르는 용어이다. 응용 부분은 주석병, 방사화학 년대 측정법, 탄화물, 납축전지의 설명으로 끝을 맺는다. 실리카, 규산염, 알루미노규산염에 대한 구조, 성질, 응용의 설명은 따로 분리하였다. 깊이가 있는 토픽은 반도체와 유리이다.

14.1 원소의 발견과 분리

그림 14.1은 알려진 원소의 년대 표시와 겹쳐 이들 원소의 발견에 관한 일반적 정보를 보여준다. 처음에 고대로부터 알려진 원소(탄소 주석, 납)를 만나는 것에 주목하라.

탄소, 주석, 그리고 납

탄소는 수천 년 동안 석탄, 기름, 석유, 천연가스, 숯의 형태로 알려져 왔다. 예를 들어 검댕[lampblack, 가는 탄소 유연(soot)]은 기원전에 여섯 나라에서 잉크 안료로

그림 14.1

4A족 원소의 기본 성질 (참고문헌 32).

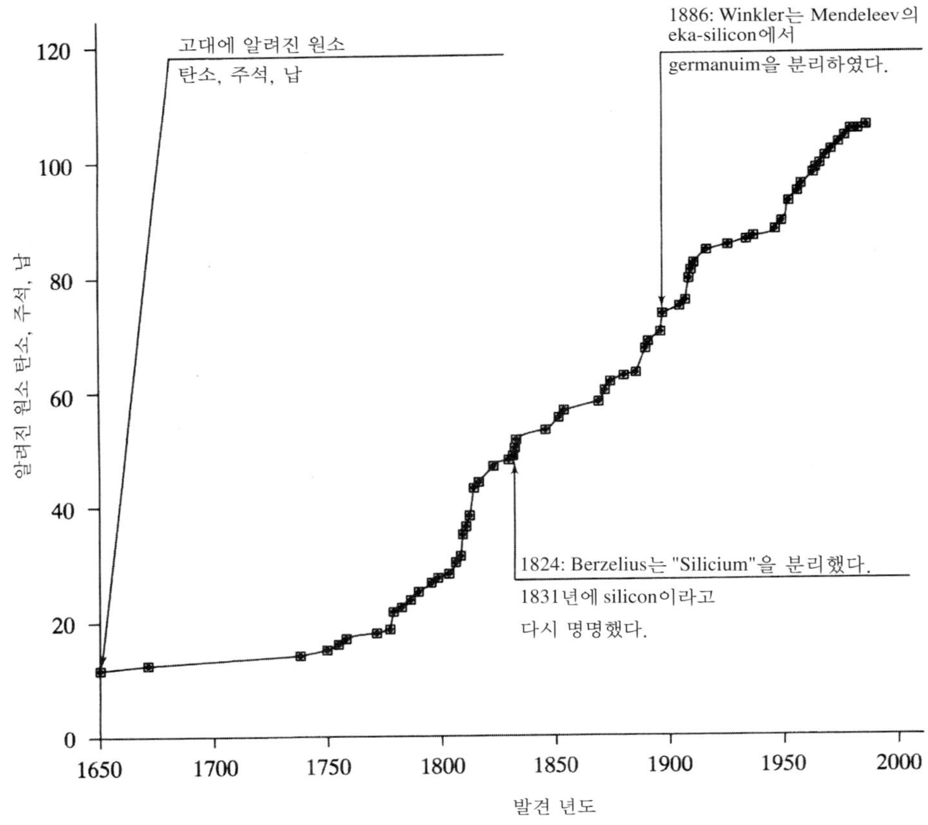

사용했다. 자유 탄소는 고대에 알려졌으므로 탄소에 대한 발견자는 거명할 수 없다. 탄소를 현대적 의미로 원소라고 인정한 시대는 18세기 후반으로 되돌아간다. 부유한 Lavoisier는 혼자서 1770년대에 다이아몬드 연소에 관하여 많이 실험하였고, 그 시대의 여러 책은 원소로서 “carbone”이라고 부르기 시작하였다. 18세기 말엽에 다이아몬드와 흑연은 바로 똑같은 원소의 두 가지 형태일 뿐이라고 밝혀졌다. 19세기 초에 Jöns Jakob Berzelius는 모든 화합물을 유기물(생명체로부터 유래한)과 무기물로 나누었다. Jöns Jakob Berzelius는 처음에 서로 다른 법칙이 이러한 두 종류 화합물을 지배한다고 생각하였지만, 1820년대에 Wöhler에 의해 반론이 제기되었을 때 탄소는 ‘유기’ 화합물에 함유하는 여부에 따라 유기물과 무기물을 구별하는 원소(정말로 이 경우에)처럼 보였다. 현재 유기와 무기 사이에 경계는 실제로 매우 흐릿하지만 그럼에도 불구하고 언젠가 주장하는 경계가 나타날 것이다.

주석 생산은 3000 B.C.로 되돌아갈 수 있다고 대부분 그럴듯하게 생각한다. 왜냐하면 주석 산화물은 목재의 숯불에 의해 금속으로 쉽게 환원될 수 있기 때문이다. 청동(구리와 주석의 합금)의 생산과 사용은 훨씬 더 오래된다. 주석-도금 재료로서 주석 접시는 1700년대에 보통 사용하였다. 실제로 얇은 주석 층을 갖는 철제 접시는 식민지 시대에 New York과 New England에서 벼락 경기의 산업이었다. 현재 미국은 주요한 주석 사용자로 계속해서 남아있지만 사용하는 주석은 거의 모두 수입해야 한다. 그 주석의 대부분은 땜납(주석과 합금), 백납(안티모니, 구리, 납의 합금), 청동(구리와 합금)을 포함하는 여러 합금에 사용한다. 주석은 다른 원소보다 안정한 많은 동위원소(실제로 10 동위원소)를 갖는 차이점이 있다(목록은 표 14.1을 보라).

납은 아마 가장 오래전에 알려진 금속이다. 아마 대략 400 B.C.에 쓴 구약 욥기

표 14.1 4A족 원소의 기본 성질(참고문헌 32)

	탄소	규소	저마늄	주석	납
기호	C	Si	Ge	Sn	Pb
원자번호	6	14	32	50	82
자연동위원소 A/% 존재량	$^{12}C/98.89$ $^{13}C/1.11$	$^{28}Si/92.21$ $^{29}Si/4.70$ $^{30}Si/3.09$	$^{70}Ge/20.52$ $^{72}Ge/27.43$ $^{73}Ge/7.76$ $^{74}Ge/36.54$ $^{76}Ge/7.76$	$^{116}Sn/14.30$[a] $^{117}Sn/7.61$ $^{118}Sn/24.03$ $^{119}Sn/8.58$ $^{120}Sn/32.85$ $^{122}Sn/4.72$ $^{124}Sn/5.94$	$^{204}Pb/1.48$ $^{206}Pb/23.6$ $^{207}Pb/22.6$ $^{208}Pb/52.3$
전체 동위원자수	7	8	14	21	21
원자량	12.01	28.09	72.59	118.7	207.2
원잣가전자	$2s^2 2p^2$	$3s^2 3p^2$	$4s^2 4p^2$	$5s^2 5p^2$	$6s^2 6p^2$
mp/bp,°C	3570/sublimes	1414/2355	937/2830	232[b]/2270	328/1750
밀도,g/cm^3	2.25[c]	2.33	5.32	7.30[b]	11.35
원자반지름 (금속), Å	...	...	1.39	1.58	1.75
공유결합 반지름 Shannon-Prewitt, Å	0.77	1.17	1.22	1.41	1.47
이온반지름 Å Shannon-Prewitt, Å (C.N.)	0.29(4)	0.40(4)	0.67(6)	(+4) 0.83(6) (+2) 1.22(8)	(+4) 0.79(6) (+2) 1.33(6)[d]
Pauling EN	2.5	1.8	1.8	1.8	1.9
전자밀도(전하/이온반지름) 단위전하/ Å	14	10	6.0	(+4) 4.8 (+2) 1.6	(+4) 5.1 (+2) 1.5
$E°$, V ($MO_2 \rightarrow M$ 산성용액.)	+0.21	−0.91	−0.07	−0.10	0.67[e]
산화상태	−4 ~ +4	−4, +2, +4	−4, +2, +4	−4, +2, +4	+2, +4
이온화에너지, kJ/mol	1086	786	760	709	716
전자친화도, kJ/mol	−123	−120	−118	−121	−101
발견/년도	고대로부터	Berzelius 1824	Winkler 1886	고대로부터	고대로부터
rpw[f] O_2	CO, CO_2	SiO_2	GeO_2	SnO_2	PbO
산화물의 산-염기 특성	산	산	양쪽성	양쪽성	양쪽성
rpw N_2	없다	Si_3N_4	없다	Sn_3N_4	없다
rpw 할로겐	CX_4	SiX_4	GeX_4	SnX_4	PbX_2
rpw 수소	CH_4	없다	없다	없다	없다
결정구조	다이아몬드 흑연	다이아몬드	다이아몬드	사각형	fcc

[a] 주석은 1% 존재비 이하의 안정한 세 종류 동위원소를 갖는다.
[b] 백색주석에 대한 값
[c] 흑연에 대한 값
[d] 의심스런 값
[e] $PbO_2 \rightarrow Pb_2^{+}$, $E° = 1.46$ V(산성용액)
[f] rpw = reaction product with.

(The Book of Job)에서(전기를 쓰는 학자들은 정확한 년대에 대하여 논쟁을 계속하고 있으며 더욱이 다른 년대로부터 기여할 수 있다고 논쟁하지만) 그 저자는 "철펜과 납으로"(욥기 19:24) 영원히 기록하여 하나님께 그의 귀의를 기원하고 있다. 납은 쉽게 두들겨 펴서 기록용과 마루 재료용 판상으로, 조리와 식품 저장용으로, 그리고 배관용 파이프로 만들 수 있다. 납 파이프는 본래 배관용(plumbing) 재료뿐만 아니라(로마 황제의 기장(insignia)은 아직도 사용하는 납 파이프에서 발견할 수 있다.) plumbing (연관)과 plumber(연관공)이라는 단어는 "납"에 대한 라틴어 plumbum으로부터 유래한 것이다.

규소

실리카 형태의 규소가 기본 성분을 차지하는 유리는 약 1500 B.C.에 알려졌다. 12장에서 설명한 것처럼 실리카를 포함하는 "흙"은 여러 원소들이라고 간주한다. 그러나 Davy는 그의 볼타전지 또는 포타슘과 반응시켜 상당하는 금속류를 실리카에서 분리할 수 없었지만 그것에 동의하지 않았다. 1811년에 Gay-Lussac과 그와 함께 1808년에 붕소를 분리한 Thénard는 기체 사플루오르화 규소(Scheele이 분리한)를 포타슘으로 환원하려고 시도하였지만 불순한 규소 형태만 얻었고 또한 규소를 발견했다고 믿기에 전혀 충분하지 않았다. 1824년에 Berzelius는 그 생성물을 부지런히 정제하여 그보다 앞선 다른 사람들이 실패한 비결정성 규소의 분리에 성공했다. 그는 새로운 원소를 "silicium"이라 명명하고 그 이름은 실리카의 주요한 원료인 "flint"에 대한 라틴어 *silex*로부터 유래한다. *silicon*이라는 이름은 1831년에 *boron* 및 *carbon*과 유사하게 접미사 -ium 대신에 -on의 치환을 제안했다. 광택성 파란-회색 결정 규소는 거의 25년 후까지 만들지 못하였다. 현재 합리적으로 순수한 규소는 식 (14.1)처럼 전기로에서 실리카를 탄소로 환원하여 제조한다.

$$SiO_2(s) + 2C(s) \xrightarrow{\text{전기로}} Si(s) + 2CO(g) \qquad (14.1)$$

저마늄

1820년대에 원소의 목록에서 자리를 차지한 규소는 1870년대 Mendeleev 주기율표에 나타났다. 그 소련 화학자는 규소 바로 밑에 발견되지 않은 그의 유명한 빈 자리를 남겨놓았다(이 과정의 설명은 8.1절을 보고 de Boisbaudran에 의한 에카−알루미늄 또는 갈륨의 발견에 대한 설명은 13.1절을 보라). 에카−규소는 1886년에 Clemens Winkler에 의하여 발견되었다. Clemens Winkler는 1817년에 리튬을 분리한 젊은 Arfwedson과 비슷한 이유로 새로운 은 광석의 70%에 대하여 설명할 수 없는 것을 알았다. 그 "미지"의 70%는 새로운 원소라 판명되었고 그는 그의 조국에 경의를 표하여 germanium이라고 이름을 붙였다. Winkler는 부수적으로 에카-규소를 확인하지 못하고 오히려 에카-스티븀(stibium)을 확인하였다. 그 에카-스티븀은 Mendeleev에 의하여 안티모니와 비스무트 사이에 있다고 예측한 원소이다. Mendeleev 그 자신은 Winkler의 새로운 원소를 그가 카드뮴과 수은 사이에 놓은 에카-카드뮴이라고 생각했다. 그것을 정확하게 에카-규소라고 확인 사람은 Meyer이다(Meyer는 8장으로부터 기억하는 것처럼 Mendeleev와 같은 시대에 주기율표를 독립적으로 구성하였다). 에카-스티븀과 에카-카드뮴은 Mendeleev에 의하여 만든 그렇게 유명하지 않은 빈 칸 중 두 원소이고 이제는 좀처럼 더 이상 듣지 못하는 원소이다.

저마늄은 Bell Lab에서 트란지스터를 발견한 1942년까지 많이 사용하지 않는 것으로 알려졌다. 현재 저마늄은 비교적 애매하게 되었고 반도체-트랜지스터 시장을 규소에게 빼앗겼다. 저마늄은 다른 원소에서 염화물로 분별증류한 다음 식 914.2)처럼 가수분해하여 회백색 준금속으로 환원한다.

$$GeCl_4(l) + 2H_2O(l) \longrightarrow GeO_2(s) + 4HCl(aq) \qquad (14.2a)$$

$$GeO_2(s) + 2H_2(g) \longrightarrow Ge(s) + 2H_2O(l) \qquad (14.2b)$$

14.2 기본 성질과 우리들 아이디어의 상호연결 연락망

그림 14.2는 4A족 원소를 상호연결된 아이디어의 연락망에 겹쳐 나타낸 것이고 그 연락망의 일곱 번째 성분을 첨가한 다음 제시한 그림 11.5와 똑같다. 그러므로 3A족처럼 4A족은 우리 아이디어의 체계화 계획과 밀접한 관계가 있다. 족의 성질에 관한 일반적 표 14.1을 조심스럽게 살펴보면 몇 가지 예외와 함께 예상되는 주기적 경향을 밝혀준다.

상호연결된 아이디어의 연락망 중에서 나머지 성분은 어떤가? 그 족에서 탄소는 특별한가? 그것은 대부분이 분명하다. 다른 원소들은 특별하지 않으므로 탄소 주위에 구성된 전체 화학 중 한 갈래일 뿐이다. 탄소는 주기율표에서 알 수 있는 것처럼 틀림없이 더 무거운 동종체와 다르게 가장 특이한 예의 원소이다. 이것은 탄소의 능력을 **사슬화반응**(*catenation*, 그 자체 끼리 자체-결합을 형성)과 π 결합 형성을 공부할 때 특히 분명해질 것이다.

금속-비금속 경계선은 진짜 비금속의 탄소와 진짜 금속의 납을 갖는 4A족의 중심을 통과한다. 중간에 두 준금속(규소와 저마늄)과 경계선 금속(주석)이 있다. 4A족 원소 산화물에 대한 산-염기 특성의 진전은 비금속으로부터 금속으로 변하는 경향성을 더 강조한다. 산화물과 할로젠화물의 화학식은 그 족을 밑으로 가면서 +2 산화상태의 중요성이 증가하고 이것은 표준환원전위를 고려할 때 강화된다.

그러므로 상호연결된 아이디어의 연락망은 이러한 원소들의 체계화를 거의 총체적으로 지지한다. 그러나 대각선 효과는 3A족처럼 중요하지 않은 것에 주목하

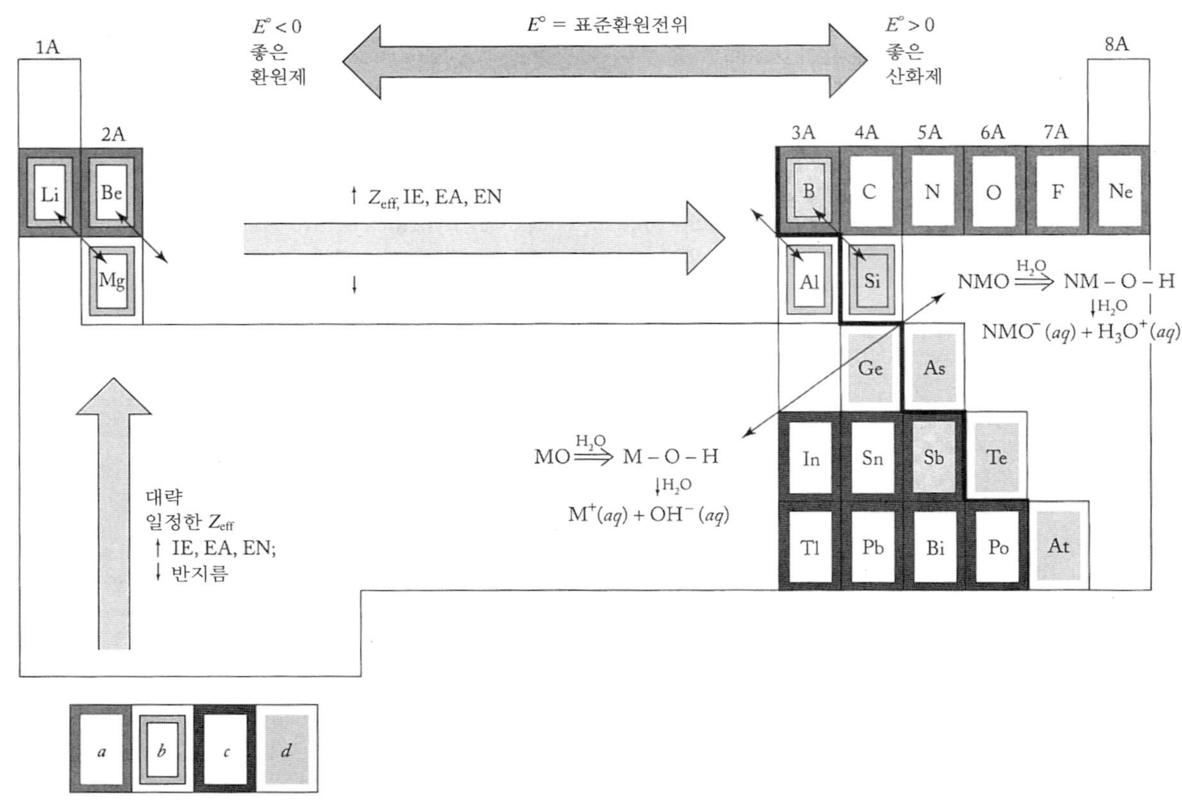

그림 14.2

주기적 성질, 금속과 비금속 산화물의 산–염기 특성, 표준환원전위의경향성, (a) 유일성 원리, (b) 대각선 효과, (c) 비활성-쌍 효과, (d) 금속–비금속 경계선의 경향성 등을 포함하는 상호연결된 아이디어의 연락망에 겹쳐놓은 4A족 원소.

라. 규소는 붕소와 많이 비슷하지만 탄소는 인과 비슷하지 않은 것을 살펴보았다. 상호연결된 아이디어 연락망의 체계화 능력에 관한 더 많은 증거는 4A족에 대한 다음의 수소화물, 산화물, 수산화물, 할로젠화물의 고찰에서 나타난다. 계속되는 절에서 우리는 여덟 번째이면서 마지막 성분을 상호연결된 아이디어의 연락망에 첨가할 기회도 갖는다. 그 여덟 번째 성분은 제2와 제3 주기 원소와 관련이 있는 $p\pi - p\pi$ 결합의 고찰이다.

수소화물

앞의 장에서(예를 들어 그림 9.5와 그것에 따르는 설명을 보라) 리튬, 베릴륨, 붕소의 이성분 수소화물이 큰 이온 특성을 나타내는 LiH로부터 중합체 BeH_2와 그 다음 표준형 수소화붕소(B_2H_6)로 진행되는 것을 보았다. 중합체 BeH_2와 표준형 수소화붕소(B_2H_6)는 다중심 공유결합의 특성을 갖는다. 1A족과 2A족 원소의 수소화물은 이온성 결합이 유력하고 그 족을 밑으로 가면서 더 이온성 결합으로 되고 한편 3A족은 전자-결핍 방향을 유지하지만 점진적으로 더 이온성으로 된다.

그와 반대로 어미 수소화탄소는 메테인(CH_4))이고 완전한 공유성 결합이다. 메테인은 C_nH_{2n+2} 일반식으로 나타내는 수천 가지 알케인 중에서 가장 간단한 화합물이다. 나머지 화합물은 이전에 상당하는 실레인(silane)으로 제조했지만 1916년에 Alfred Stock은 처음으로 그의 진공라인과 수은-활성 스톱콕크 및 밸브를 이용하여 그들을 계통적으로 실험하였다. 공기와 물이 없을 때 규소화금속(붕소화금속처럼)은 식 (14.3)처럼 여러 산과 반응하는 것을 알았다:

$$Mg_2Si(s) + HX(g) \longrightarrow Si_nH_{2n+2}(g) + MgX_2(s) \tag{14.3}$$

알케인과 유사한 실레인을 수소화규소라고 부른다고 제안한 사람도 Stock이었다. 그러나 우리는 그의 제안을 인정하고 아직 이 비슷한 두 종류 화합물 이름을 그대로 부르지만 그들 사이에는 어떤 특이한 화학적 차이가 있다. 한 가지 특이한 차이는 알케인(alkane)이 훨씬 더 길고 더 안정한 사슬을 형성할 수 있다는 점이다. 확실하게 말하자면 알케인에 대한 n은 100 또는 그 이상 값에 도달할 수 있지만 한편 실레인의 n은 한 자리 수에만 한정되어 있다. 둘째 특이한 차이는 실레인과 그들에 상당하는 알케인의 상대적 반응성이다. 예를 들어 $n = 4$ 알케인은 뷰테인(butane) C_4H_{10}이고 그것은 실온에서 (그리고 스파크가 없는 곳에서)매우 안정한 기체이다.한편 테트라실레인(Si_4H_{10})은 실온에서도 격렬하게 반응하는 액체이다.

사슬화반응은 한 원소의 자체-결합이 사슬과 고리를 형성하는 것이라고 정의한다. 그러므로 앞에서 설명한 탄소는 항상 최우수 사슬화반응 원소이고 규소(또는 황, 붕소, 인, 저마늄, 주석, 그리고 이러한 사슬화반응 가능성을 보이는 나머지 원소)보다 훨씬 더 좋은 사슬화반응 원소이다. 이것은 왜 그러한가? 다음에 제시한 것처럼 관련이 있는 탄소와 규소 결합의 비교는 도움을 줄 수 있다:

C–C: 356 kJ/mol	Si–Si: 226 kJ/mol
C–H: 413 kJ/mol	Si–H: 298 kJ/mol
C–O: 336 kJ/mol	Si–O: 368 kJ/mol

첫째 C−C 결합은 Si−Si 결합보다 50% 이상 센 것에 주목하라. 이것은 실레인의 결합길이가 더 길고 그로 말미암아 결합을 형성하기 위한 sp^3 혼성 오비탈이 덜 효과적으로 겹치기 때문이라는 것에 주목하라(C−C 핵간 거리는 1.54 Å이고 한편 Si−Si 거리는 2.34 Å이고 약 50% 더 길다). 둘째 C−H 결합은 상당하는 Si−H 결합보다 약 40% 더 세고 다시 말해서 그것은 Si−H 결합이 덜 효과적으로 오비탈이 겹치기 때문이다. 이러한 더 짧고 그로 말미암아 더 센 C−C와 C−H 결합은 실레인과 비교할 때 분명히 알케인에서 알려진 사슬의 안정도 증가에 주요한 인자이다.

이제 실레인은 알케인보다 왜 더 반응성인가와 관련있는 문제를 고려해보자. 한 결합에서 한 규소원자로 탄소원자를 치환하는 앞의 상항과 다르게 Si−O 결합은 비슷한 C−O보다 40~50% 더 약하지 않은 것에 주목하라. 실제로 그것은 약 10% 더 세다. 한편 C−C결합에너지는 C−O보다 크고 Si−Si 결합에너지는 Si−O보다 상당히 더 작은 것(약 40% 더 작다)에 주목하라. 이것은 C−C 결합이 C−O (단일) 결합에 비하여 안정한 경향이 있고 한편 Si−Si 결합은 C−C 결합보다 덜 안정하고 더 센 Si−O결합으로 되는 경향이 있는 것에도 주목하라. 그러므로 당연히 산소는 거의 항상 존재하므로 엄격하게 조절한 조건을 제외하면 실레인은 자발적으로 반응하여(열역학적 의미에서) Si−O 화합물을 형성한다. 그러므로 그 설명에 주의하라. Si−O 결합은 Si−Si 결합에 비하여 왜 그렇게 센가? Si−Si 결합이 C−C 결합보다 크게 약하면 당연히 Si−O 결합이 C−O 결합보다 비슷하게 왜 더 약하지 않은가? 이게 대체 무슨 일인가? 축하한다. 이들은 놀라운 통찰력이 있는 그리고 중대한 문제이고 분명히 상세하고 구체적 해답을 받을 가치가 있다. 이 문제에 대한 해답은 $p\pi$−$d\pi$ **결합**이라고 말하는 새로운 결합형태의 철저한 고찰이 필요한 것으로 판명된다. 다음 절에서 앞의 문제 형태에 대한 토픽과 해답의 고찰을 제시하겠다.

더 많은 설명이 필요한 사실에도 불구하고 잠간 앞의 열역학적 설명을 인정하고 왜 실레인은 상당하는 알케인보다 훨씬 더 반응성인가라는 둘째 이유로 옮겨가자. 흔히 있는 일이지만 반응성 차이는 열역학적 이유와 속도론적 이유의 두 가지가 있다. 속도론적 설명을 알기 위하여 메테인과 실레인에 대한 두 가지 중요한 이유, 즉 그들이 물 및 산소와 반응하는 것을 생각하자. 메테인(천연가스의 기본성분)은 실제로 물과 반응하지 않고 천연가스의 연소는 주요한 에너지원이라는 것을 모두 알고 있지만 그것의 반응이 산소와 함께 시작하는 불꽃 또는 촉매를 예로 들자. 열과 촉매가 없는 메테인 연소는 매우 느린 반응이다. 그와 반대로 실레인[또는 그것을 가끔 다른 이름으로 부르는 모노실레인(monosilane)]은 어떤 촉매없이 공기 중에서 산소와 빠르게 연소하고 미량 염기라도 존재하면 물과 격렬하게 반응한다. 이러한 반응을 식 (14.4)와 (14.5)에 제시한다:

$$SiH_4(g) + 2O_2(g) \xrightarrow[\text{없이}]{\text{촉매}} SiO_2(s) + 2H_2O(g) \tag{14.4}$$

$$SiH_4(g) + (n+2)H_2O(l) \xrightarrow{OH^-} SiO_2 \cdot nH_2O + 4H_2(g) \tag{14.5}$$

실레인(SiH_4)은 그것의 사촌이 되는 메테인(CH_4)보다 왜 훨씬 더 빠르게 반응하는가를 생각해보자. 그 해답은 4A족에서 일정한 그들의 위치로부터 예상하는 것처럼 유일성 원리와 관련이 있다. 실레인의 규소원자는 반응 중간체의 형성에 참여할 수 있는 3*d* 오비탈을 이용할 수 있다. 바꿔 말하면 이러한 3*d* 오비탈은 들어오는 분자와 결합에 사용할 수 있는 에너지가 대단히 낮다. 예를 들어 수산화이온(실레인 가수분해를 촉매작용하는) 또는 물분자 그 자체도 규소와 다섯째 결합을 형성할 수 있고 그 결과로 생기는 5-배위 중간체를 통하여 그 반응이 촉진된다. 분자 산소(O_2)를 이용한 실레인 산화에서 O_2는 똑같은 방식으로 규소의 $3d$ 오비탈과 결합을 형성할 수 있다. 어느 경우든 그러한 상호작용은 활성화에너지보다 작은 낮은-에너지 전이상태를 생성하고 그 결과로 속도론적으로 더 유리한(더 빠른) 반응이 일어난다. 그와 반대로 그러한 5-배위 중간체는 탄소에서 이용할 수 없다. 왜냐하면 탄소는 낮게 놓여있는 d 오비탈을 갖지 않기 때문이다.

이제 탄소와 규소의 수소화물 사이에 차이를 계속해서 생각해보자. 예를 들어 탄소는 에틸렌($H_2C{=}CH_2$) 및 아세틸렌($HC{\equiv}CH$)과 같은 화합물을 형성한다. 이들은 탄소원자의 p 오비탈 사이에 결합과 관련이 있다. 8장의 설명과 앞 절의 설명에서 아는 바와 같이 규소와 규소 동종체의 경우 그러한 $p\pi - p\pi$ 겹침을 이루는 것이 특히 어렵다. 왜냐하면 그들의 핵간거리는 $3p$ 오비탈의 평행 겹침에 의해 효과적으로 걸치기에 너무 크기 때문이다(그림 8.11을 보라). 따라서 Si=Si 이중결합을 갖는 몇 가지 예의 화합물은 합성되지만 간단한 에틸렌 또는 아세틸렌의 유사물질은 알려져 있지 않다.

저메인(germane, 일반식 $GenH_{2n+2}$, n = 한 단위 수치)은 실레인과 유사한 방식으로 형성되고 다소 반응성이다. 다이스타난(distannane, Sn_2H_6)은 제조하였지만 더 고급 유사 화합물은 합성하지 못하였다. PbH_4는 대단히 불안정하다.

산화물과 수산화물

10.3절에서 산−염기 성질에 관한 상호연결된 아이디어 연락망의 성분과 함께 산화물의 일반적 경향을 설명했다. 1A족과 2A족에서 공유성 결합이면서 양쪽성인 산화베릴륨을 제외하면 모든 산화물이 이온성이고 염기성 무수물이다. 3A족에서 처음으로 B_2O_3 산성 산화물을 만났고 3A족의 더 무거운 동종체는 양쪽성(Al_2O_3, Ga_2O_3, In_2O_3)으로부터 염기성(Tl_2O)으로 이동하는 것을 보았다. 이제 4A족에서 처음으로 기체 산성 산화물(CO_2)을 만난다. CO_2는 탄산(H_2CO_3)의 산성 무수물이다. 그러므로 주기율에서 왼쪽으로부터 오른쪽으로 평행 이동하면서 그 산화물은 이온성 결합 염기 무수물로부터 일부분 공유성 결합 양쪽으로 그리고 마지막으로 공유성 결합 산 무수물로 진행하는 것을 다시 한번 기억하라.

이산화탄소와 이산화규소의 실험식은 비슷하지만 이들 화합물의 결합과 구조는 공통성이 없다. 직선형 이산화탄소($O{=}C{=}O$)는 센 $p\pi - p\pi$ 결합을 형성할 수 있는 작은 중심 원자를 갖고 분리된 분자 기체로 존재한다. 이산화규소는 $p\pi - p\pi$ 결합을 형성할 수 있는 더 큰 중심 원자를 갖는다. 이산화규소는 삼차원 중합 고체이고 규산과 실리카에 관한 절에서 더 완전하게 설명하겠다(그림 14.14에 제시한 α-석영 구조를 보라). 규소화학 중에서 보통 기체 일산화탄소($C{\equiv}O$)처럼 안정한 유사물질은 없다.

이산화탄소와 이산화규소가 공통적으로 갖는 한 성질은 산성 무수물이다. 이산화규소는 유리의 주요한 성분이고 센 염기들이 유리병과 반응할 정도로 충분한 산성이다. 4A족을 밑으로 가면서(탄소를 제외하고) 중심원자의 전기음성도는 거의 일정하게 유지하고 이러한 더 무거운 산화물은 산－염기 특성이 유사하다(순한 산성에서 양쪽성까지).

4A족의 더 무거운 원소 산화물은 2+ 산화상태의 안정도가 증가하는 특성이 있다는 것을 표 14.1에서 알 수 있다. 주석의 가장 안정한 산화물은 $Sn^{IV}O_2$이지만 납의 가장 안정한 산화물은 $Pb^{II}O$이다. 비활성-쌍 효과에 관한 이전의 설명에서 이 경향성은 예상되는 것이다. 그와 반대로 이러한 원소 중에서 실제로 중성 사수산화물이 존재하지 않는다고 아는 것은 놀라운 일이다. +4 산화상태의 4A족 원소와 수산화이온의 산소 사이에 상호작용은 각 경우에 수화산화물($MO_2 \cdot nH_2O$)이 더 안정할 정도로 충분히 세다.

할로젠화물

이온성 할로젠화물은 1A족과 2A족이고 다만 예외는 $BeCl_2$이다. $BeCl_2$는 공유성 결합이고 중합체이고 전자-결핍이다. 그러나 3A족의 할로젠화물 화학은 더 많이 영향을 준다. 붕소 할로젠화물은 공유성 결합, 전자-결핍, 센 Lewis 산이다. 알루미늄, 갈륨, 인듐의 할로젠화물(M_2X_6)은 할로젠 원자들이 다리결합하는 특성이 있다. 3A족의 밑에서 +1 산화상태는 비활성-쌍 효과 때문에 우세하다.

무기화학보다 유기화학에 속하는 여러 탄소 할로젠화물은 이론적으로 더 큰 공유결합 특성이 왼쪽에서 오른쪽으로 수평으로 경향성이 연속된다. 모든 할로젠화물은 독립 CX_4 화합물이라고 알려져 있을 뿐만 아니라 사슬화반응도 유력하다. 사슬화반응의 예는 긴 $-(CF_2)-$ 사슬의 특성을 갖는 테플론(Teflon) 중합체이다. 클로로플루오로카본(CF_mCl_n, 또는 CFCs)은 17장에서 설명한다. CFCs는 chlorofluorocarbon의 약자이다.

할로젠화 규소는 규소 또는 탄화규소(SiC)를 할로젠과 반응시켜 제조한다. 할로젠화 규소는 수소화 규소보다 Si－Si 결합이 더 길다. Si_4Br_{10}, Si_6Cl_{14}, $Si_{16}F_{34}$와 같은 화합물도 알려졌다. 수소화물의 설명에서 예상하는 것처럼 탄소의 *d* 오비탈을 이용할 수 없는 CF_4는 비교적 비활성이고 한편 SiF_4는 대단히 반응성이다. 예를 들어 테트라플루오르화 규소는 플루오르화 수소와 반응하여 H_2SiF_6를 생성하고 H_2SiF_6는 규소원자 주위에 확장 팔전자계의 특성을 갖는다. 이것은 규소원자의 *d* 오비탈을 포함할 때만 가능하다.

할로젠화물은 4A족을 밑으로 가면서 +2 산화상태의 안정도가 증가하는 더 많은 예도 제공한다. 사할로젠화 저마늄은 이할로젠화 저마늄보다 안정하지만 납은 이할로젠화물이 더 안정하다. 저마늄과 주석의 사할로젠화물은 그 원소상태로 직접 반응하여도 만들어진다. 산화저마늄(IV) GeO_2을 할로젠화수소산(HX)으로 처리해서도 사할로젠화물이 만들어진다. 그러나 GeF_4 또는 $GeCl_4$이 원소 상태의 저마늄과 결합할 때 이할로젠화물이 만들어진다. 오래되지 않은 보통 치약첨가물(17.5절)로 사용하는 플루오르화 주석(II)은 SnO를 40% HF 수용액과 반응시켜 만든다. 원소 주석과 염화수소가 반응하면 $SnCl_2$로 되고 $SnCl_4$는 아니다. 2 *M* HCl에 Sn과 아이오딘을 가하면 SnI_2로 된다. 사할로젠화납은 제조가 매우 어렵고 사플루오르화납은 그 네 가지 중에서 단 하나만 안정하다. 할로젠화납(I)은 할로젠화수소산 수용액을 여러 수용성 납(II) 염에 가하여 쉽게 분리할 수 있다.

저마늄, 주석, 납 화학의 +2와 +4 산화상태 존재는 이들 화합물이 어떻게 특히 공유결합 특성에 대한 온결합성 비율이 변하는가의 문제를 가져온다. 지금까지 알고 있는 것에 바탕을 두고 어떻게 추측하는가? 더 큰 산화상태를 갖는 화합물은 더 적은 산화상태보다 다소 공유결합 경향성을 갖는가? 더 큰 산화상태가 더 큰 전하-대-반지름 비(Z/r) 또는 전하밀도를 갖는 것의 설명에 도움을 주는가? 전하밀도가 클수록 그 화합물은 더 공유성 결합이다. 옳은가? 그러므로 당연히 더 높은 산화상태 화합물은 더 공유성 결합이다. 예를 들어 플루오르화주석(II)은 오히려 소금꼴(saltlike) 이온성 화합물이고 한편 플루오르화주석(IV)은 공유성 결합이다. 용해도가 큰 이온성 플루오르화주석(II)염은 치약에 좋은 플루오르화물 첨가제이지만 한편 플루오르화주석(IV)염은 유효할 정도로 용해도가 충분하지 않다.

+4 산화상태에 대한 +2 산화상태의 상대적 안정도와 그 특성에 대한 이 논제를 떠나기 전에 그들의 표준환원전위를 살펴서 무엇을 얻을 수 있는가를 알아야한다. $Sn^{4+}(aq)$에서 $Sn^{2+}(aq)$로 환원되는 표준환원전위는 식 (14.6)처럼 0.13 V이다:

$$Sn^{4+}(aq) + 2e^- \rightleftharpoons Sn^{2+}(aq) \qquad (E^\circ = 0.13\ \mathrm{V}) \tag{14.6}$$

이것은 Sn^{4+}이 매우 순한 산화제라는 것을 의미한다. 다른 방법으로 설명하면 Sn^{2+}이 순한 환원제라는 것을 의미한다. 어느 경우든 Sn^{2+} 이온은 수용액에서 특별히 안정하지 않고 오히려 쉽게 $Sn^{4+}(aq)$로 산화된다. 이 성질은 관례적으로 정량분석에서 Fe^{3+}를 Fe^{2+}로 환원에 이용한다. 그와 반대로 PbO_2에서 $Pb^{2+}(aq)$로 환원전위는 식 (14.7)처럼 1.46 V이다:

$$PbO_2 + 4H^+ + 2e^- \rightleftharpoons Pb^{2+} + 2H_2O \qquad (E^\circ = 1.46\ \mathrm{V}) \tag{14.7}$$

이것은 수용액에서 산화납(IV)이 센 산화제이고 $Pb^{2+}(aq)$는 비교적 안정한 화학종이라는 것을 나타낸다.

14.3 상호연결된 아이디어 연락망의 여덟 번째 성분: 둘째와 셋째 주기의 원소와 관련이 있는 $p\pi-d\pi$ 결합

이제 우리는 앞에서 미뤄놓은 지나치게 안정한 Si−O 결합의 충분한 설명으로 돌아갈 수 있다. 바로 앞의 설명으로부터 기억하는 바와 같이 Si−O 결합은 의외로

C−O 결합보다 세다. 더 긴 핵간 거리를 갖는 Si−Si 결합은 C−C 결합보다 약하다. Si−O 결합은 왜 비슷하게 더 길지 않고 C−O 결합보다 약한가? 이 문제에 대한 해답은 주기율표를 이해하기 위한 상호연결된 아이디어 연락망의 여덟 번째이면서 마지막 성분으로 곧 제시하는 대단히 중요한 경향성의 부분이다. 유일성 원리의 고찰로부터 매우 작은 둘째 원소들(특히 C에서 O까지)은 쉽게 그들 자신 사이에 $p\pi-p\pi$ 결합이 형성되는 것을 알고 있다. 또한 각 족에서 더 무거운 원소들은 이들 원자의 더 큰 p 오비탈 사이에 상대적으로 비효과적 겹침 때문에 그들 자신 사이에 π 결합이 있음직하지 않다는 것도 알고 있다. 그러나 이제 주기율표에서 오른쪽으로 더 이동할 때 2주기 원소(가끔 채운 p 오비탈을 사용하는)와 더 무거운 원소(빈 d 오비탈을 사용하는) 사이에 결합의 가능성을 고려해야 하는 점에 이르렀다. 그러한 결합은 가끔 $p\pi-d\pi$ 결합이라고 표시한다(이것은 그 용어를 그림 13.6에 소개한 주개결합(dative bond)이라는 것에 주목하라. 그 주개결합은 두 전자들이 동일한 원자로부터 나오는 것을 의미하고 이 경우에는 2주기 원자로부터 나온다). Si−O 결합에서 그러한 $p\pi-d\pi$ 상호작용의 기여는(여전히 제일 중요한 정상적 Si−O σ-결합에 추가해서) 이 결합이 두 규소원자 사이에 더 세다는 이유이다.

실제적 증거의 본체는 3주기를 따라 왼쪽에서 오른쪽으로 이동할 때 그리고 거의 중간의 규소에 도달할 때 $p\pi-d\pi$ 결합을 중요하게 생각하기 시작하는 것을 보여준다. 여느 때와 같이 이것을 이해하면 우리 자신에게 물어볼 필요가 있다. 왼쪽에서 오른쪽으로 이동할 때 이러한 결합이 왜 더 중요하게 되는가? 어떤 결합세기는 (결합을 포함하는) 참여하는 오비탈 사이에 겹침 정도와 관련이 있는 것을 알고 있다. 두 오비탈 크기가 더 비슷할수록 그들은 더 잘 겹치고 그들 사이에 결합이 더 세다. 주기의 시작에서 3주기 원자의 $3d$ 오비탈은 2주기 원소의 더 작은 $2p$ 오비탈, 특히 2주기의 오른쪽으로 더 작은 질소 또는 산소원자의 더 작은 $2p$ 오비탈과 효과적으로 매우 잘 겹치기에 너무 크다. 3주기 원자와 그들의 $3d$ 오비탈이 왼쪽에서 오른쪽으로 가면서 더 작아질 때(유효핵전하 증가 때문에) $p\pi-d\pi$ 겹침 정도는 규소에서 결합에너지에 실제로 기여하기 시작하게 증가할 수 있다. 이러한 경향은 결국 그 경우에 증명되었다. 그리고 여전히 Si−O를 단일결합이라고 말하지만 그것은 $p\pi-d\pi$ 결합의 기여 때문에 예상보다 더 세다고 말한다(빈 $3d$ 오비탈의 크기에 대하여 어떻게 말할 수 있는가를 염려하는가? 염려할 필요가 없다. 점유되지 않은 바닥상태 원자의 오비탈과 점유된 들뜬상태 원자의 오비탈을 연구하여 오비탈 크기를 측정할 수 있다).

Si−N 결합에서(산소와 비교해서 약간 더 큰 질소의 p 오비탈과 규소의 $3d$ 오비탈 사이에 어울리는) $p\pi-d\pi$ 결합효과는 특히 두드러진다. 여기에서 고전적 예는 트라이메틸아민[trimethylamine, $N(CH_3)_3$]과 유사한 규소화합물 트라이실릴아민[trisilylamine, $N(SiH_3)_3$]의 비교이다. 암모니아에 대한 그들의 유사성에 바탕을 두고 이러한 화합물은 그림 14.3a처럼 피라미드(질소원자 주위에)라고 기대한다. 트라

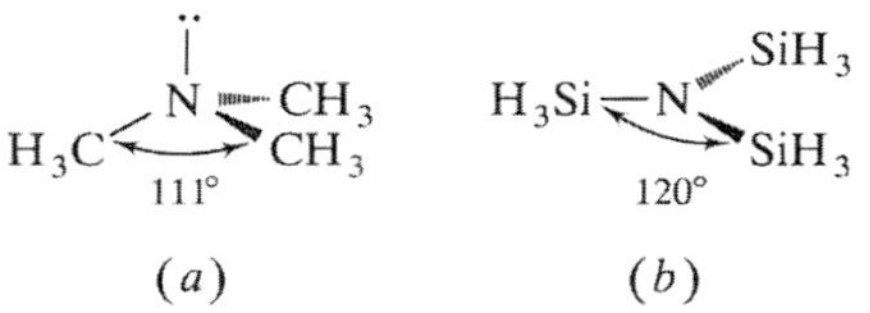

그림 14.3

(a) 피라미드 트라이메틸아민[$N(CH_3)_3$]과 (b) 평면 트라이실릴아민 [$N(SiH_3)_3$]의 구조.

H_3C N CH_3 CH_3 111°

(*a*)

H_3Si N SiH_3 SiH_3 120°

(*b*)

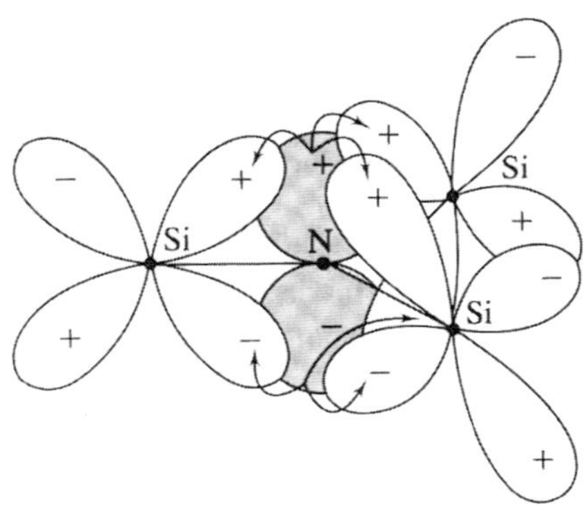

그림 14.4

트라이실릴아민[$N(SiH_3)_3$]의 $p\pi-d\pi$ 결합. 질소는 sp^2 혼성이고 각 세 규소원자와 결합(표시하지 않았다)을 형성한다. 질소의 채운 비혼성 $2p$ 오비탈(회색)은 채우지 않은 규소 $3d$ 오비탈(백색)과 겹쳐 전체 세 규소원자에 균등하게 전자밀도를 분산 또는 비편재한다(참고문헌 21. p. 164).

이메틸 화합물에서 질소는 분명히 비결합전자 또는 고립전자쌍을 갖는 혼성 오비탈 중 하나와 sp^3 혼성화를 한다. 이 전자쌍이 BF_3와 같은 고전적 Lewis 산에 대하여 Lewis 염기로 작용할 수 있는 것은 놀라운 것이 아니다(이러한 종류의 상호작용은 3.1절에서 설명했다). 그러나 그것에 상당하는 트라이실릴 화합물은 피라미드가 아니고 그 대신 그림 14.3b처럼 삼각평면이다. 게다가 $N(SiH_3)_3$는 BF_3와 반응에서 Lewis염기로 반응하지 않는다. 이러한 차이는 반응성과 분자 기하구조로 어떻게 설명하는가? 트라이실릴 화합물에서 질소는 sp^3 혼성(평면 배열로 되는)이고 그 질소의 비혼성화 $2p$ 오비탈의 고립전자쌍은 3 규소원자의 빈 d 오비탈로 확산되어 그림 14.4처럼 편재 $p\pi-d\pi$ 상호작용을 형성한다. 이러한 두 화합물의 산-염기 특성은 이전 설명의 확인에 도움을 준다. 추측하건대 트라이실릴아민은 Lewis 염기가 아니다. 왜냐하면 규소원자의 전자쌍 편재화는 Lewis 산에 줄 수없게 만들기 때문이다. 마찬가지로 다른 규소-질소 화합물에서 미묘한 효과들이 생긴다. 예를 들어 실제 증거는 silylisocyanate(H_3SiNCS)와 tetrasilylhydrazine[$(H_3Si)_2NN(SiH_3)_2$]에서 Si-N의 $p\pi-d\pi$ 상호작용을 나타낸다. [하이드라진(N_2H_4)은 두 암모니아 분자와 비슷하지만 그들 사이에 각 암모니아에서 하나씩 두 N-H 결합 대신 N-N결합을 갖는다. 하이드라진의 설명과 그것의 성질은 15.3절을 보라.)

앞에서 제시한 것처럼 $p\pi-d\pi$ 상호작용은 3주기에서 오른쪽으로 갈수록 더 중요해지는 것을 본다. 이러한 3주기 원자들이 작아질수록 질소와 산소의 $3d$ 오비탈과 채운 $2d$ 오비탈 사이에 겹침이 더욱더 효과적이다. 인 화학을 시작할 때 $p\pi-d\pi$ 상호작용의 효과 때문에 P-O와 P-N 단일결합이 특별히 세지 않고 오히려 인산과 phosphazene이라고 부르는 종류의 인-질소 화합물과 같은 그러한 화합물에서

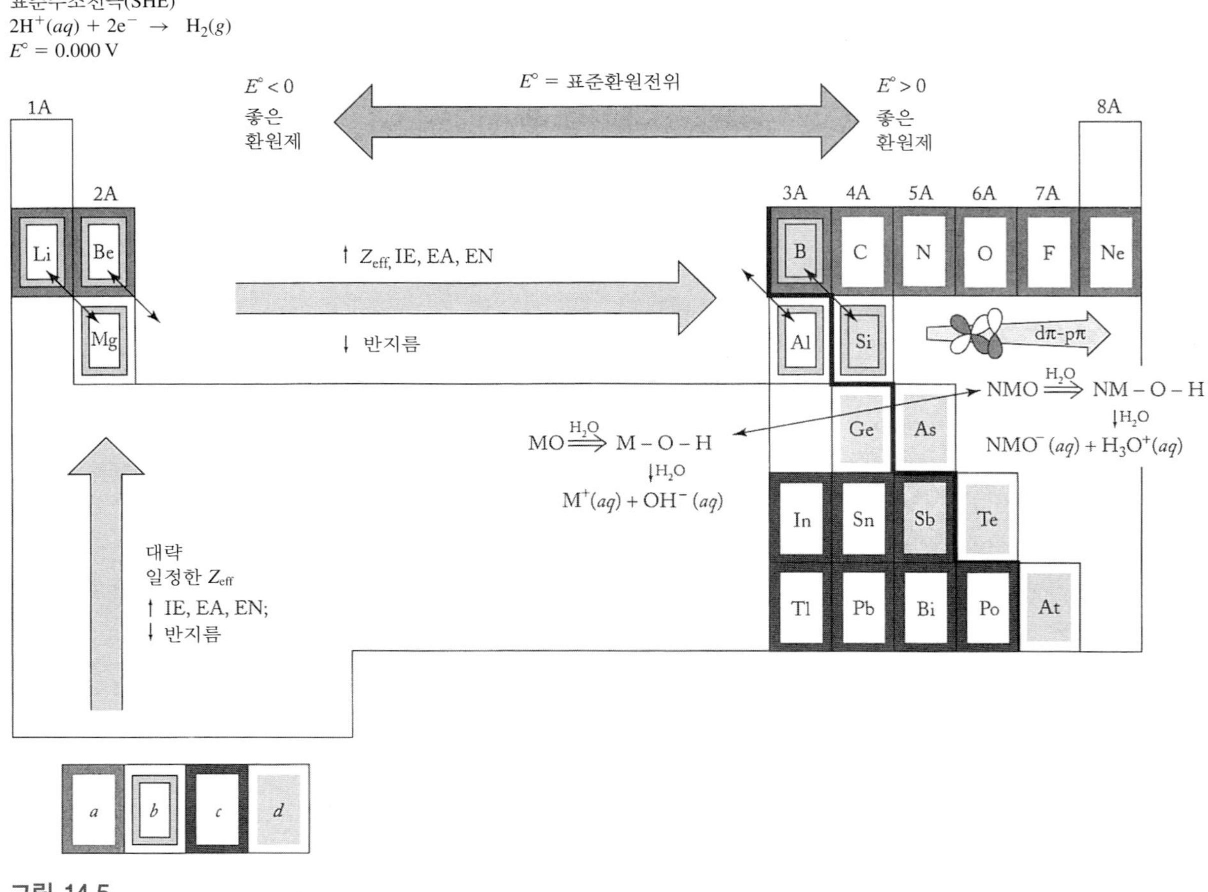

그림 14.5

완성된 우리들 아이디어의 상호연결 연락망. 둘째와 셋째 주기의 원 소와 관련이 있는 $p\pi-d\pi$ 결합은 표준환원전위, 주기 성질, 금속과 비금속 산화 물의 산-염기 특성, 그리고 (a) 유일성 원리, (b) 대각성 효과, (c) 비활성-쌍 효과, (d) 금속-비금속 경계선의 경향성과 합쳐진다.

모두 P=O와 P=N 이중결합이 세다. 산화물, 옥소산, 질소화물과 같은 황 화합물에서 모두 S=O와 S=N 이중결합은 이와 똑같은 효과 때문에 특징을 갖는다. 산화염화물과 옥소산 사이에 실제 증거도 모두 Cl=O 이중결합의 존재를 보여준다.

이 장에서 $p\pi-d\pi$ 상호작용의 아이디어를 소개한 것처럼 5A족에서 7A족까지 화학에서 점차 더 중요해지는 것을 보게 될 것이다. 이러한 상호작용은 중요한 체계화 원리이다. 즉 주기법칙, 유일성 원리, 비활성-쌍 효과, 산-염기 경계선, 산화물의 산-염기 특성, 표준환원전위와 똑같이 중요하다. 상호연결된 아이디어 연락망 중에서 여덟 번째 위치를 지적하기 위하여 그 연락망의 여덟 번째 성분을 이제 설명하겠다. 그림 14.5에 $p\pi-d\pi$ 상호작용의 중요성 증가는 규소로부터 인, 황, 염소 쪽으로, 즉 왼쪽에서 오른쪽으로 이동하면서 더 커지는 것을 화살표로 나타낸다. 주족원소의 개요를 계속해서 설명할 때 $p\pi-d\pi$ 결합의 세기와 중요성이 증가하는 것을 살펴보라.

14.4 실제로 중요한 반응과 화합물

다이아몬드, 흑연, 그리고 그라펜

처음에 이전의 화학자들은 탄소의 동소체로서 흑연과 다이아몬드를 실제로 동일한 원소의 형태라고 상상하기 어려웠다. 흑연은 겉모양이 금속성이고 매우 무른 반면에 다이아몬드는 투명하고 가장 단단하다고 알려진 것 중에 하나이다. 그림 6.3에 제시한 다이아몬드 구조는 C−C 단일결합이 상호연결하여 구성된 삼차원 공유성 결합 그물구조 결정이다(이 책의 7장 또는 다른 곳에서 고체상태 구조를 공부하면 다이아몬드 단위세포는 zinc blende와 똑같다는 것을 알 수 있어야한다. 다이아몬드는 zinc blende 구조에서 교대로 나타나는 아연과 황 대신 탄소로 나타낸 것을 제외하면 zinc blende와 같다. zinc blende 단위세포는 그림 6.21c에 있다). 이러한 상호연결 C−C 결합은 결정 전체를 통하여 확장되므로 다이아몬드는 1 개의 거대한 분자라고 말할 수 있다. 이러한 결합배열은 절단기구와 연마에 대단히 유용한 단단하고 녹는점이 높은 다이아몬드로 만든다. 다이아몬드는 쉽게 손으로 만지는 물건이 아니다. 자연산 다이아몬드는 큰 압력과 1400°C 이상 온도에서 또는 93 mile 보다 더 깊은 녹은 바위 속에서 형성된다. 1955년에 처음 생산된 합성 다이아몬드는 일상적으로 여러 가지 연마용에 사용하는 작은-모래 크기이다. 보석-수준급 다이아몬드도 만들 수 있지만 가격 면에서 여러 자연산과 경쟁이 되지 않는다. 여담이지만 다이아몬드는 항상 "영원"하지 않다. 다이아몬드 약혼반지를 선물하는 관습은 15세기 말엽에 이태리의 베네치아(Venetian) 사람들에 의하여 시작하였다. 모조품 다이아몬드는 이트륨−알루미늄 석유석(yttrium-aluminum garnet), 타이타늄산 스트론튬(strontium titanate), 지르코니아 입방정계[zirconia cubic($ZrSiO_4$)]이다.

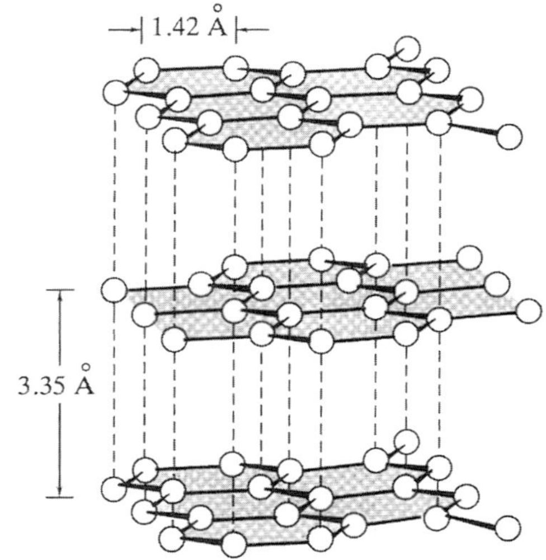

그림 14.6

흑연 구조. 각 층 내부의 탄소원자는 편재 $p\pi$ 전자에 의해 결합한다. 이러한 층은 London힘에 의해서만 함께 결합한다.

그림 14.6에 제시한 흑연구조는 층 구조를 갖는다. 그 층 구조는 각 층 안에서 센 비편재 $p\pi-p\pi$ 결합과 그들의 층 사이에 London힘의 특성을 갖는다. 이러한 서로 다른 두 종류 상호작용의 상대적 세기는 그림 14.6에 제시한 C−C 거리에서 나타난다. 흑연의 부드러운 윤활성 성질은 서로 쉽게 미끄러질 수 있는 층 때문이다. 연필 "심"도 역시 흑연이고(연필 심은 흑연과 점토를 섞어 만든다), 그것은 쉽게 검정 회색 황화납과 구별이 안된다. 연필 대가리에 압력을 가하면 종이쪽 위에 흑연 층이 벗겨 떨어져서 글씨가 쓰여진다. 숯과 검댕은 매우 작은 흑연 입자이다. 이러한 물질은 표면적이 크므로 여러 기체와 용질의 흡수에 유용하다.

골프클럽, 테니스와 스쿼시 라켓처럼 많이 알려진 스포츠 용품들은 가벼운 흑연 섬유로 만든다고 선전한다. 이 흑연은 앞에서 설명한 흑연과 똑같은가? 아니다. 정말로 그것은 아니다. 오히려 이러한 가벼운 섬유상의 고강도 물질은 가열처리한 유기 폴리머 섬유이다.

1985년에 Harold Kroto, Richard Smalley, 그리고 Robert Curl은 놀라운 세 번째 탄소 동소체를 만들었다. 탄소가 풍부한 거대한 적색의 별과 관련이 있는 초단파 분광학에 관심이 많은 Kroto는 Smalley 및 Curl과 함께 그들의 실험실에서 탄소 클러스터(cluster)화합물을 만들려는 가능성을 연구하였다. 그들은 함께 연구하면서 흑연을 레이저로 증발할 때 짝수 탄소원자를 갖는 여러 가지 크기의 큰 클러스터화합물(cluster)을 발견했다. 이들 중에서 가장 유력한 한 가지는 실제로 가장 흥미를 자아내는 C_{60} 화학식의 화합물이다(당신과 당신의 동료들은 세상에서 어느 누구도 전연 알지 못하는 그러한 분자를 만드는 것을 안다고 상상할 수 있는가?). 물론 그들은 즉시 그 구조에 관하여 추측하기 시작하였다. 그 즉시 두 가지 모양, 즉 (1) 미국 건축학자 R. Buckminster Fuller의 축지선 돔(geodesic dome)과 (2) 유럽 축구공 또는 미식 축구공의 모양 이 마음속에 떠올랐다. 그들은 그 당시에 실

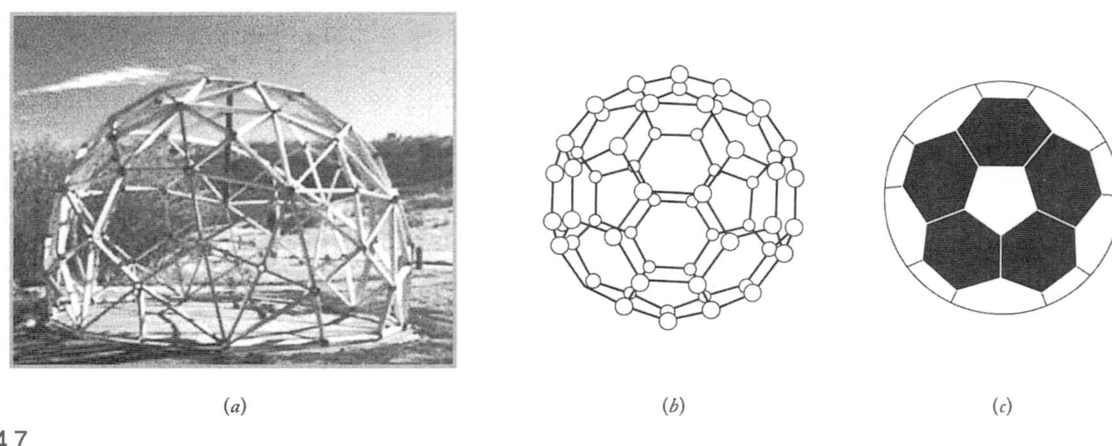

그림 14.7

(a) 본래 R. Buckminster Fuller이 설계한 것과 비슷한 축지선 돔(참고문헌 38). (b) C_{60}의 구조식, (c) 축구공.

제로 증거가 없는 것을 정말로 알았지만 이러한 종류의 구조를 빠르게 제안했다. 그림 14.7에 축지선 돔, 축구공, C_{60}을 제시한다. 실제와 유사한 것이 정말로 인상적이다.

그러므로 C_{60}은 60 꼭지점, 32면, 12 오각형을 갖는 꼭지 모서리를 자른 20 면체이다. Fuller의 구형 축지선 돔과 거의 같은 유사성은 (구형 위에 "축지선"은 어떤 위치 사이에 최단거리이다.) 빠르게 C_{60}을 buckyminsterfullerene 또는 어떤 경우는 짧게 buckyball (Buckyball이 아마 더 적절할 것이다. 왜냐하면 Fuller는 별명으로 "Bucky"를 더 좋아했기 때문이다.)과 같은 이름을 낳았다. 1980년대 중반에 그들의 발견 때문에 믿을 수 없을 정도로 많은 이러한 소위 풀러렌(fullerene)이 만들어지고 특성이 규명되었다. 각기 12 오각형과 여러 육각형을 갖는다고 생각한다. 이들 중에서 몇 가지를 대표적으로 그림 14.8에 제시한다. 그들의 놀라운 발견의 결과로 Kroto, Smalley, Curl은 1996년에 노벨화학상을 받았다.

레이저에 의한 흑연 증발은 풀러렌 제조의 처음 방법이지만 1990년에 발견된 더 간단한 방법으로 최고 수율을 얻는다. 그 방법은 헬륨기체 흐름 중에서 두 흑연 사이에 아아크를 발생하는 것과 관련이 있다. 그러한 방법으로 생성된 탄소 증기는 여러 풀러렌으로 응축된다. 얇은 필름의 C_{60}은 겨자 색이고 톨루엔이나 벤젠에 녹일 때 아름다운 빨간색 용액으로 된다.

C_{60}의 안지름은 약 7 Å이고 여러 작은 원자, 분자, 이온을 수용하는 능력이 있다. 헬륨기체 흐름을 그들의 합성에 이용하므로 약간 헬륨원자들이 가끔 이러한 닫힌 구조내부에 갇히는 증거들이 나타나는 것은 놀라운 것이 아니다(그러한 가능성은 새로운 명명 시스템이 필요하다. 예를 들어 n 헬륨 원자들이 C_{60} 풀러렌에 갇히면 이 상황은 그 화학식을 nHe@C_{60}이라고 써서 나타낸다). 예를 들어 흑연/La_2O_3 막대를 증발할 때 La@C_{60}, La@C_{70}, La@C_{74}, La@C_{82}와 같은 화합물이 생성된다. 놀랍게도 이러한 화합물에 레이저를 쪼이면 그 다음에 탄소원자 쌍이 떨어져서 La@C_{44}처럼 "줄어들어 포장된" 생성물을 만들고 그 풀러렌 크기는 그 안에 포함된 금속크기와 걸맞게 만들어진다. 그러한 과정에서 생기는 다른 생성물은 Cs@C48과 K@C_{44}이다. Sc_2O_3를 사용하면 Sc_2@C_{84}와 Sc_3@C_{82}를 생성한다. 특이한 Sc_3N@C80 화학식을 갖는 분자들도 발견된다. 그것의 구조를 그림 14.9에 제시한다.

그들의 대단히 대칭적 구조는 풀러렌을 지극히 안정하고 탄력있게 만든다. [C_{60}은 강철표면에서 우주왕복선이 접근하는 속도(17,000 mph)로 충돌해도 변화없이 바로 회복된다!] C_{60}은 근본적으로 흑연이 공 모양으로 동그랗게 오그라진 절단면이다. 그것은 흑연의 비편재 성질을 유지하고 그것의 내외 표면은 π 전자의 바다이다. 수소, 아산화질소, 일산화탄소, 이산화황, 산소, 암모니아와 같은 기체를 제조용 기체 흐름에 주입하지만 그럼에도 C_{60}은 여전히 주요한 생성물이다. 풀러렌은 분명히 우주에서 생성되고(Kroto가 옳은 것처럼 보인다. 쌓이고 있는 증거에 의하면 탄소가 풍부한 거대한 적색 별에서 플러렌이 생성되는 것을 보여준다.) 그 다음에

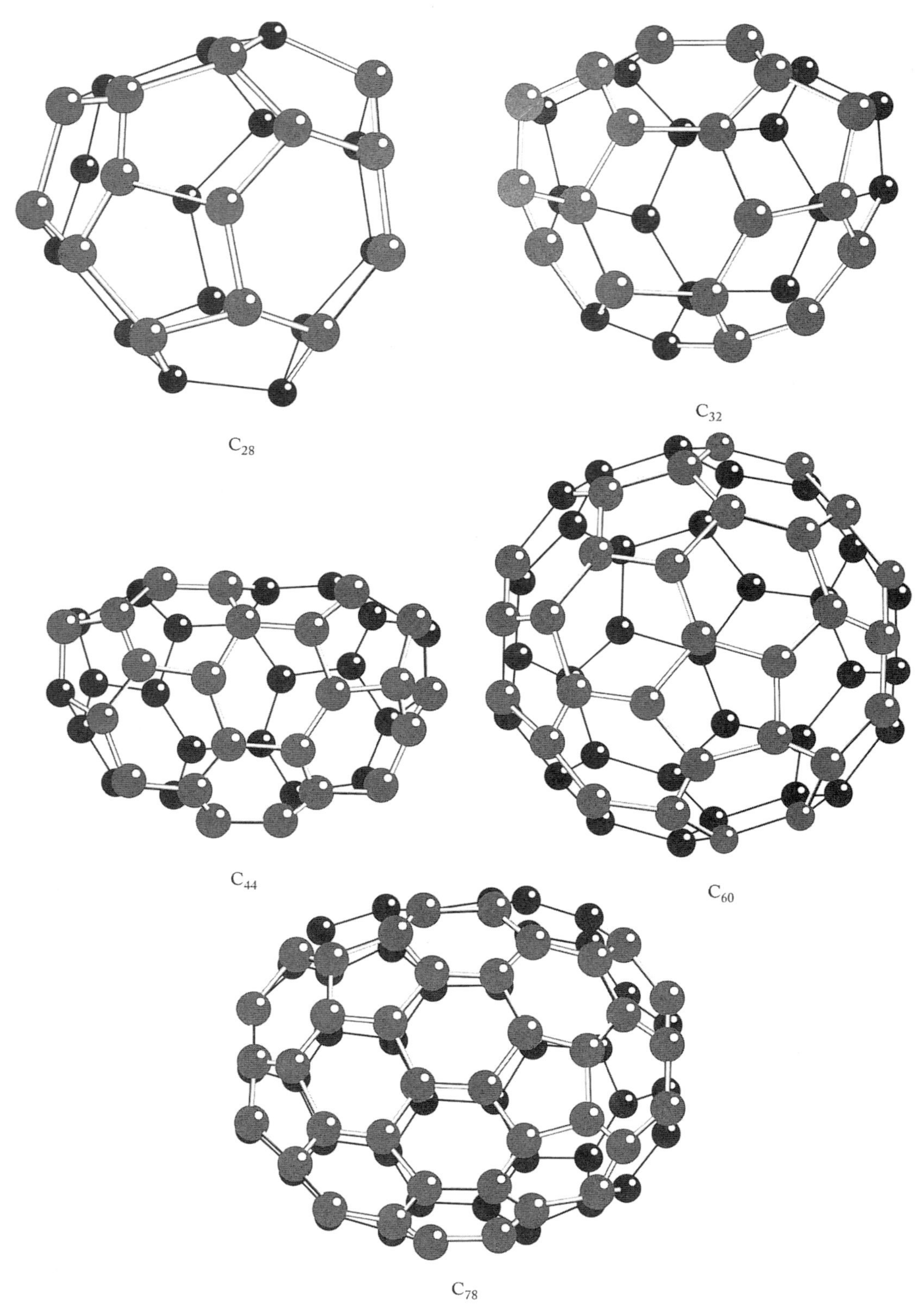

그림 14.8

몇 가지 대표적 풀러렌: C_{28}, C_{32}, C_{44}, C_{60}, C_{78}. C_{60}은 buckyminsterfullerene 또는 buckyball이라고 알려져 있다.

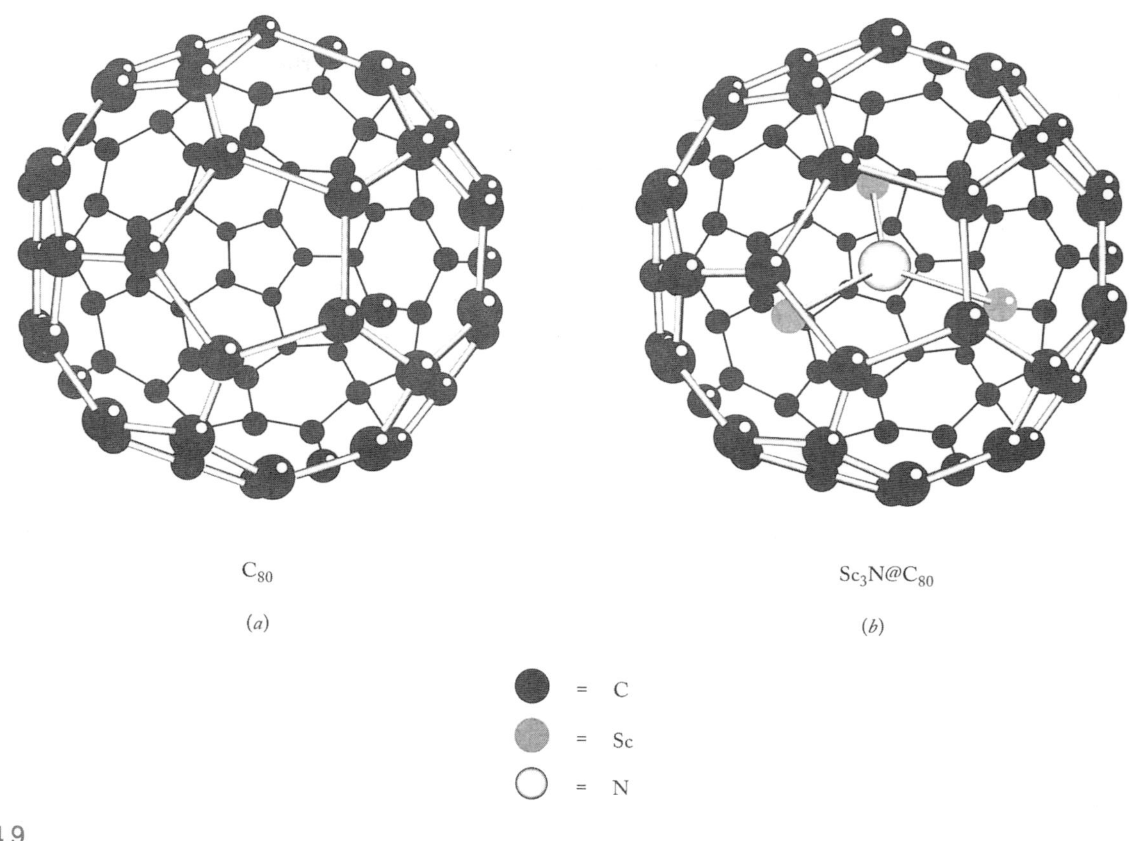

그림 14.9

(a) C_{80}과 (b) $Sc_3N@C_{80}$의 구조.

풀러렌의 큰 안정도 때문에 항상 지구로 운반될 수 있다. 운석분석은 여러 영족기체(일반적으로 헬륨)를 포함하는 C_{60}과 C_{70} 풀러렌의 증거를 내놓는다. 그 내부에 함유된 헬륨 동위위소 비는 지구와 다르고 태양, 그 나머지 별, 그리고 기타 은하 공간의 부분에서 알려진 것과 훨씬 더 비슷하다. 2001년 초에 분명히 대기권 밖의 헬륨 동위원소 비를 갖는 풀러렌이 약 250만년전 페름기(permian period)의 종말과 관련이 있는 침적물에서 발견되었다. 이러한 발견은 그 시대에 지구가 거대한 물체와 충돌하고 그것에 의해 생긴 대규모 물질파의 소멸 원인에 대한 증거이다.

풀러렌은 여러 반응을 한다. 예를 들면

(1) 이중결합이 수소화되어 $C_{60}H_{18}$로부터 $C_{60}H_{36}$까지(유력한 화학종은 $C_{60}H_{32}$이다) 범위의 "polyhydrofullerene"을 생성한다.

(2) 그들은 F_2와 단계적으로 반응하여 완전히 플루오르화된 $C_{60}F_{60}$까지 여러 플루오르화 화합물을 생성한다.

(3) 마찬가지로 풀러렌은 실온에서 그리고 벤젠 또는 톨루엔 중에서 염화 아이

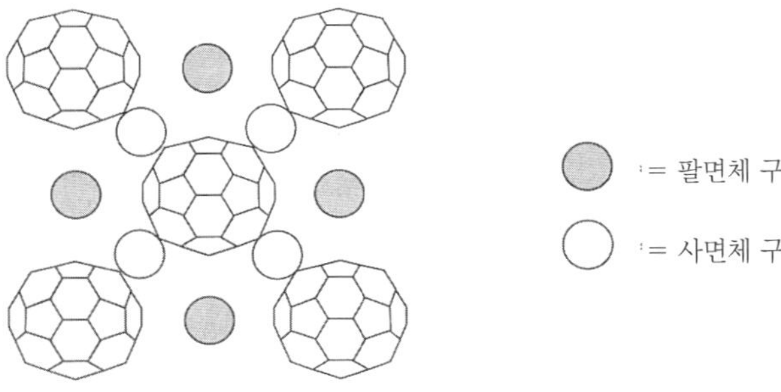

그림 14.10

K_3C_{60}의 면심이방정계 단위세포의 한 면. C_{60}^{3-}는 면심이고 포타슘 양이온은 팔면체와 사면체 구멍을 점유한다. C_{60}^{3-} 음이온 지름은 7.08 Å이고한편 그 단위세포 길이는 14.24 Å이다.

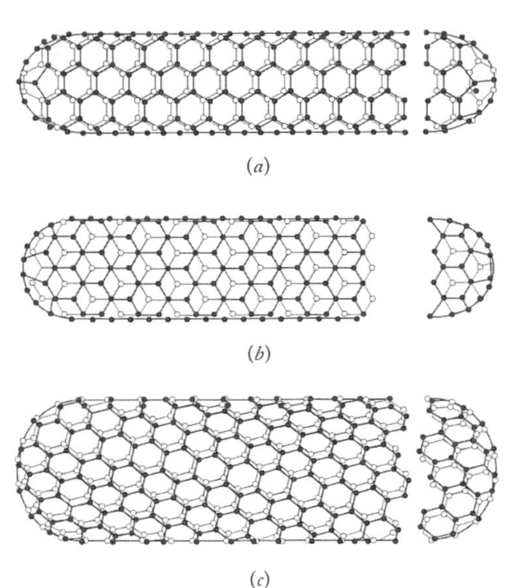

그림 14.11

단일 벽으로 둘러싼 나노튜브(single-walled nanotube, 약자 SWNTs)의 세 종류. (a) 안락의자 위치배열, (b) "지그재그" 위치배열, (c) 안락의자와 지그재그 사이에 임의 위치배열. 나노튜브의 모양과 두께는 그라펜 판상이 동그랗게 오그라져서 관을 만드는 여러 각도에 의존한다(참고문헌 39).

오딘(ICl)과 반응할 수 있다.

풀러렌은 용액 중에서 브로민과 함께 $C_{60}Br_6$ 비슷한 자주색 판상으로 된다. 붕소와 질소 같은 다른 원자들은 탄소를 치환하여 $C_{60-n}B_n$, $n = 1-6$, 그리고 $C_{60-2n}(BN)_n$, $n = 1-24$ 화학식 화합물로 된다. 풀러렌은 fulleride(C_{60}^{n-}, $n = 1-6$)로 환원된다(C_{70}^{n-}도 제조하였다). M_nC_{60}과 같은 fulleride는 M = Rb과 Cs일 때 $n = 1$이고 M = Na, K, Rb, Cs일 때 $n = 2, 3, 4, 6$이다. 이들 중 몇 가지는 좋은 전기 도체라고 알려졌다. K_3C_{60}(화학량론적 양의 고체 C_{60}과 포타슘 증기로부터 제조)는 임계온도 T_c의 19.3 K 이하에서 초전도체로 된다(T_c 이하에서 초전도체는 완전하게 전도한다. 즉 저항이 0이다). K_3C_{60}은 팔면체와 사면체 구멍에 포타슘 이온을 갖는 C_{60}의 면심입방 구조를 갖고 그것을 그림 14.10에 제시하다.

1991년에 Sumio Iijima는 탄소 동소체와 관련이 있는 또 다른 동소체를 만들었다. 그는 풀러렌을 만들 때 사용한 것과 비슷한 방법으로 반구형 말단 모자(hemispherical end cap)를 갖는 긴 실린더 모양(지름 10~30 nm) 다중-벽 관 모양 구조(multiwalled tubelike structure)를 만들었다. 그것의 디멘젼을 생각해서 그 풀러렌은 빠르게 "나노튜브"(nanotube)라고 알려지게 되었다. 짧은 질서로 구성된 단일-벽 나노튜브(single-walled nanotube, SWNTs)를 만드는 방법을 발견했다. 그 방법은 레이저를 사용하여 흑연 목적물을 1200°C로 가열하여 증발하는 것과 관련이 있다. 그 목적물은 탄소 98.8%, 니켈 0.6%, 코발트 0.6%이다. SWNTs(또는 그들을 친밀하게 부를 때 buckytube라고 한다)는 비슷한 성분을 갖는 흑연전극을 전기아아크 방전하여 만들 수 있다. SWNTs(몇 가지 모양을 그림 14.11에 제시한다)는 육각형으로 결합한 탄소의 그라펜(graphene, 또는 흑연 비슷한) 판 모양이 길고 얇은 동그랗게 오그라져서 관 모양으로 되고 그 양쪽 말단은 풀러렌 구형의 절반에 의하여 막혀있다.

20세기의 지난 10년과 21세기 초엽에서 SWNTs(buckytube)의 성질은 많은 에너지와 활력을 가지고 연구하였다. 그들은 적어도 세 가지 이유 때문에 특수한 물질이다. 첫째 그들은 놀라울 정도로 유연하고 강하고 안정하다. 그들은 강철의 1/6 무게로 강철보다 약 50~100배 인장세기를 갖는다. 이러한 성질은 그들을 수많은 응용과 용도의 후보자로 필적할 것이 없다. SWNTs(buckytube)는 여러 가지 섬유, 밧줄, 케이블에 이용할 수 있고 그것은 아직까지 흑연 관련 물질보자 덜 부서지므로 다음 세대의 고강도 섬유에 크게 이용할 것이다. SWNTs(buckytube)는 비행기 구조물, 트럭, 자동차 몸체 패널, 다리받침대, 로켓 노즐로부터 모든 새로운 운동기구 재료의 최종목적물까지 모든 것에 이용될 것이다. 중요한 것은 몇 년 안에 당신 자신이 그라펜으로 만든 테니스 라켓, 골프 클럽, 낚시대를 사용하여도 놀라지 않을 것이다. 나노튜브 섬유로 만든 밧줄은 가끔 "밧줄에 의하여 움직이는 우주"(cosmic funiculaire)라고 부르는 우주 엘리베이터를 설치하고 밧줄을 정지위성에 매달아 짐을 우주정거장까지 운반에 사용하는 것까지도 제안한다. 더구나 Flash Gordon, James Tiberius Kirk, Jean-Luc Picard은 실제로 "next generation" 영화에서 보면 모든 것을 변화하려 하고 전에 아무도 가보지 않은 곳을 가려고 한다.

둘째 SWNTs는 수많은 응용에 사용할 수 있는 특이한 전자 성질을 갖는다. 우리들이 살펴본 것처럼 그라펜의 판상(sheet)은 여러 각도로 말아서 관 모양을 만들 수 있다. 서로 다른 세 가지 각도를 그림 14.11에 제시한다. 전기전도도는 그 판 모양이 합쳐지는 각도와 그 결과로 생기는 나노튜브 관의 크르크-스크류형 대칭성에 놀라울 정도로 민감하다. 대부분 적당한 각도에서 SWNTs(buckytube)는 금속처럼 쉽게 전기를 전도할 수 있다. 그러므로 나노튜브는 기본적으로 가장 세다고 알려진 것 이외에 구리 도선과 경쟁자이지만 구리보다 더 가볍고 더 유연하다.

셋째 마지막으로 SWNTs는 충진하여 "나노 도선", "나노 막대", 기타 "나노 재료"를 만들 수 있다. 우선 풀러렌의 반구형 모자를 파괴 또는 그 나노튜브의 끝을 깨버려야 한다. 그렇게 하는 최선의 방법(이 책을 쓸 때까지)은 진한 질산으로 처리하는 방법이다. 일단 그 모자를 벗기면 그 나노튜브는 여러 물질로 채울 수 있다. 예를 들어 여러 금속(니켈, 코발트, 철, 등) 또는 금속 산화물을 삽입하여 전도성 나노도선 또는 나노막대로 만든다. 전자들은 나노튜브 안에 함유된 금속원자의 단일선(single line)을 통하여 전도할 수 있다. 다른 금속 또는 금속 산화물을 삽입하여 새로운 세대의 촉매, 마이크로전극, 트랜지스터와 다이오드 같은 원자-수준 전자장치[마이크로전자(microelectronic)라는 말은 더 이상 필요하지 않다]를 만들 수 있다. 다가오는 세대에 SWNTs는 "나노 급에 상당하는 peapod(완두콩 꼬투리 모양의 낙시 배)"를 삽입할 수 있는 충분한 지름 크기로 만들 수 있는 증거들이 나타난다. 그 응용을 아는 사람들이 나올 것이다.

그러므로 탄소 동소체는 바로 다이아몬드와 흑연의 시대 이후에 먼 길을 걸어왔다. 새로운 그라펜(풀러렌, 나노튜브, 등)은 그들이 모든 새로운 세대의 재료와 새로운 "나노기술"에 연료를 공급하는 것처럼 보인다. 당신 지역의 최근 신문이나 무역잡지를 살펴보라.

주석병

주석은 두 가지 주요한 동소체를 갖는다. 하나는 백색 또는 금속성 β-주석이고 또 하나는 부서지기 쉬운 α-주석이다. 이러한 형태 사이에 전이온도는 식 (14.8)처럼 13.2 또는 55.8 이다.

$$\underset{\text{회색}}{\alpha\text{-Sn}} \underset{13.2^\circ\text{C}}{\overset{55.8^\circ\text{F}}{\rightleftharpoons}} \underset{\text{백색}}{\beta\text{-Sn}} \tag{14.8}$$

백색 주석은 부수적으로 특이하게 "주석이 우는 소리"를 나타낸다. 그것은 주석이 굽어지거나 변형될 때 결정이 파열되기 때문에 나오는 소리이다. 여러 물질을 만드는 백색 주석은 고온에서 더 안정하다. 그러나 그 금속형태를 오래 동안 55.8°F 이하 온도에 노출되면 부서지기 쉬운 회색 주석으로 변환한다. 이 변환은 주석 페스트(tin pest) 또는 주석병(tin disease)이라고 한다. 그것을 아는 것은 분명히 중요하다. 유럽의 오르간 파이프는 대부분이 주석으로 만들고 항상 차가운 대사원에 놓여있으므로 큰 파손의 위험에 처해있다. 그것은 나폴레온 군대의 패배에도 일부분 책임이 있다고 말한다. 왜냐하면 프랑스 군복은 주석 단추를 사용했고 그것은 소련의 긴 겨울 동안에 떨어져버렸기 때문이다.

방사화학적 용도

보통 탄소는 세 동위원소로 구성하는 것이 1929년에 William Giauque에 의하여 발견되었다. 탄소-14는 1940년에 분리되었고 1945년에 Willard Libby에 의하여 탄소-14 년대 측정법이 공식화되었고 아직도 가장 보편적으로 방사화학년대측정법[radiochemical chronometric (time-measuring) method]이라고 알려져 있다. 식 (14.9)에 표시한 것처럼 탄소-14는 대기권에서 우주선 방사능에서 생긴 중성자로 질소를 포격하여 형성한다.

$$^{1}_{0}n + ^{14}_{7}\mathrm{N} \longrightarrow ^{14}_{6}\mathrm{C} + ^{1}_{1}\mathrm{H} \qquad (14.9)$$

그것은 식 (14.10)처럼 β^-방출에 의하여 붕괴한다.

$$^{14}_{6}\mathrm{C} \xrightarrow{\beta^-} ^{0}_{-1}e + ^{14}_{7}\mathrm{N} \qquad (14.10)$$

탄소-14는 $^{14}CO_2$와 같은 화합물에 무게로 매우 적은 1.2×10^{-10}%만 존재하여도 정상적 광합성과 탄소-순환 반응에 참여한다. 이러한 방식으로 모든 식물과 동물의 생명에 계속해서 섞이므로 탄소-14는 항상 소량이지만 그러나 검출할 수 있는 정류상태(steady-state) 농도로 존재한다. 그러나 일단 그 생명체가 죽으면 붕괴만 계속하고 그 동위원소 양은 5730년 반감기를 가지고 계속해서 감소한다. Libby는 어떤 살아있는 생명체(양피지, 의류, 목재, 어떤 도료, 등)에 남아있는 탄소-14를 분석하여 그것의 년대와 관련이 있다는 것을 알았다. 여러 원고에서 나오는 양피지, 무덤과 선박에서 나오는 목재와 같은 여러 물질은 이러한 방식으로 년대를 측정했다. 그 방법의 용도는 관례적으로 약 8 혹은 9 반감기 또는 50,000 year에 한정된다. 최근에 질량분광법을 이용하는 방법의 발전으로 그 제한은 100,000 year까지 확장되었다.

납은 무거운 원소 중에서 가장 풍부한 원소이다. 왜냐하면 서로 다른 세 가지 방사성 붕괴계열의 최종 생성물이기 때문이다. 우라늄-238, 우라늄-235, 그리고 토륨-232로부터 출발물질은 최종적으로 α와 β^- 붕괴 계열에 의해 서로 다른 납 동위원소로 된다. 이러한 계열의 전체 반응을 식 (14.11) ~ (14.13)에 제시한다.

$$\text{우라늄 계열:} \quad ^{238}_{92}\mathrm{U} + ^{206}_{82}\mathrm{Pb} \longrightarrow 8\,^{4}_{2}\mathrm{He} + 6\,^{0}_{-1}e \qquad (14.11)$$

$$\text{악티늄 계열:} \quad ^{235}_{92}\mathrm{U} + ^{207}_{82}\mathrm{Pb} \longrightarrow 7\,^{4}_{2}\mathrm{He} + 4\,^{0}_{-1}e \qquad (14.12)$$

$$\text{토륨 계열:} \quad ^{232}_{90}\mathrm{U} + ^{208}_{82}\mathrm{Pb} \longrightarrow 6\,^{4}_{2}\mathrm{He} + 4\,^{0}_{-1}e \qquad (14.13)$$

이 세 가지 계열은 각기 반감기들이 4.5, 0.71, 13.9억 year이고 운석, 달, 지구, 그리고 함축적으로 전체 태양계의 년대 측정에 사용하는 납동시법(*lead isochron method*)의 기본으로 사용한다. 일정한 시료 중에 납-206, -207, -208의 양은 앞에서 설명한 한두 계열에 의해 발생된 것과 본래 존재하는 납의 양을 합친 값에 의존한다. 자연적으로 생기는 넷째 납 동위원소 ^{204}Pb는 붕괴도표의 생성물이 아니므로 어떤 시료 중 본래 납 함량의 값을 제공한다. 우라늄-포함 시료 중에서 ^{206}Pb/^{238}U과 ^{207}Pb/^{235}U의 비는 모두 시료의 년대 추정 값을 제공한다. 이러한 비율의 값이 일치할 때 그 결과는 일치(concordant)한다라 말하고 그 시료의 출처와 동일한 시대[그러므로 그 이름을 동시법(isochron method)이라고 한다] 기간이라고 말한다. 그러한 방법을 사용하여 지구와 달의 나이를 4.6억년이라고 추정한다.

동위원소 성분은 납 오염원의 측정에 추적자로도 사용할 수 있다. 예를 들어 가솔린 안티녹 첨가제로 사용한 테트라에틸납에서 나오는 납 화합물(대부분 브롬화물과 약간의 염화물)은 첫째 납 오염원이다. 이러한 납 오염원은 석탄(석탄은 불순물 상분으로서 납을 함유하고 그것은 납 오염원으로서 미약한 둘째 성분이다) 또는 납-제련 공정에서 나오는 것과 구별할 수 있다.

탄소 화합물

탄소 산화물, 특히 이산화탄소는 앞의 10장에서 대략 설명했다. Joseph Priestly가 "고정 공기"(fixed air)를 이용하여 소다수를 제조한 것을 기억하라. 청량음료의 탄산화는 아직도 CO_2의 두 번째 용도이다(주요한 용도는 고체로서 냉동제 드라이아이스이다). CO_2는 탄화수소의 완전 연소(10.1절)에 의해 생성되고 온실효과에 주요한 역할을 한다(9.2절). 앞에서 합성가스(5.1절)의 생산과 석탄의 가스화에서 CO와 CO_2 역할을 설명했다. 5장에서 니켈을 정제하는 Mond 공정에 리간드로서 일산화탄소(카보닐) 용도를 지적하였다.

C_2^{2-} 또는 C_4^- 음이온을 함유하는 이온성 탄화물은 때때로 원소 그 자체 또는 금속 산화물을 고온 전기로에서 탄소와 반응시켜 만들 수 있다. 그들은 산업과정에서 가수분해하여 여러 탄화수소를 생성할 수 있다. 예를 들어 탄화칼슘(CaC_2)은 식 (14.14)처럼 주요한 아세틸렌 공급원(12.4절에서 간단히 설명했다)이고 탄화알루미늄은 식 (14.15)처럼 메테인을 발생한다.

$$CaC_2(s) + H_2O(l) \longrightarrow C_2H_2(g) + CaO(g) \tag{14.14}$$

$$Al_4C_3(s) + 12H_2O(l) \longrightarrow 5CH_4(g) + 4Al(OH)_3(s) \tag{14.15}$$

공유성 결합 탄화실리콘(SiC)은 카보런덤(carborundim)이라 알려져 있고 그것은 carbon + corundum으로부터 유래한 이름이다. [corundum은 산화알루미늄(Al_2O_3)을 구성하는 대단히 단단한 광물이다.] SiC는 다이아몬드처럼 큰 분자이고 대단히 단단하고 절단기구에 연마제로 그리고 내화물로서 사용이 알려져 있다.

여러 금속 격자는 탄소원자의 존재에 의하여 팽창할 때 간격 탄화물이 생긴다. 이러한 물질은 큰 전도도와 광택성과 같은 여러 금속성질을 갖고 가끔 순수한 금속 그 자체보다 더 단단하고 녹는점이 더 높다. 탄소는 철에 첨가하여 강철을 만들지만 탄소가 너무 많으면 깨지기 쉽다. 탄화텅스텐(WC)은 절단과 드릴용 공구에 사용한다.

다른 유용한 탄소 화합물은 다음과 같은 여러 화합물을 포함한다; 이황화탄소(CS_2는 이전에 드라이클리닝과 다른 응용에 용매로 사용하였고 독성이고 가연성 용매이다), 시안화수소(HCN)과 시안화 이온(CN^-), (시안화수소는 쓴 맛 아몬드와 같은 냄새가 나는 독성 기체이고 생명체의 화학적 진화에 대단히 중요하고 그것은 6장에서 중요한 리간드라고 설명했다); 시안아마이드(CN_2^-), 11장에서 간단히 설명했고 비료, 제초제, 살충제, 아크릴 섬유와 플라스틱 생산에 이용한다); 클로로플루오로탄소(chlorofluorocarbon, CFCs), (에어졸 추진제와 냉매로 사용하지만 오존층을 위협하는 것과 관련이 있다. 17장을 보라); 포스젠($COCl_2$)과 같은 옥시할로젠화물(전에 화학무기로 사용했고 현재 폴리우레탄 제조에 사용한다).

납 화합물과 독물학

납 화합물은 수년간 도료로 사용했다. 철과 강철에 그리고 대부분 오래된 자동차에 보편적으로 눈에 띈 친숙한 초벌 빨간색 도료는 광명단(red lead)이라고 알려진 Pb_3O_4 또는 $Pb_2^{II}Pb^{IV}O_4$이다. 일산화납(PbO)은 제조방법에 따라 빨간색(리사지, litharge), 주황색, 노란색이다. 다른 도료 계통은 백납(white lead, $2PbCO_3 \cdot Pb(OH)_2$), 금속연(blue lead, 염기성 황산납($PbSO_4 \cdot PbO$), 산화아연, 탄소의 배

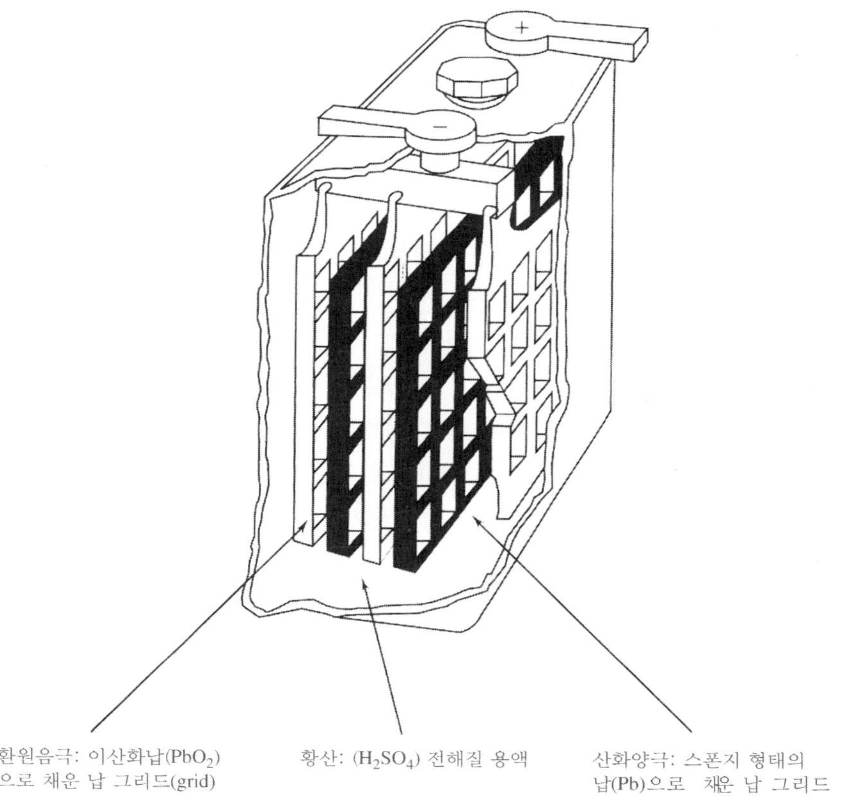

그림 14.12

12 V 납축전지의 6 단위 세포 중 하나. 모터 시동기를 회전하기 위하여 전압을 제공하고 배터리는 방전할 때 산화양극과 환원음극 납 그리드의 표면에 흡착되는 황산납을 생성한다. 배터리를 충전할 때 전체 반응은 반대로 진행한다.

산화양극: $Pb(s) + HSO_4^- \longrightarrow PbSO_4 + H^+ + 2e^-$ (14.16a)

환원음극: $PbO_2 + HSO_4^- + 3H^+ + 2e^- \longrightarrow PbSO_4 + 2H_2O$ (14.16b)

전체: $Pb(s) + PbO_2(s) + 2H^+(aq) + 2HSO_4^-(aq) \rightleftharpoons 2PbSO_4(s) + 2H_2O(l)$ (14.16c)

합물), 크롬산 납(노란색, 주황색, 연두색 도료의 제조에 사용)이다.

납축전지는 1859년에 발견했지만 20세기 초에 자동차 자체 동력 시동기로 사용하기 시작했을 때 개인 수송 산업에 혁명을 일으켰다. 이 배터리는 기본적으로 거의 한 세기 동안 똑같게 유지해왔다. 왜냐하면 그 배터리는 수명이 길고(3~5년) 고온과 저온(+100에서 −30°F까지)에서 작동하고 도로 진동에 의한 충동에 잘 견디기 때문이다.

그림 14.12는 납축전지의 도형을 보여준다. 두 산화양극과 환원음극은 각기 납 금속과 이산화납을 함유하는 납 그리드(grid)라는 것에 주목하라. 모터 시동기를 회전하기 위하여 에너지 공급에 이용하는 식 14.16c에 표시한 전체 반응은 황산납도 생성하지만(각 그리드에 흡착된다) 그 반응은 반대로 진행할 수 있다(일단 엔진을 회전하면 그 배터리는 교류에 의하여 충전된다). 충전 과정에서 물은 필연적으로 전해되고 그로 말미암아 물을 보충하는 것이 보통이다. 현재는 칼슘−납 합금을 전극으로 사용하여 그 전기분해를 크게 감소하므로 물을 보충할 필요가 없고 그래서 그 배터리는 밀봉한다. 그러나 자동차 배터리는 자동차가 튀어오를 때 전해는 일어나지 않고 그 결과로 생긴 수소기체는 적절한 주의를 취하지 않으면 폭발할 수 있다.

납 중독은 오래 되었고 치명적 역사를 갖는다. 그리스 물리학자이면서 시인 Nicander는 20세기 이전에 납중독(plumbism) 사건을 보고하였다. 특히 로마에서 지배계급에 의한 수많은 납의 이용은 로마제국의 몰락과 그들의 생활 방식을 비난하였다(어떻든 적은 부분이지만). [로마 사람들은 술을 납 용기에 보관하고 "supra" 라고 부르는 신맛 포도주를 납 냄비에서 끓여 만들어 납 감미료로 사용했다. 여러 가지 납 염류, 특히 아세트산납(그것도 "납의 설탕"이라고 불렀다)은 단맛의 원료이었다.] 현재까지도 납은 "모든 곳의 독"이라고 부른다. 왜냐하면 납은 마치 모든 곳에 있는 것처럼 보이기 때문이다. 약 20년 전까지 거의 모든 가솔린은 테트라에틸납 [$Pb(CH_2CH_3)_4$] 또는 테트라메틸납[$Pb(CH_3)_4$]을 안티녹 첨가제로 함유하였다. 그러한 연료 중 다이브로모메틸렌과 기타 "납 포집제"(lead scavenger는 반응하여 브롬화납을 생성하고 고속도로를 따라 가라앉아 길옆의 초목과 그 밖에 성장하는 식물과 섞인다. 미국에서 가솔린 중 납은 1979년에 그것의 사용이 점차 금지되기 시작하여 1988년에 완전히 금지되었다. 그러나 납을 첨가한 가솔린을 60여년 사용한 것에서 나온 납 잔유물질은 아직도 환경과 건강에 중대한 위협이다. 캐나다와 유럽도 가솔린에서 납의 사용을 전환하였지만 아직 세계의 여러 부분에서 사용하고 있다.

1950년대 중반 이전에 페인트를 칠한 집에서 또는 1970년대 중반 이전에 페인트를 칠한 가구에서 나오는 페인트 조각은 중요한 납의 오염원이고 도시 아이들에게 특히 영향을 준다. 게다가 납 원소는 (1) 납 파이프에서 수돗물로, (2) 땜납 깡통에서(식품 중 산에 의하여) 식품으로, (3) 납 포일 포장은 최고급 유럽산 폭도주에 용해된다. 제련작업, 석탄연소, 그리고 여러 산업공정은 납이 환경으로 확산되는 것을 돕는다. 오래된 부적절하게 유약처리한 도자기와 땜납을 사용한 설비에서 증류한 밀주 위스키와 기타 알코올 제품에서 납이 발견되고 있다. 아마 미래의 역사를 아는 사림들은 로마제국 몰락의 관련과 함께 위대한 유럽-미국 문명의 두 가지 쇠퇴에 대한 납의 역할에 관하여 원인을 추측할 것이다.

납은 폐 또는 장관을 통하여 흡수하지만 정상 사람들은 거의 배출한다. 그러나 그 배출은 흡수하는 것만큼 빠르지 않는다. 그러므로 납은 비교적 비활성 뼈 조직에 느리게 축적된다. 다량의 납에 노출된 사람들은 혈액에 더 많은 납 농도를 나타낸다. 어른에서 초기 납 중독 증상은 빈혈, 피로, 두통, 체중감소, 변비를 유발한다. 낮은 농도의 납은 때때로 심리적 문제로 잘못 진단한다. 더 많은 양의 납에 수반되는 증상은 어른의 경우에 신경파괴를 포함한다.특히 12~36 개월 아이들은 납중독에 더 잘 걸리는 것 같고 비슷하게 노출된 어른보다 더 심한 신경손상을 보인다. 어른과 아이들에 대한 효과의 차이는 잘 이해하지 못한다(납과 기타 중금속 중독에 부분적 해독제로서 치료용 킬레이트제 사용은 5.5절에서 설명한다).

14.5 규산염, 실리카, 그리고 알루미노규산

규산염과 실리카

살펴본 것처럼 규소화학은 규소−산소 결합이 보다 우위를 점유한다. 모든 규산염의 기본 단위는 SiO_4^{4-} 사면체이다. 표 14.2처럼 여러 규산염 종류는 이 기본단위

표 14.2 실리카와 규산염의 종류

종류	반복단위	공유 산소수	예
오르토-	SiO_4^{4-}	0	Be_2SiO_4, phenacite Zn_2SiO_4, willemite $ZrSiO_4$, zircon $(M^{2+})_2SiO_4$, olivine $M^{2+} = Mg^{2+}, Fe^{2+}, Mn^{2+}$ $(M^{3+})_2(M^{2+})_3(SiO_4)_3$, garnet $M^{2+} = Ca^{2+}, Fe^{2+}, Mg^{2+}$ $M^{3+} = Al^{3+}, Cr^{3+}, Fe^{3+}$
파이로-	$Si_2O_7^{6-}$	1	$Sc_2Si_2O_7$, thortveitite
고리형	$Si_3O_9^{6-}$	2	$BaTiSi_3O_9$, benitoite
	$Si_6O_{18}^{12-}$	2	$Al_2Be_3Si_6O_{18}$, beryl
사슬: 단일결합	SiO_3^{2-}	2	Pyroxenes, e.g., $MgSiO_3$, enstatite $LiAl(SiO_3)_2$, spodumene $CsAl(SiO_3)_2$, pollucite
이중결합	$Si_4O_{11}^{6-}$	2 또는 3	Amphiboles, e.g., $Ca_2(OH)_5Mg_5[Si_4O_{11}]_2$, tremolite $Na_2(OH)_2Fe_5[Si_4O_{11}]_2$, crocidolite
판상	$Si_2O_5^{2-}$	3	$Mg_3(OH)_2[Si_2O_5]$, talc (or soapstone) $LiAl[Si_2O_5]$, petalite
3-d	SiO_2	4	α-Quartz Cristobalite

중 산소를 0부터 전체 4까지 공유하는 특성을 갖는다. 각 반복단위 전하는 규소 산화상태가 +4이고 한편 산소는 예상하는 것처럼 −2라고 계산한다.

오르토규산염(orthosilicate) 특징은 독립된 자체-함유 SiO_4^{4-} 단위를 갖는다(ortho-접두사의 간단한 설명은 13.3절을 보라). 사면체 구조는 그림 14.13a를 보라. 드물지만 파이로규산염[(pyrosilicate) 또는 이규산염, disilicate)]은 각 SiO_4^{4-} 단위 중 한 산소를 공유하여 그림 14.13b처럼 $Si_2O_7^{6-}$으로 되는 특성을 갖는다.

고리형 규산염은 SiO_4^{4-} 중 두 산소를 공유하여 $Si_3O_9^{6-}$(그림 14.13c)와 12-원소 고리 $Si_6O_{18}^{12-}$ (그림 14.13d)를 생성한다. Beryl ($Al_2Be_3Si_6O_{18}$)에 관한 이전의 설명을 참고하라. 그 beryl 중에서 알루미늄이 (1) 크로뮴으로 치환되면 취옥(emerald) 그리고 (2) 철로 치환하면 녹주석(aquamarine)으로 되는 특성을 갖는다.

SiO_4^{4-} 단위 중 두 산소를 공유하되 고리형태로 닫히지 않은 단일-사슬결합 규산염도 발견된다. 반복되는 무한사슬결합 단위는 그림 14.13e처럼 SiO_3^{2-}이다. Spodumene [$LiAl(SiO_3)_2$]은 몇 가지 중요한 리튬 광석 중 하나이다.

그림 14.13f에 제시한 이중-사슬결합 규산염에서 어떤 SiO_4^{4-} 단위는 두 산소를 공유하고 나머지 SiO_4^{4-} 단위는 세 산소를 공유하는 것이 발견된다. 반복단위는 $S_4O_{11}^{6-}$이다. 다섯 종류의 이중-사슬결합 규산염[tremolite, grunerite, corcidolite, anthophyllite, actinnolite - 모두 각섬석(amphibole) 계열 광물]과 삼문암 광물인 온석면(chrysotile)은 석면(asbestos)이라는 일반 이름으로 부른다. 이러한 물질의 분자-수준 사슬결합 구조는 섬유상의 거시적 구조로 된다. 음전하 사슬결합 사이에 놓인 양이온은 그 물질을 함께 결합시키지만 대단히 쉽게 분리되어 실 모양의 섬유물질을 형성하고 그것은 수년 동안 여러 용도들이 발견되었다. 예를 들어 석면은 건축재료(절연재와 방화재), 자동차산업(제동장치와 판상 클럿치), 그리고 여러 세멘트, 마루바닥, 지붕 제품 등에 섬유로 사용한다. 석면의 섬유성질은 여러 절연제와 방화용 의류에 직물로도 이용한다(북부 이태리의 Lombards와 북서부 독일의 Saxons 지방 정복자 Charlemagne(742~814) 황제는 축제용 석면 식탁보를 깨끗이 청소하려고 불 속에 던져 그의 야만적 만찬 손님들에게 크게 감명을 주었다고 말한다). 근래에 석면의 산업적 용도는 1970년대에 최고에 도달하였지만 최근에 어떤 상항에서 석면에 노출하면 **석면침착증**(*asbestosis*)을 유발할 수 있다는 것이 인정되었다. 석면침착증은 폐를 상처내서 호흡곤란 문제와 심장부전을 가져온다. 석면제품을 제조 또는 사용하는 사람들은 때때로 석면침착증에 감염된다. 석면을 호흡하면 폐암, 중피증(mesothelioma), 드물지만 가슴과 배의 피부에 암을 발생할 수도 있다. 어떤 종류의 석면은 다른 종류보다 안전할 수 있다고 주장한다. 예를 들어 세계적으로 사용하는 대부분 석면은 온석면(또는 “백색 석면”)이고 그 온석면은 각석면보다 건강에 덜 위험하다고 논쟁을 한다. 현재 모든 석면제품을 빠르게 대치하는 경향이지만 그것은 실제로 필요가 없고 어리석은 짓이다. 다만 구조적으로 석면제품을 구조물에서 없앨 때만(예를 들어 건물의 재건축, 현대화, 해체를 통

그림 14.13

규산의 구조:
(a) 오르토-SiO_4^{4-},
(b) 파이로-$Si_2O_7^{6-}$,
(c) 고리형 $Si_3O_9^{6-}$,
(d) 고리형 $Si_6O_{18}^{12-}$,
(e) 단일-사슬결합 SiO_3^{2-},
(f) 이중-사슬결합$S_4O_{11}^{6-}$,
(g) 판상 $Si_2O_5^{2-}$.
토막선은 반복단위를 표시한다.

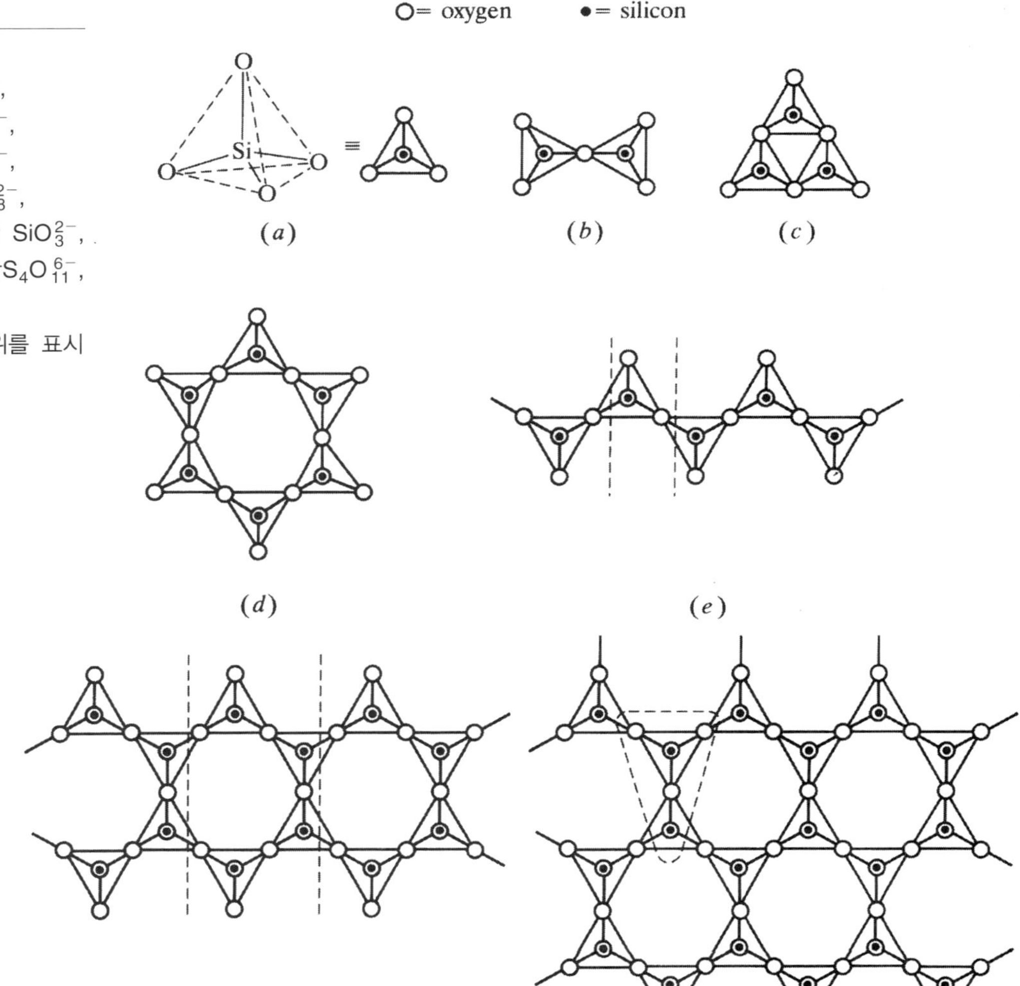

하여) 일반적으로 제거 또는 분리가 필요하다고 생각한다.

판상 규산염은 세 산소를 공유하여 그림 14.1g처럼 반복되는 $Si_2O_5^{2-}$ 단위를 형성하는 사면체 벌크(bulk)가 알려져 있다. 탈크, 또는 비눗돌(soapstone)은 판상 규산염이고 그것은 Arfwedson이 처음으로 리튬을 분리한(11장을 보라) 리튬장석 광물이다.

실리카(SiO_2)는 SiO_4^{4-} 단위 중 전체 4 산소를 공유하여 여러 다형(polymorph)을 형성하고 가장 안정한 두 가지는 α-석영과 β-홍연석(cristobalite)이다. 그림 14.14a처럼 β-홍연석 구조는 다이아몬드와 비슷하고 규소원자는 탄소원자들이 점유한 위치를 점유하지만 각 규소원자 사이에 산소다리결합(Si−O−Si)을 갖는다.

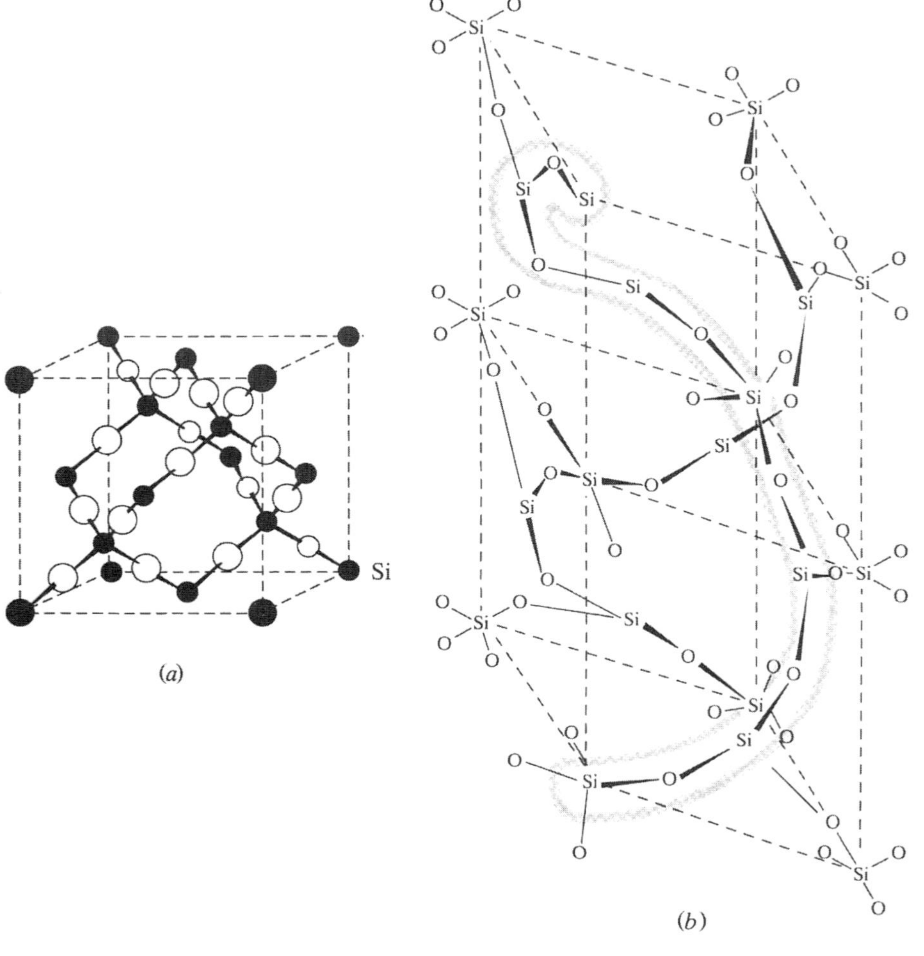

그림 15.14

두 가지 유력한 실리카(SiO_2) 형태. (a) β-홍연석, (b) α-석영의 두가지 단위세포. $O_2Si_2O_2Si$결합으로 구성된 두 나선형을 제시한다. 강조하기 위하여 회색으로 표시한다. 반대방향으로 회전하는 나선형 결정은 가능성이 동등하고 이러한 두 형태는 기계적으로 분리할 수 있다.

그림 14.14b에 제시한 α-석영은 왼손잡이와 오른손잡이 형태의 두 가지를 갖는다(무기화합물의 거울상이성질체 또는 광학이성질체는 2장을 보라).
$-Si-O-Si-O-$ 사슬결합에 의해 형성된 나선형은 그림에 제시한 것처럼 α-나선형 또는 β-나선형일 수 있다. 이러한 두 형태는 오른손잡이 나사 및 왼손잡이 나사와 비슷하고 기계적으로 분리할 수 있다.

석영은 화강암과 사암(sandstone)의 주요한 성분이다. 석영의 무색 형태는 라인석(rhinestone)이라 알려져 있고 자주색 형태는 자수정이다. 여러 분홍색은 장미석영이라고 부른다.

Pierre Curie는 1880년대 초에(Marie Sklodowska를 맞나기 전에) 석영이 **압전기효과**(*pizeoelectricity*)를 발생할 수 있다는 것을 알았다. 압전효과는 어떤 결정에 기계적 압력을 가할 때 생기는 전기이다. 압전효과는 결정을 특정한 방향으로 가압하거나 어떤 방법으로 진동할 때 결정표면에서 전기전하를 생성한다. 그러한 결정은 진동을 전기신호로 변환하여 결정 마이크로폰, 축음기 픽업, 진동검출기와 같은 장치에 응용할 수 있다. 전기신호를 특정한 진동으로 변환하는 반대효과(압전기효과에 대한 반대효과)는 헤드폰, 확성기, 디스크 녹음기용 컷팅 헤드에 사용한다. 이 성질은 또한 석영시계와 지시계기의 기본이다. 정밀한 석영결정 절단면은 진동전류(배터리 또는 가정용 전류에 의하여 발생된)에 놓고 그 다음 그 자신의 특성 진동수로 진동하여 시간측정 장치에 사용할 수 있다. CB(citizen band) 라디오는 압전기효과용 결정을 함유하고 각 결정은 특정한 방송국 또는 채널에 맞는 특정한 진동수에 맞추는 방식으로 절단하여 사용한다.

실리카와 관련이 있는 두 가지 다른 물질을 여기에서 설명하겠다. 실리카를 탄산소듐과 함께 가열하면 물에 녹을 수 있는 여러 용융성분을 형성한다. 규산소듐 용액은 **물유리**(*water glass*)라 알려져 있고 수년 동안 임시 방수제를 비롯한 여러 용도를 갖는다. 예를 들어 방화제, 종이 풀칠, 계란 보존제로 사용한다. 물유리 수용액은 물보다 조금 더 조밀하므로 때때로 **화학정원**(*chemical garden*)이라고 부르는 크고 아름다운 결정으로 느리게 성장하는 뛰어난 매질이다.

또 다른 SiO_2 형태는 **실리카젤**(*silica gel*)이라고 부른다. 규산소듐 수용액을 산성으로 만들고 과량 물을 대부분 가열하여 제거하면 백색 무정형 다공질 분말로 얻는다. 그것을 실리카젤이라고 한다. 무수 다공질 실리카젤은 여러 건조제, 촉매, 크로마토그래프용 지지체로 사용한다. 그와 비슷한 이유로 시장에서 여러 실리카젤 미세 분말은 코코아와 분말 과일주스와 같은 여러 미세 분말 또는 결정성 식품에서 덩어리 생성을 방지하는 물질로 사용한다.

알루미노규산

규산 중에서 규소를 알루미늄으로 치환할 때 그 결과로 생기는 알루미노규산(aluminosilicate)은 추가로 음전하를 띈다. 그러므로 예를 들어 24 SiO_2 화학식 단위의 실리카를 생각하자. 이러한 단위 중 절반의 Si^{4+}를 Al^{3+}로 치환하면 그 결과로 생기는 물질은 $[(AlO_2)_{12}(SiO_2)_{12}]^{12-}$ 화학식이다. 전기 중성을 달성하려면 12 양전하를 그 양이온 형태로 공급해야한다. 때때로 이러한 알루미노규산염은 여러 크기의 양이온과 작은 분자를 수용하기에 충분히 큰 둥지와 같은 구멍을 갖는 골격구조이다. 그러한 물질을 **제오라이트**(*zeolite*)라고 한다. 그림 14. 15b에 제시한 Linde A는 합성 제오라이트이고 그 화학식은 $Na_{12}[(AlO_2)_{12}(SiO_2)_{12}] \cdot 27H_2O$이다. 그러한 물질을 탈수하면 많은 구멍이 생기고 H_2O, NH_3, CO_2와 같은 여러 작은 분자의 선택적 포집에 이용할 수 있다. "Linde A 분자체"(molecular sieve)는 여러 구멍크기로 합성할 수 있다. Linde A 분자체는 물분자를 선택적으로 포집하고 유기용매의 탈수에 이용한다. 다른 제올라이트는 여러 반응물을 포집하여 불균일촉매로 이용한다. 예를 들어 원유를 더 가볍고 휘발성이 더 큰 연료로 분해할 때 이용할 수 있다.

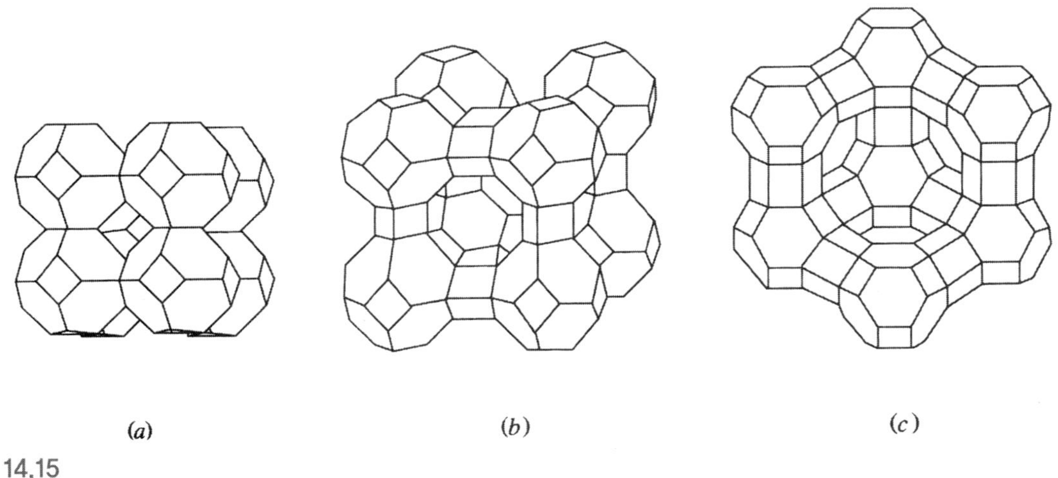

그림 14.15

몇 가지 서로 다른 제올라이트 구조. (a) sodalite, (b) Linde A,(c) faujastite(참고문헌 40).

그림 14.16

산업용 단물화 장치. (a) 센물의 칼슘과 마그네슘 이온은 이온교환 수지 또는 제올라이트에 포집되고 소듐이온에 의하여 치환된다. (b) 연수제는 이온을 다시 충진하기 위하여 진한 소금물을 수지에 통과시켜 소듐이온으로 칼슘과 마그네슘을 강제로 치환하여 방출한다(참고문헌41).

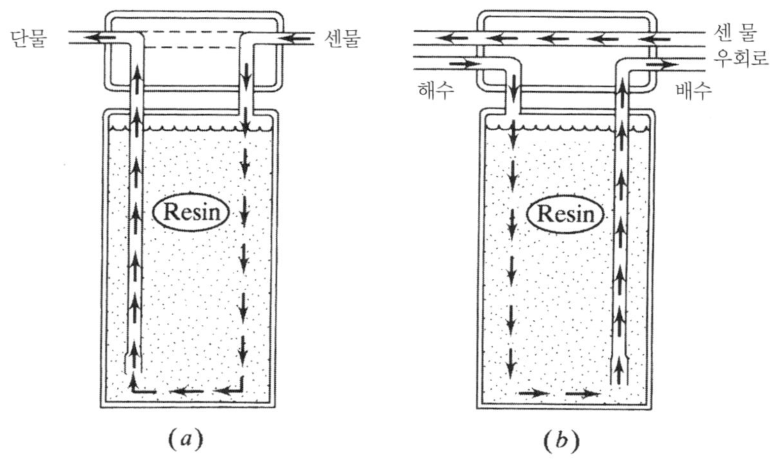

제올라이트는 처음에 물 단물화에 이온교환체로 사용했다. 왜냐하면 소듐이온은 센물 중 큰 전하의 칼슘이나 마그네슘 이온에 의하여 치환될 수 있기 때문이다. 물의 단물화 도표를 그림 14.16에 제시한다. 심장병 환자는 그러한 연수제(softener)를 조심해야한다. 왜냐하면 소량 소듐이 수돗물에 방출되기 때문이다. 시간이 지난 다음 연수제는 다시 이온을 충진하기 위하여 진한 염화소듐용액을 제올라이트에 통과시켜 칼슘과 마그네슘 이온을 치환하여 재충전해야한다. 대부분 제올라이트는 센물을 단물로 만드는 장치에서 여러 합성수지로 대치되고 있다. 그와 반대로 제올라이트는 최근에 연수제 또는 세탁제의 보조제 분자로 첨가한다(세제의 계면활성제와 보조제 분자에 관한 더 완전한 설명은 12.3절을 보라).

운모도 알루미노규산염이다. 예를 들어 백운모 $KAl_2[AlSi_3O_{10}](OH)_2$에서 과량 양이온은 알루미노규산 음이온의 판상 사이에 있다. 이 물질은 대단히 얇은 판상으로 분리되므로 1 in 두께를 1000개 판상으로 분리할 수 있다. 질석(vermiculite)은 수화 운모이므로 탈수하면 부드러운 얇은 조각의 비늘 모양 층으로 분리된다. 질석은 훌륭한 충진물 또는 토양개량제이다. 점토, 장석, 활석과 같은 여러 물질도 알루미노규산이고 고양이집에 흡수제로도 사용한다.

14.6 깊이있는 몇 가지 토픽: 반도체와 유리

반도체

규소와 저마늄은 일반적으로 $p\pi-p\pi$ 결합형성이 불가능하고 이러한 원소는 다이아몬드형 구조에서만 발견되고 흑연과 같은 층상 구조에서는 발견되지 않는다. 다이아몬드 그 자체의 모든 전자들이 편재 공유결합과 관련이 있으므로 그로 말미암아 전류전도에 이용할 수 없다. 그러나 저마늄과 규소의 결합전자는 유효핵전하로부터 멀리 떨어져 있으므로 덜 단단하게 붙잡혀있다. 그러므로 실온서도 이들 전자의 소수는 공유결합을 자유롭게 이탈하여 이러한 준금속을 약한 전류도체로 만든다. 이들 원소를 가열하거나 빛에 노출하면(태양광 전지처럼)더 많은 전자들이 유리되어 전도도는 증가한다. 저온에서 전도도가 좋지 않은 물질이지만 열, 빛, 또는 어떤 불순물 첨가에 의하여 전도도가 증가하는 물질을 **반도체**(*semiconductor*)라고 한다.

순수한 저마늄과 규소는 반도체로서 자연적 또는 붙박이(built-in) 능력을 갖고 그것은 **내성 반도체**(*intrinsic semiconductor*)라고 알려져 있다. 이러한 장치를 설명하기위하여 **띠이론**(*band theory*)이라고 알려진 용어를 사용한다. 모든 원잣가전자는 그림 14.17a 왼쪽처럼 공유결합과 관련이 있다는 것으로 시작한다. 이들 전자는 (a) 부분의 오른쪽처럼 채운 원잣가띠를 점유한다. 이러한 배열상태에서 그 물질은 전기를 전도할 수 없다.

그림 14.17b 왼쪽처럼 전자들이 공유결합으로부터 자유로워질 때 그 전자들은 전도띠를 점유한다고 말한다. 왜냐하면 거기에서 전자들은 이동하고 그 격자에서 한 위치로부터 또 다른 위치로 자유롭게 전도하기 때문이다. 전도띠는 (b) 부분의 오른쪽에서 몇 전자에 의해 점유된다. 전자들이 전도띠로 이동할 때 공유결합의 어떤 "구멍"을 남겨두고 그로 말미암아 원잣가띠로 되는 (b) 부분에도 주목하라.

그림 14.17c 왼쪽처럼 그 결정에 전위차를 가할 때 전자는 구멍에서 구멍으로 도약한다. 즉 그 의미는 전류를 운반하는 것이다. 원잣가전자가 이동하여 구멍을 채울 때 전자가 나온 곳에 또 다른 구멍이 나타나는 (c) 부분의 왼쪽도 주목하라. 그러므로 전자들이 한 방향으로 이동할 때 구멍은 반대방향으로 이동하여 나타난

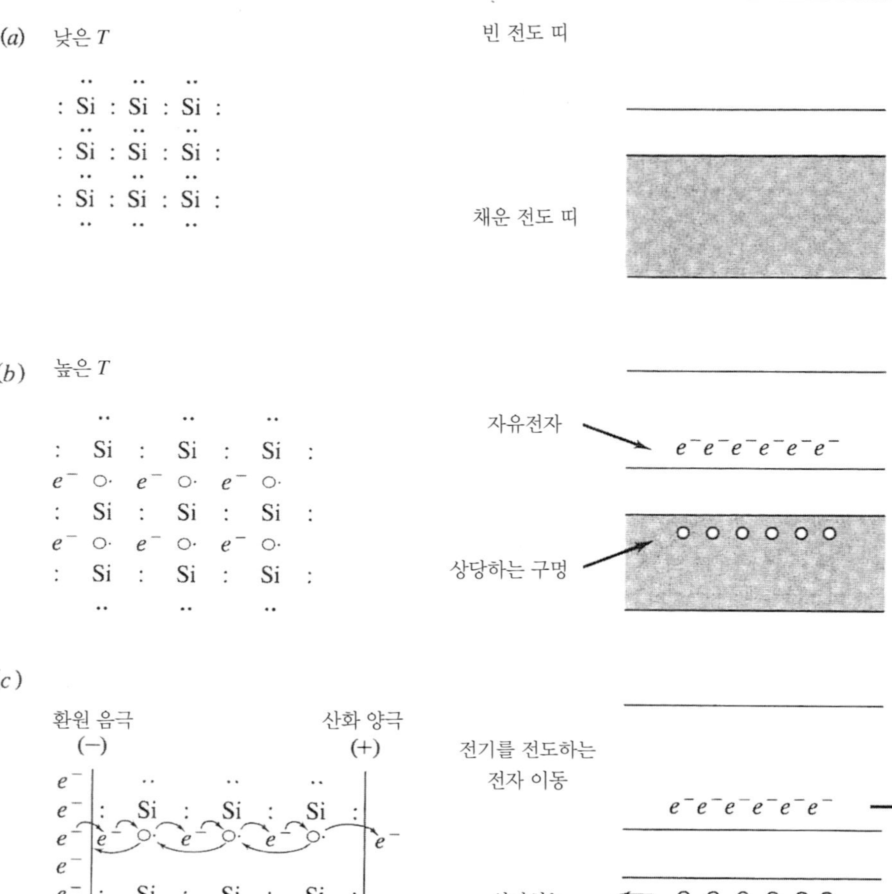

그림 14.17

내성 반도체에서 전자의 위치와 이동. (a) 저온에서 모든 전자는 공유결합에 포함된다. 원잣가띠는 채워지고 전도띠는 비어있다. 자유전자는 없고 그 물질은 전류를 운반하지 않는다. (b) 고온에서 약간 전자들이 공유결합에서 유리되어 원잣가띠로부터 전도띠로 이동한다. 공유결합에서 해리된 각 전자는 구멍을 남긴다. (c) 전위차를 걸어줄 때 전자들은 산화 양극(+)을 향하여 이동하고한편 구멍은 환원음극(−)을 향하여 이동한다. 전자이동은 전류이다. (· = Si 전자; e^- = 자유전자; ○ = 구멍).

다. 이것도 (c) 부분의 오른쪽에 설명되어있다. 저마늄과 규소는 전도띠로 매우 쉽게 들뜨는 원잣가전자를 갖는다. 주기율표 위쪽으로 이동하면서 원잣가전자는 더 큰 핵전하 영향을 받고 쉽게 들뜰 수 없다. 따라서 다이아몬드 그 자체를 포함하는 비금속에서 원잣가띠와 전도띠 사이에 간격은 대단히 크므로 그들은 고온에서도 전기를 전도할 수 없다. 그들은 부도체이다. 그와 반대로 금속에서 원잣가띠는 불완전하게 채워지고 전도띠와 같게 된다. 금속은 저온에서도 도체이다.

도핑(doping)하거나 또는 선택한 불순물을 첨가하면 내성 반도체는 그것의 전도도를 증가할 수 있다. *n*-형 반도체는 그림 14.18a처럼 결정격자의 규소 또는 저마늄을 5A족 원소(일반적으로 인 또는 비소)로 치환한다. P 또는 As 원자는 전도띠를 점유하는 한 과량 음전자를 갖는다. *p*-형 반도체는 그림 14.18b처럼 결정격자의 규소 또는 저마늄에 3A족 원소(일반적으로 붕소 또는 갈륨)를 삽입한다. 이

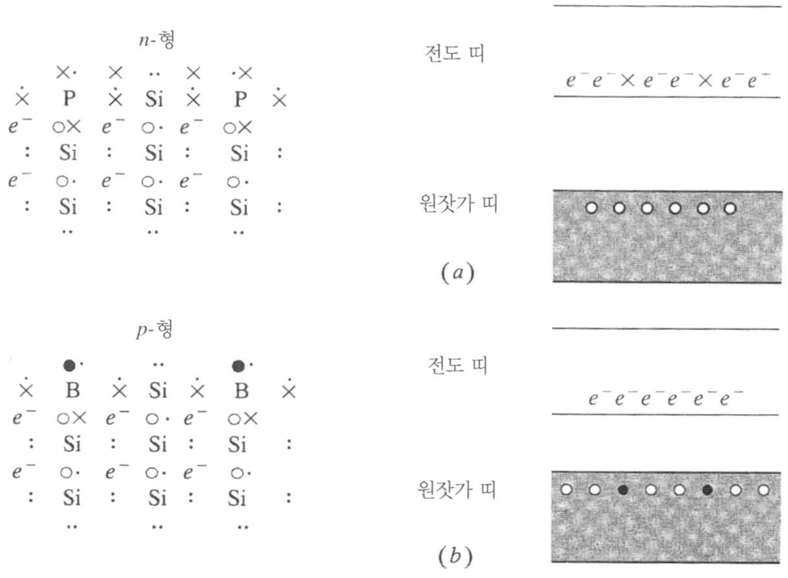

그림 14.18

도핑 반도체에서 전자의 위치와 이동. (a) *n*-형 반도체는 약간 규소원자를 5A족 원소로 치환할 때 생긴다. 각 인 원자는 전도띠에 남는 추가전자를 갖는다. (b) *p*-형 반도체는 약간 규소원자를 붕소와 같은 3A족 원소로 대치할때 생긴다. 각 붕소원자는 전자를 하나 덜 가져서 원잣가띠에 추가로 구멍을 갖는다 (· = Si 전자; x = 인 또는 붕소 원자; e^- = 자유전자; ○ = · = 구멍; 그 · 구멍은 규소보다 전자를 하나 덜 갖는 붕소 때문이다).

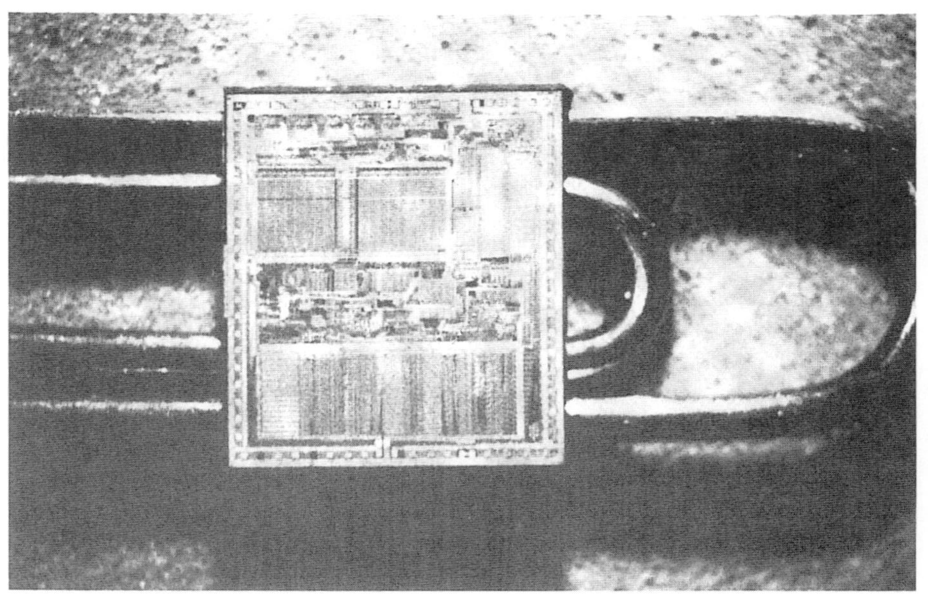

그림 14.19

종이 클립위에 놓은 컴퓨터 칩(참고문헌 42).

러한 종류의 불순물은 한 전자가 부족하다(그로 말미암아 양(positive)전위를 띄므로 *p*-형이라 하고 원잣가띠에 한 과량 구멍이 생긴다. 어느 경우든 전자와 구멍은 걸어준 전위의 영향을 받아 이동할 수 있고 그 물질을 반도체라고 한다.

이러한 반도체의 실제 용도는 그들을 합칠 때 나타난다. *pn*-접합(보통 경계면을 따라 *n*-형과 *p*-형 반도체를 합친 것)은 한 방향으로만 잘 전도하고 그로 말미암아 교류(ac)를 직류(dc)로 변환한다. *pnp* 또는 *npn* 접합은 선택 저항기로 사용하여 전

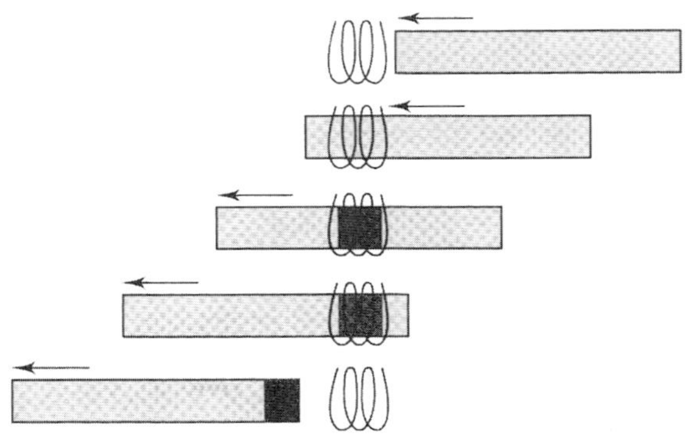

그림 14.20

규소를 정제하는 띠정제 방법. 불순한 규소 막대는 가열 코일을통하여 느리게 통과한다. 불순물은 이동하는 용융 띠에 더 잘 녹으므로 그 규소 막대 끝을 제거하여 버릴 때까지 그 끝에 불순물이 모인다.

기신호를 일정한 방향으로 이동하고 증폭할 수 있다. 그러한 장치를 트랜지스터라 하고 그것은 전에 매우 크고 뜨거운 진공관이 차지하던 것을 매우 작은 공간으로 집적할 수 있다. 트랜지스터와 기타 그러한 장치들은 전자공업과 컴퓨터산업에 혁명을 일으키고 장치들을 최소화하였다. 선택적으로 순수한 규소(또는 저마늄) 칩을 도핑하여 매우 작은 부분에 여러 집적전자회로를 만들 수 있다(그림 14.19를 보라). 이러한 칩(chip)은 마이크로컴퓨터, 주머니 계산기, 전자시계, 태양관전지, 텔레비전, 기타 전자장치의 주요한 성분이다.

반도체 장치의 제조는 다량 규소가 필요하고 1 ppb까지 순수해야한다. 그러한 순도에 도달하려면 실리카를 탄소로 환원하여 만든 불순한 규소(식 4.1)를 식 (14.17)처럼 액체 사염화규소로 변환한다.

$$Si(s) + 2Cl_2(g) \longrightarrow SiCl_4(l) \qquad (14.17)$$

$SiCl_4$는 반복해서 증류한 다음 마그네슘으로 환원하여 식 (14.18)처럼 실제로 순수한 규소로 된다:

$$SiCl_4(l) + 2Mg(s) \longrightarrow 2MgCl_2(s) + Si(s) \qquad (14.18)$$

필요한 순도의 생산에 필요한 최종 단계는 그림 14.20처럼 띠정제(zone refining)라고 알려진 공정으로 완결한다. 이때 규소막대는 가열된 전기코일 속을 통과한다. 그 막대를 용융하면 남은 불순물이 녹은 규소부분에 녹아서 끝 부분으로 운반되고 그것은 절단해서 버린다.

유리

고체 실리카를 녹는점(대략 1700°C) 이상으로 가열할 때 대부분 Si−O 결합이 파괴된다. 냉각 중에 그 결합은 다시 형성하지만 녹는점보다 훨씬 밑 온도에서도 본래 대단히 규칙적이던 상호연결 결정상태를 쉽게 다시 구성하지 못하는 대신 유리를 형성한다. 유리(glass)는 액체와 비슷하게 균일한 비결정 상태이고 흐름속도는 대단히 느리므로 오랜 시간에 걸쳐 굳어지는 것으로 나타난다. 그 유리에서도 작은 결정표면을 형성하면 빛을 반사하고 그 물질은 백색으로 나타난다(가시선 파장은 흡수하지 않는다는 가정하에서). 그러나 유리에서 그러한 반사표면은 형성하지 않고 빛은 그 유리를 통과한다; 그 유리는 가시선에 투명하다.

대부분 보통 유리는 주성분으로 실리카(SiO_2)를 포함한다. 순수한 실리카 그 자체는 좋은 유리(석영 유리 또는 용융 유리)를 만들지만 녹는점이 매우 높고 가격이 비싸다. 산화소듐 Na_2O를 가하면 녹는점이 낮아진다. 그러나 그 유리는 내구성이 없고 물에 녹는다. [이러한 유리를 앞에서 설명한 것처럼 물유리(water glass)라고 한다.] 산화칼슘을 더 첨가하면 내구성이 있고 물에 녹지 않는 유리로 된다. 이러한 세 가지 화합물(SiO_2, Na_2O, CaO)은 보통 소다석회가 주요한 성분이고 실리카 유리는 판상, 창문, 병 등을 만들 때 사용한다.

특별한 성질을 갖는 유리는 여러 다른 성분을 가하여 만든다. 예를 들어 산화포타슘을 가하면 더 단단한 유리로 만들어 정밀한 안경 유리와 기타 광학용 렌즈로 만들 수 있다. 조리용 기구는 산화알루미늄과 산화마그네슘을 가하여 만든 알루미노규산염이다. Pyrex와 Kimax 실험실 유리는 열팽창계수를 감소하는 산화붕소를 함유하여 정상 실험실 상태(특히 0~100°C)에서 깨지지 않고 빠르게 가열하고 냉각할 수 있는 제품으로 된다. 산화납을 첨가하면 좋은 크리스탈에 사용하는 굴절율이 대단히 큰 프린트(flint) 유리로 된다(납을 많이 함유하면 잠시만 포도주와 접촉해도 크리스탈 유리가 씻겨 나올 수 있는 약간의 증거들이 있다). 납을 많이 함유한 유리는 방사선 장비를 조작하는 사람의 보호에도 사용한다. 산화리튬을 함유하는 유리는 칼라 TV에서 방출되는 X-선을 흡수한다. 유리병을 만들 때 염화주석(IV)을 가하여 단단하게 만들고 한편 무지개빛깔로도 만든다. 그 염화주석을 적당량 가하여 단열창 유리로 만들어 적외선 빛을 반사할 수 있다. 여러 금속과 산화금속을 가하여 여러 색 유리를 만든다; [예를 들어 빨간색(소량 금과 구리); 연두색(Fe_2O_3, 또는 CuO); 노란색(UO_2); 주황색(Cr_2O_3); 검은 파란색, 뚜렷한 투광성이 아닌 UV-투광 "코발트 유리"(CoO)]. 광변색성(photochromic) 안경은 햇볕에 노출할 때 검정색이다. 그들은 소량 염화은을 함유하고 식 (14.19)처럼 광화적으로 그리고 가역적으로 은 금속과 원소 염소로 환원한다:

$$AgCl \underset{\text{검정}}{\overset{\text{햇빛}}{\rightleftharpoons}} Ag + Cl \tag{14.19}$$

사기(porcelain)는 많은 양의 산화알루미늄을 함유하고 불균일하고 불투명하고 화학적으로 유리보다 저항성이 크다.

유리섬유는 옷감의 직조에 사용하는 연속적 종류와 절연체(유리솜) 및 플라스틱 강화제로 사용하는 불연속 형태를 포함한다. 이러한 섬유는 새로운 섬유-용출(fiber-drawing) 방법을 사용하여 대단히 순수한 성분으로 만든다. 유리섬유의 세기를 잃지 않으려고 그러한 섬유의 외부 핵심은 큰 굴절률을 갖는 성분(산화저마늄과 같은)으로 도핑한다. 이러한 섬유는 장거리 광선 보내기(예를 들어 의료진단 목적으로 인체 기관에), 전화 송신, 송전, 열 감지, 수송장비용으로 사용했다.

이러한 빛의 성질은 동일한 칩으로 만든 반도체와 결합할 수 있었다. 정교한 새로운 소형화 전자제품과 합친 광검출과 송신은 계속해서 증가하는 여러 장비에 응용되는 것이 확실하다.

연습문제 PROBLEMS

14.1 나무를 태워 만든 숯은 환원제로 사용하는 탄소를 제공한다 가정하고 산화주석(IV)을 옛 날에 관찰된 대로 금속으로 환원하는 반응식을 쓰라.

★14.2 적어도 5명 유기화학자와 면담하여 무기화학과 유기화학 사이에 구별을 설명하라. 여기에 당신의 설명을 간단히 요약하라.

14.3 Scheele은 실리카와 플루오로화수소산으로부터 사플루오로화규소 기체를 제조하였다. 이 과정의 반응식을 쓰라.

14.4 Berzelius의 규소제조 반응식을 쓰라.

14.5 Berzelius는 "비결정" 규소를 분리할 수 있다고 말할 때 이것은 무엇을 의미하는가? 당신의 해답에 사전적 정의를 인용하라.

14.6 Ge는 germanium 대신 germon 또는 germanicon이라고 왜 부르지 않았는가를 무엇이라고 생각하는가? 결국 silicium은 발견한지 7년 만에 silicon이라고 다시 명명하였다.

14.7 4A족 원소의 이온 반지름 경향성을 상세하게 살펴보아라. 이 경향성은 예상하는 것과 같은가? 어떤 예상하지 못한 값이 있는가? 당신의 해답을 간단히 설명하라.

14.8 4A족 원소의 Pauling 전기음성도 경향성을 상세하게 살펴 보아라. 이 경향성은 예상하는 것과 같은가? 어떤 예상하지 못한 값이 있는가? 당신의 해답을 간단히 설명하라.

14.9 4A족 원소의 이온화에너지 경향성을 상세하게 살펴 보아라. 이 경향성은 예상하는 것과 같은가? 어떤 예상하지 못한 값이 있는가? 당신의 해답을 간단히 설명하라.

14.10 4A족 원소의 전자친화도 경향성을 상세하게 살펴 보아라. 이 경향성은 예상하는 것과 같은가? 어떤 예상하지 못한 값이 있는가? 당신의 해답을 간단히 설명하라.

14.11 리튬, 베릴륨, 붕소, 탄소의 수소화물에 대한 이온 특성의 경향성을 요약하라.

★ 표시는 더 어려운 문제이다.

14.12 4A족 수소화물에 대한 이온 특성의 경향성을 요약하라.

14.13 13장의 붕소화학에 대하여 당신이 공부한 것에 바탕을 두고 이 원소는 사슬화반응제(catenator)로 포함되는 것을 증명하라. 당신의 결론을 지지하는 증거를 인용하라.

★14.14 Horta 괴물에 관한 과학공상 소설을 읽거나 "The Devil in the Dark" Star Trek을 본 사람은 규소-바탕 생명체 형태를 가끔 이론화한 것을 알고 있다. 이 가능성은 어떻게 현실성이 있는가? 이러한 "silon"은 우주인에게 위험한가? 그들은 지구를 침입할 수있는가? 간단히 설명하라.

14.15 다음에 대하여 서로 다른 가능한 구조를 그려라.
(a) tetrasilane, Si_4H_{10}
(b) pentasilane, Si_5H_{12}

★14.16 메테인은 약간 어렵게 염소화반응을 하는 반면에 실레인(silane)은 염소와 격렬하게 반응한다. 이 차이를 상호연결 아이디어의 연락망을 이용하여 설명하라.

14.17 메테인은 메탄올(R=CH3) 또는 에탄올($R=CH_3CH_2$)과 같은 알코올(ROH)과 쉽게 반응하지 않지만 실레인은 다음처럼 반응한다. 이 차이를 설명하라.

$$SiH_4 + 4ROH \longrightarrow Si(OR)_4 + 4H_2$$

★14.18 Si−Si, C−C, Si−O, C−O 결합의 상대적 에너지는 탄소와 규소 화학에 존재하는 주요한 종류의 화합물을 어떻게 설명하는가를 간단히 설명하라.

14.19 Hexagermane(Ge_6H_{14})의 가능한 모든 이성질체를 그려라.

14.20 표 14.1에 수록한 공유성 결합 반지름에 바탕을 두고 silane과 germane은 $n = 8$까지 제조되고 stannane은 $n = 2$까지만 제조되는 이유에 관하여 생각하라.

14.21 리튬, 베릴륨, 붕소, 탄소의 산화물에 대한 이온 성질의 경향성을 요약하라.

14.22 4A족 원소 산화물에 대한 이온 성질의 경향성을 요약하라.

14.23 탄소는 규소와 닮지 않은 아산화물(suboxide) C_3O_2 (O=C=C=C=O)을 형성한다. 이 특이한 탄소화합물의 존재에 대한 몇 가지 이유를 설명하라.

14.24 리튬, 베릴륨, 붕소, 탄소의 염화물에서 발견되는 결합형태의 성질에 관한 경향성을 요약하라.

14.25 다음을 어떻게 만드는가? 당신의 해답에 반응식을 쓰라.
(a) $GeCl_2$와 $GeCl_4$
(b) $SnCl_2$와 $SnCl_4$

★14.26 다음을 어떻게 만드는가? 당신의 해답에 반응식을 쓰라.
(a) SnF_2와 SnF_4

(b) PbF_2와 PbF_4

14.27 할로젠화탄소는 다리결합 이합체 구조를 형성하지 못하고 3A족 원소는 자주 형성하는 사실을 설명하라.

14.28 사할로젠화 저마늄과 이할로젠화 저마늄은 어느 것이 더 공유성 결합이라고 기대하는가? 당신의 해답을 간단히 설명하라.

14.29 염화납(IV)과 염화납(II)은 어느 것이 더 물에 잘 녹는가? 당신의 해답을 간단히 설명하라.

★14.30 주석(II)을 철(III)에서 철(II)로 환원에 사용하는 반응을 표시하는 균형반응식을 쓰라. 그 반응에 대한 $E°$와 $\Delta G°$를 계산하라.

14.31 PbO_2를 이용하여 HCl를 Cl_2로 가능한 산화에 대하여 반응식을 쓰라. $E°$와 $\Delta G°$를 계산하고 이 산화반응이 표준상태에서 일어나는 여부를 결정하라(PbO_2는 Pb^{2+}로 환원된다고 생각하라).

★14.32 주기율표를 이해하기 위한 상호연결된 아이디어의 연락망에 대한 여덟 가지를 설명하라. 주기율표의 어느 부분을 설명하는가? 이 새로운 아이디어의 응용에 대한 두 가지 예(서로 다른 두 족으로부터)를 제시하라. 당신의 설명에 따르는 적절하게 잘 표시한 도표를 그려라.

14.33 인산[H_3PO_4 또는 $(HO)_3P{=}O$)]에서 인원자 주위의 결합을 설명하라. 구체적으로 인원자에 의하여 사용하는 혼성오비탈은 어떤 형태이고 인과 산소 오비탈의 어떤 형태가 결합형성과 관련이 있는가?

14.34 황산[H_2SO_4 또는 $(HO)_2S({=}O)_2$]에서 황원자 주위의 결합을 설명하라. 구체적으로 황원자가 사용하는 혼성오비탈은 어떤 형태이고 황과 산소 오비탈의 어떤 형태가 결합형성과 관련이 있는가?

14.35 과염소산[$HClO_4$ 또는 $HOCl({=}O)_3$]에서 염소원자 주위의 결합을 설명하라. 구체적으로 염소원자에 의하여 사용하는 혼성오비탈은 어떤 형태이고 염소와 산소 오비탈의 어떤 형태가 결합형성과 관련이 있는가?

★14.36 과염소산(E=Cl; HClO4), 인산(E=P; H_3PO_4); 황상(E=S; H_2SO_4) 중에서 E=O 결합의 상대적 세기를 추측하고 간단히 설명하라.

14.37 흑연은 좋은 전기도체이고 숯은 아니다. 이 차이에 대한 이유를 추측하라. 당신의 해답에 이 화합물의 구조에 대한 참고문헌을 포함하라.

14.38 다이아몬드의 열전도도는 매우 크다. 전기전도도도 역시 크다고 생각하는가? 당신의 해답을 간단히 설명하라.

14.39 Fullerene이라는 화합물 종류를 설명하라. Fullerene은 왜 그라펜(graphene)의 아

강 (subclass)인가? C_{60}과 같은 대표적 fullerene을 흑연과 비교하고 대조하라.

★14.40 인터넷에서 R. Buckminster Fuller를 찾아라. 그의 축지선 돔 구조를 간단히 설명하고 탄소의 셋째 동소체와 가장 마지막 동소체는 어떤 관련이 있는가를 간단히 설명하라. 당신이 찾은 가장 좋은 정보 사이트에 URI(uniform resource locator)를 제시하라.

14.41 인터넷에서 fullerene을 찾아라. 당신이 찾을 수 있는 최대와 최소 화학식을 제시하라.당신이 정보를 얻은 사이트에 URI를 제시하라.

14.42 단일-벽 나노튜브(single-wall nanotube, SWNTs)는 무엇인가? 그들은 왜 그라펜(graphene)의 아강이라고 부르는가? SWNTs를 흑연과 비교하고 대조하라.

14.43 SWNTs의 이름을 열거하고 가능한 두 가지 용도를 간단히 설명하라.

14.44 탄소-바탕 나노도선의 성질을 간단히 설명하라.

14.45 주석병은 무엇인가? 그것은 어떻게 생기는가? 주석 재료에 어떤 영향을 주는가? 이 병은 역사를 어떻게 변화할 수 있었는가? 이 병에 관한 더 많은 결과를 열거하라.

14.46 탄소-14는 약 1000년 이하 목적물의 연대 측정에 사용할 수 없다. 이 제한에 대한 이유를 추측하라.

14.47 암석의 년대를 탄소-14 방법으로 측정할 수 없는 이유를 적어도 두 가지 제시하라.

★14.48 우라늄-238은 다음의 α와 β^- 방출 계열을 거쳐 납-206으로 붕괴한다; α, 2β, 5α, β, α, 3β, α. 각 단계에서 생성된 새로운 동위원소를 보여주는 연속 핵반응을 쓰라.

14.49 문제 14.48에서 제시한 우라늄-238이 납-206으로 변환할 때 α와 β^- 연속 방출계열을 참고하여 화학적 유사성이 의심되는 바륨 퇴적물이 아닌 우라늄 광석에서 Curie의 라듐발견을 설명하라.

14.50 가장 오래된 것으로부터 가장 최근까지 배열한 연속 암석시료에서 $^{206}Pb/^{204}Pb$ 비는 증가하는가, 감소하는가, 또는 일정하게 머무는가? 당신의 해답을 간단히 설명하라.

★14.51 석탄연소로부터 나오는 납의 동위원소 꼬리는 용광로에서 나오는 것과 왜 다른가? Missouri 용광로에서 나온 납은 California 용광로에서 나온 납과 왜 동위원소 비가 서로 다르게 생성되는가?

14.52 납 원자량이 납을 분리하는 광물에 따라 왜 다른가를 설명하라.

14.53 *supra*는 무엇인가? 어떻게 누구에 의하여 제조하였는가? 역사는 어떻게 변화하는가를 설명하라. 현대 사회에서 supra와 유사한 것이 있는가? 적어도 두 가지를 거명하고 설명하라.

14.54 이황화탄소의 Lewis 구조, VSEPR 도형, VBT 도형을 그려라.

14.55 포스겐($COCl_2$)의 Lewis 구조, VSEPR 도형, VBT 도형을 그려라.

14.56 시안화수소(HCN)의 Lewis 구조, VSEPR 도형, VBT 도형을 그려라.

14.57 납축전지를 봉인하기 전에 배터리 상태는 비중계를 이용하여 황산 전해질 용액의 밀도를 측정하여 결정한다. 비교적 적은 밀도는 충전이 필요한가? 또는 완전히 충전된 것인가? 당신의 해답을 간단히 설명하라.

14.58 표준상태 조건에서 납축전지의 전체 반응에 대한 $E°$와 $\Delta G°$를 계산하라.

★14.59 그림 14.8f에 제시한 그림으로부터 서로 다른 두 가지 규산사슬결합을 다음에 제시한다. 각기 반복단위를 결정하라.

★14.60 다음 각 규산염을 이용하여 중요한 실제적 광물과 관련시켜라. (a) 오르토규산염, (b) 단일-사슬 규산, (c) 이중-사슬 규산, (d) 고리형 규산, (e) 판상 규산, (f) 골격, 또는 삼차원 규산. 각 경우에 그 광물의 실제적 응용을 설명하라.

★14.61 인산 알루미늄($AlPO_4$)은 SiO_2처럼 석영 비슷한 구조를 왜 형성하는가를 간단히 설명하라(알루미늄과 인은 전자적으로 규소와 어떤 관계가 있는가? AlP 쌍은 두 규소원자와 어떤 관련이 있는가?).

14.62 구조에 바탕을 두고 제올라이트는 왜 체(sieve)라고 부르는가를 간단히 설명하라. 사전을 사용하여 sieve 단어의 뜻을 찾아라.

★14.63 당신은 호기심 많고 대학교육을 받았지만 과학-형 사람이 아닌 Emily 아주머니를 알고 있다고 가정하자. 그녀는 당신에게 최근에 어떤 화학을 공부하는가를 묻는다. 당신은 알루미노규산염을 현대의 세제에 넣어 물을 단물화한다고 설명한다. 결과적으로 당신과 Emily 아주머니는 그 다음에 세제 상자를 살펴보고 알루미노규산염과 탄산소듐이 구성 성분으로 함께 수록된 것을 발견한다. 당신의 아주머니는 당신에게 왜 그럴 수 있는가를 묻는다. Emily 아주머니와 동일한 배경을 갖는 사람에게 당신이 할 수 있는 대답을 상세하게 제시하라. 당신이 이 연습문제를 구두로 대답한 것을 서류화하거나 아주머니에게 또는 과학에 흥미있는 문외한에게 글로 써서 준다면 가산 점수를 줄 수 있다.

14.64 내성반도체와 도핑반도체 사이에 차이를 간단히 설명하라.

14.65 비소화갈륨은 적당한 반도체 화합물인가? *n*-형과 *p*-형 반도체는 비소화갈륨으로부터 어떻게 만드는가?

14.66 오래된 유리창은 위보다 아래 부분이 왜 더 두꺼운가?

14.67 산화소듐과 산화칼슘 대신 탄산소듐과 석회석은 보통 유리의 일반 성분으로 수록되어있다. 그 이유를 간단히 설명하라.

CHAPTER

15 5A족 원소: 피코젠

많은 화학자들은 5A족 원소를 **피코젠**이라고 부르지 않는다. 피코젠(picogen)이라는 이름은 "숨막히는 생성물"를 의미하고 그리스어로서 pnigein은 "to choke" 그리고 -genés는 "be born"를 뜻한다. 피코젠은 애매하므로 공식적으로 인정하지 않았지만 그러한 족 이름의 존재는 우리들이 한 족 안에서 더 균일한 성질을 향하여 다시 출발하라는 것을 암시한다. 여전히 질소, 인, 비소, 안티모니, 비스무트 사이에 많은 여러 가지 다양성이 존재한다.

이 장의 첫 두 절은 원소의 발견역사와 5A족 성질에 대한 상호연결된 아아디어 연락망의 응용을 설명한다. 셋째 절은 −3에서 +5까지 여러 질소 산화상태가 나타내는 화합물의 구조, 제법, 반응, 응용을 강조한다. 이것은 질소고정, 아질산염, 질산염, 인 동소체, 그리고 여러 인산염을 포함하는 어떤 나머지 반응과 실제로 중요한 화합물에 관한 설명이 뒤따른다.

15.1 원소의 발견과 분리

그림 15.1에 5A족 원소의 발견 자료를 전시한다. 그림 15.1을 잠간 비교해보면 아주 옛날은 아니지만 탄소, 주석, 납처럼 5A족 원소들은 미국의 건국 이전에 알려졌다. 그들 중 세 원소(인, 비소, 안티모니)는 연금술과 강력한 관련이 있다. 연금술사(중세의 마술사-화학자)들은 바탕 금속을 금으로 그리고 영원히 죽지 않는 생명의 만병통치약을 만드는 현자의 돌(philospher's stone)을 찾고 있었다. 안티모니는 연금술사들이 그 비밀을 보호하였고 비소와 인의 발견자들은 여러 가지로 연금기술을 지도하였다.

안티모니와 비소

안티모니(*antimony*)라는 이름은 연금술의 비밀로 덮여있고 그러한 다른 용어처럼 안티모니는 그리스 또는 라틴어에 나타나는 어떤 아랍어 단어 또는 아랍어 구절의

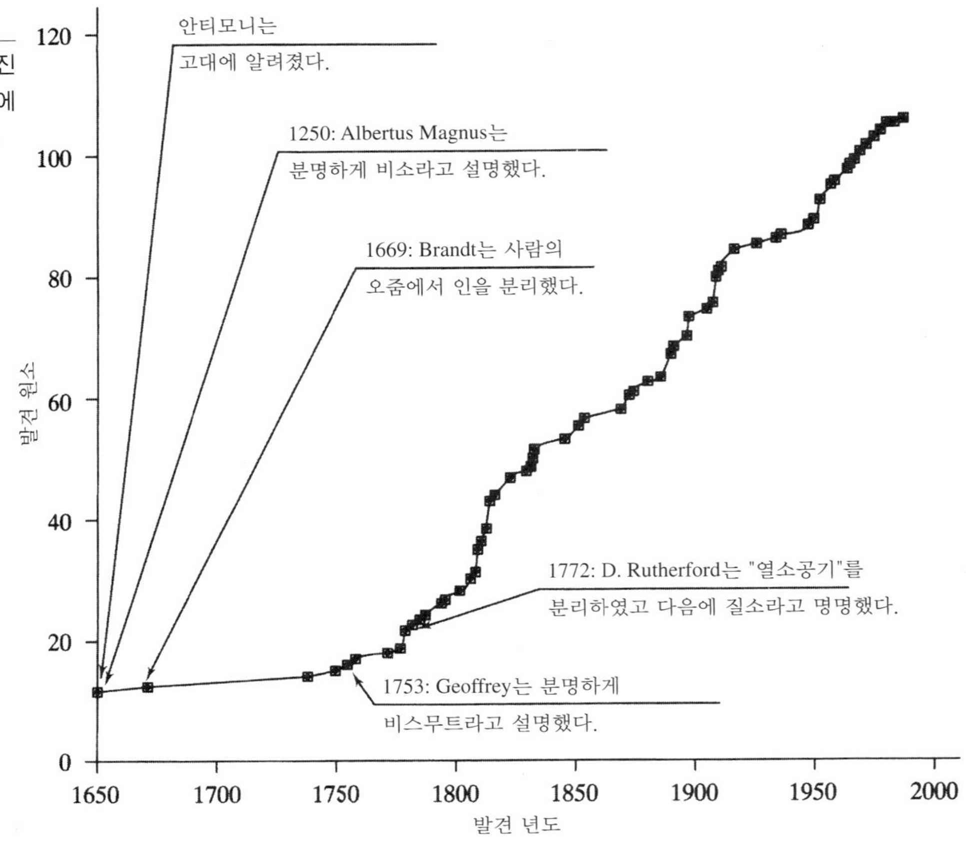

그림 15.1

발견년도에 대하여 알려진 원소수를 점시한 그림에 겹쳐 표시한 5 A족 원소.

가장 그럴듯한 변조어이다. 전에 안티모니 원소에 대하여 사용하였고 여전히 여러 안티모니 화합물 이름의 어원(root)으로 사용하는 라틴어 **스티븀**(*stibum*)은 매우 많이 동일한(그러나 알려져있지 않지만) 아랍 어원을 갖는다. 오늘날 황화안티모니(III) Sb_2S_3라고 알려진 Stibinite 또는 "stibic stone"은 고대에 검정색 화장품과 눈썹 화장품으로 사용했다. Rhazes는 20세기 페르시아 물리학자이고 연금술사이다. 그는 금속 안티모니를 설명했지만 이러한 깨지기 쉬운 회색 금속이 언제 처음으로 분리되었는가를 알지 못한다. 이전의 용도는 구토제(토하게 만드는 촉진제), 종을 만드는 금속에 가하여 낭랑한 소리를 내게 만드는 첨가제, 금속합금 등이다.

비소(*arsenic*)라는 이름은 그리스어 arseniken에서 유래했고 그것은 일반적 비소 광물의 화화물인 "웅황"(yellow orpiment, 안료와 화약용으로 사용하는 광물)에 대한 페르시아어의 약간 신비스런 변형 단어이다. 그 비소의 첫 번째 분리는 정확하지 않지만 13세기 독일 학자이고 의심이 많은 연금술사 Albertus Magnus(또는 Albert the Great라고 부른다)를 일반적으로 비소의 발견자라고 믿는다. 왜냐하면 그는 1250년이라고 날자를 기록한 분명한 기재사항 때문이다. 웅황광물[황화비소(III)]을 자유 비소로 만드는 환원반응에 관한 초기의 설명은 달걀껍질($CaCO_3$)

또는 생석회(CaO)와 함께 가열한 다음 숯과 함께 가열하는 것과 관련이 있다.

비소화합물(arsenicals)의 유독한 성질은 오래 동안 알려져 왔다. 우연한 또는 고의적 중독은 수세기 동안 잘 기록되어 있다. 예를 들어 어떤 중국 사람은 새로 만든 주석 주전자에 넣은 음료수 때문에 중독이 되었다. 비소는 거의 항상 주석과 함께 존재하고 비소를 분리하려면 적절한 조처를 취해야한다. 비소중독을 이용하는 살인 때문에 미스테리 작가들은 수년간 호기심을 가졌다. 이들 중에서 가장 유명한 소설은 Dorothy L. Sayers에 의한 *Strong Poison*(1930)이다. 오랜 시간에 걸쳐 점차 비소 면역을 쌓은 살인자는 비소를 그 희생자와 그 자신에게 똑같은 양을 투여하여 의심에서 벗어난다. 비소가 증가하여 생기는 면역을 이용하여 살인자는 영향을 받지 않지만 그 희생자는 그렇지 않았다.

인

인의 발견은 이 절에서 원소의 발견과 역사에 관하여 만나는 가장 색다른 이야기 중 하나이다. 독일 연금술사이고 물리학자 Hennig Brandt는 1669년에 인을 분리하고 그의 시대 이전에 알려지지 않은 원소를 발견하는 최초 사람이 되었다. Brandt는 모든 것 중에서 은을 금으로 변환할 수 있는 물질을 찾다가 사람의 오줌을 선택하였다. 처방전은 50~60 들통의 오줌을 관 속에서 부패할 때까지 보관한다. 그 다음 죽 모양으로 될 때까지 끓이고 그 증기를 물에 받아 백색 왁스같은 물질로 얻었고 그것은 검정색으로 변하였다. Brandt는 그의 생성물을 "차가운 불"이라고 불렀다. 그 후에 "불을 갖는다"를 의미하는 그리스어로부터 phosphorus라고 불렀다.

그 처방전은 비밀스럽게 판매되었고 딴 방법으로 1737년까지 몇 사업자들에게 전달되었고 최초 발견 후 68년 만에 그 비밀을 French Academy of Science에 팔았고 그것이 대중에게 알려졌다. 1769년에 Karl Scheele과 Johann Gahn은 뼈에서 인을 발견하였다. 그러나 한 세기 동안에 인 원소를 만드는 방법이 오직 사람의 오줌을 처리하는 것과 관련이 있는 것은 놀라운 일이다. 1800년대 초기에 영국에서 성냥산업은 많은 인이 필요하여 유럽 전투지역에서 사람의 유해를 철저히 찾아 헤맸다. 고맙게도 현재는 비교적 세속적 방법으로 식 (15.1)처럼 인산 암석을 모래 및 코크와 함께 가열하여 제조한다.

$$2\mathrm{Ca_3(PO_4)_2}(s) + 10\mathrm{C}(s) + 6\mathrm{SiO_2}(s) \xrightarrow{\Delta} 6\mathrm{CaSiO_3}(s) + 10\mathrm{CO}(g) + \mathrm{P_4}(s) \quad (15.1)$$

비스무트

비스무트 금속의 첫 번째 분리는 몇 가지 그 동종체처럼 정확한 년대가 비밀로 가려져 있다. 독일어로 Weisse mass, 그 후에 Wismuth 그리고 라틴어로 bisemutum

은 "white metal"이라는 말로부터 유래한다. 비스무트(bismuth)는 실제로 엷은 분홍색을 띄는 백색결정 금속이다. 비스무트는 1440년경에 Gutenberg 인쇄술의 발전과 연관된 읽고 쓰는 형명에 한 역할을 한 것처럼 보인다. 1450년대에 비스무트 합금으로부터 글자의 형태를 주조하는 비밀방법이 알려졌다.

수세기 동안 비스무트는 주석이나 납과 혼돈하였다. 연금술사들은 비스무트를 더 오래 그대로 두면 결국 은으로 변한다고 믿었다. 따라서 광부들은 비스무트를 우연히 발견할 때 "슬프도다! 우리는 너무 이르게 왔다."고 슬퍼했다. 1753년에 Claude-François Geoffrey는 비스무트에 관하여 그러한 것을 철저하게 결정적으로 조사하였고 그는 때때로 비스무트 발견자로 기록한다.

비스무트는 초기에 주석에 첨가하여 경도와 광택의 증가에 사용했다. 비스무트는 또한 종을 만드는 주석과 청동에 첨가하여 종을 칠 때 더 깊고 풍부한 소리를 내게 만들었다. 비스무트 함량이 많은 합금은 녹는점이 낮고 현재 화재-검출, 스프링 틀러, 휴즈, 구조용 밸브 등에 안전장치로 사용한다. Wood metal(50% 비스무트, 25% 납, 12.5% 주석, 12.5% 카드뮴)로 만든 차 숟가락은 커피 물에 녹는다(이것으로 다려 만든 음료를 마시는 것은 치명적으로 어리석은 짓이다).

질소

지금까지 설명한 대단히 많은 다른 원소처럼 질소화합물은 자유원소로 분리되기 오래 전에 이미 잘 알려졌다. *Sal ammoniac*(염화 암모늄)은 1500 B.C. 이후에 알려졌고 *Aqua fortis*(질산)는 15세기에 설명하였고 16세기 말에 은과 금의 분리 때문에 많은 수요가 있었다. *Saltpeter* 또는 *niter*(질산 포타슘)과 *Chilean saltpeter*(질산 소듐)은 비료로 높은 평가를 받았고 화약으로 사용하였다.

1772년에 스코트 화학자 Joseph Black의 지도를 받아 연구하던 Daniel Rutherford는 탄소-함유 물질을 공기 중에서 연소하고 이산화탄소(Black은 "고정공기"라고 불렀다)를 제거하고 남은 어떤 기체 또는 "공기"의 분리를 발표하였다. 이것은 10.1절에서 Lavoisier의 결정적 연구 이전 시대에 연소라고 부르는 것이 모두 열소(phlogiston)라는 용어로 표현한 이유라고 기억하라. 그러므로 Rutherford는 그의 생성물을 "열소공기"(phlogisticated air)라고 불렀다. 기타 세 사람의 열소학자, 즉 Karl Scheele과 Joseph Priestly[탈열소 공기(산소)의 공동 발견자] 그리고 Henry Cavendish(수소의 발견자)도 독립적으로 동일한 물질(질소)을 만들었다. Lavoisier는 "생명없는 것"을 의미하는 "azote"라는 이름을 제안했지만 몇 년 뒤에 이 원소가 질산(nitric acid)과 질산염(nitrates)의 성분이라는 것이 알려진 다음 nitrogen("nitron producer")이라는 이름으로 인정되었다. 질소는 여전히 보통 공기를 액화하고 분별증류하는 방법으로 제조한다. 질소는 결합하지 않은 원소로 가장 많이 존재한다. 대기는 4억톤 질소를 함유한다!

15.2 기본 성질과 상호연결된 아이디어 연락망

그림 15.2는 상호연결된 아이디어 연락망에 겹친 5A족 원소를 나타낸다. 그러나 이 표시는 14.3절의 끝에 제시한 그림 14.5에 나타낸 것과 꼭 같다. 14.3절에서 2주기와 3주기 원소와 관련이 있는 여덟 번째 $p\pi-d\pi$ 결합의 성분을 추가하여 상호연결된 아이디어 연락망을 완결하였다. 피코젠은 우리들의 직물과 밀접한 관련이 있다.

표 15.1은 우리들이 기대하는 방식으로 변하는 족의 성질을 일반적 표로 만들어 보여준다.

유일성 원리

질소는 계속되는 족의 설명에서 만나는 첫 번째 기체 원소이고 예상하는 것처럼 분명히 특이하지만 탄소에 비하여 그 족에 있는 동종체와 더 밀접한 관련이 있다.

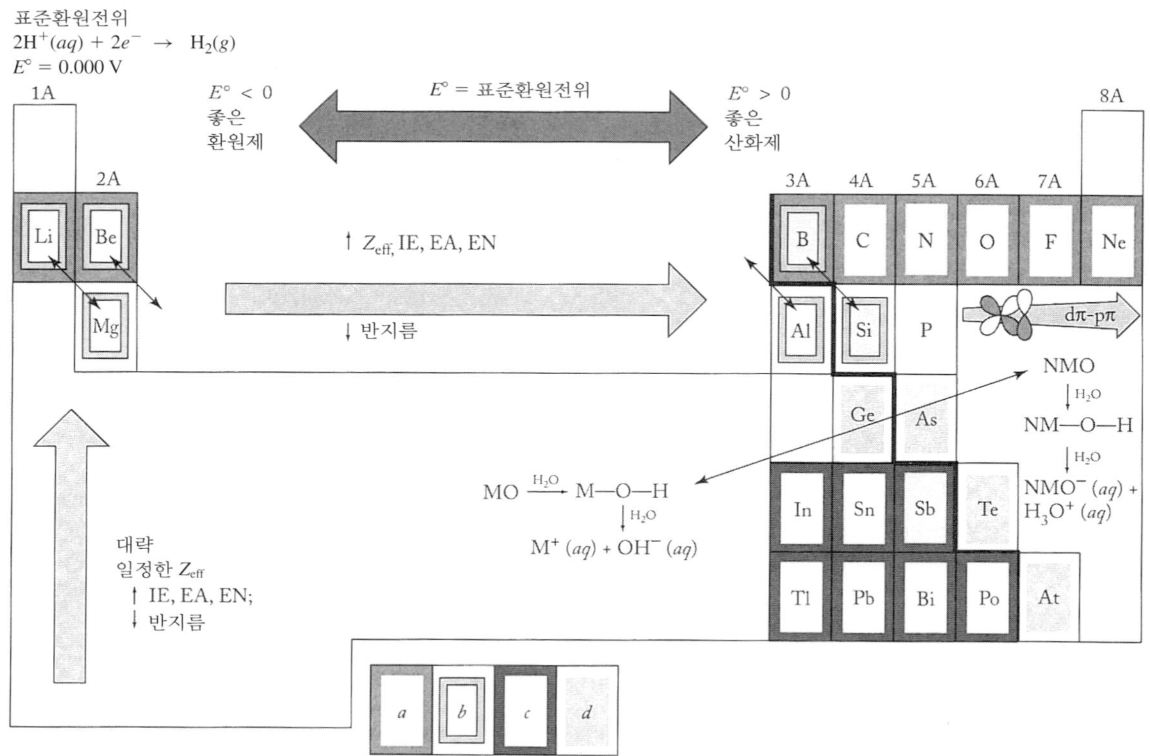

그림 15.2

주기적 성질의 경향성, 금속과 비금속 산화물의 산-염기 특성, 표준환원전위의 경향성, (a) 유일성 원리, (b) 대각선 효과, (c) 비활성-쌍 효과. (d) 금속-비금속 경계선, (e) 2 주기와 3 주기 원소를 포함하는 $p\pi-d\pi$ 결합의 변화 등을 포함하는 상호 연결된 아이디어의 연결망에 겹쳐 표시한 5A족 원소.

표 15.1 5A족 원소의 기본 성질

	질소	인	비소	안티모니	비스무트
기호	N	P	As	Sb	Bi
원자번호	7	15	33	51	83
자연동위원소 A/% 존재	^{14}N/99.63 ^{15}N/0.37	^{31}P/100	^{75}As/100	^{121}Sb/57.25 ^{123}Sb/42.75	^{209}Bi/100
전체 동위원소	7	7	13	22	18
원자량	14.01	30.97	74.92	121.8	209.0
원잣가전자	$2s^2 2p^3$	$3s^2 3p^3$	$4s^2 4p^3$	$5s^2 5p^3$	$6s^2 6p^3$
mp/bp,°C	−210/−196	44/280[a]	814/승화	631/1380	271/1560
밀도, g/cm^3	1.25 (g/liter)	1.83[a]	5.73[b]	6.69	9.75
원자반지름 (금속), Å	···	···	···	1.61	1.82
공유결합 반지름 Å	0.75	1.06	1.20	1.40	1.46
이온반지름 Shannon-Prewitt, Å (C.N.)	0.27(6)	0.52(6)	(+5) 0.60(6) (+3) 0.72(6)	(+5) 0.74(6) (+3) 0.94(5)	(+5) 0.90(6) (+3) 1.17(6)
Pauling EN	3.0	2.1	2.0	1.9	1.9
전하밀도 (전하/이온반지름) 단위전하/ Å	18	9.6	(+5) 8.3 (+3) 4.2	(+5) 6.8 (+3) 3.2	(+5) 5.6 (+3) 2.6
E°[c], V	+0.25	−1.49	−0.68	−0.57	−0.45
산화상태	−3 ~ +5	−3, +3, +4, +5	+3, +5	+3, +5	+3, +5
이온화에너지, kJ/mol	1400	1012	947	834	703
전자친화도, kJ/mol	0	−74	−77	−101	−100
발견자/년도	Rutherford 1772	Brandt 1669	Albertus 1250	Antiquity	Geoffrey 1753
rpw[d] O_2	NO NO_2	P_4O_6 P_4O_{10}	As_4O_6	Sb_2O_3	Bi_2O_3
산화물의 산-염기 특성	산	산	양쪽성	양쪽성	염기
rpw N_2		없다	없다	없다	없다
rpw 할로겐	NX_3	PX_3, PX_5	AsX_3, AsF_5, $AsCl_5$	SbX_3, SbF_5, $SbCl_5$	BiX_3, BiF_5
rpw 할로겐	NH_3	PH_3	···	···	
결정구조	···	입방[a]	사방	사방	사방

[a] 백인
[b] 회색비소
[c] $NO_3^- \rightarrow N_2$; $EO_4^{3-} \rightarrow E$, E = P, As; $Sb(OH)_6^- \rightarrow Sb$; $Bi_2O_3 \rightarrow Bi$(염기성 용액에서)
[d] rpw = reaction product with

예를 들어 탄소를 규소와 비교하는 것처럼 질소는 인보다 훨씬 더 좋은 사슬화반응 원소(catenator)는 아니다. 질소-질소 단일결합은 탄소-탄소 결합보다 훨씬 약하고 고립전자쌍 사이에 반발력 때문이라고 생각되는 그 사실이 일반적으로 작은 이웃 질소원자에 나타난다. 그와 반대로 인과 다르게 −3과 +5 사이에 여러 산화상태, $p\pi$ 결합을 형성하는 큰 능력, $3d$ 오비탈을 이용하지 않는 것 등등의 많은 예들이 나타난다(15.3절).

질소 원자들이 $p\pi$ 결합을 형성하는 가능성의 증가는 2원자 분자(N_2)의 특별한 안정도에 있는 것이 가장 확실하다. 삼중결합과 관련이 있는 고에너지는 다음 때문이다:

1. 현재 대기의 약 80%를 구성하는 그리고 축적되는 분자 질소.
2. 질소 "고정"의 어려움, 즉 분자 질소를 다른 질소화합물로 변환(15.4절).
3. N_2를 생성할 때 생기는 큰 발열, 때때로 발열반응(15.4절).

$p\pi$ 결합을 형성하는 능력은 그 결과로 여러 질소화합물에 나타나고 더 무거운 5A족 동종체 사이에 그와 비슷한 것은 없다. 이들은 다음을 포함한다.

1. 다음과 같이 교대로 나타나는 단일결합과 이중결합을 포함하는 사슬화반응의 결합. PhN=N−NPh−N=N−NPh−N=NPh[여기에서 Ph는 페닐 원자단 (C_6H_5-)이다].
2. N=O 결합을 포함하는 거대한 여러 산소 화합물(산화물, 옥소산, 그리고 상당하는 옥소음이온).
3. 시안화수소산 (H−C≡N), 그리고 상당하는 시안화물 ($C≡N^-$).
4. 티오시안산 (H−S−C≡N), 그리고 상당하는 티오시안산 ($S-C≡N^-$).

질소는 여러 가지 질소화황과 질소화인도 형성한다. 그러나 이들은 C≡N, N=O, N=N, N≡N 결합에서 $p\pi-p\pi$ 변화와 반대로 $p\pi-d\pi$ 결합의 특성을 갖는다. 그러므로 이제 최근에 첨가된 상호연결된 아이디어 연락망의 여덟 번째 성분이 5A족 화학에 어떻게 응용되는가(2주기와 3주기 원소와 관련이 있는 $p\pi-d\pi$ 결합의 고려)를 살펴보겠다.

2주기 및 3주기 원소와 관련이 있는 $p\pi-d\pi$ 결합

인과 더 무거운 동종체의 화학은 원소-대-원소(E−E, element to element의 약자) 단일결합이 유력하고 특히 인의 경우에 $3d$ 오비탈을 이용하여 다른 여러 산소, 질소, 황 원자까지도 $p\pi-d\pi$ 이중결합을 형성한다. d 오비탈 참여는 PF_5, $SbCl_5$, $X_3P=O$(여기에서 X=F, Cl, Br, I)와 같은 화합물, 인의 옥소산과 옥소음이온, 포스파젠이라고 부르는 화합물 종류에서 알려진 것처럼 확장 팔전자계로 된다. 이러한 여러 경우는 적당한 절에서 수소화물, 산화물, 옥소산, 할로젠화물을 상례적으로 살펴보기 위하여 만날 때 취급할 것이다. 그러나 지금은 포스파젠(phosphazene)을 잠간 살표 보겠다. 포스파젠은 전에 phosphonitrile아라 불렀고 동일한 분자에 N과 P를 함유한다.

포스파젠은 일반식 $[NPR_2]_n$의 고리형 또는 사슬형 인−질소 화합물이고 여기에서 R = F, Cl, Br, OH과 여러 유기 원자단이다. 잘 알래진 고리형 포스파젠은 그림 15.3a와 b에 제시한 삼합체와 사합체이다. 이러한 분자는 단일결합과 이중결합이 교대로 나타나는 $d\pi-p\pi$ P−N 결합이고 실제로 모든 P−N 거리는 약 1.5 Å이고 그 값은 P−N보다 짧고 P=N 결합보다 길다. 질소원자는 셋째 비혼성 p 오비탈과 sp^2 혼성화되어 이중결합을 형성한다. 그와 반대로 인 원자는 $3d$ 오비탈과 sp^3-혼성화되어 이중결합을 형성한다(4A족 원소에 관한 14장에서 $d\pi-p\pi$ 결합을 설명

그림 15.3

(a) cyclotriphosphazene,
(b) cyclotetraphosphazene,
(c) 직선형 중합체 포스파젠.

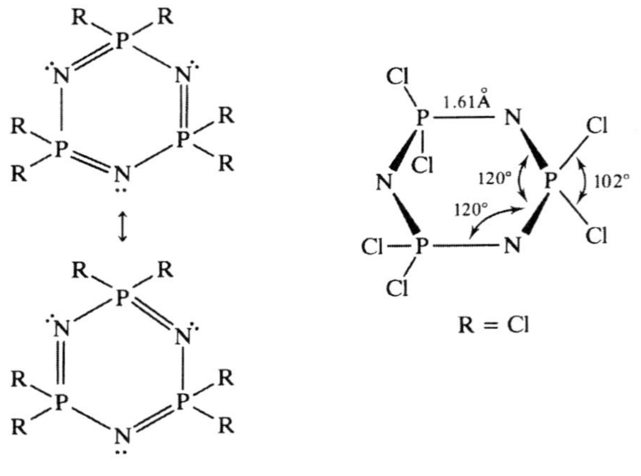

R = Cl

1.61Å

120°

102°

(a)

R = Cl

102°

∢NPN = 117°; ∢PNP = 123°

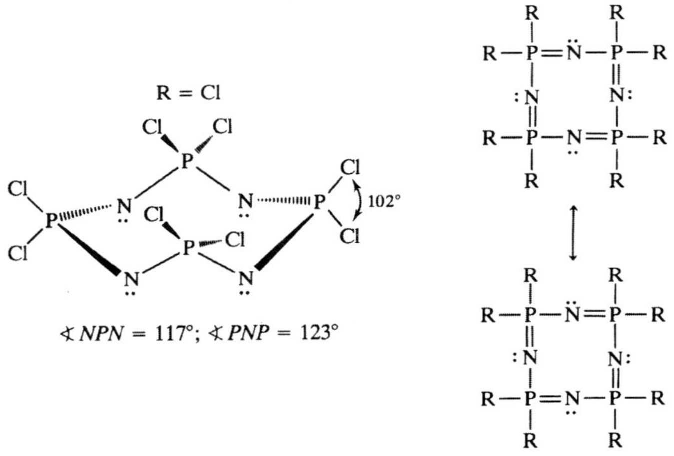

(b)

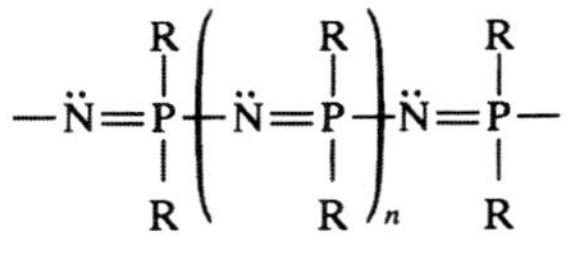

(c)

할 때 이러한 상호작용이 정상적 단일결합을 어떻게 비정상적으로 세게 만드는가의 설명을 기억하라. 이제 여기 5A족 화학의 설명에서 이러한 상호작용을 모두 둘째 결합으로서 그리고 질소-인 사이에 결합을 형식적 P=N 이중결합으로서 설명하는 것으로 옮겨가겠다). 그림 15.3c와 같은 직선형 중합체 사슬도 알려져 있다. 이러한 무기물 중합체는 여러 치환기를 가지며 어느 경우에 고무 성질을 생각나게 만드는 다리걸친 결합을 하고 여러 가지 섬유, 고무, 유리, 수술용 생분해성 봉합사로서 사용이 증가하고 있다.

기타 상호연결된 아이디어 연락망의 성분들

비활성-쌍 효과는 계속해서 응용가능하다. 인, 비소, 안티모니는 +3과 +5 산화상태가 유력하지만 비스무트는 +3 화학이 유력하다.

금속－비금속 경계선은 각 족을 계속해서 밑으로 이동하지만 여전히 여기에서도 관련이 있다. 그러나 중요한 것으로서 이 5A족은 비금속 질소와 인이 특색을 나타내고 그리고 단하나 진짜 금속인 비스무트를 함유하는 점이다. 그 산화물들의 산－염기 성질은 금속－비금속 경계선의 위치를 나타낸다. 질소와 인 산화물은 산성이고 비소와 안티몬 산화물은 양쪽성이고 비스무트 산화물만 염기성이다.

일반적 표준환원전위의 수평 경향성은 이들 원소와 그 화합물이 앞에서 설명한 것보다 좋은 산화제라는 것을 표시한다. 그러나 각 화합물의 설명은 여러 산화환원 성질을 나타낸다.

수소화물

질소와 인의 차이는 적절하게 가장 간단한 암모니아(NH_3)와 포스핀(PH_3)의 수소화물로 나타낸다. 암모니아는 친근한 피라미드 모양의 공유결합성 수소화물이다. 이 교재의 여러 절에서 수소결합 능력(10장), 착물(1장), 물에 대한 용해 그림 10.7에 대하여 설명했다.

우리는 모두 살고 있는 집에서 암모니아를 느끼고 분명한 자극성 냄새를 인정하고 있지만 포스핀(phosphine)은 전혀 다른 별개의 사항이다. 실제로 정확하게 생선이 썩는 것과 같은 냄새이다. 포스핀은 식 (15.2)처럼 물과 이온성 수소화칼슘을 반응시켜 편리하게 만든다. 포스핀은 식 (15.3)처럼 공기 중에서 대단히 심한 독성 포스핀 기체이고 즉시 산소와 반응한다(그리고 그것은 미량 P_2H_4 또는 원소 인 때문에 연소한다):

$$Ca_3P_2(s) + 6H_2O(l) \longrightarrow 2PH_3(g) + 3Ca(OH)_2(s) \tag{15.2}$$

$$4PH_3(g) + 8O_2(g) \longrightarrow P_4O_{10}(s) + 6H_2O(g) \tag{15.3}$$

구조적으로 포스핀은 암모니아처럼 피라미드(H－P－H 각도 = 93.7°)이지만 수소결합을 형성하지 않거나 물에 녹지 않는다. 왜냐하면 P－H 결합은 기본적으로 무극성이기 때문이다. 포스핀은 또한 매우 약한 Brønsted-Lowry 염기(양성자 받개)인 암모니아와 다르다. 그러나 포스핀은 센 산과 반응시켜 포스포늄(PH_4^+, phosphonium) 염을 강제로 만들 수 있다.

아르신(AsH_3, arsine)은 포스핀보다 훨씬 덜 녹는다. 예를 들어 아르신은 가열 중에 쉽게 분해하여 금속 비소를 형성하고 그 비소는 뜨거운 표면에 거울모양으로 석출할 수 있다. 이것은 비소화합물의 존재를 시험하는 일반 범죄학적 Marsh 시험법이다. 실제로 희생자 위속의 비소 내용물을 염산 및 아연과 섞을 때 처음에 수소

기체를 발생한다. 그 수소기체는 다음에 여러 비소화합물과 반응하여 아르신을 생성하고 그 아르신은 열에 의하여 비소 거울(arsenic mirror)로 분해한다. 이러한 과정을 식 (15.4)~(15.6)에 나타낸다:

$$Zn(s) + 2HCl(aq) \longrightarrow ZnCl_2(aq) + H_2(g) \tag{15.4}$$

$$4H_2(g) + H_3AsO_4 \longrightarrow AsH_3(g) + 4H_2O \tag{15.5}$$

$$2AsH_3(g) \xrightarrow{\text{열}} 2As(s) + 3H_2(g) \tag{15.6}$$

스티빈(SbH_3, stibine)과 비스무틴(BH_3, bismuthine)은 그 족에서 더 가벼운 유사물보다 덜 안정하다.

산화물과 옥소산

여러 질소 산화물 중에서 질소원자의 산화상태는 +1에서 +5 범위이다. 이러한 산화물과 상당하는 센 전해질의 질산을 포함하는 옥소산은 질소 산화상태의 개요를 설명하는 15.3절에서 상세하게 취급하겠다. 그들은 여러 단일결합과 이중결합을 갖는 질소−산소 결합의 특성을 갖고 편재와 비편재 $p\pi-p\pi$ 상호작용을 갖는다.

인 산화물과 상당하는 산은 대단히 순한 산성이다. 인 산화물은 +3과 +5 산화상태들이 알려져 있다. 정상적으로 이러한 산화물은 P_2O_3와 P_2O_5 화학식을 갖는 것으로 기대하고 실제로 이러한 화합물을 대단히 자주 삼산화인과 오산화인이라고 부른다. 그러나 그 분자식은 각기 P_4O_6와 P_4O_{10}(tetraphosphorous decoxide, 십산화사인)이다. 그 두 가지 산화물과 백인(P_4)은 그림 15.4와 같은 구조이다. P_4는 인원자의 사면체이고 P_4O_6는 사면체 모서리를 다리결합하는 6 산소원자를 갖는다. P_4O_{10}은 4 말단 P=O 결합($p\pi-d\pi$ 형태의)이 추가된다(상호연결된 아이디어 연락망의 여덟 번째 성분으로 $p\pi-d\pi$ 결합을 추가할 때 계속되는 주족원소의 설명에서 $p\pi-d\pi$ 결합이 중요하게 되는 것을 볼 것이라고 말한 것을 기억하라. 포스파젠의 P=N 결합은 이미 설명했다. 여기에 형식적 이중결합의 $p\pi-d\pi$ 변화에 관한 구체적 예를 보게 되는 또 다른 기회가 있다). 이러한 산화물은 각기 식 (15.7)과 (15.8)처럼 산 무수물의 아인산(H_3PO_3)과 인산(H_3PO_4)이다.

$$P_4O_6(s) + 6H_2O(l) \longrightarrow 4H_3PO_3 \tag{15.7}$$

$$P_4O_{10}(s) + 6H_2O(l) \longrightarrow 4H_3PO_4 \tag{15.8}$$

식 (15.8)은 우수한 건조제 성질을 갖는 염기이고 P_4O_{10} 분자식을 갖는다. 그리고 일반적으로 미량 수분을 제거하여 비활성 분위기로 만든 장갑상자(glove bags and box)에서 사용한다.

인산(phosphoric acid)과 아인산(phosphorous acid) 구조를 그림 10.17에 제시

그림 15.4

(a) 백인 P_4,
(b) 6산화4인 P_4O_6,
(c) 10산화4인 P_4O_{10};
이러한 구조들은 모두 인 원자의 사면체에 바탕을 둔다.

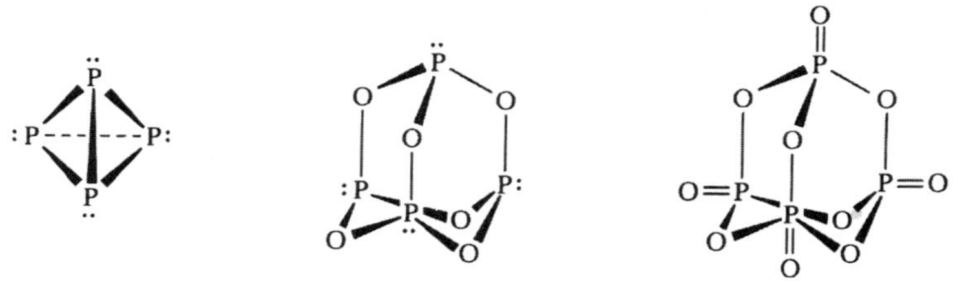

그림 15.5

인산과 인산 이온.
(a) 인산 H_3PO_4,
(b) 두 인산분자는 한 물분자가 분리되어 파이로인산 $H_4P_2O_7$로 된다.
(c) 파이로인산 이온,
(d) tricyclophosphate,
(e) tetracyclophosphate,
(f) polyphosphate.

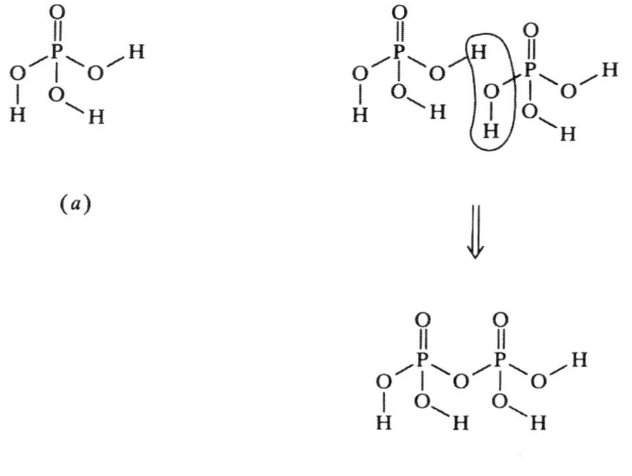

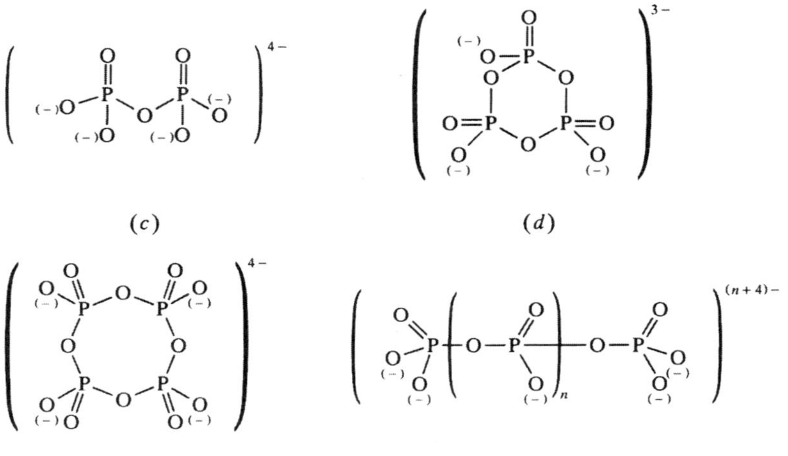

그림 15.6

(a) 아인산(phosphorous acid, H_3PO_3),
(b) 두 아인산은 한 물분자가 분리되어
(c) 파이로아인산 (pyrophosphrous acid, $H_4O_2O_5$) 을 형성한다. 다시 이러한 아인산 이온에 형식적 P_5O $p\pi-d\pi$ 결합이 존재하는 것에 주목하라.

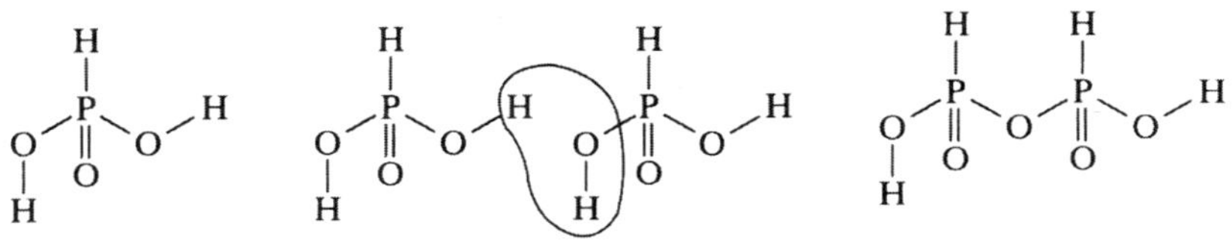

하고 다시 더 상세하게 그림 15.5a와 15.6a에 각기 제시한다. 인산(H_3PO_4)은 한 P=O 결합(형식적 $p\pi - d\pi$ 결합을 포함하는) 이외에 세 개 하이드록실 수소결합(또는 P−O−H 단위)을 갖고 그러므로 삼양성자성 산이다(10.4절 설명을 기억하라). 인산은 중심원자의 전기음성도가 더 작기 때문에 질산보다 약한 산이다. 인산 수용액은 산업적으로 85%로 이용할 수 있고 진한 시럽 모양이고 그것은 그 인산 분자 사이에 수소결합 때문이다.

인산에 상당하는 옥소음이온은 PO_4^{3-}이고 때때로 [붕산(13.3절)과 규산(14.5절) 화학에서 설명한 것과 비슷한] 오르토인산 음이온(orthophosphate anion)이라고 부른다. 이전의 장에서 얻은 경험으로부터 의심할 수 있는 것처럼 그림 15.5b~f에 나타낸 바와 같이 둘 이상 인산 분자들이 합쳐 하나 이상 물분자를 분리하고 여러 사슬과 고리모양의 산 그리고 그들에 상당하는 인산음이온을 형성한다. 이러한 메타인산(metaphosphate)을 축합인산(condensed phosphoric acid)이라고 한다. 그러한 산과 음이온은 15.4절에서 설명하는 것처럼 여러 가지로 사용한다. 다시 이러한 인산은 형식적 P=O $p\pi - d\pi$ 결합을 갖는 것에 주목하라.

인산(H_3PO_4)은 두 하이드록실 양성자만 가지므로 그로 말미암아 이양성자성 산이다. 셋째 수소원자는 인원자와 직접 결합하고 산성 양성자는 아니다(수소와 인은 동일한 전기음성도(= 2.1)를 가지므로 P−H 결합은 무극성이고 극성 물분자에 의해 공격받지 않고 그러므로 이온화하지 않는다). 인산처럼 축합 인산은 여러 가지가 있다(그림 15.6).

산성 산화비소와 상당하는 옥소산은 인 화합물과 대단히 비슷하다. As_4(회색 비소)와 As_4O_6는 그들의 인 유사화합물과 비슷하지만 +5 산화물은 중합체이다. 아비소산(H_3AsO_3)와 비소산(H_3AsO_4)은 상당하는 아비소산 이온(AsO_3^{3-}) 및 비소산 음이온(AsO_4^{3-})과 함께 알려졌다. 몇 가지 예의 메타비소산과 폴리비소산 그리고 아비소산이 분리되었지만 고리는 더 작고 사슬은 그들 인의 사촌 화합물보다 짧다.

안티모니와 비스무트를 공기 중에서 연소할 때 +3 산화물만 생긴다. 양쪽성의 Sb_4O_6은 구조적으로 산화인(III)과 유사하고 중합체 +5로 산화되기 어렵다. 더 이온성의 Bi_2O_3는 산화되기 매우 어렵고 분명히 염기성이다. 수산화비스무트 $[Bi(OH)_3]$는 진짜 염기성이고 수산화이온의 첨가에 따라 여러 비스무트(III) 염으로 침전한다.

산화물과 그들에 상당하는 옥소산 화학(또는 비스무트의 경우에 상당하는 수산화물)은 (1) +5 산화상태의 안정도, (2) 5A족을 밑으로 가면서 산화물의 산성도가 꾸준히 감소하는 것을 나타낸다.

할로젠화물

수많은 5A족 할로젠화물이 알려졌지만 여기에서 몇 가지만 상세히 다루겠다. 질소는 예상하는 것처럼 피라미드형 삼할로젠화물만 형성하고 팔전자계로 확장에 d 오비탈을 이용할 수 없다. 기체 플루오르화질소는 가장 안정하다. 그것은 구리 촉매 존재에서 암모니아를 플루오린으로 처리하여 만든다. 암모니아의 염화물, 브롬화물, 요오드화물은 잘 알려진 폭발물이다. 삼요오드화 질소는 $NI_3 \cdot NH_3$ 화학식을 갖는 암모니아 첨가생성물로 제조하고 그것은 충격에 대단히 예민하고 폭발하여 자주색 아이오딘 증기로 된다.

인은 모든 네 가지 할로젠과 피라미드 삼할로젠화뭏과 삼각이중피라미드 오할로젠화물을 형성한다. 대표적으로 염화물을 사용하면 백인(P_4)은 제한된 양의 염소기체와 반응하여 무색 액체 PCl_3로 된다. 한편 염소를 과량 사용하면 회색을 띈 희색 고체 PCl_5를 생성한다. 산할로젠화물은 아인산으로 가수분해되고 한편 오할로젠화물은 식 (15.9)와 (15.10)처럼 인산을 형성한다.

$$P_4(s) + \underset{\text{(한계 시약)}}{6Cl_2(g)} \longrightarrow 4PCl_3(l) \xrightarrow{H_2O} H_3PO_3\ (+HCl) \tag{15.9}$$

$$P_4(s) + \underset{\text{(과량 시약)}}{10Cl_2(g)} \longrightarrow 4PCl_5(s) \xrightarrow{H_2O} H_3PO_4\ (+HCl) \tag{15.10}$$

(인의 산화상태는 이러한 가수분해 중 어느 것에도 변하지 않는 것에 주목하라.) PCl_5 고체형태는 실제로 번갈아 존재하는 PCl_4^+와 PCl_6^- 이온으로 구성한다.

+5 산화상태의 안정도 감소는 전체 16 EX_3 (E = P, As, Sb, Bi; X = F, Cl, I) 화합물을 형성하는 사실로 나타나지만 다만 인은 모든 네 가지 할로젠과 5할로젠화물을 형성한다. 비소와 안티모니는 5플루오르화물과 5염화물만 형성하고 비스무트는 5플루오르화물만 형성한다. 더 낮은 세 가지 피코젠의 5플루오르화물 중에서 AsF_5만 삼각이중피라미드이다. SbF_5와 BiF_5는 다리결합 플루오린 원자에 의하여 함께 결합한 중합체의 EF_6 팔면체이다.

더 무거운 인 할로젠화물(PX_3, X = Cl, Br, I)은 직접 할로잰화반응에 의해 제조한다. 그와 반대로 삼플루오르화물은 삼염화물을 CaF_2 또는 ZnF_2와 같은 이온성 플루오르화물로 처리하여 가장 잘 합성한다. 삼플루오르화비소, 안티모니, 비스무트는 원소 또는 삼산화물을 직접 할로젠화반응시켜 만들 수 있다. 한편 삼할로젠화 비스무트는 Bi_2O_3에 할로젠화수소산 수용액을 반응시켜 가장 잘 만든다.

15.3 질소 산화상태의 고찰

질소는 각기 −3에서 −5까지 9 산화상태를 나타낸다. 실제로 이 변화는 5A족 안에서 특이하다. 인도 역시 똑같은 산화 범위를 나타내지만 −3, +3, +4, +5만 중요하다. 비소와 안티몬은 −3, 0, +3, +5에 제한되고 비스무트는 0, +3, +5만 나타낸다.

이러한 고찰을 체계화하고 간단하게 표시하기 위하여 고찰한 화합물의 많은 설명을 화합물 프로파일(profile)에 표시한다. 각 프로파일에 포함된 것은 다음과 같다: (1) 어떤 보통 이름, (2) 물리적 설명, (3) 분자와 구조(결합각 및 거리와 함께), (4) 화합물의 역사와 응용에 관한 기록, (5) 일반적 제법을 나타내는 반응식, (6) 주요한 반응을 나타내는 반응식. 화합물의 설명은 필요할 때 이러한 목록을 상세히 설명한다.

질소(−3) 화합물: 질소화물과 암모니아

질소화물과 암모니아(암모늄염을 포함해서)는 질소가 −3 산화상태를 갖는 두 가지 주요한 화합물의 종류가 있다. 이전에 수소화물, 산화물, 탄화물을 살펴본 것과 똑같은 방법으로 질소화물은 이온성 결합, 공유성 결합, 틈새형으로 구분한다. 몇 가지 질소화합물만 이온성이고 그 중에서 리튬, 알칼리토금속, 아연의 질소화물이 가장 중요하다. 이들은 식 (15.11)처럼 원소와 직접 반응하고 쉽게 암모니아로 가수분해하여 제조한다.

$$N^{3-}(aq) + 3H_2O(l) \longrightarrow NH_3 + 3OH^-(aq) \qquad (15.11)$$

N^{3-}는 이 반응에서 Brønsted-Lowry 염기로 작용하는 것에 주목하라.

주요한 공유결합성 질소화물은 붕소, 황, 인을 포함한다. 질소화인(포스파젠)의 몇 가지 성질을 마지막 절에 제시한다. 질소화붕소는 대단히 비슷한 화학식을 갖지만 $p\pi - d\pi$ P=N 결합 대신 $p\pi - p\pi$ B=N 결합을 갖는다. 그림 15.7에 보라진(borazine)을 제시한다. 그것은 때때로 **무기물 벤젠**(*inorganic benzene*)이라고 알려져 있다. 이 분자를 원잣가결합 개념으로 설명할 때 두 공명 구조가 필요하다는 것에 주목하라. 실험적으로 모든 B−N 결합은 동일한 결합길이를 갖고 단일결합과 이중결합 사이에 중간이라고 알려져 있다(질소화황은 16장에서 설명한다).

전이금속은 때때로 틈새형 비화학량론적 질소화물을 형성하고 그 경우에 질소 원자는 조밀충진 금속격자에서 구멍을 점유한다.

표 15.2는 암모니아(NH_3)에 대한 프로파일을 보여준다. 이것은 친근한 피라미드형 분자 수소화물이다. 암모니아는 그 자체와 그리고 다른 분자, 특히 대부분 물

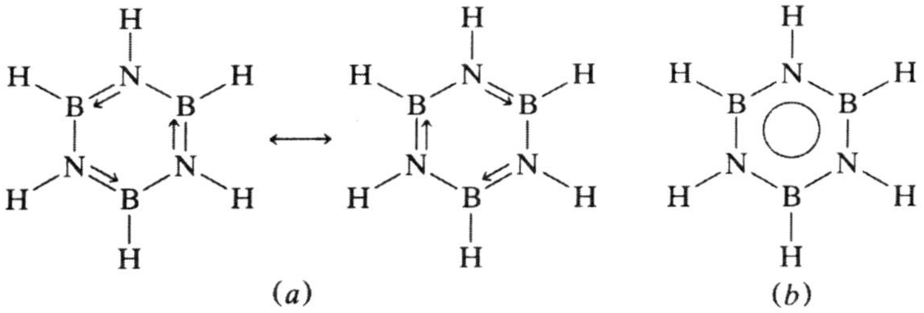

그림 15.7

(a) 때때로 무기물 벤젠이라고 알려진 보라진 (borazine, $B_3N_3H_6$)의 두 가지 공명구조. (b) 보라진의 공명혼성. 원형은 전체 6 B−N 결합이 비편재 π 결합 때문에 동등하다.

(*a*) (*b*)

표 15.2 NH_3 화합물의 프로파일
(특징: 질소산화상태 = −3)

이름: 암모니아
물리적 상태: 무색기체
매운냄새: 약한 염기 수용액

역사/응용: 1774년에 Priestley에 의해 처음으로 분리;
현재 Haber공정으로 공업적으로 제조
;비료로 사용하고 질산염 제조에 사용.
메틸 유도제는 로켓 연료로 사용

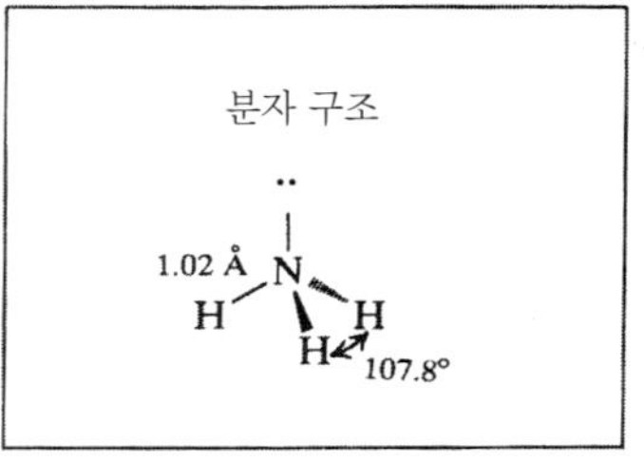

제법:

$$N_2(g) + 3H_2(g) \xrightarrow[\text{높은 } T\text{와 } P]{\text{철}} 2NH_3(g) \quad \text{(Haber 공정)} \tag{15.12}$$

$$NH_4Cl(aq) + NaOH(aq) \longrightarrow NaCl(aq) + H_2O(l) + NH_3(g) \tag{15.13}$$

반응:

$$2NH_3(l) \rightleftharpoons NH_4^+ + NH_2^- \qquad K = 1 \times 10^{-33} \tag{15.14}$$

$$NH_3(aq) + H_2O \rightleftharpoons NH_4^+(aq) + OH^-(aq) \qquad K_b = 1.8 \times 10^{-5} \tag{15.15}$$

과 센 수소결합을 형성할 수 있다. 액체 암모니아의 수소결합 분해는 많은 열이 필요하고 이것은 증발에 고열이 필요하다. 따라서 암모니아는 −33.3°C에서 끓지만 서서히 증발하고 보온병 또는 Dewar 플라스크에서 쉽게 취급할 수 있다.

산업적으로 암모니아는 "질소고정"에 관하여 15.4절에서 설명한 Haber 공정[식 (15.12)]에 의하여 대량으로 제조한다. 실험실에서는 대부분 일반적으로 식 (15.14)처럼 암모늄염을 센 염기로 처리하여 제조한다. 액체 암모니아의 자체이온화(물의 자체이온화와 비슷하게)를 식 (15.14)에 제시한다. $NH_3(l)$는 때때로 비수용매로 사용한다. 식 (15.15)처럼 NH_3는 물에서 약한 염기로 작용하고 메틸아민, 피리딘, 아닐린처럼 여러 질소-함유 염기의 표준으로 삼는다. 이것은 이전의 장에서 산−염기 평형의 공부로부터 기억할 수 있을 것이다.

가정용 암모니아는 세제와 함께 2 *M* NH_3 수용액으로 구성한다. 가정용 암모니아는 가정용 표백제(하이포아염소산(OCl^- 함유)와 절대 혼합하지 않아야한다. 왜냐하면 다음 식(15.16)처럼 대단히 독성이고 폭발성 클롤아민(chloramine)으로 되기 때문이다:

$$NH_3(aq) + OCl^-(aq) \longrightarrow OH^-(aq) + H_2NCl(aq) \tag{15.16}$$

여러 암모늄염이 사면체 NH_4^+ 양이온을 함유한다. 암모늄 양이온의 효과적 열역학적 반지름은 1.37 Å이고(표 7.7과 그것에 따르는 설명을 보라) 그것은 대략 포타슘(1.52 Å) 및 루비듐(1.66 Å) 이온의 크기이고 실제로 암모늄 화합물은 용액 중에서 그리고 고체상태에서 이러한 이온의 염과 대단히 비슷하다. 그러나 한 가지 차이는 암모늄염이 수용액에서 산성이고 또는 오래된 표현으로 말하자면 식 (15.17)

처럼 가수분해한다:

$$NH_4^+(aq) + H_2O(l) \rightleftharpoons NH_3(aq) + H_3O^+(aq)$$

$$\left(K_a = \frac{K_w}{K_b \text{ of } NH_3} = \frac{1.00 \times 10^{-14}}{1.8 \times 10^{-5}} = 5.6 \times 10^{-10}\right) \qquad (15.17)$$

암모늄염을 구별하는 또 한 가지 성질은 그들이 열적으로 분해하는 방식이다. 예를 들어 염화암모늄은 식 (15.18)처럼 약 300°C에서 암모니아와 염화수소로 분해한다:

$$NH_4Cl(s) \xrightarrow{\text{열}} NH_3(g) + HCl(g) \qquad (15.18)$$

그 음이온이 좋은 산화제이면 식 (15.19)와 식 (15.20)처럼 암모니아를 산화이질소로 또는 원소 질소로 산화를 수반할 수 있다. 식 (16.20)은 친근한 중크롬산암모늄 폭발 시범의 기본이다:

$$NH_4NO_3(s) \xrightarrow{\Delta} N_2O(g) + 2H_2O(g) \qquad (15.19)$$

$$(NH_4)_2Cr_2O_7(s) \xrightarrow{\Delta} N_2(g) + 4H_2O(g) + Cr_2O_3(s) \qquad (15.20)$$

질소(−2): 하이드라진(N_2H_4)

표 15.3은 하아드라진(N_2H_4)의 프로파일이다. 그것은 식 (15.21)처럼 Raschig공정으로 생산한다. 여기에서 암모니아는 염기성 용액 중에서 순한 하이포아염소산 산화제로 처리하여 이전에 제시한 식 (15.16)처럼 처음에 클로라민(chloramine)으로 만든다. 그 다음에 클로라민은 과량 암모니아와 반응하여 하이드라진을 형성한다. 하이드라진은 구조, 수소결합능력, 염기로서 성질[식 (15.22)]이 암모니아와 비슷하다. 암모니아와 다른 것은 환원제로 널리 사용하는 점이다. 실제로 하이드라진과 그것의 메틸 유도체는 로켓연료로 널리 사용한다. 식 (15.23)에 제시한 반응은 산화제로서 사산화이질소를 사용하고 대단히 탁월한 발열성이다. 왜냐하면 질소−질소 삼중결합을 형성할 때 많은 에너지를 방출하기 때문이다. 하이드라진의 메틸 유도체로서 $(CH_3)NHNH_2$와 $(CH_3)_2NNH_2$는 사산화이질소와 합쳐 달 여행선(lunar excursion module, LEM)의 착륙과 재발사에 사용했다. 이러한 반응은 **접촉발화**(*hypergolic*) 또는 자체발화(self-igniting)이다. 모든 우주비행사가 해야 했던 일은 반응물을 포함하는 분리된 탱크를 열고 그것에 매달리는 것이다.

질소(−1): 하이드록실아민(NH_2OH)

질소화학에서 −1 산화상태는 최소로 안정하다. 하이드록실아민은 무색이고 열적으로 불안정하고 흡습성이고 일반화학식 $(NH_3OH)_n^+X^{n-}$의 이온성 염류 수용액으

표 15.3 N_2H_4의 화합물의 프로파일
(특징: 질소 산화상태 = −2)

이름: 하이드라진
물리적 상태: 발연성 무색액체:
암모니아 같은 염색

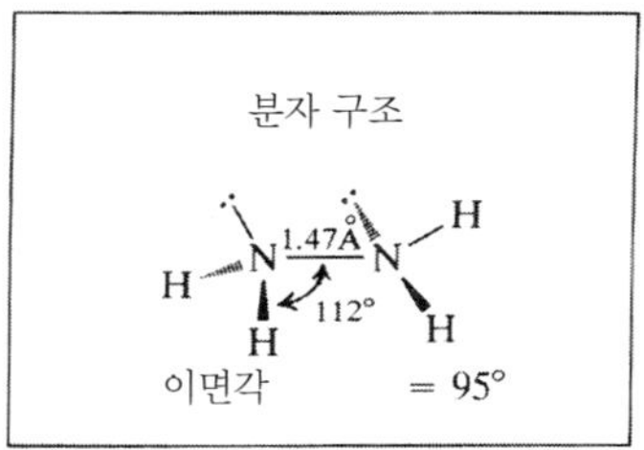

역사/응용: 1890 년에 T.Curtius에 의해 분리.
메틸 유도제는 로켓 연료로 사용

제법:

$$2NH_3(aq) + OCl^-(aq) \longrightarrow N_2H_4(aq) + H_2O(l) + Cl^-(aq) \quad \text{(Raschig 공정)} \qquad (15.21)$$

반응:

$$N_2H_4(aq) + H_2O(l) \xrightarrow[NH_3]{\text{과량}} N_2H_5^+(aq) + OH^-(aq) \qquad K_b = 8.5 \times 10^{-7} \qquad (15.22)$$

$$2N_2H_4(l) + N_2O_4(l) \longrightarrow 4H_2O(g) + 3N_2(g) \qquad \Delta H° = -1040 \text{ kJ/mol} \qquad (15.23)$$

그림 15.8
하이드록실아민(NH_2OH) 구조

로 보통 사용할 수 있는 백색고체이다. 예를 들어 보통 염류는 황산 하이드록실아민$(CH_3OH)_2SO_4$이다. 하이드록실아민은 약한 염기이고 의약, 고무, 사진화학, 집적회로, 농업과 직물 산업에 사용한다. 1999년 4월에 NH_2OH는 Pennsylvania, Allentown에서 치명적 폭발과 관련이 있다. 질소화합물의 폭발성질에 더 추가되는 것은 15.4절에서 알 수 있다. 고체 NH_2OH 구조를 그림 15.8에 제시한다.

질소(+1): 아산화질소(N_2O)

아산화질소 화합물의 프로파일은 표 15.4에 있다. N_2O는 오래된 아산화질소 이름과 최근에 산화이질소를 포함하는 여러 이름으로 알려져 있다. 그러나 그것의 가장 유명한 이름은 웃음기체(*laughing gas*)이다. 그것은 1772년에 Priestly에 의하여 처음으로 발견되었지만 그 기체의 호흡을 포함하는 여러 가지를 실험하고 증명한 사람이 Humphry Davy라는 것을 알고 왜 놀라지 않는지? Humphry Davy는 쾌감중독과 바보로부터 분노의 범위까지 정서가 크게 동요하는 경향을 보고하였다. 그림 15.9는 이 기체의 효과에 관한 초기의 그림을 보여준다. 조금 아산화질소를 호흡한 어떤 학생의 1839년 그림을 강의 전시용으로 제작하였다. 현대 대학 당국은 안전규칙과 보안방침 때문에 속이 상해서(물론 그럴 것이다) 그러한 광경에 분명히 눈살

표 15.4 N_2O 화합물의 프로파일
(특징: 질소산화상태 = +1)

이름: 산화이질소(IUPAC)
아산화 질소
웃음 가스
물리적 상태: 무색, 대단히 비반응성이고 기분 좋은 냄새이고 단 맛, 일단 반응을 시작하면 연소를 돕는다.

분자 구조

$$|\underset{\ominus}{\bar{N}}\overset{1.13Å}{=\!=}\underset{\oplus}{N}\overset{1.19Å}{=\!=}\bar{O}| \longleftrightarrow |N\equiv\underset{\oplus}{N}-\underset{\ominus}{\bar{O}}|$$

역사/발견: 1772년에 Priestley에 의해 발견; 1837년에 처음으로 수술마취제로 사용, 현재 치과와 기타 주요한 수술에 이용, 추진제용 가스로도 이용
제법:

$$NH_4NO_3(s) \xrightarrow{250°} N_2O(g) + 2H_2O(g) \tag{15.24}$$

반응:

$$2N_2O(g) \xrightarrow{heat} 2N_2(g) + O_2(g) \tag{15.25}$$

을 찌푸렸을 것이다. 엄숙하게 말해서 N_2O는 적절한 방법과 주의 없이 절대 호흡하지 않아야한다. 이 기체의 우연한 잘못된 사용 때문에 죽은 사람이 많다.

아산화질소는 1837년에 처음으로 수술에 사용한 현대의 최초 마취제였다. 자격을 갖춘 의사들도 아산화질소를 다루는 것이 조금 힘들다. 왜냐하면 사람들은 대사속도가 서로 다르기 때문이다. N_2O는 연소를 돕는다. 촛불은 공기보다 이 기체에서 더 밝게 연소한다. 그러나 사람의 체온은 식 (15.25)에 표시한 해리반응이 이러나기에 충분하지 않으므로 N_2O를 마취제로 사용할 때 산소기체를 N_2O와 함께 투여해야한다. 이러한 경고를 알지 못하는 마취전문가들도 있다! 아산화질소는 더 이상 주요한 수술용 마취제가 아니다. 그것은 환자의 이완 유발제로 사용하고 치과에서 여전히 마취제로 사용한다. 인간에 대한 아산화질소의 특이한 효과에 대하여는 만족스런 설명이 없다.

지방에 녹을 수 있는 아산화질소는 거품이 대량 생기는 크림 깡통에서 기체추진제로도 사용한다. 이것은 너무 순진한 사용인 것처럼 보인다. 아산화질소는 온실효과에 책임이 있는 것으로 알려졌다. 아마 더 중요한 것은 토양 미생물에 의해서도 N_2O가 생성되고 고조되는 관심은 부라질의 적도지역 산림을 벌채할 때 미생물에 의한 N_2O 생성속도가 증가하는 것이다. N_2O가 서서히 산화되지 않으면 이 기체의 대기농도는 중대한 결과를 가질 수 있다. 이러한 모든 것은 다음과 같은 옛날 속담(특히 환경관계를 설명할 때 적절한)의 바로 그 예이다. "모든 것은 그 밖의 모든 것과 연결된다."

그림 15.9

교실을 통과하는 웃음가스의 효과. 1838년 London에서 출판된 *Chemistry No Mystery* 책으로부터 George Cruikshank에 의한 그림(참고문헌 43).

질소(+2): 산화질소(NO)

산화질소 화합물의 프로파일을 표 15.5에 제시한다. Lewis 구조는 NO 화합물이 홀수 전자를 갖기 때문에 NO 결합의 설명에 원하는 것을 많이 제공한다. NO 화합물이 쉽게 전자를 잃고 NO^+(nitrisonium 이온)을 형성하는 것은 놀라운 것이 아니다. NO^+는 CO와 등전자성이고 3 결합차수를 갖는다.

15.5절에서 더 상세하게 설명하는 것처럼 내연기관 내부는 중요한 NO 공급원으로서 식 (15.26)을 만들기에 충분히 높은 온도이다, NO는 광화학 스모그의 선구물질이다. 실험실에서 식 (15.27)처럼 묽은 질산을 구리금속과 반응시켜 만들 수 있다. 식 (15.28)은 암모니아를 질산으로 변환하는 첫 단계이고 그것은 산업적으로 *Ostwald* 반응이라고 알려져 있다. 질산은 공기 중에서 쉽게 산화되어 적갈색 이산화질소(NO_2)로 된다.

분명히 얼핏 보기에 NO는 완전히 직선분자처럼 보인다. 그러나 간단한 분자는 때때로 놀라울 정도로 복잡하고 NO는 그러한 것의 완전한 예이다. 대략 1980년대에서 출발하여 NO에 관한 일련의 기절할 정도로 대단한 발견은 생화학과 의약에서 혁명적이라고 증명되었다. 놀랍게도 이 간단한 NO 기체는 현재 인체에서 혈관확장, 어른과 소아의 혈압조절의 도움, 직립 발기장애의 치료, 감염방지, 혈전 형성

표 15.5 NO 화합물의 프로파일
(특징: 질소산화상태 = +2)

이름: 산화질소(IUPAC)
산화 질소

분자 구조

$$|\dot{N}=\overline{O} \leftrightarrow \overset{\ominus}{\overline{N}}=\overset{\oplus}{\dot{O}}|$$

1.15 Å

물리적 상태: 약간 독성, 상자기성, 무색,

역사/발견: 광화학 스모그를 발생하는 내연기관
연소 생성물: 신경전달물질, 혈압조절제

제법:

$$N_2(g) + O_2(g) \xrightarrow{\Delta} 2NO(g) \tag{15.26}$$

$$K_{298\,K} = 4.5 \times 10^{-31} \qquad K_{1800\,K} = 1.2 \times 10^{-4}$$

$$3Cu(s) + \underset{묽은}{8HNO_3(aq)} \longrightarrow 3Cu(NO_3)_2(aq) + 4H_2O(l) + 2NO(g) \tag{15.27}$$

$$4NH_3(g) + 5O_2(g) \xrightarrow[Pt]{열} 4NO(g) + 6H_2O(l) \tag{15.28}$$

반응:

$$2NO(g) + O_2(g) \longrightarrow 2NO_2(g) \tag{15.29}$$

$$NO \longrightarrow \underset{nitrosonium}{NO^+} + e^- \tag{15.30}$$

의 방지, 신경계에서 특이한 신호분자로 작용 등을 포함하는 광범위한 기능을 갖는 화학전령(또는 신경전달체)으로 알려져 있다, 혈압조절에서 산화질소의 역할에 관한 발견은 심장혈관계 의약의 역사에서 가장 중요한 것의 하나로 환호하여 맞이하였다. 그러므로 1998년에 노벨 의약상은 Robert Furchgott, Louis Ignarro, Ferid Murad 들이 받았다. Furchgott는 혈관이 확장되는 것을 발견했다. 왜냐하면 혈관 내부표면을 구성한 내피세포["내피세포-유도 이완 인자", (endothelium-derived relaxing factor)를 약자로 EDRF라고 한다]는 신호분자를 생성하고 그 다음에 혈관 근육세포를 이완하여 혈압을 낮추기 때문이다. Murad는 혈압을 낮추는 것으로 오래 알려진 나이트로글라이세린(nitroglycerin)을 이해하려고 연구하였다. 이 "nitro"의 효과는 세계 1차대전 중에 폭발물을 전쟁물자로 사용하기 위하여 충진작업을 수행한 소녀의 혈압이 비정상적으로 낮아지는 것을 발견한 다음에 처음으로 발견했다.) Ignarro는 Furchgott의 EDRF와 산화질소 사이에 연결을 연구했다. 그 결과는 "NO news is good news" 표현으로 새로운 것을 의미하는 연구 활동이 쇄도하였다. 아이러니하게도 1896년에(Alfred Novel이 다이나마이트를 만들기 위하여 폭발하기 쉬운 나이트로글라이세린을 안정화하여 그의 재산을 모은 다음) Alfred Novel의 재산을 이용하여 시작한 Nobel 상은 꼭 한 세기만에 완전히 다른 분야에서 나이트로글라이세린의 역할에 대한 메커니즘을 밝힌 연구자에게 노벨상이 주어졌다. 더 아이러니한 것은 Novel이 그의 생애 마지막에 angina pectoris 때

표 15.6 N_2O_3, HNO_2, 그리고 NO_2^- 화합물의 프로파일
(특징: 질소산화상태 = +3)

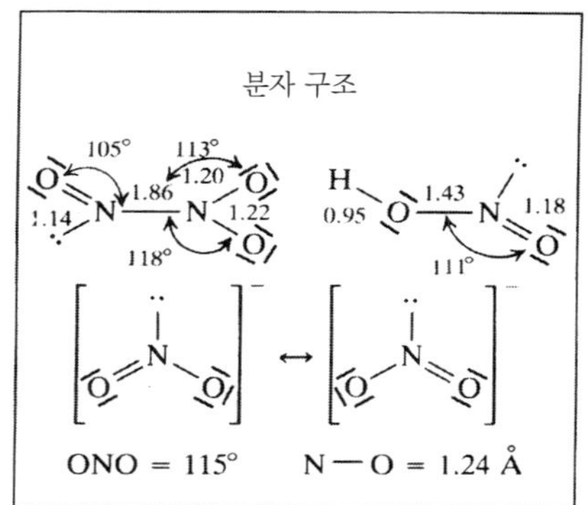

이름: N_2O_3, 삼산화이질소
HNO_2, 아산화 질소
NO_2^-,아질산

물리적 상태: N_2O_3 진한 파란 액체; HNO_2수용액과 증기 상태가 알려졌다; 아질산염은 백색고체

역사/응용: 아질산염은 햄의 botulism방지와 기타 금속 생산에 이용

제법:

$$4NO(g) + O_2(g) \longrightarrow 2N_2O_3(l) \tag{15.31}$$

$$N_2O_3(l) + H_2O(l) \longrightarrow 2HNO_2(aq) \tag{15.32}$$

$$Ba(NO_2)_2 + H_2SO_4(aq) \longrightarrow 2HNO_2(aq) + BaSO_4(s) \tag{15.33}$$

반응:

$$N_2O_3 \rightleftharpoons NO + NO_2 \tag{15.34}$$

$$HNO_2(aq) + H_2O(l) \longrightarrow NO_2^-(aq) + H_3O^+(aq) \quad K_a = 3.2 \times 10^{-4} \tag{15.35}$$

문에 고생하였다. Angina pectoris는 관상심장병 때문에 생기는 가슴통증에 대한 의학용어이다. 그 시대에 거의 30년 동안 나이트로글라이세린과 같은 유기물 질산염이 협심증 고통의 완화에 효과적이라고 알려져 있었다. 그러나 Nobel 담당 의사는 Nobel의 심장상태에 대한 치료제로 나이트로글라이세린을 추천할 때 Nobel은 정중히 사절했다. 그는 바로 그것을 사용할 수 없었다. Nobel은 그의 친구에게 다음처럼 편지를 썼다. "내가 [나이트로글라이세린]을 처방전으로 받는 것은 운명의 아이러니가 아닌가? 그들은 나이트로글라이세린을 'trinitrin'이라고 말하여 화학자와 대중을 놀라지 않게 한다." 한 세기 후에 그들은 생명을 구하는 화합물이라고 알게 되었다.

질소(+3): 삼산화이질소(N_2O_3), 그리고 아질산(HNO_2)

삼산화이질소와 아질산 화합물의 프로파일을 표 15.6에 제시한다. 식 (15.31)처럼 산화질소를 분자 산소로 조심스런 산화 또는 식 (15.34)처럼 평형을 조심스럽게 조절하면 불안정한 파란색 액체 삼산화이질소(N_2O_3)로 되고 다음에 식 (15.32)처럼 아질산(HNO_2) 산 무수물로 된다. 순수한 액체 아질산은 알려져 있지 않지만 수용액과 증기 상태에서 안정하다. 순수한 아질산을 만드는 한 편리한 방법을 식 (15.33)에 제시한다. 이러한 종류의 제법을 "밀크쉐이크"(milkshake) 반응이라고

표 15.7 NO_2 화합물의 프로파일
(특징: 질소 산화상태 = +4)

이름: 이산화질소

물리적 상태: N_2O_3 대단히 독성, 상자기성, 매운 냄새나는 적갈색기체

역사/응용: 이차오염물과 광화학스모그 반응 촉진제

분자구조

ONO = 134.1°　N—O = 1.19 Å

제법:

$$\mathrm{Cu}(s) + \underset{\text{conc}}{4\mathrm{HNO_3}(aq)} \longrightarrow \mathrm{Cu(NO_3)_2}(aq) + 2\mathrm{H_2O}(l) + 2\mathrm{NO_2}(g) \quad (15.36)$$

반응:

$$2\mathrm{NO_2}(g) + \mathrm{H_2O}(l) \longrightarrow \mathrm{HNO_2}(aq) + \mathrm{HNO_3}(aq) \quad (15.37)$$

$$2\mathrm{NO_2}(g) \rightleftharpoons \mathrm{N_2O_4}(g) \quad (15.38)$$

$$\mathrm{NO_2}(g) \xrightarrow{h\nu} \mathrm{NO}(g) + \mathrm{O}(g) \quad (15.39)$$

한다. 왜냐하면 가는 밀크-백색 황산바륨 생성물이 침전하기 때문이다. 아질산은 식 (15.35)처럼 약한 산이다(또한 10.4절의 "옥소산"에 제시한 옥소산의 상대적 세기에 관한 설명을 보라). 아질산염은 다음 절에서 설명하는 것처럼 육류 보존제로 사용한다.

질소(+4): 이산화질소(NO_2)

표 15.7에 제시한 이산화질소는 또 다른 홑 전자 화학종이다. 고립전자쌍 위치에 한 전자만 존재하면 O−N−O 결합각이 정상 삼각평면 값의 120°로부터 134.1°까지 열리게 되는 것에 주목하라. NO_2는 식 (15.36)처럼 구리에 진한 질산을 반응시켜 만들 수 있고 또한 표 15.5에 제시한 식 (15.29)처럼 산화질소의 산화에 의해서도 만들 수 있다.

한 홑 전자를 갖는 이산화질소는 식 (15.38)에 제시한 이합체로 된다. 이 평형은 대단히 온도 의존성이다. 이합체 형성은 N−N 결합을 형성하기 때문에 발열반응이므로 온도를 증가하면 이 평형이 왼쪽으로 강제로 이동한다. 이산화질소는 적갈색이고 한편 사산화이질소 중합체가 무색이면 그 평형은 눈으로 검출할 수 있다. 밀봉한 시료를 끓는 물에 넣으면 진한 적갈색 기체이고 한편 그것을 얼음에 넣으면 노란 액체로 변한다. −11.2°C에서 무색 N_2O_4 고체는 동결한다. 그 평형은 자석으로 검출할 수도 있다. 왜냐하면 NO_2는 상자기성이고 N_2O_4는 반자기성이기 때문이다.

표 15.8 HNO_3 화합물의 프로파일
(특징: 질소 산화상태 = +5)

이름: 질산

물리적 상태: 시럽, 무색, 매운 액체, 일반 적으로 68%,15.7 *M* 스용액으로 이용, 센 산, 산화제, 소량 NO_2 때문 에 노란색

역사/응용: 연금술 시대 이후에 알려졌다. 금과 백금을 제외한 금속의 용매, 비료와 폭발물용 NH_4NO_3

분자구조

$\angle ONO = 114°$

$\angle ON{=}O = 130°$ $N{=}O = 1.21$ Å

제법:

$$NH_3(g) + 2O_2(g) \longrightarrow [NO] \longrightarrow [NO_2] \longrightarrow HNO_3 \quad \text{(Oswald 반응)} \tag{15.40}$$

$$2M^{I}NO_3 + H_2SO_4 \longrightarrow 2HNO_3 + M^{I}_2SO_4(aq) \tag{15.41}$$

반응:

$$HNO_3(aq) + H_2O(l) \longrightarrow NO_3^-(aq) + H_3O^+(aq) \tag{15.42}$$

$$Cr(s) + 6H^+ + 3NO_3^- \longrightarrow Cr^{3+}(aq) + 3NO_2 + 3H_2O \tag{15.43}$$

$$NO_3^-(aq) + 2H_3O^+(aq) + e^- \xrightarrow{\text{conc.}} NO_2 + 3H_2O \quad E° = 0.803\ V \tag{15.44a}$$

$$NO_3^-(aq) + 4H_3O^+(aq) + 3e^- \xrightarrow{\text{dil.}} NO + 6H_2O \quad E° = 0.96\ V \tag{15.44b}$$

$$4HNO_3(aq) \xrightarrow{h\nu} 4NO_2(aq) + 2H_2O + O_2(g) \tag{15.45}$$

이산화질소는 식 (15.39)처럼 햇빛에서 산화질소와 원자 산소로 해리하므로 토픽에서 설명하는 것처럼 광화학 스모그 형성에 중심 역할을 한다. 그것은 또한 유용한 비수용매로도 사용한다.

질소(+5): 오산화이질소(N_2O_5), 그리고 질산(HNO_3)

질소에 의해 나타나는 최대 산화상태는 +5이다. 그 산화물은 산화인(V)에 상당하는 것과 비슷한 N_2O_5이지만 그 두 가지는 상당히 다르다. N_2O_5는 질산의 산 무수물이지만 질산은 이러한 방식으로 생성되지 않는다. 그 대신 이 센 무기산은 세계에서 가장 널리 사용하는 화합물 중 하나이고 산업적으로 표 15.8의 식 (15.40)에 요약한 다단계 Ostwald 반응에 의해 생산된다. 질산은 순수한 액체로 제조할 수 있지만[진한 H_2SO_4와 $NaNO_3(s)$로부터] 훨씬 더 보편적으로 68% 수용액(15.7 *M* HNO_3, 1.42 g/cm^3)으로 이용할 수 있다. 실험실에서 HNO_3 수용액은 식 (15.41)처럼 황산을 금속 질산염에 반응시켜 제조할 수 있다. 불용성 황산염을 만드는 반응으로 가장 순수한 수용액 산의 물질을 만든다.

10장에서 설명한 것과 식 (15.42)처럼 질산은 황산 및 염산처럼 센 산이다. 그러나 HNO_3는 그 외에 우수한 산화제라는 장점이 있다. 식 (15.43)은 크로뮴 금속에

대한 산의 반응을 보여준다. 질산은 센 산이고 좋은 산화제이고(질산이온 때문에 산화되고 수소이온 때문에 산화되지 않는다) 그로 말미암아 대부분 금속을 녹인다. [여러 산화질소, 특히 식 (15.43)처럼 NO_2 그리고 때때로 NO는 그러한 산화반응 생성물이고 다른 산에서 얻는 것과 같은 수소기체는 산화반응이 아니라는 것에 주목하라.) 실제로 그러한 여러 금속과 이러한 반응의 장점 때문에 질산은 원자력발전소에서 소비한 연료막대의 용해에 사용한다. 이러한 막대는 전형적으로 35 종류 금속을 함유하고 질산은 각 금속을 모두 녹인다. 진한 수용액 질산을 산화제로 사용할 때 질산은 식 (15.36)처럼 이산화질소로 환원되는 반면에 묽은 질산을 사용하면 식 (15.27)처럼 산화질소로 된다. 진한 질산 수용액을 병에 보관하여 햇빛에 놓으면 식 (15.45)처럼 분해하여 이산화질소로 되고 그것은 용액에 녹아 노란색조로 되고 때때로 그 용액위의 공간에서 적갈색 기체로 모인다.

15.4 실제로 중요한 반응과 화합물

질소고정

질소고정(*nitrogen fixation*), 즉 분자 질소를 농업에 이용하는 질소화합물로 변환은 N_2의 센 삼중결합 때문에 특히 어렵다. 기본적으로 다음 세 가지 원인에 의하여 질소고정을 한다: (1) 번개, (2) 박테리아, (3) 인간.

번개는 질소와 산소 사이에 반응[식 (15.26)]이 대기 중에서 일어나기에 충분한 전기 에너지를 공급한다. 그 결과로 생기는 산화질소는 일부분이 이산화질소로 산화되고[식 (15.29)] 그 두 가지 산화물은 대기로부터 토양으로 씻겨 침전된다. 그러나 번개는 믿기 어려울 정도로 작은 질소고정원이다.

어떤 콩과식물은 그들의 뿌리에서 사는 질소고정 박테리아와 공생관계를 갖는다. 그러한 농작물(질소고정의 감소순서에 따라 알팔파, 클로버, 대두, 기타 콩과, 완두콩, 땅콩)은 토양에 가치있는 질소화합물을 제공하고 그 화합물은 때때로 다른 식물과 순환하고 바로 그 목적을 위해서 쟁기로 땅을 갈아업기도 한다. 이러한 식물들이 질소고정을 완결하는 생화학적 메커니즘은 수년간 연구 중에 있다. 그 메커니즘은 여러 철-황 뭉치 화합물 및 몰리브덴-황 뭉치 화합물과 관련이 있지만 잘 이해하지 못하고 있다.

번개와 박테리아는 현대 농업의 수요를 위한 충분한 질소고정의 공급에 훨씬 모자란다. 이것은 William Crookes에 의하여 이미 1898년에 알려졌고 그는 사람들이 인공적 방법으로 질소고정을 하여야 한다고 주장했다. Crookes 그 자신은 번개를 복제한 전기 아아크를 통하여 공기를 불어넣는 방법을 고안했다. 식 (15.46)과 (15.47)에 요약한 둘째 인공적 방법은 탄화칼슘에 질소를 흡수시켜 시안아마이드

칼슘을 만들고 그 다음에 암모니아로 가수분해하는 것과 관련이 있다:

$$CaC_2(s) + N_2(g) \xrightarrow{\text{열}} CaCN_2(s) + C(s) \tag{15.46}$$

$$CaCN_2(s) + 3H_2O(l) \longrightarrow CaCO_3(s) + 2NH_3(g) \tag{15.47}$$

불행하게도 이러한 방법은 아무것도 대규모로 실행할 수 없다.

Haber 공정은 현재 암모니아 기체를 생산하고 다음에 여러 질소 화합물로 변환을 선택하는 방법이다. 대기로부터 질소와 수소[합성가스로부터(9.2절과 그림 9.6) 또는 석유정제에서 크랙킹 탄화수소의 부산물로서]를 사용하여 질소와 수소기체를 직접 암모니아로 변환한다:

$$N_2(g) + 3H_2(g) \xrightarrow[\text{Fe/FeO}]{\substack{500°C \\ 500\text{–}1000\,atm}} 2NH_3(g) \quad (\Delta H° = -92.6\,kJ/mol) \tag{15.48}$$

(Haber 공정에 대한 최적 실험조건을 분석할 기회는 문제 15.59를 보라.) 암모니아는 액채 또는 수용액으로서 직접 비료로 사용할 수 있고 또는 $(NH_4)_2SO_4$와 같은 고체 암모니아로 변환할 수 있다. 식 (15.40)에 제시한 Ostwald 공정을 이용하여 암모니아는 여러 질산염으로 변환할 수도 있다.

Haber 공정의 발전 시기는 세계 1차대전이 결정적으로 중요하였다. 독일 화학자 Fritz Haber는 1908년에 그 공정의 화학을 완결하였다. Karl Bosch는 그 방법을 개선하고 1914년에 거대한 독일 공장의 건설을 지도하였다. 전쟁 동안에 영국 해군은 무기제조에 필요한 칠리초석(질산소듐)의 독일 수입을 단절했다. 칠리초석은 Haber 공정도 Ostwald 공정도 아니다. 독일 전쟁 무기는 1916년에 탄약이 고갈되었다. 실제로 카이저 황제는 몇 년간 전투를 더 계속했다. Haber도 전쟁 동안에 독일이 사용한 화학무기(염소와 겨자가스) 관리인으로 근무하였다. 아이러니하게도 그는 유태계이므로 세계 2차대전 이전에 독일을 강제로 떠나서 Palestine으로 가는 도중에 죽었다.

질산염과 아질산염

질산염은 일반적으로 가용성 염류이고 자연에서 매우 드물게 고체로 발견된다. 질산염은 사막이나 동굴과 같은 건조 지역에 존재하지만 대부분 여러 염기에 질산을 반응시켜 생산한다. 질산염은 센 산화제이고 9세기에 중국에서 발전된 화약의 기폭제로 찬사를 받았다. 화약은 질산포타슘, 탄소, 황의 혼합물이다. 폭발은 대단히 어렵지만 식 (15.49)에 간단히 나타낸 것처럼 탄소는 일산화탄소와 이산화탄소로 그리고 황은 황산으로 산화반응과 그리고 질산은 이질소로 환원반응과 합쳐 매우

발열성이다. 왜냐하면 매우 강력한 C=O, C≡O, N≡N 결합의 형성 때문이다:

$$14KNO_3 + 18C + 2S \longrightarrow 5K_2CO_3 + K_2SO_4 + K_2S + 10CO_2(g) + 3CO(g) + 7N_2(g) \quad (15.49)$$

질산은 식 (15.50)과 식 (15.51)처럼 질산화 유기화합물 TNT(trinitrotoluene)와 나이트로글라이세린(glycerol trinitrate)의 형성에 이용하고 그것은 폭발할 때 매우 센 결합 생성물을 만든다. 이전에 지적한 것처럼 노벨상(물론 노벨 평화상을 포함해서)의 아버지 Alfred Nobel은 나이트로글라이세린과 규조토로 만든 충진물인 비교적 비활성 혼합물질의 다아나마이트를 개발하여 재산을 모았다. [Nobel은 그의 모든 재산을 화학, 물리, 생리학, 의학, 문학, 평화의 다섯 분야 Nobel상의 제정에 받혔다. 경제 분야 Nobel상은 Nobel Foundation 후에 추가하였다.]

$$O_2N-O-CH_2-\underset{H}{\overset{O-NO_2}{C}}-CH_2-O-NO_2 \longrightarrow 6N_2(g) + 12CO_2(g) + 10H_2O(g) + O_2(g) \quad (15.50)$$

Glycerol trinitrate (nitroglycerine)

$$2\ C_6H_2(CH_3)(NO_2)_3 \longrightarrow 3N_2(g) + 12CO(g) + 5H_2(g) + 2C \quad (15.51)$$

2, 4, 6-trinitrotoluene (TNT)

나이트로글라이세린, 다이나마이트, 그리고 TNT는 현재 질산암모늄과 연료 기름의 간단한 혼합물로 대치되었다. 질산암모늄과 대부분 현대 폭발물은 강력한 기폭제로 폭발하지 않으면 비활성이지만 예외가 있다. 1947년에 Texas, Texas City에서 NH_4NO_3 비료를 적재한 *SS Grandcamp* 배는 화재가 발생하여 폭발하고 Monsanto 화학공장과 수많은 기름저장탱크를 파괴하고 거의 600 명이 죽고 4000 명 이상이 부상하였다. 1995년에 Oklahoma City의 Alfred P. Murrah Ferderal Building에서 질산암모늄과 연료기름 폭발은 168명이 죽었다. 이러한 폭발은 몇 가지 방법으로 분류하지만 300°C 이상에서 연료에 적신 질산암모늄 폭발은 식

(15.52)와 같다.

$$2NH_4NO_3(s) \xrightarrow[\text{연료용 기름}]{>300^\circ C} 2N_2(g) + O_2(g) + 4H_2O(g) \qquad (15.52)$$

기폭제도 일반적으로 질소화합물이고 아자이드화납(II) [lead(II) azide, $Pb(N_3)_2$]을 기폭제로 가장 널리 사용하고 그것은 전류 또는 기계적 충격에 의해 쉽게 폭발한다. 아자이드화 이온 (azide ion, N_3^-)은 일산화탄소와 등전자성이고 등구조(isostructure)이다.

질산염과 아질산염은 육류 보존제로 사용한다. 질산염은 육류 손상을 지연하고 특성있는 숙성-육류의 향을 생성하고 보툴리니스 중독(botulism)을 발생하는 미생물의 성장을 지연한다. 아질산염도 박테리아 성장을 지연하고 그것에 추가해서 산화질소로 분해하고 혈액 헤모글로빈과 착물을 형성하여(5장을 보라) 제품을 매력있는 붉은 색으로 띄게 만든다. 숙성과정에서 질산염과 아질산염의 허용량은 제한된다. 왜냐하면 조리과정과 위 안에서 이들 이온은 반응하여 발암성 나이트로소아민($R_2NN=O$)을 생성하기 때문이다.

질소 에어 백

효과적 자동차용 에어백(air bag)의 설계에서 생기는 문제를 생각하자. 1952년에 능력있는 공군 전문가 John Hetrick은 충돌을 피하기 위하여 브레이크를 거는 것이 어려운 순간에 그의 아이가 계기판에 부딪치는 것을 보호하려고 정지한 다음 그러한 장치를 생각하기 시작했다. 그 다음에 곧 그는 "Safety Cushion for Automotive Vehicles"로서 특허를 받았다. 그러나 이것은 General Motors 제품이 처음 나오기 전 1974년이었다. 안전 에어백의 설계에 적어도 세 가지 의견이 있다. 첫째 에어백은 적절한 시간에(충돌할 때 10 msec) 그리고 대단히 빠르게(30 msec 안에) 부풀어야 한다. 둘째 반드시 올바른 기체량(대략 60 L)을 발생해야 한다. 기체가 너무 적으면 필요한 방석 역할을 하지 못한다. 기체량이 너무 많으면 벽돌처럼 단단해서 승객이 부상을 당한다. 기체는 또한 비교적 짧은 시간에 나이론 또는 폴리아마이드로 만든 다공성 구멍을 통하여 부풀어서 부드러운 방석으로 되어 승객이 차로부터 탈출할 수 있어야 한다. 셋째 기체는 차갑고 부식성이 없어 승객이 불에 타서 부상당하지 않아야 한다.

현재 세대의 에어백을 "small solid-propellant inflators"라고 부른다. 그 에어백은 저항소자(충격에 의한 발사)로 아자이드화소듐(NaN_3), 질산포타슘(KNO_3), 이산화규소(SiO_2)를 함유하는 작은 알갱이를 점화할 때 적정량의 질소기체[($N_2(g)$]를 생성한다. 아자이드화소듐은 그 자체가 약 300°C에서 연소하여 식 (15.53)처럼 질소기체와 원소 소듐을 생성한다.

$$2NaN_3(s) \xrightarrow{300°C} 2Na(s) + 3N_2(g) \tag{15.53}$$

원소 소듐은 위험한 생성물이므로(그 에어백에서 나오면 물과 반응하여 연소한다.) 질산포타슘과 결합하여 식 (15.54)처럼 산화소듐과 산화포타슘을 생성한다.

$$10Na(s) + 2KNO_3(s) \longrightarrow K_2O(s) + 5Na_2O(s) + N_2(g) \tag{15.54}$$

이러한 화합물은 알고 있는 것처럼 염기성 무수물이고 피부와 접촉하면 대단히 부식성이다. 이 문제를 해결하려고 이산화규소를 산화물 및 알갱이와 함께 넣고 반응시켜 여러 성분을 갖는 해롭지 않은 안정한 알칼리 규산염을 생성한다.

에어백은 모든 현대의 트럭과 승용차의 운전석 쪽에 설치하는 것이 보통이고 점차 승객 쪽과 창문 쪽에 함께 설치한다. 아직 다소 논쟁중이지만(아이들과 작은 성인 그리고 on/off 스윗치 설치에 관한 논쟁을 포함해서) 승용차와 관련된 참사의 감소에 효과적이라고 증명되었다. 예를 들어 한 연구에 의하면 에어백과 좌석 벨트를 사용하는 운전자 사이에 사망은 좌석 벨트만 사용하는 운전자들의 사망보다 26% 더 적다. 이러한 장치에 아자이드화소듐을 계속해서 사용하면 한 문제가 남는다. NaN_3는 시안화수듐처럼 독성이고 돌연변이 유발성이고 발암성이다. NaN_3는 또한 고온에서 폭발적으로 반응한다. 결과적으로 식 (15.55)처럼

$$NaN_3(s) + H_2O(l) \longrightarrow HN_3(l) + NaOH(aq) \tag{15.55}$$

물과 반응하여 HN_3 (hydrazoic acid)를 생성하고 그것은 대단히 독성이고 휘발성이고(끓는점 35.7°C) 폭발성이다. 이러한 재료를 갖는 설치물과 여러 자동차를 함께 폐기한 다음 나중에 그 설치물을 다시 회수하기 위한 자동차-재순환 과정을 통하여 아자이드-함유 에어백을 보존하는 방법을 찾아야 한다. 아마 그 대답의 일부분은 결정적 상분으로서 아자이드화소듐을 사용하지 않는 또 다른 세대의 에어백과 관련이 있을 것이다.

성냥과 인 흑반증

그림 15.4a처럼 백인(P_4)은 무극성이고 사면체 분자이고 각 인원자로부터 나온 고립전자쌍을 갖는다. 크게 스트레인을 받는 P−P−P의 60°C 각도는 큰 반응성의 원인이라고 생각한다. 정상 체온은 백인(white phosphorous)을 연소하기에 충분한 온도이고 그 결과로 생기는 연소에 의한 부상은 대단히 고통스럽고 치료가 느리다. 백인의 무극성 성질 때문에 인은 반응하거나 녹지 않고 물에 안전하게 저장할 수 있다. 백인은 알코올과 이황화탄소에 녹일 수 있다.

백인을 공기 없이 약 250°C에서 가열할 때 P_4의 P−P 결합 중에서 한둘이 분해되고 중합체화되어 덜 스트레인을 받는 그림 15.10a처럼 적인(red phosphorous)

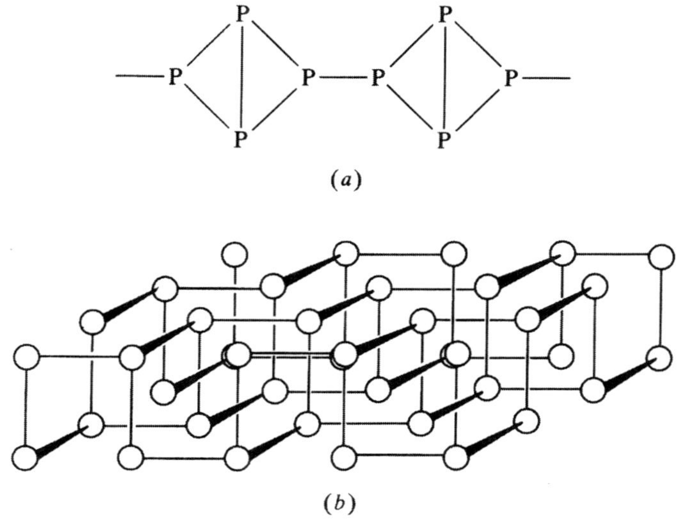

그림 15.10
(a) 적인, (b) 흑인의 구조. 이러한 구조를 백인(그림 15.4a)과 비교하라.

으로 된다. 적인은 덜 반응상이고 녹는점이 높고 무극성 용매에 덜 녹는다. 흑인(black phosphorous)은 겉모양이 대단히 혹연 꼴이고 그림 15.10b처럼 주름잡힌 판상의 특색을 갖는다.

공기 중에서 백인의 자발적 연소는 큰 환상과 호기심의 대상이었다(Humphrey Davy가 이 원소를 발견했으면 그는 어떻게 감응할까를 상상할 수 있는가?). 발견과 거의 동시에 인은 그 당시에 불을 점화할 때 여전히 사용하는 부싯깃 통(tinderbox)를 대치하기 위한 어떤 형태의 장치로 만들 수 있다는 것을 알았다. 여러 성냥을 고안하였고 그 중에서 종이 또는 얇은 나무 조각을 인으로 도포하고 진공 유리관에 보관하였다. 그 유리관을 파괴하면 인이 불꽃을 내면서 연소할 것이다. 다른 모양은 거친 표면에 긁을 때까지 인을 공기로부터 보호하는 검(gum) 또는 전분과 같은 성분을 함유한다. 그 때 염소산포타슘을 산화제로서 성질을 이용하여 첨가했다. 황을 첨가하여 불꽃을 유지하게 돕고 그 불꽃을 나무 조각에 옮길 수 있게 돕는다. 그럼에도 불구하고 이러한 초기의 모든 노력은 성냥을 만들고 저장하기에 위험하고 동시에 귀찮고 신뢰할 수 없었다.

성냥을 만드는(한 가지 이상 방법으로) 사람이 되는 것은 항상 위험하지만 특히 그 당시에 그러했다. 인 노동자들은 때때로 "인 흑반증"(phossy Jaw)이라고 부르는 치명적 질병에 감염되었다. 인 증기를 호흡할 때 인이 치아 사이에 공간을 통해 흡착하여 뼈를 공격하고 특히 턱을 파괴하는 것처럼 보인다. 고통스럽게 사망하고 거의 모두 사망한다. 현재까지도 인 공장 노동자들은 그들의 치아 상태를 매우 조심스럽게 검사한다. 인의 저장도 문제를 발생한다. 쥐들이 성냥 대가리를 갉아먹을 때 불이 많이 난다. 아이들이 성냥 토막을 씹으면 사망한다. 사람들은 인을 모아서 살인과 자살에 사용한다.

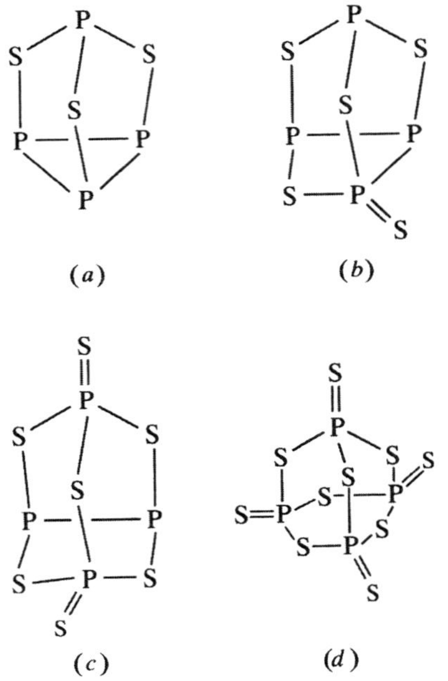

그림 15.11

몇 가지 대표적 황화인: (a) P_4S_3, (b) P_4S_5, (c) P_4S_7, (d) P_4S_{10}. [(a) (b) (c)는 참고문헌 35; (d)는 참고문헌 4].

이러한 문제에 대한 해답 중 하나는 백인 동소체 대신 더 안전하고 독성이 더 적은 적인을 사용하는 것이다. 적인도 염소산포타슘에 의해 산화되어 불꽃을 내고 소량 황이 연소를 도와서 나무 조각으로 불이 옮겨 붙는다. 결과적으로 인과 황은 삼황화사인(P_4S_3) 형태로 결합하고 $KClO_3$와 함께 섞어 합쳐 성냥을 만들고 분말유리를 도포한 종이와 충돌시키면 조절된 불꽃을 유지한다(P_4S_3은 여러 공유결합성 황화인 중 하나일 따름이다. 그림 15.11은 P_4S_3 구조와 몇 가지 다른 대표적 화합물을 보여준다).

인산염

인산 비료는 약 150년 동안 알려져 왔다. 인산 암석은 불인회석[fluorapatite, $Ca(PO_4)_3F$]과 같은 광물을 함유하고 그것은 일반적으로 식물이 섭취하기에 너무 불용성이다. 그 용해도를 증가하기 위하여 인산 암석은 식 (15.56)처럼 황산으로 처리할 수 있다. 그 결과로 생기는 즉 과인산염(superphosphate)이라고 부르는 혼합물은 1940년대에 가장 보편적 비료였다. 식 (15.57)처럼 인산을 황산 대신 사용하면 과인산염 중에서 비활성 황산칼슘이 제거된다. 이 생성물을 삼중 과인산염(triple superphosphate)이라고 부른다.

$$2Ca_5(PO_4)_3F + 7H_2SO_4 + 3H_2O \longrightarrow 7CaSO_4 + 3Ca(H_2PO_4)_2 \cdot H_2O + 2HF \quad (15.56)$$

$$Ca_5(PO_4)_3F + 7H_3PO_4 + 5H_2O \longrightarrow 5Ca(H_2PO_4)_2 \cdot H_2O + HF \quad (15.57)$$

이러한 두 가지 생성물은 점차로 인산암모늄 또는 인산포타슘과 인산암모늄의 혼합물로 대치되고 있다. 이들은 토양에 대하여 질소와 인을 함께 공급한다.

인산염은 여러 가지 식품가공에서, 특히 가장 보편적 제빵의 패창제 중 하나로 사용한다. Harvard 화학교수 E. N. Horsford에 의해 19세기 중반에 발견된 베이킹파우더는 본래 이수소화인산칼슘, 수소화탄산소듐(베이킹소다), 그리고 전분(물을 가할 때까지 두 활성 성분을 분리된 상태 그대로 유지하기 위하여 가한다.)의 혼합물이었다. 빵, 케이크, 팬케이크, 비스킷 등의 가루반죽을 함께 모으고 그 다음에 빵을 굽는 동안 두 성분은 식 (15.58)처럼 반응하여

$$Ca(H_2PO_4)_2 + 2NaHCO_3 \longrightarrow$$
$$Ca(HPO_4) + Na_2HPO_4 + 2CO_2(g) + 2H_2O(g) \qquad (15.58)$$

가루반죽을 가볍게 팽창된 상태로 확산되어 부풀게 만드는 이산화탄소를 생성한다. 어떤 분위기에서 도망가는 기체를 관찰 할 수 있다. 예를 들어 팬케이크를 처음에 번철(griddle)에 놓을 때 나타나는 작은 구멍은 반죽에서 이산화탄소가 도망가는 것이다.

혼합과정에서 이산화탄소의 손실을 최소화하려면 본래 "순수한" 제품 중 이수소인산을 황산 알루미늄 소듐[$NaAl(SO_4)_2$]처럼 느리게 반응하는 산을 포함하는 베이킹파우더 "콤비네이션"(combination)으로 일부분 대치한다. 저장하는 동안 활성성분을 분리하기 위하여 옥수수 녹말도 첨가한다. 비슷한 형식은 자체-부풀림 밀가루와 거품이 이는 알갱이(tablet)도 사용한다.

10장에서 설명한 것처럼 Priestly(청량음료의 아버지)는 물에 이산화탄소를 가하여 탄산화 "소다수"를 만들었지만 이것은 이미 시큼한 맛 첨가제를 가하여 훨씬 더 매력있는 음료수로 되었다. 이 시큼한 맛은 오렌지 중 시트르산과 포도 음료수, 포도 음료수 중 타르타르산, 사과 드링크 중 말산(malic acid), 콜라와 청량음료수 중 인산 등과 같이 산을 첨가하는 것에서 나온다. 인산 함량은 0.01%와 0.10% 사이로 조절하고 산이 더 많을수록 제품의 신맛이 더 많다

1930년대에 수소인산칼슘 · 2물($CaHPO_4 \cdot 2H_2O$)은 치약에서 기본 연마제로 사용한 초크(chalk)를 대치했다. 그것은 초크보다 덜 마모성이고 치아를 훨씬 더 돋보이게 광택이 나게 한다. 불행하게도 수소인산칼슘 · 2물($CaHPO_4 \cdot 2H_2O$)은 탈수되어 모래같은 암석−고체 무수물 $CaHPO_4$로 되는 경향이 있고 치약으로 좋은 성질이 아니다. 이러한 탈수를 방지하는 방법에 관하여 많이 연구하였지만 아직도 특별히 잘 이해하지 못하고 있다. 플루오르화물 치약(17.5절을 보라)을 도입할 때 또 다른 문제를 발생했다. 소듐염으로 제공하는 그 플루오르화물은 연마제에 의해 침전되고 그로 말미암아 치아에 이용할 수 없다. 잠시 다른 덜 효과적 연마제를 사용했지만 1960년대 후반에 모노플루오로인산소듐(sodium monofluorophosphate, 약자 MFP, Na_2PO_3F)이 우수한 플루오르화제이고 $CaHPO_4 \cdot 2H_2O$와

경쟁할 수 있는 것으로 알려졌다.

5장에서 세제 보조제로서 트라이폴리인산의 용도를 상세하게 설명했다. 인산용액과 인산금속 염도 부식방지를 위한 금속표면의 청소에 이용할 수도 있다. 한 세기 전에 코르셋트(corset)에 사용한 인화작용(phosphatization)은 현재 자동차와 비행기를 페인트칠 또는 에나멜 처리를 하기 전에 일상적 방법이다. 그러한 제품에 색조를 띄게 만드는 마무리도 인산생성물에 의해 제공된다. 알루미늄과 그 합금을 인산−질산 용액에 침적하면 광택성 크롬과 비슷한 마무리로 된다. 이러한 "광택성-침적"은 현재 자동차 장식재료와 핸들 손잡이의 경량 금속에 대한 크롬 도금을 대치한다.

15.5 깊이가 있는 몇가지 토픽: 광화학 스모그

스모그는 런던 스모그(London smog) 또는 고전적 스모그와 광화학적 스모그의 두 가지 기본형 스모그가 있다. 최초로 관찰된 것은 런던 스모그이고 그것은 smoke와 fog(smoke + fog = smog)의 독성 혼합물, 특히 입자, 황화합물, 그리고 기타 화합물이다. 런던 스모그는 1911년에 런던 공기오염 참사의 원인이고 1150명이 사망했다고 보고한다. 1948년 10월에 Pennsylvania, Denora 위에 공기가 노란색으로 변할 때 20명이 죽고 6000명이 병들었다. 1952년 12월에 비극적 3일간 스모그는 런던에서 4000명이 사망했지만 그것은 공기오염을 이해하고 제어하기 위한 과학적 노력을 유발했다. 런던 스모그는 다량 석탄을 연소하는 지역에서 공통적이다. 대부분 석탄은 많은 양의 황을 함유하고 연소할 때 이산화황으로 된다. 연기 입자표면은 이산화황의 산화를 촉매작용을 하여 삼산화황으로 되고 그것은 그 다음에 황산으로 가수분해한다. 이 황산(에어졸 형태로)은 검댕(soot)과 같은 여러 부유 고체와 결합하여 특히 나이든 사람들 사이에 그리고 호흡장애를 갖는 사람들 사이에 대단히 큰 호흡 스트레스를 발생한다. 이러한 상태에 오래 노출하면, 예를 들어 **온도역전**(*temperature inversion*)이 한 지역에서 몇 일간 동시에 편재된 **기단**(*air mass*)을 유지할 때 많은 사망을 초래한다(온도역전은 따뜻한 공기가 임시로 더 무거운 차가운 공기층 밑에 있을 때 정상 공기이동이 악화되는 것을 말한다). 1950년대 이후에 런던 스모그의 제어에 많은 진전이 있었다.

광화학 스모그(*photochemical smog*)의 유명한 예는 "Los Angeles smog"이고 그것은 연소되지 않은 탄화수소, 이산화탄소, 자동차 배기에서 나오는 산화질소 등이 합쳐 생긴다. 그 산화질소는 햇빛의 영향을 받아 반응하여 오존을 포함하는 여러 산화 생성물을 만든다. Los Angeles는 이 광화학 스모그 현상을 경험하는 첫 번째 도시 중 하나이다. 왜냐하면 그 도시는 일직이 자동차에 의지하고 많은 햇빛, 특수한 기후, 지리적 조건 때문이다. 그 도시의 서쪽에서 오는 주요한 바람과 동쪽을 둘러싼 구릉은 특히 때때로 온도역전이 생길 때 오염물을 가둔다. 광화학 스모그는 1940년대 초기에 처음 관찰되었고 1950년대 일련의 고전적 논문에 계속되는 광화학적 반응 때문이라고 특성을 설명했다. 광화학 스모그에 관한 설명에서 지금부터 간단히 스모그라 부르고 그 스모그는 1차오염물, 2차오염물, 제어측정으로 나누어 설명하겠다.

1차오염물은 직접 오염원에 의하여 생기는 것이고 "저분자 탄화수소", 일산화탄소, 산화질소이다. 이들은 모두 우리들이 좋아하는 자동차의 내연기관(internal combustion engine, 약자 ICE)에 의하여 방출되고 그 자동차는 많은 사람들에게 운송의 기본 수단일 뿐만 아니라 권위와 독립성의 중요한 상징이다. ICE는 그 동력을 가솔린의 산화로부터 얻는다. 그 가솔린은 5~10 사슬화 탄소원자를 함유하는 탄화수소의 혼합물이다. 가솔린 연소에 대한 대표적이고 또한 분명히 지나치게 축소했지만 옥탄의 완전산화에 대하여 그 반응식을 식 (15.59)에 제시한다:

$$C_8H_{18}(l) + \frac{25}{2}O_2(g) \longrightarrow 8CO_2(g) + 9H_2O(g) \qquad (15.59)$$

그러한 반응은 발열이고 엔진 실린더 내부에서 피스톤을 규칙적으로 밀어 내는 작용으로 화학 에너지를 기계 에너지로 변환한다. 문제는 ICE들이 특별한 효율을 갖는 역사를 갖지 않는 점이다. 개선되지 않은 ICE는 가솔린 성분을 완전하게 산화하는 대신 많은 양의 일산화탄소를 생성하고 아마 더 중요한 것은 일부분만 연소한 어떤 탄화수소를 남긴다. 예를 들어 메테인(CH_4)와 에테인(C_2H_6)처럼 5 탄소원자보다 적은 "저분자" 탄화수소를 기본적 배출 생성물로 내보낸다. 기타 탄화수소 방출물은 카뷰레터(carbureter)와 연료탱크 배기통에서 증발의 결과 때문에 생긴다. [카뷰레터를 대치한 연료주입 시스템, PVC 밸브, 그리고 기타 장치를 갖는 현대 엔진은 탄화수소 방출물이 훨씬 더 적다. 이 절의 다음에 이러한 제어측정에 관한 몇 가지를 더 상세하게 설명한다.]

셋째 오염물은 산화질소이고 그것은 15.3절에서 설명한 것처럼 분자 질소와 산소의 반응에 의하여 생성된다[표 15.5의 식 (15.26)을 보라]. 보통 공기온도에서 이 반응은 매우 작은 평형상수를 갖지만 그 값은 ICE의 높은 온도에서 상당히 더 크다.

요약해서 말하자면 자동차의 내연기관으로부터 나온 1차오염물은 일산화탄소, 저분자 탄화수소, 산화질소 등이다. 이들은 그 자체가 위험한 독성 물질이지만 그것은 바로 이야기의 시작일 따름이다. 1차오염물에 대한 햇빛의 반응은 실제로 여전히 광화학 스모그를 만들고 그 광화학 스모그는 21세기를 시작할 때 인류가 직면한 가장 어려운 문제 중 하나이다.

산화질소는 여러 반응경로에 의해 쉽게 산화되어 노란 갈색의 숨막히는 이산화질소[$NO_2(g)$]로 되고 그 이산화질소는 세계에서 주요한 도시 상공의 공기 색에 대한 주요한 원인이다. 2차오염물(1차오염물과 관련이 있는 계속되는 반응에 의해 생성된) 중에서 첫 번째 이산화질소는 광화학 스모그의 생성과 관련이 있는 여러 반응에 대한 촉발제이다. 식 (15.39)처럼 햇빛은 이산화질소를 산화질소와 대단히 반응성이 큰 원자 산소로 분해한다. 이러한 원자 산소는 두 홀 전자와 함께 대기에 존재하는 그 밖에 모든 것과 반응하여 믿어지지 않는 여러 반응성이면서 위험한 생성물을 만든다.

예를 들어 산소원자는 물과 결합하여 매우 큰 반응성이면서 중요한 하이드록실 원자단(OH)을 식 (15.60)처럼 생성한다:

$$O(g) + H_2O(g) \longrightarrow 2OH(g) \qquad (15.60)$$

그 다음에 하이드록실 라디칼은 여러 저분자 탄화수소를 더 반응성 라디칼로 활성화하는 것 등을 포함하는 여러 대기권 반응에 빠뜨릴 수 없다. 예를 들어 하이드록실 라디칼은 메테인과 결합하여 식 (15.61)처럼 메틸 라디칼(CH_3)을 생성한다:

$$CH_4(g) + OH(g) \longrightarrow CH_3(g) + H_2O(g) \qquad (15.61)$$

비슷한 반응은 한 탄소원자 이상을 갖는 탄화수소와 더불어 일어난다. 하이드록실 라디칼은 여러 반응을 거쳐 계속해서 생성되고 소비한다. 하이드록실 라디칼은 대기권에서 상당한 정도까지 절대 축적되지 않고 그로 말미암아 2차오염물로 수록되지 않는다. 그것을 **반응성 중간체**(*reactive intermeduate*)라고 한다.

많은 연구에 의해 여러 기상학적 그리고 지구학적 상태에서 일어날 수 있는 가장 중요한 200 이상 대기권 화학반응을 이해하게 되었다. 복잡한 광화학 스모그 형성에 대하여 상세한 것은 더 구체적 교재에 있다. 그러나 그 상항에서 난제의 핵심은 모르는 사이에 진행되는 고리를 형성하는 반응이다. 왜냐하면 산화질소(NO)는 다시 산화되어 더 많은 이산화질소(NO_2)를 생성하고 그것은 그 다음에 광화학적으로 분해하여 점차 더 많은 원자 산소를 발생한다. 모든 가능한 반응 중에서 가장 중요한 것 중 하나는 산소원자(O)와 분자 산소(O_2) 사이에 셋째의 원자 또는 분자 존재에서 오존을 생성하는 것이다. 이 반응은 식 (15.62)으로 제시할 수 있다.

$$O(g) + O_2(g) + M \longrightarrow O_3(g) + M \qquad (15.62)$$

이것은 성층권에서 위험한 uv 복사선으로부터 생물권을 보호하는 것과 동일한 오존이다(오존과 성층권 오존층에 대한 확장 설명은 10.5절을 보라. 17장은 염소와 브로민 화합물로부터 오존층에 대한 위협을 설명한다). 그러나 이 오존은 대류권에 있다. 그 대류권은 우리들이 숨을 쉬고 거주하는 공기 층이다. 오존은 호흡자극, 질식, 기침, 피로를 포함하는 여러 건강문제를 야기하고 또한 산림과 농작물의 피해와 관련이 있다. 오존은 또한 고무제품과 반응하여 타이어에 금이 가게 만든다.

오존은 **산화제**(*oxidant*)라 부르고 그것은 일반적 2차오염물의 종류 중 약 90%를 차지한다. 원자 산소와 오존은 더 작은 분자의 탄화수소와 반응하여 여러 산화

그림 15.12

하루 동안 광화학 스모그 중 1차오염물(실선)과 이차오염물(토막선)의 변화 (참고문헌.44).

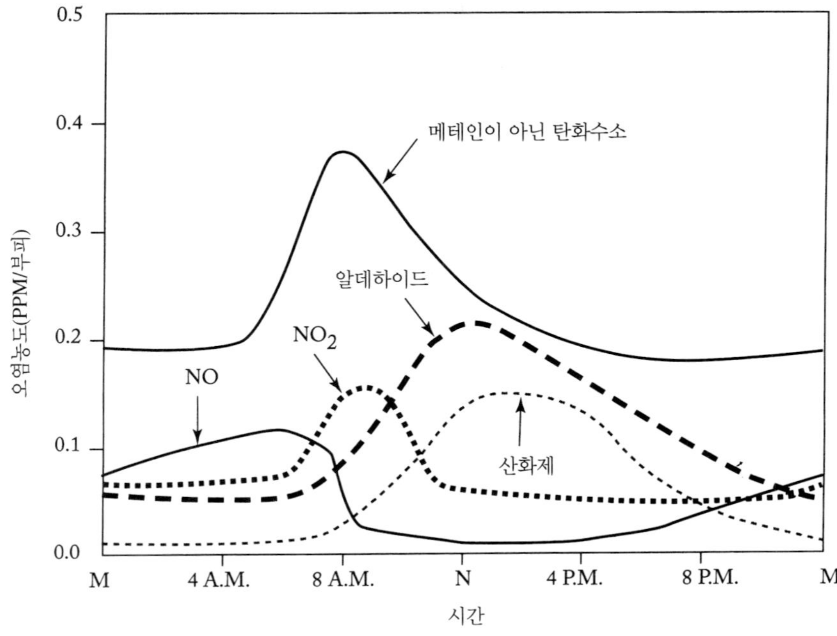

제를 만든다. 이들 사이에 주요한 것은

$$\text{알데하이드:}\quad \text{R}-\overset{\overset{\displaystyle \text{O}}{\|}}{\text{C}}-\text{H}$$

$$\text{키톤:}\quad \text{R}-\overset{\overset{\displaystyle \text{O}}{\|}}{\text{C}}-\text{R}'$$

$$\text{Peroxy acyl nitrates (PANs):}\quad \text{R}-\underset{\underset{\displaystyle \text{O}}{\|}}{\text{C}}-\text{O}-\text{O}-\underset{\underset{\displaystyle \text{O}}{|}}{\text{N}}=\text{O}$$

여기에서 R과 R´은 메틸(CH_3-), 에틸(C_2H_5-) 등과 같은 탄소-함유 원자단이다. 이러한 화합물은 눈과 폐를 자극하지만 폐와 심장병의 발생증가와 관련이 연결될 수 있다. PANs도 역시 호흡곤란에 기여하고 식물과 스목에 심각한 손상을 일으키는 것으로 알려졌다. 예를 들어 Los Angeles 지역 숲은 크게 손상되어 있다.

그림 15.12는 하루 동안에 발생하는 1차오염물량과 2차오염물량의 변화를 보여준다. 아침 교통이 시작할 때 산화질소는 처음에 1차오염물로 나타난다. 일산화탄소는 광화학적으로 반응하지 않으므로 그림에 나타내지 않았고 그것은 처음 시간에 형성된다. 저분자량 탄화수소는 2차오염물의 첫 번째 이산화질소처럼 아침 중간에 나타난다. 시간이 지남에 따라 오존과 기타 산화제가 형성되기 시작하고 이른 오후에 최고에 도달한다. 일이 끝난 다음 교통은 때때로 또 다른 1차오염물, 아마 이산화질소의 최고를 나타내지만 하늘에서 태양이 낮아지면 몇 가지 추가로 2차오염물을 생성한다. 당연히 여름철에 광화학 스모그 생성(오존 수준의 농도로)은 겨

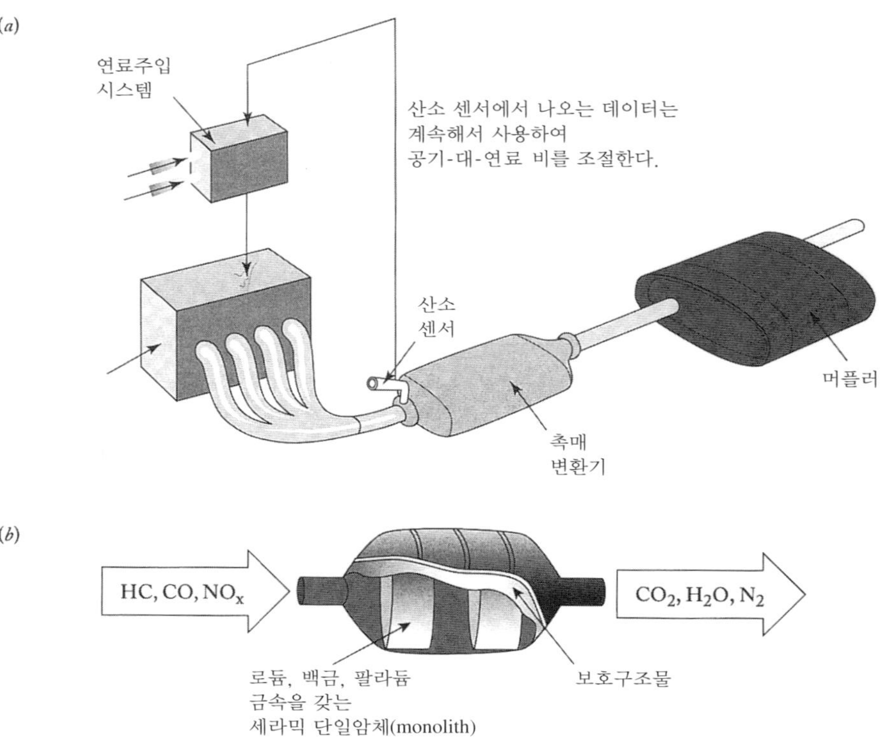

그림 15.13

(a) 대표적 자동차배기계에 장치한 촉매 변환기. (b) 대표적 3-방향 촉매 변환기는 로듐, 백금, 팔라듐 금속을 사용하여 저분자량 탄화수소(HC), 일산화탄소(CO), 산화질소(NO_x)를 이산화탄소(CO_2), 물(H_2O), 질소(N_2)로 변환한다.

울보다 두 배 이상이다.

미국에서 자동차 방출물과 그로 말미암아 생기는 광화학 스모그 수준의 제어를 위한 측정은 1967년 첫 번째 Federal Clean Act 이후에 정교하게 발전하였다. ICE는 광범위하게 수정되었고 그것은 연소실의 여러 가지 재설계, 공기-대-연료 비의 변화, 가솔린 성분의 재구성, 연소실을 통한 재순환 배기물과 저산화 연료가스에 대한 크랭크실 배기[positive crankcase ventilation(PCV)] 밸브의 추가, 탄소를 잠시 모으고 가스탱크와 연료 시스템에서 나오는 증발 연료를 재순환하는 여과 장치의 추가 등등을 포함한다. 이러한 변경 중에서 어떤 것은 예상한 것처럼 항상 적용되지 않는다. 예를 들어 Clean Air Act에 대한 1990년 변경은 저분자량 탄화수소와 일산화탄소를 감소하기 위하여 가솔린에 대한 "산소화합물"의 추가를 요구한다. 이것과 관련해서 사용한 첫째 화합물 중 하나는 methyltertiarybuthyl ether[MTBE, $CH_3OC(CH_3)_3$]이지만 이 첨가제는 현재 포기하였다. 왜냐하면 이것은 널리 확산되고 그리고 일반적 물 오염물이기 때문이다.

아마 광화학 스모그를 감소하는 가장 중요한 오염방지 장치는 촉매변환기이다. 이 장치는 1960년대에 처음 소개된 이후 몇 세대를 지났고 그 다음에 1975년에 출발하여 마국에서 평범해졌다. 그림 15.13에 제시한 청소기 통은 다양한 엔진과 머플러 사이에 장치하여 배기가스의 열을 이용하여 여러 반응을 증진한다. "2-방향"

촉매와 관련이 있는 첫 세대 변환기는 배기 생성물의 산화를 두 "방향"으로 증진한다: 즉 (1) 일산화탄소를 이산화탄소로 그리고 (2) 저분자 탄화수소를 이산화탄소와 물로 변환한다. 이러한 두 반응을 식 (15.63)과 (15.64)에 제시한다:

$$2CO(g) + O_2(g) \xrightarrow{\text{Pd 또는 Pt}} 2CO_2(g) \tag{15.63}$$

$$C_nH_{2n+2}(g) + mO_2(g) \xrightarrow{\text{Pd 또는 Pt}} nCO_2(g) + (n+1)H_2O(g) \tag{15.64}$$

이 장치에 사용한 백금 또는 팔라듐 촉매(산화물 형태로)는 전형적으로 약 2~5 mm 지름 알루미나(Al_2O_3)의 작은 모래 크기에 도포하고 그 다음에 그림 (15.13a) 처럼 강철 통에 넣는다. Pd 또는 Pt 촉매는 납에 의하여 촉매 역할이 저하되므로 이러한 오염방지 장치의 사용은 가솔린에서 납 안티녹 화합물을 제거할 필요가 있다(납 오염의 설명은 14.4절을 보라). 이러한 안티녹 연료는 미국에서 1975년에 시작하여 제거되었다. "3-방향" 촉매는 일산화탄소와 저분자 탄화수소의 제거에 추가하여 배기가스 중에서 산화질소(NO_x)의 농도 제어를 위해서 도입하였다. NO_x 농도는 제거가 대단히 어렵다. 그것을 제거하는 최선 방법 중 하나는 식 (15.65)처럼 NO와 CO의 반응을 증진하는 것이다:

$$2CO(g) + 2NO(g) \xrightarrow[\text{또는 Rh}]{\text{Pt, Pd,}} 2CO_2(g) + N_2(g) \tag{15.65}$$

이 반응은 백금과 팔라듐에 의하여 촉매작용을 하지만 로듐에 의하여 더 효과적이다. 이러한 "3-방향" 촉매는 공기-대-연료 비를 계속적으로 조절하는 정교한 연료 시스템이 필요하다. 이러한 조절은 배기가스 흐름 중에 설치한 산소센서를 사용하여 지시할 수 있다.

모래 알갱이 같은 촉매 지지체는 그림 15.13b에 제시한 세라믹 벌집형(*ceramic monolith type*) 지지체로 대치되었다. 이것은 세라믹 벌집모양이고 구멍이 평행하게 열려서 배기가스를 더 쉽게 통과한다. 세라믹 재료는 일반적으로 근청석(cordierite, 고리형 알루미노규산염 $Al_3Mg_2(Si_5AlO_{18}$의 성분)이고 beryl 구조와 비슷하다(규산염과 알루미노규산염에 대한 설명은 14.5절과 표 14.2를 보라). 때때로 그 세라믹은 금속 지지체로 대치한다. 3-방향 촉매계는 1981년 이후에 북 아메리리카에서 판매된 새로운 자동차에 대한 표준이다. 더 최근의 노력은 금속촉매를 직접 연소실에 분사하여 연료 중 황의 효과를 감소하고 디젤 엔진에서 나오는 방출물 제어에 노력을 집중하고 있다.

이러한 오염방지 장치는 얼마나 유효한가? 표 15.9는 1970년 이후 미국 연방과 캘리포니아 주-법령이 요구하는 자동차 방출 표준을 보여준다. 얼핏 보면 저분자량

표 15.9
미국에서 경량 자동차에 대한 Federal and California Emision Standard (참고문헌 44)

	Federal standards				California standards				
모델, 년도	HCs[a]	CO[a]	NO_x[a]	Evap. HCs[a]	HCs	CO	NO_x	Evap. HCs	Particulate matter[b]
제어 이전에	10.60	84.0	4.1	47	10.60	84.0	4.1	47	—
1970	4.1	34.0	—	—	4.1	34.0	—	—	—
1975	1.5	15.0	3.1	2	0.90	9.0	2.0	2	—
1980	0.41	7.4	2.0	6	0.39	9.0	1.0	2	—
1985	0.41	3.4	1.0	2	0.39	7.0	0.4	2	0.40
1990	0.41	3.4	1.0	2	0.39	7.0	0.4	2	0.08
1993	0.41	3.4	1.0	2	0.25	3.4	0.4	2	0.08
2000	0.41[c]	3.4	0.4	—	Values not given				

자료; S.E.Manahan, Environmental Chemistry, 7th ed. (Boca Raton, Fl.,Lewis,2000), 384

[a] HCs, 방출 탄화수소; CO(일산화탄소); NO_x, NO와 NO_2의 합; evap. HCs, 연료계에서 증발된 탄화수소; evap. HCs는 g/test로 제시했다. 이것을 제외한 모든 값은 g/mile.

[b] 디젤 승용차 배기물에서 나온 입자.

[c] 전체 탄화수소.

탄화수소(>99%), 일산화탄소(96%), 산화질소(99%)의 허용농도 감소 %가 매우 중요하다는 것을 보여준다. 마지막으로 우리는 광화학 스모그의 취급에 중요한 발전을 위하여 과학적 지식과 기술을 가지고 있다고 말할 수 있다. 그러므로 세계의 주요한 많은 도시 상공에 공기의 품질이 마침내 개선되기 시작했다. 나머지 도시들은 이러한 추하고 위험스런 공기오염 형태를 제어하기 위하여 먼 길을 가야한다.

연습문제 PROBLEMS

15.1 당신이 이 장을 읽은 것에 바탕을 두고 피코젠이라는 이름의 5A족의 원소를 얻는 또는 화합물을 얻는 서로 다른 세 가지 예를 인용하라.

15.2 금속 안티모니를 생산하는 전형적 방법은 stibinite(Sb_2S_3)를 태워서 산화물로 만든 다음 금속으로 환원반응이다. 이 방법에 대한 반응식을 쓰라.

15.3 Orpiment(As_2S_3)를 달걀껍질($CaCO_3$)과 반응시킨 다음 숯과 반응하는 반응식을 쓰라.

15.4 Brandt's white, waxy "cold fire"와 Priestly 열소(dephlogisticate) 공기의 반응식을 쓰라.

★15.5 Rutherford는 그의 새로운 공기를 완전한 플로지스트화(phlogisticate)에 어떤 어려움이 있었다. 그는 쥐를 죽을 때까지 보통 공기에서 사육했다. 그 다음 그는 이 공기에서 양초와 인을 태우고 그 생성물을 센 알칼리로 처리했다. 현대 화학의 관점에서 그가 실험한 반응을 설명하라.

15.6 피코젠의 반지름, 이온화에너지, 전자친화도, 전기음성도의 불규칙성을 확인하고 설명하라.

15.7 하이드라진과 에테인의 VSEPR을 그린 다음 N−N 결합이 C−C 결합보다 왜 훨씬 더 약한가를 설명하라.

15.8 주기율표의 이해를 위한 상호연결된 아이디어 그물망을 5A족에 어떻게 응용하는가를 설명하라. 이 족으로부터 두 가지 예를 당신의 해답 부분에 인용하라.

15.9 $P(SiH_3)$는 피라미드이고 $N(SiH_3)$는 평면이다. 이들 구조를 $p\pi-d\pi$ 결합의 유리한 점과 비교하여 설명하라.

15.10 산화포스핀(R_3PO)은 단일결합보다 짧은 P−O 결합거리를 갖는다. 이 화합물에 대한 Lewis, VSEPR, VBT의 구조를 설명하라. 이러한 구조에서 P−O 결합거리가 비정상적으로 짧은 것을 설명하라.

15.11 아이소시안산(OCN^-)은 인 유사물질을 갖지 않는다. 이 이온에 대한 Lewis, VSEPR, VBT의 구조를 그린 다음 유일성 원리의 관점에서 설명하라.

★15.12 Cyclodiphosphazene($R_4P_2N_2$)은 1980년대 중반에 처음 합성했다. 이들은 거의 똑같은 P−N 결합거리를 갖는 평면 분자이다. 이 분자 종류에 대한 Lewis, VSEPR, VBT의 도형을 그려라. 질소와 인은 이 결합에 어떤 오비탈을 사용하는가?

15.13 비소산[H_3AsO_4 또는 $OAs(OH)_3$]은 나머지 세 결합보다 짧고 더 세다. $p\pi-d\pi$ 결합을 사용하여 이들의 특성을 조심스럽게 설명하라. 이 산에서 비소에 의하여 사용한 혼성 오비탈의 성질과 이중결합 형성에서 비소와 산소 원자에의하여 사용한 오비탈의 성질을 구체적으로 설명하라.

15.14 포스포늄 이온(PH_4^+)에 대한 Lewis, VSEPR, VBT의 도형을 그려라.

15.15 암모니아와 포스핀이 산으로 작용하여 상당하는 EH_2^- 짝염기를 생성하는 것을 생각하라. NH_3와 PH_3는 어느 것이 더 센 산인가? 당신의 해답을 이론적으로 설명하라.

15.16 9장에서 설명한 것처럼 산화중수소(D_2O)는 물을 전해하여 만든다. D_3PO_4화합물은 어떻게 제조하는가?

★ 표시는 더 어려운 문제이다.

15.17 인산과 비소산은 어느 것이 더 센 산인가? 당신의 해답에 이들 산의 구조를 제시하라.

15.18 인산용액 농도를 50% 이하로 감소할 때 그 산 분자 사이에 수소결합은 산과물분자 사이에 수소결합에 의하여 치환된다. 그 두 가지 상호작용을 나타내는 도형을 그려라.

15.19 다음의 화학식을 쓰라. (a) 수소화인산 소듐, (b) 이수소화인산 소듐, (c) 이수소화파이로인산 포타슘, (d) 수소화인산 칼슘

15.20 다음 산과 염의 이름을 쓰라.
(a) KH_2PO_4,
(b) $Ca(H_2PO_4)_2$
(c) $Mg_2P_2O_7$
(d) $NaH_3P_2O_5$

★15.21 한 인산과 한 아인산을 응축할 때 생기는 산의 화학식을 결정하라. 이 분자는 몇 산성 양성자를 갖는가?

15.22 트라이폴리인산과 트라이폴리아인산에서 산성 양성자는 몇인가? 당신의 해답을 증명하는 이들 산의 구조를 그려라.

15.23 하이포아인산(H_3PO_2)은 약한 일양성자성 산이다. 그 분자 구조를 그린 다음 왜 한 양성자만 산성인가를 설명하라.

15.24 하이포아인산 소듐 화학식을 결정하라.

15.25 아비소산과 비소산 구조를 그려라.

15.26 다음 화합물을 명명하라.
(a) NaH_2AsO_4
(b) Ag_3AsO_3
(c) $(NH_4)_3AsO_4$

15.27 다음 화합물의 화학식을 쓰라.
(a) 아안티모니산
(b) 수소화아비소산 구리(II)
(c) 이수소화비소산 암모늄

15.28 고체 PCl_5는 실제로 $[PCl_4^+][PCl_6^-]$ 단위로 구성한다. 그 고체에서 양이온과 음이온의 예상되는 모양을 설명하라.

15.29 암모니아로부터 삼플루오르화 질소의 제법에 대한 반응식을 쓰라.

15.30 인의 삼염화물과 삼플루오르화물은 어떻게 만드는가? 당신의 해답에 대한 반응식을 쓰라.

15.31 비소와 비스무트의 삼할로젠화물은 어떻게 만드는가? 당신의 해답에 대한 반응식을 쓰라.

15.32 그림 15.7에 제시한 보라진($B_3N_3H_6$)을 참고하여 각 붕소와 질소 원자에 관한 혼성화를 확인하라. 붕소-인 화합물에 상당하는 비슷한 결합 도표를 발견할 것으로 기대하는가?

15.33 삼합체 포스파젠($P_3N_3Cl_6$)과 헥사클로로보라진($B_3N_3Cl_6$)의 유사성과 차이점을 설명하라.

★15.34 항목 별로 적당한 글자 기호를 제시한 화학식의 왼쪽 공간에 놓아라.

______NH_3	(a) 헤모글로빈과 결합하여 살코기를 붉게 만든다.
	(b) Haber공정에 의한 "고정"
______N_2	(c) 약한 염기
	(d) 약한 산
______N_2O	(e) 센 산화제
	(f) 용해성 지방
______NO	(g) 일반 가정용 세제의 성분
	(h) 쉽게 이합체화한다.
______NO_2	(i) 육류보존에 사용한 염류
	(j) 냄새없다.
______HNO_2	(k) Humphry Davy의 호기심

15.35 액체 암모니아 구조를 보여주는 도형을 그려라. 각 암모니아 분자의 기하구조는 정확하고 암모니아 분자 사이에 수소결합이 분명히 표시된 것을 확인하라.

15.36 물 중에서 암모니아용액의 구조를 보여주는 도형을 그려라. 물, 암모니아, 그리고 어떤 이온의 기하구조가 정확하게 수소결합을 분명하게 표시하는가를 확인하라.

15.37 다음에 다시 제시한 식 (15.20)의 원자에 대하여 산화상태를 할당하라. 어느것이 산화되고 환원되는가?

$$(NH_4)_2Cr_2O_7(s) \longrightarrow N_2(g) + 4H_2O(g) + Cr_2O_3(s)$$

★15.38 현대 에어백은 어떻게 작동하는가? 당신의 해답을 지지하는 반응식을 쓰라.

★15.39 하이드라진은 환원제로서 유용하다. 산성용액 중에서 하이드라진 이온은 다음처럼 $N_2(g)$로 산화된다:

$$N_2H_5^+(aq) \longrightarrow N_2(g) + 5H^+(aq) + 4\,e^- \qquad (E^\circ = 0.23\ V)$$

(a) 하이드라진 산성 수용액은 Fe^{3+}를 Fe^{2+}로 환원할 수 있는가?

(b) MnO_4^-를 Mn^{2+}로 환원할 수 있는가?

표준환원전위는 표 11.2에 있다.

15.40 염기성 용액에서 하이드라진과 관련이 있는 표준환원전위는 다음과 같다. 하이드라진은 염기성 용액에서 MnO_4^-를 MnO_2로 환원에 사용할 수 있는가?

$$N_2(g) + 4H_2O + 4\,e^- \longrightarrow N_2H_4(aq) + 4OH^-(aq) \qquad (E^\circ = -1.16\ V)$$

15.41 고체 하이드록실아민(NH_2OH) 중에서 수소결합의 가능성을 설명하라. 당신의 그림에 도형을 포함하라.

15.42 아산화질소 중에서 산소무게를 %로 계산하라. 당신의 값을 공기 중에서 산소 무게 값과 비교하라. 당신의 계산은 이산화질소 중에서 촛불이 더 밝게 타는 관찰을 지지하는가?

★15.43 아산화질소가 산성 용액 중에서 이질소와 산화질소로 불균등화반응을 진행하는 다음에 제시한 반응을 균형 맞춰라. 이 불균등화반응이 표준상태 조건에서 실제로 일어나는 여부를 결정하라. 표준환원전위를 사용하라.

$$N_2O \xrightarrow{\text{산}} N_2 + NO$$

$$2e^- + N_2O + 2H^+ \longrightarrow N_2 + H_2O \qquad (E^\circ = 1.77\ V)$$

$$2e^- + 2NO + 2H^+ \longrightarrow N_2O + H_2O \qquad (E^\circ = 1.59\ V)$$

15.44 하이포아질산은 $N_2(OH)_2$ 화학식의 대칭 분자이다. 이 분자의 Lewis, VSEPR, VBT 도형을 그려라. 분자에서 질소와 산소 원자의 결합각 추정과 혼성을 해답에 포함하라. 또한 이 분자에서 질소원자의 산화상태도 결정하라.

15.45 질소와 산소의 이원자 기체가 반응하여 산화질소를 만드는 반응은 298K에서 ΔS° 값이 24.7 J/(mol·K)이다. 이것은 고온에서 산화질소 생성의 증가에 유리한가? 불리한가?

15.46 1992년에 Science 잡지는 산화질소(NO)를 "Molecule of the Year"라고 편집하였다. 이렇게 신속하게 설명한 이 화합물의 몇 가지 성질을 간단히 나열하라.

★15.47 인터넷에서 산화질소(nitric doxide)를 찾아 이와 같이 작은 그러나 강력한분자의 가장 최근의 몇 가지 용도를 나열하라. NO는 여전히 좋은 소식인 가? 당신의 해답에 URL주소를 제공하라.

★**15.48** NO가 N_2O_2로 이합체화할 때 $\Delta H°$는 -57.2 kJ/mol이다. 결합에너지와 관련시켜 그 반응의 발열성질을 이론적으로 설명하라.

15.49 N_2O_2의 Lewis, VSEPR, VBT 도형을 그려라. 그 분자의 결합각 추정 값과질소 및 산소 원자의 오비탈 혼성화를 포함해서 그려라.

15.50 표 15.6에 제시한 삼산화이질소의 비대칭구조는 그것의 보통 형태에 720 nm 파장 빛을 쪼여 대칭성 O−N−O−N−O 구조로 변형할 수 있다. 그 대칭구조의 Lewis, VSEPR, VBT 구조를 그려라. 당신의 VSEPR 도형에서 결합각의 추정을 포함하라.

★**15.51** NO_2^+(nitronium 이온), NO_2(이산화질소), NO_2^-(아질산 이온)에서 예상되는 O−N−O 결합각을 설명하라. 당신의 해답을 VSEPR 도형으로 증명하라.

15.52 이산화질소가 산성 용액에서 아질산과 질산이온으로 불균등화반응하는 다음에 표시한 반응의 균형을 맞춰라. 이 불균등화반응이 실제로 표준환원조건에서 일어나는 여부를 제시한 표준환원전위를 사용하여 계산하라:

$$NO_2 + H_2O \longrightarrow HNO_2 + NO_3^- + H^+$$

$$NO_2 + H^+ + e^- \longrightarrow HNO_2 \qquad (E° = 1.10\text{ V})$$

$$NO_3^- + 2H^+ + e^- \longrightarrow NO_2 + H_2O \qquad (E° = 0.78\text{ V})$$

15.53 오산화이질소가 물과 반응하여 질산의 형성을 보여주는 균형식을 쓰라. 이것은 산화환원 반응식인가? 왜 그런가? 왜 그렇지 않은가?

★**15.54** 질산은 여러 금속을 산화시키고 녹이는 것 이외에 황(S_8) 및 인(P_4)과 같은 비금속을 상당하는 황산과 인산으로 산화할 수 있다. 이러한 과정을 표시하는 균형식을 쓰라.

15.55 상호연결된 아이디어 상호연결 연락망(그림 15.2)에 의하면 좋은 산화제는 주기율표의 오른쪽에 존재하는 경향이 있다는 것을 나타낸다. 예로 질소 화학을 사용하여 이것이 왜 지나치게 일반화한 것인가를 설명하라.

15.56 알루미늄에 대한 진한 질산의 반응과 철에 대한 묽은 질산의 반응에 대하여 균형식을 쓰라.

★**15.57** 10산화4인(P_4O_{10})을 질산의 탈수에 사용할 수 있다. 이 반응을 표시하는 반응식을 쓰라.

15.58 대칭 시안아마이드 이온(CN_2^{2-})의 Lewis, VSEPR, VBT 구조를 그려라.

★**15.59** 식 (15.48)의 Haber 공정에 대하여 규정한 실험조건에 관하여 조심스럽게 생각하라. 열역학적 관점으로부터 이러한 고온과 고압을 이론적으로 설명할수 있는가?

그렇지 않으면 그러한 조건의 설명에 다른 어떤 인자를 고려해야 하는가?

★15.60 최근에 octanitrocubane이라는 화합물을 합성했다. 그것은 폭약으로서 TNT보다 두 배 강력할 수 있다. 다음에 그 구조를 제시한다. 그것의 분자식은 $Cs(NO_2)_8$이다. 다른 질소 폭발물에 관하여 아는 것으로부터 octanitrocubane이 왜 그렇게 강력한 폭발물인가를 나타내는 균형식을 제안하라. 이 반응식을 이용하여 큰 폭발물로서 기능을 설명하라.

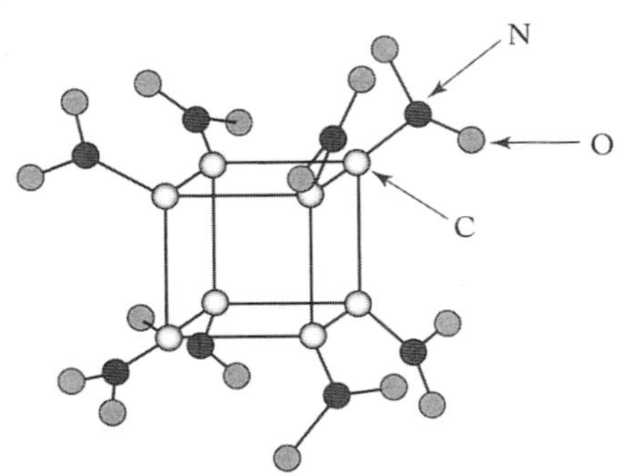

15.61 1999년에 Pennsylvania, Allentown에서 폭발은 "염기없는 30%와 50% 하이드록실아민 수용액" 정제품과 관련이 있는 것으로 나타났다. 하이드록실아민의 구조를 그린 다음 이 화합물에서 질소의 산화상태를 결정하라. 그리고 그것이 물에 대단히 잘 녹는 이유를 설명하라.

★15.62 하이드록실아민 폭발물의 생성물이 이질소, 물, 암모니아, 아산화질소일 때그 반응에 대한 균형식을 쓰고 이 화합물이 왜 격렬하게 폭발할 수 있는가를 설명하라(힌트: 이 불균등화반응에 대한 반반응을 기록하는 것은 문제풀기에 좋다).

15.63 보통 질산암모늄 비료도 마찬가지로 "트럭에 싣고 다닐 때 폭발하는 폭탄"의 주요한 성분인이다. 왜 그러한가?

15.64 염소산(ClO_3^-) 이온에 의하여 (a) P_4와 (b) P_4S_3이 산화되는 반응식을 쓰라.

15.65 여러 황화인에서 발견되는 P=O 결합의 성질을 예상하라.

★15.66 베이킹 파우더와 여러 비스켓 혼합물에서 발효제는 monocalcium phosphate, $Ca(H_2PO_4)_2$를 포함한다. 이 이름을 이론적으로 설명하라. 다른 이름을 제시할 수 있는가?

15.67 베이킹 파우더를 발견하기 전에 tartar($KHC_4H_4O_6$)와 베이킹 소다 크림의 "콤비네이션"을 빵 발효에 사용했다. 이 과정에 대한 반응식을 쓰라.

15.68 플루오르화소듐을 수소화인산 칼슘 · 2물(calcium hydrogen phosphate dihydrate)과 섞을 때 용해성 플루오르화물의 제거에 대한 반응식을 쓰라.

★15.69 모노플루오로인산(PO_3F^{2-})의 구조를 추측하라. 인산 이온은 어떤 것과 등전자성인가?

15.70 그림 15.12처럼 광화학 스모그에서 1차오염물과 2차오염물의 매일 농도변화를 당신 자신의 말로 간단히 이론적으로 설명하라.

15.71 광화학 스모그 생성에서 하이드록실 라디칼의 역할을 설명하라.

CHAPTER

16 황 셀레늄, 텔루륨, 그리고 폴로늄

6A족 원소들은 합쳐서 **칼코젠**(*chalcogen*)이라 알려져 있고 그것은 "copper-producing"을 의미하는 이름이다. 그러므로 그것은 주요한 황화구리 광물과 같은 황에 대하여 분명히 적당한 이름이다. 셀레늄과 텔루륨도 주화 금속(구리, 은, 금)과 관련이 있는 것으로 알려졌고 그 족의 이름과 일치한다. 그와 반대로 폴로늄과 산소는 그러한 명칭 때문에 서로 함께 분류하지 않는다. 폴로늄은 또 다른 센 방사성 원소이면서 무거운 동종체이고 1A족과 2A족의 프란슘과 라듐을 생각나게 한다. 산소는 6A족 원소의 맨 위에 있는 특이한 원소 중 가장 좋은 예의 하나이다. 실제로 산소는 대단히 특수하므로 10장에서 족을 설명하는 서문으로 선택하였다. 산소화학은 여기에서 더 무거운 동종체의 설명에 대한 출발점으로만 설명하겠다.

이 장의 첫 번째 두 절은 통상적으로 (1) 원소의 발견과 분리, (2) 6A족 화학에 대한 상호연결된 아이디어 연락망에 관한 것이다. 셋째 절은 황 사슬화반응의 큰 능력 때문에 필요하고 원소-대-원소 결합과 관련이 있는 동소체와 화합물에 집중하겠다. 다음은 비교적 새롭고 잠재적으로 유용한 황질소 화합물에 관한 짧은 절이다. 넷째 절에서 실제로 중요한 반응과 화합물은 소듐−황 배터리, 셀레늄과 텔레륨의 광전성질, 세계적으로 가장 중요한 공업적 화합물인 황산 등이다. 깊이가 있는 토픽은 산성비의 생성, 효과, 가능한 제어 등이다.

16.1 원소의 발견과 분리

그림 16.1에 산소를 포함하는 모든 칼코젠의 발견 년대를 보여준다. 다만 황은 고대에 알려졌다. 산소는 1770년대 초에 Priestly에 의하여(그리고 Scheele과 별도로) 발견되었고 텔루륨은 1780년대 초에, 셀레늄은 1817년에, 그리고 폴로늄은 19세기 바로 말엽에 발견되었다.

그림 16.1

알려진 여러 원소수를 년대에 대하여 점시한 그림에 겹친 6A족 원소의 발견 년대.

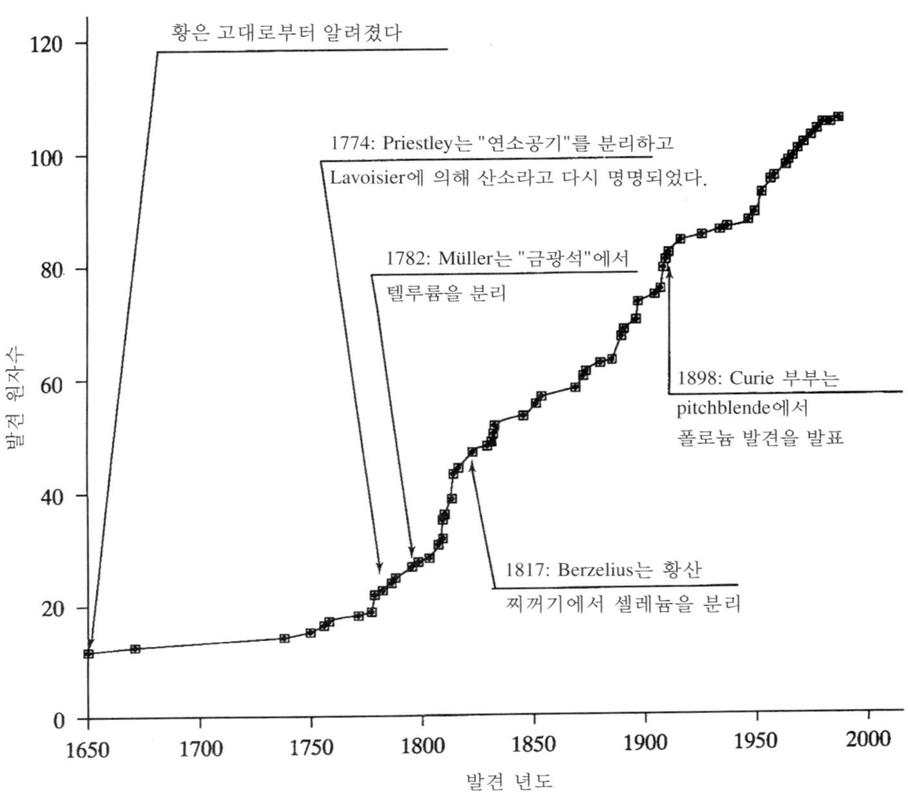

황

성경의 창세기 19:24에서는 문자 그대로 "불타는 돌"(burning stone)을 의미하는 황(brimstone)에 의한 Sodom과 Gomorrah의 파멸을 설명한다. "불과 (유)황"에서 살아간다는 말은 용납할 수 없는 행동 때문에 매우 뜨겁고 불타는 장소에서 영원히 살아가야 하는 결과를 초래하리라는 것을 경고한다! Brimstone은 황(sulfur)에 대한 옛 말이고 그 두 가지의 Brimstone과 sulfur라는 이름은 여러 시대에 걸쳐 연소성 물질에 대하여 일반 용어로 사용하여 왔다. 1774년에 Lavoisier는 Priestly의 탈열소 공기(dephlogisticated air)를 새로운 원소라고 인정하였다. 마찬가지로 1777년에 Lavoisier는 황에 대하여 동일한 상태를 주장했지만 1809년 후반에 공기는 수소와 산소를 포함한다고 주장한 Humpry Davy에 의하여 도전을 받았다. 황의 기본 성질은 1809년에 Gay-Lussac과 Thénnard에 의하여 발표된 다음에 전연 논쟁하지 않은 것처럼 보인다.

이 냄새가 없고 맛이 없는 황은 화산과 온천 지역에서 자유 형태로 발견될 수 있다. 그와 반대로 황화수소는 고등학교 화학실험실이나 Yellowstone National Park을 다녀본 사람들이 증언하는 것처럼 분명히 냄새가 있다. 그러나 황화수소는 불편하고 불쾌한 것만이 아니다. 황화수소는 대단히 많이 "신맛이 나는" 천연 기체이고 다른 관점에서 보면 황화수소는 깨끗한 연소 물질의 연료로 사용할 수 없다. 1880년대 후반에 젊은 독일 이민자 Herman Frasch는 Louisiana와 Texas에서 발견된 광대한 자연기체의 광상으로부터 황을 회수하는 방법의 특허를 받았다. 그는 1890년대 초에 아직도 Frasch 공정이라고 브르는 방법을 완성했다. 그 방법으로 Louisiana 늪과 유사(quicksand) 밑의 거대한 광상으로부터 황을 회수한다. 그는 과열수(고압고온으로 가열된 물)를 500 ft 이하 광상 밑으로 내려 보내서 황을 녹이고 지표면으로 밝은 노란 액체를 퍼내는 펌프를 고안했다. Flasch 방법은 점차 원유와 자연기체로부터 황을 회수하는 더 새로운 방법으로 대치되고 있다.

황은 알려진 많은 나라에서 많은 용도들이 발견되고 있다. Homer는 고대 그리스에서 황을 훈연제라고 인용한다. 황은 9세기에 처음 소개된 화약(15.4절)과 1800년대에 시작하는 성냥(15.4절)에 주요한 성분이었다. 1830년대 후반에 Charles Goodyear는 황과 고무 혼합물을 가열하여 건조상태로 가소성이면서 헤아릴 수 없이 용도가 많은 제품을 만드는 방법을 발견했다(Gooyear는 고무가황(vulcanization)이라고 알려진 그의 발견으로 돈을 벌지 못하였다. 그는 극빈자로 죽었다. Benjamin Goodrich는 1870년대에 가황 고무제품을 생산하고 판매하여 재산을 모았다). 가장 주요하고 널리 퍼진 황의 용도는 황산 제조이고 그 황산은 1300년대에 처음으로 기록되어 있다. 황산의 제조와 용도는 16.5절에서 설명한다.

텔루륨과 셀레늄(지구와 달)

Franz Joseph Müller는 1700년대 후반에 western Romania, Transylvania에서 여러 금광의 주인이었다. 금의 청백색 광석 "Aurum problematicum"은 그 이름이 나타내는 것처럼 그 시대에 분석하기에 특별히 어려운 것이 증명되었다. Müller는 이 광석의 도전을 받아 1782년에 그 광석으로부터 비중에 근거하여 안티모니라고 확인된 금속을 분리하였다. 그는 이상스럽게 그 금속이 무(radish)와 같은 냄새가 난다고 지적하였다.

이전에 우라늄을 발견하고 명명한 Martin Klaproth는 1798년에 그것과 동일한 문제가 되는 광석으로부터 동일한 은백색 금속을 분리하였다. 그러나 Klaproth와 Müller는 새로운 원소가 분리된 것을 인정하고 Martin Klaproth는 그 원소를 "지구"를 의미하는 텔루륨(tellurium)이라는 이름을 제시했다. Klaproth는 결과적으로 텔루륨 발견자로 수록된 Müller와 함께 일하기 전에 상당한 지식을 가졌다. 그 후에 텔루륨은 때때로 자유 원소로 존재하고 아주 드물게 텔루루화금으로 존재하는 것으로 알려졌다. 이 광석을 처리하는 노동자들과 광석에서 텔루륨 금속을 추출하는 노동자들은 호흡할 때 이상하게 마늘 비슷한 냄새를 맡았고 그 상항을 텔루륨 호흡이라고 말하였다(분명히 아부하지 않고 솔직하게 말해서).

셀레늄은 1817년에 Jönes Jakob Berzelius에 의하여 발견되었다. 이전에 가장 유명한 스웨덴 화학자 Berzelius에 의한 몇 가지 다른 기여에 대하여 지적한 것을 기억하라(Berzelius는 1813년에 원소들에 대한 현대적 기호를 고안하였고 1817년에 리튬을 발견한 젊은 Arfwedson의 좋은 조언자였고 모든 화합물을 유기물과 무기물로 분류하려고 시도하였고 1824년에 규소를 분리했다). Berzelius는 그가 투자한 공장의 황산 그릇에서 적갈색 침전을 발견했다. 이 물질도 역시 매우 강력한 썩는 무의 냄새 또는 양배추의 냄새를 가졌고 Berzelius는 처음으로 그것이 텔루륨이라고 믿었다. 그러나 그 후에 그는 텔레륨과 밀접한 관련이 있는 새로운 원소를 분리한 것이 증명되었다. 그것은 적절하게 **셀레늄**(*selenium*)이라 부르고 그리스어로 "달"을 의미하는 selene으로부터 유래한다. 셀레늄은 무와 같은 냄새이고 미량 셀레늄은 텔레륨 냄새와 같은 것으로 판명되었다.

Berzelius는 또한 세륨과 토륨도 단독으로 또는 공동으로 발견하였고 처음으로 지르코늄을 분리하였다. 그는 그 당시에 알려진 거의 모든 원자량을 측정하고 대단히 많은 주목을 받는 여러 권의 책을 쓰고 일반적으로 그 시대에 가장 영향력이 컸다. 그는 대단히 유명해서 셀레늄으로 그의 초상을 메달로 주조하여 가지고 다녔다. 그 주물은 매우 드물지만 아직 오늘날까지도 존재한다.

폴로늄

이미 Pierre와 Marie Curie에 의하여 발견된 폴로늄과 라듐을 둘러싼 상항은 이미 설명했다(라듐에 대하여 12.1절을 보라). 폴로늄 연구는 어떻든 더 도전적이다. 폴로늄은 Curie가 이용할 수 있던 우라늄 광석에서 라듐보다 훨씬 더 적게 존재한다. 그 외에 폴로늄-210은 138.4 year 반감기이고 한편 라듐 반감기는 1600 year이다. 대단히 어렵게 비스무트와 폴로늄 화합물의 공침이 생긴다. Curie는 5A족 화학에 바탕을 두고 이 Po−Bi 결합으로 폴로늄을 분리하려고 시도하였다. 그 후에 폴로늄은 적절하게 6A족으로 확인되었다. 마지막으로 이것은 전체의 양을 합쳐도 충분하지 않은데도 불구하고 미량 폴로늄이 유리기구에 흡착하는 것이 그 후에 알려졌고 그것 때문에 방사능이 나타나기도 하고 또 가장 실망스럽게 나타나지 않기도 하였다. 그럼에도 불구하고 1898년에 Curie는 그들의 연구를 확신하고 폴로늄의 발견을 발표하였고 Marie 고국의 이름(Poland)을 따라서 폴로늄(polonium)이라고 명명했다.

폴로늄은 센 α 입자를 방출한다. 그 폴로늄 0.5 g 시료는 이 방사선 때문에 500 °C에 도달한다. 그 열과 방사선은 폴로늄-함유 물질을 분해하고 그들의 성질을 크게 복잡하게 만든다. 부수적으로 말하면 심사숙고할 문제는 아니지만 이 방사선은 폴로늄 시료 주위의 공기에서 파란색 불꽃이 생기는 것이 사실이다. 1934년에 비스무트-209를 중성자 포격으로 폴로늄-210을 만드는 방법을 발명하였다. 그것은 식

(16.1)과 같다:

$$^{209}_{83}\text{Bi} + ^{1}_{0}n \longrightarrow ^{210}_{83}\text{Bi} \xrightarrow{\beta^-} ^{210}_{84}\text{Po} + ^{0}_{-1}e \qquad (16.1)$$

폴로늄 동위원소는 27종이고 그들은 아무것도 안정하지 않다고 현재 알려져 있다. 그러나 다만 폴로늄-210은 화학적 연구용으로 충분한 양이(밀리그램) 생산된다. 그것은 자체-열의 능력 때문에 폴로늄은 우주와 달 정거장에 사용하는 잠재적 가벼운 열 공급원이다.

16.2 상호연결된 아이디어 연락망의 기본 성질

그림 16.2는 상호연결된 아이디어 연락망에 겹쳐 표시한 6A족 원소를 보여준다.

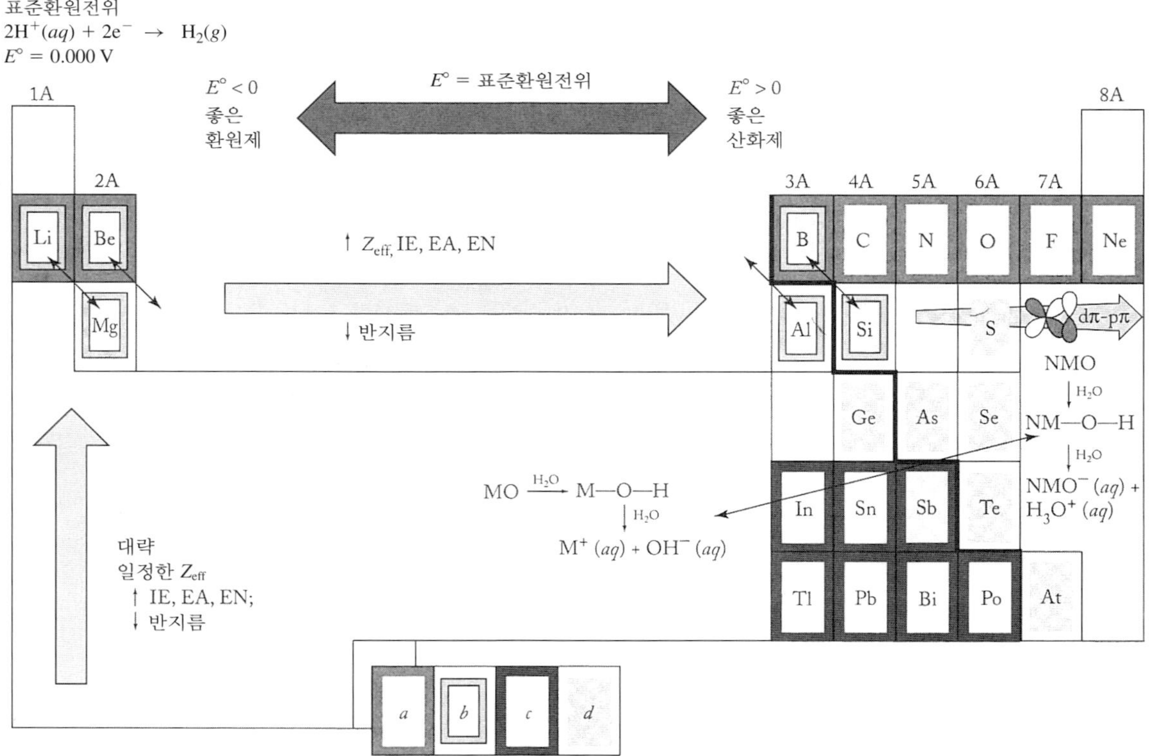

그림 16.2

2주기 및 3주기 원소와 관련있는 여러 $p\pi-d\pi$ 결합의 변화, 금속과 비금속 산화물의 산-염기 특성, 주기적 성질의 경향성, 표준환원전위, (a) 유일성원리, (b) 대각선효과, (c) 비활성-쌍 효과, (d) 금속-비금속 경계선 등을 포함하는 상호 연결된 아이디어 연락망에 겹쳐 표시한 칼코젠(6A족).

몇 가지 대표적 수소화물, 산화물, 할로젠화물을 설명하기 전에 칼코젠과 관련있는 상호연결된 각 아이디어 연락망 성분의 상태를 간단히 살펴보겠다. 통상적으로 주기율로부터 시작해보면 이온화에너지, 전자친화도, 전기음성도, 여러 반지름(모두 표 16.1에 나머지 기본성질과 함께 제시했다)과 같은 성질 들이 예상하는 것처럼 크게 변하는 것을 보고 우리들은 놀라지 않는다. 금속−비금속 경계선은 우리들이 설명하는 각 족에서 밑으로 내려앉는다. 그러므로 폴로늄은 방사성이고 실험하기 어렵지만 당연히 어느 정도 금속 성질에 가까운 단 하나의 원소라고(6A족 중에서) 기대한다. 또한 당연히 6A족 산화물은 센 산성으로 출발하지만 그 족을 밑으로 가

표 16.1 6A족 원소의 기본 성질(참고문헌 32)

	산소	황	셀레늄	텔루륨	폴로늄
기호	0	S	Se	Te	Po
원자번호	8	16	34	52	84
자연동위원소	^{16}0/99.76	^{32}S/95.0	^{74}Se/0.87	^{120}Te/0.089	^{210}Po(100)[a]
A/% 존재	^{17}0/0.037	^{33}S/0.76	^{76}Se/9.02	^{122}Te/2.46	
	^{18}0/0.204	^{34}S/4.22	^{77}Se/7.58	^{123}Te/0.87	
		^{36}S/0.014	^{78}Se/23.52	^{124}Te/4.61	
			^{80}Se/49.82	^{125}Te/6.99	
			^{82}Se/9.19	^{126}Te/18.71	
				^{128}Te/31.79	
전체 동위원소	8	10	17	21	27
원자량	16.00	32.07	78.96	127.6	(210)
원잣가전자	$2s^22p^4$	$3s^23p^4$	$4s^24p^4$	$5s^25p^4$	$6s^26p^4$
mp/bp,°C	−218/−183	112/444	217/685	450/990	254/962
밀도, g/cm^3	1.43 (g/liter)	2.07[b]	4.79	6.24	9.32
공유결합 반지름 Å	0.73	1.02	1.16	1.36	
이온반지름 Shannon-Prewitt, Å (C.N.)	⋯	0.43(6)	0.56(6)	(+6)0.70(6) (+4)1.11(6)	(+6)0.81(6) (+4)1.08(6)
Pauling EN	3.5	2.5	2.4	2.1	2.0
전하밀도(전하/이온반지름) 단위전하/ Å	⋯	14	11	(+6)8.6 (+4)3.60	(+6)7.4 (+4)3.70
$E°$,[c] V	1.23	0.14	−0.11	−0.69	−1.0
산화상태	−1, −2	−2 ~ +6	−2 ~ +6	−2 ~ +6	−2 ~ +6
이온화에너지, kJ/mol	1314	1000	941	870	814
전자친화도, kJ/mol	−142	−200	−195	−190	NA
발견자/년도	Priestley 1774	Antiquity	Berzelius 1817	Müller 1782	Curie 1898
rpw[d] O_2		SO_2	SeO_2	TeO_2	PoO_2
산화물의 산−염기 특성	⋯	Acidic	Acidic	Ampho.	
rpw N_2	NO, NO_2	None	None	None	None
rpw 할로겐	O_2F_2	SF_4,SF_6 S_2Cl_2 S_2Br_2	SeX_4 SeF_6 Se_2Cl_2,Se_2Br_2	TeX_4 TeF_6	PoX_4 $PoCl_2$,$PoBr_2$
rpw 할로겐	H_2O	H_2S	H_2Se	None	None
결정구조	Cubic	Ortho.	Hexag.	Hexag.	Cubic

[a]밀리그램 양으로 이용할 수 있는 방사성 동위원소

[b]직각 비등축

[c]N $\frac{1}{2}O_2 \rightarrow H_2O$; E → H_2E, E = S, Se, Te, Po(산성용액에서)

[d]rpw = reaction product with

면서 덜 산성으로 된다. 그림 16.2는 폴로늄만 비활성-쌍 효과에 의하여 직접 영향을 받지만 예상하는 것처럼 +6 산화상태는 폴로늄에서 매우 드물고 그 족을 밑으로 가면서 +6 산화상태의 안정도는 감소한다. 대각선효과를 4A족 화학에서 설명한 것이 마지막이라면 유일성 원리, 2주기와 3주기 원소 사이에 $p\pi - d\pi$ 결합과 표준환원전위만 설명할 것이 남았다.

10장의 대부분은 산소화학에 할애했으므로 유일성 원리는 매우 잘 적용되고 훌륭한 것처럼 보인다. 산소의 큰 전기음성도, 작은 크기, 다른 2주기 원소와 $p\pi$ 결합 형성의 능력, 모든 d 오비탈 사용이 불가능한 것 등은 모두 산소가 그 동종체와 아주 다르게 결합하게 만드는 성질들이다. 황은 더 대표적 칼코젠 원소이다(인이 피코젠의 대표인 것처럼). 예상하는 것처럼 황(다시 말해서 인처럼)은 여러 다른 원소, 특히 산소와 질소처럼 특별히 센 $p\pi - d\pi$ 결합을 형성한다. 이러한 $p\pi - d\pi$ 상호작용은 때때로(그러나 항상은 아니다) 센 S=O와 S=N 이중결합을 형성하고 확장 팔전자계를 갖는 화합물이 많이 존재한다. 아마 조금 놀랍지만 황은 사슬화반응 능력이 탄소 다음으로 두 번째이다. 실제로 이러한 능력은 이 장에서 원소-대-원소 결합을 갖는 화합물에 관하여 특별한 절(16.3절)에서 설명할 갓이다. 표 16.1에 제시한 표준환원전위는 일반적으로 식(16.2)처럼 원소들이 수소화물로 환원하는 것에 대한 값이다:

$$E + 2H^+(aq) + 2e^- \longrightarrow H_2E \qquad (E = O, S, Se, Te, Po) \qquad (16.2)$$

산소에 대한 1.23 V 값은 우수한 산화제의 O_2에 대한 값이다(산소는 물을 화원하는 센 경향성이 있고 그로 말미암아 다른 물질을 쉽게 산화한다). 황의 표준환원전위는 훨씬 더 작지만(0.141V) 여전히 양수 값이다. 황은 특별히 좋은 산화제라고 생각하지 않는다. 6족을 밑으로 가면서 환원전위는 음수 값으로 증가하고 수소화물의 안정도는 자유전자에 비하여 감소하는 것과 일치한다. 이러한 모든 것은 사슬화반응을 하지 않는 수소화물의 상세한 설명 다음에 뒤따르는 산화물과 할로젠화물의 비슷한 설명에 나타난다. 사슬화반응 화합물은 16.3절에서 설명한다.

수소화물

물과 비슷한 황화수소는 굽은 분자이고 공유성 결합 분자이지만 다른 점에서는 그것의 비슷한 사촌의 화합물과 공통적점이 없다. 그러나 그것은 6A족 수소화물의 대표 화합물이다. 특징있는 H_2S 냄새는 썩은 달결 냄새와 관련이 있다. 달걀이 상하면 황-함유 단백질이 분해하여 소량 H_2S 냄새를 발생한다. 조금 풍자적이지만 H_2S의 냄새가 나는 방귀는 건강한 징조이다. H_2S 냄새의 농도가 더 진하면 이 냄새는 냄새 감각을 느끼지 못하게 만들어서 더 이상 느끼지 못한다. 이 H_2S 기체의 농도는 조금만 존재하여도 시안화수소처럼 위험하고 생명을 위협한다. H_2S 냄새가 불쾌한 것만큼 그것에 비하여 다른 수소화물은 도리어 상쾌한 것처럼 느낀다!

황화수소는 그 원소로부터 직접 만들 수 있지만 여러 금속 황화물을 센 산과 반응시켜 더 쉽게 발생할 수 있다. 식 (16.3)에 황화철과 염산에 대하여 나타낸 반응은 수년간 정성분석용으로 H_2S 발생에 사용했다:

$$FeS(s) + 2HCl(aq) \longrightarrow H_2S(g) + FeCl_2(aq) \tag{16.3}$$

실제로 대부분 화학실험실 모퉁이의 방해가 안되는 곳에서 발견되는 오래된 Kipp 기체 발생장치는 이 방법으로 안전하게 H_2S를 발생할 목적으로 특별히 제조하였다. Kipp 발생장치를 보지 못했으면 당신 학과에 문의하여 어떤 사람이 찾을 수 있는 곳을 일면 찾아보아라.

H_2S는 이양성자성 약한 산이고 $K_{a1} = 1.0 \times 10^{-7}$과 $K_{a2} = 1.3 \times 10^{-13}$이다. 그와 비슷한 H_2Se도 여러 금속셀렌화물에 산을 반응시켜 그리고 원소를 직접 결하시켜 만들고 그것은 황화수소보다 덜 안정하고 더 센 산이다(K_{a1} = 대략 10^{-4}). H_2Te와 H_2Po는 대단히 불안정하므로 직접 만들 수 없다. H_2Te는 더 가벼운 유사 화합물보다 훨씬 더 센 산이다(K_{a1} = 대략 10^{-3}). 6A족을 밑으로 가면서 수소산의 산 세기 증가는 10.4절(수소산)에서 설명한 것을 기억하라.

산화물과 옥소산

이산화황과 삼산화황은 그림 10.11에 제시하고 10.3절에 설명한 가장 중요한 비금속 산화물 중 두 가지이다. 그들은 모두 센 비편재 S−O 결합의 특성을 갖는 무수산이다(그림 10.13을 보라).

이산화황은 무색이고 침투성 냄새를 갖는 독성 기체이다. 그것은 황을 습기있는 공기 중에서 연소할 때 생성되고 뒤에서 설명하는 것처럼 산성비의 형성에서 중추적으로 중요하다. 금속황화물은 배소(*roasting*, "공기 중 산소와 반응"을 의미하는 용어)할 때 그 금속산화물로 변환하고 그 산화물은 다음에 식 (16.4)와 (16.5)처럼 자유 금속으로 환원한다. 이때 이산화황은 일반적 부산물로 얻는다:

$$FeS(s) + 2HCl(aq) \longrightarrow H_2S(g) + FeCl_2(aq) \tag{16.4}$$

$$2M^{II}S(s) + 3O_2(g) \xrightarrow{\Delta} 2MO(s) + 2SO_2(g) \tag{16.5}$$

예를 들어 PbS, HgS, FeS_2, Sb_2S_3, 그리고 가장 중요한 Cu_2S와 같은 몇 가지 황화물은 산소와 직접 반응하여 식 (16.6)의 구리에 대한 것처럼 자유 금속을 생성한다. 실험실에서는 식 (16.7)처럼 아황산에 센 산을 가하여 이산화황을 만든다:

$$FeS(s) + 2HCl(aq) \longrightarrow H_2S(g) + FeCl_2(aq) \tag{16.6}$$

$$2M^{II}S(s) + 3O_2(g) \xrightarrow{\Delta} 2MO(s) + 2SO_2(g) \tag{16.7}$$

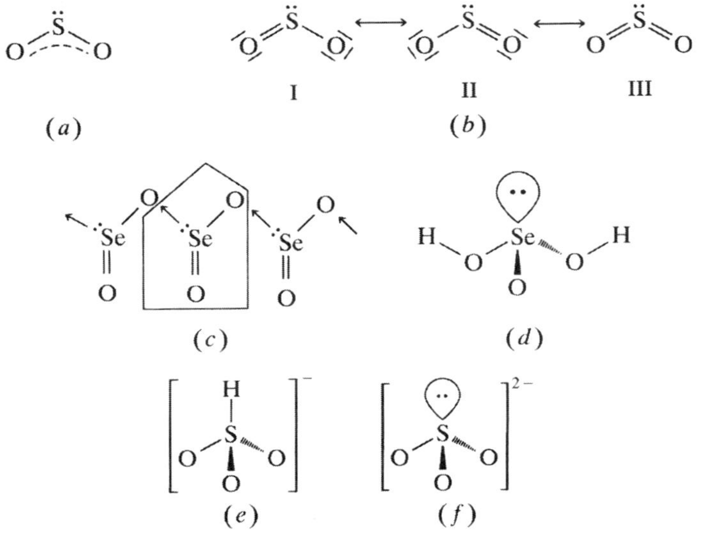

그림 16.3

몇 가지 황과 산화셀레늄 및 옥소산의 구조: (a) 이산화황 분자구조,(b) 이산화황 구조에 기여하는 세 공명구조(I~III). (c) 산화셀레늄의 사슬결합중합체. (d) 셀렌산, (e) 수소화아황산, (f) 아황산.

이산화황 기체는 표백제, 갈색으로 변하는 것을 방지하는 식품첨가제, 살균제, 양조산업에서 항산화제 등에 사용한다.

이산화황의 분자구조를 그림 16.3a에 제시한다. 이산화황은 굽은 모양이고 O−S−O 결합각은 119.5°이고 그 결합길이는 이중결합 성질의 세기정도라고 암시한다. 이론화학자들 사이에 SO_2의 Lewis 구조를 표시하는 최선 방법에 약간 의견의 불일치가 있지만 한 경우는 그림 16.3b에 제시한 세 기지 공명구조(I~III)에 기여할 수 있다. 적어도 어떤 공명혼성에 기여하는 구조 I과 II를 가지고 시작해야 한다. 그것으로부터 S−O 결합이 1.5 결합차수보다 세므로 $p\pi-d\pi$ 상호작용과 관련이 있는 구조 III도 어느 정도 기여한다는 것을 나타낸다. 그와 반대로 그 증거는 그 분자를 전체 두 S=O 결합으로 설명하는 것에 항상 찬성하지 않는다.

이산화셀레늄(SeO_2)과 이산화텔레늄(TeO_2)은 백색 중합체의 고체이고 자유 금속을 공기 중에서 연소하여 만든다. SeO_2는 그림 16.3c처럼 그 원자단 사이에 센 주개결합이 관여하는 사슬 중합체이다. TeO_2는 텔레늄 원자들이 4 배위수를 갖는 그러한 결합의 3차원 그물구조이다. PoO_2는 고온에서 그 원소들이 직접 결합하여 생성할 수도 있고 그것은 전형적 이온성 화합물의 형석 구조라고 생각한다(이러한 고체상태 구조에 관하여 더 상세한 것은 그림 6.22와 그것에 따르는 설명을 보라).

이산화황은 아황산의 무수물이고 일반적으로 H_2SO_3라고 표시하지만 더 정확하게는 $SO_2 \cdot H_2O$처럼 수화물로 표시한다. 그것은 이양성자성 약한 산이다($K_{a1} = 1.3 \times 10^{-2}$과 $K_{a2} = 6.3 \times 10^{-8}$). 셀렌산과 텔레루산은 각기 정확하게 H_2SeO_3와 H_2TeO_3라고 쓴다. 셀렌산 구조는 그림 16.3d와 같지만 텔루르산은 알려져 있지 않다. 이들 옥소산의 산 세기는 예상하는 것처럼 6A족을 밑으로 가면서 감소한다.

삼산화황은 이산화황의 촉매산화에 의하여 생성된다. 삼산화황의 삼각평면 구조 설명에 세 공명구조가 필요하다. 매우 짧은 S−O 결합거리는 예상되는 비편재 $p\pi$ 결합 이외에 센 $p\pi-d\pi$ 상호작용이 있는 것을 나타내는 것처럼 보인다. 삼산화황은 강력한 산화제이다. 셀레늄과 텔레늄은 +6 산화상태에서 황보다 덜 안정하지만 SeO_3와 TeO_3는 만들 수 있다.

황산은 삼산화황을 물로 처리하여 만들 수 있다. [이 반응 메커니즘은 식(10.12)에 구조식이 나타나있고 거기에서 상세하게 설명했다.] 일반적으로 잘 아는 것처럼 무색, 점성, 진한 수용액(98%, 18 *M*)으로 이용할 수 있고 매우 큰 K_{a1}과 $K_{a2} = 1.3 \times 10^{-2}$을 갖는 센 산이다. 황산은 잘 알려진 산의 성질 이외에도 강력한 탈수제이고 진한 형태로서 특히 뜨거울 때 좋은 산화제이다. 해리하지 않은 형태의 황산에서 두 개의 비-하이드록실 결합(non-hydroxyl bond)은 일반적으로 완전한 S=O 결합이고 그 S=O결합은 일반적 a 상호작용 이외에 $p\pi-d\pi$ 결합과 관련이 있다.

진한 황산과 물의 반응은 많은 열을 생성한다. 진한 산(1.84 g/cm^3)을 물에 가할 때 항상 조심해야 하고 위험스럽게 다른 방향으로 튀지 않게 주의해야한다. 덜 진한 물이 더 무거운 산의 위에 있을 때 튀기는 현상이 나타난다. 이러한 두 액체 층의 경계에서만 방출되는 많은 열은 약간 물을 증발하고 그 결과로 압력을 형성하여 벌어진 액체 층 사이에서 방출된다. 그와 반대로 물을 휘젓으면서 산을 가하면 진한 산이 물을 통하여 밑으로 확산되고 열은 그 결과로 생기는 용액으로 확산된다. 그러므로 황산은 물에 저으면서 가해야 한다.

황산과 반응하지 않는 기체는 진한 황산에 통과시켜 탈수할 수 있다. 황산과 물의 반응은 대단히 강력하므로 자유 물분자를 포함하지 않는 화합물로부터 수소와 산소를 (2:1 몰 비로) 제거할 수 있다. 이것은 식 (16.8)처럼 진한 황산을 설탕에 가하여 탄소와 물을 생성하는것이고 그것은 잘 알고 있는 실험강의의 기본이다:

$$C_{12}H_{22}O_{11}(s) \xrightarrow{\text{진한. } H_2SO_4} 12C(s) + 11H_2O \tag{16.8}$$

그와 비슷한 반응은 이 강력한 황산으로 처리할 때 잘 알고 있는 바와 같이 목재, 종이, 피부(앗!)의 흑색화가 생긴다.

황산은 +6의 최고산화상태 황을 포함하고 +6 황은 셀레늄과 텔레늄의 +6 상태보다 안정하지만 특히 고온과 진한 농도에서 좋은 산화제이다. 황산은 식 (16.9)와 (16.10)처럼 이산화황과 원소 황으로 (황화물도 마찬가지로, 문제 16.23을 보라) 환원할 수 있다:

$$SO_4^{2-}(aq) + 4H^+(aq) + 2e^- \longrightarrow SO_2(g) + 2H_2O(l) \qquad (E^\circ = 0.20\,V) \tag{16.9}$$

$$SO_4^{2-}(aq) + 8H^+(aq) + 6e^- \longrightarrow S(s) + 4H_2O(l) \qquad (E^\circ = 0.37\,V) \tag{16.10}$$

예상하는 것처럼 셀렌산은 황산보다 약한 산이다. 그러나 6A족을 밑으로 가면서 그 안정도는 감소하므로 H_2SeO_4는 황산보다 센 산화제이다. 셀렌산 이온은 황산과 등구조(isostructure)이지만 텔루루산과 텔루루산염은 전혀 다르다. 텔루루산은 팔면체 $Te(OH)_6$으로 존재하고 매우 약한 산이다(K_{a1} = 대략 10^{-7}).

사슬화반응을 하지 않는 칼코젠의 옥소산을 끝내기 전에 과옥소이중황산($H_2S_2O_8$)과 과산화이중황산 이온$(O_3S-O-O-SO_3]^{2-}$을 설명해야 한다. 과산화이중황산 이온은 반반응식 (16.11)처럼 매우 센 산화제이다.

$$[O_3S-O-O-SO_3]^{2-} + 2e^- \longrightarrow 2SO_4^{2-} \qquad (E^\circ = 2.01V) \qquad (16.11)$$

과산화이중황산 이온은 망간니즈(II) 이온을 과망간산으로 산화하고 크롬 이온을 중크로산으로 산화한다(문제 16.33을 보라).

할로젠화물

여러 가지 칼코젠 할로젠화물이 있지만 그들 중 대부분은 사슬화반응을 하고 그러므로 다음 절에서 설명한다. 6 플루오르화황은 분명히 가장 중요한 비-사슬화반응 화합물(non-catenated compound)이다. 황을 직접 플루오르화반응하여 생성된 6 플루오르화황은 대단히 비활성 기체이고 대부분 입문 과정에서 설명한 친근한 팔면체 분자로 구성한다. S−F은 센 결합 특성을 갖지만 이 화합물의 안정도는 근본적으로 열역학적이 아니고 속도론적이다. SF_6와 관련이 있는 반응의 활성화 에너지는 크다. 왜냐하면 플르오린 원자를 제거할 때 전이상태를 생성하기 어렵기 때문이다.

SF_6는 분자량이 크므로 쉽게 확산하거나 분산하지 않는다(Graham 법칙을 생각하라). 이것은 무독성, 비활성, 비전도성 때문에 고압발전기에서 기체 절연체로 유용하다. 그 밖에도 50:50 SF_6−공기 혼합물은 테니스 공의 가압제(pressurizing agent)로 고려하고 있다. 이상하게도 그러한 공은 공을 칠 때 “핑” 소리를 낸다. 그 “핑” 소리의 진동수는 가압공기의 분자량에 역비례하다. SF_6와 유사한 염화물, 브롬화물, 요오드화물은 존재하지 않으므로(황 주위에 큰 6개 할로젠은 들어맞지 않는다) 그것에 상당하는 플루오르화셀레늄과 플루오르화텔레륨은 존재하지만 대단히 불안정하다.

비교적 비활성 6플루오르화물은 반응성이 대단히 큰 4플루오르화물과 비교할만하다. 모든 4플루오르화물은 제어된 직접 플루오르화반응으로 만들 수 있지만 그들의 구조는 크게 다르다. VSEPR 이론에 의하여 예상하는 것처럼 SF_4와 SF_6는 그림 16.4a처럼 변형 또는 시소모양으로 존재한다. 한 고립전자쌍은 삼각이중피라미드에서 수평방향 위치를 점유한다. 그와 반대로 TeF_4는 그림 16.4b에 제시한 연결된 사가피라미드 TeF_5 원자단으로 구성된 1차원 중합체이다. 그리고 PoF_4는 특성이 잘 알려져 있지 않다. 황은 다른 4할로젠화물을 형성하지 않지만 더 큰 셀레늄, 텔루륨, 폴로늄은 형성한다. 그림 16.4c에 제시한 $TeCl_4$의 “큐베인”(cubane; 8개 CH기들이 입방체 각 모서리에 있는 탄화수소) 구조는 염화물과 브롬화물의 전형이다. 요오드화물은 팔면체 EI_6 단위에 바탕을 둔 훨씬 더 확장된 구조를 형성한다.

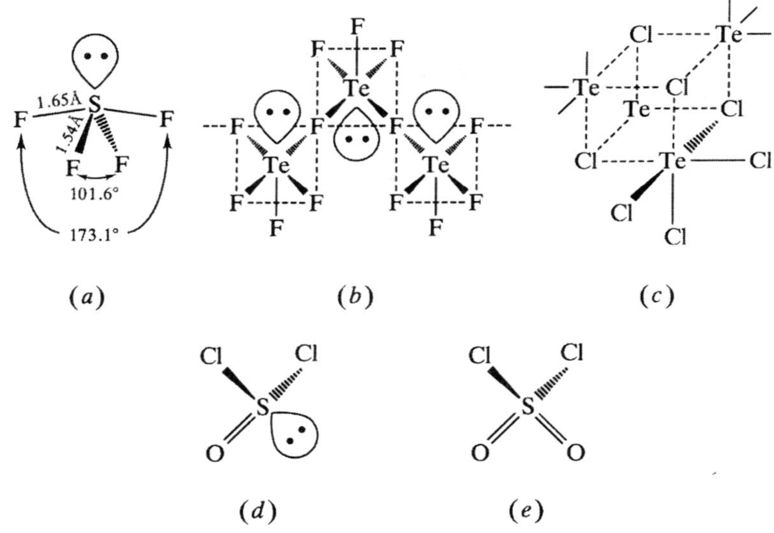

그림 16.4

몇 가지 칼코젠 할로젠화물의 구조:
(a) 4플루오르화황,
(b) 4플루오르화텔루륨의 1차원 중합체,
(c) 염화텔루륨의 큐베인(cubane) 구조,
(d) 염화티오닐,
(e) 염화술프릴.

4플루오르화황은 유기와 무기 화합물에 대한 중요한 플루오르화제이다. 예를 들어 그것은 탈륨(III), 탄소(일산화물과 이산화물), 셀레늄(IV)과 같은 여러 산화물을 상당하는 플루오르화물로 변환에 사용할 수 있다.

이 6A족 중에서 중요한 두 옥시할로젠화물은 염화티오닐(thionyl chloride, $SOCl_2$)과 염화술푸릴(sulfuryl chloride, SO_2Cl_2)이다. 그림 16.4d에 제시한 염화티오닐은 식 (16.12)처럼 이산화황을 5 염화인과 반응시켜 만든다. 염화티오닐은 증기를 발생하고 무색액체이고 쉽게 가수분해하여 이산화황과 염화수소로 된다. 식(16.13)에 제시한 이 반응은 식 (16.14)에서 크로뮴에 대하여 제시한 것처럼 무수 금속염화물의 제조에 유용한 $SOCl_2$를 만든다.

$$SO_2 + PCl_5 \longrightarrow SOCl_2 + POCl_3 \tag{16.12}$$

$$SOCl_2 + H_2O \longrightarrow SO_2 + 2HCl \tag{16.13}$$

$$[Cr(H_2O)_6]\,Cl_3 + 6SOCl_2 \longrightarrow CrCl_3(s) + 6SO_2 + 12HCl \tag{16.14}$$

염화술푸릴(SO_2Cl_2)은 촉매를 사용하여 이산화황을 염소화반응시켜 만든다. 그것은 좋은 염소화제이다. 그것의 구조를 그림 16.4e에 제시한다. 셀레늄도 비슷한 유사 화합물을 형성한다.

16.3 원소-원소 결합을 포함하는 동소체와 화합물

황은 사슬화반응 능력, 즉 원소-원소 결합을 형성하는 능력이 탄소 다음이다. S-S 단일결합은 효과적으로 겹칠 수 있는 적당한 크기의 3*p* 오비탈 때문에 강력하다. 게다가 O−O 단일결합은 짧은 핵간거리로 연결된 산소원자의 고리전자쌍 반발 때문에 때때로 약화된다. 그러나 이러한 O−O 단일결합과 다르게 S−S 결합은 충분히 길어서 그러한 비편재화 반발력을 피한다. 3*d* 오비탈 참여는 또한 S−S 결합세기도 증가할 수 있다. S−S 결합은 열역학적으로 안정하지만 또한 속도론적으로 변하기 쉽다. 즉 S−S 결합은 쉽게 분해하고 다시 형성하고 항상 변하는 사슬 길이의 평형 혼합물을 생성하는 성질을 갖는다. 따라서 황의 동소체와 화합물은 가끔 어떤 큰 확신을 가지고 특성을 설명하기 어렵다. Se−Se와 Te−Te 결합은 S−S 결합보다 길고 더 약하지만 그럼에도 더 무거운 칼코젠의 동소체와 화합물 중에서 황 구조와 유사하게 많은 종류들이 있다.

동소체

그림 16.5에 고체, 액체, 기체의 상(phase)으로 존재하는 주요한 황 동소체를 요약한다. 가장 안정한 형태는 α (또는 사방정계) 황이고 그것은 그림 16.6a에 제시한 S_8 왕관형 분자를 구성한다. 95°C로 가열하면 약간 더 불규칙한 β (또는 단사정계) 상으로 되고 또한 S_8 고리를 구성한다. 고리 황은 때때로 고리황(cyclosulfur)이라 부르고 S_8은 더 구체적으로 고리옥타황(cyclooctasulfur)이라고 부른다.

대략 120°C에서 이동성의 밀집색을 띄는 액체상은 여전히 대부분 고리옥타황을 생성하지만 역시 6~20 원소 범위의 여러 고리크기를 갖는다. 거의 160°C에서 이러한 여러 고리는 분해하여 **이중라디칼 사슬**(*diradical chain*)을 형성하고 그것은 각 일정한 사슬에서 황 원자들이 한 라디칼, 즉 홀 전자를 갖는 것을 의미한다. 예상할 수 있는 것처럼 이러한 홀 전자의 존재는 이러한 사슬을 훨씬 더 쉽게 함께 연결되게 만들어 대단히 긴 슈퍼사슬(superchain)을 형성한다. 그 결과로 생기는 적갈색 점성 액체는 수십만 황원자로 구성되어 함께 꼬인 슈퍼사슬을 만드는 것으로 생각한다. 그 액체를 445°C 끓는점까지 가열할 때 평균사슬길이는 꾸준히 감소한다. 그 액체 황을 갑자기 얼음물에 넣으면 잡아당길 수 있는 긴 **플라스틱 황** 섬유로 된다. 이러한 섬유는 그림 16.6b처럼 오른쪽과 왼쪽 나선형 사슬을 만드는 것으로 나타나고 그것은 **폴리사슬화황**(*polycatenasulfur*)의 한 예이다.

황 증기는 3~10 원자 범위의 고리 크기를 갖는 고리 황 단위를 포함한다. S_8 고리는 끓는점 이상에서만 유력하고 고리크기는 온도증가에 따라 감소한다. 약 600°C 에서 기체상, 상자기성, 파란색 S_2 기체를 생성하고 마지막으로 낮은 압력과 2200°C 이상 온도에서 황 증기는 자유 황원자를 구성한다. 셀레늄 동소체도 고리와 사슬 화합물을 포함하지만 황에 대하여 바로 설명한 것처럼 여러 가지는 거의 존재하지 않는다. Se_8 고체도 존재하고 또한 검정색 형태는 셀렌늄을 대략 1000 원자만큼 갖는 고리이다. 그러나 가장 안정한 셀레늄 동소체는 플라스틱 황처럼 나선형 사슬 중합체로 구성된 금속성-회색 형태이다. 가장 안정한 텔레륨 동소체는

그림 16.5

황의 고체상, 액체상, 기체상에서 주요한 동소체.

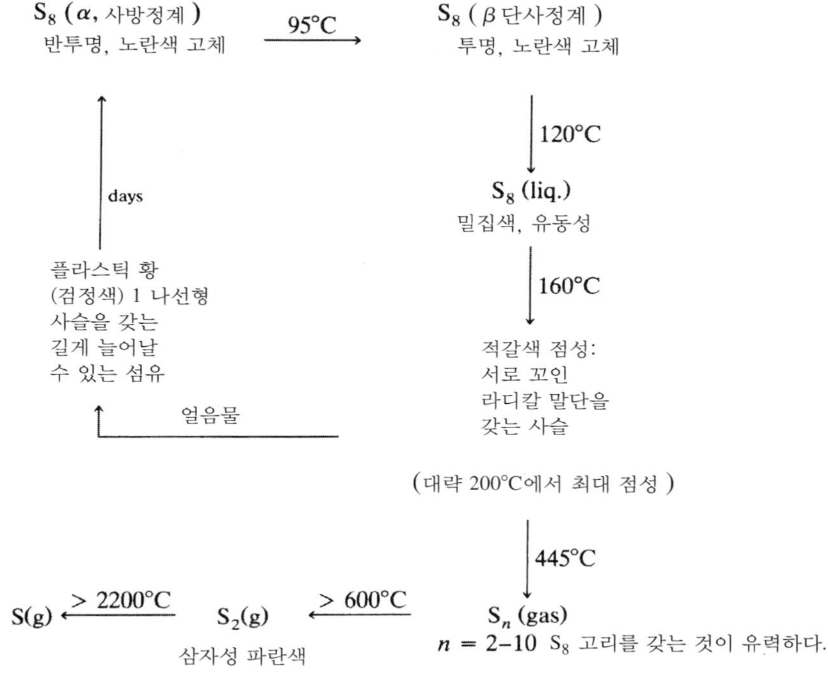

그림 16.6

16.6 사슬화반응 칼코젠 동소체와 양이온: (a) 고리 옥타황 S_8, (b) 폴리사슬화황 S_n, (c) E_4^{2+}, E = S, Se, Te, (d) S_8^{2+}, (e) Te_6^{4+}.

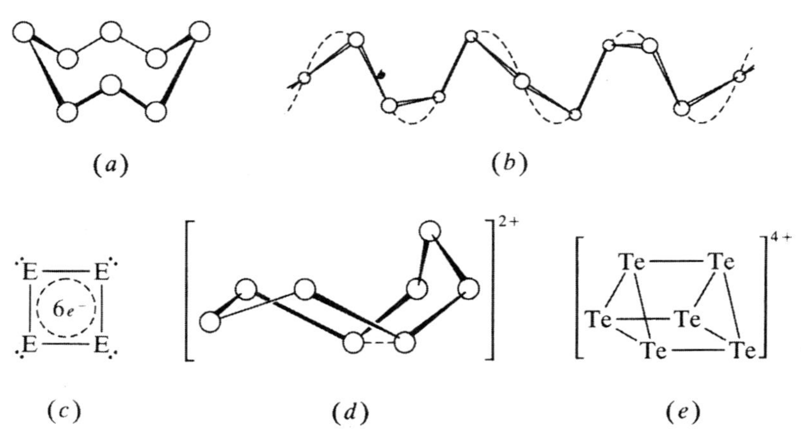

마찬가지로 나선형을 포함하는 은백색 금속형태이다. 폴로늄은 입방정계 형태와 사방정계 형태의 두 가지 형태로 존재한다(이러한 결정 형태는 그림 6.16을 보라).

폴리양이온과 음이온

황, 셀레늄, 텔루륨의 화학은 놀라울 정도로 많은 사슬화양이온과 음이온이 있다. 18세기 말엽에 이들 원소를 발연 황산(oleum, 추가로 SO_3를 더 많이 함유한 순수한 H_2SO_4)에 가할 때 사용한 칼코젠, 발연 황산의 세기, 경과 시간 등에 따라 여러 밝은 색 용액이 생성되었다. 현재는 이러한 용액의 색이 일반적으로 E_n^{2+} 화학식의 폴리양이온에 상당하는 것으로 알려져 있다. 예를 들어 E = S일 때 n이 4이면 노란색, 8이면 연두색, 10이면 붉은색일 수 있다. E = Te일 때 n = 4이면 그 이온을 함유하는 용액은 붉은 색이다. 또한 Te_6^{4+} 양이온을 포함하는 갈색 화합물도 알려져 있다. 이러한 양이온의 몇 가지 대표적 구조 구조를 그림 16.6c~e에 제시한다. 이러한 여러 폴리양이온의 합성에 여러 방법과 농도를 이용할 수 있다.

"바보의 금"이라고 부르는 FeS_2(황철광, iron pyrite, 이 광석은 금처럼 노란색이고 금이라고 여기는 사람들이 많다.)는 가장 잘 알려진 폴리황화물이고 길게 늘어난 염화소듐 격자에 분리된 음이온성 S_2^{2-} 단위를 포함한다(그림 6.22를 보라). S_n^{2-}(n = 3과 4) 일반식을 갖는 다른 폴리황화물 음이온은 황을 1A족과 2A족의 여러 황화물 수용액과 가열하여 만들 수 있다. 기타 더 관련이 있는 방법은 n = 5와 6을 갖는 화학종을 만든다. 폴리양이온처럼 이러한 화합물은 일반적으로 밝은 색이다. 폴리셀렌화물과 폴리텔루루화물의 음이온은 덜 일반적이지만 E_2^{2-} 음이온은 각 경우에 알려져 있다.

사슬화 할로젠화물과 수소화물

사슬화 할로젠화황은 S_nX_m 일반화학식을 갖는다. $m = n = 2$의 플루오르화물, 염화물, 브롬화물은 특성이 잘 알려져 있다. 염화물과 브롬화물은 그 할로젠과 황을 직접 반응시켜 만들 수 있다. 말로 표현할 수 없을 정도로 구역질나는 냄새를 갖는 주황색 S_2Cl_2는 1770년대에 Scheele이 연구하였다. 그것은 현재 고무의 가황에 대량으로 사용한다. S_2Cl_2와 플루오르화포타슘의 반응을 제어하여 S_2F_2를 생성할 수 있고 S_2F_2는 두 기지 FSSF와 SSF_2 이성질체로 존재할 수 있다. 이러한 두 분자의 구조를 그림 16.7a와 b에 제시한다. 그 두 가지는 매우 짧은 S−S 결합을 갖고 그것은 고도의 이중결합 특성을 의미한다. 다른 할로젠화물은 n 값이 100까지 되는 S_2F_4와 그 염화물을 포함한다. S_2F_{10}는 매우 독성이 큰 기체이고 황 플루오린화반응의 부산물로 만들 수 있다. 그것의 구조를 그림 16.7c에 제시한다. 셀레늄과 텔루륨의 사슬화 할로젠화물 제조는 훨씬 더 어렵다. 다만 $SeCl_2$와 $SeBr_2$는 특성이 잘 알려져 있다.

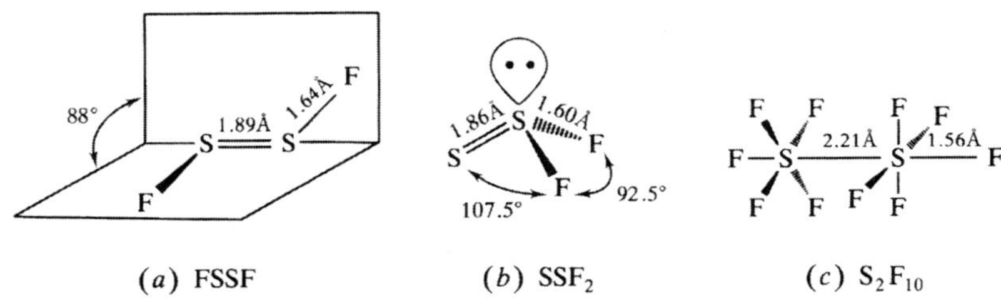

그림 16.7

사슬화 프루오르화황: (a) 이플루우오르화이황, FSSF: (b) 프루오르화티오닐, SSF_2; (c) 10플루오르화2황, S_2F_{10}.

사슬화 황수소화물은 폴리술페인(polysulfane)이라 알려져 있고 H_2S_n (n = 2~8) 일반식을 갖는다. 이러한 반응성 노란색 액체의 일부분은 황화물을 황과 가열하고 그 다음 식 (16.15)처럼 산성화하여 만들 수 있지만 1950년대를 시작해서 여러 정교한 방법이 고안되었고 그 방법 중 하나는 식 (16.16)처럼 S_nCl_2를 H_2S로 처리한다:

$$Na_2S \cdot 9H_2O(s) + (n-1)S(s) + 2HCl(aq) \longrightarrow 2NaCl(aq) + H_2S_n(l) + 9H_2O \quad (n = 4\sim7) \tag{16.15}$$

$$S_nCl_2(l) + 2H_2S(l) \longrightarrow 2HCl(g) + H_2S_{n+2}(l) \tag{16.16}$$

사슬화 옥소산과 그것에 상당하는 염류

표 16.2는 사슬화 옥소산의 화학식과 각기 상당하는 음이온에 대한 한 공명구조를 보여준다. 표 16.2로부터 이러한 모든 산은 자유 상태로 존재하지 않고 모든 음이온도 잘 알려져 있지 않다. 이러한 산 또는 음이온 중에서 아무것도 황 원자를 더 무거운 동종체로 치환한 셀레늄과 텔레륨 유사화합물이 없다.

티오황산($H_2S_2O_3$)은 수용액 중에서 자유 산으로 제조할 수 없지만 티오황산 이

표 16.2 몇 가지 대표적 사슬화 옥소산과 상당하는 음이온

산	화학식	염	구조[a]
Thiosulfuric	$H_2S_2O_3$	Thiosulfate, $S_2O_3^{2-}$	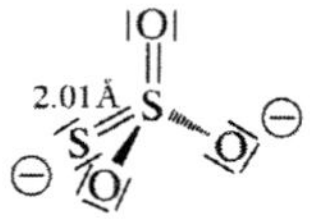 2.01Å; S — O = 1.47 Å
Dithionous[b]	$H_2S_2O_4$	Dithionite, $S_2O_4^{2-}$	 2.39Å; S — O = 1.51 Å
Dithionic	$H_2S_2O_6$	Dithionate, $S_2O_6^{2-}$	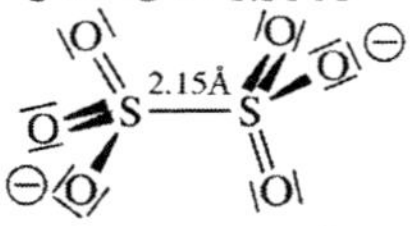 2.15Å; S — O = 1.43 Å
Polythionic[c]	$H_2S_{n+2}O_6$	Polythionate, $S_{n+2}O_6^{2-}$	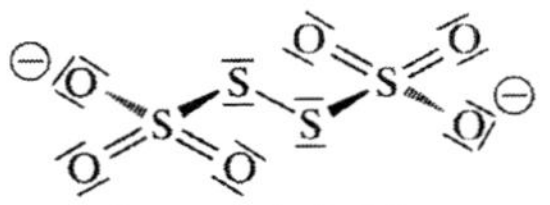 for n = 2, $S_4O_6^{2-}$ (tetrathionate)

[a]한 가지 공명구조
[b]미지 자유산
[c]이면각 = 15°

온은 식 (16.17)처럼 원소 황을 아황산 수용액과 함께 끓여 만들 수 있다;

$$S(s) + SO_3^{2-}(aq) \xrightleftharpoons{\text{끓음}} S_2O_3^{2-}(aq) \tag{16.17}$$

이 반응은 가역성이라는 것에 주목하라. 황 및 아황산과 평형을 이루는 티오황산 이온을 함유한 수용액에 산을 가하면 수소이온이 아황산과 반응하여 물과 이산화황 기체를 생성한다. 그 기체는 용액으로부터 도망가고 그 반응은 왼쪽으로 이동하여 상쇄된다. 이것은 Le Châtelier 원리의 훌륭한 예이다. $S_2O_3^{2-}$는 사면체 음이온이고 그것은 황산 음이온과 아주 비슷하지만 한 산소를 한 황원자로 치환한 것이다. 예로서 그 증거는 덜 확실하지만 S−O 결합은 S−S 결합처럼 중요한 이중결합($d\pi-p\pi$) 특성을 갖는 것처럼 보인다. 티오황산에서 황의 평균 산화상태는 +2이지만 이 음이온의 Lewis 구조를 자세히 설펴보면 중심 황원자는 +4이고 한편 주위 황은 0이라고 나타나는 것에 주목하라(의심하는가? 이 설명을 증명할 수 있으면 시도를 하고 알아보라).

흑백사진에서 사용하는 하이포(hypo)와 똑같은 티오황산소듐의 용도는 5장(5.1절)에서 설명했다. 티오황산소듐도 중간 세기의 환원제이고 일상적으로 여러 정량 분석방법에서 일반적으로 요드화법이라고 말하는 아이오딘의 측정에 사용한다. 티오황산과 아이오딘의 반응은 식 (16.18)과 같다:

$$2S_2O_3^{2-}(aq) + I_2(aq) \longrightarrow S_4O_6^{2-}(aq) + 2I^-(aq) \tag{16.18}$$

4티온산(tetrathionate, $S_4O_6^{2-}$)은 폴리티온산이고 이 장의 끝에서 설명한다.

자유 아다이티온산(dithionous acid, $H_2S_2O_4$)은 알려져 있지 않지만 그것의 염(황 산화상태 = +3)은 아황산염(S = +4)을 아연 분말로 환원하여 식 (16.19)처럼 만들 수 있다:

$$Zn(s) + 4H^+(aq) \xrightarrow{SO_2} Zn^{2+}(aq) + S_2O_4^{2-}(aq) + 2H_2O \tag{16.19}$$

아다이티온산 음이온($S_2O_4^{2-}$) 구조는 (표 16.2를 보라) 다음 두 가지 때문에 주목할 가치가 있다: (1) 어떤 사슬화 S−S 화합물의 S−S 결합길이(2.39 Å), (2) 각 이웃 황 원자에 고립전자쌍을 놓는 "놀이 그네"(play-ground swing) 구조. 아다이티온산 용액은 염기성 용액에서 빠르고 좋은 환원제이다. 염기성 용액에서 아황산에 대한 아다이티온산의 표준환원전위는 −1.12 V이다.

다이티온산염은 식 (16.20)처럼 산성 아황산 용액으로 이산화망가니즈를 사용하여 산화하여 만들 수 있다. 다이티온산 이온($S_4O_6^{2-}$)은 용액 중에서 안정하고 적절한 큰 농도로 비슷한 크기의 양이온 침전에 유용하다. 자유 다이티온산($H_2S_2O_6$)은 다이티온산 용액을 식 (16. 21)처럼 산으로 처리하여 만들 수 있다:

$$MnO_2 + 2SO_3^{2-} + 4H^+ \longrightarrow Mn^{2+} + S_2O_6^{2-} + 2H_2O \tag{16.20}$$

$$BaS_2O_6(aq) + H_2SO_4(aq) \longrightarrow H_2S_2O_6 + BaSO_4(s) \tag{16.21}$$

여러 가지 폴리티온산$[O_3S-S_n-SO_3]^{2-}$이 있다. 여기에서 n은 0(다이티온산)에서 약 20까지 변할 수 있다. 더 작은 n 값을 갖는 음이온들은 황원자의 전체 수를 참고하여 명명한다. 예를 들어 $S_3O_6^{2-}$ 이온은 트라이티온산(trithionate)이고 $S_4O_6^{2-}$ 이온은 테트라티온산이다. 테트라티온산 구조는 대표적 폴리티온산이고 표 16.2에 제시한다. 그것에 상당하는 산 중에서 안정한 것은 아무 것도 없다. 모든 황이 더 무거운 동종체로 치환되는 폴리티온산의 셀레늄 유사화합물은 존재하지 않지만 $[O_3S-Se_n-SO_3]^{2-}$ 일반화학식을 갖는 화합물(n = 2~6)은 존재한다.

16.4 질소화황

황−질소 화합물은 현재 강력한 연구 대상의 제목이다. 구조적으로 이들 화합물은 앞의 절에서 설명한 황 동소체를 생각나게 한다. 그러나 그들이 제법과 성질은 쉽게 합리적으로 설명되지 않는다.

4질소화4황(tetrasulfur tetranitride, S_4N_4)은 쉽게 폭발하고 실온에서 주황−노랑색 고체이고 1835년에 처음 제조하였고 여러 다른 S−N 화합물의 출발물질로 사용한다. S_4N_4를 만들 수 있는 한 방법은 식 (16.22)처럼 비수용매 S_2Cl_2 용액을 암모니아와 반응하는 방법이다.

$$6S_2Cl_2 + 16NH_3 \xrightarrow[50°C]{CCl_4} S_4N_4 + S_8 + 12NH_4Cl \qquad (16.22)$$

그러나 이것과 기타 합성 반응 메커니즘은 분명하지 않다.

그림 16.8a에 제시한 S_4N_4 구조는 그것을 만든 다음 한 세기 이상을 알지 못하고

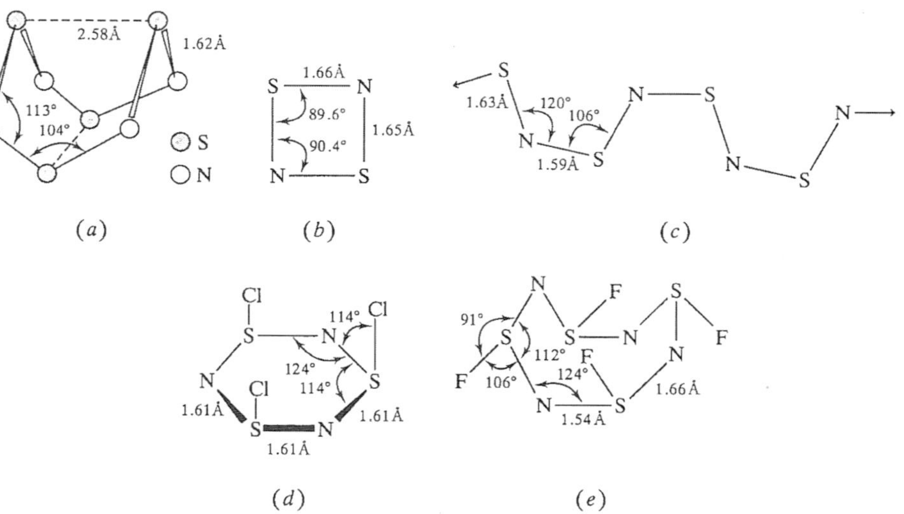

그림 16.8
황−질소 화합물:
(a) 4질소화4황; S_4N_4,
(b) 2질소화2황; S_2N_2,
(c) 질소화황 중합체; $(SN)_x$,
(d) trithiazyltrichloride; $(NSCl)_3$,
(e)tetrathiazyltetrafluoride; $(NSF)_4$.

그대로 남아있었다. 그것은 S_8과 S_8^{2+}을 생각나게 만드는 구조이고 질소의 사각평면 구조는 황원자의 사면체와 똑같은 기하구조 중심을 갖는 것으로 알게 되었다. 모든 S−N 결합은 단일결합(1.74 Å)과 이중결합(1.54 Å)의 중간 길이이고 (그 이중결합은 $p\pi-d\pi$ 결합을 갖는다) 고리 주위에 상당히 많은 비편재가 있다는 것을 의미한다. S−S 거리(토막선으로 표시)도 비결합 원자에 대하여 너무 짧고 그것은 이러한 황원자의 고리횡단(transannular, 고리를 가로 건너) 사이에 약한 상호작용을 의미한다. 식 (16.23)처럼 S_4N_4을 가열하며 은으로 만든 "양털"(wool)에 통과하고

$$2S_4N_4 + 8Ag \xrightarrow{250 \sim 300°C} 4Ag_2S(s) + 2N_2(g) + 2S_2N_2(s) \qquad (16.23)$$

그 결과로 생기는 증기를 빠르게 냉각하여 무색 폭발성 이질소화이황(S_2N_2) 결정을 포집할 수 있다. 이 화합물은 비편재 사각편면형이고 그림 16.8b처럼 S_4^{2+}와 등구조이다.

S_2N_2를 약 0°C로 가온하고 몇 일간 그대로 두면 금속과 같은 섬유모양 질소화황 중합체$(SN)_x$를 생성한다. 이 중합체 구조는 플라스틱 황을 생각나게 만들고 그것을 그림 16.8c에 제시한다. 그 결합은 황과 질소 원자들이 교대로 거의 평면사슬 형태로 재배열된 인접 S_2N_2처럼 보이는 것에 주목하라. 다시 말해서 S−N 결합은 단일결합과 이중결합의 중간 길이이고 그것은 그 중합체 축을 따라 전자밀도의 완전 비편재를 의미한다. 이 물질은 1차원 금속이라고 부를 수 있는 것과 대단히 비슷하다. 예를 들어 옆에서 볼 때 금동색이고 끝에서 볼 때 평편한 검정색이다. 그것에 추가하여 수은처럼 전기를 잘 전도하고 중합체 축을 따라서만 전도한다. 훨씬 더 흥미가 있는 것은 그것을 절대 0도로 냉각할 때 완전히 전기저항을 잃고 초전도체로 된다.

이들 화합물의 여러 유도체들은 지난 수년 동안에 수많이 합성하였다. 예를 들어 그림 16.8d와 e에 제시한 cyclothiazene (cyclophosphazene과 유사하다)의 $(NSCl)_3$와 $(NSF)_4$를 보라. 염소 유도체 $(NSCl)_3$는 비편재 S−N 결합을 갖지만 $(NSF)_4$는 똑같지 않은 S−N 결합길이를 갖고 그것은 더 편재된 S−N과 S=N 결합을 하고 S=N 결합은 완전한 $d\pi-p\pi$ 상호작용을 이용하여 둘째 결합을 만드는 것을 의미한다. 이러한 유도체의 증가에 추가하여 수많은 중성, 양이온성, 음이온성 S_xN_y 화학종들도 있다. 그 결합성질과 이러한 황−질소 화합물에 대한 반응화학의 규명을 위한 연구들이 계속되고 있다.

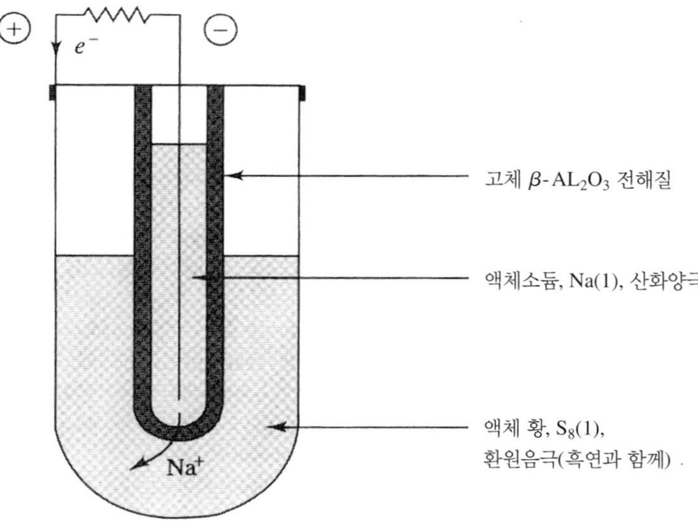

그림 16.9
소듐–황 배터리
(참고문헌 34).

16.5 실제로 중요한 반응과 화합물

소듐–황 배터리

배터리 기술에 의하여 실제 수송용 자동차를 만들어졌다(납축전지 설명은 14.4절을 보라). 그러나 20세기에 이용할 수 있던 자동차 세대는 현재 광화학 스모그에 대하여 대부분 책임이 있는 것을 알고 있다. 그것의 제어 방법은 어렵지만 느리게 성공하고 있다(15.5절을 보라). 가솔린-동력 내연기관에 대한 가능성이 있는 교체는 항상 전기 승용차(electric vehicle, EVs)를 포함하지만 그들의 발전은 경량, 효율, 쉽게 재충전가능한 배터리 등의 부족으로 방해를 받는다. 소듐–황 배터리는 EVs의 경쟁에 가능성을 가지고 있다.

소듐–황 전지를 그림 16.9에 제시한다. 그것은 액체 소듐으로 구성된 내부 산화음극(−)과 액체 황의 환원음극(+)으로 구성한다. 그 환원음극은 약간 전기전도를 증가하기 위하여 소량 흑연을 첨가한다. 두 전극 사이에 고체 $\beta-Al_2O_3$ 전해질이 있고 그 전해질은 두 액체 전극을 분리해서 보관하는 동안 이온통과를 유지한다. 그 소듐–황 전지의 조작 온도는 350°C이다.

약 1000개 전지로 구성된 그 배터리를 조작하는 동안 소듐원자는 산화된다; 즉 전자를 주고 그 다음에 외부 회로(그러므로 전기 에너지를 제공하는)를 통하여 황으로 통과한다. 그 경우에 황은 여러 폴리황화물(S_n^{2-})로 환원된다. 소듐이온은 $\beta-Al_2O_3$ 전해질을 통하여 액체 황으로 통과하는 액체 소듐에서 생성되고 거기에서 농도로 작용한다. 그러므로 그 배터리는 방전할 때 환원음극의 소듐이 고갈되고 산화양극의 폴리황화 소듐 농도는 증가한다. 전체 전지 반응을 식 (16.24)에 제시한다:

$$2Na(l) + \frac{n}{8}S_8(l) \longrightarrow Na_2S_n(l) \qquad (E^\circ = 2.08\ V) \tag{16.24}$$

그 전지는 전류방향을 반대로 바꿔 재충전할 수 있다.

본래 1960년대 초에 Ford Motor Company에 의하여 개발된 소듐–황 배터리는 계속해서 개선하고 다듬었다. 그 이점은 경량, 고에너지 용량, 재충전-소비시간(15~20 시간)이다. 소듐–황 배터리는 자동차에 대한 잠재적 용도 이외에 우주선에 대한 용도로서 좋은 후보자이다. 우주선이 지구의 어두운 쪽에 있을 때 태양-동력 통신과 유도 시스템을 계속해서 정상적으로 가동하려면 강력한 배터리가 필요하다. 비교적 싸고 경량이고 내구성있는 소듐–황 배터리는 이러한 형태의 응용에 좋은 후보자이다. 이 목적을 위한 배터리를 시험하기 위하여 "Sodium Sulfur Battery Experiment (NaSBE)"이 *Columbia* 우주 왕복선에 적재되어 실행되었다.

셀레늄과 텔루륨의 광전 용도

셀레늄과 텔루륨은 광감성(photosensitive) 반도체이다; 즉 그들의 전기전도도는 빛에 노출할 때 특이하게 크다. 띠이론(band theory)의 용어로서 전자기복사선은 전자들을 원잣가 띠로부터 전도 띠로 승진(promotion)한다(띠이론과 반도체에 대하여 더 많은 것은 14.5절을 보라). 이 성질은 셀레늄과 텔루륨의 두 원소(그리고 그들 화합물의 일부분)를 14장에서 설명한 것처럼 광전지, 트랜지스터, 정류기, 그리고 전자사진(xerography) 또는 더 일반적으로 광복사(photocopy)라고 알려진 것에도 응용하기 위하여 흥미를 갖는다.

이미 설명한 것처럼 저마늄과 규소는 내성반도체(intrinsic semiconductor)이다. 저마늄과 규소를 5A족(또는 6A족까지도) 원소로 도핑하면 *n*-형 반도체로 되고 한편 3A족(또는 2B족까지도) 원소로 도핑하면 *p*-형 반도체로 된다. 이 재료에 추가하여 3A족과 5A족 원소들이 동일한 몰수로 구성된 화합물을 III~V **화합물**(주기율표의 족에 대한 오래된 로마글자 명명 때문에)이라고 부르고 그들은 좋은 반도체이다. 예를 들어 비소화갈륨(GaAs)은 반도체에서 점차 증가하는 III~V 반도체이다. II~VI 화합물도 때때로 2B족(아연, 카드뮴, 수은)과 6A족(특히 황, 셀레늄, 텔루륨) 원소로 구성한다. 황화아연(ZnS), 셀렌화아연(ZnSe), 텔루루화아연(ZnTe), 셀렌화카드뮴(CdSe), 셀렌화수은(II) (HgSe) 등은 모두 II~VI 반도체의 예이다. 셀렌화카드뮴은 특히 가시광에 민감하고 어둑어둑할 때 가로등에 전기불이 자동으로 켜지는 센서로 사용하고 카메라 노출계에 사용한다. 다른 화합물은 적외선에 더 민감하고 건물의 열 손실 검출과 유방암의 조기검출용 진단 시스템에도 사용할 수 있다(종양 세포는 정상 세포보다 더 많은 열을 발생한다).

1930년대에 C. F. Carlson에 의하여 처음으로 개발된 전자사진법(xerography,

dry writing을 의미하는 그리스 말에서 유래했다)은 얇은 셀레늄 필름의 광감도에 의존한다. 이 과정에서 고광도 램프는 강력한 대조광(contrasting light)을 발광하여 복사하려는 서류의 검정색 상을 얇은 셀레늄 필름에 반사한다. 그 빛에 노출된 광감성 셀레늄 지역은 노출되지 않은 지역과 다르게 전하를 띈다. 이러한 전하의 단계적 변화는 종이(또는 오버헤드 프로젝터 필름)로 옮겨지고 그 다음 검정 부분에만 흡착하는 전하 토너(toner)를 첨가한다. 그 종이 또는 오버헤드 필름은 잠간 가열하여 토너를 그 최종 복사종이에 녹여 붙인다. 그 토너는 검정색일 수 있고 또는 여러 색깔의 총천연색 상으로 만드는 일반적 과정이 계속해서 연구를 증가하고 있다.

황산

황산의 공업적 생산과 용도를 설명하지 않고 실제로 중요한 6A족 원소의 화합물에 관한 절을 떠날 수 없다. 이러한 여러 가지 면을 가진 센 황산의 막대한 양(10^8 ton 이상)이 매년 전 세계적으로 생산된다. 그러한 여러 제조과정에는 대단히 복잡한 것을 내포하므로 일정한 국가에서 생산된 황산의 양은 신뢰할 수 있는 경제발전의 지표로 취한다.

황산은 접촉법(contact process)으로 생산한다. 이전에 설명한 것처럼 황의 연소 또는 황화물의 배소[식 (16.4)]는 가장 중요한 이산화황의 공급원이다. 삼산화황으로 산화는 이산화황과 산소기체(공기)를 여러 온도에서 V_2O_5 촉매와 접촉하는 다단계 촉매 시스템에 의하여 완결된다. 산성 무수 삼산화황을 황산으로 변환은 예상보다 복잡하다. 삼산화황에 물을 간단히 가하면 농축하기 어려운 미세한 H_2SO_4의 안개로 된다. 그 대신 삼산화황을 황산 그 자체에 통과시키면 발연황산(oleum)으로 되고 그 발연 황산은 식 (16.25)처럼 이중황산(disulfuric acid) 또는 파이로황산(pyrosulfuric acid, $H_2S_2O_7$)으로 표시할 수 있다. 파이로황산은 식 (16.26)처럼 쉽게 분해되어 98% 황산 수용액으로 된다:

$$SO_3(g) + H_2SO_4(aq) \longrightarrow H_2S_2O_7(aq) \qquad (16.25)$$

$$H_2S_2O_7(aq) + H_2O(l) \longrightarrow 2H_2SO_4(aq) \qquad (16.26)$$

황산은 여러 용도를 갖지만 화학공업에서 황산의 큰 역할에 대하여 좋은 평가를 받기는 어렵다. 황산의 절반 이상이 과인산(superphosphate)과 기타 비료의 생산에 사용된다(15.4절). 다른 주요한 용도는 식 (16.27)과 (16.28)처럼 염으로부터 염산 제조를 포함한다.

$$NaCl(s) + H_2SO_4(l) \longrightarrow HCl(g) + NaHSO_4(s) \qquad (16.27)$$

$$HCl(g) \xrightarrow{H_2O} HCl(aq) \qquad (16.28)$$

그리고 납축전지에서 전해질로 사용한다(14.5절). 기타 황산의 도움을 받아 제조한 상업용 제품들은 세제, 의약품, 염료, 폭발물, 살충제, 금속합금, 종이, 석유제품, 안료, 플라스틱 등이다.

16.6 몇 가지 깊이가 있는 토픽: 산성비

산성비는 현대 사회가 직면한 네 가지 주요한 대기 오염물 문제 중 하나이다. 그 나머지는 광화학 스모그(15.5절), 오존층 고갈(10.5절), 온실효과(10.6절)이다. 앞의 장에서 산성비와 관련이 있는 문제를 취급했다. (1) 황이 많이 함유된 석탄 연소로부터 생기는 황산과 관련이 있는 London 스모그(15.5절), (2) 석상의 나병: $CaCO_3$(대리석과 석회석)로 구성된 건물과 석상에 대한 산성비 효과, (3) 큰 발전소 굴뚝에서 황산화물의 배출을 제어하려고 설계된 세정장치(scrubber)(12.4절)등에 탄산칼슘을 사용한다.

산성비(*acid rain*)는 황과 산화질소에 의하여 산성으로 만들어진 수용성 침전(빗물, 눈, 안개,등등)이라고 정의한다. 그것은 산 **퇴적**(*acid deposition*)이라고 알려진 더 일반적 문제의 부분이다. 그 산 퇴적(작용)이라는 용어는 건조한 SO_2 및 NO_x 기체와 수소화황산 암모늄(NH_4HSO_4)과 같은 고체의 형태로 존재하는 **건조 퇴적**(*dry deposition*)도 포함한다. 산성 퇴적의 일차 원인은 여러 산업과정에서 대기로 배출된 이산화황(그리고 약간 삼산화황)으로 시작한다. 이들 중에서 가장 중요한 것은 전기를 생산하기 위한 대부분 석탄인 화석연료의 연소이다. 석탄에서 황 백분율은 0.5~5.0% 범위이다. 미국에서 Mississippi 강의 동쪽에서 나오는 석탄은 서쪽에서 나오는 것보다 황 함량이 훨씬 더 많다. 그러나 서쪽에서 나오는 석탄은 에너지가 적다. 황-함유 석탄의 연소는 인간이 만든 이산화황의 원인 중에서 약 60%를 차지한다. 유류도 황 함량이 변한다. 석유정제와 연소는 인간이 만든 SO_2의 또 다른 25%를 차지한다. 이들 과정의 알짜 효과는 매년 대기로 약 5천만~6천만 ton SO_2를 방출한다. 이것은 거의 생물분해와 화산활동과 같은 자연 원인과 거의 맞먹는다.

대기 중에서 이산화황이 삼산화황으로 산화는 여전히 강력한 연구 대상이지만 몇 가지 복잡한 일련의 반응에 따라 해결되는 것처럼 보인다(이산화황이 촉매없이 산소와 반응은 대단히 느리고 그 경우에 중요한 오염인자라고 생각하지 않는다). 가장 그럴듯한 반응경로는 자외선에 의한 광화학효과, 몬지 입자에 의한 직접 SO_2/O_2 반응의 불균일(고체/기체) 촉매작용, 하이드록실(OH) 라디칼 및 오존(O_3)과 같은 다른 산화제와 관련이 있는 반응 등이다. 하이드록실 라디칼의 생성은 이전에 광화학 스모그에서 간단히 설명했다. [그 절에서 원자 산소가 물 분자와 반응할 때 OH 라디칼이 어떻게 생성되는가를 설명했다. 식 (15.60)과 15.5절을 보라.] 더 진행하는 복잡한 과정에서 다른 반응은 하이드록실 라디칼을 재생하고 그것에 의해서 산-생성 순환과정의 진행을 유지한다. 이산화황이 직접 황산으로 산화반응

에서 하이드록실 원자단 역할을 표시하는 한 반응결과를 식 (16.29)에 표시한다:

$$SO_2(g) + OH(g) \longrightarrow SO_3H \xrightarrow{OH} H_2SO_4\text{(에어졸)} \qquad (16.29)$$

이 반응은 제 3의 원자 또는 분자의 참여, 즉 전에 광화학 스모그설명에서 살펴본 환경을 포함할 수도 있다.

식 (16.30)에 제시한 두 반응으로 표시한 또 다른 SO_2-대-H_2SO_4 경로는 대류권 오존이 분자 산소와 원자 산소로 광분해를 개시할 수 있다. 그 원자 산소는 이산화황과 결합하여 산 무수물 삼산화물을 생성하고[식 (16.30a)] 그 다음에 물과 결합하여 황산을 생성한다[식 (16.30b)]:

$$SO_2(g) + O_3(g) \xrightarrow{h\nu} SO_3(g) + O_2(g) \qquad (16.30a)$$

$$SO_3(g) + H_2O(g) \longrightarrow H_2SO_4\text{(에어졸)} \qquad (16.30b)$$

질산은 산성비의 또 다른 중요한 성분이다. 석탄은 연소하는 동안 방출되는 어떤 질소를 포함하지만 가장 중요한 HNO_3 출처는 석탄의 효과적 연소에 필요한 고온(대략 3000°F)에서 공기 중 산소와 질소 반응으로부터 생긴다. 이러한 반응[표 15.5의 식 (15.26)와 (15.29) 그리고 표 15.7의 식 (15.37)을 보라.]은 합쳐서 NO_x라고 부르는 다량의 여러 질소 산화물(NO와 NO_2)을 생성한다. 이들 산화물은 그 다음에 하이드록실 라디칼을 포함하는 동일한 반응회로에 참여하고 최후에 질산으로 산화된다.

앞에서 설명한 여러 산들은 대기권에서 특히 구름의 바탕에서 생성되고 일정한 지리적 지역의 우세한 바람에 의하여 멀리 그리고 널리 확산한다. 미국 북동쪽의 석탄-연소 공장에 의하여 방출된 황과 질소 산화물은 미국 북서쪽 산성비의 pH를 약 5.5~6.0 자연 값으로부터 3.5 정도로 감소에 1차 책임이 있는 것으로 생각한다(미국에 대하여 그림 16.10의 pH 값을 보라. 비정상적 경우에 New Hampshire's White Mountain의 Hubbard Brook Experimental Forest에서 빗물 pH는 2 정도로 낮게 기록되었다!). 남쪽 Scandinavia와 독일의 Black Forest 지역은 영국과 북쪽 유럽에서 나오는 황산화물과 질소산화물의 출처로부터 서로 비슷하게 고통을 받는다.

New York의 Addirondack Mountain과 같은 높은 고도 지역에서 산림은 큰 산성의 구름 또는 산성 안개(acid fog)로 직접 목욕을 한다. 이러한 산림의 황폐화 효과는 잘 증명되고 있다. 더 일반적으로 중화할 능력이 없는 지역에 산성비가 내릴 때(그림 16.10의 회색 부분을 보라) 연못과 늪의 pH는 5.2 이하로 감소한 것이 알려졌고 수생동물과 수생식물이 크게 고통을 받는다.

산성비는 어떻게 제어하는가? 방대한 석탄 자원을 계속해서 연소하여 전기를 생산할 필요가 있다고 가정하면 방출되는 황산화물과 질소산화물의 감소에 몇 단계를 취해야 한다: (1) 많은 황을 함유하는 석탄사용을 모두 함께 크게 감소하거나 정지할 것, (2) 연소하기 전에 황을 재거하기, (3) 생성된 질소산화물을 최소화하기

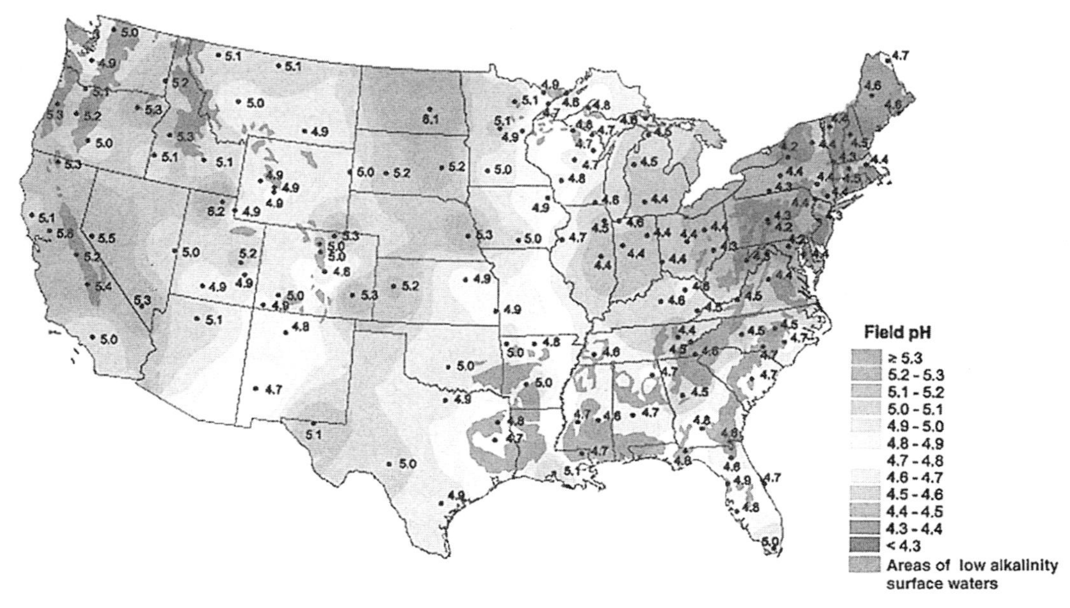

그림 16.10

미국 대륙에서 산성비 효과. 빗물의 평균 pH는 등고선으로 표시한다.지표수의 낮은 알칼리도, 즉 산성비에 대한 중화능력의 반영도 회색으로 표시한다. 낮은 pH와 낮은 중화능력을 합친 것은 산성비의 반대효과를 가장 받기 쉬운 일정한 지역으로 된다(참고문헌. 45).

위하여 연소과정의 개량, (4) 대기로 방출하기 전에 발전소 배출물로부터 황산화물과 질소산화물의 제거, (5) 일단 방대한 지리적 지역에 내린 빗물의 산성도를 중화하기. 첫째와 마지막 의견은 일반적으로 실행할 수 없는 것이라고 생각하지만 진행되는 많은 연구들은 일반적으로 중간의 세 가지 의견에 중요한 진전의 희망을 갖는 것처럼 보인다.

석탄을 연소하기 전에 분쇄된 석탄에서 황-함유 황철광(pyrite)을 물리적으로 씻거나 원심분리하여 황을 제거할 수 있다. 그러한 장치 중에서 가장 최근의 변형을 enhanced gravity separators라고 한다. 보일러 온도를 더 낮추는 연소과정의 변경은 생성된 NO_x를 감소하는 것이 증명되었다. 이것에 대한 한 가지 희망적 사항은 적은 양의 천연가스(5~15%)를 석탄과 함께 연소하는 것에서 나타난다.

또 다른 더 복잡한 방법은 연소 동안에 또는 연소 후에 연소 방출물로부터 이산화황을 씻는것과 관련이 있다. 습식 세정기(*wet scrubber*)의 제1세대는 1978년 이후에 건설된 발전소에 필요하였다. 그것은 생석회(CaO) 또는 석회석($CaCO_3$) 수용액을 굴뚝에 분무하고 황을 취급하기 어려운 아황산칼슘($CaSO_3$) 또는 황산칼슘($CaSO_4$) 죽 상태로 분리한다(이 방법을 어떻게 사용하는가에 대한 더 완전한 설명은 12.4절을 보라). 불행하게도 이러한 첫 번째의 황을 씻는 시도는 값이 싸지만 기술적 어려움으로 가득 찬 것이었다.

제 2세대 세정장치는 건식 세정기(dry scrubber)라고 부른다. 그것은 현재 진보된 발전 단계에 있고 작은-규모의 응용단계에 있고 결국에 더 관리하기 쉬운 건조 생성물로 만들 수 있다. 이 세정기에서 가끔 석회 밀크라고 부르는 조심스럽게 조절한 미세분말 생석회(또는 산화칼슘)의 수용액 슬러리(slurry)를 굴뚝 가스에 분무하여 물을 증발한다. 매우 짧은 시간에 SO_2 (SO_3와 HCl을 포함하는 기타 산성 기체도 함께)는 반응하여 아황산칼슘 (또는 SO_3의 경우에 황산)의 건조 혼합물을 형성한다. 이 과정에 대한 반응을 식 (16.310과 (16.32)에 제시한다:

$$CaO(aq) + SO_2(g) \xrightarrow{\Delta} CaSO_3(s) \qquad (16.31)$$

$$CaO(aq) + SO_3(g) \xrightarrow{\Delta} CaSO_4(s) \qquad (16.32)$$

이러한 건식 세정기는 더 이상 폐수처리가 필요없는 이점을 갖는다. 왜냐하면 물은 굴뚝 가스에 의하여 완전히 증발하기 때문이다.

U.S. Environmental Protection Agency는 1990년 Clean Air Act에서 1995년과 2000년에 황산화물과 질소산화물을 두 단계로 크게 감소하기로 결정했다. 단계 1은 대부분 동쪽과 중서부 주의 21 곳에 위치한 공익사업 석탄-연소 발전소에 집중한다. 단계 II는 이러한 석탄을 사용하는 것에 추가해서 유류와 가스를 함께 연소하는 더 작고 더 깨끗한 공장에도 제한을 한다. 그 프로그램은 이미 존재하는 더 큰 공익사업 단위와 모든 새로운 단위에 영향을 준다. NO_x 농도의 감소도 새로운 연소기 방법이 필요하다. 장기적으로 황 함량이 많은 석탄도 포함하는 더 새로운 석탄연소방법에 대하여 계속적 연구가 필요하다. 그 목적은 이미 존재하는 발전소의 오래된 기계장치를 다시 개선할 수 있는 시스템을 만들고 그들을 건설하는 새로운 것과 협력하는 것이다.

연습문제 PROBLEMS

16.1 15장과 16장을 읽었다면 화약을 발견한 사람들이 황을 원소라고 알았는가? 당신의 해답을 설명하라.

16.2 안티모니와 텔루륨의 밀도를 비교하라. Müller가 그 원소들을 혼동한 것을 이해할 수있는가? 그러한 비교로 셀레늄과 텔루륨이 분별되는가?

16.3 폴로늄은 우라늄 방사성 붕괴계열의 과정에서 세배 증가한다. 폴로늄-210은 α-방출을 경유하여 붕괴하고 반감기는 138.4 day이다. 그것의 붕괴에 대한 반응식을 쓰라.

16.4 칼코젠의 전자 친화도 경향성을 설명하라. 이 경향성을 유효핵전하, 원저크기, 등을 사용하여 설명하라.

16.5 유효핵전하와 원자크기 등에 바탕을 두고 칼코젠의 원자반지름, 이온화에너지, 전자친화도를 이론적으로 설명하라.

16.6 황이 칼코젠의 대표이고 산소는 아니라는 것을 설명하라.

16.7 6A족 수소화물의 끓는점을 비교하라. 가장 가벼운 수소화물은 끓는점이 다른 것보다 왜 훨씬 더 높은가? 당신의 해답에 중심 칼코젠 원자의 원자성질(전기음성도와 유효핵전하같은)을 참고하라.

16.8 물은 황화수소보다 좋은 산인가? 당신의 해답을 지지하는 자료를 인용하고 그 결과를 이론적으로 설명하라.

★16.9 소량 황화수소는 다음 식으로 나타내는 은금속의 변색 원인이라고 생각한다:

$$4Ag(s) + 2H_2S(g) + O_2(g) \longrightarrow 2Ag_2S(s) + 2H_2O(l)$$

이 과정을 분석하라. 산화제와 환원제를 확인하라. 변색된 은에 관한 지식에 바탕을 두고 황화은이 어떤 색이라고 생각하는가?

16.10 셀렌화수소는 셀렌화일루미늄과 셀렌화철(II)을 염산으로 가수분해하여 만든다. 이 반응에 상당하는 반응식을 쓰라.

16.11 10장에서 설명한 수소산 세기의 경향성에 바탕을 두고 황, 셀레늄, 텔루륨에 대한 수소화물의 산 세기는 그 족을 밑으로 가면서 더 세지는가 또는 더 약해지는가? 당신의 해답을 이론적으로 간단히 설명하라.

16.12 황철광(FeS)과 진사(HgS)를 배소하여 자유 금속으로 되는 균형반응식을 쓰라.

16.13 황산의 첫째 산 해리상수에 상당하는 반응식을 가능하면 정확하게 쓰라.

16.14 고체상태에서 가장 유력한 수소화아황산 음이온의 구조는 그림 16.3e와 같지만 또한 수소원자가 산소원자와 결합한 피라미드 구조로(특히 수용액에서) 존재하는 것으로 알고있다. 이 이성질체에 대한 Lewis와 VSEPR 도형을 그려라.

★16.15 아황산은 각기 $K_{a1} = 1.3 \times 10^{-2}$과 $K_{a2} = 6.3 \times 10^{-8}$이다. 그 아황산 이온의 염기해리상수를 계산하라.

16.16 10장에 제시한 옥소산의 상대적 세기에 대한 설명에 바탕을 두고 아황산과 아셀렌산은 어느 것이 더 센 산이라고 생각하는가? 당신의 해답을 간단히 설명하라.

16.17 아황산을 사용하여 염소를 산성 용액에서 염화물로 환원하는 균형반응식을 쓰라.

★ 표시는 더 어려운 문제이다.

이 환원반응은 매우 진한 산 농도에서 더 잘 또는 덜 진행할 것으로 기대하는가? 간단히 설명하라.

★**16.18** 이산화황과 비슷하게 삼산화황은 이 산화물의 특성을 나타내는 매우 센 O−S 결합의 전체 설명에 4 공명 구조가 필요하다. 가능한 4 공명구조를 그린 다음 각기 모든 원자에 대하여 형식전하를 할당하라. 이들의 구조에서 두 $p\pi-p\pi$와 $p\pi-d\pi$ 결합의 역할을 설명하라.

16.19 삼산화황은 고리형 삼합체 $(SO_3)_3$로 제조할 수 있다. 그러한 구조에 대한 Lewis와 VSEPR 도형을 그려라.

16.20 황산 분자에서 $p\pi-d\pi$ 결합의 역할을 설명하라. 황 원자는 어떤 형태의 혼성 오비탈을 사용하는가? 그리고 결합의 형성에 어떤 형태의 황과 산소 오비탈이 관여하는가?

16.21 황산이 아황산보다 왜 더 센 산인가를 간단히 설명하라.

16.22 진한 황산 수용액에 대한 점성 성질의 결정에 분자간 힘의 역할을 설명하라. 당신의 해답에서 도형을 그려라.

16.23 표 11.2와 16.1을 사용하여 황산 이온이 황화수소로 환원에 대한 균형 반반응식을 쓰라. 이 반반응에 대한 환원전위를 계산하라.

16.24 차가운 묽은 황산은 표준환원전위 표에서 H^+보다 위에 있는 금속을 산화할 수 있지만 황의 산화상태는 그러한 이유로 변할 필요가 없다. 황산으로 Mn을 Mn(II)으로 산화를 나타내는 반응식을 쓰라. 이 반응에 대한 $E°$값을 계산하라(표 11.2를 사용하라).

16.25 표준환원전위표(예를 들어 표 11.2)를 사용하여 다음에 대하여 반응식을 쓰라. (a) 황산으로부터 나오는 수소이온의 환원을 이용하여 Sn을 Sn(II)로 산화, (b) 황산의 황산이온 산화력을 이용하여 Sn(IV)로 산화.

★**16.26** $E°$값을 사용하여 황산의 수소이온 환원(H_2으로)은 그 자체에 의하여 구리금속을 Cu(II)로 산화할 수 없고 한편 H_2SO_4의 황산이온은 SO_2로 환원할 수 있는 것을 증명하라(표 11.2에 제시한 표준화원전위를 사용하라).

★**16.27** 플루오로황산 $[FSO_2(OH)]$은 매우 센 산이다. 이 화합물의 Lewis 구조를 쓰고 그것의 센 산세기에 대한 이유를 설명하라.

16.28 플루오로황산 $[FSO_2(OH)]$에서 $p\pi-d\pi$ 결합의 역할을 설명하라.

16.29 술파마이드 $[(H_2N)_2SO_2]$는 황산과 비슷한 구조를 갖는다. 이 분자의 Lewis 도형과 VSEPR 도형을 그려라.

16.30 술파민산(sulfamic acid, H_2NSO_3H)은 황산과 비슷한 구조이다.
(a) 이 분자의 Lewis와 VSEPR 도형을 그려라.
(b) 술파민산은 일반적으로 왜 분자형태가 아닌 아온형태($H_3^+NSO_3^-$)로 알려져있는가?

16.31 텔루루산이 고체로 존재하는 분자간 힘의 성질을 추측하라.

★16.32 과옥소이중황산 이온의 Lewis, VSEPR, ,VBT 도형을 그려라.

★16.33 과옥소이중황산 이온으로 망가니스 이온을 과망간산으로 그리고 크롬산 이온을 중크롬산으로 산화를 나타내는 반응식을 쓰라. 이 두 가지 반응에 대한 $E°$와 $\Delta G°$를 계산하라.

16.34 아이황산(disulfurous acid) 또는 파이로아황산 ($H_2S_2O_5$)는 자유 산으로 만들 수 없지만 아이황산 염 또는 파이로아황산 염은 알려져 있다. 이 음이온의 Lewis와 VSEPR 도형을 그려라. 그것을 어떻게 아중황산(bisulfite)으로부터 만들 수 있는가를 추측하라.

16.35 이황산(disulfuric acid) 또는 파이로황산에 대한 화학식을 쓰라. 이 산에 상당하는 Lewis, VSEPR, ,VBT 도형을 그려라(힌트: 15장에서 설명한 파이로인산의 성질을 생각하라).

16.36 SF_4는 4 결합 전자쌍(S−F결합을 형성하는)과 황 주위에 한 고립전자쌍을 갖는다. 그 고립전자쌍은 왜 축 위치가 아닌 수평방향 위치를 점유하는가?

16.37 무수 염화철(III)은 6수화물로부터 어떻게 제조하는가?

16.38 폴로늄은 자유 6+양이온으로 존재하지 않고 몇 가지 안정한 Po(VI) 화합물로만 존재한다. 그러나 4+와 2+ 양이온을 포함하는 화합물은 여러 가지가 있다. $PoCl_2$와 $PoCl_4$중에서 어느 것이 더 공유성 결합이라고 생각하는가? 당신의 해답을 간단히 설명하라.

★16.39 O−O와 O=O 결합에너지는 각기 146 kJ/mol과 496 kJ/mol이고 S−S와 S=S는 각기 226과 423 kL/mol이다. 다음을 이론적으로 설명하라.
(a) 황의 단일결합 에너지는 산소보다 크다.
(b) 산소의 이중결합 에너지는 황보다 크다.

★16.40 문제 16.39에서 알려진 결합에너지를 사용하여 어느 것이 열역학적으로 더 안정한가?
(a) cyclooctasulfur S_8 또는 4 이원자 S_2 분자
(b) cyclooctaoxygen O_8 또는 4 이원자 O_2 분자

16.41 cyclohexasulfur에 대한 구조의 화학식을 제시하고 추측하라.

16.42 S_8과 S_8^{2+} 구조는 그림 16.6에 있다. Lewis 구조의 분석을 이용하여 S_8^{2+} 구조는 고

리횡단 S−S 상호작용을 하고 S_8은 그렇지 않은 이유를 제시하라.

16.43 Lewis 전자-점 도형을 사용하여 Te_6^{4+} 구조(그림 16.6e)를 분석하라. 그 구조는 모두 단일 Te−Te 결합을 사용하여 설명할 수 있는가? Lewis-구조 분석은 한 삼각면 내부의 Te−Te 거리값(2.67 Å)이 그 삼각면 사이에 Te−Te 거리값(3.13 Å)보다 짧다는 사실과 어떤 관계가 있을 수 있는가?

16.44 H_2S_2 구조를 추측하라. 당신의 해답에 도형을 그려라.

★16.45 티오황산 수용액을 산성화하면 어떤 일이 생기는가? [힌트: 식 (16.17)을 참고하라.]

16.46 이 장에서 명명한 다른 분자에 바탕을 두고 SSF_2에 대한 티오티오닐 플루오르화물(thiothionylfluoride)이 옳다는 것을 증명하라.

16.47 Dithionite는 염기성 용액에서 납(I)과 은(I)을 각기 금속으로 환원에 사용할 수 있다. 이들 반응에 상당하는 반응식을 쓰라. Dithionite는 이들 과정에서 아황산으로 산화된다.

16.48 Trithionate 음이온 ($S_3O_6^{2-}$)의 Lewis와 VSEPR 도형을 그려라.

★16.49 S_4N_4에 대한 몇 가지 공명구조를 그린 다음 (a) 황과 질소의 단일결합과 이중결합 사이에 중간 결합길이와 (b) 그 분자에서 알려진 S−S 상호작용에 대하여 설명하라.

★16.50 S_4N_4의 전자수를 S_8과 S_8^{2+}의 전자수와 비교하면 어떠한가? 이러한 수치는 고리횡단 S−S 상호작용의 수치와 상호관계가 있는가? 이들의 결과 사이에 상호관계를 추측하라(힌트: 여기에서 Lewis 구조의 분석은 도움을 줄 수 있다).

16.51 문제 16.50에서 전자에 대한 계산의 결과를 고려하여 $S_4(NH)_4$ 화합물의 구조를 추측하라.

16.52 이질소화이황(S_2H_2)에 대한 공명구조를 그린 다음 황과 질소의 단일결합과 이중결합 사이에 중간 결합길이를 설명하라.

★16.53 산소와 황은 모두 칼코젠이고 질소와 더불어 EN(여기에서 E = S 또는 O) 실험식 화합물을 형성한다. 이들 분자에서 사용한 안정도, 구조, 결합형태를 사용하여 유일성 원리에 관하여 설명하라.

16.54 저마늄, 비소화갈륨, 셀렌화아연 사이에 관계를 분석하라. GaAs와 ZnSe도 우수한 반도체라는 것을 이해하는가?

★16.55 인화 알루미늄이 반도체로 될 수 있다고 추측하는가? 왜 그런가? 왜 그렇지 않은가?

16.56 삼산화황(이산화황과 분자 산소의 산화로부터)의 최대 수율을 생성할 수 있는 조건에서 최적의 온도, 압력, 산소(높거나 낮은)를 설명하라. 열역학적 그리고 반응속도론적 관점에서 생각하라.

16.57 황으로부터 황산의 공업적 제조를 주요한 네 가지 반응식으로 요약하라.

16.58 9장에서 설명한 것처럼 산화중수소(D_2O)는 물을 전해하여 제조할 수 있다. D_2SO_4 화합물은 어떻게 만들 수 있는가?

16.59 암모니아와 세 배의 인산을 합친 비료 이외에 또 다른 주요한 비료는 황산암모늄이다.이것은 어떻게 효율적으로 만들 수 있는가를 추측하라.

16.60 산성비는 미국에서 다른 지역보다 북동쪽에서 왜 더 문제인가?

16.61 석탄-연소 발전소에서 이산화황과 삼산화황의 배출물 제거에 사용한 습식 세정기(wet scrubber)와 건식 세정기(dry scrubber)를 구별하라.

16.62 인터넷에서 건식 세정기를 찾고 이 책을 쓴 다음에 어떻게 발전하였는가를 보고하라. 당신의 해답에 URL 주소를 보고하라.

★16.63 하이드록실 라디칼은 삼산화황을 황산으로 산화에 중요한 역할을 하는 것으로 생각한다. 식 (16.29)에 제시한 첫 단계에서 화학식 SO_3H 라디칼이 생성된다(그 분자는 음전하를 띄지 않는 것에 주목하라. 중아황산 음이온과 혼동하지 말라). 이 라디칼에 대한 가능한 최선의 Lewis 구조를 그려라. 그 구조의 모든 원자에 대하여 형식전하를 계산하고 이것이 왜 당신의 구조를 확실하게 구성하는가를 간단히 설명하라. 이 라디칼의 분자구조를 제시하는 구조를 그려라.

16.64 산성비가 없으면 빗물의 pH는 7.0이라고 기대하는가? 간단히 설명하라.

16.65 새로운 기술을 이용하여 화석연료를 연소하는 발전소에서 나오는 이산화황 배출물의 제거방법을 개발하여도 한 커다란 문제가 남아있다. 이 문제를 확인하고 간단히 설며하라.

CHAPTER

17 할로젠

7A 족 원소의 염소, 아이오딘, 브로민, 플루오린, 아스타틴은 합쳐서 할로젠(halogen)이라고 알려져 있다. 할로젠은 "염 생성자"(salt producer)를 의미한다. 그 이름은 처음에 염소가 금속과 결합하여 소금을 만드는 가능성 때문에 염소에 대하여 사용하였다. 대단히 드물고 특성이 잘 아려져있지 않은 아스타틴(astatine)을 제외한 모든 할로젠은 현재 이러한 동일한 능력을 갖는 것이 알려졌다. 7A족의 성질은 일반적으로 변화가 있지만 이들의 원소 사이에 현저한 차이는 알칼리와 알칼리토금속의 유사성을 생각나게 한다.

할로젠의 발견 역사와 상호연결된 아이디어 연락망의 응용에 관한 통상적 절(17.1절)이 끝난 다음 (1) 옥소산 및 그들의 염류와 (2) 할로젠간 화합물에 관한 절이 뒤따른다. 실제로 중요한 반응과 화합물에 관한 절은 그 다음에 오고 마지막으로 깊이가 있는 토픽은 오존층에 대하여 클로로풀르오로탄소에 의해 제기된 위험과 관련이 있는 내용이다.

17.1 할로젠 원소의 발견과 역사

그림 17.1처럼 할로젠은 염소, 아이오딘, 브로민, 풀르오린, 그 다음에 방사성 아스타틴 순서로 발견되었다. 이 절은 이들 원소의 발견을 년대 순서로 설명한다. 우리들의 경험은 다른 원소의 족과 함께 염소가 가장 대표적 할로젠이라는 것에 놀라지 않아야 한다. 처음에 염소를 고찰하는 것이 적당하다.

염소

염소는 이전에 만난 스웨덴 화학자 Karl Wilhelm Scheele에 의하여 발견되었다. Scheele은 기억하는 것처럼 때때로 원소를 발견할 기회가 있었고 공식적으로 Priestly와 함께 산소의 공동발견자로 기록되어 있다. 이때 그 스웨덴 화학자가 승

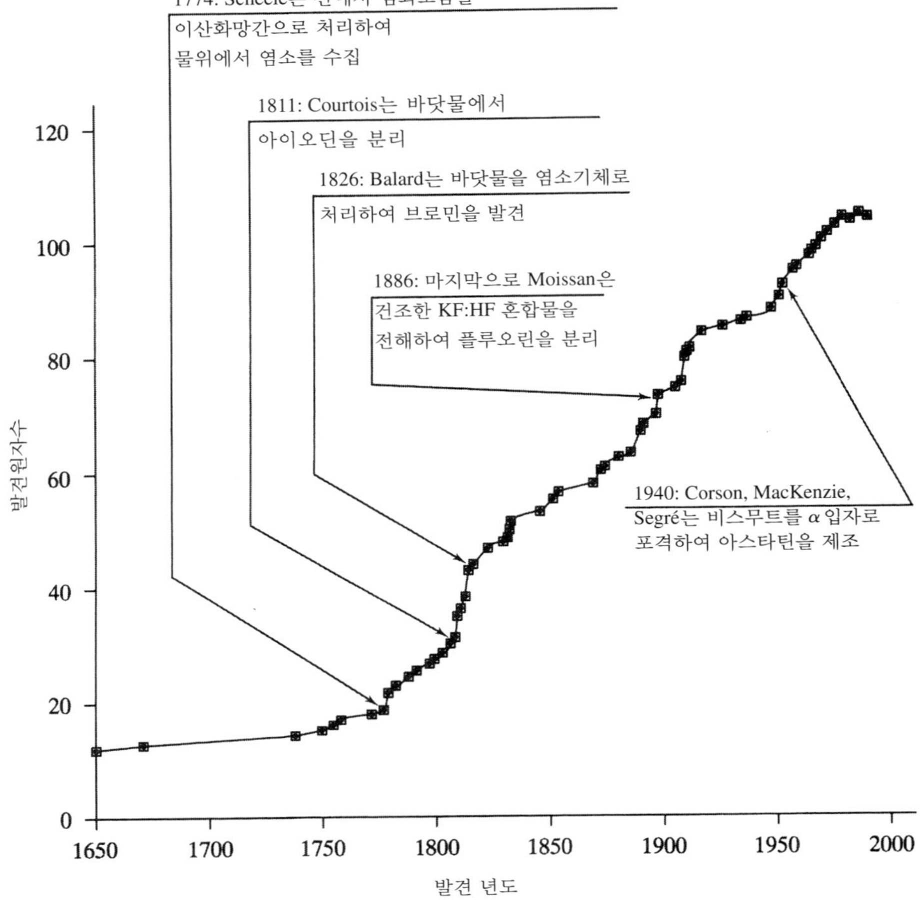

그림 17.1

7A족 원소를 발견 연대에 대하여 점시(참고문헌 32).

리하였다. 상상하는 것처럼 염화소듐은 수세기 동안 알려져 왔다. Priestly 그 자신은 염화소듐을 높은 끓는점의 산으로 처리하여 얻은 수용성 염화수소를 처음으로 (수은 위에) 수집했다. 2년 후 1774년에 Scheele은 염화소듐을 황산 및 이산화망간과 함께 가열했다. 그 산은 즉시 숨이 막히는 냄새를 내고 그 다음에 엷은 연두색이면서 물에 조금만 녹는 기체를 얻었다. 그 Scheele 제법은 아직도 소량 염소를 생성하는 보통 방법이고 그것을 식 (17.1)에 제시한다:

$$4NaCl(aq) + 2H_2SO_4(aq) + MnO_2(s) \xrightarrow{\text{열}} 2Na_2SO_4(aq) + MnCl_2(aq) + 2H_2O(l) + Cl_2(g) \qquad (17.1)$$

Scheele은 염소가 물을 산 맛이 나게 만드는 것을 발견하였고 Lavoisier가 이전에 모든 산은 산소를 함유한다고 제안한 다음에 그 스웨덴 화학자는 새로운 산소 화합물을 만들었다고 생각했다. 실제로 프랑스 학파들은(Gay-Lussac과 Thénard를 포함하는) "산 제조자"(acid producer)인 산소는 모든 산에 필요한 성분이라는 생각에 기초를 두었다. 이전에 여러 번 만난 다채로운 영국인 Humphrey Davy는 산에 관하여 동일한 의견을 갖지 않았다. 1810년에 Davy에 의하여 그 엷은 연두색 기체가 새로운 기체이고 그 이름은 염소(chlorine)라고 그의 주장을 발표했다. 염소(chlorine)는 "엷은 연두색" 또는 "연두색-노란색"을 의미하는 그리스어 chlõros로부터 유래한다. Davy와 영국학파들은 결국 정확했다. Davy에 의하여 염화수소는 물에서 산소를 포함하지 않는 산이라 증명했고 아마 조금 당황한 Gay-Lussac은 그 다음에 prussic acid라고 알려진 HCN도 산소가 없는 산이라고 증명했다. Davy는 산의 특성을 나타내는 것이 수소라 제안하였고 그 개념은 오래 계속되었다.

Scheele은 또한 염소가 꽃과 연두색 잎사귀를 탈색할 수 있다고 지적했다. 이 표백 능력은 바로 그 시작부터 돈을 벌었다. 그것은 또한 좋은 소독제이고 아직도 이 목적에 사용한다. 염소기체 냄새는 수돗물과 염소처리 수영장에서 나오는 것과 다르지 않다. 염소는 또한 어두운 면도 있다. 그것은 1915년에 독일이 영국에 대하여 처음으로 방출한 최초의 전쟁용 기체였다. 다행스럽게 세계1차대전은 화학무기가 중요한 역할을 담당한 주요한 충돌이었다. 염화소듐은 염소와 모든 염소 화합물의 주요한 공급원이다.

아이오딘

프랑스 화학자 Berard Courtois는 일반적으로 해초를 태워서 얻은 탄산포타슘(가성가리, potash)로부터 질산포타슘(saltpeter, 초석) 제조에 관여했다. 그 방법의 일부분은 가열한 해초로부터 산을 이용하여 불순물을 제거하는 것과 관련이 있다. 1811년 일찍이 그는 너무 많은 황산을 가한 다음 염소와 비슷한 예리한 냄새를 갖는 이상한 남색 증기를 생성하고 많이 놀랐다. 결과적으로 그 아름다운 보라색 기체는 검정색 광택성이고 거의 금속 결정처럼 응축되었다. Courtois는 새로운 원소를 손에 넣고 의심하면서 몇 가지 예비실험을 하였지만 신념이 부족하여 그의 발견을 훔치는데 거의 성공한 다른 사람에게 자문을 받았다.

그 시대의 일반적 관례에 따라 Davy에게 최후에 자문을 받았다. 다시 Davy는 새로운 또 다른 원소가 있다는 것을 강력하게 주장했다. Davy는 "보라색 비슷한" 것을 의미하는 그리스어 ioeidés로부터 iodine이라고 명명했다. 영국과 프랑스 사이에 경쟁은 계속되었다. Gay-Lussac은 아이오딘을 처음으로 제안한 사람이 Davy가 아닌 자기자신라고 주장했다. 다시 진짜로 Gay-Lussac은 또 다른 산소를 포함하지 않은 산으로서 요오드화수소를 제조하였고 금속을 요드화수소에 가할 때 여러 요오드화물을 생성하였다. 프랑스와 영국 사이에 전쟁은 모든 새로운 세계의 영토뿐만 아니라 함께 과학세계까지 확장되었다.

아이오딘은 해초에 농축된 것으로 알려졌고 그것은 현재 아이오딘의 주요한 공급원 중 하나이다. 1800년대 초에 "연소 스펀지"(burnt sponge)와 대형해초는 갑상선종(goiter)의 일부 치료제라고도 알려졌다. 갑상선종은 목의 밑 부분에 갑상선의 확대에 대한 이름이다. 사람들은 자연적으로 이러한 두 가지 사실이 서로 관련이 있는 것에 놀랐다. 실제로 갑상선은 성장에 원인이 되는 아이오딘-함유 thyroxine 아미노산을 생산하는 것으로 현재 알려졌다. 갑상선이 충분한 아이오딘을 섭취할 수 없으면 생화학적으로 흡수할 수 있는 아이오딘 양을 증가하려고 갑상선이 더 커진다. 현재는 식탁염에 소량 요오드화 포타슘을 첨가한다. 그 배합물(combination)을 **요오드화염**(*iodized salt*)이라 부르고 갑상선종의 방지에 필요한 식이용 아이오딘(dietary iodine)을 제공한다. 알코올에 녹인 KI와 I_2 용액은 아이오딘 **팅크제**(*tincture of iodine*)라 부르고 수년 동안 작은 외부상체에 대한 일반 가정용 치료제였다.

브로민

1820년경에 두 할로젠이 알려졌다. 1826년에 Antoine Jérôme Balard는 해양화학에 흥미를 가진 젊은 화학조수였다. 그는 염소기체를 그가 연구하는 바닷물의 "모액"(염을 침전하고 남은 포화용액)에 통과시켰다. 그는 이 반응에서 쉽게 증발하여 염소와 비슷한 센 자극성 냄새를 갖는 적색 증기를 적갈색 액체로 분리하였다. 이 액체는 기체 염소와 고체 아이오딘 사이에 중간체처럼 보이는 성질을 가졌다. 실제로 Balard는 아이오딘과 염소 화합물을 분리했다고 확신한 그 동안에 빠르게 그것에 관하여 잘 생각하고 새로운 원소를 발견했다고 발표했다(독일 화학자 Jutus von Liebig은 또한 그가 Balard와 동일한 물질을 분리하였지만 그것이 염화아이오딘이라 생각된다고 설명할 기회를 이전에 갖지 못하였다. Liebig은 그것을 ICl이라고 표지한 병에 넣고 그의 연구를 계속했다. Balard의 발표 후에 Liebig은 그도 역시 이 새로운 원소를 제조하였다고 밝혔지만 그는 그것을 알지 못하였다). Balard는 그의 새로운 원소를 "muride"라고 불렀다. 왜냐하면 그 새로운 원소의 출처가 바다에 있기 때문이다. 그 세 번째 할로젠은 곧 브로민(bromine)이라 확정했고 그것은 "악취"에 대한 그리스어 *bròmos*로부터 유래한다. 브로민이 확정된 다음 할로젠의 수는 60년 동안 세 개에서 그대로 머물렀다. 브로민의 성질은 염소와 아이오딘 사이에 중간이라고 빠르게 알려졌고 그 세 가지 모두 밀접한 관련이 있다는 주장의 증명에 도움을 주었다. 이러한 세 원소의 한 벌(리튬-소듐-포타슘: 칼슘-스트론튬-바륨; 황-셀레늄-텔루륨과 함께)은 원소들이 주기율표 확립을 확실하고 빠르게 구성한 경우의 일부분이 되었다. Mendeleev는 처음으로 1869년에 현대 주기율표의 첫 작품을 제안했다.

플루오린

넷째 할로젠은 더 알기 어려운 것으로 증명되었다. 형석(CaF_2, fluorspar, fluorite)은 불순물의 존재에 따라 여러 색을 갖는다. Fluorine 이름은 형석광물을 융제로 사용할 때, 즉 금속 광물을 액체로 만들어 더 낮은 온도에서 흐르게 만드는 라틴어 "흐르는 것"을 의미하는 라틴어 fluore로부터 유래했다. 그 후에 형석은 가열할 때 파란 백색광을 방출하는 것이 알려졌다. 이러한 성질은 현재의 관례에서 상당히 확장되었지만 여전히 형석(fluorescence)이라고 부른다. 1670년에 Heinrich Schwanhard 유리절단공은 형광을 센 산으로 처리한 다음 그의 안경유리 렌즈가 투명하지 않게 변한 것을 발견하고 그가 많이 놀란 것을 확인할 수 있었다. 그 안경 렌즈는 영원히 부식되었다. Scheele은 이 과정을 조심스럽게 연구했다. 그는 여러 형석을 황산과 함께 가열할 때 그의 유리기구 내부 표면이 부식되고 새로운 산이 나타나고 고체의 백색 물질이 남았다. 그 산은 모든 것과 반응하므로 그 산을 분리할 수 없다고 보고하였다. Scheele은 현재 풀르오르화수소산(HF)이라고 부르는 산을 제조하였고 그것은 그의 유리기구와 반응한 것으로 판명되었다. 이러한 반응을 식 (17.2)와 (17.3)에 요약한다.

$$\underset{\text{형석}}{CaF_2(s)} + H_2SO_4(aq) \xrightarrow{\text{열}} 2HF(aq) + CaSO_4(aq) \tag{17.2}$$

$$\underset{\text{유리}}{SiO_2(s)} + 6HF(aq) \longrightarrow H_2SiF_6(s) + 2H_2O(l) \tag{17.3}$$

한 원소를 이 새로운 형석의 산으로부터 분리하려는 시도는 여러 비극이 뒤따랐다. 많은 여러 사람들 사이에서 Davy, Gay-Lussac, Thénard는 그러한 분리를 시도하는 동안에 소량 HF를 호흡하고 크게 고통을 받았다. Gay-Lussac의 제자 Edmond Frémy는 전기적 방법으로 형석을 분해하여 풀르오린을 생성하려고 시도하였지만 알기 어려운 넷째 할로젠은 너무 빨리 반응하여 분하기 어렵다.

1886년에 Frémy의 제자 Ferdinand Frédéric Henri Moissan은 그의 스승이 실패한 것을 성공했다(Moissan도 HF와 F_2 중독에서 회복하는 동안 그의 연구를 여러 번 중단하였다). 그는 마침내 무수 풀르오르화수소산과 풀르오르화포타슘 혼합물을 백금 용기에서 백금－이리듐 전극으로 전해하여 이 격렬한 반응성 원소를 분리하였다. 그는 그 용기를 냉각하여 그 결과로 생기는 엷은 노란색 기체의 활동도를 감소시켰다. 식 (17.4)에 이 방법을 요약한다. 그 방법은 한 세기 동안 풀루오린을 제조하는 단 한 가지 방법뿐이고 현재까지도 주요한 방법으로 남아있다:

$$2HF\ (\text{녹인 KF 중에서}) \xrightarrow[-50^\circ C]{\text{전해}} H_2(g) + F_2(g) \tag{17.4}$$

(그것은 폭발적으로 HF를 다시 형성하므로 분리된 그 기체 생성물의 보관에 크게 주의해야한다.) Moissan은 1906년에 훨씬 더 가치있다고 충분히 논증할 수 있는 또 다른 화학자 Dmitri Mendeleev를 한 표 차이로 제치고 이 노벨상을 받았다.

아스타틴

아스타틴(astatine)은 안정하지 않은 가장 무거운 할로젠의 동위원소이다. 아스타틴은 처음 1940년에 D. R. Corson, K. R. MacKenzie와 E. Segré들이 비스무트를 α 입자로 포격하여 식 (17.5)처럼 만들었다:

$$^{209}_{83}\text{Bi} + ^{4}_{2}\text{He} \longrightarrow 2\,^{1}_{0}n + ^{211}_{85}\text{At} \tag{17.5}$$

Astatine 이름은 "불안정한"것을 의미하는 그리스어 *astatos*로부터 유래한다. 아스타틴은 20종류 동위원소가 있지만 ^{211}At는 반감기 7.21 hour이고 가장 안정한 동위원소 중 하나이다. 이 원소의 불안정성 때문에 아마 지구 껍질에 1 oz 이하로 존재할 것이고 지구상에 자연적으로 존재하는 원소 중에서 가장 드물다. 아스타틴 화학은 잘 알려져 있지 않다. 알려진 대부분은 대단히 묽은 (약 10^{-14} M) 수용액을 이용하여 연구한 결과에서 얻은 결과이다.

17.2 기본 성질과 상호연결의 아이디어 연락망

그림 17.2는 상호연결된 아이디어 연락망에 겹친 할로젠을 보여준다. 표 17.1은 1A족과 2A족을 세밀하게 살펴보는 중에 만난 것처럼 규칙적으로 보이는 일반적 할로젠 족의 성질을 수록한다.

알칼리토금속 이후에 처음으로 금속−비금속 경계선으로 나누지 않는 족을 만난다. 따라서 아이오딘과 아마 아스타틴이 약간 금속 성질의 징조를 나타내지만 모든 할로젠은 비금속이다. 예를 들어 고체 아이오딘은 금속광택을 나타내지만 어떤 상태에서는 복잡한 1+ 양이온이다. 매우 큰 압력에서 아이오딘은 전기도체이다. 아이오딘을 포함하는 이러한 할로젠 원소의 성질은 실제로 비금속으로 분류와 일치한다.

풀루오린은 반응성이 대단히 크기 때문에 안정한 원소상태로 분리하기에 가장 어렵다고 이미 설명했다. 풀르오린은 대단히 특이한 성질을 갖는 것이 관찰되어 또 다른 할로젠 원소로 분류할 수 없고 그 보다 **슈퍼할로젠**(*superhalogen*)이라고 불러야하는 한다는 것이 많은 예 중에서 하나이다. 반응성 원소의 7A족 중에서 풀르오린은 최상급의 반응성이다. 풀르오린은 헬륨, 네온, 아르곤을 제외한 모든 원소와 결합한다. 이원자 풀르오린은 대단히 반응성이 크므로 HF를 제외한 모든 화합물로부터 할로젠을 제거한다. 목재와 종이 그리고 물까지도 풀르오린 기체 흐름에 노출할 때 불꽃을 내면서 폭발적으로 반응한다. 금속들은 격렬하게 반응하여 염류를 만들지만 구리, 니켈, 알루미늄, 철과 같은 몇 가지는 알루미늄과 산소의 반응을 생각나게 만드는 풀르오르화 보호층을 형성한다.

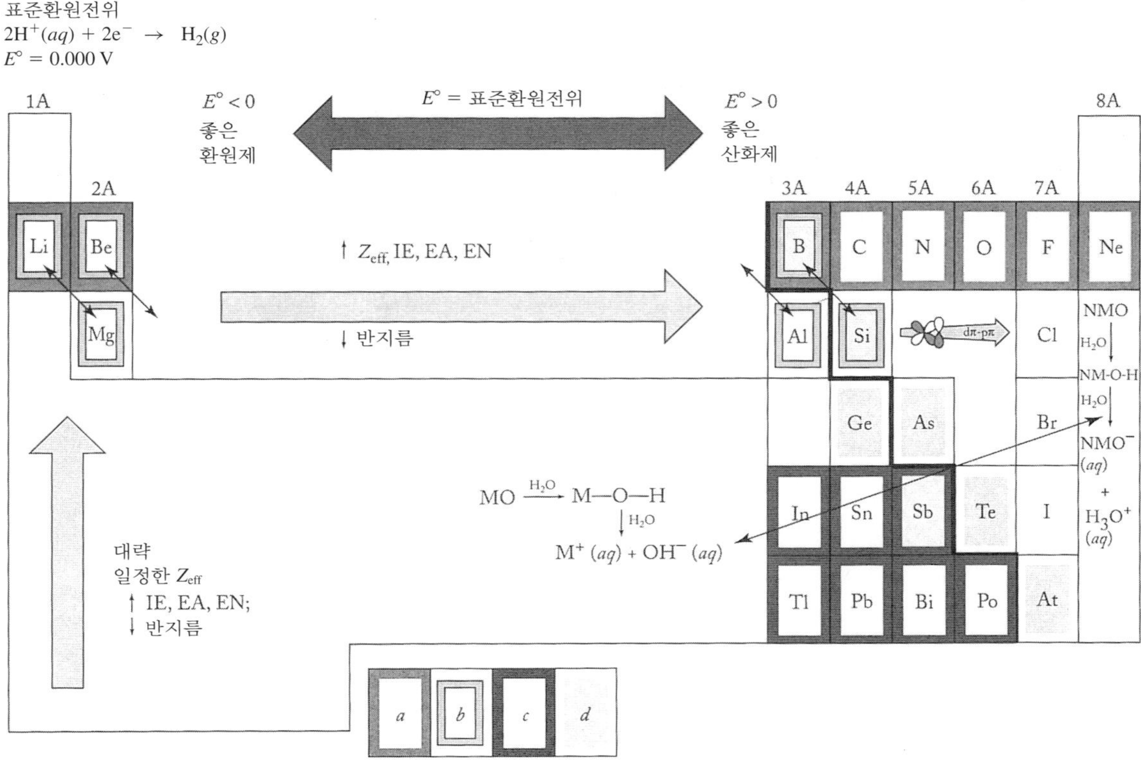

그림 17.2

2주기 및 3주기 원소와 관련이 있는 $p\pi-d\pi$ 결합의 변화, 금속과 비금속의 산-염기 특성, 주기적 성질의 경향성과 표준환원전위, (a) 유일성 원리, (b)대각선 효과, (c) 비활성-쌍 효과, (d) 금속-비금속 경계선 등을 포함하는 상호연결된 아이디어 연락망에 겹쳐 표시한 할로젠(7A족).

풀르오린은 왜 그것의 동종체보다 훨씬 더 반응성인가? 그 첫째 인자는 이원자 분자의 F−F 결합이 약한 것이다. 풀르오린−풀르오린 핵간거리는 대단히 작으므로 각 원자의 고립전자쌍은 서로 크게 반발하는 것으로 생각한다. 그와 비슷한 계통의 이유는, 이전의 설명으로부터 기억할 수 있는 것처럼, 하이드라진(N_2H_4)과 과산화수소(H_2O_2)의 원소−원소 결합에 적용할 수 있다(과산화수소에 관하여 더 상세한 것은 11.4절을 보라). 그와 반대로 헤테로핵 E−F 결합은 특이하게 센 결합이다. 풀르오린의 큰 전기음성도는 정상적 공유결합 세기에 더하여 큰 극성 또는 이온성 화합물로 만든다. 이와 같은 이유 때문에 풀르오린과 비금속(극성 공유 E−F 결합을 생성하는)의 반응이 가장 유력하다.

이원자 풀르오린이 금속과 반응할 때 이온성 풀르오르화물을 형성한다. 이들도 특이하게 안정하고 그들을 생성하는 반응들은 그것에 상당하는 만큼 유리하다. 이온성 풀르오르화물의 안정도는 풀르오르화물 이온이 특이하게 작은 원인 때문에 다른 이온에 비하여 큰 전하밀도를 띄는 것으로 볼 수 있다. Born-Landé 식(7.1절)

표 17.1 7A족 원소의 기본성질(참고문헌 32)

	플루오린	염소	브로민	아이오딘	아시타틴
기호	F	Cl	Br	I	At
원자번호	9	17	35	53	85
자연동위원소 A/% 존재	$^{19}F/100$	$^{35}Cl/75.53$ $^{37}Cl/24.47$	$^{79}Br/50.54$ $^{81}Br/49.46$	$^{127}I/100$	$^{210}At^{a}$
전체 동위원소	6	9	17	23	24
원자량	19.00	35.45	79.90	126.9	(210)
원잣가전자	$2s^22p^5$	$3s^23p^5$	$4s^24p^5$	$5s^25p^5$	$6s^26p^5$
mp/bp,°C	-220/−188	−101/−34	−7.3/58.8	114/184	302/337
밀도, g/cm³	1.81 g/L	3.21 g/L	3.12 g/cm³	4.94 g/cm³	
공유결합 반지름, Å	0.72	0.99	1.14	1.33	
이온반지름 Shannon-Prewitt, Å (C.N.)	1.19(6)	1.67(6)	1.82(6)	2.06(6)	
Pauling EN	4.0	3.0	2.8	2.5	2.2
전하밀도 (전하/이온반지름) 단위전하/ Å	0.84	0.60	0.55	0.49	
$E°$,[b] V	+2.87	+1.36	+1.07	+0.54	+0.3
산화상태	−1	−1 ~ +7	−1 ~ +7	−1 ~ +7	−1, +1, +3(?), +5
이온화에너지, kJ/mol	1680	1251	1143	1009	916
전자친화도, kJ/mol	−333	−348	−324	−295	
발견자/년도	Moisson 1886	Scheele 1774	Balard 1826	Courtois 1811	Corson, MacKenzie, Segrè 1940
rpw[d] O_2	O_2F_2	None	None	None	None
산화물의 산−염기 특성	산	산	산	산	산
rpw N_2	없다	없다	없다	없다	없다
rpw 할로겐		(중성과 이온성 할로겐간 화합물은 17.4절을 보라)			
rpw 할로겐	HF	HCl	HBr	HI	HAt
결정구조	···	···	직각 비등축	직각 비등축	

[a]가장 긴 반감기
[b]$X_2 \rightarrow X^-$, 염기성 용액
[c]rpw = reaction product with

의 공부에서 기억하는 것처럼 큰 전하밀도는 큰 격자에너지 값에 상당하고 그 격자에너지는 그것의 기체 이온 성분으로부터 이온격자를 형성할 때 방출하는 에너지이다.

할로젠의 표준환원전위 경향성은 풀르오린의 유일성과 밀접한 관련이 있다. 표 17.1을 잠시 보면 풀르오린은 할로젠 중에서 가장 큰 표준환원전위(2.87 V)를 갖고 염소는 한 참 밑으로 두 번째(1.36 V)이고 그 나머지는 꾸준히 감소하여 각기 1.07V와 0.3 V이다. 그 표준환원전위는 식 (17.6)처럼 반반응에 상당하는 것에 주목하라:

$$X_2(s, l, g) + 2e^- \longrightarrow 2X^-(aq) \tag{17.6}$$

표준상태의 상[25 °C와 1 atm에서 가장 안정한 상(phase)]은 풀르오린과 염소에

대하여 기체상이고 브로민에 대하여 액체상이고 아이오딘에 대하여 고체상이다. 표준환원전위는 양수 값일수록 환원반반응이 더 자발적이고 할로젠의 산화성질이 더 세다. 그러므로 플루오린은 할로젠 중에서 훨씬 더 가장 센 산화제이고 산화능력은 그 족을 밑으로 가면서 꾸준히 감소한다.

풀르오린은 왜 그렇게 비정상적으로 센 산화제인가? 특이하게 작은 F_2 결합에너지는 F−F결합을 비교적 쉽게 분해하게 만들고 그 반반응보다 크게 유리하다. 그러므로 또한 작은 플루오르화 이온의 큰 전하밀도는 큰 발열 수화에너지(기체이온이 극성 물분자에 의해 둘러싸일 때 방출하는 에너지)를 갖는다. 풀르오린이 동종체에 비하여 전자 친화도가 약간만 더 작은 것은 $F_2(g) \rightarrow F^-(aq)$로 환원 자발성을 크게 감소한다. 더 무거운 할로젠의 산화력이 감소하는 첫째 이유는 수화에너지의 감소(이온이 더 클 때)와 전자친화도 값의 감소이다.

가장 강력한 산화제라고 알려진 것 중의 하나인 풀르오린이 왜 그렇게 분리하기 어려운가를 이제 잘 알 수 있다. HF 수용액을 전해할 때 $H_2(g)$와 $F_2(g)$를 생성한다. 그러나 식 (17.7)처럼

$$2[F_2(g) + 2e^- \longrightarrow 2F^-(aq)] \qquad (E^\circ = 2.87\,V) \tag{17.7a}$$

$$2H_2O(l) \longrightarrow O_2(g) + 4H^+ + 4e^- \qquad (E^\circ = -1.23\,V) \tag{17.7b}$$

$$2F_2(g) + 2H_2O(l) \longrightarrow 4F^-(aq) + O_2(g) + 4H^+(aq) \qquad (E^\circ = 1.64\,V) \tag{17.7c}$$

풀르오린 기체는 산소 그 자체보다 더 좋은 산화제이고 즉시 물을 산소기체로 산화한다. Moissan은 이 문제를 HF와 KF 수용액이 아닌 건조 혼합물을 사용하여 해결했다.

염소는 염수(brine, 매우 진한 염화소듐 용액)를 사용하여 계속해서 전해하는 **크롤-알칼리 공정**(*chlor-alkali process*)에 의해 공업적으로 생산한다. 이 공정에 대한 전체 반응은 식 (17.8)에 있다:

$$2NaCl(aq) + 2H_2O \xrightarrow{\text{전해}} 2NaOH(aq) + Cl_2(g) + H_2(g) \tag{17.8}$$

전해할 때 최근까지 환원음극으로 용융 수은을 그리고 산화양극으로 여러 재료를 사용한 아말감 전지를 사용했다. 불행하게도 수은은 소량이라도 환경에 중요하므로 이러한 전지의 사용을 포기하였다. 이러한 이유 때문에 이러한 이 수은전지는 점차 이온-선택성 막 전지(ion-selective membrane cell)로 대치되고 있다. 다른 할로젠들도 브로민에 대한 식 (17.9)처럼 할로젠화물 수용액을 산화하여 쉽게 생산할 수 있다.

$$Cl_2(g) + 2e^- \longrightarrow 2Cl^-(aq) \qquad (E^\circ = 1.36\,V) \tag{17.9a}$$

$$2Br^-(aq) \longrightarrow Br_2(l) + 2e^- \qquad (E^\circ = -1.07\,V) \tag{17.9b}$$

$$Cl_2(g) + 2Br^-(aq) \longrightarrow 2Cl^-(aq) + Br_2(l) \qquad (E^\circ = 0.29\,V) \tag{17.9c}$$

이것은 Balard에 의하여 액체 브로민의 분리에 사용한 반응형태이고 아직도 바닷물로부터 산업적 브로민 제법의 기본이다. 앞의 식은 분명히 실제 공업적 과정을 지나치게 간소화한 것이다. 예를 들어 표준환원전위는 1 *M* 용액과 1 atm 기체압력에 대하여 표시한 것에 주목하라. 앞의 반응은 일반적으로 상당히 진한 농도와 큰 압력에서 진행한다.

수소화물

우리들의 일반적 관행은 이제 할로젠족의 수소화물, 산화물, 옥소산, 할로젠화물을 고려할 순서이다. 그러나 할로젠 옥소산의 화학은 대단히 광범위하므로 17.3절은 모두 할로젠 옥소산에 할애한다.

수소화물은 할로젠과 수소를 직접 결합시켜 생산할 수 있다. 플르오린과 수소는 결합할 때 폭발력을 갖는다. 그리고 염소−수소 혼합물은 빛을 쪼일 때 폭발할 수 있다. 그러한 직접반응 생성물이 기체이면 **할로젠화수소**(*hydrogen halide*)라고 하지만 용액에 흡수되면 **할로젠화수소산**(*hydrohalic acid*)이라고 부른다. 10장으로부터 이러한 산의 세기는 할로젠 족을 밑으로 가면서 증가하는 것을 가억하라. HF는 H−F 결합에너지가 대단히 크므로 원칙적으로 센 산이 아니다.

풀르오로화수소산과 염산도 할로젠화물에 대한 다른 센 산을 반응시켜 만들 수 있다. 예를 들어 Priestly는 처음에 이러한 방법으로 염화수소를 제조하였고 Scheele은 풀르오르화수소와 비슷하게 제조하려고 시도하였지만 계속해서 일어나는 HF와 그의 유리기구의 반응에 의해서 방해를 받았다. 그러나 브롬화물과 요오드화물을 황산으로 처리할 때 수소화물이 아닌 그 원소들이 생성되었다. 실제로 이 방법으로 Courtois는 처음 아이오딘을 만들었다. 황산의 순한 산화력은 요오드화물로부터 아이오딘 제조에 충분하지만 상당하는 할로젠화물로부터 풀르오린 또는 염소는 제조하지 못한다. 식 (17.10)은 브로민에 대한 이러한 형태의 반응을 예로 설명한다:

$$2NaBr(aq) + 2H_2SO_4(aq) \longrightarrow Br_2(l) + SO_2(g) + 2H_2O + Na_2SO_4(aq) \qquad (17.10)$$

때때로 환원생성물은 할로젠에 따라 변한다. 예를 들어 NaI(*aq*)와 황산의 반응에서 황화수소 기체는 그 생성물 중 하나이다. 직접 원소의 반응에 추가하여 브롬화수소와 요오드화수소는 삼할로젠화인의 가수분해에 의하여 제조할 수도 있다.

HCl은 수년간 암염(NaCl)과 다른 산의 반응으로 제조하였지만 현재 가장 중요한 염산의 출처는 염소 기체를 이용한 탄화수소 화합물의 염소화반응이다. 예를 들어 벤젠을 식 (17.11)처럼 염소화할 때 중요한 용매이고 염료중간체인 클로로벤젠은 부산물로서 염화수소와 함께 생성된다:

$$C_6H_6(l) + Cl_2(g) \longrightarrow C_6H_5Cl(l) + HCl(g) \qquad (17.11)$$

염화수소는 주요한 공업용 화합물이고 암모니아로부터 염화암모늄 생산에, 이산화염소(중요한 공업용 표백제)의 합성에, 그리고 가장 중요한 강철과 기타 금속의 표면에서 산화물을 제거하는 "pickle"(묽은 산 용액)으로 사용한다.

알고 있는 것처럼 플루오르화수소는 대단히 반응성이다. 그것은 유리를 부식하고 그로 말미암아 플라스틱 테플론(teflon) 또는 비활성-철제 용기에 저장해야 한다. 액체 HF는 여러 방법에서 우라늄, 규소, 붕소와 같은 여러 산화물을 녹이는(실제는 반응하는) 범용성 용매(universal jolvent)이다. 이들의 산화물은 물에 녹지 않는다. HF는 가장 세게 수소결합을 할 수 있는 특성을 갖는다. 실제로 플루오린은 10장에서 설명한 FONCl 규칙의 "F"이다. 이러한 센 수소결합은 이플루오르화이온 F−H−F 수용액을 만들 가능성이 있고 그것은 진한 플루오르화수소산에 존재하거나 또는 플루오르화염을 플루오르화수소산에 가할 때 생긴다. Moisson이 플루오린 기체를 제조하려고 사용한 플루오르화포타슘과 플루오르화수소의 건조 혼합물은 때때로 이플루오르화 수소 포타슘(potassium bifluoride, KHF_2)이라고 한다. 왜냐하면 그것은 이플루오르화 이온을 함유하기 때문이다. 이 직선형 이온은 두 H−F 결합길이가 같고 아마 3-중심-4-전자 결합을 갖는 것으로 생각하는 것이 최선일 것이다(더 이상의 다중심 결합은 13.5절을 보라). 증기상에서 HF는 육합체 $[(HF)_6]$와 같은 중합체 단위로 특성을 나타내고 F−H---F 수소결합에 의하여 함께 결합한다.

할로젠화물

주족원소의 순환과정을 통하여 각 족의 할로젠화물을 고찰하였다. 그들의 성질은 처음 족의 이온성 비휘발성 화합물로부터 피코젠과 칼코젠의 분자성 휘발성 화합물까지 계속해서 변한다. 할로젠화물에 관하여는 각 절에서 몇 가지 합성방법을 간단히 설명했다. 여기에서는 이미 설명한 일반적 경향성과 아마 그 설명을 약간 확장하여 요약하는 것이 적절하다.

우리들이 설명한 모든 합성방법을 체계화하는 것은 어렵지만 대략 세 가지 반응형태로 나눌 수 있다:

- 원소와 직접반응
- 산화물 또는 수산화물과 할로젠화수소의 반응
- 공유성 결합 산화물 또는 더 작은 산화상태의 할로젠화물과 공유성 결합 플루오르화물의 반응

1. 여러 원소와 할로젠의 직접반응은 할롭젠화물을 만드는 가장 유력한 방법이다. 이 방법은 1A족과 2A족에 적용되는 것이 틀림없지만 많은 주의를 기우려야한다. 결국 이

들 금속은 훌륭한 환원제이고 바로 설명한 것처럼 할로젠은 좋은 산화제이다. 그러한 원소 사이에 반응은 폭발할 정도로 격렬하고 특별히 안정하지도 않고 여러 경우에 실제로 안정하지 않다. 3A족과 4A족은 염소, 브로민, 아이오딘과 반응이 잘 진행하지만 풀르오르화물은 일반적으로 다음 3 항에서 설명하는 다른 방법으로 더 잘 만들 수 있다. 5A족과 6A족은 할로젠과 반응이 더 큰 산화상태를 만드는 것처럼 보이고 한편 더 무거운 할로젠은 더 작은 산화상태를 만드는 것처럼 보인다.

2. 금속 수산화물과 금속 산화물(염기성 무수물)의 염기 성질은 적당한 할로젠화수소산과 반응하여 할로젠화금속을 제조하는 좋은 방법이다. 이러한 반응은 일반적으로 식 (17.12)~(17.14)처럼 마찬가지로 여러 전이금속 할로젠화물까지 확장할 수 있다:

$$MOH(aq) + HX(aq) \longrightarrow MX(s) + H_2O \tag{17.12}$$

$$MO(s) + 2HX(g) \longrightarrow MX_2(s) + H_2O \tag{17.13}$$

$$M_2O_3(s) + 6HX(g) \longrightarrow 2MX_3(s) + 3H_2O \tag{17.14}$$

3. 여러 산화물과 공유결합 할로젠화물 반응은 덜 정밀한 합성방법 종류로 나타난다. 그럼에도 불구하고 삼풀르오르화염소(ClF_3), 삼풀르오르화브로민(BrF_3), 사풀르오르 화황(SF_4), 사염화탄소(CCl_4)과 같은 할로젠화 시약은 가끔 염화물 제조와 특히 여러 원소의 풀르오르화물 제조에 효과적이다. 다시 이 방법은 마찬가지로 전이금속 할로젠화물까지 확장할 수 있다. 몇 가지 대표적 반응을 식 (17.15)~(17.18)에 제시한다.

$$6NiO(s) + 4ClF_3(l) \longrightarrow 6NiF_2(s) + 2Cl_2(g) + 3O_2(g) \tag{17.15}$$

$$2SeO_3(s) + 4BrF_3(l) \longrightarrow 2SeF_6(s) + 2Br_2(l) + 3O_2(g) \tag{17.16}$$

$$CO_2(g) + SF_4(g) \longrightarrow CF_4(g) + SO_2(g) \tag{17.17}$$

$$Cr_2O_3(s) + 3CCl_4(g) \xrightarrow{\Delta} 2CrCl_3(s) + 3COCl_2(g) \tag{17.18}$$

4. 할로젠 교환반응은 각 절에서 할로젠화물에 관하여 설명하지 않았다. 이들 반응은 때때로 상당하는 염화물로부터 풀르오르화물 제조에 특히 유용하다. 일반적으로 그 반응은 최소와 최대 전기음성 원소 사이에 결합을 형성하는 그러한 방식으로 진행한다. 이 반응에 대한 이유는 극성 공유결합이 공유결합 특성 이외에 이온성 성분도 가져서 그로 말미암아 더 강해진다. 그러므로 식 (17.19)와 (17.20)에서 풀르오르화 알루미늄과 풀르오르화 주석(IV)의 형성은 다음 각 경우처럼 더 센 M−F 결합을 형성할 때 유리하다.

$$BF_3(g) + AlCl_3(s) \longrightarrow AlF_3(s) + BCl_3(g) \tag{17.19}$$

$$SnCl_4(s) + 4HF(g) \longrightarrow SnF_4(s) + 4HCl(g) \tag{17.20}$$

더 전형적 할로젠화물의 반응 중 하나는 수산화물, 산화물, 또는 옥소산으로 가수분해이다. 몇 가지 대표적 반응을 식 (17.21)~(17.25)에 제시한다.

$$BX_3(s) + 3H_2O(l) \longrightarrow B(OH)_3(aq) + 3HX(aq) \quad (17.21)$$

$$SnX_4(s) + 2H_2O(l) \longrightarrow SnO_2(aq) + 4HX(aq) \quad (17.22)$$

$$PX_3(s) + 3H_2O(l) \longrightarrow HPO(OH)_2(aq) + 3HX(aq) \quad (17.23)$$

$$PX_5(s) + 4H_2O(l) \longrightarrow PO(OH)_3(aq) + 5HX(aq) \quad (17.24)$$

$$SF_4(g) + 2H_2O(l) \longrightarrow SO_2(g) + 4HF(g) \quad (17.25)$$

할로젠화물의 논제를 끝내기 전에 소위 유사-할로젠화물(pseudohalide)이라는 것에 대한 간단한 설명을 순서에 넣는다. 이들 음이온은 그들의 화학적 거동이 할로젠화물과 비슷하고 일반적으로 아자이드(N_3^-), 시안화물(CN^-), 시안산(OCN^-), 티오시안산(SCN−), 셀레노시안산($SeCN^-$), 텔루로시안산($TeCN^-$)을 포함한다. 이들의 음이온과 보통 할로젠화물 사이에 유사성은 특이하다. 이들은 다음을 포함한다. (1) 할로젠화물과 비슷한 전기음성도(음이온의 전체 원자로 평균할 때)를 갖는 1−이온의 존재. (2) 금속과 반응하는 휘발성 이합체 분자의 형성이 염류를 만드는 것. (3) 이러한 이합체 분자들이 산화제로 작용하는 능력. (4) HX 화합물이 수용액에서 산으로 작용하는 능력. (5) 은(I), 납(II), 수은(I)과 같은 양이온 염류의 불용성. (6) 여러 금속 이온과 사면체 착물을 형성하는 경향성.

산화물

할로젠 산화물은 불쾌한 냄새가 나고 대단히 불안정한 산화제이고 자연적 폭발을 방해하는 경향이 있다. 이플루오르화이산소(O_2F_2)는 불안정한 주황색 고체이고 직접 원소로부터 (플루오린과 산소 기체 혼합물에 전기방전하여) 만들 수 있다. 이플루오르화산소(OF_2)는 엷은 노란색 기체이고 플루오린 기체를 수산화소듐 수용액과 반응시켜 만든다. 그것은 가수분해하여 산소기체와 플루오르화수소를 형성한다. 플루오린은 산소보다 큰 전기음성도이므로 이러한 화합물은 산소를 양수의 형식적 산화상태로 만드는 매우 드문 화합물이다.

주요한 염소산화물로서 ClO, Cl_2O, ClO_2, Cl_2O_7는 대단히 불쾌한 냄새이고 폭발성 물질이다. 산화염소는 오존층이 chlorofluorocarbon에 의하여 고갈되는 중요한 원인이고 17.6절에서 설명한다. 산화이염소는 강력한 염소화제이고 산업적으로 중요한 표백제이다. 그것은 식 (17.26)처럼 공업적으로 가정용 표백분말 [$Ca(OCl)_2$]의 생산에 사용한다.

$$Cl_2O(g) + CaO(aq) \xrightarrow[\text{석회수}]{} Ca(OCl)_2(s) \quad (17.26)$$

이산화염소는 일반적으로 현장에서 만들어 밀가루와 목재펄프의 표백에 그리고 수돗물과 폐수처리에 사용하고 폭발을 피하기 위하여 항상 묽혀 보관한다. 7산화2

염소(Cl_2O_7 또는 $O_3ClOClO_3$)는 충격에 예민한 기름같은 액체이다. 그것은 형식적으로 과염소산의 산 무수물(acid anhydirde)이다. 브로민 산화물들은 실온에서 안정하지 않다. 아이오딘 산화물 중에서 오산화이아이오딘(I_2O_5)이 가장 주요하다. 그것은 다음 반응식 (17.27)에 따라 일산화탄소 농도의 정량분석에 사용한다:

$$5CO(g) + I_2O_5(s) \longrightarrow I_2(s) + 5CO_2(g) \tag{17.27}$$

17.3 옥소산과 그들의 염류

할로젠을 가능한 산화상태를 더 확장한 목록을 갖는 비금속이라고 가정하면 그들은 여러 옥소산을 형성할 것으로 기대한다(대표적 옥소산의 개요는 표 10.2를 참고할 수 있다). 실제로 각 족마다 그러한 옥소산의 수는 각 족의 순환과정을 통하여 더 많은 산화상태를 이용할 수 있으므로 계속해서 증가한다. 주족 금속에서 1A족과 2A족 화합물은 포함된 E−O−H 단위가 수산화물이지 옥소산이 아니라는 것을 기억하라. 3A족과 4A족에서 가벼운 원소만 준금속 또는 비금속이고 원소마다 한 주요한 옥소산이 있다. 예를 들면 이들 족의 최대산화상태에 상당하는 붕산 또는 탄산이 있다. 이제 할로젠에 대하여 플루오린을 제외하면 각 원소마다 +1, +3, +5, +7 산화상태에 상당하는 네 가지 가능한 옥소산이 있다. 이들의 산과 몇 가지 성질을 표 17.2에 수록한다. 이 표에서 주목할 주요한 것 중 하나는 실현할 수 있는 가능성이 모두 없다는 점이다. 즉 실현이 불가능할 수도 있다. 존재하지 않는 옥소산 중에서 두드러지는 것은 플루오린 옥소산이다. 플루오린은 가장 큰 전기음성 원소이고 양수 산화상태로 존재하지 않는다(HOF 화학식을 갖는 화합물이 있다. 그것은 1968년에 처음 합성되었지만 산성 화합물이 아니다. 하이포아할로젠산이 아닌 플루오르화 하이드록실 이라고 불러야 한다).

표 17.2에서 주목할 또 다른 점은 어떤 일정한 할로젠 옥소산이 더 좋은 산화제라는 것이다. 즉, 상당하는 옥소음이온보다 큰 표준환원전위를 갖는다. 대표적으로 $HOCl/OCl^-$의 경우를 보자. 식 (17.28)은 산성용액 중에서 하이포아염소산의 반반응을 보여준다.

$$2e^- + H^+ + HOCl \rightleftharpoons Cl^- + H_2O \quad (E^\circ = 1.63\ V) \tag{17.28}$$

염기[수산화물(OH^-)의 형태로]를 이 계에 가한다고 생각하자. 그 평형은 어느 방향으로 이동하는가? 그 염기는 하이포아염소산과 결합하여 하이포아염소산염을 생성할 뿐만 아니라 수소이온도 결합하므로 산 농도는 감소한다. 그러므로 Le Choâtelier 원리에 따라 그 반응은 덜 자발적으로 오른쪽으로 이동하고 E°는 덜 양수이다. 하이포아염소산염이 염기성 용액 중에서 염화물로 변하는 표준환원전위는

표 17.2 알려진 염소, 브로민, 아이오딘의 옥소산

	산화상태			
	+1	+3	+5	+7
	염소			
	HOCl	HOClO	$HOClO_2$	$HOClO_3$
K_a	3.4×10^{-8}	1.1×10^{-2}	5.5×10^2	1×10^8
$E°$	1.63 V[a]	1.64 V[a]	1.47 V[b]	1.42 V[b]
$E°$	0.89 V[c]	0.78 V[c]	0.63 V[c]	0.56 V[c]
	브로민			
	HOBr	HOBrO(?)	$HOBrO_2$	$HOBrO_3$
K_a	2×10^{-9}	....	1.0	Large
$E°$	1.59 V[a]	....	1.52 V[b]	1.59 V[b]
$E°$	0.76 V[c]	....	0.61 V[c]	0.69 V[c]
	아이오딘			
	HOI	....	$HOIO_2$	$HOIO_3$[d]
K_a	2×10^{-11}	....	1.6×10^{-1}	Large
$E°$	1.45 V[a]	....	1.20 V[b]	1.34 V[b]
$E°$	0.49 V[c]	....	0.26 V[c]	0.39 V[c]

[a]산성용액 중 할로젠에 대한 산.
[b]산성용액 중 할로젠에 대한 수소음이온
[c]염기성 용액에서 할로젠화물의 옥소음이온
[d]H_5IO_6; $K_{a1} = 5 \times 10^{-4}$, $K_{a2} = 3\ 10^{-9}$, $K_{a3} = 2 \times 10^{-12}$

[식 (17.290)처럼] 0.89 V이고 그러한 더 작은 값은 앞에서 설명한 이유와 일치한다:

$$2e^- + H_2O + OCl^- \rightleftharpoons Cl^- + 2OH^- \quad (E° = 0.89\,V) \qquad (17.29)$$

하이포아할로젠산(HOX)과 하이포아할로젠산염(OX^-)

이제 할로젠이 +1 산화상태를 갖는 하이포아할로젠산(hypohalous acid)과 함께 시작해서 동시에 한 산화상태의 옥소산을 살펴볼 위치에 있다. 할로젠마다 한 산소 원자만 갖는 이들은 약한 산이지만(족을 밑으로 가면서 더 약한 산으로 된다. 10.4절을 보라.) 좋은 산화제이다. 그 산은 일반적으로 식 (17.30)처럼 할로젠을 가수분해하여 만든다. 이 평형은 식 (17.31)처럼 할로젠화 이온을 수은-(또는 은-)혼합 산화물–할로젠화 화합물로 제거하여 오른쪽으로 크게 이동할 수 있다. 하이포아할로젠화 이온을 만들려면 염기를 가하여 수소이온을 제거한다. 그 결과로 생기는 반응을 식 (17.32)에 제시한다. 이러한 제법은 식 (17.33)처럼 하이포아할로젠산

(XO^-) 이온과 할로젠화물 및 할로젠산(XO_3^-)의 불균등화반응 때문에 복잡하다. 이 반응속도는 $ClO^- < BrO^- < IO^-$ 순서로 증가한다.

$$X_2(g, l, s) + H_2O \rightleftharpoons HOX(aq) + H^+(aq) + X^-(aq) \quad (17.30)$$

$$2X_2(s, l, g) + 2HgO(s) + H_2O \longrightarrow HgO \cdot HgX_2(s) + 2HOX \quad (17.31)$$

$$X_2(s, l, g) + 2OH^-(aq) \longrightarrow XO^-(aq) + X^-(aq) + H_2O \quad (17.32)$$

$$3XO^-(aq) \rightleftharpoons 2X^-(aq) + XO_3^-(aq) \quad (17.33)$$

하이포아염소산은 특히 저온에서 불균등화반응[식 (17.33)] 속도를 제한하면 식 (17.31)의 일반 반응으로 쉽게 만든다. 공업적으로 HOCl은 식 (17.34)처럼 기체 산화이염소(Cl_2O)를 가수분해하여 제조한다:

$$Cl_2O(g) + H_2O(g) \rightleftharpoons 2HOCl(g) \quad (17.34)$$

이 방법으로 만든 하이포아염소산염은 가장 많이 그리고 가장 좋은 널리 사용하는 산화제이다. 이 하이포아염소산이 여러 원자 및 이온과 반응은 일반적으로 하나 이상 산소원자가 반응물로 알짜 이동한다. 몇 가지 보통 예를 식 (17.35)~(17.37)에 제시한다:

$$NO_2^-(aq) + ClO^-(aq) \longrightarrow NO_3^-(aq) + Cl^-(aq) \quad (17.35)$$

$$S(s) + 3ClO^-(aq) + H_2O \longrightarrow SO_4^{2-}(aq) + 3Cl^-(aq) + 2H^+(aq) \quad (17.36)$$

$$Br^-(aq) + 3ClO^-(aq) \longrightarrow BrO_3^-(aq) + 3Cl^-(aq) \quad (17.37)$$

(그 반응식은 하이포아염소산을 깨끗하게 단독으로 염화물로 환원되는 것을 나타내지만 이러한 산화환원계는 여러 경쟁반응 때문에 복잡하다.)

하이포아브롬산의 불균등화반응 속도는 중간 정도로 큰 속도이므로 하이포아브롬산은 저장하기 어렵고 그로 말미암아 산화제로 사용하지 않는다. 하이포아요오드산의 불균등화반응 속도는 대단히 크므로 실제로 수용액 중에서 알려져 있지 않다.

아할로젠산(HOXO)과 아할로젠산 이온(XO_2^-)

아염소산(chlorous acid)은 확실하게 존재하는 가능한 세 가지 아할로젠산 중 하나뿐인 산이다. 아염소산은 하이포아염소산보다 훨씬 더 센 (6 자리수 더 큰) 산이지만 여전히 약한 산으로 분류한다. 아염소산은 자유 산으로 분리할 수 없지만 식 (17.38)과 17.39)처럼 다음 방법에 의하여 묽은 수용액으로 제조한다. (1) 이산화염소를 수산화바륨 존재에서 아염소산과 과산화수소로 환원한 다음 (2) 황산을 가하여 황산바륨을 침전하고 용액 중에 아염소산을 남겨두는 방법:

$$Ba(OH)_2(aq) + H_2O_2(aq) + 2ClO_2(aq) \longrightarrow Ba(ClO_2)_2(aq) + 2H_2O + O_2(g) \quad (17.38)$$

$$Ba(ClO_2)_2(aq) + H_2SO_4(aq) \longrightarrow BaSO_4(s) + 2HClO_2(aq) \quad (17.39)$$

아염소산염도 좋은 산화제이고 하이포아염소산처럼 공업적 표백제로서 대량 사용한다. 아염소산염은 또한 여러 냄새, 독성물질, 또는 여러 산업공정 배출물에서 나오는 환경 위험기체의 산화와 제거에 사용한다.

할로젠산($HOXO_2$)와 할로젠산 이온(XO_3^-)

하이포아할로젠산과 하이포아하로젠염의 절에서 더 무거운 세 가지 할로젠은 하이포아할로젠산염으로 가수분해되고[식 (17.32)] 이들은 그 다음에 여러 반응속도로 ($IO^- > BrO^- > ClO^-$) 할로젠산과 할로젠화물로 불균등화반응을 할 수 있다[식 (17.33)]. 이러한 반응이 뜨거운 알칼리용액 중에서 각기 직접 염소산과 브롬산으로 진행하는 것은 놀라운 것이 아니다. 그 전체 반응을 식 (17.40)에 제시한다:

$$3X_2(g, l) + 6OH^-(aq) \xrightarrow{\text{열}} XO_3^- + 5X^- + 3H_2O \quad (17.40)$$

그와 동일한 반응도 염소산소듐의 대량 생산용 소금물 전해의 기본이고 전해할 때 그들이 생성되면서 염소와 수산화물이 함께 섞인다. 브롬산과 요오드산도 소규모로 할로젠화물을 할로젠산과 하이포아할로젠산으로 산화하여 만들 수 있다. [예를 들어 식 (17.37)을 보라.]요오드산은 식 (17.41)처럼 뜨거운 질산으로 아이오딘을 산화하여 쉽게 만들 수 있다:

$$I_2(aq) + 10HNO_3(aq) \xrightarrow{\text{열}} 2HIO_3(aq) + 10NO_2(g) + 4H_2O \quad (17.41)$$

(산화제로서 질산에 관한 상세한 것은 15.3절을 보라.)

요오드산은 백색 고체이고 수용액의 외부로 분리할 수 있는 것은 세 가지 할로젠산 중에서 단 하나뿐이다. 요오드산은 수소결합으로 함께 결합한 피라미드형 $IO_2(OH)$ 분자이다. 모든 할로젠산(XO_3^-)은 피라미드형 이온이고 사면체 109.5°보다 약간 더 작은 O−X−O 결합각을 갖는다.

염소산은 그들의 산화력에 근거하여 여러 용도를 갖는다. $NaClO_3$는 이산화염소로 변환하여 종이펄프 표백, 제초제, 고엽제로 사용한다. $KClO_3$는 불꽃놀이(12장)와 성냥(15장)에 주요한 산화제이다. 촉매를 이용한 $KClO_3$의 열분해는 수년간 실험실에서 편리한 산소기체의 공급원이었다. 그러나 10.1절에 설명한 이 반응에 관하여 조심해야 한다.

요오드산(그리고 과요오드산)은 자연적으로 존재하는 단 하나의 할로젠 옥소음이온이다. 그들은 예를 들어 Chile의 광물퇴적물에서 다량이 발견된다. 아이오딘은

이러한 요오드산을 중아황산소듐으로 환원하여 식 (17.42)처럼 제조할 수 있다:

$$2IO_3^-(aq) + 5HSO_3^-(aq) \longrightarrow I_2(s) + 5SO_4^{2-}(aq) + 3H^+(aq) + H_2O \quad (17.42)$$

요오드산 포타슘은 정량분석에서 티오황산 용액에 대한 일차표준물이다. 요오드산은 요오드화물과 정량적으로 반응하여 식 (17.43)처럼 아이오딘을 생성한다:

$$IO_3^-(aq) + 5I^-(aq) + 6H^+(aq) \longrightarrow 3I_2(aq) + 3H_2O \quad (17.43)$$

아이오딘은 그 다음에 16.3절에서 설명한 것처럼 티오황산용액으로 적정한다. 마지막으로 요오드산포타슘은 한계시약의 전시용으로 그리고 반응속도 측정을 예로 들어 설명하는 시스템용으로 보통 사용하는 흥미있는 아이오딘 시간측정반응(iodine clock reaction)에서 상화제로 사용한다(문제 17.45를 보라).

과할로젠산($HOXO_3$)와 과할로젠산 이온(XO_4^-)

과염소산과 과요오드산은 상당하는 할로젠산에 센 산을 가하고 전기적 방법으로 산화하여 만들 수 있다. 과브롬산 제조는 더 어려운 것이 증명되었고 1968년까지 성공하지 못하였다(17.45를 보라). 최선 과정(그러나 어렵고 수율이 적은)은 식 (17.44)처럼 풀르오린 기체로 브롬산을 과브롬산으로 산화와 관련이 있다:

$$BrO_3^-(aq) + F_2(g) + 2OH^-(aq) \longrightarrow BrO_4^-(aq) + 2F^-(aq) + H_2O \quad (17.44)$$

예를 들어 과산화이중황산이나 오존과 같은 다른 가능한 산화제는 열역학적으로 가능한 것처럼 보이지만 분명히 너무 느리다. 과브롬산을 만들기 어려운 이유는 만족스럽게 이해하지 못한다. 이것은 3*d* 부껍질의 완성에 뒤따르는 비슷한 원소 성질의 또 다른 예이고 그것은 이미 설명했다(8.4절과 13.2절을 보라).

과할로젠산과 그들의 음이온 구조는 예상하는 것처럼 중심 할로젠 주위에 사면체이다. 해리되지 않은 과염소산은 전체 세 Cl=O 이중결합과 산성 수소를 포함하는 한 Cl−O−H 단위를 포함하는 것으로 가장 잘 나타낼 수 있다. Cl=O 단위의 둘째 결합은 $p\pi-d\pi$ 상호작용 때문이다. 이러한 형식적 이중결합은 2주기와 3주기 사이에 $p\pi-d\pi$ 상호작용에 관한 상호연결된 아이디어의 연락망의 여덟 번째 성분과 일치한다. 이러한 상호작용은 3주기 원소의 크기가 주기율표의 왼쪽에서 오른쪽으로 가면서 감소할 때 더 세지고 더 의례적인 것으로 된다(14.3절에서 최초의 여덟 성분 설명을 기억하라). 과염소산 음이온에 네 공명구조가 존재한다. 왜냐하면 그 단일결합은 각 네 사면체의 산소원자를 표시하기 때문이다. 이것은 Cl−O 결합의 평균차수가 1.75로 되고 이것은 황산의 평균 S−O 결합차수 1.5과 인산의 평균 P−O 결합차수 1.25보다 더 세다. [이들 값을 재확인하기 위하여 황산(16.2절)은 전체 두 S=O 결합과 두 S−O−H 단위를 갖고 한편 인산(15.2절)은 해리되지 않은 분자를 전체 한 P=O 결합과 세 P−O−H 단위로 설명하는 것을 기억하라.] $d\pi - p\pi$ 상호작용이 더 약할수록 중심 할로젠 원자의 크기는 더 크지만 과브롬산과 과요오드산은 비슷한 구조이다.

사면체 HIO_4에 추가하여 확장 팔전자계를 갖는 일반적으로 오르토과요오드산(orthoperiodic acid)이라고 부르는 +7 산화상태의 또 다른 아이오딘의 옥소산도 형성할 수 있다. 일반적으로 오르토과요오드산이라고 부르는 H_5IO_6는 수소원자에 의해 함께 연결된 산소원자의 팔면체 배열을 갖는다. 오르토과요오드산은 식(17.45)와 (17.46)의 해리상수처럼 약한 산이다:

$$H_5IO_6(aq) \rightleftharpoons H^+(aq) + H_4IO_6^-(aq) \quad (K = 5 \times 10^{-4}) \tag{17.45}$$

$$H_4IO_6^-(aq) \rightleftharpoons H^+(aq) + H_3IO_6^{2-}(aq) \quad (K = 5 \times 10^{-9}) \tag{17.46}$$

그것의 가장 일반적 소듐염은 이수소오르토과요오드산 소듐(sodium dihydrogen-orthoperiodate, $Na_3H_2IO_6$)이지만 완전히 반응한 오르토과요오드산소듐(Na_5IO_6)도 만들 수 있다. 오르토과요오드산은 소수의 폴리과요오드산에 대한 출발점이다. 그러나 축합 중합체를 형성하는 경향성은 인산에서 훨씬 더 감소하고 황산에서는 더 적다.

이들은 모두 센 산이고 강력한 산화제이다. 과염소산은 가열할 때 유기물을 폭발적으로 산화한다. 이 산을 특히 진한 형태로 사용할 때 크게 주의해야한다. 과염소산염은 폭발물, 고체 로켓연료, 불꽃놀이, 섬광화약으로 사용한다. $M^{II}(ClO_4)_2$ 염은 M^{II}가 Fe^{II} 및 Co^{II} 와 같은 전이금속일 때 폭발 할 수 있다. 생산된 $NaClO_4$의 절반 이상이 과염소산 암모늄(NH_4ClO_4) 제조와 우주왕복선 로켓에 고체 연료로 사용한다. 각 우주 왕복선은 과염소산암모늄 약 700 ton이 필요하다. 불꽃놀이에서 우리들을 가장 놀라게 만드는 백색 섬광과 굉음은 분리된 과염소산포타슘과 황의 덩어리 때문이다.

과브롬산은 일단 합성하면 놀라울 정도로 안정하다. 과브롬산($HBrO_4$) 용액은 적당한 방법으로 오랜 시간 저장할 수 있다. 그것은 과염소산보다 센 산화제(표 17.2를 보라)이지만 속도론적으로 더 가벼운 유사물보다 느리다.

17.4 중성 화합물과 할로젠간 화합물

할로젠간(interhalogen) 화합물은 일반적으로 서로 다른 둘 이상 할로젠 원자로 구성된 화합물이라고 생각한다. XX'_n 화학식(여기에서 X = 덜 전기음성 원자, X′ = 더 전기음성 원자)을 갖는 중성 이성분 할로젠간 화합물을 표 17.3에 수록한다. 일반 규칙으로서 크기가 더 크고 전기음성이 더 작은 원자는 크기가 더 작고 전기음성이 더 큰 1, 3, 5, 7 원자에 의하여 둘러싼 중심에 있다.

주요한 이합체 할로젠간 화합물은 여러 온도에서 원소를 직접 반응시켜 가장 잘

표 17.3 중성 이성분 할로젠간 화합물

	기체상 구조	STP에서 색상과 상	제조
ClF	직선형	무색 기체	직접 그리고 Cl_2 + ClF_3
ClF_3	변형 T-모양	무색 기체	직접
ClF_5	사각 피라미드	무색 기체	F_2 + ClF_3
BrCl	선형	적갈색 기체	직접
BrF	선형	엷은 갈색 기체	직접 그리고 Br_2 + BrF_3
BrF_3	변형 T-모양	노란색 액체	직접
BeF_5	사각 피라미드	무색 액체	BrF_3 + F_2
IBr	선형	검정색 고체	직접
ICl	선형	붉은색 고체	직접
IF	선형	갈색 고체	직접 그리고 I_2 + IF_3
ICl_3	평면 이합체	주황색 고체	직접
IF_3	삼각 평면	노란색 고체	직접
IF_5	사각 피라미드	무색 액체	직접
IF_7	오각 쌍뿔	무색 기체	F_2 + IF_5

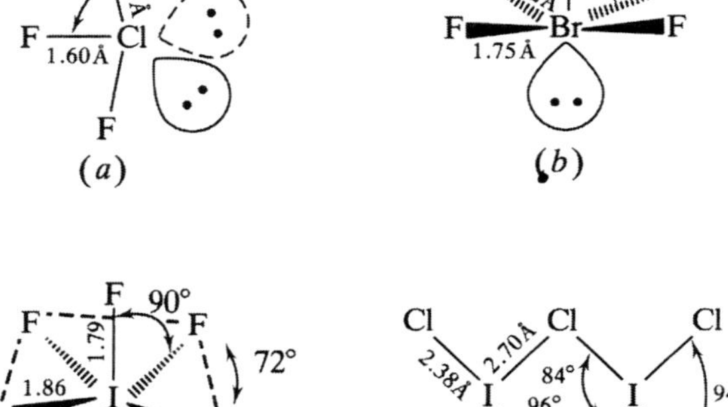

그림 17.3
몇 가지 대표적 중성 할로젠간 화합물의 분자구조. (a) 삼풀르오르화 염소 ClF_3 (변형 T-모양), (b) 5풀르오르화 브로민 BrF_5(사각 피라미드), (c) 7풀르오르화 아이오딘 IF_7 (오각쌍뿔), (d) 6염화 2아이오딘 I_2Cl_6(평면 이합체)

만들 수 있다. 특이한 예외는 삼풀르오르화물을 풀르오린화반응하여 만든 5풀르오르화 브로민 그리고 상당하는 5풀르오르화물로부터 비슷한 방법으로 만든 7풀르오르화아이오딘이다.

표 17.3에 제시한 할로젠간 화합물의 구조는 기체상에 대하여 적용되는 구조이고 일반적으로 VSEPR 규칙에 따른다(때때로 AB_7 구조는 이 이론에 적용되지 않지만 오각형 쌍뿔 위치배열의 원리는 VSEPR 가정과 일치한다). 여러 응축상에서 할로젠-다리결합 구조는 일반적이다. 몇 가지 대표적 할로젠간 화합물 구조를 그림 17.3에 제시한다.

몇 가지 할로젠간 화합물(XX'_n)의 보통 반응은 (1) X′ 할로젠화반응에서 생기는 산화반응, (2) HX´의 가수분해와 X의 옥소산, (3) 할로젠화물 주개－받개 반응 등을 포함한다. 활성도가 감소하는 순서는 $ClF_3 > BrF_5 > IF_5 > IF_7 > ClF > BrF_3 > IF_5 > BrF > IF_3 > IF$이다. 풀르오르화염소와 삼풀르오르화염소 두 가지는 식 (17.47)과 (17.48)처럼 보편적으로 효과적 풀르오르화제이다:

$$W(s) + 6ClF(g) \longrightarrow WF_6(g) + 3Cl_2(g) \tag{17.47}$$

$$U(s) + 3ClF_3(g) \longrightarrow UF_6(l) + 3ClF(g) \tag{17.48}$$

(17.2절에서 설명한 할로젠화물의 제조도 기억하라.) 삼풀르오르화브로민의 풀르오르화반응을 식 (17.49)에 예로 제시한다. 마찬가지로 염화아이오딘은 식 (17.50)처럼 효과적 염소화제이다:

$$2B_2O_3(s) + 4BrF_3(l) \longrightarrow 4BF_3(g) + 2Br_2 + 3O_2 \tag{17.49}$$

$$P_4 + 20ICl \longrightarrow 4PCl_5 + 10I_2 \tag{17.50}$$

삼풀르오르화 염소는 상업적으로 이용할 수 있지만 대단히 반응성이다. 예를 들어 그것은 솜 및 종이와 폭발적으로 반응하고 하이드라진과 반응은 단거리 미사일에 사용하는 자동점화성 연료이다.

할로젠간 화합물(XX'_n)의 가수분해는 식 (17.51)과 (17.52)처럼 일반적으로 HX´와 X´의 옥소산을 생성한다. 이 반응에서 할로젠의 산화상태는 변하지 않는 것에 주목하라:

$$ClF_3(g) + 2H_2O \longrightarrow 3HF(aq) + HClO_2(aq) \tag{17.51}$$

$$BrF_5(l) + 3H_2O \longrightarrow 5HF(aq) + HBrO_3(aq) \tag{17.52}$$

할로젠화물 주개-받개 반응(XX'_n의)은 일반적으로 할로젠간 화합물에 X'^-를 주거나 또는 받는다. 그들은 식 (17.53)에 제시한 BrF_3처럼 자체-이온화반응을 포함한다. 이 성질은 삼풀르오르화브로민이고 보편적 비양성자성(aprotic, 양성자 없는) 자체-이온화 용매이다. 그것의 자체-이온화 이외에 BrF_3는 알칼리－금속 풀르오르화물과 같은 다른 출처로부터 풀르오르화 이온을 받아 식 (17.54)처럼 4풀르오르화브로민 이온을 함유하는 염류를 생성한다. 그와 반대로 그것은 식 (18.55)처럼 풀르오르화 이온을 주고 이풀르오르화 브로민 양이온을 함유하는 염류를 생성한다:

$$2BrF_3(l) \rightleftharpoons BrF_2^+ + BrF_4^- \tag{17.53}$$

$$BrF_3 + KF(s) \xrightarrow{BrF_3} KBrF_4(s) \tag{17.54}$$

$$BrF_3 + SbF_5(s) \xrightarrow{BrF_3} [BrF_2^+][SbF_6^-] \tag{17.55}$$

다른 자체-이온화 할로젠간 화합물은 삼염화 아이오딘, 삼풀르오르화 염소, 그리고 오풀르오르화 아이오딘을 포함한다.

표 17.4 이성분 할로젠간 화합물과 폴리원자 모노할로젠 이온

말단 할로젠	중심 할로젠					
	염소		브로민		아이오딘	
플루오딘	ClF_2^+ Cl_2F^+ ClF_4^+ ClF_6^+	ClF_2^- ClF_4^-	BrF_2^+ BrF_4^+ BrF_6^+	BrF_2^- BrF_4^- BrF_6^-	IF_2^+ IF_4^+ IF_6^+	IF_2^- IF_4^- IF_6^- IF_8^-
염소	Cl_3^+	Cl_3^-	$BrCl_2^+$	$BrCl_2^-$ Br_2Cl^-	ICl_2^+ I_2Cl^+ I_2Cl^+	ICl_2^- Cl^- ICl_4^-
브로민			Br_2^+ Br_3^+ Br_5^+	Br_3^-	IBr_2^+ I_2Br^+	IBr_2^- I_2Br^-
아이오딘					I_2^+ I_3^+ I_5^+ I_7^+ I_4^{2+}	I_3^- I_5^- I_7^- I_9^- I_8^{2-}

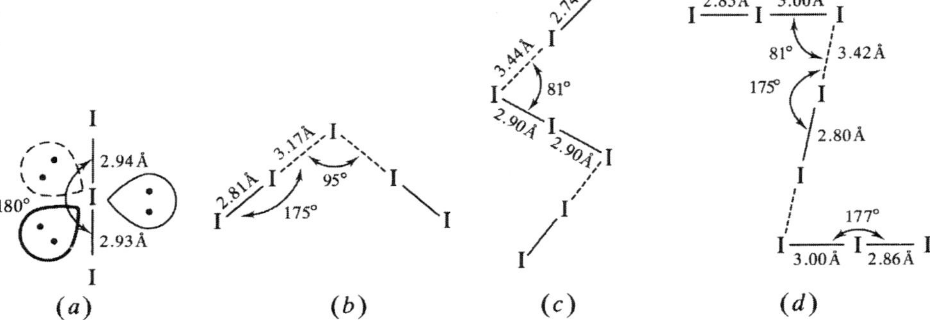

그림 17.4

몇 가지 대표적 폴리요오드화 음이온의 구조; (a) 삼요오드화물 I_3^-, (b) $I_5^-(I^- + 2I^-)$; (c) $I_7^-(I_3^- + 2I^-)$; (d) $I_8^{2-}(I^- + 2I_3^-)$

일반적으로 대부분 할로젠간 화합물은 가장 일반적으로 알칼리-금속 할로젠화물로부터 할로젠화물 이온을 받아 많은 여러 할로젠간 음이온을 생성할 수 있다. 할로젠간 화합물의 양이온 제조는 특수한 용매와 산화제가 필요하기 때문에 일반적으로 더 어렵다. 더 간단한 할로젠간 이온의 대표적 목록을 표 17.4에 제시한다. 몇 가지 폴리원자 모노할로젠 이온 $X_n^{m\pm}$이 이성분 이온과 함께 이 표에 포함되어 있다. 삼성분 할로젠 이온이 많이 증가하고 있지만 이들은 그 표에 포함되지 않는다.

가장 보편적 폴리원자 모노할로젠 음이온은 삼요오드화 이온(I_3^-)이다. 물에서 고체 아이오딘(I_2)의 용해도는 알칼리-금속 요오드화물(대부분 KI)을 첨가하여 크게 증가할 수 있다. 용해도 증가는 식 (17.56)처럼 수용성 I_3^- 이온의 형성 때문이다:

$$I_2(aq) + I^-(aq) \longrightarrow I_3^-(aq) \qquad (17.56)$$

직선형 구조의 삼요오드화 음이온은 VSEPR이론과 일치한다. 기타 I_n^{m-} 이온은 I^-, I_2, 그리고 I_3^- 원자단이 결합하여 함께 약한 분자간 힘으로 붙잡혀있는 것으로

생각할 수 있다. 이들 음이온의 몇 가지 구조를 그림 17.4에 제시한다.

17.5 실제로 중요한 반응과 화합물

풀르오르화반응

1901년에 젊은 치과학교 졸업생 Frederick McKay는 Colorado의 Colorado Springs로 이사하여 개업했다. 그는 그 도시의 많은 주민들이 그들의 치아에 이상한 갈색 반점이 있는 것을 파악하는데 오래 걸리지 않았다. 이러한 반점의 일부분은 초코렛 캔디의 색이다. 이러한 "반점" 또는 얼룩의 원인은 아무도 알지 못한 것에 Mckay는 많이 놀랐고 이러한 상항은 그 시대의 치과문헌에 기록되어있지 않았다. Mckay는 그의 직업적 생활의 대부분을 이 문제의 연구에 받혔다. 다른 도시들도 그 주민들이 이러한 상항에 처한 것을 알았고 드디어 그 문제는 일반적으로 수돗물 쪽으로 추적했다(때때로 수돗물을 바꾸면 "Colorado Brown Stain"이라고 알려진 그 반점이 없어지는 결과로 나타났다). 그러나 그 문제의 정확한 원인은 알지 못하고 남았다. 마지막으로 1931년에 Mckay는 Public Health Service (PHS)에서 나온 화학자와 함께 알루미늄-채광도시로서 적절한 이름을 가진 Arkansas의 Bauxite에서 그 반점의 보고를 조사하기 시작했다(Bauxite는 알루미늄 광물의 이름이다). 곧 그 화학자는 Aluminum Company of America (ALCOA)에서 갈색 반점의 발생이 수돗물에 비정상적으로 진하게 존재하는 풀르오르화물의 농도(13.7 ppm)에 해당하는 것을 발견했다. 현재는 그것의 원인을 알고 있다. 그 상항을 치아 풀르오르 침착증(dental fluorosis)이라 하고 음료수에 괴량 풀르오르화물이 있기 때문에 치아 에나멜에 반점 또는 줄무늬가 생긴다고 정의한다.

PHS와 National Institutes of Health (NIH)는 곧 물에 있는 풀르오르화물과 관련이 있는 연구 프로그램을 시작했다. 치아 풀르오르 침착증을 가진 사람들은 치아 구멍 또는 치아붕괴 발생이 훨씬 더 적은 것이 잘 알려졌다. NIH의 치과 위생팀장 H. Trendley에 의하여 치아붕괴와 싸움을 돕기 위하여 수돗물에 안전수준에 상당하는 풀르오르화물(약 1 ppm)의 첨가를 제안하는 것이 오래 걸리지 않았다. 이러한 가정을 시험할 그의 첫 번째 기회는 1944년에 Michigan의 Grand Rapids에 의하여 수돗물에 풀르오르화물을 첨가하기로 결정할 때 찾아왔고 그래서 수돗물을 풀르오르화물로 처리하는 처음 도시가 되었다. 본래 15년 계획의 그 결과는 대단히 놀라운 것이므로 수돗물에 풀르오르화물을 첨가한 다음 출생한 Grand Rapids 아동들 사이에 충치발생은 그 프로그램 시작 전에 출생한 아동들 사이보다 약 60% 감소하였다. 이것은 굉장한 감소이고 현재 수돗물의 풀르오르화 처리는 치아 붕괴를 방지가능한 것으로 기대하고 있다. 이러한 결과와 다른 결과에 바탕을 두고

1950년에 PHS는 미국에서 모든 수돗물에 풀르오르화처리를 권장했다. 그 해 다음에 American Dental Association은 선례에 따랐고 American Medical Association은 1951년에 그것을 보증하였다. 현재 지역사회의 60% 이상이 그들의 수돗물을 풀르오르화처리를 한다.

수년간 전 세계에 걸쳐 수많은 연구들은 수돗물을 풀르오르회처리 전과 후에 아동들의 치아붕괴 비율을 비교했다. 다른 연구들은 풀르오르화 처리와 그것을 처리하지 않은 비교가능한 지역사회를 연구했다. 다른 풀르오르화물[예를 들어 치약, 입을 헹구는 물, 전문적으로 응용하는 국소용 젤(topical gel)]을 아직 이용하지 않은 경우와 동시에 연구한 이러한 연구들은 치아붕괴율이 대단히 낮게 나타났다. 이러한 다른 풀르오르화물의 공급원이 더 널리 보급될 때 동시에 실행한 더 최근 연구는 풀르오르화처리 때문에 생기는 치아붕괴는 더 적지만 그래도 여전히 크게 감소하는 것으로 나타난다.

풀르오르화처리는 계통적 방법과 국소용 방법의 두 가지 종류가 있다. 계통적 풀르오르화처리(systematic fluoridation)는 풀르오르화물이 인체에 섭취되고 치아 구조의 형성에 참여하는 방법을 포함한다. 그것은 일반적으로 풀르오르화소듐(NaF), 6풀르오로규산 수소(H_2SiF_6), 또는 6풀르오로규산 소듐(Na_2SiF_6)을 수돗물에 1 ppm되게 풀르오르화 이온농도로 첨가한다. 다른 계통적 풀르오르화처리 방법은 알갱이 모양, 드로프스 모양, 마름모 모양, 식품에 존재하는 풀르오르화물(예를 들어 설탕과 소금, 풀르오르화염 등은 30 국가에서 사용한다), 그리고 음료(예를 들어 밀크)의 형태로 식이첨가물로 포함한다. 국소적 풀르오르화처리(topical fluoridation)는 치아표면에 국소적 응용과 관련이 있고 치약, 입을 헹구는 용액, 그리고 전문적으로 이용하는 젤과 헹구는 용액을 포함한다. 모노풀르오로인산소듐[sodium monofluorophosphate, $[Na^+]_2[PO_3F]^{2-}$ (1973년에 소개한 Colgate는 “MFP”라는 약자로 사용)와 플루오르화주석(II) SnF_2 (1976년에 “fluoristan”이라고 Crest에 의하여 소개)는 한 동안 치약에 가장 일반적 풀르오르화물 첨가제였다. 15장에서 상세히 설명한 것처럼 풀르오르화주석(II)은 이온성 풀르오르화 이온의 공급원이다. Fluoristan은 Crest 치약에서 경제적 이유와 치아-광택성 연마 형성체로 더 적합한 성질 때문에 대체되었다. 어떤 경우 SnF_2는 치아 에나멜과 결합하여 미지의 생리학적 성질과 더불어 풀르오로인산 주석을 형성하는 것에 관심을 갖는다. Crest는 현재 “fluoristat”을 함유하고 그것이 바로 이온성 풀르오르화소듐이다. 모노풀르오로인산염은 $OP(OH)_2F$의 염이고 그것에서 풀르오르화 이온은 인산의 등전자성 OH^- 원자단을 치환한다. 모노풀르오로인산은 식(17.57)처럼 가수분해하여 풀르오르화 이온을 방출한다.

$$PO_3F^{2-}(aq) + H_2O \longrightarrow H_2PO_4^-(aq) + F^-(aq) \qquad (17.57)$$

이 분야의 연구는 현재까지도 계속하지만 음료수 중에 소량 풀르오르화물이 충치 발생을 감소할 수 있는 것에 세 가지 메커니즘이 있는 것으로 생각한다. 그 첫 번째 메커니즘은 치아에나멜의 주요한 강화제로서 하이드록시아파타이트칼슘 $[Ca_{10}(PO_4)_6(OH)_2]$를 가져야한다. 하이드록시아파타이트 칼슘은 덜 염기성 풀르오르화 이온을 함유하므로 설탕이 박테리아에 의해 분해할 때 입 안에서 생성되는 산에 의한 공격을 덜 받는다. 그 둘째 메커니즘은 침에 들어있는 풀르오르화 이온과 치아 플라그는 박테리아에 의하여 설탕이 산으로 변환을 직접 방해하는 것으로 추정한다. 그 셋째 메커니즘은 입 안에서 항상 일어나는 치아의 동적 광물화반응-재광물화반응(mineralization-remineralization)과 관련이 있다. 입 안의 산은 치아 에나멜을 탈광물화하지만 풀르오르화물은 재광물화반응을 촉진하는 것으로 생각한다.

거의 1억4천5백만 미국사람들이 현재 최적(0.7~1.2 ppm) 풀르오르화 물(중앙수돗물을 공급받는 2억3천2백5십만 주민의 62.2%)의 혜택을 받는다. 미국에서 가장 큰 다섯 도시는 모두 풀르오르화 처리를 하고 미국에서 가장 큰 50 도시 중 43 도시들이 풀르오르화 처리를 한다. 전 세계적으로 60 나라 이상에서 3억6천만 이상의 사람들이 풀르오르화 처리수의 혜택을 받는다. 압도적으로 많은 과학자, 치과의사, 그리고 기타 건강관련 전문가들과 함께 방대한 과학문헌은 치아붕괴의 발생을 감소하는 안전한 방법으로서 풀르오르화처리수를 보증한다. 그럼에도 불구하고 풀르오르화는 1945년에 Grand Rapids이 처음에 시작한 그 순간부터 논쟁을 계속하고 현재 토픽으로 격렬하게 토론을 계속한다. 풀르오르화처리에 대한 반대운동은 복잡하지만 (그리고 사회학적현상으로서 많이 연구하였지만) 선택자유에 관한 충돌(즉, 풀르오르화처리는 사회적 의약품의 형태)은 아마 반대자들의 마음에 가장 중요한 단일 논제일 것이다. 다른 사람들은 풀르오르화처리와 암, 신장장애, 골질환, 기타 의학적 여러 문제의 사이에 우발적 관계에 관하여 관심을 갖는다. 이들의 주장은 자세히 조사하기 위하여 제지할 수 없다. 1993년에 National Research Council (권위있는 National Academy Science의 한 갈래)는 Environmental Protection Agency(EPA)에 제출한 보고서에서 현재 수돗물에 허용된 풀르오르화물 농도는 암, 신장장애, 골질환과 같은 건강문제에 위험을 제기하지 않는 것을 확인하였다. 그럼에도 불구하고 풀르오르화처리 반대론자들에 의하여 몇 가지 경고하는 비난이 계속되지만 (1990년대 후반에 Los Angeles에서 토론이 한 예이다.) 이들은 일반적으로 인정되는 과학적 지식에 의해 실증되지 못하고 있다.

염소화반응

수돗물 염소처리는 주로 (1) 폐수처리, (2) 음료수의 소독, (3) 수영장 물의 염소처리 등과 관련이 있다. 폐수처리공장의 최종단계 중 하나는 박테리아를 죽이기 위하여 방출수를 통한 염소기체의 통기(bubble)이다. 이원자 염소는 빠르게 가수분해하여 하이포아염소산으로 되고 그 다음에 일부분 하이포아염소산 이온으로 해리한다. 이러한 반응을 식 (17.58)과 (17.59)에 제시한다.

$$Cl_2(g) + H_2O \longrightarrow HOCl(aq) + HCl(aq) \quad (17.58)$$

$$HOCl(aq) \rightleftharpoons OCl^-(aq) + H^+(aq) \quad (17.59)$$

HOCl과 OCl^-는 함께 이용가능한 **자유 염소**(*free available chlorine*)라고 한다. 그것은 박테리아 메커니즘에 불가결한 어떤 효소를 산화하여 박테리아를 죽인다. 소규모 조작에서는 하이포아염소산 염(소듐 또는 칼슘)을 가끔 염소기체를 사용하기 어려운 경우에 대치한다.

음료수도 마찬가지로 염소기체로 소독한다. 광범위한 연구는 장티프스 열을 포함하는 여러 박테리아 감염을 제한하는 이 과정에 유익한 것으로 증명되었다.

"공짜 점심은 없다"라는 것을 알면 음료수의 염소처리와 관련있는 사소하지만 관리하기 쉬운 위험이라는 것을 아는 것은 놀라운 것이 아니다. 염소는 물에서 유기물과 서로 반응하여 소량의 돌연변이 유발원을 생성한다. 돌연변이 유발원은 유전 돌연변이를 일으키고 암을 발생하는 어떤 물질의 능력에 대한 일반적 척도이다. 유럽에서는 염소처리 대신 오존화처리를 가끔 사용한다(10.5절을 보라).

수영장 물도 염소로 처리하지만 이 경우에 고체 아염소산염 또는 하이포아염소산염을 직접 사용한다. 다시 말해서 그 결과로 생기는 이용가능한 자유 염소는 박테리아를 죽이지만 소규모 수영장에서는 이들의 염이 염소기체보다 더 편리하고 더 경제적이다.

표백제

Scheele 그 자신이 염소기체는 꽃과 연두색 잎사귀를 탈색 또는 표백(bleach, "pale"을 의미하는 옛날 영어로부터 유래한 말)하는 능력을 지적한 것을 기억하라. 가정용 표백제는 일반적으로 5.25% 하이포아염소산소듐(NaOCl) 용액이다. 표백분의 활성 성분은 하이포아염소산칼슘($Ca(OCl)_2$이다(착색물질의 안전한 표백은 일반적으로 과붕산을 함유한다. 13.3을 보라). 이러한 하이포아염소산염은 일반적으로 수용액 중에서 염소를 염기와 반응시켜[식 (17.32)] 또는 염화물 수용액을 전해하여 만든다. 공업적 규모로 하이포아염소산염은 산화이염소를 가수분해하여 만든다[식 (17.34)].

표백반응은 어떤 메커니즘인가? 색은 가시선의 흡수라고 인식하는 것을 기억하라. 가시선 진동수를 한 물체가 흡수할 때 남은 진동수는 우리 눈에 반사 또는 투과하고 그 물체는 색을 띈다고 인식한다. 염료분자의 분자성분은 발색단(chromophore)을 포함하고 그것은 색을 생성하는 원자단이라고 정의한다. 보통 발색단의 예는 아조($-N{=}N-$), 나이토로($-NNO_2$), 나이트로소($-N{=}O$) 원자단이다. 발색단에서 생성된 색은 때때로 이러한 원자단을 하나 이상 포함하는 전자밀도의 비편재와 관련이 있다. 표백은 가끔 이러한 비편재 자리로부터 전자 또는 원자까지도 제거하여 그로 말미암아 무색 염료분자로 되는 선택적 산화제이다. 발색단은 가끔 대단히 자주 가장 분해하기 쉬운 부분이고 그로 말미암아 표백제에 되풀이하여 노출하면 그 물질이 퇴화하여 그 직물이 더 빠르게 닳아 해진다.

브롬화물

브롬화은은 약 150년간 빛에 민감한 화합물이라고 알려졌다. 흑백 사진은 식 (17.60)처럼 현상하지 않은 필름에 펴놓은 AgBr이 가시선을 흡수하여 은과 브로민 원자를 생성하는 능력에 의존한다:

$$Ag^+ + Br^- \xrightarrow{h\nu} Ag + Br \tag{17.60}$$

은 원자의 존재는 그 필름에 있는 검은 점에 상당한다. 일정한 구역에 비추는 빛의 세기가 클수록 그 점은 더 검게 된다. 그 결과는 빛 무늬의 음화 또는 반대의 상이다.

19세기 중반에 브롬화포타슘 또는 브롬화소듐이 중추신경계를 억제하는 것이 발견되었다. 그들은 수 세기 동안 "두통"에(그리고 간질의 치료에도) 순한 진정제로 널리 사용했다. 현재 대부분은 더 현대적 의약으로 대치되었지만 그러한 생성물은 영어에서 유물의 단어로 남았다. 브롬화물(bromide)이라는 단어는 현재도 듣는 사람을 잠들게 하는 설명, 어리석은 생각, 또는 둔하고 싫증나는 사람을 뜻한다(이 절은 bromide가 아니기를 바란다).

17.6 몇 가지 깊이가 있는 토픽

클로로플루오로탄소(CFCs)–오존층의 위협

제 10.5절에서 오존의 구조와 성층권에서 위험한 uv 복사선의 흡수 역할을 설명했다. 이제 클로로플루오로탄소[chlorofluorocarbons (CFCs)]와 할론(halon)이라고 부르는 브롬-함유 화합물에 의하여 제기된 성층권 오존층의 위험으로 돌아가겠다.

CFCs 또는 프레온(Freon)은 본래 Thomas Midgley에 의하여 1930년대에 냉동에 사용하는 암모니아 가스 대신 안정하고 독성이 없고 불에 타지 않는 대체물로 개발되었다(냉동 가스는 일반적으로 전기모터를 사용하여 액체로 압축한 다음 작은 금속 코일 관에 넣어 냉각하려는 공간 주위를 둘러싼다. 액체가 다시 기체로 팽창할 때 열을 흡수하고 그 공간을 냉각한다). Midgley는 1930년에 American Chemical Society 회의에서 원하는 Freon-12(CCl_2F_2)의 성질을 확인했다. 그는 폐에 가득히 그 기체를 들어 마신 다음 촛불을 불어 끄는데 사용했다.

CFCs는 Modgley가 예상한 것보다 훨씬 더 유용했다. 세계적으로 냉장고와 에

어컨에 사용하는 것 이외에 (1) 용매, (2) 헤어스프레이 및 탈취제와 같은 에어졸 제품의 추진제, (3) 건축업과 간이식품용 포장에 절연재로 사용하는 거품형성제로도 사용한다. 수년간 가장 유력하게 그리고 널리 사용한 두 가지 두 가지는 Freon-11 ($CFCl_3$)과 Freon-12이고 그 두 가지는 풀르오르화수소를 사염화탄소에 반응시켜 Freon-11에 대한 식 (17.61)처럼 생성한다:

$$CCl_4 + HF \xrightarrow[100°C]{SbF_5} CFCl_3 + HCl \tag{17.61}$$

대단히 안정한 이러한 CFCs는 성층권 오존의 광범위한 파괴에 어떻게 책임이 있을 수 있는가? 실제로 1974년에 Mario Molina와 F. Sherwood Rowland에 의하여 예측한 것처럼 그들은 매우 안정하기 때문에 대단히 위험스럽다. CFCs는 실제로 대류권(지상에 가까운)에서 파괴되지 않고 매우 느리게 성층권으로 확산한다. 여기에서 식 (17.62)에 제시한 Freon-12처럼 uv 복사선에 의하여 자유 염소원자와 여러 라디칼로 분해할 수 있다. 이 자유 염소는 촉매작용하여 오존을 파괴한다. 이러한 파괴에 대한 한 중요한 연속반응을 식 (17.63)과 (17.64)에 제시한다. 염소원자는 식 (17.64)에서 재생되는 것에 주목하라. 실제로 식 (17.63)과 (17.64)를 합쳐 식 (17.65)에 제시한 것은 오존과 원자 산소[오존을 만들 때 필요한 반응물, 식 (10.16b)를 보라.]들이 염소의 알짜 소비없이 이원자 산소로 변환한다:

$$CF_2Cl_2 \xrightarrow{h\nu} CF_2Cl + \bullet Cl \tag{17.62}$$

$$\bullet Cl + O_3 \longrightarrow \bullet ClO + O_2 \tag{17.63}$$

$$\bullet ClO + O \longrightarrow \bullet Cl + O_2 \tag{17.64}$$

$$\text{Net:}\ O + O_3 \longrightarrow 2O_2 \tag{17.65}$$

이러한 방식으로 한 염소원자는 어떤 비활성 형태로 고정되거나 또는 성층권 밖으로 이동하기 전에 십만 또는 1 백만 오존분자의 파괴를 촉매작용할 수 있다고 추정한다. 그 연속진행의 결과는 바로 한 벌의 오존-파괴 반응이다. 그 나머지 반응은 이산소화 이염소(Cl_2O_2)의 형성과 관련이 있고 그것은 그 다음에 광화학적으로 Cl과 ClO_2로 분해한다.

Molina와 Rowland의 경고에 대한 최초 응답은 조금 침묵했지만 대단히 빠르게 어떤 계기를 만들었다. 1978년에 많은 토론 후에 미국 의회는 에어졸 추진제로 CFCs 사용을 금지하였다. 그 다음 1985년에 놀라운 오존층 고갈의 발전에 대하여 British Antarctic Survey는 남극 위의 오존층 "구멍"의 발견을 발표했다. 즉시 오존층 구멍을 제시하는 그림 17.5와 같은 지도는 여러 신문과 뉴스잡지에 나타나기 시작했다. 오존-고갈 성층권 공기에 관한 이러한 큰 단면도는 1970년 중반에 처음 나타났지만 (Molina와 Rowland의 발표시기와 대략 같게) 십년 동안 주목을 받지 못하고 지났다. 1987년에 미국과 여러 다른 나라들은 "Montreal Protocol on Substance

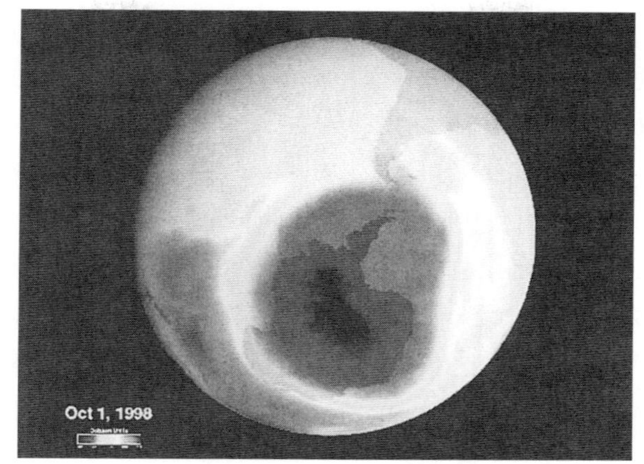

그림 17.5

남극지역의 오존 구멍. 이 그림은 Total Ozone Mapping Satellite에 의하여 1998년 10월 14일에 수집한 자료로부터 만들었다. 바로 중심에 있는 더 진한 회색 회색 지역(남극 바로 위에)은 가장 큰 오존고갈 지역을 표시한다 (참고문헌 46). NASA.

That Deplete the Ozone Layer"에 조인하였다. 이 최초의 협정은 CFC 방출을 2000년에 1986년 수준의 50%로 감소를 요구하였다(제3세계는 그러한 감소의 달성에 조금 더 오랜 기간이 제공되었다). 1987년 회의에 참석한 동일한 국가들은 1990년에 모여서 그 세기의 말엽에 CFCs를 완전히 퇴출하기로 동의하였다. 결국 Molina와 Rowland는 1995년에 노벨 화학상을 받았다(그들은 질소산화물도 오존과 촉매작용한다고 처음으로 제시한 네덜랜드 화학자 Paul Crutzen도 함께 수상하였다).

현재 오존 구멍은 대단히 극적으로 그리고 갑자기 남극 겨울의 끝에 출현하고 8월 말에 다시 시작한다. 10월에(남극의 이른 봄에) 오존 농도는 안정화되고 11월에 이전의 수준으로 되돌아간다. 더 최근에 남극 오존농도는 놀랍게도 50% 이상 감소했다(어떤 지역의 100%에 비하여, 지금 그것이 구멍이다!). 남극에서 기록된 감소는 훨씬 더 작지만(15~20%) 더 염려스런 것은 모든 위도에서 전체 오존층의 작은 침식이 나타나는 증거이다. 성층권 오존이 암발생 uv 복사선으로부터 우리를 보호하는 것을 인정한다면 이들은 실제로 놀라운 발전이고 그렇게 짧은 기간에 오존농도가 대단히 크게 감소하는 원인을 완전히 이해하려고 경쟁하고 있다. CFCs는 이러한 효과에 원인을 제공하는 것이 사실인가? 이러한 오존감소는 왜 극 지역에서, 특히 남극에서 대단히 극적으로 그리고 빠르게 일어나는가? 결과적으로 CFCs에 책임이 있다면 극 지역에서도 앞에서 설명한 것과 동일한 촉매주기로 작용하는가? 마지막으로 일단 이러한 구멍이 어떻게 그리고 왜 발전되는가를 알면 어떤 일이 일어나는가 알 필요가 있고 그리고 어떻게 그것을 회복할 수 있는가를 이해할 필요가 있다.

무엇보다도 오존을 위협하는 자유 염소는 정상적으로 성층권에 존재하지 않는 것을 아는 것이 중요하다. 그 대신 그 염소는 비교적 비활성(적어도 오존에 대하여) 분자형태로 함유하는 염소 저장소(chlorine reservoir)에 묶여있다. 식 (17.66)과 (17.67)은 이러한 염소저장소 분자들이 어떻게 형성되는가를 보여준다.

$$ClO + NO_2 \longrightarrow ClONO_2 \qquad (17.66)$$

$$CH_4 + Cl \longrightarrow HCl + CH_3 \qquad (17.67)$$

식 (17.66)에서 활성 일산화염소는 이산화질소와 반응하여 비활성 질산염소 ($ClONO_2$)를 생성한다. 식 (17.67)에서 염소원자는 메테인과 반응하여 염화수소 (HCl)를 생성한다. 그 염화수소도 이러한 배경에서 염소의 비활성 형태이다.

남극 겨울이 시작할 때 극 회오리바람(예외적으로 훨씬 매우 차가운 공기의 지역을 분리하는 소용돌이 극지방 바람의 모양)이 일어난다. 극 회오리바람 온도는 −80℃로 감소하고 극 성층권 구름(PSCs: polar stratospheric clouds의 약자)이 형성되기 시작한다. 이러한 구름은 아름다운 바다조개의 무지개빛깔을 갖는다. PSCs는 처음에 질산-1/3물($HNO_3 \cdot 3H_2O$)로 형성되고 그 온도가 계속해서 감소할 때 그 구름의 내부와 외부의 양쪽에 더 많은 질산을 포함하는 얼음이 쌓인다. 그 질산은 $ClONO_2$로부터 빠져나오고 염소저장소와 그 생성물은 이원자 분자와 하이포아할로젠산과 같은 더 활성 형태의 염소이다. PSCs 표면에서 일어나는 연속반응을 식 (17.68)~(17.70)에 제시한다:

$$HCl + ClONO_2 \longrightarrow HNO_3 + Cl_2 \tag{17.68}$$

$$H_2O + ClONO_2 \longrightarrow HNO_3 + HOCl \tag{17.69}$$

$$HCl + HOCl \longrightarrow H_2O + Cl_2 \tag{17.70}$$

여기에서 남극 겨울의 끝에 분자 염소는 PSCs의 표면에서 균형을 이루고 성층권 오존을 공격할 준비를 한다. 그것은 조직적 활동의 개시에 필요한 한 성분만을 기다린다. 그리고 그것은 그 지역의 햇빛이 다시 되돌려준다. 식 (17.71)처럼

$$Cl_2 \xrightarrow{h\nu} 2Cl \tag{17.71}$$

햇빛은 염소분자로 분해하여 오존과 반응하는 염소원자를 형성하고 그것은 다시 PSC 표면에서 식 (17.63)~(17.65)처럼 반응한다. 햇빛이 그 현장에서 분해하면 이러한 반응은 빠르게 일어나고 오존 구멍이 대단이 빠르게 그리고 갑자기 생긴다. PSCs를 증발할 때 그들의 표면은 더 이상 이용할 수 없고 질산은 공기 중으로 방출하고 염소 저장소를 다시 형성하고 오존 농도는 정상수준으로 느리게 되돌아간다.

이러한 연속반응의 사실이 명확한 결론적이라면 남극에서 오존을 무엇이 파괴하는가?를 질문할 수 있다. 그러한 증거들은 1987년 National Aeronautics and Space Agency(NASA) 비행기에 의하여 수집되었다. 그 비행기는 남극을 향하여 비행할 때 여러 기체 농도를 검출했다. 그림 17.6은 위도 62° 남쪽에서 출발하여 얻은 ClO와 O_3 농도를 보여준다. 대략 68°에서 ClO 농도는 증가하기 시작하고 오존농도 감소는 거울상(대칭상)으로 나타난다. 이것은 식 (17.63)~(17.65)의 연속반응에 대한 강력한 증거라고 생각한다. 그러므로 CFCs는 극 오존 구멍의 주요한 원인으로 나타난다. 왜냐하면 CFCs는 결과적으로 자유 원자 염소를 공급하기 때문이다. 그 밖에도 특수한 기후학적 과정(극지방 회오리바람, PSC 형성)도 근본적 역할을 한다. 왜냐하면 기후학적 과정은 경로와 반응표면을 제공하고 그것에 의해 활성 염소와 염소 화합물이 이전의 비활성 염소저장소로부터 방출할 수 있기 때문

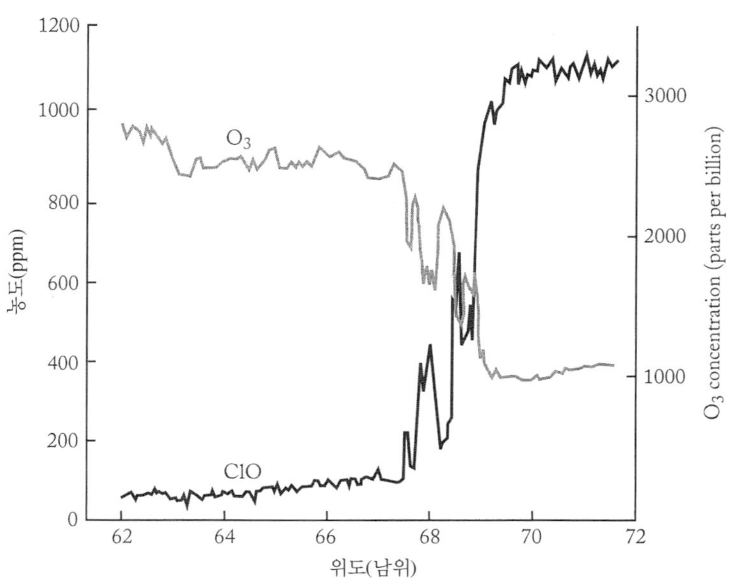

그림 17.6

1987년 9월 16일 칠레의 Punta 지역으로 비행기로 비행하면서 동시에 측정한 산화염소(ClO, 낮은 쪽 더 진한 선)와 오존(O_3)의 농도. NASA ER-2 비행기는 이들의 기체농도를 측정할 때 극지방 회오리바람 속으로 남쪽을 향하여 비행했다. ClO 농도가 증가할 때 오존 농도의 감소를 검출했다(참고문헌 47).

이다. 극 오존 구멍은 그것이 생길 때 더 작다. 왜냐하면 극지방 회오리바람은 오래 동안 안정하지 않고 북극온도는 남극처럼 낮지 않기 때문이다.

할론(halon)이라고 부르는 브로민-함유 풀르오로탄소는 마찬가지로 오존에 대하여 위험한 성분으로서 관련이 이다(그들은 오존 고갈의 20% 정도 책임이 있다고 설명힌다). 할론-2402($C_2Rr_2F_4$), 할론-1201($CBrF_3$), 혼합 브로모클로로풀르오로 화합물로서 할론-1211($CBrClF_2$)는 곰팡이 제거제와 방염제로 사용한다. 다시 설명하면 자유 브로민과 산화브로민(BrO)은 광화학적으로 생성되고 산화염소와 함께 작용하고 앞에서 설명한 것과 비슷하게 촉매순환과정에서 오존을 소비한다. 브로민 저장소는 겨울 동안에 분해하고 햇빛이 그 지역으로 되돌아올 때 원자브롬이 형성되고 그 동종체 염소와 같은 방법으로 오존을 공격한다.

성층권 오존농도 감소에 따르는 가능한 효과는 (1) 피부암 증가, (2) 곡물과 수목에 대한 손상의 증가, (3) 대규모 기후변화에 영향을 주는 성층권 냉각, (4) 점차 더 많은 uv 복사선이 지구에 더 가까운 대기권으로 침투할 때 추가로 대류권 오존의 생성 등이다. 그 외에도 CFCs 그 자체는 10장에서 설명한 일산화탄소와 기타 화합물처럼 온실가스이다.

오존층 파괴에 대하여 어떻게 싸우고 있는가? 과학사회는 이 문제의 원인을 대단히 정확하게 조준할 수 있으므로 분명한 행동의 선택은 CFCs와 할론을 함께 대기권으로 방출을 엄격하게 제한하거나 금지하는 것이다. 지난 수년간에 걸쳐 Montreal Protocol이 효과를 나타내는 증거를 보이기 시작했다. CFCs의 완전 제거를 실행하기 위해서 몇 가지 중요한 단계를 취해야한다. 첫째 EPA는 국가적 재순환 프로그램을 엄격하게 실시하여 CFCs 방출을 감소한다. 둘째 그리고 가장 중요한 것은 CFCs에 대한 대체물질을 개발하는 것이다. 현재 원칙적으로 CFCs처럼 안정하지 않아서 그로 말미암아 성층권에 도달하기 전에 많이 분해되는 hydrochlorofluorocarbon(HCFCs)이 있다. 불행하게도 이러한 수소 유도체들은 여전히 약간 염소를 방출히므로 그로 말미암아 오존층에 대하여 훨씬 더 적게 작용하지만 위험하다. 결과적으로 HCFCs는 다음 몇 십 년 동안 미봉책으로만 고려할 것이다. HCFCs도 EPA에 의한 명령으로 재순환할 것이고 결국 그들도 역시 여하튼간에 염소를 방출하지 않는 HFCs같은 다른 화합물로 대치될 것이다. 이러한 처방의 효과를 아는 것은 용기를 준다: 성층권에서 염소농도는 대류권에서 1992년과 1994년 사이에 최고에 도달하였고 1997년에 성층권에서 최고에 도달하였다. 할론 중에서 특히 할론-1211은 대체하는 것이 더 어렵고 그들의 농도는 성층권에서 여전히 증가하고 있다.

연습문제 PROBLEMS

★17.1 일반 소금[NaCl(*s*)]을 가지고 시작해서 다음 각 반응에 대한 반응식을 쓰라.

(a) Priestly에 의하여 처음 할로젠화수소를 분리한 반응. 이 제법에서 왜 수은을 사용하는가?

(b) Scheele이 염소기체를 분리한 반응. 이 반응에서 산화제와 환원제를 확인하라.

17.2 Arrehius, Brønsted-Lowry, Lewis 산 중에서 수소함량이 산의 특성이라는 Davy의 설명과 어느 것이 일치하는가?

17.3 Courtois의 아이오딘 증기제법을 나타내는 식을 쓰라. 그러한 방법은 염소제조에 유용한가? 왜 그런가? 왜 그렇지 않은가?

17.4 아이오딘-131은 β^- 방출체이고 갑상선 치료에 유용하다. 왜 이것이 가능한가를 간단히 설명하라. 이 아이오딘 동위원소의 붕괴에 대한 반응식을 제시하라.

17.5 J. W. Döbereiner는 브롬을 발견한 1년 후에 그리고 Mendeleev 주기율표를 발표하기 약 50년 전 1829년에 세 가지 한 벌(triad)의 법칙을 제안했다. 화학적으로 비슷한 원소들은 가끔 세 개 한 벌로 나타나고 중간원소는 더 무겁고 더 가벼운 원소의원자량 평균과 거의 같다고 그는 증명했다. 이 법칙을 사용하여 새로 발견된 브로민 원자량을 그는 예측했다. 그의 값은 실제 값과 얼마나 가까운가?

17.6 Liebig은 실제로 브롬이 아닌 염화아이오딘을 만들었다. 그들의 분자량은 얼마나 다른가?

17.7 Moissan의 가장 유명한 제자 중 하나는 Alfred Stock이었다. Gay-Lusac에서

★ 표시는 더 어려운 문제이다.

Stock까지 화학적 계보를 추적하라.

17.8 아스타틴-211의 α 붕괴에 대한 반응식을 쓰라.

17.9 할로젠의 녹는점, 공유결합 반지름, 이온화에너지의 변화를 자세히 살펴라. 이들의 경향성을 설명하라.

17.10 다음 산화물 중에서 어떤 옥소산이 산 무수물인가? (a) Cl_2O_7, (b) Br_2O, (c) I_2O_5, 각 경우에 그 관계에 대한 반응식을 쓰라.

17.11 이원자 플루오린과 (a) 메테인 가스, (b) 기체 암모니아와 반응을 나타내는 반응식을 쓰라.

★17.12 플루오르화수소산은 약한 산이고 다른 모든 할로젠화수소산은 수용액에서 센 산이다. 이 결과를 이론적으로 설명하라.

17.13 수소와 플루오린 기체 사이에 반응은 대단히 발열이고 알려진 가장 높은 불꽃온도(6000°C 이상 또는 태양표면과 대략 같은)로 된다. 이 결과를 이론적으로 설명하라.

★17.14 H−H, F−F, H−F 결합의 결합에너지는 각기 436, 151, 568 kJ/mol이다. 플루오르화수 소 기체의 표준생성 에너지를 계산하라.

17.15 8장에서 플루오린 전자친화도 값이 특이하게 작은 것을 간단히 설명했다. 전자친화도에서 이러한 수직 변칙성을 합리적으로 요약하라.

17.16 산소는 플루오린처럼 그것의 동종체보다 더 작은 전자친화도를 갖는다. 칼코젠의 전자 친화도에서 이러한 불규칙성을 합리적으로 설명하라.

★17.17 플루오린의 표준환원전위에 상당하는 Born-Haber 순환과정을 쓰라. 그 환원전위 값의 추정에 어떤 열역학적 성질이 필요한가? 당신의 순환과정을 사용하여 플루오린의 표준 환원전위가 왜 그렇게 대단히 큰 양수 값인가를 설명하라.

17.18 식 (17.1)에 제시한 반응을 분석하라. 그리고 표준환원전위를 사용하여 다음을 반복하라. 이 반응은 표준상태 조건에서 자발성인가? 반응물과 생성물의 농도변화는 이 반응의 자발성을 증가하는가?

$$4NaCl(aq) + 2H_2SO_4(aq) + MnO_2(s) \xrightarrow{\text{열}} 2Na_2SO_4(aq) + MnCl_2(aq)$$

17.19 할로젠화소듐[NaX(X = F, Cl, Br, I)]이 황산과 반응한다고 생각하라. 각 경우에 그럴 듯한 생성물을 예측하고 왜 차이가 생기는가를 설명하라.

★17.20 표준환원전위를 사용하여 황산은 플루오르화물을 플루오린으로 산화에 사용할 수 없지만 Coutois는 그것을 사용하여 요오드화물로부터 아이오딘을 생성한 것을 설명하라. Courtois는 왜 진한 황산을 사용했는가?

★17.21 할로젠의 표준환원전위를 사용하여 자유 할로젠에 의하여 오염되지 않게 공기와 접촉 상태에서 브롬화수소산과 요오드화수소산 수용액을 보존하는 것이 왜 어려운가를 간단히 설명하라.

17.22 풀르오르화수소는 다른 할로젠화수소에 비하여 녹는점과 끓는점이 훨씬 더 높다. 이 결과를 합리적으로 설명하라.

17.23 H−F---H 수소결합으로 특성을 나타내는 (HF_6) 6합체 구조를 그려라.

★17.24 브롬화수산과 요오드화수소산은 질산을 브롬화물과 요오드화물에 반응시켜 만들 수 있 는가? 왜 그런가? 왜 그렇지 않은가? 예로 요오드화포타슘을 사용하여 질산을 가하면 어떤 일이 일어나는가를 생각하는 반응식을 쓰라.

★17.25 염소는 질산을 염화물에 반응시켜 만들 수 있는가? 표준환원전위를 참고하여 당신의 해답을 증명하라. 당신의 해답 부분에 대한 반응식을 쓰라.

17.26 삼풀르오르화 안티모니와 오풀르오르화 안티모니는 어떻게 만들 수 있는가? 당신의 해답 부분에 대한 반응식을 쓰라.

17.27 삼풀르오르화 알루미늄과 삼염화 알루미늄은 어떻게 만들 수 있는가? 당신의 해답 부분에 반응식을 쓰라.

17.28 풀르오화칼슘을 만드는 두 방법을 제안하라. 당신의 해답 부분에 대한 반응식을 쓰라.

17.29 다음 반응식을 완성하고 균형을 맞춰라.
(a) $Co_3O_4 + ClF_3 \longrightarrow$
(b) $B_2O_3 + BrF_3 \longrightarrow$
(c) $SiO_2 + BrF_3 \longrightarrow$

★17.30 오염화규소는 기체 할로젠 교환반응에서 풀르오르화수소와 반응할 것으로 추측하는가? 다음 결합 에너지를 사용하여 그 과정에 대한 균형식을 쓰고 반응열을 추정하라. Si−F = 582, Si−Cl = 391, H−F = 566, H−Cl = 431 kJ/mol.

17.31 다음 반응식을 완결하고 균형을 맞춰라.
(a) $PCl_3(s) + H_2O \longrightarrow$
(b) $PCl_5(s) + H_2O \longrightarrow$

17.32 사이아노젠[$(CN)_2$]과 소듐 금속 사이에 반응을 나타내는 반응식을 쓰라.

★17.33 수용액에서 티오시안산 소듐과 질산은 사이에 반응을 나타내는 반응식을 쓰라.

17.34 이풀르오르화 산소와 이풀르오르화 이산소의 구조를 추측하라. 각 결합각을 추정하라.

17.35 산화이염소와 이산화염소의 구조를 추측하라.

17.36 산화이염소와 하이포아염소산 사이에 관계를 쓰라. 하이포아염소산을 산화이염소로부터 어떻게 만드는가를 보여주는 반응식을 쓰라.

17.37 다음에 다시 나타낸 식 (17.27)에서 오산화아이오딘과 일산화탄소 사이에 반응에서 산화제와 환원제를 확인하라.

$$5CO(g) + I_2O_5(s) \longrightarrow I_2(s) + 5CO_2(g)$$

17.38 물을 염소기체로 포화할 때 하이포아염소산의 전체 농도는 약 0.030 M이다. 그러므로 가수분해는 특히 이 산의 제법에 좋은 방법이 아니다. 미세분말의 산화제이수은을 첨가하여 어떻게 만들 수 있는가? 당신의 해답을 지지하는 반응식을 쓰라.

★17.39 다음에 다시 나타낸 식 (17.30)에 제시한 할로젠 반응의 가수분해를 분석하라. 이것은 산-염기 반응인가? 산화환원 반응인가? 이것이 산-염기 반응이면 산과 염기 반응물을 확인하고 산화환원 반응이면 산화제와 환원제를 확인하라.

$$X_2(g, l, s) + H_2O \rightleftharpoons HOX(aq) + H^+(aq) + X^-(aq)$$

17.40 하이포아염소산염과 (a) 요오드산염, (b) 아염소산염, (c) 아황산염 사이에 생성물과 반응을 나타내는 균형식을 예측하라.

17.41 브롬산바륨을 가지고 출발하여 브롬산 수용액을 어떻게 만들 수 있는가? 당신의 해답 부분에 대한 반응식을 쓰라.

17.42 요오드산은 아이오딘을 과산화수소로 산화하여 만들 수 있다. 이 제법을 표시하는 반응식을 쓰라.

★17.43 아이오딘 시계 반응에서 무색 용액은 갑자기 미리 정한 시간에 청흑색 아이오딘-전분 착물로 변한다(반응물의 온도와 농도에 따라). 아이오딘은 다음 불균형식에 나타낸 것 처럼 요오드산과 요오드화수소의 반응에 의하여 생성된다. 이 반응에서 산화제와 환원제를 확인하고 반응식을 균형 맞춰라.

$$HIO_3(aq) + HI(aq) \longrightarrow I_2(aq) + H_2O$$

17.44 요오드산 분자의 정확한 가하구조 도형을 그린 다음 조심스럽게 표시하라.

17.45 과브롬산은 실제로 처음에 셀렌산(셀레늄-8_3을 함유하는)이 과브롬산으로 β^- 붕괴에 의 하여 만들었다. 이 과정에 대한 반응식을 쓰라.

17.46 표준환원전위를 사용하여 브롬산을 과브롬산으로 산화하기 위하여 다음을 사용하는 열역학적 가능성을 분석하라:

(a) 과산화이중황산, $S_2O_8^{2-} \longrightarrow SO_4^{2-}$ ($E^\circ = 2.10$ V)
(b) 오존, $O_3 \longrightarrow O_2$ ($E^\circ = 2.07$ V)

17.47 표준환원전위를 사용하여 브롬산을 과브롬산으로 산화하기 위하여 이플루오르화제논을 사용하는 열역학적 가능성을 분석하라:

$$XeF_2(aq) + 2H^+(aq) = 2e^- \longrightarrow Xe(g) + 2HF(aq) \qquad (E^\circ = 2.64\text{ V})$$

17.48 요오드산바륨을 센 염기성 용액에서 염소로 처리할 때 $Ba_5(IO_6)_2$를 생성한다. 오르토과요오드산은 센 산을 가하여 이 용액으로부터 분리할 수 있다. 이 반응을 표시하는 반응식을 쓰라.

17.49 로켓연료의 과염소산암모늄 분해를 다음에 제시한다. 이 반응에서 왜 그렇게 많은 에너지를 방출하는가?

$$2NH_4ClO_4(s) \longrightarrow N_2(g) + Cl_2(g) + 2O_2(g) + 4H_2O(g)$$

17.50 과염소산($HClO_4$)에서 염소원자 주위의 결합을 설명하라. 구체적으로 염소원자는 어떤 형태의 혼성오비탈을 사용하는가? 그리고 어떤 형태의 염소와 산소 오비탈이 π 결합 형성에 관여하는가?

17.51 브롬산($HBrO_3$)에서 염소원자 주위의 결합을 설명하라. 구체적으로 브롬원자는 어떤 형태의 혼성오비탈을 사용하는가? 그리고 어떤 형태의 브롬과 산소 오비탈이 결합 형성에 관여하는가?

***17.52** 풀르오린이 다른 할로젠 옥소산과 유사하게 풀르오르산(HFO_3)이라고 부르는 산을 형성 하는 순간을 생각하라. 이 가상적 화합물에 대한 Lewis 구조를 그린 다음 왜 그것이 존재하지 않는가를 분석하라.

17.53 BrF, BrF_3, BrF_5의 합성을 표시하는 반응식을 쓰라.

17.54 IF_3, IF_5, IF_7의 합성을 표시하는 반응식을 쓰라.

17.55 다음의 생성물을 표시하는 반응식을 쓰라.
(a) 플루오로화염소를 사용하여 셀레늄으로부터 사풀르오르화 셀레늄
(b) 삼풀르오르화염소를 사용하여 그 산화물로부터 풀르오르화니켈
(c) 삼풀르오르화브로민을 사용하여 이산화규소로부터 4풀르오르화규소
(d) 염화아이오딘을 사용하여 원소 인으로부터 5염화인

17.56 풀르오르화브로민, 삼풀르오르화브로민, 5풀르오르화브로민의 가수분해를 표시하는 반응식을 쓰라.

17.57 삼풀르오르화아이오딘, 5풀르오르화아이오딘, 7풀르오르화아이오딘의 가수분해를

표시하는 반응식을 쓰라.

17.58 (a) 삼염화아이오딘, (b) 삼플르오르화염소의 가수분해를 표시하는 반응식을 쓰라.

17.59 (a) IF_4^+,(b) I_3^+에 대한 구조식(VSEPR이론으로 결정한)을 보여주는 Lewis 도형과 정확한 기하구조를 그려라.

★17.60 IF_3는 예상되는 변형 T-모양이 아니고 삼각평면여야 하는 이유를 제안하라.

17.61 풀르오린-20은 β^- 방출체이고 사람과 동물뼈와 치아의 년대 측정에 사용한다. 왜 이것이 가능한가를 간단히 설명하라.

17.62 수돗물에 첨가한 풀르오르화물이 치아붕괴의 발생을 감소할 수 있는 것을 어떻게 발견했는가를 간단히 설명하라.

17.63 수돗물의 플르오르화 처리에 대한 찬성과 반대를 요약하라.

★17.64 모노풀르오로인산 $[OP(OH)_2F]$ 의 Lewis 구조를 그려라. 구체적으로 인은 어떤 종류의 혼성 오비탈을 사용하는가 그리고 인, 산소, 풀르오린은 어떤 형태의 오비탈이 이 분자의 P−O와 P−F 결합 형성과 관련이 있는가?

★17.65 앞의 장에서 설명한 Emily 아주머니는 예리한 개성은 없지만 대학교육을 받았고 특별히 과학에 흥미는 없다. 그녀는 당신에게 최근에 화학에서 무엇을 공부하느냐고 다시 질문한다. 당신은 Colgate의 “MFP”와 Crest의 “fluoristat”와 관련이 있는 풀르오르화 처리에 관하여 그녀에게 설명으로 대답한다. 이들 화합물이 어떻게 작용하는가를 설명하라. Emily는 작가이므로 당신의 설명문장이 표준이라고 말하겠는가? 당신이 이 연습 문제의 해답을 아주머니에게 또는 다른 어떤 흥미있는 문외한에게 말로 또는 문장으로 설명한다면 언제나 하듯이 더 많은 가산점을 줄 수 있다.

17.66 과산화수소는 왜 좋은 표백제인가? 당신의 해답 부분에 반응식을 포함하라.

17.67 염소기체로부터 가정용 표백제와 표백분의 제조를 나타내는 반응식을 쓰라.

17.68 Freon-11로부터 자유 염소원소의 생성에 대한 반응식을 쓰라.

★17.69 Emily 아주머니와 같은 문외한에게 그림 17.6의 중요성을 설명하라(더 많은 배경은 문제 17.65를 보라).

17.70 남극의 **염소저장소**의 성질, 기능, 화학적 구성을 간단히 설명하라. 이러한 염소보관소는 겨울 동안에 어떻게 그리고 어디서 분해하는가? 당신의 해답에 화학반응식을 함께 쓰라.

17.71 오존은 성층권의 다른 부분보다 분명히 남극위에서 왜 훨씬 더 고갈될 수 있는가를 설명하라.

CHAPTER

18 영족기체

8A족 원소(헬륨, 네온, 아르곤, 크립톤, 제논, 라돈)은 여러 번 비활성(inert)이라고 또는 때때로 희귀한(rare) 기체라고 부르고 있었다. 많은 양의 헬륨과 수십 가지 제논화합물이 알려져 있으므로 이러한 영족기체에 대하여 비활성이라는 이름은 특수한 것이 아니다. 그와 반대로 이들 원소 중 대부분은 일반적으로 반응을 싫어하고 또 그렇지 않으면 가장 반응성 원소에 포함되므로 이 기체는 **영족기체**(*noble gas*)라고 알려지게 되었다. 헬륨, 네온, 아르곤은 여전히 화학적으로 비활성이라고 간주하지만 크립톤과 특히 제논은 그것의 화합물 목록이 점점 증가하는 것으로 알려졌다. 라돈도 역시 몇 가지 화합물을 형성하는 것이 알려져 있지만 방사성 토륨, 우라늄, 악티늄 붕괴계열로부터 파생된 무겁고 조밀한 방사성이라고 가장 많이 알려져 있다.

이들 원소와 그들의 몇 가지 화합물의 역사는 이 장의 특색이다. 우리는 영족기체의 발견과 분리에 관한 일반적 방법과 함께 시작하고 그 다음에 주기적 성질과 상호연결된 아이디어의 연락망에 관하여 기타 정상적 절보다 훨씬 더 짧은 설명이 뒤따른다. 이 족의 실제 화학을 제논이 지배한다고 가정하면 셋째 절은 거의 모두 그 화합물의 제조, 구조, 반응에 할애한다. 그 원소들에 관한 실제로 중요한 짧은 절은 라돈의 발암성 위험에 관한 토픽이 이 뒤따른다.

18.1 영족원소의 발견과 분리

그림 18.1처럼 모든 영족기체는 19세기 말에 6년이라는 짧은 기간에 발견하였다. 그 때 이전에 그러한 원소들이 존재할 수 있다고 여러 의심과 추측이 있었다. 예를 들어 Henry Carvendish는 짧게 설명한 실험에 근거하여 대기는 탈열소 공기(산소), 열소성 공기(질소), 고정 공기(일산화탄소), 수증기 등을 제외한 기체를 함유한다고 추측했다. 그럼에도 불구하고 Lord Rayleigh와 Sir William Ramsay의 중추적 노력으로 영족기체의 존재를 확실하게 확립하기 전에 한 세기 이상이 걸렸다.

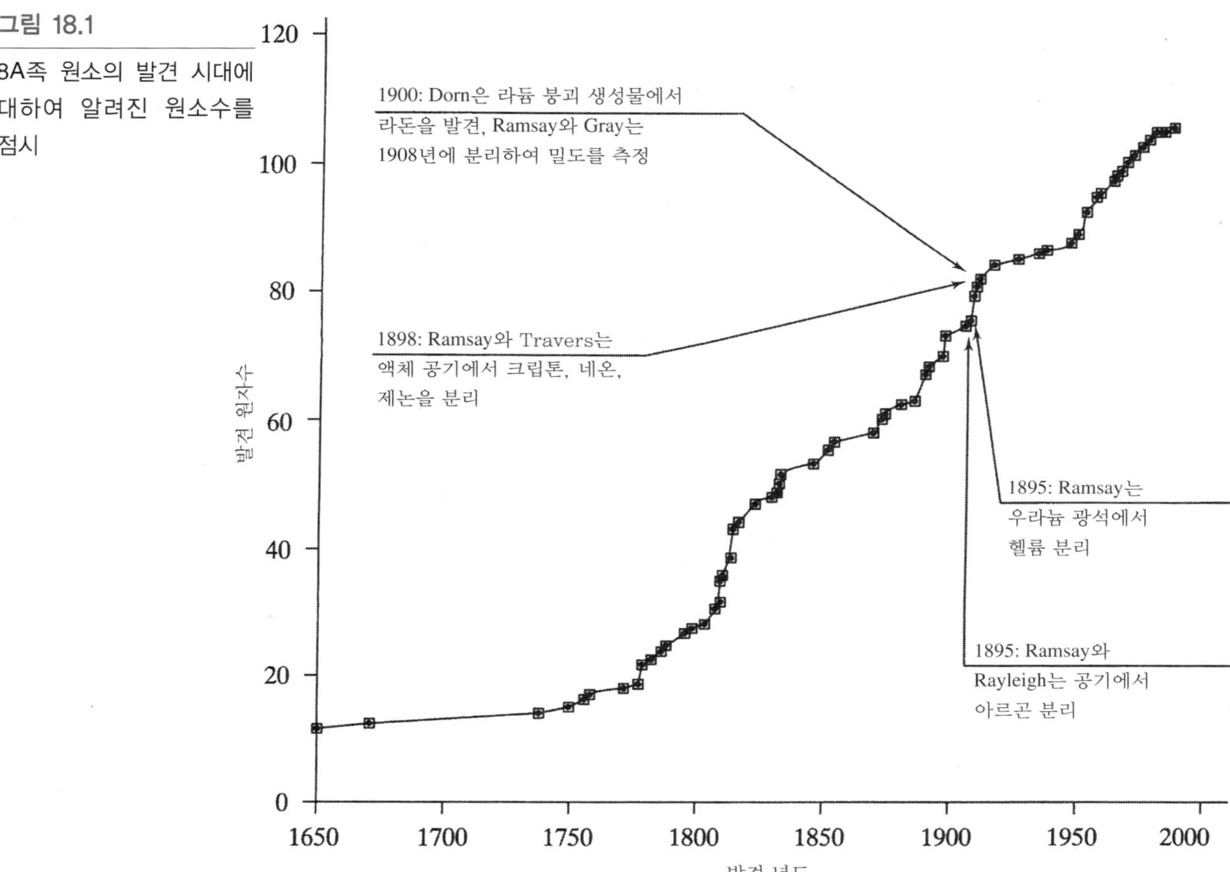

그림 18.1

8A족 원소의 발견 시대에 대하여 알려진 원소수를 점시

아르곤

Lord Rayleigh의 3세 John William Strutt는 처음에 전자기 복사선과 물체 사이의 상호작용에 흥미를 가진 영국 물리학자였다. 그는 초기의 연구에서 산란광이 수학적으로 그 파장과 어떤 관련이 있는것을 측정했다(이러한 수학을 이용하여 John Tyndall은 가시선의 *Rayleigh* 산란이 하늘의 파란색과 일몰시의 적색에 대한 원인이라고 알려진 것을 설명했다). Rayreigh는 또한 수십 년 동안 물리학자들을 당혹스럽게 만든 흑체복사선을 연구하였고 최후에 Max Planck는 1900년에 빛은 양자(qunta)라는 어떤 허용 에너지($E = h\nu$)만 갖는다고 가정했다. Raileigh는 1880년대에 대단히 갑자기 흥미있는 연구를 변경하여 그의 관심이 1815년에 처음 제안된 William Prout 가설로 돌아갔다. 그 가설은 모든 원소들이 수소원자로 구성하고 모든 원자량은 수소원자량의 정확한 배수로 발견된다는 것이다.

그 이전의 다른 사람처럼 Rayleigh도 Prout 가설을 논박하였다. 더 중요한 것은 특히 대기를 구성하는 기체의 밀도에 관한 조심스런 그의 연구이다. 예를 들어 모든 산소, 이산화탄소, 수증기를 공기시료에서 제거하고 남은 질소기체는 암모니아, 아질산암모늄, 또는 다른 질소-함유 화합물을 분해하여 얻은 질소기체보다 조금 더 조밀하다는 것을 발견했다(여담이지만 Rayleigh는 처음 이 모순을 지적하지 않았다. Cavendish는 주성분 기체를 분명하게 제거하고 남은 공기부피의 약 1/120은 설명할 수 없다고 그의 공책에 기록하였다). 이러한 질소밀도의 차이는 쉽게 설명하지 못한다. Rayleigh는 대단히 당황하여 그도 Nature 잡지에 편지를 보내서 “chemical readers”에게 제안을 요청하였다.

Rayleigh는 Nature 독자층으로부터 실행가능한 제안이 없었지만 그가 대기의 질소 성질을 더 연구할 수 있는 여부를 요청하는 William Ramsay로부터 받은 영예에 행복하였다. 이 스콧트랜드 화학자는 모든 영족기체 중 하나의 발견에 중요한 역할을 하였다. Ramsay는 Cavendish와 Rayleigh에게 실험을 되풀이하여 남은 그의 공기의 1/80은 설명할 수 없다는 것을 알았다. 그 나머지 부분의 스펙트럼은 새로운 붉은색과 연두색 띠를 나타냈다. Ramsay는 그와 Rayleigh가 대기 중 새로운(또는 적어도 알려져있지 않은) 성분의 발견을 의심하기 시작했다. 그러나 그것은 혼합물인가? 또는 순수한 물질인가? 그것이 순수한 물질이면 그것은 원소인가? 화합물인가? 다음에 계속되는 연구는 이 성분이 더 이상 분리되지 않고 실제로 완전히 반응성이 없는 것으로 나타났다. 모든 증거는 새로운 원소를 향하는 것처럼 보였지만 한 주요한 문제가 남았다.

새로운 대기 성분이 순수하고 결합하지 않은 새로운 원소라고 가정하면 그 원자량(그 밀도로부터 계산할 때)약 39.9 u라고 나타난다. 이것은 포타슘과 칼슘 사이에 있는 그러한 원소이지만 거기에는 공간이 없다! Ramsay가 Rayleigh에게 쓴 것처럼 “주기율표 끝에 기체원소에 대한 공간”이 있는 것처럼 보인다. 아마 새로운 원소와 포타슘의 원자량은 반전(inversion)될 것이다(다른 두 가지 알려진 원자량 반전(atomic-weight inversion), 즉 텔루륨과 아이오딘, 그리고 코발트와 니켈의 원자량 반전이 있었지만 이들은 실험적 어려움 때문이라고 의심하였다). 이러한 모든 것은 쉽게 해결되지 않는 괴로운 곤경에 처했다. 그럼에도 불구하고 1894년 후반에 Ramsay와 Rayleigh는 함께 “대기의 새로운 기체 성분”의 발견을 발표했다. 이 논문에서 그들은 이것은 새로운 원소라고 조심스럽게 주장하지 않았다. 그러나 다음 해에 그들은 새로운 원소를 발견했다고 제안하였고 그들은 아르곤(argon)이라는 이름을 제안했다(Argon이라는 이름은 그리스어로 “idle” 또는 “lazy”를 의미하는 argos로부터 유래한다).

1894년은 주기율표를 발표한 다음 25년이 지났고 Mendeleev 그 자신은 60세이었다. 주기율표는 이미 위대한 과학의 실험적 일반론 중 하나이고 Mendeleev는 가장 위대한 살아있는 화학자 중 하나였다. 러시아 사람들은 원자량 반전을 인정하지 않고 이 새로운 아르곤에 관하여 몇 가지 이론을 제안했다. 예를 들어 Mendeleev와 기타 사람들은 그것이 3원자질소(오존이 산소의 3원자인 것처럼) 또는 원자량 20(풀르오린과 소듐 사이에 맞는 원자)을 갖는 새로운 원소의 2원자분자라고 생각하였다. 그러나 아르곤이 반응성이 없는 원소이면 Mendeeev 주기율표의 정신에 따라 분명히 0 원잣가를 가져야 들어맞는다. 어쩌면 그 시대에 이 괴로운 곤경은 해결될 것이다. 갈륨을 발견한 Lecoq de Boisbaudran은 다른 사람들처럼 이들 원소들이 모두 새로운 족으로 존재할 수 있다고 제안했다. 다음에 그러한 새로운 족의 성질에 관한 상세한 연구를 설명하는 적당한 장소에서 아르곤을 삽입하였다. 이러한 원소들의 발견은 드물게 계속되었다.

헬륨

1868년 일식 동안에 프랑스 천문학자 Pierre Janssen은 태양의 채구(chromosphere)에서 새로운 스펙트럼선을 관찰했다. 그는 그의 결과를 태양 스팩트럼에 관한 영국천문학자 Joseoph Lockyer 전문가에게 보냈고 그는 그것이 알려진 것처럼 태양 주변의 홍염(promonence) 스펙트럼에서 동일한 설명하지 못한 선을 발견했다. 그러나 그들의 제안은 많은 회의론과 마주쳤다. 결국 분광학은 새로운 방법이었고 그 방법은 Bunsen과 Kirchhoff에 의하여 분광법이 발명된 다음 십년 이내에 Janssen과 Lockyer에 의하여 관찰되었다(분광학에 관하여 더 자세한 것은 11.1절을 보라). 그러므로 이 새로운 스펙트럼선은 헬륨(helium, 그리스어로 “sun”을 의미하는 *hëios*로부터 유래한다)이라고 임시로 불렀다. 많은 과학자들은 믿지 않았다.

1880년 후반까지 태양에서만 발견된 이 새로운 원소의 아이디어에 관하여는 더 이상 아무것도 없었고 그 후에 미지의 비활성 기체는 uraninite 광물로부터 유리되는 것이 발견되었다. 그 원소는 임시로 질소라고 확인하였다. 그러나 Ramsay가 그 발견의 보고서를 읽을 때 그는 다른 생각을 가졌다. 이 기체는 아르곤과 함께 합칠 때 아르곤의 딜레마를 해결할 수 있는 매우 좋은 또 다른 수수께끼의 조각일 수 있다고 그는 생각했다. Ramsay는 연구하기 시작했고 그는 마찬가지로 우라늄-함유 clevite 광물로부터 기체를 분리했을 때 그 스펙트럼을 관찰한 Crookes에게 시료를 약간 주었다, 그것은 Janssen과 Lockyer에 의하여 관찰된 것과 동일한 스펙트럼선을 나타냈다. 그것은 지구를 향하여 빛으로 오는 태양의 새로운 원소였다. 몇 년 안에 헬륨은 천연가스 퇴적물로, 특히 미국 남서부에서 다량 존재하는 것이 발견되었다.

크립톤, 네온, 그리고 제논

이들 세 가지 원소의 발견은 모두 Ramsay와 그의 젊은 공동연구원 Morris Travers에 의하여 1898년에 발표되었다. 소량의 귀중한 아르곤을 공급받기 전에 추가로 비활성 기체를 분리하려는 초기 시도의 계획에 따라 액체공기를 손으로 교묘히 조절하는 어떤 방법을 실행하기로 결정했다. 조금 뜻밖에도 산소와 질소를 끓여 제거한 다음 남은 잔류물은 크립톤이라고 부르는 새로운 원소에 상당하는 새로운 연두색과 주황색 스펙트럼선을 나타냈다. 크립톤(krypton)은 그리스어로 "hidden"을 의미하는 *kryptos*로부터 유래했다. 밤늦게 연구하면서 Ramsay와 Travers는 새로운 원소를 주기율표에서 브로민과 루비듐 사이에 두기로 결정했다. Traverse는 대단히 흥분하여 그는 그의 박사학위시험이 다음 날로 잡혀있는 것을 거의 모르고 있었다.

그들의 방법은 완전하였고 Ramsay와 Travers는 아르곤을 반복 분별증류하였다. 그들은 곧 붉은색, 엷은 연두색, 남색의 여러 스펙트럼선을 갖는 더 가벼운 부분을 발견했다. 이 부분을 함유하는 방전관은 밝은 심홍색 빛을 냈다. Ramsay의 13세 아들은 이 기체를 "novum"(라틴어로 "new"를 의미한다)이라고 부르기를 원했지만 그들은 똑같은 의미를 갖는 네온(neon) 이라고 결정했다. neon은 그리스어 *neos*로부터 유래했다.) Ramsay와 Travers는 최초로 네온 빛을 관찰하고 있었다.

이때 Ramsay와 그의 동료는 점점 더 많이 크립톤과 네온을 얻을 수 있는 새로운 "액체－공기 기계"를 가졌다. 반복증류하여 만든 더 무거운 기체는 그들의 방전관에서 아름다운 파란색을 생성하였다. 그들은 그것을 xenon ("strange"를 의하는 그리스어 xenos로부터 유래한다) 이라고 불렀다.

라돈

Curie도 그들의 라듐과 폴로늄 발견을 1898년에 발표한 것을 기억하라(1년 안에 다섯 원소를 발견했다). 그들은 라듐 그 자체가 강력한 방사성일 뿐만 아니라 라듐과 접촉한 공기도 방사성이라는 것을 발견했다. 이것은 라듐의 붕괴에 의하여 생성된 현재 라돈(radon)이라고 부르는 마지막 원소이고 가장 무거운 영족기체를 생성하기 때문이다.[식 (12.6을 보라.] (라듐처럼 radon이라는 말도 "ray" 또는 "beam"을 의미하는 라틴어 radius로부터 유래했다.) 이 원소는 몇 년간 여러 이름으로 불렀지만 1923년에 라돈이 공식이름으로 되었다. Friedrich Dorn은 일반적으로 1900년에 실제 발견자로 인정되었다. 그는 그것을 "라듐 방출체"이라고 불렀다. 1908년에 Ramsay와 그의 공동연구원들은 마지막 라돈 영족기체를 분리하고 그 밀도를 측정하였다. 그것은 알려진 것 중에서 가장 조밀한 기체원소이다.

1904년에 가장 비정상적 노벨상 수상식이 있었다. 아르곤의 기체밀도와 발견에 관한 연구로 물리학 분야의 수상자는 Lord Rayleigh이었다. 공기 중 비활성 기체원소의 발견과 주기율표에서 라돈의 위치에 관한 연구로 화학분야 수상자는 William Ramsay이었다. 때때로 이러한 두 과학 사이에 경계는 실제로 매우 작다.

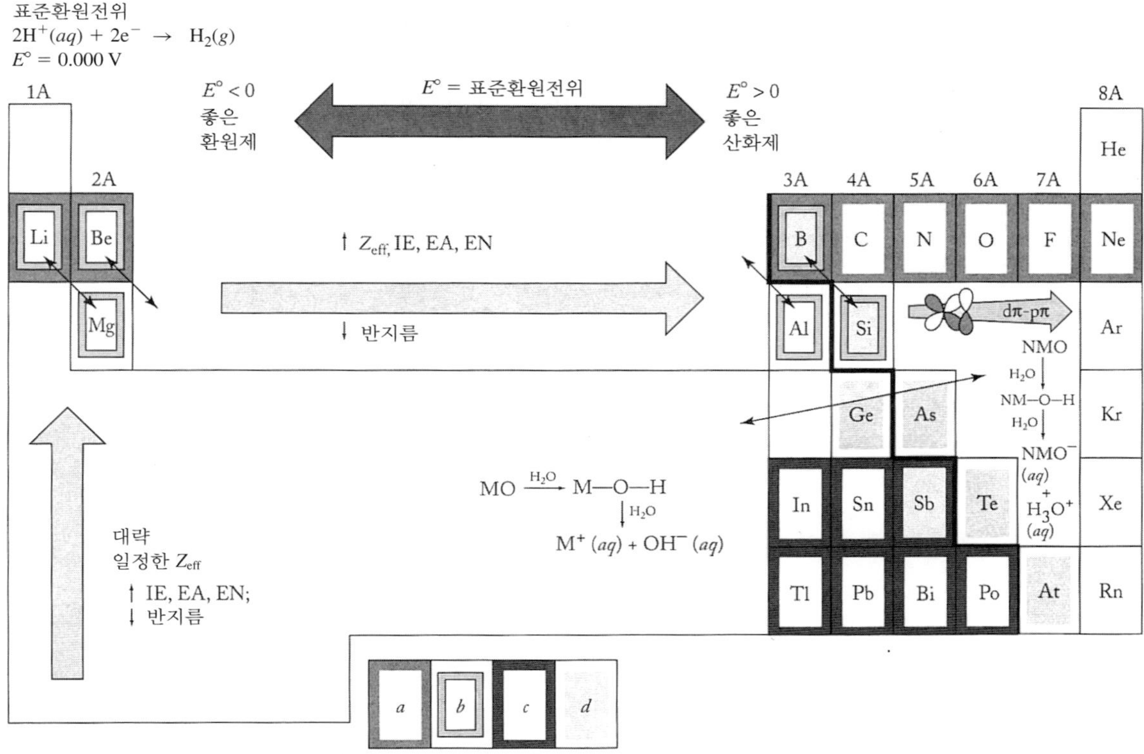

그림 18.2

상호연결된 아이디어의 연락망에 겹쳐 표시한 영족기체(8A족). 여기에는 2주기와 3주기 원소와 관련이 있는 $p\pi-d\pi$ 결합의 변화, 금속과 비금속 산화물의 산–염기 특성, 주기적 성질과 표준환원전위의 주기적 성질, (a) 유일성 원리, (b) 대각선 효과, (c) 비활성-쌍 효과, (d) 금속–비금속 경계선 등을 포함한다.

18.2 기본 성질과 상호연결된 아이디어의 연락망

그림 18.2는 상호연결된 아이디어의 연락망에 겹쳐 표시한 영족기체를 보여준다. 표 18.1은 일반적 주기율표의 주기성질을 약간 수정한 변형이다. 이들 성질은 유효핵전하와 그 전하로부터 원잣가전자의 거리에 바탕을 두고 예상한 것과 정확하게 일치하는 것에 주목하라. 이러한 원소들의 영족기체 성질과 일치하는 원자반지름과 이온반지름에 대한 일반적 기재사항은 van der Waals 반지름으로 대체한다. 제논과 크립톤에 대한 두 기재사항만 공유성 결합 반지름을 표에 넣었다(몇 가지 라돈 화합물이 알려져 있지만 공결합성 반지름은 잘 확정되어 있지 않다). 기대하는 것처럼 이들의 반지름은 주기율표에서 영족기체를 밑으로 가면서 규칙적으로 증가한다.

표 18.1 8A 족 원소의 기본 성질

	헬륨	네온	아르곤	크립톤	제논	라돈
기호	**He**	**Ne**	**Ar**	**Kr**	**Xe**	**Rn**
원자번호	2	10	18	36	54	86
자연동위원소 A/% 존재	^{4}He/100 ^{3}He/0.00013	^{20}Ne/90.92 ^{21}Ne/0.257 ^{22}Ne/8.82	^{36}Ar/0.337 ^{38}Ar/0.063 ^{40}Ar/99.60	^{78}Kr/0.35 ^{80}Kr/2.27 ^{82}Kr/11.56 ^{83}Kr/11.55 ^{84}Kr/56.90 ^{86}Kr/17.37	^{124}Xe/0.096 ^{126}Xe/0.090 ^{128}Xe/1.92 ^{129}Xe/26.44 ^{130}Xe/4.08 ^{131}Xe/21.18 ^{132}Xe/26.89 ^{134}Xe/10.44 ^{136}Xe/8.87	^{222}Rn[a]
전체 동위원소	5	8	8	21	25	20
원자량	4.003	20.18	39.95	83.80	131.3	(222)
원잣가전자	$1s^2$	$2s^22p^6$	$3s^23p^6$	$4s^24p^6$	$5s^25p^6$	$6s^26p^6$
mp/bp,°C	−272/−269	−249/−246	−189/−186	−157/−152	−112/−107	−71/−62
밀도, g/liter	0.177	0.900	1.784	3.733	5.887	9.73
공유결합 반지름 Å	....	....	....	1.15	1.26	
van der Waals 반지름, Å	1.40	1.54	1.88	2.02	2.16	
산화상태	0	0	0	0, +2	0, +2, +4, +6	0, +2
이온화에너지, kJ/mol	2373	2080	1521	1241	1167	
전자친화도, kJ/mol (추정)	21	29	35	39	40	
발견자/년도	Ramsay 1895	Travers & Ramsay 1898	Rayleigh & Ramsay 1894	Travers & Ramsay 1898	Travers & Ramsay 1898	Dorn 1900
rpw[b] 할로겐	....	....	....	KrF_2	XeF_n (n = 2, 4, 6)	
결정구조	hcp	fcc	fcc	fcc	fcc	fcc

[a]가장 긴 동위원소, $t_{1/2}$ = 3.82 days.
[b]rpw = reaction product with

8A족 원소의 원잣가전자에 작용하는 매우 큰 유효핵전하와 함께 그들의 이온화에너지는 대단히 크다. 그러나 원잣가전자를 이러한 유효핵전하로부터 점점 더 멀리 제거할 때 이온화에너지는 느리게 감소하고 더 무거운 원소로부터 한 전자의 제거는 더 쉬워진다. 다음 절에서 설명하는 것처럼 이러한 이온화에너지 경향성은 1962년에 Bartlett에 의한 바로 그 최초의 제논 화합물의 합성을 유도한 생각에 중요한 역할을 하였다.

그와 반대로 8A족 원소의 범위에 들어오는 전자에 관한 유효핵전하는 매우 작다. 이 이유 때문에 전기음성도는 수록되어있지 않다. 전자친화도는 추정할 수 있고 표 18.1처럼 약간 양수의 값이고 이들 원자에 대한 전자 첨가는 특히 유리한 과정이 아닌 것을 나타낸다. 전자친화도는 8A족을 밑으로 가면서 더 양수의 값으로 되고 그것은 전자들을 유효핵전하로부터 제거한 점점 더 먼 오비탈에 첨가하는 생각과 일치하는 경향성이다.

더 많은 전자들이 더 무거운 영족기체와 관련이 있으므로 그 원자들은 더 편극될 수 있고 그들 사이에 London 분산력은 약간 더 세진다. 따라서 끓는점과 녹는점은 더 무거운 원소에서도 훨씬 더 매우 낮다. 헬륨은 0에 매우 가까운 녹는점을 갖는다. 부수적으로 말하면 2.2 K에서 **헬륨** *I* 이라고 부르는 정상액체로부터 **헬륨** *II* 라고 부르는 초유체(superfluid)로 전이한다. 헬륨 II는 근본적으로 0 표면장력을 갖고 그 필름은 몇 원자 두께로만 모든 표면에 퍼져 덮인다. 헬륨을 미리 냉각한 비이커에 넣으면 내부 벽을 따라서 올라가서 비커 외부 벽을 따라 도망간다.

이러한 원소들의 비활성은 경험적 그리고 이론적 주기율표의 이해에 중요한 연결을 제공한다. 경험적으로 0 원잣가(원자량 반전에도 불구하고)는 곧 할로젠(−1 원잣가)과 알칼리금속(+1 원잣가) 사이에 다리결합을 제공하는 것으로 알려졌다. 그러나 이론적 0 원잣가의 해석은 핵이 전자의 장(field)으로 둘러싸여 있다는 원자핵의 발전을 기다려야 했다. 이러한 생각은 20세기 초에 Rutherford, Thomson, 그리고 다른 사람들에 의하여 해결되었다. 1916년 또는 그 무렵에 Gilbert Newton (G. N.) Lewis는 이러한 새로운 생각을 영족기체의 전자배열에 관한 큰 안정도의 설명에 응용했다. 팔전자계의 안정도 또는 팔전자규칙은 유용한 것으로 인정하지만 그리고 그 일반화는 제한을 받지만 여전히 화학을 배우는 모든 학생들의 마음에 유력한 체계적 원리로 남아있다.

표 18.1의 기재상항과 함께 "반응생성물"은 7A족의 비슷한 표에 비하여 많이 축소한 것에 주목하라. 제논과 크립톤만 플루오린과 반응하여 플루오르화물을 생성한다. 그러므로 이들 화합물의 수소화물, 산화물, 수산화물, 할로젠화물을 설명하는 일반적 형식에 따르는 대신 제논 화합물의 합성에 관한 역사적 설명을 하고 그 다음에 크립톤과 라돈 화학에서 추출한 소수의 예를 포함하는 간단한 설명으로 확장한다.

18.3 영족기체 화합물

역사

Ramsay는 그의 새로운 원소를 어떤 것과 반응하게 만들 수 없었지만 처음부터 반응이 가능하다는 생각을 유지하였다. 마침내 플루오린의 분리에 성공한 (17장을 보라) Moissan은 그가 이용할 수 있는 제한된 양의 영족기체와 모두 결합하는 가장 반응성이 큰 원소를 얻을 수 없었다. 1933년에 Linus Pauling은 XeF_6와 KrF_6를 얻을 수 있을 것으로 예상하고 그의 예측을 시험하려고 여러 가지로 시도하였다. 예를 들어 제논과 플루오린 혼합물에 전기방전을 하고 제논과 염소에 여러 광화학적 방법을 사용했다. 아무것도 생기지 않았다. 그러나 실상은 제논과 플루오린이 광화학적으로 반응하는 것이 알려졌지만 이러한 반응물의 결합과 제조방법은 시도하지 않았다. 처음 영족기체 화합물은 약 30년 전에 가장 그럴듯하게 합성하였다.

고압 영족기체를 물에 냉동할 때 영족 원자들이 얼음 비슷한 격자에 포집된 영족기체 수화물이 제조되었다(얼음을 형성하는 큰 6각형 구멍의 설명은 10.2절을 보라). 몇 가지 유기 화합물도 **클라드레트 화합물**(*clathrate dompound*)이라고 부르는 비슷한 구조를 형성한다. 수화물은 그 일반식이 E · $6H_2O$이다. 여기에서 E = Ar, Kr, Xe이다. 그러나 이러한 일반식과 클라트레트는 일반적 그 용어의 의미에서 화합물이 아니다. 그들은 영족기체 원자와 관련이 있는 이온성 또는 공유성 결합을 함유하지 않는다. 수년간에 걸쳐 영족기체를 포함하는 몇 가지 순간적으로만 존재하는 안정한 양이온(HeH^+, ArH^+, He_2^+, Kr_2^+, $NeXe^+$, 그리고 가장 최근에 Xe_2^+)에 대하여 어떤 분광학적 증거가 있었지만 1962년까지 안정한 영족기체의 중성화합물은 알려져 있지 않았다. 그때까지 **비활성 기체**(*inert gas*)라는 용어는 이러한 족에 대하여 적절한 이름이었다(역자주; 과학기술총연합회와 대한화학회 용어집은 inert를 불활성이라고 정했지만 이 책에서는 비활성이라고 번역했다. 왜냐하면 강의시간에 불활성이라고 발음할 때 빠르게 발음하면 이상한 발음으로 들리기 때문이다. 한번 시험삼아 빠르게 발음해보라).

University of British Columbia에서 연구하는 영국화학자 Neil Bartlett는 백금 및 그것과 관련이 있는 금속의 풀르오르화물에 흥미를 가졌다. 세계이차대전 중에 쉽게 증발되는 6풀르오르화 우라늄(UF_6)은 우라늄 동위원소를 기체 확산법으로 분리하는 방법에 유용하였다. 일본 히로시마에 낙하한 첫 번째 원자탄 제조에 사용한 우라늄-235는 이 방법으로 핵분열하지 않는 ^{238}U로부터 분리한 핵분열 가능한 ^{235}U를 함유하였다. 여러 금속 풀르오르화물의 합성과 특성의 확인에 흥미를 가진 그 결과는 1950년대까지 확장되었고 그것은 Bartlett이 그의 연구계통을 추적한 한 이유 때문이다.

Bartlett은 6풀르오르화 배금(UF_6)을 연구하고 있었다. 그것은 대단히 강력한 산화제이고 풀르오르화제이고 진한 적색 기체이다. 그것은 완전히 공기와 수분이 없는 분위기로 조절해야 하였고 그것은 그의 유리기구(이산화규소)와 반응하여 황갈색 고체를 나타났다. 그러나 더 상세한 연구에 의하여 그의 진공계에 소량 이원자산소가 존재하고 그 황갈색 고체는 실제로 dioxygenyl hexafluoroplatinate(V)라고 부르는 화합물 때문이었다. 식 (18.1)은 Bartlett 진공 라인에서 일어난 반응을 나타낸다;

$$O_2(g) + PtF_6(g) \longrightarrow O_2^+PtF_6^-(s) \tag{18.1}$$

이산소 원자는 6풀르오르화백금에 의하여 산화되는 것에 주목하라. 6풀르오르화백금은 실제로 센 산화제이다.

Bartlett는 산소분자(1180 kJ/mol)와 제논원자(1167 kJ/mol)의 이온화에너지는 대단히 비슷한 것을 알았다. 그는 이원자산소 대신 제논으로 앞에서 설명한 것과 동일한 반응을 시도하려고 결정하였다. 그는 알려진 제논 부피(약간 더 과량)와 6

풀르오르화백금을 섞고 조심스럽게 각 압력을 살펴보았다. 그는 두 기체를 섞을 때 주황색-노란색 고체를 즉시 형성하였고 남은 압력은 1:1 화합물의 형성과 일치하였다. 그 반응은 본래 식 (18.2)처럼 나타낸다:

$$\underset{\text{무색}}{Xe(g)} + \underset{\text{적색}}{PtF_6(g)} \longrightarrow \underset{\text{주황-노란색 고체}}{Xe^+PtF_6^-(g)} \tag{18.2}$$

더 많은 연구에 의하여 그 반응은 Bartlett이 본래 생각한 것보다 복잡한 것으로 나타났다. 실제로 이 반응은 여전히 잘 이해하지 못한다. 식 (18.3)은 제논과 6풀르오르화백금을 함께 섞을 때 무엇이 일어나는가를 더 잘 표시할 것이다:

$$Xe(g) + 2PtF_6(g) \xrightarrow{25°C} [XeF^+][PtF_6^-] + PtF_5 \tag{18.3a}$$

$$[XeF^+][PtF_6^-] + PtF_5 \xrightarrow{60°C} [XeF^+][Pt_2F_{11}^-] \tag{18.3b}$$

이 반응의 정확한 성질도 중요하지만 제논을 비활성 기체라고 더 이상 간주하지 않는 사실보다는 중요하지 않다. 비활성기체는 noble gas 또는 inert gas라고 부른다. 아마 “Noble”은 사실이지만 더 이상 “inert”하지 않다.

풀르오르화물

Bartlett에 의한 제논화합물 제조의 발표 후에 혼란스런 활동이 뒤따랐다. 몇 달 후에 Argone National Laboratory의 한 그룹이 원소들을 직접 반응시켜 4풀르오르화제논을 만들 수 있었다. 그들은 니켈 용기 안에 1:5 Xe/F_2 비율로 넣을 때 400°C와 6 atm에서 1시간 후에 완전히 반응했다. 그 혼합물을 승화하여 광택이 나는 XeF_4 백색 결정을 얻었다. 그 반응은 식 (18.4)로 요약할 수 있다.

$$Xe(g) + 2F_2(g) \xrightarrow[6\ atm]{400°C} XeF_4(s) \tag{18.4}$$

XeF_4는 만들기 쉽고 가장 안정하고 가장 좋은 특성을 나타내는 제논-풀르오르화 화합물이다. 그러나 그것이 반응 (18.5)처럼 습기와 접촉할 때 격렬하게 폭발(TNT처럼)하므로 수분과 접촉하지 않게 주의해야한다. 4풀르오르화제논은 식 (18.6)과 (18.7)처럼 훌륭한 풀르오르화제이다.

$$6XeF_4 + 12H_2O \longrightarrow 2XeO_3 + 4Xe + 3O_2 + 24HF \tag{18.5}$$

$$Pt + XeF_4 \longrightarrow PtF_4 + Xe \tag{18.6}$$

$$2SF_4 + XeF_4 \longrightarrow 2SF_6 + Xe \tag{18.7}$$

제논의 2풀르오르화물과 6풀르오르화물도 직접 원소로부터 반응조건을 변화시켜 만들 수 있다. 제논을 과량 가하면 XeF_2를 생성한다. 그 반응은 혼합물을 보통 햇빛에 노출해도 진행할 수 있다. 고압에서 풀르오린이 과량이면 6풀르오르화물이 생성된다. 이들은 실온에서 고체이고 4풀르오르화물처럼 물과 격렬하게 반응하고 식 (18.8)~(18.10)과 같다.

$$2XeF_2 + 2H_2O \longrightarrow 2Xe + 4HF + O_2 \tag{18.8}$$

$$XeF_6 + H_2O \longrightarrow XeOF_4 + 2HF \tag{18.9}$$

$$XeF_6 + \underset{\text{과량}}{3H_2O} \longrightarrow XeO_3 + 6HF \tag{18.10}$$

여기에서 2풀르오르화제논에 대한 두 가지 특성있는 반응을 설명할 필요가 있다. 하나는 산화제로서 반응이다. $XeF_2 \rightarrow Xe$으로 표준환원전위는 식 (18.11)처럼 2.64 V이다:

$$XeF_2(aq) + 2H^+(aq) + 2e^- \longrightarrow Xe(g) + 2HF(aq) \qquad (E^\circ = 2.64\ \text{V}) \tag{18.11}$$

이것은 XeF_2가 대단히 센 산화제이므로 브롬산을 과브롬산으로 산화에도 사용할 수 있다는 것을 나타낸다. 그것은 또한 식 (18.12)와 (18.13)처럼 크롬(III)을 크롬산으로 그리고 염화물을 염소로 산화처럼 여러 다른 물질도 산화할 수 있다.

$$3XeF_2 + 2Cr^{3+} + 7H_2O \longrightarrow 3Xe + Cr_2O_7^{2-} + 6HF + 8H^+ \tag{18.12}$$

$$XeF_2 + 2Cl^- + 2H^+ \longrightarrow Xe + Cl_2 + 2HF \tag{18.13}$$

2풀르오르화제논의 둘째 특성적 반응은 여러 5풀르오르화물처럼 풀르오르화물-이온 받개와 결합이다. 대표적 두 반응을 식 (18.14)와 (18.15)에 제시한다:

$$MF_5 + XeF_2 \longrightarrow [XeF]^+[MF_6^-] \tag{18.14}$$

$$MF_5 + 2XeF_2 \longrightarrow [Xe_2F_3^+][MF_6^-] \tag{18.15}$$

여기에서 M = P, As, Sb, I와 약간의 금속이다.

앞에서 설명한 특성적 가수분해에 추가하여 XeF_6도 식 (18.16)과 (18.17)처럼 각기 풀르오르화물 받개와 주개로 반응한다:

$$XeF_6 + RbF \longrightarrow RbXeF_7 \tag{18.16}$$

$$XeF_6 + 2CsF \longrightarrow Cs_2XeF_8 \tag{18.17a}$$

$$XeF_6 + EF_5 \longrightarrow [XeF_5^+][EF_6^-] \qquad (E = \text{As, Pt}) \tag{18.17b}$$

구조

이풀르오르화물의 비교적 제조 용이성과 큰 반응성을 인정한다면 이성분 풀르오르화물이 다른 제논 화합물의 주요한 출발물질의 성분이라는 것은 놀라운 것이 아

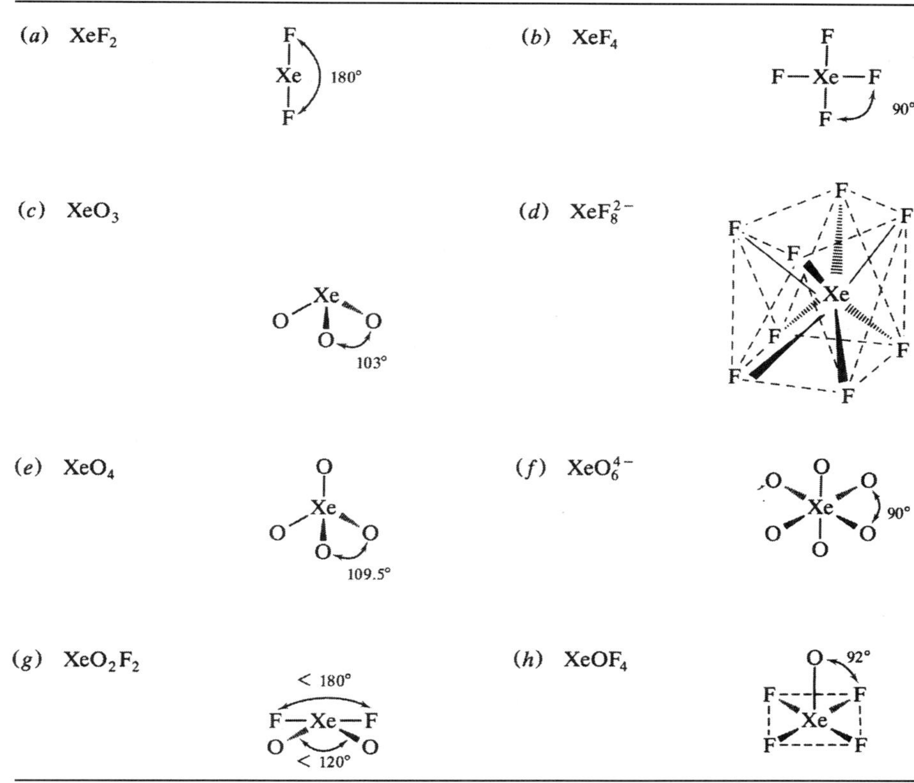

그림 18.3

몇 가지 대표적 영족기체 분자와 이온의 구조

니다. 이들 화합물 중에서 몇 가지 구조를 그림 18.3에 제시한다. 대부분의 분자기하구조는 쉽게 VSEPR에 따르지만 세 가지[6풀르오르화물(XeF_6), 8풀르오르화물 음이온(XeF_8^{2-}), 옥시테트라풀르오르화물($XeOF_4$)]는 어떤 간단한 추가 설명이 필요하다.

XeF_4에 대한 여러 관점을 그림 18.4에 제시한다. 그림 18.4a의 Lewis 구조는 중심 제논원자의 주위에 7 전자쌍을 제시하는 것에 주목하라. 그러므로 그 분자는 5각형 피라미드 구조(그림 18.4b)라고 생각하는 것은 의심할 수 있다. 그 경우에 한 고립전자쌍은 17.4절에서 처음 소개한 5각형 쌍뿔의 위치 중 하나를 점유한다. 또는 그림 18.4c처럼 monoicapped octahedron과 같은 또 다른 기하구조라고 생각할 수 있다. 그러나 기체-상 분자구조는 약간만 변형된 대단히 매우 작은 이중극자 모멘트를 갖는 "무른"(soft) 또는 비-경직성(non-rigid) 팔면체라고 판명되었다. 분명히 그 분자들은 대단히 쉽게 한 구조에서 또 다른 구조로 미끄러진다. 무색 결정성 고체의 구조연구는 적어도 서로 다른 네 가지 형태로 존재하고 모두 F^-에 의하여 다리결합된 사각 피라미드 XeF_5^+ 양이온의 특성을 갖는다. 그 형태 중 셋은 $[(XeF_5^+)F^-]_4$ 화학식의 사합체(tetramer)와 관련이 있고 한편 넷째는 $[(XeF_5^+)F^-]_6$ 육합체(hexamer)이다. 이들의 중합체 단위를 그림 18.4와 e에 제시한다.

Octafluoroxenate(VI) 음이온(XeF_8^{2-})은 그림 18.3d처럼 사각형 안티프리즘

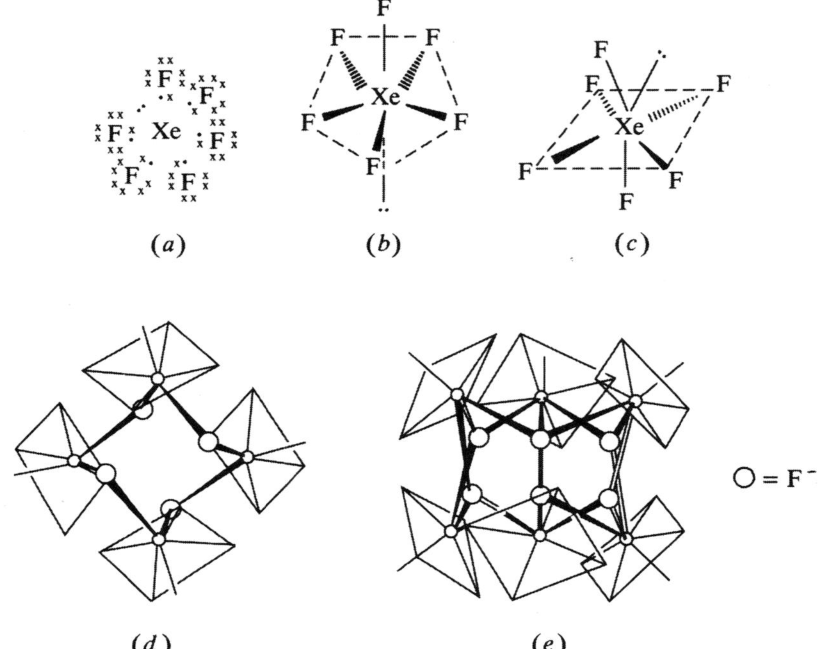

그림 18.4

6풀르오르화제논의 여러 구조와 결합.
(a) Lewis구조,
(b) 오각형 쌍뿔,
(c) monocapped octahedron,
(d) $[XeF_5^+)F^-]_4$의 4합체 형태,
(e) $[XeF_5^+)F^-]_6$의 6합체 형태.

기하구조라고 생각한다. 다시 설명하면 보통 Lewis 구조는 중심 제논 주위에 9 전자쌍을 갖는다. 그러나 이 경우에 고립전자쌍은 구형 5*s* 오비탈(또 다른 비활성-쌍 효과)과 나머지 8 결합전자쌍이 규칙적 사각 안티프리즘에 배열하는 것을 제시한다. 그림 18.3h에 제시한 $XeOF_4$는 축 위치에 산소를 갖는 대단히 규칙적 사각 피라미드라고 생각한다. 분명히 산소와 고립전자쌍은 대단히 비슷한 반발력을 가지므로 O−Xe−F 결합각은 90°에 매우 가깝다.

그 밖의 화합물

풀르오르화물은 기본적으로 제논 화합물만 안정하다. $XeCl_2$는 염소와 과량 제논 혼합물에 마이크로파를 방전하여 만든 생성물을 응축하여 얻는다. 사염화제논과 이브롬화제논도 검출되었다.

삼산화제논은 몇 가지 이성분 풀르오르화물의 가수분해 생성물로서 이미 설명했다. 그것은 식 (18.18)처럼 2.10 V 표준환원전위를 갖는 월등한 산화제이다:

$$XeO_3 + 6H^+ + 6e^- \rightleftharpoons Xe + 3H_2O \quad (E^\circ = 2.10\text{ V}) \tag{18.18}$$

XeO_3 수용액은 때때로 xenic acid라고 한다. 예를 들어 xenic acid는 식 (18.19)처럼 오존에 의해 perxenate로 산화될 수 있다:

$$3XeO_3 + 12NaOH(aq) + O_3 \longrightarrow 3Na_4XeO_6 + 6H_2O \tag{18.19}$$

강력한 산화제 XeO_6^{4-} 음이온은 그림 18.3f처럼 팔면체 배열을 한다.

이풀르오르화 크립톤은 −196°C에서 성분 원소를 통하여 전기방전하여 합성할 수 있다. 그것은 KrF_2 분자단위를 함유하는 휘발성 백색고체이다.

질소와 결합한 몇 가지 화합물이 알려져 있다. 크립톤과 제논은 $[HC{\equiv}N-EF^+][AsF_6^-]$의 일반화학식을 갖는 화합물의 형성이 알려졌다. 여기에서 E=Kr 또는 Xe이다. 크립톤 화합물은 백색 빛을 내면서 폭발한다.

라돈은 실온에서 풀르오린 또는 삼플루우오르화 염소와 자발적으로 반응하여 삼풀르오르화라돈을 형성한다. 이 화합물은 방사성이 대단히 큰 라돈을 이용하여 실험하기 어렵기 때문에 그 특성이 잘 알려져 있지 않다.

18.4 실제로 중요한 물리적 성질과 원소

여기에서 일반적으로 실제로 중요한 반응과 화합물을 설명한다. 그러나 8A족은 실제로 그들의 실제적 중요성과 관계없이 어떤 종류의 반응과 화합물이 드물다. 그와 반대로 여기에서는 비슷한 표현으로서 **물리적 성질과 원소**라는 표현을 사용한다. 그 말의 표현은 사람들이 어떻게 그리고 왜 연구하는가와 관련이 있다. 이들은 여기에서 간단히 설명한다. 설명을 시작하기 위하여 표 18.2에 대기 중 존재량, 출처, 영족기체의 중요한 용도를 수록한다.

아르곤은 다른 영족기체보다 훨씬 많이 공급되고 있다. 이것은 왜 그런가? 그 해답은 포타슘-40이 β^+ 붕괴에 의하여 생성된 아르곤-40의 양 때문이다. 이 붕괴계열은 "Lucky"라고 부르는 *Australopithecus afarensis*와 같은 여러 사람과 동물(hominid)의 직접 년대측정에 사용한 것을 기억하라(11.5절). 아르곤 기체는 어떤 암석시료에 포집되어 남아있고 그러므로 그것의 대부분은 열린 대기로 달아나지만 연대 측정에 중요하다.

헬륨이 천연 기체 퇴적물로 발견되는 것은 왜 그러한가? 우선 1907년에 Ernest Rutherford와 그의 공동연구원들은 대단히 많은 방사성 원소들에 의하여 방출된 α 입자들이 실제로 바로 그 헬륨 핵이라고 증명한 것을 알아야한다. 이러한 핵은 주위로부터 계속해서 전자를 받아 헬륨원자로 된다. 결과적으로 충분한 헬륨기체는 암석에서 생성되고 함께 천연가스 퇴적물로 모아진다. 우리들이 일정한 천연가스 공급을 계속해서 소비하면 역시 주요한 지구상 헬륨이 고갈될 것이다.

헬륨은 지구상에서 매우 드물지만 우주에서는 둘째로 풍부한 원소라는 것을 기억하라. 9장에서 현재 생각하는 것이 에너지를 물질로 big bang에 의하여 응축되고 그것의 1/3이 헬륨이라고 생각하는 것에 주목하라. 헬륨은 또한 별의 양성자-양성자 순환과정에서도 생성되고 핵합성에 주요한 성분이다. 지구가 본래 태양 성운으로부터 생성될 때 존재한 헬륨은 빠르게 달아난다. 왜냐하면 지구중력장은 그

표 18.2 영족기체의 대기 존재량, 출처, 용도

원소	대기 중 존재량 (부피 %)	출처	용도
헬륨	5×10^{-4}	방사성 α 붕괴, 천연가스 샘	Si/Ge 결정성장, Ti/Zr 생산 (비활성 분위기), 원자로와 MRI 장치의 냉매, 인공 잠수용 공기, 로켓용 액체연료 가압제, 용접용 비활성 분위기, 크로마토그래피용 흐름 기체, 비행기 타이어 팽창, 풍선
네온	1.2×10^{-3}	액체공기 분별증유	네온 전등, 레이저, 고전압 표시기, 극저온
아르곤	0.94	포타슘-40의 방사성 붕괴, 액체공기의 분별증유	Si/Ge 결정성장, 백열전구와 형관전구의 붕괴, 액체공기의 분별증유충진용 기체, 연구용 비활성 분위기. Ti/Zr 생산 (비활성 분위기)
크립톤	1.1×10^{-4}	액체공기 분별증유	표준계측기, 형광전구용 충진기체, 고속사진용 전구, 레이저(비활성 분위기)
제논	9×10^{-6}	액체공기 분별증유	형광전구용 충진기체, 고속사진용 전구, 레이저
라돈		라듐의 α 붕괴	의료용

헬륨을 보존할 만큼 충분히 세지 않기 때문이다.

표 18.2에서 지적한 영족기체의 몇 가지 용도는 공기 중에서 잘 실험하지 못하는 과정을 실행하기 위하여 설치한 비활성 분위기와 관련이 있다. 이들은 다음을 포함한다; (1) 백열을 생성하기 위하여 텅스텐 도선에 전류를 통하는 것(필라멘트 텅스텐 성분의 증발을 감소하고 전구의 수명연장을 위하여 아르곤의 사용), (2) 아아크 용접(미국에서는 산출량이 많기 때문에 헬륨을 사용하지만 다른 장소에서는 대부분 아르곤을 사용), (3) 반도체에서 사용하는 규소와 저마늄처럼 매우 순수한 형태로 제조하는 타이타늄과 지르코늄같은 반응성 원소의 제조.

헬륨−산소의 80~20% 혼합물은 잠수부의 호흡용 공기로 사용한다. 질소는 혈액에 더 잘 녹기 때문에 사용할 수 없다. 잠수부들이 물에서 올라오기 시작할 때 혈액에 녹은 질소는 너무 느리게 그 혈액에서 달아나므로 치명적 잠수병(bends)에 걸린다. 헬륨은 혈액에 덜 녹아 이 문제를 최소화한다.

헬륨도 매우 저온에서 물질의 거동을 연구하는 저온학(*cryogenics*)에 사용한다. 헬륨은 알려진 것 중에서 최소 끓는점을 갖고 그로 말미암아 다른 기체의 액화에 사용한다. 액체 헬륨을 사용하면 온도를 보통 초전도로 되게 충분히 감소할 수 있다(초전도는 어떤 금속, 합금, 화합물의 성질이고 그들이 매우 적은 저항을 가지고 전기를 전도한다. 초전도는 액체헬륨 온도에서만 달성할 수 있는 것이 보통이다. 그러나 희토류금속, 구리, 산소를 함유하는 화합물은 100 K이상 온도에서 초전도체라고 알려져 있다).

1960년에 길이 단위, 즉 미터(meter)의 기본단위는 크립톤-86의 주황색-붉은색 스펙트럼선으로 정의하는 것에 국제적으로 동의하였다. 실제로 1 미터는 정확하게

이 스펙트럼선의 1,650,763,73 파장(진공에서)이다. 이러한 국제적 동의는 Paris에 있는 표준 백금-이리듐 계측기를 대체하였다.

네온 빛은 현대 문화에 침투되어있다. Ramsay는 정말로 현대 간선 도로를 보고 놀랄 것이다. Ramsay는 이러한 비활성 기체를 발견하기 위하여 대단히 열정적으로 연구하였다. 현재 적색과 거의 무진장한 방전관의 여러 다른 색(적절하게 다른 기체와 섞어)과 때때로 대단히 도발적 형태들이 증가하는 것을 생각하라. 네온 불빛은 분명히 모든 8A족 원소 중에서 네온이 가장 잘 알려진 것 중 하나라는 것을 나타낸다. 그러나 소형 기구와 대형 풍선에서 헬륨 이용은 아마 이 분야에서 가장 가벼운 영족기체의 영예를 차지할 것이다.

18.5 깊이가 있는 선택적 토픽: 발암물질로서 라돈

1984년에 Pennsyvania 동부의 Limerick 핵발전소에서 일하는 한 엔지니어는 발전소의 방사능 계측기에서 경고신호를 발생하는 비상신호를 받았다. 훨씬 더 불안정한 것은 이러한 경고음이 하루 종일 일한 다음이 아니고 집으로부터 직장에 처음 도착할 때 이러한 경고음이 발생한 것이다. 결국에 매우 고농도의 라돈기체가 그의 집 바닥에 있는 것이 발견되었다. 그 지역의 다른 집을 시험하여도 비슷한 고농도의 라돈 수준을 나타냈다. 처음에 이 문제는 특별한 지리적 지역, 토양형태, 또는 가옥구조에 한정되기를 희망하였다. 그러나 이것은 그 경우가 아닌 것처럼 보였다. Environmental Protection Agency(EPA)는 현재 라돈이 그 지역을 통하여 발견될 수 있다고 설명한다. EPA와 일반외과 의사들은 3층 이하의 모든 가정에 대하여 라돈 측정을 권장한다. 십년 또는 이십년 안에 라돈은 국가적 환경건강 문제로 될 것이다.

가정에서 대부분의 라돈은 라돈-222이고 그것은 자연에 존재하는 라듐-226의 붕괴 생성물이다. 라듐-226은 그 다음에 우라늄-238로부터 납-206으로 자연적으로 일어나는 붕괴계열의 한 부분이다. [이러한 계열에 대하여 더 상세한 것은 식(14.11~11.13)을 보라.] 그러므로 라돈-222는 암석, 토양, 지하수에서 방출되고 그 토양으로부터 가정으로 들어가고 결국 마루바닥 배수관, 연결점, 마루바닥과 벽의 작은 틈새를 통하여 새나오는 것처럼 보인다. 그것은 현재 토양이 6인치 두께의 평방 마일 마다 약 1 g 라돈을 함유하는 것으로 추정하고 점차 라돈으로 붕괴한다.

라돈의 건강효과는 1990년대 이전에 연구하였다. 실제로 1500년대 중앙 유럽에서 지하 광부들의 "광부병"(miner's disease)은 현재 라돈-유발 암인 것처럼 보인다. 1950년대에 미국에서 처음으로 광부들에 대한 상세한 라돈효과의 연구를 시행하였다. 1990년대 중반에 그러한 11 지역의 광부를 포함하는 더 광범위한 국제적 자료를 분석하였다. 이러한 결과는 어떤 동물 연구와 함께 여러 라돈농도에 의하여 제기된 위험의 추정에 사용하였다.

그것은 실제로 암을 발생하는 라돈의 딸(*daughter*)인 방사성 생성물이라고 알려졌다. 라돈-222는 반감기 3.82 day를 갖는 α 방출체이다. 식 (18.20)처럼 그것의 붕괴는 폴로늄-218을 생성하고 그것은 그 자신이 반감기 3.11 min을 갖는 α 방출체이다.

$$^{222}_{86}\text{Rn} \xrightarrow{\alpha} {}^{218}_{84}\text{Po} + {}^{4}_{2}\text{He} \tag{18.20}$$

라돈은 계속해서 호흡을 통하여 출입하므로 오래 동안 기관지 조직과 접촉하여 머물지 않아도 크게 손상을 입힌다. 그러나 폴로늄-218과 기타 방사성 딸은 기체가 아니고 폐와 공기통로의 표면에 흡착하고 (그리고 인체에서 자유라디칼을 생성한다) DNA의 돌연변이를 발생하고 그러므로 발암물질이다. 1990년대 후반에 한 구릅의 전문가들이 National Research Council에 모여 라돈의 건강효과에 관한 가장 최근 연구를 살펴보았다. 라돈은 중요한 건강문제이고 이 라돈기체에 노출하는 지역주민들은 매년 15,000과 22,000 명 사이에서 또는 그러한 전체 경우의 12%가 폐암을 발생한다고 그 전문가들이 결론을 지었다. 라돈 노출은 폐암 발생원으로서 흡연 다음이다. 게다가 의심하는 것처럼 흡연자들은 흡연하지 않는 사람들보다 훨씬 더 많은 위험에 놓여있다. 이러한 위험이 증가하는 것은 라돈 딸들이 공기에 오래 머무는 연기입자에 붙어서 결과적으로 폐 또는 기관지 상층부에 흡착하기 때문이라고 보는 것이 가장 그럴듯하다.

당신의 가정에 위험스런 양의 라돈이 있는 여부를 어떻게 아는가? 불행스럽게도 이것은 각 집마다 개별적으로 측정할 필요가 있다. 왜냐하면 동일한 이웃에 있어도 토양성분, 건축형태, 그리고 통기량이 크게 변하기 때문이다. 라돈농도를 측정하기 위하여 몇 가지 서로 다른 효과적 그리고 비싸지 않은 시험기구를 이용할 수 있다 (이들 중 몇 가지 방법은 라돈 붕괴생성물을 직접 수집하고 한편 다른 방법은 입자들이 흔적(track)을 남기는 어떤 매질을 사용한다). 그러나 이러한 시험기구 중 어느 것을 사용하든 간에 일정한 집에서 라돈 수준이 크게 변하는 것을 아는 것이 중요하다. 예를 들어 다음과 같은 인자에 따라 결정된다. (1) 기후와 계절의 인자에 따르는 이용가능한 통기량, (2) 측정한 마루바닥의 높이, (3) 토양의 수분함량, (4) 방 내부와 외부의 온도. 더 낮은 마루바닥, 밀봉한 바닥, 공기교환속도를 감소하여 에너지-효율을 증가하는 가정, 특히 우라늄을 많이 함유한 흙으로 지은 집은 라돈이 축적되기 더 쉽다. 이러한 변수 때문에 라돈측정은 적당한 시료채집방법을 사용하여 실시해야한다.

일단 신뢰할 수 있는 라돈 수준이 결정되면 라돈 농도는 안전수준으로 감소할 필요가 있다. 이것은 거주하면서 스며나와서 그리고 통기를 증가하여 밖으로 내보내서 라돈의 양을 배출할 수 있다. 최선 방법은 라돈 기체가 집 안으로 확산되는 바닥 벽의 틈새를 밀봉하는 것이다. 어떤 경우에 이것은 하기 쉽지만 다른 경우는 기초재료의 여러 다공성 때문에 더 어려울 수도 있다. 통기량의 증가는 라돈 기체농도를 인정할 수 있는 정도로 감소에 도움을 준다고 상세하게 연구하였다. 예를 들어 4일마다 일정한 거주지역 공기를 치환하면 라돈농도를 50% 수준으로 감소할 수 있다고 추정한다. 한편 그 지역을 매일 완전히 통기치환하면 라돈농도는 통기하지 않은 것보다 대략 1/8 수준으로 감소할 수 있다. 어떤 경우에 EPA는 현재 특별한 치수로서 라돈 농도를 감소해야하는 농도를 4 picocurie radon/L air (pC/liter)라고 추천한다. 정상 라돈 수준은 약 1.5 pC/L (즉 약 56 원자 붕괴/sec/m_3)이지만 많은 가정은 그 수준보다 100배를 나타낸다.

연습문제 PROBLEMS

18.1 산소는 백인과 반응시켜 공기에서 제거할 수 있다. 이 과정에 대한 반응식을 쓰라.

18.2 수증기는 과염소산 마그네슘에 흡수시켜 공기로부터 제거할 수 있다. 이 과정에 대한 반응식을 쓰라.

★18.3 이산화탄소는 수산화소듐에 흡수시켜 공기로부터 제거할 수 있다. 이 과정에 대한 반응식을 쓰라.

18.4 수소에 대한 산소의 원자량 비는 얼마인가? 이것은 Prout의 가정에 필요한 것처럼 정수비에 얼마나 가까운가?

18.5 공기의 평균분자량을 계산하고 당신의 결과를 공기 중 반응하지 않은 1/80 부분에 대하여 Ramsay가 얻은 결과와 비교하라.

18.6 Ramsay는 그의 대기 시료로부터 질소를 뜨거운 마그네슘과 반응시켜 제거하였다. 이 반응을 나타내는 반응식을 쓰라.

★18.7 Ramsay는 그가 측정한 밀도로부터 원자량을 계산했다. 아르곤 밀도를 273.15 K와 표준상태에서 1.78 g/L라 가정하고 원자량을 계산하라.

★18.8 크립톤 밀도를 273.15 K와 표준상태에서 3.70 g/L라 가정하고 이 원자량을 계산하라.

18.9 영족기체의 이온화에너지가 그 족을 밑으로 가면서 감소하는 이유를 설명하라.

18.10 영족기체의 전자친화도가 그 족을 밑으로 가면서 감소하는 이유를 설명하라.

★18.11 영족기체의 유효핵전하가 대단히 크다면 그들은 왜 자유 전자에 대하여 큰 인력을

★ 표시는 더 어려운 문제이다.

갖지 않는가?

18.12 유효핵전하에 바탕을 둔 설명을 이용하여 네온 원잣가전자의 팔전자($2s^2 2p^6$)는 왜 대단히 안정한가를 설명하라.

18.13 제논 수화물에 어떤 형태의 힘이 작용하는가? 이러한 힘은 제논 원자와 관련이 있는 이온결합이나 공유결합을 포함하는가?

18.14 6풀르오르화우라늄(UF_6)은 일반적으로 원소들을 직접 반응시켜 만들지 않는다. 이 화합물을 합성하는 방법을 제안하라(힌트: 1.7.2절에서 할로젠화물 합성에 대한 설명을 기억하라).

18.15 $^{235}UF_6(g)$ 또는 $^{238}UF_6(g)$은 어느 것이 더 빠르게 확산하는가? 이러한 기체에 대한 확산속도 비를 계산하라(힌트: 우라늄 동위원소의 질량수는 그들의 원자량과 거의 비슷한 것을 사용할 수 있다).

★18.16 이원자 산소와 PtF_6 사이의 반응에서 산화수 변화를 분석하라. 이 반응에서 환원제와 산화제를 확인하라.

18.17 라돈은 제논보다 PtF_6에 대하여 덜 또는 더 반응성이라고 생각하는가? 당신의 해답을 간단히 설명하라.

18.18 4풀르오르화 제논을 사용하여 풀르오르화수은(II)을 어떻게 만들 수 있는가? 당신의 해답 부분에 반응식을 쓰라.

18.19 풀르오르화 포타슘은 요오드화 포타슘과 4풀르오르화 제논으로부터 만들 수 있다. 이 반응에 대한 반응식을 쓰라.

★18.20 다음에 다시 표시한 식 (18.5)에서 발견된 4풀르오르화제논의 가수분해에 대한 산화수 변화를 분석하라. 이 반응에서 산화제와 환원제를 확인하라.

$$6XeF_4 + 12H_2O \longrightarrow 2XeO_3 + 4Xe + 3O_2 + 24HF$$

★18.21 다음에 다시 표시한 식 (18.8)에서 발견된 2풀르오르화제논의 가수분해에 대한 산화수 변화를 분석하라. 이 반응에서 산화제와 환원제를 확인하라.

$$2XeF_2 + 2H_2O \longrightarrow 2Xe + O_2 + 4HF$$

18.22 이풀르오르화제논을 다음의 산화에 사용하는 반응에 대하여 균형식을 쓰라. (a) Ce(III)을 Ce(IV)로 산화, (b) Ag(I)를 Ag(II)로 산화.

★18.23 제논과 6풀르오르화백금 사이에 Bartlett의 본래 반응은 현재 다리결합 $[Pt_2F_{11}^-]$ 화학종을 만드는 것으로 알려져 있다. 이 음이온의 구조를 표시하는 도형을 그려라.

18.24 VSEPR 이론이 그림 8.3의 (a) (c) (e) (g) 부분에서 발견된 영족기체 분자의 기하구조와 일치하는 여부를 결정하라.

18.25 VSEPR 이론이 그림 8.3의 (b) (d) (f) (h) 부분에서 발견된 영족기체 분자와 음이온의 기하구조와 일치하는 여부를 결정하라.

★18.26 $XeOF_4$의 F−Xe−O 결합각이 90°에 매우 가까운 사실에 대하여 근본적 이유는 무엇인가?

18.27 XeF_5^+ 양이온의 기하구조를 표시하는 Lewis 구조와 도형을 그려라. 모든 결합각의 값을 추정하라.

18.28 XeF_6은 다음 식에 표시한 반응 때문에 유리기구에서 취급할 수 없다.

$$2XeF_2 + 2H_2O \longrightarrow 2Xe + O_2 + 4HF$$

$$2XeF_6 + SiO_2 \longrightarrow 2XeOF_4 + SiF_4$$

$$2XeOF_4 + SiO_2 \longrightarrow 2XeO_2F_2 + SiF_4$$

$$2XeO_2F_2 + SiO_2 \longrightarrow 2XeO_3 + SiF_4$$

이러한 반응에서 모든 제논-함유 화합물의 기하구조를 보여주는 도형을 그려라.

18.29 XeO_3F_2 기하구조를 표시하는 Lewis 구조와 도형을 그려라.

18.30 $XeOF_2$ 분자의 기하구조를 표시하는 Lewis 구조와 도형을 그려라.

18.31 ICl_2^-에 포함된 아이오딘-129가 β^- 방출에 의하여 붕괴할 때 어떤 화합물이 생기는가? 당신의 해답에 반응식을 포함하라. 그 생성물의 분자식을 표시하는 정확한 기하구조를 그려라.

18.32 $KICl_4 \cdot 2H_2O$에 포함된 아이오딘-129가 β^- 방출에 의하여 붕괴할 때 어떤 화합물이 생기는가? 당신의 해답에 반응식을 쓰라. 그 생성물의 분자식을 표시하는 정확한 기하구조를 그려라.

18.33 오존이 수산화소듐 수용액과 반응하여 다음에 다시 표시한 식 (18.19)처럼 sodium perxenate을 생성할 때 산화제와 환원제를 확인하라.

$$3XeO_3 + 12NaOH(aq) + O_3 \longrightarrow 3Na_4XeO_6 + 6H_2O$$

18.34 XeO_6^{4-} 이온의 분자 기하구조를 표시하는 Lewis 구조와 VSEPR 도형을 그려라.

★18.35 플루오린과 산소의 제논 화합물에서 가능한 $p\pi-d\pi$ 결합의 역할을 설명하라(힌트: Xe=O 결합은 이 장에서 취급하지 않은 것에 주목하라).

18.36 XeO_6^{4-}와 Xe은 산성 용액에서 2.18 V 표준환원전위를 갖는다.

(a) 이 전위에 상당하는 반반응식을 쓰라.

(b) 산성용액에서 perxenate에 의하여 Mn(II)이 과망간산으로 산화에 대한 균형식을 쓰라.

18.37 XeO_6^{4-}와 Xe은 산성 용액에서 2.18 V 표준환원전위를 갖는다. 산성용액에서 XeO_6^{4-}에 의하여 Cr(III)이 중크롬산으로 산화에 대한 균형식을 쓰라. 이 반응에 대한 $E°$를 계산하라.

18.38 포타슘-40이 아르곤 동위원소로 β 붕괴할 때 그것에 상당하는 반응식을 쓰라.

★18.39 Clevite가 헬륨 기체를 생성할 때 관련이 있는 핵 과정을 표시하는 반응식을 쓰라.

18.40 라돈 기체는 왜 집의 바닥에서 수집할 수 있는가?

18.41 폴로늄-218의 붕괴에 대한 반응식을 쓰라.

18.42 라돈의 발암성 위협 때문에 환경문제의 상항이 빠르게 변한 다음 이 교과서는 최근 이야기를 포함하지 않았다. 환경건강문제로서 라돈의 현재 상항을 요약하라. 인터넷에서 정보를 얻을 수도 있다.

18.43 흡연자들은 비흡연자보다 라돈의 위험에 대하여 왜 더 큰가를 요약하라.

참고문헌

1. Adapted from F. Basolo and R. C. Johnson, *Coordination Chemistry,* 2nd edition. PP. 36 and 67. Copyright ©1986. Used by permission of Science Reviews Ltd.
2. From Bodie Douglas, Darl H. McDaniel, and John J. Alexander, *Concepts and Models of Inorganic Chemistry,* 2nd edition. PP. 220, 230, 231, and 305. Copyright ©1983. Reprinted by permission of John Wiley & Sons, Inc.
3. From *Chemical Bonding* by Audrey Companion. PP. 150–151. Copyright ©1979. McGraw-Hill.
4. From F. A. Cotton and G. Wilkinson, *Advanced Inorganic Chemistry,* 4th edition. PP. 179, 457, 643, 644, and 683. Copyright © 1980. This material is used by permission of John Wiley & Sons, Inc.
5. Adapted from *Synthesis and Technique in Inorganic Chemistry,* 1st edition, by Robert J. Angelici. P. 51. Copyright ©1977. Reprinted with permission of Brooks/Cole, an imprint of the Wadsworth Group, a division of Thomson Learning.
6. From B. N. Figgis, *Introduction to Ligand Fields.* PP. 221 and 224. Copyright ©1966. John Wiley & Sons, Inc. Used by permission of the author.
7. Reprinted with permission from D. W. Margerone et al., *Coordination Chemistry,* vol. 2, A. E. Martell, ed., *ACS Monograph #178.* Copyright ©1978 American Chemical Society.
8. Reprinted with permission from H. J. Buser, *Inorganic Chemistry,* vol. II. Copyright ©1977 American Chemical Society.
9. Reprinted with permission from *Nature,* "Structure of Hemoglobin," by M. F. Perutz et al., vol. 185, fig. 8, p. 420. February 13, 1960. Copyright ©1960 Macmillan Magazines Limited.
10. From *Biochemistry* by D. Voet and J. G. Voet. P. 211. Copyright © 1990. This material is used by permission of John Wiley & Sons, Inc.
11. From *Insights into Speciality Inorganic Chemicals,* edited by David Thompson. P. 41. Copyright ©1995. Reproduced by permission of The Royal Society of Chemistry.
12. From *The Joy of Chemistry,* 1st edition, by S. M. Cherim, L. E. Kallan. Copyright ©1976. Reprinted with permission of Brooks/Cole, an imprint of the Wadsworth Group, a division of Thomson Learning.
13. Adaptation of figs. 12–18, p. 469; 12–19, p. 470; 13–22, p. 522; 13–24, p. 524; 13–1, p. 502 from *Chemical Principles,* 3rd ed. by Richard E. Dickerson, Harry B. Gray, Marcetta Y. Darensbourg, and Donald J. Darensbourg. Copyright © 1970, 1974, 1979 by The Benjamin/Cummings Publishing Company, Inc. Reprinted by permission of Pearson Education, Inc.
14. From Norbert T. Porile, *Modern University Chemistry.* P. 777. Copyright ©1987. Harcourt-Brace.
15. From *General Chemistry: Principles of Modern Applications,* 5th edition by Ralph H. Petrucci. P. 454. Copyright ©1989. Macmillan Publishing Company.
16. From Harry B. Gray, *Chemical Bond: An Introduction to Atomic and Molecular Structure.* P. 208. Copyright ©1973. W.A. Benjamin, Inc.
17. From Ebbing, Darrell D., *General Chemistry,* 3rd edition. PP. 290, 292, and 435. Copyright ©1990 by Houghton Mifflin Company. Reprinted with permission.
18. From James E. Huheey, *Inorganic Chemistry: Principles of Structure and Reactivity.* P. 191. Copyright ©1983. HarperCollins College Publishers.
19. From W. W. Porterfield, *Inorganic Chemistry: A Unified Approach,* 2nd edition. PP. 70, 147 and 263. Copyright ©1993. Reprinted with permission of Academic Press.
20. From *Modern Inorganic Chemistry* by J. J. Lagowski. P. 79. Copyright ©1973. Reprinted by courtesy of Marcel Dekker, Inc.

21. From K. M. Mackay and R. A. Mackay, *Introduction to Modern Inorganic Chemistry,* 4th edition. PP. 81, 173 and 341. Copyright ©1989. Prentice Hall, Englewood Cliffs, New Jersey.
22. From H. D. B. Jenkins, *Handbook of Chemistry and Physics,* 67th edition. Copyright ©1986–1987. Used with permission of CRC Press LLC.
23. Reprinted with the permission of the Edgar Fahs Smith Collection, University of Pennsylvania Library.
24. From Raymond Chang, *Chemistry,* 3rd edition. PP. 265, 319 and 811. Copyright ©1988. Used by permission of The McGraw Hill Companies, Inc.
25. From G. Holton, D. H. D. Roller, and D. Roller, *Foundations of Modern Physical Science.* P. 421. Copyright ©1958. Addison-Wesley Publishing Company.
26. From Zumdahl, Steven, *Chemistry*, 2nd Edition. P. 960. Copyright ©1989 by D.C. Heath and Company. Used by permission of Houghton Mifflin Company.
27. Richard B. Hart. Used with permission of Photo Researchers, Inc.
28. From R. Wolke, "Marie Curie's Doctoral Thesis: Prelude to a Nobel Prize." Chem. Educ., 65(7): 561 (1988). Published with permission of Archives Pierre et Marie Curie, Paris.
29. Lester V. Bergman & Associates.
30. Betz Industrial.
31. Ornament figure at the Herten Castle. Westfälisches Amt für Denkmalpflege. Salzstrasse 38, 4400 Münster, BRD.
32. From *Modern Descriptive Chemistry,* 1st edition, by Eugene Rochow. PP. 133, 135, and 144. Copyright © 1977. Reprinted with permission of Brooks/Cole, an imprint of the Wadsworth Group, a division of Thomson Learning.
33. From *Structural and Comparative Inorganic Chemistry* by Peter R. S. Murray and P. R. Dawson. Copyright ©1976. Reprinted by permission of Heinemann Educational Books.
34. From *Chemistry of the Elements* by N. N. Greenwood and A. Earnshaw. PP. 166 and 802. Copyright ©1984. Reprinted by permission of Butterworth-Heinemann.
35. From A. G. Sharpe, *Inorganic Chemistry,* 2nd edition. PP. 268, 269, 292, 362. Copyright © Longman Group Limited 1981, 1986, reprinted by permission of Pearson Education Limited.
36. From Kenneth Wade, *Electron Deficient Compounds.* P. 51. Copyright © 1971. Thomas Nelson & Sons, Ltd.
37. Reprinted from *Journal of Organometallic Chemistry,* vol. 2, p. 197. E. Weiss and E. A. C. Lucken. Copyright ©1964. With permission from Elsevier Science.
38. From www.fastlane.net/~ega/WGD1.htm
39. From www.amsci.org/amsci/articles/97articles/cap04.html
40. From D. A. Whan, *Chemistry in Britian,* vol. 17, p. 532. Copyright ©1981. Reproduced by permission of The Royal Society of Chemistry.
41. Culligan International Company.
42. C. Falco. Used with permission of Photo Researchers, Inc.
43. From John Read, *Humor and Humanism in Chemistry,* G. Bell & Sons, Ltd., London, 1947.
44. Reprinted with permission from *Environmental Chemistry,* 7th edition, by S. E. Manahan. PP. 384 and 388. Copyright © 2000 Lewis Publishers, an imprint of CRC Press, Boca Raton, Florida.
45. Based on illustration by Bob Conrad from Volker A. Mohnen, "The Challenge of Acid Rain.' *Scientific American,* August, 1988. p. 33. National Atmospheric Deposition Program/National Trends Network *http://nadp.sws.uiuc.edu.*
46. NASA.
47. From *Perspectives in Environmental Chemistry* by Donald L. Macalady. P. 320. Copyright ©1997 by Oxford University Press, Inc. Used by permission of Oxford University Press, Inc.

찾아보기

ㅅ

ㅇ

ㅈ

ㅊ

ㅋ

A

B

C

L

M

N

O

P

Q

R

S

T

U

V

W

X

Y

Z

기타

역 자

경남대학교	최 규 성	삼육대학교	고 원 배
경상대학교	김 재 상	울산대학교	허 황
군산대학교	박 경 세	충북대학교	신 영 국
동국대학교	박 순 흠	한림대학교	이 인 종

(역자 가나다 순)

무기화학 [제2판]

2008년 2월 15일 초판 인쇄
2008년 2월 20일 초판 발행

저 자 | Glen E. Rodgers
대표역자 | 박 면 용
펴 낸 이 | 김 중 현
펴 낸 곳 | **녹 문 당**

주소 | 서울특별시 마포구 염리동 36-249 202호
전화 | (02) 713-2711
FAX | (02) 713-2710
등록 | 서울 제 19-100호

ISBN 978-89-88684-57-3 93430 값 27,000원

Figure 12.5

Seven components of the interconnected network of ideas. Trends in standard reduction potentials join trends in periodic properties, the acid-base character of metal and nonmetal oxides, and *(a)* the uniqueness principle, *(b)* the diagonal effect, *(c)* the inert-pair effect, and *(d)* the metal-nonmetal line. Comparing this figure with Figures 9.19 and 11.16 on the inside front cover of the book highlights how we build the network over the course of Chapters 9, 10, and 11.

Standard hydrogen electrode (SHE)
$2H^+(aq) + 2e^- \rightarrow H_2(g)$
$E° = 0.000$ V

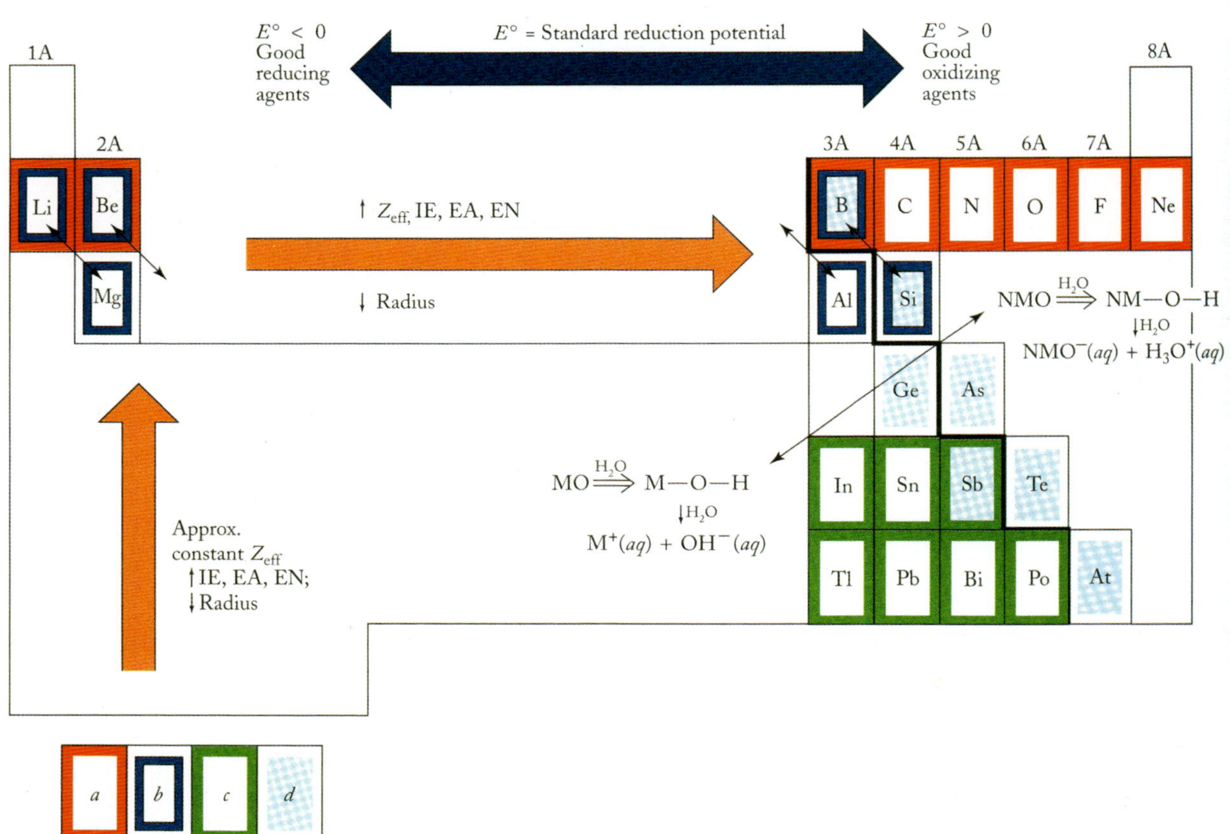

Figure 15.5

The completed interconnected network of ideas for understanding the periodic table. An icon representing the pπ-dπ bonding (of elements of the second and third periods) joins trends in standard reduction potentials and periodic properties, the acid-base character of metal and nonmetal oxides, and *(a)* the uniqueness principle, *(b)* the diagonal effect, *(c)* the inert-pair effect, and *(d)* the metal-nonmetal line. Comparing the four figures (Figures 9.19 and 11.16 on the inside front cover and Figures 12.5 and 15.5 here on the inside back cover) highlights how we have built our network.

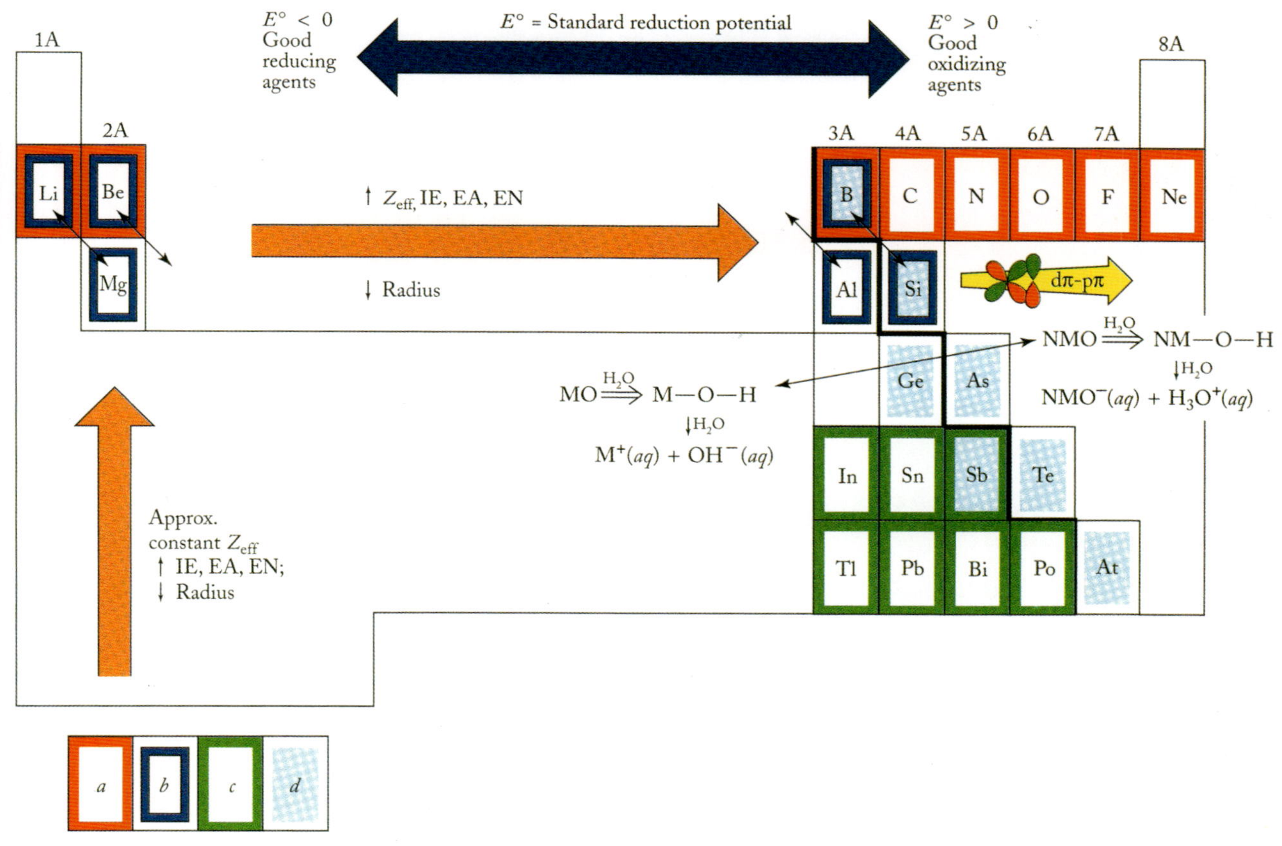